BIOLOGIE DER
SÜSSWASSERINSEKTEN

BIOLOGIE DER SÜSSWASSERINSEKTEN

VON

DR. C. WESENBERG-LUND
PROF. AN DER UNIVERSITÄT KOPENHAGEN

MIT 501 ABBILDUNGEN IM TEXT
UND 13 TAFELN

BEKOSTET VON *RASK-ØRSTED FONDET*

Springer-Verlag Berlin Heidelberg GmbH 1943

Ursprünglich erschienen bei Springer-Verlag Berlin Heidelberg 1943.
Softcover reprint of the hardcover 1st edition 1943
ISBN 978-3-662-37551-8 ISBN 978-3-662-38327-8 (eBook)
DOI 10.1007/978-3-662-38327-8

BIANCO LUNOS BOGTRYKKERI A/S

Vorwort.

Indem ich hiermit dieses Werk, das man wohl als zweiten Teil der »Biologie der Süsswassertiere« (Verlag Julius Springer, Wien, 1939) betrachten kann, einer grösseren Öffentlichkeit übergebe, möchte ich daran folgende Bemerkungen knüpfen:

Im Jahre 1915 wurde das Werk »Insektlivet i ferske Vande« (Insektenleben im Süsswasser) abgeschlossen, das jahrelang den grössten Teil meiner Zeit in Anspruch genommen hatte. Ich hatte in den Jahren 1898–1913 auf zahlreichen Exkursionen ein beträchtliches Material gesammelt, durch das die Biologie der Wasserinsekten beleuchtet werden sollte; dabei wurden zugleich zahlreiche biologische Beobachtungen gemacht. Auf der Grundlage dieser Studien wurden 1908–1914 mehrere z. T. ziemlich umfangreiche Arbeiten veröffentlicht, von denen die meisten in der Internationalen Revue, Leipzig, einige in den Fortschritten der Naturwissenschaften, Halle, erschienen. Die Ergebnisse dieser Arbeiten wurden 1913–15 in dem obengenannten Werk zusammengefasst, das auf Dänisch bei Gyldendalske Boghandel, Nordisk Forlag, herausgegeben wurde. Das Werk war ganz überwiegend auf eigenen Beobachtungen aufgebaut, von denen viele niemals vorher publiziert waren; auch das Bildermaterial rührte zu einem nicht geringen Teil von mir selbst her.

Es war ursprünglich geplant, das Werk gleichzeitig auf Deutsch bei Gebrüder Bornträger, Berlin, herauszugeben; dieser Plan wurde durch den ersten Weltkrieg vereitelt. In den Jahren 1918–35 wurde meine Zeit fast ausschliesslich durch Studien von teilweise anderer Natur ausgefüllt; es erschienen die grossen Arbeiten über Rotatorien, Cladoceren, Trematoden und *Zoothamnium*, jedoch wurden die Insekten nicht völlig übergangen. 1918–21 erschienen die Arbeiten über Culiciden; auch wurden zahlreiche kleinere Beobachtungen gemacht, die nicht zur Veröffentlichung gelangten.

Es war meine Absicht, sobald die deutsche Ausgabe der »Süsswasserfauna« abgeschlossen war, eine sehr erweiterte Ausgabe des Insektenlebens im Süsswasser folgen zu lassen. Ich hatte ja gehofft, dass auch sie bei Julius Springer erscheinen könnte, und zwar als zweiter Teil der Biologie der Süsswassertiere, in der die Insekten fehlen. Ein neuer Weltkrieg verhinderte auch diese Veröffentlichung; gleichwohl wurde die neue Ausgabe in den Jahren 1939–42 in der Hoffnung auf bessere Zeiten ausgearbeitet.

Als das Werk zum Druck fertig war, wandte ich mich an den Rask Ørsted-Fond mit der Anfrage, ob dieser die Unkosten für eine sehr erweiterte deutsche Ausgabe übernehmen wollte. Die grosse Summe wurde 1942 bewilligt, und im Januar 1943 wurde mit dem Druck begonnen. Ich erlaube mir, hiermit der Direktion des Rask Ørsted-Fonds meinen wärmsten Dank auszusprechen, ebenso dem Carlsberg-Fond, der gleichfalls die Arbeit unterstützt hat, da es mir durch die grossen Zuschüsse möglich geworden ist, als Abschluss meiner

Tätigkeit das grosse internationale Handbuch über die Biologie der niederen Süsswasserorganismen herauszugeben.

»Die Süsswasserinsekten biologisch beleuchtet« war in der dänischen Ausgabe des Werkes in erster Linie ein halbpopuläres Buch; es war nicht allein für ein streng wissenschaftliches Publikum, sondern in ebenso hohem Grade für die gebildete Allgemeinheit, ganz besonders für den grossen Lehrerstand bestimmt. Zahlreich sind die Zeugnisse dafür, dass das Buch in dieser Form wohl seine Mission erfüllt hat. Es war mein Wunsch, dass dieses halbpopuläre Gepräge in der neuen, deutschen Ausgabe erhalten bliebe, während sie gleichzeitig durch vermehrte Berücksichtigung der Literatur und sorgfältige Quellenangaben grösseren wissenschaftlichen Wert erhalten sollte.

Es war mir klar, dass man draussen in der grossen Welt, vor allem in den letzten Jahren, ganz unverhältnismässig wenig über die Literatur ausserhalb der eigenen Landesgrenzen wusste. Es steht ja ausser Zweifel, dass das auch eine der Früchte des Weltkrieges ist. Durch reichliche Benutzung der Literatur und, soweit es mir möglich war, durch gleichmässige Berücksichtigung der Literatur aller Länder habe ich versucht wieder gut zu machen, was die Zeit in dieser Hinsicht zerstört hat.

Das hier publizierte Werk stützt sich ja zum grössten Teil auf Studien, die um die Jahrhundertwende begonnen und 1915 in der dänischen Ausgabe des Werkes: »Insektlivet i ferske Vande« zusammengefasst wurden. Grosse Abschnitte wurden jedoch völlig umgeschrieben. Das gilt besonders für den grössten Teil der Diptera, aber auch sonst wird man im allgemeinen fast überall erhebliche Zusätze finden. Die deutsche Ausgabe ist beinahe doppelt so umfangreich geworden wie die dänische.

Zu den damals von mir vertretenen Prinzipien bekenne ich mich auch heute noch; nur verhindert mich mein Alter daran, sie zu befolgen. Aus der Vorrede zur dänischen Ausgabe möchte ich den folgenden Abschnitt zitieren, der auch als Vorwort für die deutsche Ausgabe gelten kann:

»Dieses Buch sollte vor allen Dingen ein Buch über die Natur sein. Es ist von einem Naturfreund geschrieben, der sie in Sturm und Stille kennen gelernt hat, und der das heutzutage selbst für einen Naturforscher seltene Glück genossen hat, sein Leben in und mit der Natur leben zu können. Es ist auf Beobachtungen aufgebaut, die jeder machen kann, wenn er nur mit offenen Augen durch Wald und Feld streift.« Weiter möchte ich gerne hinzufügen: Auf meinen Exkursionen war ich fast immer allein, fast stets zu Fuss; ein Fahrrad habe ich niemals besessen. Das Auto nahm ich erst zuhilfe, als die Entfernungen, die Grösse der Wasserproben und mein Alter mich dazu zwangen. Ganz besonders auf den einsamen Fussturen oder während der Ruhepausen war es, dass Ideen entstanden und Gestalt gewannen.

Als ich um die Jahrhundertwende meine Studien begann, war Nordseeland noch merkwürdig unberührt. Von meiner Wohnung aus konnte ich in einem Umkreis von ca. 15 km den tiefsten See unseres Landes, den Furesee, sowie einige der grössten (Esromsee, Arresee) erreichen; in einem Umkreis von knapp 7 km standen mir über hundert Kleinseen, Teiche, Moore, austrocknende Waldtümpel, Dorfteiche und Bäche zur Verfügung. Das Wasser war noch nicht oder nur minimal verunreinigt, die Flora an den Ufern unberührt, der Zugang zu den Ufern frei oder ganz leicht zugänglich; Stacheldraht war ein fast unbekannter Begriff. Frühzeitig lernt man auf Exkursionen die Wahrheit des alten chinesischen Spruchs erkennen: Wer seine Kraft spart, gibt seinem Geiste Flügel. Nicht die langen Exkursionen, bei denen die Muskeln ermüden, sondern die ganz kurzen mit dazu gehörigen Ruhepausen ergeben die meisten biologischen Resultate. Man lernt bald, dass man sich biologische Beobachtungen nicht erläuft, ebenso, dass das nötige Instrumentarium sehr spärlich ist. Ein paar Gläser, eine gute Lupe und ein Kescher sind alles, was man braucht; je älter ich wurde, umso weniger benutzte ich den Kescher. Die meisten meiner Beobachtungen kamen bei wachem Ausruhen mit angespannten Sinnen, aber völliger Entspannung des Körpers zustande. Es kommt darauf an, nicht zu jagen, nicht zu töten, nicht mit einem Schmetterlingsnetz rumzurennen, nicht den Frieden der Natur zu stören.

Es sind auch keineswegs die zahlreichen Exkursionen zu vielen verschiedenen Fundorten, sondern viele, regelmässig wiederholte Exkursionen zu einem oder ein paar Fundorten, die sichere Ergebnisse zeitigen; je kleiner ein Fundort, desto mehr Exkursionen; besonders in periodischen Kleinteichen (Mückenteichen) wechseln Lebensbedingungen und Fauna von einer Woche zur anderen. Die Beobachtungen, die meinen Arbeiten über *Glyphotaelius punctato-lineatus* und *Phryganea grandis*, über Hydropsychiden, über Eiablage und Larvenstadien der Dytisciden, über Culiciden, über *Cataclysta*, über die Anophelinen zugrunde liegen, wurden sämtlich auf zahllosen Exkursionen zu den gleichen Lokalitäten, oft nur zu ein und demselben Fundort gemacht. Die Laboratoriumstudien an Hand des in das Laboratorium gebrachten Materiales setzten zu einem so späten Zeitpunkt wie überhaupt nur möglich ein. Hier leistete Zeiss' Aquarienmikroskop vorzügliche Hilfe. Ich hoffe zwar, dass meine Arbeiten und nicht zum mindesten dieses Werk beweisen, dass ich immer bestrebt war, die Literatur des behandelten Gebietes nach Möglichkeit auszunützen. Anderseits habe ich stets das Studium einer Tiergruppe oder eines Problems mit so geringfügigem literarischem Ballast begonnen wie überhaupt möglich. Je weniger Wissen, desto grösserer Friede bei den Studien, desto mehr Zeit, desto mehr Souveränität über Beobachtungen und Gedanken. Erst am Ende der Untersuchungen wurde das literarische Studium eingesetzt. Ob andere vor uns eine biologische Beobachtung angestellt haben, ist wissenschaftlich ganz ohne Bedeutung. Mehr als anatomische Beobachtungen erfordern die biologischen Wiederholung.

Ich hatte gehofft, auch die vorliegende, neue Ausgabe auf der Grundlage zahlreicher neuer Beobachtungen draussen in der Natur aufbauen zu können. Manche Beobachtungen von vor 1915 hätten revidiert oder erweitert und Material zu neuen, originalen Abbildungen gesammelt werden müssen; in dieser Hinsicht wurde das Werk, sosehr ich mich auch bemühte, ein vom Kriege betroffenes Werk. Die zahlreichen kleinen Teiche, Moorlöcher, Bäche usw., die meinen früheren Untersuchungen gedient hatten, sind jetzt zu einem wesentlichen Teil zerstört. Bebauung, Austrocknung, Verunreinigung, ganz besonders aber in den letzten Jahren das Torfstechen haben dazu beigetragen, die primäre Fauna jener Lokalitäten auszurotten; Absperrung durch Stacheldraht bereitete an vielen Stellen Schwierigkeiten. Dazu kam die Einschränkung der Verkehrsmittel, vor allem der Autos, die jetzt bei meinem hohen Alter für mich unentbehrlich sind. All das führte dazu, dass ein sehr grosser Teil des neu zugeführten Stoffes literarischer Herkunft ist, und dass auch das Illustrationsmaterial grossenteils der Literatur entnommen werden musste.

Von den wenig über 700 Abbildungen, die dem Werke beigegeben sind, stammen etwa 230 aus der dänischen Ausgabe; sie wurden mir wohlwollenderweise vom Gyldendalschen Verlag zur Verfügung gestellt. Davon sind etwa zwei Drittel von mir selbst gezeichnet oder photographiert, oder sie sind nach Bildern hergestellt, die mir ausländische Forscher freundlichst überlassen haben.

Der Rest stammt aus der neueren Literatur. Etwas mehr als 200 der Abbildungen sind auf den 13 dem Werk beigegebenen Tafeln untergebracht; sie dienen vorzugsweise dazu, eine Auswahl der Formen zu zeigen, die in dem Kapitel behandelt werden. Die Textfiguren beleuchten nach Möglichkeit anatomische oder biologische Verhältnisse, ferner Lokalitäten, von denen meine Beobachtungen vorzugsweise stammen. Ich danke Herrn VICTOR HANSEN herzlichst für die Erlaubnis, seine vortrefflichen Abbildungen in der Handbuchserie Danmarks Fauna zu benutzen.

In dem Werk wurde vor allem auf die Darstellung der Biologie der Wasserinsekten Gewicht gelegt; nur diejenigen anatomischen Eigentümlichkeiten, die in enger Beziehung zur Lebensweise stehen, wurden mitberücksichtigt. Meine unzulänglichen physiologischen Kenntnisse haben verursacht, dass die Physiologie nur soweit besprochen wird, wie es für das Verständnis der biologischen Verhältnisse notwendig ist. Auf diesem Gebiet bin ich den Herren Prof. Dr. R. EGE und Prof. Dr. KAJ BERG für das Durchlesen der betreffenden Abschnitte und ihre Hilfe dabei zu Dank verpflichtet. Obwohl selbstverständlich hauptsächlich die europäische Fauna behandelt wurde, habe ich doch so weit wie möglich alles mitaufgenommen, was wir über die Biologie der aussereuropäischen Wasserinsekten, besonders derjenigen von Nordamerika und Asien, namentlich Japan, wissen.

In systematischer Beziehung habe ich mich fast überall an das Handbuch der Zoologie gehalten. Das gilt vor allem für die Dipteren; ebenso sind die mit Petit gedruckten Übersichten über die wichtigsten Ordnungsmerkmale danach ausgearbeitet.

Herzlichen Dank schulde ich auch den Vielen, die mir Bildermaterial zur ersten Ausgabe überlassen haben, das nun in der vorliegenden wieder verwendet wird, sowie Anderen, namentlich Prof. Dr. N. A. KEMNER, Lund, der mir hier im Lande nicht zugängliche Literatur verschafft hat, Museumsinspektor O. HAGERUP, Kopenhagen, der mir mit Illustrationsmaterial geholfen hat, Herrn Translatör A. WEST und Herrn Lehrer J. P. KRYGER, die mir lebendes Material gewisser Tiere beschafften. Das Werk wurde übersetzt oder korrigiert von Dr. phil. OLGA KUTTNER, zwei kleinere Abschnitte von Dr. phil. HILDE LEVY. Beiden danke ich bestens für die grosse und keineswegs leichte Arbeit der Übersetzung.

Einen herzlichen Dank bringe ich meinem Arzt, Dr. J. FISCHER. Ohne seine sorgsame Behandlung wäre es mir nicht möglich gewesen, in meinem hohen Alter die grosse Arbeit durchzuführen.

Ganz besonderen Dank möchte ich Mag. scient. S. L. TUXEN, am Zoologischen Museum, aussprechen. Er hat auf mein Ersuchen hin die Korrektur des gesamten Werkes gelesen und mir dabei manchen wertvollen Wink gegeben. Er hat ferner das Sachregister ausgearbeitet, eine sehr mühsame Arbeit, die ich selbst kaum hätte leisten können.

Schliesslich möchte ich auch Bianco Lunos Buchdruckerei, nicht zum mindesten dem inzwischen verstorbenen Direktor VIGGO HANSEN, sowie Herrn Oberfaktor HARALD ANDERSEN, bestens danken für das mir bewiesene grosse Entgegenkommen und die Hilfe, die mir von Seiten der Druckerei stets zuteil geworden ist.

Hillerød, 1943.

Inhaltsverzeichnis.

Seite

APTERYGOTA

Von den drei zu den *Apterygota* gehörenden Ordnungen der *Thysanura, Protura* und *Collembola* ist nur die letztere im Süsswasser vertreten.

Kapitel I.

COLLEMBOLA (Springschwänze).

Die Ufer unserer Seen und Sümpfe sind oft, besonders zwischen den Blättern von Wasserpflanzen, mit unzähligen winzigen, blauschwarzen Tierchen bedeckt; nähert man sich ihnen, so hüpfen sie von den Pflanzen auf die freie Wasserfläche, laufen auf ihr umher, kleben an ihr fest, hüpfen von neuem und suchen schliesslich wieder ans Land zu kommen. Sie können in so ungeheuren Mengen auftreten, dass die Ufer von ihnen blauschwarz gefärbt werden und der Sand am Rand grosser Seen und an der Meeresküste dadurch bisweilen schwarz erscheint. Diese Tiere sind die sogenannten Springschwänze (Abb. 1–2), lauter ganz winzig kleine Insekten, von selten mehr als einem Millimeter Länge, die zum grössten Teil nicht auf dem Wasser heimisch sind. Es sind Tiere, die die Feuchtigkeit lieben und vorzugsweise in feuchtem, morschem Holz (Baumstümpfen, halbverfaulten Baumstämmen, auf den feuchten Wänden von Höhlen, in periodischen Gewässern, Pfützen, Blattachsen namentlich von Tropenpflanzen) vorkommen; sie leben sowohl hoch im Norden in der arktischen Region wie in den Tropen. Zur gleichen Abteilung gehören die sogenannten Gletscherflöhe, die auf Schneefeldern und Gletschern in so grosser Anzahl vorhanden sein können, dass sie diese schwarz färben. Nur ganz vereinzelte Arten, vornehmlich den Gattungen *Podura* (mit *P. aquatica* L.), *Hypogastrura, Isotoma* und *Sminthurides* angehörend, sind ans Süsswasser gebunden. Hierzu gesellt sich ferner noch *Anurida maritima*, die, wie schon der Name besagt, hauptsächlich an Meeresküsten vorkommt. – Die Organisation der Collembolen zeigt in vieler Beziehung ausserordentlich interessante Eigentümlichkeiten; im Süsswasser spielen sie aber eine zu geringe Rolle, als dass wir ihnen hier eine ausführlichere Betrachtung widmen können.

Ihre Körperform ist in der Regel länglich, bisweilen fast kugelrund (*Sminthuridae*). Im Gegensatz zu allen anderen Insekten haben sie nur 6 Hinterleibsringe; die Mundteile sind teils saugend, teils beissend, und können weit vorgestossen werden; ausser Gebrauch sind sie eingezogen. Die meisten Collembolen besitzen hinten zwei lange Springstäbe (auch Springgabel oder Furca genannt); sie werden in der Ruhe unter den Bauch umgeklappt, beim Sprunge nach hinten geschnellt und dann wieder nach vorne geführt (daher der Name Springschwänze). Wenn die Springgabel nicht in Gebrauch ist, wird sie mittels eines besonderen, hängselartigen Anhanges des dritten Segmentes (Retinaculum), der gleichzeitig beim Ausschnellen der Stäbe eine Rolle spielen soll, unter dem Bauch am Platz gehalten. Wenn das Tier stirbt, wird die Springgabel nach hinten gestreckt; in dieser Stellung findet man sie auch auf den Häuten, die wie Staubflocken massenhaft überall anzutreffen sind, wo die Tiere in grösseren Mengen auftreten. Ein anderes eigentümliches Organ ist ein in der Mittellinie auf der Unterseite des 1. Segmentes liegender, unpaarer Zapfen (Ventraltubus), durch welchen zwei lange Säcke ausgestossen und eingezogen werden können. Die Säcke werden beim Gebrauch mit Blut gefüllt. Im Kopf liegende Drüsen befeuchten erst die Unterlage, auf der das Tier sitzt; dann werden die Säcke auf der befeuchteten Unterlage angebracht, und das Tier ist angeleimt. Ventraltubus, Retinaculum und Furca können als drei Paar Abdominalgliedmassen aufgefasst werden. Die Beine sind ausserordentlich kurz; Schiene und Fuss sind zumeist zu einem Stück verschmolzen und mit ein oder zwei Klauen versehen. Die Antennen sind 4–6 gliedrig. In der Regel 8 Augen in einem Pigmentfleck angebracht und zwischen ihnen und den Antennen ein eigentümliches Sinnesorgan. Der Körper wird von einem Haarkleid von sehr verschiedenartiger Ausstattung und lebhafter Färbung bedeckt. Mit Hilfe ihrer Springgabel können die Tiere sehr grosse Sprünge machen, oft 20–30 mal ihre eigene Körperlänge, einzelne viel mehr, Gletscherflöhe bis zu einem Dezimeter. Schliesslich sei noch erwähnt, dass die Collembolen meistens kein Tracheensystem besitzen; sie atmen durch die Haut; übrigens wird angegeben, dass den oben erwähnten Säcken respiratorische Bedeutung zukommt. Bei einzelnen Formen findet sich ein Paar Atemlöcher vor, doch liegen diese am Kopf, was ganz einzig dasteht. Die Nahrung besteht aus faulenden Stoffen; einige Arten sind angeblich Raubtiere. Die Tiere legen Eier, aber über die Entwicklung weiss man sonst wenig. Die auf dem Wasser lebenden Formen sind mit einer unbenetzbaren Haarschicht ausgestattet, die es ihnen ermöglicht, sich auf der Oberfläche des Wassers zu bewegen, ohne unterzusinken; sie können unmittelbar vom Wasserspiegel aus viele Zentimeter hoch springen.

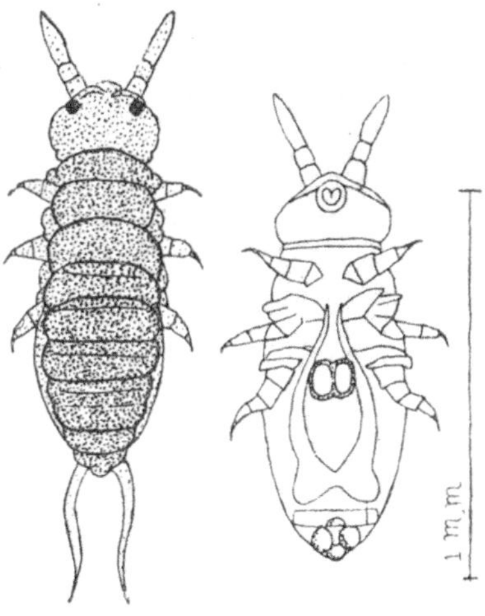

Abb. 1. Abb. 2.

Abb. 1–2. *Podura aquatica* L. vom Rücken und von der Bauchseite gesehen; in der Figur rechts sieht man die Springgabel unter dem Bauch eingeschlagen. Nach Brocher, F. 1913.

Aber eben weil die Collembolen niemals vom Wasser benetzt werden und leicht wie ein Hauch sind, laufen sie Gefahr, vom Sommerwind entführt zu werden, wenn er spielend über den Wasserspiegel dahinstreicht. Und das geschieht häufig; plötzlich sieht man, wie ein blauschwarzer Kuchen von Collembolen die Form ändert oder sich auflöst; das währt aber nur kurz, gleich darauf haben die Tierchen wieder festen Boden gefasst und sitzen nun wie festgeleimt an der Wasseroberfläche. Offenbar besitzen sie ein Mittel, um sich, je nach Belieben, am Wasserspiegel zu befestigen. Dieser Haftapparat ist die oben beschriebene Ventraltube, die sie herausschieben, und deren Spitze im Gegensatz zum übrigen Körper benetzbar ist. Mit Hilfe der Ventraltube werden die

Tiere kapillär mit der Oberfläche des Wassers verbunden; wenn sie eingezogen wird, hört die Kapillarität auf, und die Tiere sind wieder ein Spielball für Wind und Wellen (Brocher 1913).

Zahlreiche Beobachtungen haben mit Sicherheit dargetan, dass die Springschwänze oft von Wasserpflanzen und anderen festen Gegenständen aus ins Wasser tauchen, wo sie sich an Pflanzen festheften.

Von den Collembolen des Meeres weiss man, dass sie in ungeheuren Mengen auf dem vom Gezeitenwasser bespülten Sand leben. Bei herannahender Flut graben sie sich in den Sand ein; hier bleiben sie bis zu 6–8 Stunden lang und mit etwa zwei Meter Wasser über sich liegen; wenn das Wasser fällt, kommen sie hervor. Sie graben sich ein, wenn die Gezeitenwelle ca. 3–5 Meter entfernt ist (Davenport 1903).

Die obengenannten Gletscherflöhe mit der Hauptform *Isotoma saltans* Nic. kommen stellenweise in so grossen Mengen vor, dass sie den Schnee blauschwarz färben. Neuere Untersuchungen (Handschin 1919, Steinböck 1931) haben in wesentlichem Grad zur Vertiefung unserer Kenntnisse über das Leben dieser merkwürdigen Geschöpfe beigetragen. In den Ötztaler- und Stubaieralpen wies Steinböck sie in einer Anzahl von etwa 2000 pro Quadratmeter nach. Die Eier werden unmittelbar auf dem Schnee als gelbes Pulver unter Steinen abgelegt. Die Tiere leben einzig und allein von den Pollenmassen, besonders Nadelholzpollen, die über die Schneefelder hingeweht werden; wo sich kleine Wasseransammlungen bilden, überqueren sie dieselben; sie sind nicht allein auf der Schneedecke, sondern auch bis zu einer Tiefe von 10–20 cm in derselben zu finden. Ihr ungeheuer zahlreiches Vorkommen ist u. a. dem gleichzeitigen Schlüpfen grosser Mengen von Eiern zuzuschreiben. Selbst diese unter den schwersten Daseinsbedingungen der Erde lebenden Geschöpfe haben ihren Feind im ewigen Schnee; das ist der Weberknecht *Parodiellus obliquus* (Koch), der sich ausschliesslich von Gletscherflöhen nährt.

PTERYGOTA

Kapitel II.

ORTHOPTERA (Geradflügler).

Noch bis vor wenigen Jahren meinte man, dass die sogenannten eigentlichen Heuschrecken, *Orthoptera genuina*, zu welchen die Ohrwürmer, Schaben, Stabheuschrecken, Fangheuschrecken, Heuschrecken und Grillen gehören, ausschliesslich Landtiere seien. Noch vor etwa 75 Jahren wäre es keinem Menschen eingefallen, diese Insektenfamilien in einem Handbuch zu suchen, das nur von Wasserinsekten handelt.

Auf Grund paläontologischer Funde vermuteten indessen einige Forscher, dass diese Familien, die zum Teil bereits in den ältesten Ablagerungen unseres Erdballs vorkommen, von Insektengruppen abstammen, die heute längst ausgestorben sind, die aber wahrscheinlich als Wassertiere angesprochen werden müssen.

Ungefähr gleichzeitig liefen aus den Tropen Mitteilungen darüber ein, dass in der Tat die allermeisten dieser Familien Vertreter im Süsswasser haben, die offenbar dem Leben im Süsswasser angepasst sind. Viele dieser Tiere sind ungemein selten, manche Arten wurden nur in vereinzelten Exemplaren gefunden; überhaupt sind sie nur wenig erforscht, über ihre Biologie weiss man fast nichts, und am wenigsten gerade über den Punkt, über den man vor allem Bescheid wissen möchte, nämlich über den Bau der Atmungsorgane.

Im folgenden soll über die höchst fragmentarischen Beobachtungen berichtet werden, die uns über diese Tiere zur Verfügung stehen.

Annandale (1906) teilte mit, dass am Ufer des Chota-Nagpore unter Steinen Schaben zu finden waren, die der Gattung *Epilampra* angehören. Diese Tiere sollen vortrefflich schwimmen; es wird berichtet, dass sie wie die Dytisciden ab und zu die Spitze des Hinterkörpers an die Oberfläche bringen, um zu atmen; die hinteren Spirakel weisen besondere Eigentümlichkeiten auf, durch welche die Atmung ermöglicht wird.

Auch unter den Stabheuschrecken hat man Wassertiere nachgewiesen. Die brasilianische Gattung *Prisopus* (Abb. 3) soll oft in Gebirgsbächen unter Steinen Zuflucht suchen und zeigt im Zusammenhang damit eigentümliche Anpassungen. Das Tier besitzt eine concave Unterseite, mit welcher es sich vermutlich gleichsam an Steinen festsaugt. Während des Festsaugens wird das Tier angeblich durch grosse Haarfransen an verschiedenen Körperteilen unterstützt. Die Beine sind breit und flach; das Tier soll mit nach vorn gestreckten Vorderbeinen und der Strömung zugekehrtem Kopf an den Steinen festgesaugt sitzen.

Ein anderes, noch sonderbareres Insekt, das auch hierher gehört und von dem wahrscheinlich bisher nur ein Exemplar gefunden wurde, ist *Cotylosoma dipneusticum*. Seine Heimat ist Borneo. Es ist 8–10 cm lang, seine Flügel sind rudimentär; das eigentümlichste an dem Tier ist indessen, dass es an der Unterseite der Brust 5 gefranste Platten trägt, die wie Tracheenkiemen aussehen, also einen Atmungsapparat, wie er nur bei Wassertieren vorkommt, und der nur von solchen gebraucht werden kann; ob diese Platten wirklich Tracheenkiemen sind, steht allerdings noch in Frage.

Auch unter den Feldheuschrecken wurden Wassertiere nachgewiesen, und zwar sowohl auf Ceylon wie im Himalaya; sie gehören zur Gattung *Scelimena*. Die Tiere springen mit grösster Behendigkeit ins Wasser und bewegen sich schwimmend in ihm fort; als Nahrung sollen sie submerse Pflanzen bevorzugen. Die Hinterbeine sind angeblich verbreitert und werden beim Schwimmen benutzt. Vgl. auch SHELFORD 1907 und CHOPARD 1934.

In Spanien soll es eine Feldheuschrecke *Euprepocnemis* geben, die, wenn sie verfolgt wird, trotz ihrer Flügel ins Wasser springt und unter seiner Oberfläche Schutz sucht, wobei sie sich an den Wasserpflanzen festhält.

Was von diesen Formen berichtet wird, bringt mir in Erinnerung, wie oft ich, am Rande unserer Moore dahinwandernd, unsere einheimischen *Tettix*-Arten beobachtet habe, wie sie mit einem raschen Satz auf die Wasserfläche hüpfen und mit langen, regelmässigen Schwimmstössen das andere Ufer zu gewinnen trachten. Ohne Kenntnis der oben erwähnten tropischen Arten wunderte ich mich darüber, wie natürlich den Tieren diese Art der Fortbewegung schien; sie machten gar nicht den Eindruck, als ob sie über diesen Reinfall erschrocken wären.

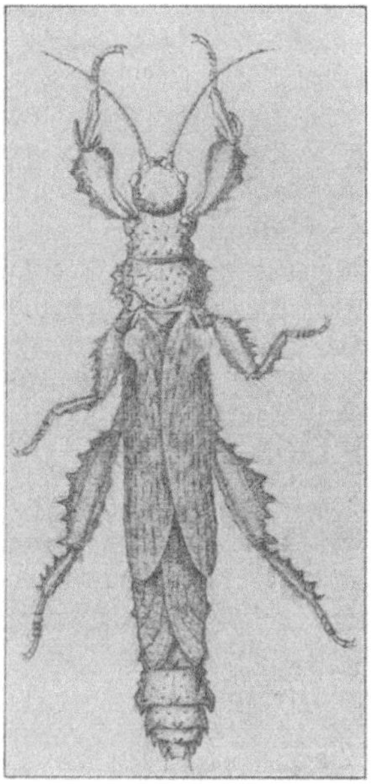

Abb. 3.

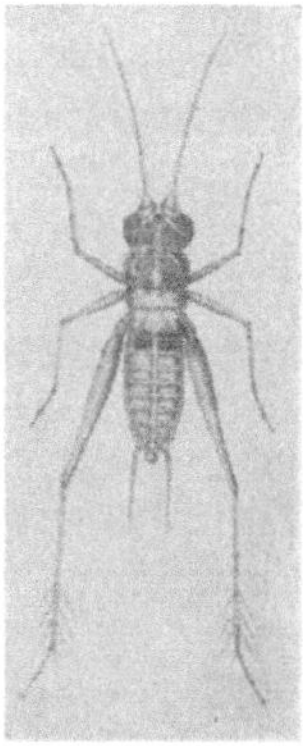

Abb. 4.

Abb. 3. *Prisopus* sp. Im Wasser lebende brasilianische Stabheuschrecke. Nach Brunner von Wattenwyl. verkl.

Abb. 4. *Hydropedeticus vitiensis*. Miall and Gilson. Wassergrille von den Fidschiinseln. Hinterschienen mit Springhaaren. Nach Miall, L. and Gilson, G. 1902.

Manche Grillen scheinen ebenfalls, wenn schon nicht im Wasser, so doch auf dem Wasser heimisch zu sein. So beobachtete GILSON (1897) auf den Fidschi-Inseln an der Oberfläche eines klaren, schnellfliessenden Stromes zahlreiche, schwarze Tiere, die, wie sich zeigte, zu den Grylliden gehören. Sie schlittern über den Wasserspiegel, springen bis zu 6 Zoll hoch, oft übereinander und häufig auf stark schäumendem Wasser. Die Tibien ihrer Hinterbeine sind mit langen, gefiederten Borsten versehen, die sicher beim Springen verwendet werden und als Anpassung an das für die Tiere eigentümliche Leben aufzufassen sind. Die Gattung heisst *Hydropedeticus* (Abb. 4).

Bereits SAUSSURE hatte beobachtet, dass eine andere in Südeuropa heimische Grille, *Tridactylus*, imstande ist, sich auf dem Wasser hüpfend fortzubewegen.

Bei dieser Art sind die Hinterbeine mit zwei Reihen gegliederter und abgeflachter Platten, 4 auf der einen und 3 auf der anderen Seite, ausgestattet; auch diese Eigentümlichkeit steht zweifellos mit dem Leben auf der Wasseroberfläche in Verbindung.

Wie aus dem hier angeführten hervorgeht, gibt es in den Tropen eine nicht geringe Anzahl von Orthopteren, die dem Leben auf oder im Wasser angepasst sind. Zweifelsohne wird es ihrer noch mehr geben, kennt man doch einige Arten, die ganz ähnliche anatomische Eigentümlichkeiten aufweisen, wie die obengenannten Wasserformen, deren Lebensweise aber heute noch nicht näher erforscht ist.

Die Ohrwürmer, die jetzt gewöhnlich als eine Ordnung für sich betrachtet werden, haben keine Vertreter im Süsswasser. Viele von ihnen leben an feuchten Stellen am Ufer von Seen und Wasserläufen. Die limnologische Sunda-Expedition berichtet von einigen Arten, die an Wasserfällen gefunden wurden. Keine derselben schien aber besondere Umbildungen aufzuweisen (GÜNTHER 1933). Ferner hat TAKAHASHI (1921) hervorgehoben, dass viele *Tettigidae* und *Acridiidae* subaquatisch leben und mit ihren Hinterbeinen vorzüglich schwimmen können. Die Tettigiden halten sich dicht an der Oberfläche auf; sie führen grosse Luftmengen mit sich, die unter dem Pronotum und an den Seiten des Abdomens aufgespeichert werden. Unter Wasser legen sich die Tiere mit einer Seite an die Oberfläche und nehmen neue Luft auf, indem sie das Pronotum vom übrigen Körper abbiegen. Sie atmen durch die Thorakal- und Abdominalstigmen.

Unter den Acridiern geht *Atractomorpha bedeli* mit dem ganzen Körper unter Wasser, während *Pachytylus* und *Oxya* nur die untere Körperhälfte eintauchen. Die Tiere tragen unter dem Pronotum grosse Luftblasen; sie atmen nur mit den Prothorakalstigmen. *Atractomorpha bedeli* biegt oft das Pronotum abwärts und durchbricht das Oberflächenhäutchen mit dem Apex des Pronotums.

Kapitel III.

PLECOPTERA (Ufer- oder Steinfliegen).

(Tafel I).

Hemimetabole Insekten von schlankem Bau mit vier flach über das Abdomen zurücklegbaren, zarten, gleichartigen Flügeln, mit wohl entwickelten Adern. Fühler lang, vielgliedrig. Beine Schreitbeine, gleichartig; schwach entwickelte Mundteile. Drei Ocellen. Cerci vorhanden, doch oft verkümmert. Larven aquatil. Finden sich Kiemenanhänge, dann gewöhnlich am Thorax, selten am Abdomen. Keine Subimago.

Die Plecopteren, Perliden, auch Ufer- oder Steinfliegen genannt, sind Insekten, die sich nie einer besonderen Beliebtheit erfreut haben. Der Wissenschaftler hat sich seit jeher nur wenig mit ihnen befasst, und dem Laien sind sie beinahe ganz unbekannt. Allein die Fischer an den grossen mitteldeutschen Strömen haben sie stets zu schätzen gewusst, weil sie einen ganz vorzüglichen Fischköder abgeben, wie sie sicherlich überhaupt als Nahrungsmittel für die Fische eine grosse Rolle spielen.

Unansehnlich von Farbe, als voll entwickelte Tiere träge, langsam in ihren Bewegungen, für gewöhnlich im Versteck, es ist nicht zu verwundern, dass sie so wenig studiert worden sind. Dennoch zeigen sie in Bau und Lebensweise Eigentümlichkeiten, die einer näheren Betrachtung wert sind. Erst in den letzten Jahren haben mehrere Forscher sich eingehend mit der Biologie der Plecopteren beschäftigt; zu erwähnen ist hier besonders Kühtreibers schöne Arbeit (1931–34), die für die folgende Darstellung viel benutzt wird; ferner Bengtsson 1933, Lestage 1920–23, Despax 1936.

Gleich den Libellen und Eintagsfliegen gehören die Perliden zu den ältesten Insekten unserer Erde; sie sind bereits in der jüngeren Permzeit anzutreffen. Ihre ganze Organisation trägt das Gepräge hohen Alters; von den drei Gruppen weisen wohl die Perliden in ihrem Bau die primitivsten Merkmale auf.

In biologischer Hinsicht sind die Perliden insofern merkwürdig, als sie mehr als jede andere Insektengruppe Flusstiere sind. Sie sind vornehmlich an den steinigen, sandigen und lehmigen Ufern von Quellen, Bächen, Flüssen und Strömen zu Hause. Im Gegensatz zu beinahe allen anderen Insekten gehören sie also vorzugsweise dem fliessenden, oft stark schäumenden Wasser an; eine Ausnahme bilden einzelne Formen (vor allen *Nemura*-Arten), die in seichten Tümpeln, Mooren und ähnlichen vorkommen; etliche der Arten sind in den Moospolstern heimisch, die als dichter Belag die ständig von Wasser überrieselten Steine der Bäche bedecken. Ferner zeichnen sich ausserordentlich viele Arten durch eine besondere Vorliebe für kaltes Wasser aus; darum ist ein Teil derselben in den tosenden Gebirgsbächen und oft in ihrem oberen Lauf zu finden.

Da Dänemark überhaupt keine grösseren Flüsse und auch keine typischen

Gebirgsbäche besitzt, war zu erwarten, dass die Gruppe bei uns nur schwach vertreten ist. Vorläufig hat unsere Fauna aber ungefähr 25 Arten ergeben, und vermutlich wird die Zahl mit der Zeit noch grösser werden. Vor ungefähr ca. 30 Jahren begannen jütländische Lehrer, mit dem energischen Lehrer, Dr. Esben-Petersen an der Spitze, die jütländischen Wasserläufe und namentlich die kalten Quellen und ihr Insektenleben zu erforschen (Abb. 5). Durch diese Untersuchungen (1914) wurde die Kenntnis unserer Fauna durch eine grosse Anzahl neuer Arten bereichert; vor allem sind diese Studien unserer Kenntnis der Plecopteren zugute gekommen. Es zeigte sich dabei, dass eine grosse Anzahl derselben auf den oberen Lauf der Flüsse und Bäche beschränkt ist, wo das Wasser ungefähr die Temperatur der Quelle behalten hat. Unter ziemlich ähnlichen, wenn auch weniger ausgeprägten Verhältnissen wurde dann ein grosser Teil derselben Fauna in mehreren der grösseren, seeländischen Flüsse und namentlich in den nordseeländischen Bächen nachgewiesen. Die Lokalitäten sind wohl kaum so kalt wie die jütländischen; als die besten Fundstellen erwiesen sich stets jene Teile der Wasserläufe, die im Schatten hoher Buchen liegen, und auch die Siele unter den Strassen lieferten gutes Untersuchungsmaterial. Einzelne Arten (W-L. 1908) finden sich als Brandungstiere an den Ufern unserer grösseren Seen. Bei näherem Studium dieser für unsere Fauna neuen Arten zeigte sich, dass viele derselben weniger in der näheren Umgebung Dänemarks als vielmehr in den uns ferner liegenden, mitteleuropäischen Gebirgsgegenden von Böhmen und Sachsen, sowie hoch oben in Norwegen wieder auftreten (Abb. 6). Mit anderen Worten: man darf diesen Teil unserer Fauna und ganz besonders ihre Plecopteren als Überbleibsel aus der Eiszeit, als Eiszeitrelikte, betrachten, die sich beim Rückgang der Gletscher in die Quellen zurückzogen; hier finden sie in dem kalten, stark durchlüfteten und schnell fliessenden Wasser noch heute die Lebensbedingungen, die ihre Organisation erfordert und die ihnen in längst verschwundenen Zeiten in weit ausgedehnteren Gebieten zu Gebote standen als heute. Mit den rückwandernden Eismassen wanderte auch der Hauptteil der Fauna zurück, teils in nördlicher Richtung in Norwegen und Schweden, teils nach Süden gegen die mitteleuropäischen Gebirge hin; dabei blieben aber viele der Tiere in den Quellen zurück, wo sie heute offenbar ein recht kümmerliches Dasein fristen. Ganz ähnlich verhält es sich auch mit anderen Formen, namentlich verschiedenen Turbel-

Abb. 5. Funderbach. Jütland. Eine Lokalität für viele jütische Relikte (phot. Esben-Petersen).

larien, die sich zusammen mit dieser Fauna vorfinden, sowie mit einigen Eintagsfliegen und vielen Köcherfliegen.

Ferner spricht folgendes für die Richtigkeit dieser Anschauung: Man pflegt zu sagen, dass die Temperatur, bei welcher die Geschlechtsstoffe einer Art zur Reife gelangen, bis zu einem gewissen Grad als Indikator für die ursprüngliche Heimat einer Art dienen kann. Finden sich nämlich in der Fauna eines Gebietes Arten vor, deren Eier bei sehr niedrigen Frühjahrstemperaturen reifen, so gibt es zwei Möglichkeiten: entweder kann die ursprüngliche Heimat der Art hoch im Norden liegen, oder die Art ist im Lande selbst entstanden, aber unter klimatischen Bedingungen, die weit unter den heutigen lagen. Von dieser Regel gibt es leider so viele Abweichungen, dass ihre Gültigkeit dadurch sehr eingeschränkt wird. Was die Plecopteren betrifft, so ist es indessen sicher, dass die Flugzeit mancher Arten in das zeitige Frühjahr fällt, zuweilen beginnt sie schon vor der Schneeschmelze; ja es kommt vor, dass die Schneefelder von Perliden schwarz gefärbt sind. Die Paarung kann in Spalten im Eis stattfinden (Nordamerika). In alpinen Gegenden gehen die Larven dieser Formen bis auf wenige hundert Meter an die Gletschertore heran und sind in der sogenannten Gletschermilch anzutreffen (*Leuctra inermis* Kny.). Auch die Eier werden bei niedriger Temperatur abgelegt; viele Arten übersommern vermutlich im Eistadium. Wenn also in diesen Fällen die Regel Gültigkeit hat, so spricht bei vielen Plecopteren (Capniiden, Taeniopterygiden) der Zeitpunkt des Reifens der Geschlechtsstoffe entschieden für die Annahme, dass ihre Heimat hoch im Norden oder hoch im Gebirge zu suchen ist, und dass die Fauna, die wir in neuerer Zeit in den kalten Quellen von Mitteljütland gefunden haben, wirklich eine Reliktenfauna ist, die sich von der Eiszeit bis auf unsere Tage erhalten hat. In keiner Gegend unseres Landes haben die grossen Schmelzwässer aus den letzten Etappen der Eiszeit so tiefe Spuren hinterlassen wie in Mitteljütland. Hier sind noch die grossen Gletschertore zu finden, durch welche die Gletscherflüsse aus den gegen Osten gelagerten Eismassen herausfluteten und die mächtigen Sandmassen ablagerten, die die heutigen westlichen Heideflächen bilden. Ein sonderbarer Gedanke, dass die unansehnlichen Bäche und Flüsschen, Reste der mächtigen, vorzeitlichen Gletscherströme, jenen Arten,

Abb. 6. Otterschlucht bei Spöl. Schweizerischer Nationalpark.

die hier nach der Abschmelzperiode weiterlebten, Zuflucht und erträgliche Lebensbedingungen gewährten.

Es ist eine bekannte Tatsache, dass die Eiszeit die Länder, über die sie einmal geherrscht hat, auf vielerlei Art prägte. Nicht allein die topographische Gestaltung, die Beschaffenheit und Fruchtbarkeit des Bodens wurden durch sie bestimmt, sondern sie war auch ein mitwirkender Faktor, wo es sich um die Zusammensetzung ihrer Fauna und Flora handelte. Es ist aber noch nicht allgemein bekannt, dass die Eiszeit auch die Lebenserscheinungen der jetzigen Flora und Fauna geprägt hat. Die Lebensbedingungen, unter denen die Arten damals lebten, wurden für sie zu einem Bestand an Erinnerungen, von dem sie sich unter anderen und leichteren Lebensbedingungen nicht mehr frei machen konnten, und der heute noch für ihr Leben bestimmend ist. Der Naturforscher wird immer wieder die Erfahrung machen, dass es den Lebewesen schwer fällt, Neues aufzunehmen, aber noch schwerer, das Erworbene aufzugeben. Und er selbst! Des einen Auge ist auf die Neubildungen gerichtet, welchen der Organismus unterworfen ist oder sich unterwirft, des anderen Auge mehr darauf eingestellt, dem dunklen, erhaltenden, konservativen Element nachzugehen, das allem Lebendigen von Natur aus eigen ist; am besten, wenn das Auge beides erfasst.

Es verdient hervorgehoben zu werden, dass Lehrer Dr. Esben-Petersen, dem vor allem unsere Kenntnisse über diesen kleinen besonderen Teil unserer Fauna zu verdanken sind, bereits seit langem die Auffassung vertritt, dass diese Fauna eine Reliktenfauna der Eiszeit ist (1914).

Die Larven. Wie bereits oben berührt, zeigt der Bau der Perliden nur wenige charakteristische Merkmale; dies gilt nicht zumindest für die Larven. Abgesehen von dem Unterschied in der Grösse, ähneln sie einander in nicht geringem Grad. Der Körper ist stets länglich, gewöhnlich mehr oder minder abgeflacht, selten rundlich, mit weit auseinander stehenden Beinen. Die meisten von ihnen, die grossen *Perla*-Arten u. a. (Taf. I, Abb. 3), sind Raubtiere mit grossem Kopf, spitzgezackten Mandibeln und dolchförmigen Maxillarlappen; nur wenige sind Pflanzenfresser, deren Mundteile mehr auf ein Zermalmen der Nahrung eingerichtet sind (Nemuriden u. a.). Die Antennen sind lang und mit verschiedenen Sinnesorganen ausgestattet; sie sind sehr beweglich. Das Sehvermögen spielt im Larvenleben nur eine untergeordnete Rolle. Am Aufenthalts-

---

TAF. I

Plecoptera.

Abb. 1. *Nemura marginata* Pictet. Larve. Nach Rousseau, E. 1921.
— 2. *Leuctra* sp. Larve. Nach Rousseau, E. 1921.
— 3. *Perla marginata* Panz. Larve. Nach Schoenemund, E. 1912. × $1^1/_2$.
— 4. *Capnia nigra* Pictet. Larve. Nach Rousseau, E. 1921. × 3.
— 5. *Taeniopteryx* sp. Larve. Nach Rousseau, E. 1921.
— 6. *Peltoperla* sp. Larve. Nach Ueno, M. 1929. Japan. × 4.
— 7. *Dictyopteryx microcephala* Pictet. ♂, kurz geflügelt. Nach Ussing, H. 1920. × $1^1/_2$.
— 8. *Dictyopteryx microcephala* Pictet. ♂, lang geflügelt. Nach Ussing, H. 1920. × $1^1/_2$.
— 9. *Dictyopteryx microcephala* Pictet. ♀. Nach Ussing, H. 1920. × $1^1/_2$.
— 10. *Scopura longa* Ueno. Larve. Nach Ueno, M. 1929. Japan. × $2^1/_2$.
— 11. *Nemura avicularis* Mort. Larve. Nach Esben-Petersen. 1910. × 2.
— 12. *Chloroperla* sp. Larve. Nach Rousseau, E. 1921.
— 13. *Isopteryx* sp. Larve. Nach Rousseau, E. 1921.
— 14. *Scopura longa*. Ueno, M. 1931. Imago. Eine aptere Perlide aus Japan. × $2^1/_2$.
— 15. *Perlodes intricata* Pictet. 1: 4 Monate alt; 2 ca. 12; 3 ca. 18; 4 ca. 24 Monate alt (reif.). Nach Kühtreiber, J. 1931—1934.

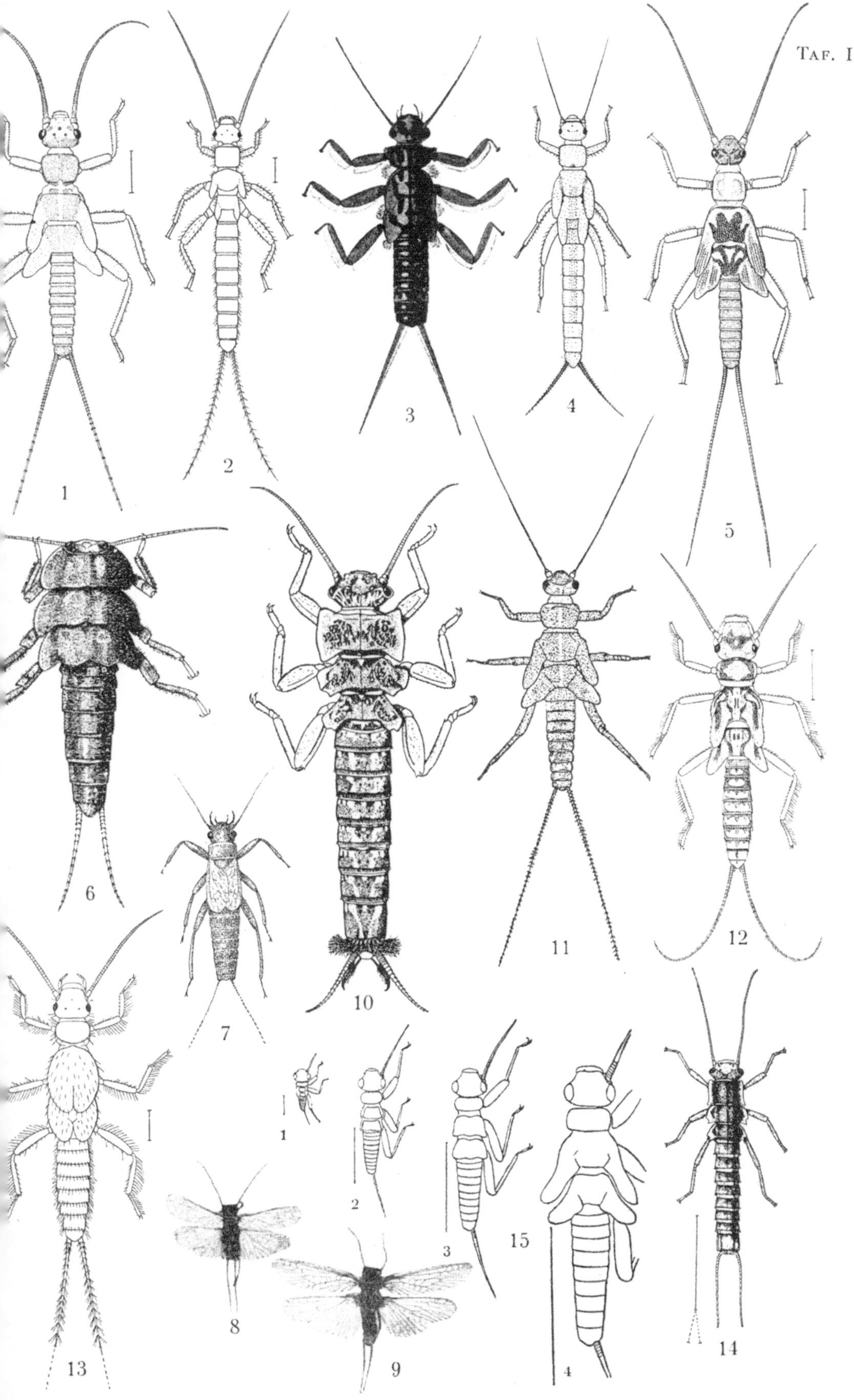

orte der Tiere herrscht meist Dunkelheit. Die grossen Perlidenlarven vermögen eine Beute nur in einer Entfernung von 3–4 cm zu erspähen (Kühtreiber 1931). Die stark entwickelten Brustringe tragen je ein Paar Beine, die mit zwei Klauen ausgerüstet und als Kriech-, Schreit- oder Kletterbeine eingerichtet sind; einige Larven gebrauchen die Beine auch zum Wühlen in losem Schlamm; häufig sind ihre Kanten mit Haar- und Dornenkämmen besetzt. Die beiden letzten Brustringe tragen die angedrückten Flügelansätze. Der zehngliedrige Hinterleib endet in zwei langen Schwanzborsten, die mit Sinnesorganen ausgestattet und im Gegensatz zu den Antennen steif sind. Die Hinterleibsringe sind gegeneinander sehr beweglich, was einzelnen Arten die Möglichkeit gibt, sich schlängelnd zu bewegen oder sich zu einer Kugel zusammenzurollen.

Im allgemeinen sind die Perlidenlarven recht langsam, einige doch ganz lebhaft; die grossen Arten sind oft auf der Jagd nach Beute. Ihre Beine sind vortrefflich zum Laufen geeignet. Die Larven schwimmen gewöhnlich nur, wenn sie an die Wasseroberfläche gelangen oder eine Beute verfolgen wollen. Hebt man einen Stein auf, unter dem Larven liegen, so kann man sie eilig davonrennen sehen. Einzelne grosse Formen haben Schwimmhaare an den Hinterbeinen.

Die Respirationsorgane sind recht eigentümlich. Die Larven haben nämlich ein vollkommen geschlossenes Tracheensystem; der im Wasser gebundene Sauerstoff wird durch die Haut aufgenommen. Ihr Sauerstoffverbrauch ist sehr gross; an den Lokalitäten, wo die meisten der Formen sich aufhalten, beträgt der Sauerstoffgehalt des Wassers mindestens 5–6 ccm pro Liter (bei einer Temperatur von ca. 10° C.). Bei anderen Insekten mit geschlossenem Tracheensystem, und besonders bei solchen mit so dicker, stark chitinisierter Haut wie die Perliden, sind zumeist gewisse Teile der Haut zu dünnhäutigen Blättern oder Fäden (Tracheenkiemen) umgewandelt, die reich mit Tracheen ausgestattet sind und in denen die Sauerstoffaufnahme vorzugsweise erfolgt. Das eigentümliche bei den Perliden ist nun, dass diese Tracheenkiemen oft völlig fehlen; wo sie vorkommen, sind sie in der Regel recht schwach ausgebildet und treten dann nicht allein am Hinterkörper – und in diesem Fall an dessen Spitze (*Scopura* Taf. I, Abb. 10) –, sondern auch, was ebenfalls zu den Ausnahmen gehört, auf der Brust und zwar am Grunde der Beine auf (Abb. 7) (Gerstäcker 1873, Lauterborn 1903). Diese Kiemen können, wie bei den grössten Formen, büschelartig sein (Taf. I, Abb. 3), sehr oft aber sind sie bloss kurze, dünne Anhänge, denen man schwer eine respiratorische Bedeutung zubilligen würde; bei einer bestimmten Art sind sie schwach dreigliedrig, und die einzelnen Glieder können ineinander geschoben werden. Sie können nicht wie die Kiemen der Eintagsfliegen schwingende Bewegungen ausführen (Lauterborn 1903). Bei den kiementragenden Formen entwickeln sich die Kiemen erst nach einer der letzten Häutungen.

Die geringe Entwicklung aller äusseren Atmungsorgane hängt damit zusammen, dass die Tiere vorzugsweise in ständig fliessenden, oft stark schäumenden, stets sauerstoffreichen Gewässern leben. Es ist eine bekannte Tatsache, dass man die Tiere fast niemals länger als ein paar Tage, meist nicht einmal so lange, in einem nicht durchlüfteten Aquarium zu halten vermag. Sicher sterben sie hier alle an Erstickung. Im Sommer vollführen sie gerne eigentümliche, rhythmische Bewegungen mit dem Körper, wodurch dieser ständig von frischem Wasser umspült wird. Die Anzahl dieser Schwingungen ist von der Temperatur abhängig; bei gewissen Formen kann die Zahl derselben auf 100 pro Min. steigen. Diese Bewegungen sollen im Winter nicht zu beobachten sein. Die Hautatmung wird, vor allem bei jungen Tieren, von Darmatmung unterstützt, indem der Enddarm Wasser ein- und auspumpt.

Die Larven der *Perla*-Arten sind, wie schon hervorgehoben, ausgesprochene Raubtiere; die grossen scheinen vorzugsweise von Eintagsfliegenlarven, die kleinen von Mückenlarven und allerlei kleinen Wasserinsekten und Entomostraken zu leben. Ihr Darmkanal zeigt deutlich den für Raubtiere charakteristischen Bau; er ist mit einem Kaumagen versehen, der einen Ring von vorspringenden Zähnen trägt, und besitzt 6–8 grosse Blindsäcke, die parallel zum

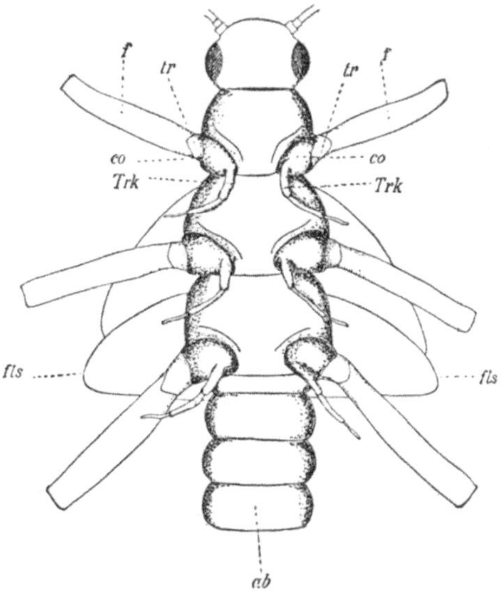

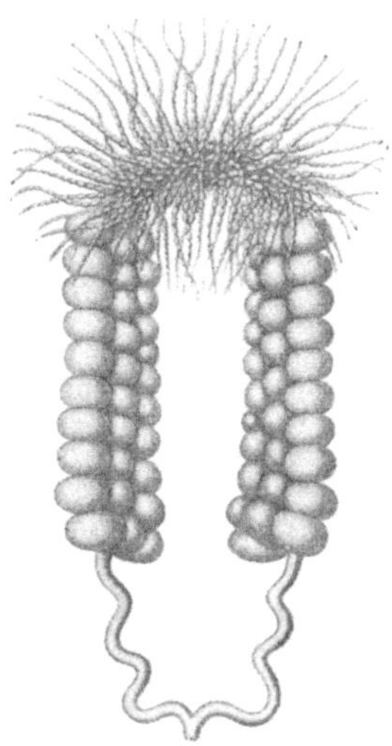

Abb. 7. Abb. 8.

Abb. 7. *Taeniopteryx nebulosa* L. Ventralseite. *Trk* Tracheenkiemen, *f* Femora, *tr* Trochanter, *co* Coxae, *fls* Flügelscheiden, *ab* Abdomen. Vergr. ca. 8. Nach Lauterborn, R. 1903.

Abb. 8. *Perla marginata* Panz. Die gesamten inneren männlichen Genitalien; oben Eierstöcke; unten Testikel. Larvenstadium. Nach Schoenemund, E. 1912.

Magen liegen. Der Darm einer grossen Perlide enthält oft 3–4 mittelgrosse Köcherfliegenlarven; eine halberwachsene Larve vertilgt täglich 3–4 mittelgrosse Eintags- oder Köcherfliegenlarven (Grau 1926). Der Fettkörper ist stets wohlentwickelt; von ihm zehrend können die Tiere monatelang durchhalten (Schoenemund 1925). Unverdauliche Chitinreste werden durch den Mund ausgeworfen. Kleinere Arten sind Detritusfresser oder omnivor.

In brausenden, schäumenden Flüssen und Bächen sitzen die Perlidenlarven festgeheftet an den Kanten von Steinen oder an ihrer Unterseite, wobei ihr abgeflachter Körper dem strömenden Wasser nur geringen Widerstand bietet. Viele der ausgeprägtest rheophilen Formen haben auch einen ausgesprochen rheophilen Bau mit flachen Brustringen und flachen Schenkeln. Viele derselben kommen daher den Eintagsfliegenlarven im Aussehen recht nahe. Dies gilt für gewisse *Perla*-Arten und für die sonderbare japanische Gattung *Peltoperla* (Ueno 1929) (Taf. I, Abb. 6). Glauben die Tiere sich verfolgt, so laufen sie auf ihren kräftigen Laufbeinen eilends in ihre Schlupfwinkel zwischen Steinen; nur ungern und nur, wenn wirkliche Gefahr droht, entschliessen sie sich zu schwimmen. Viele der kleineren Arten werden mit ihrer Entwicklung im Laufe eines Jahres fertig, doch weiss man mit Sicherheit, dass die grossen *Perla*-

Arten der mitteleuropäischen Flüsse 2–3 Jahre im Larvenstadium verbleiben. Bei einigen Arten der Gattung *Nemura* (Taf. I, Abb. 1 und 11) kommen angeblich 2 Generationen im Laufe eines Jahres zur Entwicklung (RIS 1910). Von den grossen *Perla*-Arten wird berichtet, dass sie 33 Häutungen, davon 18 im ersten Jahr, durchmachen, was aber auch drei bis vier Jahre in Anspruch nimmt (SCHOENEMUND 1925, KÜHTREIBER 1931—1934) (Taf. I, Abb. 15_{1-4}).

Von einem Winterschlaf ist nicht die Rede. Ganz im Gegenteil scheint es, als ob hohe Sommertemperaturen bei den meisten Formen Wachstumshemmungen hervorrufen, und als ob die Wachstumsperiode gerade im Winter liegt.

Bei der letzten Häutung gehen die Larven in das Nymphenstadium über, das durch grössere Flügelscheiden gekennzeichnet ist. Aus den oft munteren, behenden Larven mit ihrem räuberischen Wesen werden nun träge Tiere, die nur wenig Nahrung zu sich nehmen. Es wurde festgestellt, dass sich bei den Larven einer Art auf der Unterseite der Brust bei der letzten Häutung ein Stigma öffnet, durch welches vermutlich Luft zwischen die alte und die neue Haut eindringt; jedenfalls ist diese Luftschicht zwischen den zwei Häuten kurz vor der Verwandlung sehr deutlich erkennbar. Vor der Verwandlung kriecht die Nymphe gewöhnlich an Steinen empor, auf denen auch später ihre abgestreiften Hüllen massenweise zu finden sind. Sehr oft vereinigen sich viele der Tiere zu gemeinsamen Schlüpfgesellschaften, von denen dann Steine und Zweige dicht bedeckt sind. Auch Paarung ist in diesen Gemeinschaften beobachtet worden. In Gewässern mit starker Strömung fällt es den Tieren oft schwer, feste Ankerplätze zu finden, auf welchen die Verwandlung stattfinden könnte. Sind sie auf glatte Flächen gelangt, wo sie nicht festen Fuss fassen können, so kann man beobachten, wie sich die Tiere auf folgende höchst charakteristische Weise zu helfen wissen. Sie stülpen nämlich die ganze Chitinbekleidung ihres Vormagens durch den Mund aus; die ausgestülpte Chitinhaut klebt nun an den Steinen und bildet eine Art Ankertau, mit dessen Hilfe die Nymphe dann während der Verwandlung befestigt ist (KATHARINER 1901). Hier, wie so oft bei den Wasserinsekten, begegnet man einer jener merkwürdigen Anpassungen, die fast wie eine Fabel anmuten. Ist es nicht eine höchst originelle Idee, dass man seinen Vorderdarm auswirft, ihn am Stein festklebt und sich dadurch auf seiner glatten, schaumbespritzten Oberfläche den Halt verschafft, der die erste Bedingung dafür ist, dass eine Verwandlung vor sich gehen kann?

Die meisten Nymphen verlassen die Flüsse bei Nacht; viele von ihnen legen oft ziemlich lange Wegstrecken zurück, ehe sie sich festsetzen. Die Wanderung wird im Laufe einer einzigen Nacht ausgeführt; die eigentliche Verwandlung dauert gewöhnlich nur wenige Minuten.

Das vollentwickelte Insekt (Abb. 9) unterscheidet sich von der Larve am meisten durch die vier grossen, durchsichtigen Flügel mit der kräftigen Äderung. Männchen und Weibchen sind leicht voneinander zu unterscheiden, da das Männchen viel schlanker ist als das Weibchen, vor allem aber durch die Genitalanhänge, die von grosser systematischer Bedeutung sind. Die Flügel liegen der Länge nach am Hinterleib. Das hintere Paar ist fächerförmig gefaltet und wird ganz von den schmalen Vorderflügeln verdeckt. Das Geäder bietet wichtige systematische Merkmale. Man sollte meinen, dass die Uferfliegen vorzügliche Flieger seien, doch ist dies nicht der Fall. Selbst als vollentwickelte Insekten kriechen die meisten Arten mehr, als sie fliegen. Ihr Flug besteht vorwiegend in einem unbehilflichen Flattern – wobei die beiden Flügelpaare nicht gleichzeitig bewegt werden – und die Tiere halten sich meistens sehr nahe am Erdboden; sie lassen sich mehr von den Luftströmungen tragen, als dass sie wirklich selbst fliegen. Alles dies gilt nicht nur für unsere einheimischen, kleinen Arten, sondern auch für die grossen *Perla*-Arten, die vorzugsweise an den grossen mitteleuropäischen Flüssen zu finden sind.

An einem Sommertag, als ich unterhalb des Schlosses Laufen bei Schaffhausen darauf wartete, über den Rhein gesetzt zu werden, sah ich zahllose Individuen einer grossen *Perla*-Art auf Brückenpfeilern und Bootshäusern umherkriechen. Und immer versuchten sie nur, sich im Laufe, aber niemals im Fluge zu retten. Die besten Flieger sind die kleinen *Isopteryx*-Arten (Larve Taf. I, Abb. 13), die am hellichten Tag wie Mücken über Wiesen hinfliegen und sich scharenweise zur Paarung über dem Wasserspiegel sammeln. Diese und andere Arten können Schwärme bilden und zwar am liebsten über Gebirgsbächen und Wasserfällen.

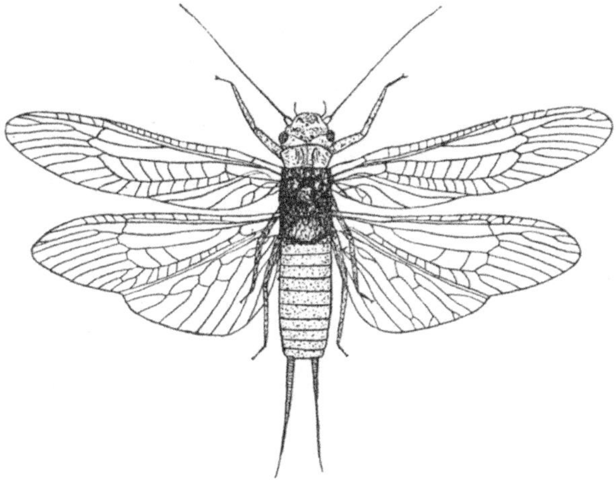

Abb. 9. *Perla cephalotes* Curt. Nach Esben-Petersen 1910. Schwach vergrössert.

Trotz ihrer düsteren Farben sind manche von ihnen ausgesprochene Tagtiere, die vorzugsweise bei hellem Tageslicht und zumeist bei gleichzeitig hoher Luftfeuchtigkeit umherfliegen. Einige sind jedoch Dämmerungstiere (*Pteronarccys*). Die Flugzeit der meisten Arten fällt in das Sommerhalbjahr, jedoch haben *Capnia* (Larve Taf. I, Abb. 4) und *Taeniopteryx* (Taf. I, Abb. 5) ihre Flugzeit, wenn Erde und Wasser mit Schnee und Eis bedeckt sind. Bei vielen ist die Flugzeit von ziemlich langer Dauer (5–6 Monate), die der *Perla*-Arten ist gewöhnlich bedeutend kürzer. Die Beine der Imago sind vortreffliche Laufbeine; bei einigen sind Haftscheiben zwischen den Klauen ausgebildet, mit deren Hilfe sie an senkrechten Flächen hinauflaufen können.

Als vollentwickelte Insekten nehmen die Tiere keine feste Nahrung zu sich, dagegen angeblich ansehnliche Mengen Wasser. Die Mundteile sind stark reduziert, namentlich die Mandibeln und Maxillen; wohlausgebildet sind nur die Teile, die mehr im Dienste des Spürsinns als dem der Ernährung stehen (die Palpen). Gleichzeitig ist die starke Chitinbekleidung verschwunden, die den Kaumagen der Larve ausgezeichnet hat. Die vollentwickelten Tiere zehren hauptsächlich vom Fette des Larvenstadiums. Der ganze Darmkanal kann einschrumpfen; diese Reduktion ist bei den Pflanzenfressern weniger auffallend.

Die Perliden haben, gleich anderen Lufttieren, als Imagines ein offenes Tracheensystem, doch weisen etliche von ihnen, im Gegensatz zu fast allen anderen Insekten, die grosse Merkwürdigkeit auf, dass die Tracheenkiemen der Larve bei der letzten Häutung nicht abfallen, sondern sich bei dem vollentwickelten, geschlechtsreifen Tier wiederfinden. Ohne Zweifel spielen hier die Tracheenkiemen keine respiratorische Rolle mehr, sondern sind nur rudimentäre Organe, die von den Imagines aus dem Nymphenstadium übernommen werden. Die Tracheenkiemen sind klein und bei dänischen Arten nur in wenigen Fällen entwickelt.

Die Männchen gewisser Arten haben rudimentäre Flügel, hierzulande z. B. *Capnia nigra* Pict. (Larve Taf.. I, Abb. 4). Bei den Männchen mancher Arten stösst man auf einen eigentümlichen Dimorphismus in der Entwicklung der Flügel, insofern als sowohl kurz- wie langflüglige Formen vorkommen (Ris 1902, Neeracher 1910, Schoenemund 1931, Ussing 1920); es hat den Anschein, als ob in gewissen Gegenden vorzugsweise kurzflüglige, in anderen mehr langflüglige Männchen zu finden sind (Taf. I, Abb. 7–8–9); es gibt auch Gegenden, wo beide Formen nebeneinander leben. Von mehreren Arten sind nur kurzflüglige Formen bekannt. Diese Erscheinung hängt vermutlich damit zusammen, dass die Männchen ihre Flügel nicht gebrauchen, sondern das Weibchen meistens am festen Boden aufsuchen. Ferner hat Ris (1903) festgestellt, dass Arten, die normalerweise langflüglig sind, in hochalpinen Lagen kurzflüglig werden. In diesem Fall werden beide Geschlechter kurzflüglig. Auch ganz ungeflügelte Formen kommen vor (*Scopura longa* Ueno), Japan (Ueno 1938) (Taf. I, Abb. 14). Packt man Individuen der grösseren Arten, so scheiden sie oft an der Basis der Beine eine gelbliche Flüssigkeit aus.

Die Schwanzborsten sind zumeist wohlentwickelt, zuweilen aber ganz kurz; im letzteren Fall dienen sie zum Festhalten des Weibchens während der Paarung. Die beiden letzten Hinterleibsringe haben bei beiden Geschlechtern, namentlich aber beim Männchen, einen recht komplizierten Bau.

Neuere Untersuchungen (Schoenemund 1912) haben ergeben, dass die Männchen von *Perla marginata* Panz. zum Hermaphroditismus neigen (Abb. 8). In solchem Fall sitzen beide Geschlechtsdrüsen an ein und demselben röhrenförmigen Gang, der die Gestalt eines Hufeisens hat; die Eiröhren liegen beiderseitig über dem Darm. Wo sie enden, beginnen sofort die Testikel, die jedoch bei den männlichen Nymphen nicht so stark entwickelt sind wie bei den weiblichen. Sobald die Spermatozoenbildung in den Testikeln beginnt, hört die Weiterentwicklung der Eiröhren auf, und es ist fraglich, ob sie dazu kommen, Eier zu produzieren. Das Vorkommen von Männchen mit Anlage zu Hermaphroditismus neben normal entwickelten Weibchen ist eine im Tierreich äusserst seltene Erscheinung. Im übrigen ist aber Getrenntgeschlechtlichkeit die Regel.

Kurz nach der letzten Häutung beginnt die Paarung und Eiablage. Die Männchen sind nicht sofort reif, es müssen namentlich erst die äusseren Genitalien erhärten. Die grossen Perliden vom Rhein und den anderen mitteleuropäischen Strömen halten sich am Morgen nach der Verwandlung in der Nähe der Nymphengesellschaften auf; hier wird auch die Paarung vollzogen. Diese geht immer auf dem Erdboden, fast nie in der Luft vor sich, wie es bei den Eintagsfliegen der Fall ist; Paarungstänze und Schwarmbildung, wie sie bei letzteren ganz allgemein sind, wurden hier nur ausnahmsweise beobachtet. Die Begattung währt nur wenige Minuten und wird von der Seite her vollzogen. Mertens (1923) beobachtete Paarungsspiele bei *Leuctra*- und *Capnia*-Arten, die in der Paarungszeit die letzten Hinterleibsringe so heftig gegen die Unterlage schlagen, dass ein hörbarer Laut entsteht. Nach der Paarung legt das Weibchen die Eier ab; diese treten aus dem Ovidukt aus und werden auf der Unterseite der Hinterleibsspitze zu einer Kugel geformt; der Laich wird von Schleim zusammengehalten, der aus einer besonderen Drüse abgesondert wird (Schoenemund 1925). Das 8. Segment ist oft etwas ausgehöhlt, um die verhältnismässig grossen Eimassen aufnehmen zu können. Alsdann fliegt das Weibchen über den Wasserspiegel hin, wo die Wellen die Eier wegspülen; sie kleben angeblich vermittels eines firnisartigen Überzuges leicht an Steinen u. dgl. fest. Der Laich wird gewöhnlich in zwei bis drei Paketen oder Klümpchen abgegeben. Die Weibchen mancher Arten können ein paar tausend Eier liefern. Zwischen den einzelnen Eiablagen finden weitere Paarungen statt. Man hat auch beobachtet, dass die Weibchen (*Perla cephalotes* Curt.) auf das Wasser hinabflattern, sich auf dem Wasserspiegel niederlassen und die schwarzen Eimassen fallen lassen. *Leuctra* scheint sich anders zu verhalten. Hier sind mehrere hundert Eier in Form einer Schnur angeordnet, die sich vom letzten, aufwärtsgebogenen Segment über die Oberfläche des ganzen Hinterleibes bis an die hinteren Flügel erstreckt. Gewisse *Nemura*- und *Leuctra*-Arten gehen von einer Luftschicht umhüllt unter das Wasser. Die Eier sind sehr dickschalig und oft mit eigenartigen Gebilden, langen Fäden, Spitzen u. dgl. an dem einen Pol und dem Eingang zur Mikropyle bedeckt. Zuweilen sind sie von kissenartigen Schichten umgeben, die nach Rousseau (1917) in einen langen Verankerungsfaden ausgezogen werden können.

Die allermeisten Formen haben ihre Flugzeit hierzulande im Frühling; etliche sind Sommerarten, andere (*Leuctra*-Arten) fliegen im Herbst und legen dann ihre Eier ab, die letzteren sind an unseren Bächen jedenfalls noch im Oktober zu finden.

Kapitel IV.

EPHEMERIDA (Eintagsfliegen).

Tafel II.

Hemimetabole Insekten mit gewöhnlich 2 Paar glasklaren Flügeln; schlanker Leib, mit vielgliedrigen Cerci ausgestattet, kurze Fühler. Die Flügel, namentlich die Vorderflügel mit reicher Äderung. Sie werden in der Ruhe vertikal getragen und lassen sich nicht zusammenfalten. Schlechte Flieger. Reduzierte Mundteile; hochentwickelte Augen. Drei Ocellen. Geschlechtsöffnung und Penis paarig. Aquatile Larven mit abdominalen Kiemenanhängen. Subimagostadium.

Die Ephemeriden schliessen sich eng an die Protephemeroidea an, die den Palaeodictyopteren noch sehr nahe stehen. Die Protephemeroidea treten zuerst in der Steinkohlenzeit, die Ephemeriden im oberen Palaeozoikum auf. Vorder- und Hinterflügel der Protephemeroiden sind gleich gross.

Die Systematik und Phylogenie der Eintagsfliegen bietet vorläufig ausserordentliche Schwierigkeiten. Während die Larven grosse Verschiedenheiten aufweisen, sind die vollentwickelten Insekten einander sehr ähnlich. NEEDHAM, TRAVER und HSU (1935) sondern sie in drei Familien: *Ephemeridae*, *Heptageniidae* und *Baëtidae*. Die Familien unterscheiden sich durch die Äderung der Flügel und den Bau des Fusses. Die Familie der *Ephemeridae* umfasst Formen mit grabenden Larven, ihre Mandibeln sind Grabwerkzeuge; die Larven der *Heptageniidae* haben einen abgeflachten Kopf und dorsal liegende Augen, die der *Baëtidae* haben einen nicht sonderlich abgeflachten Kopf und laterale Augen.

Wir wollen hier die drei Familien gemeinsam behandeln.

Die Eintagsfliegen geben uns einen deutlichen Beweis dafür, dass man keineswegs lange zu leben braucht, um berühmt zu werden. Dass sie in der Religion und Dichtkunst fast aller Völker genannt werden, kommt gerade daher, dass sie als fertig entwickelte Insekten nur einige wenige Stunden oder Tage zu leben haben; von den Griechen bis auf den heutigen Tag waren die Eintagsfliegen immer das Sinnbild aller Vergänglichkeit.

Der Laie wusste nicht oder machte sich nicht klar, dass das Leben der Eintagsfliegen an und für sich nicht kürzer ist als das anderer Insekten, sondern dass es nur von den Larven zum allergrössten Teil unter Wasser verbracht wird. Es lag besonders den südlichen Völkern ausserordentlich nahe, die Eintagsfliege als Beispiel für die Vergänglichkeit des Lebens zu gebrauchen. Ist es doch für sie ein regelmässig wiederkehrendes Naturphänomen, zu bestimmten Jahreszeiten, ja bestimmten Tagen des Jahres gegen Abend ungeheure Schwärme von geflügelten Insekten aus dem Wasser der grossen Flüsse aufsteigen und wie weisse Wolken oder Rauchsäulen über den Flusstälern schweben zu sehen (Abb. 10). Auch über den grossen mitteldeutschen Flusstälern wiederholt sich das Schauspiel Jahr für Jahr. Wer an einem stillen Frühlingsabend, »wenn der Main raucht«, auf einer der Mainbrücken steht, der wird hier wie vom dichtesten Schneegestöber eingehüllt; die Tiere lassen sich zu Tausenden auf ihm nieder, decken die Kleider, dringen mit der Luft in die Nasenlöcher ein und werden lästig für Menschen und Tiere, namentlich für Pferde. Ganz ähnliches wird auch aus Nordamerika berichtet (Needham 1917–1918).

Hat man dann am nächsten Morgen Gelegenheit, diese Myriaden als sterbendes oder totes Material auf Feldern und Strassen zu sehen, die dezimeterdick von ihnen bedeckt sind, so drängt sich einem unwillkürlich der Gedanke auf, dieses seltsame Schauspiel der Natur als Sinnbild für unser eigenes Dasein zu nehmen, – wie ein kurzer Eintagsfliegentanz über den ewig rinnenden Fluten der Zeit.

Wir nordischen Völker, in deren Ländern sich die Erscheinung niemals mit solcher imponierenden Plötzlichkeit entfaltet, entlehnten aus der Dicht-

Abb. 10. Eintagsfliegen. Nach Brehm, L. 1915.

kunst südlicher Länder die Ausdrücke: Eintagsfliegentanz, ephemäres Dasein usw., und bürgerten sie ein; doch die meisten, die sie gebrauchen, haben wohl kaum je dieses Schauspiel beobachtet, und es ist überhaupt die Frage, ob sie die Tiere, die ihren Namen dem Eintagsdasein verdanken, jemals selbst gesehen haben.

Aber wenn auch unser Land uns nicht Gelegenheit bietet, dieses Schauspiel in seiner ganzen Mächtigkeit zu erleben, so können wir doch oft genug, wenn auch in viel kleinerem Rahmen Eintagsfliegenschwärme beobachten, die aus unseren Seen und Flüssen emporsteigen. Für wen das Studium der Natur nicht einzig und allein im Zählen der Glieder an Beinen und Fühlern besteht, wer den Wald vor lauter Bäumen dennoch sehen kann und sich von seinem Mysterium angezogen fühlt, für den liegt etwas sonderbar Ergreifendes in diesem Tanz der Eintagsfliegen an einem stillen Sommerabend an den Ufern eines unserer grösseren Seen. Es hat etwas Überwältigendes, zu denken, dass diese Wesen etwa 360 von den Tagen eines Jahres, manche von ihnen sogar 3 mal 360 Tage unter der Oberfläche des Wassers zubringen und ihren Körper entwickeln, um während ein paar kurzer Stunden, ohne Nahrung zu sich zu nehmen, nur um ihrer Fortpflanzung willen ihre leichten, graziösen Tänze aufzuführen. Und lernt man dann ihren Bau kennen und sieht, in welch hohem Mass sie als vollentwickelte Insekten ihrem kurzen Eintagsfliegendasein angepasst sind, wie alle Organe umgeformt und nur für das eine Ziel ausgenützt werden, sich zu paaren und Eier abzulegen, so fühlt man sich, wie so oft, wieder einmal überwältigt von dieser ewig umbildenden, ewig unterdrückenden und ewig neuschaffenden Kraft der Natur.

Wir können die strahlende Phantasie bewundern, die Aesops und Lafontaines Tierfabeln geschaffen, und die uns die Märchen von Gebr. Grimm, Kiplings Dschungelgeschichten und die Zeichnungen übernatürlicher Wesen eines Kittelsen geschenkt hat. Doch was ist dies gegenüber der Phantasie der Natur, die vor unseren Augen Lebewesen schafft, deren Mundteile sozusagen verschwunden sind, deren Darm nur mit Luft gefüllt ist und als Luftbehälter fungiert, deren Männchen klein sind, damit das Weibchen sie während des Fluges tragen kann, deren Beine bei gewissen Formen rudimentär, deren Schwanzborsten zu Schwebeapparaten werden, und deren Augen zu den kompliziertesten Organen gehören, die bei Insekten überhaupt vorkommen. Und Organismen von so wunderbarem Bau entstehen und formen sich noch unter einer Gestalt, weit entfernt von der hier geschilderten, überwintern als Larven unter dem Eise unserer Seen und Moore; kommt die Frühlingssonne, so geht es dann rasch vorwärts mit den Umbildungen und eines schönen Tages liegt die Eintagsfliege fertig in ihrer Hülle.

Als Larve schwimmt sie an die Wasseroberfläche und lässt sich von ihr tragen, um dann wenige Sekunden später als geflügelte Eintagsfliege eine Namenlose jener ungeheuren Schwärme zu werden, die, wenn der Morgen kommt, alle miteinander nur als Keim in den Eiern weiterleben, die eines stillen Sommerabends in unendlichen Mengen über die blinkende Wasserfläche ausgestreut worden sind.

Das Larvenstadium (Vayssière 1882, Lestage 1916–1925).

Der Körper ist gewöhnlich lang und schmal, bei torrenticolen Formen breit abgeflacht (Abb. 19–20; Taf. II, Abb. 10). Der Kopf trägt drei Punktaugen und zwei grosse zusammengesetzte Augen. Die Antennen sind kurz, nicht von Körperlänge. Die Oberlippe ist eine mehr oder minder quadratische Platte. Die Mandibeln sind an ihrem vorderen freien Rand mit Zähnen versehen und tragen auf der Innenseite einen Molarteil, der Kämme und Rillen aufweist. Beim Raubtiertypus sind allein die Zähne am vorderen freien Rand entwickelt (*Prosopistoma*); bei anderen Formen ist der Molarteil weitaus am besten ausgebildet (Abb. 11_7). Die Mandibeln der grabenden Larven tragen auf ihrer Aussenseite einen langen, dolchförmigen Fortsatz, ein Grabinstrument von oft sehr verschiedenem Bau. Die Innenlade der Kiefer ist weich und mit Borsten oder Zähnen besetzt. Starke Hakenborsten machen sie bei *Ameletus* als Schabeisen anwendbar, dazu bestimmt, den Diatomeenbelag von Steinen zu schaben. Die Kiefertaster sind in der Regel dreigliedrig und von sehr verschiedenem Bau, bei *Rhitrogena* u. a. mit Chitinstrukturen versehen, die kaum etwas anderes als Schabinstrumente sein dürften. Die Lippentaster sind nicht immer, wie gewöhnlich, zwei bis drei-, sondern vielgliedrig. Bei *Potameis* u. a. sind sie zu Zangen umgewandelt, mit denen die Beute festgehalten wird. Vom Bau der Brust ist nur hervorzuheben, dass die Dorsalplatte bei *Baëtisca* und *Prosopistoma* (Abb. 17a) über den Metathorax hinaus verlängert ist und die Flügelscheiden und Kiemen bedeckt. Dadurch wird eine Respirationskammer gebildet. Die Füsse bestehen stets aus einem eingliedrigen Tarsus mit einer Klaue. Die Beine sitzen entweder wie bei den grabenden, in Röhren und Gängen lebenden Formen, in der Mittellinie des Tieres, oder wie bei den Torrenticolen weit seitlich, die Schienen liegen parallel zur Stromrichtung an die Körperseiten angedrückt. Das vordere Paar Beine ist bei den ersten zu Grabbeinen umgebildet, bei letzteren oft abgeflacht. Selbst bei den schwimmenden Formen finden sich an den Hinterbeinen keine Schwimmhaare; Schenkel und Schiene des 1. Beinpaares sind bei Formen, die an den Mundteilen oder an der Unterseite des Kopfes Kiemen tragen, mit einem Besatz von langen, weichen Borsten versehen, die dazu dienen, den Diatomeenbelag von den Steinen abzubürsten; bei gewissen planktonfangenden Torrenticolen dienen sie vermutlich als Filtrierapparat beim Einfangen der Nahrung (*Oligoneuria* Taf. II, Abb 7; *Isonychia sicca* Walsh).

Die beiden hinteren Brustringe tragen die Flügelscheiden, die gegen Ende der Entwicklung über den vorderen Teil des Hinterkörpers hinauswachsen.

Der aus zehn Gliedern bestehende Hinterleib ist gewöhnlich länglich, zylindrisch und endet in zwei- oder drei-gegliederten Schwanzborsten, die mit langen Haaren in verschiedener Anordnung besetzt sind. Die Schwimmfähigkeit des Tieres beruht darauf, wie kräftig dieser Schwanzfächer entwickelt ist; er ist sehr kräftig bei den ausgesprochen schwimmenden Formen (*Cloëon* Taf. II, Abb. 4), äusserst kurz bei den kriechenden (*Oligoneuria* Taf. II, Abb. 7). Er ist einziehbar bei *Prosopistoma,* zusammenrollbar bei gewissen *Ephemera*-Arten.

Von ganz besonderem Interesse ist der Bau der Kiemen; sie sind ausserordentlich variabel (Abb. 11). Obgleich sie vorwiegend im Dienste der Respiration stehen, können ihnen auch verschiedene Nebenfunktionen zukommen. Sie treten unter zwei verschiedenen Formen auf, und zwar als Hinterleibskiemen und als Kiemen am Kopf oder an den drei Brustringen. Die ersteren sind bei den Ephemeriden der Jetztzeit nur auf höchstens sieben Segmente beschränkt, bei den ausgestorbenen sassen sie an allen Segmenten; einige Formen besitzen nur an wenigen Segmenten Kiemen. Zuweilen sind die Kiemen mit einer eigenen Muskulatur ausgestattet, die ihnen eine nicht geringe Bewegungskapazität gibt; in diesem Fall können sie gleichzeitig im Dienste der Bewegung stehen (schwimmende Formen). Sie sitzen in der Regel auf der Dorsalseite und meist nahe der Kante des Körpers, rücken aber bei grabenden Formen mehr auf die Höhe des Rückens hinauf. Das 1. Kiemenpaar ist gewöhnlich von den anderen verschieden und mehr oder minder rudimentär. Die Kiemen sind im allgemeinen doppelt, bisweilen sind nur die zwei ersten Paare doppelt, die nachfolgenden einfach (*Siphlurus*). Nur selten sind alle Kiemenblätter einfach (*Centroptilum* (Abb. 11_8), *Baëtis*). Die Blätter eines Kiemenpaares können nahezu gleich gebaut sein, und zwar lang und schmal, mit langen Haaren besetzt (*Ephemera* (Abb. 11_7) u. a.), oder breit und flach oder dreieckig (*Cloëon* (Abb. 11_9)), bisweilen in eine lange Spitze auslaufend (*Leptophlebia* Abb. 11_2), seltener beide Blätter lang und fadenförmig (*Paraleptophlebia*); meistens ist aber das obere Blatt plattenförmig und bedeckt das untere, ungefähr quastenförmige, in eine verschiedene Anzahl Fäden aufgelöste Blatt. Mitunter ist das obere Blatt schildförmig und trägt auf seiner Innenseite zwei Reihen kleiner Blätter (*Ephemerella* (Abb. 11_3), *Chitonophora*). Bei *Caenis* (Abb. 24), *Torleya* u. a. liegt das 2. Paar schildförmig oder deckflügelartig über den folgenden kleinen, am Rande gefransten Blättern.

Ein recht schwaches Tracheennetz verzweigt sich in diesen Kiemenblättern, die bei den meisten Formen fast beständig in schwingender Bewegung sind; nur bei den Torrenticolen kann eine Eigenbewegung fehlen.

Die an Kopf und Vorderkörper auftretenden Kiemen sind mehr als ein Anhang des gesamten Kiemenapparates aufzufassen; diese Formen ermangeln nämlich nicht der Hinterleibskiemen, und die Kiemen des Vorderkörpers treten nur an einem oder wenigen Segmenten auf. Sie sind gewöhnlich an die Gliedmassen gebunden (Kiefer, Basalglied der Brustbeine: *Oligoneuria, Isonychia*).

Wenn die Larven aus den Eiern hervorkommen, fehlen ihnen die Kiemen; sie müssen sich in den ersten Stadien mit Hautatmung begnügen.

Aus neuerer Zeit liegt eine Reihe von Untersuchungen über die respiratorische Bedeutung der Kiemen, ihre Bewegung und die Richtung der von

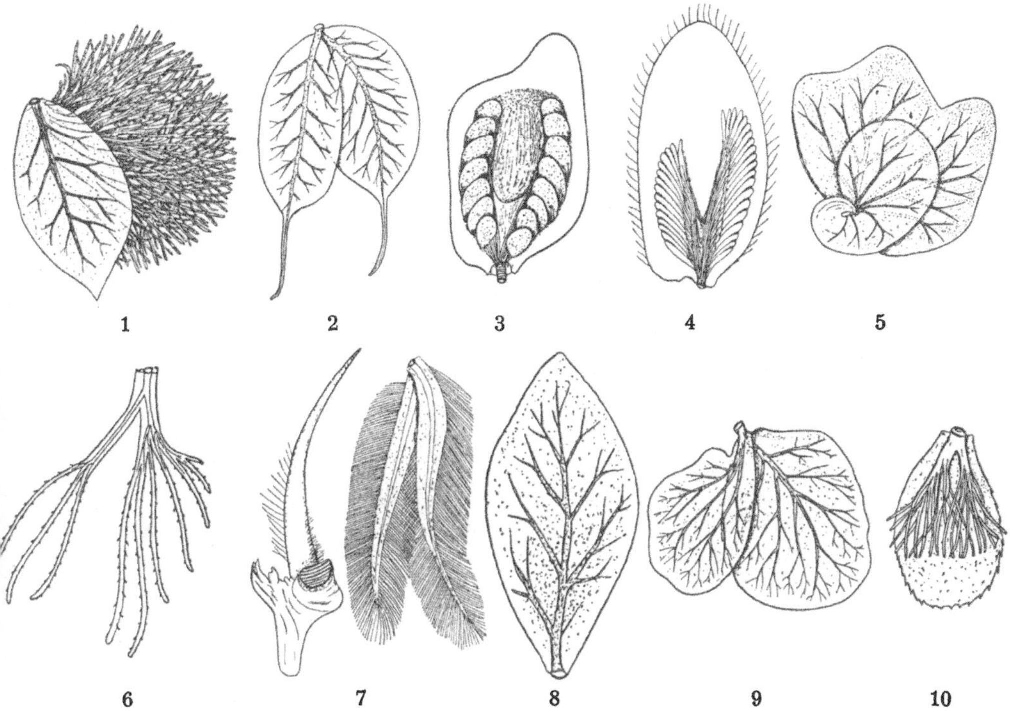

Abb. 11. Kiemenblätter von verschiedenen Ephemeridenlarven. 1. Kieme der Nymphe von *Heptagenia flava* Rost. 2. Kieme der Nymphe von *Leptophlebia vespertina* L. 3. Kieme der Nymphe von *Ephemerella ignita* Poda. 4. Kieme der Nymphe von *Torleya belgica* Lest. 5. Kieme der Nymphe von *Siphlurella linnaeana* Eat. 6. Kieme der Nymphe von *Habrophlebia fusca* Curt. 7. Kieme der Nymphe von *Ephemera vulgata* L., links Mandibel derselben. 8. Kieme der Nymphe von *Centroptilum luteum* O. F. M. 9. Kieme der Nymphe von *Cloëon dipterum* L. 10. Kieme der Nymphe von *Oligoneuria rheana* Ihm. Nach Schoenemund, E. 1930.

ihnen in Gang gesetzten Wasserströme vor. Forscher wie Cuénot (1925), Remy (1925), Morgan und Grierson (1932) u. a. haben die Kiemen entfernt, um zu beobachten, wie lange die Tiere ohne dieselben leben können. Sie haben hauptsächlich mit *Cloëon, Heptagenia* und *Hexagenia* gearbeitet. Dass dabei keine volle Übereinstimmung erreicht wurde, ist wohl vor allem dem Umstand zuzuschreiben, dass man mit verschiedenen Gattungen gearbeitet hat.

Ältere Angaben, nach welchen kiemenlose Larven durch die Thoraxspirakel atmen, haben sich durch neuere Untersuchungen nicht bestätigen lassen.

Es ist nachgewiesen, dass kiemenlose Larven im Winterhalbjahr mehrere Monate leben können, dass sie aber sehr rasch, oft schon im Laufe weniger Stunden sterben, wenn sie im Frühjahr der Kiemen beraubt werden. Es sind vitale Organe; die Tiere können mehrere Monate ohne sie leben, doch kommen sie ohne dieselben nicht über das Frühjahr und sterben ab, ohne sich zu verwandeln. *Cloëon* kann die Kiemen regenerieren (Cuénot). Ihrer Kiemen beraubte Larven sind allein auf Hautatmung angewiesen (*Hexagenia*: MORGAN und GRIERSON). Normale Larven nehmen doppelt so viel Sauerstoff auf wie kiemenlose und eliminieren die Kohlensäure doppelt so schnell. Kiemenlose Larven sind im grossen ganzen träger und weniger beweglich, im Gegensatz zu normalen Larven aber photopositiv.

DODDS und HISAW (1924) haben ferner nicht allein bei Eintagsfliegen, sondern auch bei Perliden und Köcherfliegen nachgewiesen, dass die Formen, die in Teichen, Seen und ruhigen Buchten leben, im Verhältnis zu ihrer Grösse über grössere Respirationsflächen verfügen als solche, die in schnell fliessendem Wasser zu Hause sind. Die Grösse der Kiemenblätter lässt sich bei den Eintagsfliegen direkt berechnen. Die genannten Verfasser bestimmten die Sauerstoffmenge und die Strömungsgeschwindigkeit am Wohnort der Larven und zugleich den Flächeninhalt der Kiemenblätter bei den betreffenden Arten; die Untersuchung ergab, dass die Grösse der Kiemenblätter in umgekehrtem Verhältnis zur Sauerstoffmenge des Wassers an der betreffenden Lokalität stand.

Durch die sehr wertvollen Untersuchungen EASTHAM's (1936–1939) über die Bewegungen der Kiemenblätter haben unsere Kenntnisse auf diesem Gebiete eine wesentliche Erweiterung erfahren (Abb. 12–14). Bei gewissen Formen, die vorzugsweise in fliessenden, sauerstoffreichen Gewässern leben, bewegen sich die Kiemen überhaupt nicht. Bei allen anderen Formen sind sie normalerweise in ständiger Bewegung. Das letzte Blatt ist wie bei *Cloëon* unbeweglich und steht im Gegensatz zu den anderen vertikal. Die übrigen Kiemenblätter bewegen sich der Reihe nach von vorne nach hinten und fast immer so, dass zwei gegenüberstehende Blätter sich gleichzeitig bewegen (metachronaler Rhythmus). Dadurch wirken die beiderseitigen Kiemen als eine zusammenhängende, wellenförmig schlagende Membran, die das Wasser von vorne nach hinten treibt. Wenn sich die Kiemen gleichlaufend bewegen, muss der Wasserstrom stets symmetrisch zur Körperachse sein. Das dürfte bei den allermeisten Eintagsfliegen die Regel bilden. Es gibt aber auch die Möglichkeit, dass die Kiemen der beiden Seiten nicht gleichzeitig bewegt werden, sondern ein Zeitintervall zwischen der Bewegung der rechten und linken Seite liegt, was z. B. bei *Caenis* der Fall ist und zur Folge hat, dass die Wassermassen nicht parallel zur Körperachse, sondern quer zu ihr geleitet werden. Das abweichende Verhalten von *Caenis* hängt damit zusammen, dass die Larve gewöhnlich ein wenig unter der Schlammschicht und etwas von ihr

---

TAF. II

Ephemeridae. Larven.

Abb. 1. *Ephemera vulgata* L. Nach Schoenemund, E. 1930. × $2^1/_2$.
— 2. *Palingenia longicauda* Oliv. Nach Schoenemund, E. 1930.
— 3. *Polymitarcys virgo* Oliv. Nach Schoenemund, E. 1930.
— 4. *Cloëon dipterum* L. Nach Schoenemund, E. 1930. × 5.
— 5. *Siphlurus aestivalis* Eat. Nach Schoenemund, E. 1930. × 3.
— 6. *Leptophlebia vespertina* L. Nach Schoenemund, E. 1930. × 4.
— 7. *Oligoneuria rheana* Imh. Nach Schoenemund, E. 1930.
— 8. *Oligoneuria rheana* Imh. Ventralseite. Nach Vayssière, A. 1882.
— 9. *Torleya belgica* Lest. Nach Schoenemund, E. 1930.
— 10. *Ephemerella* sp. Nach Lestage, J. New Mexico.
— 11. *Rhitrogena semicolorata* Curt. Nach Schoenemund, E. 1930.
— 12. *Rhitrogena semicolorata* Curt. Ventralseite. Nach Schoenemund, E. 1930.
— 13. *Chitonophora krieghoffi* Ulm. Nach Schoenemund, E. 1930.
— 14. *Euthyplocia Sikorai* Vayssière. Nach Ulmer, G. 1920.
— 15. *Campsurus* sp. Ulmer. Nach Ulmer, G. 1920.

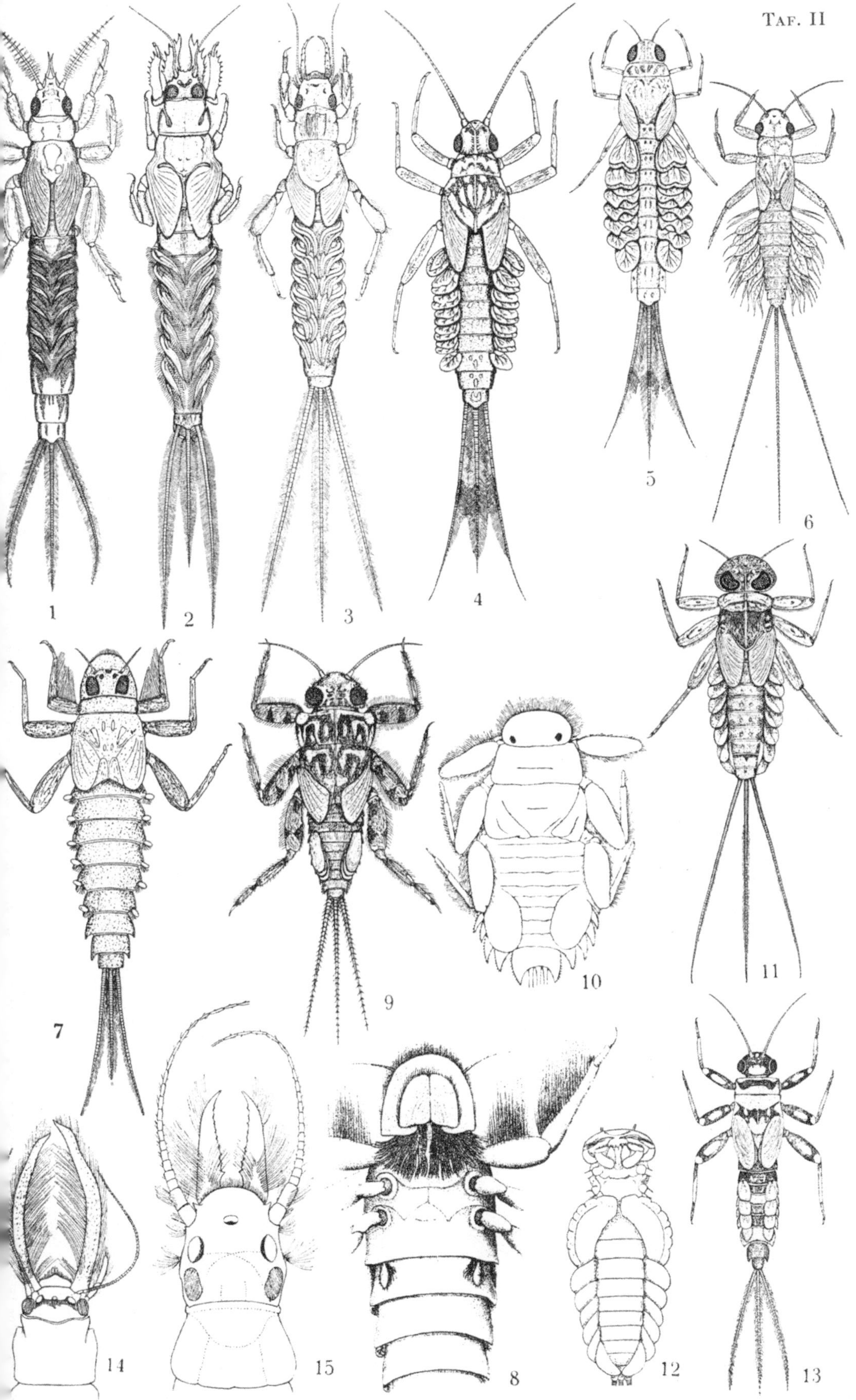
1
2
3
4
5
6
7
9
10
11
14
15
8
12
13

bedeckt liegt. Erstens werden die übrigen Kiemen dadurch geschützt, dass das zweite Paar als Deckel über ihnen liegt, und zweitens bewirken die asynchrone Bewegung der Kiemen und der transversale Wasserstrom, dass die

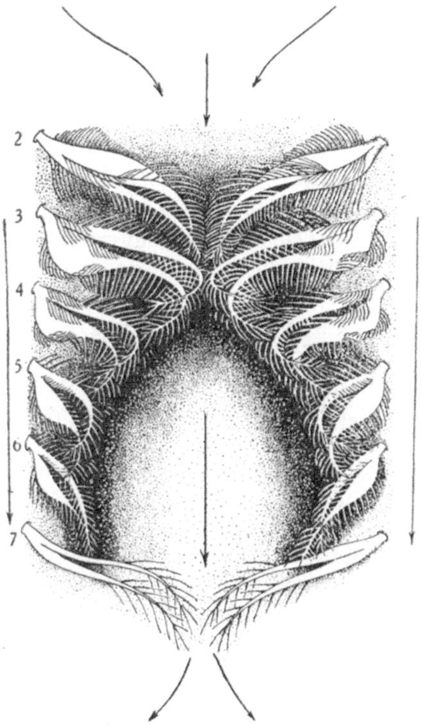

Abb. 12.

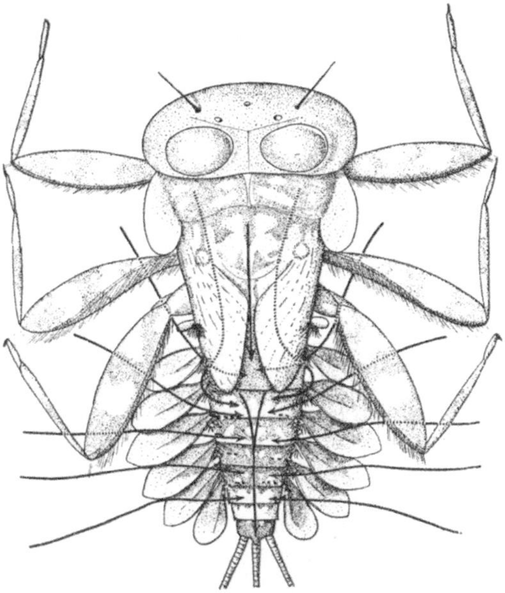

Abb. 13.

Abb. 12. *Ephemera danica* O. F. M. Kiemenblätter in Bewegung; die Pfeile geben die Richtung der Hauptströmungen des Wassers an. Nach Eastham, E. 1939.

Abb. 13. *Ecdyurus venosus* Fabr. Von der Rückenseite gesehen; die Pfeile geben die Richtung der Hauptströmungen des Wassers an. Nach Eastham, E. 1937.

Abb. 14. *Leptophlebia marginata* L. Abdomen von der Rückenseite gesehen. Die Figur zeigt die Kiemen in Ruhe und die durch ihre Bewegung hervorgerufenen Wasserströmungen. Nach Eastham, E. 1936.

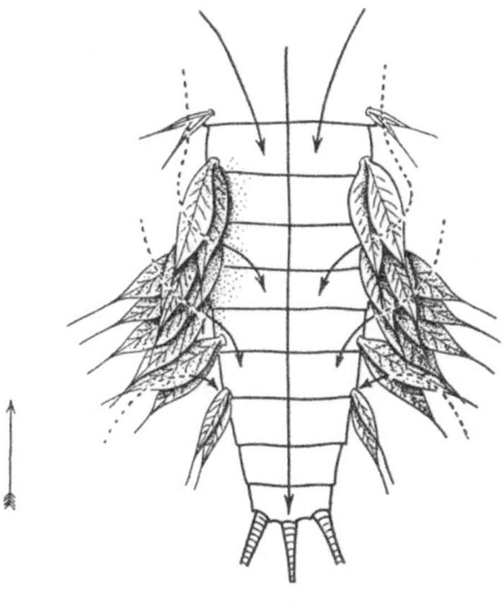

Abb. 14.

Oberfläche des Schlammes nur in sehr geringe Bewegung versetzt wird. Alle übrigen untersuchten Formen (*Cloëon, Leptophlebia, Ecdyurus*) sind im freien Wasser auf Pflanzen heimisch. *Ephemera* ist eine typische grabende Form und verhält sich wie eine solche; das Wasser wird auch hier parallel zur Körperachse von vorne nach hinten durch den Tunnel getrieben.

Sehr oft bestehen, wie bereits erwähnt, die Kiemen aus zwei Blättern, die bisweilen von ganz verschiedenem Bau sind; das obere Blatt ist dann plattenförmig, das untere mehr oder minder gefiedert. In einem solchen Fall kommt dem oberen Blatt, das den Wasserstrom in Bewegung setzt, vorzugsweise mechanische, dem unteren respiratorische Bedeutung zu. Wenn beide Blätter gefiedert sind, obliegen ihnen beide Funktionen. Es mag vielleicht hinzugefügt werden, dass alle Tracheenkiemen sowohl Tracheen als auch Blut enthalten. Das Blut spielt eine Rolle bei Diffusion zwischen Tracheenluft und Medium. Daher sind alle Tracheenkiemen eigentlich kombinierte Blut- und Tracheenkiemen. Es sei ferner erwähnt, dass die meisten Arten neben ihren Kiemen noch einen zweiten Respirationsapparat in ihrem Enddarm besitzen. Gleich den Libellenlarven ziehen viele Eintagsfliegenlarven regelmässig Wasser in den Darm ein und stossen es ebenso regelmässig wieder aus. Die reiche Tracheenverzweigung im Darm ermöglicht eine noch intensivere Ausnützung des im Wasser gebundenen Sauerstoffes.

Unsere Kenntnis von der Biologie des Larvenstadiums hat seit dem Erscheinen der 1. Ausgabe des »Insektenlebens« i. J. 1915 wesentliche Bereicherung erfahren. Nicht zum wenigsten haben Untersuchungen in den Tropen eine Reihe sehr eigenartiger Formen ans Licht gebracht. Wir werden darum im folgenden etwas näher auf diese ungemein interessanten und eigentümlich plastischen Larvenstadien eingehen. Schon vor hundert Jahren hat der alte vortreffliche Forscher Pictet (1843) die Larven in vier Gruppen eingeteilt: 1) die grabenden, 2) die des fliessenden Wassers, 3) die schwimmenden und 4) die kriechenden Larven; dieselbe Einteilung hat auch Schoenemund in seinem Werk »Die Tierwelt Deutschlands« (1930) angewendet. Scharf abgegrenzt sind diese Gruppen jedoch keineswegs. Wohl sind die Larven der schwimmenden Formen vorwiegend an stehende, die Torrenticolen mit dem abgeflachten Körper an fliessende Gewässer gebunden, dagegen treten aber die grabenden Formen sowohl im Bodenschlamm grösserer Seen und in der Litoralregion, als in den Ablagerungen langsam fliessender Bäche und Flüsse auf, und die kriechenden Formen findet man sozusagen unter allen Bedingungen. Später hat Ulmer versucht, die Larven in lenitische und lotische Formen, nämlich die des ruhigen und die des fliessenden Wassers einzuteilen. Meines Erachtens bietet diese Art der Einteilung der Pictet's (1843) gegenüber keine Vorteile, ganz im Gegenteil. Stehende Gewässer beherbergen ja an ihren Brandungsküsten viele Formen mit ausgesprochen torrenticolem Bau; andrerseits treffen wir in den stillen Buchten langsam fliessender Gewässer zahlreiche Formen, die auch im stehenden Wasser heimisch sind. Wir ziehen es daher vor, uns an Pictet's Einteilung in 1) schwimmende, 2) kriechende, 3) grabende und 4) torrenticole Formen zu halten.

1. Die schwimmenden Larven.

Die in diese Gruppe gehörenden Formen sind vor allem an die Vegetation gebunden. Sie haben vorwiegend plattenförmige Kiemen; die Schwanzborsten bilden durch ihren Besatz von zahlreichen Haaren eine vortreffliche Schwimmflosse. Mittels dieser und der Kiemenblätter bewegen sie sich schwimmend und hüpfend mit grosser Behendigkeit. Unter ruhigen Verhältnissen sitzen sie gewöhnlich scharenweise auf der Ufervegetation. Die Augen, die ein vorzügliches Sehorgan abgeben, liegen in der Regel hoch oben auf dem Kopf.

Fast das ganze Jahr hindurch findet man in unseren Seen und Kleinmooren Larven der Gattung *Cloëon* (Fam. *Baëtidae*). Die ausgewachsenen

Larven (Taf. II, Abb. 4) sind etwa zwei Zentimeter lang und meist von hellgrüner Farbe. Ihre Heimat sind die Pflanzen, wo sie scharenweise auf Blättern und Stengeln sitzen und den zahlreichen Würmern, Krebsen und dgl. auflauern, oder den Diatomeenbelag von den Pflanzen abfressen. Bei der leisesten Berührung der Pflanzen schiessen sie blitzschnell nach allen Seiten auseinander. Zu ihrer ausserordentlich grossen Beweglichkeit trägt der Umstand bei, dass sie ganz wie die Libellenlarven das im Enddarm eingezogene Wasser mit grosser Kraft ausstossen können. Der Stoss treibt das Tier nach vorwärts. Das auffallendste an dem Tier sind aber wohl die 7 Paar blattförmigen, doppelten Kiemen, die seitlich am Hinterleib liegen und meistens in ununterbrochen schwingender Bewegung sind; die Bewegung setzt ab und zu ganz plötzlich aus, um dann ebenso plötzlich wieder anzuheben. Sie wird allein von den ersten 6 Paaren ausgeführt, das 7. Paar steht immer still. Durch diese ständig fächelnden Kiemenblätter werden dem Körper unablässig neue Wassermassen zugeführt. Der Sauerstoff des Wassers wird wohl hauptsächlich durch die Kiemenblätter aufgenommen; da aber die Haut dünn ist, spielt auch generelle Hautrespiration eine Rolle. Das feinste am ganzen Tier sind aber die drei langen, elegant geschwungenen Schwanzborsten. Sie sind oft so lang wie der Körper des Tieres, an der Spitze schwach gekrümmt und werden etwas nach aufwärts gerichtet getragen. Die mittlere der Schwanzborsten ist an beiden Seiten, die beiden anderen nur auf der inneren Seite, mit Randhaaren besetzt. Sie sind von weiss-schwarzer Färbung und schillern, wenn die Sonne auf sie scheint, in allen Regenbogenfarben. Solch eine Eintagsfliege, die sich am äussersten Ende eines Zweiges angebracht hat, mit den Kiemen fächelt, ihre Fühler spielen lässt und wie eine Bachstelze mit dem Schwanz wippt, hat wirklich etwas ausserordentlich kokettes. Ihre Schwanzborsten geben den Schwanzfedern des Hahnes an Eleganz nichts nach.

Die Larven von *Centroptilum* gleichen im Bau denen von *Cloëon*, unterscheiden sich aber von ihnen dadurch, dass die blattförmigen Kiemen einfach sind (Abb. 11_8). Die Arten der Gattung *Centroptilum* leben in ungeheuren Mengen auf den Sandbänken in grossen Seen, wo sie zu Tausenden auf dem Sand sitzen oder in hastigem Flug über ihn hinstreichen. Gelblichweiss wie der Sand sind sie, solange sie still sitzen, fast nicht von ihm zu unterscheiden.

Die Larven von *Leptophlebia* (Taf. II, Abb. 6) sind von ähnlichem Bau, doch sind ihre Kiemenblätter doppelt, nur am Grunde blattförmig und im übrigen in eine längere oder kürzere Spitze ausgezogen. Die Larven sind vorwiegend in stehenden, moorigen, sauren Gewässern mit reicher Vegetation heimisch. Eine Art *L. meyeri* Eat. kommt in unglaublichen Mengen in den Fontinalis-Teppichen des Gribsees vor; die Art ist auch in ruhig fliessenden Bächen anzutreffen und hier offenbar immer an die Vegetation gebunden. Die Tiere treten im Herbst als winzige Larven auf, werden vollerwachsen und verwandeln sich im Laufe des Monats Mai; sie stehen dann wie Wolken über Sümpfen und dystrophen Tümpeln. Bis in den Herbst hinein ist weder von Larven noch von Imagines etwas zu sehen.

Die *Siphluridae* (Taf. II, Abb. 5) mit *Siphlurus lacustris* Eaton als der am besten bekannten und von Drenkelford (1910) eingehend beschriebenen Art machen einen bedeutend breiteren Eindruck als die vorhergehenden Larven, was den grossen plattenförmigen, bisweilen fast dreieckigen Kiemenblättern zuzuschreiben ist; sie werden horizontal flach ausgebreitet getragen und schwingen nicht wie bei den *Cloëon*-Larven auf und ab. Die drei Schwanzfäden sind gefiedert wie bei *Cloëon*. *S. aestivalis* Eaton hat die braune Farbe welker Buchenblätter. Die Art ist hier in Nordseeland das Charaktertier für sehr langsam rieselnde Waldbäche, deren Wasser über das halbwelke Buchenlaub dahinsickert. Die Larven sitzen beinahe immer still auf den Blättern, deren Diatomeenbelag sie wahrscheinlich abnagen und ablecken. Versucht man, sie anzufassen, so entfliehen sie mit unglaublicher Geschwindigkeit, wobei sie sich gleichzeitig ihrer Schwanzborsten und Kiemenblätter bedienen. Es sind einjährige, ausgesprochene Frühlingstiere; im Mai–Juni stehen die grossen, schönen Tiere in Wolken über den Waldwiesen.

2. Die kriechenden Larven.

In den kriechenden Larven begegnet uns ein ganz anderer Typus. Dank ihrer sehr ungleichartigen Lebensweise haben sie ein sehr verschiedenes Aussehen. Diejenigen von ihnen, die auf weichem, mehr oder minder sandgemischtem Schlammboden zu Hause sind, haben in der Regel etwas abgeflachte Körper und sind sehr oft stark behaart. Sie haben Grab- und Kriechbeine und kurze, nicht behaarte Schwanzborsten. Die Schlammpartikelchen bleiben an der dichten Behaarung hängen. Die Larven liegen gewöhnlich halb bedeckt unter der Schlammschicht oder wandern dicht unter der Oberfläche des Schlammes; sie können in ungeheuren Mengen vorkommen und doch schwer wahrzunehmen sein. Am besten bekannt sind die Larven von *Caenis* (Abb. 24). *C. moesta* Bengtsson ist ein Charaktertier der Litoralregion grösserer Seen; in unseren Seen kommen die Larven zahlreich in etwa 2 m tiefem Wasser vor, gehören aber zu den wenigen Insektenlarven, die sich ausserhalb der Vegetation bis auf 13–14 m Tiefe wagen. Im Winter wandern sie vom Ufer bis zu einer Tiefe von ein paar Metern hinaus. Die Kiemenblätter von *Caenis* sind ihrer wühlenden Lebensweise im Schlamm entsprechend von besonderem, vermutlich standortsbedingtem Bau.

Das 2. Paar Kiemen ist stark flachgedrückt und deckflügelartig; die übrigen dünnhäutigen, flachen, sämtlich am Rand stark ausgefransten Kiemen liegen unter dem 2. Paar verborgen. Nimmt man solch ein Tierchen auf, so kann man beobachten, wie sich die »Deckflügel« ununterbrochen heben und die übrigen Kiemenblätter beständig auf- und abschlagen.

Die *Ephemerella*-Larven gehören mehr den langsam fliessenden Bächen, einige aber reissenden Gebirgsbächen an; sie halten sich vorzugsweise auf der Vegetation oder unter Steinen auf. Ihre Kiemenblätter sind von sehr merkwürdigem Bau. Sie sind doppelt, das obere bildet eine fast eirunde Platte und trägt an der Unterseite ein anderes kleineres Blatt (Abb. 11_3), das aus zwei divergierenden Reihen feiner, schuppenartiger Lamellen besteht. Die in Bächen mit starkem Gefälle vorkommenden *Ephemerella*-Formen sind stärker chitinisiert und oft mehr oder minder bedornt (*Ephemerella allegheniensis* Traver). Hierher gehört auch die Larve von *Chitonophora* (Taf. II, Abb. 13) und die merkwürdige, erst in neuerer Zeit in Belgien (1916) und später an anderen Stellen gefundene Larve von *Torleya belgica* Lestage (Taf. II, Abb. 9). Sie lebt in kleinen Gebirgsbächen, vorzugsweise auf von Schlamm und Detritus überzogenen Steinen; an ihrem stark behaarten Körper bleiben Diatomeenpartikelchen hängen, sodass sie schwer zu sehen ist. Mit ihrem breiten, flachen Körper zeigt sie ausgesprochen rheophile Charaktere, ebenso wie einige *Ephemerella*-Larven (Needham 1905).

Dodds (1923) hat eine sehr eigentümliche Larve von *Drunella* beschrieben, die auf der Unterseite des Hinterleibes einen besonderen Adhäsions-Apparat besitzt. Weitere Untersuchungen und Abbildungen fehlen.

Zu dieser Gruppe muss wohl auch die Familie der *Potamanthidae* mit der in den grossen mitteldeutschen Strömen auftretenden Art *Potamanthus luteus* L. gerechnet werden. Alle Kiemen dieser Art bestehen aus einem nahe der Basis gegabelten, mit zahlreichen langen Fransen besetzten Blatt. Die Larven haben lange, gefiederte Schwanzfäden. Auch sie leben vorzugsweise im Schlamm vergraben und sind schwer wahrzunehmen.

Zu den kriechenden Formen gehören auch einige ausgesprochen stromlinienförmige Typen, alle mehr oder minder Bachformen, die vorzugsweise in nicht zu rasch fliessenden Gewässern leben. Hierher gehören die Larven der grossen Gattung: *Baëtis*, ferner *Paraleptophlebia*, *Ameletus*, *Isonychia*. Viele, besonders die *Baëtis*-Larven, sind an die Fontinalis-Teppiche der Bäche gebunden, andere wieder sind mehr auf Sandflächen und zwischen Bachkieseln heimisch. Die meisten von ihnen sind äusserst beweglich; sie sitzen stets mit der Strömung zugewendetem Kopf und klammern sich mit den Klauen an den Steinen fest; aber fortwährend schiesst bald die eine, bald die andere mit unglaublicher Schnelligkeit davon, um sich dann irgendwoanders wieder festzusetzen. Die Kiemenblätter sind einfach, aber von sehr verschiedener Form.

Einen ganz eigenartigen Bau zeigt *Isonychia sicca* Walsh. Die dicken Vorderbeine tragen zwei Reihen langer steifer, brauner Haare. Diese stehen in einem bestimmten Winkel zueinander, sodass die Haare der beiden Beine zusammen einen Korb bilden, der gegen den Wasserstrom hin geöffnet ist, und dessen Boden gerade unterhalb des Kopfes liegt. In diesem Korb fängt das auf Kanten und Spalten von Steinen sitzende Tier die mit dem Strom vorbeisegelnden Planktonorganismen.

3. Die grabenden Larven.

Ein neuer Typus begegnet uns in den grabenden Formen. Es sind Tiere, die vorzugsweise in den grossen, langsam fliessenden Strömen heimisch sind, in deren Uferböschungen sie ihre hufeisenförmigen Gänge graben, und die zuweilen, wenn auch weniger häufig, ein grabendes Dasein in den weichen Schlammablagerungen des Bodens führen. Die Körperform der Tiere ist ungefähr zylindrisch. Sie besitzen in ihren Vorderbeinen, bisweilen im Vorderrand ihres Kopfes und ihren Mandibeln vortreffliche Grabwerkzeuge; namentlich der grabende Teil der Mandibeln variiert sehr stark. Die Beine sind kurz, dem Körper angedrückt, der Hinterleib lang und dünn, in der Regel nur schwach chitinisiert.

Der Hinterleib endet in drei, bisweilen recht kurzen Schwanzfäden, die alle drei an beiden Seiten behaart sind. Die Tracheenkiemen werden bei diesen vorzugsweise in Gängen lebenden Tieren nicht seitlich ausgebreitet, sondern liegen schräg nach hinten dem Rücken an; sie sind doppelt, mit gleich langen und gleich schmalen Ästen und am Rand mit einer dichten Reihe langer Haare bekleidet.

Hierzulande ist die Gruppe nur durch die beiden *Ephemera*-Arten: *E. danica* O. F. M. und *E. vulgata* L. vertreten. Die Larven (Taf. II, Abb. 1) sind von gelblichweisser Farbe, der ganze Körper merkwürdig weich, der Vorderrand des Kopfes ist tief ausgeschnitten mit mehr oder minder scharf abgesetzten Ecken. Über den Vorderrand ragen zwei dünne, dornähnliche Anhänge, deren konvexe Seiten gegeneinander gerichtet sind. Sie sind der grabende Teil der Mandibeln. Der vornehmste Grabapparat der Tiere sind aber die Vorderbeine; flache Glieder, die bis zu einem gewissen Grad an die Vorderfüsse des Maulwurfs erinnern, besonders dadurch, dass sie wie diese auf die Kante gestellt sind. Mit ihrer Hilfe graben sich die Larven ein; das über dem grabenden Tier angehäufte Material wird mittels der Mandibeln gehoben und abwärts geschaufelt. Die kurzen Schwanzfäden können spiralförmig zusammengerollt werden, was ich sonst bei keiner anderen Eintagsfliegenlarve beobachtet habe.

Wenn Material hinter vorspringenden Landzungen im Bach angeschwemmt wird, bilden sich dort oft grosse gelbe, ganz lockere Schlammablagerungen; zur Regenzeit stehen sie unter Wasser, zur Trockenzeit liegen sie wie gelbe Flecken im Bett des Baches. Ihre Form und ihre Dicke ändert sich von einem Tag zum andern; bald wird von den Wellen, bald vom Wind Material weggeführt; unter ihnen ist der Boden meistens sandig. In diesem weichen, von

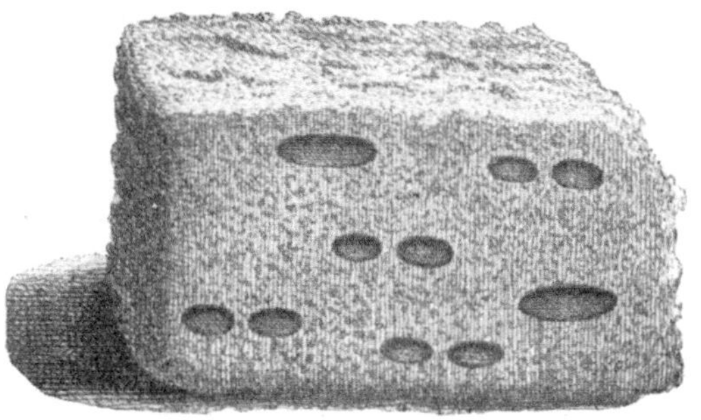

Abb. 15.

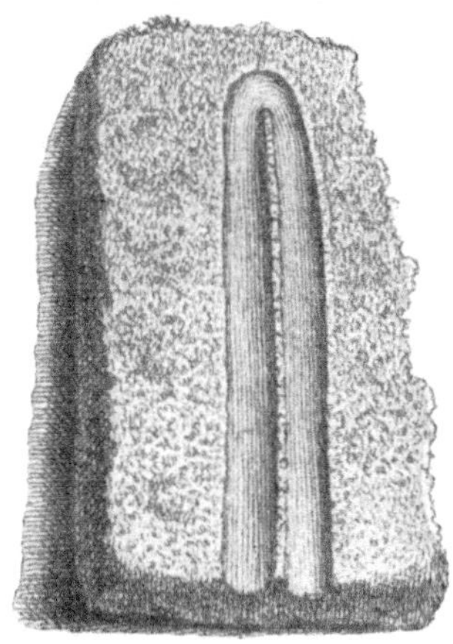

Abb. 16.

Abb. 15. Ein Stück Erde vom Ufer der Marne. Die Löcher sind die Eingänge zu den Wohnungen der Eintagsfliegenlarven. Nach Réaumur.

Abb. 16. Ein Stück Erde durchgeschnitten, sodass man den hufeisenförmigen Gang sieht. Nach Réaumur.

Wasser durchtränkten Boden sind die *Ephemera*-Larven heimisch. So viel ich beobachten konnte, bauen sie keine bleibenden Höhlen und Gänge, sondern durchwühlen die Schlammablagerungen kreuz und quer in unglaublicher Hast. Von eigentlichen Gängen kann überhaupt nicht die Rede sein; denn sobald sie sich ein Stück Gang gegraben haben, stürzt er auch schon hinter ihnen wieder ein. In Aquarien sieht man die Larven mit der Spitze der Mandibeln den Schlamm durchbohren und ihn gleichzeitig mit den Vorderbeinen beiseiteschieben. Wenn der ganze Wald von fein gefransten, schwarz und weiss gezeichneten Kiemen paarweise nacheinander schwingend in Bewegung ist, bietet sich dem Beschauer ein sehr schönes Bild. Steht man draussen auf den Sandbänken im Bach, so verrät nichts die Anwesenheit der Tiere; erst wenn man, mit einem Stock stochernd, die lose abgelagerten, leichten Teilchen des Bodenmaterials zum Abströmen bringt, bleiben die Larven auf dem darunterliegenden festen Sand liegen, in den sie sich nicht rasch genug eingraben können. Sonderbarerweise scheint es nicht bekannt zu sein, dass *E. vulgata* L. nicht nur als Bachform, sondern auch in grossen Mengen in der Litoralregion grösserer Seen vorkommt. So ist sie Charaktertier für die Litoralregion des Furesees und Tjustrupsees, wo sie hauptsächlich im äusseren Teil bis ungefähr zur 7 m-Kurve zu finden ist. Sie ist auch ausserhalb der Vegetationszone im Muschelgürtel anzutreffen, wo sie vielleicht hauptsächlich unter den Muschelschalen lebt; jedenfalls findet man sie oft in dem bischen Schlamm, der in den Muscheln zurückgeblieben ist. Die Larven suchen von diesen Tiefen nicht das Ufer und den festen Boden auf, um ihre Verwandlung durchzumachen, sondern steigen da nach oben, wo sie sich gerade befinden und verwandeln sich auf der Oberfläche des Wassers.

In den grossen mitteldeutschen und französischen Strömen kommen andere grabende Eintagsfliegen vor; eben aus diesen Arten bestehen die mächtigen Eintagsfliegenschwärme, die in Wolken über den Flüssen stehen. Die beiden Hauptformen sind *Polymitarcys virgo* Oliv. (Taf. II, Abb. 3) und *Palingenia*

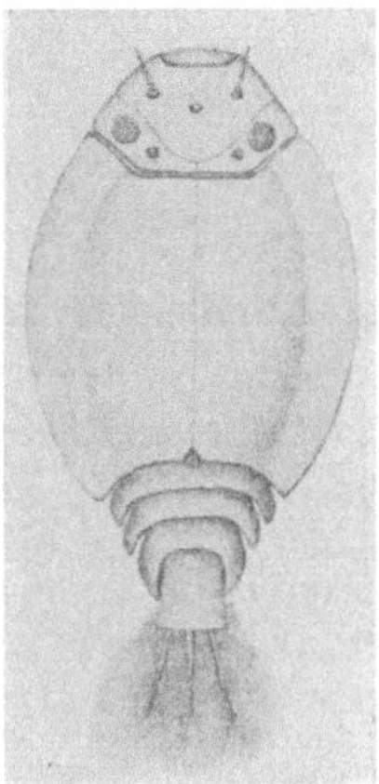

Abb. 17a.

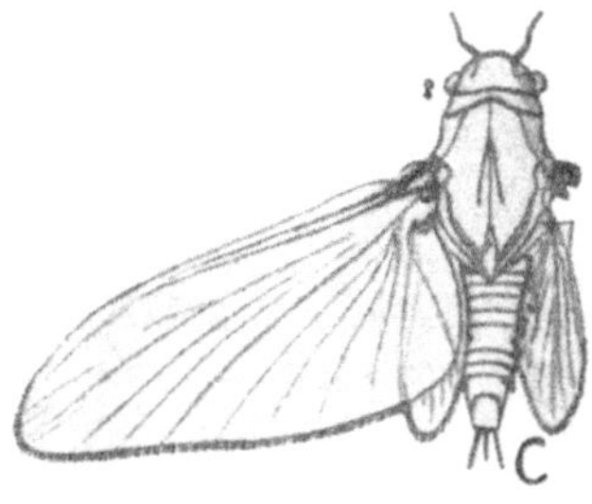

Abb. 17b.

Abb. 18.

Abb. 17a. Larve von *Prosopistoma*. Nach Vayssière, A. 1890.

Abb. 17b. Subimago von *Prosopistoma*. Nach Vayssière, A. 1881.

Abb. 18. Larve von *Povilla corporaali*. Lest. 1922. Holzfressende Ephemeridenlarve. Nach Ulmer, G. 1939. Aus Java.

longicauda Oliv. (Taf. II, Abb. 2). Sie sind in ganz besonderem Grad dem grabenden Leben angepasst. Die zum Graben bestimmten Teile der Mandibeln sind kräftig, aber in sehr verschiedener Weise entwickelt; bei *Palingenia longicauda* Oliv. sind sie breit schaufelförmig und mit zahlreichen Zacken ausgerüstet; das vordere Beinpaar ist ähnlich gebaut (Cornelius 1848).

Eine ähnliche Gestaltung zeigt die bereits von Swammerdam und Réaumur untersuchte *Polymitarcys virgo* Oliv. Von ihren Larven wird uns durch diese alten Untersucher berichtet, dass sie sich in Uferböschungen horizontale Gänge graben (Abb. 15–16), und zwar kommen sie hier in so ungeheuren Mengen vor, dass die Böschungen durchlöchert erscheinen wie ein Sieb. Normalerweise verlassen die Larven ihre Gänge nicht, nur wenn der Wasserstand sich ändert, können sie genötigt sein, sich neue Wohnungen zu bauen. Nimmt man sie heraus und setzt sie auf den Boden eines Aquariums, so sind sie recht hilflos. – Aus der Biologie der *Palingenia*-Larve ist übrigens bekannt, dass das ausgegrabene Material den Darmkanal passiert und die organischen Stoffe desselben dem Tiere zur Nahrung dienen; dadurch ähnelt die Lebensweise des Tieres der des Regenwurmes. Die schlechte Kost bringt mit sich, dass das Tier sehr lange zu seiner Entwicklung braucht, zumindest drei Jahre (Schoenemund

1930). Unter den grabenden Formen muss auch die eigentümliche, in Holz bohrende Polymitarcide *Povilla corporaali* Lest. (Abb. 18) von den Sunda-Inseln erwähnt werden, eine grosse, sehr plumpe Larve, die an den hölzernen Wasserleitungen in den Gold- und Silberbergwerken in Süd-Sumatra grossen Schaden anrichtet (ULMER 1939). Eine andere Art wurde vor kurzem von ARNDT aus Belgisch-Kongo beschrieben. Sie gräbt ihre Gänge in Spongillen. Alle diese grabenden Formen haben Mandibeln, die im proximalen Teil Kauwerkzeuge mit einer grossgerillten Wulstpartie, im distalen Teil Grabwerkzeuge sind, und die auf den ersten Blick wie furchtbare Angriffswaffen aussehen. Dies gilt nicht zumindest von der südamerikanischen Gattung *Campsurus* (Taf. II, Abb. 15) und der Gattung *Pletogenesia* von den Sunda-Inseln (ULMER 1920, 1939). Bisweilen sind die Mandibeln geformt wie Zangen, die an die Mandibeln der Lucaniden erinnern (z. B. bei der südamerikanischen Gattung *Euthyplocia*, ULMER 1920) (Taf. II, Abb. 14).

4. Die torrenticolen Larven.

Die Larven, die durch ihren Bau und ihre Anpassungsfähigkeit am eigentümlichsten sind, dürften aber die ausgesprochen torrenticolen, oder die sogenannten flachen Larven sein. Sie gehören vornehmlich dem schnell fliessenden Wasser, oft schäumenden Gebirgsbächen an, wo es gilt, nicht von der Strömung mitgerissen zu werden und dem Wasser möglichst wenig Widerstand zu leisten. Infolge ihres oft äusserst flachen Körpers können sie sich über die Steine hinbewegen ohne von der Strömung mitgerissen zu werden. Der Kopf selbst ist häufig plattenförmig dorsoventral abgeflacht. Die Beine sitzen weit ab von der Mittellinie des Körpers und sind so gedreht, dass sie den Körper nicht von der Unterlage abzuheben vermögen; die Femora und Tibiae sind breit und flach, die Klauen wohlentwickelt (Abb. 19–20). Ausser den Tracheenkiemen an den Seiten des Hinterleibes finden sich oft Kiemen an den Mundteilen, an der Unterseite des Thorax und am Basalglied der Beine. Die Vorderbeine sind häufig mit eigentümlichen Haargebilden besetzt, die entweder dazu dienen, die Kiemen rein zu kämmen, oder die im Dienste der Ernährung stehen, indem sie Planktonorganismen einfangen. Die meisten dieser Larven hausen auf der Unterseite von Steinen, wo sie sich nach Krabbenart seitwärts, aber auch vor- und rückwärts bewegen. Diese Formen sind zumeist nackt mit glatter Chitinisierung; andere, die auf dem Schlamm zwischen Steinchen oder Pflanzenteilchen leben, sind mehr oder minder behaart. – Mehrere dieser Larven sind an den Brandungsküsten unserer grossen Seen heimisch, wo sie vornehmlich auf der Unterseite von Steinen leben.

Die für unsere heimischen Flüsse und Brandungsküsten charakteristischsten Larven sind die von *Heptagenia sulphurea* O. F. M. und *Ecdyurus volitans* Eat. (Abb. 19–20), breite, flache, stark marmorierte Larven, deren Grundton je nach der Lokalität variiert; sie sind hell auf den gelben Sandflächen des Furesees, dunkel oder fast schwarz auf den schwarzen Steinen des Kögebaches. Der Unterschied zwischen diesen beiden Gattungen liegt hauptsächlich im Bau der Kiemenblätter.

Die ausgeprägtest torrenticolen Formen begnügen sich nicht mit einer Abflachung ihres Körpers, sondern sie tragen auf der Unterseite saugnapfähnliche Gebilde, mittels welcher sich der Körper so eng an den Stein anpressen kann, dass es wirklich schwierig ist, die Tiere abzulösen. Meistens sind die Kiemen zu solchen Haftapparaten umgewandelt. Bei den Larven der Gattung *Rhitrogena* (Taf. II, Abb. 11–12), die hierzulande durch zwei Arten vertreten ist, ist das erste Paar Kiemen gross und nierenförmig und berührt sich in der Mittellinie, alle anderen Kiemenblätter liegen dachziegelartig übereinander und bilden eine Art Ring um den Hinterleib. Das schäumende, stark sauerstoffhaltige Wasser braucht nicht erst in Bewegung gebracht zu werden; deshalb haben die Kiemenblätter keine Eigenbewegung, wie es sonst der Fall ist. Die Larven zeigen übrigens noch andere Eigentümlichkeiten. So sind die Kiefer-

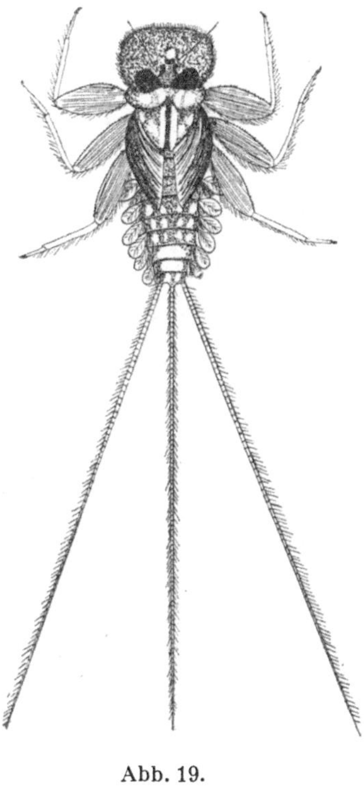

Abb. 19.

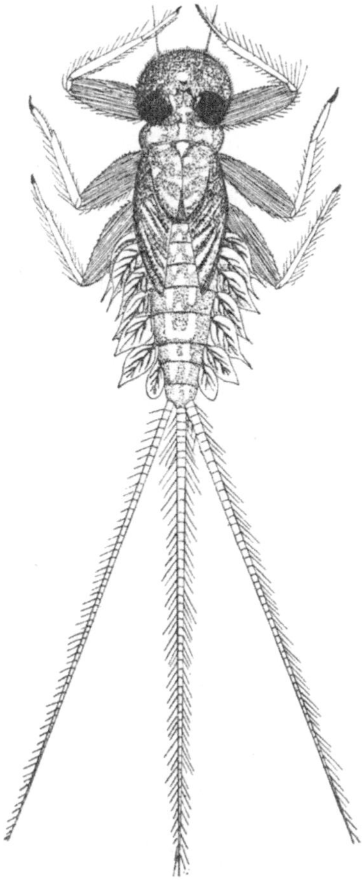

Abb. 20.

Abb. 19. *Heptagenia sulphurea* O. F. M. Larve. W-L. del.

Abb. 20. *Ecdyurus volitans* Eat. Larve. W-L. del.

palpen sehr stark entwickelt und an ihrem letzten Glied mit einer sehr hübschen, merkwürdigen Chitinstruktur versehen. Zweifellos hat man es hier mit einem Schabinstrument zu tun, mit welchem der Diatomeenbelag von den Steinen abgeschabt wird.

Eine ähnliche Gestaltung findet sich bei den besonders in Nordamerika, aber auch in Japan (Ueno 1928) und in Tirol (Steinmann 1907) vorkommenden Arten der Gattung *Iron*. Hier bilden sämtliche Kiemenblätter, doch vornehmlich das 1. Paar an der Unterseite des Hinterleibes eine Saugscheibe. Nicht immer werden aber Kiemenblätter zur Bildung der Saugscheibe gebraucht, so wird z. B. bei *Ephemerella doddsi* Needham die Adhäsion an den Steinen durch eine Reihe weicher Haare am ganzen Rande des breiten Hinterleibes bewirkt.

Ein ganz anderer Typus mit ausgesprochen rheophilem Bau sind die Larven aus der Familie der *Oligoneuridae*, darunter die von Simm 1914 und Steinmann

1919 eingehend untersuchte sogenannte Rheinmücke, *Oligoneuria rheana* Imhoff (Taf. II, Abb. 7–8). Sie weist die Eigentümlichkeit auf, dass ihre Unterlippe eine grosse Saugscheibe bildet, mit welcher sich das Tier am Stein festsaugt. Die Funktion der Unterlippe wird noch durch die breiten flachen Labialpalpen verstärkt, die sich konzentrisch um die Ränder der Saugscheibe herumlegen. Die Lippentaster werden wieder konzentrisch von den Kieferpalpen umgeben. Ausser den übrigens recht kleinen Hinterleibskiemen, die auch hier, wie bei anderen stark rheophil gebauten Ephemeridenlarven unbeweglich sind, besitzt die Larve am Grunde der Unterlippe zwei grosse gefranste Kiemenbüschel, in welche sehr grosse Tracheen hineinziehen. Die Tibien des ersten Beinpaares lassen sich in eine Furche am Femur zurückschlagen. Sowohl Tibien wie Furchen sind mit einem Besatz von langen Haaren ausgestattet, der vermutlich entweder dazu dient, die Kiemenbüschel der Unterlippe rein zu halten, oder vielleicht ein Siebapparat ist, der den Detritus und die Pflanzenpartikelchen des strömenden Wassers zurückhält. Ganz ähnlich sind die in Nordamerika und Japan lebenden Larven der Gattung *Chirotonetes* gebaut, die dort ebenfalls in Gebirgsbächen heimisch sind, im übrigen aber lange nicht so ausgeprägt rheophile Merkmale haben.

Von ganz besonders rheophilem Charakter ist die von Behning in der Wolga gefundene und von Ulmer (1934) beschriebene *Behningia*-Larve (Abb. 21–22). Eine andere Art derselben Gattung wurde später von Motas und Băcesco (1937) im Dnjestr gefunden. Diese eigentümlichen Tiere, die sich weder als Larven noch als Imagines (Tschernova 1938, Amur) in das System einreihen lassen, haben bei der Dnjestr-Art Augen, die auch auf die Unterseite des Kopfes hinabgehen, die Vorderbeine sind schwach entwickelt, klauenlos, während das 2. und noch mehr das 3. Beinpaar mächtig entwickelt sind. Die Kiemen sitzen ventral auf der Unterseite des Hinterleibes. Es sind 7 Paar Kiemen vorhanden; das 2.–6. Paar ist zweiästig, dünn, haarförmig und mit einer Franse aus sehr langen Haaren besetzt. Der ganze Körper ist sehr stark behaart. *Behningia* soll mit den Oligoneuriden verwandt sein (Motas und Băcesco 1937, 1940).

Wir müssen hier noch der höchst eigentümlichen *Prosopistoma*-Larve (Abb. 17a) Erwähnung tun, die in Frankreich zum ersten Mal 1764 und dann nochmals mehr als hundert Jahre später i. J. 1871 gefunden wurde; sie tauchte in neuerer Zeit an verschiedenen Stellen in Deutschland und schliesslich auch in unserem nächsten Nachbarland Mittelschweden auf (Alm 1918). Wegen seines höchst merkwürdigen Aussehens wurde das Tier ganz natürlich zuerst als Krebstier beschrieben; erst i. J. 1871 wurde man sich klar darüber, dass man ein Insekt vor sich hatte. Das Tier ist etwa 5–6 mm lang, der Körper wird von einem Schild bedeckt, der nur den Kopf und die vier letzten Hinterleibsegmente freilässt; die drei recht kurzen Schwanzfäden lassen sich in das letzte Segment einziehen. Der Schild, der von der Mittelbrust gebildet wird, verdeckt gänzlich die Kiemen. Das Wasser tritt durch zwei seitliche Öffnungen zu den Kiemen ein und durch eine unpaare Rückenöffnung aus. Die Larve lebt in fliessendem Wasser, hauptsächlich wohl in grösseren Flüssen. Sie sitzt dort festgeheftet an Steinen und kann sich durch ihre flache Form und ihre Beine so fest an sie anpressen, dass man sie nur schwer und nur mit Hilfe eines Messers loslösen kann. Das Tier hält sich meist im Versteck auf und soll nach Aquariumsversuchen ein Nachttier sein; da es vorzugsweise auf Steinen in Tiefen von $^1/_2$–$1^1/_2$ m lebt, ist der Fang mit Schwierigkeiten verbunden. Es ist nicht ausgeschlossen, dass wir das Tier auch noch in einem unserer grösseren Flüsschen antreffen. Es ist ein ausgesprochenes Raubtier, das von Mückenlarven lebt; über seine weitere Entwicklung ist sehr wenig bekannt. Die Larve wurde

1918 von Alm in Blekinge gefunden; er teilt mit, dass sie ein schwimmendes Tierchen sei, das mittels der grossen, gefiederten Cerci schwimmt, und zwar ebenso gut mit der Dorsalseite nach oben wie nach unten gekehrt. Die ver-

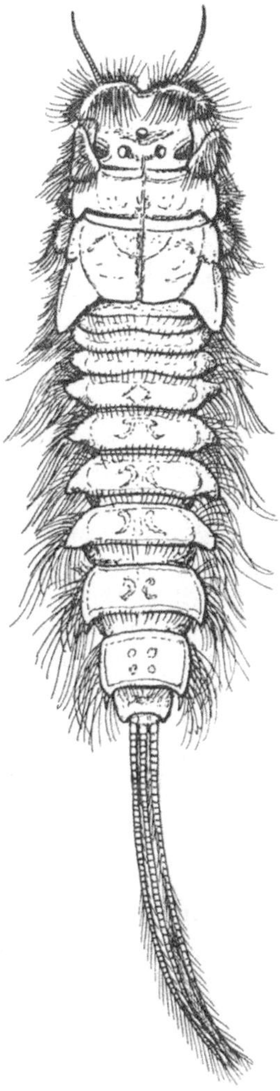

Abb. 21.

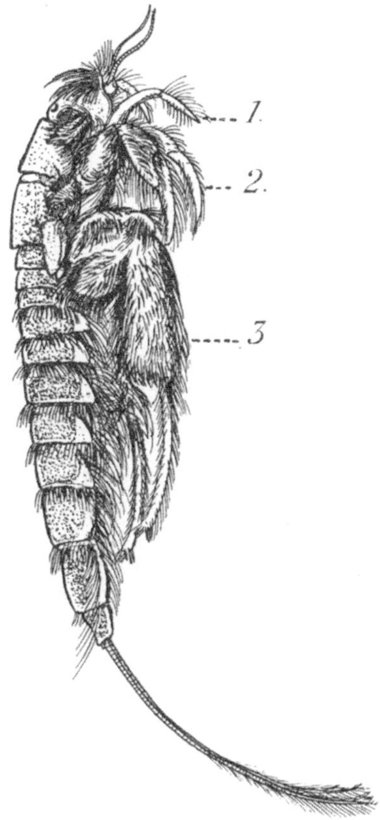

Abb. 22.

Abb. 21–22. Larve von *Behningia lestagei*. Nach Motas, C. et Băcesco, M. 1939. Dnjestr. Links vom Rücken, rechts von der Seite gesehen.

mutliche Subimago ist von Vayssière (1881) beschrieben. Mit *Prosopistoma* ist die von Walsh und später von Vayssière (1882) beschriebene *Baëtisca obesa* Walsh verwandt.

Wie wir bereits gesehen haben, leben die Larven der verschiedenen Eintagsfliegen als schwimmende, kriechende und grabende Tiere ein sehr ungleiches Dasein; der Typus ist ausserordentlich plastisch und formt sich je nach den wechselnden Lebensbedingungen und den Anforderungen um, die die Umwelt an ihn stellt. Einen grösseren Gegensatz als zwischen der flachen Larve von *Heptagenia sulphurea* O. F. M. und den grabenden, zylindrischen Larven von *Ephemera* oder *Palingenia* (Abb. 19 und Taf. II, Abb. 2) lässt sich nicht gut denken. Vergleicht man indessen die beiden Arten als vollentwickelte Insekten, so hört der Unterschied auf; im grossen ganzen ähneln sie einander stark. Wir stossen hier auf das namentlich bei Wasserinsekten immer wiederkehrende Phänomen, dass die Arten in dem Stadium, in welchem die ihnen gebotenen Lebensbedingungen am verschiedensten sind, auch am meisten voneinander abweichen. Das Element, in welchem die Ephemeriden die wenigen Stunden ihres Daseins als geflügelte Lufttiere leben, ist für alle gleich; als Larven verbringen die einzelnen Arten Monate und Jahre unter äusserst ungleichen Bedingungen. Darum finden wir Arten, die als geschlechtsreife Tiere einander stark ähneln, als Larven jedoch höchst verschieden aussehen. Wir werden später bei den Tipuliden darauf zurückkommen.

Bezüglich der Ernährung wäre nur zu sagen, dass sich die meisten Larven vermutlich vom Algenbelag der Vegetation ernähren. In den halbdurchsichtigen Tieren kann man oft beobachten, wie die Nahrung durch die Speiseröhre passiert, ohne dass dabei die Mundteile bewegt werden. Viele von ihnen sind jedoch Raubtiere, besonders viele der grabenden Formen.

Es soll bemerkt werden, dass eine Chironomide (*Dactylocladius brevipalpis* Goetg.) als Kommensale unter den Flügelscheiden der *Rhitrogena*-Arten lebt und an verschiedenen Lokalitäten gefunden wurde (Dorier 1926). Vgl. unter Chironomiden.

Die Anzahl der Häutungen kann sehr gross sein; nach Lubbocks (1866) schönen Untersuchungen wechselt die Larve von *Cloëon dipterum* etwa 20 mal die Haut. Die meisten Arten sind vermutlich einjährig, doch gibt es Arten, die 2–3 Jahre im Larvenstadium verbringen. Ihre Flugzeit tritt zu sehr verschiedenen Zeiten ein; einige Arten fliegen im ganz frühen Frühjahr, bereits im April, andere im Oktober, die Hauptmasse im Juni–Juli. Es ist nicht wahrscheinlich, dass die hiesigen Arten mehr als eine Generation im Jahr haben, in heissen Sommern ist das jedoch nicht ausgeschlossen. In südlichen Ländern ist dies nämlich oft der Fall, dort kommt es zur Entwicklung einer Frühlings- und einer Herbstgeneration. Es wird sogar angegeben, dass diese beiden Generationen bei einigen Arten ein ganz verschiedenes Aussehen haben; hier besteht also ein Saisondimorphismus (*Callibaëtis*).

Während des letzten im Wasser verbrachten Stadiums, im Nymphenstadium, das sicher nicht mehr als etwa 10–14 Tage und in der Regel viel kürzer dauert, sind die Flügelscheiden etwas grösser; schon da beginnt die Reduktion der Mundteile. Das Tracheensystem, das bis dahin geschlossen war, wird in den letzten Larvenstadien teilweise offen; jedenfalls bei einigen Arten öffnen sich die Bruststigmen.

Gegen Ende des Nymphenstadiums verlassen die Larven die dunklen Plätze (Unterseite von Steinen u. dgl.), wo sie bis dahin gelebt haben, und streben dem Licht entgegen; dabei steigen sie oft gleichzeitig zu Tausenden auf. In diesem Stadium wird die Haut dicker, die Kiementracheen beginnen, sich von den Körpertracheen zu lösen, und die Kiemen funktionieren immer weniger. Die Abgabe der Kohlensäure und Aufnahme des Sauerstoffes geht damit langsamer vor sich; die Nymphen verhalten sich wie die von *Hexagenia* in den oben angegebenen Versuchen und reagieren wie diese, indem sie positiv phototrop werden. Schliesslich steigen die Nymphen ganz aus dem Wasser empor. Die meisten Arten des stark strömenden Wassers dürften wohl Äste und Zweige aufsuchen, von wo aus dann die Verwandlung vor sich geht. Einige der Nymphen, die in Seen oder Bächen mit seichten, geschützten Buchten leben, haben die Gewohnheit, sich erst scharenweise auf sonnenbeschienenen, nur von wenigen Dezimetern Wasser bedeckten Schlammböden niederzulassen;

später, hauptsächlich gegen Abend, an stillen, milden Regentagen auch um die Mittagszeit, steigen sie schwimmend bis an die Oberfläche empor. Dann werden Kiemenblätter und Schwanzfäden seitlich ausgebreitet, sodass sie das Tier an der Wasseroberfläche befestigen oder verankern. Die Thoraxhaut reisst in der Mittellinie durch, und im Laufe weniger Sekunden ist das Tier frei.

Man hat beobachtet, dass Nymphen, nachdem sie auf Zweige geklettert sind, grosse Mengen Luft durch die Mundöffnung einziehen, wodurch der Druck auf die Haut vergrössert und diese gesprengt wird. Beim Auskriechen spielen ferner die Schwanzfäden der Nymphe eine wichtige Rolle, indem sie auf die

Abb. 23. Farumsee, wo zahlreiche Beobachtungen über *Ephemera* gemacht wurden. W-L. phot.

Unterlage gedrückt und angeklebt werden. Während die Imago gewöhnlich zwei Schwanzfäden besitzt, ist die Mehrzahl der Larven und Nymphen mit drei Schwanzfäden ausgerüstet; der mittlere derselben wird im Nymphenstadium an der Wurzel eingeschnürt und fällt bei der Verwandlung ab.

Oft lag ich mit meinem Boot auf seichten Stellen unserer grösseren Seen und sah die grosse *Ephemera danica* O. F. M. aus dem Wasser steigen. An einem stillen Regentag, als die Wasserfläche des Farumsees blank wie ein Spiegel dalag und die nach einem mächtigen Gewitterschauer um die kleine, waldige Insel Claus Nars Holm wogenden Nebel (Abb. 23) in der untergehenden Sonne mit schwach rötlichem Glanz schimmerten, stieg dicht neben meinem Boot eine Nymphe nach der andern an die Oberfläche; sie schwammen schräg aufwärts und drückten Kiemen und Schwanzfäden gegen den Wasserspiegel. Schon eine halbe Minute später sah man das geflügelte Tier in langsam flatterndem Flug in schräger Linie der Vegetation der kleinen Insel zustreben. Die Entfaltung der Flügel geht plötzlich vor sich, sie sind im selben Augenblick schon steif und flugfertig; möglicherweise erhärten sie dadurch, dass Blut in sie hineingepresst wird. Wie schnell ich auch ruderte, gelang es mir doch niemals, vor dem Ende der Verwandlung mit dem Boot an die Stelle zu kommen, wo die Nymphe lag. Bei ihrem Flug ans Land wurden etliche Tiere von den letzten schweren Regentropfen getroffen; sie stürzten triefnass in den See, um nie mehr empor zu tauchen. Denn die Barsche hatten schon längst erraten, dass es hier etwas zu holen gab; rings um das Boot hörte man unaufhörlich ihr schmatzendes Zuschnappen, während obendrein die im Wasser zappelnden Tiere noch die Aufmerksamkeit der Verfolger auf sich lenkten. Aber es kam noch schlimmer! Denn als ich davonruderte, gewahrte ich einen Schwarm von Schwalben, die über die Oberfläche hinflogen und eine um die andere ins Wasser tauchten, um sich Beute zu holen.

Das Subimagostadium (Abb. 24–25–26).

Wenn jetzt jemand, der Eintagsfliegen kennt und mit unseren Hauptformen vertraut ist, eines der Tiere finge, die hier vom Seespiegel oder von Steinen und Ästen am Ufer aufsteigen, so würde er wohl ausrufen: »Was sind das für sonderbare Exemplare; sie sind lange nicht so schön, wie diese Tiere sonst zu sein pflegen. Die Farben sind allzu dunkel, die Schwanzborsten nicht lang genug und die Beine zu kurz!« Diese Kritik wäre vollkommen berechtigt. Wir haben nämlich hier ein bei keiner anderen Insektengruppe vorkommendes, eigentümliches, zwischen Nymphen- und Imagostadium eingeschobenes Stadium vor uns, das im wesentlichen dem des vollentwickelten Insektes gleicht, es aber doch nicht ist; das Tier befindet sich im Zustand der Subimago (Abb. 25). Als bereits fliegendes, geflügeltes Insekt muss sich also die Eintagsfliege im Gegensatz zu allen anderen Insekten noch einmal häuten. Das Stadium selbst währt nur sehr kurz; seine längste Dauer beträgt angeblich 2–3 Tage, meist nur einen Tag und bei einigen Arten bloss etwa fünf Minuten. Bei manchen Arten fällt anscheinend das Subimagostadium gänzlich weg, bei anderen häutet sich nur das eine Geschlecht. In diesem Fall ergreifen die Männchen, die sich gehäutet haben, sofort die Weibchen, die im Subimagostadium aus dem Wasser auftauchen, und paaren sich mit ihnen, noch ehe diese die Subimagohülle abgeworfen haben (*Palingenia, Polymitarcys*). Endlich gibt es noch Formen, bei welchen sowohl Männchen wie Weibchen dieses Stadium nie zu verlassen scheinen. (Es handelt sich hier immer um sehr kurzlebige Formen mit schwachen Beinen.)

So hat man bemerkt, dass *Oligoneuria*, die zuweilen in ungeheuren Schwärmen über dem Rhein steht, die Subimagohülle, die erst noch ein kleines Weilchen an den Schwanzborsten haftet, im Fluge abwirft. Die Tiere haben, wenn sie aus den Wellen gestiegen sind, als geflügelte Lufttiere nur eine Lebensdauer von vier Stunden, in welchen sie sich häuten, während sie ihre Tänze über dem Fluss ausführen, sich paaren und die Eier ablegen; danach fallen sie in den Fluss zurück und sterben (Steinmann 1919).

Bei den meisten Arten erreichen aber die Eintagsfliegen das Ufer wohl im Subimagostadium und hängen sich an Bäume und Sträucher. In diesem Stadium haben sie gewöhnlich noch nicht die Flugfertigkeit des Imagostadiums erreicht, es ist mehr ein Flattern, als ein Fliegen. Sie sind schwerer, da der Darm keine Luft enthält, sondern häufig noch mit Wasser gefüllt ist. Das ist z. B. bei den hiesigen *Ephemera*-Arten der Fall.

An einem Frühjahrsmorgen bei Tagesanbruch, wenn der See des Nachts die Hauptmasse an Individuen einer Art abgegeben hat, können die Ufer von Tausenden und aber Tausenden weisser Häute bedeckt sein, die an jeder erdenklichen Unterlage festkleben. Man glaubt zuerst, Larvenhüllen vor sich zu haben, indessen sind es die Subimagohüllen, deren Flügelscheiden noch als kaum erkennbare, kleine, zerknitterte Düten am Thorax sitzen. In den darauf-

Abb. 24–25.

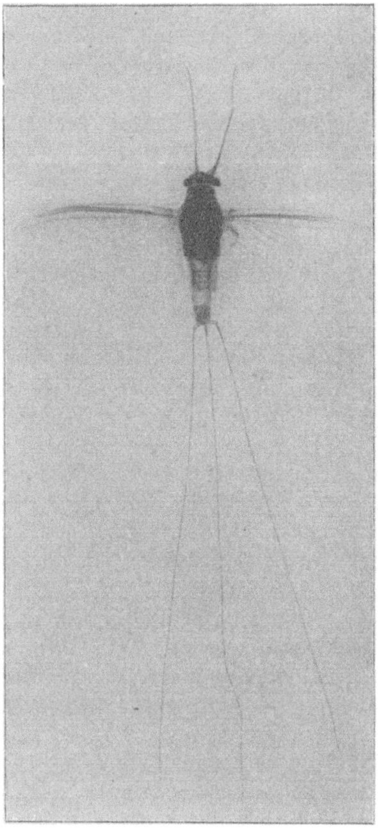

Abb. 26.

Abb. 24, 25, 26. *Caenis* sp. Larve; Subimago; Imago ♂. W-L. phot.

folgenden Tagen bedeckt sich die Vegetation mit unzähligen Eintagsfliegen, die bei uns hauptsächlich den Gattungen *Cloëon, Leptophlebia, Baëtis* und *Caenis* angehören. Am Abend stehen sie in Wolken über Seen und Mooren, und damit ist das Phänomen vorbei.

Welche Bedeutung das Subimagostadium für die Tiere hat, warum sie nicht im Nymphenstadium ihre Entwicklung zu Ende führen können, sondern dazu zwei Phasen brauchen, darüber sind viele Theorien geäussert worden. Meiner Ansicht nach ist das Subimagostadium das Mittel, durch welches das Tier instand gesetzt wird, sein Element zu wechseln, d. h. vom Wassertier zum Lufttier überzugehen. Es sei hier daran erinnert, dass die Flügel der Subimago, zum Unterschied von jenen der Imago, unbenetzbar sind. Sie sind bei der Subimago zumeist eingefettet, ferner sind die Adern mit einer Menge kleiner Dornen ausgerüstet, die mit dazu beitragen, dass die Flügeldecke nicht mit dem Wasser in Berührung kommen kann. Die Flügel der Imagines sind benetzbar; bei Berührung mit Wasser ertrinken die Ephemeriden als Imagines beinahe augenblicklich.

Bei den Eintagsfliegen, die sich unmittelbar nach dem Verlassen des Wassers paaren, noch ehe sie das Land erreicht haben, sind vermutlich die inneren Geschlechtsorgane bereits im Nymphenstadium voll entwickelt; es konnte auch tatsächlich festgestellt werden, dass schon die Eierstöcke der Nymphen vollreife Eier enthalten. Die Nymphen wären also, was die inneren Geschlechtsorgane betrifft, für die Fortpflanzung geeignet, aber erst nach ein bis zwei Häutungen gestattet der Bau der äusseren Geschlechtsorgane das Zustandekommen der Begattung. Eine so frühe Reifung der inneren Geschlechtsorgane ist übrigens eine Seltenheit. Sie tritt bei anderen Insekten oft erst etliche Wochen nach der letzten Verwandlung und nach reichlicher Nahrungsaufnahme ein. (Vgl. unter *Cloëon*.)

Das Imagostadium.

Wie bereits im Vorhergehenden berührt, zeigen die Eintagsfliegen als vollentwickelte Insekten eine Reihe höchst merkwürdiger Besonderheiten des Baues, die nur dadurch verständlich sind, dass die Tiere in den meisten Fällen höchstens einige Tage und bisweilen nur wenige Stunden am Leben sind.

Besonders eigentümlich ist die Gestaltung des Darmkanals (Fritze 1888) (Abb. 27). Bereits bei der Nymphe beginnen die Mundteile, sich zu reduzieren; diese Reduktion ist im Subimagostadium weiter fortgeschritten und im Imagostadium so weit gediehen, dass die Mandibeln fast völlig verschwunden sind; die übrigen Mundteile sind so sehr rückgebildet, dass sie zu nichts zu brauchen sind (Abb. 28). Der Mund ist nicht geschlossen, wie man früher einmal glaubte, der Darmkanal wohlentwickelt, doch enthält er merkwürdigerweise immer nur Luft. Der Schlund kann durch eigene Muskeln ausgedehnt und zusammengezogen und der Mitteldarm durch starke Schliessmuskeln vorne und hinten geschlossen werden. Betrachtet man eine lebende Eintagsfliege, besonders ein Männchen, so bemerkt man, dass die Seiten des Hinterleibes fast immer silbern schimmern und gegen das Licht gesehen durchsichtig erscheinen. Legt man ein lebendes Männchen unter das Mikroskop, so kann man deutlich beobachten, dass die durchsichtige Partie der luftgefüllte Mitteldarm ist, der unablässig peristaltische Bewegungen ausführt. Die im Darmkanal eingeschlossene Luft befindet sich unter beständigem Druck von vorne und hinten; unter Wasser lässt sich der luftgefüllte Darm leicht herauspräparieren.

Wir wollen nun unter Berücksichtigung dieser Tatsachen an einem stillen Sommerabend den Tanz der Eintagsfliegen, am liebsten den Tanz der grossen *Ephemera*-Arten, an den Ufern des Furesees betrachten. Sie stehen meist in kleinen Schwärmen zu 20–30 Individuen, die bisweilen den ganzen See wie eine Ringmauer umgeben. Alle Tiere, die wir fangen, sind Männchen, die sofort an den stark verlängerten Vorderbeinen und den grossen Augen erkennbar sind. – Im Schwarm fliegen die Tiere immer in vertikaler Richtung auf und ab. Wenn sich die Eintagsfliege am tiefsten Punkt, d. h. ungefähr in Manneshöhe über dem Boden befindet, stellt sie sich vertikal und steigt mit ausserordentlich raschen Flügelschlägen, mit zusammengelegten Schwanzborsten und gerade nach oben gerichteten Vorderbeinen bis auf etwa 8–10 m Höhe über dem Boden. Hier angelangt, legt sie sich plötzlich horizontal, wobei die Flügel wagerecht nach aussen gerichtet, die Schwanzborsten steif und fallschirmartig seitwärts ausgebreitet werden. In dieser Stellung lässt sich das Tier ganz langsam heruntersinken, ohne die Flügel zu bewegen. Ist es auf etwa 2–3 m über dem Boden gesunken, so stellt es sich wieder vertikal und steigt mit schnellen Flügelschlägen wieder in die Höhe.

Es liegt eine unendliche Schönheit in diesen über den grünen Schilfwäldern tanzenden Myriaden von weisslichen Eintagsfliegen. Die wirbelnden Flügelschläge beim Aufsteigen der Tiere und das langsam gleitende Fallen mit ausgebreiteten, unbeweglichen Flügeln, das unablässige Steigen und Sinken der einzelnen Individuen, das Verschieben des ganzen Schwarms, wenn er vom

Abendwind erfasst und mitgetragen wird, die absolute Lautlosigkeit, mit welcher der Tanz vor sich geht – all dies vereint sich zu einem Bild von unvergleichlicher Anmut und vollendeter Grazie. Hin und wieder wird dieses Bild durch Rohrsänger oder *Aeschna grandis* L. gestört, die aus dem Schilf in die Höhe schiessen, sich eine Eintagsfliege erhaschen und mit einigen schwirrenden Flügelschlägen wieder in das Schilfdickicht zurücksinken. An den Ufern des Tjustrupsees gehört dieses Flugmanöver der Rohrsänger mit zum Bild.

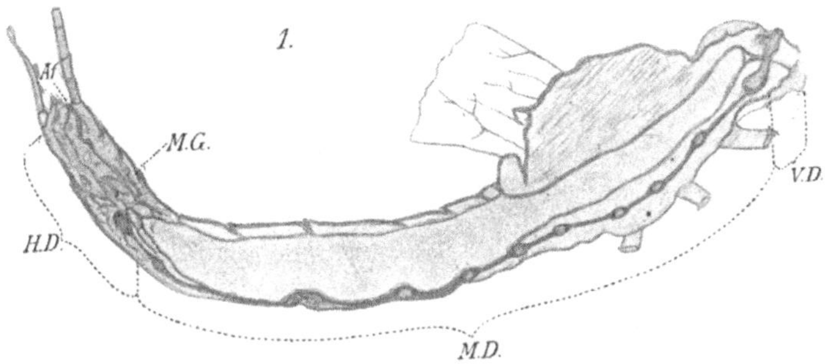

Abb. 27.

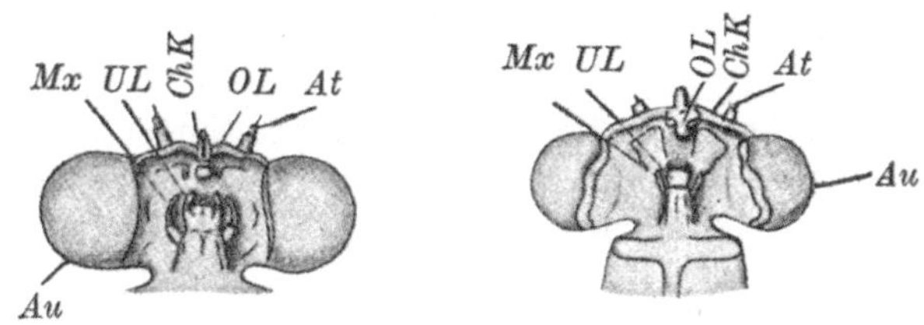

Abb. 28.

Abb. 27. *Baëtis* sp. In der Medianebene durchgeschnitten. Imago. *MD* Mitteldarm; *HD* Hinterdarm; *VD* Vorderdarm; *MG* Malpighische Gefässe; *Af* After. Unten das Nervensystem. Nach Fritze, A. 1888.

Abb. 28. Links: Kopf einer Subimago von *Hexagenia limbata* von unten gesehen. Rechts: Kopf einer Imago von *Ephemera simulans*. *OL* Oberlippe; *UL* Unterlippe mit den beiden noch 3-gliedrigen Tastern; *Mx* Maxille; *ChK* Chitinkamm; *At* Antennen; *Au* Auge. × 12. Nach Sternfeld, R. 1907.

Beim Tanz spielt zweifellos der Luftinhalt des Darmes eine wichtige Rolle. Da das Tier die Luftmenge im Darm durch Einziehen und Abgeben von Luft variieren und durch besondere Muskeln im Darm unter verschiedenen Druck bringen kann, muss man annehmen, dass der Darm als aerostatischer Apparat wirkt. Wenn sich die Eintagsfliege beim Aufsteigen vertikal stellt, gibt sie vermutlich im hinteren Teil des Darmes Luft ab und nimmt gleichzeitig in seinem vorderen Abschnitt Luft auf. Es ist schwierig, einen Beweis für diese Annahme zu erbringen, aber der Bau des Darmes und sein Luftinhalt, sowie die Art und Weise, in welcher der Tanz vor sich geht, deuten darauf hin, dass es sich so verhält, wie oben geschildert. Interessant, wie ein Organ, in diesem Fall der Darmkanal, seine Funktion verändern kann, wenn die Verhältnisse es erfordern. Unbrauchbar als Verdauungsapparat bei Tieren, die höchstens ein paar Tage leben, ist er zum aerostatischen Apparat geworden, der den Tanz der Eintagsfliegen erst ermöglicht (Fritze 1888, Sternfeld 1907, Drenkelford 1910).

Man hat gemeint, in einem eigentümlichen Organ, dem sogenannten Palménschen Organ, einen statischen Apparat zu erkennen, der das Tier bei den Flugmanövern über seine Stellung in der Luft orientiert. Das Organ ist rätselhaft und über seine Bedeutung nichts Näheres bekannt. Es liegt symmetrisch zwischen den Augen über der Speiseröhre und etwas hinter dem Gehirn. Das Organ wird aus den äussersten Spitzen der vier grossen, hier einander berührenden Tracheen gebildet und besteht aus mehreren konzentrischen Ringen, die sich aus der Intima der Tracheen bilden; bei jeder Häutung wird ein Ring abgesetzt. Im Zentrum findet sich eine unregelmässige Masse ohne konzentrische Struktur, die wahrscheinlich vor der ersten Häutung abgesetzt wird (Grosz 1904). Eingehendere Untersuchungen, die sich allerdings schwierig durchführen lassen werden, wären sehr wünschenswert.

Die meisten anderen Eigentümlichkeiten im Bau der Eintagsfliegen stehen in direkter Beziehung zur Paarung und Eiablage, den einzigen Funktionen, die die Tiere als vollentwickelte Individuen auszuführen haben; solche Eigentümlichkeiten sind vor allem bei den Männchen bemerkbar. Sie sind meist zarter gebaut und bedeutend kleiner als die Weibchen; das hängt damit zusammen, dass die Männchen während der Paarung nicht am Fluge teilnehmen, wie bei den Libellen, sondern sich, soweit bisher bekannt, von den grösseren Weibchen tragen lassen. Von den zwei Flügelpaaren ist das vordere bei den jetzt lebenden Formen stets das grössere. Bei den fossilen Eintagsfliegen waren beide Paare gleich gross. Das hintere Flügelpaar kann ganz fehlen (*Caenis, Cloëon*). Die Flügel sind meist glasklar, irisieren aber häufig gelb und grün; bei *Caenis* sind sie milchweiss. Die Spannweite der Flügel ist gewöhnlich beim Weibchen grösser als beim Männchen.

Ausser den drei Punktaugen besitzen die Eintagsfliegen grosse zusammengesetzte Seitenaugen (Abb. 29). Diese sind fast immer bei den Männchen am grössten. Die zusammengesetzten Augen der Männchen mehrerer Gattungen, wie *Cloëon, Baëtis, Leptophlebia, Ephemerella, Centroptilum* u. a., gehören zu den schönsten und kompliziertesten Sehorganen, die wir überhaupt bei den Insekten kennen. Jedes Auge ist nämlich in zwei Teile geteilt, sodass die Tiere in Wirklichkeit vier zusammengesetzte Augen besitzen. Von diesen werden die unteren, kleineren Augen Seitenaugen genannt; die beiden anderen, viel grösseren liegen oben am Kopf und erinnern in ihrer Form etwas an einen Turban, weshalb sie auch oft Turbanaugen genannt werden. Sie sind nur auf der Kuppel facettiert, nicht an den Seiten, und haben recht stark verlängerte Ommatidien. Die Turbanaugen zeichnen sich durch prachtvolle rote oder gelbe Färbung aus, die häufig von der des übrigen Auges abweicht. Die gelben und roten, von kohlschwarzem Chitin umrahmten und in zahllose kleine Sechsecke aufgeteilten Sehfelder gehören durch ihre Form und Farbe zu den schönsten mikroskopischen Objekten, die wir kennen. In ihrem anatomischen Bau zeigen die beiden Augenteile, Seitenauge und Turbanauge, grosse Verschiedenheiten, auf die wir hier nicht näher eingehen können. Der Bau des Turbanauges lässt darauf schliessen, dass die in ihm entstehenden Bilder lichtstärker sind, und dass daher das Turbanauge bei schwächerem Licht brauchbarer und für das Sehen in der Dämmerung besonders geeignet ist. Ferner ist es mehr für die Wahrnehmung beweglicher als in Ruhe befindlicher Gegenstände eingerichtet. Zwischen der Entwicklung der zwei verschiedenen Teile der Augen und der Art und Weise, wie das Männchen bei der Paarung das Weibchen ergreift, scheint eine gewisse Verbindung zu bestehen. Männchen, die das Weibchen von unten packen, haben gewöhnlich wohlentwickelte Turbanaugen und überhaupt weit besser entwickelte Sehapparate als die Weibchen (*Baëtidae*), während bei den Männchen, die das Weibchen am Wasserspiegel, also von oben ergreifen (*Palingenia*), die Augen eher weniger gut entwickelt sind als beim Weibchen.

Die Beine sind bei beiden Geschlechtern stets schwach; sie sind weder zum Gehen, noch zum Laufen oder Klettern zu gebrauchen. Die Tiere können sich höchstens mit den Beinen an Zweige klammern oder auf ihnen stehen; oft sind die Beine nicht einmal dazu geeignet. Die Vorderbeine der Männchen sind fast immer stark verlängert und werden im Fluge gerade vorwärts gestreckt, sodass sie wie Fühler aussehen. Dies wird durch den besonderen Bau des Gelenkes zwischen Tarsus und Tibia bewirkt. Während der Paarung werden die

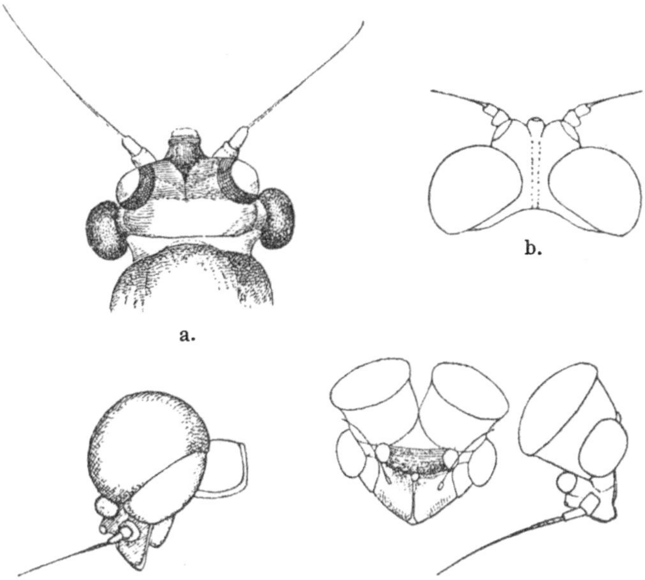

b. a. c. d. e.

Abb. 29. Augenformen der Ephemeriden ♂. *a Polymitarcys virgo* Ol.; *b Palingenia longicauda* Ol.; *c Ephemerella ignita* Poda; *d, e Baëtis binoculatus* L. Nach Eaton, A. 1883—1888.

Vorderbeine um den Thorax des Weibchens geschlagen. Das Chitinskelett der Tiere ist im grossen ganzen sehr schwach, besonders bei den Männchen, die zu den zartesten Insekten gehören. Bis zu welchem Grad die Eintagsfliegen den zwei einzigen Funktionen, sich zu paaren und Eier zu legen, angepasst sein können, zeigt die Eintagsfliege *Campsurus segnis* Needham (Abb. 31–32), die in Britisch Guayana vorkommt. Das Weibchen hat fast keine Beine, sondern nur Beinstümpfe und das Männchen nur lange Vorderbeine, während die anderen Beinpaare fehlen. Die Tiere vertragen es überhaupt nicht, festen Boden zu berühren; wenn das dennoch geschieht, fallen sie sofort auf die Seite und sterben in dieser Lage. Die Imagines sind in den wenigen Stunden ihres Daseins nur Lufttiere (Morgan 1929). Von den zwei Paar Flügeln zeigen die Hinterflügel oft Tendenz zur Reduktion. Bei manchen Arten von *Caenis* und *Cloëon* sind sie wie bemerkt ganz verschwunden.

Der Hinterleib endet beim Männchen in ein Paar mehrgliedrigen Anhängen, den Paarungszangen, die sich bei der Begattung um das Hinterende des Weibchens legen. Zwischen diesen liegt das doppelte Begattungsorgan, zwei Geschlechtsöffnungen, die getrennt voneinander ausmünden. Bei gewissen Formen (Neu-Seeland) tragen die vier oder fünf letzten Abdominalsegmente an den Seiten flügelartige Anhänge, durch welche der Hinterleib stark verbreitert wird.

Am Ende des Körpers sitzen ferner zwei lange Schwanzfäden; zwischen ihnen findet sich oft ein mittleres drittes, durch Verlängerung des 11. Tergums entstandenes Terminalfilament. Letzteres wird indessen von vielen Formen bei

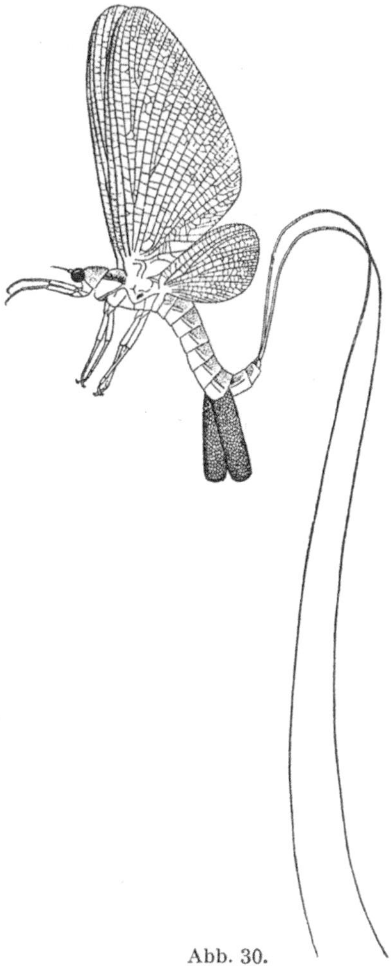

Abb. 30.

Abb. 31.

Abb. 32.

Abb. 30. *Polymitarcys* ♀ mit Eierpaketen. Nach Needham, J. 1935.

Abb. 31. *Campsurus segnis* Needham ♂; rudimentäre Mittel- und Hinterbeine. Morgan, A. 1929.

Abb. 32. Das Weibchen von unten gesehen. Mundteile sowie alle Beinpaare rudimentär. Morgan, A. 1929.

der Häutung abgeworfen, vermutlich weil es bei der Paarung hinderlich sein würde. Einzelne Arten, darunter sogar eine bei uns heimische (*Caenis dimidiata* Steph., das Männchen), sind angeblich leuchtend.

Wir wollen nun nach der Schilderung ihres Baues die Eintagsfliegen bei Ausführung ihrer Paarungstänze betrachten.

Man kann z. B. auf den Wiesen im Gribwald am Esromsee oder an den Fönstrupteichen den Tanz beobachten; im Frühling bestehen die tanzenden Schwärme zum grössten Teil aus *Siphlurus aestivalis* Eat., schönen Tieren mit schneeweissen, durchsichtigen Flügeln. Das Phänomen hält 5–6 Tage an, ist wohl des Abends am stärksten, kann aber auch mitten am Tag beobachtet werden, besonders dort, wo hohe freistehende Fichtenbäume tiefe Schlagschatten über besonnte Waldwiesen werfen. Hier tanzen jedenfalls grosse Schwärme von Männchen. Die Paarung selbst habe ich nur auf den näher am Esromsee gelegenen Waldwiesen und nur am Abend beobachtet. Liegt man dann an einem Sommernachmittag gegen sechs Uhr auf einer der von alten, ehrwürdigen Buchen eingerahmten Wiesen, so kann man an glücklichen Tagen die Luft voll tanzender Tierchen sehen. Gleich den Mücken sammeln sie sich anscheinend mit Vorliebe über freistehenden Gegenständen, z. B. kleinen Erlenbüschen auf der Wiese, von wo sie wie Rauch emporsteigen, sodass sich über den Büschen eine dichte Wolke von Tieren bildet. Betrachtet man die Wolke mit dem Feldstecher, so gewinnt man den Eindruck steigender und fallender Schneeflocken, die von leichten Luftströmungen wirbelnd durcheinander geschleudert werden. Hin und wieder erfasst ein stärkerer Luftzug den ganzen Schwarm, um ihn gegen den Wald hinzutreiben. Er steht bald wie eine kugelförmige Masse, bald wie weissliche Bänder oder wie wogende Nebelschleier um die dunklen Baumkronen; dann teilt sich der Schleier wieder, einzelne Tiere steuern in eiligem Flug über die Wiese hin, und der Tanz beginnt von neuem. Wenn je irgend ein Naturphänomen die Ursache zur Sage von tanzenden Elfen gewesen ist, so müssen es die vom Wind getragenen Schleier der Eintagsfliegen sein. Fängt man die Tierchen ein, so zeigt sich, dass die Schwärme vorzugsweise aus Männchen bestehen. Mit dem Glas kann man hier und dort Tiere bei der Paarung beobachten. Richtet man seine Aufmerksamkeit auf die den Schwarm umgebende Luft, so nimmt man dann und wann einzelne grössere Eintagsfliegen wahr, die sich bei näherem Zusehen immer als Weibchen zu erkennen geben. Sie steuern langsam in schräger Richtung in den Schwarm hinein, wo sie augenblicklich von einem Männchen ergriffen werden. Hier zeigt sich wieder, wie so oft, dass Schwarmbildung und Tanz der Männchen das Mittel sind, wodurch das Weibchen seinen Partner findet. Das Weibchen wird im Flug erfasst, die Begattung geht fliegend vor sich, und so viel ich weiss, trennen sich die Paare auch im Fliegen wieder. Mit dem Feldstecher kann man wiederholt Tiere während der Paarung beobachten. Das Männchen wird dabei vom Weibchen getragen; es sitzt unter dem Weibchen, so viel ich wahrnehmen konnte, mit zusammengelegten, abwärtshängenden Flügeln; seine Vorderbeine sind um den Thorax des Weibchens geschlagen; die Schwanzborsten des Weibchens werden weit auseinander gespreizt, die des Männchens sind nicht zu beobachten und werden wahrscheinlich vermittels eines Gelenkes an der Basis um den Rücken des Weibchens gelegt. Alle Tiere, die ich während der Paarung beobachtet habe, sinken unendlich langsam abwärts; ich habe niemals sich paarende Tiere wieder steigen sehen. Vermutlich ist die Begattung beendet, ehe die Tiere den Boden erreichen. Es ist natürlich sehr schwierig, bei schwindendem Tageslicht im Schwarm der Tanzenden ein einzelnes Paar im Auge zu behalten. Die Paarung dauert wahrscheinlich nur wenige Sekunden.

Bei *Ephemera danica* O. F. M. vollzieht sich die Paarung vermutlich auf dieselbe Weise. Wie bereits oben erwähnt, können diese grössten unserer Eintagsfliegen an stillen Sommerabenden wie eine Ringmauer über den Schilfdickichten grösserer Seen stehen. Auch ihre Schwärme bestehen fast ausschliesslich aus Männchen. Von meinem Boote auf dem See aus habe ich beobachtet, wie die Subimagoweibchen aus dem Wasser auftauchen und in schnurgerader, schräg vom Wasserspiegel aufsteigender Linie ans Land fliegen. Hier werden sie von den Männchen ergriffen; ob aber die Paarung im Subimagostadium vollzogen wird, konnte ich nicht sehen. Eine Art (*Palingenia*) paart sich angeblich auf dem Wasserspiegel, indem das Männchen sofort unter das Weibchen kriecht, wenn dieses das Wasser verlässt. In diesem Fall ist offenbar das Luftdasein für das Weibchen auf das Mindestmass beschränkt.

Das Eistadium (Abb. 33–34).

Die Eier werden sicher in den allermeisten Fällen unmittelbar nach der Paarung und vorzugsweise bei Nacht abgelegt. Die Eiablage geht hauptsächlich auf dreierlei Weise vor sich. Bei der einen Gruppe (*Ephemerella*-Arten u. a.) werden die Eier in Klumpen abgeworfen. Die Eier treten aus den zwei Geschlechtsöffnungen aus, während die Weibchen über das Wasser hinfliegen, und ballen sich zu einer grossen, gelblich weissen Kugel zusammen. Die im Darm aufgespeicherte Luft presst die Eileiter nach aussen, sodass die Eier aus ihnen austreten. Wenn das Tier keine Gelegenheit hat, sich seiner Eier zu entledigen, oder wenn es zu den Arten gehört, die nur wenige Stunden leben, verklumpen die Eier zu dieser einen Kugel, bei anderen Arten mitunter zu zweien. Andere Beobachtungen haben ergeben, dass die Eiklumpen eine Zeitlang von den Schwanzborsten getragen an der Hinterleibsspitze hängen bleiben und erst abgegeben werden, wenn sie erhärtet sind. Bei anderen Arten wieder hat man beobachtet, dass die Tiere gleich nach der Paarung auf das Wasser fallen und dort mit ausgebreiteten Flügeln ruhen, während die Eier in Form einer Kugel aus dem Hinterleib treten; unmittelbar danach sterben die Tiere.

Fängt man Eintagsfliegenweibchen mit dem Netz, so werfen sie oft im Augenblick des Einfangens die gesamte Eimasse an der Innenseite des Netzes ab. Oft sind Tausende von Spinngeweben verschiedener Spinnenarten an Landungsstegen u. dgl. ausgespannt. An den Abenden, an denen die Subimagines von *Caenis* im Esromsee ausschlüpfen, füllen sich diese Spinnennetze mit zahllosen Individuen. Manche der Subimagines häuten sich in den Netzen zappelnd, und da sie nicht loskommen, geben sie die Eimassen ab, die fast von der Grösse ihres eigenen Hinterleibes sind. Die gelben Klumpen hängen dann in den nächsten Tagen, mehr oder minder noch in Berührung mit dem toten Muttertier, massenhaft in den Spinngeweben. Zu den Zeiten, wenn sich die *Caenis*-Larven häuteten, war mein Zimmer im Tjustrup-Laboratorium, wenn das Fenster offen stand und die Lampe brannte, zuweilen überschwemmt von Subimagines. Die Lampe war oft vollkommen bedeckt mit Tieren; ebenso waren am nächsten Morgen die Wände des Laboratoriums, die Boote und alles andere mit unzähligen Subimagohüllen bedeckt.

Die im fliessenden Wasser lebenden Arten benehmen sich anders. Sie gehen unter Wasser und kleben selbst ihren Laich an Steinen fest. Zuweilen sind in Waldbächen von Nordseeland die dunkelgrünen Ranken des Quellmooses Fontinalis, die an Brückenpfeilern sitzen und in der Strömung hin- und herwogen, an ihrer Ansatzstelle mit einer halbzentimeterdicken Schicht gelbroter Eier bedeckt. Häufig sind auch Blätter und Steine von zahllosen, quadratzentimetergrossen, gelblichen, rhombischen Laichmassen überzogen, die bald nur aus einer, bald aus zwei Schichten von Eiern bestehen. Diese liegen in den Rhomben in regelmässigen Reihen. Wenn solche Eier ins Aquarium gebracht werden, schlüpfen nach einiger Zeit Eintagsfliegenlarven aus ihnen. Eines Nachmittags im Frühsommer sass ich am Steindamm eines Baches, über dem zahlreiche Weibchen von *Baëtis* flogen, hübsche Tierchen mit grossen, roten Turbanaugen. Immer wieder sah ich, wie sich die Weibchen auf der von der Strömung abgewandten Seite der Steine niederliessen, wo sie nicht so leicht fortgeschwemmt werden konnten. Hier standen sie und steckten Kopf und Vorderbeine wie prüfend ins Wasser; viele von ihnen wurden gerade in diesem Augenblick weggespült. Andere tauchten aber doch hinunter, wobei die Flügel auf dem Rücken zusammengefaltet wurden. Mehr liess sich nicht wahrnehmen, das schäumende Wasser machte an jenem Tag jede weitere Beobachtung unmöglich. Ein anderes Mal, als die Strömung weniger reissend war, bemerkte ich längliche Luftbläschen, die von den Fontinalis-Teppichen herabhingen oder langsam auf ihnen umherkrochen; als ich sie aufnahm, zeigte sich, dass sie *Baëtis*-Weibchen bargen, die vollkommen trocken an die

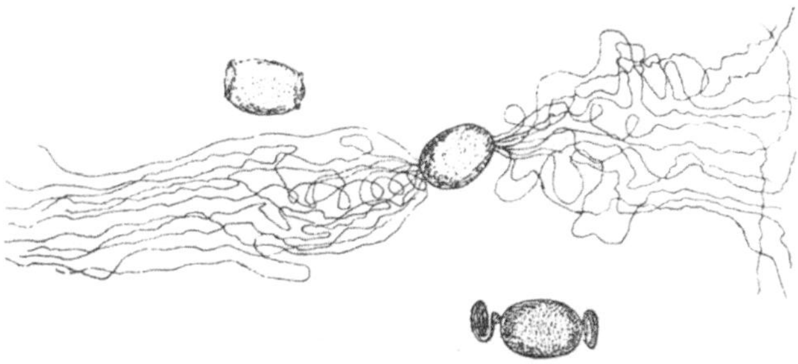

Abb. 33.

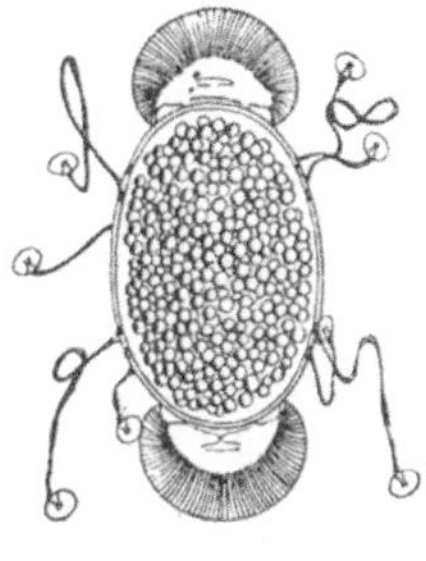

Abb. 34.

Abb. 33. Eier von *Caenis nigropunctata*. Nach Ulmer, G. 1924.
Abb. 34. Ei von *Potamanthus luteus* L. Nach Grenacher, H. 1868.

Luft stiegen. Wer hätte geglaubt, dass diese äusserst zarten, fein gebauten Tierchen imstande seien, sich unter den schäumenden, reissenden Wellen vorwärts zu arbeiten! Die gleiche Beobachtung wurde auch von anderen Forschern gemacht. Man hat in Nordamerika gesehen, dass *Baëtis* in Wasserfälle hinabkriecht und dort auf Steinen ihre Eier ablegt. Es wurde dort beobachtet, dass die Tiere suchend über die Oberfläche der Steine wandern und sie mit der Spitze des Hinterleibes abtasten. Wenn das Weibchen eine geeignete Stelle gefunden hat, biegt es den Hinterleib nach unten, die Schwanzborsten nach oben und presst die Geschlechtsöffnungen dicht gegen den Stein. Dann wird der Hinterleib wie ein Pendel hin und herbewegt, wobei unregelmässige Reihen von weissen Eiern abgesetzt werden. Wenn alle Eier abgelegt sind, steigt das Tier wieder aus dem Wasser. Solange es sich im Wasser aufhält, ist es von einer Luftschicht umhüllt (Morgan 1911).

In den Bächen von Nordseeland sind im Frühjahr die halb verfaulten braunen Buchenblätter oft von zahlreichen, quadratzentimetergrossen, weissgrauen Flecken bedeckt, dem Laich von *Siphlurus*. Die Eiablage selbst habe ich nicht beobachtet. Dabei ist zu bemerken, dass die Blätter mehr als einen halben Zentimeter unter Wasser liegen, dass also die Tiere offenbar ein wenig unter Wasser gehen müssen, um die Eier auf den Blättern anzubringen.

Die Anzahl der Eier in den Massen ist bei den einzelnen Arten verschieden. Bei *Baëtis* ist sie gering (80–300), bei den meisten beträgt sie ein paar Tausend, bei *Hexagenia* ungefähr achttausend. Bei etlichen Arten sind die Eier mit langen Fäden und Haftscheiben versehen, mittels welcher sie an der Unterlage befestigt sind. Beobachtungen hierüber sind besonders gut bei den *Potamanthus*-Arten durchgeführt. Vor allen hat sich Bengtsson (1913) mit Untersuchungen über die Eier beschäftigt. Bei *Heptagenia sulphurea* O. F. M. sind die Eipole mit einer Menge von Zapfen besetzt; wenn die Eier aus den Eileitern treten, ziehen sich die Zapfen in lange Spiralfäden aus. Bei den *Caenis*-Arten liegen Spiralfäden um die Eipole; sie entwickeln sich bei Berührung mit Wasser zu langen Schnüren, durch welche die Eier im Laich zusammengehalten und verankert werden. Bei anderen Formen ist die Oberfläche der Eier nur klebrig, sodass sie leicht an der Unterlage festkleben. Vgl. auch NEEDHAM (1935).

Von der allgemeinen Regel, dass die Eintagsfliegen nur wenige Stunden oder Tage leben, und dass sie Eier legen, gibt es einzelne interessante Ausnahmen. v. SIEBOLD stellte als erster fest, dass es lebend gebärende Eintagsfliegen gibt. Sonderbarerweise zeigte es sich, dass dies bei einer unserer allerhäufigsten Eintagsfliegen, *Cloëon dipterum* L., der Fall ist, deren Larven fast in jedem Wassertümpel in ungeheuren Mengen vorkommen. Im Gegensatz zu anderen Eintagsfliegen stirbt hier das Weibchen nicht unmittelbar nach der Paarung, sondern lebt noch 10–14 Tage und hängt irgendwo in der Nähe des Wassers, ohne Nahrung zu sich zu nehmen. Dann fliegt es über den Wasserspiegel hin und wirft die Larven ab. BERNHARD (1907) hat unter dem Mikroskop beobachtet, wie die Larven als hellbraune Masse, oft in zwei Schnüre geteilt, aus dem Weibchen austreten. Ein Muttertier enthält 6–700 Larven. Wird das Weibchen gezwungen, die Brut zu früh abzugeben, so stirbt diese. Daraus könnte man schliessen, dass sich die Larven im Körper des Muttertieres entwickeln, während dieses nach der Begattung irgendwo stillhängt, und dass also die Viviparie ein normaler Vorgang ist. Sie kommt vermutlich vorwiegend in südlicherem Klima vor; weiter nördlich (bei Berlin und weiter nach Norden zu) legen die Tiere angeblich Eier. Indessen ist hierüber nichts Genaueres bekannt, ebenso wenig darüber, wie sich die Tiere hierzulande verhalten. Prof. S. BENGTSSON in Lund hat mir jedoch mitgeteilt, dass die Tiere in Schweden Larven gebären. Der Gedanke, dass sich ein Tier je nach der geographischen Breite seines Wohnortes auf verschiedene Weise fortpflanzt, klingt zunächst unwahrscheinlich. Indessen gibt es mehrere niedere Tiergruppen, die sich abwechselnd geschlechtlich und ungeschlechtlich, durch Parthenogenese und durch befruchtete Eier vermehren, und bei denen die einzelnen Arten der Fortpflanzung auf verschiedenen Breitengraden in sehr ungleichem Masse zur Anwendung kommen. Eine derselben führt fast immer zur Ausbildung dickschaliger Dauereier, in welchen der Organismus extremen Lebensbedingungen (Kälte, Dürre usw.) widerstehen kann.

BERNHARD (1907) meint übrigens, aus dem Bau der Geschlechtsorgane bei anderen Ephemeriden schliessen zu können, dass Viviparie keineswegs auf *Cloëon dipterum* L. beschränkt ist, sondern dass sie auch bei anderen Arten vorkommt.

Im Haushalt der Natur spielen die Eintagsfliegen eine viel grössere Rolle, als man vermuten sollte. Es gibt zahlreiche Berichte, namentlich von amerikanischen Forschern (FORBES 1888 u. a.), über die grosse Bedeutung der Larven als Fischnahrung. Dies gilt für *Spatularia* und viele andere. Es gibt Fische, die sich den ganzen Sommer hindurch fast ausschliesslich von Ephemeridenlarven ernähren, oder von den Imagines, wenn diese sich aufs Wasser setzen, um Eier abzulegen. Die Ephemeriden werden während der Schlupfzeit auch massenhaft von Vögeln, vor allem von Schwalben und Singvögeln gefressen, ebenso holen sich viele Insekten, wie z. B. Libellen, ferner auch Spinnen zu gewissen Zeiten den grössten Teil ihrer Nahrung aus den Ephemeridenschwärmen oder aus angeflogenen Subimagines.

Kapitel V.

ODONATA (Libellen).

Tafel III.

Systematische Bemerkungen.

Hemimetabole Insekten. Imagines von schlanker Körperform, mit vier gleichartigen, glasklaren Flügeln mit hochspezialisiertem, netzartigem Geäder; Flügel in der Ruhe horizontal oder vertikal gehalten, niemals flach ausgebreitet über dem Hinterleib liegend. Vorder- und Hinterflügel arbeiten getrennt. Kräftig gebaute Mundteile mit eigentümlich umgebildeten Palpen. 3 Ocellen. Thorax eigentümlich gebaut, sodass die Beine weit vorn vor den Flügeln stehen. Beine Fang- und Klammerbeine, nicht Gangbeine. Männliches Begattungsorgan auf der Bauchseite des 2. Hinterleibssegmentes. Kurze Antennen. Mächtig entwickelte Augen. Raubtiere. - Larven aquatil. 2. Kieferpaar zur Fangmaske umgebildet. Schreitbeine. Entweder Darmkiemen und Darmrespiration, oder äussere Respirationsorgane (Zygopteren).

Die Odonaten oder Libellen sind eine der Insektengruppen, über deren Vorgeschichte wir namentlich durch die Studien von HANDLIRSCH und TILLYARD gewisse Kenntnis besitzen. Sie stammen zweifellos von den Paläodictyopteren des Paläozoikums ab; als Bindeglied zwischen diesen und den Formen der Gegenwart stehen die Protodonata, die auch noch dem Paläozoikum angehören. Sie waren Riesenformen mit einer Flügelspannweite von siebzig Zentimetern. Sie gleichen in allem Wesentlichen den heutigen Formen mit flach ausgebreiteten Flügeln, Schrägstellung der Brustringe, Kopfform. Stellung der männlichen Begattungsorgane unbekannt. Bau der Flügel weniger kompliziert. Von den Larvenstadien sind nur die Flügelscheiden bekannt. Sie waren vermutlich mit abdominalen Seitenkiemen ausgestattet wie die Ephemeriden von heute. Im frühen Mesozoikum findet dann die Scheidung in Zygopteren und Anisopteren statt. Gleichzeitig tauchen echte Odonaten auf, ausgeprägte Anisopteren, im oberen Jura vor allem die Gomphiden. Auch Zygopteren erscheinen zum ersten Mal in dieser Periode. Die Odonaten werden in drei Unterordnungen gesondert (HANDLIRSCH 1926–1930): *Anisozygoptera*, *Zygoptera* und *Anisoptera*.

Die erste Unterordnung ist durch eine einzige, seltene, nur in Japan vorkommende Art, *Epiophlebia superstes* Selys, vertreten, eine ausgeprägte Reliktenform und einziger Nachkomme einer im Mesozoikum weit verbreiteten Gruppe. Die Art erinnert im Aussehen an die Gomphiden und vereinigt in sich sowohl gewisse Merkmale der Zygopteren wie der Anisopteren. Das Geäder der Flügel weicht bei ihr von dem der beiden anderen Abteilungen ab. Der Hinterleib ist sowohl im basalen wie im apikalen Teil verdickt.

Die Zygopteren umfassen im wesentlichen zarte, schlanke, kleinere Formen mit breitem Kopf und weit auseinander liegenden Augen. Das 2. Kieferpaar, die Unterlippe, hat einen tiefgespaltenen Mittelteil (Laden); die Basalglieder der 3–7-gliedrigen Antennen sind fast so lang wie diese. Der Mesothorax ist länger als breit; beide Flügelpaare sind fast ganz gleich, oft gestielt; kurze Cerci; das Weibchen mit einem Legestachel ausgestattet. In der Ruhe liegen die Flügel mit der Oberseite zueinander über dem Rücken. Die Larven besitzen drei, zumeist blattförmige Cerci, die vorzugsweise im Dienste der Respiration stehen dürften. An den Abdominalsegmenten sitzen bei mehreren Formen Kiemen; ein besonderer Darmkiemenapparat ist nicht vorhanden. Die Unterordnung ist in drei Familien gesondert: *Calopterygidae*, *Lestidae* und *Agrionidae*, jede mit einer Reihe von Unterfamilien.

Die Flügel sind bei *Calopterygidae* selten gestielt, oft irisierend, prächtig gefärbt. Bei den Larven der Unterfamilie *Calopteryginae* sind die Schwanzblätter im Querschnitt oft dreieckig. Bei den beiden anderen Gruppen *Epallaginae* und *Thorinae* treten zuweilen laterale Kiemen auf; die Schwanzblätter können ovoid sein.

Bei den Familien der *Lestidae* und *Agrionidae* sind die Flügel deutlich gestielt; sie unterscheiden sich durch den Verlauf des Geäders. Die Flügel der *Lestidae* sind gewöhnlich nicht gefärbt; die Larven haben einen langen zylindrischen Hinterleib, eine sehr spezialisierte Maske und blattförmige Kiemenanhänge. Die Larven der *Agrionidae* sind von sehr variierender Form, besonders hinsichtlich der Kiemenanhänge. die mitunter Neigung zur Zweiteilung zeigen, Bei der Unterfamilie der *Platycneminae*, besonders bei den Männchen, sind die Mittel- und Hinterbeine häufig abgeflacht und verbreitert.

Die *Anisoptera* umfassen vorwiegend kräftigere, grössere Formen, deren Mesothorax meist breiter als lang ist. Die Facettenaugen stehen niemals so weit seitlich wie bei den Zygoptera und stossen oft in der Mittellinie aneinander. Flügel niemals gestielt, Hinterflügel meist breiter als die Vorderflügel. Der Hinterleib trägt an der Spitze verschiedene Anhänge, beim Männchen Kopulationszangen, beim Weibchen den Legestachel, letzterer bei den einzelnen Arten sehr variabel. Die Flügel werden horizontal getragen. Larven kräftig gebaut, atmen durch im Enddarm liegende Kiemen. Die drei Analanhänge nicht kiemenblattförmig, sondern zugespitzt und zusammen eine sogenannte Analpyramide bildend. Die Larve in Form und Aussehen sehr variierend. Die Anisoptera werden in zwei Familien geteilt: *Aeschnidae* und *Libellulidae*. Bei den Aeschniden ist der Mittellappen der Unterlippe gross. Analrand der Hinterflügel beim Männchen ausgeschnitten; zweites Segment des Männchens gewöhnlich mit kleinen Öhrchen an den Seiten. Die Larven im allgemeinen länglich, mit flacher Maske. Rektalkiemen einfach oder doppelt, aber nicht lamellenartig. Fünf Unterfamilien: *Gomphinae, Chlorogomphinae, Petalurinae, Cordulegastrinae* und *Aeschninae.*

Die *Gomphinae* sind stets an den weit auseinander liegenden Augen zu erkennen. Der Legestachel der Weibchen ist stark reduziert. Die Larven sind vorwiegend grabende Formen mit Grabbeinen. Zu den *Petalurinae* gehören einige der grössten heute lebenden Formen. Auch die *Cordulegastrinae* haben grosse Formen aufzuweisen, mit behaarten Larven und löffelförmiger Maske. Der Stachel des Weibchens unvollständig, hervorstehend, kurz, zugespitzt. Bei den *Aeschninae* stossen die Augen oft in der Mittellinie auf einer längeren Strecke zusammen. Das Weibchen besitzt einen wohlentwickelten Legestachel. Die Maske der Larve flach, die Laterallappen schmal und mit einem langen, sehr beweglichen Dorn versehen.

Auch bei der Familie *Libellulidae* stossen die Augen immer auf einer langen Strecke aneinander; der stark reduzierte mediane Lappen des Labiums liegt zwischen den zwei grossen Seitenlappen. Legeapparat sehr stark reduziert. Die Larven breit, oval. Löffelförmige Maske mit grossen lateralen Lobi, deren Innenränder mit kleinen, ineinander greifenden Zähnen besetzt sind. Zwei Unterfamilien *Cordulinae* und *Libellulinae*, jede mit mehreren Abteilungen.

Cordulinae. Der Hinterrand des Auges in der Mittellinie mit deutlich abgegrenztem, dreieckigem oder bogenförmigem Vorsprung. Das Männchen fast immer mit Ohren am 2. Segment. Die Larven haben gewöhnlich tiefe Einschnürungen auf der Innenseite der lateralen Lappen der Maske. Bei den *Libellulinae* ist der Vorsprung der Augen in der Mittellinie nur minimal oder fehlt völlig. Beim Männchen fehlen die Ohren am 2. Segment. Der Hinterleib gewöhnlich breit und flach. Bei den Larven sind die lateralen Lappen der Maske an der Innenseite schwach eingebuchtet. Hierher gehören die *Libellulini* mit meistens stark behaarten Larven mit beinahe quadratischem Kopf, an dessen anterolateralen Ecken die Augen sitzen: *Leucorrhiniini, Sympetrini, Tramiini* u. a.

Einleitung.

Fast acht Tage lang hatte es in Strömen gegossen; alle Tümpel standen voll Wasser, alle Waldwege waren überschwemmt, die Blumen hingen patschnass mit den Köpfen. Besonders den Insekten des Waldes war es schlimm ergangen, davonfliegen konnten sie nicht, und mit Futter haperte es; armselig und kümmerlich krochen sie im Windschatten der Bäume zusammen, wo sie ein wenig vor Sturm und Regen geschützt waren. Hier sassen sie an der Unterseite von Blättern und Blüten, unten im Gras oder in den Astwinkeln der Bäume. Der Tod hatte besonders unter denen, die ihre Pflicht gegen die Art erfüllt und für die Nachkommenschaft gesorgt hatten, eine reiche Ernte gehalten. – Endlich hatte der Regen nachgelassen; es ging gegen Abend. Noch hing der Himmel voll schwerer Wolken, nur der Westhimmel lag in strahlender Helle. Gegen die schwarze Wolkendecke scharf abgehoben erglühte er in der untergehenden Sonne wie rotes Gold.

An jenem Abend war ich draussen im Tirsdagswald unter den alten Buchen

(Abb. 35) und schaute über das dampfende Moor. Am Rande des Waldes, zum Teil im tiefen Schlagschatten der Buchen, flogen zahllose Insekten, Schwärme von Mücken, Motten und kleinen Nachtschwärmern, verschiedene Käfer, Eintagsfliegen und Köcherfliegen; alle hatten sie die Stätten verlassen, wo sie Zuflucht gesucht hatten, oder den stillen Abend zu ihrer letzten Verwandlung benützt. Aus Moorlöchern, vom Boden, aus morschem Holz, wo sie ihr Puppenstadium zugebracht hatten, stiegen sie nun als fertige Insekten in die warme, feuchte Luft hinauf. Und in diese ganze leichte Kavallerie des Sommers hinein steuerten in geraden Bahnen die plumpen Schwimmkäfer, Mistkäfer und Nashornkäfer wie schwere, prustende Maschinen.

Abb. 35. Die alten Buchen, wo Schwalben, Fledermäuse und Libellen flogen. W-L. phot.

Da bot sich meinem Auge ein sonderbares Bild. Gegen die vom Westhimmel beleuchtete Seite des Waldrandes sah ich einen Zug Schwalben dahinfliegen; mit einem kurzen, deutlichen Schmatzen hieben sie auf ihre Beute ein, weisse Nachtschwärmer, deren Flügel wie Schneeflocken langsam herabschwebten. Doch in dem Schwarm der Schwalben flog auch ein Flock Libellen: *Aeschna grandis* L. und *Aeschna cyanea* O. F. M. Auch sie jagten; in Flugmanövern, die an Eleganz denen der Schwalben nichts nachgaben, verfolgten sie ihre Beute, packten sie im Flug mit unglaublicher Treffsicherheit, verzehrten sie in der Luft und jagten mit vollem Mund weiter. Gerieten zwei Libellen zu nahe aneinander, so liessen die schimmernden Flügel ein sonderbar knitterndes Geräusch hören. Aber nicht allein Schwalben und Libellen beherrschten den Walplatz. Aus den tiefen Schatten der Bäume steuerte die eine Fledermaus nach der anderen hervor; auch sie suchten nach Beute; zartes, fast unhörbares Pfeifen mischte sich unter die anderen Laute. In buntem Gemisch und in schönem Einverständnis jagten alle diese nach der langen Fastenzeit gänzlich ausgehungerten Tiere auf demselben eng abgegrenzten Feld ihre wehrlose Beute.

Dann brach die Nacht herein, mit pechschwarzen Konturen stand der

Waldrand gegen den erblassenden Abendhimmel; aus dem Moor stiegen die Nebel auf. Erst verschwanden die Schwalben, aber noch tummelten sich Libellen und Fledermäuse nebeneinander, dann suchten auch die Libellen ihre Ruheplätze auf, und der Schwarm der Fledermäuse lichtete sich allmählich; eine um die andere verliess das Jagdrevier und nahm ihren Flug über die dampfenden Moore.

Das hier geschilderte kleine Naturereignis war in vieler Hinsicht von Interesse. Auch wer nicht Naturforscher, sondern nur durch Liebe und Verständnis mit der Natur verbunden ist, wird sich von der Tatsache eigenartig berührt fühlen, dass Säugetiere, Vögel und Insekten im gleichen Schwarm nebeneinander nach der gleichen Beute jagen. In viel höherem Masse muss das aber den Naturforscher überraschen; weiss er doch, dass sich auf jenem kleinen Fleck Erde an den Mooren des Tirsdagswaldes Vertreter der ältesten mit solchen der allerjüngsten Tiergruppen unserer Erde zusammengefunden hatten. Säuger und Vögel sind in der Entwicklungsgeschichte der Lebewesen zu einem relativ späten Zeitpunkt aufgetreten, und was Fledermäuse und Schwalben betrifft, so gehören gerade sie zu den spätest erschienenen Formen; die Libellen aber sind Vertreter einer der ältesten Tiergruppen.

Sie haben die grössten Weltumstürze überlebt, haben, selbst formenfest und unveränderlich, mächtige Tiergruppen untergehen und ebenso mächtige wieder erstehen sehen. Sie können auf Ahnenreihen zurückblicken, die Myriaden zählen, ehe je ein fledermaus- oder schwalbenähnliches Wesen die Flügel zum Flug ausgespannt hatte. Das eben geschilderte Ereignis zeigt auf der einen Seite die unüberwindliche, konservative Tendenz der Natur, ihre Fähigkeit und ihren Willen, das einmal Geformte durch alle Zeitperioden zu bewahren, und auf der anderen Seite ihre nicht minder überwältigende, ewig neuschaffende, immer umbildende Kraft. Es zeigt uns, dass die Natur es versteht, auf ganz verschiedenen Wegen Typen hervorzubringen, die demselben Ziel zustreben, nämlich der Fähigkeit, Beute im Fluge zu erhaschen; einmal in längst entschwundenen Zeiten lebte noch eine vierte Gruppe von fliegenden, nach Beute jagenden Tieren: die Flugsaurier; diese sind aber längst ausgestorben.

Eine nähere Schilderung der Organisation und Biologie der übrigen fliegenden, insektenfangenden Tiergruppen liegt ausserhalb des Rahmens dieses Buches. Hier haben wir uns nur mit den Libellen zu beschäftigen.

Während vieler Jahre habe ich ausgerüstet mit einem vorzüglichen Zeiss-Feldstecher, auf Ausflügen in den Mooren von Nordseeland, das Leben unserer Libellen studiert (W-L. 1913). Unsere Fauna ist nicht gross, sie zählt nur etwa 40 Arten, viele davon sind recht selten. Die Mehrzahl der Beobachtungen bezieht sich auf die grosse braune *Aeschna grandis* L. des Spätsommers; sie ist eins unserer grössten Insekten und gehört zu den Arten mit der längsten Flugzeit, etwa vier Monate. Sie kommt fast überall vor, auch dem Laien ist sie wohl bekannt; hierzulande wurde sie früher »des Teufels Reitpferd« genannt. Sie ist nicht an Seen und Teiche gebunden, sondern streift frei über Wiesen und Wald. Man trifft sie jagend in den sandigen Gegenden am Kattegat, im Dünengebiet von Tisvilde, aber weit ab von irgend einem Gewässer. An stillen Abenden sieht man sie in einer Entfernung von mehr als fünfzig Metern vom Lande längs der Küstenlinie über dem Meer dahinfliegen. Sie ist auf der jütländischen Heide, über den kleinen Dünenseen von Westjütland, in den tiefen Marschgräben nahe der Nordsee zu Hause; sie steigt über die höchsten Wipfel des Buchenwaldes empor, folgt den verschlungensten, sonnenbeschienenen Pfaden, oder schlägt stundenlang ihr Jagdrevier an den Steinwällen der Felder auf. Sie umkreist unsere Kornfelder, begleitet spielend die rasch ausgreifenden

Pferde, schiesst pfeilschnell über den Staub der Landstrasse und fängt die Fliegen ab, die um die Pferdemäuler tanzen; sie dezimiert die weissen Schwärme der Kohlweisslinge über den Krautfeldern und wirft sich auf den Hochzeitszug, der an heissen Tagen aus dem Ameisenhügel heraufkommt; dort erfasst sie ein Tier nach dem andern, beisst ihm den Hinterleib ab und lässt den Rest des Beutetieres zu Boden fallen, wo es dann zu einem jämmerlichen, kriechenden Dasein auf dem von hunderten verstümmelter Tiere besetzten Hügel verurteilt ist. An heissen Sommertagen habe ich gesehen, wie sie durch die Fenster der Tibirkekirche hereinstrich und die Fliegen wegfing, die sich um die Altarkerzen sammelten. Rien n'est sacré pour un sapeur!

Ich sah sie am Morgen zur Welt kommen; als Nymphe war sie in den ersten Stunden des Sommertages in die schirmförmigen, silbergrauen Blütenstände hineingekrochen; als die Morgensonne den Tau von den Gräsern trocknete, fand die Verwandlung statt. Im späten Herbst sah ich die Tiere sterben; in den kurzen, warmen Mittagsstunden war mir eins von ihnen ermattet auf die Hand geflogen und hatte hier ein Viertelstündchen ausgeruht; dann fand ich andere mit halb zusammengeklappten Flügeln, sterbend vor Kälte und Hunger in dem von der Sense des Schnitters vergessenen, blassgelben Stroh zwischen den Dornenhecken des Waldraines hängend. – Ich sah sie ihren Tag beginnen, wenn sie mit sonnengetrockneten Flügeln zu Hunderten aus dem jungen Roggen aufstiegen. Ich sah sie des Abends, wenn die Jagd zu Ende war, dicht an mir vorüberstreichen und ihr tief im üppigen Blumenflor der Wiesen oder auf der Unterseite herabhängender Buchenäste verborgenes Nachtquartier aufsuchen; manche von ihnen stiegen auch hoch in die Lüfte, um in den Buchenkronen zur Ruhe zu gehen.

Wir wollen im folgenden versuchen, uns einen Begriff vom Leben und Bau der Libellen zu bilden.

Merkwürdig fix und fertig, wie einst Pallas Athene aus dem Haupte Zeus', kommt die Libelle aus dem Mutterschoss der Erde. Vom Jura bis auf heute ist keine nennenswerte Veränderung an ihr zu bemerken. Die Libellen des Jura und der Kreide ähneln denen von heutzutage in erstaunlichem Grad. Denselben Eindruck von Unveränderlichkeit, der uns bei paläontologischen Studien entgegentritt, gewinnt man auch, wenn man die Typen der Jetztzeit studiert. Man kann irgend eine Libelle von jedem beliebigen Fundort nehmen; keine Sammlung besitzt ein Exemplar, das nicht jeder Schuljunge auf den ersten Blick als Libelle erkennen würde. Der Libellentypus ist wie in einer einmal angenommenen Form erstarrt; es ist, als ob die Natur an ihr nicht weiter gearbeitet hat. Die Gestalt der Libelle ist wie ein fait accompli, mit dem sich nichts mehr anfangen lässt. Wohl gibt es Unterschiede im Geäder der Flügel, der Stellung der Augen, der Form des Hinterleibes und namentlich in der Zusammenstellung der Farben, aber im grossen ganzen sehen sich alle Libellen gleich.

Imagines.

Der Bau der Odonaten ist in vieler Hinsicht sehr eigentümlich und bezeugt das hohe Alter des Typus. Manche Besonderheiten des Baues erklären sich vor allem dadurch, dass die Imagines der Odonaten unter sämtlichen Lebewesen von heute die ausgeprägtesten Lufttiere sind. Man sieht dies am besten, wenn man einen Blick auf ihre Lebensfunktionen wirft.

Gleich vielen Vögeln ergreifen die Libellen ihre Beute in der Luft; sie sind aber ausserdem noch imstande, sie im Fliegen zu zerteilen, zu zerkauen und verdauen, im Gegensatz zur Mehrzahl der Vögel, die ihre Nahrung gewöhnlich in ruhender Stellung zerkleinern. Bei vielen Libellen wird die Paarung im Fluge eingeleitet und bei etlichen auch während des Fluges vollzogen; viele von ihnen legen auch ihre Eier im Fluge ab. Betrachtet man eine *Libellula quadrimaculata* L., wenn sie fliegend über die Wasserfläche eines stillen Waldteiches hinjagt, so kann man häufig beobachten, wie sie im Laufe weniger Minuten erst eine Beute ergreift und zerteilt, dann sich mit einem anfliegenden Individuum paart und unmittelbar darauf mit der Eiablage beginnt. Alle diese Lebensfunktionen geschehen nacheinander, ständig im Fliegen, und ohne dass sich das Tier auch nur eine Sekunde auf Zweige, den Erdboden, Seerosenblätter oder irgendeine andere Unterlage niederliesse. So viel mir bekannt, sind unter allen heute lebenden Tieren nur die Odonaten hierzu imstande. Keine Feder vermag die spielende Eleganz zu schildern, mit welcher der Organismus, beständig im Fluge, von der einen Lebensfunktion zur andern übergeht, die Treffsicherheit, mit welcher die Beute verfolgt und gepackt wird, die unglaubliche Schnelligkeit, mit welcher die Paarungsorgane mit einander in Berührung gebracht werden, die Paarung vollführt und die Vereinigung wieder aufgelöst wird. Nur eine einzige Lebensfunktion kann nicht in der Luft ausgeführt werden, das Ausruhen. Die Libellen können nicht ruhend auf einer Luftschicht schweben, wie zahlreiche Süsswasserorganismen (Plankton) in den Wasserschichten. Das verbietet das Milieu. Um sich auszuruhen, müssen sie wie alle Geschöpfe der Luft feste Unterstützungsflächen aufsuchen. In Übereinstimmung mit dem ausgeprägten Luftdasein ist auch die ganze Organisation der Libellen dem Luftleben angepasst.

Die grossen Augen sind vortreffliche Sehorgane, mit deren Hilfe die Tiere ihre Beute auf mehrere Meter Entfernung entdecken können. Bei den höchstentwickelten Formen stossen die Augen in einer langen Linie zusammen und nehmen fast den ganzen Kopf ein. Bei den niederen Formen, wie den *Gomphidae*, stehen sie ganz getrennt und sind nicht besonders gross. Bei den *Cordulegastrinae* berühren sich die Augen an einem Punkt, bei den Zygopteren hingegen stehen sie weit auseinander. Bei den grossen Aeschniden beträgt die Zahl der Facetten angeblich nicht weniger als 28.000. Auch die Punktaugen, drei an der Zahl, sind hoch organisierte Sehorgane. Der Gesichtssinn ist bei den Libellen überhaupt der best ausgebildete Sinn. Der Tastsinn ist sicherlich nur schwach entwickelt. Die Antennen sind äusserst kurz und in der Regel siebengliedrig. Der Kopf ist ausserordentlich beweglich, sodass der Räuber alle Fluchtevolutionen des Beutetieres mit grösster Leichtigkeit verfolgen kann; dieselbe Beweglichkeit zeichnet auch den 1. Brustring aus.

Die Flügel (Abb. 36–37) sind einzigartige Flugwerkzeuge. Sie haben keine planen Flächen, und das vom Geäder gebildete Flügelskelett ist sehr stark entwickelt. Dieses Geäder liegt in verschiedenem Niveau; dazwischen ist die Flügelmembran ausgespannt. Die Flügel zeigen daher von der Kante gesehen eine Zickzackstruktur, die, so viel mir bekannt, eine sonst nicht allgemeine Flügelbildung ist, und die verhindert, dass die Flächen der Flügel bei der oft rasenden Schnelligkeit der Fortbewegung (bis zu 100 km Stundengeschwindigkeit) an scharfen Kehren oder bei blitzschnellen Flugmanövern zerbrechen.

Bei den kleinen Wasserjungfern (*Zygoptera*), die mehr flattern als fliegen, wird beim Fluge jedes Flügelpaar für sich bewegt; in der Ruhe werden die Flügel zusammengefaltet. Zu den schlechtesten Fliegern gehören die Calopterygiden, deren Flug nur ein unsicheres Flattern ist; bei den echten Odonaten (*Anisoptera*) bewegen sich die Flügel normalerweise gleichzeitig, zuweilen aber auch (bei der Eiablage) einzeln. In letzterem Fall lässt sich beim Anschlagen des

Hinterrandes der Vorderflügel an den Vorderrand der Hinterflügel ein sonderbarer, knisternder oder knirschender Laut vernehmen. Die Flügel werden mittels mächtiger Muskeln bewegt, die durch Sehnen direkt an der Flügelwurzel oder am Grunde einzelner Längsadern ansetzen; hierdurch zeichnen sich die Odonaten vor allen anderen Insekten aus. Die unglaubliche Behendigkeit, mit welcher die Anisopteren ihre Flugmanöver ausführen, beruht z. T. darauf, dass der Schwerpunkt des Körpers unter und zwischen den Anhef-

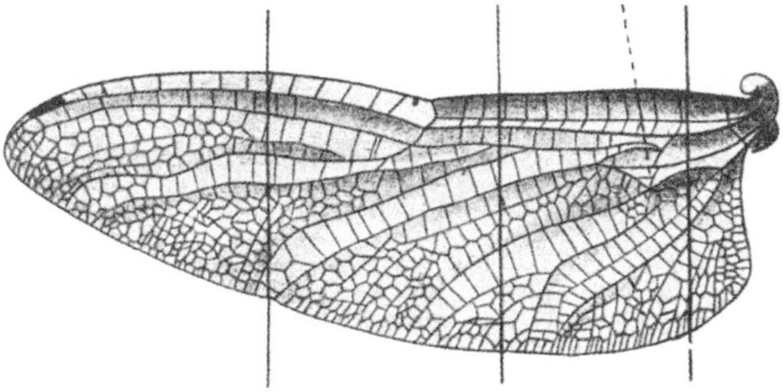

Abb. 36.

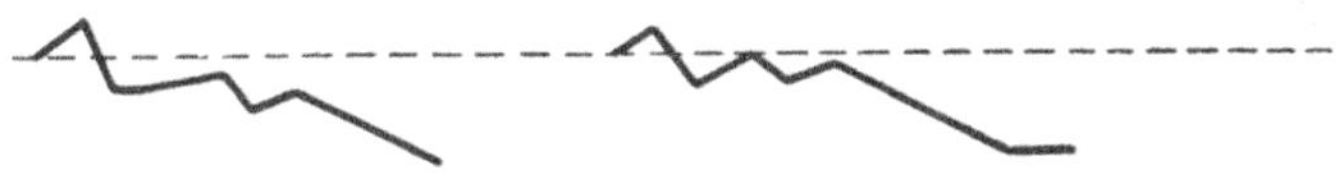

Abb. 37.

Abb. 38.

Abb. 36. Hinterflügel von *Libellula depressa* L. Die Linien 1, 2, 3 geben die Lage der in Abb. 37 abgebildeten Querschnitte an.

Abb. 37. Die zwei Figuren zeigen, dass die Flügelflächen der Libellen nicht plan sind, sondern eine Knitterstruktur besitzen. Abb. 36 und 37 nach v. Lendenfeld, R. 1881 aus Gross, F. 1930.

Abb. 38. Drüsenverteilung bei *Calopteryx splendens* Harr. Nach Schulze, K. 1934.

tungspunkten der Flügel, d. h. gerade in der Umdrehungsachse liegt (Storch 1924). Die Zahl der Flügelschläge beträgt 30 pro Sekunde (Voss 1914), die Fluggeschwindigkeit 10–14 Sekundenmeter, schneller Flug (Demoll 1913). Diesen enormen Leistungen entspricht eine mächtige Muskulatur. Die Muskulatur der Flügel macht 24 % des Körpergewichtes aus (Magnan 1932). Ferner ist zu erwähnen, dass die Haut zahlreiche einzellige Drüsen, Schmierdrüsen, enthält, mittels welcher die Haut eingefettet wird, was ebenfalls für die Flugfertigkeit der Libellen von Bedeutung ist; man findet solche Drüsen bei den weniger guten Fliegern (Zygopteren) nur in der Haut zwischen den Segmenten, bei den Anisopteren dagegen über die ganze Haut verteilt (K. Schulze 1934) (Abb. 38). Die Libellen sind imstande, die verblüffendsten Fliegerkunststücke auszuführen; aus horizontalem Gleitflug schlagen sie plötzlich in vertikalen Flug um, lassen sich dann plötzlich mehrere Meter tief fallen, um in jagendem Zickzack über die Wasserfläche vorwärts zu rasen, ja in der Jagd nach dem Weibchen oder nach der Beute können sie sogar ein kleines Stück rückwärts fliegen.

Ist die Beute erreicht, so wird sie mit den Beinen ergriffen; diese sind vor

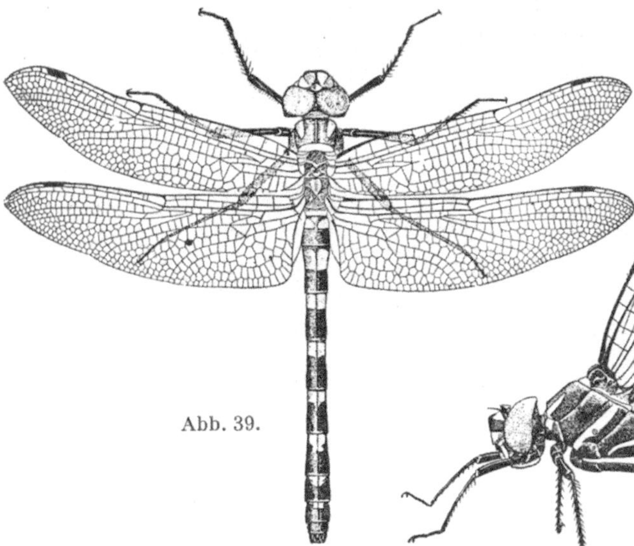

Abb. 39.

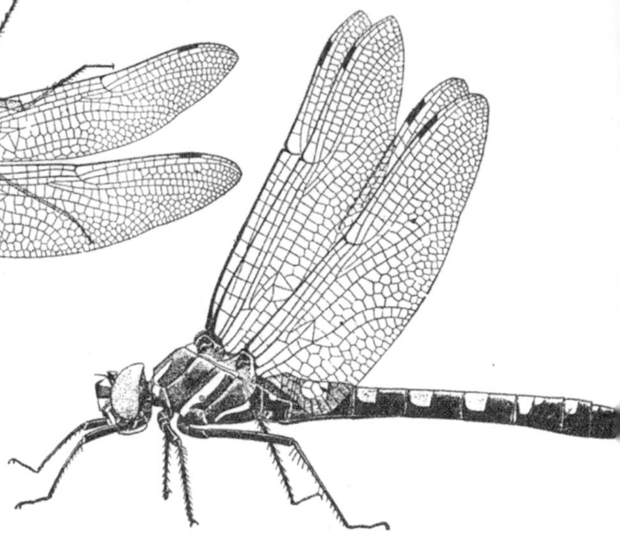

Abb. 40.

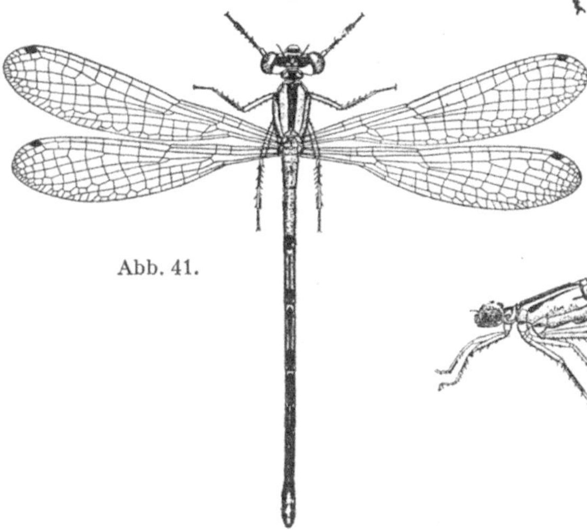

Abb. 41.

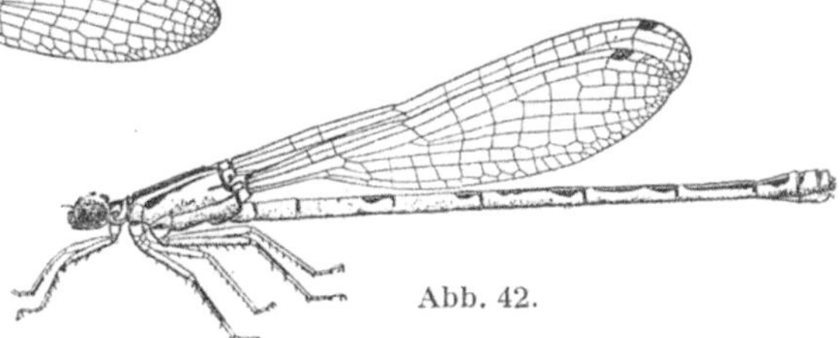

Abb. 42.

Abb. 39. *Macromia magnifica* McLachlan. Vom Rücken gesehen. Nach Kennedy, C. 1915.
Abb. 40. *Macromia magnifica* McLachlan Von der Seite gesehen. Nach Kennedy, C. 1915.
Abb. 41. *Ischnura perparva* Selys. Vom Rücken gesehen. Nach Kennedy, C. 1915.
Abb. 42. *Ischnura perparva* Selys. Von der Seite gesehen. Nach Kennedy, C. 1915.
Besonders Abb. 42 zeigt deutlich, dass die Beine infolge der schrägen Stellung der Thoraxsegmente weit vorn vor den Flügeln sitzen.

allem Fangorgane (Abb. 39–42). Zur Ausübung dieser Funktion sind sie weit nach vorne gerückt und stehen ganz nahe den Mundgliedmassen. Dies wird dadurch erreicht, dass die Brustringe nicht wie bei den Insekten im Allgemeinen mehr oder minder vertikal stehen, sondern stark schräg nach hinten geneigt sind. Da die Flügel am oberen, die Beine am unteren Teil der Segmente sitzen, so werden die Beine weit nach vorne, die Flügel dafür weit nach hinten gerückt (Needham und Anthony 1903) (Abb. 42). Femur und Tibia sind mit scharfen Dornen bewehrt. Indem sich die Libelle im Fangmoment senkrecht stellt und gleichzeitig die mit Dornen bewehrten Beine nach vorn führt, wird die Beute in dem durch den Bogen der Beine gebildeten Fangkorb ergriffen, in ihm aufgespiesst und zum Mund geführt, der ungefähr im Mittelpunkt des Fangkorbes liegt. Hier wird die Nahrung einem sehr energischen Kauprozess unterworfen. Die Mandibeln sind äusserst kräftig und laufen in zahlreiche nadelscharfe Spitzen aus (Needham und Anthony 1903).

Das Verzehren der Beute im Flug wird dadurch ermöglicht, dass die Unterlippe der Libellen sich helmförmig vor die übrigen Mundteile wölbt. Der Mittelteil ist flach und dient dem Futterballen als Unterlage, während er von Mandibeln und Maxillen wie mit Messer und Gabel bearbeitet wird.

Form und Stellung der Beine sind so sehr durch ihre Funktion als Fangbeine geprägt, dass sie als Gangbeine unbrauchbar geworden sind. Sie werden bei den Libellen überhaupt nicht mehr als Bewegungsorgane verwendet; in vielen Fällen können die Tiere nicht einmal in der gewöhnlichen sitzenden Stellung auf ihnen ruhen. Die Beine gehen nicht ganz verloren, wie bei gewissen Eintagsfliegen, sondern sie sind in erster Linie Aufhängeapparate, mit denen sich die Tiere an vertikalen Unterstützungsflächen, wie Grashalmen u. dgl., anklammern können (Abb. 89). Auch bei der Eiablage können sie nützlich sein, indem sich das Weibchen mit ihrer Hilfe kletternd etwas fortbewegen kann; auch bei der Paarung spielen die Beine eine Rolle, indem sich das Männchen ihrer zur Umklammerung des weiblichen Abdomens bedient; ja bei gewissen Arten umklammert das Weibchen mit ihnen sein eigenes Abdomen.

Kopulation und Kopulationsorgane. Zu den Eigentümlichkeiten in Bau und Biologie der Libellen gehört der Bau der Kopulationsorgane und die Art, in welcher sie funktionieren. Während Begattungsorgane, wenn sie überhaupt vorhanden sind, sonst fast immer an der Ausmündungsstelle der inneren Geschlechtsorgane sitzen, ist bei den Odonaten das eigentliche Kopulationsorgan des Männchens weit ab von der Mündung des Ausführganges an der Spitze des Abdomens auf die Unterseite des 2. Hinterleibsringes näher zum Thorax hingerückt (Backhoff 1910, Schmidt 1915).

Um die Mündungsstelle der inneren Geschlechtsorgane sind starke, zangenartige Gebilde gruppiert, die das Männchen bei der Paarung zum Festhalten des Weibchens gebraucht; sie bestehen bei den Anisopteren aus zwei oberen und einem unteren Anhang, bei den Zygopteren aus zwei oberen und zwei unteren Anhängen (Heymons 1896, 1904; v. d. Weele 1906). Bei *Hemiphlebia* sind diese Gebilde lang und weiss und sehr deutlich; die inneren haben ungefähr die Form eines Stranges. Wenn das Männchen auf einem Schilfstengel sitzt, fächelt es mit ihnen, um dadurch die Aufmerksamkeit des Weibchens auf sich zu lenken; das Weibchen beantwortet dieses Signal, indem es die weisse Unterseite seines Abdomens hin und herbewegt (Tillyard 1917).

Lage und Bau der Paarungsorgane der Odonaten sind, wie wir bereits gesehen haben, von einer im Tierreich ziemlich einzig dastehenden Beschaffenheit. Um sie zu verstehen, muss man sich die Tatsache vor Augen halten, dass die Paarung bei den Libellen sehr oft nicht allein im Fluge begonnen, sondern auch vollendet wird; ohne die besondere Gestaltung der Paarungsorgane würde sich die Paarung bei Tieren von ihrem Körperbau kaum durchführen lassen. So hat auch die Fortpflanzung der Libellen zahlreiche höchst eigentümliche Züge aufzuweisen. Hat ein Männchen auf seinem Flug über den Wasserspiegel ein Weibchen aufgespürt, so stürzt es sich blitzschnell auf das

Weibchen und steht schon im selben Augenblick bogenförmig gekrümmt auf dessen Kopf. Nach zahlreichen Beobachtungen lässt sich annehmen, dass das Männchen eben in diesem Augenblick die Spitze seines Abdomens vorwärts biegt, die Öffnungen der inneren Geschlechtsorgane an die beiden auf dem zweiten Abdominalring liegenden Spermatheken führt und diese mit Sperma füllt; der Prozess dauert gewöhnlich nur wenige Sekunden (Kennedy 1915). Dann dreht sich das Männchen um, befestigt sich mit den obenbeschriebenen zangenartigen Gebilden am Kopf oder Thorax des Weibchens und fliegt vorwärts, indem es das Weibchen nachzieht (Abb. 43). Der eigentliche Paarungsakt ist bei den einzelnen Formen von verschiedener Dauer, z. B. bei *Macromia* (Nordamerika) nach Kennedy (1915) etwa 15 Min.

So mancher Leser wird wohl beobachtet haben, wenn er am Ufer eines kleinen Sees ruhte, wie zwei Libellen aneinandergeheftet über seinen Spiegel hinflogen (Abb. 53). Das vordere Tier ist das Männchen, das, nachdem es seine Spermatheke gefüllt hat, den Kopf des Weibchens umfasst hält. Wenige Sekunden später schlägt das Männchen oft einen Purzelbaum und hängt dadurch mit dem Kopf senkrecht nach unten, während das Weibchen die Spitze des Abdomens nach vorn biegt und sie vorn am Hinterleib des Männchens und zwar an seiner Unterseite befestigt. Dadurch wird die Vulva des Weibchens in direkte Berührung mit dem Paarungsorgan des Männchens gebracht, das dann Sperma aus den Samentaschen in das Weibchen hineinpumpt.

So lange die Kopulationszangen des Männchens den Kopf des Weibchens festhalten, und die Spitze des weiblichen Abdomens den vorderen Teil des männlichen Abdomens berührt, bilden die Körper der Tiere einen Kreis, das sogenannte Kopulationsrad. Diese Stellung wird auch im Fluge beibehalten, indem beide Tiere die Flügel bewegen. In grossen, eleganten Bögen schweben diese wunderbaren Flugzeuge über das Wasser. Wenn es auch unwahrscheinlich klingt, so wird doch der ganze hier geschilderte Vorgang, angefangen von dem Moment, wo das Männchen das Weibchen erfasst, bis zu dem Augenblick, wo beide ihr Kopulationsrad gebildet und wieder aufgelöst haben, in der Luft begonnen und vollendet.

Stellt man sich vor, welche ungeheure Treffsicherheit dazu notwendig ist, auf wie viele und wie verschiedenartige Körperstellungen es hier ankommt, welche Anforderungen an Muskeln und Nerven gestellt werden, so wird einem klar, dass dieser von zwei Lebewesen ausgeführte Flug zu den grossartigsten Körperübungen gehört, die der tierische Organismus überhaupt leisten kann. Allein dass die beiden Tiere imstande sind, ihre Flügelpaare gleichzeitig so funktionieren zu lassen, dass aus ihrer kombinierten Muskeltätigkeit dieses elegante Flugmanöver resultiert, ist eigentlich ganz unbegreiflich. (Vgl. auch Hornberger 1918 bzgl. *Aeschna cyanea* O. F. M.).

Vor der Paarung »tanzt« das Männchen zuweilen vor dem Weibchen oder führt, an Gräsern aufgehängt, eigentümliche Bewegungen mit den Flügeln aus.

Der eigentliche Paarungsprozess verläuft bei den einzelnen Formen in verschiedener Weise; man kann ihn nach Schmidt (1915) in drei Stadien, die Prokopula, die Kopula und die Postkopula, einteilen. Im ersten Stadium erfasst das Männchen das Weibchen im Fluge und bringt seine Kopulationszangen am Kopfe des Weibchens an. Das 2. Stadium ist die eigentliche Begattung; im Poststadium ist das Männchen noch durch seine den Hinterkopf des Weibchens umklammernden Zangen mit diesem vereinigt. Bei manchen Formen (*Libellula, Sympetrum*) kann das Männchen im Poststadium dem Weibchen bei der Eiablage behilflich sein. Bei vielen Arten geht die eigentliche

Kopulation wahrscheinlich in sitzender oder hängender Stellung vor sich, kann aber auch im Fluge stattfinden (*Libellulidae*). Unter den bei uns heimischen Odonaten dürften die Libelluliden Paarung und Eiablage in einem Zuge zu Ende führen, jedoch ohne dass das Männchen immer angeheftet bleibt, während das Weibchen seinem Eiablagegeschäft obliegt.

Es wäre noch zu bemerken, dass das Sperma bei *Aeschna* und *Gomphus* (Ballowitz 1916) in scheibenförmigen Massen, den sogenannten Spermiozeugmen (Abb. 44) abgegeben wird.

Über viele Vorgänge fehlen uns vorläufig noch nähere Kenntnisse. Es steht fest, dass die Männchen bei den Anisopteren ihre Kopulationszangen auf dem

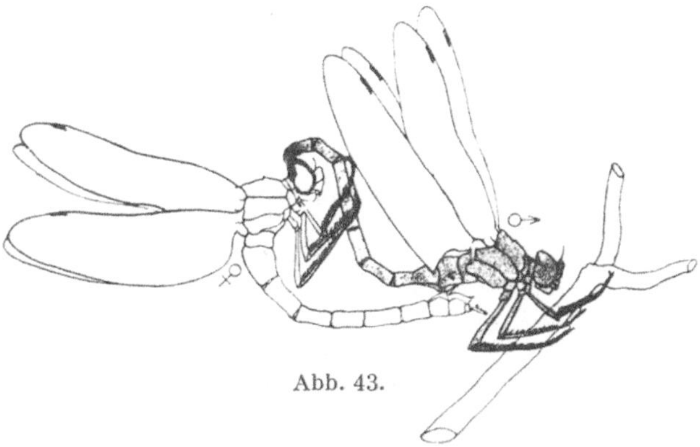

Abb. 43.

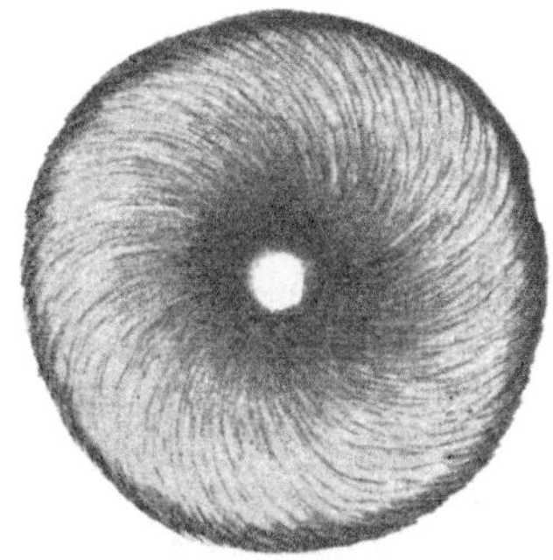

Abb. 44.

Abb. 43. Endphase der Copula von *Aeschna cyanea* L., schematisch. (Unter Benutzung einer Photographie von Calvert.) Nach Hornberger, F. 1918.

Abb 44. Spermiozeugme von *Gomphus*; aus dem Vas deferens entnommen. Nach Ballowitz, E. 1916.

hinteren Teil des weiblichen Kopfes, bei den Zygopteren zwischen Pro- und Mesothorax anbringen. Es gibt Arten, bei welchen das Männchen mittels eines Klebstoffes am Weibchen festgeklebt ist. Man hat des öfteren Weibchen gefunden, bei welchen der Hinterleib eines bei der Paarung verunglückten Männchens am Thorax des Weibchens baumelnd herabhing. Hin und wieder sieht man namentlich bei grösseren Arten eine Reihe von 4–5 Männchen ein einzelnes Weibchen verfolgen. Das Bild erinnert an eine Reihe von Kuckuckmännchen, die ein geckendes Kuckuckweibchen jagen, nur mit dem Unterschied, dass diese Jagd unter Lärm und Geschrei, die andere jedoch lautlos vor sich geht.

Man beobachtet meistens, dass die Männchen die Weibchen aufsuchen; letztere sind scheinbar viel seltener als erstere, was jedoch vielleicht nicht zutrifft. Jedenfalls findet man beim Sammeln von Nymphen und geschlüpften Tieren durchschnittlich gleich viele Exemplare von beiden Geschlechtern. Später im Jahr werden die Weibchen anscheinend seltener. Das wird gewöhnlich darauf zurückgeführt, dass die Weibchen bei der Eiablage weit grösseren Gefahren ausgesetzt sind, vor allem der Nachstellung von Fischen, aber auch von Vögeln, besonders von Eisvögeln. Dies ist wahrscheinlich richtig; doch muss hier noch etwas Anderes berücksichtigt werden. Das Männchen hält sich vorwiegend dicht über dem Wasser und am Wasser auf, hingegen streifen die Weibchen weiter umher; sie sind in erster Linie Waldtiere, die ihre Beute häufig hoch oben in den Baumkronen suchen; ihre anscheinende Seltenheit kann also auch damit zusammenhängen.

Sekundäre Geschlechtsmerkmale. Die beiden Geschlechter lassen sich immer leicht voneinander unterscheiden. Am Hinterende des Männchens finden sich die zwei Paar Kopulationszangen; ähnliche Gebilde kommen beim Weibchen überhaupt nicht oder nur schwach entwickelt vor. Am zweiten Abdominalring des Männchens liegt der Kopulationsapparat; endlich besitzt das Weibchen der Aeschniden und aller Wasserjungfern einen Legestachel, durch den die Eier in Pflanzengewebe u. dgl. eingebohrt werden.

Im übrigen unterscheiden sich die beiden Geschlechter gewöhnlich etwas in der Farbe. Das Weibchen ist oft dunkler als das Männchen, das häufig in prächtigen Metallfarben schillert (die Wasserjungfer *Pyrrhosoma nymphula* Sulz. ♂ purpurrot, ♀ braungelb; *Libellula depressa* L. ♂ blau, ♀ braungelb). Wenn die Tiere soeben die Nymphenhülle verlassen haben, ist der Unterschied zwischen den beiden Geschlechtern oft noch gering. Das Männchen legt seine Paarungstracht etwas später an, während gleichzeitig die Geschlechtsstoffe reif werden. Das ist vornehmlich bei Männchen mit weisslichem und bläulichem Farbenkleid der Fall, das aus lockerem, in der Sexualperiode von der Haut abgesondertem Wachsstaub besteht (hierzulande bei *Libellula depressa* L. und den *Orthetrum*-Arten).

Da die Odonaten sehr gleichartig gebaut sind, ist zu erwarten, dass an Lokalitäten, wo nahestehende Arten nebeneinander fliegen, gegenseitige Verwechslungen vorkommen und sich die Tiere mit Individuen anderer Arten paaren. Das geschieht in der Tat nicht allzu selten und wurde wiederholt beobachtet. In vielen Fällen ergibt die Paarung auch ein Resultat. Man hat nämlich an solchen Lokalitäten Individuen gefunden, die als Bastarde aufgefasst werden können; ob diese aber fortpflanzungsfähig sind, und ob sie lebensfähige Nachkommen hervorbringen, ist nicht bekannt.

Dennoch besteht hier wie überall in der Natur das Bestreben, eine Vermischung der Arten zu verhindern. Das wird dadurch erreicht, dass sowohl die Begattungsorgane als die Kopulationszangen der Männchen bei den einzelnen Arten kleine Verschiedenheiten aufweisen, die bewirken, dass eine zwischen verschiedenen Arten eingeleitete Paarung ergebnislos bleibt. Die Tiere ermüden, werden ärgerlich auf einander und geben die vergeblichen Versuche schliesslich auf. Gewöhnlich wird sich das Weibchen zuerst über die absolute Unmöglichkeit der Situation klar und sucht durch Drehen und Winden des Hinterleibes dem Männchen begreiflich zu machen, dass es sich ein dankbareres Objekt für seine Bestrebungen aussuchen solle. Ferner trägt die verschiedene Färbung und Zeichnung der Flügel und ihre abweichende Spiegelung während des Fluges zur Vermeidung allzu häufiger Irrtümer bei. Sehr oft haben naheverwandte Arten klare, durchsichtige Flügel mit grossen Flecken oder breiten Querbändern, die bei jeder Art in ganz bestimmter, von der anderen Art abweichender Weise angeordnet sind. Namentlich die tropischen Odonaten sind Beispiele hierfür. In unserer einheimischen Fauna ist das beste Beispiel die ganz verschiedene Flügelzeichnung bei zwei einander so nahestehenden Arten wie *Calopteryx virgo* L. und *C. splendens* Harr.; bei ersterer hat das Weibchen dunkle rauchfarbige, das Männchen blaue Flügel, bei letzterer hat das Weibchen glasklare grünliche Flügel, das Männchen ein breites blaues Querband, während seine Flügel am Grund und an der Spitze klar sind. Trotz ihres sonst gleichartigen Aussehens bieten die Tiere im Fluge ein ganz verschiedenes Bild, sodass eine Verwechslung unmöglich scheint.

Die Paarung hinterlässt häufig auf dem Körper des Weibchens die sogenannten Kopulationsmerkmale; so drücken die Zangen des Männchens oft Risse und Löcher in die Augen des Weibchens, und die weissliche, klebrige Masse, mit welcher sich das *Ischnura*-Männchen am Thorax des Weibchens festklebt, bleibt nach der Paarung hängen. Auch das Männchen kann solche Merkmale bekommen, wenn z. B. die Beine des Weibchens bei der Paarung den Hinterleib des Männchens seitlich berühren und auf seiner blaugepuderten Haut Spuren hinterlassen (Ris 1910).

Ferner ist zu erwähnen, dass bei manchen Arten besonders der Gattungen *Ischnura* (*Nehalennia*) und *Platycnemis* dreierlei Individuen, gewöhnlich ein Männchen und zwei Weibchen von ganz verschiedener Farbenzeichnung nebeneinander vorkommen; es gibt aber auch Formen, bei denen ein Weibchen und zweierlei Männchen vorkommen, von denen das eine dunkler ist als das andere (Calvert 1914). Es ist schwer zu sagen, wie dieses sonderbare, aber nicht einzig dastehende Verhältnis zu erklären ist; es war schon Darwin bekannt. Merkwürdig ist dabei noch, dass sich die Ischnuren in Amerika und Australien genau so verhalten wie in Europa und übrigens auch hier in Dänemark (Lucas 1900, Ris 1906, Tillyard 1905).

Die Eiablage. In neuerer Zeit sind unsere Kenntnisse über die Eiablage der Odonaten wesentlich erweitert worden. Die Eiablage geht in recht mannigfacher Weise vor sich, lässt sich aber im Allgemeinen auf zwei Haupttypen zurückführen. In dem einen Fall werden die Eier einfach auf feuchtes Moos oder ins Wasser abgeworfen, im anderen Fall werden sie in totes oder lebendes Pflanzengewebe eingebohrt (W-L. 1913).

Wer hat nicht an einem sonnigen Tag am Ufer eines stillen Waldsees gelegen und den Libellen zugesehen, die über dem Wasserspiegel dahinflogen; die wenigsten werden aber wohl daran gedacht haben, dass die Tiere damit beschäftigt waren, Eier zu legen. Mit der Vorstellung vom Eierlegen verbinden die meisten Menschen nämlich den Begriff einer Arbeitsleistung, einer anstrengenden Beschäftigung, einer verantwortungsvollen Tätigkeit, die man nicht im Handumdrehen bewältigt, und deren Ausführung eigentlich kein Spass ist. Aber diese Libellen, die dort im hellen Sonnenschein über dem Wasser fliegen und bald wie im Spiel den Hinterleib eintauchen, bald einander boxen, sodass sie beide klatschend ins Wasser fallen, bald im Bruchteil einer Sekunde aus unserm Gesichtsfeld entschwinden, um dann viele Meter entfernt mit einem zudringlichen Männchen zu kokettieren, sie alle sind tatsächlich mit der Ablage ihrer Eier beschäftigt. Jedes Mal, wenn das Weibchen im Fluge mit der Spitze des Hinterleibes wippend aufs Wasser schlägt oder in Kreisen unter den Buchenkronen fliegend Kurven in die Wasseroberfläche schneidet, dass das Wasser aufspritzt, legt es entweder ein grosses, braunschwarzes, fast kugelrundes Ei oder einen ganzen, aus 10–12 Stücken bestehenden Eiklumpen ab. Entsteht Zank zwischen den Tieren, so ist es meistens, weil ein Männchen von einem Weibchen abgewiesen wird, oder weil ein freches Weibchen, das hier nichts zu suchen hat, sich erlauben will, gerade hier zwischen den Seerosenblättern seine Eier abzulegen; für dieses Stück Wasser hat nur die eine Libelle das Privilegium, und so lange sie es besät, müssen die andern machen, dass sie fortkommen. – Die Eier werden noch vor der Ablage, während oder nach der Paarung, befruchtet. Bei dem fortlaufenden Strom von Eiern, der vom Weibchen abgeht – es handelt sich um viele Tausende –, wird vermutlich die Befruchtungsflüssigkeit aufgebraucht. Doch das tut nichts! In den meisten Fällen ist der Herr Gemahl zur Hand. Betrachten wir die eierlegenden Weibchen von *Libellula quadrimaculata* L., so beobachten wir immer wieder, dass hinter jedem Weibchen noch eine Libelle schwebt, und zwar stets in genau demselben Abstand, bis die Zeit der Erfüllung gekommen ist. Denn das Männchen kennt den beschwingten Augenblick, wenn es, dem Falken gleich, herabstösst und sich im Aufblitzen einer Sekunde auf dem Kopf des Weibchens niederlässt, das Begattungsrad mit ihm bildet, Sperma in den Eileiter des Weibchens pumpt, um dann immer noch fliegend, wieder seinen Platz als diensthabender Kammerherr in korrektem Abstand von ihrer Gnaden einzunehmen. Gottes freie Natur mit dem glitzernden Sonnenlicht über Wasserspiegel und schaukelnden Seerosen ist die Hochzeitskammer. Das Männchen ist hier der König, zwar höchstens für einen Tag, aber mehr begehrt es auch nicht. Zu dieser Stunde und an diesem Tag ist es sich seiner Würde bewusst, und niemand darf ihm seinen Rang streitig machen.

Abb. 45. *Libellula quadrimaculata* L. Die Wanderlibelle. Nach Kobelt, W. 1903.

Auch bei den Gomphiden geht die Eiablage in ganz ähnlicher Weise vor sich (Byers 1930). Natürlich ist es unmöglich zu sehen, wie die Eiablage unter dem Wasserspiegel vor sich geht. Viele der Odonaten (die Mehrzahl der Familie der *Libellulidae*) werfen ihren Laich nicht nur auf der freien Wasserfläche ab, sondern oft auch über den Algenteppichen, die entweder als treibende Flächen auf dem See schwimmen oder vom Ufer aus in ihn hinauswachsen. Wenn man eine *Libellula quadrimaculata* L. (Abb. 45) mit dem Hinterleib wippend über solch einer treibenden Pflanzeninsel schweben sieht, braucht man nur mit dem Boot heranzurudern, um zahllose, braune Eier über den Algenteppich ausgestreut zu finden; die Eier liegen oft so dicht, dass die Algenfläche aus der Entfernung ganz schwarz aussieht. Im übrigen braucht man nur ein solches Weibchen zu fangen, an den Vorderflügeln zu fassen und das Abdomen über eine weisse Porzellanschale mit Wasser zu halten, um zu beobachten, dass ganz automatisch ein Ei nach dem anderen aus dieser kleinen Legemaschine herausrollt.

Manche Arten der Gattung *Sympetrum* (Abb. 49) legen häufig ihren Laich, wenn auch in der Nähe des Wassers, so doch auf trockenem Boden ab. Beobachtet man solche Lokalitäten ein Jahr lang regelmässig, so zeigt sich, dass sie bei Eintritt der Regengüsse im Herbst mehr oder minder unter Wasser gesetzt werden. Es ist, als wüssten die Tiere, dass der heute noch trockene Boden, über den sie ihre Eier ausstreuen, in einigen Monaten mit Wasser bedeckt und daher für das Leben der Art im Larvenstadium geeignet sein wird. Bei dieser Gattung begnügt sich das Männchen nicht, wie bei der Gattung *Libellula*, damit, als diensthabender Kavalier hinter dem eierlegenden Weibchen zu schweben, sondern es übernimmt selbst eine Rolle bei dem Eilegegeschäft. Solange dieses währt, bilden Männchen und Weibchen eine aus zwei Individuen bestehende Kette, die über den moosbewachsenen Eilegeplätzen steht. Die Eiablage geschieht oft in Gemeinschaft; häufig sind auf einem Flecken von nicht mehr als einem halben Quadratmeter 6 oder 7 Paare versammelt, die dieses Geschäft gemeinsam ausführen.

Die Tiere sind so eifrig mit ihrer Arbeit beschäftigt, dass sie sich absolut nicht stören lassen. Ich habe sie wiederholt aus einer Entfernung von nur einem halben Meter beobachtet. Man sieht dann die kleinen braunen Eier als

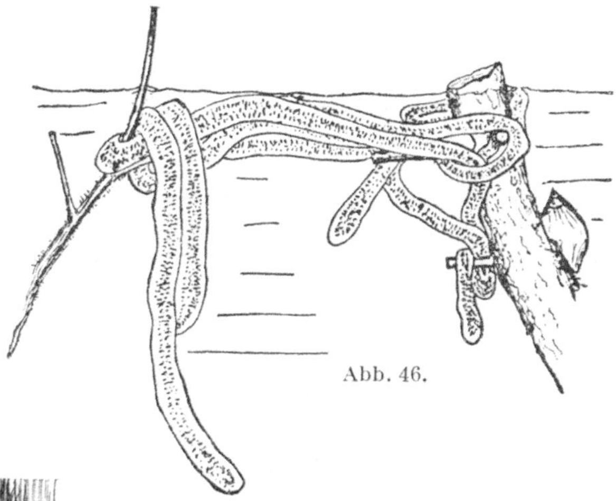

Abb. 46.

Abb. 49.

Abb. 47. Abb. 48. Abb. 50.

Abb. 46. Eischnüre von *Tetragoneuria*. Nach Needham, J. 1901.
Abb. 47. Blatt von Stratiotes aloides, belegt mit eingestochenen Eiern von *Aeschna viridis* Eversm. W-L. del.
Abb. 48. Eimassen von *Cordulia aenea* L. auf Chara. W-L. del.
Abb. 49. Eimassen von *Sympetrum* auf Moos. W-L. del.
Abb. 50. Eischnur von *Epitheca bimaculata* Charp. auf Elodea. Nach Heymons, R. 1896.

ununterbrochenen Strom aus dem Körper des Weibchens hervorquellen. Jedesmal, wenn ein Ei zum Vorschein kommt, schlägt das Weibchen die Hinterleibspitze nach vorn gegen die Unterlage, und das Ei fällt auf das Moos hinab (Abb. 49). Das Ei wird zwar vom Weibchen gelegt, aber offenbar gibt das Männchen das Signal dazu. Regelmässig jede Sekunde drückt das Männchen mit seiner Zange den Kopf des Weibchens; unmittelbar darauf lässt sich ganz deutlich ein Flügelschlag vernehmen, der Hinterleib des Weibchens schlägt nach vorn, und das Ei geht ab. Oft schwebt das Paar unbeweglich länger als eine Minute über ein und demselben Fleck; das Weibchen wirft regelmässig wie ein Uhrwerk die Eier ab, das Paar wandert wenige Zentimeter weiter oder kehrt sich um, und der Vorgang wiederholt sich.

Diese kleinen eierlegenden Gesellschaften sind unsagbar anmutig; das gleissende Sonnenlicht des stillen, bereits zur Neige gehenden Herbsttages, die schönen, schwebenden Tiere, die jetzt Seite an Seite ihr Samenkorn über das grüne Moos ausstreuen, um wenige Stunden später steif von der Nachtkühle unter dem welkenden Laub zu hängen, wo der Tod sie vielleicht noch in derselben Nacht heimsucht; das sonderbare Geräusch der anscheinend unablässig schwirrenden Flügel, alles vereint sich zu einem Bild, einem Lied, das immer wieder die alte Geschichte erzählt von den Individuen, die sterben, aber ehe sie von hinnen fahren, ihre Saat in die Erde legen, damit aus ihr neue Individuen entstehen, um die Art weiterzuführen. Ab und zu jagt eine grosse *Aeschna juncea* L. brutal in den kleinen, eierlegenden Schwarm hinein, pufft und stösst die Paare auseinander und verbreitet Unruhe und Unheil. Sie ist ein gefährlicher Friedensstörer, namentlich im Herbst, wenn das Futter knapp wird; zuverlässigen Beobachtungen zufolge fallen die grossen Tiere, die fast doppelt so gross sind wie *Sympetrum*, über diese her, zerreissen und verzehren sie.

Die Eier sind zuweilen ganz trocken, nicht selten aber von einer dickeren oder dünneren wasseraufsaugenden Gallertschicht umgeben. Sie kann so grosse Dimensionen annehmen (Abb. 50), dass man zunächst ihre Produktion durch ein einheimisches Insekt für ganz unwahrscheinlich hält. Am grössten und schönsten sind die Eimassen der hierzulande seltenen *Epitheca bimaculata* Charp. (Abb. 50). In stark sonnendurchwärmten Buchten unserer Seen findet man gelegentlich bis 35 cm lange, milchweisse Gallertschnüre dick wie der kleine Finger eines Kindes. Die Schnüre schlingen sich um Wasserpflanzen, am häufigsten habe ich sie um die dunkelgrünen Ranken von Ceratophyllum gewickelt gefunden. Unwillkürlich fragt man sich, wie der 35 cm lange Strang in dem knapp 4–5 cm langen Hinterleibe von *Epitheca*, der selbst kaum breiter ist als die Eischnur, Platz finden kann. Des Rätsels Lösung ist indessen, dass die Gallertmasse erst aufquillt, wenn sie Wasser aufnimmt. Ehe die Eier mit dem Wasser in Berührung kommen, liegen sie dicht aneinander gepresst; jedes Ei ist von einer für das Auge nicht wahrnehmbaren Substanz umgeben, die ausserordentlich stark quellbar ist, und die durch ihre Quellung die Eier auseinander schiebt und die Eischnur zu ihrer unglaublichen Länge ausdehnt. Nach Angabe eines amerikanischen Forschers fliegt das Weibchen einer nahe verwandten Gattung, *Tramea*, eine Zeit lang mit der Eischnur umher, bis sie »reif« ist. Dann nähert es die Hinterleibspitze dem Wasser und wirft die Eimasse ab, die durch die Berührung mit dem Wasser zu einer langen Eischnur aufgerollt wird. Ich hatte keine Gelegenheit selbst die Bildung solcher Eischnüre zu beobachten; hingegen habe ich bei den verwandten Cordulien (*C. aenea* L.) oft die Eier in Klumpen von 20–30 Stück abgehen sehen. Wenn die Eier aus der weiblichen Geschlechtsöffnung austreten, sind sie nicht grösser als Stecknadelköpfe, aber wenige Minuten später, wenn sich die Gallertmasse mit Wasser vollgesogen hat, hängen sie in haselnussgrossen Klumpen an den steifen, hellgrünen Blättern der Characeen (Abb. 48).

Bei sämtlichen bisher besprochenen Odonaten geht also die Eiablage in der Weise vor sich, dass die Eier entweder ganz einfach einzeln abgeworfen oder in grossen oder kleinen Klumpen, Strängen und dgl., umgeben von einer im Wasser sehr stark quellenden Substanz, abgesetzt werden. Wir wollen jetzt

Formen betrachten, die ihren Eiern eine weit grössere Sorgfalt angedeihen lassen, indem sie jedes Ei einzeln in totes oder lebendes Pflanzengewebe einbohren; zu dieser Gruppe gehören die bereits öfters erwähnten *Aeschna*-Arten und sämtliche Zygopteren.

Wir lassen uns an einem sonnigen Tag im August am Rande eines unserer Moore nieder, dessen Oberfläche von einem Teppich der in vieler Hinsicht interessanten Wasserpflanze Stratiotes aloides bedeckt ist. Ihre grossen Blattrosetten ragen mit den dornigen Blättern über den Wasserspiegel empor. Die Blüte ist eben vorbei. Anscheinend geht nichts vor sich, was uns interessieren kann. Da vernimmt man plötzlich aus dem Stratiotes-Teppich einen sonderbaren knisternden oder knirschenden Laut; ein wenig später wird er an einer zweiten und einer dritten Stelle und so weiter hörbar. Nun merkt man, dass ausserhalb der Stelle, auf welche der Blick gerade gerichtet ist, etwas vor sich geht, entdeckt aber noch nichts, obschon man angestrengt späht. Erst allmählich wird man sich klar über das Phänomen. Auf der Innenseite der Stratiotes-Blätter sitzt mit eingetauchtem Hinterleib und Flügeln, von denen nur der Vorderrand der Vorderflügel aus dem Wasser ragt, eine grosse, hellgrüne Libelle. Ihre Färbung unterscheidet sich kaum von der der Pflanze. Ab und zu schlägt sie mit den Flügeln; dadurch entsteht das Geräusch, das wir vorher hörten. Und nun taucht eine Libelle nach der anderen auf. Die schönen, smaragdgrünen Tiere (*Aeschna viridis* Eversm.) sitzen im Stratiotes-Teppich, halb verdeckt vom Wasser, und bohren ihre Eier mit dem Legeapparat in die Blätter der Pflanzen ein (Abb. 47). Über der Pflanzendecke fliegen die Männchen und suchen die Weibchen; erblicken sie eines, so stürzen sie sich darauf, und nun entspinnt sich teils im Wasser, teils auf der Pflanze, ein heftiger Kampf. Denn dem eierlegenden Weibchen ist der Besuch des Männchens nicht erwünscht; es wird deshalb fortgejagt. Wenn das Weibchen nach der Begattung verlangt, steigt es selbst aus der Pflanzendecke empor zwischen die umherschwirrenden Männchen, lässt sich von einem derselben fassen, bildet mit ihm das Kopulationsrad und kehrt dann wieder in den Stratiotes-Teppich zurück. Fudakowski (1932, Polen) hat ebenfalls *Aeschna viridis* Eversm. bei der Eiablage auf Stratiotes-Blättern beobachtet.

Abb. 51. *Aeschna grandis* L. Eierlegendes ♀ auf Potamogeton. Nach Lucas, W. 1900.

Am sonnenbeschienenen Ufer eines von Schilf umkränzten Moores können wir ebenfalls zwischen der braungelben, halbverwelkten Vegetation halb ins Wasser eingetauchte Weibchen der braunen *Aeschna grandis* L. sitzen sehen, die ihre Eier in den unteren Teil der Schilfkolben, Binsen und anderer Sumpfpflanzen einbohren. Wie die Pflanze heisst, ist ihnen gleichgültig. Sie legen ihre Eier in höchst verschiedenes Material, in morsches Holz, in feuchte Erde um das Wurzelgewirr der Erlen, in Äste, die halb aus dem Wasser ragen

u. a. (Abb. 51). So lange das Tier bei der Eiablage ist, vergisst es alles andere. Ich hielt solche Äste, auf welchen eine eierlegende *Aeschna* sass, zwischen den Händen; sie wanderte vom Ast auf meine Hand und versuchte dort, Eier einzubohren, dann auf ein Zündhölzchen, wo sie Eier ablegte, und endete schliesslich auf der Spitze meines Stiefels; hier entdeckte sie jedoch zuletzt, dass sie auf falschem Wege war, und flog davon.

Neben der braunen *Ae. grandis* L. und der smaragdgrünen *Ae. viridis* Eversm. besitzt unsere Fauna noch ein paar blau gefleckte *Aeschna*-Arten. Eine derselben, die prächtige *Ae. juncea* L., bohrt ihre Eier oft in die verholzten, über Wasser liegende Teile von Pflanzen ein.

An überhängenden Steilufern, unter denen der Wellenschlag im Frühjahr die Erde weggeschwemmt hat, kommen oft im Herbst bei sinkendem Wasserstand zahlreiche braune Höhlungen zum Vorschein, die, gegen den See hin offen, in ihrem Hintergrund von rotbraunem Wurzelgeflecht bekleidet sind, das von den das Moor umkränzenden Erlen und Weiden stammt. Liegt man im Herbst auf diesen Hängen, so gewährt man *Ae. juncea* L., von denen eine nach der anderen in eiligem Fluge am Ufer entlang streift. Ab und zu halten sie an, kehren sich winkelrecht gegen Land und stecken den Kopf in die Höhlungen und Löcher des Ufers. Fängt man die Tiere, so zeigt sich, dass sie alle ohne Ausnahme Männchen sind. Steuert man aber im Boot am Ufer entlang, sodass die vom Boot gebildeten Wellen unter den Steilhang hineinrollen, so sieht man wieder und wieder grosse blauschwarze Libellen aus den Löchern entfliehen. Das sind die Weibchen, die im Hintergrund der Höhlen ihre Eier in die Wurzelfasern einbohren, und die hier von den am Ufer entlang fliegenden Männchen aufgesucht werden. Wer würde es für möglich halten, dass diese Tiere, die mehr als alle anderen für Licht, Luft und den freien Raum geschaffen sind, in fast vollkommen dunklen Höhlen sitzen, um dort ihre Eier zu legen!

Obgleich die Art der Eiablage bei den hiesigen *Aeschna*-Arten in allem Wesentlichen gleich ist, d. h. dass die Eier in Pflanzenteile eingebohrt werden, so unterscheiden sich die Arten doch durch den Zeitpunkt der Eiablage. Zwei von ihnen, *Aeschna* (*Brachytron*) *pratense* O. F. M. und *Ae. isosceles* O. F. M., legen die Eier im zeitigen Frühjahr, die übrigen vorzugsweise im Herbst ab. Die beiden ersteren zeigen das eigentümliche Verhalten, dass sie als ausgeprägte Frühjahrstiere absterben, wenn der Sommer kommt und die anderen Arten ihr Leben als vollentwickelte Insekten beginnen. Obwohl die Arten an demselben Ort vorkommen und als Larven im selben See leben, begegnen sie einander kaum jemals als fertige Insekten; das gilt besonders für *Ae. pratense* O. F. M. Sie hängt an sonnigen Tagen im Juni, wenn sie bereits mit der Eiablage fertig ist, an der Innenseite laubreicher, schattiger Buchenzweige mit eng an den Zweig angedrücktem Körper und zusammengelegten, schlaff herabhängenden Flügeln. Setzt man das Tier auf die Hand, so fällt es seitwärts um; es fehlt ihm an Kraft, um die Flügel zu entfalten, und wird es ins Laboratorium mitgenommen, so stirbt es am nächsten Tage. Es ist ein sonderbares Gefühl, wenn man diese schlaffen, sterbenden Tiere lebensmüde im Schatten der Buchenzweige hängen sieht, und wenige Meter davon Tausende von neugeschaffenen Leben im hellen Sonnenschein umherflattern. Es dünkt uns verständlich, wenn eine *Aeschna grandis* L. im Oktober mit seinen Nachtfrösten und seinem Mangel an Insekten durch Kälte und Hunger stirbt. Aber woran sterben diese Tiere? Durch Kälte? Unmöglich in den schönen, lauen, hellen Nächten des Vorsommers mit Tausenden von tanzenden Eintagsfliegen über den Wiesen. Durch Hunger? noch weniger denkbar. Myriaden lebender Wesen erfüllen die

Luft. Schmarotzer? auch das ist ausgeschlossen; denn kein Schmarotzerangriff tötet jahraus, jahrein im Laufe von etwa acht Tagen alle Individuen einer Art in so grossen Gebieten. Äussere Ursachen sind nicht schuld an ihrem Tod. Sie sterben, wird man sagen, weil sie ihre Eier gelegt haben und ihr Organismus verbraucht ist. Vielleicht, – aber die Antwort ist unbefriedigend und deckt nur über noch grössere Rätsel. Warum legt *Aeschna pratense* O. F. M. ihre Eier im zeitigen Frühjahr ab und nur in der kurzen Spanne von etwa vierzehn Tagen, und warum hat *Aeschna grandis* L. hierfür eine Zeit von drei bis vier Monaten zur Verfügung? Warum stirbt das grosse, kräftige Tier unmittelbar nach der Eiablage? Bei vielen anderen Insekten ist doch das Aufhören der Eiproduktion keineswegs identisch mit dem Aufhören des Lebens. Wir müssen bekennen, dass uns jede Möglichkeit fehlt, diese Fragen zu beantworten. Nicht allein für den Menschen existiert das grosse Rätsel des Todes, auch in der Natur begegnet es uns allenthalben. Aber während in der Natur vor unseren Augen Tausende von Geschöpfen gezeugt und geboren werden, ist ihr Sterben stets in Dunkel gehüllt – das sterbende Tier zieht sich zurück und macht sich unsichtbar. Und der Naturforscher, auch er ein Teil der Natur und ihren strengen, allgültigen Gesetzen unterworfen, richtet unwillkürlich sein Augenmerk leichter und lieber auf Leben und Entstehen, als auf Tod und Vergehen. Er erforscht unermüdlich die Entstehung des Lebens, wenn sich die erste Zelle nach der Befruchtung teilt. Viel kleiner ist aber die Zahl derjenigen, die sich mit dem Aufhören des Lebens und seinen Vorgängen beschäftigen, und nicht zum mindesten, wenn es sich wie hier um niedrigstehende Tiere handelt. Ja, woran stirbt also *Aeschna pratense*? »Todesursache unbekannt«, wie in den Zeitungen zu lesen ist. Weil »sie das Leben nicht mehr freut?« – »Vom Geschick ereilt?« Ein jeder mag denken, was er will.

So viel wir bis jetzt wissen, bohren die Zygopteren ihre Eier in Pflanzenteile, einzelne vielleicht auch in Schlamm und feuchte Erde ein. Hierzulande leben etwa fünfzehn Arten, die z. T. schwer von einander zu unterscheiden sind.

Die meisten Zygopteren halten sich wie die Aeschniden auf Pflanzen über der Wasserfläche auf, tauchen den Hinterleib ins Wasser und bohren ihre Eier in die unter Wasser befindlichen Pflanzenteile ein. Fast immer macht das Männchen auch hier, wie bei *Sympetrum*, auf dem Kopf des Weibchens befestigt, den ganzen Verlauf der Eiablage mit. An jedem sonnigen Sommertag kann man Scharen von fliegenden, aus je zwei Tieren bestehenden Ketten über dem Wasserspiegel sehen. Das Männchen fliegt wie stets voran. Die Ablage der Eier geht auf den verschiedensten Pflanzen in Ufernähe vor sich. Wie aus der Abbildung ersichtlich, ist der Hinterleib des Weibchens stark gekrümmt; es bohrt mit seinem Legestachel das Loch, in dem das Ei liegen soll. Das Männchen hat sich mit ausgestrecktem Körper am Weibchen befestigt und bewegt sich, je nachdem seine Gefährtin den Platz verändert, hinab oder zur Seite.

Ein beliebter Verankerungsplatz für diese kleinen Lebewesen sind Seerosenblätter (Abb. 52), hier halten sie ganze Gesellschaften ab, hier werden Bekanntschaften eingeleitet, hier beginnen ihre Paarungsspiele, hier suchen sie ihre Nahrung und werden selbst gefressen, und meist legen sie hier auch ihre Eier ab; die schön geformten, schaukelnden Seerosenblätter und die leichten, graziösen Wasserjungfern passen so gut zusammen.

Viele Insekten leben auf und von den Nymphaeaceenblättern, in deren grüne Flächen sie grosse Löcher nagen; das ist besonders für gewisse *Donacia*-Arten charakteristisch. Sehr oft (vgl. Abb. 58) sitzen Zygopteren, namentlich

Agrion-Arten, zu zweien auf diesen Blättern; das Weibchen steckt dann seinen Hinterleib durch ein solches Loch, das Männchen sitzt etwas höher auf dem Blatt, oder es steht mit schwirrenden Flügeln senkrecht in der Luft auf dem Kopf des Weibchens. Wir wollen nun die Tiere etwas näher studieren (Abb. 53–58).

Dort kommt ein Pärchen angeflogen; es lässt sich auf dem Blatte nieder und geht dann, ohne sich zu trennen, im Krebsgang auf ihm spazieren; hat das Weibchen eines der erwähnten Löcher gefunden, so senkt es seinen Hinterleib, aber gerade nur dessen Spitze, in das Loch hinein. Das Männchen

Abb. 52. Nymphaeaceen im Carlsee bei Hilleröd. Brutplätze von *Erythromma najas* Hansem. Warming phot.

verändert ganz allmählich seinen Platz, indem es wie der Zeiger einer Uhr um das Loch herumrückt, wobei es ständig das Weibchen mit sich führt. Es bewegt sich bald kriechend, bald fliegend ein wenig zur Seite; wenn das Weibchen mit der ersten Runde fertig ist, steckt es den Hinterleib etwa zur Hälfte in das Loch hinab. Wieder bewegen sich die Tiere im Kreis, und wenn auch dieser Kreis geschlossen ist, geht das Weibchen noch tiefer, sodass nun sein ganzer Hinterleib im Loch verschwindet. Nur ein Stückchen der Brust, die Flügel und die beiden vorderen Beinpaare ragen über das Loch hinaus. Wieder zieht das Männchen seine Gefährtin im Kreis herum, und ist auch dieser Kreis geschlossen, reisst es das Weibchen aus der Öffnung empor und sucht gemeinsam mit ihm das nächste Blattloch auf. Kehrt man ein solches Blatt um, so erstaunt man über die schöne Arbeit, die das Weibchen hier geliefert hat (Abb. 57). In drei Kreisen, deren Radius den drei Hinterleibslängen entspricht, sind die Eier um das Loch herum angeordnet. Die Eilogen sind in gleichem Abstand voneinander gebohrt und in jeder derselben ein Ei abgesetzt, die niedlichste Nadelarbeit, die man sich denken kann. Ist man erst einmal darauf aufmerksam geworden, so wird man solche Eier im Herbst massenhaft auf den verschiedensten Pflanzen finden, am häufigsten auf den Stengeln von Blütenständen, die über das Wasser hinausragen, wie Myriophyllum, Pota-

Abb. 53.

Abb. 58.

Abb. 54.

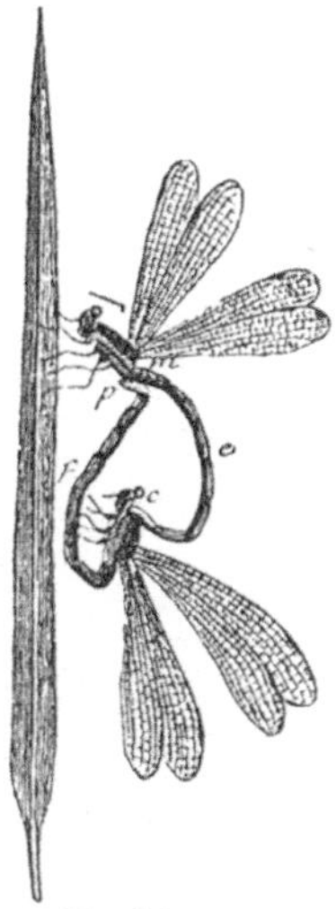

Abb. 55.

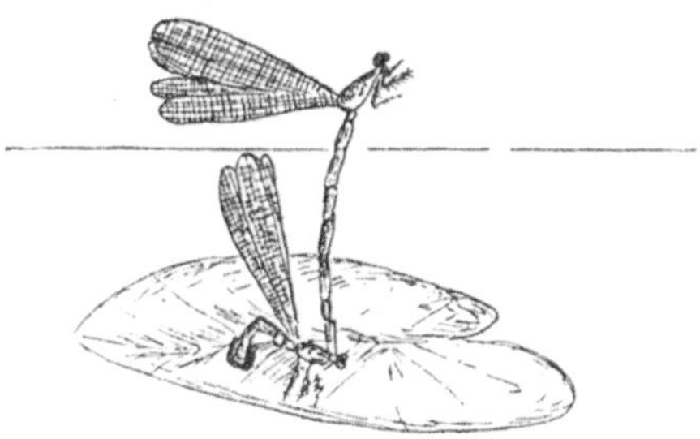

Abb. 56.

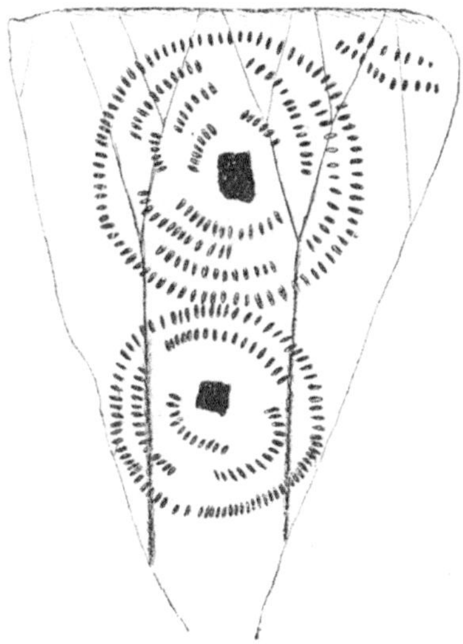

Abb. 57.

Fig. 53–57. Eiablage der Zygopteren.

Abb. 53. Die Tiere im Flug. Vorn das Männchen, das sich mit den Zangen am Kopf des Weibchens festhält. Nach Lucas, W. 1900.

Abb. 54. *Agrion* bei der Eiablage auf einem Blatt. Vorn das Männchen (*m*). Nach Réaumur, R. 1734.

Abb. 55. *Agrion* in Paarung. Vorn das Männchen (*m*). Nach Réaumur, R. 1734.

Abb. 56. *Agrion pulchellum* v. d. Lind. bei der Eiablage auf einem Nuphar-Blatt; das Weibchen hat sein Abdomen durch ein Loch gebohrt. W-L. del.

Abb. 57. Ein Nuphar-Blatt von unten gesehen. Die schwarzen Flecke sind von *Donacia* herrührende Löcher, durch die das *Agrion*-Weibchen sein Abdomen steckt (s. Abb. 56), um die Eier in das Pflanzengewebe einzubohren. W-L. del.

Abb. 58. *Pyrrhosoma nymphula* Sulz. bei der Eiablage auf einem Potamogeton-Blatt. Nach Lucas, W. 1900.

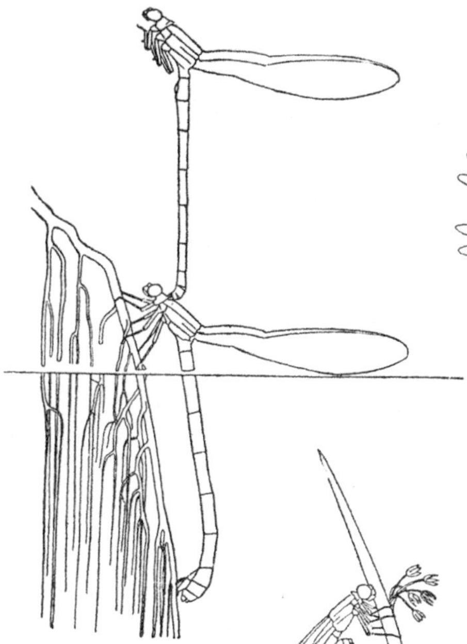

Abb. 60.

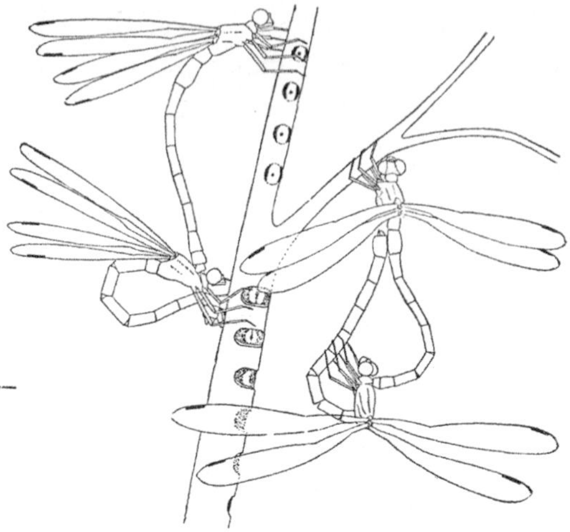

Abb. 59.

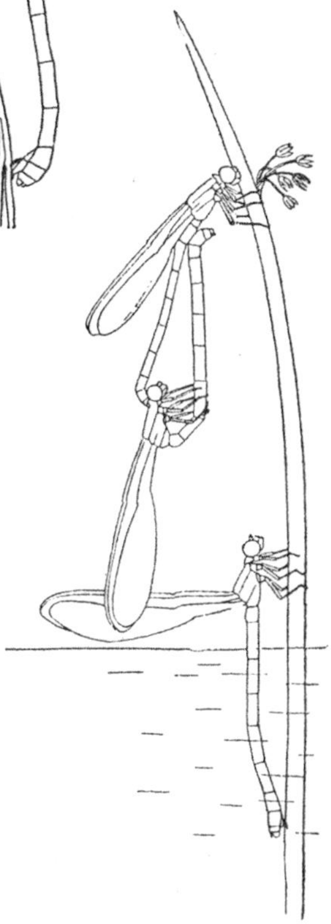

Abb. 61.

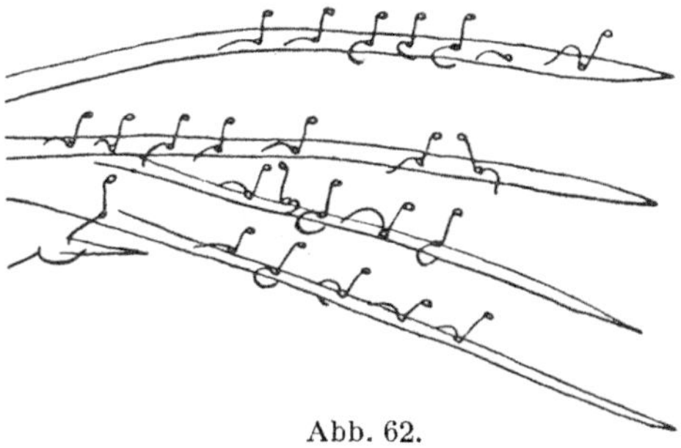

Abb. 62.

Abb. 59. *Archilestes californica* McLachlan. Links zwei Ex., das Weibchen bei der Eiablage; rechts zwei Ex. in Copula. Der Stengel zeigt Narben von früheren Eiablagen. Nach Kennedy, C. 1915.
Abb. 60. *Argia emma* Kennedy bei der Eiablage. Nach Kennedy, C. 1915.
Abb. 61. *Ischnura perparva* Selys. In Copulation und bei der Eiablage. Nach Kennedy, C. 1915.
Abb. 62. *Platycnemis pennipes* Pall. bei der Eiablage in Sparganium-Blättern. Es wurden im ganzen 33 Pärchen gezählt, die hier unter einer Erle ihrem Fortpflanzungsgeschäft oblagen. Die horizontal liegenden, mit Libellen besetzten Blätter flottieren auf der Wasseroberfläche. Nach Schmidt 1926.

mogeton u. dgl. Zuerst, unmittelbar nach dem Einbohren, sind die Eilogen kaum erkennbar, dagegen später durch ihre braunschwarze Färbung leicht zu entdecken.

Während die Mehrzahl der Zygopteren sich über dem Wasserspiegel aufhält und ihre Eier in Pflanzenteilen unter Wasser anbringt, gibt es Arten, die ihre Eier in verholzte Pflanzenteile über Wasser einbohren, während andere ganz bis an den Grund des Wassers gehen, um ihre Eier abzulegen. Erstere Arten sind hierzulande recht spärlich vertreten; in südlichen Ländern und in Nordamerika können sie aber an den Pflanzen, die sie als Legestätten benützen, recht beträchtlichen Schaden anrichten. Sie wählen zur Eiablage gewöhnlich die Stiele verschiedener Blütenstände mit dem Resultat, dass die Knospen welken, oder jedenfalls die Blüten keine Frucht ansetzen. Das ist

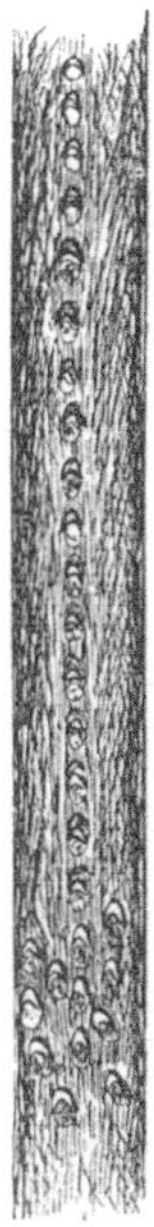

Abb. 63.

Abb. 64.

Abb. 65 a.

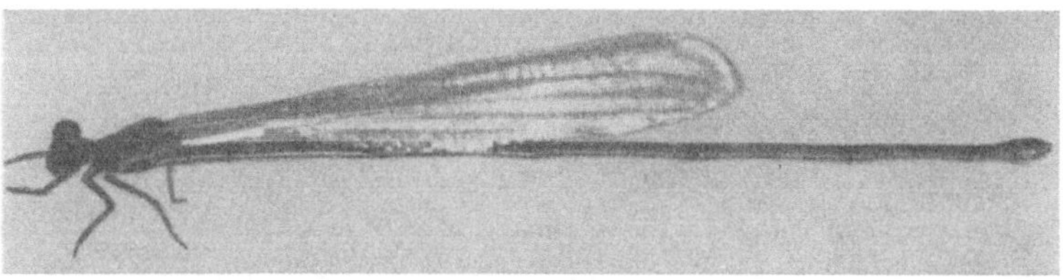

Abb. 65 b.

Abb. 63. *Alisma plantago.* Stengel des Blütenstandes mit eingebohrten Eiern von *Lestes.* W-L. del.

Abb. 64. Derselbe aufgeschnitten, sodass man die Eier sieht. W-L. del.

Abb. 65 a. Derselbe vergrössert; der Augenfleck im Ei ist deutlich. W-L. del.

Abb. 65 b. *Mecistogaster modestus* Selys. Eine Zygopter von Costa Rica. Das Weibchen legt die Eier in Wasseransammlungen in Bromeliaceen. Das abnorm verlängerte Abdomen ermöglicht es dem Tier seine Eier tief zwischen die Blätter einzustechen. Nach Calvert, P. 1914–15.

z. B. mit den nordamerikanischen Iris-Arten der Fall (Needham). Etwas Ähnliches geschieht mit dem bei uns heimischen Froschkraut (Alisma plantago) (Abb. 63–65). Die schöne smaragdgrüne *Lestes dryas* Kirby legt ihre Eier in Reihen von etwa $^1/_2$ Meter in die Stengel der Blütenstände von Alisma plantago; an einem einzigen Stengel kann man oft fünf bis sechs eierlegende Paare finden. Er wird nun ringsum mit Reihen von Eiern besetzt, die ihn zum Welken bringen und natürlich auch den Fruchtansatz verhindern. Schneidet man einen solchen Blütenstengel auf, so bemerkt man, dass die Eier in Eilogen angebracht sind, die alle ungefähr gleich weit voneinander stehen; die schwarze Spitze der länglichen Eier weist nach oben, und der Eingang der Eikammer ist mit einem Schüppchen markiert.

Der französische Forscher Abbé PIERRE (1904) hat festgestellt, dass bei einzelnen, übrigens hierzulande nicht heimischen Arten die Eier in vollständig verholzte Pflanzen eingebohrt werden, die zwar nahe am Wasser, aber nicht in ihm wachsen, und die nicht einmal immer über das Wasser hängen (Abb. 66). Die kleine *Lestes viridis* v. d. Lind. bringt z. B. ihren Laich in Weiden und Brombeerranken an, wodurch gallenähnliche Gebilde entstehen. Da das Insekt notwendigerweise ins Wasser gelangen muss, um sich entwickeln zu können, so drängt sich die Frage auf, wie es das bewerkstelligt. Abbé PIERRE hat nun die Beobachtung gemacht, dass das kleine, aus dem Ei schlüpfende Geschöpf nicht wie eine gewöhnliche Zygopterenlarve beschaffen ist; es besitzt die Fähigkeit, während es auf dem Rücken liegt, nicht unbeträchtliche Sprünge zu machen, mit deren Hilfe zumindest eine grosse Anzahl von Individuen die Wasseroberfläche erreicht. Hier ruht die Larve eine kurze Zeit, worauf eine typische Libellenlarve auskriecht. Die in Abb. 66 wiedergegebene Zeichnung von PIERRE veranschaulicht das Phänomen, das auch von anderen Forschern beobachtet wurde; im übrigen erfordern verschiedene Punkte noch eine nähere Klarstellung.

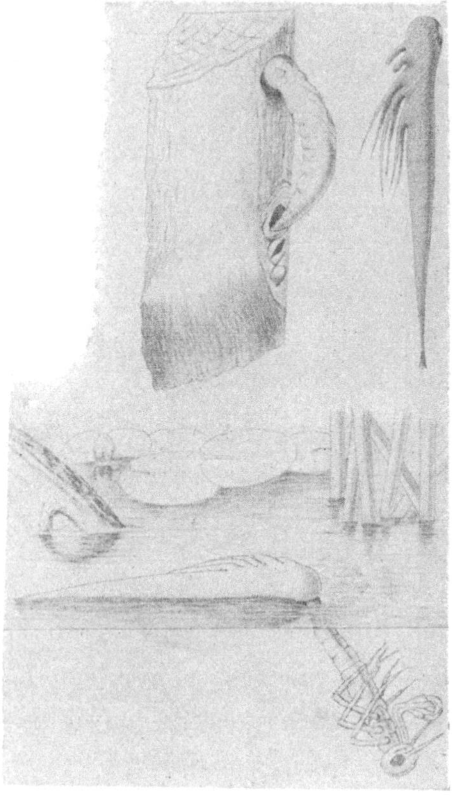

Abb. 66. *Lestes viridis* v. d. Lind. Links oben die Prolarve, die sich aus dem Weidenzweig über Wasser herausbohrt; rechts die Prolarve. Unten: die auf dem Wasser ruhende Prolarvenhaut, aus der die Larve ausschlüpft. Nach Abbé Pierre, 1904.

Manche Zygopteren gehen zur Ausübung der Brutpflege unter Wasser, wo sie auf Pflanzen umherkriechen und bis auf den Grund des Moores vordringen.

Es liegt eine grosse Wahrheit in der alten Anschauung, dass man in vielen Fällen vom Bau eines Lebewesens auf seine Lebensweise schliessen könne. Die Umstände, unter welchen ein Organismus lebt, stellen ja bestimmte Anforderungen an ihn, die er erfüllen muss, um leben zu können, und durch die häufig seine Gestaltung ihr Gepräge erhält. Indessen stösst man hin und wieder auf Formen, deren Bau nicht mit der allerleisesten Andeutung auf die gebotenen Lebensbedingungen hinweist. Solche Arten dürften nach der hergebrachten Meinung entweder nicht so aussehen, wie sie aussehen, oder aber ihr Dasein nicht so verbringen, wie sie es tun. Man begegnet in der Natur wiederholt offenbar ganz naturwidrigen Paradoxen, wie z. B. kriechenden Fischen auf Mangrovebäumen, Krabben auf Palmenwipfeln, geflügelten Libellen am Grund von Mooren und dergleichen. Während aber die erwähnten Fische und Krabben in einer Weise umgewandelt sind, die offensichtlich mit ihrem eigentümlichen Leben zusammenhängt, deutet im Bau der Libellen nichts darauf hin, dass sie als vollentwickelte Insekten einen Teil ihres Lebens unter Wasser verbringen.

v. Siebold beobachtete um 1850 als erster Libellen unter Wasser; es

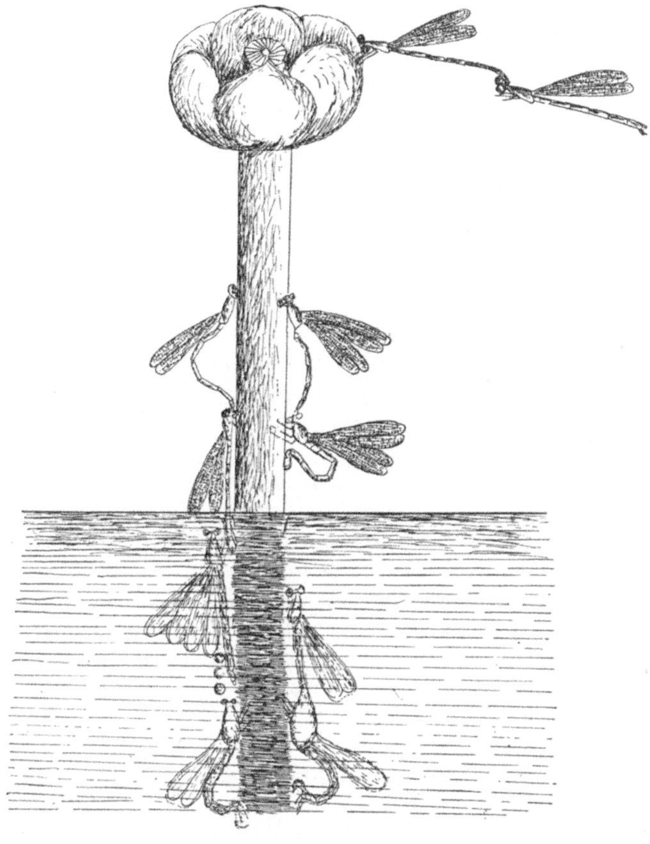

Abb. 67. *Erythromma najas* Hansem. Nuphar-Blüte mit eierlegenden Tieren; auf der Blüte ein anfliegendes Paar, das Männchen vorn. Auf dem Stengel über Wasser rechts zwei Tiere bei der Eiablage, links zwei abwärtswandernde Tiere. Unter Wasser rechts: zwei Tiere; das Männchen hält noch den Kopf des Weibchens fest, der ganz von Luft umhüllt ist; links: das Männchen hat das Weibchen losgelassen, das Weibchen gibt die Luftblasen ab. Beide Paare unter Wasser bei der Eiablage. Gezeichnet in meinem Boot auf dem Funketeich. W-L. del.

dauerte lange, ehe diese Beobachtung bestätigt wurde, und erst in neuerer Zeit wurde die eigentümliche Erscheinung eingehender untersucht.

Am häufigsten geht von unseren einheimischen Arten *Erythromma najas* Hansem. (Abb. 67) unter Wasser; sie ist die grösste unserer Wasserjungfern, ein prächtiges Tier mit grossen karmoisinroten Augen. Auch sie ist auf Seerosenblättern und der Vegetation des offenen Wassers zu Hause. In den Mooren, die ich kenne, wählt sie sich vorzugsweise die Blütenstengel der gelben Seerose und später die unter der Oberfläche treibenden Rasen von Myriophyllum (Tausendblatt) und Ceratophyllum (Hornblatt). Bekanntlich ragen die steifen Blütenstengel der gelben Seerose ungefähr einen Dezimeter über das Wasser empor, und auf diesem Stück beginnen die Erythrommen ihre Eier abzulegen; oft sind fünf bis sechs Paare als wiegende, azurblaue Guirlanden an einem Stengel angebracht. Während der Eiablage sind die Hinterkörper des Männchens und des Weibchens in ununterbrochener Bewegung. Die ersten Eier werden dicht unter der Blüte in Zickzacklinien eingebohrt. Die Tiere wandern beständig abwärts; am Wasserspiegel angelangt, halten sie indessen nicht inne, sondern kriechen langsam, immer noch Eier legend, unter das Wasser. Eine Weile sieht man vom Weibchen nur die senkrecht nach oben gerichteten Flügel über Wasser ragen, dann verschwinden auch diese, und allmählich folgt auch das Männchen nach. Unter den vielen eigentümlichen Zügen im Leben der Wasserinsekten erschien mir immer als einer der sonderbarsten, wenn sich die dunklen Wässer des Waldsees über diesen feinen, graziösen Geschöpfen des Lichtes und der Luft schlossen. Die Tiere fahren unter Wasser mit der Ablage der Eier fort; ohne innezuhalten, wandern sie weiter und weiter ins Wasser hinab, während das Weibchen unaufhörlich seinen Legestachel einbohrt und Eier in die Löcher legt. Wenn das Weibchen einen Dezimeter am Blütenstengel von Nuphar zurückgelegt hat, hört es mit der Eiablage auf. Solange die Tiere sich unter Wasser befinden, erscheinen sie silbern glänzend, infolge der ihren Körper und besonders die Flügel umgebenden Luft. Nach Beendigung der Eiablage löst das Weibchen bloss den Griff seiner Beine, ebenso das Männchen; da die Tiere durch ihre Lufthülle leichter sind als Wasser, schiessen sie nun wie Pfeile in die Höhe, durchbrechen die Wasserfläche ohne Schwierigkeit und sind in dem Augenblick, wo sie auf dem Wasserspiegel stehen, vollkommen trocken. Laufend erreichen sie ein Wasserrosenblatt, entfalten die Flügel, an welchen ab und zu einige vereinzelte Tropfen hängen, und fliegen davon. Auf der Oberfläche angelangt, trennt sich das Paar früher oder später.

In einem meiner Versuchsteiche findet man im Sommer grosse treibende Flächen von Myriophyllum und Ceratophyllum. Sie liegen ungefähr einen Dezimeter unter Wasser, können aber auch darüber emporragen. Eines Tages, als mein Boot eben über diesen submersen Wiesen lag, fiel mein Blick auf zwei silbern glänzende Libellen, die drunten im Wasser auf den Pflanzen einherspazierten. Nach und nach entdeckte ich ungefähr zwanzig Paare. Die Tiere, die sich alle paarweise und rücklings fortbewegten, krochen, gehemmt durch ihre Lufthülle, langsam und offenbar mit grosser Mühe umher und belegten die Pflanzen mit Eiern. Hin und wieder entdeckte man ein einzelnes Individuum; über ihm schwebte dann gewöhnlich oben in der Luft ein Männchen mit schwirrenden Flügeln, das sich unentwegt am selben Fleck hielt. Ab und zu löste sich ein Tier los, stieg als Luftblase vertikal an die Oberfläche, ruhte eine Sekunde auf ihr und kroch dann zu einer anderen Pflanze hin. Die Tiere krochen stets an den Blattstengeln entlang und niemals direkt vom Wasserspiegel aus auf die unterseeischen Pflanzenteppiche. Wenn man vom Boot aus einen Glasbecher mit Wasser füllt, ihn über die Tiere stülpt und, nachdem sie in das Glas hinaufgekrochen sind, eine Glasplatte darunter schiebt, kann man das Glas mit den Tieren in das Boot nehmen, ohne dass sie mit der Luft in Berührung kommen. Man wird dann die Beobachtung machen, dass die Körper der beiden Tiere von Luft umhüllt sind; die Luftschicht erscheint besonders dick um die Brust des Weibchens und macht fast den Eindruck einer grossen länglichen Luftkugel. In diese Luftkugel münden die wichtigsten Atemlöcher des Tieres; wenn das Männchen den Kopf des Weibchens freigibt, lösen sich sogleich ein paar Luftblasen vom Thorax des Weibchens, und die Luftkugel wird kleiner. Es wurde durch Versuche festgestellt, dass das Weibchen mit seiner Lufthülle etwa 4 Stunden unter Wasser leben kann, dass aber nach 2 Stunden alle Bewegungen aufhören. Das Männchen stirbt bei Absperrung von der Luft schon nach einer halben Stunde. Wiederholt wurde beobachtet, dass das Weibchen unten im Wasser sitzen bleibt, während das Männchen sich losmacht und an die Oberfläche steigt. Der am Körper haftenden Luft kommt sicher respiratorische Bedeutung zu; die Luft bleibt am Körper hängen, wenn er die Wasseroberfläche durchbricht, vor allem in den

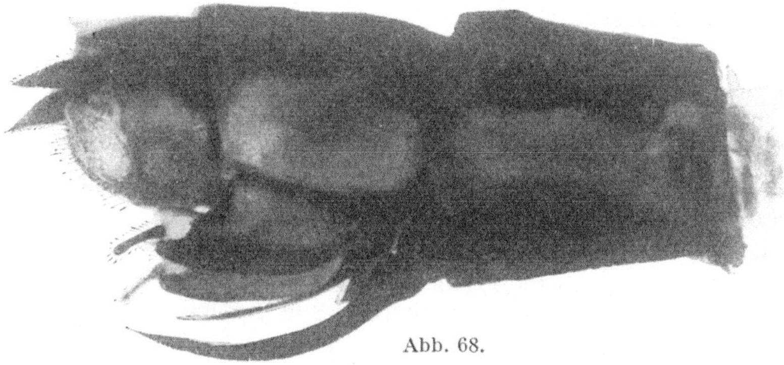

Abb. 68.

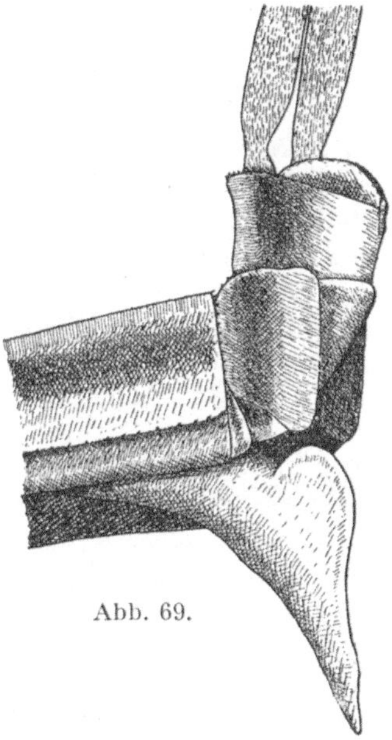

Abb. 69.

Abb. 68. Die letzten Abdominalsegmente von *Lestes sponsa* Hansem. Die Stachelteile freigelegt. W-L. fot.
Abb. 69. Hinterende eines Weibchens von *Somatochlora metallica* v. d. Lind. mit Spitzhammergebilde während der Eiablage. Nach Storch, O. 1924.

Winkeln zwischen Flügeln und Thorax. Die Lufthülle ist am grössten beim Weibchen, solange das Männchen an seiner Vorderbrust festhängt. In Abb. 67 wird dieses komplizierte Verhalten veranschaulicht.

Nach Erscheinen meiner Arbeit i. J. 1913, welcher die meisten der hier vorgebrachten Beobachtungen entnommen sind, haben auch andere Forscher die Eiablage bei vielen in meinem Untersuchungsgebiet selten oder gar nicht vorkommenden Formen untersucht. Unter diesen Arbeiten sind namentlich die von Portmann (1921) und Storch (1924) hervorzuheben. Aus dieser Literatur seien folgende Einzelheiten erwähnt:

Somatochlora metallica v. d. Lind., bei uns selten, legt ihren Laich in feuchter Erde ab. Storch weist durch eine Reihe von schönen Beobachtungen nach, dass der ganze Körper des Weibchens bei der Eiablage als Spitzhammer (Abb. 69) funktioniert, der bei jedem Hammerschlag ein Ei in den Boden einschlägt. Hierbei bildet der Hinterleib den Schaft, der spitze Stachel und die beiden letzten senkrecht stehenden Hinterleibssegmente den Kopf des Hammers, während die zum Einschlagen der Eier notwendige Kraft durch die Flügel geliefert wird.

Bei *Orthetrum albistylum* Selys hat Fudakowski (1930) beobachtet, dass die Kopulation ein bis zwei Minuten währt, dass dann die Eiablage folgt, worauf die Kopulation drei bis viermal wiederholt wird, wobei das Männchen seine Spermatheke jedesmal mit neuem Sperma füllt. Während das Weibchen die Eier abgibt, hält sich das Männchen in einem Abstand von 30–40 cm über dem Weibchen; dieses lässt alle 3–4 Sekunden ein Ei auf den Algenteppich fallen.

Calvert (1914) stellte fest, dass manche Wasserjungfern ihre Eier in die Blattscheiden der Bromeliaceen legen, und dass ihr Hinterleib sehr verlängert ist. Der lange Hinterleib ist insofern von Bedeutung bei der Eiablage, als es den Tieren sonst nicht gelingen würde, zu den kleinen Wasseransammlungen zwischen den Blattscheiden zu gelangen (Abb. 65b).

Kennedy (1915) gibt an, dass gewisse, namentlich zu den Gomphiden und Cordulegastriden gehörende Arten, die in reissenden Gebirgsbächen heimisch sind, durch den Gischt schiessen, um die Eier auf dem schaumbedeckten Moos abzulegen.

Calvert (1904), Kennedy (1917), Storch (1924) und Valle (1926) beobachteten, dass sich die Weibchen verschiedener Arten der Gattung *Cordulegaster* bei der Eiablage vertikal stellen und den Hinterleib mit Hilfe der Flügel in feuchten Schlamm oder in seichtem Wasser in den darunterliegenden Sand einbohren.

Schon aus der vorangegangenen Darstellung geht hervor, dass die Paarung und Eiablage der Odonaten mancherlei Eigentümlichkeiten zeigen. Wir haben gesehen, dass die Eier von bestimmten Formen einfach ins Wasser oder auf feuchte Erde abgeworfen und von anderen in Pflanzengewebe eingebohrt werden. Zu dieser Arbeit sind selbstverständlich besondere Apparate notwendig. Daher ist im letzteren Fall ein komplizierter Legestachel ausgebildet (Abb. 68), der Löcher und Höhlungen sägt und einsticht, in denen die Eier angebracht werden. Wenn man einen Blütenstengel mit einem eierlegenden Tier in der Hand hält, kann man mit der Lupe oft den Vorgang des Einbohrens des Stachels verfolgen; man beobachtet dann, dass dieser einen Augenblick in der Pflanze verweilt, und dass das Ei an seinem Platz ist, wenn er wieder herausgezogen wird. Im allgemeinen währt das Bohren des Loches und die Ablage des Eies nur einen Augenblick.

Die Eier (Abb. 70). Hinsichtlich der Eier soll hier nur folgendes hervorgehoben werden. Es gibt bei den Odonaten zweierlei Arten von Eiern: kurze, fast isodiametrische und lange, schmale, bei welchen die Längsachse 3–4 mal so lang ist wie die Querachse. Die kugligen Eier werden in Wasser oder auf dem festen Boden abgelegt, die länglichen in Pflanzengewebe eingebohrt. Die letzteren sind natürlich am besten geschützt. Dementsprechend haben sie auch eine sehr dünne Schale und sind daher oft durchsichtig. Die kugligen Eier haben eine dicke, braune Schale und sind ganz undurchsichtig. Besondere Schalenkonstruktionen kommen nur ganz ausnahmsweise vor. Die allermeisten Odonaten-Eier sind mit einer kleinen, scharfen Spitze versehen. Die Entwicklung der Eier, die zum Überwintern bestimmt sind, schreitet bis zur Anlage der Augen fort und kommt dann anscheinend vollkommen zum Stillstand, um im April-Mai wieder einzusetzen. Bei Eiern, die sich im Sommer entwickeln, verläuft die Entwicklung ohne Unterbrechung und ist in vielen Fällen binnen 10–14 Tagen beendet.

Die Libellen auf der Jagd. Die Art und Weise, in welcher die Libellen ihrer Beute nachjagen, ist höchst variabel. Die grossen *Libellula*-Arten, z. B. *Libellula depressa* L. mit ihren auffallenden, blaubestäubten Männchen, haben den einen Tag wie den andern ihre ganz bestimmten Fangplätze, die sie aufsuchen, wenn diese von der Sonne beschienen werden. Sie sitzen gewöhnlich scheinbar vollkommen unbeweglich auf der Spitze eines abgestorbenen Astes. Betrachtet man sie aber mit dem Feldstecher, so sieht man, dass der Kopf in ununterbrochener Bewegung ist; er wird mit einem kurzen, kräftigen Ruck bald nach oben, bald nach unten, bald seitwärts gekehrt. Die Augen selbst sind wie bekannt nicht selbständig beweglich; der Kopf kann aber nach allen möglichen Richtungen gedreht werden. Plötzlich wirft sich das Tier in die Luft, steigt fast 10–15 Meter in die Höhe, macht ein paar Flügelschläge und kehrt an seinen Platz zurück. Durch das Glas beobachtet man, dass die Mundteile in kauender Bewegung sind: die Libelle hat eine Beute gefangen. Alsdann hört die Bewegung der Mundteile auf, das Tier dreht sich ein wenig, die Flügel

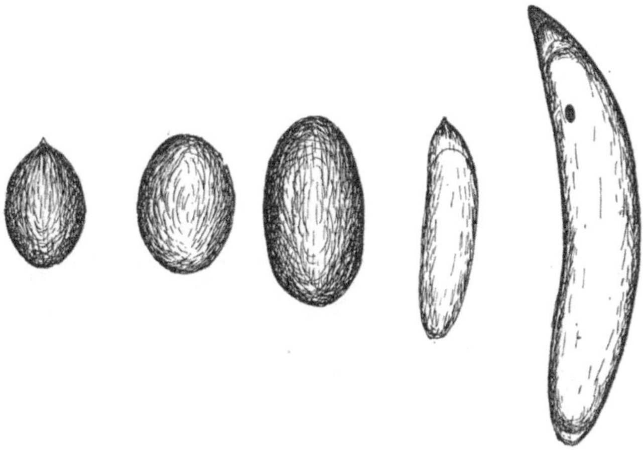

Abb. 70. Libellulideneier. *Sympetrum, Cordulia, Epitheca, Erythromma, Lestes.* Frei oder in Gallertmassen abgelegte Eier sind beinahe isodiametrisch und dickschalig; Eier, die in Pflanzengewebe eingebohrt werden, sind lang und schlank und sehr dünnschalig. W-L. del.

sind nach vorne gerichtet. Scheinbar in völliger Ruhe, in Wirklichkeit mit »gespannten Segeln« und ruckweise bewegtem Kopf sitzt die *Libellula* da, bereit sich mit Blitzesschnelle auf jedes Tier zu werfen, das in ihre Nähe kommt. Es ist unmöglich, sie in dieser Stellung zu fangen; der Käscher wird schon auf eine Entfernung von 4–5 Metern entdeckt. Es ist ganz dieselbe Taktik, die wir bei den Würgern und Fliegenschnäppern antreffen. Auch die Würger sitzen auf den äussersten Astspitzen, steigen senkrecht in die Höhe, um ein vorbeifliegendes Insekt zu erhaschen, bleiben mit flatternden, leichten Flügelschlägen ein paar Sekunden in der Luft stehen und kehren wieder zu ihrem Aussichtsposten zurück. – An Tüchtigkeit des Manövrierens und an Treffsicherheit geben die Libellen den Würgern nichts nach.

Die kleineren *Leucorrhinia*-Arten jagen auf ganz ähnliche Weise. Eine einzelne, seltene Art, *L. caudalis* Charp., hält sich bei Tag auf Seerosenblättern auf. Während das Tier auf Beute lauert, ist sein ganzer Körper etwas schräg gerichtet, der Kopf abwärts geneigt. Die Flügel sind weit nach vorne geführt, der Kopf ist in ununterbrochener Bewegung. Blitzschnell schiesst die Libelle in die Luft nach Beute, meistens weissen Wasserschmetterlingen (*Hydrocampa*), und kehrt dann wieder an ihren Platz zurück. Dort ist sie Alleinherrscherin und duldet keinen ihrer Gefährten in ihrer Nähe; nähert sich eine andere Libelle, so entstehen heftige Kämpfe. Ein herannahendes Boot wird auf 5–6 Meter Entfernung entdeckt. Auf den Blättern findet man die länglichen harten

Exkremente, die regelmässig und häufig abgehen und auf eine vorzügliche Verdauung schliessen lassen. Bei mehreren der *Leucorrhinia*-Arten ist das Auge zweiteilig, die Teile sind verschieden gefärbt und ihre Facetten von ungleicher Grösse. Vermutlich ist das Sehvermögen der zwei Teile verschieden.

Die grossen *Aeschna*-Arten warten nicht, bis die Beute kommt, sondern greifen als beschwingte Räuber der Lüfte in sicher gelenktem Flug selbst ihr Opfer an. Ihr Jagdrevier liegt bei Sonnenschein an Waldrändern, Steindämmen und in Kornfeldern, bei Regen und Nässe unter überhängenden Buchen, die Schutz vor Wind und Regen gewähren. Oftmals kann man sehen, wie ein und

Abb. 71. Hestehaven bei Hilleröd. In den Buchten der Waldkonturen fliegt *Aeschna juncea* L. Jede Bucht hat ihr Individuum. W-L. phot.

dasselbe Individuum eine bestimmte Strecke abpatrouilliert. Der Waldrand ist mitunter eingebuchtet und jede Einbuchtung gehört einem Individuum (Abb. 71); treffen sich zwei von ihnen an der Grenze, so entsteht ein heftiger Kampf. Bei uns kann kein Insekt es mit den grossen *Aeschna*-Individuen aufnehmen; die erhaschte Beute ist denn auch von höchst wechselnder Art.

Wenn man Odonaten auf der Jagd beobachtet, so erstaunt man vor allem darüber, aus welcher Entfernung die Beute entdeckt wird, sowie über ihre zielbewusste Verfolgung und die unglaubliche Treffsicherheit, mit welcher sie erfasst wird. Die weissen Tagfalter suchen sich offenbar im Augenblick, wo sie sich verfolgt fühlen, in vertikalem Flug zu retten; aber sofort schlägt die noch horizontal fliegende *Aeschna* in vertikalen Flug um und schraubt sich gewissermassen in vertikaler Haltung in die Höhe. Das kleine Beutetier wird im Fluge verzehrt; wenige Sekunden nachdem der Schmetterling gepackt und totgedrückt ist, flattern schon seine weissen Flügel hilflos zur Erde. Hoch oben in der Luft steht die Libelle eine Sekunde still, lässt sich ein wenig fallen und nimmt dann ihren horizontalen Gleitflug auf. Man kann bisweilen beobachten, wie sich eine langsam dahinfliegende *Aeschna* auf einer Strecke von etwa fünfzig Metern 5–6 mal vertikal stellt, in die Höhe steigt, fällt und wieder in ihre alte Fluglinie zurückkehrt. Ist die Beute ein grösseres Tier, so taumeln beide zu Boden, und der Raub wird hier verzehrt.

Betrachtet man eine grosse *Aeschna grandis* L., wenn sie auf einem Zweige sitzt und eine Wespe verschlingt, so sieht man im Laufe weniger Augenblicke Flügel, Beine und Kopf des Beutetieres nach allen Seiten fliegen, oft wird auch der Hinterleib weggeworfen, und nur die von hartem Chitin umgebene, muskulöse Brustpartie zurückbehalten. Diese ist im Nu zu einem grauen Futterballen umgeformt, dessen chitinöse Bestandteile beim Kauen immer kleiner werden; schliesslich wird er verschluckt und endet im Magen. Dieser

Abb. 72. **Indelukket bei Hilleröd. Die freistehenden Eichen werden von *Aeschna juncea* L. im Zickzackflug nach Nachtschmetterlingen abgesucht. W-L. phot.**

ist an seiner Innenseite mit nicht sehr kräftigen Kauleisten versehen (Higgins 1901), mittels welcher die Nahrung noch weiter zerkleinert wird; unverdaute Teile werden ausgeworfen und nur die verdaulichen dürfen in den hinteren Teil des Darmkanales passieren.

Kämpfe sind am heftigsten, wenn sie sich zwischen Verwandten abspielen. Nicht selten geschieht es, dass sich im Herbst, wenn das Futter knapp wird und die Not alle Schranken bricht, eine *Aeschna* auf ein Individuum der *Sympetrum*-Arten stürzt, das immer nach hartem Kampf unterliegt. Die Art und Weise, wie die *Aeschna* aus der Brust des noch lebenden *Sympetrum* grosse Stücke herausreisst, wirkt höchst brutal. Einmal erlebte ich, dass eine *Aeschna grandis* L. durch die offene Verandatür ins Zimmer herein und ans Fenster flog und mit stark schwirrenden Flügeln wie ein Wirbelwind über die Fliegen herfiel. Ihre Gefrässigkeit ist enorm. Beutenmüller hat eine *Aeschna* im Laufe von zwei Stunden 40 Fliegen verzehren sehen; *Libellula pulchella* bewältigte in derselben Zeit 25 Fliegen.

Eine andere der grossen *Aeschna*-Arten, *Ae. juncea* L., sah ich oftmals ihrer Beute auf andere Weise nachjagen. Dort, wo Buchen und Eichen ihre Kronen frei nach allen Seiten ausbreiten (Abb. 72), kann man im August die dunkelblauen, prächtigen Tiere, jedes für sich, suchend vor einem Stamme finden. Im Zickzackflug von oben nach unten untersucht das Tier jede Ritze, jedes Loch in der Rinde des Stammes, steckt seinen Kopf in jede Unebenheit und fasst seine Beute, Nachtschwärmer, die hier ein Versteck gefunden haben, bewegt sich dann fliegend rückwärts, während es die Beute verschlingt und fährt wieder mit der Untersuchung fort. Einmal, als ich ganz nahe an einem solchen der Musterung unterzogenen Stamm stand, kam auch an mich die Reihe, im Zickzack fliegend untersuchte sie mich von oben bis unten und verwarf mich schliesslich, nachdem sie mir unter ein paar zornigen Flügelschlägen gerade ins Gesicht geglotzt hatte, schmählich als unbrauchbares Objekt.

Aus anderen Erdteilen wird von Libellen berichtet, die wie die Schwalben über Wasser fischen und wie Eisvögel mit hörbarem Platschen nach Beute ins Wasser tauchen. Das gilt besonders für Gomphiden (Williamson 1907, Wilson 1909). Die grossen *Aeschna*-Arten vergreifen sich angeblich sowohl an Froschlaich wie an Krötenlarven. Die kleinen, schlanken Zygopteren leben hauptsächlich von Blattläusen, die sie fliegend von Büschen und Blättern ablesen. Die grösste unserer heimischen Arten, *Erythromma najas* Hansem., jagt aber auch Kleinschmetterlinge.

Es wird geltend gemacht (Beutenmüller u. a.), dass die Odonaten eine grosse Rolle bei der Destruktion von Mückenschwärmen spielen; sie verfolgen diese und dringen in sie ein, und die Schwärme verschwinden, sobald die Libellen ihnen nahe kommen. Auch die Larven der Libellen sind in dieser Hinsicht von Bedeutung.

Ich habe oft selbst beobachtet, dass *Leucorrhinia* in Chironomidenschwärmen jagt; auch fand ich Larven unserer grossen *Aeschna*-Arten in kleinen Wassertümpeln, die sonst nur Mückenlarven enthielten. Man hat zuweilen gesehen, dass sich die grossen *Aeschna*-Arten auf Nonnenschwärme werfen; ich habe selbst zahlreiche Aeschniden in Wolken von *Tomicus typographus* über unseren höchsten Fichten wahrgenommen. Als Zerstörer vieler für den Menschen schädlicher Insekten spielen die Libellen sowohl als Imagines wie als Larven eine heute noch kaum richtig gewürdigte Rolle. Namentlich in der jetzigen Zeit, wo durch die Torfproduktion massenhaft Lokalitäten geschaffen werden, wo sich Culiciden und Anophelinen entwickeln können, ist es meiner Meinung nach eine sehr schlechte Ökonomie den kleinen Wasserpfützen unserer Wälder den Krieg zu erklären und sie mit dem Abfall der Wälder aufzufüllen. Sie sind unbestreitbar die vornehmste Heimat vieler unserer Odonaten-Larven, vor allem der grossen Aeschniden-Larven.

Die Odonaten sind wohl vorwiegend Tagtiere, doch jagen manche Arten besonders in den letzten Stunden des Tages und den ersten Stunden der Nacht. Oft habe ich die grossen *Aeschna*-Arten des Herbstes, vor allem *Ae. juncea* L., zu einer Tageszeit jagend angetroffen, zu der es nicht mehr möglich war, im Freien zu lesen, und wo ich erschrocken zusammenfuhr, wenn plötzlich eine grosse *Ae. juncea* L. aus dem Dunkel auftauchte und in einem Abstand von kaum einem halben Meter vor mir schwebte. Jedes Jahr im Herbst, Anfang September, wenn ich auf meinem Gartenweg auf und abspaziere, sehe ich, wie *Ae. juncea* L. meine Weissdornhecke abpatrouilliert und immer an derselben Strecke von etwa 15 Metern entlang fliegt, bis es so dunkel ist, dass ich sie gerade noch wahrnehmen kann. Sie jagt hier nach Ephemeriden. Einige von diesen hatten sich in den fliegenden Fäden des Altweibersommers verfangen und hingen schwebend in der Luft, bis sie von den Aeschniden geschnappt wurden.

Ein anderer ausgesprochener Abendflieger ist *Ae. viridis*, die ich oft beobachtet habe, wenn sie, gewöhnlich nach Sonnenuntergang, die Schilfwälder unserer Moore abpatrouillierte. Timm (1902) berichtet über die gleiche Beobachtung auf Marschwiesen. In Amerika (Williamson 1907) jagen *Aeschna-* und *Neurocordulia*-Arten auf dem Wasser zu einer Tagesstunde, wo sie kaum mehr zu sehen sind; ferner wird von gewissen Formen, z. B. *Cordulia metallica* v. d. Lind. angegeben, dass sie ihre Eier bei völliger Dunkelheit absetzen (Geest 1905). Lieftinck (1934) berichtet, dass die javanische *Gynancantha subinterrupta* (Ramb.) ein ausgesprochenes Nachttier sei, das erst nach Sonnenuntergang zum Vorschein kommt; sie fliegt zu einer Zeit, wo es so dunkel ist, dass man nur ihre Silhouette wahrnehmen kann.

Es ist schwierig zu entdecken, wo die Libellen übernachten. Ich habe an stillen Sommerabenden die grossen Aeschniden eine nach der anderen in die Lüfte steigen und in den höchsten Baumkronen verschwinden sehen. *Leucorrhinia caudalis* Charp. und *Erythromma najas* Hansem., die den ganzen Tag auf den Schwimmblättern der Nymphaeaceen sitzen, ziehen sich des Abends in das Schilfdickicht zurück; *Erythromma* geht auf die Spitze von Schachtelhalmen, u. dergl., wo sie sich winkelrecht zum Stengel anbringt.

Die Odonatenlarven.

Der Bau (Rousseau 1909). Die aus dem Laich der Libellen geschlüpften Larven dürften im grossen ganzen bekannt sein. Besonders ist der Bau der Unterlippe und der Respirationsorgane von Interesse; diese Organe sollen daher hier näher betrachtet werden. Vom übrigen Bau sei nur folgendes hervorgehoben. Während die Beine der Imagines dornenbesetzte und zum Gehen nicht geeignete Fangorgane sind, dienen die Beine der Larven in erster Linie als Fortbewegungsorgane, übernehmen aber bisweilen auch andere Funktionen. Die Vorderbeine sind bei grabenden Formen, vor allem den Gomphiden, gleichzeitig als Grabbeine ausgebildet; bei Formen, die auf überrieselten Steinen leben, sind die Schenkel so abgeplattet, dass sie ganz flach an den Stein gepresst werden können. Die Beine sind nicht wie Fangbeine mit kräftigen Dornen ausgestattet, sondern vor allem bei den in Schlamm und Erde lebenden Formen mit einem dichten, weichen Haarkleid, in dem Schlammpartikelchen hängen bleiben. Da die Beine nicht als Fangorgane, sondern zum Gehen benutzt werden, sind Meso- und Metathorax nicht schräg, sondern vertikal gerichtet. Durch eine besondere Art der Befestigung der Trochantermuskeln entsteht zwischen Coxa und Trochanter eine schwache Stelle, an der das Bein leicht abbricht. Infolgedessen kann die Larve, wenn sie angegriffen wird und der Feind eines ihrer Beine erfasst, die Verbindung zwischen Hüfte und Schenkel unterbrechen und ihr Leben auf Kosten eines Beines retten.

Der Hinterleib, dessen Spirakula geschlossen sind, endet mit drei Anhängen, einem mittleren und zwei lateralen (Cerci). Bei den Anisopteren bilden sie gemeinsam einen grossen stachelförmigen Fortsatz, bei den Zygopteren die drei Kiemenblätter. Die Imaginalanhänge der Odonaten werden als kleine, über den Cerci liegende Stücke angelegt. Die Larve besitzt also fünf Anhänge, drei larvale und zwei imaginale, aus denen später bei den vollentwickelten Tieren die Kopulationszangen des Männchens und der Legestachel des Weibchens hervorgehen.

Die Unterlippe (Abb. 73–77 a, b), auch Maske genannt, weil sie die übrigen Mundteile verdeckt, ist zu einer Greifzange umgeformt. Sie besteht aus zwei Teilen, dem Mentum und dem Submentum. Das Submentum ist nach hinten gerichtet; das Mentum ist in Ruhestellung an das Submentum angedrückt und endet in zwei Seitenlappen, den Lippenpalpen, die sehr verschieden gebaut sein können. Der ganze Apparat, der in der Ruhe an der Unterseite des Kopfes weit nach rückwärts liegt, kann plötzlich nach vorne geschnellt werden und dient zum Ergreifen der Beute. Das Organ ist seiner Gestaltung nach einzigartig im ganzen Tierreich. Die Zange wird mit Hilfe kräftiger Muskeln nach vorne geschnellt, die Seitenlappen dagegen allein durch den Blutdruck; sie sind nämlich hohl und entbehren jeder Muskulatur (AMANS 1881). Die Form des Apparates variiert bei den einzelnen Arten stark. Die Hauptformen werden später besprochen. Wenn die Beute gefasst ist, wird sie an die Kiefer und Mandibeln herangezogen, wo sie einen kurzen Kauprozess durchmacht, der bei der Larve lange nicht so sorgfältig ist wie bei dem erwachsenen Tier. Die eigentliche Zerkleinerung geht im Kaumagen vor sich, dessen Seiten mit einer bei den einzelnen Typen verschiedenen Anzahl (4–16) von Kauleisten versehen sind, zwischen denen das Futter zermahlen wird (RIS 1896). Dieser Apparat tritt wohl auch bei den vollentwickelten Insekten auf, nur ist er hier viel schwächer gebaut. Bei ihnen wird die Nahrung, ehe sie in den Darm gelangt, von den Mandibeln und Maxillen einer gründlichen Behandlung unterzogen. Als Beute ist sozusagen jeder im Wasser auffindbare Organismus willkommen. In den ersten Stadien jagen die Larven nach Daphnien, zum Teil auch nach Ostracoden; später stellen sie Würmern, Insekten, Kaulquabben und Kleinfischen nach, kurz allem, was in ihren Bereich kommt.

Alle Larven sind sehr gefrässig; andererseits können sie aber sehr lange Zeit hindurch hungern, wenn sie durch Nahrungsmangel dazu gezwungen werden. So hat TILLYARD (1910) Libellenlarven monatelang im Aquarium ohne Nahrung gehalten. Besonders Larven, die an Lokalitäten mit leicht austrocknendem Wasser leben, können lange Hungerperioden aushalten.

Respiration. Den grössten Teil ihres Lebens atmen die Odonaten durch Tracheenkiemen. Diese haben bei den Anisopteren ihren Platz in dem ballonartig aufgetriebenen Enddarm (OUSTALET 1869); bei den Zygopteren sitzen am Hinterende drei Blätter, die im allgemeinen als Tracheenkiemen bezeichnet werden. Unwillkürlich wird der Laie stutzen, wenn er hört, dass die Respirationsorgane an einer so merkwürdigen Stelle wie dem Enddarm eines Tieres angebracht sind. Bei vielen Wassertieren, nicht bloss bei Insekten, spielt aber der Enddarm eine nicht geringe Rolle als Atmungsorgan. Das Wasser wird in ihn hineingepumpt, der Sauerstoff hier abgegeben und das Wasser wieder herausgepumpt. Bisweilen ist der Darm für diese neue Funktion nicht besonders umgebildet, oft aber namentlich bei den Libellen ist die Darmwandung durchgreifend umgestaltet (Abb. 78–81). An ihrer Innenseite verlaufen sechs Doppelreihen von silberweissen Kiemenblättern, deren Anzahl sich auf etwa 24000 (Abb. 81) belaufen kann. Die Anordnung dieser Kiemenblätter, ihr Platz, ihre

---

Abb. 73—77. Fangapparate verschiedener Libellenlarven.

Abb. 73. *Cordulia aenea* L. Kopf von unten gesehen. Maske nach vorn geschlagen. *Mx* Maxillen, *M* Mentum mit Submentum, *SM*, das eine Reihe von Haaren trägt. *Sl* die Seitenstücke der Maske, ebenfalls mit Haarreihen; an der Spitze sitzt ein Dorn (*DM*). Nach Rousseau, E. 1909.

Abb. 74. *Cordulia.* Kopf von oben gesehen. Nach Haupt, H. 1908.

Abb. 75. *Lestes.* Kopf mit der löffelförmigen Maske. Nach Haupt, H. 1908.

Abb. 76. *Anax imperator* Leach. Maske mit den grossen aufgeklappten Zangen. W-L. phot.

Abb. 77 a, b. Schiefe Ventralansichten des Vorderendes einer *Aeschna*-Larve mit angezogener und halb vorgeklappter Fangmaske. *Ant* Antennen, *Mand* Mandibel, *Cl* Clypeus, *OL* Oberlippe, *Hyp* Hypopharynx, *SM* Submentum, *M* Mentum, *SL a, b* Labialpalpen. Nach Weber, H. 1933.

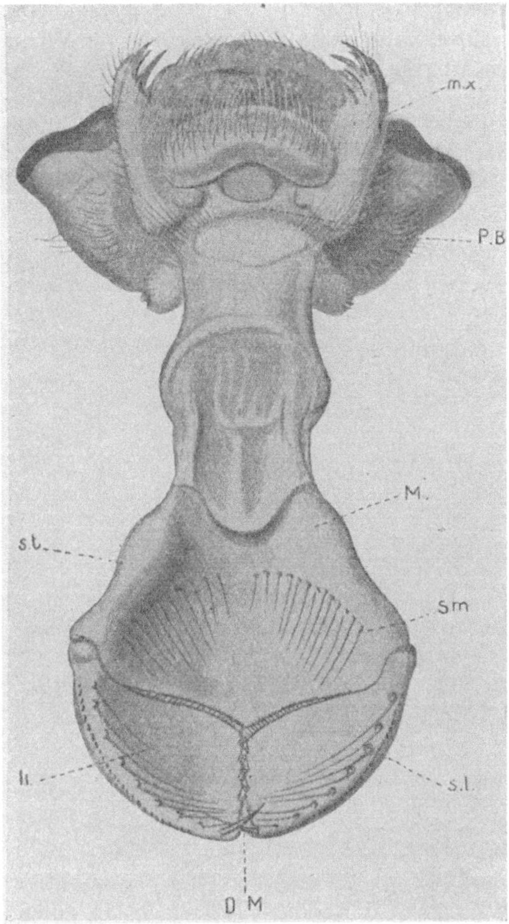

Abb. 73.

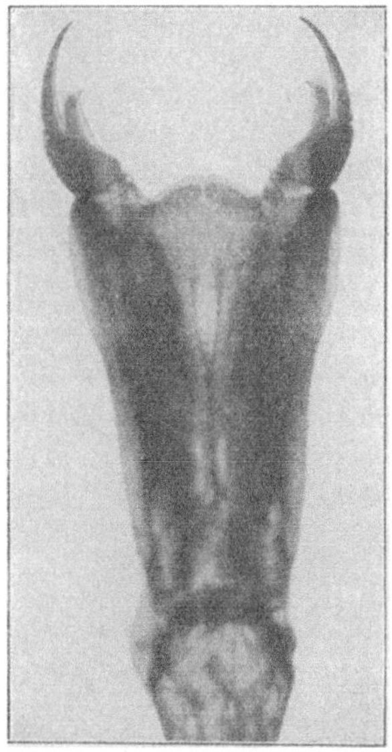

Abb. 76.

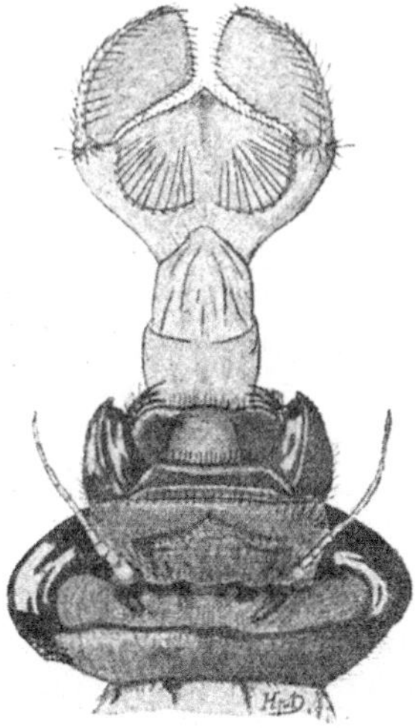

Abb. 74.

Abb. 75.

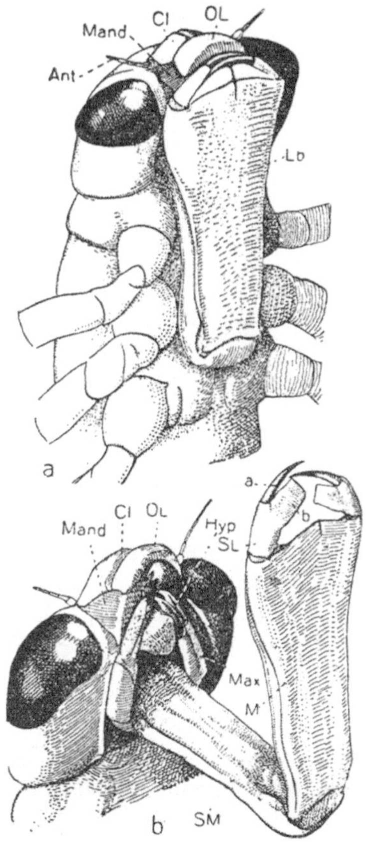

Abb. 77.

Form, ihre Stellung sind bei den einzelnen Familien sehr verschieden. Diesbzgl. sei auf TILLYARD (1917) verwiesen. Zu erwähnen ist noch, dass die einzelnen Kiemenblätter durch erhöhte Leisten auseinander gehalten werden, damit die Blätter nicht zusammenkleben und das Wasser frei zwischen ihnen passieren kann. Aus sechs Tracheenstämmen (Abb. 78) treten zahllose Äste durch die Darmwand in die Kiemenblätter ein. Unter Wasser steht die Darmöffnung

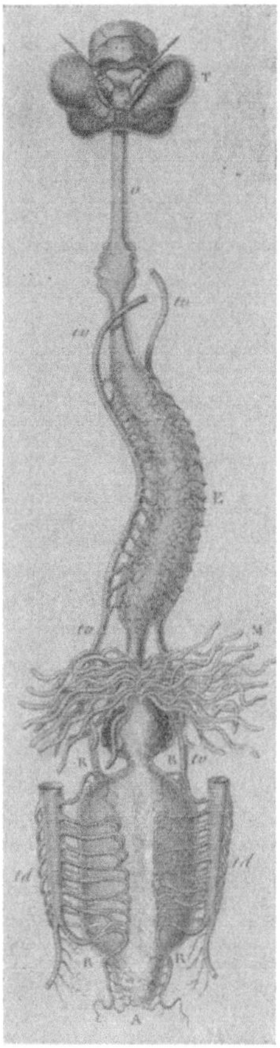

Abb. 78.

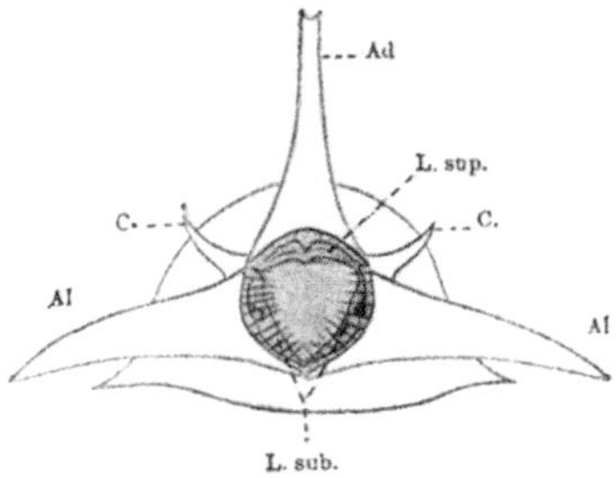

Abb. 79.

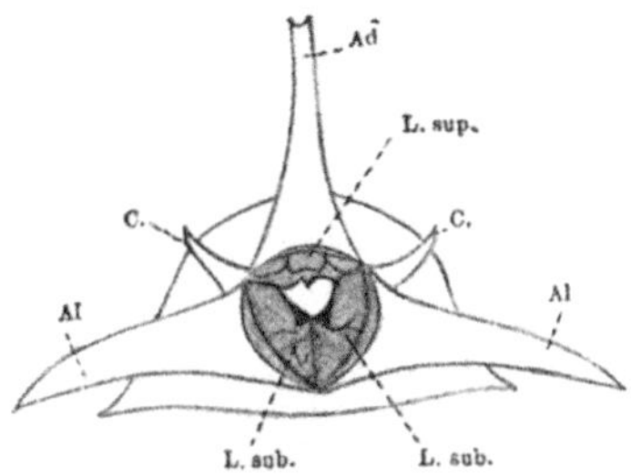

Abb. 80.

Abb. 78. Darmkanal einer *Aeschna*-Larve. *T* Kopf, *O* Oesophagus, *E* Magen, *M* Malpighische Gefässe, *R* Rectum, *A* Anus, *tv* die visceralen Tracheenstämme, *td* die dorsalen Tracheenstämme. Nach Oustalet, E. 1869.

Abb. 79. Hinterende einer erwachsenen *Aeschna*-Larve. Die Appendices und die Analöffnung sind aufgesperrt.

Abb. 80. Dasselbe; die Analöffnung ist geschlossen. *Ad* Appendix dorsalis, *Al* Appendices laterales, *C* Cercoid, *L. sup.* Lamina supraanalis, *L. sub.* Lamina subanalis.
Abb. 79 und 80 nach Wallengren, H. 1913.

immer offen, während die starke Muskulatur des Enddarms beständig Wasser ein und aus pumpt. Die Frequenz hängt vom Sauerstoffgehalt des Wassers ab (BABAK und FOUSTKA 1907). Bei durchsichtigen, eben aus dem Ei geschlüpften Larven kann man beobachten, wie sich der Darm ununterbrochen ausdehnt und zusammenzieht. Die zahlreichen Kiemen bewegen sich dabei auf und ab. Fasst man das Tier an, so wird die Anusöffnung geschlossen, indem die fünf, oft dolchförmigen Spitzen um den Anus greifen (vgl. Abb. 79–80 mit Erläuterung).

In der Regel wird Wasser eingepumpt; wenn aber das Wasser des Teiches verunreinigt wird und sein Sauerstoffgehalt auf 2,55 cm³ (Temperatur 17–18° C.) sinkt, so kriecht das Tier nicht selten an Stengeln u. dgl. zur Oberfläche empor und streckt den Hinterleib über den Wasserspiegel (Abb. 82–83). Es saugt dann atmosphärische Luft in den Darm ein und wird so zeitweilig aus einem

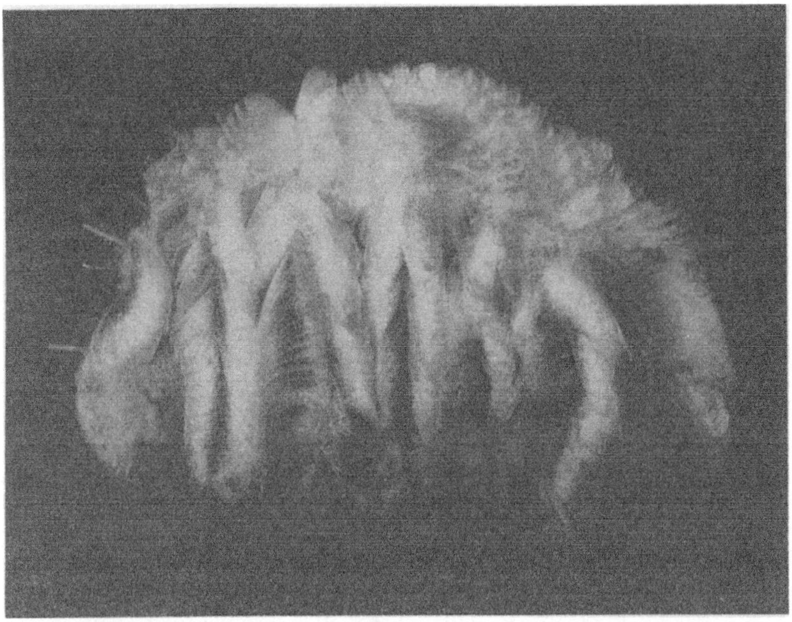

Abb. 81. Enddarm einer *Cordulia*-Larve aufgeschnitten und ausgebreitet. Man sieht die zahlreichen in Reihen angeordneten Tracheenkiemen. W-L. phot.

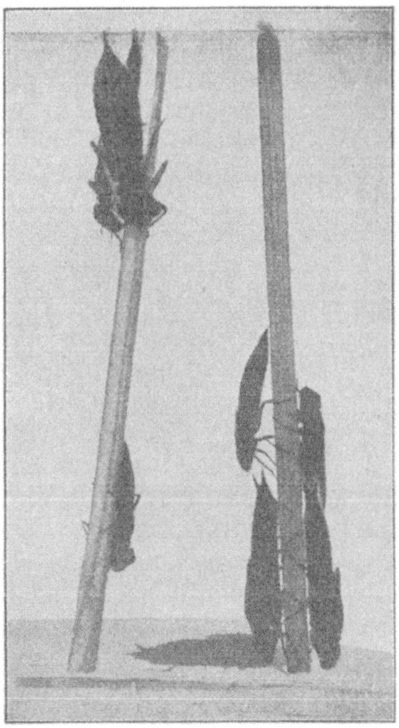

Abb. 82.

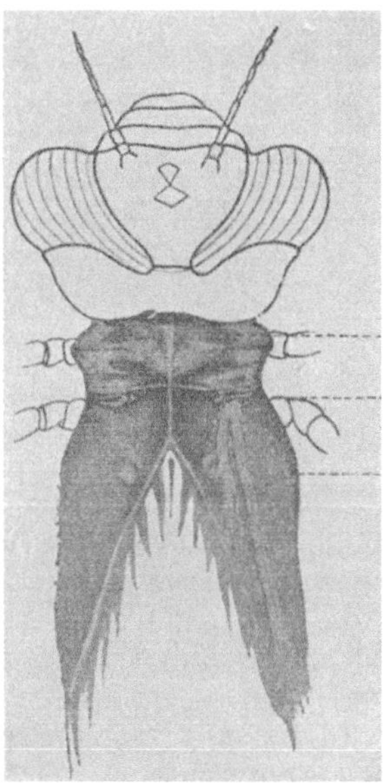

Abb. 83.

Abb. 82. *Aeschna*-Larven in sauerstoffarmem Wasser. Die Larven klettern zur Notatmung nach oben. Nach Wallengren, H. 1914.

Abb. 83. *Aeschna*-Larve unmittelbar vor der Verwandlung. Die grossen Spirakula zwischen Pro- und Mesothorax sind offen; das rechte Stigma gibt eine Reihe von Luftblasen ab. Nach Portier 1911.

wasseratmenden zu einem luftatmenden Tier. Nicht der Kohlensäuregehalt des Wassers, sondern sein Sauerstoffmangel treibt das Tier an die Oberfläche (Wallengren 1913, 1914, 1915). Namentlich in den feuchten Urwäldern der Tropen spielt diese Art der Respiration eine grössere Rolle als man gemeinhin annehmen sollte. In den Tropen kommen auf nassen, moosbekleideten Felsen nicht selten Libellenlarven vor, die auf ihnen heimisch zu sein scheinen (Tillyard 1917).

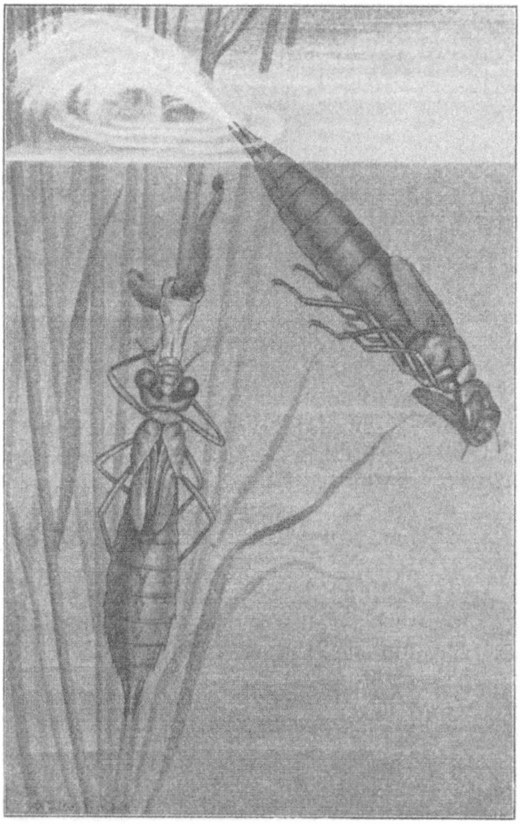

Abb. 84. *Aeschna*-Larven. Die Larve links hat mit ihrer vorgeschleuderten Unterlippe einen Egel ergriffen; die Larve rechts schwimmt unter kräftigem Ausstossen des Atemwassers. Nach Hesse, R. 1910.

Es sei in diesem Zusammenhang bemerkt, dass der Enddarm auch wenn er als Respirationsorgan funktioniert seine normale Aufgabe, nämlich den Exkrementierungsprozess, nicht versäumt. Er wird durch kräftige Muskeln stark zusammengezogen. Hält man *Aeschna*-Larven im Aquarium, so kann man wiederholt beobachten, wie die Exkremente mit grosser Kraft als schmutzige Wasserstrahlen ausgeschleudert werden (Abb. 84). – Aber noch eine weitere und zwar nicht unwichtige Funktion kommt dem Enddarm zu, nämlich die eines Bewegungsorgans. Oft habe ich vom Boot aus mitten in einem kleinen Teiche, dessen Ufer ringsum von einem Gürtel von Schwimmblättern (Potamogeton natans, Nuphar) umgeben war, grosse *Aeschna*-Larven beobachtet, die langsam und bedächtig schwimmend die Strecke von etwa 20–30 m von einem Ufer zum andern zurücklegten. Die Bewegung geschah stets in derselben Weise. Ein plötzlicher Ruck – und mit zusammengelegten Beinen schiesst die Larve nach vorwärts. Dann spreizt sie die Beine auseinander und ruht einen Augenblick; dann folgt wieder ein Ruck nach vorwärts und so fort. Zwischen diesen Stössen sinkt die Larve ein wenig abwärts, sodass die Bewegung in Wellenlinien vor sich geht. Unmittelbar vor dem Stoss füllt die Larve ihren Enddarm mit Wasser und stösst es dann mit solcher Kraft aus, dass sie dadurch vorwärts schnellt. Eine grosse Larve kann mit solch einem Ruck 6–8 cm vorwärts kommen. Der Enddarm einer Libellenlarve führt also drei Funktionen aus und zwar Ausstossung der Exkremente, Respiration und Fortbewegung. Die eben beschriebene Art der Fortbewegung wird immer angewendet, wenn sich das Tier gefährdet glaubt und sich nicht tot stellen kann, um sich zu retten. Die echten Bodenformen können ihren Enddarm nicht in dieser Weise gebrauchen, oder höchstens zu kleineren Vorstössen.

Die Zygopteren tragen an der Spitze des Abdomens drei grosse Blätter von sehr wechselndem Aussehen (Abb. 85–88). Sie sind entweder breit und flach, hinten gewöhnlich abgerundet, oder lang und schmal, bedornt oder am Rande behaart. Sie sind bei *Calopteryx* (Abb. 85) als dolchförmige Fortsätze von dreieckigem Querschnitt ausgebildet. Bei einzelnen Formen erreichen sie fast die halbe Länge des Hinterleibes; von unseren heimischen Arten hat *Lestes*

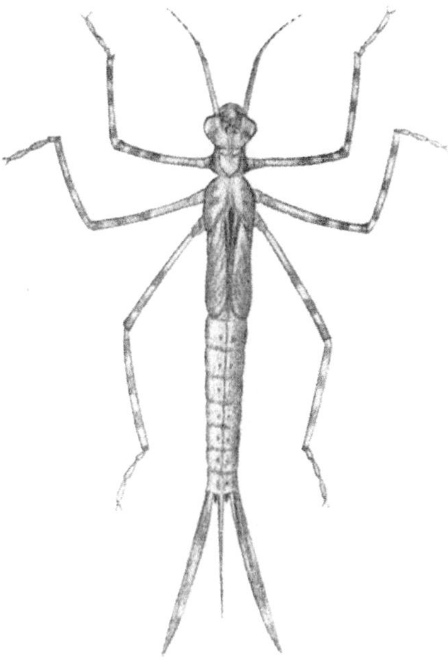

Abb. 85.

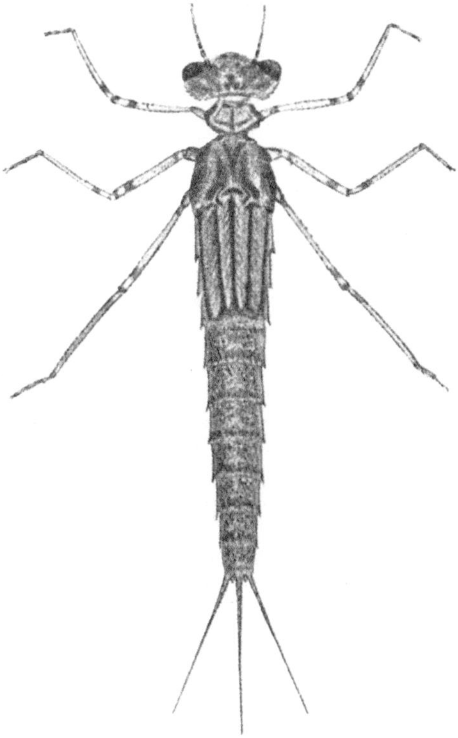

Abb. 86.

Abb. 87.

Abb. 85. Larve von *Calopteryx splendens* Harr. Nach Lucas, W. 1900.

Abb. 86. Larve von *Erythromma najas* Hansem. Nach Lucas, W. 1900.

Abb. 87. *Euphaea variegata* Ramb. mit lateralen Tracheenkiemen und merkwürdigen blasenförmigen Schwanzblättern. Nach Ris, F. 1912.

die längsten Blätter. Bei manchen Formen sind sie schwach zweigliedrig. Sie sind immer mit einem Tracheennetz ausgestattet, das übrigens ziemlich schwach entwickelt ist. Man hat eine Zeitlang gemeint, dass sie als Respirationsorgane dienen; da aber ihre Cuticula sehr dick ist und sie sehr leicht abfallen, was der Larve anscheinend nicht schadet – sie werden auch leicht regeneriert – sind mehrere Forscher geneigt, die Blätter als Schwimmorgane aufzufassen. Es lässt sich auch feststellen, dass sie tatsächlich für die Schwimmbewegung von Bedeutung sind; amputiert man sie, so verwandeln die Larven sich nämlich aus schwimmenden zu kriechenden Tieren. Viele Larven, besonders aus dem Genus *Lestes*, sind ganz gute Schwimmer, so lange sie im Besitz der Kiemen sind, und zwar schwimmen sie, indem sie den Körper seitwärts hin und her biegen. PERFILJEW (1923) wies nach, dass es besonderen Strukturverhältnissen zuzuschreiben ist, dass die Tracheenkiemen so leicht abgeworfen werden. Die Cuticula ist am Grunde sehr dünn; an der Rupturstelle setzen besondere Muskeln an, die bei Abwerfen der Kiemen die Wunde schliessen, so dass das Ausfliessen von Blut und das Eindringen von Wasser in die Leibeshöhle verhindert wird. Auch dieser Umstand spricht dagegen die Blätter als Respirationsorgane anzusehen. Da ferner alle Zygopteren in ihrem Enddarm, wenn auch nicht Tracheenkiemen, so doch drei stark von Blut umgebene Wülste aufweisen, die gewöhnlich als Blutkiemen aufgefasst werden (GROS 1930), da *Calopteryx* im Enddarm echte Tracheenkiemen besitzt, und da Austritt und Eintritt von Wasser im Anus (bei *Calopteryx* 38-mal pro Minute) mit Sicherheit konstatiert wurde, deutet wirklich viel darauf hin, dass die Blätter hauptsächlich Schwimmorgane sind (siehe auch GERICKE 1917).

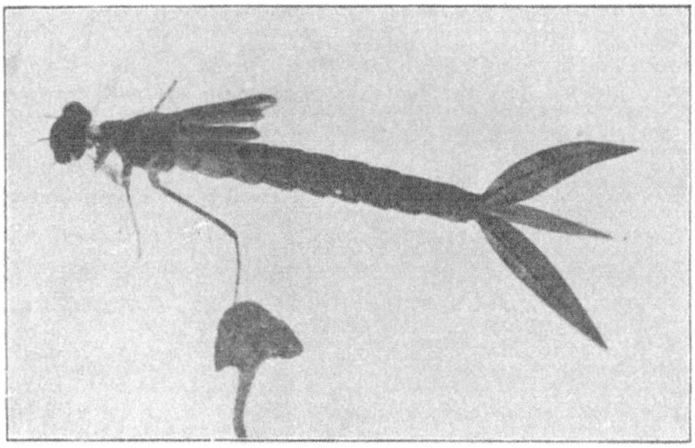

Abb. 88. Larve von *Lestes dryas* Kirby. Man beachte die grossen Schwanzkiemen, die eine wichtige Rolle als Schwimmorgane spielen. W-L. phot.

Andererseits wird von mehreren der besten Kenner des Lebens und Baues der Odonaten (TILLYARD 1917, BROCHER 1917) geltend gemacht, dass die Tracheenkiemen auch als Respirationsorgane eine Rolle spielen. Sie können ein wohlentwickeltes Tracheensystem, zwei grosse Blutkanäle und ein wohlentwickeltes Nervensystem haben. Die Bezeichnung Tracheenkiemen muss daher wahrscheinlich bestehen bleiben, während gleichzeitig ihre Bedeutung als Lokomotionsorgane nicht von der Hand zu weisen ist.

TILLYARD (1917) macht darauf aufmerksam, dass nur bei den eigentümlichen Formen, die in den kleinen Wasseransammlungen am Grunde der Blätter verschiedener Tropenpflanzen (*Agrion asteliae* Perkins) oder ausserhalb des Wassers an feuchten Lokalitäten (*Thaumatoneura*) leben (CALVERT 1915), die Anhänge so beschaffen sind, dass sie nicht als Tracheenkiemen geeignet erscheinen.

Aus den Tropen sind einzelne Odonaten-Larven bekannt, *Euphaea, Anisoneura, Cora* (RIS 1912, CALVERT 1922), die seitliche, denen der Ephemeriden ähnliche Tracheenkiemen aufweisen (Abb. 87). Bei *Euphaea* soll sogar die Imago noch Reste dieser Kiemen besitzen.

Aus den Untersuchungen von BROCHER (1917) geht hervor, dass den Tracheenkiemen der Zygopteren wirklich eine respiratorische Bedeutung zukommt. BROCHER stellte nämlich fest, dass die Zygopteren ihre Analöffnung lange nicht so oft und so regelmässig als respiratorisches Organ benutzen wie die Anisopteren. Nach BROCHER geht die Atmung bei beiden Gruppen in ganz verschiedener Weise vor sich. Bei den Anisopteren vollzieht sich Inspiration und Exspiration vollkommen regelmässig. Bei den Zygopteren folgt auf 4–5 langsame Inspirationsbewegungen eine Pause mit anschliessender kräftiger Exspiration. Wiederholt können Exspiration und Inspiration vollkommen aussetzen. Entsprechend diesem ungleichen Verhalten der beiden Gruppen beim Atmungsprozess ist auch ihr Blutumlauf ganz verschieden. Bei den Zygopteren pulsiert das Herz normalerweise 30–40 mal pro Minute; setzt aber nach einer Pause eine kräftige Respiration ein, so erhöht sich die Frequenz der Herzschläge auf 80–120, ja sogar 140. Hier sind Respiration und Cirkulationsbewegung synchron.

Die Wohnstätten. Auf den ersten Blick scheinen die Odonaten als vollentwickelte Insekten nicht an Lokalitäten von bestimmter Art gebunden zu sein. Die neuesten Untersuchungen haben indessen ergeben, dass dies nicht richtig ist. – Viele von ihnen, namentlich viele Tropenformen, sind als ausgeprägte Waldtiere anzusehen, deren Jagdrevier hoch oben in den Baumkronen liegt. Das trifft allerdings hauptsächlich für die Weibchen zu, während sich die Männchen mehr auf dem Wasserspiegel aufhalten, wohin ihnen die Weibchen folgen, wenn sie ihre Eier ablegen wollen. Nach KENNEDY (1915) ist *Enallagma clausum* Morse ein ausgeprägtes Wüstentier, dessen Heimat die öden Strecken von Nevada mit ihren Alkaliteichen sind. *Cordulegaster* ist dagegen angeblich mehr eine Bergform (PORTMANN 1921). Obgleich der allergrösste Teil der Odonaten den Tropen angehört, so sind doch nicht weniger als acht Arten bis ans Eismeer vorgedrungen (VALLE 1931).

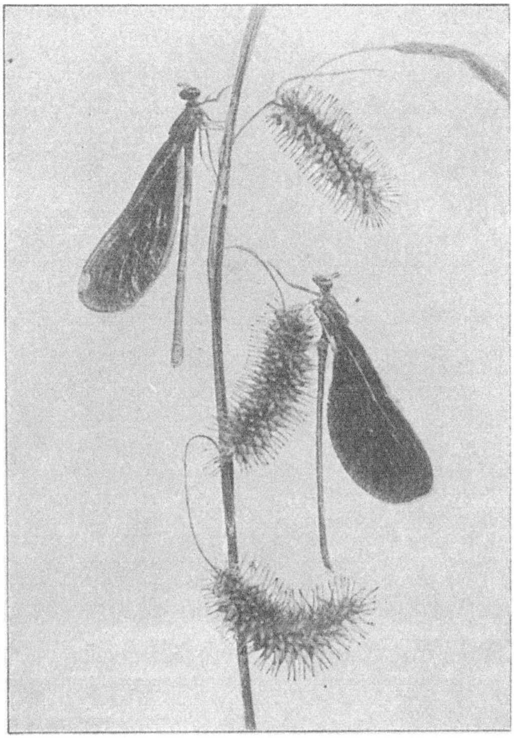

Abb. 89. *Calopteryx maculata* Beauvois. Nach Needham, J. 1903.

Die Larven stellen an die Lokalitäten, an denen sie leben, weit grössere Anforderungen bezüglich bestimmter Bedingungen als die Imagines; andererseits sind sie ihnen auch in ihrem Bau stärker angepasst. Selbst in einem so kleinen Land wie Dänemark kann sich jeder, der sich mit den Odonaten und ihrer Biologie befasst, über diese Tatsache klar werden.

Die Brandungszone unserer grossen Seen und möglicherweise auch unsere grösseren Flüsse beherbergen fast ausschliesslich die grauen, sand- oder lehmfarbigen *Gomphus*-Larven (Taf. III, Abb. 7). Wie so viele andere Formen der Brandungsufer und reissenden Flüsse sind sie ausserordentlich flach; sie sind mit kräftigen Grabbeinen ausgerüstet, die weit auseinander stehen. Die Larven graben im lockeren Sand kleine Höhlen, aus denen vorne die Spitze des Kopfes und hinten das Ende des Abdomens herausschauen; an letzterem wird durch den Kiemenapparat des Enddarms das Respirationswasser eingezogen. Diese Formen kommen zu Tausenden auf den Sandflächen des Furesees vor; ungestört vom Wellenschlag, der diese flachen Körper nicht umzuwerfen vermag, lauern sie von Sand bedeckt in ihren Höhlungen auf Eintagsfliegen, Mückenlarven und was sich ihnen sonst unvorsichtigerweise nähert. In Aquarien, wo ich sie eingehend studiert habe, sind die Larven höchst stationär; sie erinnern in ihrer Lebensweise ziemlich stark an die Larven des Ameisenlöwen.

In Florida wurde eine eigentümliche Art gefunden, *Negomphoides ambigua* Selys (Taf. III, Abb. 10), deren Hinterleib in ein langes Atemrohr ausgezogen ist. Tief im Sand eingegraben kann das Tier durch dieses Rohr, dessen Spitze über die Oberfläche herausragt, Luft einatmen (BYERS 1930).

Für unsere Wasserläufe sind eigentlich nur wenige Arten charakteristisch, darunter die beiden *Calopteryx*-Arten, *C. splendens* Harr (Abb. 85) und *C. virgo* L. Ihre sonderbaren, länglichen, dünnbeinigen Larven scheinen vorzugsweise

Abb. 90. Badstueteich bei Hilleröd, wo zahlreiche Beobachtungen über die Fortpflanzung der Odonaten gemacht wurden. W-L. phot.

auf Zweigen, Holzstücken usw. heimisch zu sein; auf solchen habe ich sie in einzelnen glücklichen Fällen im Freien in Stellungen gesehen, die an die der Gespenstheuschrecken erinnern, denen sie auch bis zu einem gewissen Grad ähneln. Wie diese sind sie sehr träge und ausgeprägte Bodenformen. Im Aquarium sind die Larven am lebhaftesten bei Nacht. Ihre dolchartigen, sehr grossen Schwanzblätter sind eher Waffen und dürften kaum in nennenswertem Grad im Dienste der Respiration stehen. Statt dessen besitzen die Larven, wie bereits erwähnt, zum Unterschied von den anderen Wasserjungfern innere Kiemen. Auch die Larve von *Platycnemis pennipes* Pall. kommt nur in fliessendem Wasser vor.

Die Hauptfundstellen für unsere Libellenlarven sind natürlich pflanzenreiche Kleinseen (Abb. 90), Teiche und Moore; je nach ihrer Beschaffenheit wechselt auch die in ihnen lebende Fauna. Im zeitigen Frühjahr füllen sich viele dieser Wassertümpel mit Wasser, aber noch ehe der Sommer kommt, sind sie schon ausgetrocknet. Riedgräser, Iris und andere Pflanzen bilden einen dichten Bewuchs, der aber schon vor dem Abblühen nur noch auf wenig feuchtem oder trockenem Boden steht. Bevor die Vegetation emporkommt, speichert der schwarze Boden eine unglaubliche Wärme in sich auf.

Die Temperatur steigt an solchen Orten in den ersten Frühlingstagen zuweilen auf 20–25° C. und hierdurch begünstigt, entwickelt sich ein ungeheuer reiches Tierleben. Das Wasser ist oft ein dicker Brei von Daphnien und Ostrakoden. Die Tümpel beherbergen eine Fauna von Libellenlarven, die dem Biotop angepasst sind. Während 8–10 Monaten des Jahres ruhen die Eier eingebohrt in die über das Wasser hinausragende Vegetation. Sie überdauern hier die sengende Sonne des Sommers und, im Schnee begraben, die Kälte des Winters. Bei uns sind vorzugsweise *Lestes*-Arten in solchen Tümpeln heimisch. Die Eier überwintern in den Blütenständen des Froschkrauts, in Irisblättern

Abb. 91. Dünensee auf Fanö. Der Wasserspiegel ist mit Potamogeton natans bedeckt. Im Vordergrund Menyanthes trifoliata. Der See, der ganz nahe am Meere liegt, hat eine reiche Odonatenfauna (*Cordulia aenea* L., *Aeschna grandis* L. und zahlreiche Zygopteren). W-L. phot.

etc.; im Mai schlüpfen die Larven aus. Sie beenden ihre Verwandlung im Laufe von drei bis vier Wochen; diese unglaublich kurze Zeit wird durch die häufig an warmen Frühlingstagen in den Tümpeln aufgespeicherte Wärme begünstigt, während ihre Gefährten in Teichen zur Entwicklung acht bis zehn Monate brauchen. Die Zange der Larve ist ausserordentlich elegant gestaltet; sie besteht aus einem sehr langen Schaft, der vorne in einer winzig kleinen, scharf abgegrenzten Schale endet, in welcher die Beute eingefangen wird; diese besteht wahrscheinlich ausschliesslich aus Entomostraken, aber bisher ist es mir nicht geglückt, die Larven beim Ergreifen von Beute zu beobachten (Abb. 75).

Ganz besonders sind aber grössere Moore und pflanzenreiche Seen die Heimat der Libellenlarven; dort findet man auch den grössten Reichtum an Arten (Abb. 90–91). Zu bestimmten Zeiten des Jahres steigt aus den dunklen Waldseen eine Art nach der anderen empor; die Nymphen verweilen eine Zeitlang unbeweglich hängend, zerreissen dann im Rücken und verwandeln sich im Laufe weniger Stunden zu geflügelten Insekten, die gemeinsam über dem Wasser, auf Wiesen und am Rande des Waldes ihre Beute erjagen. Die Nymphen jeder Art leben jedoch im dunklen Moorwasser ihr eigenes Dasein und passen sich den ganz bestimmten Lebensbedingungen an, die unter der Oberfläche des Moores und der Seen keineswegs überall die gleichen sind.

Zutiefst im Schlamm unserer Moore leben verschiedene *Libellula*-Arten (Abb. 92, Taf. III, Abb. 3), schwerfällige, plumpe, dunkel gefärbte Tiere mit zumeist kurzen Beinen. Der Kopf ist fast viereckig, die Augen sitzen an seinen vorderen Ecken. Sie sind häufig sehr stark behaart; in den Haaren bleiben Schlammpartikelchen hängen. Sie graben sich kleine Höhlen in den Schlamm; wenn die Sonne auf den dunklen Moorboden scheint, sieht man deutlich die Löcher und in ihnen die grossen, behaarten Köpfe der Tiere, die hier auf Beute lauern. Auch in den steilen, abschüssigen Rändern der Moore sind sie zu Hause, und führen in Ritzen und Spalten ein langsam kriechendes Dasein. Bei vielen

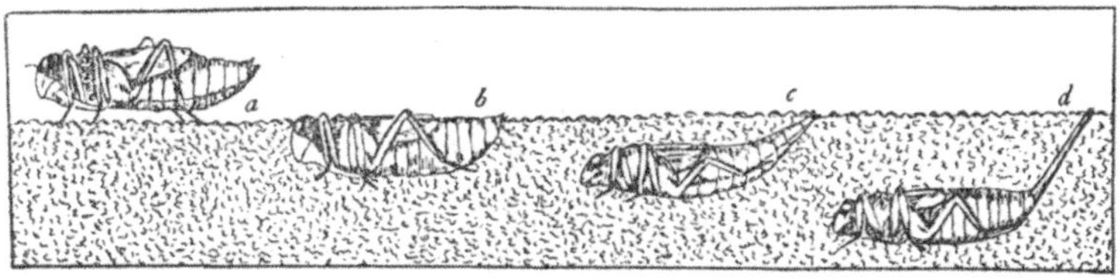

Abb. 92. Anpassungsphänomene der Odonatenlarven an das Leben im Schlamm; Verlängerung der Spitze des Abdomens. *a Libellula, b Cordulegaster, c Gomphus, d* eine unbekannte Gomphoide. Nach Needham, J. and Heywood, H. 1929.

dieser Arten laufen die Hinterleibsringe an den Seiten und in der Mittellinie des Rückens in mächtige Dornen aus, was den Tieren ein sonderbar groteskes Aussehen verleiht. Lieftinck (1932) macht darauf aufmerksam, dass mehrere der in seichten Gebirgstümpeln heimischen Schlammtiere flachgedrückt und Brandungsformen von Gomphiden und Eintagsfliegen ähnlich sind. Das gilt namentlich für die merkwürdige Larve von *Sieboldius japonicus* Selys mit ihren plattenförmigen, flachen Antennen (Taf. III, Abb. 5 und 11).

Von einer dieser Schlammformen, der merkwürdigen *Tachopteryx*-Larve, deren Wohnlöcher in der Trockenperiode über Wasser liegen, sagt Byers (1930), dass diese »grotesque nymphs swallow in the mud like prehistoric reptiles«; derselbe Vergleich drängte sich mir auch bei Betrachtung der vollentwickelten Larve von *Epitheca* mit ihren hohen Rückenkämmen auf.

Die mir unbekannte *Cordulegaster*-Larve (Taf. III, Abb. 6) soll sich ebenfalls in der Oberflächenschicht des Schlammes aufhalten, bereit, alles zu überfallen, was in ihre Nähe kommt.

Die Zange ist bei all diesen Schlammtieren von ziemlich verschiedenem Aussehen, jedoch stets nach demselben Modell geformt. Sie ist nicht zum Zerreissen der Beute bestimmt. Die Palpen der Unterlippe sind hier zu grossen, flachen, dreieckigen Lappen umgebildet, deren einander gegenüberliegende Ränder gezähnt sind. Da sie vertikal stehen und gewölbt sind, bilden sie zusammen mit dem ausgehöhlten Mentum eine Schale. Wenn das Tier im Schlamm eine Bewegung wahrnimmt, wird die Zange nach vorwärts geschnellt, die Lippenpalpen werden weit aufgeklappt, um sich dann wieder wie ein Schleusentor um die Beute zu schliessen. An den Rändern der Lippenpalpen und der Mittelpartie des Mentums wird gleichzeitig eine Reihe grosser federnder Borsten aufgeklappt, die die Schale oben dachförmig begrenzen und ein Sieb bilden. In dieser Schale liegt die Beute, eine Daphnie oder ein von Schlamm umgebener Muschelkrebs. Durch mehrmaliges Hin- und Herbewegen der Zange wird der Schlamm ausgespült; die zurückbleibende Beute wird von den Mandibeln gepackt und weiter verarbeitet.

Auf den submersen Kissen von Fontinalis, zwischen den grünen, zarten Ranken von Myriophyllum, Ceratophyllum und der insektenfangenden Utricularia hausen die weit beweglicheren, bunter gezeichneten Larven von *Cordulia aenea* L. (Taf. III, Abb. 4), *Leucorrhinia* (Taf. III, Abb. 8), *Orthetrum* (Taf. III, Abb. 9) und *Sympetrum*; ihre Fangzangen haben grosse Ähnlichkeit mit den oben beschriebenen.

Dicht an der Oberfläche und dem Sonnenlicht so nahe wie möglich halten sich die Larven der grossen *Aeschna*-Arten den ganzen Sommer hindurch auf den Blattstengeln des Laichkrauts, Hottonia, Hydrocharis usw., zwischen den steifen Blättern der Riedgräser und von Stratiotes auf (Taf. III, Abb. 1–2). Die meisten von ihnen sind von hellgrüner Farbe und bisweilen, besonders unmittelbar nach einer Häutung, halb durchsichtig. So verhalten sich angeblich auch die Larven von *Anax*, die hierzulande nicht vorkommen. Sie sind sämtlich schlank und langgestreckt, schwach oder gar nicht behaart, aber stark chitinisiert und haben keine Dornen oder sonstige Anhänge. Sie lauern nicht, wie die Larven der Libelluliden, im Versteck auf Beute, sondern suchen diese selbst auf, indem sie in der Dämmerung mit ihren schlanken, dünnen Beinen auf Pflanzen umherkriechen. Die Zange (Abb. 76, 77a, b) dieser Formen ist eine mächtige Angriffswaffe, die mit unwiderstehlicher Kraft nach vorn geschleudert wird und die Beute ergreift. Die Unterlippe trägt vorn zwei ineinander greifende, dolchförmige Fortsätze, die Lippenpalpen, die zusammen eine furchtbare Zange bilden; diese Lippenpalpen sind also hier nicht breit und flach aber im übrigen bei den einzelnen Arten von verschiedener Form. Diese dolchförmigen Fortsätze bohren sich in das Opfer ein und ziehen es an die Mandibeln heran. Ein Siebapparat fehlt. Die Larven können mit ihrer Zange Stücke aus Beutetieren herausreissen, die oft grösser sind als sie selbst. Wenn z. B. *Cordulia*-Larven mit ihnen zusammengebracht werden, haben sie oft schon nach wenigen Stunden klaffende Wunden an Brust und Hinterleib. Die *Aeschna*-Larven reissen auch Kaulquappen grosse Stücke aus dem Fleisch, sie greifen Fischbrut an und richten in Fischteichen grossen Schaden an.

Nach anderweitigen Mitteilungen ernähren sich die Larven von *Anax* und *Epicordulia* hauptsächlich von kleinen Muscheln (*Amnicola*), deren Schalen sie zermalmen (Nordamerika). Der kräftige Dorn, der die Maske der *Aeschna*-Larve zu einer so furchtbaren Angriffswaffe macht, ist auch bei der *Cordulia*-Larve vorhanden, tritt hier aber sehr wenig hervor. Zwischen diesen Hauptformen gibt es Übergangsformen (*Petalurinae* und *Cordulegastrinae*). – Mehrere von ihnen besitzen noch eine andere Waffe, die sie namentlich dann anwenden, wenn sie selbst angegriffen werden. Sie besteht aus den fünf scharfen Spitzen des Hinterleibes, die geöffnet und geschlossen werden können und geschlossen als spitzer Dolch wirken. Fasst man eine *Aeschna*-Larve an, so dreht sie den Hinterleib nach allen Richtungen, bis es ihr schliesslich gelingt, die Spitze in die Hand einzubohren. Die Larve vermag zwar nicht die Haut zu durchbohren; sie kann aber wahrscheinlich einen Fisch, der sie verschlucken will, im Mund verwunden.

Man kann bei den Larven wohl von einer Schutzfärbung sprechen. In vielen Fällen deutet schon die Farbe der Larve auf ihren Aufenthaltsort hin; so sind einfarbige Larven meistens Bodentiere; sehr bunte Larven leben gewöhnlich auf der Vegetation; einfarbige Larven, die auf Pflanzen leben, sind immer grün. Das gilt besonders für die Larven von *Ae. viridis* Eversm.. Häufig zeigt die Larve die Farbe des Bodens; so haben z. B. unsere *Gomphus*-

Arten die Farbe von Sand und Lehm, die Formen des Moorwassers, wie z. B. die *Libellula*-Arten, sind oft dunkel, fast schwarz. Die auf Holz lebende Larve von *Brachytron pratense* O. F. M. ist gewöhnlich braun; halten sich die Tiere in ockerhaltigem Wasser auf, so nehmen sie eine rotbraune Färbung an. Wenn die Larven ihren Standort wechseln, kann sich bei der Häutung auch ihre Farbe ändern.

Solange die *Aeschna*-Larven im Sommer zwischen grünen Pflanzen leben sind sie mehr oder minder grün gefärbt; gehen sie aber im Herbst mit dem welkenden, braunen Laub auf den dunklen Moorboden hinab, so nehmen sie allmählich eine dunkelbraune, fast schwarze Färbung an. Der Farbenwechsel hängt mit dem Wechsel ihrer Nahrung zusammen. Im Sommerhalbjahr ernähren sich die Larven hauptsächlich von hellgrünen Tieren, deren Darmkanal mit chlorophyllhaltigen Stoffen, abgenagten Pflanzenteilen oder kleinen, von freischwimmenden, grünen, einzelligen Pflanzen lebenden Tieren angefüllt ist. Im Winterhalbjahr leben die *Aeschna*-Larven von den Organismen des Bodens, kleinen limnikolen Regenwürmern und Muscheln, deren Darmkanal Schlammpartikel enthält, die sich um diese Jahreszeit auch massenhaft im Darmkanal der Larven finden.

Beim Ausschlüpfen aus dem Ei und während des ersten Lebensjahres sind die Larven immer kohlschwarz mit einem schneeweissen Querband auf den ersten Hinterleibsringen. Diese sonderbare Zeichnung findet sich bei verschiedenen anderen Larven, z. B. Käferlarven wieder, die unter ähnlichen Bedingungen leben. Sie ist wohl eine Schutzfärbung für Tiere, die an Lokalitäten mit starken Lichtkontrasten leben, z. B. an Stellen, wo das einfallende Licht zwischen dunklen Blättern hindurchdringt. Es ist dieselbe Zeichnung, die auch im gestreiften Fell des Tigers, bei den Fischen der Korallenwälder u. a. vorkommt. Bei einer bestimmten Häutung geht später diese Farbenzeichnung der Libellenlarven verloren.

Nicht alle *Aeschna*-Larven leben ständig an den hier geschilderten Lokalitäten.

In den Wäldern von Seeland trifft man nicht selten kleine Wassertümpel, vermutlich in den meisten Fällen Torfgruben, mit fast schwarzem Boden und Wasser und sehr kümmerlicher Vegetation; nur Callitriche bildet zuweilen kleine blanke, hellgrüne Inseln auf dem dunklen Moorwasser. Kaum ein Lichtstrahl vermag durch die dichten Laubmassen der alten Buchen hindurchzudringen. An solchen Stellen habe ich wiederholt *Aeschna*-Larven in kohlschwarzer, blank schimmernder Rüstung angetroffen. Es waren grosse, präch-

---

TAF. III

Odonata. Larven.

Abb. 1. *Anax junius* Drury. Nach Needham J. and Hart, C. 1901. Nat. Gr.
— 2. *Brachytron pratense* O. F. M. Nach Lucas, W. 1908. × 2.
— 3. *Libellula depressa* L. Nach Lucas, W. 1908. × 2.
— 4. *Cordulia aenea* L. Nach Lucas, W. 1908. × 2.
— 5. *Sieboldius japonicus* Selys. Von unten und von der Seite gesehen. Malakka. Nach Lieftinck, M. 1932. Nat. Gr.
— 6. *Cordulegaster annulatus* Latr. Nicht ausgewachsen. Nach Lucas, W. 1908. × 2.
— 7. *Gomphus vulgatissimus* L. Nach W-L. 1908. × $1^1/_2$.
— 8. *Leucorrhinia rubicunda* L. Nach Rousseau, E. 1909. × 2.
— 9. *Orthetrum cancellatum* L. Nach Rousseau, E. 1909. × $1^1/_2$.
— 10. *Negomphoides ambigua* Selys. Nach Byers, C. 1930.
— 11. *Sieboldius? albarbae* Selys. Japan. Nach Lieftinck, M. 1932. × $^3/_4$.

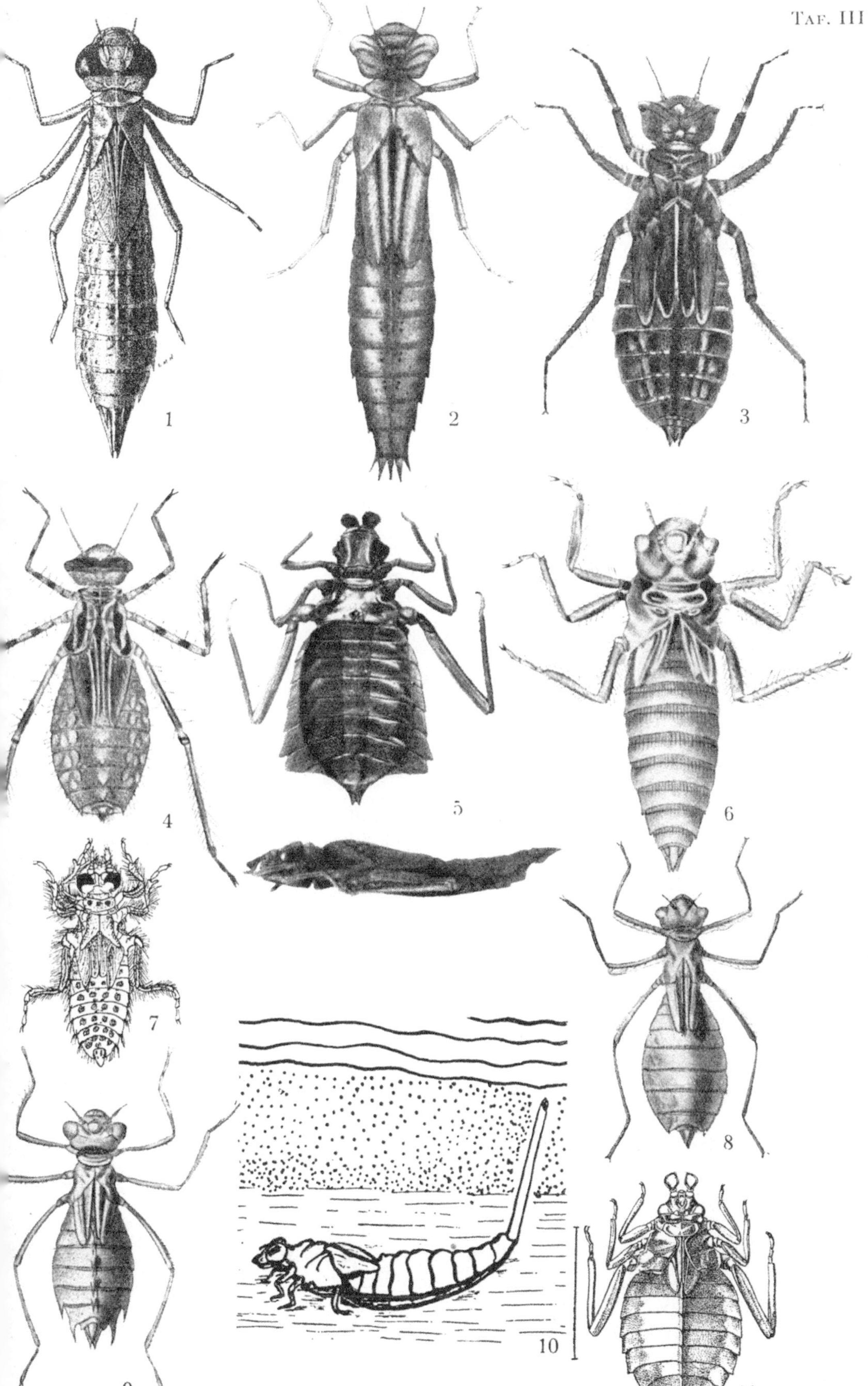
1
2
3
4
5
6
7
8
9
10
11

tige Tiere, aus denen bei Weiterzucht im Aquarium stets Imagines von *Aeschna cyanea* O.F.M. ausschlüpften. Diese zu unseren grössten Odonaten gehörende Art scheint vorzugsweise derartige Lokalitäten zur Ablage ihrer Eier aufzusuchen.

Die kleinen Larven der Agrioniden lassen sich nur schwer voneinander unterscheiden. Die allermeisten von ihnen leben zwischen der Ufervegetation, wo sie auch überwintern und im Frühjahr aufsteigen. Ihre leeren Hüllen hängen im Frühjahr zu Tausenden an Zweigen, die aus dem Wasser ragen. Eine eigentümlich gebaute, flache, plumpe Larve, aus der sich später die purpurstrahlende *Pyrrhosoma nymphula* Sulz. entwickelt, lebt tief unten in den submersen Moosteppichen und wahrscheinlich auch im schlammigen Grund der Teiche.

An den äussersten Ausläufern der Vegetation, auf Blättern von Seerosen und Laichkraut, an der Grenze zum freien Wasser, lebt im Sommerhalbjahr die schöne, grüne *Erythromma najas* Hansem. Ihre Nahrung besteht aus Ephemeriden-Larven, sie selbst wird von den grossen Larven von *Ae. grandis* L. gefressen. Im Winter leben die Larven von *Erythromma najas* am Grund und sind dann braun.

Needham und Hart (1901) u. a. berichten, dass die Nymphen von *Mesothemis collata* u. a. dem Leben »in the high temperatures of water from the hot springs of the west« angepasst sind.

Tillyard (1911) gibt an, dass die Larve von *Petalura gigantea* in Australien Gänge gräbt, die an der Erdoberfläche ausmünden. Er vermutet, dass die Tiere bei Nacht durch die Öffnungen an die Oberfläche kriechen und sich dort ihre Nahrung suchen. Tillyard (1917) erwähnt ferner, dass das in den Enddarm eingezogene Wasser sehr schlammig ist, und dass die Tiere über einen Filtrierapparat verfügen, durch den der Schlamm etwas zurückgehalten wird. Sie können sich bei feuchter Luft ausserhalb des Wassers aufhalten und durch die Afteröffnung atmen. Es ist erwiesen, dass etliche der hierhergehörenden Arten volle zehn Wochen in trockenem Schlamm liegen können; wenn sie dann hervorkommen, sind sie von einer dicken Schlammschicht bedeckt, die bisweilen die Verwandlung verhindert (Williamson 1903).

Aber nicht allein durch ihre Farbe, sondern auch durch von ihnen eingenommene Stellungen suchen sich die Larven zu schützen. Das beste Beispiel, das ich kenne, liefert die Larve von *Brachytron pratense* O. F. M. Sie ist immer der Länge nach an einen Ast angedrückt, der meistens von derselben Dicke ist wie sie selbst. Sie hat nicht nur die sonderbar kantige Form, sondern auch die braune Farbe des Astes. Die Larve sitzt stundenlang ganz still an ein und demselben Fleck und ist in Form, Farbe und Haltung nicht von dem Ast zu unterscheiden.

In anderen Ländern, namentlich in den Tropen, leben Odonaten unter so merkwürdigen Bedingungen, dass man ihr Vorkommen von vornherein für ausgeschlossen halten sollte. So wurden Odonatenlarven in einer Mischung von »salt and sulphureous or freshwater about Great-Saltlake in North-America« gefunden; andere leben in Brackwassertümpeln in der Nähe von Victoria, Britisch Columbia, mit einem Salzgehalt von 1,0015 $^0/_0$. Sie können in Salzlösungen von 1,005 bis 1,01 $^0/_0$ (Tp. Fahrenheit 72°) leben, gehen aber bei höherem Salzgehalt zugrunde. Imagines schlüpfen noch bei einem Salzgehalt von 1,01 $^0/_0$ (Osburn 1906).

Die Larve der eigentümlichen Gattung *Thaumatoneura*, die nur an Wasserfällen anzutreffen ist, und deren Imagines man oft in den Staubregen von feinen Wassertropfen hineinfliegen sieht, soll hauptsächlich auf den wasserübersprühten Felsen ausserhalb des Wassers leben (Calvert 1914).

Ein für Odonatenlarven höchst eigentümlicher Aufenthaltsort wurde von

Calvert in Costa Rica entdeckt. Die Larve von *Mecistogaster* lebt in den Wasseransammlungen in den Blattscheiden der Bromeliaceen (Abb. 65b).

Wie oben erwähnt, besitzen die fertig entwickelten Tiere einen ungewöhnlich langen Hinterleib, der vermutlich für die Eiablage von Bedeutung ist.

Häutung und Ausschlüpfen. Die Zeit, welche die Tiere als Larve verbringen, ist von sehr verschiedener Dauer, bei *Lestes* nur 3–4 Wochen, bei den meisten der übrigen Zygopteren 8–10 Monate, bei verschiedenen kleineren Anisopteren ungefähr ebenso lang, bei den grossen etwa $1^1/_2$ Jahre, und bei *Aeschna* 3–4 Jahre. Wahrscheinlich wird die Entwicklung in südlicheren Himmelsstrichen in viel kürzerer Zeit abgeschlossen. Die ersten Häutungen gehen rasch nacheinander vonstatten.

Im Winter häuten sich die *Aeschna*-Arten im Aquarium nicht und vermutlich ebenso wenig in der Natur. Balfour Browne (1909) stellte fest, dass sich eine Agrionide 10–12 mal häutet. Die Grössenzunahme ist natürlich unmittelbar nach einer Häutung am stärksten; aber es findet auch, wie Balfour Browne ganz richtig bemerkt, zwischen zwei Häutungen ein bedeutender Zuwachs statt. Eine Agrionidenlarve wächst zwischen zwei Häutungen von 11 auf 15,2 cm. Die Cuticula hat also eine sehr beträchtliche Dehnbarkeit. Eine ähnliche Anzahl von Häutungen, nämlich 13, wird auch für die grossen Arten (*Anax*) angegeben. Über Häutung und Wachstumsgeschwindigkeit vergl. im übrigen die sehr wertvollen Untersuchungen von Calvert (1929 und 1934).

Beobachtet man eine Libelle bei der Verwandlung, so muss man darüber staunen, mit welcher Schnelligkeit sich ein kriechendes, wasseratmendes Tier in ein fliegendes, geflügeltes, luftatmendes Lebewesen verwandelt. Der Prozess ist in Wirklichkeit seit langem vorbereitet worden, und was uns vor Augen tritt, ist nur der Schlussakt der Verwandlung. Der Prozess beginnt damit, dass das Tier aufhört, Nahrung zu sich zu nehmen; es bewegt sich nur sehr wenig oder überhaupt nicht; seine Färbung wird dunkler und weniger rein. Anscheinend dehnt sich die Larve während der Vorbereitung des Hautskelettes für das zukünftige Insekt aus, wobei die Hypodermiszellen anschwellen; das macht sich hauptsächlich am Thorax bemerkbar, wo auch die grossen Flügelmuskeln zur Entwicklung kommen. Dadurch werden die Flügelscheiden im rechten Winkel vom Körper abgespreizt; gleichzeitig wachsen die Seiten der Brustpartie, was zur Schrägstellung des mittleren und hinteren Thorakalringes führt, einem der eigentümlichsten Merkmale bei dem fertigen Insekt. Im Laufe dieser Veränderungen vergrössern sich auch die Augen, indem neue Sehelemente eingefügt werden. Dann beginnt die Imagohaut durch die Larvenhaut hindurchzuscheinen. Die Tracheenkiemen des Darmes hören auf zu funktionieren, und der Augenblick ist da, wo das Luftleben beginnen kann.

Beobachtet man die Ufer unserer Moore an einem windstillen, sonnigen Tag Ende Mai, so sieht man zahlreiche Nymphen auf der Vegetation dicht unter dem Wasserspiegel; Kopf und Brust ragen über Wasser, der übrige Körper liegt unter der Oberfläche. In dieser Stellung verharren die Tiere oft tagelang; gleichzeitig hat sich auch ihre Respiration verändert, indem sie jetzt nicht mehr Wasser durch den Darm aufnehmen. Oben auf dem Prothorax liegen zwei grosse Querspalten, die beiden vorderen Atemlöcher, durch welche jetzt atmosphärische Luft eingezogen wird; die Stigmen sind vermutlich schon seit der letzten Häutung funktionsfähig. Wahrscheinlich geschieht auch die Ausatmung durch diese Spirakula. Bringt man nämlich Nymphen in diesem Stadium in eine Schale mit ganz wenig Wasser, das ihren Thorax nur wie eine Haut umgibt, so sieht man, wie eine Luftblase nach der anderen aus den Stigmen tritt; die Blasen sammeln sich an dieser Stelle und umhüllen schliesslich den Thorax als dichter Schaum. In diesem Stadium können die Tiere ebensogut im Wasser wie am Land leben. Nicht selten kriechen sie namentlich an feuchten Tagen oder in den Morgenstunden auf feuchtem Gras und auf dem nassen, halbdunklen Boden des Röhrichts umher. BROCHER hat beobachtet, dass die Nymphe nach dem Verlassen des Wassers und vor der Verwandlung ihre Stigmen mit regelmässigen Pausen öffnet und schliesst. Gleichzeitig entsteht zwischen der Nymphenhaut und der Haut des werdenden Insektes eine Luftschicht, durch welche die beiden Häute voneinander gelöst werden.

Früher oder später kriechen die Nymphen ganz aus dem Wasser und oft mehrere Meter darüber hinaus. Die meisten von ihnen steigen an Schilf und Gräsern empor; die flachen Gomphiden, die mit ihren abgeplatteten Beinen die Grashalme nicht zu umklammern vermögen, entern am Ufer liegende Steine. Plötzlich zerreisst dann die Haut in einer Naht am Mesothorax durch den Druck der Luft, und die Libelle kriecht im Laufe einer halben Stunde langsam aus der Nymphenhülle. Allmählich entfalten sich die stark zusammengeknitterten Flügel; nachdem das Tier dann eine Weile mit dem Bauch nach oben gehangen hat, besitzt es Kraft genug um sich aufzurichten. Es hängt nun eine Zeitlang mit den Beinen auf der Nymphenhaut, bis seine Flügel voll entfaltet sind. Die Imago ist im Laufe weniger Stunden fertig ausgefärbt. Die Flügel werden hierzulande nur bei sehr warmer Temperatur noch am selben Tag funktionsfähig. In Südfrankreich hingegen schlüpft *Gomphus* vom 30. April bis 13. Mai regelmässig jeden Morgen etwa um 9,30; um 10,30 sind die Flügel voll entfaltet, und um 4 Uhr fliegen die Tiere bereits.

Nur bei einem Punkt der Verwandlung wollen wir noch etwas länger verweilen. Die Nymphenhaut, aus welcher das Tier schlüpft, besteht aus hartem, festem Chitin. Das Tier selbst ist zu diesem Zeitpunkt ausserordentlich weich. Welche Kräfte ermöglichen es nun den schlaffen Tieren aus der Larvenhaut zu schlüpfen, sobald sie geplatzt ist? Das ungehärtete Abdomen einer Libelle ist im Querschnitt fast immer sehr flach, solange das Tier in der Nymphenhaut hängt, unmittelbar nach dem Ausschlüpfen dagegen kreisrund. Wenn man eine Libelle in diesem Stadium in einer Konservierungsflüssigkeit härtet und dann ihr Abdomen in Querschnitte zerlegt, so hat man bei Betrachtung der Schnitte zunächst den Eindruck, dass das Abdomen vollkommen leer ist und nur einen einzigen grossen Hohlraum bildet. Bei näherer Untersuchung zeigt sich aber, dass dieser Hohlraum der Darm ist, der so erweitert ist, dass er überall dem Hautmuskelschlauch anliegt und nur gerade für Herz und Nervenstrang Platz lässt. Die Geschlechtsorgane sind auf diesem Stadium sehr schwach entwickelt. In diesem aufgequollenen Stadium sind die Tiere immer gelblich oder gelblichweiss. Durch die starke Spannung im Darm wird der Druck auf die Blutflüssigkeit sehr bedeutend erhöht und diese dadurch in alle peripheren Teile gepresst. Es lässt sich direkt beobachten, dass die Flügel vor der völligen Entfaltung und Härtung mit einer grossen Menge Blut gefüllt sind, das stellenweise scharf lokalisierte gelbe Tropfen bildet.

Wird in einen erst halbentfalteten Flügel ein Loch geschnitten, so tritt die Blutflüssigkeit aus, und die umliegende Partie des Flügels entwickelt sich nicht weiter. Nachdem die Flügel entfaltet sind, beginnt die Entwicklung des Hinterleibes.

Über die hier geschilderten Vorgänge sind sich, wie mir scheint, sämtliche Verfasser einig (PORTIER 1911, W-L. 1913, BROCHER 1919). Hingegen besteht Meinungsverschiedenheit darüber, womit der Darm gefüllt ist, und wie er sich füllt. JOUSSET DE BELLESME (1878), PORTIER (1911), W-L. (1913) und BROCHER (1919) behaupten, dass der Darm mit Luft gefüllt ist, wogegen RIS und MÜLLER

(1924) annehmen, dass er Wasser enthält, das durch die Afteröffnung eintritt. Während JOUSSET DE BELLESME und ich der Ansicht sind, dass die Luft durch den Mund aufgenommen wird, meint PORTIER, dass die Luft durch die Zellen des Mitteldarms in den Darm sezerniert wird. Da nun sowohl JOUSSET DE BELLESME wie ich selbst pumpende Bewegungen gesehen haben und BROCHER bei der Verwandlung von Agrionidenlarven beobachtet hat, dass durch die Peristaltik des Darmes Luftblasen in ihm hin und her bewegt werden, so ist wohl kaum zu bezweifeln, dass einerseits der Darm mit Luft gefüllt ist, und dass andrerseits die Luft nicht in den Darm sezerniert, sondern wie bei so vielen anderen Insekten (z. B. *Enochrus*-Larven) durch den Mund aufgenommen wird. Es ist aber möglich, dass der Darm, ehe er sich mit Luft füllt, und wenn die Nahrungsaufnahme aufgehört hat, Wasser enthält, dass aber dieses beim Eindringen der Luft allmählich entweicht. MÜLLER hat etwas Derartiges beobachtet; er gibt jedoch keinen Beweis dafür an, dass das Tier Wasser durch die Anusöffnung aufnimmt, und dass sich der Darm während der Verwandlung durch Aufnahme von Wasser ausdehnt. Während der Darm Luft aufnimmt, wächst das Tier stark in die Länge. So wächst z. B. eine *Agrion*-Larve im Laufe von drei Stunden von 16 auf 31 mm. Die Nymphe einer *Libellula* ist nur 25 mm, die Imago 41 mm lang, d. h. das Tier kann im Laufe einer Stunde um 16 mm wachsen (PORTIER 1911).

Feinde. Der Zeitpunkt, wenn die Odonaten weich, unbeweglich und bar jeder Möglichkeit, sich zu verteidigen, in der Nymphenhaut hängen, ist für sie sehr kritisch; sie werden dann auch in grossen Mengen ein Opfer der Vögel. Wo die Landstrasse an Teichen und Mooren vorbeiführt, kann man in den frühen Tagesstunden, wenn die Libellen schlüpfen, oft lautes Geschrei vernehmen. Massen von Finkenvögeln, besonders Spatzen, haben sich unter Lärm und Gezänk im Schilf niedergelassen; sie beissen sich an den grossen Libellen fest und schleppen sie, oft drei bis vier um ein Stück Beute, über das Gras hin auf den festen Boden der Landstrasse. Dort im Staub der Strasse hackt und zerrt eine Schar von Spatzen an den unglücklichen Tieren; die Vögel hacken auf ihre Augen ein, höhlen ihnen die Brust aus und reissen an ihrem Hinterleib, als wäre er ein Ankertau. Eine abscheulichere Metzelei wird man nicht leicht erleben. Nach der Schlacht ist die Landstrasse bedeckt von den Überresten getöteter Tiere. Ähnliche Beobachtungen wurden auch in anderen Ländern gemacht; ein grosser Teil der geschlüpften Libellen geht vermutlich auf diese Weise zugrunde. In Südeuropa ernähren sich zahlreiche Vögel, wie Schwalben, Falken und Eisvögel, hauptsächlich von Libellen und jagen sie geradezu (SÖMME 1933, WILLIAMSON 1909). Hierzulande sind die Odonaten nicht so heftigen Verfolgungen ausgesetzt, aber wahrscheinlich gibt es auch in unserer Vogelwelt Arten, die zu gewissen Jahreszeiten hauptsächlich von Libellen leben. Nicht selten findet man im Frühjahr die Steige unserer Moore mit Libellenflügeln übersät; ich habe besonders Turmfalken und Baumfalken im Verdacht, denen die Libellen wahrscheinlich zum Opfer fallen, bevor sie erhärtet sind. Häufig werden sie wohl auch in ihren Nachtquartieren überfallen. Ich habe nur einmal Gelegenheit gehabt, ein Mitglied unserer Vogelwelt bei der Verfolgung einer Libelle zu sehen, und zwar eine gelbe Bachstelze, die am Havelse-Flüsschen eine *Calopteryx virgo* L. verfolgte. Sonst liegen aus dem Ausland zahlreiche Berichte vor, in welchen Angriffe von Seiten der Vögel geschildert werden. Unser heimischer Mäusebussard hat einen nicht geringen Bedarf an Libellen, und der Baumfalk füttert seine Jungen zum grössten Teil mit ihnen; unter ihren Nestern ist der Boden oft von Libellenflügeln übersät. Während die Libellen noch in der Nymphenhaut hängen, werden sie auch von einem anderen Feind bedroht, und zwar von der grossen Spinne *Dolomedes fimbriatus*, die sie aussaugt. Wiederholt kann man in den ersten Stunden eines Frühlingsmorgens an den Ufern des Funketeiches Dutzende dieser zottigen Tiere finden, die an ihrer weichen, wehrlosen Beute saugen.

Jedes unserer Moore beherbergt bekanntlich zahlreiche Arten von Odonaten. In gesetzmässiger Reihenfolge und bei ganz bestimmten Temperaturen schlüpft Jahr um Jahr die eine Art nach der anderen. In einem meiner Versuchsteiche ist die Reihenfolge: *Libellula quadrimaculata* L., *Cordulia aenea* L., *Brachytron pratense* O. F. M., *Aeschna isosceles* O. F. M., *Leucorrhinia rubicunda* L., *Aeschna cyanea* O. F. M., *Aeschna grandis* L. und *Aeschna juncea* L.

Die Wanderungen der Libellen. In unserem Klima schlüpfen manche Arten während längerer Zeit, während sich von anderen wie z. B. *Libellula quadrimaculata* L. der gesamte Bestand eines Teiches auf einmal im Laufe von ein bis zwei Tagen verwandelt; dann hängen die Libellen zu Tausenden an den Nymphenhüllen und schweben am folgenden Tage wie Wolken über dem betreffenden Moor. Solange die Tiere noch nicht ganz flugtüchtig sind, hängen sie in ungeheuren Scharen an Bäumen und Sträuchern am Rande des Moores zum Trocknen. Sie besetzen zuweilen den Waldrand in solchen Mengen, dass Tausende von Libellenflügeln im Sonnenlicht aufglitzern; geht jemand an ihnen vorbei, so steigen sie auf, umkreisen den Störenfried und nehmen dann hinter ihm ihren Platz wieder ein; es ist, als bestünde die Luft aus lebenden Tieren. Von Paarung ist zu diesem Zeitpunkt noch keine Rede, ebenso wenig jagen die Tiere in den ersten Tagen nach Beute. Ein paar Tage später sind von dem ganzen Schwarm nur noch ein paar vereinzelte Exemplare übrig; die Libellen haben dann nämlich mit ihrer Jagd begonnen und sich daher über das ganze Terrain verteilt. Das gilt namentlich für die Weibchen; die Männchen halten sich anscheinend etwas mehr in der Nähe des Wassers auf, in erster Linie wohl, um die Weibchen zu treffen, die immer wieder dahin zurückkehren müssen, um Eier abzulegen. Es ist bekannt, dass viele Libellen lange Wanderungen ausführen. Aus Nord- und Mitteldeutschland, auch aus Finnland, hauptsächlich aber aus den Tropen wird von mächtigen Zügen von Libellen berichtet, grossen wandernden Schwärmen, die alle in derselben Richtung fliegen, oft ganz dicht, und deren einzelne Individuen gewöhnlich jung und eben ausgefärbt sind. Es handelt sich in den meisten Fällen weder um Fortpflanzungs- noch um Ernährungswanderungen. Die Wanderzüge sind ebenso wie bei anderen wandernden Insekten wohl vorzugsweise auf allzu grosse Ansammlung von zahllosen Individuen in kleinen, begrenzten Gebieten zurückzuführen. Die Tiere scheinen durch das starke Zusammendrängen in Unruhe zu geraten, die in einem plötzlichen Aufbruch ihre Auslösung findet; die Flugrichtung wird in vielen Fällen vom Wind bestimmt (Federley 1908).

Eine unserer häufigsten Libellen, *Libellula quadrimaculata* L., pflegt in Europa längere Wanderungen vorzunehmen (Federley 1908), sie wird darum auch in Deutschland »Wanderlibelle« genannt. Man hat festgestellt, dass in ihren Schwärmen die ältesten Tiere voran fliegen, und dass die Individuen im Schwarm umso jünger sind, je weiter man gegen die Richtung des Schwarmes vordringt, bis man schliesslich den Ort erreicht, wo die Libellen eben erst ausschlüpfen.

Blasius (1883) berichtet von grossen Zügen, die in Norddeutschland in den Tagen vom 29. Mai zum 31. Mai stattfanden. Ein Schwarm legte in diesen Tagen angeblich 40–45 geogr. Meilen, d. h. ungefähr 13–15 Meilen pro Tag zurück. Die Tiere lassen sich auf ihrem Weg nicht einmal durch das Meer aufhalten. So wurden z. B. grosse Scharen von Libellen schwimmend auf der Meeresoberfläche zwischen Bremen und Bergen angetroffen.

Grosse Odonatenwanderungen wurden besonders in den Tropen beobachtet. Hesse (1924) gibt an, dass *Pantala flavescens* F. hin und wieder in grosser Menge auf den Keeling Inseln auftritt. Ris (1912) macht darauf aufmerksam, dass auf Krakatau nach der Zerstörung durch den Vulkanausbruch von 1893 schon 1912 wieder zwei Arten von Libellen von ausgesprochen insulärem Charakter heimisch waren. MacLachlan (1896) teilt mit, dass er auf einer Seereise in den Fahrwässern Australiens Odonaten neunhundert Meilen von Land angetroffen hat.

Diese ungeheuren Flugleistungen sind wohl dazu angetan, uns in Staunen zu versetzen. Sie sind gewissermassen leichter zu verstehen, wenn man sich vergegenwärtigt, dass manche Formen imstande sind, in einer Stunde Strecken von sechzig Meilen zurückzulegen, also neunhundert Meilen in etwa fünfzehn Stunden zu bewältigen. Unsere Bewunderung wird zwar dadurch nicht geringer; sie richtet sich jetzt nur auf eine andere Tatsache, nämlich dass Skelettbau und Muskulatur von Insekten überhaupt derartige Kraftleistungen zulassen.

Wir haben nun die Libellen und ihre Lebensweise von der Wiege bis zum Grabe verfolgt. Ehe wir ganz von ihnen Abschied nehmen, wollen wir noch eine interessante, aber vorläufig in Dunkel gehüllte Einzelheit zur Sprache bringen.

Das Leben einer Art zerfällt, wie wir gesehen haben, in drei Stufen: Ei, Larve oder Nymphe und vollentwickeltes Insekt. Es zeigt sich nun, dass die für die einzelnen Stadien erforderliche Zeit bei den Individuen ein und derselben Art die gleiche, aber bei verschiedenen Arten äusserst wechselnd ist. Wohl die allermeisten der Zygopteren haben ein kurzes Eistadium, das in die Sommermonate fällt; sie verbringen 9–10 Monate als Larven, überwintern also als solche, verwandeln sich im Mai-Juni und leben als vollentwickelte Insekten ungefähr zwei Monate. In Süd- und Mitteleuropa, übrigens auch in Südschweden, aber nicht in Dänemark, lebt eine Art, *Lestes* (*Sympycna*) *fusca* v. d. Lind., die im Gegensatz zu ihren Verwandten als entwickeltes Insekt überwintert, indem sie sich in Laub und zwischen Heidekraut versteckt hält und sich im Frühjahr von den ersten Sonnenstrahlen hervorlocken lässt (Tirol: Prenn 1928, Holland: Geijkes 1929). Prenn hat Weibchen überwintern lassen, die er in der Natur im November aufnahm. Vom 21. November–5. Februar verblieben sie auf demselben Stengel von Equisetum. An warmen Tagen erwachten die Tiere zuweilen, während sie bei Temperaturen von minus 12 bis minus 17° C. völlig unbeweglich lagen.

Dagegen legen andere *Lestes*-Arten im Juli-August Eier ab, die überwintern; im April-Mai schlüpfen aus ihnen Larven, die sich bereits nach nur 2–3 Wochen im Juni zu geschlechtsreifen Tieren verwandeln; die Imagines leben dann 1–2 Monate.

All diese Arten vollenden ihre Verwandlung im Laufe eines Jahres. Hingegen brauchen die grossen Odonaten zu ihrer Entwicklung mehrere Jahre; in diesen Fällen ist stets das Larvenstadium von mehrjähriger Dauer. Eine *Aeschna grandis* L. erreicht bei uns normalerweise ein Alter von vier bis fünf Jahren. Hiervon werden etwa zehn Monate im überwinternden Eistadium, drei Jahre als Larve und nur drei bis vier Monate als vollentwickeltes Insekt verbracht. Bei diesen Formen trifft man fast immer gleichzeitig Larven von dreierlei Grösse. Die meisten *Libellula*- und *Cordulia*-Arten sind vermutlich zwei-, vielleicht dreijährig; sie verbringen 2–3 Wochen des Sommers im Eistadium, etwa $1^1/_2$ Jahre als Larve und etwa 1–2 Monate als geschlechtsreife Insekten. Wie bereits erwähnt, fällt die geschlechtsreife Periode in sehr verschiedene Zeiten des Sommerhalbjahres. *Agrion armatum* Charp. fliegt Anfang Mai, die Flugzeit währt nur etwa vierzehn Tage; *Agrion hastulatum* Charp. fliegt erst im Juli, *Aeschna pratense* O. F. M. im Mai, Flugzeit etwa 3–4 Wochen, *Aeschna juncea* L. im August-September, Flugzeit 4–5 Wochen; *Aeschna grandis* L. fliegt fast den ganzen Sommer hindurch. Eine der grössten europäischen Arten (*Anax imperator* Leach) ist sonderbarerweise einjährig. Der ganze Kreislauf wird in einem Jahr zu Ende geführt; es ist sogar experimentell bewiesen, dass die Art in warmen Sommern im Laufe eines Jahres zwei Generationen haben kann (PORTMANN 1921). LIEFTINCK (1933) wies nach, dass man in Gegenden mit gleichmässigem Klima, wo der Entwicklung weder durch Trockenheit noch durch Kälte eine Grenze gesetzt ist, zu jeder Zeit Individuen ein und derselben Art auf allen möglichen Entwicklungsstufen finden kann.

Fragt man sich nun, warum innerhalb naheverwandter Gattungen so grosse Unterschiede in biologischer Hinsicht bestehen, so lässt sich darauf nur in Vermutungen antworten. Diese Unterschiede versetzen uns umsomehr in Erstaunen, als sie bei Arten vorkommen, die im grossen ganzen unter gleichen Daseinsbedingungen leben. Indessen kann man wohl annehmen, dass verwandte Gattungen mit heutzutage gleichen Lebensbedingungen und gleichem Aussehen, die sich aber biologisch sehr verschieden verhalten, entweder in früheren Erdperioden unter ungleichen Lebensbedingungen gelebt haben, oder sich auch heute in biologischer Hinsicht unter anderen Himmelsstrichen ähnlicher sind. Man darf mit anderen Worten vermuten, dass die Ursachen dafür, dass die eine Gattung im Ei, eine andere als Larve, eine dritte als geschlechtsreifes Individuum überwintert, dass die eine Art im Mai, die andere im September fliegt, mit der geographischen Verbreitung der Arten und mit ihrer Vorgeschichte zusammenhängen. Durch mehr als blosse Vermutungen können wir jedoch diese Erklärung vorläufig nicht stützen.

Kapitel VI.

HEMIPTERA, RHYNCHOTA (Schnabelkerfe). HETEROPTERA (Wanzen).

Tafel IV.

Hemimetabole Insekten, überwiegend von flacher Körperform. Kopf beinahe immer frei. Mundteile schnabelartig verlängert, in der Ruhe bauchseitig zurückgeschlagen. Die 3–4-gliedrige Unterlippe umschliesst die übrigen, zu Stechborsten umgebildeten Mundteile. Vielgliedrige Antennen. Zwei Komplexaugen und gewöhnlich zwei Ozellen. Vorderflügel mit stark entwickeltem, lederartigem Basalteil (Corium) und häutigem Endteil. Hinterflügel häutig, einfach oder doppelt unter den Vorderflügeln einfaltbar. Beine gewöhnlich als Schreitbeine ausgebildet. Abdomen 10-gliedrig. Weibchen mit oft reduziertem Legeapparat. Stinkdrüsen; Stridulationsorgane. Lebensweise äusserst verschieden.

Durch die *Protohemiptera* des Perm schliessen sich die Heteropteren an die *Palaeodictyoptera* an. Im oberen Perm treten die *Palaeohemiptera* auf. Im Mesozoikum trennen sich die *Heteroptera* von den *Homoptera*, und erst im Tertiär ist die Ordnung der *Heteroptera* voll entfaltet.

Sämtliche bisher besprochenen Insektengruppen mit unvollständiger Verwandlung verbringen einen grösseren oder kleineren Teil ihres Lebens im Süsswasser. Ist auch die Zeit, die sie ausserhalb des Wassers verleben, noch so kurz, so gehören sie doch während dieser Spanne zu den geflügelten Lufttieren. Eigentlich tragen sie den Namen »Landtiere« zu Unrecht, denn die Stunden, die z. B. die meisten Eintagsfliegen ausserhalb des Wassers verbringen, lassen sich zählen.

Bei den Wanzen liegen die Verhältnisse anders; von den etwa 23.000 bekannten Wanzenarten sind wahrscheinlich ungefähr 20.000 ausgesprochene Landtiere, die nichts mit dem Süsswasser zu schaffen haben. Einige hundert Arten, die Wasserläufer, leben fast ausschliesslich auf der Oberfläche des Wassers und überwintern an Land. Die Anzahl der Arten, die wirklich als Wassertiere bezeichnet werden können, ist nicht gross; sie sind aber in allen Stadien, als Ei, als Larve und als vollentwickeltes Insekt, an das Süsswasser gebunden. Sie ermangeln zwar nicht der Flügel, gebrauchen sie aber nicht einmal zum Paarungsflug, da die Begattung stets im Wasser oder doch am Rande des Wassers vor sich geht. Die Flügel werden höchstens benutzt, wenn die Tiere an lauen Sommerabenden andere Lokalitäten oder im Spätherbst ihre Überwinterungsplätze aufsuchen.

Wissenschaftlich lässt der Begriff »Wasserwanze« sich wahrscheinlich nicht verteidigen. Vermutlich hat zuweilen die eine oder andere Wanzenart aus irgend einem Grunde den festen Boden verlassen und das Süsswasser aufgesucht. Einige von ihnen machten sich zu beinahe uneingeschränkten Beherrschern der Wasseroberfläche (*Hydrometridae*), andere nahmen besonders die feuchten Seeufer in Besitz (*Saldidae*, *Galgulidae* u. a.).

Wieder andere Formen wurden mehr oder minder zu wirklichen Wassertieren; es muss jedoch dahingestellt bleiben, ob sie alle von gleicher Abstammung sind. Die Ansichten darüber gehen auseinander; vor allem nehmen Skorpions- und Stabwanzen anscheinend eine Sonderstellung ein.

Soviel steht aber fest, dass das Leben im Süsswasser allen Heteropteren gewisse gemeinsame Züge verliehen hat.

Geocorisae (Landwanzen).

Antennen 4–5-gliedrig, freiliegend. Beine einfache Schreitbeine, bei Nabiden und Reduviiden Greifbeine oder Raubbeine. Landbewohner oder auf der Oberfläche des Wassers lebend.

Von den verschiedenen Superfamilien der Geocorisae interessieren uns hier nur zwei: *Saldides* (Uferwanzen) und *Reduviides* (Raubwanzen).

Erstere ist mit der Familie der *Saldidae* an Seeufern und Meeresküsten heimisch und wird oft als Springwanzen bezeichnet. Sie gehört zu der kleinen Lebensgemeinschaft, welche z. B. bei uns *Omophron*, *Odacantha*, *Elaphrus*-Arten, *Dyschirius*-Arten und viele Staphyliniden in sich vereinigt. Die Eier werden in Grasblätter eingebohrt (Wiley 1922).

Reduviides (Raubwanzen). Hierher gehören alle jene Wanzen, die für gewöhnlich unter dem Namen Wasserläufer gehen. Sie sind sicher allgemein bekannt. Jeder, der sich einmal aufs Wasser begeben hat, um Seerosen zu pflücken, hat die Tiere in raschen Sätzen über die Wasserfläche hüpfen sehen. Es ist nicht leicht, sie zu fangen, und hat man sie endlich erwischt, so hat man nicht viel davon; die Tiere strecken die Beine in Verlängerung des Körpers von sich und stellen sich tot, und fällt eins von ihnen wieder auf die Wasseroberfläche, so sucht es in langen Sprüngen das Weite.

Die Wasserläufer im weiteren Sinn umfassen fünf Familien: *Gerridae*, *Mesoveliidae*, *Veliidae*, *Hydrometridae* (= *Limnobatidae*) und *Hebridae*.

Gerridae (Wasserläufer).

Am Kopf (Tafel IV, Abb. 1) sitzen zwei grosse, vorstehende, kugelrunde Augen, deren Bau sofort erkennen lässt, wozu sie gebraucht werden sollen; der untere Teil des Auges ist viel stärker entwickelt als der obere, da das Tier vorzugsweise die Oberfläche des Wassers auf Beute untersucht. Der Rüssel ist lang, etwas gebogen und umschliesst, wie bei den anderen Wanzen, die pfriemförmigen Mandibeln und Maxillen; mit diesem Apparat wird die Beute ausgesogen. Die Mundteile sind sehr merkwürdig. Die eigentlichen Saugorgane, die maxillaren Stechborsten, sind ausserordentlich lang und reichen bis tief in den Thorax hinein; sie können daher weit aus dem Labium heraustreten. Die mandibularen Borsten haben nur normale Länge. *Hydrometra* (= *Limnobates*) hat ähnliche lange, maxillare Stechborsten (Weber 1933). Der Kopf trägt ferner die langen, wohlentwickelten Antennen. Die Brust ist beinahe ebenso lang wie der Hinterleib. Die Vorderbeine sitzen weit vorn am Prothorax, dicht am Kopf; mittleres und hinteres Beinpaar stehen nahe beisammen und sind weit nach hinten gerückt. Das vordere Beinpaar ist nicht besonders lang und wird meist geknickt gehalten. Es spielt bei der Bewegung keine grosse Rolle; ohne ein eigentliches Fangbein zu sein, dient es doch hauptsächlich zum Erfassen der Beute. Die beiden anderen Beinpaare sind ausserordentlich lang und dünn; sie werden in einer geraden Linie getragen. Bekanntlich gehen die Insekten auf den Füssen oder den Fussgliedern; die Wasserläufer brauchen dazu aber ausserdem die Tibien und bisweilen auch noch die Femora. Sie knicken die Beine nur ein, wenn sie einen richtigen Sprung machen wollen, und heben dadurch den Körper über den Wasserspiegel. Wenn sich die Tiere auf der Wasserfläche treiben lassen, strecken sie hingegen ihre vier hinteren Beine wie steife, dünne Nadeln kreuzweise nach aussen, und zwar die vorderen etwas mehr nach vorn, die hinteren mehr nach rückwärts (Abb. 93). Ebenso liegen die Beine fast völlig auf der Wasserfläche, wenn sich die Tiere langsam vorwärts rudern, während sich nur der Körper eben noch über sie erhebt. Die Beine wirken als lange Ausleger.

Die Tiere sind am ganzen Körper, besonders aber auf der Unterseite, mit einem dichten Filz steifer, silberglänzender, unbenetzbarer Haare bekleidet. Den ganzen Tag können die sonderbaren Tiere auf dem Wasser liegen, ohne nass zu werden, allerdings nur, wenn ihr Haarkleid stets blendend rein und blank ist; darum putzen sich die Tiere auch unablässig, besonders ihre Beine. Während sie sich unbeweglich auf dem Wasser treiben lassen, werden sie zuweilen vom Sommerwind erfasst und über die Wasserfläche hingefegt. Die Tiere können sich langsam ruckweise fortbewegen, indem sie dazu hauptsächlich das zweite Beinpaar benutzen, während das dritte vorzugsweise als Steuer gebraucht wird. Sie können sich aber auch in hohen, langen Sprüngen vorwärtsschnellen und über den Wasserspiegel hin in einem langen, eleganten Bogen enden, wie ein im Spiel über die Wasserfläche geschleuderter Stein. Es ist nicht leicht zu verstehen, wie der Sprung eigentlich ausgeführt wird. Es ist zwar verständlich, dass die Tiere durch ihre langen Ausleger-Beine imstande sind, auf der Oberfläche zu liegen; dagegen ist es kaum begreiflich, dass das Oberflächenhäutchen nicht durch den Sprung zerrissen wird, und dass es so fest ist, dass das Tier von ihm aus bis zu einem Dezimeter in die Höhe springen kann. Das Phänomen lässt sich wahrscheinlich durch die Haarbekleidung der Beine erklären; sie ist elastisch, federnd und spielt beim Sprung sicher eine grosse Rolle. Die Behaarung der Beine ist bei vielen tropischen Arten noch mehr als bei unseren einheimischen an den einzelnen Gliedern von ungleicher Länge.

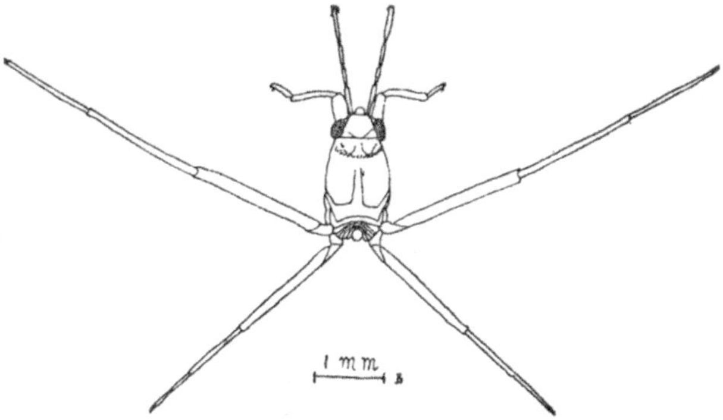

Abb. 93. Larve von *Gerris najas* de Geer auf dem Wasser ruhend. Man beachte das rudimentäre Abdomen. Nach Brocher, F. 1913.

Wie bei den Wanzen überhaupt, so stösst man auch bei den oben genannten fünf Familien auf die Eigentümlichkeit, dass bei derselben Art Formen mit wohlentwickelten und solche mit mehr oder minder reduzierten Flügeln vorkommen (makroptere und brachyptere Formen), ja dass innerhalb derselben Art sowohl geflügelte wie ungeflügelte Formen auftreten (aptere Formen). Wir werden uns hier und im folgenden damit begnügen, diese Tatsache zu konstatieren, um zum Schluss nach Besprechung aller Wasserwanzen auf dieses sonderbare Verhalten zurückzukommen.

Obgleich das Leben der Wasserläufer auf dem Wasser vor sich geht, so sind doch die allermeisten und namentlich die *Gerris*-Arten, mit denen wir uns hier beschäftigen wollen, für ein Leben im Wasser selbst nicht eingerichtet. Die meisten Wasserläufer gehen niemals freiwillig unter Wasser; von der Luft abgesperrt, ertrinken sie schneller als Landinsekten. Die ganze Unterseite der Tiere ist mit dem bereits früher besprochenen, silberweissen, schimmernden Haarfilz bekleidet; unter Wasser sind sie immer von einer Luftschicht umgeben, die an den Haaren festhängt. Die Lufthülle hat sicher keine respiratorische Bedeutung, sondern bewirkt wohl nur, dass die Tiere leichter als Wasser werden und ausserdem trocken auf der Wasseroberfläche liegen. Ist die Haarbekleidung nicht in Ordnung, so sinken die Wasserläufer unter Wasser zu Boden, oder sie können jedenfalls das Oberflächenhäutchen nicht mehr durchbrechen.

Die Nahrung besteht aus Kleininsekten, vorzugsweise toten oder halbtoten Tieren; sobald die Wasserläufer ein Aas wittern, stürzen sie sich wie

Schakale darauf und saugen es aus; auch um Tiere, die auf das Wasser gefallen sind und hier hilflos zappeln, sammeln sie sich in Scharen. Wehe der Fliege, die auf das Wasser gestürzt ist! Von allen Seiten strömen die Wasserläufer herbei und gruppieren sich strahlenförmig um das Opfer.

Sekundäre Geschlechtsmerkmale sind im allgemeinen nicht stark ausgeprägt, ausser bei gewissen *Rheumatobates*-Arten (Amerika), bei denen die Antennen des Männchens beide knieförmig abgebogen sind und wohl zum Festhalten des Weibchens dienen. Das Männchen der Wasserläufer ist zumeist kleiner als das Weibchen; es verbringt einen grossen Teil seines Lebens in höchst bequemer und behaglicher Weise; es sitzt nämlich stunden- und tagelang auf dem Rücken des Weibchens, umklammert mit seinen Vorderbeinen, die oft Anpassungen an diese Funktion aufweisen, den Mesothorax des Weibchens und streckt die übrigen Beine der ganzen Länge nach von sich. Das Weibchen ist offenbar an diese Bürde gewöhnt; fröhlich hüpfen und schreiten die Tiere miteinander umher und nur, wenn Gefahr im Anzug ist, springt das Männchen ab.

Die Eiablage (Abb. 95–97) geht den ganzen Sommer hindurch vor sich und zwar bei den einzelnen Arten auf recht verschiedene Weise; leider fehlen uns darüber nähere Aufklärungen. Soviel mir bekannt ist, legen die grösseren *Gerris*-Arten ihre Eier in gallertartigen Bändern (Abb. 95) von etwa 5 cm Länge ab, die z. B. an Blättern von Potamogeton festgeklebt werden und etwa 50 Eier enthalten können. Andere Arten, namentlich die kleineren, versenken die Eier in kleine Löcher, und zwar suchen sie sich dazu vornehmlich faulende, treibende Pflanzen aus, oder sie bringen die Eier zwischen Moosblättern an (Abb. 96). Gelegentlich findet man Holzstücke mit einem dichten Belag von Gerriden-Eiern (Abb. 97). Das ist besonders häufig, wenn Wasserläufer der Gattung *Gerris* in ganz kleinen Moortümpeln eingeschlossen sind, wo solch ein einzelner Holzstumpf das einzige zur Eiablage geeignete Material bildet. Andere Fundstellen von Eiern lassen darauf schliessen, dass das Muttertier zur Eiablage unter Wasser gegangen ist. Die Tiere schlüpfen den ganzen Sommer hindurch; im Laufe der warmen Zeit kommen vermutlich mehrere Generationen zur Entwicklung. Im Frühsommer sind die Ufer oft mit jungen Wanzen übersät; ihre silberne Behaarung ist kaum so vollkommen wie die der Alten, sie halten sich auch mehr an die Vegetation und gehen im allgemeinen nicht so weit aufs Wasser hinaus wie die Eltern.

Die Larven zeigen ein sehr eigentümliches, bisher noch wenig beachtetes Verhalten. Wenn sie ausschlüpfen, ist ihr Hinterleib normal gebaut, er wird aber während der 2. und 3. Häutung fast vollständig rückgebildet. Das Tier besteht in diesem Stadium eigentlich nur aus Kopf und Brust mit den Antennen, dem ersten Beinpaar und zwei mächtig langen, kreuzweise stehenden, hinteren Beinpaaren. Bei den späteren Häutungen entwickelt sich der Hinterleib wieder. Diesbezügliche nähere Untersuchungen fehlen noch, soviel mir bekannt ist (Abb. 93).

Noch vor Eintritt des Winters sind alle Larven verwandelt; die es nicht sind, sterben wahrscheinlich im Laufe des Winters ab. Die Tiere überwintern ausschliesslich an Land, in Anschwemmungen, in welker Vegetation, in Moos nahe am Wasser, aber niemals unter der Eisdecke. Oft verkriechen sich die Tiere merkwürdig weit vom Wasser entfernt unter Moospolstern am Fusse von Fichtenbäumen; steif gefroren schlafen sie ihren Winterschlaf, erscheinen aber auf dem Wasserspiegel, sobald die Frühlingssonne eine Wasserrinne am südexponierten Ufer des Teiches aufgetaut hat.

Zu der Hauptgattung *Gerris* gehören mehrere Arten, von denen *G. lacu-*

stris L. die häufigste ist. Die einzelnen Arten kommen gewöhnlich nicht an derselben Lokalität vor. Unsere grösste Art, *G. najas* de Geer, lebt vorzugsweise auf fliessendem Wasser oder auf dem freien Wasser grösserer Seen, hingegen nicht zwischen der Vegetation kleinerer Teiche. Im Lellingewald bei Köge bietet sich eine einzigartige Gelegenheit, die kleinen Schwärme der schönen, grossen Tiere (16—17 mm) zu beobachten, die immer ruhig am selben Fleck liegen; nur hin und wieder, wenn sie von der Strömung zu weit abgetrieben werden, hüpfen sie behende wieder vorwärts.

Abb. 94.

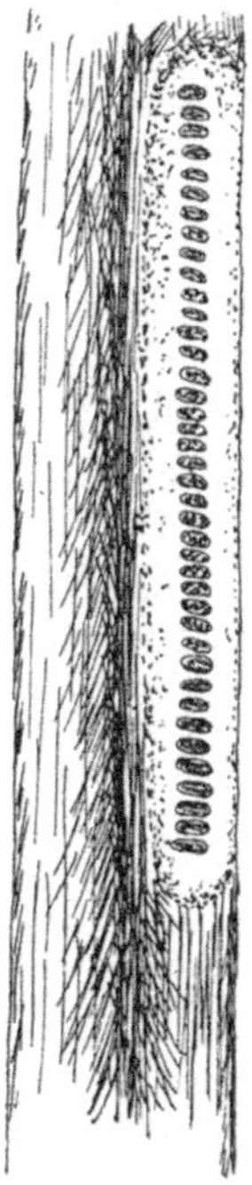

Abb. 95.

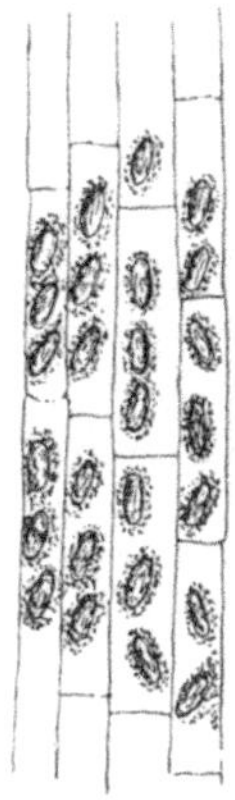

Abb. 96.

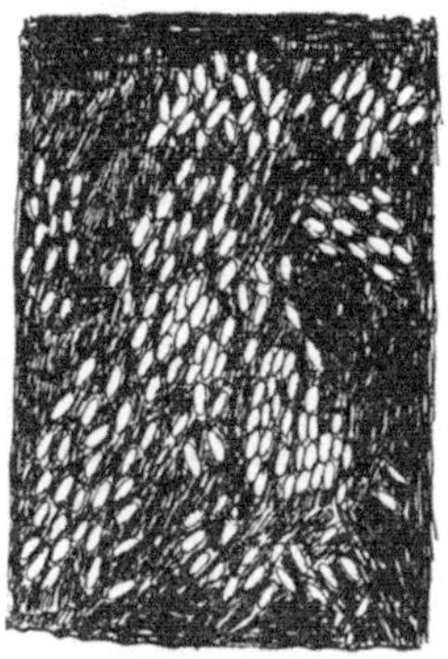

Abb. 97.

Abb. 94–97. Eier der Gerriden und Hydrometriden.
Abb. 94. Ei von *Limnobates* (*Hydrometra*) *stagnorum* L. Nach Brocher, F. 1913.
Abb. 95. Eierschnur von *Gerris* auf einem Stratiotesblatt abgelegt. W-L. del.
Abb. 96. Eier von *Gerris* in ein Blatt eingestochen. W-L. del.
Abb. 97. Eier von *Gerris* auf einem Stück Holz abgelegt. W-L. del.

Zur Familie der *Gerridae* werden auch einige Arten gerechnet, die in mehreren Unterfamilien zusammengefasst werden. Manche von ihnen haben sonderbarerweise nicht allein die Oberfläche des Süsswassers, sondern auch die des Meeres erobert. Das gilt besonders für die Unterfamilien der *Halobatinae*, *Haloveliinae* und *Hermatobatinae*, alle vorwiegend tropische Formen. Zu ersterer gehört die eigentümliche, für die tropischen Gewässer charakteristische Gattung *Rheumatobates* (Schroeder 1931) (Taf. IV, Abb. 4). Sie hat geknickte Antennen und enorm lange Mittelbeine. Das hintere Beinpaar zeichnet sich durch sehr stark verdickte Schenkel aus (Meinert 1895). *Halovelia maritima* Bergr. ist, wie schon der Name sagt, maritim. Sie lebt auf Felsen und Korallenriffen und ernährt sich angeblich von Planktoncrustaceen. Das Männchen ist fast kugelrund. Die Art ist im Meer bei Timor und an den Küsten von Japan heimisch (Esaki 1924) (Taf. IV, Abb. 18).

Hydrometridae.

Zur Familie der *Hydrometridae*, die etwa 50 zumeist tropische Arten umfasst, gehört die Gattung *Hydrometra* (= *Limnobates*) mit der Hauptart *L. stagnorum* L. (Taf. IV, Abb. 3). Die Hydrometriden sind wahrscheinlich die dünnsten Insekten, die existieren; die bei uns heimische Art ist nicht dicker als ein Nähfaden. Alle Teile, der Kopf und besonders die Brust sind stark verlängert. Die meisten Individuen sind flügellos, immerhin finden sich auch geflügelte Individuen. Ihre Beine sind ganz anders gestaltet als die der Gerriden; sie sind ausserordentlich dünn, beim Gehen geknickt und heben, wie bei den meisten Landtieren, den Körper hoch über die Unterlage. Es ist interessant, dass der dichte, filzige, samtene Belag, der bei den *Gerris*-Arten die ganze Unterseite der Beine bekleidet, an den Beinen von *Limnobates* nur den distalen Teil deckt, aber doch so weit, wie sie mit dem Wasser in Berührung kommen, wenn die Tiere auf ihm liegen oder sich fortbewegen. Die Hydrometriden sind nicht auf dem vegetationsfreien Wasserspiegel zu Hause, sondern in der feuchten Vegetation der Tümpel und Teiche; kommt man im Frühjahr an einen Teich, so kann man erleben, dass ein blauschwarzes Heer von langen Gespenstern gemächlich ausschreitend vom Land auf die Wasserfläche hinauswandert; infolge ihrer ausserordentlichen Schlankheit und ihrer dunklen Farbe sind sie nur schwer zu erkennen. Die Tiere sind sehr träge. Sie können nur gehen, wobei sie die Beine wechselweise bewegen, aber nicht springen.

Die Hydrometriden fangen ihre Nahrung hauptsächlich auf dem Wasserspiegel; sie besteht vorwiegend aus Wassertieren, die zum Atmen an die Oberfläche kommen, vor allem aus Mückenlarven. Haben sie ein Beutetier bemerkt, so schleichen sie sich an dieses heran und bohren ihren Rüssel hinein. Die Vorderbeine werden nicht als Fangbeine gebraucht. Man sieht auch, dass sich die Hydrometriden gelegentlich über totes und halbtotes Getier hermachen, das auf der Wasserfläche liegt. Die Beute wird wahrscheinlich zumeist am Land verzehrt.

Paarung findet den ganzen Frühsommer hindurch statt; die Art bringt auch bei uns mehrere Würfe im Jahr hervor. Die Eier (Abb. 94) werden einzeln und auf recht sonderbare Weise abgelegt. Das eierlegende Weibchen drückt sein Hinterende gegen eine Wasserpflanze und sondert aus der Genitalöffnung einen Tropfen einer gummiartigen Masse ab, die an die Pflanze angepresst wird. Die Masse erhärtet unten zu einem Saugnapf, oben zu einem Faden, auf den das sehr lange Ei abgesetzt wird; seine Länge beträgt fast ein Fünftel der Länge des ganzen Tieres. Die Eischale ist von sehr komplizierter und schön regelmässiger Struktur (Martin 1900, Brocher 1911a). Das Weibchen legt wahrscheinlich nur wenige Eier ab. Einzelne Tropenformen legen angeblich eine weit grössere Zahl von Eiern, bis zu 175 (Hungerford 1919). Lundblad (1921) hat sehr schöne Zeichnungen der fünf eigentümlich aussehenden Larvenstadien veröffentlicht.

Flügellose Formen oder solche mit mehr oder minder reduzierten Flügeln sind anscheinend überall am häufigsten (de la Torre Bueno 1926, Hungerford und Evans 1924). Poisson (1924) hat die Frage der Flügellosigkeit bei *Limnobates* näher untersucht. Er wies nach, dass kurzflüglige Formen kurzflüglige und langflüglige Formen langflüglige Nachkommen hervorbringen. Wenn beide Eltern gleich lange Flügel haben, sind auch die Flügel der Jungen von gleicher Länge; sind hingegen die Flügel der Eltern ungleich lang, so tragen auch die Jungen Flügel von verschiedener Länge. Poisson schliesst daraus, dass die Flügellänge ein erbliches Merkmal ist (vgl. später).

Veliidae.

Die Familie der *Veliidae* mit der Hauptart *Velia currens* Fabr. (Taf. IV, Abb. 17) sucht ihre Wohnstätte vorzugsweise auf fliessenden Gewässern. Eigentlich sollte man es für unmöglich halten, dass die Tiere, wenn auch nur wenige Monate lang, auf ständig fortgleitenden Wassermassen leben können, wo sie unaufhörlich von der Strömung fortgetragen werden und schliesslich in einen

See oder ins Meer gelangen müssen, wo sie indessen nie zu finden sind. Die Tiere leben zwar auf der Oberfläche fliessender Gewässer, suchen aber die stillen Buchten auf, wo die Strömung niemals so stark ist, dass sie ihr nicht Widerstand leisten und sie überwinden können.

Die Veliiden unterscheiden sich in Bau und Lebensweise nicht unwesentlich von den übrigen Wasserläufern. Ihre Beine sind kurz, die vorderen oft Fangbeine; auch bei ihnen sind die Mittelbeine am längsten. Die Beine werden stark

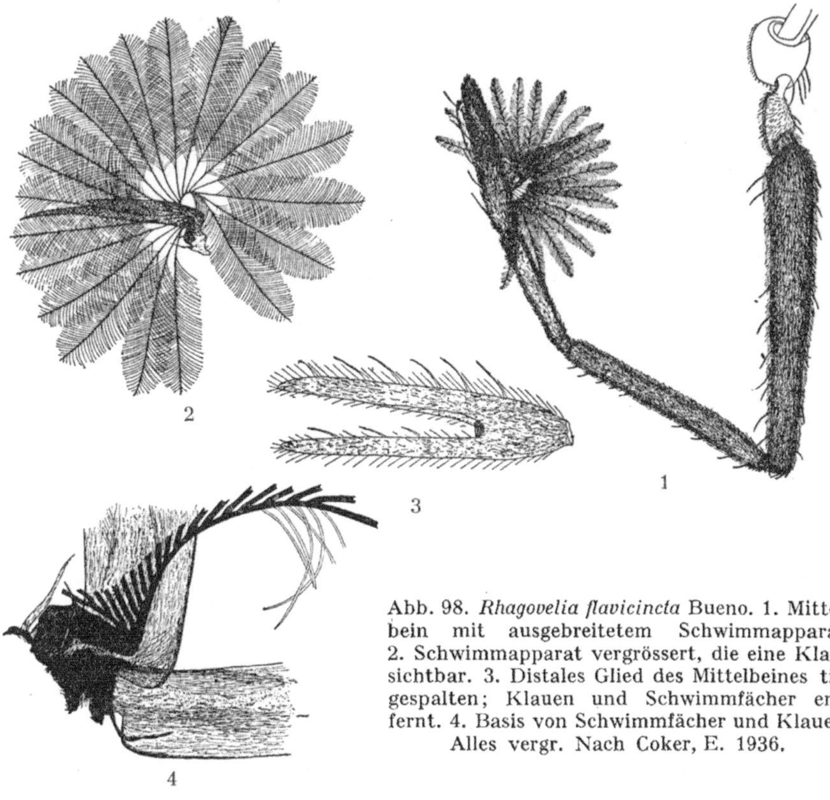

Abb. 98. *Rhagovelia flavicincta* Bueno. 1. Mittelbein mit ausgebreitetem Schwimmapparat. 2. Schwimmapparat vergrössert, die eine Klaue sichtbar. 3. Distales Glied des Mittelbeines tief gespalten; Klauen und Schwimmfächer entfernt. 4. Basis von Schwimmfächer und Klauen. Alles vergr. Nach Coker, E. 1936.

geknickt getragen. Die Tiere laufen, indem sie die Beine abwechselnd über das langsam gleitende Wasser bewegen; sie sind ausserordentlich behende, können zwar nicht hüpfen, bewegen sich aber laufend mit grosser Schnelligkeit fort. Die Velien gehören zu den wenigen Wasserläufern, die imstande sind, sich nicht nur auf der Oberfläche, sondern auch im Wasser zu bewegen. Man sieht sie nicht selten untertauchen und mit dem Rücken nach oben davonschwimmen, häufiger aber kriechen sie mit dem Bauch nach oben unter dem Wasserspiegel hin, stets völlig in eine Luftschicht eingehüllt. Sowohl geflügelte wie ungeflügelte Formen kommen vor, hingegen sind Zwischenstadien bei ihnen nicht nachgewiesen.

Paarung und Eiablage finden im Frühjahr statt; bei uns kommt wohl kaum mehr als eine Generation zur Entwicklung. Die Überwinterung erfolgt nur im vollentwickelten Stadium; die Tiere kommen den ganzen Winter hindurch, wenn auch ziemlich träge, an den offenen Stellen fliessender Gewässer vor. Die Eier werden wahrscheinlich über Wasser abgelegt, doch ist uns darüber nur sehr wenig bekannt. Bei südamerikanischen Velien sind Stridulationsorgane an den Hinterschenkeln und an den Seiten des Hinterleibes nachgewiesen (Hungerford 1929).

Die Beine der Velien zeichnen sich dadurch aus, dass das letzte Fussglied gespalten ist, und dass die Klauen tief im Grunde der Spalte liegen. Sicherlich spielt diese eigenartige Gestaltung des Fusses bei der Bewegung des Tieres auf dem Wasserspiegel eine Rolle. Die erwähnte Spalte ist mit ziemlich langen Haaren besetzt.

Am weitesten fortgeschritten ist die Gattung *Rhagovelia* (Abb. 98; Taf. IV, Abb. 2), die mit zahlreichen Arten sowohl in der alten wie der neuen Welt verbreitet ist, jedoch in Europa bisher nicht gefunden wurde (Gould 1931, Lundblad 1936). Sie gehört vorzugsweise schnellfliessenden Bächen an. Einzelne Arten leben auch in Brackwasserpfützen. Es kommen sowohl geflügelte wie flügellose Formen vor. Der Mitteltarsus (Abb. 98) ist tief gespalten; in der Spalte stehen etwa 20 lange, gefiederte Haare, sowie zwei blattförmige, chitinisierte Stäbe, die als modifizierte Klauen aufzufassen sind. Bei Nichtgebrauch liegt der Apparat zusammengelegt in der Spalte, während er bei Gebrauch zu einem prächtigen Schwimmfächer entfaltet wird. Die Haare entspringen nicht von einer Stelle, sondern von einem langen, gebogenen Stamm. Die Schwimmfächer gleiten bei der Bewegung der Tiere an der Oberfläche nicht über das Wasser, sondern werden unter Wasser wie ein Paar Ruder hin und her bewegt (Bueno 1907, Coker 1936). Lundblad (1936) hat aus Ceylon und Hinterindien die Gattung *Tetraripis* beschrieben, welche ebenfalls tiefgespaltene Tarsen an den Hinterbeinen hat, deren Schwimmhaare aber nicht gefiedert sind. Zu den Veliiden gehört auch die auf der Wasseroberfläche laufende, sehr kleine *Microvelia* (Taf. IV, Abb. 20).

Mesoveliidae.

Von dieser kleinen Familie ist namentlich eine Gattung mit der Art *Mesovelia furcata* Muls. und Rey hervorzuheben. Lundblad wies die Art in Schweden nach und kam bei seinem Aufenthalt in meinem Laboratorium zu der Überzeugung, dass sie sich auch hierzulande vorfinden müsse. Sie war übrigens schon früher durch ein Exemplar aus Lyngby bekannt. Lundblad konnte nun feststellen, dass die Art in meinem ganzen Untersuchungsgebiet – Gribsee, Funketeich u. s. w. – ausserordentlich verbreitet ist. Unzählige Male habe ich diese Wasserwanzen scharenweise auf Seerosenblättern und auf der Wasserfläche zwischen ihnen umherwandern sehen. Da sie immer kurzflüglig sind (Lundblad hat nur ein einziges geflügeltes Exemplar gefunden), hatte ich sie früher stets für die Jungen anderer Wasserwanzen angesehen. Sie sind übrigens durch ihre hellgrüne Farbe leicht erkennbar. Hungerford (1919) gibt an, dass die Eier in Pflanzen eingestochen werden. Das Männchen bleibt angeblich bei der Eiablage auf dem Rücken des Weibchens; die Überwinterung erfolgt wahrscheinlich im Eistadium (Ekblom 1928).

Hebridae.

Winzig kleine Tiere, die oft scharenweise auf Schwimmblättern nahe am Ufer sitzen. Liegt man mit dem Boot zwischen Nymphaeaceenblättern, so gewahrt man oftmals *Hebrus pusillus* Fall., der mit dem Rücken nach unten unter dem Wasserspiegel hinkriecht. Die Eier wurden zwischen Moosblättern nachgewiesen. Die Tiere wurden überwinternd im Schnee gefunden (Hungerford 1919). Man kennt sowohl makroptere wie mikroptere Formen.

Hydrocorisae (Wasserwanzen).

Antennen sehr kurz, 3–4-gliedrig, hinter den Augen versteckt. Beine bei den *Nepidae* Gangbeine, bei den *Galgulidae* Sprungbeine. Sonst sind die Hinterbeine meist Ruderbeine; Vorderbeine bei den *Corixidae* schaufelförmig; Mittelbeine bei den *Notonectidae* Raubbeine. Ufer- und Wasserbewohner; Tracheensystem immer offen. Hinterflügel oft reduziert.

5 Superfamilien: *Mononchydides, Pelocorides* (tropische Waldtiere), *Nepides, Notonectides* und *Corixides.*

Mononchydides (Uferwanzen).

Von dieser Superfamilie, die an Seeufern und Meeresküsten lebt, wird hier nur die Familie der *Galgulidae* (»Toadbugs«) erwähnt (Taf. IV, Abb. 5).

Es sind breite, plumpe, ziemlich kleine Insekten von warzigem Aussehen. Sie leben auf Schlammboden, haben dessen Farbe und sind daher auch schwer zu entdecken. Die Tiere leben in Gesellschaften, sind ausgesprochene Raubtiere und im Sonnenschein sehr lebhaft. Einige Arten graben sich kleine Höhlungen im Schlamm oder unter Steinen; sie finden sich auch an Lokalitäten, die zeitweise vom Wasser bespült werden; während solcher Überschwemmung verbleiben die Tiere in ihren Schlupflöchern. Sie besitzen die Fähigkeit zu springen. Die Eier werden im Sand abgelegt. In Europa (Südeuropa) kommt nur eine Art vor, die anderen Arten nur in den übrigen Erdteilen (HUNGERFORD 1922a). TAKAHASHI (1921) gibt an, dass die Nymphen einer in Formosa heimischen Art ihren Rücken mit Sandkörnern bedecken.

Nepides.

Zu der Superfamilie der Nepides gehören die drei Familien der *Naucoridae, Belostomatidae* und *Nepidae.*

Nepidae (Skorpionswanzen).

Zu den Nepiden oder Skorpionswanzen gehören zwei Hauptgattungen: *Nepa* mit *N. cinerea* L., der Skorpionswanze, und *Ranatra* mit *R. linearis* L., der Stabwanze. Beiden gemeinsam sind das lange, dünne, aus zwei seitlichen Hälften bestehende Atemrohr am Hinterleib und die zu kräftigen Fangbeinen umgewandelten Vorderbeine, deren Schenkel mit einer Furche ausgestattet sind, in welche die Tibien eingeschlagen werden können, ferner, dass die übrigen Beinpaare lang und dünn und mehr zum Kriechen und Krabbeln als zum Schwimmen geeignet sind. Unsere gewöhnliche Skorpionswanze ermangelt fast völlig der Schwimmhaare; *Ranatra* besitzt solche, aber nur schwach entwickelt; auf Abbildungen fehlen sie oft ganz. Die Spirakel des 8. Hinterleibssegmentes sitzen am Grund des Atemrohres, die übrigen sind atrophiert.

Nepa (Taf. IV, Abb. 8). Wenn *Nepa* aus dem Ei kommt, gleicht sie eher einem flachen, lausähnlichen Wesen, das hinten mit einem ganz kurzen, rinnenförmigen, aus einem Stück gebildeten Atemrohr ausgestattet ist. Sämtliche Atemlöcher sind offen. Auf der Unterseite des Hinterleibes verlaufen zwei von Haaren bedeckte Furchen, durch welche die aus dem im oberen Teil Y-förmigen Atemrohr kommende Luft in die in der Furche liegenden Spirakel geleitet wird. Alle Tracheen der Larve sind röhrenförmig; grössere Luftsäcke finden sich nicht vor.

Die jungen Larven kommen im Juli zum Vorschein und wandern in ungeheuren Scharen dem Ufer zu, wobei sie möglichst in der Wasserlinie, an der Grenze von Land und Wasser bleiben. Zieht man einen Stock durch den Boden, besonders an einer Stelle, wo er weich und grau ist, so setzt sich ein ganzes Heer von winzigkleinen Skorpionswanzen wasserwärts kriechend in Bewegung; sie haben es offenbar sehr eilig, kommen aber nur langsam vom Fleck, weil sie nicht schwimmen können, und da sie schwerer sind als Wasser, kommen sie nicht vom Boden los. Die Tiere wagen sich nicht gern weiter ins Wasser, als bis zu einer Tiefe von nur wenigen Zentimetern, da sie bereits hier nicht mehr Luft bekommen können. Sie liegen gewöhnlich im Schlamm eingegraben, gerade in der Wasserlinie; nur der spitze Rüssel ragt empor. Die Konturen der Fangbeine zeichnen sich im Sand schwach ab; alles Kleingetier, das in Reichweite dieser Beine gerät, wird ergriffen und ausgesaugt. Bei der 5. Häutung tritt das Tier in das geschlechtsreife Stadium ein. Die letzte Verwandlung geht im allgemeinen im August und September vor sich; später als im September oder Oktober trifft man nur selten auf Larven. Ich selbst habe in der Zeit von November bis Mai niemals Larven gesehen, aber LARSÉN (1938) gibt an, dass er sie auch im Winter gefunden hat.

Bei der letzten Häutung macht die Skorpionswanze grosse Umwandlungen durch, die besonders die Respirationsorgane betreffen; das kurze Atemrohr wird zu einer Röhre verwandelt, die beinahe so lang ist wie das Tier. Sie ist jetzt in zwei Teile gespaltet, die rinnenförmig ausgehöhlt und innen behaart sind. Die beiden Hälften sind voneinander trennbar. Sämtliche Spirakel sind geschlossen, ausgenommen die der Brust sowie das erste und letzte Paar des Abdomens, von denen das letzte am Grunde der Atemröhre liegt. Die behaarten Furchen an der Unterseite der Larve verschwinden bei der Imago. Das Tracheensystem wird mit grossen Tracheenblasen ausgestattet. All diese Umbildungen geschehen auf einmal und zwar beim Übergang vom letzten Larvenstadium zum vollentwickelten Stadium (DOGGS 1908). Durch die Umwandlung wird eine bessere Anpassung an das Leben im Wasser erreicht. Der grosse, im Körper und unter den Flügeln des Tieres aufgespeicherte Luftvorrat bewirkt, dass das Tier gewöhnlich leichter ist als Wasser und daher an der Oberfläche flottiert; dieser Umstand trägt ferner dazu bei, dass es trotz seiner geringen Ausstattung mit Schwimmhaaren imstande ist, ein wenig zu schwimmen. Weder *Nepa* noch *Ranatra* sinken zu Boden, wenn sie ins Wasser geworfen werden. Wiederholt habe ich von meinem Boote aus *Nepa* im freien Wasser zwischen den Pflanzen schwimmen sehen. Im Sommer sitzen die Tiere oft auf der Unterseite von Pflanzen, z. B. von Seerosenblättern, und zwar zuweilen ziemlich weit draussen im Wasser. Beim Schwimmen wird das mittlere Beinpaar nach hinten geschlagen, während das hintere Beinpaar nach vorn geführt wird; die Beine werden im Wasser paarweise, beim Kriechen an Land dagegen abwechselnd bewegt. Die Skorpionswanzen sind im grossen und ganzen träge.

Bezüglich des Respirationsprozesses gehen die Ergebnisse der Untersuchungen stark auseinander (BROCHER 1908–11, DOGGS 1908). Am 4., 5. und 6. Hinterleibsring, wo bei der Larve die Respirationsspirakel liegen, finden sich bei der Imago eigentümliche, siebförmige, fast kreisrunde Felder, deren Bedeutung lange rätselhaft war (Abb. 99). Man hielt sie eine Zeitlang für Spirakel, musste jedoch diese Annahme später aufgeben. Die Organe kommen in etwas anderer Form auch bei der Larve vor, und zwar in den bereits erwähnten Haarkanälen. Sinnreiche und äusserst sorgfältig durchgeführte Versuche haben dargetan, dass sie aller Wahrscheinlichkeit nach Sinnesorgane sind, die zur Orientierung im Wasser dienen; sie sind als statische Organe aufzufassen (BAUNACKE 1912).

Es kann noch bemerkt werden, dass der Rücken des Hinterleibes auffallend ziegelrot gefärbt ist; ferner dass die Antennen der Nepiden nur dreigliedrig sind; das zweite Glied ist zu einem langen Fortsatz ausgezogen.

Die Imagines der Skorpionswanzen leben ungefähr ebenso wie die Larven. Im seichten Wasser, unter Steinen und Balken, lauern sie, mehr oder minder im Schlamm begraben, auf Beute. Nur selten liegen sie, wenigstens im Sommer, so weit draussen, dass die Spitze ihres Atemrohres nicht mehr über die Wasserfläche hinausragt. Diese Spitze ist mit kurzen Borsten versehen, die auf der Wasseroberfläche liegen, sodass das Tier gleichsam an ihnen aufgehängt erscheint. Die Tiere können auch mit der Spitze des Atemrohres an der Oberfläche hängend im Wasser liegen; schneidet man die Spitze ab, so beobachtet

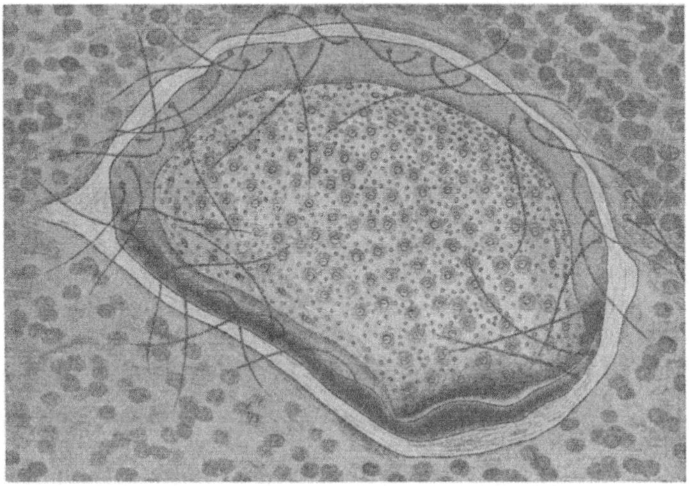

Abb. 99. Sogenanntes statisches Organ von *Nepa cinerea* L. Nach Baunacke 1912.

man, dass die Tiere nun an Hölzern u. dgl. in die Höhe zu kommen trachten und jetzt ein viel längeres Stück des Atemrohres aus dem Wasser herausstecken als vorher.

Es wurde von vielen Seiten (Doggs 1908, Ferrière 1914, Brocher 1916) geltend gemacht, dass *Nepa* keineswegs imstande sei zu fliegen, und dass man niemals eine fliegende *Nepa* gesehen habe. Dass das Fliegen für die meisten Individuen ein Ding der Unmöglichkeit ist, geht schon aus der sehr eigentümlichen Struktur des thorakalen Tracheensystems hervor. Bei den allermeisten, aber nicht bei allen Individuen liegen nämlich in der Brust zu beiden Seiten des Herzens längliche Organe von faseriger Struktur nahe an einem Tracheenstamm, durch den sie mit einer grossen Menge von Tracheen versorgt werden (Abb. 102–103). Das sind die Flügelmuskeln, die histologisch umgebildet und jetzt nicht mehr für ihren ursprünglichen Zweck zu brauchen sind. Es ist nun eigentümlich, dass diese Umbildung bei manchen Individuen nicht stattgefunden hat, doch sind vermutlich auch sie nicht fähig zu fliegen. Die Bedeutung der modifizierten Organe ist zweifelhaft; wahrscheinlich sind sie aber in irgend einer Weise bei der Respiration beteiligt. Sie werden von manchen Forschern als Sauerstoffbehälter aufgefasst, die Sauerstoff abgeben, wenn der Druck des O_2 in den Tracheen sinkt; andere sind der Ansicht, dass es rudimentäre Organe ohne respiratorische Bedeutung sind (Doggs 1908, Poisson 1924). Näheres lässt sich im Augenblick nicht sagen.

Es ist indessen zu bemerken, dass die Hinterflügel selbst zwar nicht atrophiert, aber bei den einzelnen Individuen sehr ungleich entwickelt sind. Ein Punkt scheint mir merkwürdigerweise nicht beachtet worden zu sein. Die Hinterflügel haben auf alle Fälle die Aufgabe, den Luftbehälter unter den Deckflügeln abzudichten. Anscheinend hat man auch bei der Untersuchung die eventuelle Verschiedenheit der beiden Geschlechter nicht genügend berück-

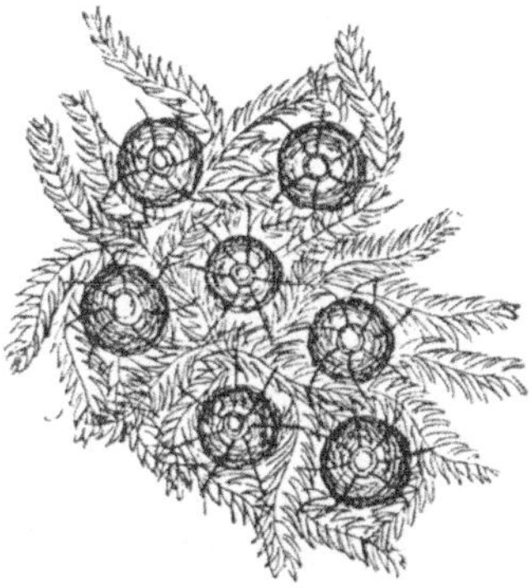

Abb. 100.

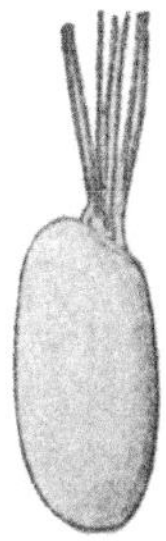

Abb. 101.

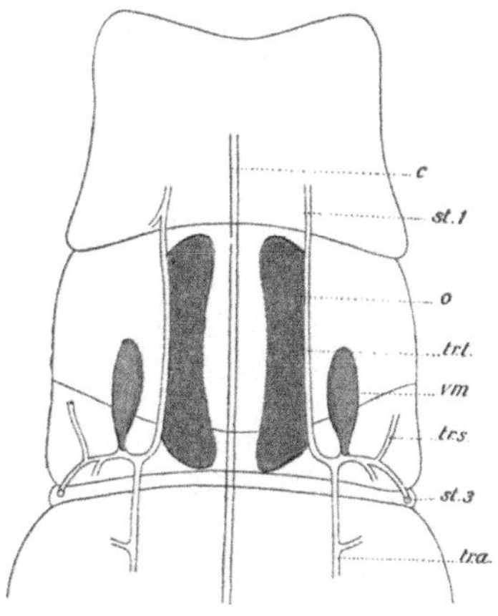

Abb. 102.

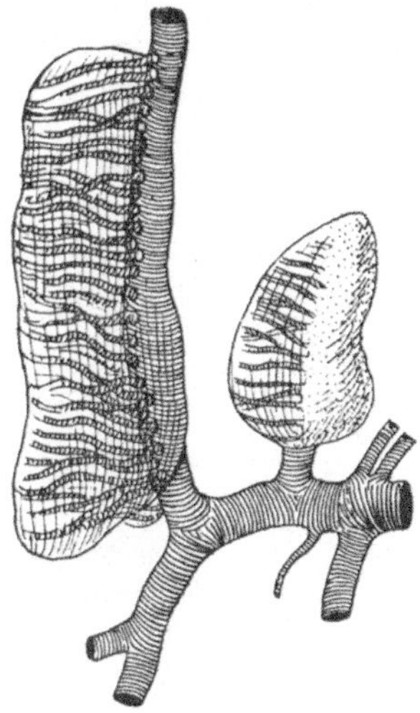

Abb. 103.

Abb. 100. Eier von *Nepa cinerea* L. in Hypnum eingestochen. W-L. del.

Abb. 101. Ei von *Nepa cinerea* L. mit 7 Fäden. Nach Kuhlgatz 1909.

Abb. 102. *Nepa cinerea* L. Die grossen Tracheenlungen im Thorax. *c* Herz, st_1, st_3 pro- und metathorakales Spirakel, *o*, *vm* die Tracheenlungen, *trt*, *trs*, *tra* Tracheen. Nach Ferrière, C. 1914.

Abb. 103. *Nepa cinerea* L. Imago. Dorsalansicht der beiden dorsalen Tracheenlungen, die aus den beiden dorsalen Längsmuskeln des Mesothorax hervorgegangen sind. Nach Doggs, W. 1908.

sichtigt; es wäre ja nicht ausgeschlossen, dass die Atrophie der Flügelmuskeln bei den viel kleineren Männchen weiter fortgeschritten ist als bei den Weibchen.

Die Paarung geht, wie so oft bei den Wanzen, in einer sonderbar verrenkten Stellung vor sich, indem das auf dem Rücken des Weibchens sitzende Männchen seinen Hinterleib seitlich unter den des Weibchens dreht. Bei der Paarung klaffen die beiden Hälften der Atemröhren weit auseinander. Die Tiere paaren sich hauptsächlich im Frühsommer, nach Larsén (1938) fast während des ganzen Jahres und zwar vom Oktober bis zum Juli des nächsten Jahres, im Winter jedoch wohl kaum in der Natur. Dann beginnt die Ablage der Eier.

Die Eier sind gross; die Eischale ist lederartig und an dem einen Pol mit einem Kranz von rötlichen Fäden ausgestattet, im allgemeinen sieben, bisweilen sechs oder acht an der Zahl (Abb. 100–101). Die Eier werden in weichen, faulenden Pflanzenteilen abgesetzt, die auf dem Wasser schwimmen, oder in wasserdurchtränkten Algenkissen, Moospolstern u. dgl. Sehr oft findet man im Juni oder Juli kleine Inseln von Eiern in den Algenkissen von Spirogyra, Oedogonium u. a. auf der Wasseroberfläche. Auf quadratmetergrossen Flächen habe ich häufig 30–40 solcher kleinen Inseln gezählt. Die Eier selbst sind nicht zu sehen, sie liegen in die Algen eingesenkt, aber unter Wasser. Der Haarkranz ist mit seinen sieben Fäden derart über den Algen angebracht, dass das Wasser nicht in die Mitte des Kreises eindringt, die auch in der Tat immer trocken ist. Durch eingehende Untersuchungen wurde festgestellt, dass sowohl die Eischale wie die Fäden porös sind. Die Aufgabe der letzteren besteht sicher darin, dem Ei während seiner Entwicklung frische Luft zuzuführen (KORSCHELT 1887). Obgleich das Ei unter Wasser liegt, ist es innerhalb der Schale von einer Luftschicht umgeben, die durch die Fäden beständig erneuert wird.

Die Entwicklung vom Ei zur Imago geht vom Juni bis zum September vonstatten. Im Herbst sammeln sich die Skorpionswanzen oft in ungeheuren Scharen am Ufer. Die Tiere überwintern hauptsächlich in fliessenden Gewässern und an den Ufern unserer grösseren Seen, namentlich an Brandungsküsten, also an Lokalitäten, die sehr spät zufrieren und schon sehr früh auftauen. Eine nicht geringe Menge überwintert aber auch in kleinen Teichen unter der Eisdecke. Obwohl die Skorpionswanzen luftatmende Tiere sind, können sie monatelang unter dem Eis, abgeschlossen von atmosphärischer Luft leben. Lässt man Wasser mit Skorpionswanzen einfrieren, aber so, dass in der Mitte des Eisklumpens ein eisfreier Raum persistiert, so können die Tiere in diesem Raum monatelang weiterleben. Ich hatte solche Tiere im Keller meines Laboratoriums stehen, sozusagen auf Eis gelegt, mit dem Rücken nach unten. Das ist vor allem dadurch möglich, dass das Wasser bei niedriger Temperatur mehr Luft enthält als bei höherer, und ferner dadurch, dass der Stoffwechsel der Tiere bei niedriger Temperatur so stark herabgesetzt ist, dass zur Aufrechterhaltung des Lebens nur eine ausserordentlich geringe Sauerstoffmenge notwendig ist. Was aber noch in wesentlichem Grad dazu beiträgt, dass sie derartige Verhältnisse überdauern können, ist der namentlich im Winter recht bedeutende Vorrat an Luft, den sie beständig unter den Flügeln mit sich

---

TAF. IV

Heteroptera.

Abb. 1. *Gerris najas* De Geer. Nach Jensen-Haarup, A. 1912. × $1^1/_2$.
— 2. *Rhagovelia obesa* Uhl. Nach Hungerford, H. 1919. × 3.
— 3. *Hydrometra* (= *Limnobates*) *stagnorum* L. Nach Kuhlgatz, T. 1909. × 4.
— 4. *Rheumatobates Bergrothi* Mein. Nach Meinert 1895.
— 5. *Galgulus* (= *Gelastocoris*) sp. Nord-Amerika. Nach Hungerford, H. 1919. × 3.
— 6. *Idiocoris lithophilus* Esaki und China. Fam. *Helotrephidae*. Ost-Afrika. Nach Esaki, T. und China, W. 1928. Vergr.
— 7. *Hebrus concinnus* Uhl. Fam. *Hebridae*. Nach Hungerford, H. 1919. × 12.
— 8. *Nepa cinerea* L. Nach Jensen-Haarup, A. 1912. × 2.
— 9. *Curicta* sp. Nord-Amerika. Nach Hungerford, H. 1919.
— 10. *Ranatra linearis* L. Nach Kuhlgatz, T. 1909. × 2.
— 11. *Lethocerus americanus* Leidy. Nord-Amerika. Nach Rankin, K. 1935. × $1^1/_2$.
— 12. *Serphus* sp. ♂, mit Eiern auf dem Rücken. Nach Kellogg, V. 1905. $^1/_1$.
— 13. *Naucoris cimicoides* L. Nach Jensen-Haarup, A. 1912. × $2^1/_2$.
— 14. *Plea minutissima* F. Nach Jensen-Haarup, A. 1912. × 10.
— 15. *Notonecta glauca* L. Nach Kuhlgatz, T. 1909. × 3.
— 16. *Corixa Geoffroyi* Leach. Nach Miall, L. 1895. × 3.
— 17. *Velia currens* F. Nach Jensen-Haarup, A. 1912. × 2.
— 18. *Halovelia maritima* Bergroth. Japan. Nach Esaki, T. 1924. × 18.
— 19. *Aphelocheirus aestivalis* F. In Paarung. Nach Larsén, O. 1938. × 8.
— 20. *Microvelia borealis* Bueno. Nord-Amerika. Nach Hungerford, H. 1911. × 12.

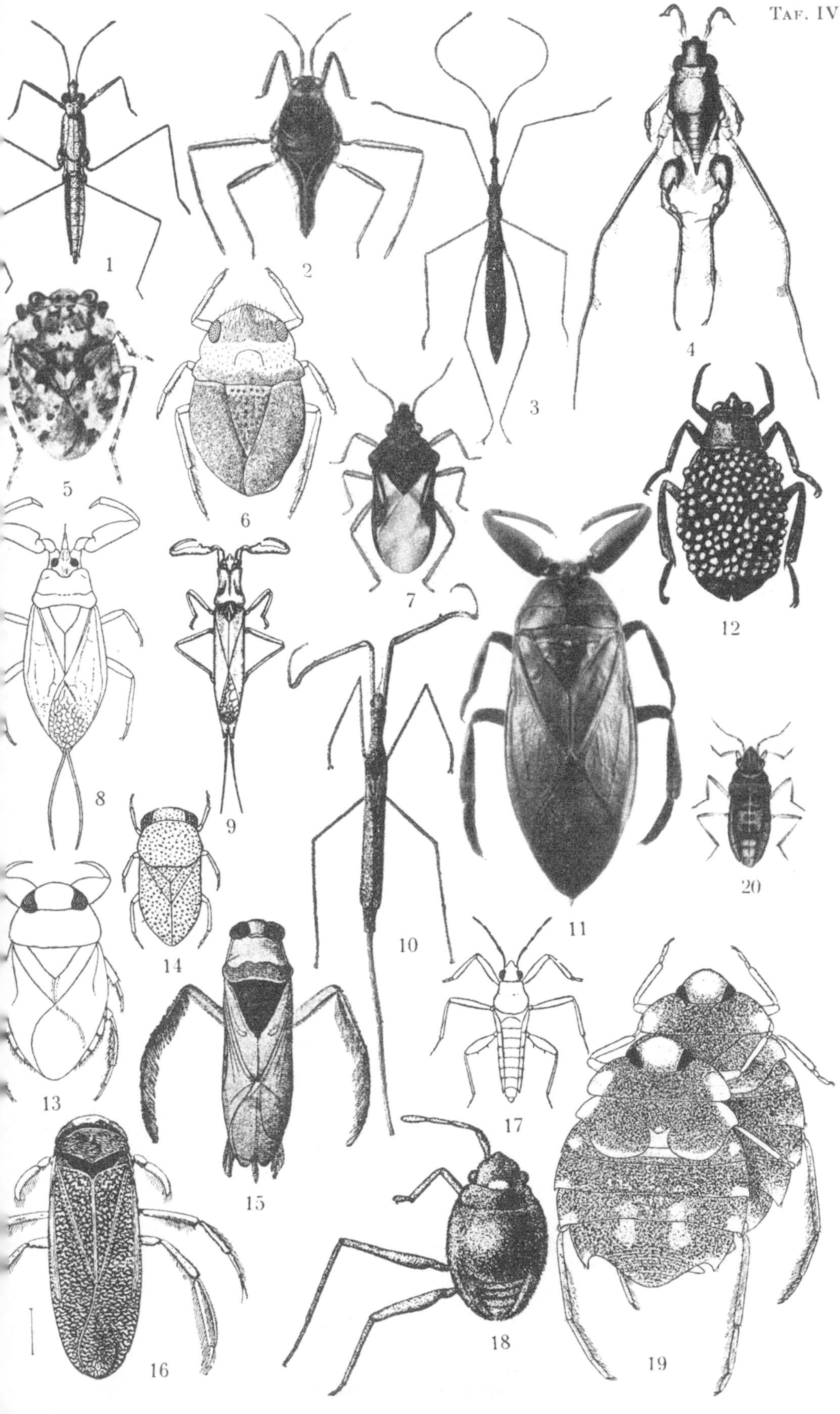
1
2
3
4
5
6
7
8
9
10
11
12
13
14
15
16
17
18
19
20

tragen, und den sie wieder respirabel machen können, indem sie den Hinterleib senken und die Luftblase in Berührung mit dem Wasser bringen. Durch die Berührung mit dem Wasser gibt die Luftblase sehr rasch ihre Kohlensäure ab, und wenn die Sauerstoffspannung des Wassers anders ist als die der Luftblase, so entstehen Strömungen, die fortdauern, bis der Unterschied ausgeglichen ist.

Gleich vielen anderen Insekten, die im folgenden besprochen werden sollen, suchen die Skorpionswanzen im Herbst pflanzenreiche Teiche und Tümpel auf. Die Pflanzen produzieren auch im Winter unter dem Eis Sauerstoff, besonders im Sonnenlicht, und dieser hält das Wasser lange Zeit hindurch frisch. In solchen pflanzenreichen Teichen und Tümpeln überwintern die Tiere. Die Luft, die sie vor dem Einfrieren mit sich genommen haben, wird durch die Berührung mit dem sauerstoffreicheren Wasser erneuert. Erst später im Winter, wenn die Pflanzen absterben, die Kohlensäureassimilation fast aufhört und das Wasser sauerstoffarm wird, verschlechtern sich die Respirationsbedingungen unter der Eisdecke. Viele der Tiere sterben dann auch ab, und wenn das Eis geschmolzen ist, liegen sie am Rande des Moores. Nicht wenige von ihnen überdauern aber auch diese Daseinsbedingungen in einem durch Kälte und schlechte Respirationsverhältnisse hervorgerufenen, bewusstlosen Zustand. Es entsteht kaum mehr als eine Generation im Jahre, vermutlich kann aber auch zweimalige Überwinterung vorkommen, besonders weiter südlich (Jordan 1928).

Ranatra (Taf. IV, Abb. 10), die Stabwanze, mit der europäischen Art *R. linearis* L. ähnelt der Skorpionswanze auf den ersten Blick nicht im geringsten. Dennoch stimmen sie in ihrem Bau weitgehend überein, abgesehen davon, dass die ersteren breit und flach, die letzteren lang und schmal sind.

Diese sonderbaren Tiere haben seit jeher die Aufmerksamkeit auf sich gezogen, bereits 1602 werden sie von Aldrovandus erwähnt. Was bei den Skorpionswanzen über die Larven und ihren Bau, über ihre Atemröhre und die statischen Apparate angeführt wurde, gilt in allen Hauptzügen auch für die Stabwanzen. Der Unterschied der Körperform wird hauptsächlich durch den Bau der Vorderbrust verursacht, die bei *Ranatra* ungewöhnlich lang und schmal, bei *Nepa* breit und flach ist; auch der Hinterleib ist bei *Nepa* flach, während er bei *Ranatra* mehr gewölbt erscheint, namentlich an der Bauchseite, die mit zwei Rinnen versehen ist, in der die statischen Organe liegen.

Die jungen Larven kommen im Juni-Juli aus den Eiern; ich habe sie massenhaft im Aquarium schlüpfen lassen. Sie sind von gelber Farbe; das lange Atemrohr kommt erst bei der letzten Häutung zur Entwicklung. Die Larven wachsen unmittelbar nach dem Ausschlüpfen zur doppelten Grösse heran. Noch spät im September kann man Larven in der letzten Häutung finden; sie häuten sich wahrscheinlich fünf mal. Im September-Oktober kommen die Imagines hervor. Hierzulande überwintern von *Ranatra* nur vollentwickelte Tiere, die man im zeitigen Frühjahr unter dem Eis und am Rande des Eises schwimmen sehen kann. Ich habe sie im Winter unter 3 cm dickem Eis schwimmen sehen. Alles, was über die Überwinterung von *Nepa* gesagt wurde, gilt auch für *Ranatra*; diese Gattung wird hierzulande für selten gehalten, doch ist diese Annahme unrichtig. Sie bewohnt nicht, wie man wohl bisher meinte, das eigentliche Ufer, sondern vielmehr den äussersten Rand des Gürtels von Schilf und Binsen (Abb. 104); die Tiere leben auf den treibenden Inseln, die von der faulenden Vegetation des Vorjahres gebildet werden. Hier habe ich sie und namentlich ihre Eier am häufigsten gefunden. Das Tier sieht durch seine gelblichrote Farbe, seinen länglichen, nadelförmigen Körper dem

Schilf und Stroh so ähnlich, dass es auch für das aufmerksamste Auge kaum zu entdecken ist, solange es sich nicht bewegt. Die Stabwanzen sitzen an die Vegetation angedrückt oder ragen mit vorgestreckten Vorderbeinen steif wie ein Stück Draht ins Wasser. Auch an den Lokalitäten, wo die Tiere ihre Eier ablegen, bemerkt man nur sehr wenig von ihnen, selbst wenn sie eifrig damit beschäftigt sind. Ich beobachtete einmal vom Boot aus eine *Ranatra*, die auf einem Stück treibender Typha sass; hinter ihr eine ganze Reihe von Eiern. Als sich mein Boot näherte, glitt sie ganz langsam an der Typha entlang unter den Wasserspiegel. Bei der leisesten Bewegung flüchten die Tiere unter

Abb. 104. Der Funketeich bei Hilleröd; die südexponierte Seite. Zwischen den Potamogetonblättern liegen zahlreiche Reste von verwesten Typha und Spharganium mit eingebohrten *Ranatra*-Eiern. W-L. phot.

das Wasser. Nur wenn sie langsam unter der Oberfläche schwimmen oder kriechen, wird man ihrer in dem dunklen Moorwasser gewahr. Beim Schwimmen geht es nur äusserst langsam vorwärts. Wittert das Tier eine Beute, so nähert es sich ihr mit grösster Vorsicht. Die Vorderbeine, ausgesprochene Fangbeine (Abb. 106), werden wie bei den Fangheuschrecken im Winkel geknickt; sobald der durch Schiene und Fuss gebildete Winkel über der Beute liegt, schnappt der Fuss augenblicklich über ihr zusammen. Dann wird sie in der Schienenfurche eingeklemmt und an dem scharfen, geriffelten Dorn an der Innenkante aufgespiesst. Durch das Fangbein wird die Beute an den Mund gebracht, und der Rüssel sucht sich eine Stelle, wo er sich einbohren und das Opfer aussaugen kann. *Ranatra* lebt wahrscheinlich mehr von Tieren, die sich auf dem Wasserspiegel vorfinden (Fliegen usw.), als von wirklichen Wassertieren. Bei amerikanischen Arten hat man in den Vorderhüften Stridulationsorgane nachgewiesen (Bueno 1903); bei den europäischen Arten sind solche bisher nicht gefunden worden. Wohl keine Art unserer Gewässer ist in ihrem ganzen Bau, besonders in bezug auf die Art, wie die Vorderbeine getragen und gebraucht werden, und in der Lebensweise den Fangheuschrecken so ähnlich wie *Ranatra*. Es ist nicht uninteressant, dass unter den Gliederfüssern sowohl bei den Fangheuschrecken wie bei den Wasserwanzen und den Squilliden ein Typus entstanden ist, bei dem die Vorderbeine in ganz ähnlicher Weise als dornenbewehrte Fangbeine ausgebildet sind und übereinstimmend angewendet werden.

Wie ORMEROD (1889) angibt, kann *Ranatra* in Nordamerika unter der Fischbrut Schaden anrichten.

Die Paarung habe ich nur ein einziges Mal und zwar im Frühsommer beobachtet. Während der Paarung steht die Atemröhre des Männchens weit

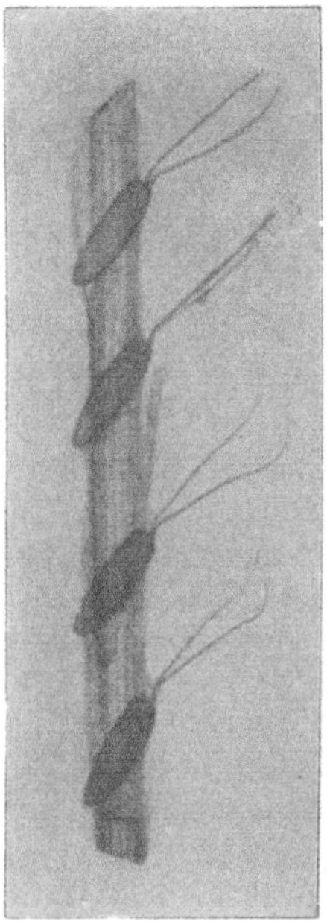

Abb. 105.

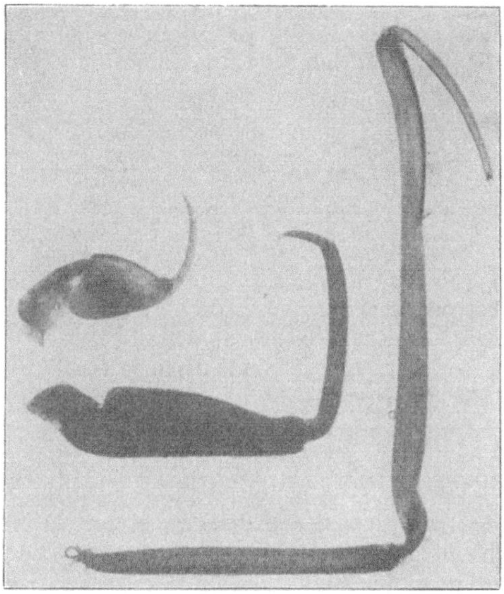

Abb. 106.

Abb. 107.

Abb. 105. Eier von *Ranatra linearis* L. in einen Pflanzenstengel eingebohrt. W-L. phot.
Abb. 106. Fangbeine von *Naucoris cimicoides* L., *Nepa cinerea* L. und *Ranatra linearis* L. W-L. phot.
Abb. 107. Eier von *Naucoris cimicoides* L. in einen Stengel eingebohrt. W-L. phot.

offen; da sie während der Paarung nicht gebrauchsfähig ist, muss das Männchen den Akt mehrmals unterbrechen und an die Oberfläche gehen, um Luft zu schöpfen. Die Paarung findet wahrscheinlich im allgemeinen über Wasser statt.

Die Eiablage konnte wiederholt beobachtet werden. Das Weibchen sitzt alsdann auf einem horizontal an der Oberfläche treibenden, verfaulten Pflanzenstück, z. B. einem jahralten Typha-Blatt. Das lange Atemrohr liegt dicht an der Pflanze, der übrige Körper ist schräg aufwärts gerichtet; die beiden hinteren Beinpaare liegen ausgestreckt an der Pflanze, das erste Beinpaar in der Längsachse des Körpers vorgestreckt. Der kurze Legestachel wird dann in die weichen Pflanzenteile eingebohrt und das Ei eingesenkt. Fast die gleiche Stellung finden wir bei den Holzwespen (*Sirex*) wieder, deren lange Stachelscheide von der Hinterleibsspitze hervorragt wie das Atemrohr von *Ranatra*. Das Ei (Abb. 105) gleicht dem *Nepa*-Ei, ist aber bloss mit zwei Fäden versehen. Die Eier werden zumeist reihenweise abgelegt, häufig mit 5–10 Eiern in jeder Reihe. Mitunter sind die Pflanzen so dicht mit Eiern belegt, dass die vielen

Fäden ihnen ein flauschiges Aussehen verleihen. Im Juni und Juli trifft man fast überall in den Buchten der nordseeländischen Moore, besonders an südexponierten Ufern, diese wunderhübschen Eireihen mit ihren weissen, schräglaufenden und parallel zueinander liegenden Fäden an.

Hierzulande bringt die Art sicher nur eine Generation im Jahre hervor. *Ranatra* soll im Gegensatz zu *Nepa* ein guter Flieger sein; es wurden sogar Massenwanderungen beobachtet (Kiritschenko 1911, vgl. Larsén 1938). Die europäische Art ist der Repräsentant einer sowohl in der alten wie der neuen Welt weit verbreiteten Gattung. Die Gattung *Curicta* (Taf. IV, Abb. 9) ist in vieler Hinsicht eigentümlich, weil sie in bezug auf Körperform und Länge der Atemröhre zwischen *Nepa* und *Ranatra* steht; ihr Ei hat nicht weniger als 15 Fäden aufzuweisen. Sie ist in Nordamerika und Australien heimisch (Hungerford 1919).

Naucoridae.

Die *Naucoridae* werden in die beiden Unterfamilien der *Naucorinae* und *Aphelocheirinae* geteilt.

Naucorinae. Die am besten bekannte Art der *Naucorinae* ist *Naucoris cimicoides* L. (Taf. IV, Abb. 13); sie ist im europäischen Süsswasser wohl allgemein verbreitet. Das breite, flache, grünliche Tier ist an der Unterseite und unter den Flügeln mit einer dichten Schicht grauweisser, unbenetzbarer Haare bekleidet, die dem Tier bei gewissen Beleuchtungen einen samtenen Schimmer verleihen. In dieser Haarschicht hängt stets Luft, sodass das Tier im Wasser silbern glänzt, was besonders im Winter bemerkbar ist. Die Luft umhüllt sowohl nahezu die ganze Unterfläche des Tieres wie auch die Rückenseite des Hinterleibes. In die Lufthülle münden die Atemlöcher. Das hintere Paar der Stigmen zieht atmosphärische Luft ein, wenn das Tier die Hinterleibsspitze an die Oberfläche bringt. Die Wanze ist durch die grosse mitgeführte Luftmenge stets überkompensiert und ein vorzüglicher und lebhafter Schwimmer. Normalerweise schwimmt sie mit dem Rücken nach oben, doch bewirkt die grosse Luftmenge an der Bauchseite, dass sie häufig mit dem Bauch nach oben schwimmt und in dieser Stellung unter dem Wasserspiegel entlang kriecht. *Naucoris* bewegt sich an Land besser fort als die meisten anderen Wasserwanzen. Man kennt von dieser Art nur geflügelte Formen, bei der weiter südlich vorkommenden Art *N. maculatus* F. aber auch Formen mit verkürzten Flügeln. Poisson (1924) hat festgestellt, dass die Flügelmuskeln aller von ihm untersuchten Individuen atrophiert waren. Weitere Untersuchungen wären wünschenswert.

Ihr gutes Schwimmvermögen verdanken die Tiere den sehr kräftigen, mit Schwimmhaaren besetzten Hinterbeinen, die jedoch nicht besonders abgeplattet sind; sie besitzen auch zwei Krallen. Die Vorderbeine (Abb. 106) sind dadurch bemerkenswert, dass sie zu ungewöhnlich kräftigen Greif- und Fangbeinen mit stark verdickten Schenkeln umgewandelt sind, in deren samtene Furchen Tibia und Fussglied einschlagen werden können. Mit diesen Beinen ergreift das Tier seine Beute, wobei Tibia und Tarsus als Dolch wirken, der in das Opfer eindringt; alsdann wird der Rüssel eingebohrt und Gift aus den Giftdrüsen in die entstandene Wunde geträufelt. Von den Stichen aller dänischen Insekten ist wahrscheinlich der von *Naucoris* auch für den Menschen am schmerzhaftesten und übertrifft meiner Erfahrung nach in dieser Beziehung bei weitem den Stich der Biene. Hungerford (1927) bemerkt ganz das gleiche; er sagt, dass der Stich der nahe verwandten nordamerikanischen Gattung *Pelocoris* schlimmer sei als der einer *Vespa*. Der momentane Schmerz ist sehr intensiv; ich bin bisher noch kein einziges Mal gestochen worden, ohne danach ziemlich unangenehme Nervenschmerzen im ganzen Arm zu verspüren, die mehrere Tage anhielten. Das Tier soll Jungfischen schädlich werden können. Die Tiere paaren sich vornehmlich im April und Mai. Das Männchen sitzt dabei auf dem Rücken des Weibchens und biegt seinen Hinterleib seitlich links um den Hinterleib des Weibchens herum. Die Haltung ist also die gleiche wie bei *Nepa*. Eiablage besonders im Mai und Juni, sicher aber auch später im Sommer.

Ich habe in meinen Aquarien oftmals die Weibchen bei der Eiablage beobachtet. Das Weibchen bringt sich z. B. auf einem Stengel von Ranunculus flamula oder auf einem Stratiotes-Blatt an. Der Hinterleib ist völlig in eine Luftblase eingehüllt. Der Stachel tritt hervor, schneidet ein Loch in das Pflanzengewebe, und das Ei wird eingesenkt (Abb. 107). Es ist gekrümmt; mit dem abgerundeten Ende wird es in das Gewebe gebettet, das andere, schräg abgestutzte Ende liegt gerade im Rand des Loches; wenn die Arbeit beendigt ist, ist das Loch gänzlich verdeckt. Nichts verrät das Vorhandensein des Eies; darum wird es wohl auch so selten gefunden. Nachdem ich erst einmal auf die eingebohrten Eier aufmerksam geworden war, habe ich sie später in der Natur zu wiederholten Malen gefunden. Auch Régimbart (1875), Jordan (1928) und Larsén (1938) haben eingebohrte Eier gesehen. Kuhlgatz (1909) gibt an, dass die Eier einer anderen Art, *N. maculatus* F., »in nebeneinander gelagerten Reihen nach Art eines flachen Kuchens angeordnet an Blättern von Wasserpflanzen angeheftet werden«. Die Gattung *Pelocoris*, Nordamerika, soll ebenfalls ihre Eier an Wasserpflanzen ablegen (Bueno 1875).

Das Männchen von *Naucoris* kann angeblich Töne hervorbringen. In der Mittellinie der 5. und 6. Rückenschiene finden sich je zwei Zapfen. Diese bringen wahrscheinlich Töne hervor, indem sie den Hinterrand des davorliegenden Segmentes berühren (Handlirsch 1900).

Im Mai kommen die jungen, braunen Larven zum Vorschein; sie machen wahrscheinlich 4–5 Häutungen durch. Im August findet man in Teichen zahlreiche Häute des letzten Stadiums, im September nur vollentwickelte Tiere. Diese überwintern entweder im Bodenmaterial der Teiche versteckt oder zwischen Wasserpflanzen. Die Imagines dieser Art überwintern angeblich auch an Land (Larsén 1938).

Aphelocheirinae (Abb. 108–110). Hierher gehört nur die eine in vieler Hinsicht von anderen Wasserwanzen abweichende Gattung *Aphelocheirus*. Die einzige eingehender studierte Art ist *A. aestivalis* Fabr. (*A. montandoni* Horvath) (Taf. IV, Abb. 19), am besten bekannt durch die Untersuchungen von Larsén und Szabó-Patay. Sie ist nicht zum wenigsten in biologischer Hinsicht interessant. Ihre Wohnstätten sind gewöhnlich nicht stehende, sondern vorzugsweise fliessende Gewässer, deren Grund von Kies und Steinchen bedeckt ist. Die Tiere kommen sowohl in seichtem, als auch in mehrere Meter tiefem Wasser vor (Wolga, Decksbach 1923; Sirotinina 1921). Sie bevorzugen sehr sauerstoffreiches Wasser, sind aber auch in Tümpeln (Decksbach 1923) und in Brackwasser anzutreffen (Finnischer Meerbusen, Randersfjord). Sie sind im wesentlichen Nachttiere; im Aquarium liegen sie bei Tag oft vergraben, indem sie sich mit dem Kopf einwühlen. Die Tiere sind schlechte Schwimmer, sie kriechen oder laufen aber sehr schnell am Boden hin. Das sonderbarste ist jedoch, dass sie niemals an die Oberfläche kommen. Das Tier entwickelt, verwandelt und paart sich, legt Eier und stirbt, ohne jemals mit atmosphärischer Luft in Berührung zu kommen; dennoch ist es ein luftatmendes Tier wie die anderen Wasserwanzen. Es ist daher kein Wunder, dass sich *Aphelocheirus* im Bau von allen anderen Wasserwanzen unterscheidet.

Der braune Körper ist annähernd kreisrund, die einzelnen Hinterleibssegmente laufen in scharfe Zacken aus, die Antennen sind lang und dünn, länger als bei den anderen Wasserwanzen. Der Rüssel ist nicht kurz und kegelförmig wie sonst bei den Wasserwanzen, sondern lang und pfriemförmig, die

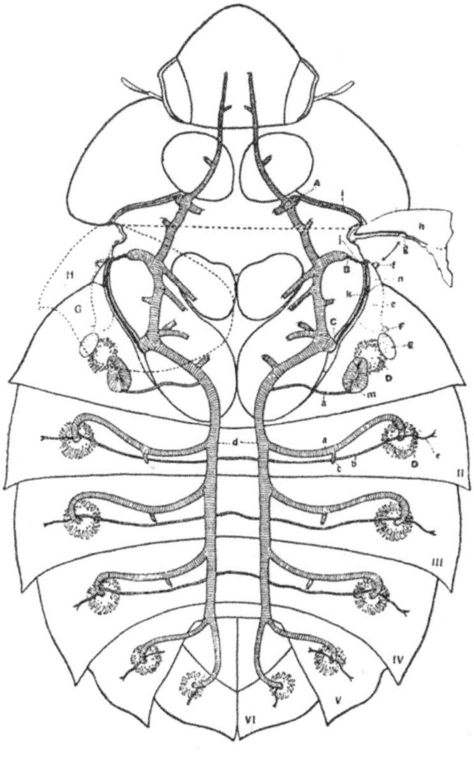

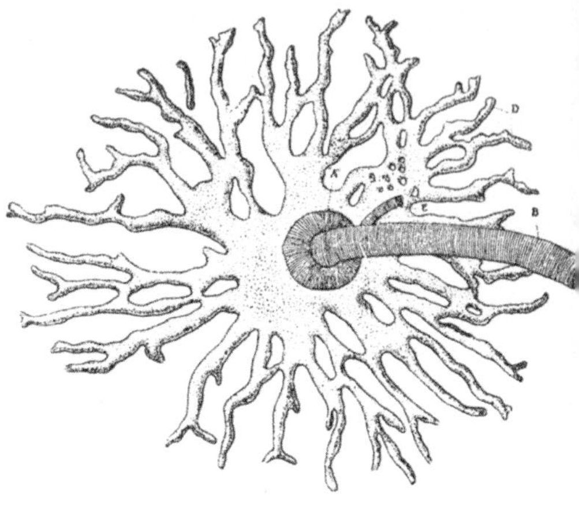

Abb. 109.

Abb. 108. Abb. 110.

Abb. 108. *Aphelocheirus aestivalis* Fabr. Dorsalansicht des Respirationsorgans. Nach Szabó-Patay, J. 1924.

Abb. 109. *Aphelocheirus aestivalis* Fabr. Rosette des II.ten Abdominalsegmentes von innen gesehen. Nach Szabó-Patay, J. 1924.

Abb. 110. *Aphelocheirus*-Eier auf einer Muschelschale aus der Gudenaa, Jütland. Nach Ussing, H. 1910.

Beine sind im Gegensatz zu denen anderer Wasserwanzen als hohe Gang- und Laufbeine ausgebildet, die den Körper hoch über dem Boden erhoben tragen, die Klauen sind kräftige Klammerklauen. Die Vorderbeine sind keine eigentlichen Fangbeine, sondern alle drei Beinpaare sind ungefähr gleich gestaltet; nur die Tibien des letzten Beinpaares sind mit einer schwachen Haarbekleidung versehen. Auch bei dieser Art ist, wie allgemein bei den Wasserwanzen, Flügellosigkeit stark verbreitet. *A. aestivalis* Fabr. kommt fast ausschliesslich in flügellosen Individuen vor; man kennt bisher nur 3 geflügelte Exemplare (Horvath, Ungarn). Hier im Norden wurden bisher nur flügellose Exemplare gefunden. Den *Aphelocheirus*-Arten fehlen eigentümlicherweise nicht nur die Hinterflügel, sondern oft auch die Vorderflügel; das hängt damit zusammen, dass die Flügel nicht wie sonst bei den Wasserwanzen eine dorsale Luftkammer zu verschliessen haben, da eine solche bei den Aphelocheirinen nicht existiert.

Vor allem ist der Bau der Respirationsorgane (Abb. 108–109) sehr eigenartig. Flüchtig besehen scheint *Aphelocheirus* keine Luftschicht mit sich zu führen und keine Bekleidung von unbenetzbaren Haaren zu besitzen. LARSÉN (1938) hat jedoch nachgewiesen, dass dies nicht richtig ist. Die Unterseite des Tieres trägt wirklich eine allerdings äusserst kurze Haarschicht mit darunter liegender Luft, in welche die Hinterleibsspirakel münden. Wir folgen bei Beschreibung der Respirationsorgane den Angaben von SZABÓ-PATAY (1924), wobei ich jedoch ausdrücklich bemerken muss, dass gewisse Punkte jedenfalls mir unverständlich geblieben sind, und dass der Respirationsprozess noch kaum als geklärt betrachtet werden kann.

An Stelle der Stigmen finden sich an der Bauchseite sechs Paar sogenannter rosettenförmiger Organe. Von ihrem Zentrum aus verlaufen sechs Seitentracheen, die in die zwei grossen Längstracheen des Körpers einmünden. Die Zweige der Rosette des ersten Segmentes stehen in Verbindung mit einem Sinnesorgan, das wieder mit einer Tracheenblase verbunden ist; von dieser führt eine dünne Trachee zur Haupttrachee hin. Die beiden Äste der Dorsaltrachee sind durch einen Chitinkanal mit zwei Hohlräumen verbunden, die sich unter den schwachen Resten der Elytren öffnen.

Die Verzweigungen der Rosetten bestehen aus Chitinröhren mit kleinen Perforationen. Die Oberseite des Hinterleibes ist mit kurzer Behaarung versehen, während die Rosetten auf der Innenseite länger behaart sind. Die Rosetten sind als Stigmen aufzufassen. Die Haarbekleidung des Hinterleibes ist unbenetzbar; das Wasser kann daher nicht in die Rosetten eindringen. Unter den Haaren liegt eine dünne Luftschicht, in welche die Rosetten einmünden. Man darf vermuten, dass in dieser Luftschicht ein Austausch zwischen der Tracheenluft und der Luft des Wassers vor sich geht. Das mit der ersten Rosette verbundene Organ wird von PATAY für analog mit der Schwimmblase der Fische gehalten. Die Rosetten treten erst bei der letzten Häutung auf. Ganz rätselhaft ist aber vorläufig, wo die Luftschicht um das Tier ursprünglich herstammt.

Die Nahrung besteht angeblich aus allerlei Insekten; vor allem werden Ephemeriden ausgesaugt. Man hat die Beobachtung gemacht, dass die Tiere im Aquarium Sphaerien aussaugen, indem sie den langen Rüssel zwischen deren Schalen einsenken (LARSÉN 1927, SIROTININA 1921). Die Wanzen wurden auch auf Pfählen gefunden, die mit Sphaerien besetzt waren.

Bei der Paarung sitzt das Männchen wie bei den meisten Wasserwanzen schief auf dem Weibchen und vollzieht die Begattung nach LARSÉN immer von links her. Die Paarung dauert mehrere Stunden und wird oft unterbrochen, doch verweilt das Männchen sehr lange auf dem Rücken des Weibchens. Die Eier (Abb. 110) werden auf Holz und Muscheln abgelegt; sie sind länglich, ihre Schale ist von eigentümlicher Struktur (USSING 1910). Larven und geschlechtsreife Tiere scheinen zu allen Zeiten des Jahres vorzukommen. Man meint, dass die Tiere dieser Art auf alle Fälle zwei-, möglicherweise auch dreijährig sind.

Ich muss gestehen, dass es mir unnatürlich erscheint, die *Aphelocheirinae* zur Familie der *Naucoridae* zu rechnen. Die vermeintliche Verwandtschaft wird durch rein negative Merkmale begründet. Rüssel, Beine und Respirationsorgane sind in den beiden Familien so verschieden wie nur möglich. Die *Aphelocheirinae* sind meiner Auffassung nach aus einer der Uferregion angehörenden Familie hervorgegangen. Sie sind Ufertiere, die sich seewärts und unter den Wasserspiegel hinausgewagt und dem Leben daselbst angepasst haben. Sie zeigen keinerlei Verwandtschaft mit den übrigen Wasserwanzen, sie müssten deshalb wahrscheinlich als eine Familie für sich aufgestellt werden.

Belostomatidae.

Die Familie der *Belostomatidae* ist heutigentags vorzugsweise auf die tropische oder subtropische Region beschränkt; sie lebt in Amerika, Afrika, Vorderindien, Ostasien und Australien, nur wenige Arten in Südeuropa, z. B. im Skutarisee. In früherer Zeit war die Familie in Europa viel weiter verbreitet. In der Jura- und bis in die Miocänzeit kam sie in der Zone des Bodensees vor. Wir haben besonders durch amerikanische Forscher viele Eigentümlichkeiten ihrer Anatomie und Lebensweise kennen gelernt.

Die Belostomatiden (Taf. IV, Abb. 11) sind überwiegend grosse Insekten; einige von ihnen gehören zu den grössten Insekten, die wir überhaupt kennen. *B. grande* hat eine Länge von 10 cm. Da sie hauptsächlich von Jungfischen leben und in manchen Teichen massenweise auftreten, ist es nur natürlich, dass häufig über den Schaden geklagt wird, den sie in Fischteichen, besonders in den Vereinigten Staaten anrichten. Die Tiere verlassen des Abends die Gewässer; sie sind gute Flieger, und da sie sich in den Strassen um die elektrischen Lampen sammeln, nennt man sie in Amerika: »electric light bugs«. Sie gehören daher dort zu den dem Laien am besten bekannten Insekten. Sie können sich angeblich an Land recht gut fortbewegen (Bueno 1906). Ihre Gefrässigkeit ist ungeheuer; gewisse Arten vertilgen im Aquarium nachweislich Dutzende von Kaulquappen im Laufe von 24 Stunden.

Die Antennen sind sehr kurz, unter den Augen versteckt, bei der Gattung *Belostoma* sehr eigentümlich geformt und erinnern etwas an die der Hydrophiliden. Der Rüssel ist kurz und kräftig. Die Vorderbeine sind Raubbeine. Mittel- und Hinterbeine sind Schwimmbeine mit einem Besatz von Schwimmhaaren und etwas abgeflacht. Die Stigmen an der Brust sind sehr gross. Die Tiere besitzen wie die Nepiden eine Atemröhre, die aber nicht so stark ausgebildet ist wie bei diesen, und die in den Hinterleib eingezogen werden kann. Sie besteht aus zwei mit Borsten bekleideten Halbröhren. Am Grund der Röhre liegt das letzte Paar der Atemlöcher. An der Bauchseite verlaufen zwei Bänder von Filzhaaren, in die die Hinterleibsspirakel einmünden. Der Thorax ist mit grossen Lufträumen versehen, in welche Luft eingeleitet wird. Die dorsalen Längsmuskeln des Mesothorax, die als Flugmuskeln dienen, sind ausserordentlich reich mit Tracheen versorgt und dementsprechend sehr kompliziert gebaut. Einige Forscher geben an, dass dies mit dem Atmungsmechanismus zusammenhängt, andere behaupten, dass hier ein Funktionswechsel stattgefunden habe, sodass der Muskel »zum Speichern von Sauerstoff befähigt« sei (Möller 1920; Beyer H. d. Zool.). Unter den Flügeln findet sich kein grösserer Luftvorrat.

Im Sommer liegen die Tiere mit der Hinterleibsspitze an der Wasseroberfläche und lassen sich treiben, im Winter gehen sie aufs Land und begraben sich im Schlamm oder überwintern unter dem Eis. Soviel bisher bekannt ist, sind die meisten Arten kaum mehr als einjährig.

Reproduktion. Man wusste seit langem, dass bei bestimmten Gattungen, wie z. B. *Belostoma* und *Abedus*, eines der beiden Geschlechter die Eier auf dem Rücken trägt und zwar auf der Oberseite der Halbdeckflügel (Taf. IV, Abb. 12). Man hatte Tiere gefunden, deren Rücken mit dichten Reihen vertikal stehender Eier völlig besetzt war; bei Aquarienversuchen beobachtete man, dass sich die Eier an der Spitze öffnen, wenn die Jungen herauskriechen. Der Vorgang erinnert etwas an die Brutpflege der *Pipa*-Kröte, die bekanntlich auch die Eier bis zur vollen Entwicklung der Jungen auf dem Rücken trägt. Natürlich nahm man an, dass auch hier das Weibchen die Brutpflege übernimmt; doch musste diese Annahme bald der Vermutung weichen, dass bei *Belostoma* das Männchen diese Arbeit leistet. Im Jahre 1899 gelangte man endlich einigermassen zur Klarheit über die Frage. Die eierlegenden Weibchen suchen die Männchen auf; diese ahnen aber, was ihnen bevorsteht, und flüchten darum oder geraten mit dem Weibchen in Streit. Man kann beobachten, dass das Männchen nicht die geringste Lust zeigt, die Folgen eigener oder fremder Jugendsünden auf sich zu nehmen, und stundenlang vor dem Weibchen reissaus nimmt, das aber in seiner Verfolgung immer eifriger wird. Doch hier hilft kein Herrgott! Nächtlicherweile nimmt das Weibchen die Gelegenheit wahr, sich in der richtigen Stellung anzubringen, und am nächsten Morgen strotzt der ganze Rücken des Männchens von gelben, frisch gelegten Eiern. Das arme Tier, das sonst ein flinkes, behendes Kerlchen ist, wird jetzt zu einem trägen, schwer belasteten Geschöpf, das anfangs tut, was es kann, um sich der Last zu entledigen. Allein das Weibchen hat im allgemeinen seine Sache brav gemacht. Zuerst streicht es eine firnisartige Substanz in dünner Schicht auf die Flügel und bringt auf und in ihr die Eier an. Die Flügel sind also wie mit einem grossen, zusammenhängenden Eierkuchen belegt, der ungefähr 150–175 Eier enthalten kann. Nun muss sich das Männchen in sein Schicksal ergeben und sich damit trösten, dass das Ganze nicht gar so lange währt; nach etwa 10 Tagen kriechen die Jungen aus, und das Männchen ist von seiner Bürde befreit. Schlimm ist aber, dass das Weibchen die Eier in mehreren Sätzen (2–4) ablegt und daher mehrere Männchen braucht. Man hat beobachtet, dass das Weibchen, während es den Rücken des Männchens mit Eiern belegt, plötzlich mitten in der Arbeit einhält, und dass dann eine Paarung stattfindet. Vielleicht bedeutet dies für das Männchen einen kleinen, augenblicklichen Trost; im grossen und ganzen muss es aber ein ziemlich zweifelhaftes Vergnügen sein, in dieser Familie den Mann zu spielen. Hat aber das Männchen erst einmal die Kinderstube auf den Rücken genommen, so wird es auch ein guter Vater. Man kann beobachten, wie es des öfteren die Eier lüftet, indem es ihnen durch abwechselndes Heben und Senken der Flügel frisches Wasser zuführt. Was die Weibchen auf die sonderbare Idee gebracht hat, ist nicht leicht zu erraten. Bemerkenswert ist nur, dass die meisten Belostomatiden wie andere Wasserwanzen ihre Eier an Steinen und Holz ablegen (Abb. 111). Diese Eimassen werden angeblich in gewissen Ländern von der Bevölkerung gegessen (vgl. HUNGERFORD 1925, RANKIN 1935).

Abb. 111. Eiablage von *Lethocerus indicus* Lep. u. Serv. Vergr. Nach Lundblad, O. 1933.

Notonectides.

Notonectidae (Rückenschwimmer).

Die Notonectiden oder Rückenschwimmer sind vor allem dadurch charakterisiert, dass sie stets mit dem Rücken nach unten schwimmen. Der Querschnitt des Hinterleibes ist ungefähr dreieckig. Grosse, zusammengesetzte Augen; keine Punktaugen; sehr kurze Antennen, die zwischen Kopf und Brust versteckt liegen. Der Rüssel ist kurz, viergliedrig. Vorder- und Mittelbeine hauptsächlich zum Greifen der Beute eingerichtet. Das dritte Beinpaar sehr lang, mehr oder minder abgeflacht und mit langen Schwimmhaaren versehen. Sie dienen sowohl als Ausleger wie als Schwimmbeine. Alle Beine mit zwei Klauen, die aber am letzten Beinpaar sehr schwach entwickelt sind. Der Hinterleib gekielt. Das Haarkleid steht im Dienste der Respiration. Ein kurzer Legestachel ist jedenfalls bei gewissen Arten vorhanden. Beide Flügelpaare wohlentwickelt; Reduktion der Flügel kommt nicht vor. Die Rückenschwimmer sind gute Flieger. Von den Unterfamilien der *Notonectidae* werden hier die *Notonectinae* und *Anisopinae* besprochen, von denen die ersteren über die ganze Welt verbreitet, die letzteren vorwiegend in den tropischen Gegenden der alten Welt heimisch sind. Die Gattung *Buenoa* ist in der neuen Welt zu Hause. In Europa leben nur wenige Gattungen und zwar die Hauptgattung *Notonecta* mit den Hauptarten *N. glauca* L. und *N. lutea* O. F. M. Die Gattung *Plea* wird von einigen Forschern als besondere Familie betrachtet.

Die *Notonectinae* (Taf. IV, Abb. 15) sind wohl neben den Skorpionswanzen die einzigen Wasserwanzen, die den Vorzug geniessen, allgemein bekannt zu sein. Übrigens ergeht es ihnen dabei, wie so vielen anderen »wohlbekannten« Tieren: man hat bis in die allerneueste Zeit weder über ihren Bau noch über ihre Lebensweise Näheres gewusst; noch jetzt sind unsere Kenntnisse über sie in vielen Beziehungen unvollständig, und hinsichtlich eines sehr wichtigen Punktes, ihrer Respiration, steht im Augenblick Anschauung gegen Anschauung.

Die sehr kurzen, nur viergliedrigen Antennen, die lateral hinter den Komplexaugen liegen, sind durch Funktionswechsel zu Gleichgewichtsorganen geworden. Der Einschnitt zwischen Kopf und Prothorax ist mit einer Luftschicht ausgefüllt, auf der die Antennen ruhen. Am dritten Glied findet sich eine Reihe von abgeplatteten, gebogenen Haaren oder Borsten, die die Luft auffangen und ihr Entweichen verhindern; die Haare sind innerviert.

Der sehr stark überkompensierte Körper der Notonecten ist leichter als Wasser. Das ist der grossen Luftmenge zuzuschreiben, die sie immer mit sich führen; da die Luft vorwiegend unter dem Bauch liegt, wird diese Seite des Tieres nach oben gedreht.

Die Luft wird durch einen überaus sinnreichen Apparat von langen Haaren zurückgehalten. An der Bauchseite verläuft in der Mittellinie des Abdomens ein Kiel, der beiderseits mit langen, schwarzen Haaren bekleidet ist; von den Seitenrändern des Abdomens gehen ebensolche Haare aus, die gerade bis an die Spitzen der erstgenannten reichen. Dadurch entstehen zwei Kanäle, die oben von der Abdominalwand und unten von der Haardecke begrenzt werden (Abb. 112 und 115). Da die Haarkanäle nur auf ihrer Innenseite unbenetzbar sind, kann in ihnen Luft aufgespeichert werden. Kleinere Luftansammlungen finden sich auch unter dem Thorax, an und unter den Deckflügeln. Diese Luftansammlungen stehen durch Querkanäle mit den Haarkanälen in Verbindung.

Die Tiere hängen am häufigsten mit der Bauchseite nach oben am Wasserspiegel. Da sie leichter sind als Wasser, müssten sie dann eigentlich über die Wasseroberfläche herausgepresst werden, sodass sie a u f ihr liegen. Das geschieht auch tatsächlich, wenn das Tier mit dem Rücken nach oben an die Wasseroberfläche kommt; es liegt dann ganz über dem Wasserspiegel – übrigens soll es von hier aus direkt zum Fluge starten können –; hat es aber, wie gewöhnlich, die Bauchseite nach oben gekehrt, so bleibt es u n t e r der Oberfläche. Vom Rande der letzten Hinterleibssegmente (Abb. 112, 115) gehen nämlich lange

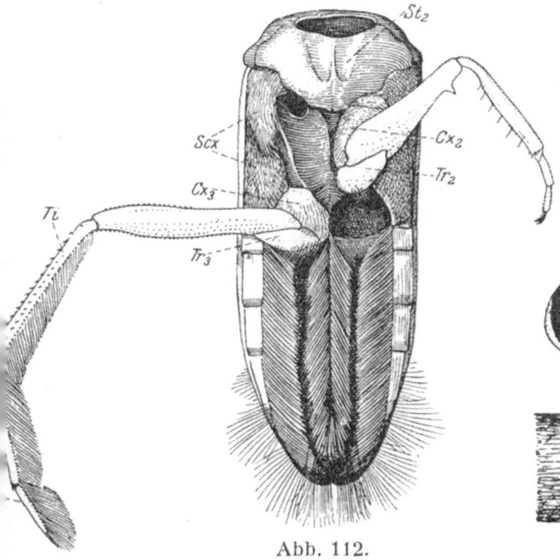

Abb. 112.

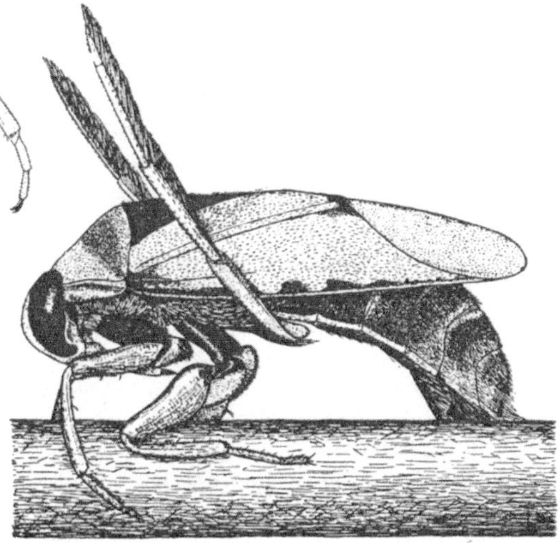

Abb. 113.

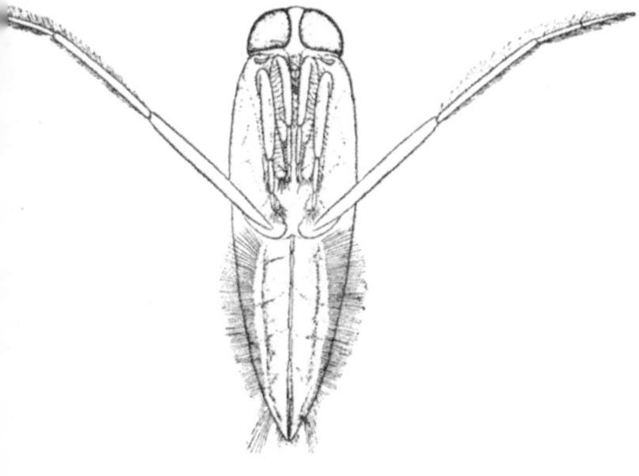

Abb. 114.

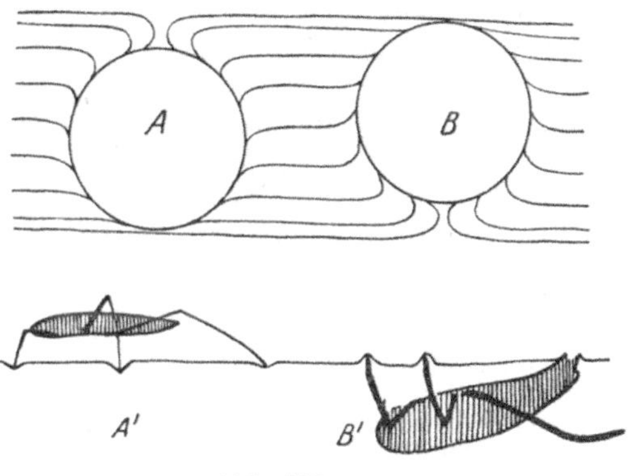

Abb. 117.

Abb. 112. *Notonecta glauca* L. Ventralansicht. Prothorax, rechtes Mittelbein und linkes Hinterbein vollständig entfernt. St_2 Sternit$_2$, Cx_2 Coxa$_2$, Tr_2 Trochanter$_2$, Tr_3 Trochanter$_3$, Cx_3 Coxa$_3$. Nach Weber, H. 1930.

Abb. 113. *Notonecta glauca* L. eierlegend. Nach Larsén, O. 1938.

Abb. 114. *Buenoa margaritacea* von unten gesehen; nur zwei Haarreihen. Nach Hungerford, H. 1919.

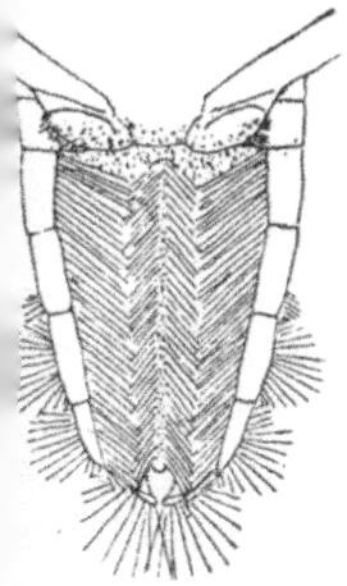

Abb. 115.

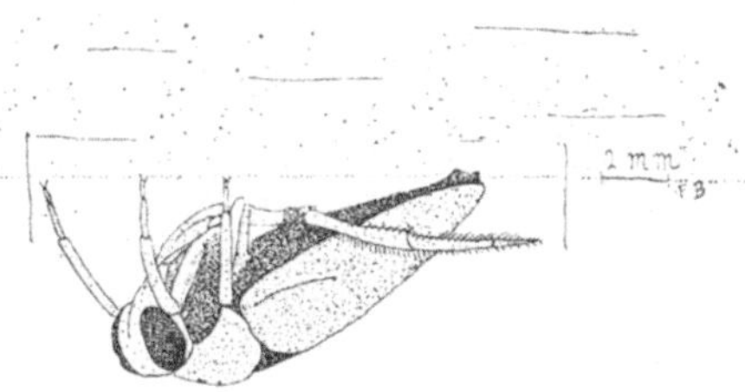

Abb. 116.

Abb. 115. *Notonecta.* Abdomen von der Unterseite. Das Tier ruht an der Ober-
che. Man sieht die zwei doppelten Reihen von unbenetzbaren Haaren; die Haare am Hinterende sind benetzbar. Nach Brocher, F. 1909.

bb. 116. Eine *Notonecta* gegen die Oberfläche gestützt. Durch Berührung mit den Klauen und der Spitze des Abdomens wird die Oberfläche aufwärts gewölbt. Nach Brocher, F. 1909.

bb. 117. Eintauchen einer unbenetzbaren (A) und benetzbaren (B) Kugel ins Wasser (verschiedene Niveaus un-
einander gezeichnet). Zum Vergleich mit A_1 Schema eines Wasserläufers in Laufstellung auf dem Wasserspie-
l ruhend und B_1 Schema eines Rückenschwimmers, an der Wasseroberfläche hängend. Nach Brocher, F. 1910.

Haarborsten aus, die benetzbar sind; wenn das Tier an die Oberfläche kommt, breiten sie sich an der Unterseite des Oberflächenhäutchens aus, ohne es zu durchbrechen. Es sind Stopphaare, durch die sich das Tier gegen das Oberflächenhäutchen stützt und kapillar daran bindet. Die Aufnahme der Atemluft erfolgt durch das Hinterende; hier sitzen drei mit langen Haaren versehene Klappen, an deren Grund die Spirakel liegen. Wenn sich das Tier im Wasser befindet, sind sie geschlossen, werden aber aufgeklappt, wenn es an die Oberfläche kommt. Die Haarbekleidung muss immer peinlich sauber gehalten werden; man kann oft beobachten, dass sich die Tiere putzen. Fettdrüsen an den Beinen dienen mit ihrem Sekret wahrscheinlich zum Einfetten der Haare. Damit hängt auch die Eigentümlichkeit zusammen, dass die Notonectinen ihre Exkremente immer an der Wasseroberfläche ausstossen. Sie werden mit solcher Kraft abgegeben, dass sie geradezu in die Luft hinausspritzen. Es gilt ja, die Haartracht nicht zu verunreinigen. Als Putzapparat dienen ein Dorn an den Mittelbeinen und ein ihm entsprechender tibialer Ausschnitt.

Die Ruhestellung bei Durchlüftung des Tracheensystems wird dadurch bedingt, dass der Auftrieb mit Hilfe der Kapillarvorgänge kompensiert wird (Abb. 116–117). Vorn ist das Tier durch die vier Klauen der Vorder- und Mittelbeine abgesteift. Durch die fünf Stützpunkte, Hinterleibsspitze und die vier Klauen, werden am Oberflächenhäutchen kleine Erhöhungen nach oben gedrückt, ganz ähnlich wie die Fussspitzen der Wasserläufer in ihm kleine Vertiefungen nach unten eindrücken (Abb. 117 *A'*, *B'*).

Wie bedeutungsvoll die Klauen in dieser Beziehung sind, zeigt sich, wenn man sie abschneidet. Die Tiere können dann zwar an der Wasseroberfläche hängen bleiben, aber nicht mehr in horizontaler, sondern nur in fast vertikaler Lage. In dieser Stellung ist es ihnen fast unmöglich, zu beobachten, was auf dem Wasserspiegel vorgeht, wo sie ihre Nahrung finden.

Die Ehre, zur Aufklärung dieser Verhältnisse wesentlich beigetragen zu haben, gebührt vor allem dem Schweizer Zoologen Frank Brocher (Abb. 116–117). Später haben andere Forscher wie Hoppe (1911) und namentlich Ege (1915) sehr wichtige Beiträge geliefert, durch welche die Angaben Brocher's zum Teil modifiziert wurden. Hier muss man, wie in vielen ähnlichen Fällen, die Fähigkeit eines Lebewesens, seine Organisation mit extremen Lebensbedingungen in Übereinstimmung zu bringen, umsomehr bewundern, je tiefer man in sein Studium eindringt. Und die Lebensbedingungen sind in Wahrheit extrem. So wie die Wasserläufer an das Laufen auf der Oberseite des Oberflächenhäutchens angepasst sind, sind die Notonecten der Aufhängung und dem langsamen Vorwärtsgleiten an seiner Unterseite angepasst. Die Hinterbeine sind stets vom Wasserspiegel frei und nach vorn gerichtet, sodass sie das Tier vorwärts rudern können. Das ganze Sommerhalbjahr verbringen die Rückenschwimmer, solange keine Gefahr droht, in dieser Stellung, überkompensiert und zumeist regungslos, und tauchen nur ab und zu in die Tiefe; im Gegensatz zu den meisten anderen ihrer nächsten Verwandten, namentlich zu den Corixen, können sie aber bei höherer Sommertemperatur nur kurze Zeit tiefer im Wasser bleiben. Die Unterseite des Wasserspiegels ist die Wohnstätte der Tiere; hier suchen sie ihre Nahrung und befriedigen ihr Luftbedürfnis. Über ihre Respiration besteht noch keine völlige Klarheit.

Brocher vertritt folgende, auf einer Reihe sinnreicher Versuche beruhende Anschauung: Die Notonectinen besitzen 10 Paare von Atemlöchern, die in die Haarkanäle münden. Das erste Paar des Hinterleibes und die Thorakalstigmen münden in besondere Luftkammern, deren Luftinhalt über den Körper ausströmt. Durch das siebente Paar der Hinterleibsspirakel zieht das an der

Oberfläche ruhende Tier atmosphärische Luft in das Tracheensystem ein; die verbrauchte Luft wird durch alle anderen Spirakel abgegeben und vom Haarbesatz aufgefangen. Sie hat also nur hydrostatische und keine respiratorische Bedeutung; sämtliche Atemlöcher sind Exspirationsspirakel mit Ausnahme des letzten Paares, durch welches, wie bereits gesagt, die Luft eintritt. Nur wenn sich die Tiere in Atemnot befinden, kann auch durch die anderen Stigmen Luft einströmen. Man beobachtet dann, dass sämtliche Haarkanäle aufklappen und ihre äussere Haarreihe sich auf dem Wasser ausspreizt. Wenn das Tier wieder in die Tiefe geht, klappen die Haarsäume automatisch zusammen und umschliessen dann atmosphärische Luft.

Von anderer Seite (Hoppe 1911, Ege 1915) wurde geltend gemacht, dass die vorzüglichen, von Brocher ausgeführten Experimente wohl die erwähnten Resultate ergeben, dass diese aber ebenso gut anders gedeutet werden können. Besonders wird darauf hingewiesen, dass man nicht zwischen Exspirations- und Inspirationsspirakeln unterscheiden kann, und dass die Luft in den Haarkanälen nicht ausschliesslich als Exspirationsluft zu betrachten ist, sondern dass sie ebensogut auch respiratorische Bedeutung haben könne.

Ohne Zweifel kommt der aufgespeicherten Luft sowohl im Sommer wie im Winter respiratorische Bedeutung zu; das Luftreservoir ist aber selbstverständlich nur in solchen Fällen von entscheidendem biologischen Wert, wenn das Tier verhindert ist, an die Wasseroberfläche zu kommen und direkt atmosphärische Luft einzuatmen, d. h. also vor allem, wenn das Wasser von Eis bedeckt ist. Im Winter bei herabgesetztem Stoffwechsel kann der Sauerstoff in den Lufträumen bei den meisten der betreffenden Tierarten mit Leichtigkeit durch Diffusion aus dem Wasser erneuert werden. Kurz bevor sich die Eisdecke über dem Wasser schliesst, oder wenn sie eben aufgetaut ist, oder wenn Nachtfröste eine dünne Eisschicht auf den Wasserspiegel gelegt haben, fand ich an solchen Lokalitäten Notonectinen und Corixinen an grünen Wasserpflanzen (Callitriche u. dgl.) aufgehängt. Die Tiere haben im Spätherbst pflanzenreiche Teiche aufgesucht. Sie waren von so grossen, länglichen Luftblasen umgeben, dass sie selbst in ihnen kaum zu beobachten waren. Wahrscheinlich stammt diese Luft im Winter von den zahlreichen Luftblasen, die die Pflanzen bei der Assimilation unter Einfluss des Sonnenlichtes abgeben. Beobachtet man diese Tiere oder bringt sie in Aquarien mit reichlichem Pflanzenbewuchs, wo man sie unter Winterbedingungen hält, so kann man bemerken, dass sie mit dem letzten Beinpaar in kürzeren oder längeren Zwischenräumen über die Luftmasse streichen; diese wirkt zweifellos physiologisch als Kieme. Soviel scheint jedenfalls festzustehen, dass bei ungenügender Zufuhr von atmosphärischer Luft sämtliche Spirakel die Luft sowohl einströmen wie ausströmen lassen. Die Gefahr des Erstickens, verursacht durch Mangel an atmosphärischer Luft, wird durch die völlige Regungslosigkeit der Tiere und die niedrige Temperatur kompensiert. Der Sauerstoffverbrauch ist unter diesen Umständen ungemein gering; trotzdem kann der Erstickungstod eintreten, weil der Sauerstoff schneller verbraucht wird, als er sich durch die stets langsam folgende Diffusion erneuert.

Da der Stickstoff-Partialdruck in der Luftblase stets höher sein muss als im Wasser, muss die Luft aus ihr infolge der Diffusion ins Wasser nach und nach verschwinden. Der Überdruck des Stickstoffs, der diese Herausdiffusion verursacht, ist umso grösser, in je grösserer Wassertiefe sich das Tier befindet und besonders, je mehr der Sauerstoffdruck in der Blase abnimmt, sodass die notwendige Sauerstoffmenge aus dem Wasser in die Blase hineindiffundieren kann. Ist die Differenz des Sauerstoffdruckes gross, so besteht die Luft in der

Blase schliesslich fast nur noch aus reinem Stickstoff, da die beim Stoffwechsel gebildete CO_2 so leicht ins Wasser diffundiert, dass in der Luftblase fast kein CO_2-Druck entsteht.

Die zahlreichen toten Notonectinen und Corixinen, die wir finden, wenn nach einem harten Winter das Eis schmilzt, sind wahrscheinlich durch Erstickung gestorben.

Es sei ferner erwähnt, dass die äusserst kurzen, mit einer Reihe eigentümlicher Haare ausgestatteten Antennen immer längs der Unterkante der Augen eingeschlagen sind und auf einem Luftkissen liegen. Es wird vermutet, dass die Tiere durch diese Organe über die Grösse der Luftmenge unterrichtet werden (Weber 1930). Dies wird jedoch von anderer Seite (Both 1934) bezweifelt. Ausserdem ist zu bemerken, dass dem Enddarm hier wie bei anderen Wasserwanzen eine gewisse Bedeutung als Respirationsorgan zukommt. Man kann bei jungen Exemplaren von *Ranatra* das Wasser in regelmässigen Intervallen aus- und eintreten sehen.

Die Notonectiden suchen ihre Beute in der obersten Schicht des Wassers; sie besteht vornehmlich aus toten und halbtoten Tieren, die auf dem Wasserspiegel treiben, und in viel geringerem Grad aus solchen, die im Wasser umherschwimmen. Die Notonectinen verfolgen ihre Beute nicht in den mittleren Wasserschichten, auch sitzen sie nicht auf Beute lauernd an Pflanzen, um Tiere zu überfallen, die in ihre Nähe kommen. Ihr vornehmstes Bewegungsorgan sind die zwei ausserordentlich langen, an Tibia und Tarsalgliedern mit langen Schwimmhaaren besetzten Hinterbeine, deren Klauen im Gegensatz zu denen der beiden vorderen Beinpaare sehr klein sind. Die langen Hinterbeine sind stets in einem bestimmten Winkel vom Körper abgespreizt und immer bereit zum Schlag, spielen aber ausserdem noch eine Rolle als Ausleger, die das Tier am Umkippen hindern; werden die Hinterbeine abgeschnitten, so fällt das Tier leicht seitwärts um. Die Nahrung besteht, wie bereits erwähnt, vorzugsweise aus Insekten, die auf das Wasser gefallen sind; mit ein paar Schlägen der Hinterbeine rudert die *Notonecta* heran und packt die Beute mit den Vorderbeinen. Dann sticht sie den Rüssel horizontal ein und saugt das Opfer aus.

Der Stich der *Notonecta* kann auch dem Menschen sehr unbehaglich werden. Hase (1924) hat die Wirkung des Stiches untersucht und nachgewiesen, dass sich neben primären nach einiger Zeit auch sekundäre Folgen in Form von Entzündungen an der Haut einstellen können, die 12 cm lang und 5 cm breit und von lokaler Temperaturerhöhung bis 37,8° begleitet sind. Beim Auffischen von Wasserlinsen mit dem Netz läuft man oft Gefahr, von Notonecten gestochen zu werden.

Es wird auch zuweilen angegeben, dass Notonectinen in Fischteichen Schaden anrichten können. Ich selbst hatte Gelegenheit, ihre Lästigkeit in anderer Hinsicht festzustellen. Wiederholt sagten mir Viehhüter, dass sie das zur Tränke ans Teichufer geführte Vieh oft nicht einmal an warmen Sommertagen zum Trinken veranlassen könnten. Das erwies sich bei näherem Zusehen als ganz erklärlich. Waren doch an den Teichrändern ganze Scharen von Notonecten versammelt, die buchstäblich darauf warteten, zum Anbeissen zu kommen. Von den Nasenlöchern der Rinder troff das Blut in Strömen, und bei einem von ihnen fand ich eine an der Innenseite des Nasenloches festsitzende *N. glauca* L.

Während der Paarung, die zumeist an der Wasseroberfläche oder dicht unter ihr vor sich geht, nimmt das Männchen dieselbe verrenkte Stellung ein, halb auf der Seite der Weibchens hängend, wie bei den anderen Wasserwanzen. Der Akt dauert angeblich mehrere Stunden. Ein Männchen paart sich mit mehreren Weibchen nacheinander und ein Weibchen viele Male mit demselben Männchen. Es wird behauptet, dass die Weibchen den Männchen an Zahl weit überlegen sind.

Gewisse Notonectiden besitzen Stridulationsorgane an der Innenseite von Coxa und Tibia und am Grunde des Rüssels (Hungerford 1924). Der hervorgebrachte Laut soll auf eine Entfernung von 12–15 Fuss zu hören sein.

Die Eiablage ist ziemlich oft beobachtet worden und kann in den Frühlingsmonaten bei *N. glauca* leicht verfolgt werden (Abb. 113). Das Weibchen sucht sich unter Wasser eine Pflanze aus; es bevorzugt meist frische, grüne Pflanzen, doch wählt es auch zuweilen ein jahraltes, abgestorbenes Typha-Blatt. Nachdem das Weibchen sich reichlich mit Luft versorgt hat, setzt es sich an die Pflanze parallel zu ihrer Längsachse. Die grosse Lufthülle, welche das Abdomen umgibt, macht weitere Beobachtungen unmöglich. Wenige Sekunden später lässt sich ein knirschender Laut vernehmen; der Stachel ist in die Pflanze eingedrungen und hat ein Loch gebohrt, in das nun das Ei eingesenkt wird. Es ist also bei dem ganzen Vorgang nicht mit Wasser in Berührung gekommen. Soviel man weiss, liegen die Eier immer trocken in luftgefüllten, nicht wasserdurchtränkten Pflanzen. Sie ragen normalerweise nicht aus der Pflanze heraus; die Stelle, wo sie abgelegt sind, macht sich erst später durch Entstehung eines kleinen, braunen Fleckes bemerkbar. Die Angabe, dass das Ei nur halb eingebohrt werde, ist sicher unrichtig und rührt von Aquariumsversuchen her (vgl. Lehmann 1919 contra Bolweg 1914). Die Anzahl der abgelegten Eier wird mit ungefähr 100 angegeben (Larsén 1930b). Aus den Eiern, die von *N. glauca* L. im April und Mai abgesetzt werden, schlüpfen die Larven im Laufe von 3–6 Wochen. Dann wimmelt das Wasser von kleinwinzigen *Notonecta*-Larven; sie liegen zu Tausenden in kleinen Gesellschaften unter dem Wasserspiegel, sicher nicht weit von der Stelle, wo sie ausgeschlüpft sind. Nur wenn es regnet, suchen sie tiefere Schichten auf. Wo Potamogeton und andere Pflanzen den Wasserspiegel bedecken und zwischen ihren Blättern kleine offene Stellen freilassen, findet man bei Sonnenschein in jedem dieser kleinen Wasserenklaven Gesellschaften von 25–50 Individuen. Die Tiere machen 5 Häutungen durch, und fast alle Individuen eines Teiches befinden sich auf dem gleichen Entwicklungsstadium. Nach 5–6 Wochen sind sie geschlechtsreif.

Die Larven gleichen in ihrer Gestaltung fast völlig den fertig entwickelten Tieren. Da die Flügel noch unentwickelt sind, wird auch nur wenig Luft mitgeführt. Trotzdem sind die Tiere stark überkompensiert, leben nur an der Oberfläche, verlassen sie nur notgedrungen und sterben schon nach wenigen Minuten, wenn sie unter den Wasserspiegel gedrückt werden. Transportiert man die auf einer Exkursion gefangenen Tiere in einem Gefäss mit Wasser nach Haus, so sterben sie meistens schon unterwegs. Wesentliche Unterschiede in den Respirationsorganen und in der Respiration bestehen zwischen Erwachsenen und Jungen nicht.

N. glauca L. überwintert immer nur im Imagostadium. Paarung habe ich wiederholt in den Herbstmonaten beobachtet; die eigentliche Paarungszeit fällt aber wahrscheinlich ins Frühjahr. Die Tiere sind vorzügliche Flieger und suchen im Herbst pflanzenreiche Teiche auf, um hier in ähnlicher Weise wie *Nepa* und *Ranatra* zu überwintern. Aus Nordamerika wird von Notonecten-Schwärmen berichtet, die wie ein Regen über Strecken von mindestens 25 englischen Meilen herfielen (Hungerford 1933). Ganz Ähnliches meldet Vansel (1931) aus Kalifornien, wo *Corixa* des Abends um jeden Laternenpfahl Haufen von 2–3 Zoll Dicke bildete. Hin und wieder sieht man die Tiere unter dem Eis schwimmen, meistens sitzen sie jedoch auf Wasserpflanzen, an denen sie sich mit dem mittleren Beinpaar festhalten. Dann ist der ganze Körper von einer dicken Luftschicht umhüllt; ebenso ist unter den Flügeln reichlich Luft aufgespeichert. Durch Versuche wurde festgestellt, dass die Tiere bei Absperrung von der Luft im Sommer bei hoher Temperatur im Laufe von wenigen Stunden absterben, hingegen bei Temperaturen von 6° C. und darunter wochenlang am Leben bleiben können. Während der Absperrung lässt sich genau verfolgen, wie bei höherer Temperatur die Luft in den Haarkanälen nach und nach abnimmt, die Tiere schwerer werden als Wasser und schliesslich zu Boden sinken. Auch wenn ihnen dann Zutritt zu atmosphärischer Luft gewährt wird, ist es ihnen nicht mehr möglich, sich wieder zu erheben.

Neben *N. glauca* L. kommt noch eine etwas seltenere Art, *N. lutea* O. F. M., vor. Diese Art steht zwar *N. glauca* L. so nahe, dass sie oft nur als eine Varietät von ihr aufgefasst wird, unterscheidet sich jedoch biologisch sehr erheblich von ihr. Sie legt nämlich ihre Eier im Herbst ab, bohrt sie aber wie *N. glauca* L. in Pflanzen ein. Die Art überwintert als Ei in den Pflanzen; die Jungen schlüpfen im nächsten Frühjahr, und zwar zur selben Zeit wie *N. glauca* L., deren Eier erst im April abgesetzt wurden. Viele aussereuropäische Arten bohren die Eier nicht in Pflanzen ein, sondern legen sie einzeln oder in kleinen Häufchen in Schleimmassen auf den Pflanzen ab. Das scheint namentlich bei nordamerikanischen Arten der Fall zu sein (Essenberg 1915, Hungerford 1919, Clark 1928). Die jugendlichen Schwärme des Frühsommers bestehen demnach aus beiden Arten, deren Larvenstadien leider nicht voneinander zu unterscheiden sind. Das Eistadium währt also bei *N. glauca* L. 4–6 Wochen, bei *N. lutea* O. F. M. 8–9 Monate. *N. glauca* L. überwintert normalerweise als Imago, *N. lutea* O. F. M. fehlt dagegen nach meinen Erfahrungen in unseren Mooren von April bis August gänzlich als geschlechtsreifes Insekt; die Imagines sind dann im Herbst recht zahlreich, doch habe ich sie bei uns niemals später als im Januar gefangen. *N. lutea* O. F. M. scheint den Winter gewöhnlich nicht zu überdauern. Diese beiden Arten bieten ein interessantes Beispiel dafür, dass sich zwei sehr nahestehende Arten biologisch ganz verschieden verhalten können. Der französische Biologe Delcourt (1909), der die europäischen *Notonecta*-Arten sehr eingehend untersucht hat, stellt die Hypothese auf, dass *N. lutea* O. F. M. aus irgend einer *Notonecta*-Art durch besondere Temperatureinflüsse entstanden sei, und dass dergleichen auch heute noch irgendwo stattfände. Es lässt sich kaum in Abrede stellen, dass die Biologie dieser beiden Arten noch recht ungeklärt ist. Es gibt verschiedene Farbenvarietäten von *N. glauca* L.

Es ist ferner zu erwähnen, dass *N. glauca* L. in Mooren ohne jegliche Vegetation ihre Eier einfach in den steilen Moorbänken ablegt. Von einer anderen europäischen Art, *N. maculata* F., wird dasselbe berichtet. Bei dieser Art sind die letzten Hinterleibssegmente nicht zu dem Säge- und Bohrapparat umgewandelt, den unsere anderen heimischen Arten besitzen (Hungerford 1933).

Anisopinae. Innerhalb der Familie der *Notonectidae* nimmt die Unterfamilie der *Anisopinae* einen ganz besonderen Platz ein; von ihren beiden Hauptgattungen *Anisops* und *Buenoa* gehört erstere der alten, letztere der neuen Welt an. *Anisops* ist vorwiegend tropisch oder subtropisch, kommt aber auch in Südeuropa vor. Die zwei Unterfamilien weichen dadurch voneinander ab, dass die Kommissuren der Hemielytren bei den *Anisopinae* im vorderen Teil eine Grube oder Vertiefung aufweisen, die bei den *Notonectinae* nicht vorkommt. Die Grube wird von einigen Forschern für ein Sinnesorgan gehalten. Auch sind die Hinterbeine bei den *Anisopinae* viel länger als bei den *Notonectinae.*

Biologisch unterscheiden sich die Anisopinen von den Notonectinen dadurch, dass die erstgenannten nicht an der Oberfläche des Wassers heimisch, sondern vorwiegend Mittwasserformen sind, die sich von der Oberfläche losgesagt haben. Das gilt besonders für *Buenoa.* Bis vor kurzem war kein anderes pelagisch lebendes Insekt bekannt, als die Larve von *Corethra.* Es war darum überraschend, in den Anisopinen weitere Insekten kennen zu lernen, die vorzugsweise in den mittleren Wasserschichten heimisch sind.

Anisops ist unmittelbar nach der Aufnahme von Luft an der Wasseroberfläche schwach überkompensiert (siehe Kaiser 1940); wenn das Tier dahin zurückkehrt, um zu atmen, ist es schwach unterkompensiert, in der Zwischenzeit aber in völligem Gleichgewicht mit dem Wasser, in dem es als Mittwasserform schwebt. Beim Schweben wird das hintere Beinpaar ausgestreckt und vorwärts gerichtet, während das erste und zweite Beinpaar unter der Brust zusammengefaltet werden. Diese beiden mit starken Dornen besetzten Beinpaare bilden einen Fangkorb, in welchem Planktonorganismen, vor allem Entomostraken, aber auch Mückenlarven eingefangen werden. Die Beute wird auch in der Schwebestellung und nicht an der Wasseroberfläche verzehrt, die die Tiere nur aufsuchen, um zu atmen. Ebenso wie *Notonecta* muss sich auch *Anisops* beim Atmen an das Oberflächenhäutchen stützen, nur geschieht das bei ihm in anderer Weise. Wie bereits früher erwähnt, ist *Notonecta* leichter als Wasser und daher an der Oberfläche gestützt, und zwar an 5 Punkten: mit der Hinterleibsspitze und den Klauen der Vorder- und Mittelbeine. Da *Anisops* während der Respiration an der Oberfläche schwerer ist als Wasser, kann er sich nicht gegen die Oberfläche stützen. Das Tier breitet dann den Borstenbesatz des Hinterleibes aus, sodass die Borsten auf der Oberfläche liegen (Abb. 114). Im Gegensatz zu *Notonecta* besitzen *Anisops* und *Buenoa* nicht zwei Haarkanäle mit vier Haarleisten, nämlich zwei lateralen und zwei medianen, sondern nur zwei laterale Haarleisten; die medianen bestehen nur aus ganz kurzen Haaren, die nicht an die lateralen heranreichen; diese allein bilden die Haarkanäle. Da sie unbenetzbar sind, können sie auf der Wasseroberfläche liegen, wenn sie ausgebreitet werden. In der Respirationsstellung ist *Anisops* ebenfalls am Oberflächenhäutchen gestützt, aber nicht wie *Notonecta* mit den Klauen des ersten und zweiten, sondern nur mit denen des ersten Beinpaares. Die Klauen sind benetzbar und bilden in der Oberfläche kleine Erhöhungen. *Anisops* liegt sowohl bei der Respiration an der Oberfläche wie beim Schweben im Wasser ungefähr horizontal.

Das merkwürdigste bei den *Anisopinae* ist indessen, dass ihr Blut Oxyhämoglobin enthält. Die Unterseite des Hinterleibes von *Buenoa margaritacea* Bueno ist beim lebenden Tier tief rot gefärbt. Hungerford (1919, 1922) wies bei *Buenoa* in gewissen, mit dem Tracheensystem verknüpften Zellkomplexen an der Unterseite des Hinterleibes Oxyhämoglobin nach; sein Vorkommen ist also hier analog dem bei *Gastrophilus equi*, aber abweichend von dem bei den Chironomiden-Larven, bei denen die rote Flüssigkeit frei in der Körperhöhle flottiert. Hungerford vermutet, dass sich das Hämoglobin bei dem nahestehenden *Anisops* ähnlich wie bei *Buenoa* verhält. Diese Vermutung wird von Poisson (1926) bestätigt, der bei *Anisops productus* Fieb. (Südeuropa) grosse tracheale Zellen von roter Farbe nachwies, die höchstwahrscheinlich mit einer hämoglobinartigen Substanz gefüllt sind. Diese Zellen bilden auf der Bauchseite zwei rote Bänder, wie wir sie auch bei der Larve von *Gastrophilus equi* vorfinden. Sie enthalten ein reiches, interzelluläres Tracheennetz, das in inniger

Verbindung mit den trachealen Zellen steht. BARE (1928) führte die Untersuchungen von HUNGERFORD weiter und stellte fest, dass auf einem Querschnitt durch *Buenoa* die roten Zellen fast ein Drittel des Hinterleibes einnehmen. Sie liegen traubenförmig in zwei Reihen um die vom 3. bis 7. Hinterleibsspirakel kommenden Tracheen. Im übrigen stimmen die Verhältnisse bei *Buenoa* anscheinend mit POISSON's Ergebnissen bei *Anisops* überein. Das Vorkommen von Hämoglobin bei den beiden Gattungen steht unter den Wanzen einzig da; auch bei anderen Insekten, mit Ausnahme der Larven von *Gastrophilus equi,* kommt Hämoglobin in dieser Form nicht vor. Es liegt nahe, diese sonderbare Erscheinung auf das merkwürdige Leben der *Anisopinae* zurückzuführen, die ja als Mittwasserformen ihre vorwiegend aus Entomostraken bestehende Beute nicht an der Oberfläche suchen. BARE kam auf experimentellem Wege zu dem Ergebnis, dass viele Insekten zwar bedeutend länger unter Wasser verweilen können als *Buenoa,* dass aber letztere fast ständig in Bewegung ist, um ihre Beute zu suchen, während die anderen entweder an der Wasseroberfläche oder an Wasserpflanzen hängen, oder ihr Dasein am Boden ruhend und ziemlich bewegungslos verbringen (*Corixa*).

Es ist höchst eigentümlich, dass aus so ausgeprägten Landtieren wie den Wanzen durch Umbildung von Körper, Gliedmassen und Respirationsorganen und durch Entwicklung besonders verwendeter Haargebilde ausgesprochene Oberflächentiere hervorgehen, und dass dann einige von diesen durch weitere Umwandlung der Vorder- und Mittelbeine zu einem Fangkorb, durch Modifikation des Borstenbesatzes, durch Produktion von Oxyhämoglobin und Änderung der Hydrostatik des Körpers aus Oberflächen-Notonectiden beinahe zu pelagischen Organismen werden, deren Wohnstätte und Jagdrevier die mittleren Wasserschichten sind.

Mit den Notonecten nahe verwandt ist das Genus *Plea* mit *P. minutissima* F.; die nur wenige Millimeter langen Tiere erscheinen im grossen und ganzen wie eine Miniaturausgabe von *Notonecta* (Taf. IV, Abb. 14). Das Genus wird oft als besondere Familie, *Pleidae,* aufgestellt. Haarkanäle fehlen, aber an der Unterseite des Hinterleibes verläuft ein hoher Kiel; über diesen hinweg legt sich eine Lufthülle von dem einen Rand des Körpers zum anderen. Dadurch wird die ganze Unterseite des Tieres mit einer dicken Luftschicht bedeckt; ebenso liegt Luft unter den Flügeln. Wie bei allen anderen Wasserwanzen mit wohlentwickelten Flügeln sind auch bei *Plea* die Vorderflügel so eingerichtet, dass sie wasserdicht um den Hinterkörper schliessen. Am weitesten fortgeschritten ist in dieser Hinsicht eine nordamerikanische *Plea*-Art, deren Halbdeckflügel an der Kante derart zusammengeschweisst sind, dass sie über dem Hinterleib eine gewölbte Decke bilden. Die Hinterflügel sind hier zu kleinen Stümpfen reduziert (HUNGERFORD 1919). Die Atmung erfolgt wie bei den Notonecten, doch soll *Plea* länger unter Wasser bleiben können als diese. Die Tiere bewegen sich ebenso wie *Notonecta* gegen die Wasserfläche gestützt mit dem Bauch nach oben und sind ebenfalls leichter als Wasser. Die Hinterbeine sind nur schwach behaart. Die Hauptnahrung besteht angeblich aus Daphnien. Neben dem zweiten Bruststigma liegt ein Sinnesorgan, das für ein Gehörorgan gehalten wird. Man hat die Tiere »singen« hören; der tonproduzierende Apparat liegt zwischen Vorder- und Mittelbrust. Die Paarung findet hauptsächlich Anfang Juni statt; auch hier sitzt das viel kleinere Männchen schräg auf dem Rücken des grösseren Weibchens. Die Eier werden mit Hilfe des kurzen Legestachels in Pflanzengewebe eingebohrt und zwar so, dass die Längsachse des Eies ungefähr parallel zum Stengel liegt. Nach drei Wochen kommen die Larven hervor, Mitte August sind die verschiedenen Häutungen durchlaufen und die Verwandlung vollbracht. Die Tiere überwintern als Imagines und decken im Winter ihren Bedarf an Luft in derselben Weise wie andere Wasserhemipteren. Bei niedriger Temperatur können sie lange unter Wasser bleiben, ohne zum Atmen an die Oberfläche zu kommen; die Imagines können jedenfalls in Aquarien zwei, vielleicht sogar drei Jahre lang leben. In der Paarungszeit sammeln sich die Tiere angeblich in grossen Mengen in Teichen an bestimmten Stellen und unternehmen bei Nacht grosse Flugexkursionen. *Plea* ist hierzulande ein seltenes Wasserinsekt. Die obigen Angaben stammen aus dem schönen Werk von Wefelscheid (1912).

Zu der Superfamilie der *Notonectides* wird auch die Familie der *Helotrephidae* (Taf. IV, Abb. 6) gerechnet, die in tropischen Gewässern heimisch ist. Die Familie ist vor allem dadurch charakterisiert, dass Kopf und Vorderbrust ganz oder teilweise verschmolzen sind. Hinterflügel meist stark reduziert. Hauptart: *Idiocoris lithophilus* (Esaki und China, 1928; Tanganyika). Über ihre Lebensweise ist so gut wie nichts bekannt.

Corixides.

Corixidae (Wasserzikaden).

Die Familie der *Corixidae* ist fast über die ganze Welt verbreitet und sehr artenreich; sie umfasst 2–300 Arten, die in zahlreiche Unterabteilungen gruppiert werden. Die *Corixidae* leben in Gewässern von höchst verschiedener Beschaffenheit; die meisten von ihnen bewohnen kleine, vegetationsreiche Teiche und Tümpel, doch beherbergen auch die Ufer grosser Seen, fliessende Gewässer und Brackwasser Formen, die vorzugsweise hier vorkommen.

Auf den ersten Blick ähneln sich Notonecten und Corixen, in Wirklichkeit sind sie aber sehr verschieden gebaut. Der Rücken der Corixen (Taf. IV, Abb. 16) ist nicht hoch und gewölbt wie bei den Notonecten, sondern breit abgeflacht. Der Kopf ist viel beweglicher, der Rüssel ganz kurz, Beine und Atmungsorgane sind ganz anders gestaltet.

In biologischer Hinsicht sind die beiden Familien fast diametrale Gegensätze. Die Notonecten sind vorwiegend Oberflächentiere, die Corixen mehr Bodentiere, die Notonecten Raubtiere, die Corixen Pflanzen- und Detritusfresser; die Notonecten schwimmen mit dem Rücken nach unten, die Corixen mit dem Rücken nach oben. Die Respiration vollzieht sich bei beiden Familien in ganz verschiedener Weise.

Beiden ist gemeinsam, dass sie leichter als Wasser und ständig überkompensiert sind; das ist hinsichtlich der Ernährung für die Notonecten ein Vorteil, für die Corixen, die ihre Nahrung am Boden suchen, ein Nachteil.

Vergleicht man *Corixa* und *Notonecta*, so fällt am meisten auf, dass die für *Notonecta* so charakteristischen Haarkanäle bei *Corixa* fehlen; statt dessen ist die ganze Unterseite ihres Hinterleibes mit einer feinen, dünnen, unbenetzbaren Haarschicht bedeckt, während an bestimmten Stellen der Brust längere Haare sitzen, die ebenfalls den Zweck haben, die Luft festzuhalten. Wie die Rückenschwimmer sind auch die Corixiden von einer silbernen Luftschicht umgeben, die nicht nur die ganze Bauchseite einhüllt, sondern in noch höherem Masse unter den Flügeln aufgespeichert ist. Die beiden Luftmassen kommunizieren zwischen Metathorax und Abdomen miteinander. Die Respiration geht hier in ganz anderer Weise vor sich als bei den *Notonectidae.* Die Corixen kommen nicht wie jene mit dem Hinterende, sondern mit dem Vorderende an die Oberfläche. Ihrem Hinterende fehlen fast gänzlich die Haarborsten, die es den Notonectiden ermöglichen, sich kapillar am Wasserspiegel zu stützen. Die Luft wird vornehmlich zwischen Kopf und Brust aufgenommen. Der Kopf wird bei der Respiration stark nach vorwärts gebogen. Der eigentliche Prozess des Lufteinziehens währt ausserordentlich kurz ($^1/_4$–$^1/_2$ Sekunde), sodass man niemals Gelegenheit hat, ihn richtig zu beobachten. Man darf aber wohl annehmen, dass die Luft durch die sogenannten Luftrinnen an die Spirakel und besonders an die Thoraxspirakel geleitet wird (Hagemann 1910). Vermutlich umspült die Luft den ganzen Körper, und alle Spirakel öffnen sich in die Luftmasse hinein. Ob es sich bei der Lufthülle um atmosphärische Luft oder nur um verbrauchte Respirationsluft handelt, steht nicht fest. Die Lufthülle besteht wahrscheinlich zunächst, wenn das Tier eben die Oberfläche verlassen hat, aus atmosphärischer Luft, verliert aber später während der Respiration immer mehr von ihrem Sauerstoff.

Gerade bei den Corixiden hat man Gelegenheit zu bemerken, wie wichtig die Stopphaare am Hinterende der Notonecten sind, wenn sich die Tiere unter der Oberfläche halten wollen. Den Corixiden fehlen solche Haare; sie drücken sich beim Respirationsprozess nicht an die Oberfläche, sondern durchstossen sie mit Kopf und Vorderbrust ausserordentlich rasch zwei bis dreimal hintereinander. Wenn die Männchen unter Wasser die Weibchen verfolgen, oder wenn die Tiere erschreckt werden, durchstossen sie zuweilen den Wasserspiegel und bleiben auf ihm liegen. Ich habe an stillen Sommerabenden oft gesehen, wie die Tiere aus dem Wasser herausschiessen, wieder aufs Wasser zurückfallen und hier liegen bleiben. Besonders in der Sexualperiode ist dieses Phänomen sehr auffallend. Im Frühling wimmelt die Oberfläche an manchen Tagen von Corixiden, die unaufhörlich in die Höhe schnellen und wieder hinabfallen. Sie sind imstande, direkt von der Oberfläche aufzufliegen; das ist bei den Notonectiden weit seltener zu beobachten.

Die Corixiden sind ja nicht Oberflächentiere wie die Notonectiden; sie lassen sich nicht an der Wasseroberfläche treiben, sind wohl auch nicht so überkompensiert wie jene. Sie kommen nur an die Oberfläche, um ihr Atembedürfnis zu befriedigen, stossen nur eine Sekunde lang Kopf und Brust über Wasser und stürzen dann wieder hinab. Sie können in sauerstoffreichem Wasser viel länger in der Tiefe verbleiben als die Notonectiden, bei nicht allzu hoher Temperatur fast unbegrenzt.

Erst in der neuesten Zeit ist man über die Ernährung der Corixiden zur Klarheit gekommen. Im Gegensatz zu den Notonectiden leben sie in erster Linie von Pflanzen. Das ist ja bei der Mehrzahl der Landwanzen der Fall; während diese aber vor allem Pflanzensaft saugen, indem sie mit ihrem langen Saugrohr Löcher in Pflanzen bohren und ihren Saft aussaugen, ist die Ernährungsweise bei den meisten Corixiden vermutlich ganz anders. Ihr Rüssel ist ganz kurz und die Mundöffnung sehr weit. Der Fuss der Vorderbeine ist eingliedrig; dieses Fussglied ist schaufelförmig und mit langen Haaren besetzt. Mit den grossen Schaufeln wirbeln die Tiere den Grund auf und kratzen gleichzeitig mit ihnen das Bodenmaterial zusammen. Dieses besteht natürlich sowohl aus Kleintieren wie aus Pflanzenteilen und Detritus. Bringt man eine *Corixa* auf weichen Grund, so sieht man das Bodenmaterial in zwei Wolken aufwirbeln, sobald die Schaufeln zu arbeiten beginnen. Man hat aber auch beobachtet, dass die Corixiden, wenn man ihnen Spirogyra gibt, einen Faden nach dem anderen aufnehmen und das Chlorophyll aussaugen. Während sich die Fäden entfärben, füllt sich gleichzeitig der Darm der Corixiden mit Chlorophyll.

Am Grunde seichter Wasserpfützen sieht man zuweilen bei hellem Sonnenlicht Hunderte von Corixiden wie silberne Perlen mit ihren Schaufeln arbeiten.

Auch die Mittelbeine sind merkwürdig gestaltet. Sie sind Klammerorgane mit eigenartig gebauten Gliedern und Sehnen und mit langen, dünnen Klauen, die in den Boden oder an Wasserpflanzen eingekrallt werden. Während die Tiere mit den Vorderbeinen im Schlamm arbeiten, verankern sie sich mit den Mittelbeinen im Seeboden; zugleich sind die nach hinten und aufwärts gerichteten

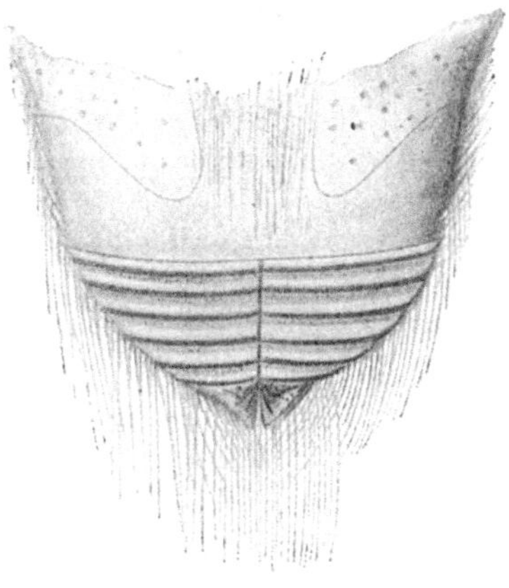

Abb. 118.

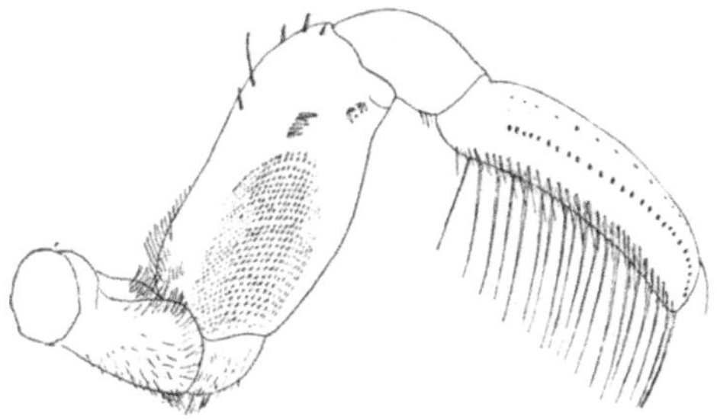

Abb. 119.

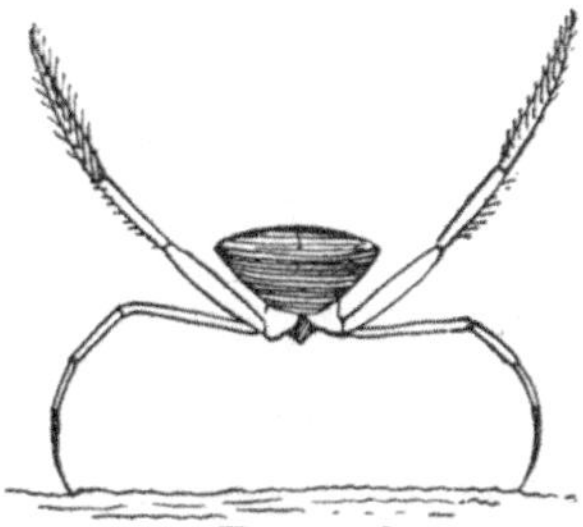

Abb. 121.

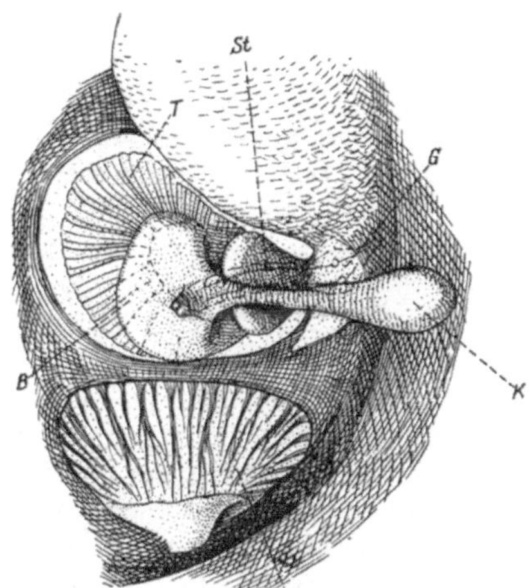

Abb. 120.

Corixa Geoffroyi Leach.

Abb. 118. Rüssel mit Stridulationskämmen. Nach Handlirsch, A. 1900.

Abb. 119. Linkes Vorderbein mit Punktreihen, die über die Kämme des Rüssels gerieben werden. Nach Handlirsch, A. 1900.

Abb. 120. Das Tympanalorgan von aussen gesehen und schematisch im Schnitt. *B* Buckel, an dem innen am Höcker die Sinneszellen angreifen, *G* Ganglion (durchschimmernd), *K* Kolben, *St* Stift (durchschimmernd), Stg_2 Stigma II, *T* das radial gestreifte Tympanum. Nach Hagemann, J. 1910.

Abb. 121. Ruhestellung der Corixiden am Grund des Wassers, schematisch. Von hinten. Nach Weber, H. 1930.

Hinterbeine bereit zum Schlagen (Abb. 121). Die Hinterbeine sind abgeflacht, mit langen Borsten besetzt und vortreffliche Schwimmbeine. Die Corixiden steuern mit den Hinterbeinen ausserordentlich schnell durch das Wasser. Ihr Haarbesatz dient ausserdem als Putzapparat, der die Lufthülle der Bauchseite reinhält, indem er über sie hinstreicht. Den Vorderbeinen kommt noch eine andere Funktion zu (Abb. 118–119). Ihr schaufelförmiges Fussglied ist nämlich mit ein bis zwei Reihen kurzer, in Gelenken beweglicher Chitindornen versehen, die den Dornen am Bogen des Zirpapparates der Feldheuschrecken gleichen. Wir haben es hier mit Stridulationsorganen zu tun. Das Ergänzungsstück, über welches der Bogen geführt wird, ist auch nicht schwer zu finden; am unteren Teil des Rüssels sitzt eine Reihe von Querleisten, der passive Teil des Spielinstrumentes (Abb. 118). Wenn die Männchen den Bogen über den Rüssel führen, entstehen sehr deutlich hörbare Töne. Die Corixiden haben nicht umsonst den Namen »Wasserzikaden« erhalten. Wenn man die Tiere im Aquarium hält, kann man im Frühjahr zur Paarungszeit häufig ihre Musik vernehmen und zugleich sehen, wie die kleinen Musikanten an den Wasserpflanzen sitzen und die Vorderbeine am Rüssel streichen. Die Tiere verfügen sogar über zwei Töne; es steht aber nicht fest, wo der zweite Ton herstammt. Es ist sonderbar, dass der Rüssel der Weibchen, die, soweit bekannt, nicht zirpen können, ebenfalls gerillt ist; der Bogen fehlt ihnen aber. Dass die Tiere ihre Musik auch vernehmen können, kann man daraus schliessen, dass bei ihnen ein Gehörorgan mit ziemlicher Sicherheit nachgewiesen wurde (Abb. 120). Dicht an dem zweiten Bruststigma liegt nämlich ein eigentümliches Organ, das HAGEMANN (1910) bei vielen Corixiden-Arten gefunden hat; sein Bau stimmt genau mit dem der sogenannten Tympanalorgane überein, mit denen andere Gliedertiere vermutlich Lautwellen auffassen. Ein ebensolches Organ wurde auch bei der kleinen *Sigara* festgestellt, die gleichfalls zirpen kann.

Während der Paarung sitzt das Männchen auf dem Rücken des Weibchens; der eigentliche Begattungsakt geht, wie allgemein bei den Wasserwanzen, in einer sonderbar verrenkten seitlichen Stellung vor sich. Der Hinterleib des Männchens ist ungewöhnlich asymmetrisch; zwischen das fünfte und sechste Segment schiebt sich bei einigen Arten links, bei anderen rechts eine tiefe Spalte ein. Durch diese Spalte steckt das Weibchen seine Hinterleibsspitze und erreicht so das auf dem Rücken des Männchens sitzende männliche Begattungsglied. Auf dem sechsten Rückenschild des Männchens findet sich ferner eine kohlschwarze, sehr fein geriffelte Scheibe, die früher ebenfalls für ein Musikinstrument gehalten wurde; da man aber bisher vergeblich nach dem Bogen gefahndet hat, der darauf spielen könnte, so nimmt man nun an, dass die Tiere durch dieses Organ in Paarungsstellung gehalten werden, oder dass es während der Paarung einen Reiz auf das Weibchen ausübt (HANDLIRSCH 1900, HAGEMANN 1910).

Die *Corixa*-Arten bohren, soviel man weiss, ihre Eier niemals in Pflanzengewebe ein, sondern befestigen sie mittels eines Klebstoffes an Wasserpflanzen u. dgl. (Abb. 122). Die Eier sind stets mehr oder minder kuglig und mit einer kleinen Spitze versehen. Sie werden einzeln angebracht oder auch so dicht aneinander geklebt, dass sie die Pflanzen in langen Streifen oder grossen Fladen bedecken. In Nordamerika gibt es Arten (*Rhamphocorixa acuminata* Uhl.), die ihre Eier in solchen Massen auf den Schalen von Flusskrebsen absetzen, dass diese wie mit einem moosartigen Überzug bedeckt erscheinen (HUNGERFORD 1919). In Mexico werden Eiermassen der Corixiden gesammelt und gegessen. Es wurde zuerst 1623 berichtet und später 1857 bestätigt, dass die mexikanischen Indianer Weidenzweige in den Seen versenken, auf denen dann die Corixiden ihre Eier absetzen, und zwar in so ungeheuren Mengen, dass die Zweige ganz weiss aussehen. Sie werden dann aufgenommen und an der Sonne getrocknet; die Eiermassen werden abgestreift und entweder ohne Zutat oder mit Gemüse gegessen. Sie werden weithin versandt und sind eine auch von Europäern geschätzte Speise. Das kaviarähnliche Produkt wird von den Indianern Athuanthli genannt. Im See bleiben jedoch stets ungeheure Mengen von Eiern zurück, die sich allmählich mit Kalk inkrustieren und sogenannte oolithische Kalkablagerungen bilden. Die Mitteilungen klingen wohl etwas »amerikanisch«, sind aber so genau untersucht, dass man an ihre Richtigkeit glauben darf.

Die jugendlichen Larven der Corixiden kommen im Sommer hervor; sie machen fünf Häutungen durch, die alle vor Einbruch des Winters vollendet sind. Die hiesigen Arten überwintern nur als geschlechtsreife Tiere. Die Paarungszeit liegt vornehmlich im Frühjahr. Eine nordamerikanische Art (*Palmacorixa buenoi* Abbot) überwintert angeblich als Larve; sie ist ein ausgesprochener Pflanzenfresser, dessen Flügel im Gegensatz zu denen der übrigen Corixiden gewöhnlich nicht funktionsfähig sind (HUNGERFORD 1919, S. 224).

Das erste Larvenstadium unterscheidet sich von dem der Notonectiden durch das Fehlen von Spirakeln; auch ist die samtene Haartracht noch nicht entwickelt, und die Tiere haben nur Hautatmung. In diesem Stadium sind

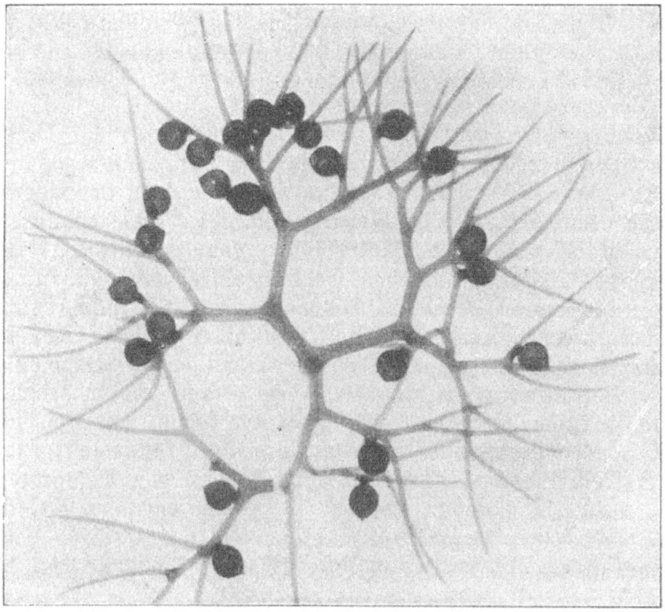

Abb. 122. Eier von *Corixa Geoffroyi* Leach auf Batrachium. Vergr. W-L. phot.

die Corixiden Bodentiere und schwerer als Wasser; sie kommen daher nicht an die Oberfläche.

Wenn man Wanzen anfasst, sondern sie bekanntlich ein oft sehr widerwärtig riechendes Sekret ab; dieses kommt aus Drüsen, die bei den Imagines auf der Hinterbrust, bei den Larven auf zweien der Hinterleibsringe ausmünden. Bei den Wasserwanzen sind derartige Drüsen nur schwach oder überhaupt nicht entwickelt. Bei den *Corixa*-Larven scheinen sie aber in den ersten Stadien sehr deutlich als gelblichrote Flecke durch die halbdurchsichtige Rückenhaut; sie öffnen sich nach aussen mit vier Poren mitten auf dem Rücken des Hinterleibes.

Im dritten Stadium treten durchgreifende Veränderungen ein; die Atmung wird jetzt im grossen und ganzen der des erwachsenen Tieres ähnlich, die Larven streben an die Oberfläche und nehmen Luft zwischen Kopf und Brust ein. Der Kopf wird beweglicher; die aufgenommene Luftmenge ist aber infolge der noch fehlenden Flügel kleiner als bei den vollentwickelten Insekten. Gleichzeitig mit der Ausbildung der Flügel bei der Imago rückt das dritte Paar Spirakel von der Ventral- auf die Dorsalseite.

Die Corixiden sind wohl die besten Flieger unter sämtlichen Wasserwanzen. Die Hinterflügel sind nur bei wenigen Arten reduziert (*Cymatia coleoptrata*

Fabr., *Palmacorixa*). Im Herbst suchen die Corixiden mit Vorliebe fliessende Gewässer und pflanzenreiche Teiche auf; im Winter hängen sie zu Hunderten in Bächen an grünen Pflanzen, wo man sie deutlich sehen kann, wenn das Eis durch die Strömung aufgebrochen ist. Die Tiere halten sich an den Pflanzen mit den Mittelbeinen fest oder umschlingen sie mit dem hinteren Beinpaar in einem grossen Bogen; sie gleichen klaren, blanken Silberperlen, die an den frischen, hellgrünen Blättern und Stengeln hängen. Ihre Lufthülle ist im Winter viel grösser als im Sommer. Schlägt man im Februar ein Loch in das dicke Eis über einem pflanzenreichen Moor, so schiesst das Wasser infolge des hohen Luftdruckes unter dem Eise hoch empor. Dabei reisst der Wasserstrahl häufig allerlei Getier wie Wasserzikaden, Rückenschwimmer und Wasserkäfer mit sich in die Höhe; die Tiere liegen halb betäubt um das Loch herum, erst noch in Kältestarre befangen; bringt man sie aber ins Aquarium, so kommen sie in der Zimmerwärme bald wieder zu sich.

Untersuchungen der letzten Zeit haben ergeben, dass die Hinterbeine mit den grossen Schwimmfächern nicht nur der Bewegung, sondern auch der Respiration dienen. Wie bereits früher erwähnt, können die Corixiden viel länger unter Wasser verweilen als die Notonectiden. An Wasserpflanzen hängende Corixiden vollführen mit den Hinterbeinen ganz regelmässige Bewegungen; sie streichen vom Kopf aus an den Deckflügeln entlang bis zum Hinterende über die sie einhüllende Luftschicht. Diese sogenannten Atembewegungen haben sicherlich den Zweck, einen Austausch zwischen der das Tier umgebenden Lufthülle und dem Sauerstoff des Wassers zustande zu bringen und dadurch die Luft wieder atembar zu machen. Wir werden später sehen, dass die Dytisciden, die über ähnliche Luftvorräte verfügen, mit den Hinterbeinen ganz ähnliche Bewegungen ausführen. Man hat festgestellt, dass die Bewegungen erst nach einem Aufenthalt unter Wasser von 43 Minuten einsetzen. In den folgenden 28 Minuten werden 36 Bewegungen zuerst in Zwischenräumen von etwa einer Minute, zum Schluss von nur etwa 15 Sekunden ausgeführt, worauf das Tier sich von der Pflanze freimacht und in die Höhe steigt, um frische Luft einzuholen.

Nahe verwandt mit der Gattung *Corixa* ist die winzige, nur wenige Millimeter lange *Sigara*; die Gattung wird oft als besondere Unterfamilie: *Sigarinae* oder *Micronectinae* bezeichnet. Unsere Kenntnisse über ihren Bau und ihre Lebensweise sind recht gering. Die Tiere sind die besten Musikanten unter allen Wasserwanzen (Bruyant 1894) und sollen zu Zeiten wahre Konzerte geben; sie besitzen wie die Corixiden ein hochentwickeltes Gehörorgan, das am zweiten Paar der Brustspirakel gelegen ist. Wie der Ton hervorgebracht wird, ist nicht mit Sicherheit zu sagen; ihren Vorderbeinen fehlt zwar der Musikapparat der Corixiden, sie tragen aber an der Spitze einen sonderbaren, abgeflachten Fortsatz, der vermutlich das umgebildete Klauenglied ist. Man glaubt, in diesem Glied die eine Hälfte des Musikapparates gefunden zu haben. Nähere Untersuchungen liegen nicht vor.

Die Gattung kommt hauptsächlich am Ufer grösserer Seen vor, an deren Rand sich die Tiere im Frühjahr in mächtigen Scharen sammeln; diese bestehen zunächst im zeitigen Frühjahr ausschliesslich aus Larven, die sich erst später zu vollentwickelten Insekten verwandeln. Die Tiere überwintern als Larven mit geschlossenen Spirakeln. Sie haben nur Hautatmung; die Haut enthält aber ein reich verzweigtes Tracheensystem. Über die Ablage der Eier ist nichts bekannt; es wird behauptet, dass sie sich in Süsswasserschwämmen entwickeln (Miall 1895); ob dies aber richtig und normal ist, entzieht sich der Beurteilung.

Ein Organ, nämlich die Augen, ist bisher bei den Wanzen noch kaum erörtert worden. Nebenaugen fehlen den allermeisten Wasserwanzen. Die Komplexaugen sind gross und wohlentwickelt und im allgemeinen als Doppelaugen mit ungleich ausgebildeter oberer und unterer Hälfte gestaltet. Bei allen Wasserwanzen, die sich mit dem Bauch nach unten bewegen (*Ranatra*, *Nepa* und *Naucoris*), ist der obere Teil des Auges am besten entwickelt, bei *Notonecta* hingegen, die auf dem Rücken schwimmt und nach oben gegen den Wasserspiegel sehen muss, der untere Teil. Der Wasserspiegel wird ja bekanntlich auch von den Wasserläufern nach Beute abgesucht; da sie sich aber auf demselben bewegen und nach unten blicken müssen, um Beute zu finden, ist auch bei ihnen der untere Teil der Augen am besten ausgebildet.

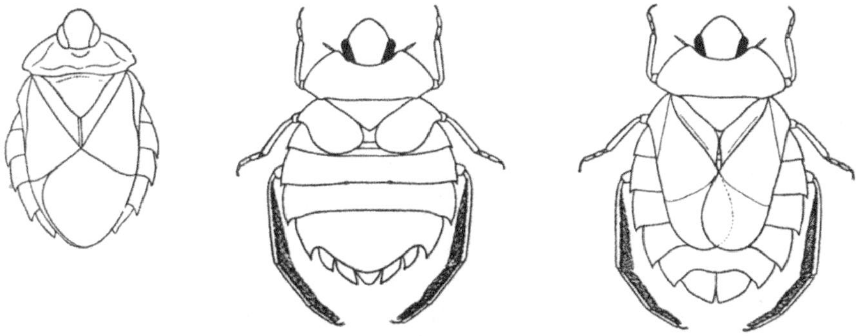

Abb. 123. Pterygopolymorphismus bei den Wasserwanzen. Links: Makroptere Imago von *Aphelocheirus nigrita* Horvath, G. 1899. Nach Larsén, O. 1931.
In der Mitte: *Aphelocheirus aestivalis* Fabr. Ein mikropteres Männchen. Nach Larsén, O. 1931.
Rechts: *Aphelocheirus aestivalis* Fabr. Ein makropteres Weibchen. Nach Larsén, O. 1931.

Es ist höchst interessant, dass sich das Auge in solchem Grad den gestellten Anforderungen anzupassen weiss, dass sich seine verschiedenen Partien bei den Notonecten, die den Wasserspiegel von unten nach oben, und bei den Hydrometriden, die ihn von oben nach unten abzusuchen haben, in gleicher Weise umbilden, nämlich mit dem unteren als dem best entwickelten Teil (Bedau 1911).

Über Pterygopolymorphismus bei Wasserwanzen (Abb. 123).

Bekanntlich finden sich unter den Pterygoten mehrere Beispiele für Pterygopolymorphismus. Oft ist nur das eine Geschlecht geflügelt, das andere aber nicht. Besonders zahlreiche Beispiele kennen wir unter den Heteroptera, und namentlich unter den Wasserwanzen, bei denen in ein und derselben Art sowohl geflügelte wie ungeflügelte Individuen auftreten; ferner gibt es oft bei derselben Art zahlreiche Abstufungen zwischen Individuen mit wohl entwickelten Flügeln und völlig apteren Individuen. Man spricht dann von makropteren und brachypteren Formen und teilt die brachypteren Formen weiterhin in subbrachyptere, brachyptere, semimikroptere und mikroptere Formen ein.

Die Entwicklung der Flügel variiert ganz besonders bei den sogenannten subaquatilen Wanzen, d. h. all den verschiedenen Wasserläufern. So ist z. B. *G. najas* de Geer normalerweise apter und nur selten geflügelt; *G. argentatus* Schum. und *G. thoracicus* Schum. sind polymorph; *G. gibbifera* Schum. zeigt keine Polymorphie. Die Genera *Microvelia* und *Mesovelia* sind entweder makropter oder apter ohne Zwischenstufen; die apteren Formen sind bei weitem die häufigsten. *Velia currens* F. ist fast immer apter. Von *Hydrometra stagnorum* L. sind die meisten Individuen mikropter; die makropteren sind sehr selten.

Unter den echten Wasserwanzen ist *Naucoris cimicoides* L. zwar makropter, ihre Hinterflügel sind aber nicht vollständig entwickelt; eine südlichere Art, *N. maculata* F., ist gewöhnlich mikropter. In der Gattung *Aphelocheirus* ist *A. aestivalis* F. normalerweise mikropter; die vorderen Flügel sind ganz kurz, die hinteren existieren nur als grössere oder kleinere Schuppen; von makropteren Individuen sind nur ganz wenige bekannt.

Von Corixiden und Notonectiden kennt man beinahe nur geflügelte Formen, alle ohne irgendein Anzeichen von Pterygopolymorphismus. Fast die einzige Ausnahme bildet *Cymatia coleoptrata* F., die gewöhnlich mikropter ist. Soviel ich weiss, verhalten sich alle Belostomatiden wie die zwei letztgenannten Familien. Auch bei *Nepa* und *Ranatra* kommt wohl kein Pterygopolymorphismus vor, doch sind hier die Unterflügel schwach entwickelt und dienen vermutlich in erster Linie als Decke über der Respirationskammer, dagegen weniger als Flugorgane. Dasselbe trifft wahrscheinlich für *Naucoris* zu.

Es ist ferner hervorzuheben, dass Pterygopolymorphismus nicht im ganzen Verbreitungsgebiet einer Art in gleicher Weise auftritt. Angeblich kommen geflügelte Formen besonders weiter südlich vor; das wird indessen von anderer Seite bestritten.

Bei den Formen mit Pterygopolymorphismus ist Variation der Flügellänge nicht das einzige Merkmal, durch das sich kurz- und langflüglige oder geflügelte und ungeflügelte Formen voneinander unterscheiden. Auch die Farbe variiert, ferner ist das Abdomen bei den ungeflügelten Formen breiter und plumper; die inneren Geschlechtsorgane sind besser entwickelt, und die Fruchtbarkeit ist grösser.

Selbstverständlich führt Reduktion der Flügel zum Verlust der Flugfähigkeit. Merkwürdigerweise fliegen aber *Naucoris, Nepa* und *Ranatra* gar nicht oder nur ausnahmsweise, obwohl bei ihnen beide Flügelpaare ganz gut entwickelt sind. *Naucoris cimicoides* L. und *Nepa* sind angeblich nie fliegend beobachtet worden, und auch von *Ranatra* sollen nur wenige Individuen dazu wirklich imstande sein. Dies wird aber von anderer Seite (Larsén 1931c) bestritten; auch ich glaube mich zu erinnern, dass ich in meiner Jugend fliegende Exemplare sowohl von *Naucoris* wie von *Nepa* an Teichufern gefangen habe.

Schon Dufour (1883) wies nach, dass die Flügelmuskeln von *Nepa* atrophiert sind, und dass an ihrer Stelle eine weissliche Masse um die Luftsäcke gelagert ist. Ferrière (1913) und Brocher (1916–1919) betrachten diese Masse als degenerierte Flügelmuskeln und bezeichnen sie wegen ihrer sehr reichen Ausstattung mit Tracheen als »Organes trachéoparenchymateux«. Ähnliche, doch weniger ausgeprägte Veränderungen finden sich bei *Naucoris cimicoides* L. und bei manchen Individuen von *Ranatra linearis* L. Poisson (1924) erwähnt, dass nur 5 unter 300 Individuen von *Nepa* aus der Normandie normale Flügelmuskeln besassen, während die Flügelmuskeln bei 9 von 15 *Ranatra*-Individuen abnorm waren; keins dieser 9 Individuen konnte fliegen. Es zeigt sich also, dass bei den aquatilen Hemipteren keine absolute Parallelität zwischen der Reduktion der Flügelmuskeln und der der Flügel besteht.

Bei den apteren subaquatilen Arten ist die Muskulatur nicht degeneriert; der Platz wird hauptsächlich durch die Muskeln der Beine eingenommen.

Verlust des Flugvermögens kann also bei den Wasserwanzen zwei verschiedene Ursachen haben: Reduktion oder Verlust der Flügel (bei subaquatilen Formen) und Reduktion oder Verlust der Flügelmuskulatur (*Nepa, Nau-*

coris, Ranatra). Meiner Meinung nach bleiben in letzterem Fall die Flügel als Schutz für den Elytralraum erhalten.

Die Umbildung der Flügelmuskeln zu tracheoparenchymatösen Organen hat vielleicht den Zweck, das spezifische Gewicht der Tiere herabzusetzen. Selbstverständlich hat man sehr viel darüber gegrübelt, durch welche Faktoren die Flügellosigkeit hervorgerufen wird.

Die meisten Forscher sind offenbar der Ansicht, dass äussere Lebensbedingungen von Einfluss sind. Man hat Temperatur, Feuchtigkeit, Licht, Ernährung oder Sauerstoffgehalt des Wassers verantwortlich gemacht. Die Temperatur wurde als entscheidender Faktor angesehen (Larsén 1931 c), erstens weil man meinte, dass geflügelte Formen weiter südlich auftreten, zweitens weil Formen mit längeren Flügeln in warmen Sommern anscheinend besonders häufig sind. Larsén kam auch auf experimentellem Wege zu dem Resultat, dass für *Aphelocheirus* der grössere oder geringere Sauerstoffgehalt des Wassers ausschlaggebend ist.

Es wird auch betont, dass diese äusseren Faktoren ihren Einfluss nur in ganz bestimmten, labilen Perioden geltend machen können. Poisson (1926) und Ekblom (1928) vertreten eine andere Auffassung, nämlich, dass der Pterygopolymorphismus von Erbfaktoren abhängig ist. Poisson hat beobachtet, dass die einzelnen Abstufungen des Pterygopolymorphismus streng an bestimmte Lokalitäten gebunden sind, und dass ferner die verschiedenen brachypteren Formen jahraus jahrein stets an derselben Lokalität, demselben Teich, demselben Bach auftreten. Er hat ferner die meisten Arten gezüchtet und ihre Abkömmlinge untersucht. Er kommt zu dem Hauptresultat, »que le polymorphisme alaire chez les Hémiptères sub-aquatiques est un phénomène héréditaire«; dasselbe gilt für die Degeneration der Flügelmuskeln. Er betrachtet die verschiedenen Stufen der Flügellosigkeit als Mutationen, die plötzlich entstanden sind, und die einzelnen Stadien als »espèces naissantes ou commençantes en train de se séparer du type macroptère«.

Ich habe leider nicht selbst mit diesen Fragen gearbeitet. Wenn man aber sein Leben ein paar Menschenalter lang in einer Gegend voll von Wasseransammlungen, seien es Tümpel oder Teiche, Kleinseen oder Bäche, zugebracht hat, so erscheint einem das Problem schwer lösbar. Welche Verbreitungsmöglichkeiten besitzen diese Tiere ohne Flugfähigkeit? Die Teiche und Kleinseen liegen oft ganz isoliert, keinerlei Verbindung führt von dem einem zum anderen. Jede dieser Wasseransammlungen enthält *Nepa, Naucoris*, sehr oft auch *Ranatra, Mesovelia, Microvelia, Limnobates* und mehrere *Gerris*-Arten. Wie kommen die Tiere von einem Teich zum anderen? Im Eistadium ist es unmöglich, ebenso ist es höchst unwahrscheinlich, dass die Tiere längere Strecken über Land wandern. Anscheinend sind die einzelnen Kolonien streng isoliert. Meiner Meinung nach wird der Pterygopolymorphismus durch diese Isolation kombiniert mit der auch von Poisson erwähnten Amixie begünstigt.

Poissons Beobachtung von immerhin 5 Exemplaren von *Nepa* und mehreren von *Ranatra* mit wohlentwickelter Flügelmuskulatur stimmt gut damit überein, dass Larsén fliegende Exemplare von *Nepa* gesehen hat und dass ich selbst ziemlich sicher bin, abends an Teichen fliegende *Nepa* gesehen, und wahrscheinlich auch fliegende *Naucoris* gefangen zu haben. Ich denke, dass solche vereinzelten flugfähigen Tiere die Kommunikation zwischen den isolierten Wasseransammlungen herstellen. In Jahren mit niedriger Temperatur und Nahrungsmangel, d. h. wenn die Teiche während langer Perioden zugefroren sind, wird entweder die Bevölkerung eines Teiches möglicherweise geschlechtsreif, ehe die Flügel vollentwickelt sind, sodass also eine Art Neotänie eintritt, oder die äusseren Bedingungen begünstigen die Entstehung von Mutationen. Durch Isolation und Amixie werden die Abänderungen fixiert. Man kann sehr wohl wie POISSON annehmen, dass z. B. bei *Microvelia* und *Mesovelia*, von denen man nur ungeflügelte und geflügelte Formen kennt (Abb. 124), neue Arten entstanden sind, während die Fälle, bei denen alle Zwischenstufen zwischen makropteren und apteren Formen vorkommen, »des espèces naissantes« darstellen.

Vermutlich ist der Pterygopolymorphismus bei vielen Arten in einem grossen Teil ihres Verbreitungsgebietes erblich fixiert, während in anderen Lokalitäten, namentlich an der äusseren Grenze ihres Verbreitungsgebietes, äussere Faktoren (Sauerstoffmenge, Ernährung, Temperatur) noch ihren Einfluss sowohl in positiver wie in negativer Richtung ausüben können.

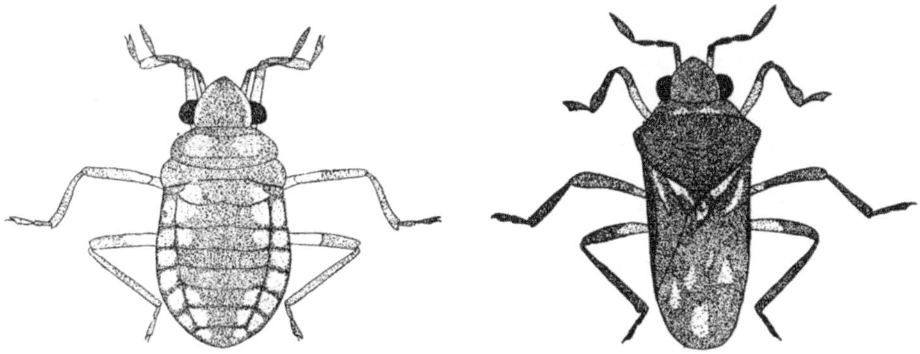

Abb. 124. *Microvelia pygmaea* Duf., links: aptere Form; rechts: geflügelte Form. Nach Brocher, F. 1913.

Will man diese Forschungen fortsetzen, so ist es meiner Meinung nach zwecklos, zahlreiche Individuen in Bausch und Bogen zu untersuchen. Die Studien müssen in der Natur beginnen. Man muss sich aus einer grösseren Zahl von Teichen einige bestimmte auswählen und dann jeden Teich und sein Material für sich untersuchen, um dann später diese Studien, ebenso wie POISSON, mit Züchtungsversuchen zu kombinieren.

HOMOPTERA (Blattläuse).

Von der Unterordnung *Homoptera* mit den Hauptgruppen der Zikaden, Schildläuse und Blattläuse ist bisher keine Art bekannt, deren Vertreter als eigentliche Wassertiere gelten könnten.

Allerdings kommen auf Sumpfpflanzen eine Menge Blattläuse vor, deren Rolle im Insektenleben des Ufers nicht unbedeutend ist. Locken doch ihre grünen Kolonien im Röhricht weit draussen im Wasser die prächtigen Schwebefliegen, die Syrphiden, auf den Wasserspiegel hinaus. In diesen Kolonien legen die Syrphiden ihre Eier ab, ihre Larven ernähren sich von den Blattläusen, und hier hängen ihre Puppen. Wenn man gelegentlich im Schilfdickicht von Wespen überrascht wird, so kann man sicher sein, dass auch sie hier nach Blattläusen suchen. Es dauerte einige Zeit, bis ich mir darüber klar wurde, was sie hier draussen eigentlich wollten; sie lecken ebenso wie die Ameisen auf dem Land die süssen Exkrementtropfen ab, die sich in Blattlauskolonien finden. Das führt im Spätsommer häufig zu einem fröhlichen Gesumme an der äussersten Grenze des Schilfdickichts.

Die einzigen Blattläuse, die meines Erachtens mit einem gewissen Recht als Wassertiere angesprochen werden können, sind die auf den Blättern der weissen Seerose lebenden (*Rhopalosiphum nymphaeae* L.). Im Frühsommer sieht man nicht selten am Rande der Unterseite dieser Blätter kleine Kolonien blauschwarzer Blattläuse. Durch die von ihnen verursachte Irritation rollen sich die Blattränder nach oben ein; je grösser die Kolonien sind, desto mehr rollt sich das Blatt ein. Die Blattläuse halten sich nur am aufgerollten Teil der Blattunterseite auf, schweben also sozusagen in der Luft und kommen wohl kaum freiwillig ins Wasser. Oft genug werden sie allerdings von ihm bespült und sind bei Sturm sicher häufig längere Zeit den Wellen ausgesetzt. Das schadet den Tieren indessen nicht im geringsten; sie sind nämlich mit einer unbenetzbaren, schwarzblauen Haarschicht bedeckt, sodass sie unter Wasser stets silberweiss schimmern. Die Tiere sitzen so dicht, dass die Luft nicht nur die einzelnen Tiere umschliesst, sondern als zusammenhängende, abgeplattete Luftblase die ganze Kolonie bedeckt. Nähere Untersuchungen über Entwicklung, Wirtswechsel und Eier liegen meines Wissens nicht vor.

Kapitel VII.

TRICHOPTERA (Köcherfliegen).

Tafel V.

Holometabole, kleinere bis mittelgrosse, dunkelgefärbte Insekten mit vier ziemlich gleichartigen Flügeln, mehr oder minder mit Haaren bedeckt; Haftapparat vorhanden; in der Ruhe dachartig über das Abdomen gelegt. Kopf frei beweglich, klein. Lange, vielgliedrige Antennen. Mandibeln rudimentär; das Labrum und die 1. und 2. Maxillen bilden zusammen einen kurzen Kanal; die letzteren gleichzeitig als Leckapparat (Haustellum) fungierend. Ziemlich grosse Facettenaugen. Schlanke homonome Beinpaare. Abdomen zehngliedrig mit äusseren sekundären Geschlechtsorganen auf dem 9. Segment. Darm nicht rudimentär, aber von primitivem Bau. Larven beinahe immer wasserlebend, hauptsächlich phytophag, selten karnivor; entweder campodeoid oder raupenförmig. Mundteile kauend. Abdomen mit Tracheenkiemen und hinten mit Nachschieber. Speicheldrüsen als Spinndrüsen fungierend. Sie dienen zur Anfertigung von Fangnetzen oder von mit fremdem Material bedeckten Köchern. Die Puppen oft beweglich mit Schwimmhaaren auf dem 2. Beinpaar. Etwa 2000 Arten fast über die ganze Erde verbreitet. Die Trichopteren treten im Jura auf; auch Trichopterenköcher sind aus dieser Zeit bekannt.

Die Trichopteren werden in zwei Unterordnungen, die *Aequipalpia* und die *Inaequipalpia*, geteilt. Bei der ersteren sind die Maxillartaster in beiden Geschlechtern fünfgliedrig, das Endglied öfters verlängert und sekundär geringelt. Bei den letzteren sind die Maxillartaster des Männchens zwei- bis viergliedrig, die des Weibchens fünfgliedrig. Die *Aequipalpia* werden in elf Familien, die *Inaequipalpia* in drei Familien gesondert. Die Verwandtschaftsverhältnisse zwischen den Familien sind bisher nicht klargelegt. Obgleich auch die Imagines, besonders hinsichtlich der Farbenzeichnung, erheblich voneinander abweichen, ist die Ähnlichkeit doch sehr gross. Die wichtigsten Charaktere liegen in der Nervatur der Flügel, in den äusseren Geschlechtsorganen des Männchens und in Anzahl und Stellung der Sporen an den Hinterschienen. Eine nähere Darstellung dieser Verhältnisse liegt ausserhalb des Rahmens dieses Buches. Wir beschäftigen uns hier hauptsächlich mit den Larvenstadien. Im folgenden werden die wichtigsten Familien und die wesentlichsten Larvenmerkmale, sowie die Hauptgenera, namentlich die in diesem Werk berücksichtigten, kurz erwähnt.

Rhyacophilidae (Taf. V, Abb. 11) (Abb. 125–126): Larven campodeoid, Oberlippe chitinisiert; Mundteile prominent. Pronotum vollständig chitinisiert. Beine kräftig, beinahe gleich lang. Klauen kräftig; keine Seitenlinie. Die Kiemen, wenn vorhanden, büschelförmig, seitwärts angebracht. Nachschieber sehr kräftig, oft kompliziert gebaut. Die Larven entweder frei, oder in kleinen transportablen Steingehäusen lebend. Die Rhyacophilen leben in stark fliessenden Strömen, hauptsächlich in kaltem Wasser. Die Puppen in braunen, chitinisierten Kokons. Raubtiere. *Rhyacophila*, *Glossosoma*, *Agapetus* (Taf. V, Abb. 9; Abb. 130).

Hydroptilidae (Taf. V, Abb. 2–3–8) Sehr kleine Tiere. Larven: Mundteile nicht besonders prominent. Labrum chitinisiert. Mandibeln asymmetrisch, die linke auf der Innenseite ausgehöhlt mit Borsten; die rechte messerförmig, beide mit zwei Rückenborsten auf der Innenseite versehen. Alle drei Thorakalnota chitinisiert. Prosternum ohne Zapfen. Mittel- und Hinterbeine gewöhnlich länger oder viel länger als die Vorderbeine. Keine Seitenlinie, keine Kiemen. Nachschieber kurz, eingliedrig. Larven seitlich zusammengedrückt, hoch. Sie leben in transportablen Gehäusen, die viel grösser sind als die Larven und ganz anders gebaut als die Gehäuse der *Inaequipalpia*, aus Gespinstmasse allein oder mit eingesponnenen Sandkörnern, sowohl vorne wie hinten offen. Die Larven leben sowohl in stehenden wie in fliessenden Gewässern. *Orthotrichia*, *Ithytrichia*, *Hydroptila*, *Oxyethira*, *Agraylea*, *Ptilocolepus*.

Philopotamidae: Larven campodeoid, dorsoventral abgeplattet. Nur Kopf und Pronotum chitinisiert. Labrum nicht chitinisiert, weiss, weich, zurückziehbar, am Rand mit feinen, kurzen Borsten versehen. Mandibeln asymmetrisch, meisselförmig, mit zwei Rückenborsten und einer Innenborste. Prosternum ohne Zapfen. Beine beinahe gleich lang, alle Schienen mit zwei Endsporen. Keine Kiemen und keine Seitenlinie. Nachschieber lang, kräftig entwickelt. In stark fliessenden Gewässern, sedentär in Gespinstmassen lebend. Fangnetze. *Philopotamus, Wormaldia, Chimarrha.*

Polycentropidae (Taf. V, Abb. 4): Larven campodeoid, schlank. Labrum chitinisiert. Mandibeln meisselförmig. Bei *Ecnomus* alle drei Nota chitinisiert, sonst nur das Pronotum. Kurze, gleich lange Beine mit langen Borsten. Keine Seitenlinie, keine Kiemen. Nachschieber

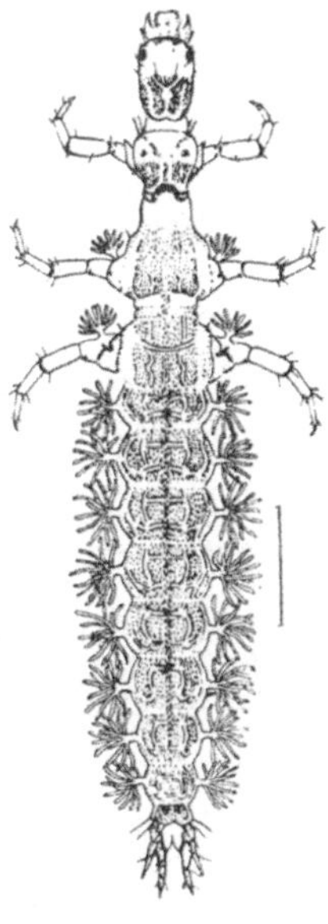

Abb. 125.

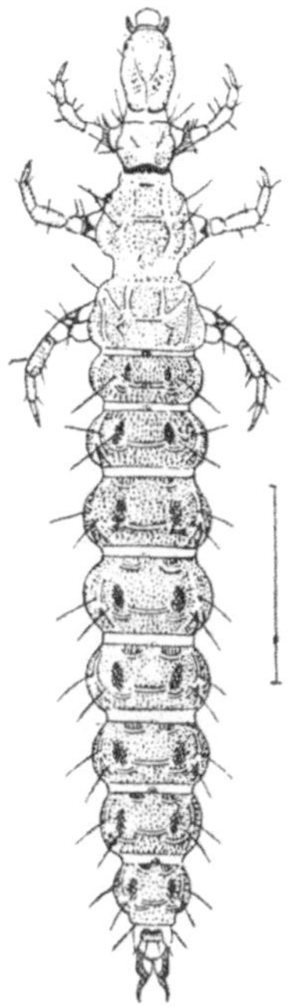

Abb. 126.

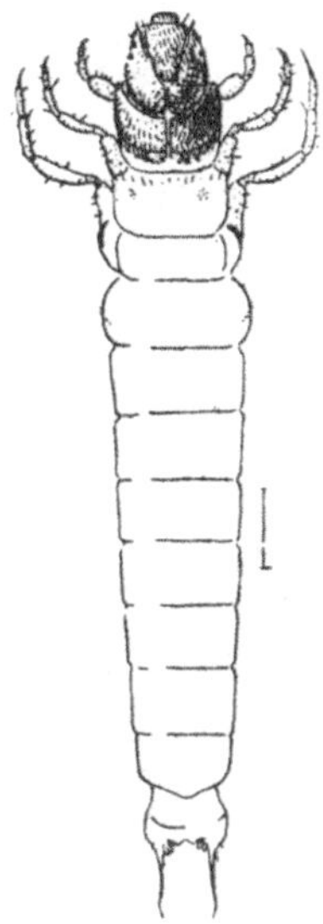

Abb. 127.

Abb. 125. *Rhyacophila septentrionis* McLachl. mit Kiemen. Nach Rousseau, E. 1921.
Abb. 126. *Rhyacophila* sp. ohne Kiemen. Nach Rousseau, E. 1921.
Abb. 127. *Beraea maurus* Curtis. Nach Rousseau, E. 1921.

lang, dreigliedrig, mit langer, gewöhnlich gekrümmter Klaue. Larven in Gespinstwohnungen. Fangnetze von sehr verschiedener, aber für die einzelnen Gattungen ganz bestimmter Form. Verpuppung in klaren Kokons in gewöhnlich mit Sand bedeckten Gehäusen. *Neureclipsis, Cyrnus, Plectrocnemia, Polycentropus, Holocentropus, Ecnomus.*

Psychomyidae: Larven campodeoid, langgestreckt, am breitesten in der Mitte. Kopf flachgedrückt. Labrum chitinisiert. Mandibeln asymmetrisch. Labiallobus sehr lang, schmal, spitz, sehr beweglich. Pronotum chitinisiert. Prosternum ohne Zapfen. Kurze, beinahe gleich lange Beine. Keine Kiemen oder Seitenlinie. Nachschieber lang, zweigliedrig. Verpuppung in klaren, mit Sand bedeckten Kokons. Hauptsächlich in kleinen Flüssen oder an Brandungsufern. Leben in gewundenen Sandröhren, besonders auf Steinen. *Tinodes, Lype, Psychomyia.*

Hydropsychidae (Taf. V, Abb. 6): Larven campodeoid, beinahe gleichbreit. Oberlippe chitinisiert, breiter als lang. Mandibeln meisselförmig, kräftig, asymmetrisch. Alle drei Thorakalnota chitinisiert, braun, die Ränder schwarz. Kurze, kräftige Beine. An der Unterseite des Abdomens eine doppelte Reihe von büschelförmigen Kiemen. Keine Seitenlinie. Abdomen mit kurzen, braunen Haaren bedeckt. Nachschieber sehr kräftig, zweigliedrig; zweites Glied kurz, abwärts gekrümmt, dorsal mit einem grossen Haarbüschel versehen. Klauen sehr gross. Verpuppung in Steingehäusen. Larven in Gehäusen, oft von Pflanzen bedeckt, und mit hübschen Fangfenstern ausgestattet. *Hydropsyche.*

Molannidae (Taf. V, Abb. 5): Larven raupenförmig. Mandibeln meisselförmig. Pro- und

Mesonotum chitinisiert, letzteres nur teilweise. Prosternum ohne Zapfen. Kiemen gewöhnlich in kleinen Büscheln, zuweilen fehlend. Keine Seitenlinie. Hinterbeine lang. Nachschieber zweigliedrig, mit gutentwickelten Klauen. Köcher aus Sand gebaut, entweder schildförmig (*Molanna*) oder zylindrisch gebogen (*Beraea*). Leben am Boden stehender Gewässer (*Molanna*) oder in Bächen (*Beraeodes*).

Leptoceridae (Taf. V, Abb. 7): Larven raupenförmig. Mandibeln meist meisselförmig. Pro- und Mesonotum chitinisiert, letzteres nur teilweise. Die Beinpaare ungleich lang, die Hinterbeine sehr lang, die Femora der Mittel- und Hinterbeine in zwei Teile geteilt. 1. Abdominalsegment mit drei Zapfen. Seitenlinie schwach entwickelt. Kiemen einzeln oder in Büscheln, hie und da fehlend. Kurze Nachschieber mit kurzen, starken Klauen. Köcher konisch, schmal, mehr oder minder stark gebogen, länger als die Larve, aus Sandkörnern, seltener aus Pflanzenteilen (*Triaenodes*) (Abb. 128) oder nur aus Gespinstmasse (*Setodes*) gebaut. Die Larven leben hauptsächlich in stehenden, seltener in fliessenden Gewässern. *Oecetis, Leptocerus, Triaenodes, Mystacides, Setodes* (Abb. 129).

Odontoceridae: Raupenförmige, dicke Larven. Stark keilförmige Mandibeln. Pro- und Mesonotum vollständig chitinisiert. Beinpaare beinahe gleichlang. Klauen lang. 1. Abdominalsegment mit drei flachen Zapfen versehen. Strikturen schwach. Seitenlinie nur angedeutet. Kiemen fadenförmig, in kreisförmigen Büscheln vereinigt. Nachschieber kräftig,

---

TAF. V

Habitusbilder einiger Haupttypen von *Trichopteren*-Larven. W-L. del.

Abb. 1. *Phryganea grandis* L. Köchertragende Larve, deren Gehäuse nicht dicht um den Körper schliesst. Tracheenkiemen aufrechtstehend. Schnellbewegliche, z. T. von tierischer Nahrung lebende Tiere.

— 2. *Oxyethira costalis* Curt. In einem nur aus Gespinst bestehenden Gehäuse lebende Hydroptilide. Tracheenkiemen und Seitenlinie fehlen; Nachschieber rudimentär. Erstes Beinpaar (Abb. 3) umgebildet zum Ergreifen der Gespinstfäden, die die Larven spinnen, und an denen sie sich entlang bewegen; zweites und drittes Beinpaar fühlerförmig.

— 4. *Holocentropus dubius* Steph. Netzspinnende, im Gespinst lebende Larve. Keine Tracheenkiemen, keine Seitenlinie. Sehr lange, beinförmige Nachschieber mit starken Klauen. Zweites und drittes Beinpaar Schreitbeine. Sehr bewegliche, schnell retirierende Tiere.

— 5. *Beraea pullata* Curt. Ziemlich sesshafter Bachbewohner. Köcher aus feinen Sandkörnern gebaut. Tracheenkiemen und Seitenlinie fehlen. Ziemlich kurze, aber kräftige Nachschieber. Erstes Beinpaar Klammerbeine, drittes Beinpaar Tastorgane.

— 6. *Hydropsyche angustipennis* Curt. Vorwiegend torrentikol. Alle drei Brustringe chitinisiert. Haut der Hinterleibsringe dick, lederartig. Ventrale, büschelförmige Kiemen. Lange, sehr kräftige Nachschieber. Aus Pflanzen zusammengesponnene Gehäusen mit Gespinstfenster. Ziemlich sedentär.

— 7. *Setodes tineiformis* Curt. Freischwimmende, meist hüpfende Larve, in durchsichtigen, gallertigen Gespinströhren ohne jedweden Belag lebend. Drittes Beinpaar fühlerförmig. Seitenlinie und Tracheenkiemen fehlen. Nachschieber schwach entwickelt. Teich- und Seebewohner in tieferem Wasser.

— 8. *Ithytrichia lamellaris* Eat. Torrentikole, auf Steinen und Pflanzen lebende, sehr abweichende, stark komprimierte Larve, die linsenförmige Gespinstköcher ohne Belagmaterial bewohnt. Keine Seitenlinie; stark abweichende Tracheenkiemen. Kurze Nachschieber.

— 9. *Agapetus comatus* Pict. Torrentikole, in Steindosen lebende Larve; sehr sesshaft. Erstes Beinpaar hauptsächlich zum Festhaken in der Algenvegetation benutzt, von der sich die Larve ernährt. Seitenlinie und Tracheenkiemen fehlen. Nachschieber kurz, aber kräftig.

— 10. *Stenophylax* sp. Lebt in Bächen mit klarem Wasser; z. T. torrentikol. Köcher hauptsächlich oder ausschliesslich aus Steinen aufgebaut. Ziemlich sesshafte Tiere. Kriechbeine; die Vorderbeine meist zum Festhaken in der Algendecke benutzt. Tracheenkiemen ziemlich schwach entwickelt; Seitenlinie stark reduziert.

— 11. *Rhyacophila septentrionis* MacLachl. Torrentikoles, frei umherkriechendes, abgeflachtes Raubtier ohne irgend welches Gehäuse. Kräftige Kriech- und Klammerbeine. Die Larve spinnt beim Gehen stets einen Sicherungsfaden hinter sich her. Buntgefärbte, dicke Haut. Keine Seitenlinie; seitlich stehende, büschelförmige Tracheenkiemen. Sehr kräftige Nachschieber.

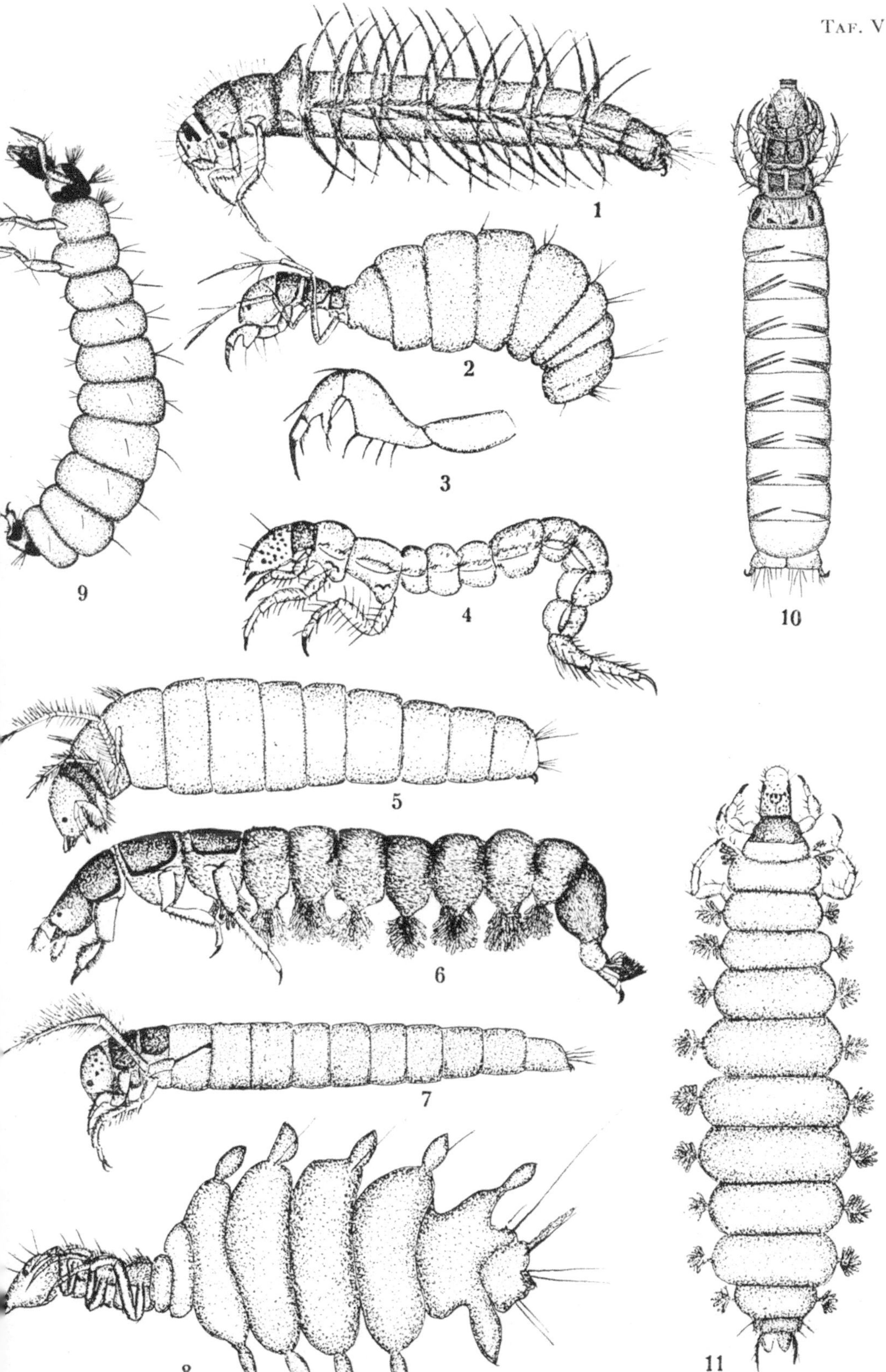
1
2
3
4
5
6
7
8
9
10
11

zweigliedrig. Köcher konisch, gebogen, aus Sandkörnern gebaut. In stark fliessenden Gewässern vorkommend. *Odontocerum.*

Phryganidae (Taf. V, Abb. 1): Larven subraupenförmig, d. h. der Kopf vom Körper schräg abstehend. Oberlippe breiter als lang. Mandibeln asymmetrisch, meisselförmig. Nur Pronotum chitinisiert. Meso- und Metanotum nur mit einem chitinisierten Fleck auf jeder Seite. Beine ziemlich lang und von fast gleicher Länge, das letzte am längsten. Erstes Beinpaar kräftig gebaut. Ventralfläche des Prothorax mit einem spornartigen »Horn« ausgerüstet. – 1. Abdominalsegment mit drei stark entwickelten Höckern. Seitenlinie stark entwickelt. Kiemen einzelnstehend, lang; zweigliedrige, starke Nachschieber. Köcher gerade, an beiden Enden offen, aus Pflanzenteilen gebildet, die in einer meist linksgewundenen Spirale angeordnet sind. Schilfstengelfragmente werden oft verwendet. In pflanzenreichen, stehenden Gewässern vorkommend. *Phryganea, Neuronia, Agrypnia.*

Limnophilidae (Taf. V, Abb. 10): Larven eruciform. Mandibeln meisselförmig, dreieckig, symmetrisch. Pro- und Mesonotum chitinisiert. Vorderbeine kurz, Mittelbeine gewöhnlich länger als die Hinterbeine. Prosternum mit einem Zapfen versehen. 1. Abdominalsegment mit drei stark entwickelten Höckern. Seitenlinie stark entwickelt. Kiemen fadenförmig, entweder einzeln oder in Büscheln mit je zwei oder drei Fäden. Nachschieber kurz, zweigliedrig. Köcher von sehr verschiedener Gestalt und aus sehr verschiedenem Material aufgebaut: Pflanzenteilen, Sand; sehr oft werden Molluskenschalen, besonders Pisidien, oder Samen verwendet. Nie aus Sekret allein aufgebaut, auch nie viereckig. Die wenigkiemigen Larven hauptsächlich in fliessenden, die vielkiemigen in stehenden Gewässern. *Allophylax, Anabolia, Glyphotaelius, Limnophilus, Grammotaulius, Stenophylax, Halesus, Drusus, Apatania.*

Sericostomatidae: Larven raupenförmig, Mandibeln meisselförmig. Pronotum chitinisiert, Meso- und Metanotum mit Chitinplatten verschiedener Art ausgestattet. Seitenlinie sehr schwach oder fehlend. Hinterbeine etwa zweimal so lang wie die Vorderbeine. Kiemen, wenn vorhanden, fadenförmig, einzeln oder in kleinen (2–4) Büscheln. Nachschieber kurz, zweigliedrig. Köcher nur selten aus Vegetabilien (*Lepidostoma*), beinahe immer aus Sand gebaut, konisch, gebogen. Bei der Subfam. *Goërinae* abgeflacht, weil grössere Steine in zwei Reihen an der Röhre eingefügt sind. Die meisten Larven in raschfliessenden Gebirgsbächen, die Lepidostomatinen in pflanzenreichen Bächen. *Goëra, Silo, Lithax, Laciocephala, Crunoecia, Thremma* (kapuzenförmiges Gehäuse), *Micracema, Oligoplectrum, Notidobia, Sericostoma.*

Als vollentwickelte Insekten sind die Trichopteren weder durch ihren Bau noch durch ihre Lebensweise besonders bemerkenswert. Die meisten Köcherfliegen haben dunkle, eintönige, bisweilen gelbe Farben; bunte, prächtig gefärbte gibt es so gut wie gar nicht. Sie sind zum Teil ziemlich schwerfällige, plumpe Insekten mit geringem Flugvermögen. Die meisten von ihnen halten sich tagsüber unter Schilf und Stroh versteckt, kommen erst gegen Abend hervor und treten überhaupt nur ausnahmsweise in so grossen Mengen auf, dass man auf sie aufmerksam wird.

Die Trichopteren werden wohl von Laien kaum beachtet; wenn sie einmal an einem Sommerabend jemandem an den Kleidern hinaufkriechen, so reiht er sie wohl in das grosse Heer der Nachtfalter ein, mit denen sie zweifellos eine unverkennbare Ähnlichkeit verbindet; vieles spricht dafür, dass zwischen ihnen und bestimmten Gruppen der Nachtschmetterlinge ein wirkliches Verwandtschaftsverhältnis besteht.

Dass sich die Köcherfliegen trotzdem einer gewissen Popularität erfreuen, ist ihren Larven zuzuschreiben. Sie fertigen nämlich die kunstvollen Köcher oder Gehäuse an, die wir alle kennen, und die viele von uns einmal gesammelt haben. Diese Köcher, der Bauinstinkt der Larven und ihre Spinnfähigkeit sind denn auch zum Gegenstand zahlreicher Untersuchungen gemacht worden.

Es ist daher natürlich, mit einer Schilderung der Larven und ihrer Köcher zu beginnen, und ihr eine Darstellung der Puppen und schliesslich der vollentwickelten Tiere, ihres Baues, ihrer Ernährung und der Art ihrer Fortpflanzung, sowie der Eiablage folgen zu lassen.

A. Trichopterenlarven.

a. Anatomie.

Die Larven (Taf. V) haben alle einen wohlchitinisierten Kopf. Die Antennen sind immer sehr schwach entwickelt, oft scheinen sie ganz zu fehlen. Das Labrum ist eine meist chitinisierte Platte, gewöhnlich breiter als lang. Die Mandibeln sind bald meissel-, bald messerförmig; im ersten Fall oft stark asymmetrisch, an der Innenfläche ausgehöhlt (zwei Schneiden), die Schneiden mit Zähnen ausgerüstet und gewöhnlich mit Rücken- und Innenborsten versehen. Die messerförmigen Mandibeln sind nicht ausgehöhlt und besitzen keine Innenborste. Sie sind übrigens bei den einzelnen Abteilungen (Pflanzenfresser - Raubtiere) sehr verschieden gebaut. Im Grunde lässt sich diese Einteilung der Mandibeln in meisselförmige und messerförmige nicht durchführen, und vom wissenschaftlichen Standpunkt aus ist sie ziemlich wertlos. Maxillen und Labium sind miteinander verschmolzen. Die Maxillen besitzen ein freies Endstück (Maxillarlobus) und einen Maxillartaster, der gewöhnlich fünfgliedrig und mit dem Maxillarlobus zusammengewachsen ist. Auch das Labium hat ein freies Endstück (Labiallobus) und zwei Taster, die nur zweigliedrig sind. Alle diese Teile sind bei den einzelnen Gruppen mit Haaren und Sinnesstäbchen von sehr verschiedener Ausführung versehen.

Der erste Thoraxring ist stets von einer chitinisierten Platte, dem Prodorsum, bedeckt; der zweite Thoraxring ist bei manchen Larven ganz weich, bei anderen dorsal mehr oder weniger chitinisiert. Der letzte Thoraxring ist beinahe immer weich, eine Ausnahme bilden die *Hydropsychidae*, bei welchen alle Thoraxringe gleichartig chitinisiert sind. Die Beine bestehen aus sechs Gliedern: Coxa, Trochanter, Femur, Tibia, Protarsus und Tarsus mit der Klaue. Zwischen Körper und Coxa findet sich ein basales Stück, dessen Chitinbedeckung als Stützplättchen für die Beine aufgefasst wird. Die Beine haben in den einzelnen Familien sehr verschiedene Funktionen, und jedes Beinpaar kann für sich seine bestimmte Funktion ausüben. Eigentlich grabende Larven gibt es nicht; wir treffen daher auch keine Larven mit als Grabinstrumenten eingerichteten Beinen an. Wirkliche Schreitbeine, die den Körper vorwärts bewegen, gibt es vielleicht nur bei den Rhyacophilen (Taf. V, Abb. 11; Abb. 125–126). Meistens besteht ihre Aufgabe hauptsächlich darin, den Körper vorwärts zu ziehen, bei sehr vielen Larven sind sie in erster Linie Anklammerungsorgane, mit welchen sich das Tier festhält.

In dieser Weise wirkt vornehmlich das erste Beinpaar, das gewöhnlich am stärksten ist. Es wirkt bei Raubtieren, wie den grossen *Phryganea*-Arten, beim Ergreifen der Beute mit und spielt zusammen mit den Mandibeln gleichzeitig eine Rolle beim Köcherbau; viele kleine Eigentümlichkeiten sind als diesbezügliche Anpassungen zu betrachten.

Klapálek (1893), der ausgezeichnete Kenner der Trichopteren-Larven, sondert sie in zwei Hauptabteilungen. Bei der einen Gruppe liegt die grosse Öffnung im Hinterkopf, durch welche die Weichteile des Körpers mit denen des Kopfes in Verbindung stehen, schräg, was dem Kopf eine etwas abwärts geneigte Haltung gibt. Diese Larven werden raupenförmig oder eruciform genannt (Taf. V, Abb. 10). Die andere Gruppe trägt den Kopf gerade nach vorn gerichtet, d. h. also, dass seine Längsachse die gerade Verlängerung der Körperachse bildet. Diese Larven, die einigermassen an die primitiven Insekten erinnern, heissen campodeoide Larven (Taf. V, Abb. 4). Zu ersteren gehören die Hauptfamilien der *Limnophilidae*, *Sericostomatidae* und *Leptoceridae*, zu den letzteren fast alle übrigen. Die Larven der *Phryganidae*, die den campodeoiden in gewisser Hinsicht nahestehen, werden subraupenförmig genannt. Die raupenförmigen und die subraupenförmigen Larven bilden die wohlbekannten Köcher. Die campodeoiden bauen im allgemeinen keine solchen, und wo sie vorkommen, sind sie in Form und Aussehen abweichend.

Die raupenförmigen oder eruciformen Larven besitzen dicke, meisselförmige, oft asymmetrisch gebaute Mandibeln. Sie sind Pflanzenfresser und leben vorzugsweise von Wasserpflanzen, Blättern, Blattstengeln, bisweilen auch von frischer Rinde, die sie abnagen. Die Augen liegen zumeist weit hinten am

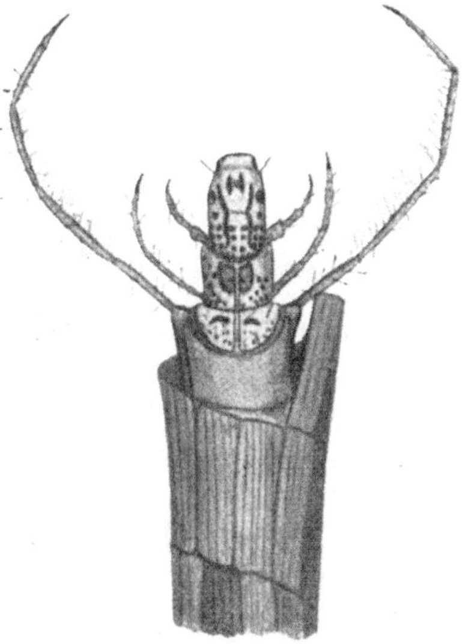

Abb. 128.

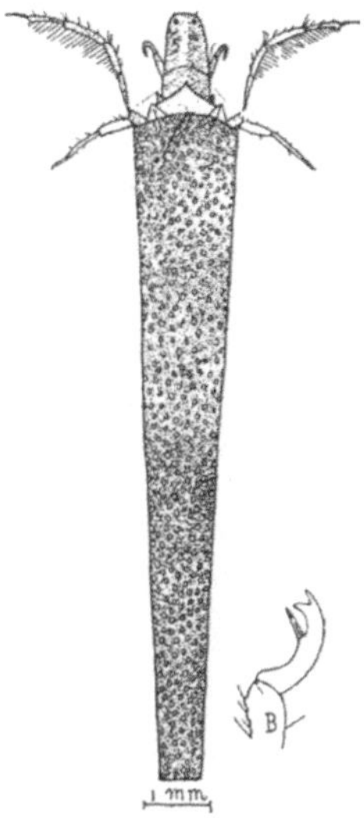

Abb. 129.

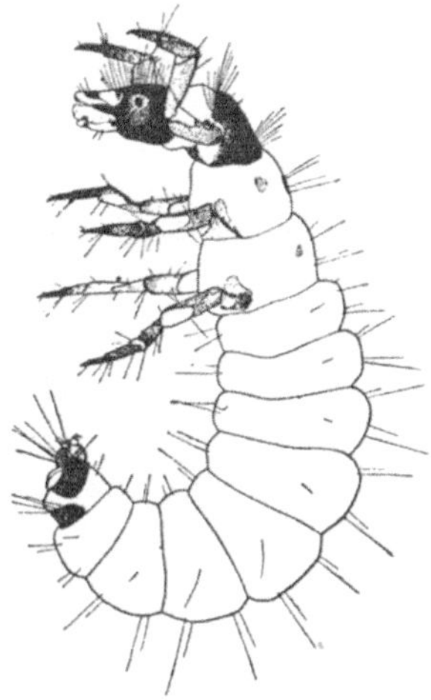

Abb. 130.

Abb. 128. Larve von *Triaenodes bicolor* Curt. im vorderen Teil ihres Köchers. Nach Moretti, G. 1934.
Abb. 129. Larve von *Setodes* schwimmend. Nach Brocher, F. 1913.
Abb. 130. Larve von *Synagapetus dubitans* McLachl. Nach Geijskes, D. 1936.

Kopf. In der Regel sind die zwei ersten Brustringe mehr oder weniger stark, der dritte hingegen weit schwächer chitinisiert. Der erste Brustring trägt bei den Familien der *Phryganidae* und *Limnophilidae*, bei den *Goërinae* und *Lepidostomatinae* auf der Unterseite einen vorstehenden Anhang, das sogenannte Horn (bzgl. seiner Funktion vgl. S. 161).

Da das Baumaterial mit den Mandibeln und Beinen eingesammelt wird und zwar vor allem mit den Vorderbeinen, zeigen sie viele Eigentümlichkeiten, die mit dem Bauinstinkt der Tiere zusammenhängen. Dies gilt besonders für die hervorstehenden Dornen und Knoten, an die das Baumaterial angedrückt werden kann. Das vorderste Beinpaar ist das kürzeste und kräftigste, während das hinterste zuweilen sehr lang ist. Bei schwimmenden Formen ist namentlich das letzte Beinpaar mit Schwimmhaaren versehen (Taf. V, Abb. 7; Abb. 128–129). Beobachtet man Leptoceriden, wenn sie an der Kante von Steinen sitzen, so bemerkt man, dass sie das vordere ganz kurze Beinpaar in der Unterlage verankert haben. Die beiden anderen Paare ragen weit aus der Röhre heraus, am meisten das dritte Beinpaar, das höher oben angebracht ist und die Rolle der Antennen übernommen zu haben scheint. Wenn die Tiere erschreckt werden, ziehen sie das zweite und dritte Beinpaar ein. Vorsichtig prüfend kommen dann erst die Klauen des dritten Beinpaares wieder zum Vorschein, nach und nach auch das übrige Bein, und schliesslich lässt sich auch das zweite Beinpaar sehen. All das wird durch den besonderen Bau der Brustringe bedingt, die nach vorne zu gewölbt sind. Das Tier krümmt den Rücken zu einem Buckel. Ferner ist das zweite Beinpaar am Mesothorax höher oben fixiert als das erste Beinpaar am Prothorax, und das dritte Beinpaar liegt höher als die beiden anderen, d. h. die drei Beinpaare sitzen beinahe vertikal übereinander. Infolgedessen steht das lange dritte Beinpaar der Dorsalkante der Röhre zunächst, und durch die starke Verlängerung seiner einzelnen Glieder ragt die Klaue über den Vorderrand des Kopfes hinaus.

Der weiche, biegsame Hinterleib ist häufig weiss, seltener gelblich oder rötlich (bei subraupenförmigen Larven). Das erste Segment ist oft mit zwei bis drei Zäpfchen ausgerüstet, die aus- und eingezogen werden können. Mit ihrer Hilfe halten sich die Tiere im Gehäuse fest, und sie bewirken auch, dass das Tier sich von der Wand des Köchers frei halten kann. Auf diese Weise entsteht ein Raum, durch welchen das Wasser passieren kann. An den Seiten des Abdomens verläuft ein Saum von schwarzen Haaren, »die Seitenlinie«, die dazu dient, die schwingende Fläche des Abdomens zu vergrössern, und die beim Auf- und Abschwingen des Körpers eine ununterbrochene Bewegung des Wassers bewirkt. Der Hinterleib trägt auch die silberweissen, fadenförmigen Tracheenkiemen, deren Zahl an den einzelnen Segmenten bei den verschiedenen Gattungen ausserordentlich schwankt. Auch hinsichtlich ihrer Form, Grösse, Anordnung und ihres Aussehens variieren die Kiemen sehr stark. Bei Torrenticolen können sie ganz fehlen; ja innerhalb desselben Genus besitzen einige Arten Kiemen, andere nicht (Taf. V, Abb. 5; Abb. 125–26). Sie sind beinahe immer fadenförmig. Bei der Mehrzahl der *Limnophilidae* sind sie zu zweien und dreien zusammengewachsen, bei den *Sericostomatidae* und *Leptoceridae* bilden sie kleine Büschel. Stellung und Aussehen dieser Kiemen haben grosse systematische Bedeutung (Klapálek 1893: Kiemenschemata, Siltala 1905 u. a.). Die schönen, silberglänzenden Fäden stehen oft wie ein dichter Wald auf dem Rücken des Tieres, das sich in seinem Gehäuse in stark schwingender Bewegung befindet; es ist immer von frischem Wasser umgeben, das eben durch diese Auf- und Abwärtsbewegung in der Röhre aus und eingetrieben wird. Die Anzahl der Schwingungen hängt von der Temperatur des Wassers und seinem Sauerstoffgehalt ab; bei niedriger Temperatur und reichlichem Sauerstoffgehalt treten längere Pausen ein, in welchen die Schwingungen gänzlich aussetzen. Das Tracheensystem ist übrigens vollkommen geschlossen; nur eine Larve, die von *Enoicyla*, die sonderbarerweise am Land, auf feuchten Baumstämmen lebt, hat ein offenes Tracheensystem. Der Hinterleib trägt am Ende zwei Haken, die auf kurzen, konischen Anhängen, den Nachschiebern, sitzen, und welche hauptsächlich zum Festhalten der Tiere im Köcher dienen. Für diesen Zweck sind sie auch vorzüglich geeignet. Versucht man nämlich, das Tier aus dem Köcher herauszuziehen, so fühlt man einen ausserordentlich starken Widerstand. Die Haken ermöglichen es dem Tiere auch, sich im Köcher hin und her zu schieben, aber eigentliche Bewegungsorgane sind sie nicht.

Die campodeoiden Larven (Taf. V, Abb. 4) sind in fast all diesen Beziehungen anders gestaltet. Das hängt damit zusammen, dass sie im allgemeinen keine transportablen Gehäuse bauen. Sie leben entweder als frei umherstreifende, nackte Raubtiere, oder sie verfertigen Wohnungen von ganz besonderer Konstruktion. Die allermeisten von ihnen sind oft so gut wie festsitzende Tiere, die in seidengesponnenen Gängen und Röhren zwischen Algen oder in Höhlungen ein äusserst stationäres Leben führen.

Die Mandibeln dieser Larven sind messerförmig und spitz. Einige der Larven sind vorzugsweise Raubtiere und fressen die Kleintiere, die in ihren Netzen gefangen werden; andere, wohl die meisten von ihnen, belecken die Seiten der Netze und sammeln das dort angeschwemmte Material ab, oder sie benagen die Oberfläche der Steine. Viele Eigenartigkeiten der Mundteile sind nur im Hinblick auf diese Funktion zu verstehen (die weiche Oberlippe bei den *Philopotamidae* (Abb. 167–168) u. a.).

Die Augen liegen nahe am Vorderrand des Kopfes (Abb. 133b). Von den Brustringen ist gewöhnlich nur der erste stark chitinisiert. Bei Formen, an deren Muskulatur infolge ihres Lebens in fliessendem Wasser, in stark strömenden oder reissenden Gebirgsbächen grosse Anforderungen gestellt werden, sind zur Stütze der Muskulatur alle drei Brustringe stark chitinisiert (Hydropsychiden) (Taf. V, Abb. 6). Ebenso ist es bei den kleinen Hydroptiliden mit ihren sonderbaren Gehäusen.

Bei den campodeoiden Larven variiert ferner die Gestaltung der Beine nicht so sehr wie bei den vorhergehenden Formen. Sämtliche drei Beinpaare weichen nur selten voneinander ab; es gehört zu den Ausnahmen (einige Hydroptiliden z. B. *Oxyethira*), wenn das erste Beinpaar ganz anders gebaut ist. Sie sind Kriech-, Klammer- und Kletterbeine, die aber gewöhnlich nicht Material zum Gehäusebau herbeizuholen brauchen und daher auch keine dazu dienlichen Einrichtungen aufweisen. Sie sind aber oft mit Borstenbüscheln ausgerüstet, mit denen die Netze rein gehalten werden.

Der Hinterleib ist lang, ausserordentlich biegsam und oft im fünften und sechsten Segment abwärts gebogen (Taf. V, Abb. 4); seine einzelnen Segmente sind deutlich voneinander abgesetzt. Konische Fortsätze am ersten Hinterleibsring fehlen; sie sind überflüssig, da die Tiere keine Röhrenbewohner sind. Auch die Seitenlinie ist oft schwach entwickelt oder fehlt gänzlich. Da die Haut so ausserordentlich dünn ist, beschränkt sich die Atmung nicht auf besondere Partien, sondern geht zumeist an ihrer ganzen Oberfläche vor sich; Tracheenkiemen fehlen gewöhnlich. Bei den Hydropsychiden mit ihrer dicken Haut bedecken die Tracheenkiemen als dichte, silberglänzende Fransen die ganze Unterseite des Hinterleibes (Taf. V, Abb. 6). Die sogenannten Blutkiemen kommen besonders bei campodeoiden Larven vor; sie sind aus dem Enddarm ausstülpbar und äusserst dünnhäutig. Auch eingezogen kommt ihnen respiratorische Bedeutung zu, denn man kann die Beobachtung machen, dass das Wasser durch die Afteröffnung ein und ausgepumpt wird. Das in den Blutkiemen zirkulierende Blut wird durch die Berührung mit dem Wasser oxydiert; die Blutkiemen treten jedoch nur unter schlechten Respirationsbedingungen in Funktion. Bei den *Polycentropidae* finden sich unter den Hüften Säcke, die vermutlich ebenfalls im Dienste der Respiration stehen. Die beiden am Hinterleib liegenden Haken, die bei der vorhergehenden Gruppe nur zum Festhalten in der Röhre verwendet werden, sind hier oft als zwei mächtige Klauen ausgebildet, die auf zwei oft langen, zwei- oder dreiteiligen Gliedern angebracht sind, und deren sich die Tiere bedienen, um an den Gespinstfäden oder der Innenseite der Netze entlangzurutschen (Taf. V, Abb. 4).

Die Klauen variieren übrigens in dieser Gruppe sehr stark (*Hydropsychidae, Rhyacophilidae*).

Was die innere Anatomie betrifft, sind bei den Trichopteren-Larven wohl nur die drei Paar Drüsen hervorzuheben; das grösste Paar sind die vorhin erwähnten Spinndrüsen, die charakteristische, oft gelappte oder verzweigte Kerne besitzen (Abb. 131–133). Die Spinndrüsen sind sehr lang und nehmen fast den ganzen Raum zwischen Darmkanal und Körperwand ein (Abb. 131). Ihr Ausführungsgang bildet eine lange Leitungsröhre und zugleich eine Faden-

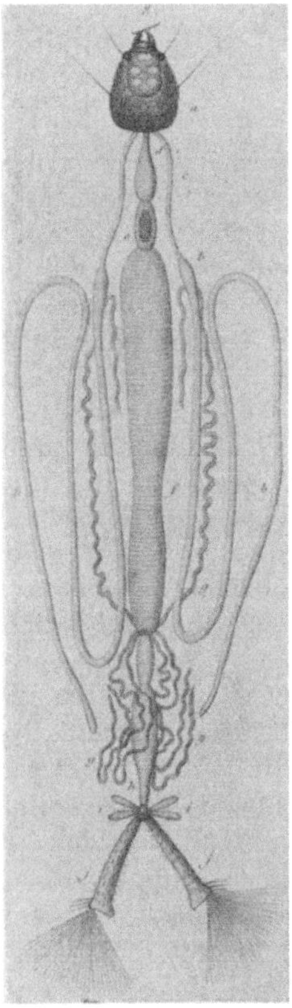

Abb. 131.

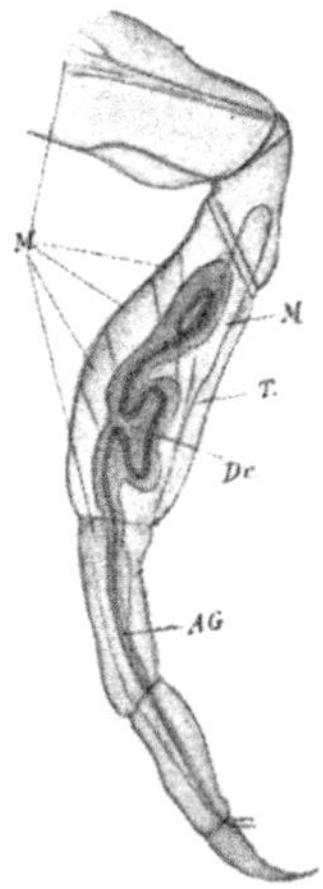

Abb. 132.

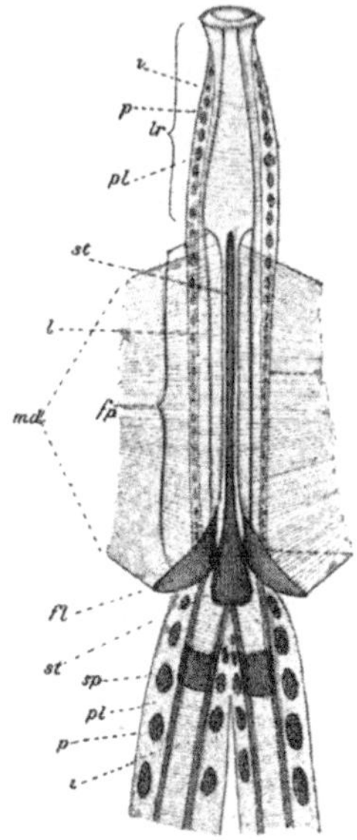

Abb. 133a.

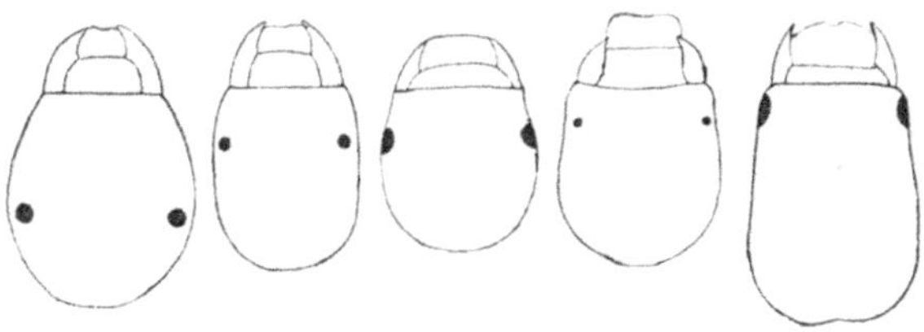

Abb. 133b.

Abb. 131. Larve von *Hydropsyche* sp. Darmkanal (*d, e, f*), *b* Spinndrüsen, *g* malpighische Gefässe, *i* Analdrüsen, *j* Nachschieber. Nach Dufour, L. 1847.

Abb. 132. *Plectrocnemia conspersa* Curt. Larve. Bein mit Tibialdrüse. *T* Tibia, *AG* Ausführungsgang der Drüse *Dr.*, *M* Muskel, *Dr.* Nach Lübben, H. 1907.

Abb. 133a. Spinnapparat von *Anabolia furcata.* Br. Dorsal gesehen. *i* Intima, *lr* Leitungsrohr, *fp* Fadenpresse. Nach Lukas, R. 1893.

Abb. 133b. Augenstellung bei *Limnophilus* sp., *Phryganea minor* Curt., *Molanna angustata* Curt., *Neureclipsis bimaculata* L. und *Rhyacophila nubila* Zett. Je mehr das Tier Raubtier wird, desto mehr rücken die Augen nach vorn. Nach W-L.

presse, in welcher das aus den beiden Spinndrüsen kommende Spinnsekret verschmolzen und zu einem Faden zusammengepresst wird (Abb. 133a).

Neuere Untersuchungen, namentlich die von Alm (1926), haben verschiedenes Neue im Hinblick auf die Funktion der Drüsen ergeben. So wurde erwiesen, dass bei zahlreichen Arten immer nur eine der Spinndrüsen funktioniert, und dass das Sekret abwechselnd von der einen und von der anderen der Drüsen abgesondert wird. Die Fäden werden mit den Vorderbeinen ausgezogen. – Mehrere Forscher haben grosse Drüsen in den Beinen (Abb. 132) nachgewiesen und abgebildet; ihre Sekrete sollen nach LÜBBEN (1907) und ALM (1926) die Funktion der Spinndrüsen unterstützen, indem sie u. a. dem Spinnsekret Klebstoff zusetzen. Nur bei den Hydropsychiden sind die Fäden nach Angabe von ALM zweifädig.

Endlich findet sich bei der Familie der *Phryganidae* u. a. ventral in der Mittellinie des Prothorax ein eigentümlicher keilförmiger Fortsatz (Corne prosternale). HENSEVAL (1896), VORHIES (1905) und BROCHER (1923) haben nachgewiesen, dass am Vorderende dieses Fortsatzes der Ausführgang einer Drüse ausmündet. Ihr Sekret soll für die Konstruktion des Köchers von Bedeutung sein.

Ehe wir zur Besprechung der verschiedenen Röhrentypen übergehen, müssen wir erst noch etwas mehr bei der Bedeutung der Tracheenkiemen verweilen. Im allgemeinen dürfte für die köchertragenden Larven die Regel gelten, dass die Tracheenkiemen umso besser entwickelt sind, je mehr die Larven Wärme lieben. Larven aus reissenden, kalten Gebirgsbächen haben in der Regel schwach entwickelte Tracheenkiemen; sie können ihnen auch ganz fehlen.

Das erste Larvenstadium hat überhaupt keine Tracheenkiemen. Bei gewissen Gattungen (*Rhyacophila*) besitzen manche Arten Tracheenkiemen (Abb. 125–126), andere nicht; bei anderen Gattungen haben nur die Puppen Tracheenkiemen, die Larven aber nicht, und schliesslich ist bei anderen (*Rhyacophila*) das umgekehrte der Fall.

KRAWANY (1935–1937) gibt an, dass nicht allein die Tracheenkiemen, sondern auch bestimmte Felder in der Haut der Brust- und Hinterleibssegmente, wo die Pigmentierung reduziert ist, respiratorische Bedeutung haben. Ob dies richtig ist, mag dahingestellt bleiben. ANN MORGAN und HELEN O'NEIL (1931) haben an einer Köcherfliegenlarve *Macronema zebratum* Hagen nachgewiesen, dass man die Larve ihrer sämtlichen Tracheenkiemen berauben kann, ohne dass sie deshalb Schaden nimmt. Die Larven lebten noch acht Monate nach der Operation; sie bauten sich neue Köcher, verpuppten sich und wurden zu vollentwickelten Insekten. Eine Regeneration der Tracheenkiemen fand dabei nicht statt. Die Tracheenkiemen haben jedenfalls bei dieser Art anscheinend nur accessorische oder gar keine Bedeutung für die Sauerstoffaufnahme; hingegen spielen sie bei der Elimination der Kohlensäure eine wichtige Rolle. Normale Larven eliminieren nämlich Kohlensäure rascher als tracheenlose, und bei Überschuss an Kohlensäure nehmen tracheenlose Larven weniger Sauerstoff auf als normale. Sie ermatten schneller und erholen sich langsamer.

b. Köcherbau.

Nachdem wir versucht haben, einen Überblick über das Aussehen der Köcherfliegenlarven zu gewinnen, wollen wir uns nun, gestützt auf zahlreiche Illustrationen, eine Vorstellung vom Entstehen und Aussehen der Köcher verschaffen (Abb. 134) (STRUCK 1900–1903).

Die Grundlage aller Köcher ist eine an beiden Enden offene Seidenröhre. Diese Röhre ist bei den raupen- und subraupenförmigen Larven ein transportabler Köcher, mit welchem das Tier umherkriecht oder umherschwimmt. Ein solches Rohr aus Seidengespinst würde ein so wechselvolles Dasein nicht aushalten können; es wird fast immer mit Fremdkörpern wie Blättern, Holzstückchen, Sandkörnern u. dgl. bekleidet. Bei den campodeoiden Larven ist die Röhre gewöhnlich an der Unterlage festgesponnen. Die Tiere selbst sind beinahe sedentär, und die Röhre ist häufig zu langen, seidenbekleideten Galerien umgewandelt, deren vorderer Teil als Fangnetzfläche im Dienste der

Ernährung steht. Diese Galerien sind zwischen Algenteppichen, in Schlupfgängen zwischen Steinen etc. eingesenkt. Sie brauchen lange nicht so sorgfältig wie die transportablen Gehäuse versteift zu werden; es fehlt ihnen auch in den meisten Fällen jegliche Art von Belag.

Wir wollen vorläufig ganz von den vielen eigentümlichen Wohnungen absehen, welche die campodeoiden Larven bilden, und erst einmal von denen

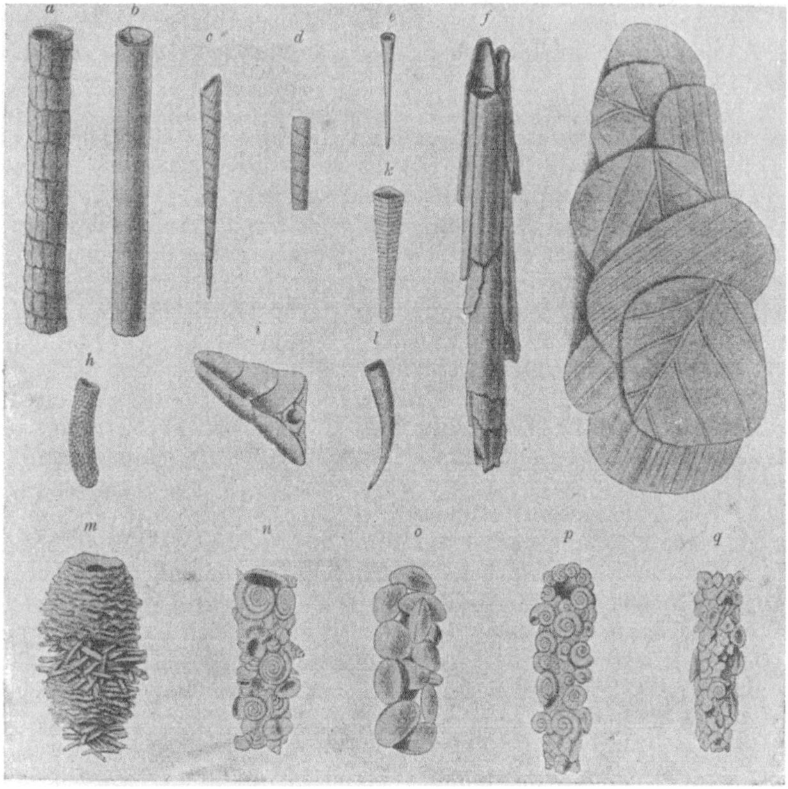

Abb. 134. Verschiedene Trichopterenköcher. *a Phryganea striata* L., *b Agrypnia pagetana* Curt., *c, d Triaenodes bicolor* Curt., *e Setodes tineiformis* Curt., *f Grammotaulius nitidus* O. F. M.. *g Glyphotaelius punctato-lineatus* Retz., *h Limnophilus extricatus* MacLachl., *i Limnophilus decipiens* Kol., *k Lepidostoma hirtum* F., *l Leptocerus tineoides* Br., *m Limnophilus stigma* Curt. *n* und *o Limnophilus rhombicus* L., *p Limnophilus flavicornis* Fabr., *q Stenophylax stellatus* Curt. Nat. Gr. Nach Struck, R. 1900.

sprechen, die dem Laien am besten bekannt sind, den typischen Trichopterenköchern, welche die raupenförmigen Larven und die Familie der *Phryganidae* verfertigen. Einige allgemeine Bemerkungen seien vorausgeschickt.

Der hintere Teil des Köchers ist der älteste, während am vorderen Teil weitergearbeitet wird. Die meisten Larven verbringen ihr ganzes Leben in ein und demselben Gehäuse, häuten sich darin und wachsen mit jeder Häutung. In den meisten Fällen lösen sich die hinteren Teile der Röhre im Laufe der Zeit ab; bei diesen Tieren ist die Röhre zylindrisch; persistiert aber der hintere, schmälere Teil der Röhre, so wird sie während des Wachstums des Tieres konisch. Das erstere ist bei den allermeisten Köchern der Fall, das letztere in der Regel bei den schönen, oft elegant gebogenen Leptoceridenköchern

(Abb. 134 l). Das Hinterende des Köchers wird mit einem Gespinst verschlossen, in dessen Mitte sich eine Öffnung befindet, durch die das Atemwasser strömt. Die Larven verlassen ihr Gehäuse nur notgedrungen, da der äusserst weiche Hinterleib gleich dem des Einsiedlerkrebses einer schützenden Hülle bedarf. Besonders gefährlich ist es, mit unbeschütztem Hinterleib umherzulaufen, wenn die grossen Dytisciden-Larven wie Tiger auf Beute lauern. Es muss wirklich eine abscheuliche Situation sein, solch ein Paar Dolche quer durch den Körper gerannt zu bekommen und zu fühlen, wie die wohlgeordneten Organe des eigenen Körpers zu einem Brei aufgelöst und als solcher allmählich durch die Mandibeln der Käferlarve in ihren Darmkanal gepumpt werden.

Darum sind die Larven auch bestrebt, so rasch wie möglich neue Köcher anzufertigen, wenn sie der alten beraubt worden sind. Aber die neuen Gehäuse,

Abb. 135. Alle fünf Köcher sind von *Limnophilus flavicornis* F. hergestellt. Nat. Gr. Nach Ulmer, G. 1911.

die im Laufe weniger Stunden hergestellt werden, sind Pfuscherarbeit und nur wenig jenen Köchern vergleichbar, deren regelmässiger Bau so oft unsere Bewunderung erweckt. Erst nach und nach, wenn das Tier besser Zeit hat, wird auch die Röhre schöner und regelmässiger gestaltet.

Unter allen Instinkten ist der Bauinstinkt am leichtesten zu studieren. Wer eine Sammlung von Vogelnestern oder Trichopterenköchern anlegt, kann gleichsam Belege für den Bauinstinkt der betreffenden Tiergruppen in Kisten und Kästen sammeln, und in Musse die einzelnen Stücke vornehmen und studieren. Was die Köcher anbelangt, so lässt sich die Bauweise mit Leichtigkeit im Aquarium beobachten.

Das ausserordentlich abwechslungsreiche Aussehen der Köcher ist erstens durch das höchst ungleichartige Material, mit dem die Seidenröhre bekleidet wird, und zweitens durch die ganz verschiedene Anwendung des Materials bedingt. Manche Arten belegen ihre Gehäuse vorzugsweise mit kleinen Steinen, andere mit Sand, wieder andere mit Holzstücken, Schneckenhäusern, Muscheln, Blattfragmenten u. dgl. Da dieselbe Art oft an höchst verschiedenen Lokalitäten lebt, können sich die Tiere nicht immer das Material verschaffen, das ihnen am liebsten wäre; das tut jedoch nichts, sie nehmen dann, was sich ihnen bietet. Daher haben die Köcher derselben Art mitunter an verschiedenen Lokalitäten ein ganz verschiedenes Aussehen (Abb. 135). Wenn jedoch den Tieren die Wahl freisteht, bevorzugen die meisten Arten gewöhnlich so ziemlich ein und dasselbe Material.

Abweichungen im Bauinstinkt treten jedoch hauptsächlich durch die Art und Weise zutage, in welcher die einzelnen Arten das Material an der Seidenröhre anbringen. Völlig gleiche Stücke werden von der einen Art winkelrecht zur Längsachse der Röhre, von der anderen parallel zu ihr gelegt; die eine fügt Blattstücke plattenförmig in die Röhre ein, während eine andere dreikantige Röhren daraus baut; die eine ordnet die Belagstücke spiralig an, die andere baut sie in vier Stapeln übereinander auf und spinnt diese Stapel rechtwinklig zusammen, sodass Röhren von quadratischer Grundfläche entstehen. Die eine Art fügt Sandkörner zu ganz geraden Röhren zusammen, die andere so, dass diese sich umeinander winden und schneckenhausähnliche Röhren zustandekommen. Bei der einen ist das Gehäuse ein einfaches Rohr, bei der

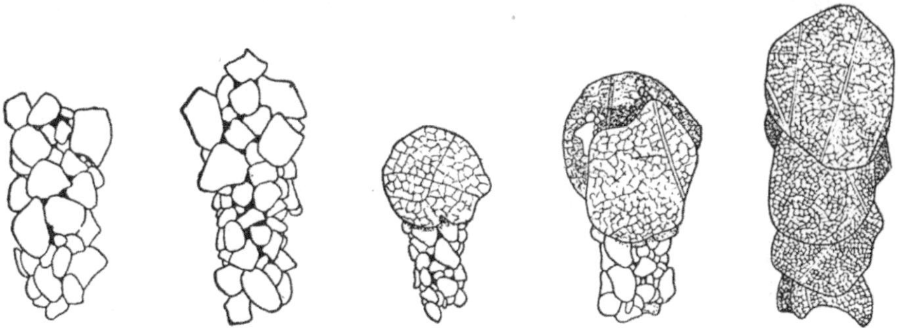

A *B* *C* *D* *F*

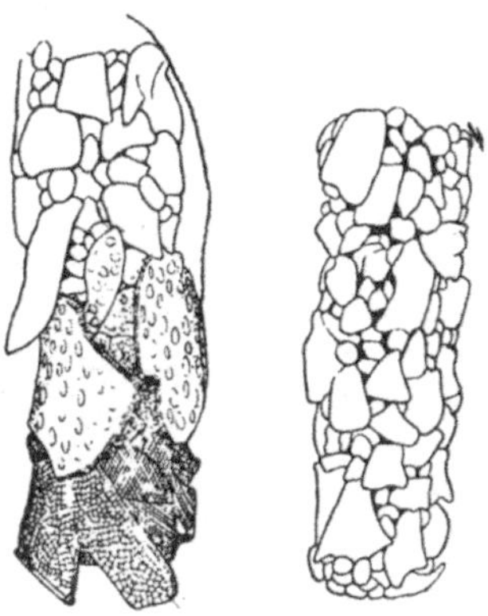

G *H*

Abb. 136. Temporalvariation von *Stenophylax nigricornis* Pict.

A, *B* Erstes Larvenstadium, zwei verschiedene Köcher; von der Oberseite. 8 ×.

C Drittes Larvenstadium; von der Oberseite; vorn ist ein Blattstück angebracht. 3 ×.

D Drittes Larvenstadium; von der Unterseite; sowohl an der Ober- als an der Unterseite ist je ein Blattstück angebracht. 3 ×.

F Fünftes Larvenstadium, nur aus Blattstücken angefertigt. 2, 3 ×.

G Übergangsstadium zwischen Blattköcher und Köcher aus Sandkörnern. 2, 3 ×.

H Gehäuse nur aus Sandkörnern aufgebaut. 2, 3 ×.

Nach Anker Nielsen 1942.

anderen wird die Form durch seitlich eingefügtes Material abgeändert, das seine ganz bestimmte Bedeutung hat.

Ein Tier, das das Material quer zur Seidenröhre legt, kann dieses auf keinen Fall der Länge nach anbringen. Der erste Strohhalm, welchen die ganz junge Larve von *Phryganea grandis* L. an ihrer Röhre befestigt, liegt der Länge nach, der erste, welchen die *Glyphotaelius*-Larve anbringt, quer zur Röhre. Es handelt sich hierbei um biologische Artmerkmale, ebenso wichtig und ebenso eigentümlich wie die Variationen im anatomischen Bau, durch welche sich die Arten sonst unterscheiden.

Die Köcherfliegenlarven machen fünf Häutungen durch; nach jeder Häutung werden sie grösser, sodass auch der Köcher vergrössert werden muss. In manchen Fällen lässt sich die Anzahl der Häutungen seines Insassen ungefähr an dem Köcher nachzählen. Wir werden im folgenden teils bei *Phryganea*, teils bei *Glyphotaelius* Beispiele dafür finden, dass die Larve bei bestimmten Häutungen nicht allein die Röhre erweitert, sondern auch ganz verschiedenes Material zum Bau derselben verwendet. Das hängt teils damit zusammen, dass die Larve in ihren verschiedenen Stadien nicht unter ganz gleichen Verhältnissen lebt, teils damit, dass das Werkzeug, mit dem die endgültige Röhre gebaut werden soll, zunächst das grobe Material nicht meistert. Am auffallendsten ist dies bei Formen, die ihre Köcher in der Jugend aus Sand, später aus Pflanzenteilen aufbauen. Ein Beispiel dafür ist *Crunoecia irrorata* Curtis. Anker Nielsen (1942) hat dieses Verhalten eingehend untersucht und nachgewiesen, dass der Umschlag zwischen dem Beginn des 4. und dem ersten Drittel des 5. Stadiums stattfindet. Solange das Tier den Köcher aus Sand baut, ist er ganz gerade mit schräg abgeschnittenem Vorderende. Als Baumaterial für die aus Vegetabilien gebildeten Köcher dienen hauptsächlich Stücke von gröberen Blattrippen, die alle von gleicher Länge und zwar ebenso lang sind wie die Breite des Köchers. Indem diese Stücke quer und immer rechtwinklig zum Nachbarstück angebracht werden, entstehen wundervoll regelmässige, viereckige Köcher. Anker Nielsen bringt eine schöne Abbildung von Köchern, die hinten aus Sandkörnern, vorne aus Vegetabilien aufgebaut sind; sie sind hinten rund, vorne viereckig. Ohne genaue Untersuchungen könnte kein Mensch ahnen, dass ein und dasselbe Tier den Sand- und den Vegetabilienköcher gebaut hat. Bei *Stenophylax nigricornis* Pictet (Abb. 136) hat Anker Nielsen einen besonders interessanten und sehr komplizierten Köcherbau entdeckt. Die ersten Stadien bauen aus groben Sandkörnern einen konischen Köcher. Schon im 2. bis 4. Stadium geht die Larve dazu über, welkes Laub als Baumaterial zu verwenden. Dieses Material wird so angebracht, dass die Röhre sehr dem *Glyphotaelius*-Köcher ähnelt. Das merkwürdigste ist aber, dass der flache Blattköcher nicht die bleibende Form des Köchers ist. Gegen Ende der Larvenperiode, im 5. Stadium, kehrt die Larve wieder zum Bau mit Sandkörnern zurück. Man findet zuweilen Köcher, die ein mittleres Stück aus Vegetabilien und vorne und hinten ein Stück aus Sandkörnern besitzen. Man kann über diese ganz gesetzmässigen Variationen wohl Vermutungen anstellen, aber zu einem Verständnis der Verhältnisse ist man meiner Meinung nach noch nicht gekommen.

Abb. 137. Köcher von *Anabolia nervosa* Leach. Nach Ulmer, G. 1911.

Wie gewinnt man nun einen Überblick über die so ungeheuer verschieden aussehenden Köcher (Abb. 134)? Man hat sie früher danach eingeteilt, ob sie zylindrisch oder flach, gerade oder gekrümmt sind, ob sie aus gleichartigem oder verschiedenem Material bestehen u. s. w.; diese Einteilungsprinzipien waren ausgezeichnet für den, der sich ein hübsches Naturalienkabinett anlegen wollte, sie haben aber nicht den geringsten Wert für jemand, der die Bedeutung der verschiedenen Köcher, ihren Bau und ihre Variation verstehen möchte.

Eine Darstellung der Bauweise des Köchers bei den einzelnen Köcherfliegen hat, wie so vieles, seine Scylla und Charybdis. Man muss es nämlich verstehen, sich dabei in passendem Abstand von der alten, an und für sich guten, exakten, aber geistlosen Beschreibung der einzelnen Köchertypen zu halten; andererseits darf man sich aber ebenso wenig in den neueren, spekulativen, anscheinend tief philosophischen, in Wirklichkeit aber äusserst oberflächlichen Auffassungen verlieren, nach welchen der Trichopterenköcher als ein Ainpassungsobjekt betrachtet wird, mit welchem die äusseren Lebensbedingungen der Larve frei schalten und walten können. Das ging so weit, dass man vermutete, die Köcherfliegen ahmten bei der Herstellung ihrer Gehäuse direkt andere Naturobjekte, wie z. B. Schneckenhäuser nach, oder sie bauten dieselben aus Samen giftiger Pflanzen, nur damit sie nicht von Fischen gefressen würden. Man hat in höchst sinnloser Weise gewisse Köchertypen in Verbindung mit gewissen Arten der Bewegung bei den Tieren gebracht, die man ihnen zuschrieb, ohne sich dabei der Mühe zu unterziehen, festzustellen, ob sich die Tiere auch wirklich in dieser Weise bewegten u. s. w.

In neuerer Zeit haben sich mehrere Forscher damit beschäftigt, die Köcherfliegen in der Natur an ihren Wohnplätzen, ihre Lebensweise und ihre Bauprinzipien zu studieren. Nachher brachte man die Tiere ins Laboratorium und experimentierte mit ihnen. Diese Studien haben den Vorteil, dass sich ihre Ergebnisse experimentell begründen lassen. Es sei erwähnt, dass über die Art und Weise, wie die Larven ihre Gehäuse bauen, und über ihre Versuche, dieselben auszubessern u. dgl., eine Reihe von experimentellen Untersuchungen vorliegt; dieselben werden später kurz erörtert.

Wir wollen die Köcherfliegen, die die typischen Köcher anfertigen, zuerst einmal in die Köcherfliegen der stehenden und die der fliessenden Gewässer einteilen. Die ersteren lassen sich dann abermals in Oberflächenformen und in Bodenformen sondern. Die Einteilung ist rein biologisch und scheint auf den ersten Blick nur sehr geringen Wert zu haben. Man trifft nämlich bei der gleichen Gattung auf Arten, die beiden Gruppen angehören, ja, was noch schlimmer ist, dieselbe Art kann an verschiedenen Lokalitäten bald zur einen, bald zur anderen Gruppe gehören. Ferner kann die gleiche Art an ein und derselben Lokalität zu gewissen Zeiten ihres Lebens Bodenform, zu anderen Zeiten Oberflächenform sein. Die Einteilung hat trotzdem ihre Berechtigung, weil es tatsächlich eine grosse Anzahl von Bodenformen gibt, die niemals an die Oberfläche kommen, und weil ferner die Arten, welche zu einem gegebenen Zeitpunkt Oberflächenformen sind, nicht zu gleicher Zeit auch Bodenformen sein können.

a. Köcherbau der Trichopteren stehender Gewässer.

a. Bodenformen. Bei den Bodenformen der stehenden Gewässer sind sicher viele der häufigst vorkommenden Typen von Köchern zu finden. Das Gehäuse wird als typische Seidenröhre hergestellt und mit Fremdkörpern belegt. Zahlreiche der hierher gehörenden Formen sind noch zu keinem festen Bauprinzip gelangt. Das Material, mit welchem sie die Röhre belegen, kann von sehr verschiedener Beschaffenheit sein: Holzstücke, abgebrochenes Schilf und Grasstücke, Steine, Schneckenhäuser u. dgl. So zeigt z. B. Abb. 135 fünf Köcher von *Limnophilus flavicornis* Fabr.; eine grössere Variation der Bauweise lässt sich kaum denken. Ferner wurde experimentell nachgewiesen, dass diese und ihr nahestehende Arten im Aquarium ihre Köcher offenbar ebenso gerne aus dem einen wie aus einem anderen Material bauen. Die grosse Variation in der Wahl des Materials hängt auch damit zusammen, dass unter allen Gewässern gerade die Kleinteiche hinsichtlich des Baumaterials die verschiedenartigsten und zugleich in den einzelnen Jahreszeiten die wechselndsten Bedingungen bieten. Dieselbe Art findet in dem einen Teich welke Blätter, in einem zweiten Pflanzenstengel oder kleine Zweige, in einem dritten Schneckenhäuser, in einem vierten Pflanzensamen. Oft verändert sich auch die Bodenbeschaffenheit desselben Teiches im Laufe eines Jahres. Schnecken und Muscheln werden zu gewissen Zeiten zahlreicher, und Tiere, die zuerst mit Pflanzenmaterial bauten, benutzen jetzt Muscheln. Sehr häufig sind die *Limnophilus*-

Köcher im Freien halb aus Pflanzenmaterial, halb aus Muscheln aufgebaut. Oftmals werden vom Sturm Massen von Samen aufs Wasser geweht; sie werden ergriffen und binnen acht Tagen werden breite, aus Blattstücken aufgebaute Köcher zu zylindrischen, aus Samen verfertigten verwandelt, usw.

Eben weil dieselben Arten unter den Bodenformen der stehenden Gewässer ihre Köcher aus so äusserst verschiedenartigem Material bauen, und weil diese Köcher sich nur selten durch eine besondere Konstruktion auszeichnen, lassen sich diese Arten nicht nach dem Bau der Köcher von einander unterscheiden. Dies gilt namentlich für viele der zur Familie der *Limnophilidae* gehörenden Formen, besonders für viele *Limnophilus*-Arten. Folgende Formen, die vorzugsweise der Bodenfauna der Tümpel und Teiche angehören und sich auf Grund ihres Köcherbaus annäherungsweise bestimmen lassen, sind hervorzuheben.

Einen hervorragenden Platz nehmen alle der Familie der *Phryganidae* (Taf. V, Abb. 1) angehörenden Arten ein. Die weitaus meisten von ihnen ordnen das Material, aus welchem der Köcher aufgeführt wird, in Spiralen an; die Bauweise dieser höchst kunstfertigen Köcher wird bei den Oberflächenformen der Teiche besprochen. Fast jeder Köcher, der aus Spiralbändern hergestellt ist, stammt von Arten aus der Familie der *Phryganidae*; sehr oft, namentlich bei der Gattung *Neuronia*, wird das Spiralband aus zugeschnittenen Fichtennadeln zusammengestellt. Bisweilen findet man Larven, die köcherlos am Boden umherkriechen. Das ist angeblich besonders bei den *Neuronia*-Arten der Fall, die man sogar im Winter unter dem Eis ohne Köcher umherkriechen sieht (Lloyd 1921). Eine kleine Art, *Phryganea minor* Curt. (Abb. 142), findet sich gewöhnlich in ganz seichten, früh austrocknenden Frühlingspfützen; sie haust hier zusammen mit *Lestes*-Nymphen, *Branchipus*, Mückenlarven und *Rhantus*-Larven. Sie macht ihre Sache nicht so gut wie die anderen *Phryganea*-Arten; ihr Köcher wird aus kleinen Blatt- und Rindenstücken gebildet, die mosaikartig angebracht werden und kein Spiralband bilden. Etliche *Phryganea*-Arten haben den guten Einfall gehabt, das Bauen von Spiralröhren überhaupt zu unterlassen; sie suchen sich ganz einfach abgeschnittene Enden von Schilfrohr aus, bekleiden sie inwendig mit Gespinst und kriechen dann damit umher. Sie gebrauchen diese Schilfenden als Köcher, besonders in den Schilfgürteln längs der Ufer unserer grösseren Seen, seltener in der Vegetation unserer Teiche. Eine Art, *Agrypnia pagetana* Curt., wählt ständig dieses Verfahren; für sie ist eigentümlich, dass sie ihr Gehäuse fast immer mit dem einen Ende an Pflanzen, und zwar ganz besonders an Stratiotes aloides, der gemeinen Wasseraloe, befestigt, an welcher sie sowohl hierzulande wie in Deutschland meistens angeheftet ist.

Einzelne Formen der Fam. *Limnophilidae* (Abb. 134i), wie *Limnophilus nigriceps* Zett., *L. decipiens* Kol. und *Phacopteryx brevipennis* Curt., verfertigen sehr schöne Köcher aus kreisrunden Blattstücken, die so angeordnet werden, dass dreikantige Röhren entstehen. Zwischen der eigentlichen Röhre und den Belagstücken verlaufen drei Kanäle, durch welche das Wasser ständig aus und einströmt, während das Tier umherkriecht. Sonderbarerweise bauen die drei Arten ihre Gehäuse aber nicht immer in so kunstfertiger Weise.

Viele Bodenformen der Teiche führen ihre Röhren aus Kies und Steinen auf; in schwer belasteten Röhren kriechen sie langsam am Boden einher oder haken sich an Steinen u. dgl. fest; einige von ihnen versehen das Hinterende der Röhre mit ein paar grösseren Steinen. Diese Arten lassen sich gewöhnlich am Köcher allein nicht erkennen. Eine einzelne Gattung, *Anabolia* (Abb. 137), versieht die Seiten des Köchers mit zwei bis drei langen Zweigen, die oft doppelt so lang sind wie der Köcher. Die Köcher werden dadurch erstens etwas abgeflacht, zweitens wirken die langen, abstehenden Zweige als Ausleger und verhindern dadurch vielleicht bis zu einem gewissen Grad, dass der Köcher von den Wellen fortgespült wird. *Anabolia* ist hauptsächlich an den Ufern von Seen und grösseren Teichen zu finden; oft leben die Tiere unter Bedingungen, wo die Bedeutung der Zweige einem ganz unbegreiflich erscheint.

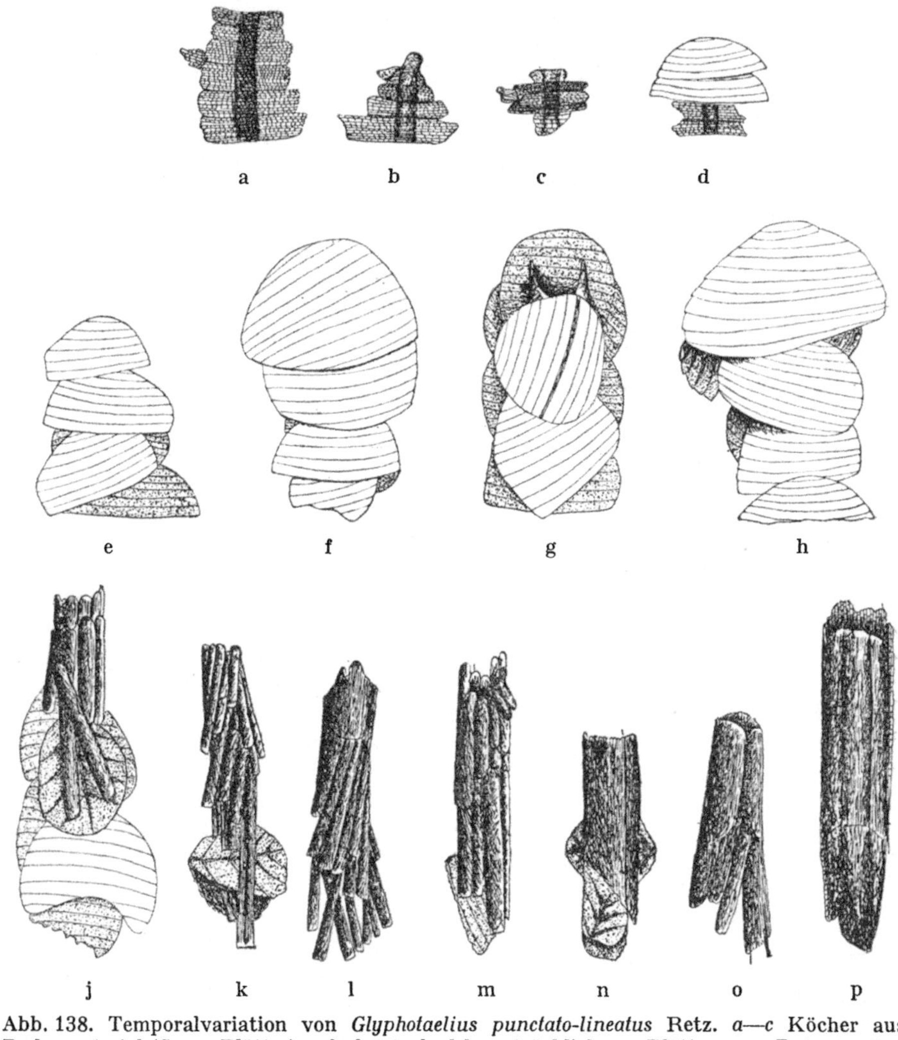

Abb. 138. Temporalvariation von *Glyphotaelius punctato-lineatus* Retz. *a—c* Köcher aus Bodenmaterial (Carex-Blätter) aufgebaut, *d—h* hauptsächlich aus Blättern von Potamogeton natans (Juni—August), *j—m* hauptsächlich aus Blattstengeln derselben Pflanze (September—November), *n—p* wieder Bodenmaterial: verwelkte Blattstücke (Winter). Nat. Gr. W-L. del.

Bisweilen kann man die Beobachtung machen, dass Scharen von *Anabolia*-Larven den Boden verlassen und an Phragmites- und Scirpus-Stengeln hinaufklettern, auf denen sie sich dann, oft etwa einen Meter über dem Boden, niederlassen, und wo sie vom Wellenschlag hin und her geschaukelt werden. Das Phänomen ist im Furesee regelmässig zu beobachten. Da ich die verpuppten Larven stets am Boden gefunden habe und mir nur schwer vorstellen kann, dass hier Nahrungswanderungen vorliegen, sind mir diese Vertikalwanderungen unerklärlich. Es ist auch kaum wahrscheinlich, dass sie im klaren Wasser des Furesees durch Sauerstoffmangel veranlasst werden.

Einige Arten, darunter die Gattung *Grammotaulius* (Abb. 134f) bilden grosse Tüten, besonders aus Carex-Blättern, andere aus Wasserlinsen und verschiedenen Wasserpflanzen. Mehrere dieser Arten fügen die einzelnen Blätter spiralförmig und ganz regelmässig zusammen, legen aber alle Blätter übereinander. Dadurch entstehen dicke, wulstige Rollen oder Tönnchen, in denen die eigentliche Wohnröhre des Tieres liegt. Die schönsten Gehäuse dieser Art bildet *Limnophilus stigma* Curt. (Abb. 134m), dessen grüne, rollende Tönnchen in unseren Mooren und Teichen ausserordentlich häufig sind. Solange diese Formen ihre Köcher nur aus frischen Pflanzen u. dgl. herstellen, gehören sie eigentlich der Oberfläche an und leben hier in der Vegetation; sehr oft aber wird der Köcher mit schwerem, wasserdurchtränktem Pflanzenmaterial versehen oder auch mit kleinen Steinchen, besonders zur Zeit der Verpuppung; dann sieht man sie am Boden umherkriechen.

Bekanntlich stellen manche Arten ihre Gehäuse aus Muscheln und Schneckenhäusern her (Abb. 134 n, o, p). Sie verstehen es, diese Schalen sehr hübsch zusammenzufügen. In den meisten Fällen werden wohl leere Schalen angewendet, aber nicht ganz selten vergreifen sich die Larven an lebenden Tieren namentlich Pisidien und kleinen Planorben. Während sich das lebende Tier in seine Schale zurückgezogen hat, befestigt die Köcherfliege es mit Hilfe von Gespinstfäden an ihrem Köcher. Man sieht alsdann, wie die Schnecke eine zeitlang ihre Fühler oder den Fuss aus der Schale streckt und sich wendet und dreht, um sich zu befreien, was aber vermutlich niemals gelingt. Im übrigen fehlen nähere Untersuchungen darüber, wie sich die Larven den Schnecken bemächtigen und sie einspinnen. Oft geraten Köcherfliege und Schnecke in einen heftigen Kampf, in dessen Verlauf sich die letztere mit Hilfe von abgesondertem Schleim zur Wehr zu setzen versucht. Es wurde durch Aquarienversuche festgestellt, dass in den Köcher eingesponnene Muscheln drei Wochen am Leben bleiben können.

Sehr abweichende Köcher bildet die amerikanische Art *Ganonema americanum* Walk. (vgl. Lloyd 1921). Die Tiere wählen am Boden liegende Zweige aus, nagen sich in sie ein, höhlen sie aus und leben dann in ihnen. Die Zweige haben oft vorne zwei Öffnungen. Die Röhre ist stets mit Seide ausgekleidet. Das Tier ernährt sich angeblich von dem Material, das es ausbohrt. Ähnliche Köcher wurden auch auf Neu-Seeland gefunden (Hudson 1904). Köcher, die allein aus Gespinst ohne jede Spur von fremden Bestandteilen verfertigt werden, sind selten; sie kommen jedoch bei den schönen hellgrünen *Setodes*-Arten vor. Diese gehören zu den Leptoceriden und haben wie *Triaenodes* lange Schwimmhaare, besonders am 3. Beinpaar; sie sind vorzügliche Schwimmer. *S. tineiformis* Curt. (Abb. 134e) tritt auf den submersen Wiesen einiger unserer Seen in ungeheuren Mengen auf (z. B. Esromsee). Sämtliche hier angeführten Arten sind gleich vielen anderen hauptsächlich Pflanzenfresser, nur die *Phryganea*-Arten leben auch von tierischer Nahrung.

Im Frühling, wenn unsere Gewässer von Tausenden und aber Tausenden von Köcherfliegen bevölkert werden, leidet die Vegetation stark unter ihren Angriffen. Es ist keine übertriebene Behauptung, dass ein nicht geringer Teil der Vegetation in den Trichopterenköchern abgelagert und eingesponnen wird. Diese strotzen dann von grünen, noch lebenden Pflanzenteilen. Wenn sich die Tiere so reichlich versorgt haben, dass bei der Übervölkerung der ziemlich begrenzten Lokalität an den Pflanzen selbst nicht mehr genügend Nahrung zu finden ist, so bleibt ihnen bis zur Verpuppung nichts anderes übrig, als sich gegenseitig die Gehäuse wegzufressen. Sie liegen dann häufig in grossen Klumpen übereinander und fressen sich gegenseitig alle freistehenden Blattteile ab. Infolgedessen sind die Gehäuse gänzlich entblättert, manche bestehen jetzt nur aus Strohhalmen, mit welchen die Tiere den Bau ausschliesslich fortsetzen. Die Tausende von vorher grünen Köchern sind jetzt zu welken, gelben Röhren geworden. Sie sind dadurch gleichzeitig auch schwerer geworden und vermögen die Tiere nicht mehr zu tragen; diese sind von nun an ausgesprochene Bodentiere, die zwischen Steinen und Pflanzenwurzeln umherkriechen.

b. Oberflächenformen. Wir wollen nun die Bodenformen der Teiche verlassen und uns den Formen zuwenden, die regelmässig während längerer Zeiträume an der Oberfläche leben, oft etwa zwei bis drei Meter über dem Boden. Die Oberfläche unserer Teiche wird fast immer von den Schwimmblättern verschiedener Wasserpflanzen bedeckt. Eine sehr grosse Rolle spielt in dieser Hinsicht Potamogeton natans, das ausserhalb der Sumpfvegetation oft ringförmige Gürtel bildet. Nur in der Mitte des Teiches bleibt eine offene Wasserfläche, eine »pelagische Region«, frei. In Potamogeton-Teppichen sind zahlreiche Köcherfliegenlarven anzutreffen, die zwischen den Blättern umherkriechen und sich an den Stengeln befestigen. Im Vorsommer sind hier auch viele der Arten zu finden, die bereits im vorhergehenden erwähnt wurden, z. B. *Limnophilus flavicornis* Fabr., *L. stigma* Curt., im Herbst kann für kürzere Zeit auch *Anabolia* in diese Region aufsteigen. Heimisch sind hier, jedenfalls in nordseeländischen Kleinseen und Mooren, aber nur zwei Arten, *Glyphotaelius punctato-lineatus* Retz. und *Phryganea grandis* L., zwei unserer grössten Köcherfliegen. Ihr Leben ist recht eingehend untersucht worden (W-L. 1910–1911); wir wollen im folgenden die Biologie dieser zwei Arten etwas näher behandeln.

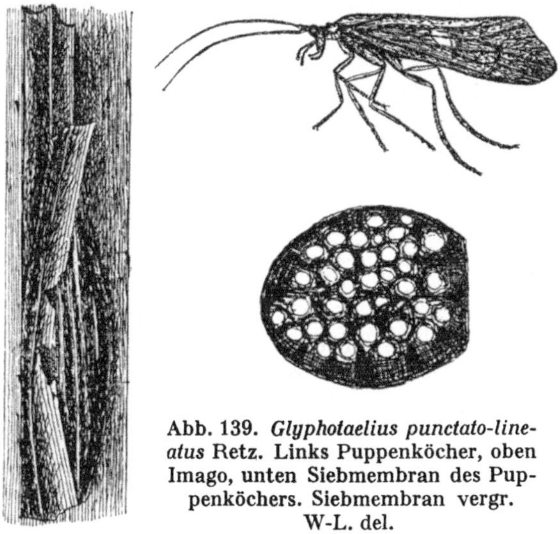

Abb. 139. *Glyphotaelius punctato-lineatus* Retz. Links Puppenköcher, oben Imago, unten Siebmembran des Puppenköchers. Siebmembran vergr. W-L. del.

Glyphotaelius punctato-lineatus Retz. (Abb. 138–139). Die Glyphotaelien bedecken ihre zylindrischen Röhren mit grossen, elliptischen Blattstücken, die sie grösstenteils aus den Blättern von Potamogeton natans herausschneiden. Da die Blattstücke weit über die Ränder der Röhre hinausragen, wird die ursprünglich zylindrische Röhre in eine grosse, längliche Platte verwandelt. Beobachtet man nun die *Glyphotaelius*-Larven und ihr Leben an einer Lokalität ein Jahr hindurch regelmässig alle vierzehn Tage, so macht man die Erfahrung, dass ihre Gehäuse nicht immer in derselben Weise gebaut werden. Die juvenilen Larven, die im Juli oder August aus den Eiern schlüpfen, sind von einer Gallertröhre umgeben, die teilweise von der Gallertmasse stammt, in der die Eier abgelegt werden. Die Röhre ist mehr oder weniger mit Schmutz bedeckt, durch den das Tier kriecht, wenn es sich von dem Grashalm, auf dem es ausgeschlüpft ist, zum Grunde hinunter begibt, wo es vorläufig seinen Aufenthalt nimmt. Wenn diese Gallertröhre eine Länge von 2–3 mm erreicht hat, verschafft sich die kleine Larve einen Strohhalm, den sie wahrscheinlich abbeisst. Dieses Stückchen Stroh ist ungefähr 4–6 mm lang und 1–2 mm breit. Es wird immer quer zur Röhre an ihrem vorderen Teil angebracht und immer so, dass es weit über die Röhrenmündung hinausragt. An dieses Stück spinnt die Larve nun die Seitenteile der Röhre an und fügt ihnen kleine Pflanzenteile ein. Wenn die Seitenteile so weit fortgeschritten sind, dass sie als Wälle hervortreten, wird auf der Gegenseite ein neues Querstück angebracht und zwar immer so, dass der hintere Rand des neuen Stückes über das vorher angebrachte Stück hinausragt (Abb. 138).

Das Tier baut immer so, dass die eigentliche Wohnröhre gerade in der Mitte des ganzen Köchers liegt, d. h. dass die eingesponnenen Grashalme zu beiden Seiten gleich weit überstehen. Infolge des Bauplanes, nach dem das Tier arbeitet, werden die beiden Breitseiten mit jedem neu eingefügten Querstück abwechselnd Rücken- und Bauchseite. Das Prinzip besteht also darin, dass das Tier bald auf der »Rücken«- bald auf der »Bauchseite« ein neues Stück hinzufügt, die Stücke als Boden und Decke der Wohnröhre braucht und die Seitenteile als Wälle an sie anspinnt.

Abb. 140. Versuchsteich Frederiksdal. Potamogetonzone. In der Mitte des Teiches eine »pelagische« Region. In der Potamogetonzone die Heimat von *Glyphotaelius punctato-lineatus* Retz. und *Phryganea grandis* L. Die Lokalität, wo die hier erwähnten Untersuchungen angestellt wurden. Winge phot.

Die Larven, die bis dahin Bodentiere waren, steigen, wenn sie eine Länge von etwa 10–17 mm erreicht haben, an den Stengeln und Blattstielen der Potamogeton-Pflanzen empor. Nachdem sie an den Wasserspiegel gelangt sind (etwa im August), verbleiben sie hier etwa drei Monate. Die Köcher werden jetzt nicht mehr aus welken Carex-Halmen, sondern aus frischen grünen Blättern des Laichkrautes hergestellt (Abb. 138). Aus ihren Rändern schneiden nun die Larven mit ihren Mandibeln Blattstücke aus, die mit jeder Häutung grösser werden, und bringen sie an dem Seidengespinst der Röhre an, ganz wie sie früher die Carex-Halme befestigten. Die grossen elliptischen Blattstücke bewirken, dass der Köcher flach wird. Er erreicht eine Länge von etwa 50 mm und eine Breite von etwa 25 mm, ist aber nur ungefähr 2–3 mm dick. Bis in den November hinein fahren die Larven mit dem Anfügen neuer Blatteile im vorderen Teil des Köchers fort; die hinteren, allmählich gelb werdenden Blattstücke fallen mit der Zeit ab. Selten werden einem Köcher mehr als ungefähr drei bis fünf Stücke an jeder Seite eingefügt. Hebt man die Stücke auf der einen Seite ab, so liegt die seidengesponnene Röhre in der Mittellinie über den Blättern der entgegengesetzten Seite.

Gegen den November hin wechseln die Larven wieder das Material, und die Gehäuse nehmen eine andere Form an. Die Stücke werden kleiner; oft werden welke Blätter verwendet, die auf das Wasser geweht worden sind. Gleichzeitig bemerkt man, dass viele Tiere ganz aufgehört haben, Blätter zu brauchen; stattdessen beissen sie Blattstiele ab und messen sich aus diesen und den zahlreichen, linearen Blättern, welche diese Pflanzen im Herbst bilden,

Stücke von verschiedener Länge aus, die sie jetzt der Länge nach an der Röhre festspinnen. Dadurch entstehen Köcher von ganz anderem Aussehen, lange, schmale Röhren, die flüchtig besehen an die von *Phryganea grandis* L. erinnern.

Fast zu gleicher Zeit wechseln die Larven die Wohnstätte. Sie werden im Dezember und Januar Bodenformen. Schlägt man im Januar oder Februar das Eis auf, so findet man sie am Boden umherkriechend. Das Material des Köchers besteht hinten noch aus den Blattstielen von Potamogeton, vorn aber aus verschiedenem Bodenmaterial, welken Schilfstücken usw., die zum Teil über die Blattstiele gelegt werden. – Auch nach der Eisschmelze haben die Köcher dieselbe Form. In so gestalteten Köchern beginnt die Larve sich ihre Puppenwohnstätte einzurichten (Abb. 139). Abb. 138 zeigt die verschiedenen Stadien und ausserdem die Gleichmässigkeit und Regelmässigkeit der Umbildungen.

Wir haben also gesehen, dass die jungen, eben ausgeschlüpften Larven durch die Anbringung der Pflanzenstücke quer zur Längsrichtung der Röhre den Köcher fast sofort breiter machen als die seidengesponnene Wohnröhre. Ferner, dass sie den Boden sehr bald verlassen und an die Oberfläche steigen, um nier bis zum November zu verbleiben. Dann wird ein neuer Bauplan befolgt; es werden jetzt nur schmale Pflanzenstücke verwendet, die parallel zur Längsachse gelegt werden; gleichzeitig werden die Tiere wieder Bodentiere. Der ganze Köcher ist jetzt nicht wesentlich breiter als die eigentliche Wohnröhre. Die Frage ist nun: warum folgen sie diesem sonderbaren Bauplan, und warum verlassen sie ihn später wieder?

Vorerst ist einmal zu bedenken, dass die Larven mehrere Monate hindurch dicht unter dem Wasserspiegel leben, oft zwei bis drei Meter über dem Boden. Sie kriechen auf Blattstielen umher, steigen in die Höhe und liegen dann mit der Breitseite treibend an der Wasseroberfläche. Sie strecken den Vorderkörper weit aus der Röhre hervor, schwingen ihn hin und her und schwimmen oder gleiten so durchs Wasser. Weit brauchen sie nie zu schwimmen; im Potamogeton-Gürtel liegt Blatt an Blatt; bald ist ein solches erreicht und auf ihm finden sie alles, was sie brauchen, Nahrung und neue Blattstücke für ihre Wohnung. Wir werden später sehen, dass sich die *Hydrocampa*-Larven in ganz ähnlicher Weise fortbewegen.

Wird eine Larve aus dem Köcher genommen, so sinkt sie augenblicklich zu Boden. Der Köcher selbst aber steigt, wenn er aus frischen Potamogeton-Blättern besteht, in die Höhe und bleibt an der Oberfläche liegen. Der Köcher macht die Larve leichter und wirkt also wie ein Schwimmgürtel. Nun zeigt sich aber, dass von etwa hundert Larven mit Köchern immer ein sehr grosser Prozentsatz trotz der Köcher zu Boden sinkt. Dieses Absinken geht in sehr eigentümlicher Weise vor sich. Der Köcher mit der darin befindlichen Larve sinkt erstens immer in horizontaler Lage mit einer der Breitseiten nach oben, und zweitens niemals in einer geraden Linie, sondern in grossen Schraubenlinien wie ein flacher Stein, der mit der flachen Seite durch das Wasser sinkt. Schneidet man alle Seitenteile des Köchers ab, sodass nur die zylindrische Röhre übrigbleibt, so sinkt der Köcher in gerader Linie senkrecht zu Boden. Die abgeflachte Form des Köchers bewirkt also, dass er viel langsamer sinkt, als wenn er die ursprüngliche Zylinderform hätte. Folglich sind die flügelförmigen Blattfortsätze an den Seiten der Wohnröhre dem Tiere von Nutzen, wenn es sich loslässt, um eine neue Pflanze zu finden. Sie vergrössern den Querschnittswiderstand, d. h. sie verringern die Fallgeschwindigkeit im Wasser. Das lässt sich auch experimentell beweisen. Ohne Köcher sinken die Larven 2 m in 20 Sek., mit Köchern, von denen die Blattstücke entfernt sind, in

30–50 Sek., in unbeschädigten Köchern in mindestens $1^1/_2$ Min. Oft sieht man Köcher mit der Breitseite nach oben in einer Tiefe von $1^1/_2$ Metern im Wasser schweben.

Auf ihrem Weg nach abwärts streckt die Larve den Hals nach allen Seiten; in den allermeisten Fällen stösst sie schliesslich an einen Potamogeton-Stengel und klettert an ihm in die Höhe. Es ist also klar, dass die eigentümliche Bauweise des Gehäuses für ein Tier, das an der Oberfläche lebt, von Vorteil ist. Warum aber einige Tiere mit ihren Gehäusen zu Boden sinken, während andere ruhig an der Oberfläche treiben, ist noch nicht aufgeklärt. Eine Larve, die sich eben ein Blattstück abgeschnitten und es in ihre Röhre eingefügt hat, treibt immer an der Oberfläche. Das frisch abgeschnittene grosse Blattstück wendet stets die Oberseite nach oben, während die Unterseite an die Röhre angesponnen ist. Die Oberseite fühlt sich etwas fettig an, ein auf das Blatt fallender Wassertropfen rollt ab wie eine Perle. Bei dem an der Oberfläche liegenden Tier wölbt sich die Oberseite des Köchers etwas über den Wasserspiegel hinaus. Entfernt man das neue Blattstück, so sinkt die Larve in den meisten Fällen zu Boden, nach Entfernung der zwei letzten Blattstücke immer. Vergleicht man die zwei vorderen, zuletzt eingefügten Stücke mit den hinteren, so zeigt sich, dass die vorderen immer frisch sind und auf dem Wasser schwimmen, während die hinteren am Rande ausgefranst und gelblich sind und in den meisten Fällen zu Boden sinken. Mit anderen Worten: um sich schwimmend zu erhalten, muss die Larve ständig neue, frische, luftgefüllte Blattstücke einfügen; sobald die Blattstücke alt werden und ihr Luftgehalt abnimmt, wenn sie welken und nicht mehr unbenetzbar sind, sind sie nicht mehr als Schwimmgürtel zu gebrauchen. Auch die Adhäsion an der Oberfläche ist nicht mehr effektiv, und wenn sich die Tiere loslassen, gleiten sie, wenn auch langsam, in grossen Schraubenlinien zu Boden.

Wenn man vom Boot aus zwischen Potamogeton-Teppichen (Abb. 140) die Glyphotaelien zu Hunderten beobachtet und sieht, wie ihre flachen Scheiben in grossen Schraubenlinien langsam in das dunkle Moorwasser hinabgleiten, wie sie über dem Grunde schweben und ferner, wie die Tiere frische, neue Blattstücke an die Röhren anfügen, um diese Stücke als eine Art Schwimmboje zu gebrauchen, wenn man ferner erfahren hat, dass die Köcher sinken, sobald sie der Blattstücke beraubt werden, so kann man nicht mehr daran zweifeln, dass die eigentümliche Konstruktion der Köcher eng mit den natürlichen Lebensbedingungen der Tiere zusammenhängt. Dieselben Prinzipien, nämlich Adhäsion an der Oberfläche, Vergrösserung des Querschnittswiderstandes und Verwendung von luftgefülltem Pflanzengewebe, durch welche die Larven zum Schwimmen und Schweben im Wasser befähigt werden, gelangen unter ähnlichen Bedingungen auch bei anderen Wassertieren, Wasserinsekten und Planktonorganismen zur Anwendung.

Wenn die Larve zu Anfang des Winters aufhört, ihren Köcher abzuflachen, und die vorher breiten und flachen Belagstücke durch schmale Blattstiele ersetzt werden, so geschieht dies, weil die Blätter zu diesem Zeitpunkt zu faulen beginnen. Ihre Rolle als Schwebeapparate ist ausgespielt, und auch zur Nahrung sind sie kaum mehr dienlich. Blattstiele werden jetzt verwendet; gleichzeitig sinken die Tiere zu Boden, wo sie überwintern.

Zu erwähnen ist ferner, dass in unseren Mooren eine viel kleinere Art, *G. pellucidus* Retz., vorkommt, die ihre Köcher in ganz gleicher Weise wie *G. punctato-lineatus* Retz. herstellt, nur mit dem Unterschied, dass sie immer welke, braune Buchen- und Erlenblätter verwendet. Sie ist eine ausgesprochene Bodenform, die in der inneren Uferzone der Moore heimisch ist. Lloyd (1921) hat festgestellt, dass eine nordamerikanische Form, *Pycnopsyche scabripennis* Ramb., hinsichtlich der Köcherbildung ganz derselben Temporalvariation unterliegt wie *Glyphotaelius.*

Phryganea grandis L. (Taf. V, Abb. 1; Abb. 141). Der Köcher, der wegen seiner grossen Regelmässigkeit mit Recht zu den am meisten bewunderten gehört,

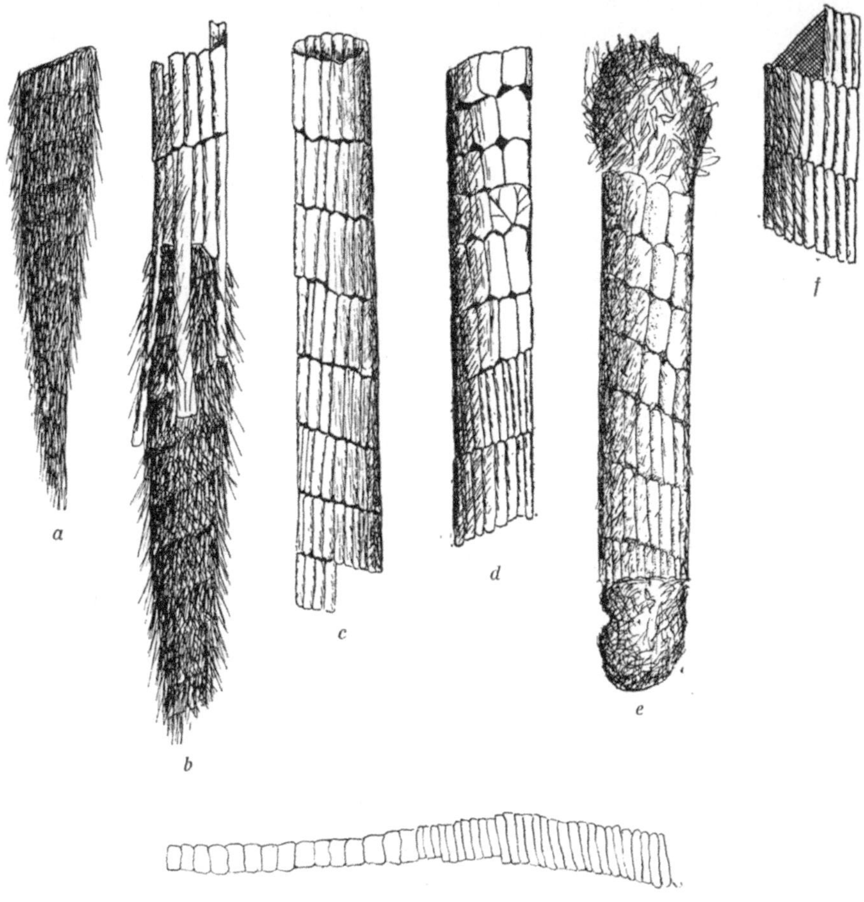

Abb. 141. *Phryganea grandis* L. Temporalvariation des Köchers. *a* Erster Köcher, gebaut aus Chara-Material (Bodenmaterial, Frühjahr). *b* Köcher teils aus Chara, teils aus Stengelstücken von Potamogeton natans aufgebaut (Juli). *c* Der Köcher besteht jetzt aus gleich langen Stengelstücken (August). *d* Nur die zwei hinteren Spiralen aus Potamogeton-Stengeln, der Rest aus Bodenmaterial (Blattreste), Winterstadium. *e* Puppengehäuse; vorn und hinten lockere Pfropfen aus Schlamm. *f* Vorderer Teil des Köchers; zeigt die Seidenmembran, auf der die Stengelstücke angebracht werden. *g* Ein Stück aufgerolltes Spiralband teils aus Potamogeton, teils aus Bodenmaterial aufgebaut. W-L. del.

wird von der Larve der grossen, prächtigen Köcherfliege *Phryganea grandis* L. hergestellt. Er besteht aus einer zylindrischen Röhre von etwa 6–7 cm Länge, die aus einem aus gleich grossen, abgebissenen Stengelstücken zusammengesetzten Spiralband gebildet wird (Abb. 141g).

Auch diese Larve lebt in denselben Versuchsteichen wie die *Glyphotaelius*-Larve und wurde ebenso wie diese regelmässig alle vierzehn Tage biologisch untersucht.

Aus den unter Wasser abgelegten kranzförmigen Eimassen entwickeln sich im Juni kleine Larven, die anfangs Bodentiere sind; sie finden sich besonders auf Characeen-Teppichen. Wenn die Larve 2 mm lang ist, beginnt sie mit dem Baustil, den sie nun dauernd beibehält. Die Belagstücke sind anfangs kleine abgebissene Teile von Gras oder Characeen. Diese Stücke, die 7–12 mal so lang wie breit sind, werden zum Unterschied von den von *Glyphotaelius* verwendeten niemals quer, sondern immer der Länge nach gelegt, parallel zur Längsachse der Röhre. Die einzelnen Stücke werden eng aneinander gelegt; sie sind fast alle gleich lang und liegen immer so, dass das neu hinzugefügte Stück stets ein wenig über das Vorderende des vorhergehenden hinausragt. Daraus folgt, dass der Köcher nicht aus Kränzen von Belagstücken gebildet wird, sondern ein Spiralband darstellt. Nur die allerersten Stücke sind lose mit einander verbunden; bereits nach Verlauf weniger Stunden wachsen die Spiralen deutlich hervor, und die ersten Stücke umschliessen dann wie eine Tüte die hintere Öffnung der Röhre. Nach einigen Tagen wird die Tüte abgestossen; sie sind dann massenhaft auf den Chara-Teppichen zu finden. Die Larven verbleiben hier, bis sie etwa 2 cm lang sind. Die Länge des Köchers kann etwa 4 cm erreichen, die Anzahl der Windungen beträgt etwa 9–15. Die Breite des Spiralbandes wächst langsam bis zu 3–5 mm. Die einzelnen Chara-Stücke sind zwar viel länger, 8–20 mm, aber nur ihre ersten 3–5 mm werden eingesponnen, das übrige Ende ragt frei hervor. Daher nehmen die Röhren in diesem Stadium ein borstiges Aussehen an und erinnern an den Schwanz eines Borstenschweines en miniature (Abb. 141a).

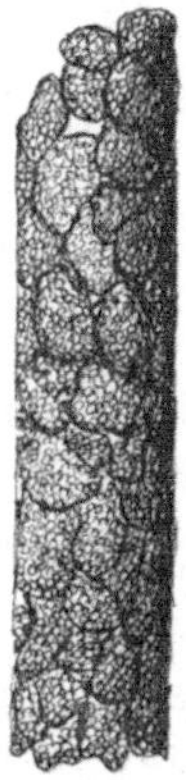

Abb. 142. Köcher von *Phryganea minor* Curt. W-L. del.

Wenn die Tiere eine Länge von ungefähr 20 mm erreicht haben, verlassen sie den Boden und kriechen um den 1. September an den Potamogeton-Stengeln empor an die Oberfläche. Hier leben sie auf der Vegetation zusammen mit *Glyphotaelius*-Larven. Die *Phryganea*-Larve wird nur durch die luftgefüllten Pflanzenteile vor dem Sinken bewahrt; sie wird sonst durch keine Bauprinzipien an der Oberfläche treibend oder in Wasserschichten schwebend erhalten. Daher sinken die Larven auch, wenn sie von den Pflanzen losgerissen werden, viel häufiger zu Boden als die *Glyphotaelius*-Larven. Wenn sie nicht sofort sinken, kommt das daher, dass sie leichter sind als die *Glyphotaelius*-Larven und weil sie durch die in den Pflanzenstengeln eingeschlossene Luft im Wasser zu schweben vermögen.

Die Larven von *Phryganea grandis* L. sind weit behender als die von *Glyphotaelius*. Es lohnt sich, ein Aquarium mit Potamogeton-Pflanzen zu bepflanzen und alsdann etwa zehn grosse *Phryganea*-Larven einzusetzen. Sie klettern mit unglaublicher Schnelligkeit an den Stengeln umher und schwingen die grossen Köcher von rechts nach links. Die Tiere krallen die grossen, kräftigen Klauen in die Pflanzen ein und staken sich auf diese Weise weiter. Sie sind ganz vorwiegend Raubtiere; sie verzehren andere Köcherfliegen, auch Glyphotaelien-, Libellen- und Eintagsfliegenlarven, kurz alles, was sich ihnen darbietet.

Mit dem Aufstieg an die Oberfläche findet zugleich ein Wechsel des Baumaterials statt. An der Oberfläche gibt es keine Characeen; hier werden mit den scharfen Mandibeln die dicken Blattstiele von Potamogeton abgebissen und aus diesen Stücke von 20–30 mm Länge ausgesucht, von denen die vordersten 8–10 mm angesponnen werden. Das übrige ragt steif über die Chara-Stücke hinaus. Die Larve findet doch sehr bald die geeignete Länge der Blattstiele; von nun an beisst sie niemals Stücke von mehr als 8–10 mm Länge ab. Diese Stücke werden ständig nebeneinander gestapelt und zwar so, dass das letzte Stück immer ein wenig über das vorhergehende hinausragt; auf diese Weise entstehen die wundervoll regelmässigen *Phryganea*-Röhren mit ihrem fortlaufenden Spiralband in einer konstanten Breite von 8–10 mm. Am Hinterende fällt zuerst die alte, aus Chara-Stücken gebildete Röhre ab, dann die Windungen, die aus den 20–30 mm langen Stücken der Stiele von Potamogeton natans bestehen. Sind dann die aus den ersten 8–10 mm langen Stücken gebauten Windungen ganz an das Hinterende des Rohres gerückt, so ist der vollkommen regelmässig gebaute *Phryganea*-Köcher fertig. Er nimmt ohne Zweifel neben vielen anderen prächtigen Wohnungen von Gliederfüssern, den Zellen der Honigbienen, dem Nest der Wasserspinne u. a. einen hervorragenden Platz ein.

Wir wollen nun versuchen, uns klar zu machen, wie die Larven diese prachtvollen Gehäuse herstellen. Zuerst wollen wir den zylindrischen Köcher der erwachsenen Larve betrachten.

Schneidet man einen solchen Köcher auf, so zeigt sich, wie zu erwarten war, dass er innen stets mit einem Seidengespinst bekleidet ist. In Wirklichkeit besteht der Köcher auch hier nur aus einer Seidenröhre, die mit gleich langen, regelmässigen, zumeist links gedrehten Reihen von Belagstücken bedeckt ist. Schneidet man die Röhre vorsichtig längs der Spiralen auf, so bekommt man ein etwa 15 cm langes und gleichmässig ungefähr 8–10 mm breites Band. Werden die Belagstücke abgelöst, so bleibt das Seidengespinst übrig, dessen Wände hinten am dicksten sind. Wo die Belagstücke einander berühren, ist die Seide besonders dick, sodass die Membran an der Aussenseite gleichsam getäfelt erscheint.

Da die Röhre aus einem fortlaufenden Spiralband aufgebaut ist, muss das zuletzt angesetzte Stück natürlich einen beinahe rechten Winkel mit der Kante bilden, an welche es mit dem einen Ende anstösst. Hat man Tiere im Aquarium, die dabei sind, das Spiralband zu verlängern, so kann man den ganzen Prozess sehr schön verfolgen. Die Larve deckt zuerst den oben erwähnten Winkel mit einem Gespinst (Abb. 141f), das von der oberen Spitze des zuletzt angefügten Stückes bis zur vorderen Kante der dahinter liegenden Spirale reicht. Sie beisst dann einen Blattstiel ab und misst sich davon ein 8–10 mm langes Stück ab. Dann fasst sie dieses Stück zwischen Mandibeln und Vorderbeinen und bringt es auf dem winkelförmigen Gespinst an, das sie als Belegfläche benützt. Das Stück wird nun von den Mundteilen beleckt und dann mit der beleckten Seite dicht an das zuletzt angefügte Stück angelegt. Anfänglich liegen die beiden Stücke winkelförmig aneinander; während dann aber die Larve den Kopf sieben bis acht mal im Zickzack über die beiden Stücke hin und her bewegt, rücken sie einander immer näher und sind schliesslich mit einem feinen, fast unsichtbaren Faden, der aus der Spitze der Unterlippe austritt, zusammengeklebt oder zusammengenäht. Indem das Tier fortfährt gleich lange Stücke abzubeissen, von denen stets das letzte ein wenig über das vorhergehende hinausragt, kommt das Spiralband zustande, aus welchem die Röhre gebildet wird. Man kann selbst leicht eine ähnliche Röhre formen, wenn man eine Reihe abgebrochener Streichhölzer um einen zylindrischen Federhalter anklebt. Die von dem Tier gelöste Aufgabe besteht also darin, ein Spiralband um einen Zylinder zu legen; der Durchmesser des Zylinders ist etwas grösser als der der Köcherfliege.

Nun bilden ja, wie wir oben gesehen haben, auch die jungen Larven Spiralbänder; die aus ihnen hervorgehenden Gehäuse sind aber nicht zylindrisch, sondern hinten zugespitzt. Die Larve windet also das Spiralband nicht um eine Zylinderfläche, sondern um eine Kegelfläche. Wenn man das einmal selbst versucht, so wird man einsehen, wieviel schwieriger diese Aufgabe ist. Es ist dazu nämlich erforderlich, dass die Bandbreite nicht konstant bleibt, sondern gleichmässig in ganz bestimmtem Verhältnis zur zunehmenden Länge des Kegeldurchmessers zunimmt. Man sollte meinen, dass es für die Larve unmöglich ist, dieses Kunststück fertig zu bringen; es ist aber unbestreitbar, dass sie wirklich dazu imstande ist. Abb. 141 a-c, die eine getreue Kopie einer derartigen Wohnung darstellt, ist der Beweis für diese Tatsache.

Vergleicht man nun das Spiralband eines Köchers, der von einer vollentwickelten Larve verfertigt ist, mit dem einer jüngeren Larve (Abb. 141 g), so ergeben sich grosse Unterschiede. Die Ränder des ersten Spiralbandes sind im wesentlichen parallel und bilden zwei gerade Linien; beim letzteren sind die Ränder hingegen wellenförmig; das Band verbreitert sich an mehreren Stellen ganz plötzlich, und die einzelnen Stücke sind wiederholt schräg angebracht. Warum werden die Bänder hier und dort plötzlich breiter? Es ist klar, dass der Breitenzuwachs der Röhre mit dem Wachstum des Tieres zusammenhängt. Dieses erfolgt wie bei allen Gliedertieren sprungweise und ist am stärksten nach jeder Häutung. An der plötzlich zunehmenden Breite des Spiralbandes lassen sich die jeweiligen Häutungen erkennen; wenn das Tier nach einer Häutung grösser geworden ist, muss jedesmal auch der Köcher breiter werden, und dies kann nur geschehen, indem das Spiralband an Breite zunimmt. Daher müssen die Köcher konisch sein, solange das Tier wächst; erst wenn das Wachstum aufhört und die Bandbreite konstant wird, werden auch die Köcher zylindrisch. Die Oberfläche eines Kegels lässt sich indessen nicht dadurch decken, dass das Band plötzlich an einzelnen Stellen breiter wird; es würden in einem solchen Fall nämlich Lücken in der Belagfläche entstehen. Indem aber das Tier die Stücke mehr oder minder schräg stellt und ihre Länge des öfteren variiert, wodurch die wellenförmige Kontur des Bandes entsteht, wird es ihm möglich, die Lücken zu decken. Damit ist die Aufgabe, ein Spiralband von Belagstücken auf der Oberfläche eines Kegels abzurollen, wirklich gelöst.

Da die Larve sieben bis acht Häutungen durchmacht, wäre zu erwarten, dass das Spiralband ebenso viele Verbreiterungen aufweist. Dass das nicht der Fall ist, rührt einfach daher, dass das Hinterende des Köchers ausserordentlich zerbrechlich ist, sodass die Spitze abfällt, lange bevor die Larve vollentwickelt und der Köcher zylindrisch geworden ist.

Nun bleibt noch die Frage, wie es die vollentwickelte Larve zuwege bringt, Stücke von annähernd gleicher Länge abzubeissen. Die Länge des Stückes ist wahrscheinlich davon abhängig, wie weit das Tier den Kopf vorstrecken kann, ohne den Körper zu verschieben, und wie weit es den Kopf abwärts nach der Bauchseite biegen kann. Die hierdurch begrenzte Strecke lässt sich experimentell nachprüfen; sie misst eben 8–10 mm, also die Länge der einzelnen Belagstücke.

Ende Dezember muss auch die Larve von *Phryganea grandis* L. die faulenden Potamogeton-Teppiche verlassen und auf den Grund hinabwandern. Die Köcher werden nun aus allerlei Bodenmaterial, wie kleinen Blättern und Ästchen u. dgl. verfertigt; auch von ihnen werden ungefähr gleich lange Stücke abgebissen und in Spiralbändern angeordnet. Wenn das Eis im Frühjahr auftaut, findet man Röhren, die hinten noch Reste der Blattstiele von Potamogeton vom Herbst tragen, während sie im vorderen Teil aus Bodenmaterial bestehen. Im Laufe von drei bis vier Monaten hat das Tier seine Röhre also nicht einmal erneuert, sondern nur etwa $^1/_2$–$^2/_3$ an die alte angebaut.

Man findet diese höchst eigentümlichen Spiralröhren nur bei der Familie der *Phryganidae* und bei einer ihr ganz fernstehenden Gattung, *Triaenodes* (Abb. 128). Unter allen mir bekannten köcherbildenden Trichopteren zeichnen sich gerade diese Formen, die Phryganiden und die Gattung *Triaenodes* (aus der Fam. der *Leptoceridae*) durch die grösste Beweglichkeit aus. Die Phryganiden sind zum Unterschied von den übrigen köcherbildenden Trichopteren vorzugsweise Raubtiere und, wie bereits früher erwähnt, klettern mit grosser Behendigkeit auf Wasserpflanzen umher. Die *Triaenodes*-Larve gehört zu den sehr wenigen, wirklich freischwimmenden unserer Köcherfliegen-

Abb. 143. Funketeich. An den Ufern viele Trichopterenköcher von *Phryganea grandis* L., *Glyphotaelius punctato-lineatus* Retz., *Limnophilus decipiens* Kol. u. a. Limnophiliden. W-L. phot.

larven; sie bewegen sich hüpfend durchs Wasser. Ihre Beine sind mit langen Schwimmhaaren ausgestattet. Es scheint daher, als ob dieser Köchertypus dort auftaucht, wo Köcher erforderlich sind, die bedeutende Festigkeit und Steifheit mit grosser Leichtigkeit vereinigen. Gerade diesen Anforderungen dürften die aus Spiralbändern von Pflanzenteilen gebauten Köcher in wesentlichem Grad gerecht werden. Im übrigen ordnen auch verschiedene andere Formen, besonders die Limnophiliden, das Material jedenfalls teilweise in Spiralen an; nur ist das hier im allgemeinen weniger augenfällig, weil die Belagstücke von ganz unregelmässiger Form sind. Dadurch werden nämlich die Spiralbänder oft von mosaikartig gelegten Stücken unterbrochen.

Die allermeisten Köcher können wohl am besten als Mosaikarbeit bezeichnet werden, wo Stück für Stück mit Hilfe von Absonderungen der Spinndrüsen aneinander gekittet wird. Auch eine solche Mosaikarbeit ist oft von grosser Schönheit, namentlich wenn die Köcher aus Sandkörnern hergestellt sind. Hier kann man besonders bewundern, in welchem Grad die Innenseite im Gegensatz zur Aussenseite völlig geglättet und gewissermassen poliert ist. Hier sind nicht wie an der Aussenseite vorspringende Kanten, sondern sämtliche Zwischenräume sind mit Gespinst verstopft.

Es wäre hier vielleicht am Platze, ein von ANKER NIELSEN (1942) erwähntes Beispiel anzuführen (Abb. 144), das mehr als alles andere zeigt, in welchem Masse die Larve Aufgaben zu lösen vermag, die, wie man meinen sollte, ihr Können weit übersteigen. Es handelt sich um *Crunoecia irrorata* Curt., die zuerst ihr Gehäuse aus Sand baut und dann im 5. Stadium dazu übergeht, Vegetabilien, und zwar meistens Blattrippen, zu verwenden. Diese werden so gelegt, dass der Köcher viereckig wird. Alle Stücke sind im grossen ganzen gleich lang und werden mit den Enden gegeneinander gelegt und zwar so, dass sie einen Winkel von ungefähr 90° bilden. All dies ist an und für sich schon »wunderbar genug«. Aber das folgende ist sicher noch unbegreiflicher. Die innerhalb der Belagstücke liegende Seidenröhre ist, wie wir wissen, zylindrisch. Werden die Belagstücke so angeordnet, dass die ganze Röhre viereckig wird, so müssen zwischen Belagröhre und Seidenröhre Hohlräume entstehen, oder mit anderen Worten, es müssen sich vier Kanäle zwischen Seidenröhre und Belagmaterial bilden. Aber was tut nun die Larve? Sie höhlt die inwendige Seite der Belagstücke so aus, »dass die vier Stücke auf dem Querschnitt zusammen ungefähr einen Kreis bilden. Die Enden der Stücke werden schräg abgebissen, sodass ihre Begrenzungslinien radiär von der Seidenröhre ausstrahlen. Schliesslich sind die Enden – in Flächenansicht – wie ein stumpfwinkliges Dreieck zugespitzt. Dementsprechend sind die Stücke an zwei zusammenstossenden Seiten des Köchers alternierend angebracht und ihre gegenseitigen Begrenzungslinien bilden eine Zickzacklinie. Und löst man das Baumaterial vorsichtig ab, so zeigt sich, dass das zarte graue Seidenrohr aussen rippenartige Verdickungen hat, entsprechend den Zusammenfügungslinien des Materials. Es sind vier im Zickzack laufende Längsrippen, die durch Querrippen verbunden sind.« – Mit vollem Recht sagt ANKER NIELSEN: »Der Köcher ist also ein ausserordentlich regelmässiges Gebilde.« Ganz wie bei *Phryganea grandis* L. fragt man sich: Wo besitzen die Larven Apparate, die ihnen erlauben, immer beinahe gleich lange Stücke abzubeissen. Ich kann mir nichts Anderes denken, als dass genaue Untersuchungen früher oder später zeigen werden, dass die Länge der Stücke von dem Winkel zwischen Kopf und Prosternum bestimmt wird.

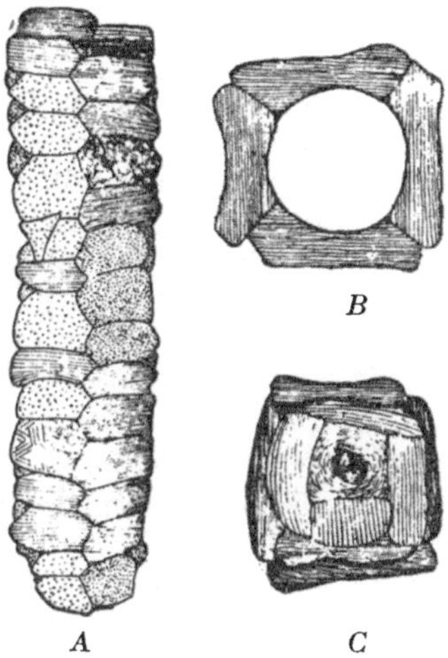

Abb. 144. *Crunoecia irrorata* Curt. *A* Larvenköcher, *B* Querschnitt, *C* Köcher von hinten gesehen. Nach Anker Nielsen 1942.

b. Köcherbau der Trichopterenfauna der Brandungsufer und der fliessenden Gewässer.

Wir verlassen jetzt die Köcherfliegen der stehenden Gewässer, Teiche und seichten Seebuchten und wenden uns denen zu, die im fliessenden Wasser und in der Brandung an den Ufern grösserer Seen leben.

Eigentlich ist es ein wunderlicher Gedanke, dass Tiere überhaupt ihren Wohnsitz dauernd in schnell fliessendem Wasser aufschlagen können. Dort, wo brausende Wassermassen in schäumenden Kaskaden über schwarze, blank geschliffene Steine stürzen, wo man völlig betäubt vom Getöse der rauschenden Wassermassen nur mit Mühe dem Anprall der Wellen stand zu halten vermag, hat sich eine ganze Fauna von Köcherfliegen niedergelassen. An Stätten, welche die Alten mit dem Nöck und Nixen bevölkerten, und wo uns selbst schon nach einer Viertelstunde ein Schwindel packt, verstehen wir, wie die alten Märchen von der Huldin entstanden sind, die den Jüngling lockt – »halb zog sie ihn, halb sank er hin« –; an solchen Stellen sitzen Scharen von Köcherfliegen festgeheftet. Wo die Strömung nicht so reissend ist, wo Blätter und Stengel gleich Schiffen langsam dahinziehen und langstielige, dunkelgrüne Wasserpflanzen wie schwingende Taue im Strome hin und herschaukeln, sind andere Formen zu Hause. Dieselben Formen sind z. T. auch in der Brandungszone der Seen zu finden.

Man versuche einmal, an einem Frühlingstag bei Seewind in hohen Gummistiefeln in die Brandung eines unserer grösseren Seen hinauszuwaten. Uns ist es beinahe unmöglich, gegen die Brandung anzugehen, aber drunten an den Steinen, wo Algen in die Länge gestreckt emporgerissen und wieder zur anderen Seite heruntergeschlagen werden, wo die Wellen Sand und Kies über die flachen Steine peitschen, sitzen die Tiere ruhig und unangefochten. Ihnen können Wind und Wellen nichts anhaben.

Tiere, die im fliessenden Wasser leben, sind wie Schiffe im Passatwind; wollen sie an einem bestimmten Platz still liegen, so müssen sie sich in irgend einer Weise verankern. Diese Bedingung haben alle in Bächen und Flüssen lebenden Organismen zu erfüllen gewusst. Die grosse Menge ertrinkender und ertrunkener Landinsekten, Raubkäfer, Marienkäfer, Laufkäfer, Schmetterlinge, Ameisen usw., die man an Frühlingstagen nach einem Regenguss, oder wenn der Fluss über seine Ufer getreten ist, angespült in seichten, ruhigen Buchten finden kann, zeigt deutlich genug das Schicksal, welches solche Tiere trifft, die diese Bedingung nicht erfüllen, aber an solchen Stellen leben die echten Fluss- und Bachinsekten nicht. Wir haben bereits im Vorhergehenden etliche von ihnen, wie die Perliden und Eintagsfliegen besprochen; unter den Mücken und Fliegen werden wir andere kennen lernen.

Eine für diese Formen gemeinsame Lebensbedingung ist die Möglichkeit, sich festzuhalten; sie hat den Tierformen der fliessenden Gewässer gewisse gemeinschaftliche Züge verliehen. Einige der Mittel, deren sich die Tiere bedienen um sich zu verankern, sind bereits im vorhergehenden besprochen worden; bei den Köcherfliegen und bei einigen Dipterenlarven sind sie besonders auffallend, und gerade bei der ersteren dieser Tiergruppen sind sie eingehend studiert worden. Es ist daher nur natürlich, dass wir sie gerade in dieser Abteilung ausführlicher behandeln.

Es zeigt sich, dass die Lebewesen der fliessenden Gewässer und zwar allen voran die Insekten, besonders die Köcherfliegen, eine ganze Reihe verschiedener Prinzipien anwenden, um gegen die Wucht der Strömung anzukommen (W-L. 1908). Sie zeigen sowohl im Bau ihres Körpers wie ihrer Gehäuse viele Eigentümlichkeiten, die wohl früher schon bemerkt, aber nicht verstanden wurden. Erst das Studium der Organismen in der Natur hat uns zur richtigen Auffassung geführt.

Allen Formen gemeinsam ist ihre geringe Eigenbewegung. Es ist nun einmal gefährlich, wenn man im reissenden Strom den Halt verliert, und mehr als irgendwo anders gilt es darum hier, seinen Platz zu behaupten. An solchen Lokalitäten kann das Tier nicht herumlaufen und seine Nahrung suchen, sondern es muss sie an Ort und Stelle finden und verzehren. Bei Regenperioden, wenn die Strömung durch die heftigen Regengüsse zunimmt, darf sich das Tier nicht von der Stelle wagen; in Trockenperioden, wenn das Wasser knapp wird, liesse sich dagegen schon eher daran denken, sich gegenseitig zu besuchen und sei es auch nur um einander aufzufressen. Die Kost, von der diese Fauna lebt, besteht hauptsächlich aus Algen, die auf den Steinen wachsen, und zum allergrössten Teil aus dem Material, das die Strömung mit sich führt. Ein grosser Teil der Nahrung fliegt ihnen sozusagen direkt in den Mund; da heisst es, sie zu packen, wohl gemerkt aber, ohne dabei den Halt zu verlieren. Darum brauchen diese Geschöpfe neben den Klammerorganen auch noch Apparate, um die Nahrung zu ergreifen. Diese beiden Anforderungen prägen hauptsächlich die Struktur der Tierformen der fliessenden Gewässer und den Bau ihrer Wohnungen.

Besonders die Köcherfliegen wenden bei der Konstruktion ihrer Wohnungen eine Reihe verschiedener Prinzipien an, die verhindern, dass sie von den Wellen weggespült werden.

1. Vor allem bauen fast alle Fluss- und Brandungsformen ihre Gehäuse aus Sand, Kies und Steinchen; Zweige oder Blätter werden nur selten benutzt. Die Köcher sind daher sehr stark belastet und an und für sich ziemlich schwer. Sie werden nicht so leicht von den Wellen fortgerissen, als wenn sie aus leichterem Material gebaut wären. Gewisse Formen (*Oligoplectrum; Brachycentrus*) befestigen in ihren ersten Stadien ihre Gehäuse mit Hilfe von Byssus-ähnlichen fächerförmigen Fasern an Steinen (Anker Nielsen 1936). Aus Japan wird von Larvenköchern berichtet, die vorne mit einem langen, gebogenen, in eine Scheibe endenden Strang versehen sind, mittels dessen die Röhre angeheftet wird (Tsuda 1936) (Abb. 145). Etwas Ähnliches hat auch Fritz Müller in Brasilien beobachtet (vgl. Thienemann 1905). Besonders schwer sind die kleinen niedlichen Steindosen, die von den Larven der Gattungen *Glossosoma* und *Agapetus* gebaut werden (Abb. 146–147–148). Auf der Oberfläche von Steinen im Flussbett der Frühlingsbäche findet man oft 10–15 kleine Steinhäufchen, die von der Strömung unbegreiflicherweise nicht fortgespült werden. Bei näherer Untersuchung erweisen sich diese Häufchen als gemauerte Gehäuse, die an Schildkrötenpanzer erinnern; die Dorsalseite ist gewölbt, die Ventralseite ganz flach und mit zwei Löchern versehen, einem vorderen, durch welches das Tier den Kopf und die sehr kräftigen Vorderbeine steckt, und ein hinteres, aus welchem die zwei nicht weniger kräftigen Hinterleibsklauen hervorragen. Vorne und hinten verankert, sitzen die kleinen Steinkästchen auf der Unterlage fest. Ihr Rand ist mit etwas grösseren Steinen versehen, die über die Kante hervorragen, sodass die Larve unter dem Gehäuse eine gewisse Beweglichkeit behält, ohne dass sie es zu heben braucht. Ab und zu schiebt sich das eine oder andere der Tiere ein klein wenig seitwärts.

Abb. 145. *Kitagamia montana* Iwata. Larvenköcher mit einem langen Stiel an Steinen befestigt. Torrenticol. Nach Tsuda 1936.

Anker Nielsen (1942) hat nachgewiesen, dass die Baumaterialien nicht wie bei *Rhyacophila* durch Bänder, sondern durch eine kontinuierliche Seidenschicht verbunden sind. In dieser Schicht finden sich zahlreiche kleine Ventilationslöcher (Abb. 148). In dem sehr geräumigen Gehäuse kann sich die Larve zusammenrollen und umkehren. »Ausserhalb der Öffnungen ist aus feinen Sandkörnern eine kurze, abwärts gerichtete Röhre angebracht, deren innerer Diameter ziemlich genau mit der Dicke der vorderen Abdominalsegmente übereinstimmt.« Anker Nielsen hat an einem grossen Material festgestellt, dass die Larve sich in jedem Stadium ein neues Gehäuse baut; die Häutung findet im alten Gehäuse statt. Die Nahrung besteht aus dem schleimigen dünnen Überzug, der die Oberfläche der Steine bedeckt und den die Larve mit ihren eigentümlichen nagelförmigen Mandibeln abschabt. Vor der Verpuppung entfernt die Larve den Boden des Gehäuses und befestigt es auf

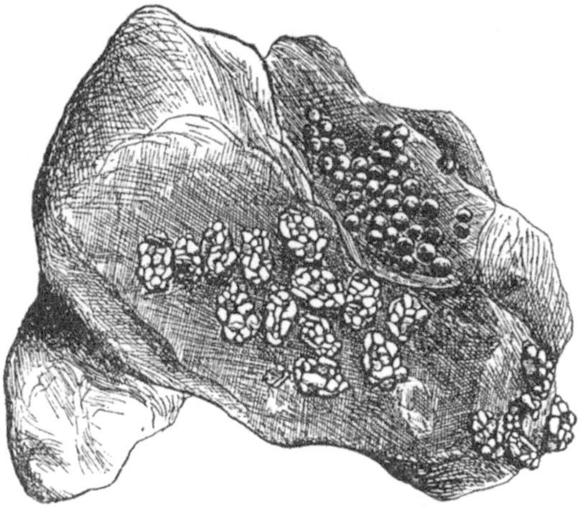

Abb. 146.

Abb. 146. Puppengehäuse von *Agapetus*. Oben Planaria-Kokons. Nat. Gr. Nach Ulmer, G. 1911.

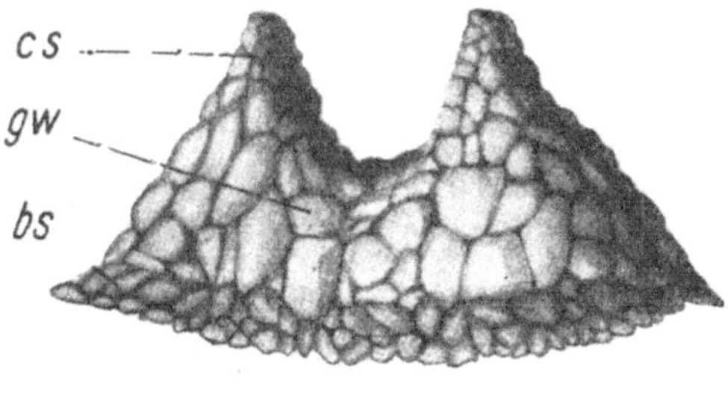

Abb. 147.

Abb. 147. *Catagapetus nigrans* McLachlan. Larvengehäuse mit Zirkulationsschornsteinen. Nach Uhlmann, E. 1931.

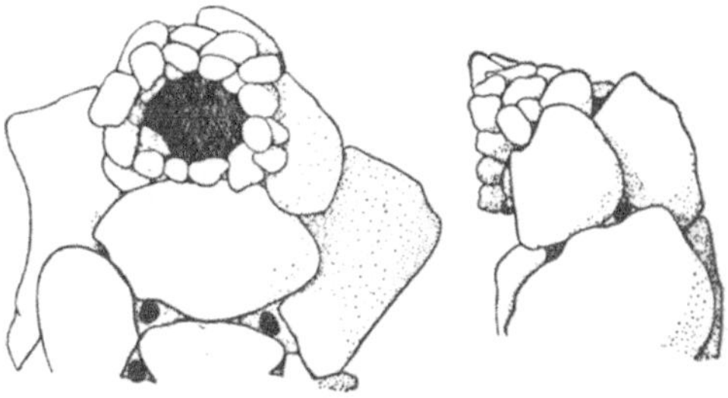

Abb. 148.

Abb. 148. *Agapetus fuscipes* Curt. Das Ende des Larvenköchers in Ventral- und Lateralansicht. Nach Anker Nielsen 1942.

der Unterlage. Die Puppe ruht in einem Kokon, der dem von *Rhyacophila* ähnlich ist.

Einige *Agapetus*-Arten besitzen Klappen, mittels welcher die Öffnungen am Vorder- und Hinterende verschlossen werden können. Gewisse *Synagapetus*-Arten legen um den ganzen Rand des Gehäuses eine Kante aus Sand, durch die das Gehäuse sehr dicht an die Unterlage anschliesst. Schliesslich hat man bei der in Lugano und in den Tropen vorkommenden Gattung *Catagapetus* festgestellt, dass das Dach nicht wie bei *Agapetus* mehrere, sondern nur zwei Öffnungen besitzt, die wie Schornsteine darüber hinausragen (Uhlmann 1931, 1932) (Abb. 147).

2. Man findet im fliessenden Wasser zahlreiche Köcherfliegen, deren Röhren wie gewöhnliche zylindrische Köcher gebaut sind. Sie bestehen zwar aus Steinen und Kies, aber nichtsdestoweniger wäre zu erwarten, dass die Strömung diese Steinzylinder wegrollt und sie in Ritzen zwischen Steinen hineinspült. Wenn der Bach im Frühling nach mächtigen Regengüssen zum Wildbach anschwillt, geschieht dies auch, und die Köcher werden dann an manchen Stellen zu Hunderten angespült; wenn aber der Bach wieder ruhiger wird,

kriechen die Tiere, wenn auch infolge des relativ grossen Gewichtes nur sehr langsam, wieder auf die Steine hinauf; unter normalen Verhältnissen können sie sich mit Leichtigkeit da halten, wo sie sein wollen. All diese Tiere, namentlich eine Reihe von *Limnophilus*-Arten, *Stenophylax*, mehrere Leptoceriden und Sericostomatiden u. a. bewegen sich nur ausserordentlich wenig; obwohl mit Bewegungsfähigkeit ausgestattet, sind sie beinahe sedentäre Tiere. Studiert man sie unter natürlichen Verhältnissen, so zeigt sich, dass die Gehäuse nicht auf dem Stein liegen, sondern in der Regel in vertikaler Stellung an den Kanten der Steine aufgehängt sind. Hier sind die Seiten der Steine oft ganz mit ihnen übersät. Aufgehängt und mit den kräftigen Klauen in den Algenteppichen verkrallt, bieten die Larven den Wellen nur mit der Querachse des Köchers Trotz; wären sie an der Oberfläche der Steine festgeheftet, so hätten die Wellen viel mehr Macht über sie. Nur wenn die Strömung in Trockenperioden schwächer wird, sieht man die Tiere langsam umherkriechen.

Abb. 149. Köcher von *Leptocerus fulvus* Ramb. Öffnung des Köchers auf der Unterseite. Rechts Puppengehäuse. Nat. Gr. W-L. del.

3. Bei mehreren der hierhergehörenden Arten findet man die sonderbare Tendenz, den Vorderrand des Köchers so zu verlängern, dass ein haubenförmiger Teil entsteht. Diese Verlängerung kann so stark ausgebaut sein, dass die vordere Öffnung ganz auf die Unterseite des Köchers rückt. Dies gilt namentlich für die Puppenköcher. Durch diese kleine Modifikation wird die Larve instandgesetzt, die Köchermündung dicht an den Stein anzupressen, sodass sie sich viel effektiver festhalten kann, als wenn sie sich aus dem gerade abgeschnittenen Vorderende des Köchers herausstrecken sollte. Die Wellen rollen wohl über sie hin, vermögen aber nicht, sie umzuwerfen. Am schönsten habe ich dies bei der Brandungsform *Leptocerus fulvus* Ramb. ausgebildet gefunden (Abb. 149). Das ist die nämliche Form, die man sehr oft in den weichen Massen der Spongillen findet, wo sie lange Gänge gräbt. Während die Tiere, die sich in der Brandungszone aufhalten, die Köcher in der Regel aus Sand bauen, fehlt bei den in Spongillen lebenden dieses Material fast gänzlich. Der Köcher ist bei ihnen vorzugsweise aus einer bräunlichen Sekretmasse hergestellt.

4. Bei der Gattung *Goëra* und bei manchen der Leptoceriden können die Larven den Kopf mehr oder minder in den vordersten Brustring einziehen. Der Kopf ist namentlich bei letzteren kreisrund, vorne scheibenförmig abgeflacht und blank braun poliert. Dasselbe gilt für die Seiten des Kopfes und die Vorderbrust. Wird das Tier erschreckt, so zieht es sich tief in sein Gehäuse zurück, und der Kopf, der nur die dunkle, stark chitinisierte Scheibe sehen lässt, sitzt wie ein Pfropfen in der Öffnung der Röhre (W-L. 1911a). Man kann das Tier nur herausziehen, wenn man die Röhre von der Seite her zerbricht. Bei all diesen Arten steht das Vorderende vertikal, im Gegensatz zu *Leptocerus fulvus* Ramb. Die vordere Öffnung der Röhre ist kreisrund; bei Betrachtung mit der Lupe erweist sich der Rand als ganz glatt und ohne eine Spur von vorspringenden Unebenheiten. Die meisten von ihnen haben im Gegensatz zu den unter 2 angeführten Formen die Tendenz, sich gerade mitten auf der

Oberfläche der Steine, und zwar obendrein in vertikaler Stellung mit nach unten gerichtetem Kopf anzubringen. Diese Larven wählen also eine Stellung, in welcher sie den Wellen gerade mit der langen Achse des Körpers Trotz bieten; man sollte daher meinen, dass sie mit Leichtigkeit weggespült werden müssten. Die Erosionsflächen der Steine in unseren Frühlingsbächen und an den Brandungsufern sind oft so dicht mit vertikal stehenden Köchern besetzt, dass sie wie Igel mit gesträubten Stacheln aussehen. Versucht man, die Köcher abzulösen, so begegnet man erstaunlicherweise einem ganz bedeutenden Widerstand; man muss sie gewissermassen mit Gewalt abbrechen, wobei nicht selten die Röhre mitten durchbricht, während die untere Hälfte sitzen bleibt. Die Tiere ziehen nämlich bei Gefahr den Kopf zurück; dadurch entsteht zwischen ihm und der Oberfläche des Steines ein luftverdünnter Raum, der als Saugscheibe wirkt und ganz automatisch den Köcher an den Stein bindet. All dies gilt auch für die Sericostomatide *Lepidostoma hirtum* Fabr. (Abb. 134k), die in den ersten Stadien Sand zum Hausbau verwendet und während einer kurzen Periode in der Brandungszone des Furesees lebt; hier sind dann ihre Köcher in ungeheuren Mengen auf Steinen zu finden, von denen sie senkrecht in die Höhe ragen. Später sitzen an denselben Stellen die viereckigen, aus Vegetabilien gebauten Köcher, ebenfalls in senkrechter Stellung. Ähnliches Verhalten wurde bei der oben erwähnten Sericostomatide *Crunoecia* nachgewiesen. Diese äusserst regelmässigen, viereckigen Köcher ragen zu Hunderten von den Steinen der Brandungszone des Furesees empor. Andere Formen mit viereckigen Köchern (*Brachycentrus nigrosoma* Banks) kitten sich mit dem einen Rand an Steinen fest und zwar dort, wo die Strömung am stärksten ist. Der Kopf liegt gerade in der Röhrenmündung, und die kräftigen Beine sind nach aufwärts und seitwärts geschlagen, um all der Beute habhaft zu werden, die von der Strömung vorbeigeführt wird (Lloyd 1921).

5. Bei alpinen Köcherfliegen haben mehrere Forscher nachgewiesen, dass Larven der Gattung *Drusus* an ihrem Gehäuse Fichtennadeln, kleine Stengel u. dgl. anbringen und zwar so, dass sie winkelrecht zur Längsachse des Köchers hervorragen. Diese Vorsprünge werden als Bremsapparate aufgefasst, die die im Moosbelag der Steine lebenden Tiere davor bewahren, von der Strömung aus dem Moosteppich herausgerissen zu werden. Solche Formen können oft längere oder kürzere Zeit im Trockenen liegen; sie ähneln dann in der Lebensweise der einzigen bisher bekannten landlebenden Köcherfliegenlarve, *Enoicyla pusilla* Burm., die auf Baumstämmen zu finden ist. Anker Nielsen (1942) hat eine kleine Gruppe von Trichopterenlarven aus den Kissen von welkem, wasserdurchtränktem Laub und vermodernden Ästen und Zweigen am Rande von Quellen beschrieben: *Beraea pullata* Curt., *Crunoecia irrorata* Curt. und *Stenophylax nigricornis* Pict. Von diesen lebt *Stenophylax* als Larve oft unter Wasser, als Puppe immer, *Crunoecia* als Larve nie, dagegen als Puppe stets unter Wasser (immer in Wasser gebadet), *Beraea* aber lebt sowohl als Larve wie als Puppe ausserhalb des Wassers.

6. Die merkwürdigsten von allen Köchern sind wohl die kleinen Röhren, welche die Gattung *Helicopsyche* verfertigt (Abb. 150a); auch sie werden aus kleinen Steinchen gebildet, die Röhre ist aber schneckenförmig gedreht und sieht den von gewissen *Valvata*-Arten gebauten Schalen sehr ähnlich. Ja, die Ähnlichkeit ist so gross, dass man die Gehäuse in älterer Zeit der Gattung *Valvata* zuschrieb. Die Tiere sind vor allem in den Tropen heimisch, kommen jedoch auch in Europa (Italien) vor, und gehen bis in die südliche Schweiz (Lugano) hinauf. Ihre Heimat sind nicht reissende Gebirgsbäche, sondern vielmehr senkrechte, überrieselte Felsen; doch kommen sie auch an den

Brandungsufern grösserer Seen vor (De Rougemont 1887, Felber 1908). Im Lake Mendota in Nordamerika hat man sie in einer Tiefe von 3–3½ Metern gefunden.

Obgleich seinerzeit eine ganze Literatur über diese Tiere erschien, verfügt man noch heute nur über sehr unvollkommene Kenntnisse in Bezug auf die Bauform und auf die Rolle, welche gerade diese für die Tiere spielt. Natürlich hat es auch hier Forscher gegeben, die meinten, die Schneckenform der Köcher damit erklären zu können, dass die Tiere die Bauform der *Valvata* »nachahmten«. Hierauf ist nur zu entgegnen, dass *Valvata* gewöhnlich nicht an den Lokalitäten vorkommt, wo die Helicopsychiden leben, und dass sie höchstwahrscheinlich keinen Nutzen davon hätten, die Valvaten nachzuahmen. Es ist mehr als wahrscheinlich, dass Tiere, welche die Valvaten verzehren und deren Schalen in ihrem Kropf zerquetschen (es wird hier an Vögel gedacht), mit Leichtigkeit mit den paar Steinchen fertig werden, aus welchen die Gehäuse der Helicopsychen bestehen.

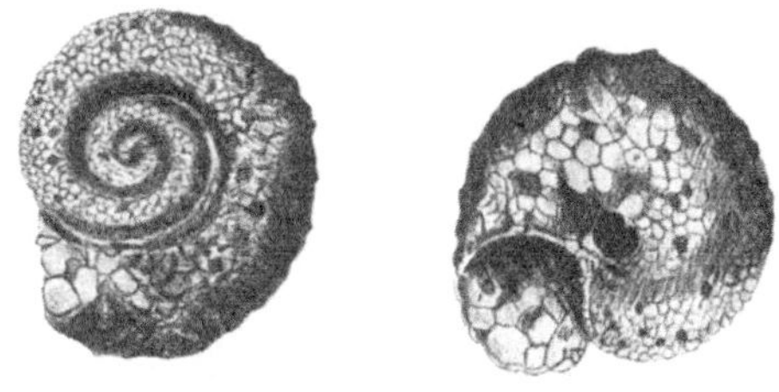

Fig. 150 a.

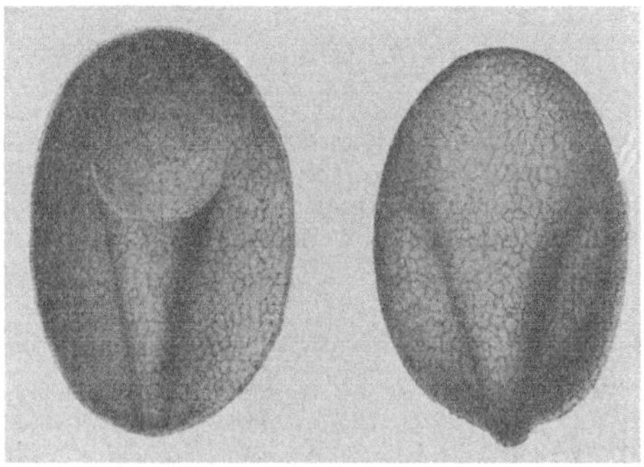

Fig. 150 b.

Abb. 150 a. Köcher von *Helicopsyche sperata* McLachl. vergr. Nach Felber, J. 1908.
Abb. 150 b. Köcher von *Tremma gallicum* McLachl. vergr. Nach Klapálek, F. 1908.

7. In unseren Frühlingsbächen und an Brandungsufern trifft man mitten auf den Erosionsflächen von Steinen, die entweder beständig von reissenden Wassermassen überspült oder dem Wellengischt ausgesetzt sind, Köcher, die von den Gattungen *Goëra*, *Silo* und *Lithax* gebaut sind (Abb. 151–152). Die zwei ersten sind häufig; die letzte *Lithax* sehr selten. Um sich hier festhalten zu können, haben diese Tiere ein Konstruktionsprinzip angewendet, das zwar ganz verschieden von den bisher genannten, in Wirklichkeit aber dasselbe ist wie bei einer grossen Menge von Bachformen.

Die eigentliche Wohnröhre unterscheidet sich im Grunde nicht von dem gewöhnlichen Köcher; sie ist zylindrisch, vorn offen und besteht aus grobem Kies; hinten liegt eine kleine Öffnung für die Exkremente und als Passage für Wasser. An den Seiten der Röhre sind aber grosse, flache Steine eingefügt, meistens nur zwei an der Zahl, manchmal aber mehrere (3–4). Die Steine sind vor allem Belastungsmaterial; da aber die Tiere, wie aus Abb. 151 hervorgeht, mit Vorliebe flache Steine wählen, und da diese immer flügelartig von den Seiten abstehen, werden die Köcher gleichzeitig flach und scheibenförmig. Die Steine werden mit einer Schicht dicken, gelben Gespinstes befestigt. Auf die Rückenseite des Köchers verwendet die Larve keine besondere Mühe, aber dort, wo die Steine an der Unterseite der Röhre eingefügt sind, werden alle Ritzen mit gelbem Gespinst verdeckt. Die ganze Unterfläche bildet daher eine einzige, vollkommen glatte, konkave Fläche. Der Unterschied zwischen dem Köcher von *Goëra* (Abb. 152) und dem von *Silo* besteht nur darin, dass der von *Silo* kleiner und die Zahl der Steine meist etwas grösser ist. Bis jetzt habe ich die

Köcher von *Goëra* nur an Brandungsufern, die von *Silo* nur in Bächen gefunden. Leider hat man bisher noch keine Gelegenheit gehabt, genau zu beobachten, wie die grossen Steine eingesponnen werden. An den Vorderbeinen von *Goëra* findet sich ein eigentümlicher, scherenförmiger Apparat, der vielleicht in dieser Hinsicht von Bedeutung ist. Es ist bemerkenswert, dass bereits die ganz jungen, nur wenige Millimeter langen Larven augenblicklich daran gehen, die grossen Seitensteine anzubringen. So lange die Larve wächst, baut auch diese Art konische Röhren mit drei bis vier Steinen an den Seiten. Später fällt das

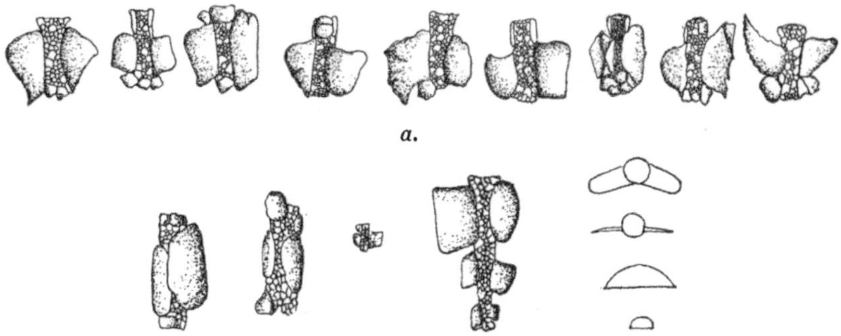

a. *b.* *c.* *d.* *e.*

Abb. 151. Köcher von *Goëra pilosa* Fabr. *a—b* Abgeflacht und mit grossen Steinen belastet, *c* das Rohr der ganz jungen Larve, die ersten Seitensteine zeigend, *d* ein Köcher, der noch nicht den ganz zarten Larvenköcher abgestossen hat, *e* Querschnitte durch die Köcher von *Goëra*, *Molanna*, und durch den Körper von *Gomphus vulgatissimus* L. und *Heptagenia sulphurea* O. F. M. W-L. del.

hintere Ende ab, und nur das Vorderstück mit den zwei grossen Steinen bleibt übrig.

Das eigentümliche Bauprinzip, die Röhre mit grossen, flachen Steinen zu versehen, wodurch die Köcher teils schwerer, teils flacher werden, ist an und für sich sehr interessant. Es verdient umsomehr Beachtung, als drei verschiedene, derselben Familie angehörende und unter gleichen Bedingungen lebende Gattungen nämlich *Lithax*, *Silo* und *Goëra* ihre Gehäuse mit Steinen versehen, wobei aber jede von ihnen Steine in einer anderen Grösse wählt. Bei *Lithax* sind die Steine schmal, nicht so breit wie die Röhre, bei *Silo* sind sie ebenso breit und bei *Goëra* zumeist breiter als die Röhre. Ohne uns auf weitschweifige Theorien einzulassen, dürfen wir wohl der Meinung Ausdruck geben, dass wir es hier mit einer durch äussere Bedingungen (»Wellenerosion«) hervorgerufenen, richtungsbestimmten Instinktänderung zu tun haben. Jede der drei Entwicklungsstufen ist bei jeder der drei Gattungen gefestigt und vererbt. Zusammen bilden sie die Glieder einer Entwicklungsreihe, aber jedes einzelne Glied kommt nicht über seine eigene Entwicklungsstufe hinaus, (Abb. 151).

Bei diesen Tieren genügen Gewicht und Abflachung der Röhren wohl nicht immer, um sie in der Brandung und reissenden Strömung am Platz zu halten. Das Tier muss sich gleichzeitig irgendwie verankern. Dies wird, wie bereits früher erwähnt, dadurch erreicht, dass die Vorderbeine beinahe ebenso lang wie das mittlere Beinpaar werden. Gleichzeitig werden Kopf und Brust in der Weise umgebildet, dass der Kopf sehr stark abwärts gebogen wird und wie ein Pfropfen in die Röhre eingepasst ist. Die Vorderbeine werden in den Algenüberzug der Steine eingehakt, während der Kopf infolge seiner Form vollkommen genau in die Öffnung des Köchers eingepasst ist. Anker Nielsen (1942) hat dies bei *Silo* nachgewiesen.

Es hat wohl noch niemand gesehen, wie es die Larven zuwege bringen, mit den grossen Steinen zu manövrieren und sie so wunderbar genau in die Seiten der Röhren einzufügen. ANKER NIELSEN (1942) macht darauf aufmerksam, dass die Mandibeln bei *Silo* an den Lateralseiten eine stark membranierte Partie aufweisen, und er vermutet, sicher mit gutem Grund, »dass diese Mandibelzangen federnd sind, was zweifellos bei der Anbringung der grossen Seitensteine des Köchers Bedeutung hat«.

ANKER NIELSEN (1942) hat ferner nachgewiesen, dass *Apatania muliebris* McLachlan (Abb. 152), ein Mitglied der Limnophiliden-Familie, das unter ähnlichen Verhältnissen lebt, wie die Goërinen, für die Seiten der Röhre viel grössere Steine verwendet als für Rücken- und Bauchseite, wodurch auch hier ein abgeflachter Köcher entsteht. Er macht ferner darauf aufmerksam, dass *Anabolia nervosa* Leach, die bekanntlich in der Regel lange Stengel an der Röhre anfügt, statt dessen zuweilen auch Steine verwendet, »die breiter als der Köcher selbst sein können und in vollständigen Reihen entlang seiner Seiten angebracht sind, jedoch mit grossen Abständen zwischen den einzelnen Steinen«.

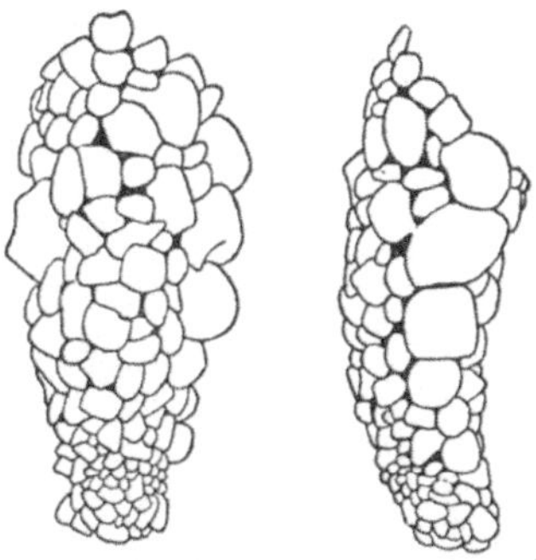

Abb. 152. *Apatania muliebris* McLachl. Viertes Larvenstadium von der Oberseite und von der rechten Seite gesehen; an den Seiten sind grössere Steine eingesponnen. 8 ×. Nach Anker Nielsen 1942.

Im Prinzip ganz ähnliche Köcher werden von den *Molanna*-Arten gebaut (Abb. 153–154). Diese Formen gehören hierzulande vornehmlich den sandigen Brandungsufern unserer Seen an. Auch hier ist die Wohnröhre zylindrisch und aus feinen Sandkörnern aufgebaut. An ihren Seiten fügt das Tier grosse, flügelförmige Platten aus Sandkörnern ein. Dadurch entsteht ein grosses, sehr flaches, schildartiges Gehäuse, dessen Oberseite schwach gewölbt ist, während die Unterseite eine geringe Konkavität aufweist. Die flügelförmigen Platten setzen sich nach vorne helmartig fort, sodass die Wohnröhre ganz auf der Unterseite ruht und vorn und an den Seiten gänzlich von den grossen zusammengewachsenen Flügeln umgeben ist, die zusammen einen grossen flachen Schild bilden. Dieser Schild besteht aus ausserordentlich kleinen, fast gleich grossen Sandkörnern, die zu einer einzigen Schicht zusammengefügt sind und eine wunderhübsche Mosaikarbeit bilden. Das Material, durch welches die Sandkörner zusammengekittet sind, ist ebenfalls Gespinst.

In der jütländischen Heide, auf halbem Weg zwischen Ry und dem Einlauf der Gudenaa in den Mossee, nahe der Stelle, wo im Mittelalter das berühmte Kloster Viskind war, liegt ein kleiner Heidesee mit sandigen Ufern. Der vorübergehende Wanderer kann dort zur Sommerzeit im Sand Hunderte der flachen, zierlichen Gehäuse finden. Ist das Wetter still und das Wasser blank, so sieht er die braunen Schilde auf dem helleren Sand umherkriechen; unter den Schilden sitzen die Tiere, haken die kräftigen Beine in den Sand und ziehen den Schild nach vorwärts. Dann liegt der Schild wieder still, abermals werden die Beine eingehakt und der Schild nachgezogen; so bewegt sich das Tier ruckweise über den Sand dahin. Aber komm einmal an einem Tag, wenn der Sturm über die öden Heideflächen dahinbraust und der Schaum über das Ufer spritzt und sich um die blaugrünen, borstigen Hügel von Nardus stricta lagert, so sind zwar die Köcher noch da, aber sie liegen jetzt unbeweglich, und die Wellen spülen über sie hin. Der von den Wellen hin und hergerollte und in Bewegung gebrachte Sand begräbt sie; hin und wieder kommt ein Schild zum Vorschein, wird ein wenig gehoben, vielleicht nach der einen oder anderen Seite verrückt, aber nicht umgeworfen; bietet er doch den Wellen keinen Widerstand. Er darf auch nicht umgeworfen werden, denn geschieht

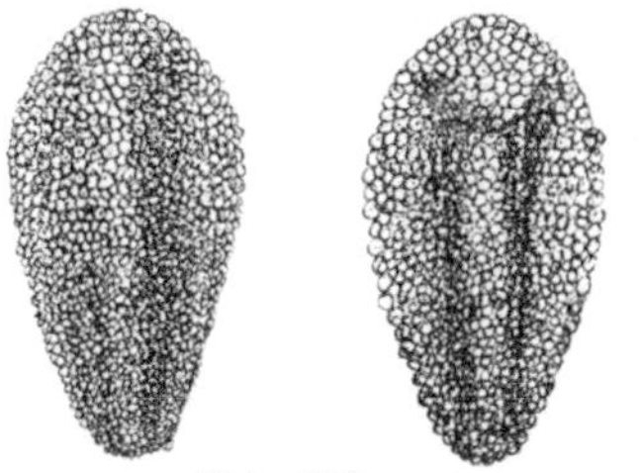

Abb. 153.

Abb. 154.

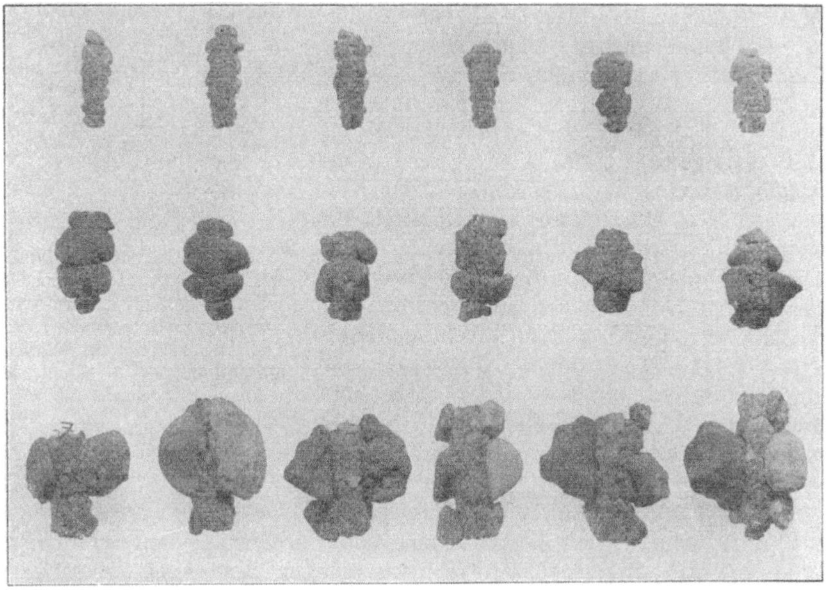

Abb. 155.

Abb. 153–154. Köcher von *Molanna angustata* Curt. Die zwei grössten vom Brandungsufer am Furesee; die drei kleineren von einem kleinen jütischen Heidesee. Nat. Gr. W-L. del.
Abb. 155. Köcher der Trichopterenlarven *Lithax*, *Silo* und *Goëra*. Alle drei Genera fügen Steine lateral in die Röhren ein, um sie abzuflachen. Bei *Lithax* sind die Steine ganz klein; schmäler als das Rohr. Bei *Silo* fast so breit wie das Rohr; bei *Goëra* breiter. Beispiel einer richtungsbestimmten Entwicklungsreihe des Bauinstinktes bei drei zu derselben Familie gehörenden Gattungen, die als Torrenticolen alle unter denselben äusseren Bedingungen leben. Nat. Gr. W-L. phot.

dies, so ist das Tier ausserstande, sich wieder aufzurichten. Es muss alsdann sein Gehäuse verlassen, was immer äusserst gefährlich ist.

An den Ufern unserer grossen Seen, z. B. am Furesee, baut sich das Tier viel grössere, fast doppelt so grosse Gehäuse; in diesen Seen gehört es zu den Formen, die sich am weitesten hinaus, und zwar bis zu einer Tiefe von 6–7 Metern, wagen. Dort draussen hört der Sand auf; jedenfalls befinden sich die Tiere auf lehmgemischten Sandflächen, und es ist kaum Sand genug vorhanden, um davon Röhren herzustellen. Diese Tiefwassermolannen bilden ihre Köcher aus den Deckeln der kiementragenden Süsswasserschnecken, vorzugsweise von *Bithynia tentaculata.* Die flachen, etwas länglichen Schilder sind in der hübschesten Weise zum Belag der Wohnröhre angewandt, sie stehen ebenfalls von den Seiten ab, sodass der ganze Köcher auch hier schildförmig wird. Auch in fliessenden Gewässern sollen *Molanna*-Köcher vorkommen.

Es ist übrigens festgestellt worden, dass man in den Bergbächen des Schwarzwaldes kleine Trichopterenköcher findet, die denen der *Molanna* ähneln, jedoch kleiner und viel gewölbter sind (Klapálek 1908). Die Köcher gehören zu der kleinen Köcherfliege *Tremma gallicum* MacLachl. (Abb. 150b), aus der Familie der Leptoceriden. Klapálek (1908), der diese Form entdeckt und beschrieben hat, gibt an, dass sie mit der grossen Öffnung ihres Gehäuses so fest auf der Unterlage (Unterseite von Steinen) sitzt, dass es mit grossen Schwierigkeiten verbunden ist, sie loszulösen, ohne sie zu zerbrechen. Vermutlich saugen sich auch diese Formen an den Steinen fest, indem sie einen luftverdünnten Raum unter dem Schild herstellen. Das ganze Gehäuse hat eine gewisse Ähnlichkeit mit dem der kleinen Flussschnecke *Ancylus fluviatilis,* die ihre Fussscheibe in ganz der gleichen Weise benutzt.

All diesen Formen, namentlich *Goëra, Silo* und *Molanna,* gemeinsam sind die ausserordentlich flachen Gehäuse, die durch seitliche Einfügung grosser flügelförmiger Platten abgeflacht werden. Derartige Köcherkonstruktionen sind bei anderen Formen nicht anzutreffen, sondern nur bei den Köcherfliegen, deren Larven in fliessenden Gewässern oder im bewegten Wasser der Brandungszone leben. Sie verwandeln die zylindrischen Köcher in scheibenförmige, flache Platten, die den Wellen keinen nennenswerten Widerstand leisten; die Platten wirken als Ausleger, durch die die Köcher am Rollen und Kentern verhindert werden, sodass sie nicht von der Strömung weggetragen werden. Unter ihren Schilden und durch die grossen Steine beschwert brauchen die Tiere nur die Klauen in den Algenteppich oder in die weiche Kalkinkrustation einzuhaken; die Wellen spülen dann wohl über sie hin, vermögen aber nicht, sie fortzutragen.

8. Untersucht man die Steine in der Brandungszone oder im fliessenden Wasser, so stösst man wiederholt auf schlangenförmige Linien, die sich etwas erhaben auf ihrer Oberfläche abzeichnen (Abb. 156ab). Sie sind etwa einen halben Zentimeter breit und können fünf bis sechs Zentimeter lang werden. Sie sind mit Sandkörnern bedeckt; wenn sie geöffnet werden, erweisen sie sich als gewölbte, seidenumsponnene Galerien, die den Stein als Boden und eine mit Sand bedeckte Seidenröhre als Dach und Seitenwand haben. An beiden Enden findet sich eine Öffnung, durch welche die Larve aus und einkriechen kann. Sonderbarerweise liegt der Boden der Röhre fast immer tiefer als die Oberfläche des Steines, namentlich wenn dieser aus Kalkstein besteht. Damit verhält es sich nun folgendermassen: Die Oberfläche der Steine ist in unseren Seen oft mit einer Schicht von Blaualgen, Diatomeen u. dgl. überzogen und oft mit Kalk bedeckt. In dieser Schicht leben die Larven (Hauptgattung *Tinodes*), die solche Röhren verfertigen. Sie ziehen sozusagen grasend durch diesen Überzug und leben von den darin befindlichen grünen Pflanzen. Die kleinen Kies- und Kalkpartikelchen, die sie hervorwühlen, spinnen sie ein und bilden daraus ihre Galerien. Diese sind bedeutend länger als das Tier selbst und bröckeln hinten beständig ab, während sie sich vorne immer weiter vorschieben. Die Zunge, an welcher die Spinndrüsen ausmünden, ist bei *Tinodes* ausserordentlich lang; das Tier kann daher, ohne aus der Röhre herauszukriechen, die Zunge vorstrecken, um damit Kalk und Sandpartikelchen zusammenzukleben. Die Larven sind natürlich höchst sedentär. Sie verlassen

Abb. 156 a. Stein am Ufer des Genfersees. Die Oberfläche korrodiert von Blaualgen; in der Oberfläche leben Phryganidenlarven und Chironomidenlarven. W-L. phot.

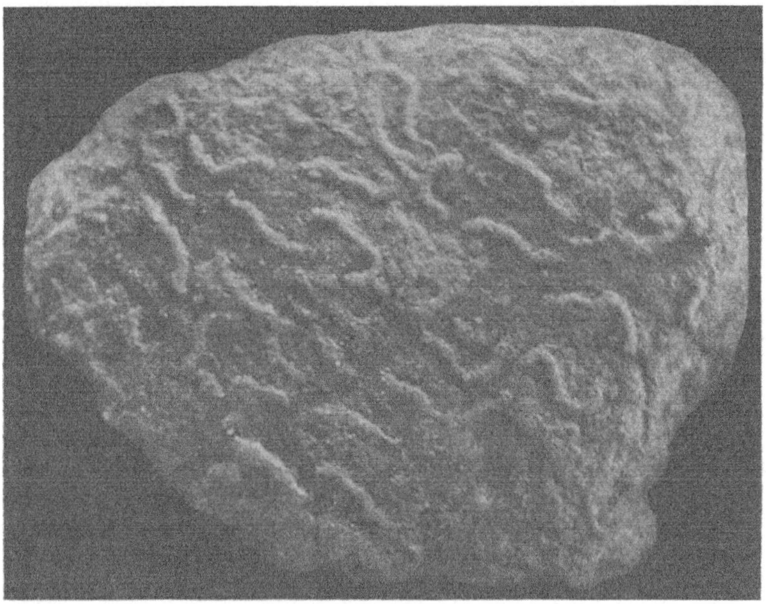

Abb. 156 b. Stein vom Esromsee mit Sandröhren von *Tinodes waeneri* L. Nach Berg K. 1938.

ihre Gänge kaum freiwillig, sind aber in ihnen wohl beschützt und imstande, unter ausserordentlich unruhigen Verhältnissen zu leben. Eine im Sand lebende Polycentropide *(Phylocentropus)* baut sogar verzweigte Röhren (Vorhies 1909) (Abb. 163).

An unseren Seen, namentlich aber in südlichen Ländern, z. B. in der

weiter hinten an der Röhre kommen nicht zur Ausbesserung, jedenfalls nicht durch Auflagerung von Material. An einer aufgeschnittenen Röhre wird nur der vordere Teil erneuert.

Wenn eine Larve von *Platyphylax* ihres Gehäuses beraubt wird, so sammelt sie angeblich zuerst ein Häufchen Sandkörner und beginnt erst dann mit der Herstellung des neuen Gehäuses.

Wie bereits früher erwähnt, zeigt sich die Gesetzmässigkeit in der Anordnung des Materials bei gewissen Arten darin, dass bei *Glyphotaelius* die Belagstücke stets quer zur Längsachse der Röhre, bei den Phryganiden und Triaenoden aber immer der Länge nach angebracht werden. In diesem Zusammenhang ist auch *Crunoecia* zu erwähnen.

d. Die fangnetzspinnenden, planktonfangenden Köcherfliegenlarven.

Bei sämtlichen, bisher behandelten Köcherfliegen steht das Spinnvermögen ganz oder fast ausschliesslich im Dienste des Bauinstinktes; mit Hilfe der Spinnfäden wird das fremde Material zu dem Gehäuse zusammengekittet, in dem die Tiere leben.

Wir werden jetzt Formen kennen lernen, bei welchen das Spinnvermögen wohl noch im Dienste des Bauinstinktes steht, insofern als sie Röhren und Gespinste bauen, wo aber das Gespinst gleichzeitig dazu dient, die Nahrung einzufangen. Wir haben es hier ausschliesslich mit campodeoiden Larven zu tun und zwar (vorzugsweise) mit Bach- und Flusstieren, weit seltener mit Formen, die in stehenden Gewässern leben.

Den Wohnungen dieser Tiere ist gemeinsam, dass fremdes Baumaterial nur spärlich oder überhaupt nicht zu ihrem Bau benutzt wird. Sie bestehen fast ausschliesslich aus Gespinst. Gehäuse dieser Art sind allzu weich, allzu wenig versteift, als dass die Larven mit ihnen umherkriechen könnten. Sie sind gewöhnlich in Algenmassen, in Ritzen zwischen Steinen eingebettet oder an den senkrechten Wänden von Torfhängen befestigt; in fliessendem Wasser können sie, wie wir später sehen werden, auch frei hängen. Zum Unterschied von den transportablen Köchern, die alle recht kurz und höchstens etwa 5–6 mal so lang wie breit sind, sind diese Gehäuse oft zu langen, bisweilen verzweigten Gängen umgebildet, die als grosse Säcke oder als Wohnungen von ganz besonderer Konstruktion in verschiedenartigem Material eingesenkt sein können.

Man hat schon seit langem gewusst, dass diese Larven derartige Gespinste verfertigen. Versucht man aber, die Tiere mitsamt ihrem Gespinst abzuheben, so fällt es immer in sich zusammen, und die grauen, losen Fetzen geben dem Untersucher keine Auskunft darüber, was er eigentlich in Händen hält. Da das Gespinst obendrein beim Aufnehmen oft so zerreisst, dass die Tiere frei liegen, so entstand die Meinung, dass sie freilebende Geschöpfe seien, die zwischen den Pflanzen umherkriechen und nur gelegentlich eine zeitweilige Wohnung aufschlagen. Da sie bis zu einem gewissen Grad von tierischer Nahrung leben, wurden sie als in Algenteppichen u. dgl. nach Beute jagende Larven aufgefasst. Man betrachtete sie als freibewegliche Umhertreiber und die sogenannten »raupenförmigen« Larven mit den richtigen Köchern als mehr sedentäre Tiere.

Eine ziemlich langwährende Untersuchung, die zum grössten Teil hierzulande durchgeführt wurde (Esben Petersen 1907–1908, W-L. 1911), hat indessen ergeben, dass diese Anschauung vollkommen unrichtig ist. Die behandelten Formen gehören den Familien der *Philopotamidae, Polycentropidae, Psychomyidae* und *Hydropsychidae* an. Zu den Familien mit campodeoiden

Larven gehören noch zwei weitere, nämlich die *Rhyacophilidae* und *Hydroptilidae*, die beide für sich besprochen werden sollen.

Wenn man an einem Herbsttag das Netz durch den Potamogeton-Gürtel oder die Algenteppiche zieht und die grüne, schleimige Masse untersucht, die am Boden des Netzes zurückbleibt, sieht man häufig eine lange, graue Larve rückwärts aus den Algenmassen herauskriechen; eine nach der anderen kommt zum Vorschein, alle ohne Köcher. Man kann sich schwer vorstellen, dass man Köcherfliegenlarven vor sich hat; nicht das Geringste lässt den Gedanken aufkommen, dass sie in besonderen Wohnungen leben, ebenso ist es unmöglich, solche in den Algenmassen zu finden. Die Tiere erweisen sich als höchst lebhaft; das einzige, was einen bedenklich machen könnte, wenn man sie als frei umherstreifende Raubtiere betrachtet, ist der Umstand, dass sie bei der geringsten Annäherung blitzschnell und zwar rückwärts davonkriechen. Den Typus eines Raubtiers zu schaffen, das sich normalerweise mit grosser Geschwindigkeit rücklings fortbewegt, ist der Natur, so weit bekannt, bisher noch nicht gelungen. Die Bewegung nach vorwärts ist dagegen langsam, etwas unbehilflich; der lange, weiche Hinterleib wird mühsam von den drei Paaren schwacher Beine nachgezogen. Es gibt keine Eintagsfliege, keinen Kleinkrebs, der der Larve nicht ohne Mühe davonlaufen könnte.

Es ist gar nicht so leicht zu erkennen, wie diese Larven leben und wie sie ihre Beute fangen. An einem Frühlingstag vor einigen Jahren waren Kleinseen und Teiche von Nordseeland mit einer dicken, cremefarbigen Schicht, dem Blütenstaub des Buchenwaldes, bedeckt. Auf der Oberfläche segelten Tausende und aber Tausende von Buchenblüten; die Blüten selbst ruhten auf dem Wasserspiegel, die Stiele der Blütenstände ragten bogenförmig gekrümmt nach oben. Wenn der Frühlingswind über das Wasser glitt, kehrte er alle Maststielchen der kleinen Flottille nach derselben Richtung, und die ganze Flottille steuerte dann mit Tausenden von parallelen Masten über den Wasserspiegel hin. Draussen stiessen sie vielleicht auf eine Flottille von anderswoher, die Reihen gerieten in Unordnung, viele Blütenschiffe kenterten und kamen nicht mehr hoch. Der cremefarbige Blütenstaub sank nach wenigen Tagen zu Boden und lagerte sich unter dem Wasser auf den Algenteppichen ab. Nach einiger Zeit war er weggespült; statt dessen lagen über die Algen verstreut zahlreiche 5–7 cm^2 grosse Scheiben, alle mit einem Loch in der Mitte.

Durch den Blütenstaub zeichneten sich die Flecken zitronengelb auf dem dunkelgrünen Algenteppich ab und waren, besonders wenn die Sonne sie beschien, ausserordentlich leicht zu sehen. Mitten in der Vertiefung sass die eben erwähnte Larve, die Larve der Köcherfliege *Holocentropus dubius* Steph. (Abb. 157–158). Die scheibenförmigen Flecken waren die Gespinstflächen, die den Blütenstaub festhielten, während er anderswo von den Algen abgefallen war. Die Vertiefung in der Mitte der Scheibe setzt sich in einen Gang von etwa 5–6 cm Länge fort, und dieser endet wieder mit einem Loch, durch welches die Larve entweichen kann. Jedesmal, wenn man mit einer Pinzette die Gespinstfläche berührt, stürzt das erschreckte Tier blitzschnell aus dem Gang hervor und zieht sich dann wieder zurück. Auf den Algenteppichen entfaltet sich ein reiches Tierleben, Überreste von Würmern und Krebsen sind sowohl in den Netzen wie im Darmkanal der Tiere zu finden. Die Netze sind unter verschiedenen Verhältnissen von höchst ungleichartiger Konstruktion; die Gänge können einen Dezimeter lang werden und sich verzweigen, sie können die Form von Säcken annehmen, die in den Winkeln zwischen Grashalmen u. dgl. aufgehängt sind. Allen ist gemeinsam, dass die kürzeren oder längeren Gänge vorn mit einer scheibenförmigen Gespinstfläche versehen sind, durch welche die Beute eingefangen und zurückgehalten wird, bis die Larve, durch die Bewegung des Gespinstes alarmiert, herbeieilt und sie erfasst. Hält man die Tiere in Aquarien, deren Boden mit faulenden Pflanzenteilen belegt ist, so bilden sie sich in diesen losen Massen Löcher und Gänge und spinnen um die Eingangsöffnung kleine Gespinstflächen. Bei der kleinsten Berührung mit der Pinzette stürzt die Larve heraus.

Die Larven der zur gleichen Familie gehörenden Gattung *Cyrnus* leben im Furesee auf den grossen, submersen Wiesen, die aus Elodea, Chara, Stratio-

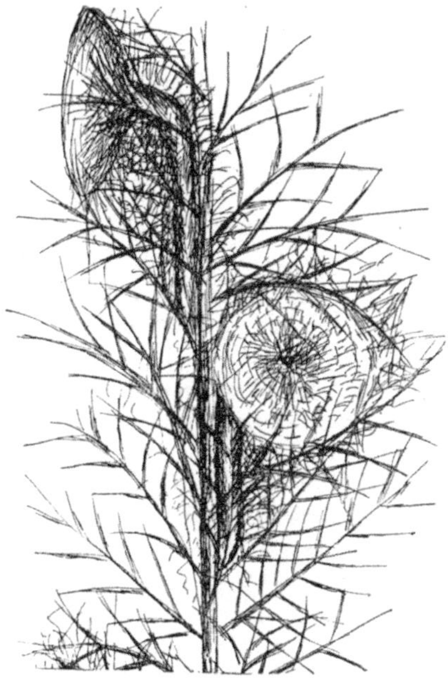

Abb. 157.

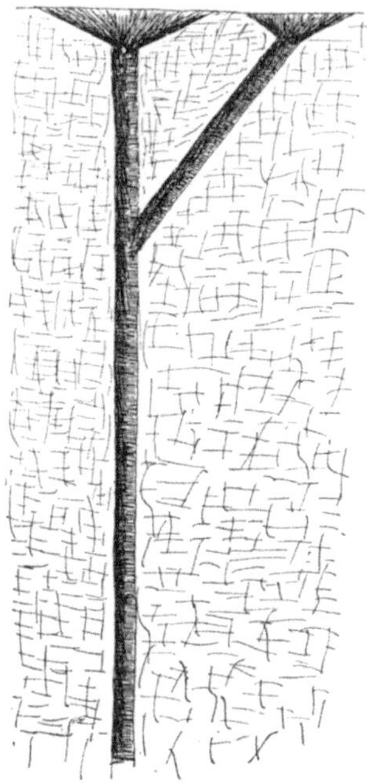

Abb. 158.

Abb. 157–158. *Holocentropus dubius* Steph. Die Figur links zeigt die Gespinste auf einer Wasserpflanze (Hottonia). Fig. 158 ein Gehäuse in Algenmassen. Nat. Gr. W-L. del.

tes u. a. Pflanzen bestehen. Sie sind auch zwischen den Blättern von Potamogeton lucens, ganz nahe an der Oberfläche zu finden. Hier bilden sie in den Winkeln zwischen Blatt und Stengel ihre kurzen, zylindrischen, vorn trichterförmig erweiterten Röhren (Abb. 159). Vom Rand des Trichters werden Fäden über die ganze Fläche des Blattes ausgespannt, und was sich an Kleintieren in diesen Fäden fängt, dient den Larven zur Nahrung. Hält man Tiere in Aquarien, so spinnen sie in den Ecken des Behälters Trichter und ziehen vor dem Trichter Fäden kreuz und quer durch den Behälter. Setzt man Plankton in die Behälter ein, so wird es in den Fäden gefangen; dann sieht man die Tiere wie Seiltänzer auf ihnen hin und her spazieren. Ist Gefahr im Anzug, so schiessen sie rücklings mit unglaublicher Schnelligkeit auf den Fäden entlang in die Röhre zurück. Es fällt ihnen nicht ein, den Faden loszulassen und sich schwimmend oder kriechend weiterzuhelfen. Besonders im Herbst sind die *Cyrnus*-Larven überall häufig, wo Potamogeton in dichtem Bewuchs vorkommt; ihre oft fast $^3/_4$ Meter langen Fäden kreuzen sich nach allen Richtungen. Die Hauptnahrung besteht sicher aus dem reichen Tierbestand des Kalkbelages, mit dem wenigstens bei uns die Blätter von P. lucens fast immer überzogen sind. Es ist wohl nicht ausgeschlossen, dass diese langen Fäden als Planktonfänger eine Rolle spielen. In Aquarien sind die Gespinströhren an beiden Enden offen, und von jedem Ende laufen Fangfäden aus. Berührt man einen solchen an dem einen Ende, so stürzt das Tier aus der Röhre hervor, rutscht wieder zurück und kehrt sich in der Röhre um; berührt man dann einen der Fangfäden, die vom anderen Ende ausgehen, so wiederholt sich der Vorgang. Auf diese Weise kann man die Larve immer wieder abwechselnd aus den beiden Röhrenöffnungen herauslocken.

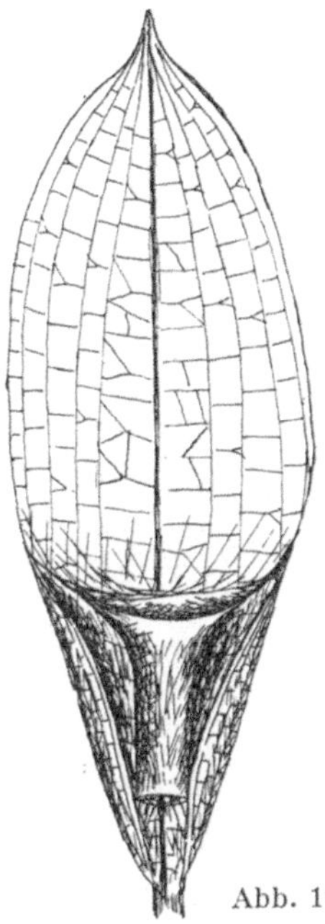

Abb. 159.

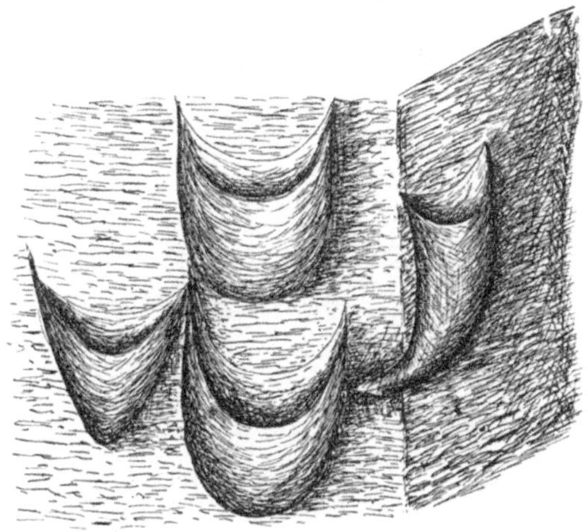

Abb. 160.

Abb. 159. Trichterförmige Wohnung der Larve von *Cyrnus flavidus* MacLachl. am Grunde eines Blattes von Potamogeton lucens. Nat. Gr. W-L. del.

Abb. 160. Gespinste von *Polycentropus flavomaculatus* Pict. auf Moorbänken. Nat. Gr. W-L. del.

Wir verlassen nun die stehenden Gewässer, in welchen nur eine begrenzte Anzahl von Netzspinnern zu finden ist. Die überwiegende Menge derselben müssen wir im fliessenden Wasser suchen.

Es ist noch nicht so viele Jahre her, seit die grosse, rote Köcherfliegenlarve *Plectrocnemia conspersa* Curt. in den kalten jütländischen Bächen gefunden wurde; sie ist von plumperem Bau als die vorher besprochenen, gehört aber zur selben Familie und gleicht ihnen auch. An einem Frühlingstag stand ich an einem kleinen Waldbach, einem Zulauf des Funketeiches; der Bach war von hohen Bäumen überschattet. Der Bach tanzte dahin, seine Wellen waren mit elliptischen, ständig wechselnden Sonnenflecken überstreut. Der Boden bestand aus Buchenlaub und Steinen, unterbrochen von länglichen, terrassenförmigen, flachen Sandinseln, die hier und dort die Strömung teilten. In den Sonnenflecken konnte man wahrnehmen, dass der Grund von dicken Fäden durchkreuzt war, die scheinbar regellos nach allen Richtungen liefen. Im Mai und zu Anfang Juni, wenn die Strömung schwächer wird, sondern sich bestimmte Netzareale aus, jedes etwa einen Quadratdezimeter gross; von jedem derselben laufen zahlreiche, 2–3 Dezimeter lange Fäden nach allen Richtungen (Abb. 161–162). In der Mitte dieser Netze befindet sich ein Loch, das in einen kurzen

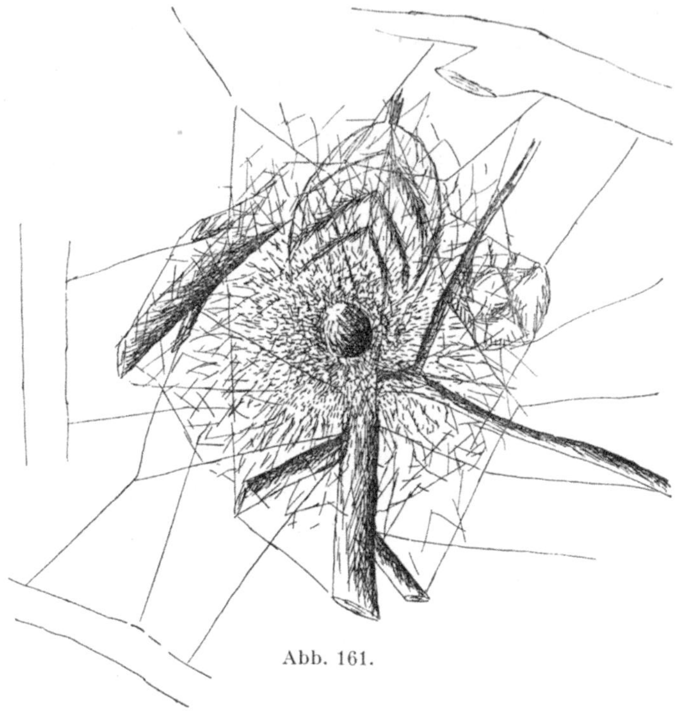

Abb. 161.

Abb. 161. Scheibenförmige Gespinste von *Plectrocnemia conspersa* Curt. Verkleinert. W-L. del.

Abb. 162. *Plectrocnemia conspersa* Curt. mit Retraitegang. Nach Anker Nielsen 1942.

Abb. 163. *Phylocentropus maximus* Vorhies. Larvenköcher verzweigt. Vorhies, C. 1909.

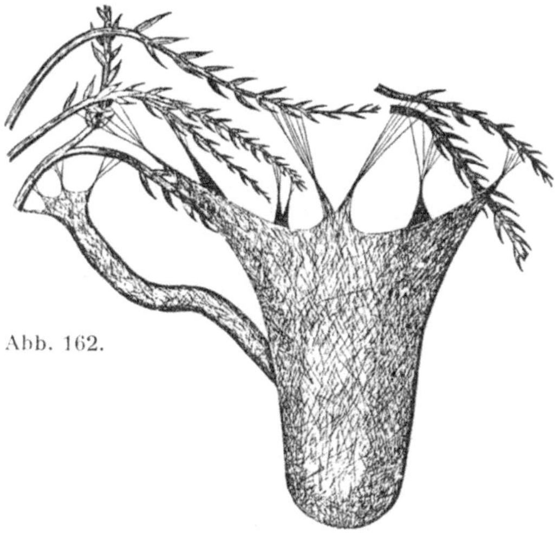

Abb. 162.

Abb. 163.

Trichter führt, der unter einem Stein endet. Die Netzfläche ist auch hier ein Fangnetz, das bei niedrigem Wasserstand schräg liegt und das zahlreiches Bodengetier fängt, das sich in die Netze verirrt. Die grosse Larve soll sogar an Fischbrut Schaden anrichten können (Sömme 1935).

Anker Nielsen (1942) beschreibt ein Netz, das ziemlich stark von dem von mir abgebildeten abweicht (Abb. 162). Es ist sackartig und hat eine gegen die Strömung gerichtete Öffnung und abgerundeten Boden. Von seinem nach aussen gebogenen Rand gehen überall Gewebepartien aus, die sich zuspitzen und in ein oder wenige Zentimeter langen Fäden enden. »Wenn man die Oberfläche vorsichtig spaltet (in der Natur), sieht man am hinteren Drittel der Unterseite ein kleines trichterförmiges Loch, das den Eingang einer Röhre bildet, die ungefähr so lang wie das Netz und etwa 5 mm breit ist. Diese Röhre ist vorwärts gerichtet und zwischen Steinen verborgen. Das distale, etwas trichterförmige Ende ist offen und mit ganz wenigen Fäden befestigt.« Nachdem ich meine Arbeit veröffentlicht hatte, habe ich oft *Plectrocnemia* als Bewohner der Brandungsufer unserer grösseren Seen gefunden. Man entdeckt dort häufig die sackartigen, grauen Netze mit der seewärts gerichteten Mündung. Sie sind sicherlich genau so konstruiert wie die von ANKER NIELSEN beschriebenen Netze. Nur ist mir die schöne Beobachtung des vermutlichen Retraiteganges dicht am Boden des Netzes entgangen. Da, wo ich die Flächennetze fand, betrug die Wasserhöhe oft nur wenige Zentimeter, sodass die Konstruktion sackähnlicher Netze nicht möglich war.

Noch zwei andere Formen gehören zur gleichen Familie, *Polycentropus flavomaculatus* Pict. und *Neureclipsis bimaculata* L.; auch sie bilden Gespinste. Beugt man sich an einem sonnigen Tage über die steilen Ufer eines grösseren Baches, so hat man oftmals Gelegenheit zu beobachten, dass die Böschung fast völlig bedeckt ist von Netzen, die in ihrer Form stark an die Nester der Salanganen erinnern (Abb. 160). Grosse und kleine Netze liegen dicht nebeneinander; sie sind im Sommer oft von hellgrüner Farbe und kontrastieren dadurch stark mit den dunklen Uferböschungen. Bei genauerer Betrachtung zeigt sich, dass die Netze in Wirklichkeit bloss sehr weite, hinten zugespitzte Trichter sind; ihre Spitze endet in einer Ritze in der Torfmasse. In dieser sitzen Tausende von Larven. Die Netze werden bald von den vorbeirollenden Wellen ausgeweitet, bald klatschen sie zusammen; sie sind in ewig wogender Bewegung. Sie werden durch das Plankton der naheliegenden Seen gefärbt, das mit der Strömung aus ihnen herausgespült von den Netzen aufgefangen wird. Wenn sie blaugrün erscheinen, so rührt dies von den zahllosen Blaualgen her, die in den Netzen eingefangen liegen, sind sie braun, so stammt ihre Farbe hauptsächlich von Diatomeen, die dann im See ihr Maximum haben. So wechselt die Farbe der Netze mit der Jahreszeit; sie ist im Sommer blaugrün, im Herbst braun.

Die schönsten aller hierhergehörenden Netze werden aber von der Larve der Köcherfliege *Neureclepsis bimaculata* L. gesponnen (Abb. 164–166).

Wenn man, besonders im Sommerhalbjahr, die Abflüsse eines unserer Seen, z. B. des Tissees, Sorøsees, Tuelsees oder Farumsees, etwas genauer untersucht, so kann man oftmals eine höchst eigentümliche Erscheinung beobachten. Auf den schwankenden, oft mehrere Meter langen Pflanzen, die im Flusslauf hin und her schaukeln, hängen an Blättern und Stengeln Hunderte von grossen, seidengesponnenen Säcken. Sie sind oft länger als eine Hand und haben vorne bisweilen eine Breite von etwa vier Zentimetern. Alle Säcke haben die Form eines Posthornes, sind gekrümmt und kehren die offene Seite der Strömung zu. Die Säcke sitzen dicht neben oder über einander; die Reihen werden oft ungefähr einen halben Meter lang. Von der Oberfläche zum Grund geben die Pflanzen eine Stütze für sie ab; der Boden ist so gut wie gänzlich von ihnen bedeckt. Unwillkürlich meint man, dass wirklich der allergrösste Teil der Wassermassen durch die Netze gefiltert wird.

Solange die Säcke oder Netze sich im fliessenden Wasser befinden, sind sie immer steif und stramm ausgespannt; nimmt man sie aber aus dem Wasser heraus, so klatschen sie zu einem langen, grauen Darm zusammen, den keine Menschenhand mehr zu einem Netz ausrichten kann. Würde das Wasser nur eine Minute aufhören zu fliessen, so würden alle Netze augenblicklich zusammenfallen und als lange, schlaffe Fäden von den Pflanzen herabhängen. Die posthornförmigen Netze sind mit dem gekrümmten, schmalen, hinteren Ende an Blättern und Stengeln angeheftet; ihre vordere, grössere und viel weitere Öffnung ist durch Stützfäden ebenfalls festgemacht. Diese Stützfäden tragen dazu bei, dass die Öffnung der Netze offen gehalten wird und nicht zusammenfällt. Die Larve war bereits seit langem bekannt, doch gehörte auch sie zu denen, von welchen man glaubte, dass sie ein umherstreifendes Leben in lockeren, unzusammenhängenden Gespinsten führten. Erst als man sie nahe der Nordseeküste in einem Ablauf des Filsees fand, wo die Netze im Schein

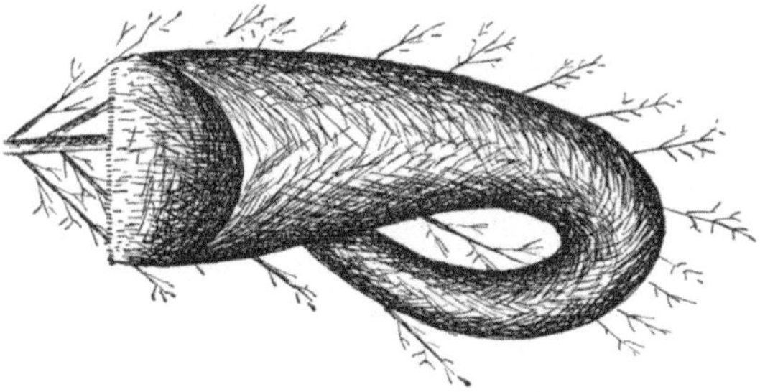

Abb. 164.

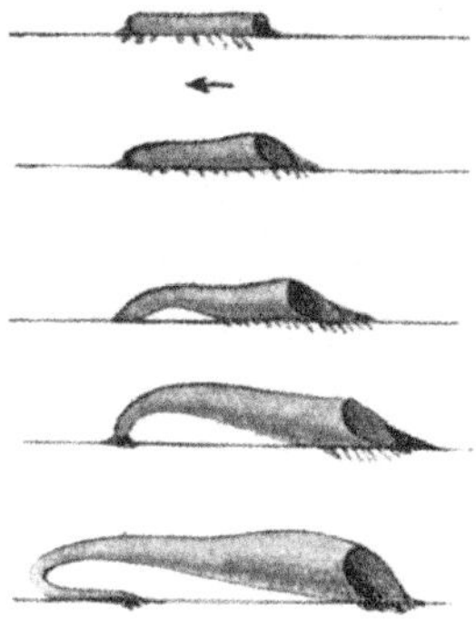

Abb. 166.

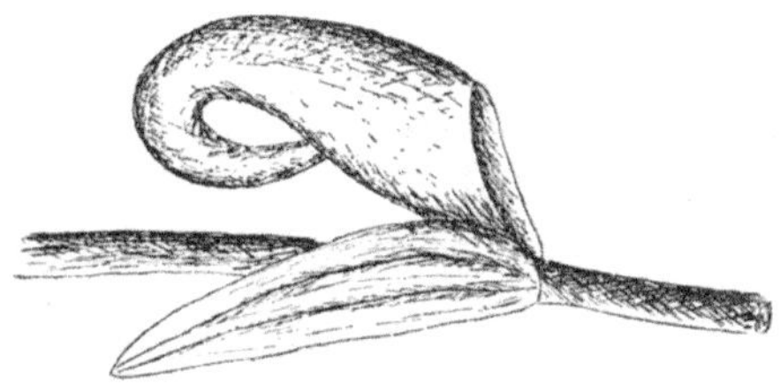

Abb. 165.

Abb. 164–165. Fangnetze von *Neureclipsis bimaculata* L. Nat. Gr. W-L. del.

Abb. 166. Schematische Darstellung der Entwicklung des Fangnetzes von *Neureclipsis* aus einem einfachen Rohr. Nach Alm, G. 1926.

des hellen Sonnenlichtes so deutlich hervortraten, dass man sie photographisch aufnehmen konnte, wurde es offenbar, dass die Larven keineswegs lockere, unzusammenhängende Gespinste herstellen; die Netze gehören vielmehr, zusammen mit denen der Spinnen, unter allen von Gliederfüssern verfertigten Fangnetzen zu den kunstvollsten.

Die Netze sind gewöhnlich braun oder grau, bisweilen blaugrün. In den Seiten der Netze lagern sich grosse Mengen von Planktonorganismen, Blaualgen, Diatomeen usw. ab, ferner Schlammpartikelchen, kurz, alles Material, das in der Strömung treibt und von den Netzen aufgefangen wird. Ausserdem werden aber noch Tiere, besonders Entomostraken, von der Strömung mitgeführt und von der am Grunde des Netzes sitzenden Larve eingefangen; ihr Darmkanal enthält Schalen und Mandibeln von Krebstieren, namentlich von Bosminen und Daphnien. Wie es die Larve fertig bringt, derartige Netze in dem stark strömenden Wasser zu konstruieren, war mir stets unbegreiflich. Die ständig bewegte Oberfläche des Wassers macht jede Beobachtung für den Beschauer unmöglich; die Tiere selbst kann man nicht wahrnehmen, da sie in den Säcken verborgen sitzen. Ich vermute, dass das hintere, verschmälerte Ende der älteste Teil des Köchers ist, während am vorderen Ende weitergebaut wird. Hier müssen vermutlich alte Fäden gelockert werden, um den Sack weiterzuspinnen, und gleichzeitig muss er befestigt werden, damit ihn die Strömung nicht wegführt. Jeder Sack muss das Werk einer einzigen Larve sein, man findet niemals mehr als eine Larve in einem Sack.

Alm (1926) (Abb. 166) hat wahrscheinlich recht mit seiner Angabe, dass *Neureclipsis*, gleich allen anderen Polycentropiden, zuerst eine Spinnfläche anlegt, dann auf dieser zwei Seitenwälle errichtet und schliesslich das Dach anbringt. Die Röhre wird in ihrer ganzen Länge an der Spinnfläche festgeheftet. Bei *Neureclipsis* stellt sich die Mündung der Röhre unter Einwirkung der Strömung schräg; die Röhre löst sich mit Ausnahme des Vorder- und Hinterendes von der Unterlage und wird von der Strömung gekrümmt. In dieser Weise entsteht angeblich der Netzsack.

Alm macht auch darauf aufmerksam, dass *Neureclipsis* ihre Planktonnetze nicht überall baut und namentlich nicht im Winter. Er hat ferner festgestellt, dass *Neureclipsis* auch grosse, flache Stücke von zeugartigem Aussehen und ziemlich grossem Umfang herstellt, die miteinander durch Fäden verbunden sind. Diese Netzmassen können bis drei Meter lang werden und in ihren Verzweigungen bis zu zehn Larven beherbergen. Auch ich habe solche Netzmassen beobachtet, aber stets geglaubt, dass ich von der Strömung oder durch Menschenhand zerrissene Planktonnetze vor mir hätte und nicht ein normales Produkt.

Die Bedeutung der Netze ist vollkommen einleuchtend, sie sind Planktonnetze, in denen die aus den Seen in deren Abfluss geratenen pelagischen Tiere aufgefangen werden, um dann von den am Grunde der Netze lauernden Larven aufgegriffen und verzehrt zu werden.

Der Apparat, durch den wir Menschen erst vor ungefähr einem halben Jahrhundert die Tier- und Pflanzenwelt des Planktons kennen gelernt haben, ist ein Netz von feinster Seidengaze, das an einem Tau von einem Fahrzeug aus durchs Wasser gezogen wird. Am Boden des Netzes sammelt sich das Plankton als schleimige Schicht von verschiedener Farbe. Während Tausenden und aber Tausenden von Jahren haben die planktonfangenden Larven ihre wunderbaren Planktonnetze gesponnen, die aufs Haar den unseren gleichen, und von denen wir keine Ahnung hatten. Nur ein Zufall wollte es, dass ich sie vor etwa vierzig Jahren im Ablauf des Filsees und dann später in zahlreichen Bächen des ganzen Landes entdeckte; nachdem sie erst einmal bekannt waren, wurden sie auch in Finnland, Schweden, Deutschland und an anderen Stellen beobachtet.

In meinem Untersuchungsgebiet hier auf Seeland habe ich eifrig, aber immer erfolglos, nach *Wormaldia* (Fam. *Polycentropidae*) gesucht. Den an stenotherme Lebensbedingungen gebundenen Tieren (Abb. 167–170) bieten meine Lokalitäten keinen günstigen Aufenthaltsort. Anker Nielsen (1942) hat ihr Netz genau beschrieben und abgebildet. »Die Wohnung der Larve ist eine bis 55 mm lange und 6–7 mm breite Röhre, die an ihrem hinteren Ende sich zu einer eiförmigen Kammer erweitert, die etwa $1^1/_2$ mal so breit wie der viel längere Hals ist. An dem spitzigen Hinterende dieser Kammer findet sich eine runde, 0,8–1,2 mm weite Öffnung, deren Rand filzig verdickt ist.« Die Netze sind infolge von Diatomeenablagerungen grau oder braun gefärbt. Nach der Beschreibung fehlen Fangfäden und Fangflächen gänzlich. Die Nahrung, die aus einer hellbräunlichen, grünlichen, feinzerteilten Masse von einzelligen Algen und Diatomeen besteht, wird mit der merkwürdig breiten, weichen, als Besen fungierenden Oberlippe zusammengefegt und vom Maxillolabium aufgefangen; das Wasser wird durch den Fächer der Galea, der als Siebplatte fungiert, abgefiltert. Diese Darstellung, die Anker Nielsen von der Funktion der Mundteile gibt, ist sicherlich richtig. Es ist nur schwer zu begreifen, dass die enge Öffnung der Röhre gross genug sein soll, um damit genügendes Material aus der Strömung abzufangen und an der Innenseite der Membran abzulagern.

In diese Abteilung gehören auch die von Noyes (1914) aus Nordamerika beschriebenen Netze der Gattung *Chimarrha*. Die Netze sind lange, enge Säcke

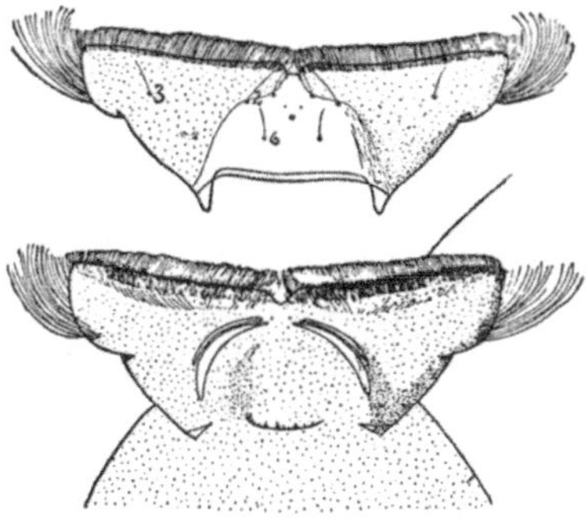

Abb. 167.

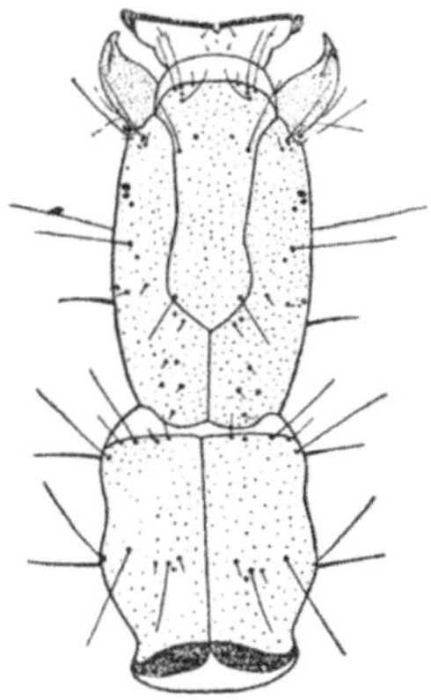

Abb. 168.

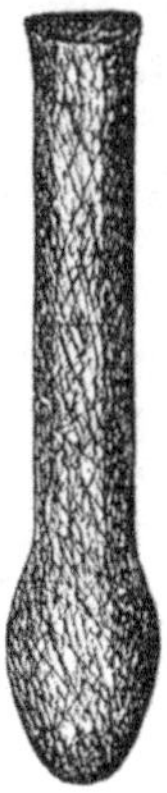

Abb. 169.

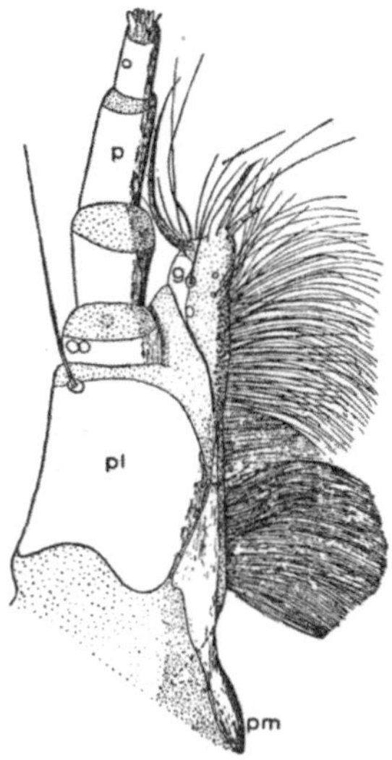

Abb. 170.

Wormaldia occipitalis Pict.

Abb. 167. Labrum in Dorsal- und Ventralansicht.

Abb. 168. Kopf und Prothorax in Dorsalansicht.

Abb. 169. Wohnröhre.

Abb. 170. Äusserer Teil der rechten Maxille in Ventralansicht. Alle nach Anker Nielsen 1942.

aus sehr feinem Gespinst, die meist zu 5–6 in Reihen nebeneinander liegen. Ihre Länge beträgt ungefähr 25 mm, die Breite etwa 3 mm. Die breite Öffnung ist gegen die Stromrichtung gekehrt, eine viel kleinere Öffnung findet sich am Boden der Röhre.

Es steht also nach dem bisher Angeführten fest, dass die alte Auffassung von den frei oder in lockeren Geweben lebenden Larven unrichtig ist. Die hier besprochenen Larven sind vielmehr gerade im Gegensatz zu den eigentlichen Trichopterenlarven sedentär und kommen, so weit es von ihnen abhängt, nicht aus ihren gangförmigen Röhren und ihren Planktonnetzen heraus. Sie sind Raubtiere, die am Grund ihrer Netze auf Beute lauern und grössere oder kleinere Teile der Netzfläche zum Einfangen der Opfer verwenden. Da das Netz gerade als Filter für die Tiere eine Rolle spielt, so kann es natürlich nicht mit Fremdkörpern belegt werden; solche fehlen denn auch völlig oder kommen nur ausnahmsweise vor.

Wenn wir nun mit dem eben erworbenen Wissen von der Biologie der Tiere einen Augenblick ihren Bau betrachten, wird uns dieser viel verständlicher erscheinen. Der lange weiche und stets bogenförmig nach abwärts gekrümmte

Hinterleib, den die Tiere nicht zu tragen vermögen, wäre ein Hindernis für ein frei umherstreifendes Tier; er erinnert durchaus an den des Einsiedlerkrebses und muss wie dieser in irgend einer Röhre geborgen werden. Die kurzen, schwachen, dicht gegen die Mittellinie des Körpers zusammengerückten Brustbeine mit ihren langen, vertikal stehenden Hüften schleppen das Tier nur mit Mühe vorwärts; sie gestatten ihm, über Seidenfäden hinweg zu balancieren, sind aber völlig ausserstande, den Körper rasch auf anderen als schnurgeraden Wegen zu befördern. Der eigentliche Bewegungsapparat sitzt hinten und besteht aus den starken Nachschiebern, die wie lange, beinähnliche Anhänge aussehen. Sie ermöglichen durch ihr Vor- oder Zurückschieben die blitzschnellen Bewegungen in den Fangnetzen. Im Bruchteil einer Sekunde werden die Klauen in den feinen Seidennetzen eingehakt und ebenso rasch wieder gelöst; sie werden mit unglaublicher Schnelligkeit unter den Körper eingezogen und wieder nach hinten gestreckt und bewirken so die imponierende Behendigkeit, mit welcher die Tiere an den Fangfäden entlang krabbeln, nach hinten retirieren und im gleichen Moment auch schon in der Röhre verschwunden sind. Die langen, freistehenden Haare, die über den Kopf vorragen, sind Sinnesorgane, durch die das Tier über die Vorgänge an der Oberfläche des Netzes unterrichtet wird. Damit hängt wohl auch die eigentümliche Stellung der Augen weit vorne am Kopf zusammen. (Abb. 133b).

Wir wollen jetzt die ruhigen Teiche und die gleichmässig und langsam fliessenden Bäche verlassen und uns wieder den reissenden Frühlingsbächen und schäumenden Gebirgsflüssen zuwenden. Es ist einleuchtend, dass die bisher besprochenen Netze einer Strömung, wie sie an solchen Lokalitäten herrscht, niemals standhalten könnten; sie wären schon nach wenigen Augenblicken vernichtet. Zu den wenigen hier heimischen Gattungen gehört *Wormaldia*, die bereits erwähnt wurde.

Die Netzspinner der reissenden Gewässer gehören vorzugsweise der Familie der *Hydropsychidae* an.

Im Dunkel des Gribwaldes, überschattet von jungem, dichtem Buchenlaub, schlängelt sich der kleine Frühlingsbach Fønstrupbach dem nahen Esromsee zu (Abb. 171). Schwarze Steine bilden seinen Grund, seine Abhänge sind hie und da steil, mit Gräsern und Farnen bewachsen. An seinen Wogen ist es immer frisch und kühl. Im Sommerhalbjahr wölbt sich das dichte Blätterdach der Buchen wie eine Kuppel über ihm, und nur verstreute Sonnenflecken tanzen glitzernd auf seinen Wellen.

Zur Winterszeit spannen Schneemassen eine Brücke von einem Ufer zum andern. In die Schneedecke hacken Krähen und Amseln Löcher, um an das Bachbett zu gelangen und sich im Halbdunkel unterm Schnee Köcherfliegenlarven hervorzuholen. Oft habe ich die schwarzen Vögel erschreckt aus den Schneelöchern auffliegen sehen; ihren Warnungsruf ausstossend, fliegen sie in die nahen Bäume hinein. Auch die Wasseramsel kommt ab und zu an den Bach, wahrscheinlich in derselben Absicht; ihr Vetter, der kleine Zaunkönig ist immer da, im Sommer wie im Winter; mehr als einmal sah ich den philosophischen Eisvogel, schimmernd wie ein Smaragd, auf seinem über den Bach hinausragenden Ast sitzen.

Zur Frühlingszeit wird der kleine Bach geschäftig; brausend schiesst er über die dunklen Steine dahin, dass der weisse Gischt in Fetzen unter seine ausgehöhlten Uferböschungen fliegt. Da kribbelt und krabbelt es im Bett des Baches; zu Tausenden und aber Tausenden finden sich hier die Larven der Köcherfliegen und Eintagsfliegen, der Perliden und Käfer, der Schlupfwespen und Bachmücken. Sie lassen sich unter den blanken Steinen nieder, über die das Wasser schäumend dahinstürzt. Kommt aber dann der Sommer mit seiner Trockenheit, so wird aus dem reissenden Frühlingsbach ein kleines Rinnsal, das zwischen trockenen Steinen hinsickert. Eintagsfliegen, eine Art nach der anderen und viele andere Insekten sind im Laufe des Vorsommers geschlüpft; sie haben das Tal ihrer Kindheit verlassen und die mondhellen Wiesen aufgesucht, ihre Liebestänze getanzt und sind wieder zum Bach zurückgekehrt, um ihre Eier abzulegen. Und war auch dies getan, so trug das langsam gleitende Wasser des Baches sie dorthin zurück, wo sie in lauen Sommernächten ihre Tänze aufgeführt hatten; der Bach lagerte die toten Tiere an seinen Ufern ab.

Abb. 171. Fønstrupbach an einem Frühlingstag. W-L. phot.

Viele Bachbewohner halten den ganzen langen Sommer durch, halb begraben in dem austrocknenden Sand des Bachbettes, aus und warten auf bessere Zeiten, und alle sind sich wohl klar darüber, dass es unter diesen Umständen kein Vergnügen ist, ein Süsswasserorganismus zu sein. Für viele von ihnen ist die Wartezeit lang, oft sechs bis sieben Monate, aber auch die nimmt ein Ende. Wenn der Herbst kommt, breiten die Süsswasserschwämme ihre hellgrüne Schicht über die Steine, Moostierchen strecken allenthalben ihre Fangarme hervor. Und langsam regt sich auch wieder das Insektenleben. Treu hat der Bach die Eier behütet, die ihm anvertraut waren; nun können aus ihnen allen die jungen Lärvchen schlüpfen.

Der Bach ist wie eine Mutter für die tausende Kleinen; ehe der Winter kommt, wimmelt es wieder auf allen Steinen von kribbelndem Kleingetier; schon im ersten Frühjahr wachsen die Tiere heran und werden gross und stark, und im Sommer darauf entstehen neue Legionen. Jahr für Jahr hat der Bach die eine Invasion nach der anderen aufgenommen und weiss doch nichts von seinem Wert, weiss nicht, dass viele seiner Kinder ohne Obdach wären, wenn er eines Tages versickerte. Viele fänden nicht leicht neue Lokalitäten mit so herrlich schäumendem Wasser und so tiefen Schatten zur heissen Sommerszeit. Mehrere der Wesen, welchen er Obdach gewährt, sind ja vermutlich abgesprengte Reste einer verschwundenen Fauna, derselben, die in neuerer Zeit auf der Heide von Jütland aufgefunden wurde; sie gehört der Abschmelzperiode der Eiszeit an und wurde erst durch die Temperaturzunahme und später durch die Eingriffe der Menschen mehr und mehr verdrängt.

Vor den Menschen hatte diese Fauna bisher in Frieden gelebt, bis dann einer kam, der sie eine Reihe von Jahren hindurch regelmässig alle vierzehn Tage, manchmal sogar täglich heimsuchte, im Flussbett wühlte, die Steine umkehrte, das Wasser trübte, die Rinde von den Zweigen brach, Lichtbilder aufnahm, Fangkäfige aufstellte und dann mit Gläsern voll der vielen Wesen, die der Bach beherbergte, heimging. Die Mitglieder der Bachfauna hatten keinen Grund, sich über die Besuche zu freuen – gab es doch nach ihn immer Schäden auszubessern – und dass sie eine Hauptrolle beim Zustandekommen des vorliegenden Buches spielen würden, ahnten sie nicht. Der Verfasser aber sagt dem Bach Dank für viele glückliche Arbeitsstunden. Und wenn es diesem Buch gelingt, auch in unserer Zeit bei diesem oder jenem ein Verständnis für die Bedeutung zu erwecken, welche die Liebe zur Natur und die Versenkung in ihren unendlichen Reichtum für den Menschen haben, nicht zumindest, wenn Nerven und Geist überanstrengt sind, so hat der kleine Bach seine Mission erfüllt. Leider muss man feststellen, dass seine Fauna in den letzten Jahren durch Regulierungsarbeiten u. dgl. gänzlich vernichtet worden ist.

Eines Tages im Juni waren kreuzblättrige Wasserlinsen, Lemna trisulca, vom Fønstrupteich in grossen Mengen den Bach hinabgeführt worden. Sie lagen in Guirlanden quer über den Bach von einem Stein zum andern (Abb. 172–174). Hob man sie auf, so zeigte sich merkwürdigerweise, dass die Guirlanden an den Steinen festsassen. Bei einer bestimmten Beleuchtung konnte ich nun an den Guirlanden eine Reihe von zierlichen Spinnflächen wahrnehmen, an einzelnen Steinen ihrer fünf. Kehrte man den Stein um, so sah man in fünf deutlich trichterförmige Eingangsöffnungen hinein, für die der Stein den gemeinsamen Grund und die Lemna-Blätter das Dach bildeten. Die Eingänge waren voneinander durch fünf kissenförmige, etwa ein und einen halben Zentimeter hohe Ausläufer getrennt, die aus Lemna-Blättern bestanden. Die Öffnungen führten in eine Art Vorhof von ein bis zwei Zentimetern Höhe und Tiefe. Am Grunde des Vorhofes lag ein kleines Loch; dieses führte in einen zwei bis drei Zentimeter langen Gang, der mit verschiedenem Material bedeckt war. Was aber diese Wohnungen so besonders schön machte, war ein kreisrundes Fenster, das in der dem eben genannten Gang abgewandten Seite des Vorhofes eingefügt war. Das Fenster war in Wirklichkeit eine Spinnfläche; von seinem Rahmen waren mit bewundernswerter Regelmässigkeit Fäden ausgespannt, die ein Netz aus quadratischen, fast gleich grossen Maschen bildeten. Der Durchmesser des Fensters betrug ungefähr einen Zentimeter. Der Rahmen war aus kleinen Stückchen Stroh so stark und kunstfertig zusammengefügt, dass man ihn trocknen konnte. Das Netz ist kein lockeres Gespinst; es lässt sich aus dem Rahmen nehmen, und die einzelnen Fäden sind sehr stark. Die Fäden sind Doppelfäden und an den Kreuzungsstellen mit einer Sekretmasse versehen. Die Guirlanden waren so angebracht, dass die Fenster immer der Strömung zugekehrt waren und das Wasser in die Vorhöfe einströmen konnte. Ein Teil des Wassers wurde also durch das Sieb im Fenster des Vorhofes gefiltert, und das eingefangene und abgefilterte Material konnte von dem im Vorhof sitzenden Tier erfasst werden. Das Material, das so eingefangen wird, ist gemischte Kost, Pflanzen und Tiere. Noyes (1914) gibt an, dass die Nahrung im Winterhalbjahr vorwiegend vegetabilisch, im Sommerhalbjahr animalisch sei.

Die Larve, welche diese sehr sinnreichen Gespinste herstellt, ist *Hydropsyche angustipennis* Curt. (Taf. V, Abb. 6). Sie sitzt gewöhnlich im Gehäuse mit dem Kopf im Vorhof und gegen das Fenster gewendet. Das Tier fängt

Alles auf, was durch die Strömung gegen das Fenster geführt wird, und erhält auf diese Weise seine Nahrung. Die Taktik der Larve ist vollkommen klar, jede Guirlande stellt ein System von Reusen dar.

Es ist einleuchtend, dass diese Netze viel stabiler sind, als die der Poly-

Abb. 172.

Abb. 173.

Abb. 174.

Hydropsyche angustipennis Curt.

Abb. 172. Fangnetzkette. Vorn Öffnungen zu den vier Gehäusen. Hinten die Gespinstfenster und zwei Röhren. Etwas verkleinert.

Abb. 173. Dieselbe Kette von hinten gesehen; man sieht die vier Gespinstfenster.

Abb. 174. Netz oberhalb des Wassers, von Pflanzen abgesteift. Hinten die Wohnröhre. Vergr. W-L. del.

centropiden; sie liegen fest verankert auf den Steinen; das Gespinstfenster ist besonders widerstandsfähig konstruiert. Es besteht hier nicht aus äusserst feinen, unregelmässig gekreuzten, sondern aus viel stärkeren Fäden, die sich unter ganz bestimmten Winkeln kreuzen. Im Vergleich zur Grösse der ganzen Wohnung ist die Gespinstfläche also nur klein, d. h. es wird nur ein geringer Teil des Wassers filtriert. Im Vorhof entsteht ein Stromwirbel, und der grösste Teil des Wassers fliesst wieder durch dieselbe Öffnung aus, durch die es hereinkam. Dadurch wird natürlich der Druck auf die Gespinstfläche vermindert. Die Wohnröhre selbst ist immer schräg nach aussen geführt und liegt niemals in der Verlängerung des Vorhofes, was ebenfalls dazu beiträgt, den Druck des Wassers auf die Röhre zu verringern. Wir sehen also, dass diese in stark strömendem, aber nicht besonders kaltem Wasser lebenden Formen Netze herstellen, die eine weit grössere Festigkeit besitzen, als die der in stehenden und langsam fliessenden Gewässern lebenden und ferner, dass diese Netze auch von ganz anderer Konstruktion sind. Auch die Tiere selbst sind ganz verschieden gebaut. Der Aufenthalt in dem stark schäumenden Wasser mit dem zuzeiten sehr starken Druck erfordert eine kräftige Muskulatur; diese bedingt wieder ein kräftiges Hautskelett. Im Gegensatz zu den vorhergehenden Familien sind denn auch bei diesen Formen alle drei Brustringe chitinisiert und die Haut des Hinterleibes ist dicker und dunkler als bei jenen. Dadurch werden auch an bestimmte, im Dienste der Respiration stehende Hautpartien

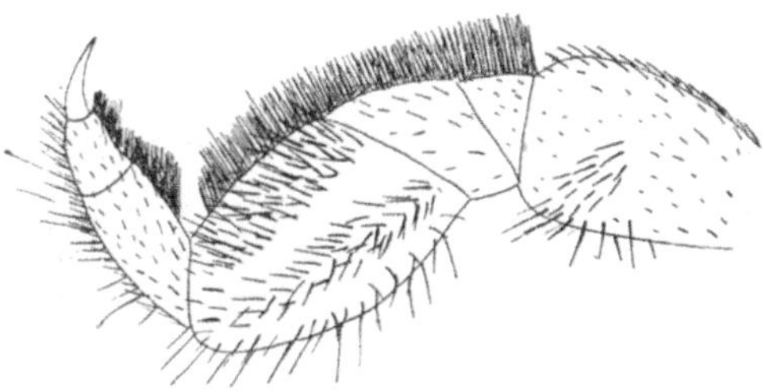

Abb. 175.

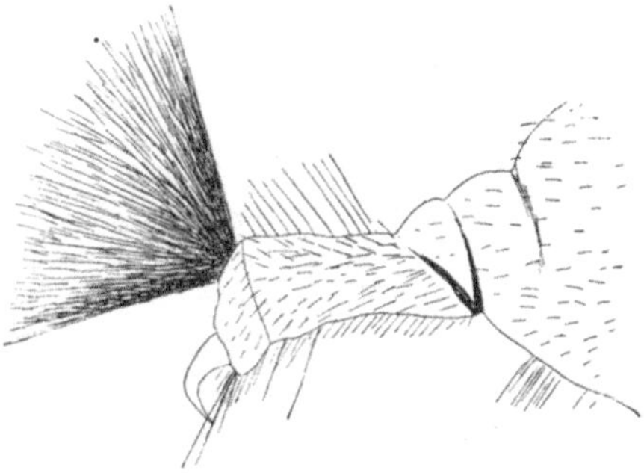

Abb. 176.

Hydropsyche angustipennis Curt.
Abb. 175. Vorderbein mit Bürstenapparat. W-L. del.
Abb. 176. Nachschieber mit Putzapparat zur Reinigung des Netzes. W-L. del.

grössere Anforderungen gestellt; hier ist im Gegensatz zu den Polycentropiden die ganze Unterseite des Tieres mit einem Wald von weissen Tracheenkiemen besetzt. Die Nachschieber sind ausserordentlich kräftig entwickelt und mit sehr ansehnlichen hakenförmigen Klauen versehen, mit denen sich die Tiere vortrefflich anzuklammern vermögen. Auf diesen Gliedern sitzt ein Büschel steifer, dunkler Haare (Abb. 175–176), über deren Bedeutung wohl kein Zweifel herrschen kann. Es ist klar, dass die Filtrierfähigkeit des Netzes ganz davon abhängt, ob es rein ist; wird es verstopft, so filtriert es nicht mehr und hört damit auch auf ein Fangnetz zu sein. Für gewöhnlich ist das Netz silberschimmernd rein; hin und wieder sieht man einen dunklen Schatten über seine Fläche hinstreichen, unzweifelhaft die Larve, die es reinfegt. Ob das Netz durch die Mundteile (Noyes 1914) oder durch die Haarbüschel gereinigt wird, muss dahingestellt bleiben. Ich kann den Gedanken nicht abweisen, dass die Haarbüschel Bürsten sind, deren einzelne Haare durch die Löcher des Netzes gesteckt werden, sie reinigen und dafür sorgen, dass sich kein Schmutz ansetzt; wir werden später bei der Besprechung der Trichopterenpuppen sehen, dass dort ein ganz ähnlicher Apparat vorkommt, dessen Funktion genau beschrieben ist.

Alm (1917) hat das Gespinst der Hydropsychiden genau untersucht und kommt im grossen ganzen zu den gleichen Ergebnissen wie ich. Er hebt nur hervor, was ich übrigens selbst später beobachten konnte, dass die Hydropsychiden nicht immer so kunstvolle Netze bauen; oft bilden sie nur ganz unregelmässige und im Winter meistens überhaupt keine Gespinste. An vielen

Stellen (vgl. S. 210) sollen sie sich von Holz ernähren und daher schädlich sein. Es ist wohl die Frage, ob man es da nicht mit anderen Arten zu tun hat. Die kunstfertigen Netze gehören, auch nach meinen Erfahrungen, dem Sommerhalbjahr an. Im Winter findet man die Tiere oft spiralförmig zusammengerollt zwischen zusammengesponnenen Steinchen auf der Unterseite grösserer Steine oder in Ritzen an Ästen usw.

Wir haben also in den Larven der Hydropsychiden Formen kennen gelernt, deren Bau dem Leben in reissenden Gewässern wunderbar angepasst ist. Larven mit langem, wurmförmigem Hinterleib, mit dünnem Hautskelett, schwachen Brustbeinen und langen, dünnen Hinterleibsbeinen würden sich hier kaum halten können; solche Formen sind in stehenden und langsam fliessenden Gewässern heimisch.

c. Rhyacophilidae und Hydroptilidae.

Es bleiben nun noch die Larven der beiden Familien *Rhyacophilidae* und *Hydroptilidae* zu besprechen. Sie sollen hier für sich und zuletzt besprochen werden, weil sie hinsichtlich des Baues, der Lebensweise und des Bauinstinktes so sehr von allen übrigen Köcherfliegenlarven abweichen, dass es fast unmöglich ist, sie in eine der anderen Gruppen einzureihen. Das gilt besonders für die Hydroptiliden. Sie stehen ganz allein im System. *Rhyacophila* ist mit den *Glossosomatinae* verwandt, die zur gleichen Familie gerechnet werden. Sie wurden auf S. 182 besprochen.

Die Subfamilie der *Rhyacophilinae* enthält vielleicht die primitivsten Formen von sämtlichen Köcherfliegen (Taf. V, Abb. 11; Abb. 125–126). Ihre Larven sind im Gegensatz zu denen aller anderen Köcherfliegen wirklich frei umherstreifende Tiere, die keine eigentlichen Gehäuse besitzen und als Raubtiere auf den Steinen umherkriechen. Ihre Haut ist ungewöhnlich dick; ferner sind sie wohl die buntesten von allen Köcherfliegenlarven. Der Kopf ist lang und schmal und vortrefflich dazu geeignet, in allerlei kleine Ritzen und Spalten zwischen Holz und Steine hineingesteckt zu werden. Der ganze Vorderkörper kann sich egelartig ausstrecken und wird dann dünn wie ein Draht. Die Mundteile sind ausgesprochen raubtierartig; die Kieferpalpen sind stärker entwickelt als bei den meisten anderen Köcherfliegen. Hält man *Rhyacophila*-Larven in einem Gefäss mit Wasser, so sieht man, dass die Palpen, solange sich das Tier bewegt, ununterbrochen auf und niedergehen; sobald es stille steht, hält die Bewegung inne. Ähnliches habe ich bei anderen Trichopterenlarven nie beobachtet. Die Palpen spielen hier wahrscheinlich dieselbe Rolle wie die Antennen bei anderen Insekten. Die Augen liegen so weit vorne wie möglich (Abb. 133 b); die kräftige, breite Brust trägt drei Paar wohlentwickelter, seitlich weit auseinander stehender Beine, die in mächtigen Klauen enden. Der Hinterleib ist breit und flach und trägt seitliche, büschelförmige Tracheenkiemen; bei einigen Arten fehlen diese jedoch (Abb. 125–126). Die Klauen der Nachschieber sind ausserordentlich kräftig und sehr kompliziert gebaut. Die Klauen bilden zusammen mit eigentümlichen Dornen eine Zange, die sich um Steine u. dgl. zusammenklemmt. Die prächtigen, etwa zwei Zentimeter langen Tiere sind in ihrem wahren Element sehr lebhaft. Sie scheinen sich mit Vorliebe auf Steinen aufzuhalten, über die das Wasser in schäumenden Kaskaden hinwegstürzt. Sie drücken den etwas flachen Körper hart an den Stein, um der Strömung so wenig Widerstand wie möglich zu bieten. Die äusserst kräftigen Hinterleibsklauen klammern sich an der kleinsten Unebenheit fest; die Tiere besitzen in ihnen einen vortrefflichen Haftapparat. Reicht man ihnen einen Grashalm, so haken sich die Klauen sofort daran fest; wenn man dann versucht, das Tier wieder loszureissen, so bricht es nicht selten mitten durch.

Auch noch ein weiteres wichtiges Haftorgan steht den Tieren zur Verfügung. Überall auf ihrem Wege ziehen sie, wie viele Spinnen, einen Sicherheitsfaden hinter sich her. Anker Nielsen (1942) hat bei *Ecclisopteryx* die gleiche Beobachtung gemacht. Die Tiere berühren momentweise den Stein mit dem Kopf, befestigen den Faden und ziehen ihn dann beim Weiterwandern aus. Versucht man, sie in der Strömung zu erfassen, so macht man nicht selten dieselbe Beobachtung wie bei den Simulienlarven, dass sie die Beine loslassen und sich vom Anheftungspunkt des Fadens aus gleichsam in die Strömung hinausspinnen, wo sie schlängelnd an den Fäden hängen und vom Wasser hin und her geschaukelt werden. Im Aquarium ziehen die Larven ebenfalls stets einen Faden hinter sich her. Die vielen Fäden wickeln sich im stehenden Wasser des Gefässes um alle Glieder des Tieres, bis es schliesslich wie in ein Garnknäuel eingesponnen ist und nicht mehr vom Fleck kommt. Wir erwähnen das hier besonders, weil von zuverlässigen Beobachtern angegeben wird, dass die Larven lange, seidenartige Fasern aus ihren Schlupfwinkeln zwischen Steinen aussenden und als Fangfäden benutzen, um mit ihnen ihre Beute zu fangen. Nähere Untersuchungen darüber fehlen.

Wir haben nun noch die kleine Familie der *Hydroptilidae* zu besprechen (Taf. V, Abb. 2, 3, 8; Abb. 177–181). Sie umfasst nicht viele Gattungen und Arten und ist hierzulande nur mit ungefähr zehn Arten vertreten. Sie gehören alle zu den kleinsten Köcherfliegen; die Köcher sind kaum mehr als einen Zentimeter lang, zumeist sogar kleiner. Die Larven sind von ausgesprochen campodeoidem Typus, unterscheiden sich aber im übrigen wesentlich von anderen campodeoiden Larven, nicht zumindest dadurch, dass sie sich Köcher bauen, mit welchen sie wie die echten Köcherfliegenlarven umherkriechen. Ihre Köcher sind indessen von denen der anderen Köcherfliegenlarven ganz verschieden, immer viel grösser als die Larve selbst.

Auch die Köcher der einzelnen Genera unterscheiden sich sehr voneinander; über die Art und Weise ihrer Herstellung weiss man ungemein wenig. Die Köcher sind zuweilen völlig flach, wie ein Brillenfutteral geformt, innen mit Seidengespinst bekleidet, aussen mit Sandkörnern belegt. Vorne und hinten haben sie eine Spalte, durch welche die Larve aus und eingehen kann. Das sind die Köcher der Gattung *Hydroptila*, deren kleine Gehäuse man oft zu Millionen in der Algenvegetation an den Brandungsufern der Seen findet. Ferner finden sich hier die flaschenhalsförmigen, flachen und vorne mit einem Kragen versehenen Köcher der Gattung *Oxyethira* (Abb. 178, Taf. V, Abb.2.), die im Gegensatz zu allen anderen Trichopterenlarven den vorderen Teil des Köchers zuerst anlegt. Er wird nie mit fremdem Material belegt; seine Gespinstmasse besteht aus einem besonderen, firnisartigen, durchsichtigen Stoff. Die einzelnen Gespinstfäden sind nicht zu erkennen.

Wieder andere Formen, *Agraylea* (Abb. 179), bilden Köcher, die in der Mitte breiter als am Ende, sonst aber ebenfalls flach sind; sie sind immer viel grösser als die Larve. In ihre Wände sind Algenfäden eingesponnen, die sich konzentrisch um den Mittelpunkt der Schalen anordnen; diese Köcher wachsen vermutlich gleichmässig von den Rändern aus. Es gibt noch andere Larvenformen; ihnen allen ist anscheinend die Gewohnheit gemeinsam, sich bei Gefahr in die niedlichen Häuschen zurückzuziehen und erst wieder hervorzukriechen, wenn die Gefahr vorüber ist, und dann langsam das Haus hinter sich herzuziehen. Die Larven sind immer seitlich zusammengedrückt, mit schmalem Kopf und Thorax und breitem Hinterleib. Sämtliche drei Brustringe

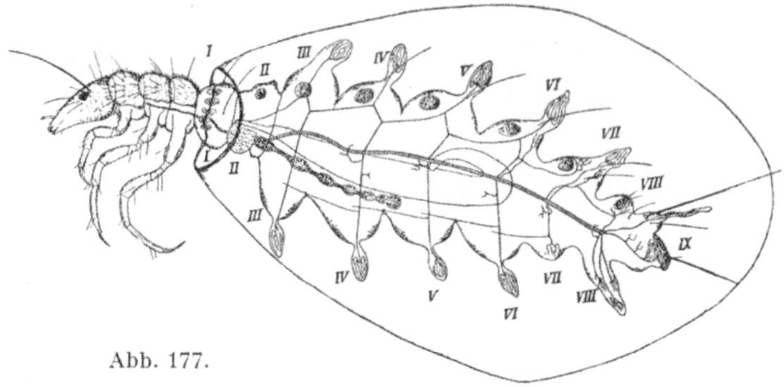

Abb. 177.

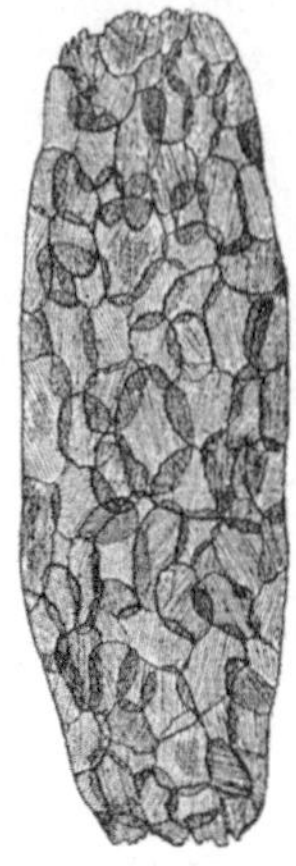

Abb. 180.

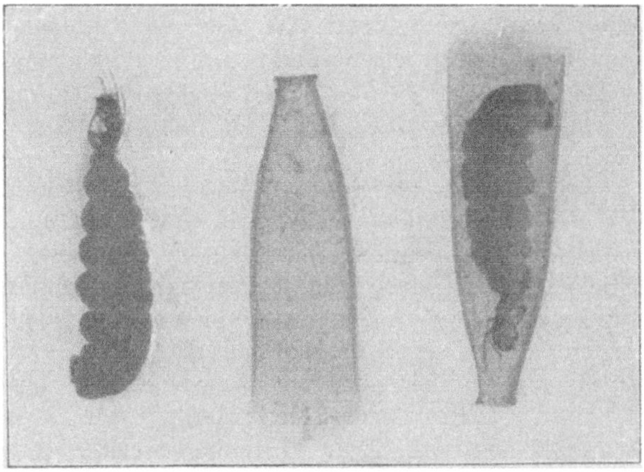

Abb. 178.

Abb. 181.

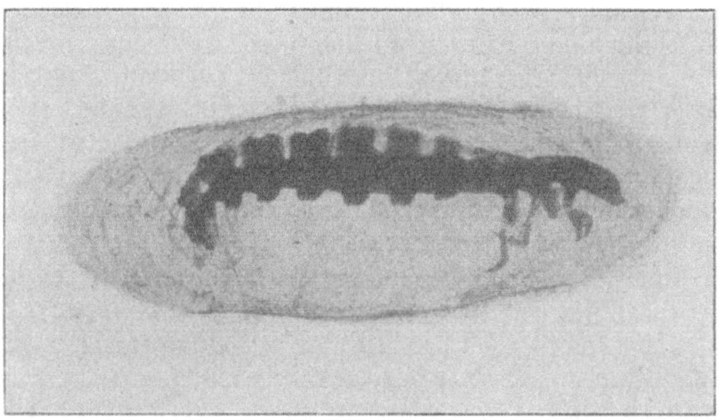

Abb. 179.

Hydroptiliden-Gehäuse.

Abb. 177. *Ithytrichia lamellaris* Eaton, Tracheenkiemen, Tracheensystem, Nervensystem, Drüsen eingezeichnet. Linke Spinndrüse sowie das Gehäuse im Umriss angegeben. *I—IX* die Abdominalsegmente. Nach Lauterborn, R. 1903.

Abb. 178. *Oxyethira*-Larven; links frei, in der Mitte das Rohr, rechts Rohr mit Larve. W-L. phot.

Abb. 179. *Agraylea multipunctata* Curt. in ihrem aus Algenfäden gesponnenen Köcher. W-L. phot. Vergr.

Abb. 180. *Ptilocolepus granulatus* Pt. Larvenköcher aus Moosstücken. Nach Thienemann, A. 1904.

Abb. 181. *Orthotrichia Tetensii* Kolbe. Larvenköcher. Nach Klapálek, F. 1897.

sind stark chitinisiert und die einzelnen Beinpaare sehr verschiedenartig gestaltet; die Hinterbeine sind meistens lang und als Gangbeine entwickelt; Seitenlinie und Kiemen fehlen. Nachschieber kurz, eingliedrig.

Vielleicht ist es nicht richtig, diese Larven unter die Netzspinner einzuordnen; aber zwei von ihnen, nämlich *Oxyethira* (Abb. 178) und *Hydroptila*, ziehen jedenfalls stets beim Gehen einen Seidenfaden hinter sich her. *Oxyethira* und *Agraylea* (Abb. 179) sind besonders in Teichen zu Hause; letztere hält sich mit Vorliebe auf Seerosenblättern auf; *Oxyethira* kommt auch noch in etwa 3–4 Meter Tiefe in grossen Mengen auf den submersen Wiesen unserer Seen oder auf den Fontinalis-Teppichen unserer Moore vor.

Hält man *Oxyethira* ein paar Tage lang in einer Schale mit Wasserpflanzen, so findet man nach einiger Zeit die Schale mit einer Unzahl feiner Fäden durchzogen. Gleichzeitig kann man beobachten, dass die Oxyethiren elegant wie Seiltänzer an den Fäden auf und ab balancieren. Man kann sich kaum etwas Niedlicheres vorstellen als diese hübschen, zumeist grünen Tiere, die in ihren halbdurchsichtigen Gehäusen an den Fäden hinauf und hinabklettern. Die Tiere haben am ersten Beinpaar einen Dorn; der Spinnfaden wird zwischen diesem und dem Bein eingeklemmt (Taf. V, Abb. 3). Wenn die Oberfläche des Aquariums mit Wasserpflanzen bedeckt ist, befestigen die Tiere an ihnen ihre Fäden und lassen sich daran langsam zum Boden hinab. An den Fäden hängend und sich nach allen Seiten wendend und drehend schweben sie scheinbar frei im Wasser. Bei *Hydroptila* wurden keine derartigen Beobachtungen gemacht.

Als Übergangsform zwischen *Rhyacophila* und *Hydroptila* hat Thienemann (1904) die Larve von *Ptilocolepus granulatus* Pt. (Abb. 180) beschrieben, die in einem kleinen Bach im Odenwald gefunden wurde. Das Tier lebt in Algen- und Mooskissen. Der Köcher gleicht einem Brillenfutteral, unterscheidet sich aber von anderen Hydroptilidenköchern dadurch, dass er aus kleinen, unregelmässig zusammengefügten Moosstücken (Fontinalis u. a.) aufgebaut ist.

Eine höchst eigentümliche Form ist die von Lauterborn und Rimsky-Korsakow (1903) beschriebene Larve *Ithytrichia lamellaris* Eaton (Taf. V, Abb. 8, Abb. 177), die wahrscheinlich überall selten ist, u. a. aber auch in einem westjütländischen Flüsschen gefunden wurde. Sie lebt in einem beweglichen, nur aus Sekret hergestellten Gehäuse, etwa von der Form eines Kürbiskerns, es ist undurchsichtig und hat vorn eine ziemlich kleine Öffnung, durch welche das Tier den Vorderkörper herausstreckt und einzieht. Alle drei Brustringe sind chitinisiert, das dritte Beinpaar ist lang; alle Beine sind mit einzelligen Drüsen versehen, das erste Hinterleibssegment mit anderen Drüsen. Die einzelnen Hinterleibssegmente (namentlich 3–6) sind sehr stark seitlich komprimiert, oben und unten sind sie mit halbkugligen Höckern und birnförmigen Anhängen besetzt, in denen zahlreiche Tracheen verlaufen, und die nichts anderes sein können als Tracheenkiemen; eine derartige Anordnung findet sich bei keiner anderen Trichopterenlarve. Das Endsegment trägt klauentragende Nachschieber. Am Rücken liegen grosse, einzellige Drüsen unter den Höckern. Diese eigentümliche Larve lebt zwischen der treibenden Vegetation in Bächen und kleinen Flüssen; ihre Nahrung besteht angeblich vorwiegend aus Diatomeen.

Wir sind daran gewöhnt, die Spinnen als die einzigen Geschöpfe zu betrachten, die Fangnetze herstellen; mehrere dieser Netze, z. B. die der Kreuzspinne und der Hausspinne, sind jedem wohlbekannt. Der Gedanke aber, dass auch Wassertiere solche Netze verfertigen könnten, liegt den meisten gänzlich fern. Und doch steht diese Tatsache jetzt fest; die Hydropsychen spinnen drunten im Bach ihre Netze ganz zu dem gleichen Zweck wie die Spinnen über dem Bach in der Luft. Ob das eine oder das andere kunstvoller ist, bleibe dahingestellt; beide sind den an sie gestellten Anforderungen wunderbar angepasst. (Siehe auch LOHMANN 1913.)

Ehe wir uns näher mit den Puppen befassen wollen, wäre es vielleicht angebracht, auf die grosse Rolle aufmerksam zu machen, welche die Larven für die Ernährung der Fische spielen. So wird angegeben, dass Köcherfliegenlarven nach Magenuntersuchungen etwa 70 % der Kost des Lachses auf Neuseeland ausmachen (HUDSON 1904), und dass sie 15–20 % der Fischnahrung im Illinoisfluss bilden (FORBES). Auch mit Bezug auf die grossen amerikanischen Seen und die grossen mitteleuropäischen Flüsse wird die Bedeutung der Köcherfliegenlarven hervorgehoben.

In neuerer Zeit wurde aus Holland (REDEKE und DE VOS 1925) mitgeteilt, dass Trichopterenlarven und namentlich *Limnophilus*-Larven sich als Schädlinge erwiesen haben, indem sie in der Zuidersee in die Netze gehen und diese zernagen. Der Schaden wird als sehr beträchtlich angegeben. Auch in anderer Weise richten sie Schaden an, z. B. im Zürichersee (WIESMANN 1926) und in der Wolga (POPOWA 1927), wo namentlich die Hydropsychiden durch Benagen des Holzes Brückenpfeiler und Schiffe recht erheblich beschädigen. Sie können so grosse Löcher nagen, dass die Brückenpfeiler ins Wanken geraten und einzustürzen drohen. SILTALA (1906–1908) teilt mit, dass Hydropsychiden im Laufe von 47 Jahren acht Zentimeter tiefe Gruben in Brückenpfeiler genagt haben. DJAKONOFF (1925) berichtet, dass im Trockendock liegende Kähne von Hydropsychiden bewohnt waren, die das Holz durchlöchert hatten. Es fanden sich 80–90 Löcher auf einer Fläche von etwa zweihundert Quadratzentimetern.

B. Die Trichopterenpuppen (Abb. 182–187).

Die Umwandlung des Larvenköchers in einen Puppenköcher beim Herannahen des Puppenstadiums geht auf höchst verschiedene Weise vor sich; ebenso werden auch die Puppenköcher in sehr wechselnder Weise befestigt. Verpuppen sich die Larven dort, wo sie gelebt haben, so versuchen sie häufig erst einmal, den Köcher zu belasten, indem sie grössere Steine am Hinterende und am Vorderende einfügen. Selbst Larven, die früher mit Pflanzenteilen bauten, versehen gegen Ende des letzten Larvenstadiums nicht selten das Hinterende des Köchers mit grossen Steinen. Oft werden Oberseite und Seiten des Köchers so verlängert, »dass die vordere Öffnung auf der Unterseite etwas hinter dem Vorderende zu liegen kommt, und der neue Teil wird mit Sandkörnern bekleidet. Dann wird die längliche Öffnung der Ränder nach aussen gebogen und am Stein festgesponnen« (*Odontocerum albicorne* Scop., ANKER NIELSEN 1942). Gewöhnlich wird das Hinterende der Röhre mit starken Fäden an der Unterlage befestigt. Bei *Ecclisopteryx guttulata* Pictet hat ANKER NIELSEN (1942) nachgewiesen, dass Reihen von Anheftungsfäden auch an den Seiten der Röhre angebracht werden können (Abb. 186).

Wenn die Larven sich so weit entwickelt haben, dass es Zeit zur Verpuppung ist, steht ihnen ein gutes Stück Arbeit bevor. Der Zeitpunkt liegt fast immer im Frühjahr oder Sommer; für ein Überwintern der Puppe kennen wir nur ein (tropisches) Beispiel. Alle Larven, ganz gleich ob sie frei wie die Rhyacophiliden oder in Gängen oder transportablen Köchern leben, bauen Puppenköcher. Der alte, nie übertroffene Insektenbeobachter RÉAUMUR sagt sehr bezeichnend von den Puppen: »Sie brauchen nicht zu fressen, aber sie

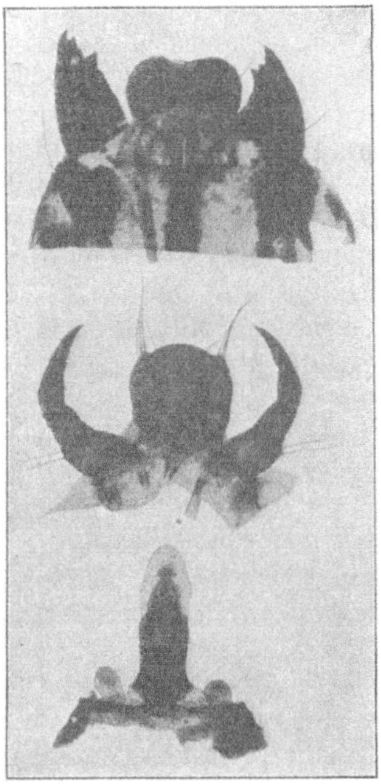

Abb. 182.

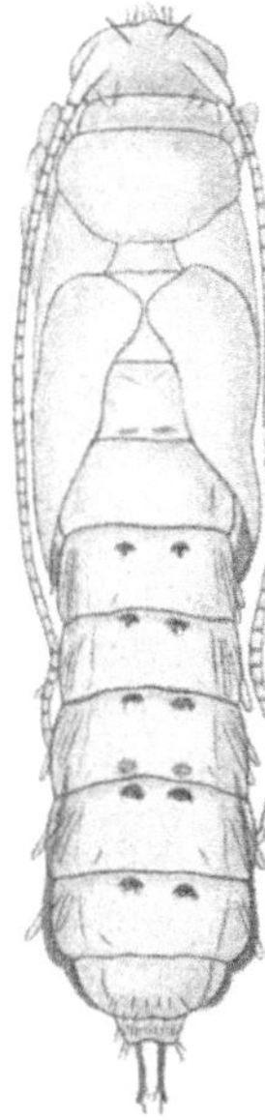

Abb. 183.

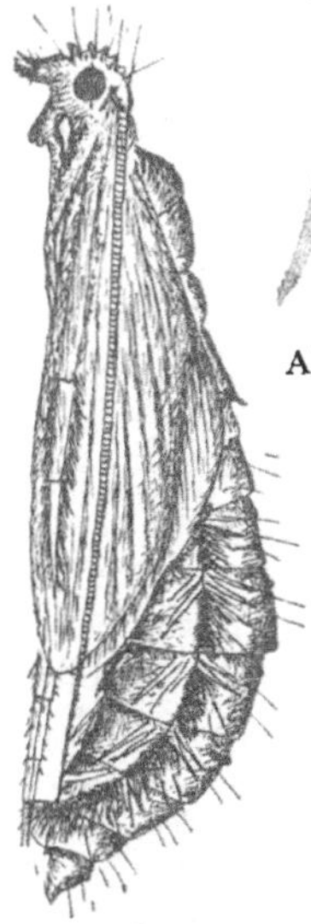

Abb. 184.

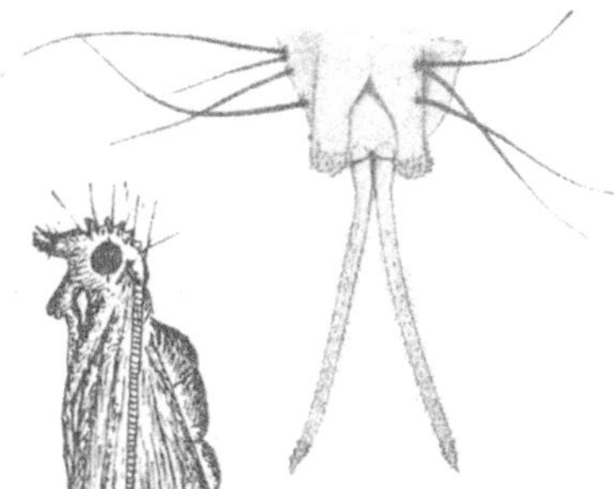

Abb. 185.

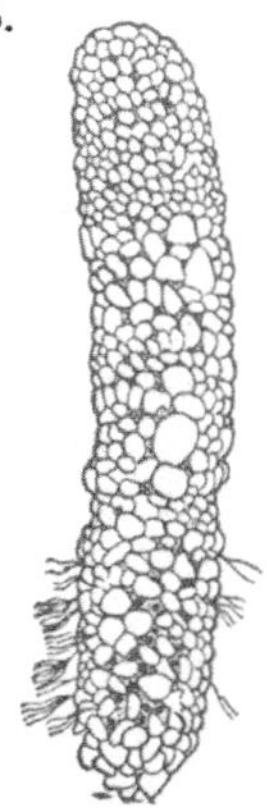

Abb. 186.

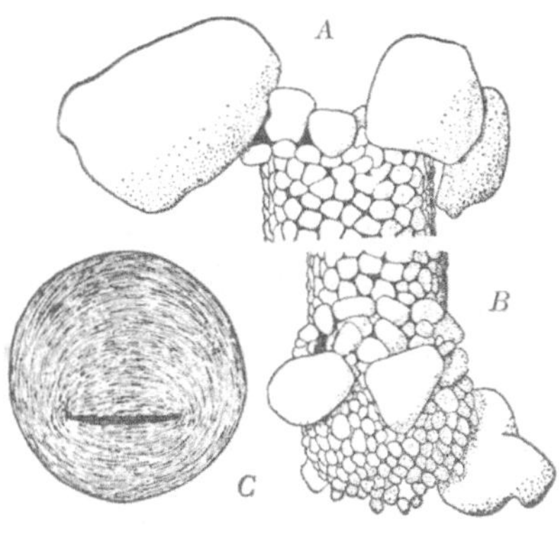

Abb. 187.

Abb. 182. Mandibeln und Oberlippe von *Phryganea grandis* L. im Larven-, Puppen- und Imagostadium. Im Larvenstadium sind die Mandibeln kräftige, wohl entwickelte Beissapparate, im Puppenstadium scherenförmig; sie werden zur Ablösung der Siebmembran gebraucht. Im Imaginalstadium sind sie rudimentär. Das Organ wird je nach der Verwendung ummodelliert. W-L. phot.

Abb. 183. *Stenophylax piscicornis* Pict. Puppe von oben gesehen. Nach Thienemann, A. 1905.

Abb. 184. *Phryganea grandis* L. Puppe. W-L. del.

Abb. 185. Hinterende einer Trichopterenpuppe. Nach Thienemann, A. 1905.

Abb. 186. *Ecclisopteryx guttulata* Pict. Puppenköcher mit Verankerungsfäden. Nach Anker Nielsen 1942.

Abb. 187. *Sericostoma personatum* Spence. Puppenköcher. A Vorderende, B Hinterende, C Vordere Membran. Nach Anker Nielsen 1942.

können selbst gefressen werden.« *Rhyacophila* und *Hydropsyche* scharren sich Steinchen und Kies in reichlichen Mengen zusammen und bauen aus ihnen, mitten im brausenden Wasser und vorwiegend auf der Unterseite von Steinen, ihre kleinen, niedlichen Steinhäuschen. Sie können hier so dicht sitzen, dass die Unterseite der Steine beinahe von ihnen bedeckt ist. Bei allen Abteilungen lässt sich überhaupt die eigentümliche Tendenz erkennen, sich in Gesellschaft zu verpuppen. Das gilt für Rhyacophiliden, Hydropsychiden, Leptoceriden und Limnophiliden. Oft kann der gesamte Leptoceridenbestand eines Teiches auf der Unterseite einer einzigen Planke versammelt sein. Viele Limnophiliden hängen im Puppenstadium in Trauben von den Ausläufern der verschiedenen Wasserpflanzen herab. Die einzelnen Steinchen der Köcher werden zu einer so kompakten Masse zusammengesponnen, dass es eine wirkliche Kraftanstrengung erfordert und man nicht selten das Messer zu Hilfe nehmen muss, um sie von der Unterlage abzulösen. Viele Netzspinner füllen vor der Verpuppung grobe Sandkörner in die Netze; sie bilden aus Sand und Gespinst eine lockere Kugel, die sie befestigen. Durch die Strömung werden dann die Netzreste weggeführt und nur die Kugel bleibt zurück. Andere Netzspinner (*Holocentropus*) verfertigen bloss eine Kugel aus Gespinst und hängen diese frei zwischen den Blättern der Wasserpflanzen auf. Die raupenförmigen Larven bauen keine neuen Köcher, sondern begnügen sich damit, die ursprünglichen zu verkürzen, und sie alsdann an Steinen, Wasserpflanzen u. dgl. zu befestigen. Es handelt sich offenbar um ein Stadium, in welchem die allermeisten Formen so weit wie möglich alles tun, um sich der Aufmerksamkeit des Feindes zu entziehen; sie sind denn auch in diesem Stadium am schwierigsten zu finden. Die *Phryganea*-Arten kriechen am liebsten in alte Risse der Torfmoore hinein. Heute noch kann man in Torfmassen, die aus den Fichten- und Eichenwäldern der Vorzeit gebildet sind, solche Köcher eingebettet finden. Andere verkriechen sich in morschen Baumstrünken, die ins Moor gestürzt sind; sie ziehen sich tief in die Gänge zurück, welche die Insekten des Waldes (*Sinodendron cylindricum* und *Dorcus parallelopipedus*) einmal gegraben hatten, ohne zu ahnen, dass Wasserinsekten später einmal diese Gänge als Schlupfwinkel benutzen würden. Scheffler (1932) hat nachgewiesen, dass sich die Larven nicht allein in altem, morschem Holz verpuppen, sondern auch darin nagen und davon leben, sodass ihr Darmkanal damit angefüllt ist. Er hat Larven allein mit morschem Holz ernährt. Wieder andere, die Glyphotaelien (Abb. 139), befestigen ihre Puppengespinste an Wasserpflanzen. Es ist beinahe unmöglich diese Puppenhüllen zu entdecken, so täuschend ähneln sie Pflanzenteilen. Viele Larven kriechen so nahe wie möglich an den Wasserspiegel; es hat oft den Anschein, als ob sie die Puppenköcher wirklich über dem Wasser anbrächten; jedenfalls kann man sie nicht selten über dem Wasserspiegel finden, dann allerdings in Tümpeln, in welchen das Wasser in der letzten Zeit stark verdunstet ist. Alle Individuen derselben Art verpuppen sich im selben Teich ungefähr gleichzeitig, und da jede Art mit Vorliebe dieselbe Lokalität aufsucht, können die Puppen scharenweise nebeneinander liegen. Häufig geschieht es, dass es im Teich an festem Material zur Verpuppung fehlt, und dass nur ein einzelnes Brett, ein paar Planken oder Steine zur Verfügung stehen; diese sind denn auch zu bestimmten Zeiten über und über mit Puppen bedeckt. Gelegentlich trocknen auch die Teiche im Frühjahr aus, ehe die Tiere zur Verpuppung bereit sind; dann erwecken die zahlreichen, über den schwarzen Schlamm verstreuten Köcher den Eindruck eines Friedhofes mit Tausenden von Leichen, die dicht unter der Oberfläche begraben liegen.

Ebenso wie die Larve muss auch die Puppe stets frisches Wasser haben und daher in ihrer Wohnröhre für beständigen Wasserwechsel sorgen. Darum bringt sie vor den beiden Enden des Köchers Membranen oder Häute mit Öffnungen an, durch welche das Wasser ein- und ausströmen kann. Diese sogenannten Siebmembranen (Abb. 139, 187c) sind bei den einzelnen Arten von verschiedener Konstruktion. Bei einigen haben sie mit ihren 20–30 Löchern das Aussehen eines wirklichen Siebes, bei anderen bilden sie dichte Flächen mit einem einzelnen, kreisrunden Loch, einer Quer- oder Längsspalte, oder einer Reihe kleiner Löcher am Rande. Wenn Köcherfliegen sterben, hinterlassen sie nicht viele Überreste, die als Fossilien erhalten bleiben könnten.

Das Dauerhafteste sind eben jene Membranen, und sie sind denn auch in nicht unbedeutenden Mengen in den Torfmooren abgelagert. Es dauerte lange, bis man sich klar darüber wurde, dass sie von den Gehäusen von Köcherfliegen stammen (W-L. 1896). Auch die ganze Oberfläche des Köchers kann solche Respirationslöcher aufweisen (*Ecclisopteryx*, ANKER NIELSEN 1942). Das Wasser wird durch die Körperschwingungen der Puppe durch diese Löcher in der Röhre ein- und ausgetrieben. Manche Formen, namentlich solche mit campodeoiden Larven, verfertigen in ihren Puppengehäusen einen regelmässigen, oft ganz dünnen Kokon, der vorne und hinten mit Öffnungen versehen sein kann. Puppen, wie die der Rhyacophiliden, die von allen Trichopteren die stärkste Strömung aufsuchen, bilden dicke, lederartige, braune Kokons, die an beiden Enden geschlossen sind. Hier kann der Luftwechsel nur auf osmotischem Wege durch die Wandung des Kokons vor sich gehen. Wie KRAWANY (1937) mitteilt, hat KUPELWIESER nachgewiesen, dass diese Wandung nur semipermeabel ist.

Die Puppen (Abb. 183–184) gleichen im grossen und ganzen dem vollentwickelten Insekt, jedoch besitzen sie noch gewisse larvale Organe, sowie spezielle Puppenorgane, die nur im Puppenstadium auftreten und mit ihm wieder verschwinden. Larvenorgane, die, wenn auch in etwas veränderter Gestalt, beibehalten werden, sind die Tracheenkiemen und die Seitenlinie. Interessant ist die Beobachtung, dass bei den Arten, deren Larven keine Tracheenkiemen haben (viele campodeoide Larven), solche bei der Puppe entstehen können (*Polycentropidae*), und umgekehrt fehlen die Kiemen der Puppe von *Rhyacophila*-Arten, obgleich ihre Larven solche besitzen. Die Seitenlinie ist gewöhnlich stärker entwickelt und bewirkt eine kräftige Bewegung des Wassers in der Röhre.

Spezielle Puppenorgane sind die Puppenmandibeln und die sogenannten Putzapparate. Eine Vorbedingung dafür, dass die Siebmembranen fungieren können, ist, wie gesagt, die Reinhaltung der Löcher. Die Puppen sind an der Oberlippe oder an den Maxillen mit langen Haaren ausgestattet; am Hinterende (Abb. 185) finden sich entweder lange dünne Anhänge, die Analstäbchen, oder lange feine Härchen, die man ganz deutlich in den Löchern aus- und einfahren sieht. Sie entfernen den Schmutz und fegen die Membran rein. Ihre Bedeutung wurde von THIENEMANN (1905) festgestellt. Andere Puppenorgane sind die eigentümlichen hakenförmigen Dornen auf den Rückenschienen (Abb. 183); einige sind nach vorn, andere nach hinten gerichtet, und mit ihnen schiebt sich das Tier vor- oder rückwärts, je nachdem es die vordere oder die hintere Siebmembran putzen will. Die starken kräftigen Mandibeln der Larve sind bei der Puppe durch lange, scherenartig gekrümmte Organe ersetzt; da die Puppe keine Nahrung zu sich nimmt, bedarf sie auch keiner kräftigen Mandibeln. Diese langen, scherenartigen Mandibeln (Abb. 182) haben, so viel man weiss, bei vielen Formen nur die Aufgabe, die Siebmembran aufzuschneiden. Bei anderen scheinen sie auch noch dazu zu dienen, die vordere Siebmembran zu reinigen.

Das Puppenstadium währt selten recht lange, kaum mehr als etwa vierzehn Tage. Wenn es zu Ende geht, öffnet die Puppe die Röhre, indem sie die vordere Siebmembran aufschneidet oder aufstösst. Sie kriecht heraus und befindet sich nun im Wasser. Jetzt folgt ein Stadium im Leben des Tieres, von dem selbst Zoologen nur geringe Kenntnis haben. Die Puppe, die wohlentwickelte Antennen, Beine und Flügelscheiden hat, kriecht oder schwimmt nun frei umher. In diesem Stadium fällt dem Tier einzig und allein die Aufgabe zu, an die Oberfläche zu gelangen, um dort die Hülle abzuwerfen und sich als vollentwickeltes Insekt in die Lüfte zu erheben. Da die Puppe dazu aber eine gewisse Zeit brauchen kann, ist sie mit besonderen Organen ausgestattet, die erforderlich sind, um an die Oberfläche zu kommen. Um sich im freien Wasser zu bewegen, sind Schwimmorgane unentbehrlich; das mittlere Beinpaar ist daher an Tibia und Tarsen mit langen Haaren ausgerüstet. Bei Formen, die im Moos auf hygropetrischen Felsenwänden und zwischen Blättern von Bromeliaceen leben, fehlen sie. Bei Tieren im Aquarium kann man beobachten, dass sie die Antennen und das hintere Beinpaar dicht an den Körper drücken und das vordere ausgestreckt halten, während sie mit dem mittleren grosse Schwimmbewegungen ausführen und in kräftigen Sätzen durch das Wasser springen. Schwimmend kann sich das Tier nur eine kurze Zeit halten, dann sinkt es zu Boden. Diese wenigen Minuten muss das Tier dazu ausnutzen, um entweder eine Pflanze, an welcher es zum Wasserspiegel emporklimmen kann, oder die Oberfläche zu erreichen. Gelingt letzteres, so breiten sich im selben Augenblick die Tracheenkiemen und die Seitenlinie aus; sie tragen das Tier, während es an der Oberfläche liegt. Die oben erwähnten Dorne und Dornplatten (Abb. 183) auf den Rückenschienen spielen in dieser Beziehung wahrscheinlich auch eine Rolle. Nun kann die Verwandlung vor sich gehen. Ist die Imago nicht binnen vierundzwanzig Stunden ausgeschlüpft, so geht das Tier in der Regel zugrunde. Die allermeisten Trichopterenlarven klettern wahrscheinlich normalerweise an Wasserpflanzen aufwärts zum Wasserspiegel, andere jedoch, namentlich Leptoceriden, steigen fast unmittelbar nach dem Verlassen des Puppenkokons senkrecht in die Höhe, legen sich auf den Wasserspiegel und machen einige Bewegungen mit dem Hinterkörper. Dann reisst die Brusthaut, das Insekt verlässt die Hülle und fliegt davon. Der ganze Vorgang währt nur wenige Minuten.

C. Die Imagines.

Die vollentwickelten Trichopteren (Abb. 139–188–189) ähneln oft kleinen Schmetterlingen und wahrscheinlich besteht auch ein gewisses Verwandtschaftsverhältnis zwischen diesen beiden Gruppen. Es würde ausserhalb des Rahmens der hier gestellten Aufgabe liegen, wollten wir eine eingehende Beschreibung der Tiere in diesem Stadium geben. Wir erwähnen nur, dass sie mittelgrosse, oft auch nur kleine Insekten, von recht unansehnlicher Farbe sind; braune, graue, schwarze, seltener rötliche Farben herrschen vor, doch können diese so ineinander greifen, dass hübsche Farbenschattierungen entstehen. Dies gilt jedoch fast ausschliesslich für die Vorderflügel, während die Hinterflügel nahezu immer einfarbig sind und zwar heller als die Vorderflügel, zumeist weisslich oder grauweiss; grüne und blaue, selbst reinweisse Färbung kommt nicht vor. – Der kleine, meist stark behaarte Kopf trägt die Antennen, die in der Regel ebenso lang sind wie die Flügel, bei gewissen Leptoceriden aber mehrmals so lang. Sie sind vielgliedrig, immer geisselförmig, werden in der Ruhe gerade nach vorne gestreckt und berühren einander, sodass sie den Eindruck erwecken, als ob sie aus einem einzigen Faden bestehen. Die langen Antennen der Leptoceriden werden beim Männchen während des Paarungsfluges nach aussen gekrümmt; in der Puppenhülle liegen sie in mehreren Windungen um den Hinterleib. Die zusammengesetzten Augen sind gewöhnlich klein; bei ausgesprochenen Dämmerungstieren (z. B. Mystaciden), die Paarungstänze aufführen und in Schwärmen leben, sind jedoch die Augen der Männchen so gross, dass sie einander in der Mittellinie fast berühren. Gewöhnlich drei Punktaugen.

Die Mundteile sind meistens stark reduziert (Abb. 188) (Lucas 1893). Die Mandibeln bilden nur einen kleinen Knopf an den Seiten der Oberlippe. Von den Maxillen sind nur die Maxillarpalpen wohlentwickelt; sie sind überhaupt der bestausgebildete und variabelste Teil der Mundgliedmassen. Sie sind gewöhnlich fünfgliedrig und bei beiden Geschlechtern sehr verschieden gestaltet; das gilt namentlich für die Sericostomatiden, bei denen das letzte Glied eine

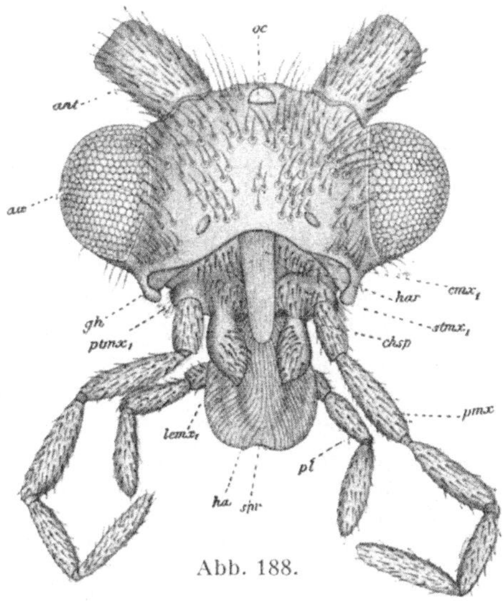

Abb. 188.

Abb. 188. *Anabolia furcata* Brauer. Imago. Mundteile. Dorsalansicht. Die Oberlippe ist entfernt. *ant* Antennen, cmx_1 Cardo der ersten Maxille, *har* Haustellarrinne, $stmx_1$ Stipes der ersten Maxille, *pmx* Palpus der ersten Maxille, *pl* Palpus labialis, *ha* Haustellum, $lemx_1$ Lobus externus der ersten Maxille, $ptmx_1$ Palpusträger der ersten Maxille, *gh* Gelenkhöcker, *au* Augen, *oc* Occipitalauge, *chsp* Chitinspitze. Nach Lucas 1893.

Abb. 189. Eine Phryganide. Vergr. Nach Needham, J. 1901.

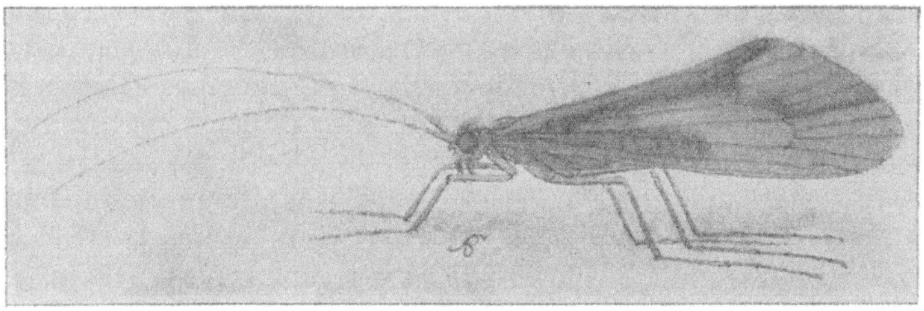

Abb. 189.

Art Maske bildet, die den vorderen Teil des Kopfes deckt. Die Maxillarpalpen sind hier in der Regel stark behaart und werden vom Männchen zum Festhalten des Weibchens benutzt. Das 2. Paar Maxillen ist zusammengewachsen und bildet ein zungenförmiges Leckorgan, das Haustellum. Die Labialpalpen sind dreigliedrig. Einige Arten haben einen in verschiedener Weise aus den Mundgliedmassen gebildeten Saugrüssel. Bei einer aus Chile beschriebenen Gattung *Pseudostenophylax* (Döhler 1914) sind die Maxillarpalpen sehr lang und bilden zusammengelegt ein Saugrohr, während ein solches bei der australischen Gattung *Plectrotarsus* (McLachlan 1874–1884) aus Labrum und Labium besteht. Von den drei Brustringen ist der erste sehr klein, der zweite am grössten. Die drei Beinpaare sind alle ungefähr von gleicher Gestalt, lang, dünn, schwach, namentlich die Hüften sehr lang. Die Tibien sind mit Dornen und beweglichen Sporen besetzt, die Füsse fünfgliedrig mit zwei Klauen und einer Haftscheibe dazwischen. Tibien und Tarsen sind bei den Weibchen oft verbreitert, besonders bei denen, die ihre Eier im Wasser ablegen. Die Flügel werden in der Ruhe wahrscheinlich immer dachförmig getragen. Betreffs der Behaarung der Flügel und ihres Geäders sei auf systematische Werke verwiesen. Es mag hier nur erwähnt werden, dass sie beinahe nackt sein können, bei den meisten aber von haarähnlichen, bisweilen breiten Schuppen bedeckt sind, die jedoch nicht gestreift sind wie bei den Schmetterlingen. Die Flügelränder tragen oft, z. B. bei den Hydroptiliden, lange Haarsäume. Die Flügel können besondere Makulae und ein eigentümliches Gebilde, das möglicherweise ein Duftorgan ist, aufweisen. Verschiedene Strukturverhältnisse bewirken, dass Vorder- und Hinterflügel während des Fluges zusammengeheftet sind. Nur in Ausnahmefällen sind die Flügel reduziert oder fehlen ganz. Die Hinterflügel sind gewöhnlich breiter als die Vorderflügel und gewöhnlich der Länge nach faltbar. Das Geäder besitzt nur wenige Queradern. Der Hinterleib besteht aus neun Segmenten, das neunte ist kaum sichtbar. An der Hinterleibsspitze des Männchens sitzen drei Paar Anhänge sowie der Penis mit Anhang. Die verschiedene Form dieser Gebilde ist sehr wichtig für die Systematik. Beim Weibchen ist die Variation der äusseren Geschlechtsorgane nicht so gross, bisweilen ist ein kurzer Legestachel vorhanden. Die Pleuralhäute sind bei fast sämtlichen Trichopteren mit kleinen, wenig hervortretenden Kiemenfortsätzen ausgestattet, die nur am lebenden Tier wahrzunehmen und wahrscheinlich funktionslos sind (Handb. d. Zool. S. 1499).

Über die Biologie der entwickelten Insekten ist, abgesehen von Paarung und Eiablage, nur sehr wenig bekannt. Sie sind keine guten Flieger, aber mehrere von ihnen, besonders die Hydropsychiden, laufen vorzüglich. Die Bewegung wird am besten als ein Zwischending von Flug und Taumeln charakterisiert. Die Flugzeit der Arten dauert in der Regel nicht mehr als 3–4 Wochen, jedoch konnte man bei reichlicher Fütterung mit Zucker einzelne Tiere sieben Wochen lang am Leben erhalten (Döhler 1914). Über die Lebensdauer der einzelnen Individuen liegen keine näheren Angaben vor. Viele der kleineren Arten leben nur ganz kurz, kaum acht Tage. Die Imagines nehmen sicher flüssige Nahrung zu sich, vor allem Wasser; sie werden aber oft auf Blumen angetroffen, von denen sie wohl Honig aus offenliegenden Honiggrübchen auflecken oder aufsaugen; vor allem locken die Blüten von Spiraea an Seeufern in der Dämmerung oft zahlreiche Individuen an. Einige tropischen Formen haben, wie bereits erwähnt, einen langen Saugrüssel.

Über grosse, wie Eintagsfliegen tanzende Schwärme von Köcherfliegen wird nur selten berichtet, doch können gewisse Arten zur Flugzeit in ungeheuren Mengen auftreten, wie z. B. einige Rheinformen. Ich habe selbst unterhalb des Rheinfalles bei Schaffhausen am Fusse des Schlosses Laufen an einem Sommertag unglaubliche Mengen niedrig fliegender Individuen von *Hydropsyche pellucida* Curt. gegen den Strom, gerade hinein in die schneeweissen, tosenden Wassermassen fliegen sehen. Tausende und aber Tausende mussten jede Minute den Tod finden. Weiter oben zogen die Hydropsychen in meterhohen Schwärmen am Ufer entlang; alle Pfeiler der alten Rheinbrücken waren wie lebend; die braunen Tiere sassen so dicht aneinandergepresst, dass kein Platz blieb, um auch nur mit einer Fingerspitze den blossen Pfeiler zu berühren.

Ein ähnliches Phänomen konnte ich in meinem Laboratorium am Tjustrupsee beobachten. In dunklen Regennächten im Spätsommer stiegen die Hydropsychen in ungeheuren Scharen von den Ufern auf. Zündete man eine Lampe im Laboratorium an, so wurden die Fenster buchstäblich mit Schichten von

Hydropsychen bedeckt. Nicht ein Fleckchen blieb frei; lagenweise krochen die Tiere übereinander. Nahm ich ein Licht und führte es hin und her, so zog die Masse der Tiere mit dem Licht nach links und rechts. Aus Amerika (BETTEN 1934) wird über zahlreiche Fälle von Massenvorkommen von Köcherfliegen berichtet und zwar sonderbarerweise immer von Hydropsychen.

Bei schlechtem Wetter sitzen die meisten Arten versteckt im Schilf; viele Arten fliegen im hellen Sonnenschein, die meisten von ihnen sind aber wohl Nachmittags- und Dämmerungstiere. CHOLODKOVSKY (1913) gibt an, dass in den weiblichen Geschlechtswegen (bursa copulatrix) Körper vorkommen, die als Spermatophoren zu bezeichnen sind (*Goëra*, *Molanna*). Die bisher vorliegenden Beobachtungen über die Paarung sind sehr spärlich. Von der Art *Apatania muliebris* McLachl. wurden bisher noch niemals Männchen gefunden; man vermutet deshalb, dass sie sich parthenogenetisch fortpflanzt (ANKER NIELSEN 1935).

Abb. 190. Eine Ecke des Funketeiches, wo *Phryganea grandis* L. ihre Paarungstänze aufführt. W-L. phot.

Über den nordseeländischen Mooren und Teichen (Abb. 190) tanzen die grossen *Phryganea*-Arten im Juni den fröhlichsten Kehraus. In laufendem Flug und fliegendem Lauf ziehen die grossen Tiere ihre Kreise über der sonnenbeschienenen, spiegelblanken Wasserfläche, vorne das Weibchen, hinter ihm her das Männchen; ihre Kreise schneiden sich. Es ist ein lustiger Anblick, die grossen Tiere zu Hunderten über dem Wasserspiegel kreisen zu sehen. THIENEMANN (1924) bemerkt, dass die Tiere sich eigentlich nicht laufend über den Wasserspiegel hinbewegen; die Mittelbeine sind etwas verbreitert; sie befinden sich gleich den Hinterbeinen unter Wasser und führen dieselbe Bewegung aus, wie die der Gyrinen. Die Unterseite der Tiere ist unbenetzbar; sie rudern mit den Mittelbeinen, während die Hinterbeine nachgeschleppt werden und anscheinend nicht an der Bewegung teilnehmen.

Die Paarung geht fast immer im Röhricht oder unter dem Blätterdach der Buchen vor sich. Hier sitzen die Tiere mit den Köpfen in derselben Richtung, das kleinere Männchen gewöhnlich unter den Flügeln des Weibchens versteckt. Werden sie aufgeschreckt, so fliegen sie nicht davon, sondern stürzen sich kopfüber auf die Wasserfläche und suchen sich durch eiliges Laufen zu retten.

Die Männchen führen namentlich bei den Leptoceriden Tänze auf, die sehr an die der Ephemeriden erinnern. Mehrere tanzende Leptoceriden haben sehr lange Fühler, die sie beim Fluge aufwärts und schräg seitwärts halten. Die Tiere selbst stehen während des Fluges beinahe vertikal. Über dem Schilfdickicht des Furesees stehen im Spätsommer die grossen schwarzen Schwärme von *Mystacides nigra* L. Sie bestehen nur aus Männchen, welche die Weibchen wahrscheinlich ergreifen, sobald diese nach der Verwandlung an der Wasseroberfläche aus den Wellen auftauchen. Sowohl Männchen wie Weibchen haben ausserordentlich lange, behaarte, eigentümliche Maxillarpalpen, die bei den Männchen am längsten sind. Dieses nähert sich dem Weibchen von hinten und legt seine Palpen ungefähr in der Mittellinie um dessen Hinterleib. Die Tiere stellen sich dann vertikal und fliegen in ganz geraden und vom Wasserspiegel schräg aufsteigenden Linien dem Ufer zu. Wenn die Tiere unter den Buchenkronen angelangt sind, biegt das Weibchen seinen Hinterleib nach aufwärts, worauf sich das Männchen mit seinen äusseren, zangenförmigen Paarungsorganen an der Hinterleibsspitze des Weibchens anklammert. Darauf dreht sich das Männchen um, sodass die beiden Tiere mit den Köpfen in entgegengesetzter Richtung sitzen. Häufig liessen sich Tiere auf meiner Handfläche nieder, wenn ich sie einem auffliegenden Pärchen entgegenstreckte; ich konnte dann mit einer Lupe den Vorgang genau verfolgen. Es ist wohl bei allen Köcherfliegen die Regel, dass das Weibchen zwar im Flug ergriffen, aber in sitzender Stellung begattet wird. Beobachtungen, die hierzulande begonnen, aber im Ausland zu Ende geführt wurden, haben ergeben, dass die Paarung auch im Fluge vollendet werden kann. Über dem Röhricht des Furesees wurden Trichopteren wiederholt in copula beobachtet; das eine Tier flog vorn und an seinem Hinterende hing das andere unbeweglich und mit zusammengefalteten Flügeln. DÖHLER (1914) schildert die Paarung einer *Hydropsyche*-Art in folgender Weise: Das Männchen legt im Flug seine Paarungszangen um die Hinterleibsspitze des Weibchens, lässt es dann vorne los und trägt nun das Weibchen, das während der Paarung an seinem Hinterende festhängt, durch die Lüfte. Die Tiere verhalten sich also gerade umgekehrt wie die Ephemeriden, bei denen die Weibchen die Männchen tragen.

D. Eier und Eiablage.

Wir kennen nur ein einziges Beispiel für lebend gebärende Köcherfliegen, nämlich *Notanatolica vivipara* Wood-Mason, Ostindien (WOOD-MASON. 1890); alle anderen legen Eier. Die Eier sind fast immer kugelrund und oft schön gefärbt, grün oder gelb; die Hydropsychiden haben stark längliche Eier. Köcherfliegen, die ihre Eier in Pflanzenteile einbohren, sind nicht bekannt. Die Anzahl der Eier in einer einzelnen Laichmasse ist sehr schwankend; bei einigen Arten sind es an die Tausend, bei anderen nur an die Zwanzig. Sie sind gewöhnlich von Gallerte umgeben, bei Formen mit campodeoiden Larven zumeist kittartig, ohne gallertige Hülle. Die Form der Gallerte ist bei den einzelnen Gattungen sehr verschieden, aber innerhalb der einzelnen Gattung konstant.

In den meisten Fällen beginnt das Weibchen gleich nach der Paarung mit der Eiablage. Manche Formen, namentlich Leptoceriden und Sericostomatiden, tragen ebenso wie Perliden und Ephemeriden die Eier als Kugel an der Hinterleibsspitze; sie fliegen über das Wasser hin und lassen die Eikugel fallen oder von den Wellen abspülen. Solche Eikugeln können sich dann im Sommer im Sand der Seeufer in ungeheuren Mengen ansammeln. Wenn sie abgelegt werden, haben sie kaum die Grösse einer Erbse, aber da die Gallerte Wasser aufsaugt, quillt die ganze Masse auf und wird so gross wie eine Haselnuss. Die Kugeln bedecken sich mit Sand und werden von der Brandung auf der Sandfläche des Ufers hin und hergerollt.

Die allermeisten Formen zeigen jedoch bedeutend mehr Sorgfalt für ihre

Eier (Abb. 191–193). Zahlreiche Arten, namentlich von den Limnophiliden, legen ihre Eier am Land, aber nahe am Wasser ab, am liebsten auf Ästen und Pflanzen, die über den Wasserspiegel hinausragen. Auch diese Eimassen sind ursprünglich ganz klein, quellen aber besonders in der Regenperiode bis zur Grösse von Walnüssen auf. Eine Zeitlang können die kleinen Larven in den Gallertmassen bleiben, dann fallen sie aber bei Regengüssen mit den Regentropfen ins Wasser hinab und kommen so in ihr Element (W-L. 1908); andere müssen, wenn der Tau auf Gräsern und Blättern liegt, versuchen, mit den Tautropfen ins Wasser zu gelangen. Bei trockenem Wetter können die grossen Gallertklumpen wochenlang über dem Wasserspiegel hängen und auf Regen warten. Einige Arten, wahrscheinlich *Anabolia*, überwintern im Ei unter Steinen und Baumwurzeln nahe am Wasser und warten den Zeitpunkt ab, bis das Wasser im Frühjahr so hoch steigt, dass es die Stellen erreicht, wo die Eier abgesetzt sind.

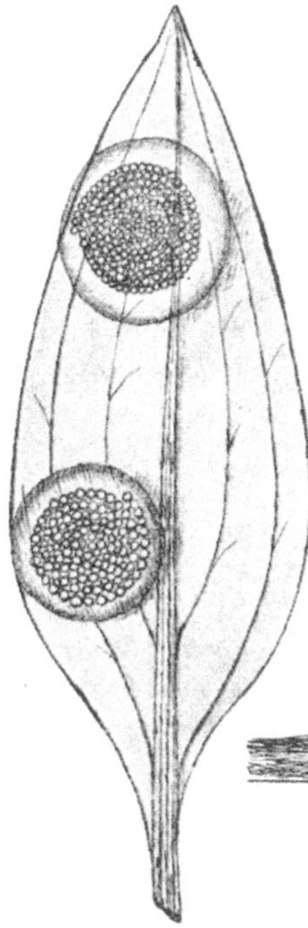

Abb. 191.

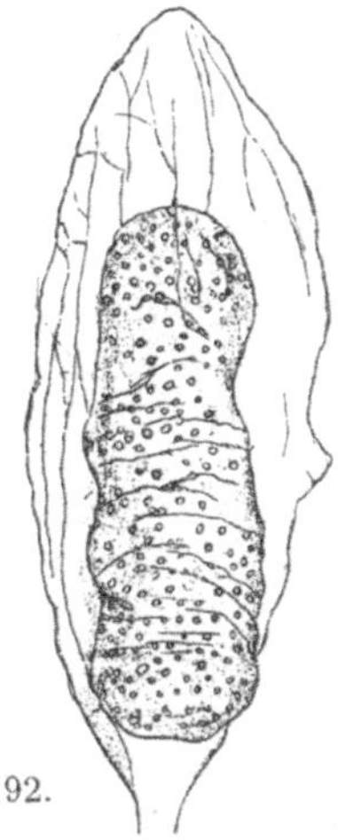

Abb. 192.

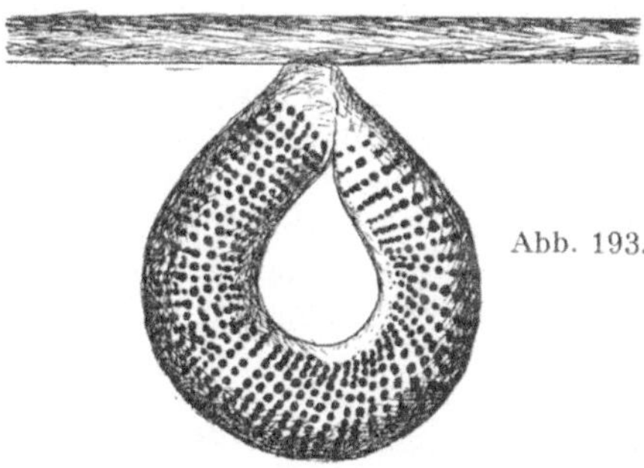

Abb. 193.

Abb. 191. Eimassen von *Triaenodes bicolor* Curt. auf einem Alisma-Blatt. Nach Moretti, G. 1934.

Abb. 192. Eimasse von *Glyphotaelius punctato-lineatus* Retz. Nach Siltala, A. 1906.

Abb. 193. Eischnur von *Phryganea grandis* L. Natürl. Gr. W-L. del.

Nicht wenige Arten kriechen unter den Wasserspiegel und legen die Eier an Blattstengeln oder an der Unterseite der Blätter ab. Dies gilt namentlich für unsere *Phryganea*-Arten und nahestehende Formen, ferner auch für Leptoceriden u. a. Anker Nielsen (1936) hat *Oligoplectrum maculatum* Fourcr. zu Tausenden unter einer Brücke an einem reissenden Bach in Nordjütland gefunden. Die meisten der Weibchen trugen am Hinterleib einen grossen Eiklumpen, der durch eine eigentümliche Umformung der letzten Hinterleibsringe festgehalten wurde. Die Weibchen gehen unter Wasser, setzen die Eier unter Steinen ab, bleiben auf ihnen sitzen und sterben. Die Eiklumpen quellen im Wasser sehr stark auf. Man sieht oft *Phryganea*-Arten auf Seerosenblättern sitzen und von ihren Rändern kopfabwärts ins Wasser kriechen. Wenn man im Boot durch die Nymphaeaceen-Teppiche rudert und mit dem Ruder über die Seerosenblätter streicht, stürzen die grossen Weibchen häufig über den Wasserspiegel hin, um sich ins Schilf zu retten. Viele dieser Formen haben sehr schöne und grosse Laichmassen, kranzförmig bei den *Phryganea*-Arten (Abb. 193), scheibenförmig bei *Triaenodes* (Abb. 191).

Die meisten Köcherfliegen mit campodeoiden Larven, vor allem die in fliessenden Gewässern lebenden, begeben sich zur Eiablage unter den Wasserspiegel. In schnell strömenden Gewässern wird ein Ei nach dem anderen in unregelmässigen Kuchen an den Steinen befestigt; während der Eiablage wird der Hinterleib lang ausgezogen. Die Eier liegen nebeneinander; sie haben keine Gallertschicht. Steine, Blätter und Holzstücke sind oft von diesen ganz dünnen Laichmassen überzogen. Solange sich die Tiere im Wasser aufhalten, sind sie ganz von Luft umhüllt, auch unter den Flügeln ist Luft. Man kann es wohl als Anpassung an das Leben im Wasser auffassen, dass die Hinterbeine der Weibchen oft mit langen Haaren bedeckt und die Tibien am mittleren Beinpaar flach sind.

Nur die Rhyacophiliden legen wahrscheinlich ihre Eier einzeln in Ritzen und Löchern in Steinen und Holzstücken ab.

Über Periodizität, Zahl der Häutungen und Überwinterung sind wir nur schlecht unterrichtet. Man meint, dass es im Ganzen 5–6 Häutungen gibt (Siltala 1907). Die Flugzeit der meisten Formen fällt in die Zeit von Juni bis August; Arten aus südlicheren Gegenden können angeblich zwei Würfe haben. Unter den Formen mit der längsten Lebensdauer, die noch im November vorkommen, muss *Anabolia* genannt werden. Weitaus der grösste Teil der Tiere überwintert wohl als Larven am Grund des Wassers; doch habe ich wiederholt im Winter an Seeufern unter Steinen und Brettern kugelrunde Laichmassen gefunden, von denen ich vermute, dass sie zu *Anabolia* gehören. Schon vor der Eisschmelze kann man im allerersten Frühjahr ganz junge Larven von Limnophiliden finden. Ob sie als Larven oder im Ei überwintert haben, muss dahingestellt bleiben. Unter der Trichopterenfauna austrocknender Bäche dürfte vielleicht auch Überwinterung im Puppenstadium vorkommen. Jedenfalls kann dies bei *Rhyacophila* der Fall sein, deren dicke, braune Puppengehäuse ich oftmals im Winter gefunden habe. Lokale Verhältnisse spielen hierbei sicherlich mit.

Einige abschliessende Bemerkungen.

Die eigentliche Heimat der Trichopterenlarven ist das Süsswasser. Nur die Limnophilide *Enoicyla* lebt als Larve und Imago ausserhalb des Wassers, wenn auch in seiner Nähe (Moos auf Baumstämmen, feuchten Felsen). Das Weibchen dieses eigentümlichen Insektes ist flügellos. Die Larve hat ein offenes Tracheensystem (Döhler 1920). Sonderbarerweise hausen gewisse Köcherfliegenlarven (*Nepenthophilus*) in den Kannen des insektenfressenden Kannenträgers, Nepenthes, obwohl man meinen sollte, dass dies die letzte Lokalität sein müsste, wo Insekten anzutreffen wären. Sie scheinen aber für das Leben am Grunde solcher Kannen, die eine insektenauflösende Flüssigkeit enthalten, durch die sehr dicke Kutikula ihres schweren Chitinpanzers ausgerüstet zu sein. Nähere Untersuchungen fehlen (Günther 1913).

Im Brackwasser hat man ebenfalls verschiedene Trichopteren gefunden (Rotes Meer, Salz- und Brackwasserseen der Sahara, Salzwassertümpel in Neusüdwales). Im finnischen Meerbusen hat Siltala zahlreiche Arten nachgewiesen, die ihre Köcher aus Fucus und anderen Meerespflanzen bilden. In den Bergen gehen die Trichopteren sehr hoch hinauf; Zschokke fand sie z. B. in einer Höhe von 2686 Metern ü. M.

Hingegen leben sie anscheinend nicht in grossen Seetiefen. *Molanna* kommt allerdings im Furesee in 6–7 Meter Tiefe vor. Nach ZSCHOKKE gehen im Vierwaldstättersee einzelne Arten bis zu einer Tiefe von ungefähr 40 Metern. Ob sie aber dort wirklich heimisch sind, ist noch die Frage. In den letzten Jahren wurden vor allem durch die Forschungen von RACOVITZA mehrere Trichopteren in Höhlen nachgewiesen; sie sind aber keine echten Höhlentiere, sondern treten hier eigentlich nur als Gäste auf (RACOVITZA 1907. Vgl. ULMER 1920; RADOVANOVIC 1935; DESPAX 1935). DESPAX erwähnt, dass in einer Höhle in Jugoslavien (une grotte glaciale), in der noch im Sommer Eis zu finden ist, und wo die Temperatur an der Fundstelle nur 3,75–4,4° betrug, nicht weniger als zwei *Micropterna*- und zwei *Stenophylax*-Arten anzutreffen waren.

Über die geographische Verbreitung der Trichopteren ist kaum etwas Sicheres zu sagen. Was wir darüber wissen, ist bei ULMER (1905) zusammengestellt. Eigentlich ist nur die europäische, in den letzten Jahren auch die nordamerikanische Fauna als gut bekannt zu betrachten. Die Trichopterenfauna grosser Tropengebiete ist uns so gut wie unbekannt. Die Trichopteren scheinen über die ganze Welt verbreitet zu sein, nur auf Hawaii fehlen sie anscheinend. Limnophiliden und Phryganiden sind für die paläarktische Region charakteristisch, fehlen aber beinahe ganz in den Tropen. Sonderbarerweise hat es nach dem heutigen Stand der Forschungen nicht den Anschein, als ob die Tropen besondere Formen aufzuweisen hätten. Die einzige Ausnahme sind die *Macronematinae* und *Calamoceratininae* des südamerikanischen Faunengebietes.

Die Trichopteren gehen, wie bereits erwähnt, in der Vorgeschichte der Erde sehr weit zurück. Bereits im Lias sind sie mit mehreren Formen vertreten.

Viel später, in der Tertiärzeit (im unteren Oligocän) traten sie nahe der Gegend, wo heute Dänemark liegt, in ungeheuren Mengen auf. Das Festland, das sich damals über ein Gebiet erstreckte, das vom jetzigen Mittelschweden, Finnland, Estland, Dwina, Minsk und Smolensk begrenzt wird, und dessen Küsten von einem Meer bespült wurden, das sich über das heutige Mitteldeutschland und Westrussland bis zum schwarzen Meer ausdehnte, war damals ein sumpfiges Waldland. Von ihm stammen die grossen Bernsteinfunde, die heute an den Küsten der Ostsee angespült werden. Bekanntlich fanden zahlreiche Insekten ihren Tod im Bernstein, als er noch flüssiges Harz war; sie wurden von ihm umschlossen und blieben so vortrefflich konserviert. Dank dieser konservierenden Eigenschaften des Bernsteins ist unsere Kenntnis der alten Insektenwelt dieser bernsteinbildenden Wälder nicht gering, und am besten sind wir vielleicht über die Köcherfliegen jener Wälder unterrichtet. Dr. ULMER (1912) hat diese Fauna mit unendlichem Fleiss studiert und auf Grund sehr grosser Sammlungen, im Ganzen 5060 in Bernstein eingeschlossener Köcherfliegen, 152 auf 56 Gattungen verteilte Arten beschreiben können. Es hat sich dabei gezeigt, dass heute keine einzige dieser Arten mehr vorkommt, dass wir aber 30 der noch lebenden Gattungen mit ihnen gemeinsam haben. Die meisten Arten gehören zu den Polycentropiden, die heute nur etwa 7 % unserer Fauna ausmachen, während sie damals etwa 44 % der Fauna betrugen. Die Limnophiliden, die heute die Hauptfamilie bilden (26 %), fehlen in den Bernsteinablagerungen gänzlich, wahrscheinlich, weil sie vornehmlich Kaltwassertiere sind und das Klima in den vorhistorischen Wäldern vorwiegend subtropisch war. Die Fauna enthielt auch südamerikanische und südasiatische Formen als Einsprengsel. Die Trichopterenformen jener alten Wälder waren ebenso hoch spezialisiert wie die heutigen, und die damaligen Köcherfliegen haben ihr Leben ebenso verbracht wie die heutigen. Larven und Puppen lebten alle im Wasser; es gab unter ihnen keine Landformen. Man kann aus der Fauna ersehen, dass die vorgeschichtlichen Bernsteinwälder ein hügeliges Terrain mit stehenden und fliessenden Gewässern bedeckten.

Kapitel VIII.

LEPIDOPTERA (Schmetterlinge).

Es dürfte wohl kaum allgemein bekannt sein, dass es unter den Schmetterlingen einige Arten gibt, die den grössten Teil ihres Lebens als Eier, Raupen und Puppen in Seen und Mooren zubringen. Im Vergleich zu der grossen Schar von Schmetterlingen der Luft bilden diese Wasserschmetterlinge nur eine verschwindende Minderheit; da aber einige von ihnen durch ihre Lebensweise in hohem Grade von allen übrigen Lepidopteren abweichen, haben sie schon früh das Interesse des Forschers erweckt. Es zeigt sich hier, wie auch sonst, wenn Landinsekten dazu übergehen, Wassertiere zu werden, dass sich nicht eine einzelne Abteilung der betreffenden Gruppe dem Leben im Süsswasser anpasst, sondern dass diese Anpassungserscheinungen in verschiedenen Familien auftreten. Bisher kennen wir sechs Familien, in denen mehr oder weniger ans Wasser gebundene Schmetterlinge vorkommen: *Arctiidae, Cossidae, Tineidae, Tortricidae, Pyralidae* und *Noctuidae.* Besonders unter den Wicklern gibt es eine beträchtliche Anzahl von Schmetterlinge, die eine gewisse Vorliebe für das nasse Element zeigen, aber trotzdem nicht eigentlich als Wasserschmetterlinge bezeichnet werden können. So finden sich z. B. Arten, die sich in die jungen Schösslinge von Wasserpflanzen hineinfressen; wenn sie sich bis zur Wurzel hinuntergegraben haben, schneiden sie ein Stück aus einem Grashalm oder dgl. aus und lassen sich mit diesem auf den Wellen zu einer anderen Pflanze hintreiben, in die sie sich nun einbohren. Andere Arten leben in Stengeln und Blättern von Wasserpflanzen, in denen sie bis zum Moorgrund hinunterdringen; tatsächlich leben sie also unter dem Wasserspiegel, wenn sie auch, in die Pflanzen eingebohrt, nicht mit dem Wasser in Berührung kommen.

Es ist auch bekannt, dass manche Schmetterlingsraupen, vor allem solche, die an feuchten Stellen leben, und die eine glatte Haut haben, längere Zeit unter Wasser zu leben vermögen. Ferner gibt es Arten, die als Raupen an Orten überwintern, die regelmässig jeden Herbst und Winter unter Wasser stehen. Wie so oft findet man also auch bei den Schmetterlingen alle möglichen Übergänge zwischen typischen Land- und typischen Wassertieren.

Die meisten Wasserschmetterlinge sind weiss, oft jedoch hübsch grau und schwarz gezeichnet (Abb. 194–195). Die Lebensdauer des entwickelten Insektes ist nur kurz, kaum länger als 14 Tage. Zu bestimmten Zeiten des Jahres, meist im Frühsommer, sieht man in der Dämmerung Wolken von weissen Schmetterlingen über den dunklen Moorgewässern flattern. Bei Tage sitzen sie am Rande des Moores in der Pflanzendecke verborgen; wenn der Abend naht, zuweilen auch an trüben Tagen, fliegen sie auf und flattern in merkwürdig unruhigem, verwirrtem Flug über die Pflanzen hin. – Oft fliegen an Frühsommertagen kleine *Paraponyx stratiotata* L. wie Schneeflocken über dem

Stratiotes-Teppich nordseeländischer Waldmoore; wie ziehende Nebelschleier wogen Schwärme von *Hydrocampa nymphaeata* L. über den Mooren auf und ab, wenn der Abendwind sie aus dem Schilf aufrüttelt. Diese Erscheinung währt nur wenige Tage; man kann zwar vereinzelte Tiere noch lange danach antreffen, die grosse Menge jedoch hat ihren »Lebenslauf vollbracht«. Wenn Begattung und Eiablage beendet sind, fallen die Tiere nach und nach auf die Wellen herab, unter denen sie den grössten Teil ihres Lebens zugebracht haben, und über denen sie wie die Eintagsfliegen und Köcherfliegen ihren fröhlichen Hochzeitstanz aufführten. Die toten Tiere liegen als breiter, weisser Saum am Rande des Moores, ihre Flügel ruhen flach auf dem Wasser, manche Tiere leben noch; unter dem weissen Saum stehen Schwärme von Fischen, bald hier, bald dort kommt ein Mund zum Vorschein, schnappt nach einem Paar zitternder Flügel und verschwindet mit der Beute. Diese Vorgänge

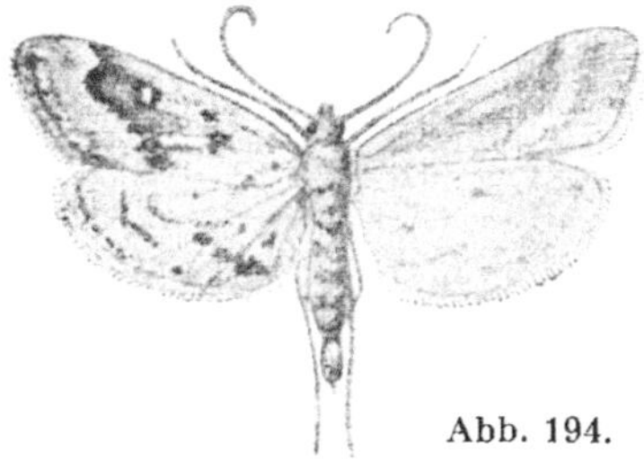

Abb. 194.

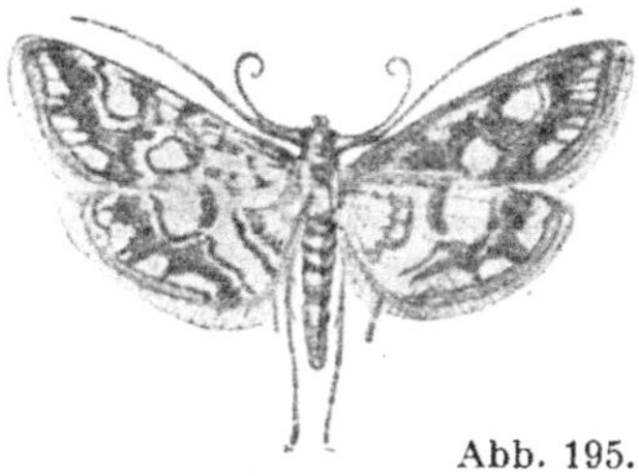

Abb. 195.

Abb. 194. *Paraponyx stratiotata* L. Vergr. Nach Grünberg, K. 1909.
Abb. 195. *Hydrocampa nymphaeata* L. Vergr. Nach Grünberg, K. 1909.

dauern nur äusserst kurze Zeit und werden vielleicht nur von wenigen gesehen; sie wiederholen sich indessen Jahr für Jahr in den nordseeländischen Mooren und Seen.

In vieler Hinsicht erinnert die Lebensweise der Wasserschmetterlinge an die der Köcherfliegen; zahlreiche Forscher betrachten sicher nicht ohne Grund diese beiden Insektenordnungen als nahe verwandt. Und dennoch – je besser man ihre Lebensweise kennen lernt, desto mehr Unterschiede scheint man zu finden. Es ist eine Tatsache, dass viele Wasserschmetterlinge während der ersten Raupenstadien ein minierendes Dasein in Wasserpflanzen führen; etwas Ähnliches kennen wir bei Köcherfliegen überhaupt nicht. Letztere haben entweder Tracheenkiemen oder gewöhnliche Hautatmung; sie atmen nicht durch offene Stigmen. Dagegen besitzen die Wasserschmetterlinge in den späteren Raupenstadien fast stets offene Stigmen, nehmen als ausgewachsene Raupen nur selten den im Wasser gelösten Sauerstoff auf und haben bloss während der ersten Raupenstadien gewöhnliche Hautatmung; nur einige wenige besitzen Tracheenkiemen. Die Wasserschmetterlinge bauen Gehäuse, die zwar einigermassen an die der Köcherfliegen erinnern, meist jedoch weit weniger kompliziert sind. Sie sind abweichend von jenen nur ausnahmsweise mit Wasser gefüllt; im allgemeinen enthalten sie Luft. Ferner sind die Köcher der Wasserschmetterlinge stets aus Pflanzenteilen, meist Blättern, gebaut. Im Gegensatz zu den Köcherfliegen sind die Wasserschmetterlinge nur selten in fliessendem Wasser heimisch; weit häufiger halten sie sich in flachen, mit Pflanzen bewachsenen, kleinen Teichen auf; nur eine einzige Art findet sich in der äussersten Pflanzenzone grösserer Seen.

Die meisten Schmetterlinge des Wassers gehören den Tropen oder jedenfalls wärmeren Himmelsstrichen an; aus Südamerika und China wird über höchst eigentümliche Raupen und Köcher berichtet, unsere Kenntnisse über sie sind aber noch recht gering. Ihre Biologie ist bisher fast nur in Europa und einem Teil von Nordamerika sowie in Japan studiert worden.

Im folgenden wollen wir nun einige der hierher gehörigen Formen behandeln. Merkwürdigerweise finden sich in der Familie der Bärenspinner, der *Arctiidae*, mehrere Arten, wohl alle der Gattung *Palustra* angehörend, die als Raupen zeitweilig Wassertiere sind; sie sind in Südamerika heimisch (Laboulbène 1873, Berg 1876–77, Myers 1934). Von diesen sehr stark behaarten Raupen lebt die Form *P. azollae* Berg auf der Grenze zwischen Land und Wasser, und zwar stets auf Wasserpflanzen, besonders auf Azolla. Bei starkem Sonnenschein kriecht sie unter die Wasseroberfläche, ist aber dann von Luftmassen bedeckt und immer bestrebt, den Vorderleib über Wasser zu halten; sie frisst nur die über das Wasser herausragenden Pflanzenteile und verpuppt sich auf den Pflanzen. Eine verwandte, in Ungarn heimische Form, *Diacrisia*, die auf verschiedenen Wasserpflanzen lebt, soll sich gleichfalls an der Wasseroberfläche aufhalten. Ausserdem aber gibt es Formen, die ausgesprochene Wassertiere sind und gesellig auf verschiedenen Wasserpflanzen leben. Sie atmen durch Tracheen mit offenen Stigmen; unter Wasser führen sie einen Luftvorrat mit, der durch die langen Haare festgehalten wird. Muss die Luft erneuert werden, so kommen die Tiere nach oben und erheben ihr Hinterende über die Wasseroberfläche; manche kommen oft herauf, andere nur alle 3 bis 8 Stunden; sie können, wie behauptet wird, mehrere Tage unter Wasser bleiben, ohne die Oberfläche aufzusuchen.

Am besten sind offenbar manche Raupen der Gattung *Maenas*, Britisch-Guayana, dem Leben im Wasser angepasst. Sie schwimmen mit grosser Lebhaftigkeit sowohl an der Oberfläche wie in mittleren Wasserschichten und ernähren sich von dem Algenbelag auf den Wasserpflanzen. Die Luft hängt in den langen, gefiederten Haaren fest und wird anscheinend besonders an den Seiten aufgespeichert, wo die Stigmen liegen; ausserdem wird auch unter den langen Haaren auf dem Rücken Luft mitgeführt, die erneuert wird, wenn die Tiere an die Oberfläche kommen. Es gibt noch keine Abbildungen dieser merkwürdigen Vorgänge, die daher vorläufig noch nicht recht verständlich sind.

Von den Eulen, *Noctuidae*, kommen nach Grünberg (Die Süsswasserfauna Deutschlands) allein in Mitteleuropa nicht weniger als etwa 30 an feuchte Orte gebundene Arten vor. Keine der Raupen ist eigentliches Wassertier, mehrere leben jedoch unter Wasser in Stengeln und Wurzeln von Wasserpflanzen. Viele Arten sind an Phragmites gebunden, und zwar einige dort, wo diese Pflanze am Ufer, andere gerade da, wo sie in ziemlich tiefem Wasser steht. Andere leben als Raupen in Typha, Sparganium, Scirpus, Glyceria, Carex, Iris. Die Verpuppung findet bei einigen Formen in der Erde, bei anderen in Pflanzen statt. Die betreffende Pflanze ist dann natürlich ihre Futterpflanze; für diese bedeuten die Raupen grösserer Arten oft eine ernstliche Kalamität. So bohrt z. B. die etwa 7 cm lange, schmutzig fleischfarbige *Nonagria typhae* Thun. breite, lange Gänge in Typha latifolia. Die Pflanzen gehen ein und weisen grosse Löcher auf, durch die die rotbraunen Exkremente herausfallen. Eine einzige Art, *Senta maritima* Tausch., ist merkwürdigerweise ein Raubtier mit nächtlicher Lebensweise und ernährt sich von anderen in Phragmites vorkommenden Insekten.

Von den *Cossidae* kennt man nur *Phragmatoecia*, die als Raupe an Phragmites gebunden ist.

Die vollkommenste Anpassung an das Leben im Süsswasser finden wir indessen innerhalb der Familie der *Pyralidae*. Zu dieser Familie gehören die vier Gattungen *Cataclysta*, *Hydrocampa* (= *Nymphula*), *Paraponyx* und *Acentropus*. Ausserdem gehört aber hierher eine recht grosse Anzahl von Gattungen und Arten, die in weit geringerem Grad an die Vegetation unserer Seen und ihrer Umgebung gebunden sind. Wir haben besonders durch die Untersuchungen von PACKARD (1884), WELCH (1914 und 1919) und FROHNE (1938–39) Kenntnis von diesen Formen erhalten.

Pyrausta penitalis Grt. lebt als Raupe in Nelumbo (WELCH 1919). Die jungen Räupchen halten sich in Gängen unter der Oberseite des Nelumboblattes auf; die Gänge sind mit Seide übersponnen und nach oben gewölbt. Die Raupen liegen unter diesen Gespinsten, wo sie gegen Überspülung von Wellen geschützt sind. Normalerweise erhebt sich ja das Nelumboblatt über das Wasser. Die älteren Raupen suchen den Teil des Stieles auf, der über Wasser steht, und bauen sich hier eine seidenumsponnene Kammer, von der aus sie sich in das Blatt hinauffressen, und in der sie sich später verpuppen. Zuvor verschliessen sie die Kammer durch einen besonderen Seidenverschluss, der das Eindringen von Wasser verhindert. Nahestehende Arten, die in Landpflanzen leben, stellen keinen solchen Verschluss her.

Die Haut dieser Raupen ist unbenetzbar. Wenn sie aus ihren Gängen herauskommen und ins Wasser fallen, können sie sich an der Oberfläche hinschlängeln und hierdurch andere Pflanzen erreichen; geraten sie aber völlig unter Wasser, so sinken sie zu Boden; unter Wasser können sie sich nicht länger als etwa anderthalb Stunden aufhalten. Morphologische Anpassung an das Leben im Wasser, besonders hinsichtlich des Tracheensystems, zeigen sie nicht; ihre Anpassung ist nur physiologischer Art.

Eine andere, ebenfalls von WELCH untersuchte Form, *Bellura melanopyga* Grote, bohrt Gänge in Blättern von Nymphaea americana und erinnert in ihrer Lebensweise sehr an die Larven der Fliege *Hydromyza livens* Fall.; die jungen Räupchen graben Gänge in der Oberseite des Seerosenblattes und ernähren sich vom Parenchymgewebe. Wenn sie älter werden, bohren sie sich in den Blattstiel ein und graben hier oft etwa $^2/_3$ Meter lange Gänge, zuweilen bis ganz zum Rhizom hinunter. Das Atmungsorgan der Raupe ist ganz auf Luftatmung eingestellt. Solange die Raupe im Blatt arbeitet, ist ihr die atmosphärische Luft ohne weiteres zugänglich; arbeitet sie jedoch unter Wasser im Stiel der Pflanze, wo sich auch die Minengänge mit Wasser füllen, so muss sie in regelmässigen Intervallen zur Oberfläche emporkommen, um ihr Atmungsbedürfnis zu befriedigen. Die grössten Stigmen sitzen am Hinterende; die Raupe arbeitet sich mit nach oben gerichtetem Hinterende im Gang aufwärts. Nach Angabe von WELCH muss sie alle drei Minuten die Oberfläche aufsuchen, um zu atmen, und bleibt hier ungefähr anderthalb Minuten; länger als etwa 13 Minuten kann die Raupe nicht unter Wasser bleiben. Während sie unten in den Gängen arbeitet, sieht man ab und zu Luftblasen aufsteigen, die vermutlich von der Atmung der Raupe herrühren. Bisweilen verlässt die Raupe den Gang und sucht andere Pflanzen auf. Sie ist dabei von einer Luftschicht umgeben und bleibt stets an der Oberfläche, über die sie gleichsam hinschiesst. Unter Wasser kann sie nicht schwimmen.

Die Raupen der Gattung *Chilo* (FROHNE 1939 u. a.) haben zum Wasser keine direkte oder höchstens eine ganz geringe Beziehung; sie leben in den Stengeln verschiedener Wasserpflanzen, Scirpus und Phragmites, in denen sie, oft tief unter der Wasseroberfläche, gewöhnlich auch überwintern. *Chilo phragmitellus* Hb. verpuppt sich in vorjährigen Pflanzen, jedoch unmittelbar über dem Wasserspiegel und ohne Gespinst. Andere, zur Gattung *Schoenobius* gehörende Arten graben als Raupen gleichfalls Gänge in verschiedenen Wasserpflanzen (Glyceria aquatica, Carex, Heleocharis (*Schoenobius melinellus* Robinson) (Frohne 1939). Die Raupe von *Schoenobius gigantellus* Schiff. lebt in Phragmites; die angegriffenen Pflanzen brechen dicht über oder unter dem Wasserspiegel ab. Die Raupe arbeitet sich durch die Scheidewände bis zur Wurzel hinunter. Sind die Zellenschichten ausgefressen, so geht die Raupe zu einer anderen Pflanze über; aus dem Stück, in dem sie sitzt, macht sie sich eine Röhre, indem sie es oben und unten durchbeisst und beide Enden zuspinnt. Diese Röhre wird von Wind und Wellen zu einer anderen Pflanze hingetrieben, an der die Raupe emporkriecht; sie befestigt ihre Röhre im rechten Winkel an der Pflanze und bohrt sich dann in den frischen Stengel ein. Die Raupe

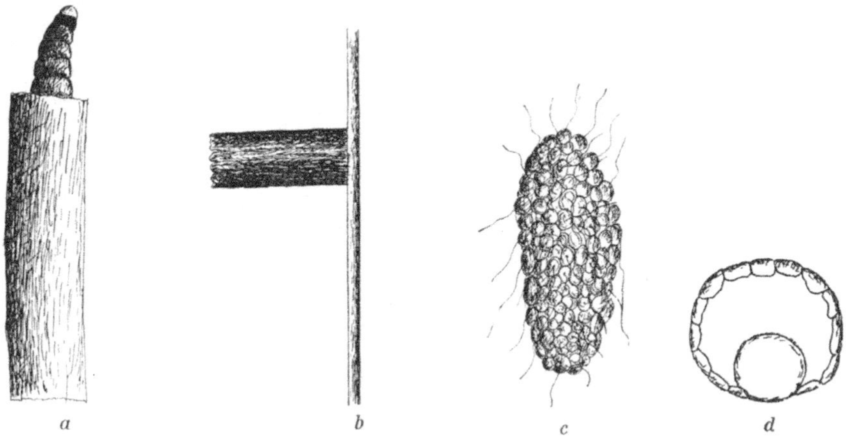

Cataclysta lemnata L.

Abb. 196. *a* Larve in einem Stück Phragmites, *b* Puppengehäuse über Wasser befestigt, *c* Puppengehäuse aus Blättern von Lemna minor, auf der Oberfläche treibend, *d* Querschnitt durch dasselbe; unten: Wohnröhre, oben: Luftkammer. Vergr. W-L. del.

kann zweimal überwintern. Sie verpuppt sich in einem durchsichtigen Gespinst im Innern des Rohres, dessen Öffnung meist über dem Wasserspiegel liegt.

Cataclysta (Abb. 196). *C. lemnata* L. verbringt den grössten Teil ihres Lebens als Raupe im Wasser. Das Weibchen legt die Eier in Reihen am Rand der Unterseite von Schwimmblättern ab, taucht aber hierbei, ebenso wie *Donacia*, nur die Spitze des Hinterleibes ins Wasser. Im Spätsommer schlüpfen die kleinen Räupchen aus und leben kurze Zeit frei; ihre Haut ist vom Wasser benetzbar, sie haben gewöhnliche Hautatmung und nehmen Sauerstoff aus dem Wasser auf. Die jungen Räupchen bauen sich, hauptsächlich aus Wasserlinsen, kleine, zierliche Köcher, in denen sie an der Oberfläche treiben. Die Wasserlinsen bilden zugleich ihre Nahrung. Zu Beginn des Herbstes sind häufig grosse Teile der Lemna-Decke von den Tieren in Anspruch genommen. Die Gehäuse sind zuerst grün, nehmen jedoch später eine weissliche Farbe an. Oft stranden alle diese kleinen, höchstens einen Zentimeter langen Köcher auf Brettern u. dgl.; in unseren Mooren liegen sie zu Tausenden beieinander. Wenn der Winter kommt, frieren alle Köcher im Eise ein, ohne dass die Raupen dadurch Schaden nehmen; wenn das Eis schmilzt, sind sie sofort wieder munter. Bei der nächsten Häutung ändert sich die Beschaffenheit der Haut; abgesehen vom Kopf und dem grössten Teil des ersten Brustringes, die glänzend kohlschwarz sind, ist die Haut des Körpers mit feinen, haarähnlichen Spitzen bedeckt. Die Haut ist nun unbenetzbar und stets von einer silberglänzenden

Luftschicht umgeben; alle Stigmen sind offen, die Tiere atmen jetzt atmosphärische Luft ein; ihre Farbe ist gräulich. Gleichzeitig mit den jungen Räupchen findet man im Herbst merkwürdigerweise auch grosse, fast ausgewachsene, samtschwarze Raupen mit weissem Kopf; sie leben in verschiedene Pflanzen eingebohrt, hier in Nordseeland meist in Binsen, Schilf oder Igelkolben. Im Innern dieser Pflanzen graben sie sich einen mit Seidengespinst ausgekleideten Gang, den sie vorn und hinten meist mit einem Büschel Wasserlinsen oder anderen Pflanzen verschliessen. Ist man erst einmal darauf aufmerksam geworden, so sieht man überall auf den treibenden Schilfflächen solche grünen Büschel aus den Rohrenden hervorschauen; in diesen Pflanzen überwintern die grossen Raupen. Die Überwinterungsgehäuse sowohl der kleinen wie der grossen Raupen sind immer mit Luft gefüllt. Im folgenden Frühjahr nehmen die grossen Raupen nicht viel Nahrung zu sich. Sie beissen von dem Pflanzenteil, in dem sie überwintert haben, ein Stück ab, das nicht viel länger ist als sie selbst; diese kleinen Stückchen von Schilf, Binsen und Igelkolben liegen im Frühjahr zu Tausenden in den angeschwemmten Haufen. Wenn die Stücke am Ufer landen, schwimmt oder kriecht die Raupe in ihrem Gehäuse, wie eine Köcherfliegenlarve, zu einer Pflanze hin und befestigt an dieser ihren Köcher, und zwar fast unmittelbar an der Wasseroberfläche; wenn der Wasserspiegel sinkt, findet man die Pflanzenstücke, alias *Cataclysta*-Köcher, im rechten Winkel an den Pflanzen befestigt. Im Innern des Gehäuses liegt in leuchtend weissem Seidengespinst die braungelbe Puppe, aus der im Frühsommer, im Mai oder Juni, der Schmetterling schlüpft. Die winzigen Räupchen, die in ihrem Wasserlinsenköcher überwinterten, haben, ehe sie zur Verpuppung gelangen, noch viel zu tun. Sie müssen viel fressen, bis sie es so weit bringen wie die grossen. Sie verleben ihr Dasein in der Lemna-Decke, von der sie sich ernähren und aus der sie ihre Köcher bauen. Diese wachsen beständig, bis im Juni die Verpuppung stattfindet. Betrachtet man dann die Lemna-Decke etwas genauer, so sieht man, dass sich überall kleine, blasenförmige, von Wasserlinsen bedeckte Kuppeln über die Fläche emporwölben. Dies sind die freiliegenden Puppenköcher, deren Bau der Umgebung sehr gut angepasst ist. Die Glocken (Abb. 196c) ähneln denen der Wasserspinnen, die Seite an Seite mit ihnen liegen. Sie sind innen mit Seidengespinst ausgekleidet, aber in zwei Abteilungen geteilt, und zwar eine obere, unbewohnte und mit Luft gefüllte und eine untere, viel kleinere, röhrenförmige, in der die Raupe und späterhin die Puppe liegt. Der luftgefüllte obere Raum ist eine Art Schwimmglocke, die bewirkt, dass das Gehäuse leichter wird als Wasser und an der Oberfläche ruht, selbst wenn es die schwere Puppe enthält. Dadurch, dass der Luftraum oben liegt und die Röhre mit der Puppe unten (exzentrisch), wird ferner erreicht, dass die Glocke immer im stabilen Gleichgewicht ist, sodass die Röhre zu unterst bleibt und das Gehäuse nicht herumrollen kann. Das ist das gleiche Bauprinzip wie bei den Kokons des Kolbenwasserkäfers. Eine neue Brut dieser Raupen schlüpft gegen Ende des Sommers, im August und Anfang September aus.

Bei einer brasilianischen *Cataclysta*-Art hat Müller (1892) nachgewiesen, dass ihr Puppengehäuse gleichfalls in zwei Teile geteilt ist. Diese Art lebt in fliessendem Wasser; hier ist der obere Raum nicht mit Luft, sondern mit Wasser gefüllt, das ständig hindurchströmt. Das sauerstoffreiche Wasser ist für die Atmung der Raupe von Bedeutung. Ein sinnreicher Mechanismus verhindert das Eindringen von Wasser in den Raum, in dem die Raupe liegt, sodass das Ausschlüpfen des ausgebildeten Schmetterlings nicht verhindert wird.

Wir sehen also, dass die Raupen von *Cataclysta lemnata* L. auf recht verschiedene Weise leben können; die beiden Stadien wurden gleichzeitig in Deutschland (Lübben 1907) und in Dänemark nachgewiesen. Verhielte es sich so, dass die röhrenbewohnenden Raupen bis zum Herbst fertig entwickelt wären und dann abstürben, so könnte man wohl von zwei Generationen sprechen. Tatsächlich überwintern aber beide Formen, die eine in Wasserlinsen, die andere als Bewohner höherer Pflanzen, und beide übersommern nebeneinander. Die Untersuchungen hierüber sind sicher noch nicht weit genug durchgeführt. Mir erscheint es fraglich, ob die Art scharf begrenzte Flugzeiten Mai-Juni und August-September hat, oder ob nicht vielmehr die Vorsommergeneration während des ganzen Sommers zur Ausbildung kommt und nur die Nachzügler als Minierer überwintern.

Lübben (1907) macht sehr richtig darauf aufmerksam, dass die Lebensweise der Entwicklungsreihe, die in Wasserpflanzen miniert, in ihnen überwintert, im Frühjahr ein Stück von ihnen abschneidet und im rechten Winkel an Wasserpflanzen befestigt, um sich darin zu verpuppen, ganz der Lebensweise entspricht, die wir von gewissen Chiloninen, besonders Arten der Gattung *Schoenobius*, her kennen. Diese Entwicklungsreihe ist als die primäre anzusehen. Das neue Moment bei der Entwicklung von *Cataclysta* ist nun, dass diese Art sich zwar zum Teil wie die Chiloninen verhält, sich aber ausserdem auch ausschliesslich in der Lemna-Decke aufhalten kann, sodass das minierende Stadium wegfällt. Demnach scheint es, als ob hier eine biologische Artspaltung stattfindet, nämlich eine unter Anpassung an das Leben im Wasser weitergeführte Entwicklung, die ihren Höhepunkt bei den Formen erreicht, die wir im folgenden besprechen wollen.

Die Luft in den Gehäusen der Raupen und Puppen ist zweifellos atmosphärische Luft; von den hier eingehender besprochenen Wasserschmetterlingen ist unbedingt *Cataclysta* dem Wasserleben am wenigsten angepasst. *C. lemnata* L. verbringt das ganze Puppenstadium über dem Wasserspiegel; aber auch die Raupen sind so sehr Oberflächentiere, dass sie die atmosphärische Luft in jedem beliebigen Augenblick erreichen können.

Lübben hat festgestellt, dass sich auf der im übrigen stark chitinisierten Vorderbrust über den Hüften ein längliches Feld »mit gewulstetem oberen und unteren Rande und einer medianen Einsenkung« findet. Diese Gebiete sind ebenso wie die beiden hinteren Thorakalsegmente und das Abdomen mit den charakteristischen Spitzen besetzt und dienen, Atemhörnern vergleichbar, der Aufnahme von Luft. Nahe der Grenze des Metathorax liegt das erste Stigma.

Hydrocampa. Die folgende Gattung *Hydrocampa* ist in weit höherem Grad für das Leben im Wasser umgebildet. *Hydrocampa nymphaeata* L. (Abb. 197) ist der grösste der hierzulande vorkommenden Wasserschmetterlinge. Die Männchen verfolgen die Weibchen halb fliegend, halb über den Wasserspiegel hinlaufend. Die Paarung findet auf Wasserpflanzen statt; unmittelbar danach erfolgt die Eiablage. Das Weibchen sitzt auf dem Rand der Schwimmblätter von Wasserpflanzen, hakt sich mit den Beinen fest, steckt sein Hinterende ins Wasser und belegt die Unterseite des Blattes mit Eiern. Diese werden längs des Randes in Reihen, die eine innerhalb der anderen, angeordnet. Soviel man weiss, gehen die Tiere niemals ganz unter Wasser. Während die kleinen Räupchen noch mit dem Hinterende in der Eischale sitzen, beginnen sie schon, vom Blattfleisch zu fressen; als wirkliche Minierer habe ich sie nie beobachtet. Die Raupen greifen bereits, wenn sie eine halbe Stunde alt sind, nach kleinen vorbeitreibenden Lemna-Blättern u. dgl., mit denen sie sich bedecken; sie sitzen nun in einem Gehäuse, das auf der einen Seite aus einem Teil des grossen Wasserrosenblattes, auf der anderen aus einem Lemna-Blatt besteht. Im August findet man auf der Unterseite der Schwimmblätter Tausende solcher kleinen, zugedeckten Raupen, die sich jedoch infolge ihrer Kleinheit leicht der Beobachtung entziehen. Ende August sind die Raupen kräftig genug, um mit dem Bau der für sie typischen Gehäuse zu beginnen. Sie schneiden mit den Kiefern aus dem Rand von Schwimmblättern, besonders von Laichkraut (z. B. Potamogeton natans), zwei elliptische Stücke aus, legen diese mit den Breitseiten gegeneinander und spinnen sie zusammen; damit haben sie sich ein kleines, kaum 1 cm langes Gehäuse gebaut, in dem sie noch eine Zeit lang umherwandern, während sie von den Blättern fressen. Das Gehäuse ist mit Wasser gefüllt; die Raupe atmet durch die Haut und nimmt den Sauerstoff des Wassers mit der ganzen Körperoberfläche auf. Die Stigmen sind geschlossen; besondere Tracheenkiemen sind nicht vorhanden.

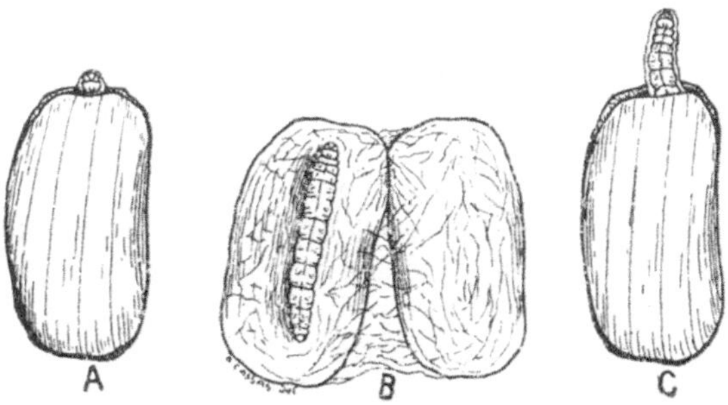

Abb. 197. *Hydrocampa nymphaeata* L. *A* Larve; der Kopf sieht oben aus dem Gehäuse heraus. *B* Das Gehäuse geöffnet; man sieht die Gespinstfäden und die Larve. *C* Gehäuse, aus dem die Larve oben herausragt; die die Larve umgebende Linie deutet die Luftumhüllung an. Natürl. Grösse. Nach Portier 1911.

Ein so zuverlässiger Beobachter wie G. W. Müller behauptet, dass das junge Räupchen, bevor es dieses Gehäuse bildet, eine Zeit lang ein minierendes Dasein in Stengeln und Blättern führt. Das mag wohl sein, indessen habe ich es hierzulande niemals gesehen. Die obige Darstellung stimmt mit Réaumur's Beobachtungen überein, die ich sowohl im Freien wie in Aquarien bestätigt fand. Die Raupen überwintern in den oben beschriebenen kleinen, linsenförmigen Gehäusen, in denen sie zu Boden sinken, um den Winter über auf dem Moorgrund zu ruhen (G. W. Müller). Zu Beginn des Frühjahrs trifft man sie wieder auf den ersten Schwimmblättern an, mit denen sie vom Grunde aufsteigen. Bis zum Mai bleiben die Raupen unverändert, dann aber geht eine grosse Veränderung mit ihnen vor. Nach einer neuen Häutung öffnen sich die Atemlöcher; die vorher vollkommen glatte Haut ist nun von einer dichten Schicht kurzer Härchen bedeckt, zwischen denen sich auch zahlreiche längere finden (G. W. Müller 1892). Die Haut fühlt sich nicht mehr nass an; sie wird durch die Haarschicht unbenetzbar, sodass der Körper jetzt beständig von einer silberglänzenden Luftschicht umgeben ist. Das vorher unterkompensierte Tier ist nun, solang es seine Lufthülle bewahrt, leichter als Wasser. Das Gehäuse ist beträchtlich grösser und immer mit Luft gefüllt. Nimmt man die Raupe unter Wasser aus ihrem Gehäuse, so schiesst sie wie ein Pfeil in die Höhe, durchbricht das Wasserhäutchen und bleibt auf der Wasseroberfläche liegen. Es fragt sich nun, woher die oben erwähnte Luft stammt. Hierüber hat man zahlreiche Vermutungen angestellt; nur eines hat man, wie so oft, unterlassen: nämlich das Tier lebend im Freien zu studieren. Der einzige, der solche Studien gemacht hat, war Réaumur, vielleicht der bedeutendste aller Insektenbiologen; er ist daher sicher auch der Wahrheit am nächsten gekommen. Ich kann seine Beobachtungen nur bestätigen.

Man sieht häufig, dass die Gehäuse mit den Raupen frei schwimmend an der Oberfläche treiben. Die beiden Blattstücke liegen dicht aneinander und sind so fest zusammengesponnen, dass man am Gehäuse keinerlei Öffnung wahrnehmen kann, solang das Tier darin liegt. Tatsächlich sind die Seitenränder durch das Gespinst so fest miteinander verklebt, dass nur vorn und hinten je eine Öffnung bleibt. Wenn sich die Raupe diesen Öffnungen nähert, so presst sie mit ihrem Körper die Ränder auseinander. Die Öffnungen sind jedoch so klein und die Blätter so elastisch, dass das Wasser dabei nicht ins Gehäuse eindringt. Wenn die Raupe nach der Mitte des Gehäuses kriecht, schliessen sich die Ränder wieder elastisch zusammen. Man sieht häufig, dass die Raupe, während ihr Hinterleib im Gehäuse liegt, den silberglänzenden Vorderleib herausstreckt und lebhaft hin und her schwingt. Dabei kommt sie oft mit der Oberfläche in Berührung, liegt hier einen Augenblick unbenetzt und zieht sich dann wieder in ihr Gehäuse zurück. Verlangen die Tiere nach Erneuerung der Luft, so strecken sie den Körper aus dem Wasser heraus; wenn sie ihn dann wieder zurückziehen, so haftet frische Luft, die einige Zeit respirabel bleibt, am Körper der Raupe und wird mit ihm in das Gehäuse hineingezogen. Die neuen Gehäuse werden wahrscheinlich auf folgende Weise mit Luft gefüllt: Die Raupen schneiden elliptische Stücke von den Blättern ab, spinnen sich in sie ein und kriechen mit dem Köcher an der Oberseite der Schwimmblätter umher. Hier, wo ich sie oft gefunden habe, trocknen die neuen Gehäuse. Die Luft im Gehäuse dürfte daher nach meiner Auffassung ursprünglich und in erster Linie atmosphärische Luft sein, die unter Wasser durch die Seidenfäden im Gespinst festgehalten wird.

Man hat vermutet, dass die Tiere sich Luft verschaffen, indem sie Pflanzen anbeissen und die ausströmende Luft aufsammeln; diese Vermutung wird jedoch durch keine einzige Beobachtung gestützt. Eine andere Annahme (Portier 1911), nämlich dass die Raupe durch die grünen Blattstücke mit Sauerstoff versorgt wird, während umgekehrt die von der Raupe ausgeatmete Kohlensäure von den Blattstückchen aufgenommen wird, ist nach Eges Untersuchungen (1924) recht unwahrscheinlich. Ege weist nämlich nach, dass die Zusammensetzung der Luft im Raupengehäuse unter zufälligen Bedingungen sehr verschieden ist (7.3, 11.0, 17.7, 18.0 % Sauerstoff); dies stimmt durchaus mit der Annahme überein, dass das Tier ab und zu frische Luft aus der Atmosphäre aufnimmt, dagegen passt es weder zu der Annahme, dass die Luft auf Osmose zurückzuführen ist, noch zu Portiers Symbiosetheorie. Ege zeigt ferner, dass die Luft im Gehäuse, unmittelbar nachdem die Raupe an der Oberfläche war, 19.7 % O_2 und 0.6 % CO_2 enthält; war die Raupe 4 Minuten lang untergetaucht, so enthält die Luft 1.4 % CO_2 und nur 11 % O_2. Auf sehr sinnreiche Weise stellt Ege fest, dass die Luft ausschliesslich dadurch erneuert wird, dass die Raupe an der Oberfläche Luft holt. Die atmosphärische Luft über dem Wasser muss daher sicher als Hauptquelle für die Luft zwischen den Blattstücken angesehen werden. Im übrigen wird vermutlich in sauerstoffreichem Wasser auch Sauerstoff vom Wasser an die verbrauchte Luft im Gehäuse abgegeben, sodass sie wieder respirabel wird.

In den Monaten Juni und Juli leiden die Pflanzen sehr unter dem Angriff der Raupen; die Schwimmblätter des Laichkrauts (Potamogeton natans) werden oftmals fast völlig aufgefressen und zum grossen Teil als Hüllblätter für die Gehäuse der Raupen verwendet. Die Raupen treiben in den Köchern umher und fressen die übriggebliebenen Blattreste auf. Die Gehäuse sind jetzt etwa 4 cm lang und 2–3 cm breit; sie werden während dieser Periode häufig erneuert.

Von Ende Juli ab bleiben die Pflanzen vom Angriff der Raupen verschont, die scheinbar verschwunden sind. Untersucht man indessen die Blattstiele ungefähr 5–10 cm unter dem Wasserspiegel (Abb. 198), so findet man die an den Stielen festgesponnenen Gehäuse. Die Köcher der Puppen gleichen denen der Raupen; sie stehen flügelförmig nach den Seiten von den Blattstielen ab, die gleichsam zwischen den beiden Blattstücken eingeklemmt sind. Trennt man die beiden Blätter von einander, so findet man ein sehr feines, mit Luft gefülltes Gespinst, in dem die Puppe ruht. Diese Luft ist von anderer Herkunft als jene, in der die Raupe atmete. Untersucht man vorsichtig die Stelle des Blattstiels, wo das Gehäuse sitzt, so sieht man im Stiel eine Reihe von Löchern. Höchstwahrscheinlich stammt die Luft im Seidengespinst der Puppe aus der Pflanze; sie ist durch die von der Raupe gebissenen Löcher in die Puppenhülle gelangt. Dies wird durch EGES Untersuchungen vollauf bestätigt. Es wäre indessen auch möglich, dass die Luft von der Raupe selbst herstammt: vor und nach der Verpuppung verringert sich nämlich das Volumen des Tieres erheblich; bei anderen Raupen hat man nachgewiesen, dass sie Luftblasen auspressen, die im Gespinst aufgefangen werden. Entsprechende Beobachtungen an *Hydrocampa* liegen leider noch nicht vor. Das Verständnis der Atmungsverhältnisse wird nicht gerade dadurch erleichtert, dass *Hydrocampa*, ebenso wie *Paraponyx* (siehe später), vor der Verpuppung die Löcher wieder mit dickem Seidengespinst verschliesst. Ich nahm deshalb an, dass die Pflanzenluft für die Puppe keine besondere Bedeutung hat. EGE hält dies nicht für richtig; er meint, dass dennoch Luft aus der Pflanze in das Gespinst eindringt und von dort weiter in die Stigmen gelangt. Weitere Untersuchungen hierüber sind jedenfalls noch erforderlich.

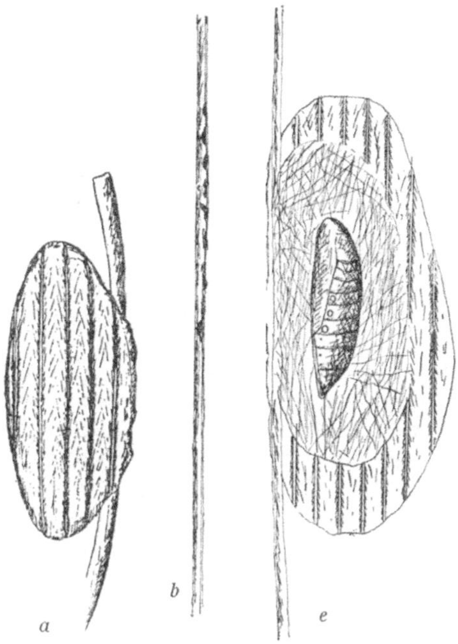

Abb. 198. *Hydrocampa nymphaeata* L. *a* Puppengehäuse an einem Stengel befestigt, *b* Blattstiel mit Löchern, durch die dem Puppengehäuse Luft zugeführt wird, *c* Puppengehäuse geöffnet; man sieht das Gespinst und die Puppe. W-L. del.

Mitte Juli erscheinen die Schmetterlinge. Wie kommen sie aus der Puppenhülle heraus und an die Oberfläche? Wir haben bei den Trichopteren gesehen, dass die Puppen ihre Hülle verlassen und zum Wasserspiegel empor schwimmen oder kriechen. Die Puppen von *Hydrocampa* verbleiben dagegen in den Gespinsten, und die Schmetterlinge müssen selbst den Weg durchs Wasser zur Oberfläche zurücklegen. Man sollte meinen, die hier gestellte Aufgabe sei für einen Schmetterling fast unlösbar; die blosse Berührung der Wasseroberfläche bedeutet ja für ihn fast immer den sicheren Tod. Hier begegnen wir indessen wieder einer der wunderbaren Anpassungserscheinungen, an denen die Biologie der Wasserinsekten so unfassbar reich ist. Ich hatte oft Gelegenheit, in meinen Aquarien folgendes zu beobachten:

Wenn die Zeit der Verwandlung naht, nehmen die Puppen eine goldene Farbe an, die von der unter der Puppenhaut angesammelten Luft herrührt. Sobald der Schmetterling die Puppenhaut zerreisst, fängt er diese Luft mit den Flügeln ein, die sich um die Luftkugel schliessen; infolge des so entstehenden Auftriebs schiesst das Tier wie ein Pfeil durchs Wasser empor. Die Flügel sind, wenn sie aus der Puppenhaut herausgezogen werden, mit einem weissen Wachsüberzug bedeckt, der bei der blitzschnellen Fahrt durchs Wasser abgestreift wird. Nachdem das Tier die Oberfläche erreicht hat, sieht man daher den senkrechten Weg vom Puppengespinst zur Oberfläche noch einige Minuten lang als weisse, glänzende Säule im Wasser schweben; dann fliessen die feinen Staubteilchen auseinander und verschwinden.

Ist der Schmetterling an der Oberfläche aufgetaucht, so ist er sofort völlig trocken und läuft wie eine Köcherfliege über den Wasserspiegel zum Ufer, wo er seine Flügel völlig entfaltet. Bei einer anderen Art, *Hydrocampa stagnata* Don. hat Buckler (1875) beobachtet, dass die Raupe im ersten Jahr in den Blättern von Sparganium simplex miniert. Diese sowie eine dritte Art, *H. rivulalis* Dup., sind angeblich dem Leben im Wasser nicht besonders angepasst.

Bei den bisher genannten Arten von Wasserschmetterlingen sind die älteren Raupen hinsichtlich ihrer Atmung noch durchaus von der atmosphärischen Luft abhängig; dementsprechend verändert sich ihre Haut bei einer bestimmten Häutung so durchgreifend, dass sie unbenetzbar wird. Unter Wasser ist sie stets von einer Luftschicht bedeckt, die von der Luft über dem Wasser herstammt. Auch als Puppen bedürfen die Tiere atmosphärischer Luft; jedoch zeigt *Hydrocampa* grössere Anpassung an das Wasserleben als *Cataclysta*, da die letztere das Puppenstadium über Wasser, die erstere dagegen meist unter Wasser verbringt. Die Luft im Kokon von *Hydrocampa* stammt wahrscheinlich von den Pflanzen. (Über japanische *Hydrocampa*-Arten siehe Tsuda 1936.)

Im folgenden wollen wir uns mit zwei Schmetterlingen beschäftigen, deren Raupen von der atmosphärischen Luft ganz unabhängig geworden sind; ihre Haut ist nicht unbenetzbar, also immer nass, sie haben Hautatmung und nehmen den im Wasser gelösten Sauerstoff nur durch die Haut auf. Beide Arten sind dem Leben im Wasser ausgezeichnet angepasst, jedoch auf ganz verschiedene Weise.

Paraponyx. P. stratiotata L. (Abb. 199) (Rebel 1898) gehört zu den schönsten Raupen des Süsswassers. Sie wird etwa 2–3 cm lang, ist schneeweiss und mit einem Wald langer, stark verzweigter Tracheenkiemen versehen, die auf dem Rücken und den Seiten des Tieres in regelmässigen Reihen angeordnet sind. Die Raupe lebt vorzugsweise auf einer der merkwürdigsten Pflanzen unserer Binnengewässer: der Wasseraloe, Stratiotes aloides; man kann sie aber auch auf anderen submersen Pflanzen antreffen. Ihren Laich habe ich auf Hornblatt, Ceratophyllum demersum, gefunden; die Eier sind in Reihen auf den schmalen Blättern angebracht und zwar stets so nahe am Wasserspiegel, dass man annehmen muss, dass die Weibchen – ebenso wie die der anderen Arten – nur den Hinterleib ins Wasser stecken. Die jungen Räupchen bauen kleine Röhren aus verschiedenen Pflanzenteilen; Einbohren in Pflanzen ist meines Wissens bisher nicht beobachtet worden. Wenn die Raupen heranwachsen, machen sie sich aus den jungen Blättern in der Mitte der Blattrosette eine Röhre, die aus zwei abgebissenen, zusammengesponnenen Blattstücken besteht. In dieser Röhre wandert die übrigens sehr träge Raupe auf den Pflanzen umher und frisst die frischen jungen Blättchen aus der Mitte der Rosette. Die Pflanzen leiden stark durch diesen Angriff; bei vielen sind alle mittleren Blätter ganz abgefressen, oder sie haben grosse Löcher. Die

Raupen erneuern ihre Köcher oft und ersetzen die alten Blätter durch frische. Ebenso wie die Larve der Köcherfliegen führt die Raupe im Innern der Röhre fortwährend Schwingungsbewegungen mit dem Hinterleib aus, die grossen Kiemenbüschel wedeln auf und ab, wodurch der Raupe stets frisches Wasser zugeführt wird; auch wenn das Tier vorwärts kriecht, strömt frisches Wasser durch die Röhre. An die Oberfläche kommt die Raupe niemals, und ihre Haut ist immer nass. Die Stigmen sind sehr klein; es ist fraglich, ob sie überhaupt funktionieren. Wahrscheinlich sind die stets frischen, grünen Pflanzenstücke für die Atmung des Tieres von Bedeutung, da durch ihre Kohlensäureassimilation das Wasser in der Röhre mit Sauerstoff versorgt wird; bei Nacht, wenn die Kohlensäureassimilation aufhört, kann man sehen, dass die Tiere den Körper aus der Röhre herausstrecken. Sie überwintern auf den Pflanzen als Raupen; im Juni sind sie ausgewachsen und beginnen sich zu verpuppen. Die Puppenköcher sind mit Luft gefüllt, ähneln aber sonst den Raupenköchern; sie werden immer auf lebenden Pflanzen und nicht auf abgebissenen Pflanzenstücken angebracht. Auch bei dieser Art bestehen die Köcher aus einem dichten Gespinst, das von Blattstücken umgeben ist; meist werden nur zwei Stücke, zuweilen sogar nur eines, dafür verwendet. In letzterem Fall bildet dieses Stück das Dach, während ein Blatt der lebenden Pflanze als Boden dient. Wenn man das Gespinst vorsichtig vom Blatt ablöst, sieht man eine Reihe scharf begrenzter, kreisrunder Löcher (etwa 9), die von besonderen weissen Gespinstplättchen bedeckt sind. Beim Abziehen des Gespinstes können sich auch diese weissen Plättchen vom Blatt ablösen und dann wie Knöpfe aussen auf dem Gespinst sitzen. Man darf wohl annehmen, dass die Raupe ihr Puppengespinst durch die Löcher mit Luft füllt; sobald das Wasser durch die eindringende Luft herausgepresst ist, verschliesst sie die Löcher wieder mit diesen Knöpfen. Die Puppe atmet ja atmosphärische Luft ein; deshalb finden wir auch, besonders auf dem 2.–4. Hinterleibssegment, wohlentwickelte Stigmen, die als kleine Zapfen hervorragen.

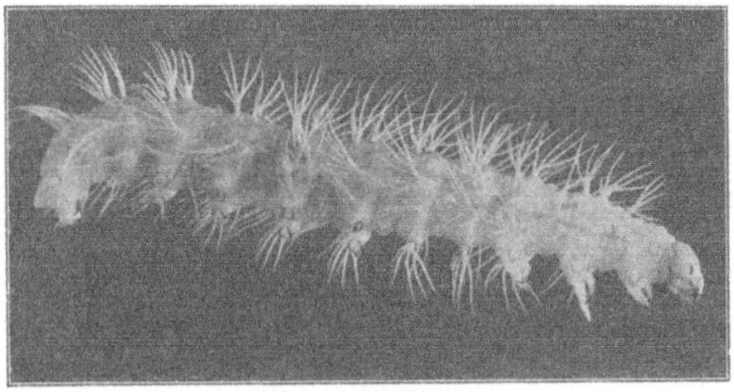

Abb. 199. *Paraponyx stratiotata* L. Vergr. W-L. phot.

Im Juli kommen die kleinen weissen Schmetterlinge zum Vorschein; es sind ihre Schwärme, die man so zahlreich wie Schneeflocken über den Stratiotes-Teppichen sieht.

Welch (1916, 1922, 1924 und 1926) hat in mehreren Abhandlungen die Lebensweise einiger *Paraponyx*-Arten beschrieben, und zwar unter dem Gattungsnamen *Nymphula*, der sowohl *Hydrocampa* als *Paraponyx* umfassen soll. Besonders eingehend wird *N. maculalis* Clem. behandelt.

In ihrer Lebensweise unterscheidet sich *N. maculalis* Clem. nicht sehr von *Paraponyx stratiotata* L., jedoch hat Welch bei seinen Beobachtungen manchen interessanten Zug gefunden. Er weist nach, dass jedenfalls in einem der untersuchten Seen *N. maculalis* Clem. die von *Donacia* in die Blätter gebohrten Löcher benutzt, um ihre Eier auf der Unterseite dieser Blätter abzulegen; ein Weibchen legt zur Nachtzeit in 5 aufeinander folgenden Nächten etwa 600 Eier. Die Raupe hat im ersten Stadium nur diffuse Hautatmung ohne Tracheenkiemen. Diese kommen erst bei der zweiten Häutung zum Vorschein;

ihre Anzahl beträgt zuerst ungefähr 40, wächst aber dann ständig bis auf etwa 400 im letzten Stadium. WELCH behauptet, dass die tracheenkiementragenden *Paraponyx*-Raupen wohlentwickelte, offene Stigmen haben. Da die jungen Räupchen unterkompensiert sind, sinken sie sofort zu Boden und überwintern hier in Gehäusen, die sie aus den weichen, schlaffen Wasserblättern der Nymphaeaceen bauen. Durch diese Gehäuse sollen die Raupen späterhin überkompensiert werden, sodass sie darin zur Oberfläche emporsteigen, wo sie den Rest ihres Lebens verbringen. Die oben erwähnten, regelmässigen Schwingungen des Körpers wurden auch bei der amerikanischen Art beobachtet; sie hören bei 4,5° C. auf und steigern sich bis zur Temperatur von 30,5° C. Diese Schwingungen bewirken eine dauernde Durchströmung des Gehäuses. Es sind Atembewegungen, die an Häufigkeit zunehmen, wenn die Menge des im Wasser gelösten Sauerstoffs abnimmt.

Acentropus. A. niveus Oliv. (Abb. 200) (REBEL 1898) ist der merkwürdigste von allen bisher bekannten Schmetterlingen des Wassers. Als Raupe lebt das Tier auf verschiedenen submersen Wasserpflanzen, und zwar hierzulande, wo es nicht selten ist, vorzugsweise auf Potamogeton-Arten; am häufigsten findet man es im Furesee und den angrenzenden Seen auf P. perfoliatus. Zufolge der neuesten Untersuchungen sind die Stigmen der Raupe bis unmittelbar vor dem Puppenstadium vollkommen geschlossen; die Haut ist immer nass, also benetzbar; Tracheenkiemen sind nicht vorhanden, jedoch breitet sich unter der äusserst dünnen Haut ein dichtes Netz von Tracheen aus. Man darf annehmen, dass der Sauerstoff aus dem Wasser osmotisch von der gesamten Hautoberfläche aufgenommen wird. Die ausgewachsenen Raupen, die grünlich weiss und fast durchsichtig erscheinen, sind ausserordentlich träge. Gleich nach dem Ausschlüpfen bohren sie sich in die Stengel von Wasserpflanzen ein, wo ich sie im Spätsommer in grossen Mengen gefunden habe. Später kriechen sie wieder aus und bauen sich dann, ebenso wie die früher besprochenen Raupen, kleine, linsenförmige Gehäuse aus zwei Blattstücken; in diesen wohnen sie, kriechen langsam mit ihnen umher und fressen die Blätter der Pflanzen ab. Wenn die Raupe ihr Gehäuse verlässt und umherkriecht, um neue Nahrung oder neues Material für das Gehäuse zu suchen, zieht sie stets einen Faden hinter sich her. Die beiden Blattstücke schliessen nur lose aneinander; das Gehäuse ist immer mit Wasser gefüllt. Wenn die Raupe im Frühsommer ihren Kokon spinnen will, baut sie zuerst ein neues, grösseres Gehäuse und tapeziert es innen mit feinem Gespinst aus. Dieses Gehäuse wird später mit Luft gefüllt, die sicher nur aus den Pflanzen stammen kann; die Raupe beisst die Pflanzen an, aus denen dann Luftbläschen in das Gespinst eindringen. Andere Forscher haben bemerkt, dass die Raupe, wenn das Gespinst nahezu fertig ist, aus ihren Stigmen Luft abgibt, die aufgefangen und eingesponnen wird. Damit behaupten also diese Forscher, dass die Luft im Kokon von der Raupe selbst herstammt. Ferner wurde beobachtet, dass die Raupe Luft abgibt und einspinnt, und dass sich im Kokon rings um die Puppe ein System von Luftkanälen findet, die von der Raupe nach und nach mit Luft gefüllt werden (NIGMANN 1908). Ich selbst zweifle nicht daran, dass die Luft im Kokon aus der Pflanze stammt; diese Auffassung wird auch von BERG (1941) geteilt, der sie durch weitere Beobachtungen stützt. Die Frage kann indessen kaum als völlig geklärt bezeichnet werden.

Im Juni schlüpfen die Schmetterlinge aus; dabei begegnet uns der einzig dastehende Fall, das neben den normal aussehenden Männchen und Weibchen andere Weibchen auftreten, mit rudimentären, nur aus einem Paar winziger

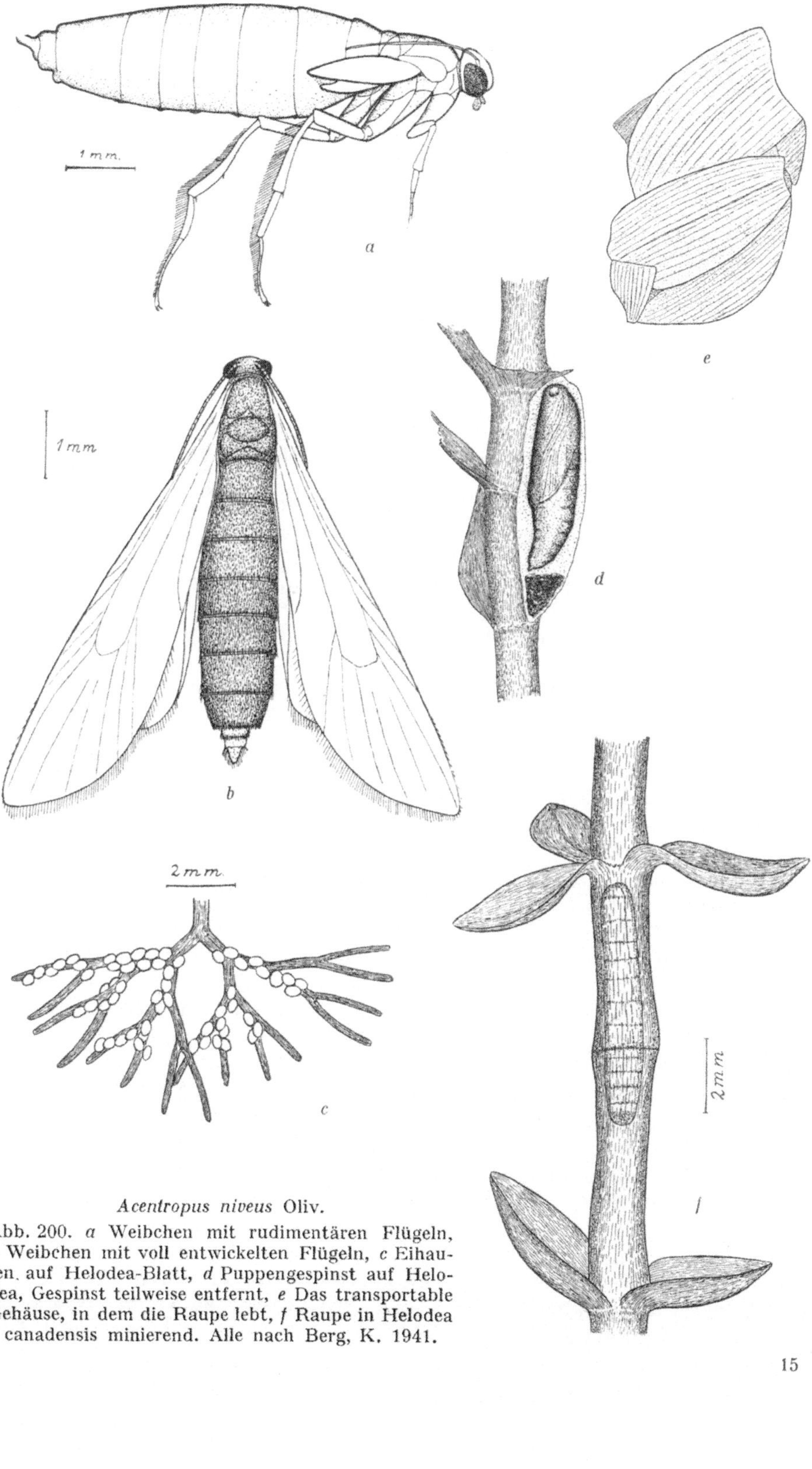

Acentropus niveus Oliv.

Abb. 200. *a* Weibchen mit rudimentären Flügeln, *b* Weibchen mit voll entwickelten Flügeln, *c* Eihaufen auf Helodea-Blatt, *d* Puppengespinst auf Helodea, Gespinst teilweise entfernt, *e* Das transportable Gehäuse, in dem die Raupe lebt, *f* Raupe in Helodea canadensis minierend. Alle nach Berg, K. 1941.

Anhänge bestehenden Flügeln, die zum Fliegen völlig unbrauchbar sind. Der Unterschied zwischen den beiden Weibchenformen zeigt sich bereits im Puppenstadium. Auch biologisch unterscheiden sie sich in hohem Grade voneinander: das geflügelte Weibchen ist ein Lufttier und ebenso gebaut wie andere verwandte Schmetterlingsweibchen; das Weibchen mit Flügelrudimenten ist ein Wassertier, das kaum jemals das Wasser verlässt. Haar- und Schuppenbekleidung des Körpers (beim Männchen behaarte Schuppen, die bei Schmetterlingen sonst nie vorkommen) bewirken, dass die Körperoberfläche unbenetzbar und im Wasser stets von einer silberglänzenden Luftschicht umgeben ist. Bei beiden Weibchenformen sind ferner die zwei hinteren Beinpaare mit Schwimmhaaren versehen, wodurch sie zu guten Schwimmgliedmassen werden; damit schwimmt das Tier, unterstützt durch die Flügel, im Wasser. Das flügellose Weibchen hat grosse Ähnlichkeit mit Köcherfliegenpuppen. Infolge der es umgebenden Luftschicht ist es leichter als Wasser und schwimmt meist dicht unter der Wasseroberfläche umher. Über die Art und Weise, wie das Tier atmet, wissen wir nichts Sicheres. Wir kennen zwar bei den Wasserinsekten andere Arten, bei denen drei individuelle Formen, ein Männchen und zwei Weibchenformen, vorkommen (die gefurchten und glatten Weibchen der *Dytiscus*-Arten); aber *Acentropus niveus* ist das einzige bis jetzt bekannte Beispiel für das Auftreten von zwei Weibchenformen, von denen die eine eine typische, geflügelte Luftform, die andere dagegen fast ungeflügelt und auf mannigfache Weise für das Leben im Wasser umgebildet ist. Wir wissen noch sehr wenig darüber, welche Beziehung zwischen den beiden Weibchenformen besteht, und wodurch die Entstehung der einen oder der anderen Form verursacht wird. Die Klärung dieser Fragen wird dadurch erschwert, dass die beiden Weibchenformen anscheinend normalerweise nicht an der gleichen Lokalität vorkommen. In England und Schweden hat man nur normal geflügelte Weibchen gefunden, in Deutschland und Holland dagegen beide Formen. Man vermutet, dass Generationswechsel vorliegt; in Holland sollen sich drei aufeinander folgende Generationen finden, aber nur in einer von ihnen Weibchen mit rudimentären Flügeln; zufolge anderer Berichte wechseln nur zwei Generationen miteinander ab. Nähere Untersuchungen darüber fehlen noch. Berg (1941) hat nachgewiesen, dass in Dänemark höchst wahrscheinlich nur eine Generation auftritt. Geflügelte Weibchen scheinen nach seinen Untersuchungen sehr selten zu sein; Berg hat im ganzen nur 6 Individuen solcher Weibchen gesehen. Ihre Entwicklung wird anscheinend durch optimale Bedingungen (hohe Temperatur, reichliche Nahrung) begünstigt (Berg). Paarung von Männchen mit rudimentärflügeligen Weibchen ist beobachtet worden. Die Männchen kreisen über dem Wasserspiegel; sobald sie ein Weibchen wittern, geraten sie in grosse Erregung. Während des Fluges berührt das Männchen häufig den Wasserspiegel; es fliegt erst in grösseren, dann immer kleiner werdenden Kreisen umher und endet zuletzt in einem unsicher zitternden Suchen. Mit schräg vorwärts gerichteten, dicht über dem Wasser oder auch unmittelbar auf der Wasseroberfläche ausgestreckten Fühlern schwirrt das Männchen unruhig umher. Gleichzeitig schwimmt das Weibchen mit emporgestrecktem Hinterende dicht unter der Wasseroberfläche. Ab und zu hebt es auch den Kopf über Wasser, offenbar um sich zu orientieren. Sobald die beiden Geschlechter sich treffen, wendet sich das Weibchen auf den Rücken und klammert sich am Männchen fest; dieses hält gleichfalls, mit ausgebreiteten Flügeln, das Weibchen fest und begattet es (s. u. a. Berg 1941). Das Weibchen bewegt während der Paarung lebhaft die Flügelstümpfe, ebenso später während der Eiablage (Nigmann 1908), die unmittelbar nach der Begattung erfolgt. Die Eier werden reihenweise in kleinen, scheibenförmigen Gelegen auf Pflanzen dicht unter dem Wasserspiegel abgesetzt. Sie sind gelbgrün und mit feinen Längsstreifen versehen. Die geflügelten Weibchen begeben sich angeblich niemals unter Wasser. Es sei noch bemerkt, dass die Mundteile, soviel man weiss, sowohl beim Männchen wie bei den beiden Weibchenformen äusserst rudimentär sind und sich kaum zur Aufnahme von Nahrung – oder höchstens von flüssiger – eignen; die einzige Funktion der fertig entwickelten Tiere ist anscheinend die Fortpflanzung. Die Tiere überwintern im Raupenstadium; die Raupen, die man im Winter findet, sind gräulich gefärbt, ihr Darmkanal ist fast leer. Die Nahrungsaufnahme und die dadurch hervorgerufene hellgrüne Färbung beginnt erst bei etwa 12–14° C. (Berg 1941).

In der Familie der *Tineidae* gibt es nur wenige Formen, die Beziehung zum Wasser haben. Zu diesen gehören besonders gewisse Arten der Gattung *Nepticula*, die ihren Laich auf Scirpus ablegen und zwar oft so tief unten, dass die Eier von den Wellen überspült werden. Die Raupen minieren.

Alle bisher besprochenen Schmetterlingsraupen sind in stehenden und zwar meist in kleineren Gewässern heimisch. In den letzten Jahren hat man jedoch mehrere Raupen in fliessendem Wasser, ja sogar in reissenden Gebirgsflüssen gefunden. Merkwürdigerweise stammen bis jetzt alle Funde aus aussereuropäischen Gebieten, in erster Linie aus Asien (Japan, China) und Amerika. Die betreffenden Arbeiten sind in schwer zugänglichen Zeitschriften erschienen und waren z. T. für mich nicht zu beschaffen.

Auch bei dieser Gruppe von Schmetterlingen handelt es sich um Pyraliden (*Cataclysta midas* Butler, Tsuda 1936). Wie angegeben wird, besitzt die Raupe Tracheenkiemen; auf der Abbildung kann ich jedoch nichts derartiges sehen. Die Raupe lebt auf mit Moos bewachsenen Steinen in Röhren, die aus Moosblättchen gebaut und auf den Steinen befestigt sind.

Lloyd beschrieb 1914 eine *Elophila*-Raupe aus schnellfliessenden Gewässern bei New York und gleichzeitig andere Raupen derselben Gattung aus Columbien. *Elophila fumicalis* Clem. besitzt Bündel unverzweigter Tracheenkiemen. Die Raupe lebt auf Steinen in kleinen, aus Seide gesponnenen Netzen und verpuppt sich in dem gleichen Gespinst; die Puppe liegt in einem flach am Stein befestigten Kokon. Das flache Dach ist »supported by perpendicular sidewalls«, die von 6 oder mehr Löchern durchbohrt sind, damit das Wasser ungehindert zirkulieren kann. Das Puppengespinst ist aus weit dickerer Seide gesponnen; weder Raupe noch Puppenkokon ruhen auf Gespinst, sondern unmittelbar auf dem Stein. Leider sind die Abbildungen des Kokons sowie des Gespinstes sehr unzulänglich.

Muir und Kershaw berichteten 1909, Iwata 1930 über die merkwürdige Art *Aulacodes simplicialis* Snell. aus südchinesischen Bächen, deren Imago angeblich schwimmen und 30 Minuten unter Wasser bleiben kann. Später wurde dieselbe Art von Pruthi (1928) und Sundar Lal Hora (1934) beschrieben. Die Raupe besitzt Tracheenkiemen, die nach Pruthis Abbildung denen der *Rhyacophila*-Larve gleichen; sie hat Stigmen, die aber anscheinend geschlossen sind. Die Raupen leben in unregelmässigen Seidengespinsten unter Steinen, meist in kleinen Ritzen im Stein. Das Wasser fliesst durch die Gespinste und erhält sie aufgebläht. Nach Pruthi kommen die Raupen nicht aus den Gespinsten heraus; sie ernähren sich von den im Netz eingefangenen Planktonorganismen. Die Puppengespinste sind höchst merkwürdig; sie bestehen aus zwei sehr flachen Räumen, in deren oberem die Puppe ruht, während der untere durch eine vordere und hintere Öffnung sowie durch einen halbmondförmigen Schlitz vom Wasser durchströmt wird. Die Puppe liegt angeblich im oberen Raum im Trocknen; dieser ist durch eine ganz dünne Membran von dem unteren Raum getrennt, durch den ständig das sauerstoffreiche Wasser fliesst: eine sehr sinnreiche Einrichtung.

Kapitel IX.

MEGALOPTERA (Schlammfliegen).

Die Ordnung *Megaloptera* enthält nur die beiden holometabolen Familien der *Sialidae* und *Corydalidae*. Die hierher gehörigen Insekten sind mittelgross bis gross. Fühler vielgliedrig, kauende Mundteile, zwei Paar gleichartig gebaute, in der Ruhe dachförmig getragene Flügel mit reicher Nervatur. Schreitbeine. Cerci vorhanden. Raubtiere; in der Nähe des Wassers lebend.

Die Larven leben im Wasser. Sie haben beissende Mundteile, die Mandibeln bilden keine Saugzangen. Abdominale Kiemenanhänge. Keine Spinndrüsen. Raubtiere. In Europa ist nur die Familie der *Sialidae* vertreten.

Sialidae.

Die Hauptgattung *Sialis* (Abb. 201) zählt nur wenige Arten; von den in Europa vorkommenden ist *S. lutaria* L. die gewöhnlichste. Mit dieser Art ist *S. fuliginosa* Pictet nahe verwandt; sie findet sich häufig an fliessendem Wasser. *S. lutaria* L. ist an allen Gewässern sehr verbreitet. In den letzten Jahren haben Du Bois und Geigy (1935–37) wertvolle Arbeiten über sie veröffentlicht (ferner Lestage 1919, 1921).

Die Sialiden sind mittelgrosse Insekten mit grossem Kopf, der ebenso breit ist wie der Prothorax; dieser ist breiter als lang. Die Augen sind ziemlich klein, Nebenaugen fehlen. Die Antennen sind lang und fadenförmig, die Flügel bräunlich mit stark hervortretender Nervatur. Die Beine sind schwach, die Füsse fünfgliedrig. Eine Legeröhre ist nicht vorhanden.

Wir wollen uns im folgenden besonders mit *Sialis lutaria* L. beschäftigen. Das schwerfällige, dunkel gefärbte, träge Tier schlüpft alljährlich im Frühjahr in ungeheurer Anzahl an unseren Kleinseen aus; seine Flugzeit ist recht kurz, kaum länger als 3–4 Wochen. Die fertig entwickelten Insekten nehmen nur wenig Nahrung zu sich; man findet sie häufig auf Blüten mit offenliegenden Honiggrübchen. Die vier Flügel sind gross, braun gefärbt, mit sehr deutlichen Adern; die Tiere fliegen schwerfällig und überhaupt nur wenig, meist während der Dämmerung. Im allgemeinen kriechen sie weit mehr als sie fliegen. Auf den Flügeln sieht man am Grunde einer der grossen Adern eigentümliche, scheibenförmige Körper, die vermutlich Duftorgane sind. Das Männchen trägt auf der Unterseite der Oberlippe ein halbkugliges Gebilde, wahrscheinlich ein Geruchsorgan (Du Bois und Geigy 1935).

Die Tiere sind nur während der Paarungszeit etwas lebhafter; sie laufen dann meist paarweise an Dämmen und auf Zweigen auf und ab, das grössere Weibchen voran, das Männchen hinterher. Bei beiden Geschlechtern verdecken die Flügel den Hinterleib vollständig; das Männchen fährt wie besessen immer wieder auf das Weibchen los, bis es ihm gelingt, den Kopf unter seine Flügel zu stecken. Im Frühjahr laufen Hunderte von Paaren so hintereinander herum und rennen unaufhörlich im Zotteltrab an Pfählen, Stämmen und Zweigen auf und ab. Endlich beliebt es dem Weibchen einmal stillzustehen; im gleichen Augenblick ist das Männchen auch schon völlig unter den Flügeln des Weibchens, es biegt nun den Hinterleib im Bogen aufwärts und führt eine Drehung aus; das Männchen ist zum Teil unter dem grossen Weibchen versteckt.

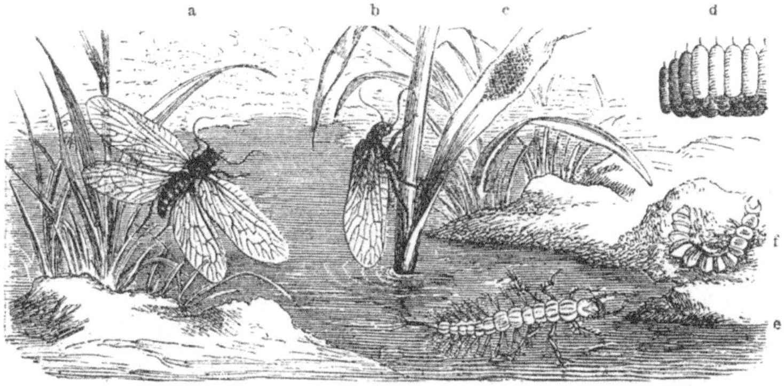

Abb. 201.

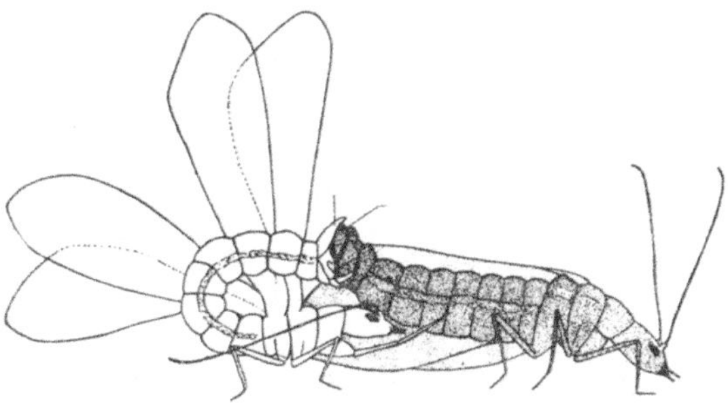

Abb. 202.

Abb. 203.

Abb. 201. *Sialis lutaria* L. *a* fliegend, *b* ruhend, *c* Eier, *d* Eier vergr., *e* Larve, *f* Puppe. Nach Brehm, L. 1915.

Abb. 202. *Sialis lutaria* L. in Paarung. Nach Du Bois, A. und Geigy, R. 1935.

Abb. 203. *Sialis lutaria* L. Puppe. Nach Du Bois, A. und Geigy, R. 1935.

Ein Weibchen paart sich oft mit 2–4 Männchen. Während der Begattung wird auf der Hinterleibsspitze des Weibchens eine Spermatophore abgesetzt, die später in seine Geschlechtsöffnung hineingleitet; ihre Hülle löst sich auf, und die Spermatozoen gelangen schliesslich in die Samentasche.

Wenn die Tiere die Puppenhülle verlassen, sind Eier und Samen bereits vollständig entwickelt; Begattung und Eiablage erfolgen unmittelbar danach (Abb. 202–203).

Die inneren Geschlechtsorgane des Weibchens sind mit einer grossen Kittdrüse versehen; die Eier sind eigentlich rosenrot, werden aber, während sie am Ausführgang der Kittdrüse vorbeigleiten, von braunem, rasch erhärtendem Sekret eingehüllt. Durch dieses Sekret werden die Eier gegen Austrocknung und gegen zu grosse Feuchtigkeit (Regen) geschützt. Die Eier werden in quadratzentimetergrossen Fladen auf allen möglichen Pflanzen über Wasser abgelegt, oft in so grosser Zahl, dass die Pflanzen aus einiger Entfernung wie braungefleckt aussehen. Meist wird Phragmites bevorzugt; wo aber Vegetation fehlt, werden die Eier auf Steinen oder Pfählen angebracht. Am Ufer des Genfer Sees sah ich grosse Felsblöcke, die bis zu einer Höhe von ungefähr $^1/_3$ m vollständig mit Laichmassen bedeckt waren. Die einzelnen Eier sitzen senkrecht; ihre kleinen Spitzen bewirken, dass Regentropfen von ihnen ablaufen wie von Samt. Es wurde festgestellt, dass ein Weibchen oft zwei Eimassen absetzt, und dass zwischen der ersten und zweiten Eiablage eine weitere Begattung stattfinden kann.

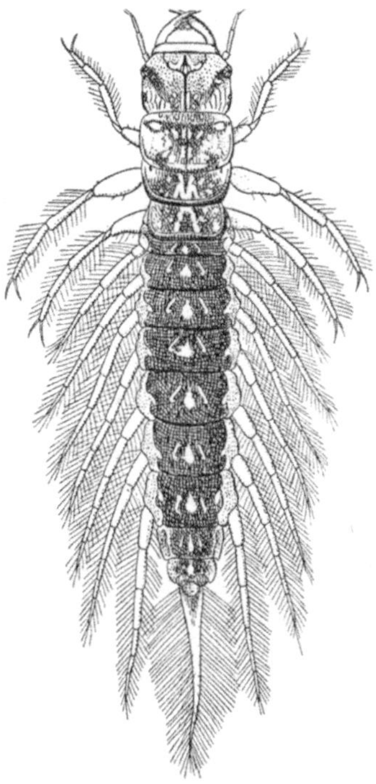

Abb. 204. *Sialis lutaria* L. Larve. Vergr. Nach Rousseau, E. 1921.

Der erste Laich enthält 600 Eier, der zweite, viel kleinere selten mehr als 200. Die Eier sitzen in Reihen; im Laufe einer Minute können 8–21 Eier abgelegt werden. Die Tiere sterben bald nach der Begattung und Eiablage; die toten Männchen liegen häufig vertrocknet auf den Blättern des Schilfrohrs, die Weibchen meist zusammengekrümmt auf der Erde.

Die Sialiden haben mancherlei Feinde, darunter Vögel, eine Spinne, *Tetragnatha extensa*, eine Schlupfwespe, *Trichogramma*, die in jedes Ei von *Sialis* ein Ei legt, und die man oft auf dem Laich umherwandern sieht. Die Larven schlüpfen vorwiegend nachts aus (Lestage 1919) und fallen sogleich ins Wasser oder kriechen hinunter; die frischgeschlüpften Larven haben keine Tracheenkiemen, sondern lange, stabförmige Auswüchse am Hinterleib, die auf ihrer Spitze zwei sehr lange Haare tragen; andere sitzen zwischen den Stäbchen. Merkwürdigerweise ist die kleine Larve ein vorzüglicher Schwimmer, ausgesprochen semipelagisch und positiv heliotrop; dieses Stadium dauert jedoch nicht lange. Die Larve ist zweijährig; im ersten Jahr macht sie 6, im folgenden 3 Häutungen durch. In der Zeit von September bis April häutet sie sich nicht. Vor der letzten Häutung geht sie an Land.

Die etwa 2 cm lange ausgewachsene Larve (Abb. 204) ist ein in mancher Hinsicht sehr interessantes Insekt; sie gleicht einer Käferlarve, hat einen grossen, plumpen Kopf, wohlentwickelte Antennen und Augen, aber keine Nebenaugen; ihre Brustringe sind stark chitinisiert, das letzte, hinten zugespitzte Hinterleibssegment endigt in einem langen, ungegliederten, stark behaarten Anhang. Das Tracheensystem der Larve ist völlig geschlossen; die Hinterleibssegmente tragen lange, gegliederte, behaarte, unverzweigte Anhänge, die dünnhäutig sind und als Tracheenkiemen funktionieren. Die ersten Glieder enthalten Muskeln. Die Larve besitzt 7 Paar solcher Anhänge; in jeden führt eine dicke Trachee hinein, in den letzten, unpaaren deren zwei. Unter den Kiemen liegen Stigmen, die aber kaum in Funktion treten, solange das Tier im Wasser lebt. Wenn sich das Tier bewegt, schwingen die aufrecht gehaltenen Kiemenfäden vor und zurück. Die Larven sind ausgesprochene Raubtiere mit äusserst kräftigen Ober- und Unterkiefern; das erste Beinpaar ist mit Reihen sehr starker Dornen besetzt. Im übrigen sind die Beine Gangbeine, jedoch dienen die etwas abgeflachten Vorderbeine zugleich auch als Grabbeine. Die Larve lebt am Grund unserer Binnengewässer, zumeist dort, wo der Boden schlammig und weich ist. Sie läuft auf dem weichen Boden, halb schwimmend, halb kriechend umher und ist selbst stets mehr oder weniger mit Schlamm bedeckt; ausserdem gräbt sie vorzüglich und kann sich, wie manche andere grabende Tiere zu einer Kugel zusammenrollen. Auf dem Schlammgrund leben besonders Würmer, Mückenlarven und Pisidien, die alle miteinander die Hauptnahrung der Larve bilden. Da die Larve infolge ihres geschlossenen Tracheensystems zum Atmen nicht an die Oberfläche zu kommen braucht, und da sie im Gegensatz zu den meisten anderen Insektenlarven von der Vegetation unabhängig ist, ja, sie anscheinend sogar meidet, so gehört sie neben den Chironomidenlarven zu den ganz wenigen Insektenlarven, die grössere Wassertiefen aufsuchen.

Im Mai und Juni wandert die Larve von den tieferen Seegründen an das Ufer, späterhin in die an das Moor angrenzenden Äcker oder unter umgegrabene Rasenstücke, Torf usw.; hier kann man im Mai an die 20–30 Larven oder Puppen in kleinen, von ihnen gegrabenen Löchern finden. Die Puppen tragen auf den Hinterleibsringen starke Dornen. Während der Puppenruhe, die etwa 14 Tage dauert, liegen die Puppen (Abb. 203) meist auf der Seite; alle Beine und Fühler sind frei. Die Tiere sind merkwürdig beweglich, können sich jedoch kaum weit von der Stelle fortbewegen, wo die Verpuppung stattfindet. Wenn die Larven ihre Wanderung beginnen, hängen die Kiemen schlaff herunter.

Im ersten Jahr zerstreuen sich die Larven über den Seegrund, gehen aber nicht tiefer als 10–12 m. Im zweiten Jahr dagegen suchen sie Tiefen bis zu etwa 18 m auf. Die zweijährigen Larven gehören zu den charakteristischsten Tierformen auf unseren weichen Seegründen, wo man von ihnen etwa 30 Individuen pro Quadratmeter finden kann (Esromsee, Berg 1938).

Corydalidae.

Die Familie der Corydalidae mit den Gattungen *Chauliodes*, *Corydalis* und *Neuromus* bildet eine recht eigentümliche Gruppe. Sie ist in Amerika, Asien und Afrika heimisch. Die Insekten sind gross, z. T. sogar sehr gross mit einer Flügelweite von etwa 8 cm oder mehr, bei der in China und Japan lebenden Gattung *Acanthocorydalis* sogar von 15–16 cm. Die Flügel sind grau oder braun mit weissen Flecken oder Querbinden, die Fühler häufig gekämmt oder stark behaart. Die Mandibeln der Männchen sind bei einigen Arten der Gattung *Corydalis* u. a. enorm entwickelt, bogenförmig gekrümmt und fast so lang wie der Körper. Die fertig entwickelten Insekten (Abb. 205) nehmen vermutlich wenig oder gar keine Nahrung zu sich; bei gewissen Formen soll sich der Verdauungskanal im Zustand der Auflösung befinden (Riley 1873). Die Lebensdauer der Imagines ist nur kurz, oft nur wenige Tage. Sie sind vorwiegend Dämmerungstiere, die vom Licht angelockt werden, aber recht gute Flieger. Sie werden von Vögeln und Fischen massenhaft gefressen. Die Corydaliden sind überwiegend Flussbewohner, einige (*Neuromus*) haben eine Vorliebe für Gewässer mit starker Strömung (van Emden 1931). Ihr Laich besteht aus 1000–2000 Eiern, die bei *Corydalis* in mehreren Schichten angeordnet sind; sie werden häufig 3–5 m über dem Wasserspiegel abgelegt. Auf geringem Raum können viele Laichmassen dicht beieinander sitzen. Riley (1878) fand den Laich an den Ufern des Mississippi. Die Laichmassen sind kalkweiss und von

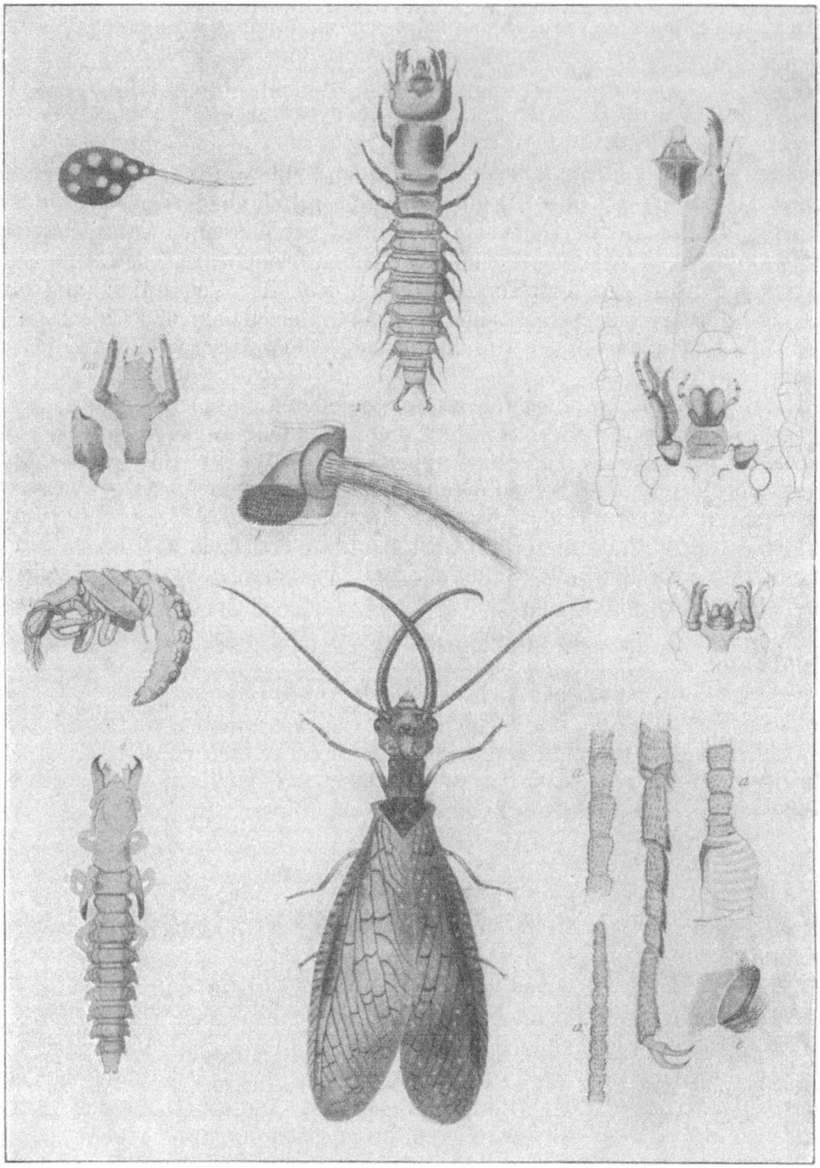

Abb. 205. *Corydalis cornutus* L. In der Mitte: Die Larve und Imago ♂. Links: die Puppe von der Seite und von oben; rechts: Mundteile, Fuss und Stigma der Larve. Nach Leidy.

verschiedener Form; das Blatt, das sie trägt, ist mit einer von dem Tier ausgeschiedenen, weisslichen Substanz bedeckt; bei *Chauliodes* (Abb. 206–207) fehlt dieser Belag.

Die Larven kriechen bei Nacht aus den Eiern. Sie sind gefrässige Raubtiere mit kräftigen, beissenden Mundteilen und wohlentwickelten Gangbeinen. Die Kiemen der jungen Larven sind wie die von *Sialis* gebaut, werden aber später rückgebildet; an ihrer Stelle entstehen grosse, schwammige, stark buschige Kiemen, von denen zwei Gruppen auf jedem Hinterleibssegment sitzen. Diese Kiemen werden übrigens auch für Festhalteapparate gehalten, jedoch stehen sie sicher vorzugsweise im Dienste der Respiration. Das gegliederte und gespaltene Endsegment, dessen Spitze mit zwei langen, gebogenen Klauen versehen ist, dient bei diesen Tieren zum Festhalten. Die sehr grossen, dunkelbraunen, kräftig gebauten Larven spielen als Fischfutter eine Rolle. Im ganzen Mississippital sind sie unter dem Namen »Crawlers« wohlbekannt und werden als Köder benutzt; als solcher sind sie sehr gesucht, u. a. wegen ihres harten Hautpanzers, der es ermöglicht, mehrere Fische mit einer Larve zu ködern. Die Larven leben vorzugsweise in ganz seichtem Wasser unter der Borke von Pfählen, von Treibholz usw. Sie können sich angeblich lange ausser Wasser aufhalten und verlassen es bei Nacht freiwillig; es wird behauptet, dass ihre Stigmen offen sind und zur Atmung benutzt werden, wenn die Larven in den halb ausgetrockneten Flussbetten unter Steinen umherkriechen. *Corydalis* lebt in schnellfliessenden Gewässern; den Winter verbringt sie angeblich in einiger Entfernung vom Flussbett in Sand und Kies begraben. Die Tiere bewegen sich meist gehend oder kriechend, können aber auch sowohl vorwärts wie rückwärts schwimmen.

Abb. 206.

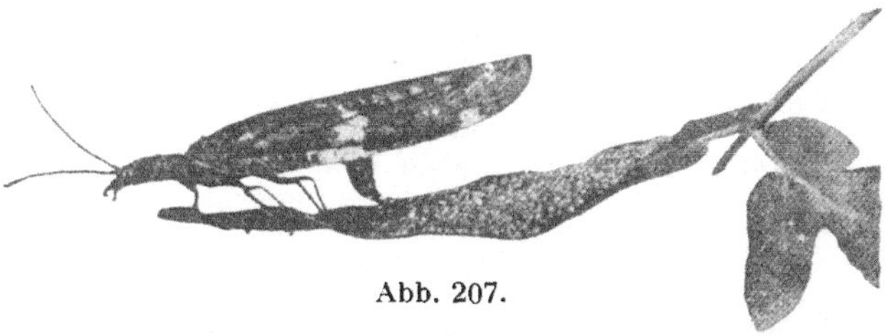

Abb. 207.

Abb. 206. *Chauliodes serricornis* Say. Paarung auf einem mit Eiern belegten Blatt von Osmunda regalis. Nach Needham, J. 1901.

Abb. 207. Das Weibchen bei der Eiablage. Beinahe nat. Gr. Nach Needham, J. 1901.

Das Larvenstadium dauert fast drei Jahre; zur Zeit der letzten Verwandlung kriecht die Larve an Land und verpuppt sich hier ziemlich weit vom Wasser. Das Puppenstadium ist nur von kurzer Dauer, etwa 7–14 Tage; wird die Puppe gestört, so ist sie imstande, fortzukriechen (Riley 1878, Needham 1901, Davis 1903, van Emden 1931).

Kapitel X.

NEUROPTERA (Netzflügler).

Die alte Ordnung der *Neuroptera* ist jetzt aufgelöst; *Sialidae* und *Corydalidae* werden zu einer eigenen Ordnung *Megaloptera* zusammengefasst und *Rhaphidiidae* und *Panorpidae* als zwei besondere Ordnungen *Rhaphidides* bzw. *Panorpatae* abgetrennt. In der Ordnung *Neuroptera* sind nur 12 Familien verblieben, von denen nicht mehr als zwei, nämlich *Sisyridae* und *Osmylidae*, das Larvenstadium am oder im Wasser verbringen.

Die Ordnung *Neuroptera* enthält nach der jetzigen Auffassung holometabole, mittelgrosse bis kleine Insekten. Fühler vielgliedrig, Mundteile kauend. Facettenaugen mässig gross; zwei Paar meist gleichartige, in der Ruhe fast immer dachförmig zurückgelegte Flügel. Beine fast ausnahmslos homonom, Gangbeine. Die Larven sind gewöhnlich räuberisch lebende Landtiere mit Saugzangen, die von Mandibeln und Maxillen gebildet werden. Keine Cerci. Malpighische Gefässe zum Teil als Spinnorgane funktionierend. Teils ruhende, teils bewegliche Puppen mit Flügelscheiden. Eier oft gestielt. Hier werden nur die zwei Familien *Sisyridae* und *Osmylidae* behandelt; sie werden oft als Unterfamilien der Familie *Hemerobiidae* betrachtet.

Sisyridae.

Auf Süsswasserschwämmen trifft man sehr häufig kleine, etwa 1 cm lange, grüne Larven (Abb. 208), die auf schwachen Beinen langsam auf der Oberfläche des Schwammes dahinstolpern. Es sind dies die Larven der Gattung *Sisyra* aus der sehr kleinen Familie der *Sisyridae*, die mit nur etwa 30 Arten über den grössten Teil der Welt verbreitet lebt.

Vorn auf dem Kopfe sitzen 4 lange, steife Fäden oder Nadeln, die mehr als halb so lang sind wie das Tier selbst; zwei davon sind Antennen, die beiden anderen eigentümliche Saugrohre. Jedes Rohr besteht aus einer Mandibel und einer Maxille, die beide haarfein und auf einer Seite ausgehöhlt sind; die hohlen Seiten liegen dicht aneinander; auf diese Weise entstehen die zwei Saugrohre. Die Antennen sind gewissermassen die wichtigsten Bewegungsorgane des Tieres. Die Oberfläche, auf der die Larve herumkriecht, ist sehr uneben; überall treten die steifen, nadelspitzen Dornen des Schwammes hervor, die von einer äusserst feinen, dünnen Haut bedeckt sind. Um nicht auf den Dornen aufgespiesst zu werden, muss das Tier bei jedem Schritt den Bauch hoch über die Unterlage heben, wozu jedoch die kurzen Beine allein nicht imstande sind; die Antennen müssen ihm dabei zu Hilfe kommen. Während das Tier geht, werden sie erst schräg nach vorn gestellt; dann heben die Beine den Körper schräg nach oben und vorwärts, bis die Antennen senkrecht stehen. Nun wird erst die eine, dann die andere Antenne abgehoben und tastend vorwärts geführt, während das Tier versucht, zwischen den Dornen hindurchzubalancieren. Seine Bewegung lässt sich am besten mit der eines Menschen vergleichen, der mit Krücken unter den Armen auf allen Vieren kriecht. Das Leben des Tieres ist ein ewiger »Tanz auf Dornen«. Soviel ich weiss, werden bei keinem anderen

Insekt die Antennen in ähnlicher Weise gebraucht. Während das Tier langsam über die Oberfläche des Schwammes dahinwandert, bewegt es also die beiden Antennen und die beiden Saugrohre unabhängig von einander; die letzteren steckt es in die weiche Masse des Schwammkörpers hinein und pumpt sie durch die Saugrohre in den Darmkanal. Die Weichteile des Schwammes werden in dem sehr geräumigen Darm aufgespeichert. Offenbar kann die Larve alles verwerten, was sie aufsaugt; eine Afteröffnung ist zwar vorhanden, dient aber nicht zur Ausstossung der Exkremente. Der Mitteldarm ist nach hinten zu geschlossen; in ihm wird die aufgenommene Nahrungsmasse resorbiert. Unverdauliches Material wird durch den Mund herausgewürgt; man hat beobachtet, dass die Larven freiwillig Nahrungsballen durch die sehr kleine, zwischen den Saugrohren liegende und nicht zur Nahrungsaufnahme benutzte Mundöffnung ausspeien (Lampe 1911). Der Hinterleib ist mit sehr langen, auf Hautpapillen sitzenden Haaren versehen; diese Papillen sind auf den letzten Segmenten besonders hoch. Die 7 Hinterleibsringe tragen je ein Paar gegliederter, rechtwinklig gebogener Fäden, die Beinen ähneln, die aber in Wirklichkeit Tracheenkiemen sind. Die Kiemen sitzen auf der Unterseite des Hinterleibes und werden, wie bei den Larven der Eintagsfliegen, von dem Tier in vibrierende Bewegung gesetzt: sie schwingen einige Minuten lang ausserordentlich schnell vor und zurück, dann hört die Bewegung wieder eine Zeitlang auf. Atemlöcher konnten nicht nachgewiesen werden. Diese eigentümliche Larve kommt auch auf verschiedenen Süsswasserbryozoen, besonders auf *Cristatella* vor. Sie ist zwar sicher sehr sesshaft, jedoch nicht völlig ausserstande zu schwimmen; im Aquarium schwimmt sie in senkrechter Stellung, indem sie sich hin und her schlängelt; sie sinkt indessen ziemlich rasch zu Boden (Old 1933).

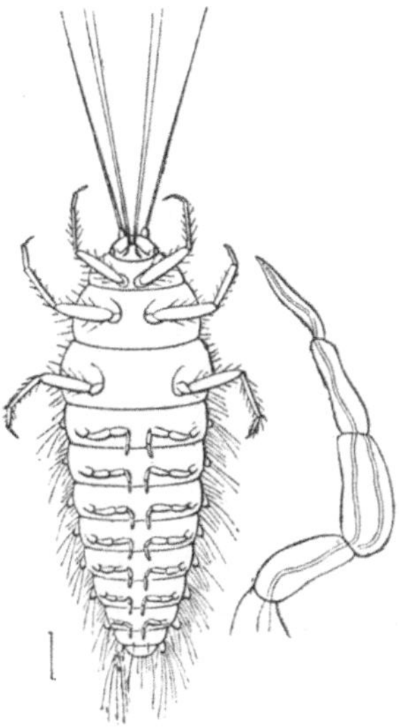

Abb. 208.

Abb. 20

Abb. 208. *Sisyra.* Larve von der Bauchseite gesehen. Rechts eine Tracheenkieme. Nach Sharp, D. 1895. Vergr.

Abb. 209. *Sisyra.* Puppengespinst. Schwach vergr. W-L. del.

Im Frühsommer verlässt die Larve die Schwamm- und Bryozoenkolonien, um auf Schilf, Binsen und Sumpfschachtelhalm in die Höhe zu kriechen; hier spinnt sie ein wenig über dem Wasserspiegel ihren Kokon (Abb. 209). Findet man die Puppen in grösserer Höhe über dem Wasser, so liegt das wohl daran, dass das Schilfrohr hochgewachsen ist; ich habe oft 4–5 Kokons auf einem Rohr, und zwar nicht selten zusammen mit *Gyrinus*-Kokons, gefunden.

Merkwürdigerweise liefern hier, ebenso wie bei der Larve des Ameisenlöwen, die Malpighischen Gefässe das Spinnsekret, das durch den After ausfliesst. Die letzten Hinterleibsringe sind dank ihrer kräftigen Muskulatur sehr beweglich; das Tier zieht die Fäden aus, indem es den Hinterleib nach allen Richtungen krümmt, und spinnt auf diese Weise seinen kleinen, gräulichen, ovalen Kokon. Im Kokon liegt die schwarze Puppe, deren Darm noch mit der grünen Schwammsubstanz angefüllt ist. Im Frühsommer sind die Puppengespinste auf den genannten Pflanzen ausserordentlich häufig. Auch die kleinen braun- oder schwarzgeflügelten Imagines findet man im Frühjahr und Herbst zahlreich auf der Vegetation in der Nähe von Teichen. Die Eier werden über Wasser in Klümpchen auf Pflanzen abgelegt. Alle Klümpchen sind von einer weissen Seidenschicht umsponnen; gewöhnlich liegen sie in 3–4 Schichten übereinander (Withycombe 1922). Es wird behauptet, dass die Larven an Land, und zwar in Ritzen von Baumrinde eingesponnen, überwintern; weitere Untersuchungen hierüber wären jedoch wünschenswert. Withycombe (1922) hat beobachtet, dass die junge Larve im Aquarium von den Pflanzen aufs

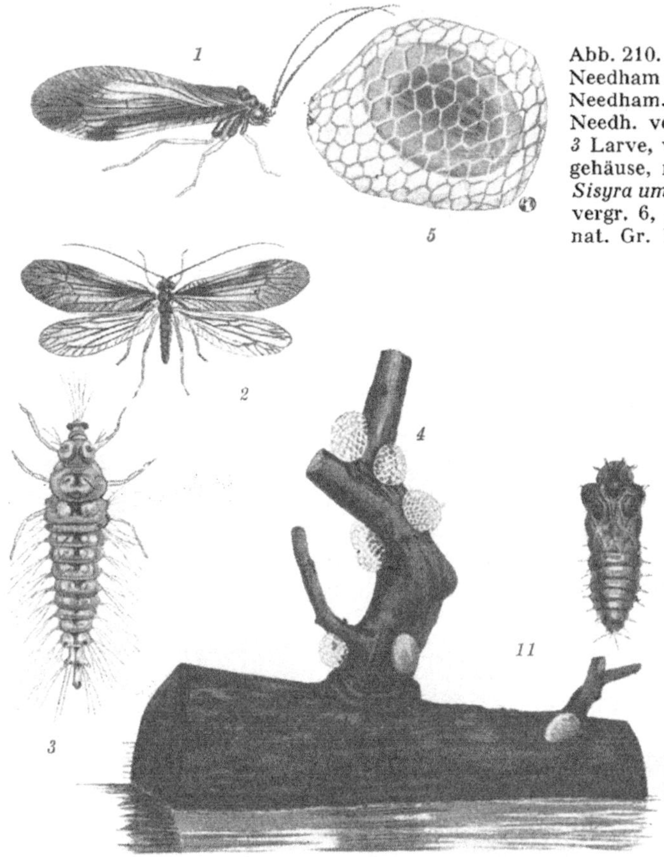

Abb. 210. *Climacia dictyona* Needham und *Sisyra umbrata* Needham. *1 Climacia dictyona* Needh. vergr. 4, *2*, vergr. 3, *3* Larve, vergr. 6, *4* Puppengehäuse, nat. Gr. *5*. vergr. *8* *Sisyra umbrata* Needh. Puppe vergr. 6, *11* Puppengehäuse, nat. Gr. Nach Needham, J. 1901.

Wasser herunterfällt, unter den Wasserspiegel taucht und dann mit einer Luftblase in der Thoraxregion ein wenig herumschwimmt. Sind Süsswasserschwämme im Aquarium, die Wasserströmungen hervorrufen, so sucht die Larve die Strömung auf und gelangt so in die Schwämme hinein.

Die Imagines sind langsame, träge Tiere und schlechte Flieger, wohl hauptsächlich Dämmerungstiere.

Die *Sisyra* nahestehende amerikanische Gattung *Climacia* (Abb. 210) spinnt äusserst elegante, aus weissen, sechseckigen Maschen gebildete Puppenhüllen (Needham und Betten 1901).

Osmylidae.

Die andere Familie, *Osmylidae*, zählt etwa 100 Arten, die über den grössten Teil der Welt verbreitet, aber hier in Europa nur durch eine Art, *Osmylus chrysops* L. (Abb. 211–213) vertreten ist. Das Tier ist ziemlich gross, hat eine

Flügelweite von ungefähr 4–5 cm, schöne, glashelle Flügel mit schwarzbraunen Adern, dunkelbraunen Flecken und behaartem Flügelrand. Bei beiden Geschlechtern trägt die Vorderbrust ein Organ, das durch Blutdruck ausgestülpt werden kann und wahrscheinlich ein Stinkorgan ist. Bei den Männchen sitzt ausserdem auf dem 8. Hinterleibssegment ein eigentümliches Gebilde, die sogenannte Dufoursche Drüse, vermutlich ein Duftorgan, das die Weibchen anlockt. Wenn das Männchen paarungslustig ist, hängt es sich mit ausgebreiteten Flügeln und voll entfaltetem Duftorgan irgendwo fest; sind Weibchen in der Nähe, so bewegen sie fächelnd die Antennen. Das Männchen beisst sich an zwei Auswüchsen auf den Vorderhüften des Weibchens fest, worauf die Begattung stattfindet (KILLINGTON 1930). Das schöne Tier scheint nirgends häufig vorzukommen. So wird u. a. angegeben, dass es sich unter Brücken über fliessendem Wasser aufhält, und merkwürdigerweise ist auch eine Brücke im Vejletal die einzige Stelle, wo ich es gesehen habe: hier sassen die Tiere träge auf dem Zement unter den Brückenpfeilern. Sie sind Dämmerungstiere mit langsam flatterndem Flug. Die Eier werden in der Nähe des Wassers auf der Unterseite von Blättern abgelegt. Die Larve ist mit einem eigentümlichen, sägeförmigen Organ ausgestattet, mit dem sie eine Längsfurche in die Eischale sägt (LESTAGE 1921).

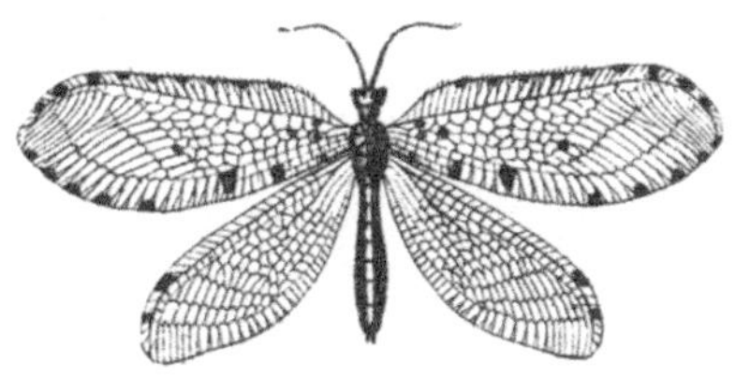

Abb. 211.

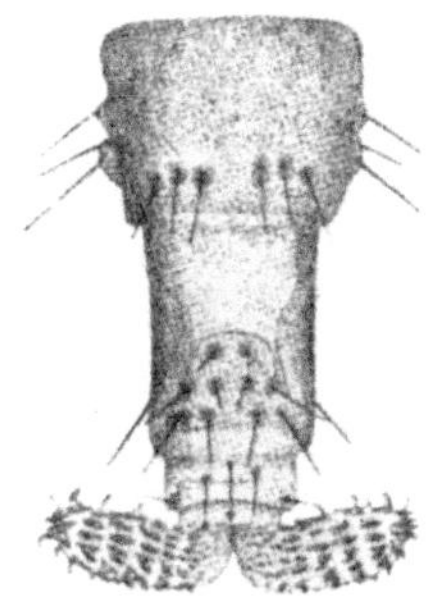

Abb. 212.

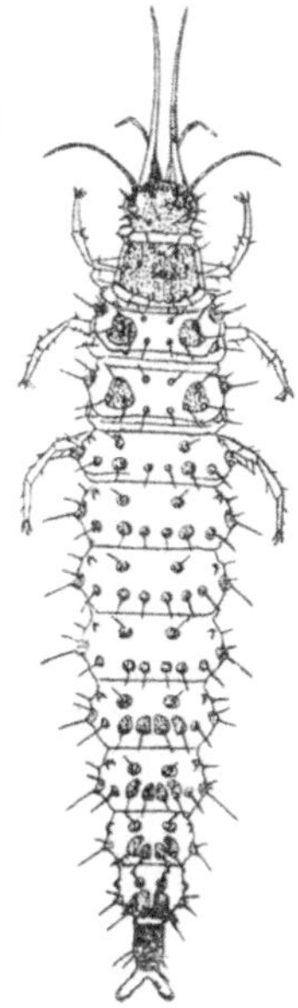

Abb. 213.

Osmylus chrysops L.

Abb. 211. Imago. Nat. Gr. Nach Dufour, L. 1848.

Abb. 212. Larve, Abdominalende mit Haftapparat. Nach Stitz, H. 1931 Vergr.

Abb. 213. Larve, vergr. Nach Rousseau, E. 1921.

Die Larve (Abb. 213) wird etwa 2 cm lang und ist ein in mancher Hinsicht eigenartiges Tier. Sie lebt am Ufer langsam fliessender Bäche, nicht unmittelbar im Wasser, aber stets nahe am Wasser, wo sie unter Steinen auf Beute lauert. Die beiden langen Saugröhren sind seitlich nach aussen und zugleich ein wenig aufwärts gebogen. Die Larve besitzt drei Punktaugen; ihre Beine sind typische Gangbeine, auf denen sie ziemlich schnell dahinläuft. Brust- und Hinterleibssegmente tragen Reihen gelber, erhabener und mit borstenförmigen Haaren besetzter Knötchen; die Haut ist dick und fast lederartig. Tracheenkiemen sind nicht vorhanden; soviel mir bekannt ist, hat bisher niemand mit Sicherheit Stigmen beobachtet. Der Hinterleib endigt in einem ausschiebbaren, gegabelten Organ (Abb. 212), dessen zwei Äste bei der Fortbewegung eine Rolle spielen, und die zugleich als Umklammerungsorgan dienen, wenn das Tier seine Beute gepackt hat und aussaugen will. Seine Hauptnahrung sind angeblich Larven von Chironomiden und anderen Dipteren. Man nimmt an (HAGEN 1852), dass die Larve ihre Beute nicht direkt aussaugt, sondern die

Saugröhren in das Beutetier hineinstösst, wo sie hin- und hergleiten und die Nahrung lösen und zermahlen; schliesslich wird die Nahrung durch die Saugröhren in den Schlund geleitet. Das Tier besitzt zwei lange, vielgliedrige Antennen von eigentümlichem Bau. Giftdrüsen, wie bei der Larve des Ameisenlöwen, sind nicht vorhanden, jedoch scheint der Speichel giftig zu sein; denn die Chironomidenlarven sterben wenige Sekunden, nachdem sie angestochen worden sind (WITHYCOMBE 1922). Vor der Verpuppung spinnt die Larve einen dünnen Kokon, der im Moos zu finden ist; kurz zuvor wirft die Larve die beiden Saugröhren ab. Die Puppe ist sehr beweglich; sie hat kräftige, zum Beissen geeignete Mandibeln. Vor der Verwandlung beisst die Puppe ein Loch in den Kokon, und die Verwandlung geht im Freien vor sich. Die Larve überwintert im 2. oder 3. Stadium. Jedes Jahr kommt nur eine Brut zur Entwicklung.

COLEOPTERA (Käfer).

Von ungefähr $^1/_4$ Million bekannter Käferarten sind wohl kaum mehr als einige Tausend als Wasserinsekten zu bezeichnen; von diesen gehören die enger mit dem Süsswasser verbundenen Arten fast ausschliesslich zu den folgenden vier Familien: *Dytiscidae* oder Schwimmkäfer mit etwa 2000 Arten, *Hydrophilidae* oder Wasserkäfer mit etwas weniger, nämlich etwa 1700, *Gyrinidae* oder Taumelkäfer und *Haliplidae* oder Wassertreter, die beiden letzten Familien mit einer weit geringeren Anzahl Arten. Dytisciden und Halipliden gehören zur Unterordnung der Adephaga; man kann sie vielleicht als dem Leben im Süsswasser angepasste Laufkäfer betrachten. Ferner gehören dazu die Gyriniden, die sich meist auf der Oberfläche des Süsswassers aufhalten, und die im Winter jedenfalls vorwiegend Landtiere sind; ihr Puppenstadium verleben sie stets ausserhalb des Wassers. Die Schwimmkäfer bringen gleichfalls das Puppenstadium immer an Land zu, wo auch die Eier einiger Arten abgelegt werden; einige von ihnen überwintern auch als Imagines an Land.

Die Hydrophiliden gehören dagegen zu den Polyphaga; nur wenige von ihnen können als ausgeprägte Wassertiere gelten. Viele Hydrophiliden leben an der Grenze von Land und Wasser, manche sind eher als Landtiere anzusehen, und andere sind ausschliesslich Landbewohner.

Bei anderen zu den Polyphagen gehörigen Familien haben oft einzelne Gruppen mehr oder weniger nahe Beziehung zum Süsswasser, die sich bei manchen allerdings hauptsächlich darauf beschränkt, dass sie am Seeufer leben und sich von hier aus zuweilen auf die Schwimmblätter der Vegetation hinauswagen. Einige von ihnen leben jedoch entweder als Larven (Donacien) oder während aller Stadien, auch als Imagines (gewisse Dryopiden und Rüsselkäfer), fast völlig aquatisch. Im folgenden sollen ausser den vier oben genannten Familien besprochen werden: *Dryopidae, Helodidae, Helmidae, Psephenidae, Georyssidae, Heteroceridae, Hydroscaphidae, Chrysomelidae, Curculionidae* und *Lampyridae*; daran schliessen sich ein paar Bemerkungen über einzelne Staphyliniden. Es ist beachtenswert, dass kein einziger Käfer engere Beziehung zum Meer hat; einige Süsswasserformen gehen jedoch gelegentlich ins Brackwasser oder unter Tang und Steine am Meeresufer. Dagegen lebt eine gar nicht so kleine Käfergesellschaft im Strandsand; mehrere ihrer Arten sind dem Leben im Meerwasser insofern angepasst, als sie einen grossen Teil des Tages davon überflutet sein können, ohne Schaden zu nehmen. Die hierher gehörenden Arten sollen jedoch hier nicht besprochen werden.

Kapitel XI.

Dytiscidae (Schwimmkäfer).

Taf. VI, VII.

Antennen 11-gliedrig, borsten- oder fadenförmig. Aussenlade der ersten Maxillen zweigliedrig, tasterförmig; Kopf bis zu den Augen in den Prothorax versenkt, Prothorax dem übrigen Körper breit angefügt. Hinterhüften nach vorn erweitert, mit dem Metasternum verwachsen; Hinterbeine zu Schwimmbeinen umgebildet, flach gedrückt, mit Schwimmhaaren an Schienen und Schenkeln. Elytren meistens glatt. Larven langgestreckt, mit 6 Nebenaugen auf jeder Seite. Mandibeln sichelförmig mit mehr oder weniger geschlossenem Kanal; Mundspalte meist nicht zur Nahrungsaufnahme gebraucht. Erste Maxillen tasterförmig, ohne Innenlade; Aussenlade ein- oder zweigliedrig. Tarsen mit zwei Klauen, Cerci mitunter zweigliedrig. Das konische 8. Segment trägt das einzige funktionierende Stigmenpaar. Sowohl Imagines als Larven Raubtiere.

TAF. VI

Dytiscidae. Imagines.

Haliplidae, Dytiscidae, Pelobiidae, Amphizoidae.

Abb. 1—17 nach Victor Hansen: Vandkalve og Hvirvlere in Danmarks Fauna.

Abb. 1. *Cnemidotus caesus* Duftschm. Nach Hansen, V. 1930. × 7.
— 2. *Brychius elevatus* Panz. Nach Hansen, V. 1930. × 8.
— 3. *Haliplus ruficollis* De Geer. Nach Hansen, V. 1930. × 12.
— 4. *Noterus clavicornis* De Geer. Nach Hansen, V. 1930. × 7.
— 5. *Hydroporus erythrocephalus* L. Nach Hansen, V. 1930. × 7.
— 6. *Ilybius obscurus* Marsh. Nach Hansen, V. 1930. × 2.
— 7. *Hyphydrus ovatus* Illig. Nach Hansen, V. 1930. × 6.
— 8. *Rhantus notatus* Fabr. Nach Hansen, V. 1930. × 3.
— 9. *Laccophilus hyalinus* De Geer. Nach Hansen, V. 1930. × 6.
— 10. *Deronectes depressus* Fabr. Nach Hansen, V. 1930. × 6.
— 11. *Agabus uliginosus* L. Nach Hansen, V. 1930. × 5.
— 12. *Coelambus parallelogrammus* Ahr. Nach Hansen, V. 1930. × 6.
— 13. *Colymbetes fuscus* L. Nach Hansen, V. 1930. × 2.
— 14. *Hydaticus transversalis* Pontopp. Nach Hansen, V. 1930. × 3.
— 15. *Graphoderes cinereus* L. Nach Hansen, V. 1930. × $2^1/_1$.
— 16. *Acilius sulcatus* L. Nach Hansen, V. 1930.
— 17. *Cybister lateralimarginalis* De Geer (*Roeselii* Fuessly). Nach Hansen, V. 1930. × $^1/_1$.
— 18. *Agabus guttatus* Payk. Wie ein Laufkäfer spazierend. W-L. 1912.
— 19. *Agabus guttatus* an der Oberfläche aufgehängt; die Hinterbeine nach hinten gestreckt. W-L. 1912.
— 20. *Laccophilus hyalinus* De Geer. Luftkugel an der Spitze des Abdomens. W-L. 1912.
— 21. *Hyphydrus ovatus* Illig. mit Luftkugel oberhalb des Körpers. W-L. 1912.
— 22. *Amphizoa Lecontei* Matth. Nordamerika. Nach Hubbard. 1897.
— 23. *Amphizoa* Larve. Nach Hubbard. 1892.
— 24. *Pelobius Hermanni* F. Nach Reitter. 1912. × 2.

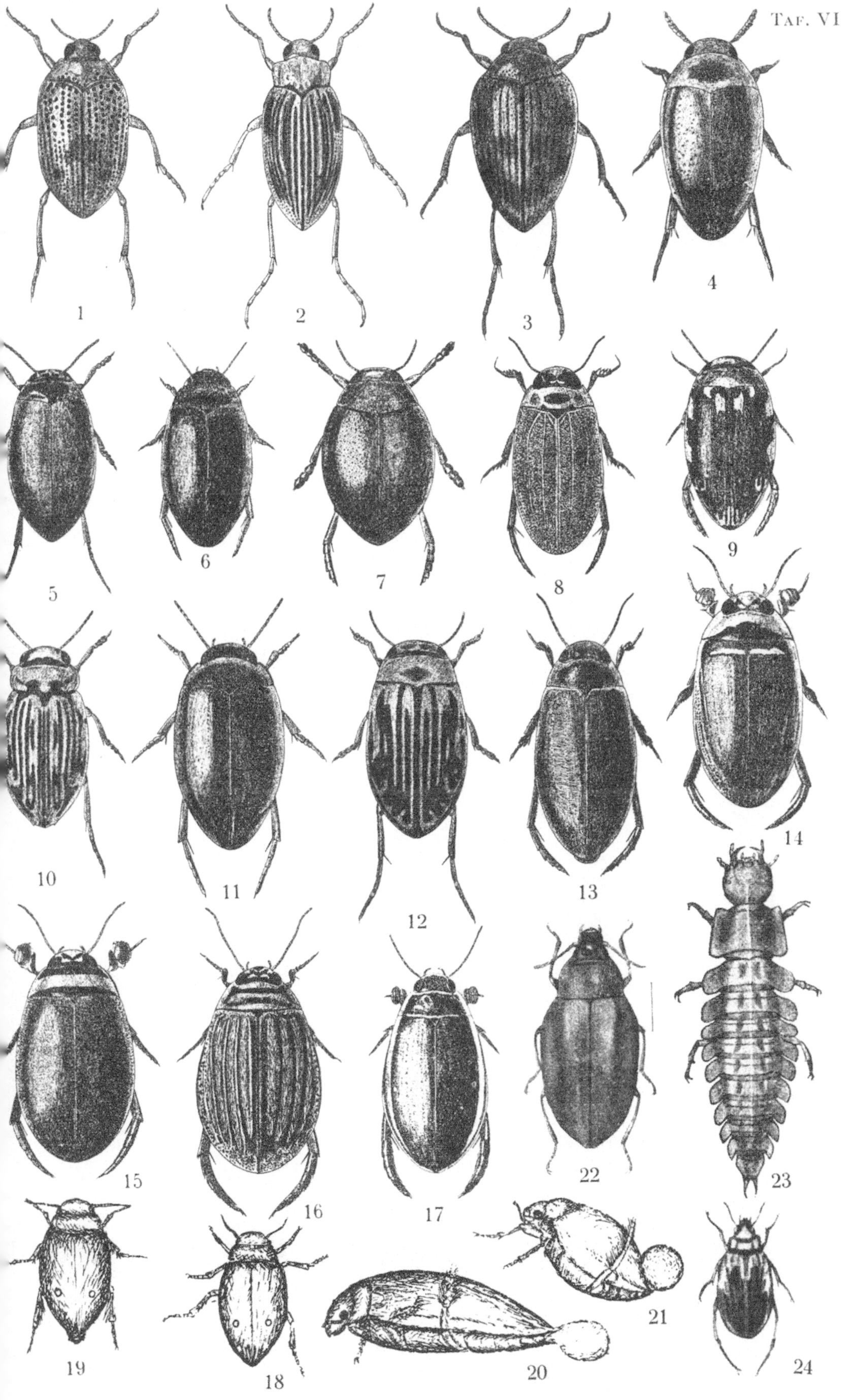
1
2
3
4
5
6
7
8
9
10
11
12
13
14
15
16
17
22
23
19
18
20
21
24

Die Dytisciden wurden früher in vier Unterfamilien: *Amphizoinae, Hygrobiinae, Dytiscinae* und *Haliplinae*, geteilt. Heutzutage führt man diese als vier Familien nebeneinander auf, was auch sicher das richtigere ist. Die beiden ersten repräsentieren zwei Reliktgruppen mit nur je zwei Arten.

Bei den Dytisciden im heutigen Sinne unterscheidet man mehrere Unterabteilungen, von denen hier die folgenden besprochen werden sollen: *Dytiscini, Cybisterini, Colymbetini, Noterini, Hydroporini.*

I. Dytiscini.

Von den zu dieser Unterabteilung gehörenden Formen sollen die Gattungen *Dytiscus, Hydaticus, Graphoderes* und *Acilius* behandelt werden. Da indessen *D. marginalis*, der Gelbrand, eins der biologisch und morphologisch am besten bekannten Wasserinsekten ist (Korschelt 1923–24), wollen wir uns zunächst vorwiegend mit ihm und seiner Gattung beschäftigen und anschliessend, weniger ausführlich, die übrigen Genera besprechen.

Die Dytisciden sind über die ganze Erde von Grönland bis zu den Tropen verbreitet; ihr Schwerpunkt liegt indessen in der paläarktischen Region. Sie treten als sicher nachweisbar zuerst im Tertiär auf; hier treffen wir Imagines der Gattung *Dytiscus*, sowohl mit glatten wie mit gefurchten Flügeln, und den sehr deutlichen Abdruck einer *Dytiscus*-Larve.

Dytiscus marginalis L. (Der Gelbrand).

a. Imago.

Wie erwähnt, können die Dytisciden als dem Leben im Süsswasser angepasste Laufkäfer aufgefasst werden; der Typus wurde durch die neuen Lebensbedingungen, denen er sich anzupassen hatte, in sehr wesentlicher Weise verändert. Er erhielt eine andere Körperform, wurde breit, flach, eiförmig, scharfkantig und dadurch befähigt, das Wasser zu durchschneiden. Die für die Laufkäfer charakteristischen tiefen Körpereinschnitte sind verschwunden; der Kopf ist tief in die Vorderbrust eingesenkt, diese selbst nur wenig von der Mittelbrust abgesetzt und mit ihr auf der Bauchseite durch einen Dorn zusammengeschweisst, der in die Mittelbrust eingepasst ist. Auch zwischen Brust und Hinterleib besteht keine scharfe Grenze; der ganze Körper erscheint wie aus einem Guss. Beweglichkeit zwischen Kopf, Brust und Hinterleib ist so gut wie ausgeschlossen. Zum Entgelt gewinnt der Körper in hohem Grade an Stabilität. Die Gliedmassen sind umgewandelt, ebenso sind Eiablage und gewisse sekundäre Geschlechtsmerkmale verändert; die Laufkäfer gebrauchen beim Gehen alle drei Beinpaare, die Schwimmkäfer verwenden dagegen zur Fortbewegung fast ausschliesslich das letzte Beinpaar. Die Vorderbeine werden dabei so gut wie gar nicht benutzt; sie können in tiefe Furchen zwischen Vorder- und Mittelbrust gelegt werden und sind Greiforgane, mit denen die Beute gepackt, festgehalten und zum Teil zerkleinert wird; bei den Männchen haben sie noch eine weitere Umbildung durchgemacht.

Der ganze Körper (Abb. 214–216) ist blank poliert; eine unbenetzbare Haarbekleidung zum Festhalten der Luft findet sich nur auf der Rückenseite der letzten Hinterleibsringe, die im allgemeinen eingezogen und aufwärts gegen die Deckflügel gebogen sind. Das Chitin ist stets mehr oder weniger eingefettet, sodass das Wasser von ihm abläuft, wenn das Tier an die Oberfläche kommt. Überall im Chitinskelett liegen zahlreiche einzellige Drüsen, die durch Porenkanäle auf der Körperoberfläche ausmünden; diese Hautdrüsen (bis zu 3–4000

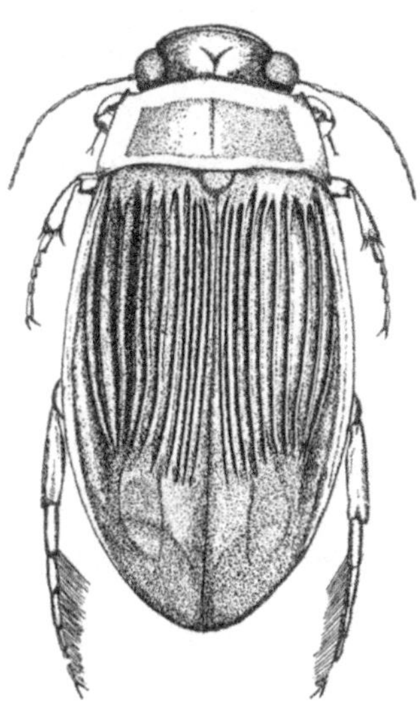

Abb. 214.

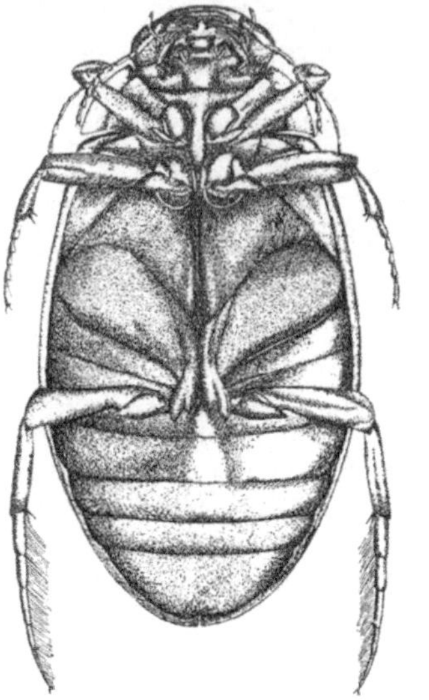

Abb. 215.

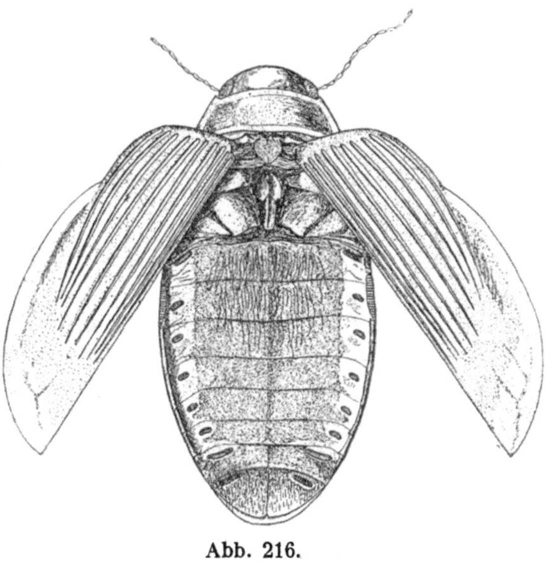

Abb. 216.

Abb. 214. *Dytiscus marginalis* L. ♀ von der Rückenseite. Nach Euscher, H. 1910.

Abb. 215. Dasselbe von der Bauchseite. Nach Euscher, H. 1910.

Abb. 216. Dasselbe von der Rückenseite; die Deckflügel auseinander geschlagen und die Hinterflügel entfernt. Man sieht die Rückenseite des Abdomens mit den Spirakeln. Die zwei letzten Paare sind grösser als die anderen. Nach Alt, W. 1912.

auf einem Quadratmillimeter) sind das ölproduzierende Organ (Törne 1910, Casper 1913).

Wir wollen hier nur folgende eigentümliche Züge im Bau des Tieres hervorheben.

Von allen Organen der Schwimmkäfer sind die Antennen am wenigsten umgebildet; sie gleichen fast völlig denen der Laufkäfer. Gewöhnlich sind die Antennen von Wasserinsekten, z. B. der Wasserwanzen, sehr stark reduziert, oder sie sind mit Samthaaren bedeckt und übernehmen, wie bei Hydrophiliden und gewissen Donaciinen, andere Funktionen; in welcher Weise sie bei den Schwimmkäfern funktionieren, weiss man nicht. Die Mundteile sind sehr kräftige Beiss- und Kauwerkzeuge, die Augen sind gross und stark gewölbt. Das zweite Beinpaar hat hauptsächlich die Aufgabe, die Schwimmrichtung zu dirigieren, und ist mit Schwimmhaaren besetzt; die Hinterbeine sind die eigentlichen Bewegungsorgane und weichen in vielen Merkmalen von denen der Laufkäfer ab. Die Hüften, Coxae, die bei den letzteren durch Gelenke mit dem Körper verbunden sind, bestehen bei den Schwimmkäfern aus breiten flachen Platten, die in die Brust eingelagert sind und einen Teil des Metathorax bilden; es besteht keinerlei Gelenkverbindung mit dem Körper. In dem inneren Hohlraum ist Platz für die mächtigen Muskeln, die die Hinterbeine bewegen. Besonders Schienen und Fussglieder sind breit und flach; beim Männchen sind sie mit zwei Reihen, beim Weibchen mit einer Reihe langer Schwimmhaare versehen (Abb. 217–218); der Fuss kann um seine Achse rotieren. Wenn die Tiere beim Schwimmen die Hintergliedmassen vorwärts bewegen, drehen sie den Fuss mit der Kante nach vorn; da gleichzeitig die Schwimmhaare durch den Wasserdruck mechanisch zusammengedrückt werden, so bietet der Fuss während der Vorwärtsbewegung dem Wasser fast keinen Widerstand: der Käfer »wirft die Riemen platt«. Soll aber der Fuss rückwärts bewegt werden, so wird seine Breitseite gegen die Bewegungsrichtung gedreht: alle Haare werden fächerförmig ausgespreizt, sodass die breiten Ruder das Wasser mit grosser Kraft nach hinten und den Körper vorwärts treiben. Man kann sich nach getrockneten Exemplaren kaum eine Vorstellung davon machen, wie stark der Haarsaum ist und was für vortreffliche Schwimmorgane die Hinterbeine sind. Neben dieser Aufgabe haben sie noch eine weitere Funktion: die eine Seite der Tibien und Tarsalglieder ist mit einer Reihe langer, kräftiger Dornen besetzt, ebenso endet jedes einzelne Glied mit einem Dorn. Auch das distale Ende der Hinterschiene ist mit sehr starken Dornen versehen. Dieser ganze Dornenbesatz ist für das Tier von Bedeutung, wenn es bei seinen nächtlichen Ausflügen an Land geht und ein Stück wandern muss, oder wenn es sich abstösst, um aufzufliegen. Die Klauen an den beiden ersten Beinpaaren sind wohlentwickelt, am letzten jedoch schwach (Abb. 217).

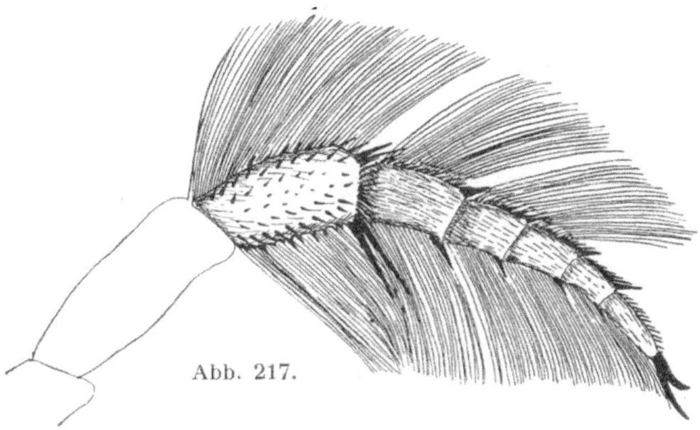

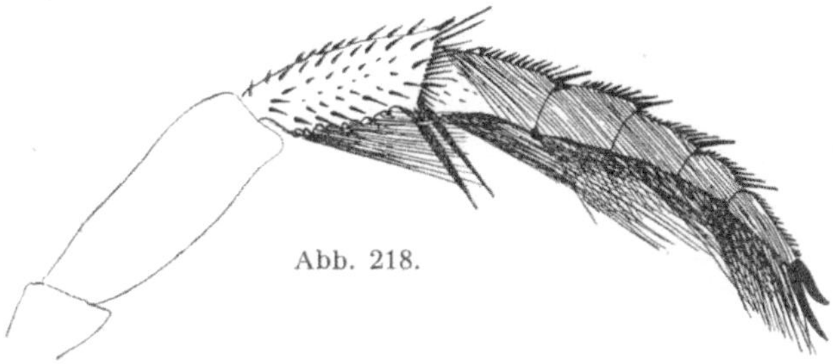

Abb. 217. *Dytiscus marginalis* L. Rechtes Hinterbein ♂; die Schwimmhaare sind beim Zurückschlagen der Beine ausgebreitet.

Abb. 218. Dasselbe; die Schwimmhaare sind bei der Vorwärtsführung der Beine zusammengelegt. W-L. del.

Unter den Deckflügeln haben die Schwimmkäfer ihr grosses Luftreservoir. Im allgemeinen hängt bei Wasserinsekten, die ein Luftreservoir besitzen, die Luft in der Samtbekleidung der Körperteile fest, an denen die Luft aufgespeichert wird. Eine derartige Bekleidung hat der Schwimmkäfer wie bemerkt eigentlich nur auf der Dorsalseite der beiden letzten Hinterleibsringe, jedoch nicht in der eigentlichen Luftkammer; der Bau ihrer Wände ermöglicht es indessen, dass trotzdem Luft in ihr angesammelt werden kann. Die Luftkammer wird oben zunächst von den Hinterflügeln begrenzt, die die Decke des grössten Teils der Kammer bilden, darüber von den Deckflügeln, die in der Mittellinie zusammengefalzt sind und mit ihren umgebogenen Seitenrändern die Seiten des Hinterleibes fest umschliessen. Die Hinterleibsspitze ist nach oben gebogen und gegen die Spitze der Deckflügel gepresst. Hier ist übrigens die einzige Stelle, durch die das Wasser möglicherweise eindringen

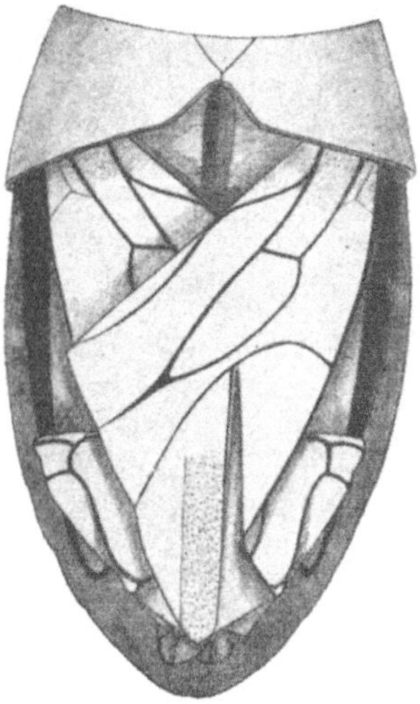

Abb. 219 a.

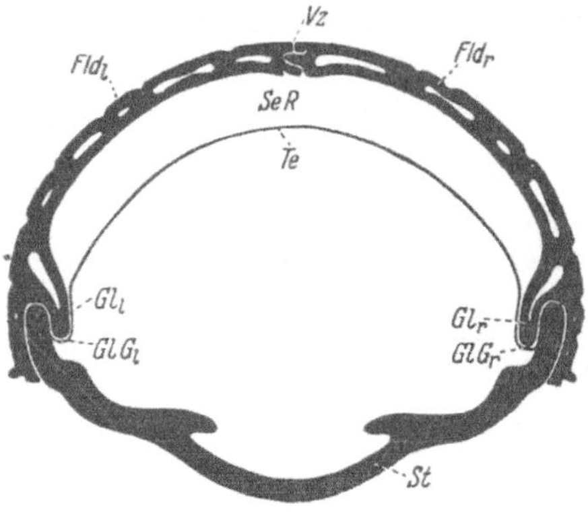

Abb. 219 b.

Abb. 219 a. *Rhantus punctatus* Geoffr. Lage des Katastigma in der Ruhe. Die Flügeldecken zum grössten Teil abgetragen. Nach Heberdey, R. 1938.

Abb. 219 b. *Cnemidotus caesus* Duft. Schematischer Querschnitt durch Flügeldecken und Abdomen im Bereiche der Glossula. Die Hinterflügel sind nicht gezeichnet. *Fldlr* Flügeldecken, *Gllr* Glossula der linken und rechten Seite, *GlGlr* Glossulagruben, *SeR* Subelytralraum, *St* Bauchwand des Abdomens, *Te* Rückenwand des Abdomens, *Vz* Verzahnung der Nahtränder der Flügeldecken durch Nut und Feder. Nach Heberdey, R. 1938.

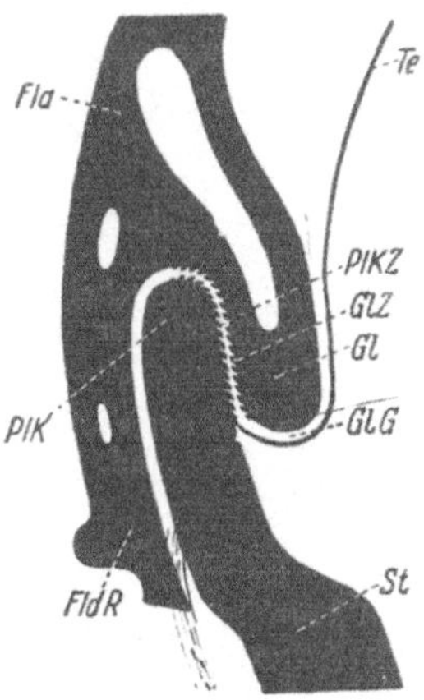

Abb. 219 c.

Abb. 219 c. *Cnemidotus caesus* Duft. Schematisierter Querschnitt durch den linken Flügelrand und die linke Pleuralkante des Abdomens im Bereiche der Glossula. Die Zähnchen und ihre Wirkungsweise sind gut zu erkennen. *Fld* Flügeldecke, *FldR* Seitenrand der Flügeldecke, *Gl* Glossula, *GlG* Glossulagrube, *GlZ* Zähnchen der Glossula, *PlK* Pleuralkante des Abdomens, *PlKZ* Zähnchen der Pleuralkante, *St* Bauchwand des Abdomens, *Te* Rückenwand des Abdomens. Nach Heberdey, R. 1938.

könnte, aber gerade hier ist die Rückenseite der Hinterleibssegmente von der unbenetzbaren Haarschicht bedeckt, die das Eindringen von Wasser verhindert (Alt 1912).

In diesem Zusammenhang wollen wir die Untersuchungen von Heberdey über die Art und Weise, wie die Luftkammer gegen die Umgebung abgesperrt wird, kurz besprechen (Abb. 219). Nur bei den Coleopteren tritt ja das Respirationssystem in direkte Verbindung mit dem Subelytralraum, d. h. dem Raum zwischen der Dorsalseite des Abdomens und den Deckflügeln. Dies hat zur Verschiebung der Abdominalstigmen nach der Dorsalseite hin geführt, sodass sie in den Subelytralraum und nicht frei in die Umgebung münden.

Am Darmkanal (Abb. 220) des Gelbrandes (Rungius 1911) fällt zunächst der grosse Kropf auf, der sich als langer, sehr erweiterungsfähiger Sack bis weit in den Hinterleib hinein erstreckt. Er bildet die Vorratskammer des

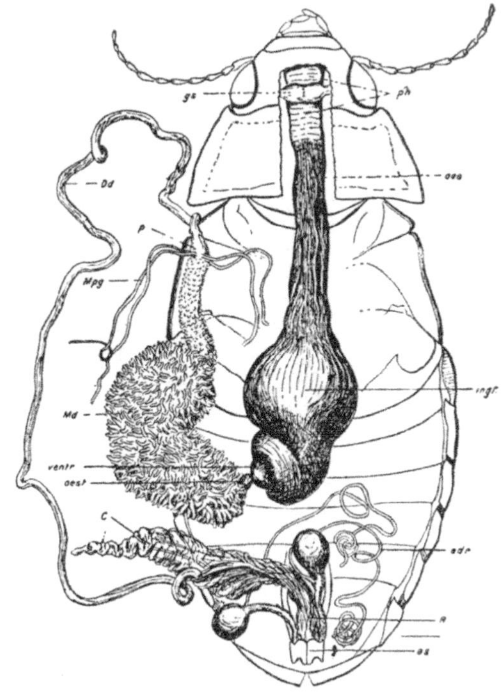

Abb. 220.

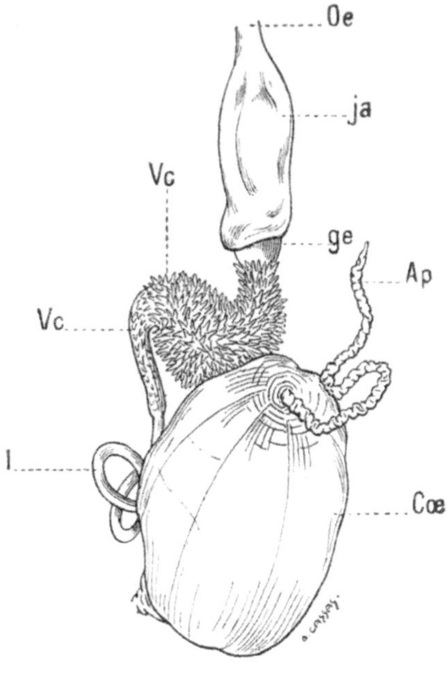

Abb. 221.

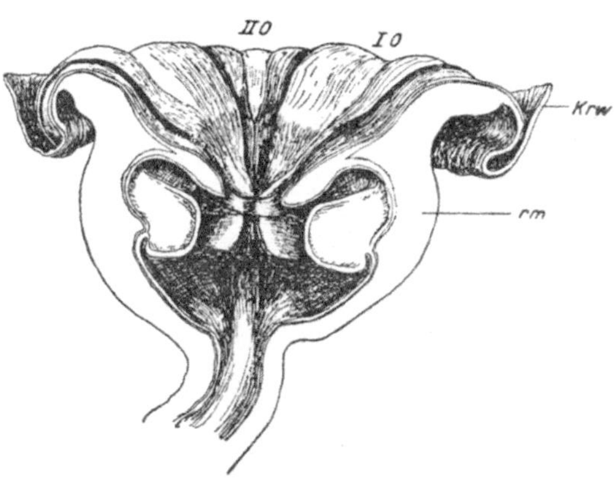

Abb. 222.

Abb. 220. *Dytiscus marginalis* L. Darmkanal. *ph* Pharynx, *oes* Oesophagus, *ingl* Kropf, *adr* Analdrüsen, *R* Rectum, *as* Analsegment, *c* Blindsack, *Dd* Dünndarm, *ventr* Kaumagen, *Md* Mitteldarm, *Mpg* Malpighische Gefässe, *p* Pylorus, *gs* Ganglion infraoesophageum. Nach Rungius, H. 1911.

Dytiscus marginalis L.
Abb. 221. Darmkanal eines *Dytiscus* 8 Tage nach einer reichlichen Mahlzeit. *Oe* Speiseröhre, *ja* Kropf, *ge* Kaumagen, *coe* Blindsack, *Ap* sein Appendix, *i* Dünndarm, *Vc* Mitteldarm. Der ganze Darmkanal ist leer: nur der Blindsack ist ballonförmig aufgeschwollen. Nach Portier, P. 1911.

Abb. 222. Kaumagen an zwei Leisten geöffnet, *rm* Ringmuskeln, *Krw* Kropfwand. Nach Rungius, H. 1911.

Schwimmkäfers und kann grosse Mengen von Nahrung aufnehmen. *Dytiscus* besitzt keine Speicheldrüsen; vom Mitteldarm dringt ein Sekret nach vorn, das den ersten Verdauungsprozess der aufgenommenen Nahrung einleitet. Das Sekret ist olivgrün und wird von den Mitteldarmdrüsen abgesondert; die aufgelöste Nahrung gelangt in den ausserordentlich kräftigen Kaumagen (Abb.

222), der gleichzeitig als Reusenapparat wirkt. Hier wird die Nahrung zwischen den radiär angeordneten Chitinleisten des Kaumagens sortiert und einer gründlichen Behandlung unterworfen, bei der auch gröbere Partikel fein zermahlen werden, bevor die Nahrung in die dahinterliegenden, verdauenden Teile des Darmkanals geleitet wird. Die absolut unverdaulichen Bestandteile der Nahrung kommen jedoch nicht weiter als bis in den Kaumagen, aus dem sie ohne Schwierigkeit durch die Mundöffnung wieder ausgeworfen werden. Derselbe Prozess findet auch statt, wenn der Vielfrass sich zu voll geladen

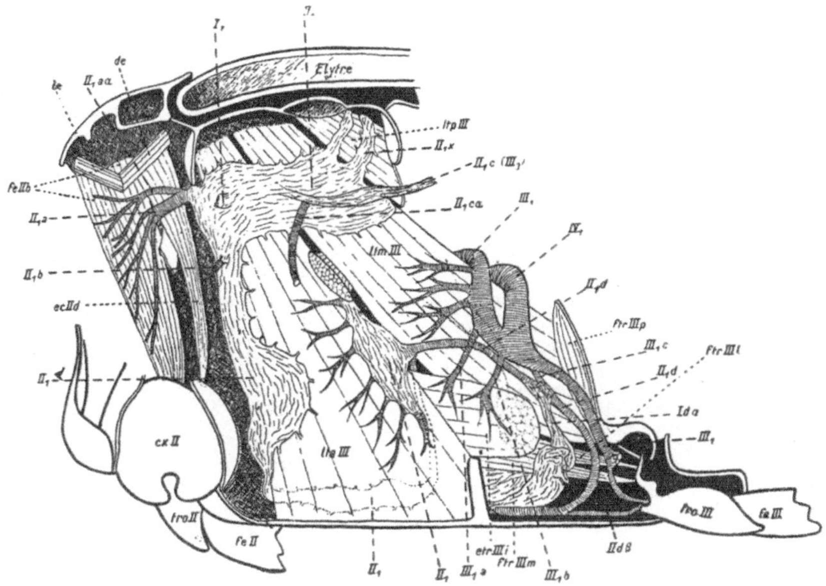

Dytiscus marginalis L.

Abb. 223. Meso- und Metathorax von der Seite gesehen; zeigt den Verlauf des Luftsackes *II* und seiner Zweige nach Wegnahme der Muskeln, sowie die Vereinigung der vom dritten und vierten Stigma kommenden Äste III_1 und IV_1 im Metathorax. Auch der Ast II_1a ist nach Entfernung der Muskeln freigelegt. Nach Alt, W. 1912.

hat und dadurch so schwer geworden ist, dass er nicht mehr an der Wasseroberfläche hängen kann. Es ist keine ungewöhnliche Erscheinung, dass der Gelbrand nach einer reichlichen Mahlzeit 4–5 Mal mit kurzen Pausen die unverdauten Nahrungsreste wieder ausbricht, die man dann als graubraune Wolken im Wasser stehen sieht. Die brauchbaren Reste der Nahrung werden durch einen besonderen Filterapparat filtriert, bevor sie in den Mitteldarm gelangen. Auf den mit zahlreichen, kurzen, fingerförmigen Blindsäcken versehenen Mitteldarm, in dem die Verdauung hauptsächlich vor sich geht, folgt der sehr lange Dünndarm; an der Grenze zwischen ihm und dem Enddarm sitzt ein eigentümliches Organ, der sog. Blindsack. Seine Grösse ist ausserordentlich schwankend; zuweilen füllt er einen grossen Teil der Leibeshöhle aus, er kann aber auch zu einem kleinen, stark gefalteten Anhang zusammenschrumpfen (vgl. Abb. 220–221). Ist der Blindsack oder die Rektalampulle gefüllt, so besteht sein Inhalt aus Wasser und Exkrementen; manchmal enthält er fast ausschliesslich Wasser. Wenn man einen Gelbrand ergreift, spritzt er aus dem After eine widerliche, halb fettige, stinkende Flüssigkeit aus und verwendet auf diese Weise den Inhalt des Blindsacks als Waffe. Es hat sich gezeigt, dass der Blindsack hungernder Tiere stets gefüllt ist, und dass Tiere, die längere Zeit auf dem Trockenen waren und ins Wasser gesetzt werden, augenblicklich den Blindsack mit Wasser füllen. Der Blindsack ist in Wirklichkeit ein Gewichtsregulator, dessen Hauptaufgabe darin besteht, den Füllungszustand der Leibeshöhle zu regulieren; bei Wassertieren, deren spezifisches Gewicht dem des Wassers so nahe wie möglich sein muss, darf dieser Füllungszustand nicht innerhalb so weiter Grenzen schwanken wie bei Landtieren. Das Auffüllen mit Wasser geschieht nicht, wie man erwarten sollte, durch den After, sondern durch den Mund.

Das Tracheensystem (Abb. 223) weist manche Eigentümlichkeiten auf; es

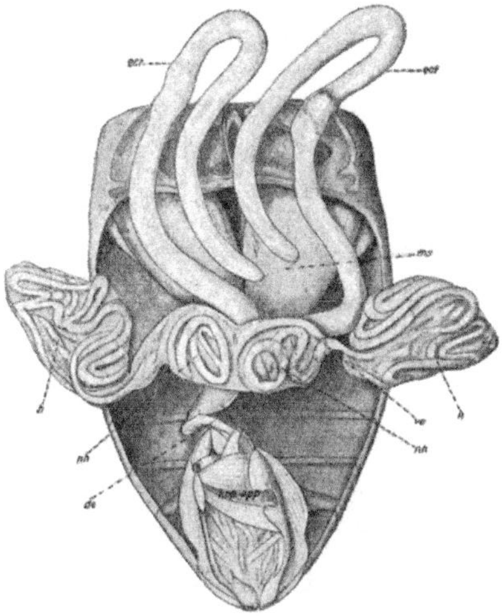

Abb. 224.

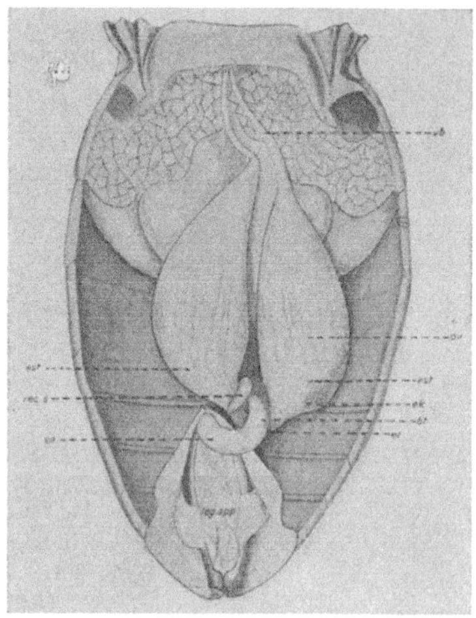

Abb. 225.

Dytiscus marginalis L.

Abb. 224. Der männliche Geschlechtsapparat. *de* Ductus ejaculatorius, *ect* Kittdrüsen, *ms* Muskelstrang, *h* Testikel, *ve* Vas deferens, *nh* Nebenhoden, *kop-app* Kopulationsapparat. Nach Demandt, C. 1912.

Abb. 225. Der weibliche Geschlechtsapparat. *ov* Ovarium, *bt* Begattungstasche, *recs* Receptaculum seminis, *el* Eileiter, *va* Vagina, *leg.app* Legeapparat. Nach Demandt, C. 1912.

sei nur erwähnt, dass sich besonders im Thorax grosse Luftsäcke finden, die mit den Bruststigmen in Verbindung stehen und besonders beim Fliegen für das Tier von Bedeutung sind.

Das Herz ist in der Brustregion mit zwei sog. Ampullen versehen, die die Blutzirkulation in Vorderbrust und Kopf regulieren.

Das Nervensystem ist dadurch ausgezeichnet, dass alle Bauchganglien zu einer einzigen, in der Hinterbrust liegenden Masse verschmolzen sind.

Die inneren Geschlechtsorgane (Abb. 224–225) haben den bei Insekten üblichen Bau; jedoch ist an den weiblichen Ausführwegen bemerkenswert, dass sie eine sog. Bursa copulatrix besitzen, in die das männliche Glied eindringt und den Samen ergiesst. Der Samen wird durch eine Rinne zur Samentasche, dem Receptaculum seminis, hingeleitet und hier aufbewahrt. Die äusseren Geschlechtsorgane des Weibchens bilden beim Gelbrand einen mächtigen, stark chitinisierten Apparat, der vollkommen im Hinterleib eingeschlossen liegt, solange er nicht gebraucht wird; tritt er in Funktion, so wird er weit herausgeschoben. Er bildet einen grossen, messerförmigen Legestachel, der Löcher in Blätter schneidet oder bohrt, wonach die grossen, schwach gekrümmten Eier durch die Geschlechtsöffnung austreten. Der männliche Geschlechtsapparat besteht aus zwei grossen, knäuelförmigen Testikeln, den Nebenhoden und den sehr grossen, weissen Kittdrüsen; die inneren Geschlechtsorgane münden durch einen gemeinsamen Kanal in das eigentliche Begattungsglied. Die Spermatozoen der Schwimmkäfer sind eigentümlicherweise doppelt; in den Nebenhoden vereinigen sie sich zu je zweien, und ihre zwei Köpfe verschmelzen zu einem einzigen, der nun mit zwei Schwänzen versehen ist. Auf diese Weise erhalten sie vermutlich grössere Beweglichkeit. Der Begattungsapparat ist äusserst kompliziert gebaut; hier müssen wir uns indes mit der Angabe begnügen, dass der Penis lang und ausserordentlich dünn ist und durch zwei Penisklappen geschützt wird, die durch eine breite, gelbe Hautfalte miteinander verbunden sind; die Bedeutung dieser Hautfalte werden wir später kennen lernen.

Es sei ferner erwähnt, dass vorn im Prothorax zwei grosse Drüsen liegen, deren jede mit einer Sammelblase versehen ist, in der ein weissliches Sekret aufbewahrt wird; die Blasen münden auf einer kleinen Spitze aus. Wenn man den Käfer packt, tritt das Sekret als weisse, milchige Flüssigkeit aus und fliesst an den Seiten der Vorderbrust herab; einige Forscher nehmen an, dass die von den Drüsen abgesonderte Substanz dazu dient, das Tier einzufetten. Aus Blunck's Untersuchungen (1912, 1917) geht hervor, dass das Sekret der Drüsen auf Fische entschieden giftig wirkt, besonders wenn sie es mit dem Wasser in den Mund bekommen. Alles spricht dafür, dass es sich um ein Nervengift handelt, das den Herzschlag und die Atmung beeinflusst; gewöhnlich erholen sich jedoch die gelähmten Tiere wieder.

Die Schwimmkäfer sind durch eigenartige sekundäre Geschlechtsmerkmale ausgezeichnet. Die beiden Geschlechter unterscheiden sich ausser durch die bereits erwähnte Verschiedenheit der Hinterbeine, die beim Männchen einen doppelten, beim Weibchen einen einfachen Schwimmsaum tragen, besonders durch den Bau der Vorderbeine (Abb. 226–230). Das Männchen jagt das Weibchen und packt es, während es im Wasser schwimmt; es muss sich während des Schwimmens auf dem Rücken des Weibchens in Paarungsstellung bringen. Das Männchen kann sich mehrere Tage lang auf dem Rücken des Weibchens festhalten; hierzu sind besondere Festhalteapparate erforderlich, wie sie das Männchen in seinen Vorderfüssen besitzt. Die drei ersten Tarsalglieder bilden zusammen einen scheibenförmigen Festhalteapparat; auf diesen folgen zwei gewöhnliche Glieder, die in zwei kräftigen Klauen endigen. Auf dem ersten Fussglied sitzen zwei grosse, schöne Saugnäpfe, ausserdem aber ungefähr 150 kleinere auf dem ersten und den beiden folgenden Gliedern. Alle Saugnäpfe sind gestielt; sie sind radiär gestreift und elastisch und können durch Druck ausgebreitet werden, ohne zu zerreissen. Der ganze Festhalteapparat ist von einem Kranz dicker, abwärts gekrümmter Borsten umgeben. Morphologisch ist der Saugnapf eigentlich nichts Anderes als ein kompliziertes, von trichogenen Zellen gebildetes Haar. Seine Wirkung wird durch einen Kranz von Drüsenporen verstärkt. Über die Art, wie diese Festhalteapparate wirken, bestanden bisher sehr verschiedene Meinungen; man hat durch Versuche festgestellt, dass die Saugnäpfe toter Tiere keineswegs ihre Adhäsionsfähigkeit verlieren, ja, dass sie diese sogar noch bewahren, wenn die Tiere jahrelang in Alkohol gelegen haben. Man hat hieraus geschlossen, dass die Saugnäpfe rein mechanisch wirken; wenn die Tiere die ganze Scheibe fest andrücken und sie dann anheben, so muss unter jedem Saugnapf ein luftverdünnter Raum entstehen. Ausserdem wurde aber festgestellt, dass von Drüsen in der Saugscheibe ein Sekret abgesondert wird, durch das sie gewissermassen festgekittet wird. Befestigt man einen männlichen Vorderfuss auf einer Glasplatte, so hinterlässt jeder Saugnapf eine deutlich sichtbare Spur, d. h. die Saugnäpfe werden durch einen Klebstoff festgekittet. Die beiden ein-

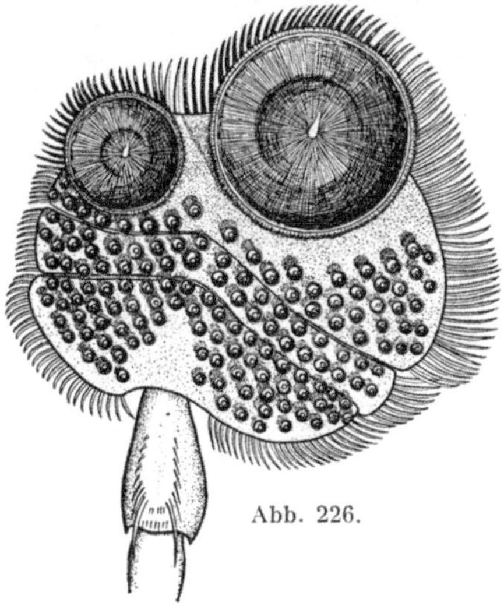

Abb. 226.

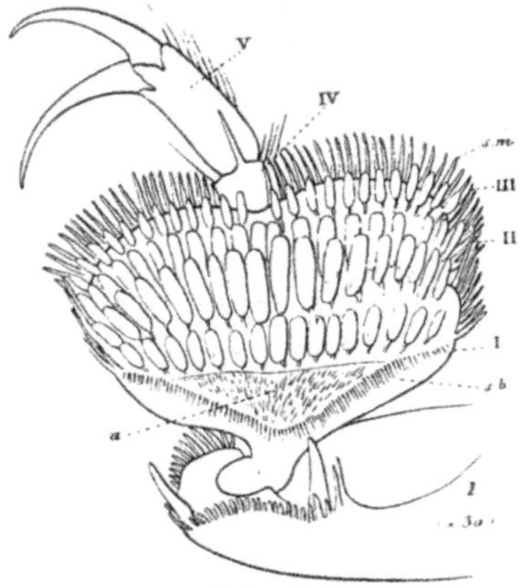

Abb. 228.

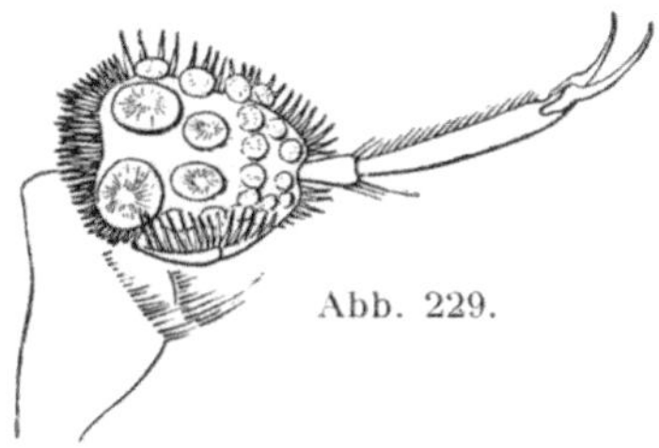

Abb. 229.

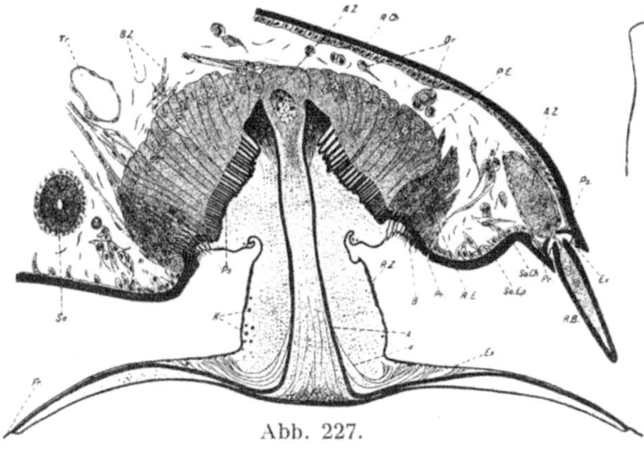

Abb. 227.

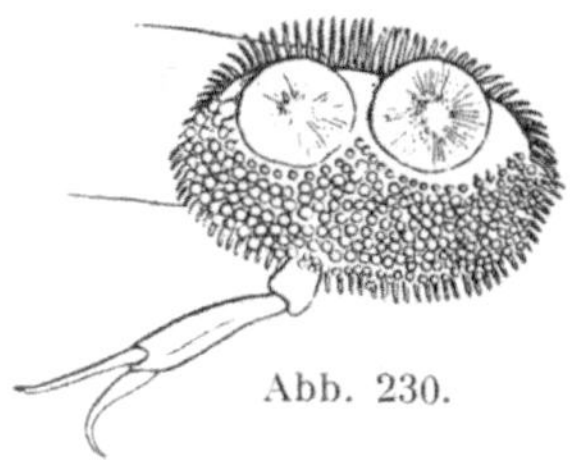

Abb. 230.

Haftscheiben einiger Dytisciden.

Abb. 226. Ventralansicht der drei zur Haftscheibe erweiterten Glieder eines rechten Vorderfusses von *D. marginalis* L. Nach Blunck, H. 1912.

Abb. 227. Axialer Längsschnitt zur Fussachse durch den kleineren der grossen Näpfe. *R.Ch* Chitin des Fussrückens und sein Epithelbelag, *So.Ch.* chitinöse Fussohle mit ihrem Epithel, *So.*, *Ep.*, *Ex.* feste, dünne Chitinschicht, die Haftnapf und Stiel bekleidet, *rRZ.* Verstärkungszone, *K.* dunkle Chitinkügelchen im Scheibenstiel, *Pr.* Porenkanäle, *B.* feine Borsten dieser Zone, *Ps.* Pallisadenschicht, *P.E.* ihr Epithel, *R.E.* kleinkernige Randzone desselben, *Az.* Achsenzylinderzelle, *ch* Achsenzylinder, von seiner Wand ausgehende Ästchen, *Dr.* Drüsenzellen, *BZ.* Bindegewebszellen, *Tr.* Trachee, *Se.* Sehne des Tarsus mit ihrer Epithelscheide, *Fr.* Fransenbesatz. Nach Blunck, H. 1912.

Abb. 228. Haftscheibe von *Cybister.* I—V. Fussglieder, *a* Haare, *sm* Randhaare, *sb* Haare am Grunde der Saugscheibe. Nach Chatanay, J. 1910.

Abb. 229. Haftscheibe von *Hydaticus.* Nach Chatanay, J. 1910.

Abb. 230. Haftscheibe von *Eretes.* Nach Chatanay, J. 1910.

ander widersprechenden Anschauungen sucht man nach den neuesten Forschungen durch die Annahme zu vereinen, dass die Saugnäpfe zwar rein mechanisch wirken, dass aber ihre Tragfähigkeit durch ein Klebemittel verstärkt wird. Diese Auffassung kommt sicher der Wahrheit so nahe wie möglich. Es kann kein Zweifel darüber bestehen, dass die Saugscheiben den Zweck haben, das Männchen gewissermassen am Weibchen festzukleben. Nach der Begattung findet man häufig die gestielten Saugnäpfe auf der Brust des Weibchens festsitzend (s. besonders Törne 1910, Chatanay 1910 und Blunck 1912).

Bei der Gattung *Dytiscus* und besonders bei der hier besprochenen Art *D. marginalis* L. ist noch eine weitere Eigentümlichkeit zu beobachten. Fast immer gehören zu jeder Tierart höchstens zwei individuelle Formen, nämlich ein Männchen und ein Weibchen. Alle Männchen und alle Weibchen einer Art sind unter sich im grossen und ganzen gleich. Es können zwar innerhalb einer Art mehrere Männchen- oder Weibchenformen auftreten, wie z. B. geflügelte und ungeflügelte (bei Blattläusen), verschieden gestaltete Arbeiter (Ameisen, Termiten) usw.; in diesen Fällen bestehen aber entweder ganz verschiedenartige Entwicklungsverhältnisse, oder die verschiedenen Formen sind als Anpassung an durchaus besondere Lebensbedingungen zu betrachten. Bei den meisten Arten der Gattung *Dytiscus* gehören merkwürdigerweise drei wohl unterschiedene Formen zu einer Art: ein Männchen und zwei Weibchen, von denen das eine glatte, das andere gefurchte Deckflügel hat. Die beiden Weibchenformen vermehren sich auf gleiche Weise, paaren sich mit demselben Männchen, legen gleichzeitig ihre Eier und finden sich häufig zusammen in ein und demselben Teich und unter völlig gleichen Lebensbedingungen.

Es ist viel Tinte geflossen, um zu erklären, weshalb manche Weibchen gefurcht sind und andere nicht. Das Problem wird weiter dadurch erschwert, dass bei manchen Arten alle Weibchen gefurcht, bei anderen alle glatt sind, und dass ferner bei Arten mit beiden Formen in einer Gegend die gefurchten Weibchen dominieren, in einer anderen dagegen die glatten. Im grossen und ganzen hat es den Anschein, als ob die gefurchten Formen hauptsächlich im Süden, die glatten meist im Norden heimisch sind.

Man hat lange Zeit die Furchen auf den Deckflügeln der Weibchen als sekundäre Geschlechtsmerkmale aufgefasst und gemeint, dass sie es dem Männchen erleichtern sollten, sich während der Begattung am Weibchen festzuhalten. Das ist sicher nicht richtig. Nachweislich können Männchen, die man von einem gefurchten Weibchen während der Paarung wegnimmt, schon wenige Sekunden später wieder in Paarungsstellung auf einem glatten Weibchen sitzen. Ausserdem liess sich feststellen, dass die Saugnäpfe des Männchens immer auf der Vorderbrust des Weibchens befestigt werden und nicht auf den Deckflügeln, die die Furchen tragen. Wie wir später sehen werden, haben die Furchen möglicherweise eine ganz andere Bedeutung. Deshalb lässt sich auch Darwin's Auffassung der gefurchten Weibchen als besonderer Anpassungsformen, durch die die Begattung erleichtert wird und deren Umbildung weiter fortgeschritten ist als die der glatten Weibchen, kaum aufrechterhalten. Es ist im übrigen bemerkenswert, dass unter den ältesten bekannten Resten von Schwimmkäfern (im Tertiär) sowohl gefurchte wie glatte Flügeldecken vorkommen, und dass die gefurchten obendrein in der Mehrzahl sind.

Nach der Beschreibung der ausgewachsenen Tiere und ihres Baues wollen wir nun zur Darstellung ihrer Biologie, besonders ihrer Hydrostatik und Respiration, ihrer Paarung und Fortpflanzung sowie ihrer Überwinterung übergehen.

Hydrostatik und Respiration.

In den Jahren 1910–1930 sind zahlreiche Untersuchungen über die Hydrostatik und Respiration der Wasserinsekten und speziell der Dytisciden erschienen. Ich selbst arbeitete 1910–13 mit diesen Problemen und legte meine eigenen Ergebnisse in der 1913 veröffentlichten Arbeit nieder. In der dänischen Ausgabe des Insektenlebens (1915) konnte ich noch einige neuere Forschungen mit verwerten; seitdem sind aber viele weitere Arbeiten erschienen. Soweit ich sehen kann, liegt kein Grund zu grösseren Änderungen oder Erweiterungen hinsichtlich der Hydrostatik vor, da Blunck's Untersuchungen hierüber in allem Wesentlichen mit meinen eigenen übereinstimmen. Anders liegen die Dinge hinsichtlich der Respiration.

Hydrostatik. In älterer Zeit glaubte man, dass die von den Dytisciden in der Luftkammer unter den Deckflügeln mitgeführte Luft nur respiratorische Bedeutung habe; wenn die Tiere untertauchen, nehmen sie einen Vorrat atmosphärischer Luft mit, den sie nach und nach verbrauchen, und tauchen wieder auf, um neuen Vorrat zu holen, wenn der Sauerstoff verbraucht ist.

Spätere Untersuchungen zeigen jedoch, dass diese Auffassung wohl teilweise richtig ist, dass aber die Luft sicher neben der respiratorischen auch eine hydrostatische Bedeutung hat.

Beraubt man einen Gelbrand der in der Luftkammer aufgespeicherten Luft, so sinkt er zu Boden; nur mit allergrösster Mühe kann er die Oberfläche wieder erreichen und zwar nur, wenn das Wasser nicht zu tief ist. In den meisten Fällen sinkt er nach mehreren misslungenen Versuchen wieder unter und stirbt am Grunde des Aquariums an Erstickung. Das beweist, dass die Verminderung des spezifischen Gewichtes durch die mitgeführte Luft eine unentbehrliche Vorbedingung für den Käfer ist, um überhaupt schwimmen zu können. Die frühere Anschauung, dass der Gelbrand ein so guter Schwimmer sei, dass die Luft für seine Bewegung keine Rolle spielt, ist daher unhaltbar; ohne Luft in der Luftkammer ist das Tier schwerer als Wasser, also unterkompensiert.

Unmittelbar nachdem der Gelbrand seinen Luftvorrat an der Oberfläche erneuert hat, ist das Gewichtsverhältnis umgekehrt; das Tier ist dann leichter als Wasser, also überkompensiert. Wenn der Käfer vorher untersank, sobald er aufhörte zu schwimmen, so steigt er jetzt in die Höhe und muss sogar schwer arbeiten, um sich überhaupt unter Wasser halten zu können. Meistens überlädt er sich, wenn er an der Oberfläche liegt, und speichert zu viel Luft auf; er gibt dann während der Abwärtsbewegung eine Luftblase nach der anderen wieder ab. Das ist besonders dann der Fall, wenn der Käfer erschreckt wird und eilig der Tiefe zustrebt. Wenn er so während des Tauchens eine gewisse Menge Luft abgegeben hat, kommt er zwischen den Wasserpflanzen zur Ruhe, indem er sich mit dem mittleren Beinpaar auf sie stützt. Die letzte Strecke der Abfahrt legt das Tier meist ohne eigene Bewegung zurück; es sinkt ganz langsam mit im Bogen aufwärts gestreckten Hinterbeinen und schräggerichtetem Körper auf den Boden des Aquariums hinunter. Man kann indes häufig beobachten, dass der Gelbrand sich loslässt, und ohne Luft abzugeben, langsam aufsteigt, ohne die geringste Bewegung auszuführen. Er ist also während des Sinkens unterkompensiert, jedoch während des Aufsteigens mit der gleichen Luftmenge überkompensiert. Das ist wohl kaum anders zu verstehen, als dass das Tier seinen Luftvorrat wechselndem Druck unterwirft, nämlich ihn im ersten Fall komprimiert, im letzteren dilatiert, d. h. dass es die Luft hydrostatisch ausnutzt. Dass der Schwimmkäfer hierzu wirklich imstande ist, geht auch daraus hervor, dass er sich während des Aufstiegs kurze Zeit mitten im Wasser schwebend halten kann, ohne sich gegen irgend etwas zu stützen, um dann wieder langsam weiter in die Höhe zu steigen. Im Augenblick des Schwebens setzt der Käfer also seinen Luftvorrat einem Druck aus, durch den sein eigenes spezifisches Gewicht genau dem des Wassers angeglichen wird. Die Schwebestellung wurde von SCHIØDTE (1841), PORTIER (1909), BØVING und mir beobachtet. Die Schwebefähigkeit spielt in der Natur wohl kaum eine Rolle, sondern hauptsächlich im Aquarium, wo sich die Tiere nicht festhalten können; dagegen ist die Fähigkeit, die Luft während des Sinkens und Aufsteigens wechselndem Druck auszusetzen, von grösster Wichtigkeit, da der Gebrauch der Schwimmorgane hierdurch stark eingeschränkt und Muskelkraft erspart wird.

Der Luftvorrat hat auch noch einen anderen Zweck. Er trägt nämlich zur Verlegung des Schwerpunktes bei, ohne die der Käfer nicht imstande wäre, seine Respirationsstellung einzunehmen; wenn er zum Atmen auftaucht, muss er die Hinterleibsspitze an die Oberfläche führen können, so dass er von hier schräg nach unten hängt. Das Tier braucht dafür keineswegs immer mit dem Hinterende zuerst nach oben zu kommen; oft kommt es mit dem Kopf voran, dreht sich dann und senkt den Vorderleib nach unten (Abb. 231–234). Stark unterkompensierte Tiere, die sich ausschliesslich durch Muskelbewegung an der Oberfläche halten, sind im allgemeinen nicht imstande, den Vorderkörper zu senken. Hierzu ist die Verlegung des Schwerpunktes notwendig, die aller Wahrscheinlichkeit nach mit Hilfe der Luft geschieht, die durch Exspiration in den hinteren Teil der Luftkammer gepresst wird; auf diese Weise wird die Hinterleibsspitze gehoben. Zur ungestörten Respiration an der Oberfläche ist offenbar völlige Stabilisierung des grossen Körpers erforderlich. Unter normalen Bedingungen ist das Tier sicher stets eher über- als unterkompensiert und würde daher wie die Notonectiden ohne besondere Massnahmen auf dem Wasserspiegel liegen. Die Verlegung des Schwerpunktes durch Verschiebung der Luft nach hinten genügt, um das Hinterende über den Wasserspiegel zu heben, ist aber nicht ausreichend, um dem Körper während des Atmungsprozesses die notwendige Stabilität zu verleihen. Atmende Schwimmkäfer strecken deshalb stets die Hintergliedmassen weit nach vorn; ihre Klauen durchbrechen das Oberflächenhäutchen, sodass sie sich an ihm aufhängen. Dies ist wahrscheinlich die einzige Aufgabe der Hinterklauen. Eine atmende Dytiscide ist also an drei Punkten der Oberfläche verankert, nämlich mit der Hinterleibsspitze und den Klauen der beiden Hinterbeine; die drei Punkte bilden zusammen ein Dreieck, das ich als Aufhängungsdreieck bezeichnet habe. Bei den meisten Arten ist das Dreieck gleichschenklig, bei anderen fast gleichseitig.

Wie schon erwähnt, sind die zwei letzten Hinterleibsringe auf der Dorsalseite mit unbenetzbaren Haaren bedeckt; diese Partie wird auch durch die zahlreichen Hautdrüsen besonders stark eingefettet. Sowie die Hinterleibsspitze die Wasseroberfläche erreicht, fliesst das Wasser von ihr ab, sodass die Luft ungehinderten Zutritt zu den Spirakeln hat. Auch der übrige Körper ist infolge seiner fettigen Oberfläche unbenetzbar; wenn der Rücken des Tieres über Wasser liegt, ist er immer trocken.

Zu gewissen Zeiten nimmt das Gewicht der Tiere so stark zu, dass sie vermutlich kaum mehr überkompensiert sein können; das ist z. B. nach einer sehr reichlichen Mahlzeit, aber auch im Frühjahr bei den trächtigen Weibchen der Fall. Tiere, die viel gefressen haben, sind offenbar äusserst träge; es ist eine ganz bekannte Tatsache, dass Schwimmkäfer, die lange gehungert haben,

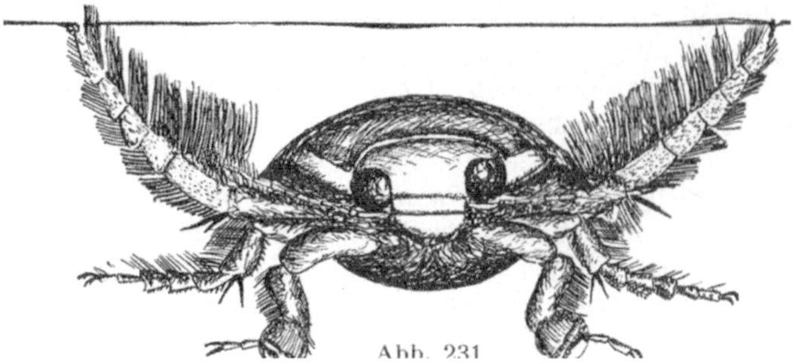

Abb. 231

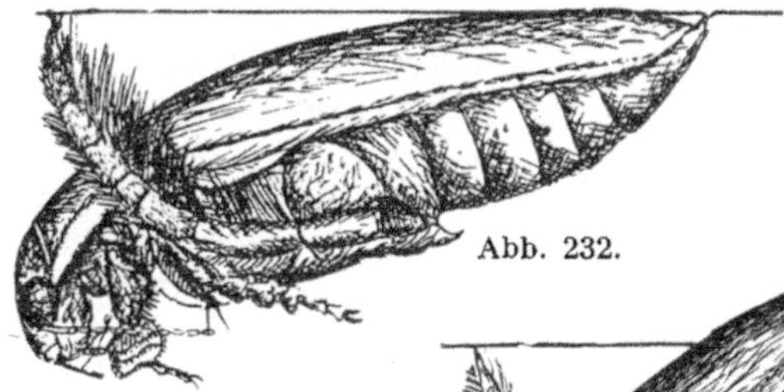

Abb. 232.

Abb. 233.

Dytiscus marginalis L.

Abb. 231. Das Tier an der Oberfläche hängend, von vorne gesehen. W-L. del.

Abb. 232. Das Tier in Respirationsstellung an der Oberfläche. W-L. del.

Abb. 233. Das Tier ventiliert seinen Subelytralraum. W-L. del.

Abb. 234. Das Tier sitzt an einem Pflanzenstengel und ventiliert seine Luftmasse. Winter. W-L. del.

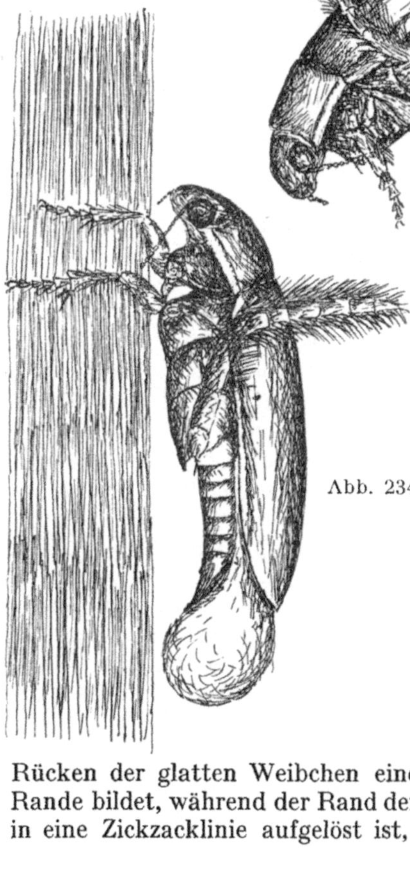

Abb. 234.

häufig nach einer starken Mahlzeit sterben. Man kann sich auch leicht davon überzeugen, dass der Rücken trächtiger Weibchen durch die grossen Ovarien so stark aufgetrieben wird, dass ihre Luftkammer viel kleiner ist als die der Männchen oder nichtträchtiger Weibchen. In diesen Fällen tritt, wie früher erwähnt, die Rektalampulle als Gewichtsregulator in Funktion.

Wenn wir nun unter Berücksichtigung der geschilderten Tatsachen Weibchen mit gefurchten und mit glatten Flügeldecken betrachten, während sie an der Oberfläche liegen und atmen, so können wir nach meiner Auffassung (1912) möglicherweise eine Erklärung für die Wirkungsweise der Furchen in den Deckflügeln der gefurchten Weibchen finden.

Wir sehen nämlich, dass das Oberflächenhäutchen rings um den Rücken der glatten Weibchen eine regelmässige Ellipse mit ungebrochenem Rande bildet, während der Rand der Ellipse bei den gefurchten Weibchen hinten in eine Zickzacklinie aufgelöst ist, da das Oberflächenhäutchen sich über die

Furchen hinweg von einem Kiel zum andern zieht. Es ist wohl kaum zu bezweifeln, dass ein Körper, der das Oberflächenhäutchen nicht in einer Linie, nämlich der Körperkontur, sondern mit einer Reihe von zur Körperkontur parallelen Linien (den Kielen auf den Deckflügeln der gefurchten Weibchen) durchbricht, viel sicherer an der Wasserhaut aufgehängt ist als ein Körper, der sie nur in einer einzigen Linie durchbricht. Jeder einzelne Kiel des gefurchten Weibchens wird zu einer Stützlinie, die dem glatten Weibchen fehlt (Abb. 235–236). Von diesem Gesichtspunkt aus habe ich die Anschauung vertreten, dass die gefurchten Weibchen die tragende Kraft der Oberflächenhaut besser auszunutzen vermögen als die glatten. Wenn das Gewicht der Tiere während der Trächtigkeitsperiode so gross ist, dass sie nicht mehr durch Aufspeicherung von Luft in der Luftkammer überkompensiert werden, so können sich die gefurchten Weibchen während der Lufterneuerung mit Hilfe ihrer Kiele und Furchen besser von der Oberflächenhaut tragen lassen als die glatten. Wenn ferner das Öl, mit dem der Körper der Schwimmkäfer eingefettet wird, beim Schwimmen und als Mittel zum Durchbrechen der Oberflächenhaut eine Rolle spielt, so sind auch hierbei die gefurchten vor den glatten Weibchen im Vorteil, da die gefurchten Flächen das Öl besser festhalten als die glatten. Nachweislich wird in den Furchen tatsächlich Öl aufgespeichert; auch ist die von den Dytisciden produzierte Menge Öl gar nicht gering, was schon daraus hervorgeht, dass Wasser, in dem Schwimmkäfer gehalten werden, sich immer trübt, besonders wenn die Tiere vorher eine Zeit lang auf dem Trockenen waren. Gegen diese Meinung wurde eingewendet (Blunck 1916a), dass die Furchen gerade auf dem hintersten Abschnitt der Deckflügel fehlen, wo sie am meisten von Nutzen sein würden. Dieser Einwand scheint mir nicht ganz stichhaltig. Das hintere Ende des Körpers ist durch das oben genannte Aufhängungsdreieck genügend gestützt; dagegen bedarf gerade die davorliegende Partie einer Sicherung. Ferner ist auch mit gutem Grund darauf hinzuweisen, dass die gefurchten Formen stets weiblichen Geschlechts sind; gefurchte Männchen wurden niemals gefunden.

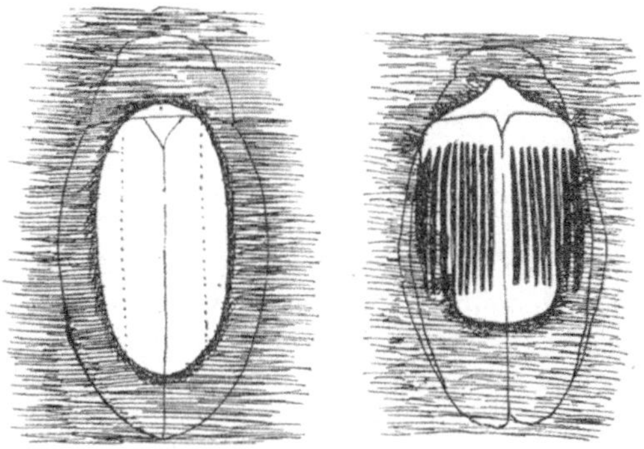

Abb. 235. Abb. 236.

Dytiscus marginalis L.

Abb. 235—236. Ein glattes und ein gefurchtes Weibchen an der Oberfläche ruhend. An dem glatten Weibchen bildet das Oberflächenhäutchen eine ungebrochene Linie, an dem gefurchten ist die Oberfläche in eine Zickzacklinie aufgeteilt. W-L. del.

Die eigenartige Tatsache, dass man in gewissen Gegenden vorwiegend gefurchte, in anderen vorwiegend glatte Weibchen findet, lässt vermuten, dass bei der Entstehung gefurchter oder glatter Weibchen die Umweltsbedingungen mitbestimmend wirken. Nach Untersuchungen auf anderen Gebieten darf man als sehr wahrscheinlich annehmen, dass das Süsswasser bei niedriger Temperatur infolge seiner hierdurch gesteigerten Viscosität geringere Anforderungen an die Schwebefähigkeit der Organismen stellt als bei höherer. Auch das häufigere Vorkommen gefurchter Weibchen in südlicheren Gegenden, d. h. also in Gewässern, wo die Anforderung an die Schwebefähigkeit am grössten ist, spricht keinesfalls gegen die hier vertretene Auffassung.

Diese Anschauung wurde von mir zuerst in einer 1912 veröffentlichten Arbeit dargelegt; ihr wurde aber von Brocher widersprochen, nachdem mein Manuskript zum Druck eingeliefert war. Wir hatten beide die gleichen Ideen, machten dieselben Beobachtungen und waren uns darüber einig, dass die Furchen irgend eine Rolle für das Verhältnis des Tieres zur Oberflächenspannung spielen; damit hört aber die Übereinstimmung unserer Anschauung auf. Auf Grund sehr sinnreicher Versuche, die weiter durchgeführt wurden als meine eigenen, behauptet Brocher (1914a), dass die Deckflügel gesunder Tiere, die am Wasserspiegel hängen und atmen, keineswegs unbenetzbar sind; das Tier soll nur dann unbenetzbar werden, wenn es angefasst wird oder wenn es längere Zeit auf dem Trockenen war. Nach Brocher's Meinung ist zwar das Chitin des Tieres an und für sich unbenetzbar, es wird aber durch das Sekret der Prothorakaldrüse mit einem Häutchen überzogen, das den Körper benetzbar macht. Dieses Häutchen wird abgewischt, wenn man das Tier in die Hand nimmt, und es trocknet ein, wenn das Tier lange an Land ist. Das Häutchen kann also nicht, wie von mir und anderen vermutet wurde, aus fettem Öl bestehen, sondern es muss eine Schleimabsonderung sein, ähnlich der auf der Haut der Fische; es hat den Zweck zu verhindern, dass der Käfer von der Oberflächenhaut festgehalten wird, was nach Brocher's Ansicht eine grosse Gefahr für ihn wäre, und zu ermöglichen, dass er jederzeit leicht und schnell von der Oberfläche loskommen kann. Das Häutchen soll verhindern, dass das Chitin trocken und unbenetzbar wird und dadurch an der Wasseroberfläche festhängt. Die Bedeutung der gefurchten Deckflügel läge demnach darin, dass das Schleimhäutchen durch sie besser zurückgehalten wird als durch die glatten; wenn gefurchte Weibchen nach einem ihrer nächtlichen Ausflüge zum Wasserspiegel zurückkehren, brauchen sie also zum Durchbrechen des Oberflächenhäutchens einen geringeren Aufwand an Muskelkraft, ebenso, wenn sie an der Oberfläche waren um zu atmen und wieder untertauchen wollen. Brocher macht darauf aufmerksam, dass der Schwimmapparat des Weibchens kleiner ist als der des Männchens, da die Hinterbeine der Weibchen nur mit einem einfachen, die der Männchen dagegen mit einem doppelten Saum von Schwimmhaaren besetzt sind.

Ich muss indessen bei meiner Auffassung bleiben, u. a. weil Brocher mich sicher teilweise missverstanden hat, ausserdem aber auch, weil Törne (1910) und Casper (1913) ähnliche Anschauungen vertreten wie ich, und nicht zum mindesten, weil sich auch Blunck (1922) ihnen anschliesst.

Respiration. Man neigte früher zu der Annahme, dass der Gelbrand beim Atmen an der Oberfläche Luft in die Luftkammer saugt, diese verschliesst, sobald sie gefüllt ist, und dann wieder untertaucht. Später sollte die Luft durch die Seitenstigmen in die Tracheen gelangen. Wir begegnen dieser mehr oder minder deutlich ausgesprochenen Ansicht bei Plateau (1884), Du Bois Reymond (1898), Henneguy (1904), Sharp (1878), Miall (1895) u. a. Du Bois Reymond sagt ausdrücklich: »Es ist (dem Käfer) unmöglich, an der Oberfläche mit den Tracheen zu atmen, sondern er ist auf die Luft unter seinen Flügeldecken angewiesen.«

Dieser Auffassung konnte ich mich (1912) schon deshalb nicht anschliessen, weil es mir ziemlich unverständlich ist, warum sich der Raum unter den Deckflügeln sofort mit rein atmosphärischer Luft füllen soll, wenn der Gelbrand bloss an die Oberfläche kommt und die drei letzten Hinterleibssegmente herunterklappt. Ausserdem weisen aber auch das ganz verschiedenartige Aussehen der Spiracula und ihr ungleicher Bau darauf hin, dass sie nicht alle in derselben Weise gebraucht werden. Schliesslich konnte ich auch die Ergebnisse meiner mehrjährigen Beobachtungen an Dytisciden in der Natur, und zwar sowohl an den grossen wie an vielen kleinen Arten von zahlreichen Örtlichkeiten, nicht mit der üblichen Anschauung in Übereinstimmung bringen, sondern sah mich genötigt, mir eine der herrschenden fast diametral entgegengesetzte Auffassung zu bilden.

Die Schwierigkeit, die Respiration der Wasserinsekten und besonders die der Dytisciden richtig zu verstehen, beruht in erster Linie auf dem offenbar sehr verschiedenen Verhalten der einzelnen Gattungen und Arten untereinander, aber nicht zum geringsten Teil auch auf dem der Individuen einer Art unter verschiedenen Lebensbedingungen, namentlich bei wechselnder Temperatur. Im Bau des Tracheensystems eines *Dytiscus*, eines *Cybister*, eines *Hydaticus* oder eines *Hyphydrus* bestehen grosse Unterschiede; ebenso sind die für die Respiration bei etwa 20° C. im Sommer geltenden Regeln ganz andere als die, die das Tier im Winter befolgt, wenn die Teiche mit Eis bedeckt sind. Heberdey (1938), der die Respiration von *Rhantus* untersucht hat, zieht die meiner Meinung nach unberechtigte Schlussfolgerung, dass auch die grossen Dytisciden, oder sogar »wohl alle im Wasser lebenden Coleopteren« (S. 718), sich ebenso verhalten.

Soviel mir bekannt ist, besitzen eigentlich nur die *Dytiscini*, *Cybisterini* und vielleicht einige *Colymbetini* eine grosse Luftkammer; bei *Hydroporus* ist sie ganz klein. Das Abdomen von *Hyphydrus* ist sehr hoch gewölbt und schliesst sich den Flügeln dicht an; nur die letzten Segmente sind ein wenig ausgehöhlt. Der Raum zwischen Flügeln und Abdomen wird also hier nur in sehr bescheidenem Umfang als Luftraum gebraucht. *Hyphydrus* führt die für die Respiration und Hydrostatik notwendige Luft als Luftblase an der Spitze der Elytren mit (Taf. VI, Abb. 21) oder unmittelbar davor, wo die Flügel ein wenig konkav sind. Die Luftblase ändert fortwährend ihre Form; sie wird abwechselnd in das Tracheensystem eingezogen und wieder ausgestossen. Viele der kleinen Agaben u. a. (Taf. VI, Abb. 20) tragen häufig eine grosse Luftblase an der Spitze des Abdomens. Die Lufthöhle ist besonders bei trächtigen Weibchen, deren Abdomen stark aufgetrieben ist, zu klein, um Platz für die nötige Luft zu bieten. Meiner Meinung nach wären eingehende Forschungen über den Bau der Respirationshöhle in Verbindung mit biologischen Beobachtungen an Dytisciden ausserordentlich wünschenswert. Alles, was im folgenden über die Respiration der Dytisciden gesagt wird, gilt nur für die Gattung *Dytiscus* und ganz besonders den Gelbrand.

Ein *Dytiscus* verfügt über 10 Paar Spiracula (Abb. 237—240); von diesen liegen ein Paar Prothorakalstigmen in der Gelenkhaut zwischen Kopf und Vorderbrust und ein Paar Mesothorakalstigmen in der Gelenkhaut zwischen Meso- und Metathorax; beide sind nach der Dorsalseite hin gerückt. Darauf folgen 8 Paar Abdominalstigmen, die sich in den Subelytralraum öffnen. Diese 10 Paar Spiracula lassen sich in nicht weniger als 5 Gruppen einteilen: 1) Die Prothorakalstigmen; sie sind ganz anders gebaut als die übrigen und werden sicher normalerweise nur während des Fliegens gebraucht. 2) Die Mesothorakalstigmen führen in die beiden grössten Luftsäcke des Tracheensystems; sie sind schmale, längliche Spalten. 3) Das erste Abdominalstigma stellt eine langgezogene Ellipse dar. 4) Die darauf folgenden Abdominalstigmen 2–6 sind klein und rund und gleichen den gewöhnlichen Insektenstigmen. 5) Schliesslich die beiden letzten Paare 9 und 10 sind längliche Spalten und viel grösser als alle übrigen. Alles Nähere siehe bei Alt (1912). Mit Ausnahme der Mesothorakalspirakel sind alle übrigen mit Filtrierapparaten versehen.

Ich hielt es für höchst unwahrscheinlich, dass diese fünf Gruppen von

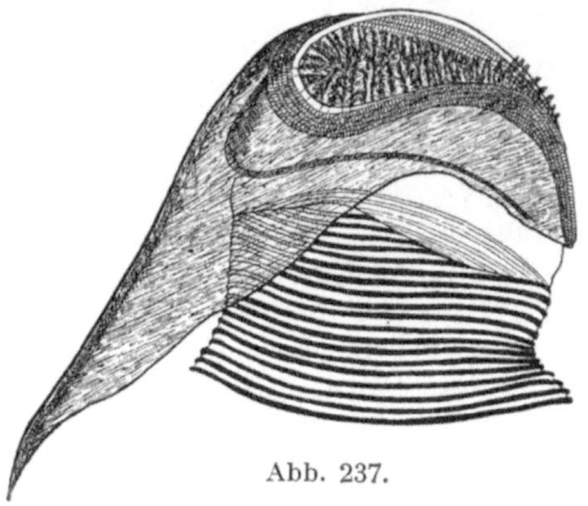

Abb. 237.

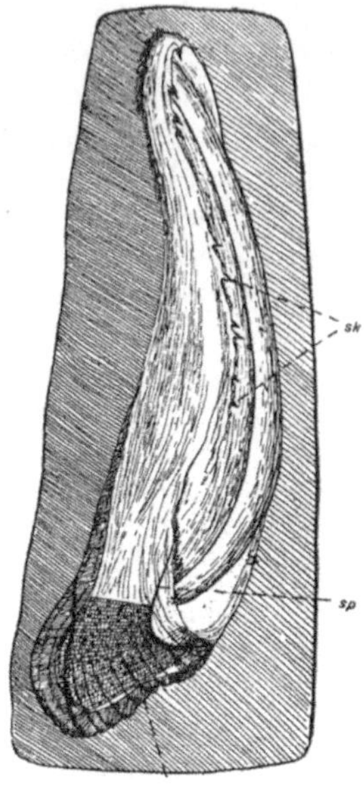

Abb. 238.

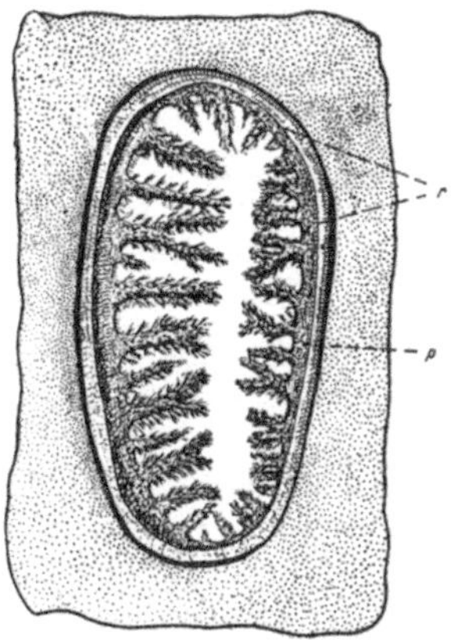

Abb. 239.

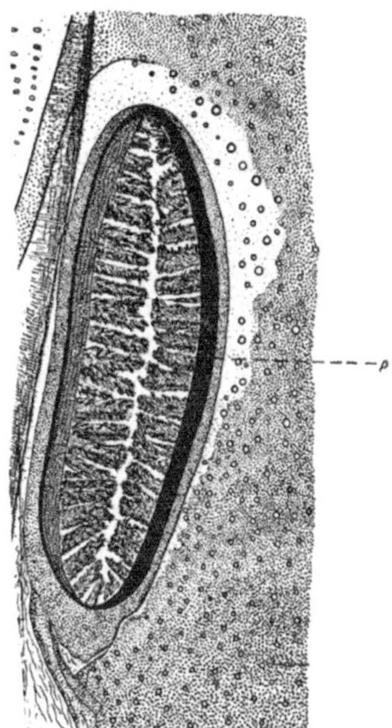

Abb. 240.

Dytiscus marginalis L.
Vier Stigmentypen.

Abb. 237. Das erste thorakale (prothorakale) Stigma. In Seitenansicht.

Abb. 238. Das zweite thorakale Stigma in seitlicher Ansicht mit dem Schliessmuskel (*m*). *sk* Sinneskegel, *sp* Chitinspange, *m* Schliessmuskel.

Abb 239. Ein abdominales Stigma. *r* Rand des Peritrema, *p* Peritrema.

Abb. 240. Das letzte abdominale Stigma. *p* Peritrema. Alle nach Alt, W. 1912.

Spirakeln in gleicher Weise gebraucht werden; ihr sehr spezialisierter Bau lässt weit eher auf physiologische Spezialisierung schliessen.

Schon sehr frühzeitig hatte ich ferner Gelegenheit, sowohl im Freien wie im Aquarium Beobachtungen zu machen, die mit der herrschenden Anschauung durchaus unvereinbar waren. Wir wollen zunächst die Verhältnisse während des Sommers betrachten. Ich habe beobachtet, dass *Dytiscus* im

Aquarium beim Atmen an der Oberfläche zwei ganz verschiedene Stellungen einnimmt: entweder wird nur die Hinterleibsspitze herausgeschoben, oder der ganze Körper wird schräggestellt, und eine grosse, klaffende Spalte entsteht zwischen Deckflügeln und Hinterleibsspitze. Im letzteren Fall durchlüftet der *Dytiscus* sein gesamtes Tracheensystem, im ersteren führt er den Tracheen nur durch die Hinterleibsstigmen Luft zu. Wenn er an die Oberfläche kommt, ist seine erste Respirationsbewegung sicher stets eine Exspiration.

Setzt man ferner einen *Cybister* oder einen *Graphoderes bilineatus* de Geer in eine mit Wasser gefüllte Glaskammer, die so flach ist, dass sich das Tier darin nicht umwenden kann, und betrachtet es durch ein Mikroskop, so sieht man besonders bei *Graphoderes*, dessen Chitin auf der Bauchseite so dünn ist, dass die grossen Luftsäcke deutlich hindurchscheinen, dass weder in den Tracheenstämmen noch in den Luftsäcken die geringste Bewegung wahrzunehmen ist. Es hat den Anschein, als ob das Tier sein Tracheensystem abgeschlossen hat, und als ob weder Inspiration noch Exspiration stattfinden. Man muss natürlich dafür sorgen, dass keine Luftblasen in der Glaskammer sind.

Hebt man nun den Deckel der Glaskammer ab und lässt Luft hineinströmen, so steckt der Schwimmkäfer erst den Kopf und dann, nachdem er sich umgedreht hat, das Hinterende in die Luftblase, und nun bietet sich dem Beschauer ein unvergesslicher Anblick: alle Tracheen des Hinterleibes klappen im gleichen Augenblick auf und zu und schlagen so vollständig zusammen, dass ihr Lumen konkav wird. 60–80 Inspirationen folgen im Laufe einer Minute aufeinander. Der Unterschied zwischen der vollkommenen Ruhe im Tracheensystem bei Tieren unter Wasser und der starken Bewegung, sobald sie an die Oberfläche kommen, ist höchst auffallend. Es war mir aber ebenso wie Du Bois Reymond unverständlich, welche Faktoren eigentlich die Respiration in Gang bringen. Meine Auffassung lässt sich in den folgenden Thesen zusammenfassen:

1) Wenn die Dytisciden an die Oberfläche steigen, um Luft zu schöpfen, und sich hier aufhängen, so lüften sie zuerst ihr ganzes Tracheensystem aus; der erste Respirationsprozess ist immer eine Exspiration.

2) Die drei letzten Abdominalsegmente werden bei den Dytiscini abwärts geschlagen. Die Luft wird durch die hinteren Spiracula eingezogen, dann wahrscheinlich hauptsächlich durch die vorderen Abdominalspiracula wieder abgegeben und tritt schliesslich hinten durch die Exspirationsspalte zwischen Elytren und Abdomen wieder aus.

3) Während der Exspiration klappen die Tracheen vollständig zusammen; während der Inspiration strömt die Luft hinein. Ob die Luft weiter in die grossen Luftsäcke gepumpt wird, und in welcher Weise das ganze System prall gefüllt wird, darüber kann ich mir als Nichtphysiologe keine Meinung bilden.

4) Wenn das Tier die Oberfläche verlassen will, schliesst es die hintere Spalte, indem es die Spitze des Abdomens gegen die Elytren andrückt. Es ist dann gewöhnlich so stark überkompensiert, dass es erst Luftblasen abgeben muss, um schwimmen zu können.

5) Füllung des Luftraums durch direktes Einsaugen atmosphärischer Luft findet meiner Meinung nach nicht statt.

6) Während das Tier am Boden verankert ist oder herumschwimmt, wird die im Tracheensystem befindliche Luft stossweise und wahrscheinlich besonders durch die ersten, stets grossen Abdominalspirakel als Exspirationsluft abgegeben. Die Luft sammelt sich nach und nach in dem Hohlraum unter den Flügeln an. Da dieser Raum zu klein ist, um die gesamte Luftmenge aufzu-

nehmen, wird ein grösserer oder kleinerer Teil davon als Luftblasen am Hinterende abgegeben.

7) Im Hohlraum wird die eingedrungene Luft mit der hier vorhandenen atmosphärischen Luft gemischt und dadurch, wenn auch nicht gut, so doch einigermassen respirabel gemacht. Hier treten vermutlich die Seitenstigmen in Funktion und bewirken eine erneute Füllung des Tracheensystems. Wenn die gesamte Luftmenge respiratorisch verbraucht ist, steigen die Tiere, wenigstens im Sommerhalbjahr, wieder zur Oberfläche hinauf.

8) Die Luft im Hohlraum besteht hauptsächlich aus ausgeatmeter Luft; ihre respiratorische Bedeutung ist im Sommerhalbjahr vermutlich nicht so gross, wie man früher geglaubt hat.

9) Dagegen hat die Luft für die Hydrostatik des Tieres die allergrösste Bedeutung.

10) Solange das Tier unter den angegebenen Verhältnissen im Wasser liegt, lässt sich nicht mit Sicherheit nachweisen, ob die Luft des Dorsalraumes eingeatmet wird. Die für die Respiration notwendige Luft ist nicht hier, sondern im Tracheensystem selbst aufgespeichert, aus dem sie ruckweise herausgetrieben wird.

Die hier dargelegten Anschauungen waren bereits fertig ausgearbeitet, als ich die Arbeit von BROCHER erhielt; wie sich zeigte, stimmen wir in vielen entscheidenden Punkten überein.

Da ich an Schwimmkäfern im Wasser Vibrationen um die Abdominalspiracula herum, d. h. Exspiration, beobachtet habe und ausserdem bei *Cybister* ein Pendeln um die horizontale Querachse, das wahrscheinlich dadurch entsteht, dass Luft durch die ersten Abdominalstigmen in den Luftraum eindringt, schloss ich daraus (S. 90), dass die Luft in der Luftkammer zwar nicht eigentlich gut, doch brauchbar wäre und als Respirationsluft verwendet würde. Wenn das zutrifft, so können also die Abdominalstigmen II–VI sowohl zum Einatmen wie zum Ausatmen benutzt werden. In diesem Punkt gehen BROCHER's und meine Ansichten auseinander, da BROCHER meint, dass diese Stigmen nur Exspirationsspiracula sind, und dass die Luft in der Luftkammer verbrauchte Respirationsluft ist, die nur noch hydrostatische Bedeutung hat.

BROCHER hat seine Anschauungen in einer Reihe von Arbeiten (1914, 1915, 1916) weiter ausgearbeitet und ihnen manche wertvolle, durch gut ausgedachte Experimente begründete Beobachtungen hinzugefügt. Besonders bedeutungsvoll ist sein Nachweis, dass nicht das Abdomen, sondern der Metathorax durch seine dorsoventrale Zusammenziehung die Kapazität vermindert, wodurch Luftkompression im Tracheensystem und infolgedessen Exspiration stattfindet; Steigerung der Kapazität ruft dementsprechend Inspiration hervor. Sowohl Inspiration wie Exspiration geschehen aktiv durch Zusammenziehung und Ausdehnung des Metathorax, nicht des Abdomens, dessen Bewegung nur von sekundärer Bedeutung für die Respiration ist. Indessen sind BROCHER's letzte Untersuchungen auf diesem Gebiet wohl noch nicht genügend nachgeprüft.

BLUNCK (1922, S. 64) behauptet, dass »meines Erachtens kein Grund besteht, die alte Auffassung über die Bedeutung der Luft im Subelytralraum zu modifizieren. Die in der Rückenkapsel gespeicherte Luft wird unter Wasser allmählich respiratorisch verbraucht. Sie macht die Dytisciden bis zu einem gewissen Grade unabhängig von der Atmosphäre«. Dieselbe Auffassung kommt in verstärktem Masse in der 1924 erschienenen Monographie zur Geltung (S. 819).

EGE untersuchte teils in Prof. KROGH's Laboratorium, teils in dem meinigen, die Zusammensetzung der Luft im Subelytralraum; aus seiner Arbeit (1915, S. 86–89) ergibt sich, dass die Dytisciden während des Aufenthaltes unter Wasser die Luft des Elytralraums zur Ventilation des Tracheensystems benutzen. Ege bemerkt ausdrücklich, dass für ein meist stillsitzendes Tier die Luft des Elytralraums bei einer Wassertemperatur von 15–20° C. nicht für einen längeren Aufenthalt unter Wasser als 10–20 Minuten ausreicht, da dann der Sauerstoff verbraucht ist. Jeder, der Schwimmkäfer bei 15° C. im Aquarium gehalten hat, weiss indessen, was auch Plateau's Versuche (1872) beweisen, dass die Tiere sich mehrere Stunden lang ganz ruhig an Wasserpflanzen verankert halten können, ohne die Oberfläche aufzusuchen. Absperrung von der Luft können sie mehr als 24 Stunden lang ertragen. Infolgedessen bin ich nach wie vor davon überzeugt, dass Brocher's und meine Darstellung der Respiration der Dytisciden im Sommer mit der von mir in Punkt 7 genannten Einschränkung im grossen und ganzen das Richtige trifft.

Wenn der Sauerstoff im Subelytralraum im Laufe von 20 Minuten verbraucht wird, und wenn die Tiere sich trotzdem mindestens 24 Stunden lang unter Wasser aufhalten können und freiwillig stundenlang unter Wasser bleiben, ohne die Oberfläche aufzusuchen, so kann die Luft im Subelytralraum kaum die von Blunck und anderen vermutete Rolle für die Respiration spielen. Man muss daher nach einer anderen Erklärung suchen; dazu möchte ich folgendes bemerken: Der feine, schmale Silberstreif, der sich häufig um den Rand der Deckflügel der grossen Schwimmkäfer zieht, ist vielleicht von respiratorischer Bedeutung, indem durch seine Berührung mit sauerstoffreichem Wasser zwischen den Pflanzen oder im kalten Bodenwasser die Luft im Subelytralraum wieder respirabel wird. Ich habe diesen Streifen am deutlichsten bei *Dytiscus semisulcatus* O. F. M. gesehen.

Da *Dytiscus* 5 Gruppen von Spirakeln besitzt, die alle recht verschieden gebaut sind, so ist es wenig wahrscheinlich, dass diese 5 Gruppen unter normalen Bedingungen ganz gleich funktionieren. Lassen sich überhaupt bei anderen Käfern als den grossen Dytisciden 5 verschiedene Arten von Spirakeln nachweisen? Die Natur macht sich im allgemeinen keine überflüssige Mühe. Es hat nach meiner Meinung nicht viel zu sagen, dass die Stigmen unter abnormen, besonders unter experimentellen Bedingungen, d. h. in Fällen, wo es gewöhnlich um Leben oder Tod geht, sowohl zum Ein- wie zum Ausatmen benutzt werden können. Wenn man sein Leben dadurch retten kann, dass man auf den Händen geht, so werden sicher die Meisten bereit sein, diesen Versuch zu wagen.

In der neueren Literatur über die Respiration der Dytisciden scheint man geneigt, die Dinge so darzustellen, als bestünde zwischen Brocher und mir volle Einigkeit auf allen Gebieten. Das trifft besonders für Heberdey zu. Diese Darstellung ist aber nicht korrekt; ich habe (1912, S. 99 und andernorts) mit Bestimmtheit betont, dass die Luft des Subelytralraumes nicht ausschliesslich hydrostatische Bedeutung hat. Bezüglich der Abdominalspiracula habe ich (1912, S. 100) ausdrücklich bemerkt: »Ich betrachte es als ziemlich problematisch, ob die Abdominalspirakel 2–6 als Exspirationsspirakel dienen; möglicherweise haben sie die Bedeutung, die Luft des Dorsalraums in die Tracheen, besonders im Notfall, wieder einzuziehen.«

Wir wollen nun sehen, wie sich die Käfer im Winter verhalten. Abgesehen von einer Art, *D. semisulcatus* O. F. M., überwintern all unsere grossen Schwimmkäfer als fertig entwickelte Insekten und niemals als Larven. In vielen Fällen wurde beobachtet, dass sie unter dem Eis überwintern; Überwinterung an Land gehört jedenfalls zu den Ausnahmen. Nachweislich suchen die Dytisciden, ebenso wie die Wasserwanzen, im Herbst pflanzenreiche Teiche und Tümpel auf; auch im Winter, besonders bei Sonnenschein, produzieren die Pflanzen Sauerstoff, der in Blasen aufsteigt und sich unter dem Eis ansammelt. Es wurde auch beobachtet, dass die Dytisciden diese Blasen aufnehmen und mit dem Hinterende einziehen. Die Tiere können sich an manchen Örtlichkeiten lange mit dem von den Pflanzen produzierten Sauerstoff begnügen. Im Winter sieht man die Käfer in Aquarien ab und zu die Hinterleibsspitze abwärtsklappen; dabei tritt die gesamte Luftmenge aus, steht einen Augenblick vom Wasser umspült und wird wieder eingezogen; dann klappt die Hinterleibsspitze wieder nach oben (Abb. 234). Sehr oft sieht man auch bei überwinternden Schwimmkäfern einen silberglänzenden Luftstreifen längs des Randes der Elytren; durch diesen Streifen steht die Luft der Luftkammer mit dem umgebenden Wasser in Verbindung. Die Käfer streichen häufig mit den Hinterbeinen über den Silberstreifen hin. Der Prozess des Austretens und Wiedereinziehens der Luft findet zuweilen längere Zeit hindurch mit regelmässigen Pausen statt; höchstwahrscheinlich hat er den Zweck, der Luft in der Luftkammer durch Berührung mit sauerstoffreichem Wasser wieder Sauerstoff zuzuführen, wenn ihr Vorrat an Sauerstoff verbraucht ist und sie fast nur noch aus Stickstoff besteht, und so die Sauerstoffspannung innerhalb und ausserhalb der Luftkammer auszugleichen. Auf diese Weise können sich die Dytisciden in sauerstoffreichem Wasser auch unter dem Eis den für ihre Atmung notwendigen Sauerstoff verschaffen, solange sich das Volumen ihres Luftvorrates nicht vermindert.

In seiner 1915 erschienenen Arbeit erklärt Ege weiterhin:

»Dies bedeutet jedoch keineswegs, dass der Dytiscus von der atmosphärischen Luft so unabhängig ist wie Tiere mit Kiemen- oder Hautatmung. Wenn Sauerstoff aus dem Wasser in die Luftblase des Tieres hineindiffundiert, so diffundiert gleichzeitig Stickstoff aus ihr heraus ins Wasser; damit wird der Luftvorrat immer kleiner, so dass schliesslich, wenn er aufgebraucht ist, das Tier keinen Sauerstoff mehr aus dem Wasser aufnehmen kann. Es muss sich deshalb von Zeit zu Zeit einen neuen Luftvorrat verschaffen.

Der Käfer braucht also nicht jedesmal an die Oberfläche zu kommen, wenn sein ursprünglicher Sauerstoffvorrat erschöpft ist, sondern erst, wenn die gesamte Luftmenge durch Diffusion ins Wasser verschwunden ist.

Die Sauerstoffmenge, die bis zum völligen Verschwinden des gesamten Luftvorrates eindiffundiert, ist 10–15 mal so gross wie der ursprüngliche Sauerstoffvorrat des Tieres. Da sein Sauerstoffverbrauch im Winter nur $^1/_{20}$ des Verbrauchs im Sommer beträgt, so reicht die gleiche Luftmenge im Winter 2–300 mal so lange wie im Sommer.«

Das Phänomen, dass die Luftmenge sich allmählich vermindert, wenn die Tiere von der atmosphärischen Luft abgesperrt und bei sehr niedriger Temperatur gehalten werden, lässt sich bei den grossen Hydrophiliden direkt beobachten und soll dort näher besprochen werden.

Wenn der Sauerstoffgehalt mancher Teiche gegen das Frühjahr hin beträchtlich abnimmt, schränken die Tiere bei niedriger Temperatur und schlechten Respirationsbedingungen ihr Atmungsbedürfnis sehr stark ein und verbringen die letzte Zeit in einem winterschlafähnlichen Zustand. Jedoch beweisen die nicht wenigen toten Dytisciden, die nach strengen Wintern im Frühjahr am Ufer angeschwemmt liegen, dass schliesslich doch einmal der Sauerstoffmangel zu gross wird, sodass viele der Tiere zugrunde gehen.

Betrachten wir nun unter Berücksichtigung dieser Beobachtungen einen grossen *Dytiscus*, der bei einer Temperatur von etwa 15° C. stundenlang unbeweglich an einer Stelle zwischen Wasserpflanzen im Aquarium sitzt, so werden wir bisweilen auch hier einen feinen Silberstreifen an den Seiten des Tieres bemerken. Der Käfer öffnet den Elytralraum ein ganz klein wenig; dabei kommt die Luft mit dem Wasser in Berührung und wird wieder respirabel. Der Vorgang stimmt ganz und gar mit den Beobachtungen im Freien überein. Will man Schwimmkäfer sammeln, so darf man sie nicht an bewölkten, kalten und regnerischen Sommertagen suchen; an solchen Tagen findet man keinen einzigen Käfer an der Oberfläche, sondern nur tief unten am Grunde. Kommt man dagegen an denselben Teich bei hellem Sonnenschein, blauem Himmel und warmem Wetter, so sieht man die Schwimmkäfer an der Oberfläche; ihr Bedürfnis nach Erneuerung der Luft ist an solchen Tagen weit grösser.

Um den Bau der Respirationsorgane bei den Dytisciden zu verstehen, muss man bedenken, dass sie nicht nur Wassertiere sondern z. T. auch Lufttiere sind. Sie fliegen besonders in Frühjahrs- und Herbstnächten; anscheinend sind sie in südlichen Gegenden in höherem Grade Lufttiere als im Norden. Bei ihren Luftreisen suchen sie wohl vorzugsweise pflanzenreiche Teiche und Tümpel auf oder Gewässer, in denen sie das andere Geschlecht treffen können. Wenn die Tiere fliegen wollen, müssen sie zuerst ihr Gewicht vermindern; sie kriechen deshalb an Land und entleeren ihre Rektalampulle. Dann richten sie sich auf den Hinterbeinen und deren Sporen auf und lassen dann sogleich ein lautes Summen hören; das ganze Tier gerät in heftige Schwingungen, die man deutlich spüren kann, wenn man die Deckflügel mit einem Bleistift berührt. Das Flügelgelenk der Hinterflügel wird sichtbar; es vibriert aber so schnell, dass man es nicht scharf sehen kann. Gleichzeitig wird das Tracheensystem gewissermassen umgestellt; das Tier pumpt sich voll; die grossen Luftsäcke im Thorax werden wahrscheinlich mit Luft gefüllt. Das tiefe Summen rührt vermutlich von der Vibration der Spirakel, besonders wohl des ersten Paares her, die auf der Vorderbrust wie ein Paar Schornsteine hervorragen; sie werden nicht im Wasser, sondern nur während des Fluges gebraucht. Plötzlich erhebt sich das Tier in die Luft; das tiefe Summen hält während des ganzen Fluges an, während es im Wasser nie zu hören ist. Die Töne, die *Dytiscus* im Wasser hervorbringt, entstehen auf andere Weise und haben eine andere Bedeutung.

Während die Schwimmkäfer, um fliegen zu können, erst an Land kriechen und sich mit Luft füllen müssen, können sie sich aus der Luft sofort aufs Wasser niederlassen und in ihm ihre Respirationsorgane wieder umstellen. Indessen sind Käfer, die lange auf dem Trockenen waren, zuweilen so stark überkompensiert, dass es ihnen schwer fällt, wieder unter Wasser zu kommen; sie trinken sich dann erst einmal mit Wasser voll. Die Tiere lassen sich während des Fliegens beim Aufsuchen kleiner Gewässer offenbar vom Gesichtssinn leiten; das ersieht man u. a. auch daraus, dass sie sich häufig auf Glasfenster von Treibhäusern und Mistbeeten setzen, die sie für Wasseroberflächen halten.

Paarung und Fortpflanzung.

Paarung und Fortpflanzung der grossen Dytisciden sollen im folgenden auf Grund der 1912–13 erschienenen, vortrefflichen Arbeiten von H. Blunck geschildert werden (Abb. 241–244).

Im Gegensatz zu den meisten Insekten, von denen besonders die Männchen so oft unmittelbar nach der Begattung sterben, leben die grossen Dytisciden lange, oft 2–3 Jahre, ja gelegentlich bis zu 5 Jahren. Ihre lange

Lebensdauer ist sicher eine der Ursachen dafür, dass es bei ihnen nicht so scharf begrenzte Sexualperioden gibt wie bei anderen Insekten. Die Dytisciden scheinen sich zu allen Jahreszeiten und bei fast jeder Temperatur von etwa 0–20° C. paaren zu können. Man hat selbst im Winter unter dem Eis Tiere in Paarung gesehen; sie findet jedoch während der eigentlichen Sommermonate wohl nur ausnahmsweise statt. Am häufigsten ist die Begattung im Herbst; sie hört im Winter nicht völlig auf und hat ein zweites, wenn auch schwächeres

Abb. 241.

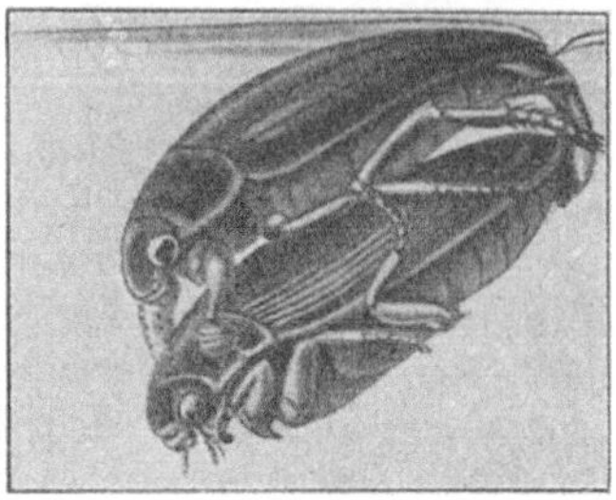

Abb. 242.

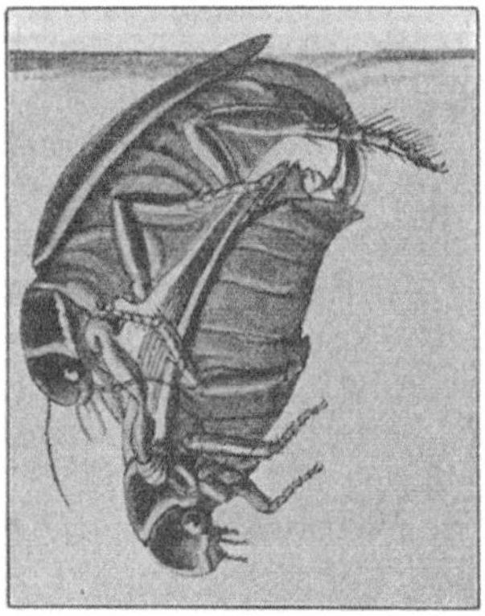

Abb. 243.

Dytiscus marginalis L.

Abb. 241—243. Drei Stadien der Paarung. Nach Blunck, H. 1912.

Abb. 244. Stellung der männlichen Vorder- und Mittelbeine auf dem Rücken des Weibchens während der Copula. Nach Régimbart, M. 1877.

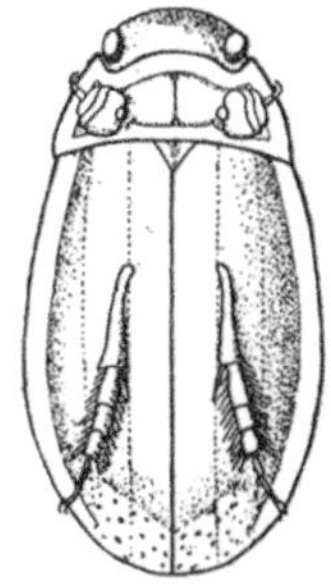

Abb. 244.

Maximum im Frühjahr. Die Spermatozoen reifen erst 6–8 Wochen nach der Verwandlung der Tiere; da die neue Generation erst im Spätsommer ausschlüpft, ist dies wohl die Ursache für das Minimum der Begattungskurve im Sommer. Die Testikel des einzelnen Individuums erreichen ihren grössten Umfang im Herbst, leeren sich im Laufe des Winterhalbjahres und wachsen wieder im Juli, sodass eine neue Sexualperiode im folgenden Herbst eintritt. Das Männchen paart sich viele Male; es wurde festgestellt, dass sich ein Männchen im Laufe von $5^1/_2$ Monat 14 mal mit einem Weibchen paarte. Man hat durch Versuche nachgewiesen, dass die Männchen ein Weibchen nur in einer Entfernung von höchsten $^1/_2$ m spüren können; bei grösserer Entfernung existieren die Tiere sozusagen nicht für einander.

Das Männchen überfällt das Weibchen von oben, packt es mit Vorder- und Mittelbeinen und sitzt nach kaum einer Sekunde auf ihm in Paarungsstellung. Abb. 244 zeigt, wie seine Füsse angebracht werden. In dieser Stellung verbleibt das Männchen mindestens ein paar Stunden, oft aber mehrere Tage. Die Begattung wird durch wildes Schwimmen eingeleitet, das aber nach und nach aufhört. Dann beginnt das Männchen, sich und das Weibchen durch abwechselndes Strecken und Beugen der Mittelbeine in die merkwürdigste

Schüttelbewegung zu versetzen; ununterbrochen schaukeln die Tiere von rechts nach links, ohne mit dem Schwimmen innezuhalten. Wenn das Männchen das Weibchen von einer Seite zur anderen wippt, ist jedesmal ein knirschender, kratzender Laut hörbar; wie BLUNCK angibt, entsteht er dadurch, dass der Schenkel des Männchens gegen den Trochanter reibt, zuweilen wohl auch dadurch, dass die Sporen an der Mitteltibia des Männchens über die gefurchten Deckflügel des Weibchens hingleiten. Dieses Paarungsspiel kann Stunden und Tage lang dauern. Während der ganzen Zeit hat das Männchen ein sehr starkes Bedürfnis nach Lufterneuerung und kommt deshalb oft mit der Hinterleibsspitze an die Oberfläche, um zu atmen. Dagegen erlaubt es dem Weibchen überhaupt nicht, während der Paarung Luft zu schöpfen, sondern erst, wenn sie vorbei ist. Dann ist aber das Weibchen auch so ermattet, dass es vom Männchen an der Oberfläche gehalten werden muss. Löst man das Männchen ab und überlässt das Weibchen sich selbst, so sinkt es zu Boden und stirbt an Erstickung.

Von den 2–3 Tagen, die das Männchen häufig auf dem Rücken des Weibchens zubringt, werden nur etwa 15 Minuten zur eigentlichen Begattung angewendet; die übrige Zeit vergeht mit vorbereitenden Übungen und mit dem Nachspiel, das mindestens ebenso interessant ist. Vor der eigentlichen Begattung schieben sich die Penisklappen mit der sie verbindenden gelben Haut häufig heraus und umschliessen die Hinterleibsspitze des Weibchens wie eine Schale (Abb. 242). Unter heftiger Zusammenkrümmung aller Körpersegmente und darauf folgender völliger Versteifung des ganzen Körpers wird schliesslich die Samenmasse in die Geschlechtsöffnung des Weibchens hineinbefördert.

Der Samen (Abb. 245–247) gleitet aus den beiden Samenleitern in den gemeinsamen Ausführgang, formt sich hier zu einer kugligen Samenmasse, die von einer Haut umgeben wird, und bildet die sog. Spermapatrone. Diese kommt nun zwischen Penis und Penisklappen zum Vorschein; hier tritt der Inhalt der grossen, milchweissen Kittdrüsen als dickflüssige, weisse Masse aus und legt sich um die Spermapatrone. Dann folgen einige weniger konsistente, farblose Massen; sie durchbrechen die erste dickflüssige, weisse Masse und bilden zwei halbkuglige Blasen, in die der Inhalt der Spermapatrone nach und nach hineingepumpt wird. Der gesamte, sehr komplizierte Prozess zerfällt also in 4 Abschnitte: 1) Zusammenballung der Spermatozoen zu einer Samenpatrone, 2) Absonderung der milchweissen Kittmasse, 3) Entstehung der halbkugligen Blasen und 4) Überführung der Spermamasse in die Blasen. Aus den verschiedenen Teilen setzt sich die sog. Spermatophore zusammen, die also zwischen Penis und Penisklappen geformt wird; jedoch gelangen von ihr nur die halbkugligen Blasen mit der Spermamasse in die Spermatophorentasche des Weibchens, in die sie durch den Penis des Männchens hineingeschoben werden. In der Spermatophorentasche wird das Sperma frei, indem die Wandung der halbkugligen Blasen zerplatzt; dann wird es durch pumpende Bewegung der weiblichen Geschlechtswege in die Bursa copulatrix geleitet, von wo die Spermatozoen selbst ihren Weg zur Samentasche finden, in der sie liegen bleiben. Nur ein relativ ausserordentlich kleiner Teil der Spermatozoen kommt indessen so weit und verbleibt im weiblichen Körper; alle übrigen werden nach wenigen Stunden wieder ausgestossen. Des Morgens begattete Weibchen stossen gewöhnlich im Laufe des Nachmittags die Spermatophore aus, die man dann auf dem Boden des Aquariums finden kann. Die grosse Masse des weissen Kittsekretes gelangt überhaupt nicht in die inneren Geschlechtswege des Weibchens; sie erstarrt im selben Augenblick, wenn sie mit Wasser in

Berührung kommt. Ihre Hauptaufgabe besteht wahrscheinlich darin, den Samen mit einem Material zu umhüllen, das ihn vor Berührung mit Wasser schützt, während er in die halbkugligen Blasen gepumpt wird.

Wenn das Männchen das Sperma in die Bursa eingeführt hat, tritt aus seinem Körper eine breiige, leuchtend weisse Masse aus, die den Raum zwischen den Penisklappen ausfüllt; tropfenweise fliesst sie ab und fällt zu Boden.

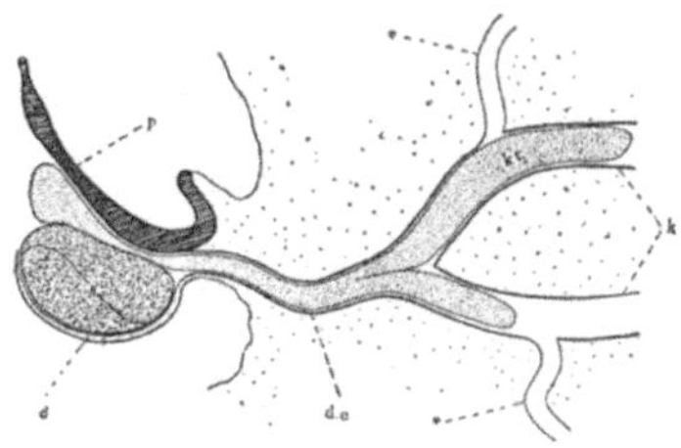

Abb. 245.

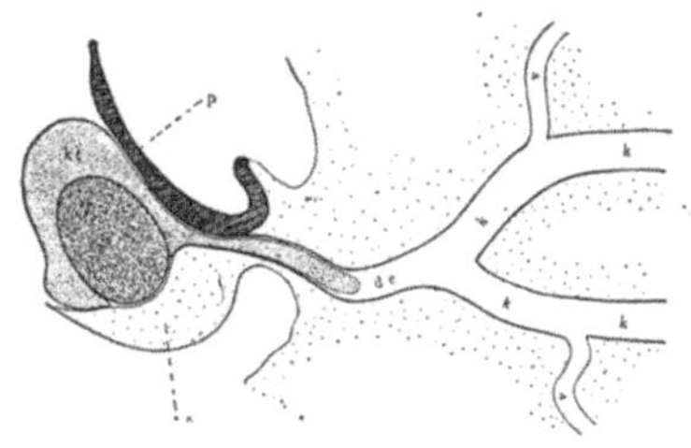

Abb. 246.

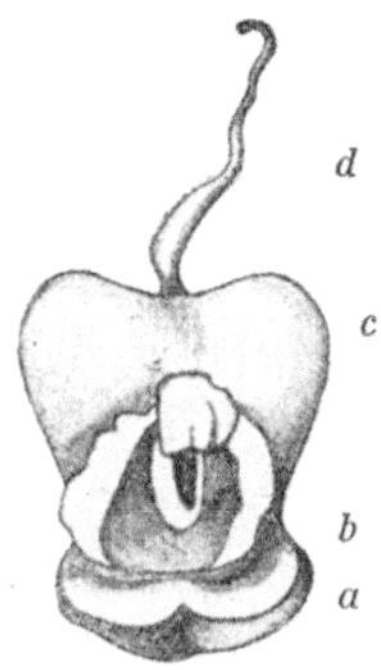

Abb. 247.

Dytiscus marginalis L.

Abb. 245. Die Kittsubstanz *kt* tritt in die Penisrinne ein und dringt unter der vom Deckapparat *d* umklammerten Samenmasse *s* durch. Nach Blunck, H. 1912.

Abb. 246. Der Deckapparat *d* des Penis wird von Leibesflüssigkeit geschwellt und drängt den Samenballen *S* aus dem Penis hervor und in die Kittsubstanz *kt*. Nach Blunck, H. 1912.

Abb. 247. Aus der Spermatophorentasche herauspräparierte Spermatophore. Von oben gesehen. *a* das äussere Begattungszeichen, *b* Partie zwischen dem 8. und 9. Sternit, *c* der von der Spermatophorentasche umschlossene, den Samen beherbergende Hauptteil, *d* in die Vagina sich fortsetzende Samenfäden. Nach Blunck, H. 1912.

Abb. 248. Abdomen des Weibchens von unten gesehen mit Begattungszeichen. Nach Blunck, H. 1912.

Abb. 248.

Die Hauptmenge bleibt jedoch zwischen den Klappen liegen und wird von ihnen gegen die Hinterleibsspitze des Weibchens und um diese herum festgedrückt. Hierdurch entsteht die weisse Kittsubstanz, durch die begattete Weibchen stets gekennzeichnet sind (Abb. 248); sie ist seit langem bekannt, ihre Entstehung und Bedeutung sind indessen erst durch Blunck's Untersuchungen verständlich geworden. Die Kittsubstanz gehört zu den sog. Begattungszeichen; sie bleibt den ganzen Winter hindurch auf dem Körper des Weibchens sichtbar. Bei der Paarung im Frühjahr erscheint dies Zeichen weniger deutlich, vielleicht, weil dann das Männchen die Kittmasse zum grössten Teil verbraucht hat.

Die Spermatozoen halten sich in der Samentasche des Weibchens den ganzen Winter über lebensfähig. Es wird wohl Vielen merkwürdig erscheinen, dass der Samen so lange am Leben bleiben kann; das ist aber im Tierreich keine ungewöhnliche Erscheinung. So leben z. B. die Samenkörperchen der Honigbiene 4–5 Jahre lang in der Samentasche der Bienenkönigin. Es ist eine der Eigentümlichkeiten bei der Paarung und Fortpflanzung der Dytisciden, dass die männlichen und weiblichen Geschlechtsprodukte zu ganz verschiedenen Jahreszeiten reifen. Die Paarung findet vorwiegend im Herbst statt, die Eiablage dagegen gewöhnlich nicht vor dem nächsten Frühjahr; erst dann erfolgt die Befruchtung des Eies. Sobald das reife Ei in den Ausführgang eintritt, treibt das Weibchen durch Muskeldruck einige Spermatozoen durch einen besonderen Kanal in der Wand der Bursa copulatrix in die Scheide; hier streichen sie um das Ei herum, durch dessen Mikropyle schliesslich ein einziges Spermatozoon eindringt; dann beginnt sofort die Furchung.

Die Eierstöcke des Weibchens enthalten erst Ende Februar reife Eier und produzieren bis in den Mai hinein neue. Dann beginnt eine mehrmonatige Ruheperiode, die im Winterhalbjahr unterbrochen wird; im nächsten Februar sind wieder Eier reif. Die Legeperiode halbjähriger und anderthalbjähriger Weibchen fällt also zusammen. Es ist zweifelhaft, ob die Tiere auch im dritten Jahr noch Eier legen. Die höchste, sicher bekannte Zahl der von einem Weibchen abgelegten Eier ist 203; die Eierstöcke können aber vermutlich gegen 1000 Eier produzieren. Man kann die Legeperiode auf ungefähr 10 Wochen ansetzen, in die sich jedoch lange Ruhepausen einschieben. Ein Weibchen legte im Laufe von 6 Tagen 100 Eier ab.

Abb. 249. Abb. 250.

Dytiscus marginalis L.

Abb. 249. Ein eierlegendes Tier. Nach Blunck, H. 1912.

Abb. 250. Ein Blatt mit Eierlogen. Nach Blunck, H. 1912.

Die Eier werden in frisches Pflanzengewebe gelegt; in den nordseeländischen Sümpfen und Seen haben die grossen Dytiscen anscheinend eine Vorliebe für das weiche, schwammige Gewebe in den Blattstielen des Froschlöffels (Alisma plantago), doch findet man ihre Eier auch häufig in verschiedenen Arten von Potamogeton, in Iris, Ranunculus lingua, Typha, Glyceria spectabilis, Stratiotes, Polygonum, kurz in den allermeisten Wasserpflanzen; offenbar ist die wichtigste Forderung, die das Tier an die Pflanze stellt, dass sie steif und fest genug ist, um das recht grosse Gewicht des Käfers während der Eiablage tragen zu können (Abb. 249–250).

Das Weibchen sucht zur Eiablage eine Pflanze auf, auf die es sich meistens vertikal, mit dem Kopf nach oben setzt, und klammert sich an ihr mit Vorder- und Mittelbeinen fest. Nun schiebt sich der mächtige, äussere Geschlechtsapparat heraus, der während der Paarung überhaupt nicht zu sehen war; das Weibchen schneidet mit dem messerförmigen Legeapparat ein Loch ins Gewebe, indem es auf der Pflanze vor- und zurückrutscht. In dieses Loch wird das Ei gewöhnlich so tief hineingeschoben, dass nichts von ihm herausragt. In jede der taschenförmigen Vertiefungen wird nur ein Ei gelegt, jedoch stets mehrere Eier in dieselbe Pflanze, und zwar oft in Reihen. Wenn die jungen Froschlöffelpflanzen im Juni eben beginnen zu wachsen, sind ihre Stiele bisweilen so stark mit Eiern belegt, dass mehrere Pflanzen wie verwelkt aussehen. Die Löcher sind zuerst, gleich nach der Eiablage, noch kaum sichtbar; man kann sie mehr fühlen als sehen. Später schwillt das Gewebe beulenförmig an, und die Wundflächen erscheinen schliesslich als braune Flecke, von denen aus Pilze das Gewebe angreifen, sobald die Larven ausgeschlüpft sind.

Die Eier werden unter Wasser, jedoch dicht unter der Wasseroberfläche, in die Pflanzen eingebohrt; sie gelangen indessen zuweilen durch das starke Wachstum der Pflanzen mit ihnen über Wasser. Die Larven schlüpfen daher nicht selten in der Luft aus; sie können sich natürlich trotzdem weiter entwickeln und lassen sich später einfach ins Wasser fallen. Immerhin sind diese Eier recht häufig dem Angriff von Schlupfwespen ausgesetzt.

In der Pflanze werden die Eier durch eine wasserklare Absonderung fixiert. Die zur Ablage eines Eies erforderliche Zeit beträgt 5–10 Minuten. Nur selten finden sich Eier in totem Pflanzenmaterial; angeblich sterben die Eier ab, wenn die Pflanze stirbt. Wahrscheinlich ist die Assimilation der Pflanze nicht ganz bedeutungslos für die weitere Entwicklung des Eies; für andere Dytisciden, die ihre Eier nicht in lebendes Pflanzengewebe legen, spielt natürlich die Assimilation keine Rolle.

Die Larven schlüpfen im Laufe des Frühsommers aus. Die zur Entwicklung des Eies notwendige Zeit hängt sehr von der Temperatur ab; die Eier werden zuweilen bei sehr niedriger Temperatur abgelegt, jedoch darf man nicht vergessen, dass auch im zeitigen Frühjahr, selbst bei niedriger Lufttemperatur, an sonnigen Tagen die Temperatur der südexponierten Ufer unserer Seen und Sümpfe sehr hoch steigen kann (bis zu mehr als 20° C.). Die Larven der meisten *Dytiscus*-Arten schlüpfen bis zum Juni aus. Die kleine schwarzbäuchige Art *D. punctulatus* F. legt höchstwahrscheinlich ihre Eier im Herbst bei sehr niedriger Temperatur, und ihre Larven zeigen sich bereits vor dem Beginn des Winters; vermutlich überwintern aber ausserdem auch ihre Eier und, wie bei den übrigen *Dytiscus*-Arten, wohl vorwiegend die vollentwickelten Tiere.

Ich habe hier Paarung und Fortpflanzung, Respiration und Hydrostatik des Gelbrandes (*D. marginalis*) eingehender geschildert und bin auch auf ihren Bau mehr eingegangen, als ich es sonst in diesem Werk zu tun pflege. Auf diesem Gebiet wissen wir aber dank einer langen Reihe von Untersuchungen, besonders aus dem Marburger zoologischen Institut, recht gut Bescheid; auch eignen sich die grossen *Dytiscus*-Arten, die man fast zu jeder Zeit und fast überall bekommen kann, und die sich lange in Aquarien halten lassen, für jeden, der Interesse für solche Studien hat, vorzüglich zu weiteren Untersuchungen.

Nur eine Art der grossen Schwimmkäfer, *D. punctulatus* F. (= *D. semisulcatus* O. F. M.) weicht in biologischer Hinsicht beträchtlich von den anderen *Dytiscus*-Arten ab. Ich hatte ausnahmsweise im Winter in nicht zugefrorenen Teichen *Dytiscus*-Larven gefunden; Blunck (1916b) und Burges Sopp (1882) haben festgestellt, dass sie zur oben genannten Art gehören, die als Imago an ihrer schwarzen Bauchseite und ihrer geringeren Grösse leicht zu erkennen ist. Bei uns ist die Art ziemlich selten. Ich selbst habe sie jedoch recht häufig in kleinen, mit Sphagnum bewachsenen Torflöchern gefunden; ihr Larvenstadium dauert länger als bei den anderen Arten (von Oktober-November bis gegen Mai), und die Tiere verpuppen sich im Mai. Die Larven hängen nicht so häufig wie die anderer Arten in Form eines Fragezeichens an der Oberfläche, sondern stützen sich während der Luftaufnahme auf Pflanzen. Ihre wichtigste Nahrung sind angeblich Trichopteren, in deren Köcher die Larve ihre Mandibeln einschlägt; sie hält den Köcher fest und bohrt ihre Mandibeln in die Larve, sobald diese sich herauswagt (Blunck 1916b). Der Kopf der Larve ist so klein, dass sie sich in den Köcher hineinziehen lassen kann, wenn sich die Köcherfliegenlarve zurückzieht.

Schliesslich ist noch der grösste unserer Schwimmkäfer zu nennen, *D. latissimus* L.; er ist leicht daran zu erkennen, dass seine Deckflügel an den Seiten mit breiten, flachen, flügelförmigen Auswüchsen versehen sind. Auch er lebt hauptsächlich von Trichopterenlarven. Ich habe mehrere Jahre an demselben

Standort (Funketeich, Hillerød) in einer kleinen, mit Iris bewachsenen Bucht ein gefurchtes Weibchen von *D. latissimus* L. gesehen, das langsam zwischen den Irispflanzen herumschwamm. Die Pflanzen erwiesen sich später als dicht mit Eiern besetzt. Ich habe niemals versucht, das Tier zu fangen, weil es in unserer Fauna so selten ist.

Es lässt sich nicht leugnen, dass die grossen Dytisciden, besonders wohl *D. marginalis* L., in Fischteichen zuweilen ernstlichen Schaden anrichten; es liegen zahlreiche Berichte über ihre Zerstörungen in Karpfen- und Forellen-

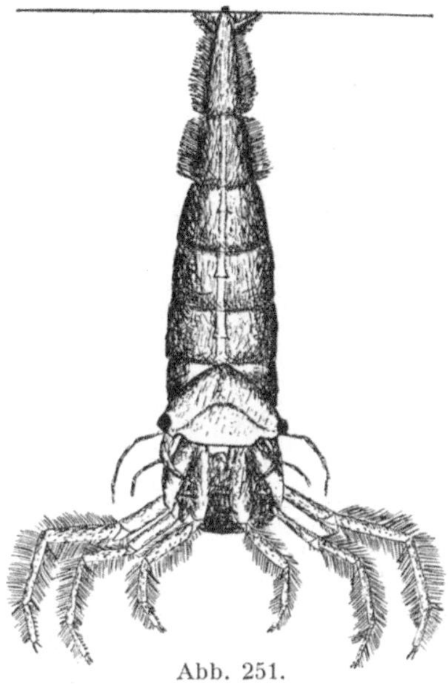

Abb. 251.

Abb. 252.

Dytiscus marginalis L.

Abb. 251—252. Larve von vorne und von der Seite gesehen. Die Figur links soll illustrieren, wie die Larve auf dem Wasser »steht« d. h. die Fallgeschwindigkeit vermindert. W-L. del.

teichen vor. Blunck (1923) hat berechnet, dass die Nachkommenschaft eines Schwimmkäferpaares (etwa 100) ungefähr 27.500 Fischchen von 2–3 cm Länge verzehrt, bis sie ausgewachsen ist. Die erwachsenen Tiere sind dabei am schlimmsten; die Larven fressen meist Insektenlarven und Kaulquappen. Manche Fischteiche mussten, wie berichtet wird, wegen des Überhandnehmens von Schwimmkäfern aufgegeben werden. Da die Käfer gern an Aas gehen, kann man Fallen konstruieren, um sie zu fangen. Bezüglich ihrer Schmarotzer (Hydrachniden und Gordiiden) sei auf die »Süsswasserfauna« verwiesen; ausserdem ist zu erwähnen, dass sich auf den Tieren oft eine reiche Infusorienfauna, besonders *Acineta*, ansiedelt.

b. Die Larve.

Es gibt in unseren Binnengewässern kaum einen gefrässigeren Räuber als die Larven der grossen Dytiscen (Tab. VII, Fig. 1; Abb. 251–252); hält man Larven im Aquarium, so ist es eine harte Arbeit, sie mit Futter zu versorgen. Sie schnappen eine grosse Kaulquappe und eine fette Köcherfliegenlarve nach der anderen und scheinen unersättlich. Es ist unmöglich, zwei von ihnen zusammen in einem Aquarium zu halten; ist die eine stärker als die andere, so wird die schwächere Larve von der stärkeren gefressen, und sind beide gleich stark, so fressen sie sich gegenseitig, bis beide tot sind. Hat man drei Larven in einem Aquarium, so frisst erst die eine von ihnen die zweite; der dritten ergeht es unweigerlich nach den Worten der Schrift, dass dem, der nichts hat, auch noch das letzte genommen wird, indem auch sie von der ersten Larve gefressen wird. Die Larven hängen meist unbeweglich an der Oberfläche, indem sie sich mit einem Beinpaar leicht gegen Wasserpflanzen stützen, und

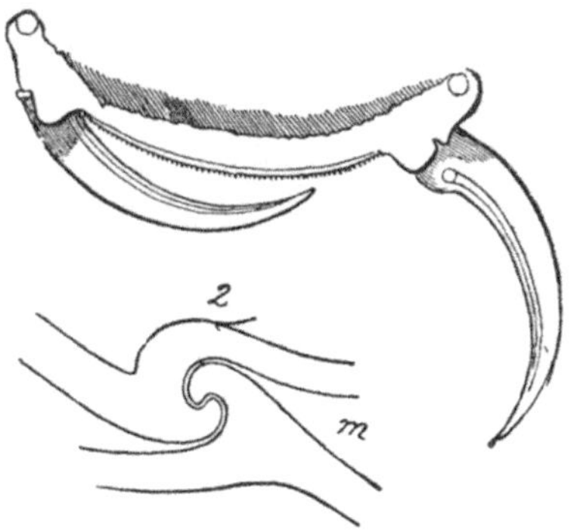

Abb. 253.

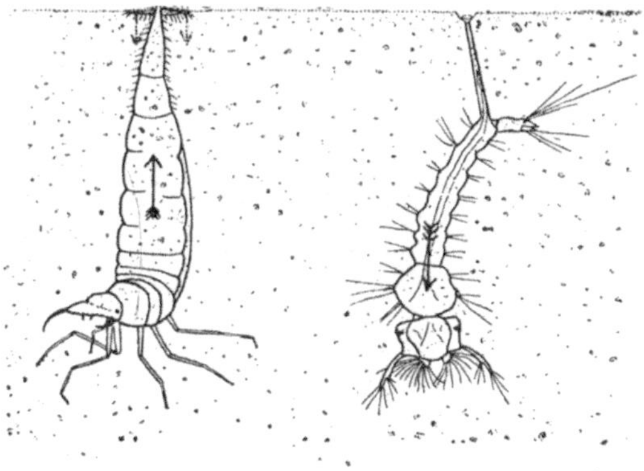

Abb. 254.

Dytiscus marginalis L.

Abb. 253. Mandibeln der Larve. Die eine Mandibel ist ausgeschlagen, sodass man den Kanal sieht. Unten: Die Figur zeigt, wie der Mund (*m*) geschlossen wird. Die zwei Ränder sind zusammengeschweisst. Nach Burges Sopp, E. 1880.

Abb. 254. Eine *Dytiscus*-Larve und eine Mückenlarve. Die erste stützt sich an die Oberfläche, die zweite ist an ihr aufgehängt und drückt sie abwärts. Nach Brocher 1910.

lauern wie Katzen auf Beute; haben sie ein Beutetier erspäht, so stürzen sie sich mit voller Kraft darauf.

Der Bau der Larve zeigt manche interessanten Züge. Wird das Tier getötet, so streckt sich sein Körper fast immer der Länge nach aus; deshalb wird es auch gewöhnlich gerade wie ein Stock oder höchstens schwach gekrümmt gezeichnet. In Wirklichkeit ist der Körper im Wasser wie ein Fragezeichen gebogen (Abb. 252), besonders bei der Larve von *D. marginalis* L. Der Kopf wird horizontal gehalten; er trägt ein Paar merkwürdig langer Antennen, vielleicht die längsten, die wir von allen im Wasser lebenden Insektenlarven kennen. Der Kopf ist mit zwei mächtigen, dolchförmigen Mandibeln versehen, die geschlossen sind, solange keine Beute zu spüren ist (Abb. 253–254); sobald aber ein Opfer nur geahnt wird, schlagen sie augenblicklich nach den Seiten auseinander, und wehe allem Lebendigen, das in die Reichweite dieser Zangen gerät! Sie dienen sowohl dem Fang wie der Nahrungsaufnahme. Von der Spitze der Mandibeln zieht ein Kanal bis in den Schlund hinein; er zerfällt in zwei Abschnitte, von denen der eine in der Mandibel, der andere im Kopf verläuft. An der Stelle, wo beide zusammentreffen, ist der Kanal unterbrochen, wenn die Mandibeln seitwärts ausgeschlagen sind; sobald sie eingeschlagen werden, stehen die beiden Stücke mit einander in Verbindung. Es handelt sich dabei nicht um einen eigentlichen Kanal oder ein Rohr, sondern um eine Doppelfalte in der Chitinwand der Mandibeln. Man kann die Mandibeln mit den Giftzähnen der proteroglyphen Schlangen, besonders mit den Giftzähnen der solenoglyphen, vergleichen. Hinsichtlich der übrigen Mundteile sei hier nur erwähnt, dass die Oberlippe mit Drüsenfeldern versehen ist, deren Sekret sicher dazu dient, die Mandibeln und ihre vordere, von einem Häutchen bedeckte Öffnung rein zu halten. An den beiden anderen Paaren von Mundgliedmassen sind die wohlentwickelten Maxillar- und Labialpalpen bemerkenswert. Eine Mundspalte ist zwar vorhanden, sie spielt aber bei der Nahrungsaufnahme keine Rolle; ihre Ränder sind nämlich so zusammengeschweisst, dass sie kaum freiwillig geöffnet werden können, jedenfalls nicht bei erhärteten Larven. Unmittelbar nach einer Häutung klafft die Mundspalte eine Zeitlang; vielleicht ist gerade zu dem Zeitpunkt, wo sich die alte Haut ablöst, diese Spalte zwischen Ober- und Unterseite des Kopfes von Bedeutung. Es sei jedoch ausdrücklich bemerkt, dass alles, was hier über den Bau der Mandibeln und des Mundes gesagt wurde (MEINERT 1879, BURGES SOPP 1882), nur für die Larven der grossen Schwimmkäfer gilt und vielleicht nicht einmal für sie alle. So behauptet BALFOUR BROWNE (1913), dass *D. lapponicus* Gyll., wenn er die Mandibeln auseinanderschlägt, zugleich auch die Mundspalte öffnet. Von den *Acilius*-Larven berichtete schon DE GEER, dass sie normalerweise bei der Nahrungsaufnahme die Mundspalte öffnen und Stücke von *Asellus* durch sie aufnehmen; die Mundränder werden hier nur fest aufeinandergepresst.

In die Wandung der Speiseröhre sind zahlreiche Drüsen eingelagert, die vermutlich das die Beute lähmende Gift produzieren. Im übrigen ist der Darmkanal nicht annähernd so kompliziert gebaut wie bei den Imagines, deren kräftiger Kaumagen hier fehlt. Der Darmkanal besitzt einen Blindsack, der recht viele Funktionen zu haben scheint und einen sehr wesentlichen Teil des Verdauungskanales bildet (Abb. 255–256).

Am Kopfe sitzt jederseits eine Gruppe von Punktaugen; bei Larven, die kurz vor der Verpuppung stehen, sind unter der Haut bereits die grossen Komplexaugen der entwickelten Tiere angelegt.

Die drei kräftigen Brustsegmente tragen drei Paar auffallend lange, ziemlich schwache Beine, die alle mit einem dichten Saum aus weichen, biegsamen Schwimmhaaren besetzt sind. Sie werden gewöhnlich als Schwimmbeine aufgefasst, was sie indessen wohl nur in geringem Grade sind. Die Beine jedes Paares werden abwechselnd bewegt: die Larven paddeln durchs Wasser. Der muskulöse, kräftige Hinterleib endigt hinten in zwei Cerci; die letzten Abdominalsegmente mitsamt den Cerci sind mit ähnlichen langen Schwimmhaaren besetzt wie die Beine. Durch das letzte Hinterleibssegment und die Cerci, die mit grosser Kraft auf- und abgeschleudert werden, schnellt sich das Tier in kurzen, starken Sprüngen durchs Wasser; die Beine werden nur zum langsamen Vorwärtsschwimmen benutzt, das selten lange anhält.

Am Hinterende liegen zwei grosse Spiracula; von ihnen gehen zwei dicke Tracheenstämme aus, die sich durch den ganzen Körper fortsetzen, und die durch Queräste miteinander verbunden sind. Während der zwei ersten Häutungen ist nur dieses eine Paar Stigmen offen; in der letzten Häutung öffnen sich in jedem Segment vom zweiten Thorakal- bis zum siebenten Abdominalsegment an den Seiten des Körpers zwei Stigmen, im ganzen also 9 Paare. Alle Stigmen sind im wesentlichen gleich gebaut; solange das Tier im Wasser lebt, funktioniert aber nur das letzte Paar.

Wir wollen nun kurz Hydrostatik, Respiration und Ernährung der Larve besprechen. Der Körper der Larve ist an sich schwerer als Wasser, was man u. a. daran sieht, dass tote Larven stets untersinken. Bei der lebenden Larve ist das Tracheensystem mit Luft gefüllt; hierdurch wird das spezifische Gewicht des Tieres ungefähr gleich 1, sodass es sich fast ohne Anwendung von Muskelenergie in den mittleren Wasserschichten halten kann.

Die Larve des Gelbrandes sowie auch der meisten übrigen *Dytiscus*-Arten verankert sich sehr häufig mit der Spitze einer Klaue oder mit zweien an einer Wasserpflanze, lässt dann plötzlich los und steigt ganz langsam zur Oberfläche empor, ohne die Beine im geringsten zu bewegen. An der Ober-

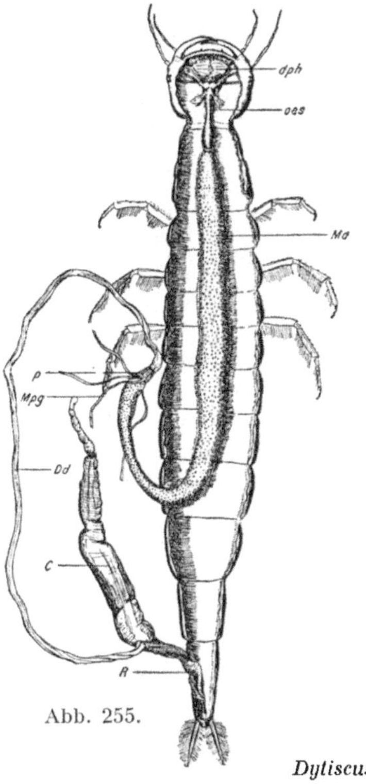

Abb. 255.

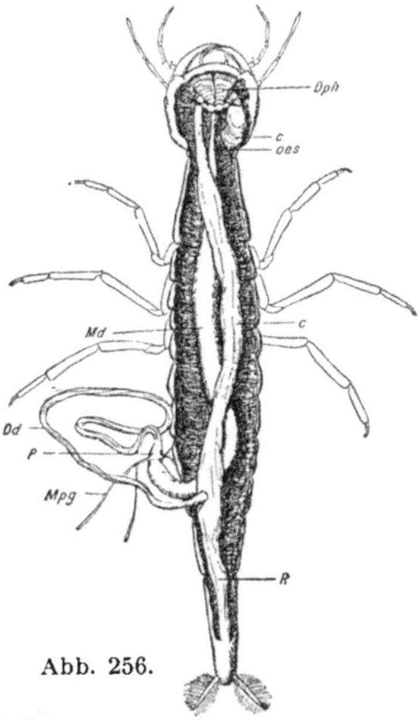

Abb. 256.

Dytiscus marginalis L. Larve.

Abb. 255. *dph* Muskeln, die den Pharynx erweitern, *oes* Oesophagus, *Md* Magen, *Dd* Dünndarm, *R* Rectum, *Mpg* Malpighische Gefässe, *c* Blindsack.

Abb. 256. Dieselbe Larve; der Blindsack (*c*), der in Fig. 255 kurz ist, ist hier länger als das Tier und oben im Kopf umgebogen. Beide nach Rungius, H. 1911.

fläche sind die Larven hydrostatisch gestützt (Abb. 254) und bleiben oft lange an ihr hängen. Hier lauern sie auf Beute; werden sie fortgescheucht, so erweisen sie sich gewöhnlich als stark überkompensiert und können sich nur durch kräftige Schläge mit dem Hinterleib unter Wasser halten. Wenn die Larve ein Beutetier gepackt hat, saugt sie es aus, während sie an der Wasseroberfläche hängt; dann lässt sie sich sinken und hängt sich an eine Wasserpflanze, um zu verdauen. Nach einer reichlichen Mahlzeit sind die Larven ausgesprochen unterkompensiert und können nur mit grösster Mühe durch sehr kräftige Schwimmbewegungen die Oberfläche erreichen; oft sind sie so schwer, dass sie nicht an der Oberfläche hängen können, wenn sie sich nicht gleichzeitig mit den Beinen irgendwo aufstützen. Im Aquarium geschieht es nicht selten, dass so ein Vielfrass überhaupt nicht in die Höhe kommen kann; aber auch in diesem Fall weiss sich die Larve zu helfen. Sie wirft sich einfach am Boden des Aquariums auf die Seite und bewegt den Körper krampfhaft vor und zurück, bis sie einen Teil ihrer Mahlzeit in Form einer schwarzbraunen Masse aus den Mundwinkeln ausbricht. Wenn sie sich so genügend leer gepumpt hat, steigt sie in die Höhe, holt sich eine Portion frische Luft und taucht wieder unter.

Andere Beobachter haben ebenso wie ich gesehen, dass Larven, die freiwillig ihren Halt an Wasserpflanzen loslassen und in die Höhe steigen, um zu atmen, plötzlich mitten in der Aufwärtsbewegung innehalten und schwebend im Wasser stehen bleiben; nach einigen Sekunden steigen sie weiter aufwärts, alles, ohne die Beine zu bewegen. Während des Auftriebs muss die Larve sicher die Luft in ihren Tracheen hydrostatisch ausnützen. In der Schwebestellung sind die drei Beinpaare ebenso wie beim Herabhängen von der Oberfläche seitwärts nach aussen gespreizt; es sieht aus, als ob das Tier auf diesen 6 grossen Bögen ruht oder gewissermassen auf ihnen steht. Da die Beine dicht mit Schwimmhaaren besetzt sind, tragen sie zweifellos stark dazu bei, den Querschnittswiderstand des Körpers zu vergrössern. Sie wirken als Gegengewicht beim Fall und vermindern die Fallgeschwindigkeit. Sie werden in ähnlicher Weise angewendet wie die Schwanzfäden der geflügelten Eintagsfliegen beim Fall während des Hochzeitstanzes. Durch ihre unverhältnismässige Länge und ihre abgespreizte Haltung erwecken die Beine den Anschein, als wären sie geradezu dieser Funktion angepasst. Sie werden niemals zum Einfangen von Beute benutzt und sind auch allzu schwach, um als Schwimmorgane den Körper wirklich vorwärts zu treiben. Die Larven der kleineren Arten, besonders die von *Graphoderes* und *Acilius*, sind weit bessere »Schweber« als die grossen *Dytiscus*-Larven.

Die wesentlichste Aufgabe der Larve, während sie an der Oberfläche hängt, besteht darin, ihr Tracheensystem mit Luft zu füllen; sie hat ja im Gegensatz zu dem entwickelten Insekt keine Luftkammer und keine Luftsäcke und muss deshalb die Oberfläche weit häufiger aufsuchen. Da die Larve ausserdem auch an der Oberfläche hängend auf Beute lauert, ja, sich sogar in dieser Stellung zuweilen häutet, so ist es einleuchtend, dass sie in weit höherem Grade Oberflächentier ist als die Imago. Der grösste Teil der Luft findet sich im hinteren Teil des Tracheensystems; daher steigen die Larven immer mit nach oben gerichtetem Hinterleibsende in die Höhe. Da sie gewöhnlich überkompensiert sind, so stützen sie sich hydrostatisch an die Oberfläche; sie ruhen mit der Hinterleibsspitze genau so an ihr, wie wir mit unseren Füssen auf der Erde. In dieser Ruhestellung kann die Larve atmosphärische Luft durch die grossen, am Hinterleibsende ausmündenden Spiracula einatmen. Das erfordert wiederum, dass die Spitze des Abdomens stabil gegen die Oberfläche gestützt ist, was jedoch eine einzelne Spitze niemals sein kann; hinter der Spitze liegen indessen die beiden behaarten Cerci, deren Haare benetzbar sind. Daher durchbrechen sie die Oberfläche nicht, sondern stützen sich gegen sie, sobald sie sie berühren. Das Tier ist also nicht durch einen Punkt, sondern durch zwei divergierende Linien (Cerci) hydrostatisch gestützt; im Schnittpunkt der beiden Linien liegen die Spiracula. Die Cerci sichern der Larve eine so grosse Stabilität, dass sie beim Atmen ungestört an der Oberfläche hängen kann. Die Oberflächenhaut wird durch ein Paar kräftige Chitinborsten am Rand der Stigmen durchbrochen. Solange das Tier im Wasser umherschwimmt, sind die beiden letzten Stigmen geschlossen; sobald es aber an die Oberfläche kommt und sich mit den Cerci gegen sie stützt, tritt der Rand der Stigmen augenblicklich über die Oberfläche empor, die stets in den Stigmen sitzenden Luftblasen zerspringen und durchbrechen die Oberflache; damit wird die Passage frei und die Respiration beginnt.

Die Larve führt normalerweise keine wahrnehmbare Respirationsbewegung aus, solange sie in Ruhe ist; man kann die Bewegung nur in dem Augenblick beobachten, wenn das Tier nach längerem Aufenthalt unter Wasser an die Oberfläche kommt. Bei der dann einsetzenden Ventilation des gesamten Tracheensystems sind die Respirationsbewegungen sehr deutlich sichtbar; sie beginnen wohl immer mit einer Exspiration, durch die der Eingang zu den Tracheen geöffnet wird. Die Ventilation ist sehr kräftig; im Maximalfall wird etwa $^2/_3$ der Tracheenluft erneuert. Nur die Exspiration geschieht aktiv, die Inspiration dagegen passiv. Taucht die Larve unter, so werden die Spiracula geschlossen; die Luft in den aufgeblähten Tracheen genügt, damit die Larve eine Zeit lang unter Wasser bleiben kann. Den grössten Teil ihres Lebens hängt sie indessen atmend an der Oberfläche. Während des Aufenthaltes unter Wasser wird die Luft allmählich absorbiert, das Körpergewicht nimmt zu, und die Tracheen fallen zusammen. Werden sie allzu luftleer, so fällt es dem Tier schwer, wieder an die Oberfläche zu kommen (Brocher 1913). Es steht nicht fest, ob Exspiration und Inspiration immer durch die gleichen Stigmen stattfinden. Mancherlei lässt darauf schliessen, dass jedenfalls die Exspiration durch die Seitenspiracula erfolgen kann, besonders bei ausgewachsenen Larven. Hält man diese unter Wasser, so sieht man nämlich oft kleine Luftblasen aus den Seitenstigmen aufsteigen. Diese Stigmen sind also offen und mit einem sehr feinen Gitter aus Haaren bedeckt. Unter normalen Bedingungen spielen sie wohl kaum eine Rolle, dagegen treten sie wahrscheinlich bei schlechten Respirationsverhältnissen in Funktion, z. B. wenn die Hydrostatik der Larve gestört ist, oder wenn das Tier an Land geht. Wenn Schmutz in das eine der beiden hinteren grossen Stigmen gerät, so kann die Larve angeblich das andere Stigma schliessen und durch das verschmutzte Luft ausblasen (populär ausgedrückt: »die Nase schneuzen«). Näheres über Spiracula und Tracheenbau siehe bei Portier (1909) und Alt (1912). Hautatmung spielt bei den grossen Larven kaum eine Rolle.

Sobald die Larve eine Beute erspäht, schlagen die Mandibeln nach den Seiten auseinander. Die Larve nimmt Gegenstände nur in einer Entfernung von höchstens 5–10 cm wahr und auch hier nur, wenn sie sich bewegen. Dann aber stürzt sie sich blindlings darauf und beisst in alles, was ihre Aufmerksamkeit erweckt hat. Die Beute wird mit den Mandibeln gepackt; ist sie weich genug, so schlagen die Mandibeln in ihr so fest zusammen, dass die früher erwähnten beiden Stücke der Saugkanäle miteinander in Verbindung treten. Die Larve liegt ein paar Sekunden mit der zappelnden Beute still; dann beginnt ein wahrhaft fesselndes Schauspiel: aus dem Mitteldarm dringt eine braune Flüssigkeit in die Mundhöhle und von hier in die Mandibeln; sie wirkt teils als Gift, teils als Lösungsmittel. Die Giftwirkung erfolgt ausserordentlich schnell; eine Kaulquappe wird im Laufe weniger Sekunden getötet. Kleine Fische oder Salamanderlarven sterben, selbst wenn sie befreit werden, nach Verlauf von einigen Stunden; sogar Menschen fühlen deutliche Schmerzen, wenn sie von einer Larve gebissen werden. Besonders die Sekrete des Mitteldarms sind giftig; eigentliche Giftdrüsen wurden niemals nachgewiesen. Neben der Giftwirkung hat aber der Magensaft noch eine andere Aufgabe. Wenn er nach und nach in die Beute eindringt, werden ihre Weichteile in unglaublich kurzer Zeit, oft in wenigen Minuten, aufgelöst und als bräunliche Flüssigkeit durch die Mandibeln in die Larve gepumpt. Die Mundhöhle wirkt als Pumpe; an ihrer Wandung setzen starke Muskeln an, durch die sie abwechselnd kontrahiert und dilatiert wird. Bei jeder Pumpbewegung sieht man deutlich die braunen Ströme durch die Mandibeln in die Speiseröhre fliessen. Im Laufe von ca. 20 Minuten wird die schönste, fette, weisse Köcherfliegenlarve in einen leeren Sack verwandelt; Muskeln, Nervensystem, Darmkanal, kurz alles ist nun als Flüssigkeit in den Verdauungskanal der Schwimmkäferlarve hinübergepumpt. Füllt man einen kleinen Gummiballon mit einem Stück Eiweiss und lässt die Larve hineinbeissen, so ist das Eiweiss nach kurzer Zeit aufgelöst und verschwunden. Der hier beobachtete Vorgang wird als extraorale Verdauung bezeichnet, d. h. als Verdauung ausserhalb der Mundhöhle. Die Verdauungsprozesse, die bei anderen Tieren im Darmkanal vorgehen, finden also bei der Schwimmkäferlarve ausserhalb desselben statt.

Die Natur hat hier die Aufgabe, eine Flüssigkeit (Nahrungsflüssigkeit) in das in einer anderen Flüssigkeit (Wasser) lebende Tier hineinzupumpen, ohne dass beide miteinander in Berührung kommen, d. h. ohne dass Nahrung für das Tier verloren geht, in ausserordentlich eleganter Weise gelöst.

Die Larve nimmt im Verlaufe ihrer verschiedenen Stadien recht verschiedene Beutetiere als Nahrung auf. Im ersten Stadium frisst sie vorwiegend *Asellus*, Larven von Eintagsfliegen und Köcherfliegen sowie Mückenlarven, im zweiten Stadium Wasserwanzen, Jugendstadien anderer Schwimmkäfer und kleine Fischchen, im letzten besonders Kaulquappen, Salamanderlarven und Karauschen. Die Larve ist namentlich im zweiten Stadium fast unersättlich; sie greift nach allem, was in ihre Nähe kommt und ist bei Tag wie bei Nacht gleich angriffslustig. Während einer reichlichen Mahlzeit nimmt das Gewicht der Larve ganz ausserordentlich zu. Eine Larve, die um 1 Uhr 35 eine Ellritze bekommen und sie bis um 10 Uhr Abends ausgesogen hatte, wog vor der Mahlzeit 0,78 g, danach 1,15 g; ihr Gewicht nahm also um 0,37 g zu. Eine andere Larve nahm nach einer Mahlzeit 0,50 g an Gewicht zu. Kein Wunder, dass die vollgefressenen Tiere nicht imstande sind, sich an der Oberfläche zu halten, und nur mit grosser Mühe schwimmen können.

Die Nahrungsflüssigkeit sammelt sich nach und nach im Mitteldarm und macht hier die weitere Verdauung durch. Gibt man der Larve eine neue Mahlzeit, bevor die erste verdaut ist, so werden die Reste der ersten in den Enddarm und von hier weiter in den Blindsack (= Rektalampulle) befördert; diese hat je nach ihrem Füllungsgrad ein sehr verschiedenartiges Aussehen (Abb. 255–256). Brocher (1913) meint, dass diese Reste später wieder in den eigentlich verdauenden Teil des Darmkanals zurückgelangen und weiter ausgenutzt werden. Der Blindsack ist also ein Reservoir, das die Vermischung von zwei Mahlzeiten verhindert, von denen die eine erst halb, die andere noch gar nicht ausgenutzt ist. Blunck (1923) behauptet, wahrscheinlich mit grösserem Recht, dass das nicht zutrifft; jede Mahlzeit wird ausserordentlich schnell verdaut.

Der Blindsack hat aber auch noch andere Funktionen. Er steht im Dienste der Verteidigung, indem das Tier seinen fettigen, stinkenden Inhalt gegen den Angreifer spritzt; ferner spielt er bei der Ausstossung der Exkremente eine Rolle. Es ist nämlich für das Tier sehr wichtig, dass seine Spiracula nicht verschmutzt werden; geraten ölige, fettige Substanzen in sie hinein, so droht der Larve der Tod durch Erstickung. Bei der Entleerung werden die Exkremente mit grosser Vehemenz in langem Strahl so weit fortgeschleudert, dass die Stigmen nicht durch verunreinigtes Wasser verschmutzt werden können. Die kräftige Ausschleuderung der Exkremente wird sicher durch den stark muskulösen Blindsack bewirkt.

Schliesslich ist der Blindsack der wichtigste hydrostatische Apparat der Larve, der es ihr ermöglicht, ihr eigenes spezifisches Gewicht dem des Wassers ungefähr anzugleichen. Die Imago besitzt ja einen hydrostatischen Apparat in dem Luftraum unter den Flügeln, die Larve dagegen im Blindsack. Sie ist normalerweise, besonders nach reichlicher Nahrungsaufnahme, unterkompensiert und muss Flüssigkeit abgeben können, um ihr spezifisches Gewicht einigermassen zu vermindern; dies geschieht durch die Rektalampulle. Unmittelbar während und nach einer grossen Mahlzeit gibt die Larve deshalb mehrere Portionen von Exkrementen ab, d. h. sie leert den Blindsack. Wenn die Larve jedoch gehungert hat und daher zu leicht wird, so füllt sie die Rektalampulle mit Wasser.

Die Larve macht vor der Verpuppung nur drei Häutungen durch. Sie häutet sich wohl immer an der Oberfläche; die Haut platzt am Prothorax und am Kopf, und durch diesen Riss kriecht die Larve aus. Im allgemeinen dauert die Häutung nur wenige Minuten. Die Larve schwillt stark an, noch bevor sie sich ganz aus der alten Haut herausgearbeitet hat; wenige Minuten später, nachdem die alte Haut abgeworfen ist, hat sie bereits in verblüffender Weise an Umfang zugenommen. Wie bei fast allen Gliedertieren findet das Grössenwachstum sprunghaft bei jeder Häutung statt; aber auch in der Zwischenzeit, besonders kurz nach einer Häutung, wächst die Larve nicht unbeträchtlich. Unmittelbar nach der Häutung ist die Larve zunächst halb durchsichtig, weisslich und sehr weich. Es war mir immer rätselhaft, in welcher Weise die plötzliche Vergrösserung des Körpers vor sich geht, ebenso, wie die völlig weiche Haut imstande ist, sich steif und stramm zu halten, ohne im geringsten zusammenzufallen, da sie bei den Schwimmkäfern keinesfalls, wie bei den Libellen, durch aufgenommene Luft gespannt wird. Rungius (1911) hat nachgewiesen, dass die Larve sich unmittelbar nach der Häutung durch den Schlund mit Wasser vollpumpt, sodass erst der Mitteldarm und dann der Blindsack enorm anschwellen (Abb. 255–256). Der letztere, der sonst nur den hinteren Körperabschnitt einnimmt, dehnt sich mehr und mehr aus und reicht schliesslich bis in den Kopf hinein; hier biegt sein Vorderende um und legt sich auf der anderen Seite des Schlundes wieder ein Stück nach rückwärts. Wenn der Blindsack ganz mit Wasser gefüllt ist, bildet er das umfangreichste Organ des Körpers. Nimmt nun das Tier Nahrung auf, so dringen die Exkremente im Blindsack bis in den Kopf hinein; unter normalen Bedingungen dauert dieser Füllungszustand etwa 24 Stunden. In dieser Zeit erhärtet der Körper in seinem stark erweiterten Zustand; dann wird der gesamte Inhalt des Blindsackes plötzlich entleert. Gibt man in dieser Zeit der Larve nur wenig zu fressen, so kann der Blindsack etwa 14 Tage lang so ausgedehnt bleiben.

Wie wir sahen, spielt der Blindsack sowohl beim erwachsenen Tier wie bei der Larve eine grosse und recht mannigfaltige Rolle; besonders interessant ist die zuletzt genannte Funktion als Mittel zur Ausdehnung der neuen Haut.

Man kann sich von der Gefrässigkeit der Larve eine Vorstellung machen, wenn man hört, dass eine *Dytiscus*-Larve bis zur Verpuppung im Laufe von 5–6 Wochen 8–900 Kaulquappen von etwa 20 mm Länge frisst, d. h. 20 Stück pro Tag. Ihr Nahrungsbedürfnis während der drei Häutungsstadien verhält sich wie 1:3:21 (Blunck 1923). *D. semisulcatus* O. F. M. verbraucht bis zur Verpuppung etwa 60 Larven der Trichopterengattung *Stenophylax*. Der Bedarf an Nahrung hängt natürlich von der Temperatur ab; bei einer Temperatur von 3–4° C. ist er bei *D. marginalis* L. fast gleich 0, sein Maximum liegt bei 24–27° C.

Es ist recht erstaunlich, dass das Wachstum der grossen Schwimmkäferlarven schon nach 5–6 Wochen völlig abgeschlossen ist; die Larven kriechen im Mai-Juni aus und sind zum grössten Teil Mitte oder Ende Juli ausgewachsen (etwa 6–8 cm) und verlassen das Wasser. Von September oder Oktober ab findet man keine Gelbrandlarve mehr. Es ist fast unbegreiflich, dass ein so grosser Körper in so unglaublich kurzer Zeit aufgebaut werden kann; kein Wunder, dass die Larven dafür enorm viel fressen müssen. Es dauerte auch geraume Zeit, bis man diese Zusammenhänge erkannte; für die grossen Dytisciden unserer Breitengrade ist aber das Ergebnis ganz sicher. Blunck's Beobachtungen stimmen durchaus mit den meinen überein.

Wenn der Zeitpunkt der Verpuppung naht, verlässt die Larve das Wasser; in den vorhergehenden 12 Stunden nimmt sie keine Nahrung mehr zu sich. Sie ist nun unterkompensiert und sinkt von der Oberfläche herab zum Grunde, von wo sie langsam an Land kriecht. Man trifft die wandernden Schwimmkäferlarven besonders an Regentagen oder in den Morgenstunden, wenn noch der Tau auf den Wiesen liegt; die Beine helfen beim Marschieren etwas mit, sind aber dabei kaum von grossem Nutzen. Die Tiere schlagen den Kopf zur Erde, haken sich mit den Mandibeln fest und ziehen den übrigen Körper nach; das geht erstaunlich schnell. Ihr Ziel liegt nicht weit weg; ein wenig weiche Erde, ein Maulwurfshügel, ein Rasenstück oder dgl. Hier gräbt sich die Larve ein und macht sich eine Puppenhöhle, wahrscheinlich indem sie sich in der weichen Erde herumwälzt. Möglicherweise sondert sie auch eine Flüssigkeit ab; die Wände der Höhle sind jedenfalls immer blank und glatt.

Am 8. August wurde eine Larve gefunden, die ihre Puppenhöhle unter einem Brett angelegt hatte. Am 15. verpuppte sie sich und verwandelte sich am 1. September zum vollentwickelten Insekt. Die Puppe trägt auf der Brust und auf dem Rücken des Abdomens sehr kräftige Dornen; an der Spitze des Hinterleibes sitzen zwei Chitinzapfen. Die Puppe ruht auf diesen Dornen und stemmt sich während der Verwandlung mit den Zapfen gegen die Unterlage. Die Verwandlung der Puppe dauerte von 10 bis 11 Uhr 5 vormittags. Während des Ausschlüpfens wird der Herzschlag beschleunigt, von 28 Schlägen in der Minute (10 Uhr 40) bis zu etwa 38 (11 Uhr). Vor der Verwandlung ist die Haut beständig in zitternder Bewegung; der Raum zwischen der Haut der Puppe und der Imago ist mit Flüssigkeit gefüllt. Die Haut platzte 10 Uhr 51 in der Mittellinie der Vorderbrust; schon 11 Uhr 5 war das Tier ganz ausgeschlüpft. Der eben geschlüpfte Käfer ist blassgelb, färbt sich aber im Laufe eines halben Tages aus. In den Monaten Juli und August findet man die jungen, weichen Tiere an den Ufern, wo sie sich auf dem weichen Schlamm sonnen.

Es gibt von unseren grossen Schwimmkäfern, besonders von *Dytiscus marginalis* L., eine eigenartige grünliche, bisweilen himmelblaue Varietät; die letztere ist angeblich in alpinen, sehr klaren Gewässern heimisch, die braune Varietät hauptsächlich in dunklen Moorgewässern.

Die übrigen Gattungen der Dytiscini.

Von den anderen zur Unterfamilie der Dytiscini gehörigen Formen seien hier die drei Gattungen *Hydaticus* (Taf. VI, Abb. 14), *Graphoderes* (Taf. VI, Abb. 15) und *Acilius* (Taf. VI, Abb. 16; Abb. 257) genannt. Die Käfer sind mittelgross, etwa 14–15 mm lang. *Acilius* ist leicht von allen anderen Schwimmkäfern unserer Fauna zu unterscheiden, da das Weibchen auf den Deckflügeln 4 flache, von kurzen braunen Haaren bedeckte Furchen hat. Meines Wissens findet sich bei keiner anderen Form etwas ähnliches. Ausserdem ist *Acilius* merkwürdig flach und hinten viel breiter als vorn; er erinnert durch seine Gestalt etwas an *Cybister*. Auch bei *Acilius* haben nur die Weibchen gefurchte Deckflügel, aber hier sind alle Individuen gefurcht; Weibchen mit glatten Flügeln kennt man von dieser Gattung nicht. Die Bedeutung der Haare auf den

Flügeln ist völlig unbekannt. Ich könnte mir denken, dass sie vielleicht beim Durchbrechen des Oberflächenhäutchens eine Rolle spielen; ich habe deshalb bei einigen Weibchen alle Haare auf den Furchen abrasiert und die Tiere beobachtet, sowohl wenn sie aus dem Wasser zur Oberfläche heraufkommen, als wenn sie nach einer Nacht auf dem Trockenen wieder ins Wasser hineintauchen. Ich konnte aber keinen Unterschied bemerken.

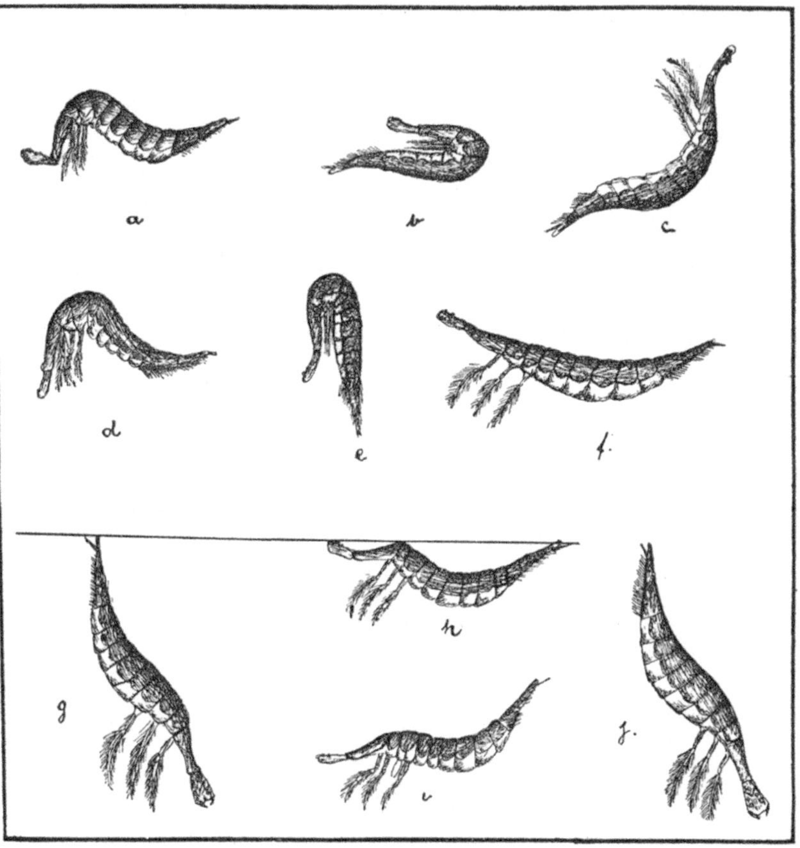

Abb. 257. Larven von *Acilius sulcatus* L. in verschiedenen Stellungen; springend (*a—c*), schwimmend (*f*) und an der Oberfläche atmend (*g, h*). W-L. del.

Die beiden anderen Gattungen haben keine gefurchten Deckflügel; *Graphoderes bilineatus* de Geer, dessen Körperform der von *Acilius* ähnelt, ist auf der Unterseite hellgelb und durchsichtig, sodass man einen besseren Einblick in seinen Respirationsmechanismus bekommt als bei irgend einem anderen Schwimmkäfer. Die Tiere sind besonders durch ihre Larven und ihre Eiablage interessant. Die Larven von *Hydaticus* (Taf. VII, Abb. 4) erinnern an die grossen Schwimmkäferlarven en miniature; auch sie hängen wie ein Fragezeichen an der Oberfläche. In den ersten Stadien sind sie sehr hell, in den späteren werden sie fast schwarz mit weissem Mesothorax. Ihr Vorkommen fällt jedoch in eine andere Zeit, nämlich in den Hochsommer, Juli und August, während man zu dieser Zeit nur wenig oder nichts von den grossen *Dytiscus*-Larven sieht.

Graphoderes- und *Acilius*-Larven (Taf. VII, Abb. 2) finden sich zur selben Zeit. Ihr Körper ist von eigenartiger Form, garneelenähnlich, langgestreckt und etwas pucklig, mit sehr schmaler, langer Vorderbrust; ihre grösste Breite liegt weit nach hinten. Die beiden oberen Augen jeder Seite sind sehr gross. Die Mandibeln sind kurz und dolchförmig; ihre Rinne ist weit offen. Alle Beinpaare sind vorzügliche Schwimmbeine mit doppelten Säumen von Schwimmhaaren an allen Gliedern. Das lange, schmale achte Abdominalsegment trägt ebenso wie das siebente einen breiten Saum von Schwimmhaaren; dagegen fehlen Schwimmhaare auf den Cerci ebenso wie bei *Hydaticus.*

Die Larven sind vortreffliche Schwimmer (Abb. 257), besonders *Acilius*; beide Gattungen leben mehr in den mittleren Wasserschichten als an der Oberfläche.

Der lange, in der Mitte bucklige Körper liegt oft fast horizontal ausgestreckt im Wasser; die drei letzten Segmente sind jedoch häufig aufwärts gebogen. In dieser Haltung schwimmen die Tiere, während sie die Beine ganz langsam bewegen, in eigentümlicher, katzenhaft lauernder Weise durchs Wasser. Entdecken sie eine Beute, so wird der Rücken stark gekrümmt, Prothorax und Kopf werden fast vertikal aufwärts gerichtet. Dann wird der ganze Körper plötzlich vorwärts geschnellt, und das Tier stürzt sich auf die Beute. Oft macht ein einzelnes Tier ein paar mächtige Sprünge, indem es pfeilschnell bald nach rechts, bald nach links schiesst; es schlägt dabei das Abdomen gegen Kopf und Thorax und schnellt sich in stark gekrümmter Haltung mit dem Rücken vorwärts. Steht ein kleiner Schwarm beisammen, wenn eine einzelne Larve einen derartigen Sprung macht, so springen sie plötzlich alle und schiessen blitzschnell in allen Richtungen durchs Wasser. Zuweilen führen die Larven elegant aussehende, spielende Bewegungen aus, indem sie mit dem Rücken abwärts in grossen Kreisen durchs Wasser gleiten. Dann und wann hört alle Bewegung auf, und die Larven schweben vollkommen ruhig in schräger Lage mit gespreizten Beinen. Nach einigen Minuten schlagen die Beine aus, und die Tiere schwimmen weiter. An der Oberfläche hängen sie in zwei Stellungen, entweder schräg abwärts, oder horizontal ausgestreckt, indem sie die Oberfläche mit drei Punkten berühren, nämlich mit dem Kopf, dem Buckel und der Abdominalspitze. Wenn die Larve atmet, so bewegt sie die Beine regelmässig und ruckweise; gleichzeitig senkt sich ihr Körper ein wenig, sodass die Wasseroberfläche trichterförmig eingezogen wird. Dieser Vorgang ist zweifellos die Inspiration; sie erfolgt 20–30 mal hintereinander mit regelmässigen Intervallen.

Die *Graphoderes*-Larven führen ganz ähnliche Bewegungen aus, nur habe ich sie nie horizontal an der Oberfläche hängen sehen.

Man kann wohl kaum ein fröhlicheres Insektenleben sehen, als das in einem sonnenbeschienenen Teich, in dem Hunderte von grossen *Acilius*-Larven in allen Wasserschichten schweben oder sich langsam auf- und abwärts bewegen.

In dem alten, wunderbar stillen Schlosspark von Hørsholm, in dessen Teichen und Tümpeln Wildenten und Wasserhühner ohne Scheu vor Menschenaugen ihre Kinderschar von einer Schilfinsel zur anderen führen, liegt ein langer, kanalähnlicher Wasserlauf, der im Sommer meist ausgetrocknet ist. Von seinem Grunde ragen alte Baumstümpfe empor, Reste von Bäumen, unter deren Kronen sich vor Zeiten wohl manch ein Stück von Dänemarks Geschichte abgespielt hat. Jetzt benutzen die Acilien diese Stümpfe, um in ihnen ihre Eier abzulegen. Steht man dort an einem Sommertag bei hellem Sonnenschein, so wimmeln die *Acilius*-Larven um einen herum. Solang sie klein sind, hält sich jede Schar an ihren eigenen Baumstumpf; werden sie aber älter und dehnen ihre Ausflüge weiter aus, so verschmelzen die einzelnen Trupps miteinander und verbreiten sich über den ganzen Tümpel. In grellem Sonnenlicht sieht man die Larven mit einer sonderbaren weissen Masse auf dem Kopf herumschwimmen; sie erweist sich bei näherer Untersuchung als eine Chironomidenpuppe, deren weisse Federbusch im dunklen Moorwasser leuchtet. Wo die Sonne auf den Grund scheint, sieht man auch hier die gleichen Federbüsche hin- und herwehen; hie und da steigt eine Puppe vom Grunde auf und schwimmt zur Oberfläche, wo ihre Verwandlung stattfinden soll. Die *Acilius*-Larven durchkreuzen das Wasser, ergreifen die *Chironomus*-Puppe von unten, meist am Hinterleib, und segeln mit ihr davon, während der Federbusch der Puppe ausgebreitet über dem Kopf der Larve weht. Die Larven spüren die Beute nur in höchstens ein paar cm Entfernung. Oft sieht man sie am Boden entlang schleichen, den sie nach Ostrakoden absuchen; im übrigen ernähren sie sich sicher vorwiegend von grossen Daphnien, wenn diese in genügender Menge in den Tümpeln vorkommen.

Wie es scheint, werden die grossen grünen Ostrakoden (*Cypris viridis*) wenigstens teilweise zerkaut. Ich habe öfters den Larven halbgefressene Ostrakoden weggenommen und gesehen, dass nur eine breiige, graugrüne Masse übriggeblieben war. Der Schlund der Larve ist grösser als bei den *Dytiscus*-Arten; es fragt sich also, ob sie im Gegensatz zu ihnen nicht die Beute aussaugt, sondern grössere Stücke verschlingt. Schon DE GEER (Vol. 4, S. 387) hat behauptet, dass die Larve ihre Beute nicht aussaugt; er hat gesehen, dass sie einen Isopoden ganz verzehrte. SCHIØDTE (1841, S. 410) hat diese Angabe, wenn auch mit einigem Vorbehalt, übernommen (s. auch PORTIER 1911, S. 115). Die leeren Schalen der Ostrakoden bedecken massenhaft den Boden.

Hinsichtlich der Eiablage siehe weiter unten. BLUNCK (1913) hat festgestellt, dass die *Acilius*-Larven sich aus kleinen Erdpartikeln einen Kokon bauen, in dem sie ihre Ruheperiode verbringen.

II. Cybisterini.

Die Gruppe der *Cybisterini* (Taf. VI, Abb. 17; Abb. 258, 260) nimmt gegenüber den anderen Unterfamilien eine Sonderstellung ein. Leider ist ihre Anatomie und Biologie weit weniger bekannt als die aller übrigen Gruppen. Die folgenden Angaben stützen sich hauptsächlich auf Arbeiten von PORTIER (1911), BLUNCK (1922) und MUKERJI (1930).

TAF. VII.

Dytiscidae. Larven.

Abb. 1. *Dytiscus marginalis* L. Nach Blunck. 1923. × 1/1.
— 2. *Acilius sulcatus* L. Nach Schiødte, I. C. 1869. × 3 1/2.
— 3. *Cnemidotus caesus* Duftschm. Nach Schiødte, I. C. 1869. × 10.
— 4. *Hydaticus transversalis* Brünn. Nach Meinert, F. 1901. × 3.
— 5. *Hydroporus parallelogrammus* Ahr. Nach Schiødte, I. C. 1864—65. × 6.
— 6. *Colymbetes fuscus* L. Nach Schiødte, I. C. 1864—65. × 2.
— 7. *Haliplus ruficollis* de Geer. Nach Schiødte, I. C. 1864—1865. × 10.
— 8. *Cybister lateralimarginalis* de Geer. Nach Schiødte, I. C. 1864—1865. × 1/1.
— 9. *Noterus* sp. Nach W-L. 1912. × 15.
— 10. *Hyphydrus ovatus* Illig. Nach Schiødte, I. C. 1864—65. × 7.
— 11. *Ilybius fenestratus* Fabr. Nach Schiødte, I. C. 1864—65. × 2 1/2.
— 12. *Agabus* sp. Typus einer kriechenden Larve. Nach W-L. 1912. × 13.
— 13. *Colymbetes fuscus* L. Typus einer schwimmenden Larve. Nach W-L. 1912. × 3 1/2.
— 14. *Pelobius Hermanni* F. Nach Schiødte, I. C. 1872—73.

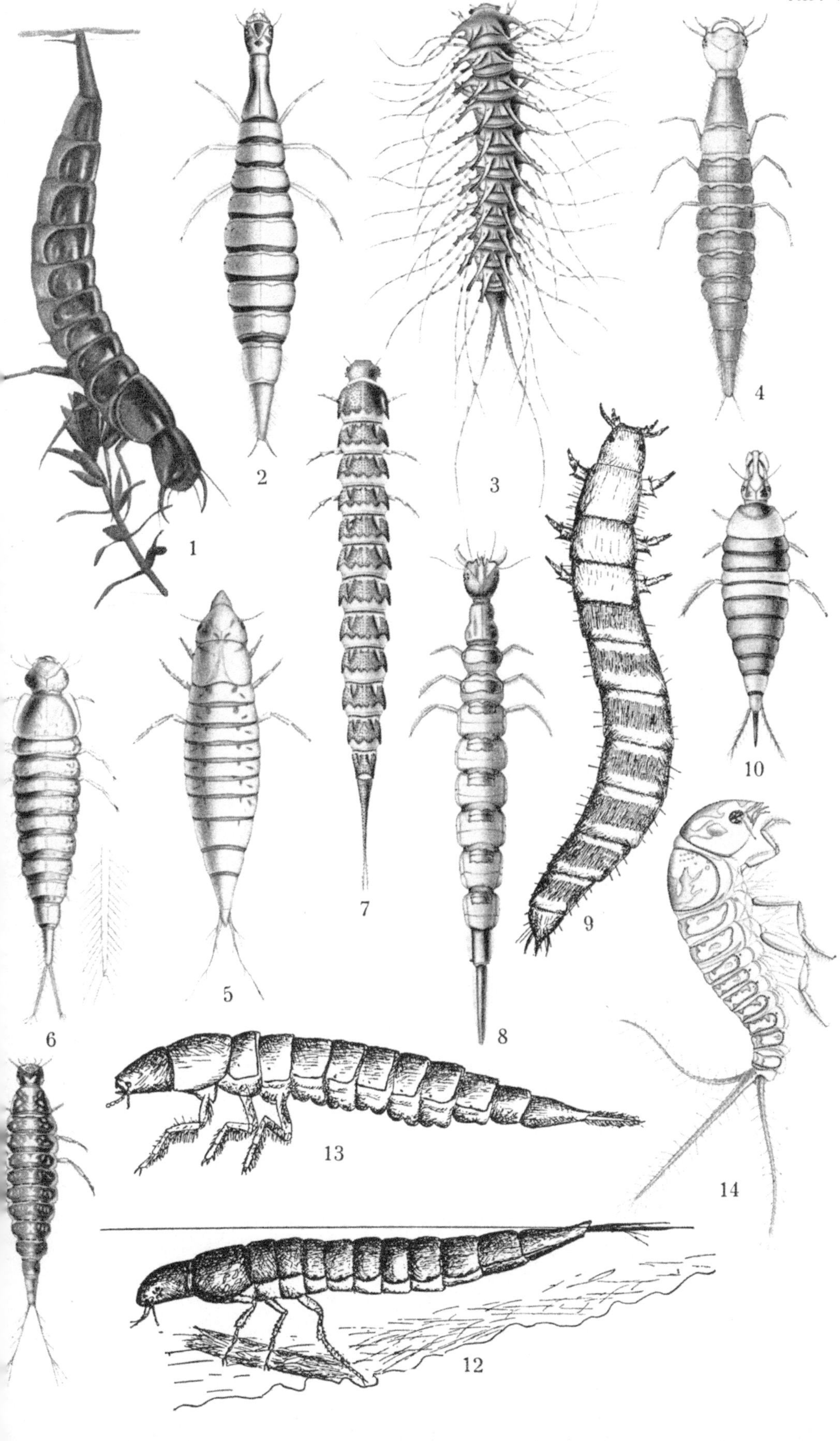
1
2
3
4
5
6
7
8
9
10
11
12
13
14

Man kann das Genus *Cybister* als die höchst spezialisierte Stufe der Dytisciden betrachten (Sharp 1878). Es sind etwa 100 Arten bekannt, die im Gegensatz zu *Dytiscus* vorwiegend im tropischen und subtropischen Gürtel vorkommen, und von denen einige zu den grössten Wasserinsekten gehören. In Europa lebt nur eine Art, *C. lateralimarginalis* de Geer (= *C. Roeselii* Fuessly) (Taf. VI, Abb. 17), für deren Verbreitung Norddeutschland und Dänemark die nördliche Grenze bilden. Hier ist sie indessen überall selten; weit häufiger trifft man sie in den Mittelmeerländern an. *Cybister* ist wohl in der

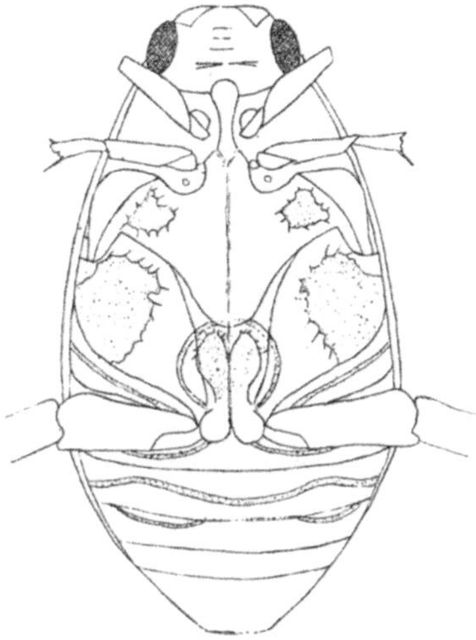

Abb. 258.

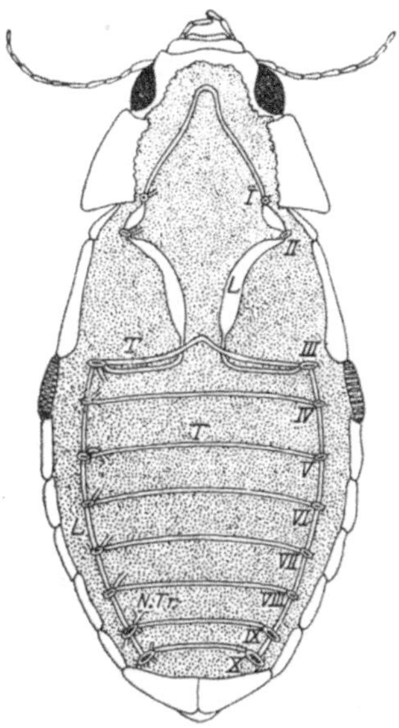

Abb. 259.

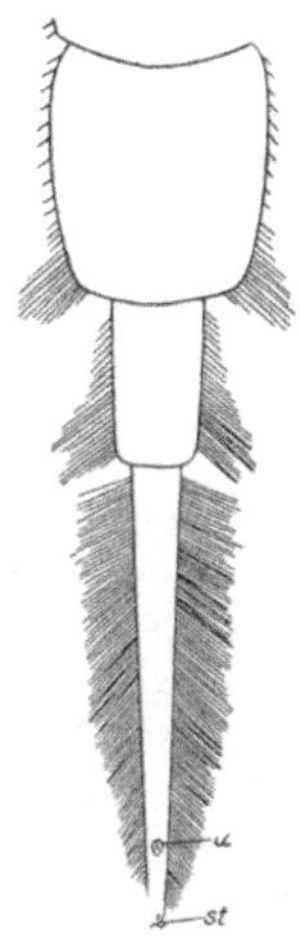

Abb. 260.

Abb. 258. Ventralseite von *Cybister lateralimarginalis* de Geer. Man sieht die zwei Paar grossen Luftsäcke. Nach Brocher 1913.

Abb. 259. Die Transversal- (*T*) und Longitudinalkommissuren (*L*) im Tracheensystem von *Dytiscus marginalis* L. Schematisiert. *I*—*X* = Die 10 Stigmenpaare, *N.Tr.* Nebentracheen. Nach Blunck, H. 1922.

Abb. 260. *Cybister lateralimarginalis* de Geer. Larve. Die terminalen Hinterleibsringe. *a* Anus, *st* Stigmen. Nach Blunck, H. 1922.

Anpassung ans Wasserleben von allen Dytisciden am weitesten gelangt und weicht am meisten von der Ausgangsform (Caraben) ab. Als besondere Anpassungserscheinungen sind hervorzuheben: Die grösste Breite des Körpers liegt im hinteren Drittel; das ist zwar auch bei *Dytiscus* der Fall, aber bei *Cybister* viel stärker ausgeprägt. Ferner ist *Cybister* von allen Dytisciden am meisten abgeflacht. Das mächtig entwickelte letzte Beinpaar macht ihn weiterhin zu einem der besten Schwimmer unter den Dytisciden, vermutlich zu einem besseren als *Dytiscus*. Je mehr ein Organismus dem Leben im Wasser angepasst ist, desto schlechter kann er sich auf dem Land bewegen. Die Vorderbeine sind zu kurz, um regelmässige Schritte auszuführen; das Tier rutscht mehr vorwärts als es geht. Das Gewicht des Körpers ruht auf den starken Dornen an der Spitze der Hintertibien; die Dornen sind länger als die Tibien selbst. Sie werden gegen die Unterlage gestemmt, wenn der Körper sich vorwärts schiebt. Bei der Respiration nimmt *Cybister* dieselbe Lage an der Wasseroberfläche ein wie *Dytiscus*. Da das Chitin an der Bauchseite ausserordentlich durchsichtig ist, kann man bei *Cybister* weit besser als bei *Dytiscus* feststellen, dass bei Absperrung von der atmosphärischen Luft alle Bewegung im Tracheensystem aufhört; ist dagegen der Zugang zur Luft unbehindert, so klappen alle Queräste der Hinterleibstracheen regelmässig auf und zu. Während der ersten Minuten erfolgen 60–80 Inspirationen in der Minute; später werden sie langsamer. Sehr auffallend ist der Unterschied zwischen der vollkommenen Ruhe im Tracheensystem, solange das Tier sich am Grunde aufhält, und der starken, rhythmischen Bewegung, wenn es an der Oberfläche atmet. Infolge der ausserordentlichen Durchsichtigkeit des Chitins kann man auch deutlich die vier grossen Luftsäcke unter den Coxalplatten sehen (W-L. 1912). Ein wesentlicher Unterschied zwischen dem Tracheensystem von *Dytiscus* und dem von *Cybister* besteht darin, dass bei *Dytiscus* die letzten Spiracula, bei *Cybister* dagegen die vordersten am grössten sind; nähere Untersuchungen hierüber liegen nicht vor.

Im übrigen wissen wir merkwürdig wenig über die Lebensweise von *Cybister*; wie es scheint, lebt er in Tümpeln mit reichem Pflanzenwuchs und frisst alles Lebende, was in seine Nähe kommt, so weit er es überwältigen kann. Kaulquappen spielen anscheinend eine grosse Rolle für ihn. Die Käfer können offenbar sehr alt werden; im Aquarium hat man sie bis zu $5^1/_2$ Jahr lang gehalten. Ihre Eiablage ist völlig unbekannt; aus dem Bau des Stachels darf man schliessen, dass die Eier zwischen Blätter oder in trockenes Material eingebohrt werden, dass aber nicht wie bei *Dytiscus* Eikammern in lebende Pflanzen eingeschnitten werden.

Die Larve (Taf. VII, Abb. 8) zeigt manche Eigentümlichkeit; sie gehört sicher zu den grössten Insektenlarven des Süsswassers und kann eine Länge von 8 cm erreichen (Mukerji 1930). Ihr Biss wirkt ausgesprochen giftig und ruft sogar beim Menschen ernstliche Entzündung hervor (Ulmer 1928). Der Körper ist schlank, der Kopf relativ klein, die beiden letzten Hinterleibssegmente sind lang und schmal, das letzte stark zugespitzt und mit langen Schwimmhaaren bekleidet; die anderen Hinterleibssegmente sind nur von kleinen, rechteckigen Schildchen bedeckt. Die Beine sind ziemlich schwach und nur mit wenigen Schwimmhaaren versehen. Besonders charakteristisch ist das Fehlen von Cerci und dass der Anus nicht am Hinterende liegt, sondern nach vorn, nahe dem Hinterrand des letzten Hinterleibssegmentes, gerückt ist (Abb. 260). Da keine Cerci vorhanden sind, kann die Larve nicht wie die von *Dytiscus* an der Oberfläche hängen, sondern muss sich auf Wasserpflanzen stützen; dabei bohrt sie – wenn ich richtig verstanden habe – die Hinterleibsspitze durch das Oberflächenhäutchen. Ich habe die Larve niemals gesehen. Nach den Untersuchungen von Mukerji (1930) scheinen alle Spiracula offen zu sein; im Wasser wird wohl nur das letzte Paar benutzt, und alle anderen bleiben geschlossen; an Land werden dagegen alle Stigmen geöffnet. Was die Respiration anbelangt, so kann die Larve ebenso gut an Land wie im Wasser leben; das dürfte besonders für das letzte Stadium zutreffen. Im übrigen sei bemerkt, dass Mukerji's Untersuchungen in Calcutta an indischen Arten ausgeführt wurden; ob seine Ergebnisse auch für die europäische Art zutreffen, ist nicht bekannt. Die Larve von *C. lateralimarginalis* de Geer steht auf Beute lauernd zwischen Wasserpflanzen (Blunck 1922), hängt aber weder frei von der Wasseroberfläche herab, noch schwebt sie in Form eines Fragezeichens im Wasser. Anscheinend ernährt sie sich nicht von Fischbrut oder Kaulquappen, sondern weit mehr von Insekten; bei einer Temperatur von 20° C. wird eine *Aeschna*-Larve im Laufe von 2 Stunden vollständig aufgelöst und verzehrt. Eine Larve verbraucht im letzten Stadium bis zur vollen Reife ungefähr 12 grosse *Aeschna*-Larven (Blunck 1922). Die Larve verpuppt sich angeblich in Moos, und zwar so nahe wie möglich am Wasser.

III. Noterini.

Die Noterinen bilden eine kleine Abteilung der Dytisciden, die wohl mit den *Haliplidae* am nächsten von allen verwandt ist. Zu ihnen gehören kleine, 4–5 mm lange, gelbbraune bis braune Käfer, von denen *Noterus clavicornis* de Geer einer der gewöhnlichsten Schwimmkäfer in allen Tümpeln mit reicher Vegetation ist. Besonders im Frühjahr können die südexponierten Teichufer buchstäblich von dieser Art wimmeln.

Umso merkwürdiger ist es, dass es trotz eifrigen Suchens lange unmöglich schien, die Larve zu finden. Man ging von der Voraussetzung aus, dass die Larve Gänge in Pflanzengewebe gräbt. Das massenhafte Vorkommen von *Noterus* (Taf. VI, Abb. 4) am Ufer eines kleinen Sees, des Hjortesee in Nordseeland, sowie die Beobachtung, dass *Noterus* oft am Wasserrand auf den schlammigen Ufern sitzt, die bei Regenperioden vom Wasser bedeckt, sonst aber meist trocken sind, veranlasste mich, etwas Schlamm mit nach Haus zu nehmen und unter dem Mikroskop zu untersuchen. In diesem Schlamm wurde denn auch die merkwürdige *Noterus*-Larve gefunden, die in Bau und Lebensweise von allen anderen Dytiscidenlarven abweicht.

Die Larve (Taf. VII, Abb. 9; Abb. 261–263) ist weissgelb, wurmförmig und gleicht beim ersten Anblick einer Elateridenlarve. Nur das metapneustische Tracheensystem mit den zwei grossen, den ganzen Körper durchziehenden Tracheen, die an der Spitze des achten Abdominalsegmentes in zwei Stigmata ausmünden, lässt ahnen, dass man es mit einer Wasserkäferlarve zu tun hat. Übrigens ist der Bau der Mandibeln und der Beine so verschieden von dem der anderen Dytiscidenlarven, dass man nach dem Bau des Körpers niemals auf eine Dytiscidenlarve schliessen würde. Hierzu kommt, dass die Larve im Schlamm wühlt und gräbt und oft, wie die Larven von Tabanen oder Ptychopteren, so tief im Schlamm sitzt, dass nur die letzten Abdominalsegmente herausragen und die Spitze des Abdomens gerade die Wasseroberfläche berührt. Daher ist es begreiflich, dass die Larve den Sammlern so lange entgangen ist. Ich habe sie oft in der in Abb. 261 gezeichneten Stellung in mit Schlamm gefüllten Schalen beobachtet.

Der ganze Körper ist weissgelb und ausgewachsen etwa 7–8 mm lang; Kopf und Thoraxsegmente sind gleichmässig gefärbt, die Abdominalsegmente, besonders das dritte bis siebente, besitzen einen tiefer gefärbten Ring, sodass die Larve geringelt aussieht. Die Zeichnung tritt besonders bei kleineren, jüngeren Stadien auf. Die Kopfform ist der einer Dytiscidenlarve sehr unähnlich; besonders eigentümlich sind die grossen, breiten, sehr kräftigen Mandibeln, die, soweit ich sehen kann, keinen Kanal besitzen, aber mit vielen scharfen Zähnen ausgestattet sind und von denen der übrigen Dytisciden ausserordentlich abweichen. Man darf vermuten, dass die *Noterus*-Larven im Gegensatz zu den übrigen Dytiscidenlarven ihre Beute nicht aussaugen, sondern kauen wie Laufkäferlarven.

Höchst merkwürdig sind die Beine (Abb. 263). Sie sind kurze, zusammengedrückte Grabbeine, alle fast gleich lang und von gleichem Bau und ausserordentlich breit, besonders die dreieckigen Schienen; die der Vorderbeine sind am breitesten. Nach unten laufen sie in einen Fortsatz aus, der einen oder zwei kräftige Dornen trägt; solche Dornen sitzen auch auf den Tarsalgliedern. Die zwei Klauen sind sehr kräftig, nicht ganz gleich lang und am

Grunde mit Borsten oder Dornen ausgestattet; Schwimmhaare fehlen ganz. Die Beine ermöglichen es dem Tier, schnell über den Boden zu kriechen, während das lange, wurmförmige Abdomen gleichzeitig schlängelnd bewegt wird; auch kann sich die Larve mit ihrer Hilfe schnell und mühelos in den

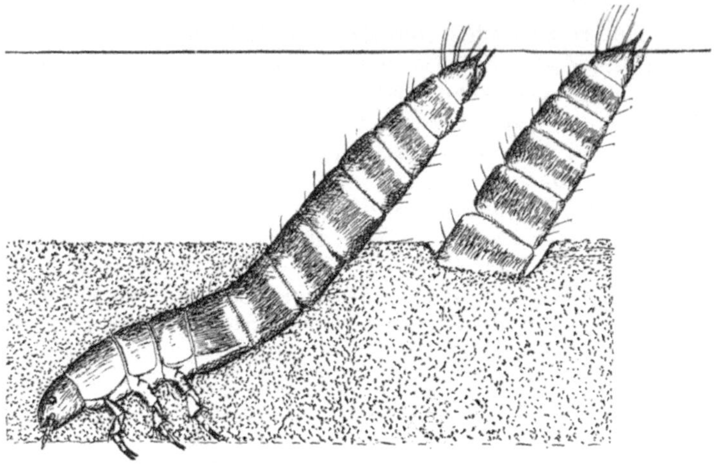

Abb. 261.

Noterus-Larve.

Abb. 261. *Noterus*-Larve von der Seite gesehen, im Schlamm eingegraben; nur die Spitze des Abdomens über Wasser.

Abb. 262. Links: Mandibeln von *Noterus, Acilius* und *Dytiscus.* Unten: Klauen von *Noterus.*

Abb. 263. Oben: letztes Abdominalsegment mit aufgesperrten Cerci. Unten: Vorderbein (Grabbein), Mittelbein und Hinterbein von *Noterus.* W-L. del.

Abb. 262.

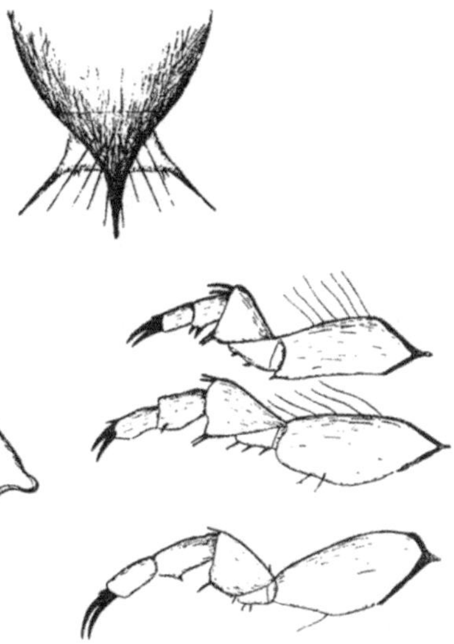

Abb. 263.

Schlamm eingraben. Das achte Abdominalsegment (Abb. 263) läuft hinten in eine lange Spitze aus; hier münden die beiden Tracheenstämme, die stets deutlich durch die Haut schimmern. Das Segment trägt auf der Oberseite ungefähr acht lange, steife Borsten. Das rudimentäre neunte Segment trägt unten zwei Cerci, die durch eine weiche, weisse Haut verbunden sind. Wenn diese Haut wie in der Figur ausgebreitet wird, so werden die Cerci nach aussen gespreizt; werden sie zusammengelegt, so sind sie abwärts gerichtet und liegen parallel zur Spitze des letzten Abdominalsegmentes. Da ich gesehen habe, dass die Spitze des Abdomens über Wasser liegt, während der Körper entweder auf dem Boden ruht oder im Schlamm eingegraben ist, so glaube ich, dass dies die normale Stellung der Tiere ist, umsomehr, als sie zusammen mit den Larven von Tabaniden und Ptychopteren leben, deren Hinterleibsende ähnlich gebaut ist, und die mit der Atemröhre an der Oberfläche Luft schöpfen, während ihr Kopf im Schlamm steckt.

IV. Hydroporini.

Die Unterfamilie der *Hydroporini*, zu der hier auch *Laccophilus* (Taf. VI, Abb. 9) gerechnet wird, umfasst zahlreiche, schwer voneinander zu unterscheidende Arten von meist ziemlich kleinen Käfern. Das gilt ganz besonders für die Gattung *Hydroporus* (Taf. VI, Abb. 5); andere Gattungen sind *Coelambus* (Taf. VI, Abb. 12), *Deronectes* (Taf. VI, Abb. 10) und *Hyphydrus*. Eine sehr charakteristische Form ist *Hyphydrus ovatus* L. (Taf. VI, Abb. 7); die Käfer sind sehr hoch gewölbt, nahezu kugelrund und von rostroter Farbe und in fast jedem Wasserloch anzutreffen. Ihre Flügeldecken besitzen hinten einen kleinen, aufwärts gerichteten Vorsprung, der als Stütze für eine Luftblase dient, mit der das Tier immer herumschwimmt. Die Luftblase ist von sehr variabler Grösse, da sie abwechselnd eingezogen und wieder ausgedehnt wird. Es hat den Anschein, als ob der Käfer seinen Luftvorrat zum grössten Teil in der Luftblase aufspeichert, sodass er ihn im Gegensatz zu allen anderen Dytisciden aussen auf den Deckflügeln trägt (Taf. VI, Abb. 21).

Die Gattung *Laccophilus* zeichnet sich vor allen anderen Dytisciden durch ihre fabelhafte Springfähigkeit aus. Setzt man einen *Laccophilus* auf den Tisch und lässt ihn trocknen, so läuft er erst schnell ein Stück vorwärts und richtet sich dann schräg auf, sodass er sich mit dem Hinterende gegen den Tisch stützt; dann springt er plötzlich etwa 5–6 cm hoch in die Luft und fällt in einem Abstand von 10–15 cm vom Ausgangspunkt wieder herunter. Die meisten Dytisciden haben auf den Hinterbeinen zwei kräftige Dornen; diese sind bei *Laccophilus* besonders stark und an der Spitze abgestumpft und gespalten. Ferner sind die ersten vier Tarsalglieder aller Beine lappenförmig verbreitert, und die Lappen sind etwas beweglich. Ihr äusserer Rand trägt einen schönen Dornenkamm, ausserdem besitzt jedes Tarsalglied zwei starke Dornen. Es ist höchst wahrscheinlich, dass all diese Anhänge als Springapparat funktionieren. Die Fähigkeit zum Springen ist jedoch nicht auf *Laccophilus* beschränkt. Je mehr die Beine als Schwimmbeine gebraucht werden, umso weniger können sie gleichzeitig als Kriechbeine dienen. Den stärksten Dornenbesatz findet man gewöhnlich auf den Hinterbeinen der höchst entwickelten Formen, also derjenigen, die am besten an das Wasserleben angepasst sind. Die zu Schwimmbeinen umgestalteten Hinterbeine, die damit für die Fortbewegung auf dem Lande unbrauchbar geworden sind, erhalten anscheinend eine Kompensation in den starken Sporen und dem Dornbesatz der Tarsalglieder, durch die es auch den höchst entwickelten Formen möglich ist, die Hinterbeine auf dem Lande zu gebrauchen. Allerdings können die Beine auch damit nicht als Gangbeine, sondern nur als Springbeine benutzt werden. Das zeigt sich besonders deutlich bei den Käfern, deren Körperform dem Leben im Wasser weitgehend angepasst ist, d. h. deren Rücken abgeflacht ist: *Acilius, Graphoderes, Dytiscus, Cybister*. Legt man diese Tiere auf den Rücken, so ist es ihnen fast unmöglich, sich umzudrehen; auf einer Glasplatte ist es völlig ausgeschlossen, aber selbst auf einer Tischplatte sehr schwierig. Sie stemmen dann die Seiten der Tarsen und ihren dornenbesetzten Rand gegen die Unterlage, liegen ein paar Sekunden still und werfen sich plötzlich hoch in die Luft. Das wiederholen sie so lange, bis sie endlich einmal auf die Bauchseite fallen. Wenn man die Hinterbeine amputiert, können die Käfer sich nicht mehr umwenden. Sporen und Dornenbesatz der Hinterbeine können wohl etwas zur Fortbewegung der Tiere auf dem Lande beitragen, ihre Hauptbedeutung liegt aber darin, dass sich die Käfer mit ihrer Hilfe umdrehen können, wenn sie in die Rückenlage geraten sind. Bei *Laccophilus* sind Sporen und Dornen so beschaffen, dass die Tiere mit ihrer Hilfe einer drohenden Gefahr entfliehen können.

Es sei bemerkt, dass der Dorn am Hinterrande des Prosternums, der in einer Grube zwischen den Mittelbeinen liegt, angeblich dazu dient, die beiden grossen Körperabschnitte Thorax und Abdomen zu einem Stück zusammenzuschweissen. Merkwürdigerweise ragt er aber nach meinen Beobachtungen bei schwimmenden Dytisciden fast immer frei ins Wasser und liegt nicht in der Grube. Ich könnte mir wohl denken, dass der Dorn eine Schnellvorrichtung ist, ähnlich dem Springapparat der Elateriden, umsomehr, da man einen deutlichen Widerstand spürt, wenn man den Dorn in die Grube drückt. Ich bin aber nicht imstande, Beweise für diese Vermutung beizubringen.

Die meisten Hydroporinen leben in kleinen, seichten Gewässern mit reichem Pflanzenwuchs; im allgemeinen sind sie recht stationär und finden sich jahraus, jahrein in demselben Tümpel. Einige Arten (*Laccophilus* und *Deronectes*) kommen in fliessendem Wasser vor. Die meisten sind in ihrem Vorkommen als Imagines ziemlich auf die Sommermonate beschränkt; in dieser Zeit treten sie häufig in grosser Menge auf, ausserhalb derselben aber nur in geringer Zahl. Deshalb gelten sicher viele Arten für seltener, als sie wirklich sind. Einige von ihnen sind in ziemlich sauren Moorgewässern heimisch, andere im Brackwasser. Eine einzelne Art, *Bidessus geminus* F., die sich übrigens auch bei uns in Torfmooren findet, lebt in Italien in warmen Quellen bei einer Temperatur von 42° C., eine andere Art, *Siettitia balsetensis* Perr. ist Höhlenbewohner.

Die Larven (Taf. VII, Abb. 5) sind ziemlich plump, hinten schmaler als vorn. Ihr wesentlichstes Kennzeichen ist der Bau des Clypeus, der in eine meist breite, fast dreieckige, schnauzenförmige Verlängerung (Stirnhorn) ausläuft. Das Stirnhorn hat beiderseits häufig einen seitlichen, zahnförmigen Vorsprung. Bei der merkwürdigen Larve von *Hyphydrus ovatus* L. (Taf. VII, Abb. 10), die durch ihre auffallende Zeichnung leicht kenntlich ist (Vorderbrust, 1. und 2. sowie 7. und 8. Hinterleibssegment hellbraun oder fast weiss, die anderen Segmente ganz dunkelbraun), ist das Stirnhorn des Clypeus lang und schmal und trägt an den Seiten zwei lange, zahnförmige Auswüchse.

Die Beine der Hydroporinen-Larven sind im allgemeinen ohne Schwimmborsten, ebenso die letzten Hinterleibsringe und die Cerci. Eine Ausnahme bilden nur die Beine der Larve von *Hyphydrus*, die mit einem Saum von Schwimmhaaren besetzt sind. Alle Hydroporinen-Larven leben kriechend am Grund oder auf Pflanzen; nur die Larve von *Hyphydrus* ist ein ganz guter Schwimmer. Über ihre Lebensweise weiss man im übrigen so gut wie nichts.

V. Colymbetini.

Die Unterfamilie der Colymbetinen ist am besten daran zu erkennen, dass das Scutellum der Käfer ebenso wie bei den Dytiscinen und im Gegensatz zu dem der Noterinen und Hydroporinen sichtbar ist. Die Männchen besitzen Saugnäpfe wie *Dytiscus*; diese haben aber eine andere Form. Zu dieser Gruppe gehören zahlreiche, meist mittelgrosse Formen mit den Hauptgattungen *Colymbetes* (Taf. VI, Abb. 13), *Agabus* (Taf. VI, Abb. 11), *Platambus*, *Ilybius* (Taf. VI, Abb. 6) und *Rhantus* (Taf. VI, Abb. 8). Die Gattung *Agabus* zerfällt in viele schwer von einander zu unterscheidende Arten.

Die Tiere sind hauptsächlich in kleinen Waldtümpeln heimisch. Je mehr man in ihre Biologie eindringt, umso mehr sieht man, dass die meisten von ihnen an Örtlichkeiten von ganz bestimmtem Charakter gebunden sind: *Rhantus Grapei* Gyll. an temporäre, frühzeitig austrocknende Waldtümpel, *Ilybius fenestratus* Fabr. an den seewärts liegenden Teil des Pflanzengürtels kleiner Moorgewässer, *Platambus maculatus* L. an die Brandungszone grösserer Seen und an fliessende Gewässer; einige leben im Brackwasser; andere Arten, besonders von *Colymbetes*, gehen sehr weit nach Norden und hoch in die Alpen hinauf. Über ihre Biologie und Respiration weiss man nur sehr wenig (betr. *Rhantus* s. jedoch Heberdey 1938).

Die Gruppe bietet insofern erhebliches Interesse, als die Larven innerhalb dieser Unterfamilie von der kriechenden Lebensweise am Boden zum Schwimmen im freien Wasser übergehen und mehr oder weniger vom Grunde unabhängig werden. Sie sind langgestreckt und ein wenig abgeflacht. Der Kopf trägt kein Stirnhorn; Schwimmhaare an den Beinen fehlen meistens, sind jedoch bei einigen Arten vorhanden. *Agabus* (Taf. VII, Abb. 12) und *Ilybius* (Taf. VII, Abb. 11) haben keine Schwimmhaare, *Rhantus* und *Colymbetes* (Taf. VII, Abb. 6 und 13) nur einen ganz schmalen Saum, aber auch nicht an allen Gliedern. Auf den Cerci haben nur *Ilybius* und *Rhantus* Schwimmhaare, auf den letzten Hinterleibssegmenten fehlen sie bei allen Gattungen oder sind nur schwach angedeutet. Dementsprechend sind die *Agabus*-Larven ausgeprägte Bodentiere, die jedenfalls bei niedriger Temperatur nur mit langen Pausen an die Oberfläche kommen und ihre Nahrung am Grunde suchen. Bei genauerer Betrachtung sieht man an ihrer Hinterleibsspitze stets einen kleinen, silbrigen Fleck, der sich häufig zu einer Blase erweitert und nach kurzer Zeit wieder eingezogen wird. Er wirkt höchstwahrscheinlich besonders bei niedriger Temperatur als Kieme. Natürlich muss zwischendurch die Luft doch dann und wann erneuert werden.

Die Larven von *Rhantus*, *Colymbetes* und *Ilybius fenestratus* L. bilden den Übergang zu den schwimmenden Formen; während der zwei ersten Stadien kriechen sie noch wie die *Agabus*-Larven und haben keine Schwimmhaare; diese gelangen erst im 3. Stadium zur Ausbildung und verwandeln die Tiere zu Schwimmern. Hierdurch unterscheiden sie sich wesentlich von den Dytiscinen-Larven, die vom ersten Stadium an die vollständige Ausstattung an Schwimmhaaren besitzen und ausgesprochen schwimmende oder z. T. schwebende Formen sind.

Die *Rhantus*-Larven sind in temporären, bald austrocknenden und mit Mückenlarven angefüllten Teichen und Tümpeln heimisch. Jedes Jahr im April hatte ich Gelegenheit, in mehreren solcher wenige hundert Quadratmeter grossen Teiche die auf der Dorsalseite glänzend schwarzen, auf der Bauchseite schneeweissen Larven zu sehen, von denen in jedem Teich kaum mehr als 50 Stück das Wasser fortwährend durchkreuzen und eine Mückenlarve nach der anderen schnappen. Sie wenden häufig die schneeweisse Bauchseite nach oben oder rollen während des Schwimmens um ihre Achse. In den kleinen Teichen sind sie fast die einzigen Raubtiere. Wenn die Mückenlarven das Wasser verlassen, so verschwindet mit ihnen die Nahrung der *Rhantus*-Larven; sie sind dann aber auch selbst fertig entwickelt und begeben sich zur Verpuppung unter das am Ufer liegende Buchenlaub und Moos. Sie kommen sehr selten zum Atmen an die Oberfläche; vielleicht hat in den sauerstoffarmen, humussäurehaltigen Tümpeln die ausserordentlich dünne Haut der Bauchseite, unter der unmittelbar das reich entwickelte Tracheensystem liegt, respiratorische Bedeutung.

An ähnlichen Örtlichkeiten trifft man auch gewisse *Agabus*-Arten, *A. fusci-*

pennis Payk., *guttatus* Payk. und *chalconotus* Panz. mit ihren Larven, die sämtlich kriechende Bodentiere sind.

Die Larve von *Ilybius fenestratus* F. (Taf. VII, Abb. 11) ist recht eigentümlich und leicht an ihrer ungewöhnlich lebhaften Färbung, weissgefleckt auf schwarzem Grund, zu erkennen. Sie unterscheidet sich von allen verwandten Arten dadurch, dass sie nicht in kleinen Teichen oder in der Uferzone lebt, sondern weit draussen in Seen, wo das Gebiet der Schwimmblätter von Potamogeton und Wasserrosen an die zentrale, pflanzenlose Region grenzt, also in der pelagischen Region en miniature. Hier schwimmen die Tiere mit grosser Behendigkeit zwischen den Blättern umher, gegen die sie sich beim Atmen stützen, und ernähren sich von den kleinen, zwischen den Blättern lebenden Entomostraken-Gesellschaften, von Eintagsfliegenlarven, oder was ihnen sonst an Lebewesen begegnet.

Wie man sieht, kann man die Dytiscidenlarven in 4 Gruppen einteilen: in kriechende, schwimmende, schwebende und die sehr abweichenden grabenden Formen. Die kriechenden Formen leben vorwiegend in kleinen Teichen oder in fliessenden Gewässern, manche in periodischen Tümpeln; sie sind Bodenformen und besitzen nur geringe oder gar keine Schwimmfähigkeit. Sie kommen selten zum Atmen an die Oberfläche und stützen sich dann immer gegen den Grund (*Agabus* u. s. w.).

Die schwimmenden Formen kommen ungefähr an denselben Standorten vor, halten sich aber mehr in der mittleren Wasserschicht auf und stützen sich während der Respiration auch an den Pflanzenwuchs der Oberfläche (*Ilybius, Colymbetes* u. a.).

Die schwebenden Formen sind ganz an die Oberfläche gebunden und hängen frei von ihr herab; sie können auch Schwebestellungen einnehmen (*Dytiscus, Acilius* u. a.).

Grabende Formen sind nur die Larven von *Noterus*.

Einige biologische Bemerkungen über Dytisciden.

Das Luftleben.

Es liegt eine ganze Reihe von Berichten über grosse Scharen fliegender Dytisciden vor; sogar über der Nordsee wurden fliegende *Dytiscus* beobachtet (s. W-L. 1912). Im allgemeinen suchen die Käfer bei ihren Reisen sicher nach Teichen mit reichlicherer Nahrung, besseren Bedingungen zur Eiablage und nach dem anderen Geschlecht. Sie fliegen hauptsächlich an Frühsommer- und Herbstabenden. Im Sommer sitzen die Käfer oft im warmen Sonnenschein am Ufer, wo man ihre Vorbereitung zum Flug beobachten kann. Die Tiere (*Dytiscus*) richten sich auf den fast senkrecht stehenden Mittelbeinen auf, lassen dann einen hohen, summenden Ton hören; der Blindsack wird entleert; das Flügelgelenk der Hinterflügel kommt am Rand der Flügeldecken zum Vorschein und beginnt zu vibrieren. Wahrscheinlich werden während des Summens die grossen Luftsäcke in Meso- und Metathorax mit Luft gefüllt. Dann fliegt das Tier davon. Sicher hat Alt mit der Annahme recht, dass während des Luftlebens, wie schon erwähnt, das erste, schornsteinartig hervorragende Paar von Stigmen in Funktion tritt. Der Käfer braucht immer ein paar Minuten, um sein Tracheensystem auf das Luftleben umzustellen. Lässt sich das Tier nach einer Luftreise aufs Wasser herunterfallen, so ist es augenscheinlich allzu leicht; der Blindsack ist leer, das ganze Tracheensystem mit Luft gefüllt, sodass der Käfer nicht schwer genug ist, um ins Wasser hineinzukommen, und wie *Gyrinus* auf der Oberfläche liegen bleibt. Wird ein *Dytiscus* nach mehrtägigem Aufenthalt auf dem Trockenen ins Wasser gesetzt, so wird dessen Oberfläche ölig; das Öl stammt wahrscheinlich aus den Prothorakaldrüsen. Der Körper wird sicher eingefettet, bevor das Tier wieder ins Wasser geht; Näheres darüber weiss man indessen nicht.

Die Eiablage.

Die Eiablage findet bei den Dytisciden auf drei verschiedene Weisen statt. Die primitivste treffen wir bei den *Colymbetini* (Abb. 264–265), die die Eier entweder auf an der Oberfläche treibende Blätter legen oder sie zwischen dicht zusammensitzende Blätter stecken, z. B. in die Spitze von Elodea-Schösslingen oder in die zusammengerollten Blätter verschiedener Moosarten. Andere Arten (*Ilybius* einige *Agabus*-Arten) bohren ihre Eier ein. Im Frühjahr ist welkes Gras und dgl. an der Oberfläche seichter, rasch austrocknender Tümpel häufig mit Perlschnüren braunschwarzer, kurzer, rundlicher Eier belegt; oft sitze diese auch wie braune Früchte auf Moospflanzen. Das sind die Eier eines unserer häufigsten Schwimmkäfer, *Colymbetes fuscus* L. Nach Angabe von Blunck (1913) soll er bis 1000 Eier legen. Die *Agabus*-Arten verhalten sich genau ebenso (Blunck 1913 und 1921).

Abb. 264.

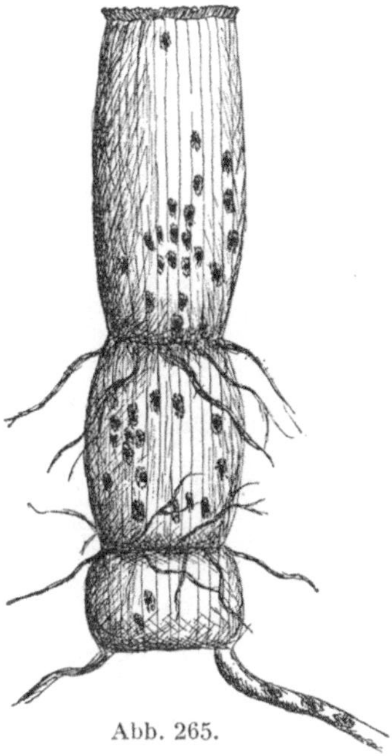

Abb. 265.

Abb. 264. Auf einer Wasserpflanze abgelegte Eier von *Colymbetes fuscus* L. W-L. del.

Abb. 265. Stengelstücke von Ranunculus lingua mit Narben, die durch das Einstechen von Eiern einer *Agabus*-Art entstanden sind. W-L. del.

Dytiscini. Die allgemein verbreitete Art, *Acilius sulcatus* L., legt ihre Eier in ganz anderer Weise ab (Abb. 266–267). Schon früher haben sowohl Blunck (1913c) wie ich (1912) beobachtet, dass diese Art sich häufig ausserhalb des Wassers auf Moos, Wasserpflanzen, Steinen usw. aufhält; man nahm lange an, dass sie hier nur sitzt, um sich zu sonnen. Nach den Eiern suchten wir vergebens; erst 1911 wurden sie fast gleichzeitig in Holstein und auf Nordseeland gefunden. Dabei ergab sich die merkwürdige Tatsache, dass *Acilius sulcatus* L. zur Eiablage an Land geht. Wahrscheinlich waren die Tiere, von denen man annahm, dass sie sich sonnten, immer eierlegende Weibchen; die Männchen erscheinen nicht annähernd so häufig an Land. Ich habe bemerkt, dass sie sich gern in der Umgebung der Stellen herumtreiben, wo die Weibchen sitzen und Eier legen. Zur Eiablage werden alte Baumstümpfe mit rissiger Borke gewählt, besonders solche, die ins Wasser hineinragen, ferner Mooskissen, die über Wasser, aber doch feucht sind, ebenso Spalten im Rasen auf Steinen, die im Wasser liegen. An den Eiablageplätzen sitzen die Weibchen oft dicht nebeneinander; die Eier werden in unregelmässigen, bis haselnussgrossen Haufen abgelegt. Unter einem einzigen Stück Baumrinde liegen zuweilen 10–20 Eihaufen (Abb. 267). Die Weibchen sitzen häufig aussen auf der Rinde und bohren die Eier durch sie ein; wo aber Risse und Spalten breit genug sind, kriechen sie selbst unter die Rinde. Nicht selten kann man hier eine Gesellschaft von 6–7 eierlegenden Weibchen überraschen, die in sonderbaren, unbehilflichen Sprüngen aufs Wasser herunterhopsen, wenn sie durch das Abheben der Rinde dem Licht ausgesetzt werden. Dabei kommen sie aber vom

Abb. 266. Teilweise im Wasser liegender Baumstamm; die weissen Flecke etwa $1^1/_3$ cm über dem Wasserspiegel sind Eihaufen von *Acilius sulcatus* L. W-L. phot.

Regen in die Traufe; die herumflanierenden Männchen fassen das plötzliche Erscheinen der Weibchen als »Aufforderung zum Tanz« auf und veranstalten eine wilde Jagd auf sie.

Eine dritte Art der Eiablage wurde bereits bei der Schilderung der *Dytiscus*-Arten besprochen. In derselben Weise legen auch *Graphoderes*, *Hydaticus* und wahrscheinlich auch *Cybister* ihre Eier ab. Die Eier werden einzeln oder in kleinen Häufchen in die hohlen Stengel von Wasserpflanzen eingebohrt. Oft fand ich, dass dieselben Pflanzen, die im Früh;sommer die grossen *Dytiscus*-Eier beherbergten, im Hochsommer massenhaft die viel kleineren Eierlogen der *Hydaticus*- und *Graphoderes*-Arten trugen. Merkwürdigerweise scheinen auch die leeren, von den Larven verlassenen Eikapseln von *Hydrous piceus* sehr beliebte Eiablageplätze zu sein; ich habe gelegentlich sogar Kapseln gefunden, die gleichzeitig Eier von *Hydrous piceus* L. und von *Graphoderes* enthielten.

Es erscheint recht sonderbar, dass innerhalb einer so gleichartigen Gruppe so verschiedene Formen der Eiablage angewendet werden; darüber ist man sich auch erst in neuerer Zeit klar geworden. Noch um 1850 glaubte man, dass die Schwimmkäfer ihre Eier einfach auf den Grund des Wassers fallen lassen. Diese Meinung entstand, weil man sah, dass die Dytisciden im Aquarium dieses Verfahren anwenden; den armen Tieren, die ihre Eier loswerden müssen, bleibt ja nichts Anderes übrig. Erst 1880 beobachtete Régimbart, dass die Weibchen der grossen *Dytiscus*-Arten die Eier einbohren; die anderen Methoden der Eiablage kennt man erst seit 1911.

Ein Instrument, das einen Spalt in ein Blatt ritzen und in das entstandene Loch ein Ei legen soll, muss selbstverständlich anders beschaffen sein als eins, das sich vorsichtig tastend zwischen Ritzen in morscher Baumrinde schieben oder gar nur die Eier oberflächlich auf ein Blatt absetzen soll.

Abb. 267. *Acilius*-Eier auf einem Stück Holz. Nach Blunck, H. 1913.

Neuere Untersuchungen, besonders von Bøving (1912–13), haben denn auch gezeigt, dass dreien der oben besprochenen Methoden der Eiablage auch drei Typen von Legestacheln entsprechen (Abb. 268–271). Der grosse Stachelapparat, den wir bei *Dytiscus* kennen lernten, wird ausschliesslich vom Hautskelett, und zwar allein von den letzten Hinterleibsringen mit ihren Anhängen gebildet. Bøving wies nach, dass man sowohl bei den *Colymbetini* wie bei *Acilius* die gleichen Stücke wiederfindet, die aber bei den drei Gruppen in ganz verschiedener Weise umgestaltet und verwendet werden. Die einzelnen Stücke sind gewissermassen Bausteine, die zwar in allen drei Bauwerken vorhanden sind, die aber in verschiedener Weise angebracht und je nach Bedarf zugehauen werden, um in das Ganze zu passen; die Art, wie sie zusammengefügt werden, ergibt daher in allen drei Fällen höchst ungleiche Resultate. Bei den einzelnen Arten der *Colymbetini* sind die Legeapparate recht verschieden, jedoch ist ihnen gemeinsam, dass ein eigentlicher Stachel im allgemeinen fehlt. Die weibliche Geschlechtsöffnung ist bei ihnen nicht von langen, schneidenden Chitinstücken umgeben, sondern sie wird einfach gegen die Unterlage gepresst, auf die die Eier abgelegt werden; wenn die Stücke indes zu einem Stachel umgebildet sind, ist er nur so lang, dass er imstande wäre, Blatteile von einander zu trennen und Eier einzustecken. Der Stachel von *Acilius* hat eine ganz andere, stark abweichende Form; er ist ausserordentlich lang und dünn, fast so lang wie das Tier selbst, und kann zusammengefaltet und wie ein Fühler von rechts nach links bewegt werden; er bildet ein weiches, biegsames Organ, das wie geschaffen ist, um in Ritzen und Spalten hineinzuschlüpfen und in ihnen Eier abzulegen. Bøving und ich haben oft mit der Lupe das Organ in Tätigkeit gesehen; die Tiere sind, wie so viele, während der Eiablage sehr wenig scheu.

Merkwürdigerweise bilden die gleichen Stücke, aus denen dieser fühlerähnliche Apparat besteht, bei etwas anderer Anordnung und Umformung auch den schneidenden und sägenden Legestachel der übrigen *Dytiscini*, die ihre Eier in Wasserpflanzen einbohren. In dieser Gruppe ist, soviel wir bisher wissen, der Stachel der übrigen Gattungen in ganz gleicher Weise gestaltet.

Ein sehr ähnlicher Stacheltypus kommt auch bei *Cybister* vor, jedoch ist hier die Vulva zu einem langen, weichen, mit Dornen versehenen Rohr aus-

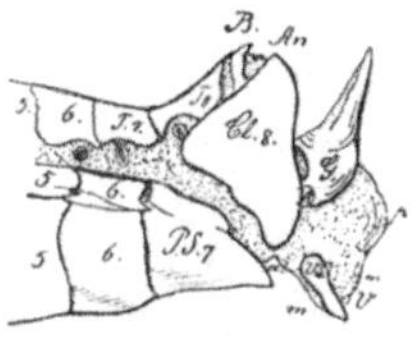

Abb. 268.

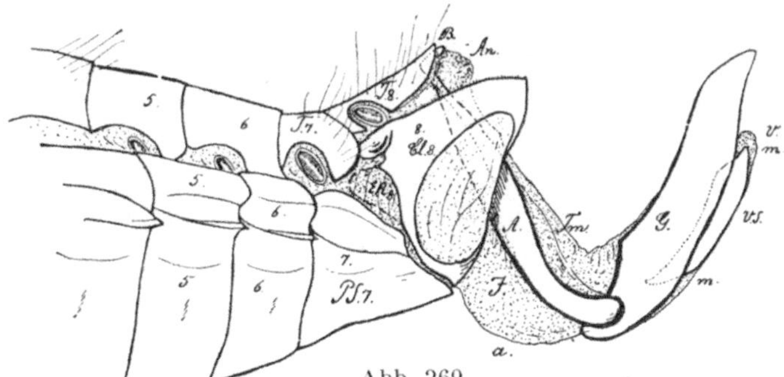

Abb. 269.

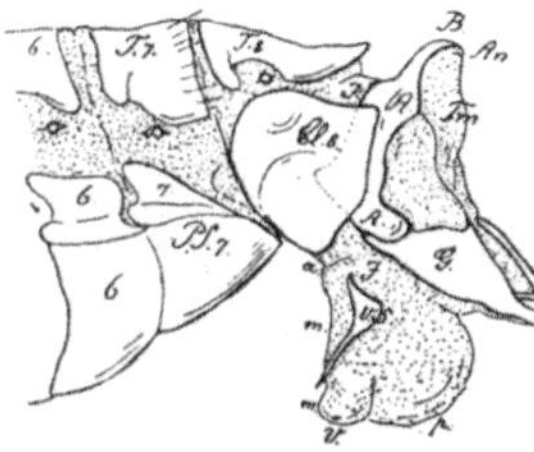

Abb. 270.

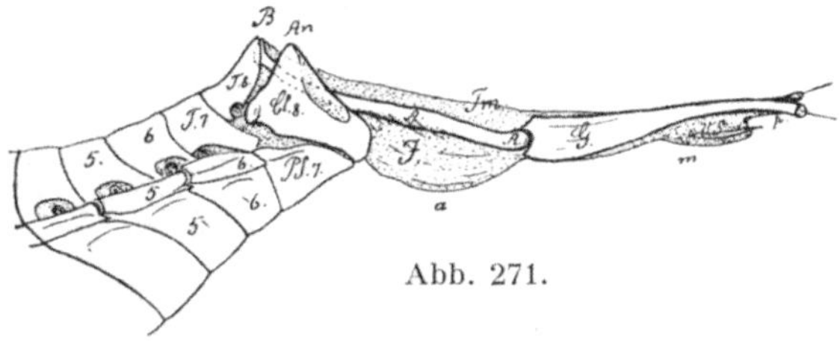

Abb. 271.

Abb. 268—271. Die letzten Abdominalsegmente von *Agabus*, *Ilybius*, *Dytiscus* und *Acilius*. In allen Figuren sind die gleichen Stücke mit denselben Buchstaben bezeichnet. Die je nach der Art der Eiablage verschieden gestalteten Stacheltypen entstehen durch Abänderung und verschiedene Lagerung der einzelnen, den Stachel zusammensetzenden Stücke, besonders von *A* und *G*. Nach Bøving, A. 1912—1913.

gezogen, das darauf schliessen lässt, dass die Eier in besonders beschaffenes Material gelegt werden; zur Zeit wissen wir indessen darüber nichts.

Das Interessanteste in diesem Zusammenhang ist der Nachweis der genauen Übereinstimmung zwischen der Ausgestaltung des Organs und seiner Funktion. Umwandlung des Instinktes führt zu Umwandlung der Organisation oder umgekehrt.

Die Überwinterung.

Wie überwintern unsere Dytisciden? Sie sind ja alle sowohl als Larven wie als Imagines luftatmende Tiere; man dürfte deshalb erwarten, dass sie ausserhalb des Wassers in Erdlöchern überwintern. Diese sehr begreifliche Vermutung ist indessen falsch.

Unsere Schwimmkäfer können als Larven, als vollentwickelte Insekten und wahrscheinlich auch als Eier überwintern; das geschieht aber, wie es scheint, fast immer unter Wasser. Wir können die Dytisciden hinsichtlich der Überwinterung in drei Gruppen einteilen:

I. Die Tiere der ersten Gruppe überwintern teils als Larven, teils als Imagines, und zwar als Larven im Wasser unter dem Eis, als Imagines vielleicht auch über Wasser in Erdlöchern am Ufer. Hierher gehören unsere *Ilybius*-Arten und wahrscheinlich die meisten *Agabus*-Arten. BLUNCK (1913a) hat festgestellt, dass manche Arten von *Agabus* mit der Eiablage gleich nach der Schneeschmelze beginnen, andere im Sommer und einige erst im Herbst; von der ersten Gruppe überwintern die Imagines, von der letzten die Larven. Es ist für die Larven eigentümlich, dass sie im Aquarium monatelang ohne Zugang zu atmosphärischer Luft leben können; ihnen allen ist die leuchtend weisse Bauchseite und das reiche Tracheennetz unter der Haut gemeinsam. Vermutlich spielt bei ihnen die Hautatmung eine gewisse Rolle. Den ganzen

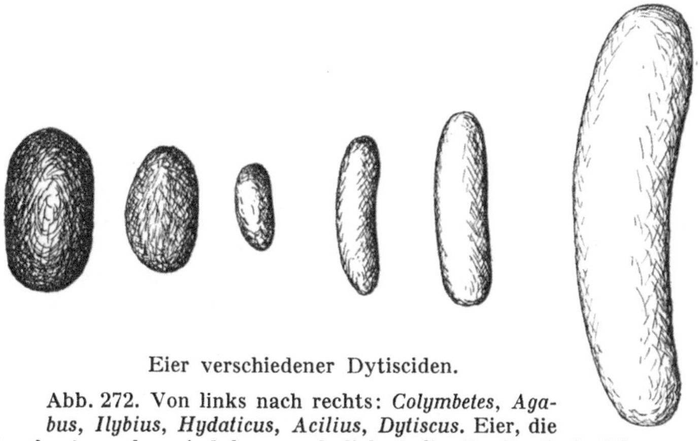

Eier verschiedener Dytisciden.

Abb. 272. Von links nach rechts: *Colymbetes, Agabus, Ilybius, Hydaticus, Acilius, Dytiscus.* Eier, die auf Pflanzen abgelegt werden, sind kurz und dickschalig (1—3), die in Pflanzen eingebohrt werden, lang und dünnschalig. Vergl. Abb. 70. W-L. del.

Winter hindurch kann man diese Larven in grosser Menge an den Ufern unserer Moore und Seen finden. Vor dem Zufrieren und nach dem Auftauen des Wassers sind sie ziemlich lebhaft; haut man jedoch Löcher ins Eis, so findet man sie zusammengerollt zwischen den Wurzeln von Wasserpflanzen in einer Art Winterschlaf, aus dem sie indessen schnell aufleben, wenn man sie ins Aquarium setzt. Im Dezember 1913 fand ich etwa 30 Larven von *Ilybius fenestratus* F. unter den grossen, plattenförmigen Krusten, die vom Überwinterungsstadium gewisser Süsswasserschwämme gebildet werden, und in denen zahlreiche rote *Chironomus*-Larven leben; sobald man die *Ilybius*-Larven mit den Schwämmen zusammen in ein Aquarium brachte, machten sie sich über die *Chironomus*-Larven her. Zu derselben Gruppe müssen wir auch die Larve von *Dytiscus semisulcatus* O. F. M. rechnen.

II. Zur zweiten Gruppe rechnen wir die Arten, von denen niemals die Larven, sondern nur die Imagines überwintern, deren Überwinterung stets unter dem Eise stattfindet, und deren Larvenstadium in das erste Frühjahr fällt. Die Tiere dieser Gruppe sind in ganz flachen, zeitig austrocknenden Tümpeln heimisch. Ihre Eier werden im April gelegt, das Larvenstadium ist bereits im Mai-Juni abgeschlossen. Zu dieser Gruppe gehören *Colymbetes* und mehrere Arten von *Agabus* und *Rhantus*.

III. Die dritte Gruppe umfasst die Formen, die nur als vollentwickelte Tiere und zwar meist unter dem Eis überwintern, dagegen niemals als Larven und nur ausnahmsweise als Eier, und deren Larvenstadium in den Hochsommer fällt. Hierzu gehören *Dytiscus* (÷ D. *semisulcatus* O. F. M.), *Acilius*, *Hydaticus* und *Graphoderes*. Die Larven verlassen das Wasser Ende Juli oder im August. In den nördlichen Breiten hat wohl kein Dytiscide zwei Generationen.

Haliplidae.

Eine kosmopolitische, scharf umgrenzte und sehr spezialisierte Familie mit anderthalb hundert auf wenige Genera verteilten Arten von stets sehr kleinen Käfern. Die fadenförmigen Fühler sitzen wie bei den Cicindeliden am Vorderrand der Stirn zwischen den Augen. Hinterhüften sehr gross, mit plattenförmigen Fortsätzen (Coxalplatten), die die miteinander verwachsenen Sternite des zweiten bis vierten Abdominalsegmentes bedecken. Diese Sternite sind ausgehöhlt, die Hinterschenkel liegen zwischen ihnen und den Coxalplatten versteckt. Alle Beine gewöhnlich mit Schwimmhaaren versehen. Larven apneustisch, meist sehr dünn, fadenförmig. Breite, von einem Kanal durchbohrte Mandibeln, kauladenartige Aussenlade der ersten Maxillen. Jederseits 6 Stemmata. Beine kurze Schreitbeine, ohne Schwimmhaare. Tarsen mit einer Klaue. Lange Cerci. Hautatmung oder mit Tracheenkiemen. Äusserst langsam kriechende Tiere ohne Schwimmfähigkeit. Imagines hauptsächlich Pflanzenfresser. Die Larven saugen mit den Mandibeln Fadenalgenzellen aus.

Zur Familie der *Haliplidae* gehören zahlreiche Arten sehr kleiner Käfer. Allein hierzulande sind sie durch nicht weniger als 18 Arten vertreten. Die grössten von ihnen erreichen eine Länge von 4 mm, die meisten sind jedoch kaum über 2 mm lang. Sie stehen in vielen Beziehungen den Laufkäfern näher als den Schwimmkäfern, von denen sie sowohl im Bau wie in der Lebensweise durch manche Eigentümlichkeit abweichen. Erst in neuerer Zeit hat man durch Untersuchungen von Mateson (1912), Brocher (1922), Falkenström (1926) und Hickmann (1930a und b, 31) etwas mehr Kenntnis von Bau und Lebensweise dieser kleinen Käfer erhalten. Die bei weitem wichtigsten Beiträge dazu aus früherer Zeit stammen von I. C. Schiødte (1841, 1864, 1865 und 1872). Die meisten Arten sind in kleinen, stehenden, pflanzenreichen Gewässern heimisch, einige auch im submersen Vegetationsgürtel grösserer Seen oder in fliessenden Gewässern. Von den letzteren ist besonders *Brychius elevatus* Panz. (Taf. VI, Abb. 2) zu nennen, der an den zwei erhabenen Kielen zwischen den Streifen auf den Flügeldecken und an den sehr langen Hintertarsen leicht zu erkennen ist.

Zieht man sein Netz durch algenbewachsene Tümpel, so bekommt man fast immer eine oder mehrere Arten von Halipliden mit hinein, z. B. *Cnemidotus* (Taf. VI, Abb. 1), *Haliplus* (Taf. VI, Abb. 3). Man unterscheidet sie auf den ersten Blick von den Dytisciden und besonders von den kleinen Hydroporinen dadurch, dass sie ihre Beine nicht gleichzeitig, sondern jedes Bein einzeln für sich bewegen; beim Schwimmen sind übrigens alle Beine in Bewegung. Sie sind sämtlich mit langen Schwimmhaaren versehen, meist jedoch nur auf den Fussgliedern. Betrachtet man die Bauchseite der Käfer mit der Lupe, so bemerkt man eine Eigentümlichkeit, durch die sie sich von allen anderen Käfern des Süsswassers unterscheiden; die Hinterhüften sind nämlich zu grossen Platten, den Coxalplatten, erweitert, die in der Mitte zusammenstossen und aussen bis an die Seitenränder der Flügeldecken reichen. Die Deckflügel haben am Rand einen kleinen Ausschnitt, in den ein Vorsprung der Hinterhüften eingreift. Die Coxalplatten verdecken also die 3–5 vorderen, etwas ausgehöhlten Abdominalsternite; diese Tatsache wurde bereits von Schiødte (1841, S. 416) beschrieben.

Diese eigentümlichen Strukturverhältnisse hängen mit der Respiration zusammen; man kann indessen nicht behaupten, dass wir im Verständnis dieses Zusammenhanges sehr viel weiter gekommen sind. Solang die Tiere im Wasser schwimmen oder kriechen, tragen sie zwischen Coxalplatten und Bauchfläche einen Luftvorrat mit sich. Wie MATESON behauptet, nehmen die Käfer, wenn sie zum Atmen an die Oberfläche kommen, die Luft nicht, wie die Dytisciden, an der Hinterleibsspitze, sondern zwischen Hinterhüften und Bauch auf; von hier wird sie dann durch ein System von Gruben aufwärts unter die Deckflügel geleitet. MATESON kam zu dieser Auffassung, weil nach seiner Meinung die Elytren so fest zusammengeschweisst sind, dass sie nicht getrennt werden können (Abb. 274–275). BROCHER (1922) stellte indessen fest, dass letzteres zwar richtig ist, dass aber die Käfer normalerweise ebenso atmen wie die Dytisciden, da sie die Hinterleibsspitze weit über die Spitze der Elytren hinausschieben können. Die Luft zwischen Hinterleib und Coxalplatten ist demnach verbrauchte Respirationsluft und hat nur hydrostatische Bedeutung. FALKENSTRÖM (1926) hat ebenso wie ich beobachtet, dass die Halipliden im Gegensatz zu den Dytisciden nur äusserst selten an die Oberfläche kommen, und dass sie weit mehr kriechende Bodentiere sind. Auf Grund dieser Beobachtung meint er, dass die Luft über den Hüftplatten physiologisch wie eine Kieme funktioniert; die Oberfläche der Luftblase wirkt als Diffusionsmembran, durch die Sauerstoff aus dem Wasser aufgenommen wird. Für diese Auffassung sprechen erstens die sehr eigenartigen Sinneshaare auf den Coxalplatten (Abb. 275), ferner die häufig wahrnehmbaren schwingenden Bewegungen der Hinterbeine, durch die immer neue Wassermassen zur Luftblase hingeleitet werden, und schliesslich die Beobachtung, dass die Halipliden niemals eine Luftblase am Hinterleibsende tragen, dass aber die Luftblase über den Hüftplatten während der normalen Respiration ihre Grösse wechselt, und dass sie in abgekochtem Wasser immer kleiner wird, wenn man die Tiere von der atmosphärischen Luft absperrt. Die neueste Arbeit von HICKMANN (1931) scheint all den einander widersprechenden Anschauungen recht zu geben. Nach seinen Beobachtungen müssen die Halipliden ab und zu an die Oberfläche kommen; solang sie sich ruhig halten, können sie sehr lange unter Wasser bleiben, wenn sie in Bewegung sind, besonders bei höherer Temperatur, müssen sie häufiger die Oberfläche aufsuchen, wo sie sich indessen immer nur wenige Sekunden aufhalten. Die Tiere atmen normalerweise wie die Dytisciden, nehmen aber auch Luft unter den Coxalplatten auf; diese hat sowohl hydrostatische wie respiratorische Bedeutung.

Die Halipliden unterscheiden sich auch auf einem anderen Gebiet von den Dytisciden. Früher glaubte man, dass sie ebenso wie diese als Raubtiere leben. Es ist jedoch nun, nicht zum mindesten durch die Untersuchungen von MATESON und FALKENSTRÖM, nachgewiesen, dass sowohl ihre Imagines wie ihre Larven Pflanzenfresser sind. Ihre Hauptnahrung besteht aus Spirogyra, bei einigen Arten aus Characeen. Die Eier werden einzeln auf Algenfäden abgelegt (*Cnemidotus*), die stets ganz frisch sind, oder in Algenfäden (*Haliplus*).

Die Larven der Halipliden sind sehr lang und dünn, fast fadenförmig (Taf. VII, Abb. 7); sie sind sicher die dünnsten von allen im Wasser lebenden Larven. Ihre Mandibeln sind von einem geschlossenen Kanal mit einer vorderen und einer hinteren Öffnung durchbohrt. Die beiden letzten Beinpaare sind kurze Gangbeine, das erste ist zu einem Paar Greifbeinen umgestaltet. Alle Rückenschilder endigen hinten in einer Reihe von dornförmigen Vorsprüngen. Am Hinterleibsende sitzen bei *Cnemidotus* ein Paar lange Cerci; bei den anderen Gattungen sind sie miteinander verschmolzen und gerade nach hinten gerichtet. Es sind 10 Paar Spiracula vorhanden, die alle klein, aber im dritten Larvenstadium offen und wahrscheinlich funktionsfähig sind; das letzte Paar ist im Gegensatz zu dem der Dytisciden nicht grösser als die übrigen. *Cnemidotus* (Taf. VII, Abb. 3) trägt auf dem Rücken und an den Seiten der einzelnen Segmente lange, dünne Fäden, die wahrscheinlich Tracheenkiemen sind; sie sind von enormer Länge und Dünne, sehr weich, und umgeben das

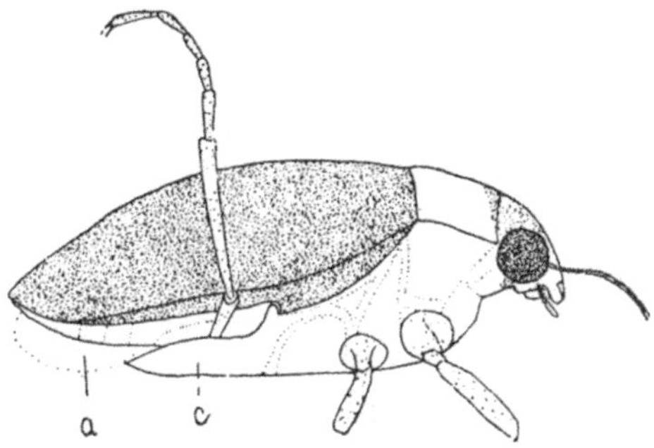

Abb. 273.

Abb. 276.

Abb. 273. *Haliplus lineaticollis* Marsh. *a* Luftmasse unter und hinter den Coxalplatten *c* sichtbar. Nach Brocher 1922.

Abb. 274. *Haliplus triopsis* Say. Rechter Vorderflügel entfernt, sodass man den Luftraum unter den Coxalplatten sieht. Nach Mateson, R. 1912.

Abb. 275. Hinterbein von *Haliplus triopsis* Say. Man beachte die grossen Coxalplatten. Nach Mateson, R. 1912.

Abb. 276. *Haliplus.* Puppe auf ihren langen Haaren ruhend. Nach Mateson, R. 1912.

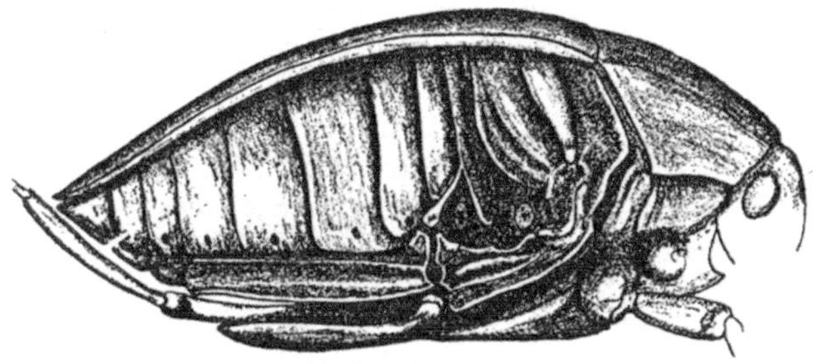

Abb. 274.

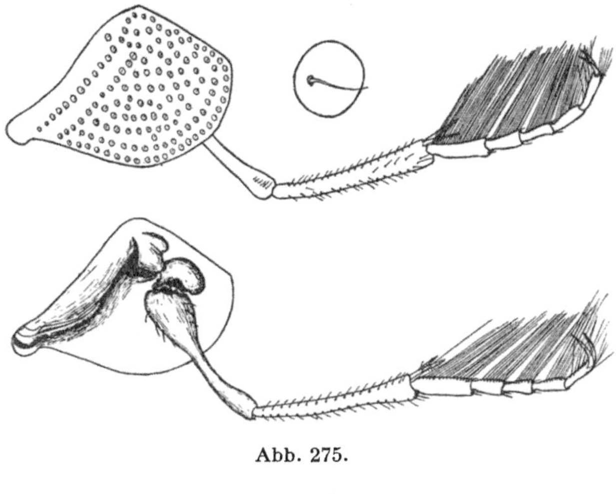

Abb. 275.

Tier wie ein Wald. Die Tracheen ziehen bis in diese Fäden hinein. Wenn man sie abschneidet, so verpuppt sich das Tier trotzdem (Hickmann 1931).

Vieles im Leben der Larven ist sehr sonderbar. Sie sind Pflanzenfresser, obwohl sie durchbohrte Mandibeln haben; sie ergreifen Algenfäden mit den Vorderbeinen und lassen sie durch diese zangenartigen Gebilde gleiten. In jede Zelle, die dabei vor die Mundteile gelangt, beisst die Larve mit dem Dorn der Mandibeln ein Loch und saugt durch den Kanal der Mandibeln den Inhalt der Zelle, d. h. ihre Chlorophyllkörner, aus (Hickmann 1931). Die auf

Characeen lebenden Arten beissen Löcher in die Oberfläche der Pflanze und saugen ihre Flüssigkeit aus. Die Tiere sind äusserst träge und bewegen sich sehr langsam; sie leben in Algendecken, einige auch im Innern der Algenfäden. Trotz ihrer Stigmen muss man annehmen, dass sie sich vorzugsweise mit Hautatmung begnügen, obwohl sonderbarerweise ihre Haut ziemlich dick ist. Die Larve von *Brychius* ist in fliessendem Wasser heimisch, während die meisten anderen Gattungen in stehenden Gewässern leben. Viele Arten finden sich am äussersten Rand der Litoralzone unserer grossen Seen, wo sie oft in grosser Menge auftreten. Ihre Larven überwintern; wenn sie ausgewachsen sind, gehen sie an Land und verpuppen sich in Erdlöchern. Sowohl Larven wie Imagines überwintern unter dem Eis (Hickmann 1931).

Pelobiidae (Hygrobiidae).

Gegliederte Fühler, tasterförmig vorragend. Hinterhüften breit und platt, in ganzer Breite aneinanderstossend, fast ebenso lang wie das Metasternum, aussen bis an den Körperrand reichend. Beine mit Schwimmborsten, aber als Laufbeine gebraucht. Larven (Taf. VII, Abb. 14) mit jederseits 6 Nebenaugen. Mandibeln einfach ohne Kanal. Erste Maxillen tasterförmig, ohne Laden. Beine mit Schwimmborsten; 2 Klauen. Zwei lange Cerci. 8. Segment zu einem cercoiden Terminalfilum verlängert. Das 8. Stigmenpaar fehlt; dagegen recht breite, zugespitzte Tracheenkiemen an den Brust- und den drei ersten Abdominalsterniten.

Die Pelobiiden bilden eine höchst eigentümliche Reliktengruppe; die Familie besteht nur aus einer Gattung, *Pelobius* (Taf. VI, Abb. 24), mit nur 5 Arten, 1 in Europa (England und Südeuropa), 2 in China und Tibet und 2 in Australien. Sowohl die Imagines wie die Larven sind Raubtiere, die in stillen Gewässern leben. *Pelobius* ist durch seinen »Gesang« bemerkenswert; er besitzt einen Tonapparat, ein Stridulationsorgan; sein »Gesang« ist so laut und so wohl bekannt, dass in England die Tiere unter der Bezeichnung »squeakers« auf dem Markt von Covent Garden verkauft werden. Der Stridulationsapparat besteht aus einer Feile auf der Innenseite der Flügeldecken, gegen die die Spitze des Hinterleibes bewegt wird. Die Eier werden reihenweise in einer Gallerte auf Wasserpflanzen abgelegt.

Amphizoidae (Taf. VI, Abb. 22–23).

Mittelgrosse Tiere mit breitem, vorragendem Kopf. Fühler 11-gliedrig, kurz, fadenförmig; Augen sehr klein. Erste Maxillen mit sehr kleiner, tasterförmiger, ungegliederter Aussenlade. Hinterhüften breit und platt, innenseits erweitert und in ganzer Breite aneinanderstossend; fast ebenso lang wie das Metasternum, aussen bis an den Körperrand reichend. Schlanke Laufbeine ohne Schwimmhaare; Vordertarsen der Männchen nicht verbreitert.

Larven (Hubbard 1893) sehr verbreitert, mit grossen Seitenlappen an den Thorakal- und Abdominalsegmenten (*Silpha*-ähnlich). Jederseits 6 Nebenaugen. Mandibeln innen gezähnt, ohne Kanal. Aussenlade der ersten Maxillen zweigliedrig, Innenlade rudimentär. Beine kurze Laufbeine mit zwei Klauen; gerade, dornförmige Cerci. Metapneustisch. Nur die Stigmen des 8. Segmentes funktionieren; alle anderen wie bei den Larven der Dytisciden atrophiert.

Die Amphizoiden repräsentieren eine höchst interessante, ausgesprochene Reliktengruppe mit nur einem Genus, *Amphizoa*, und zwei Arten, von denen die eine im westlichen Nordamerika, die andere in Osttibet lebt. Sie vereinigen in sich Merkmale der Carabiden und der Dytisciden. Die Tiere leben in kalten Bergflüssen auf Steinen und Holz unter Wasser; sie klettern und laufen, können aber nicht schwimmen. Sie sind ausgesprochene Raubtiere.

Kapitel XII.

GYRINIDAE (Taumelkäfer).

Kopf in den Prothorax eingesenkt. Fühler 11- bis 8-gliedrig, von aberrantem Bau. Doppelaugen. Vorderbeine lang, schlank; Mittel- und Hinterbeine flossenförmig, sehr stark verkürzt. Hinterhüften gross, platt, bis an die Körperseiten reichend. Hinten abgestutzte Elytren. Larven schlank, dünn. Kopf lang, sichelförmige Mandibeln mit einem Kanal. Kurze Beine ohne Schwimmhaare. 2-klauige Tarsen. Apneustisch. Alle Abdominalsegmente tragen je ein Paar langer Tracheenkiemen, das neunte Segment 2 Paare. Segment 10 mit einem Pygopodium versehen, das 4 grosse Haken trägt. Verpuppung auf dem Lande.

Eine hochspezialisierte, sehr alte Gruppe (Trias), die hauptsächlich in kälteren Regionen vorkommt. Leben an der Oberfläche stehender oder fliessender Gewässer.

3 Tribus: *Enhydrini:* die grössten Formen; in den Tropen; *Orectochilini:* Fliesswasserformen; *Gyrinini:* Ruhigwasserformen.

Die Enhydrinen sind die primitivsten Formen (*Enhydrus:* Südamerika; *Dineutes:* Nordamerika; *Porrhorrhynchus:* in den reissenden Gebirgsbächen der malaiischen Region) (OCHS 1926). Die folgende Darstellung beschäftigt sich hauptsächlich mit dem Tribus *Gyrinini.*

Gyrinini.

Nimm Dir ein Boot an einem stillen Herbsttag, wenn das Laub fällt und die grossen Blätter der weissen Seerosen wie grüne Platten auf dem schwarzen Moorwasser liegen. Im Schatten der sich neigenden Buchen, deren goldene Blätter langsam auf das Wasser niederrieseln, an der Grenze zwischen Licht und Schatten liegt ein Schwarm schwarzer, stahlblau schimmernder Taumelkäfer. Sie dösen stille vor sich hin; wie ruhende Perlen liegen sie auf dem dunklen Wasser. Sobald man sich nur auf wenige Meter nähert, führt der Schwarm den wildesten Tanz auf. Die äusseren Käfer beginnen, bald werden auch die inneren von der Bewegung ergriffen; sie beschreiben Kreise und Spiralen, in allen möglichen Linien jagen sie von dannen, nur nicht geradeaus. Nach wenigen Minuten liegen sie versteckt unter Blättern und Laub und unter den Steinen am Ufer, oder sie hängen an den Wasserpflanzen auf dem Grund. Im Bruchteil einer Sekunde wechseln sie vom Leben an der Oberfläche zum Leben unter Wasser.

Komm ein paar Monate später wieder, wenn die Novemberstürme das letzte Laub von den Bäumen gefegt haben, wenn alle schwimmenden Blätter verfault sind und nur noch die grossen Hottonia (Sumpfprimeln) oder Callitriche (Wassersterne) hell frühlingsgrün im dunklen Wasser stehen. Beugst Du dich dann über Bord, siehst Du die grossen Büsche der Wassersterne Hunderte von silberglänzenden, kugelförmigen Blasen wie Blüten auf den Blättern und an den Stengeln tragen. In jeder Blase sitzt ein Taumelkäfer. Vielleicht werden sie vom Eis überrascht und während der langen Winternacht von der Oberfläche abgesperrt.

Kommst Du dagegen Ende Mai an einem strahlenden Sonnentag zu morgendlicher Stunde, so findest Du die Taumelkäfer an der Wasseroberfläche zu ihren Paarungszusammenkünften versammelt. Es liegen nicht Ruh und Frieden über der Schar wie im Herbst, alles ist in Bewegung; das Männchen sitzt auf dem Rücken des Weibchens, paarweise schiessen sie in grossen Kreisen über die Oberfläche hin; eins-zwei-drei sind sie weg. Wie Silberblasen sieht man sie unter Wasser und unter den steilen Ufern verschwinden und wieder auftauchen. Wenn die Sonne am heissesten brennt, hört jedoch das Leben auf; dann ziehen sich die Tiere zwischen die Seerosenblätter oder meist zwischen die Steine am Ufer zurück, auf denen sie wie die Alke am Rande der Vogelfelsen sitzen, bereit, sich in den See zu stürzen, sobald Gefahr naht. Man kann sie deutlich dort sitzen und sich mit den Vorderbeinen putzen sehen.

Wir wollen nun den eigentümlichen Bau dieser Tiere etwas eingehender betrachten. Zuerst müssen wir versuchen, uns klarzumachen, wie es möglich ist, dass Tiere auf der Wasseroberfläche ruhen, ohne unterzugehen. Bei den Wasserläufern haben wir gesehen, dass das hauptsächlichste Hilfsmittel, das es ihnen ermöglicht über dem Oberflächenhäutchen zu bleiben, ihre langen Beine sind, die, dünn wie die feinsten Stecknadeln, nach allen Richtungen ausgestreckt werden; sie sind mit einem dicken, unbenetzbaren Haarfilz bedeckt. Die *Gyrinini* dagegen wenden augenscheinlich andere Prinzipien an.

Von allen an der Oberfläche lebenden Insekten sind sie diesem Leben am besten angepasst. Sie sind vor allem stets ausgesprochen überkompensiert. Beim Schwimmen gehen alle ihre Bewegungen darauf aus, sich unter Wasser zu halten; sobald sie aufhören zu schwimmen, steigen sie wie Blasen in die Höhe. Auf dem Grund müssen sie sich immer mit den Vorderbeinen an Wasserpflanzen oder dgl. klammern, um nicht nach oben zu schiessen. Ihr Körper ist ausserordentlich blank poliert oder auch mit sehr feinen Haaren bekleidet und in höchstem Grade unbenetzbar. Es ist besonderes Gewicht darauf gelegt, keinerlei vorspringende Partien darzubieten, die das Oberflächenhäutchen zerreissen könnten. Der Körper ist eine kompakte Masse; der in die Luft ragende Teil ist gewölbt, nach vorne zu breiter, nach hinten zu schmäler werdend. Der auf dem Wasser ruhende Teil, die Bauchseite, ist flach. Die einzelnen Körperteile, Kopf, Brust und Hinterleib, sind ineinander geschoben oder derart zusammengeschweisst, dass der ganze Körper eine dichte Masse bildet. Die Seitenkanten der Deckflügel sind breit und flach, wodurch die auf dem Wasser ruhende Fläche vergrössert wird. Die Augen sind nicht vorstehend. Wenn die Vorderbeine nicht gebraucht werden, liegen sie in tiefen Rinnen; die beiden anderen Beinpaare ragen nur sehr wenig über die Seitenränder hinaus. Noch ein Merkmal ist wohl hervorzuheben: die Gyriniden sind überwiegend kleine Formen, die selten eine Grösse von 1 cm erreichen. Der kleinste, *Gyrinus angustatus* Rey, ist nur 3,2 mm, der grösste, *Porrhorrhynchus landani* Rey, 27 mm gross. In allen diesen Baumerkmalen dürfen wir eine Erklärung dafür suchen, dass die Tiere auf dem Wasserspiegel ruhen können.

Im Gegensatz zu den Wasserläufern tauchen die Taumelkäfer mit Leichtigkeit und sind ausgezeichnete Schwimmer. Sie suchen ihre Nahrung hauptsächlich an der Oberfläche, die Eier werden jedoch unter Wasser abgelegt. Im Sommer sind sie überwiegend Lufttiere, im Winter wahrscheinlich zum Teil Wassertiere. In der Dämmerung erweisen sie sich als gute Flieger, im klaren Sonnenschein als Ufertiere, die auf Steinen sitzen, sonst aber an die Wasseroberfläche gebunden sind. Sie haben es in selten hohem Grad verstanden, mehr als ein Element zu beherrschen. Dementsprechend weist auch ihr Bau sehr interessante Strukturmerkmale auf (Abb. 279–280).

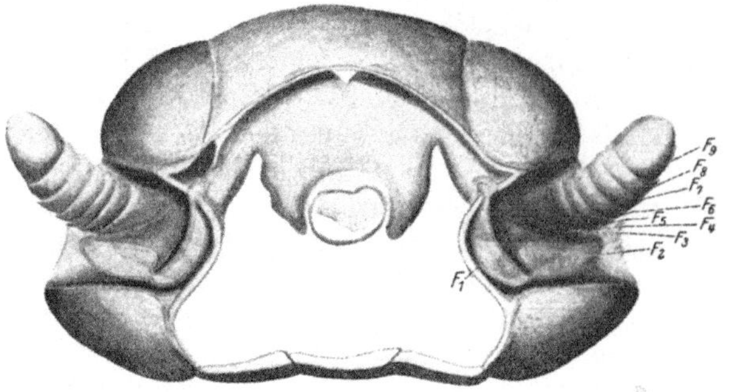

Abb. 277.

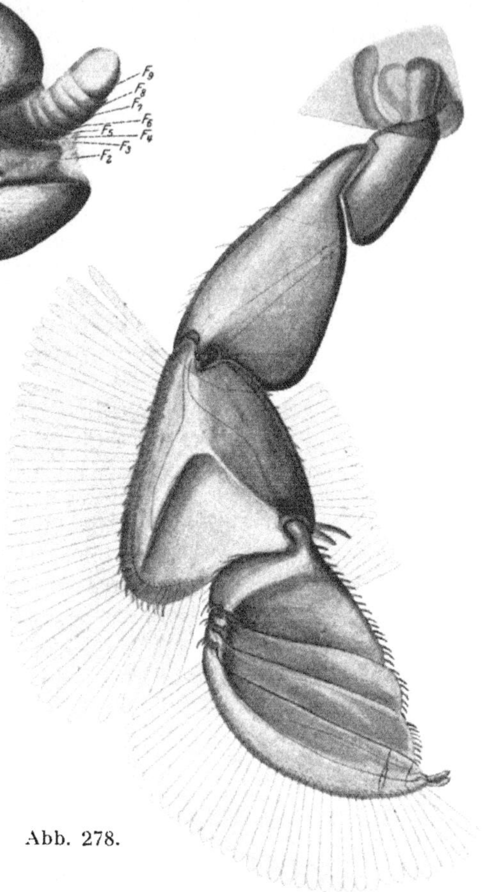

Abb. 278.

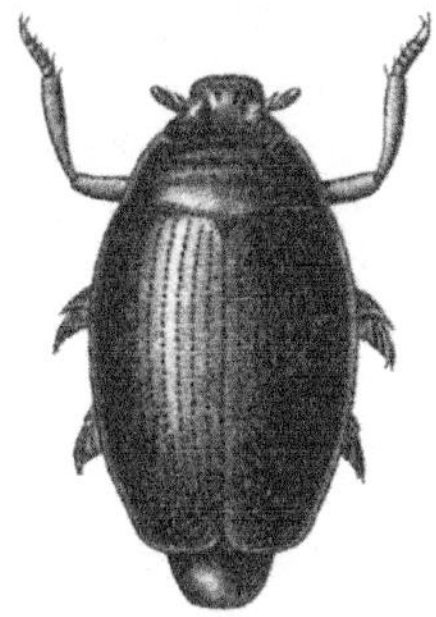

Abb. 279.

Abb. 281 a.

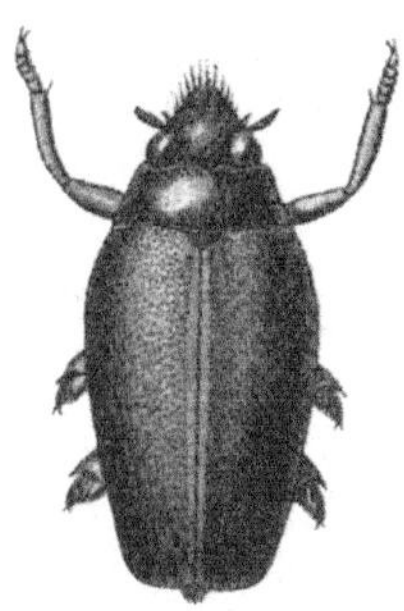

Abb. 280.

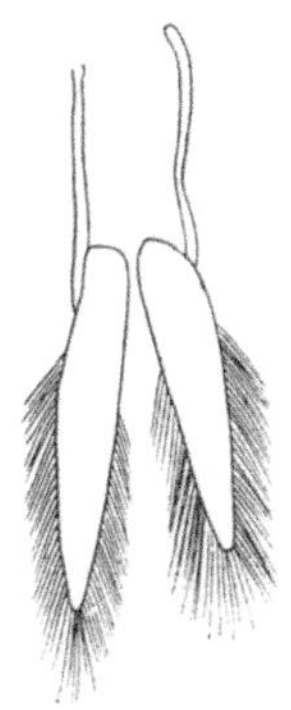

Abb. 281 b.

Gyrinus natator L.

Abb. 277. Querschnitt durch den Kopf in der Gegend der Augen und Fühler (Kollodiumschnitt). Man sieht die zwei Augenpaare und die Insertion der Fühler (F_1—F_9) zwischen dem oberen und unteren Auge. Nach Bott, H. 1928.

Abb. 278. Hinterbein von *G. natator* L. Nach Bott, H. 1928.

Abb. 279. *Gyrinus natator* L. Nach Reitter, E. 1908.

Abb. 280. *Orectochilus villosus* O.F.M. Nach Reitter, E. 1908.

Abb. 281. Äussere männliche Genitalia von *Gyrinidae*. *a* (*Orectochilus*) und *b* (*Orectogyrus*). Nach Hatch, H. 1926.

Die 11-gliedrigen Antennen sind von äusserst merkwürdigem Aussehen: das 2. Segment ist schildförmig und ruht, wenn das Tier an der Oberfläche liegt, auf dem Wasser. Die Geissel, die an das zweite Glied exzentrisch angegliedert ist, ragt senkrecht in die Höhe und kommt, wenn das Tier auf der Oberfläche ruht, nicht mit dem Wasser in Berührung. Eine Haarverbrämung auf dem zweiten Glied bewirkt ausserdem, dass die Geissel, auch wenn das Tier taucht, stets mit Luft umgeben ist, die zwischen Haaren und Geissel hängen bleibt.

Ein ähnliches Merkmal findet sich wohl kaum bei irgend einem anderen Insekt. Wir können nicht behaupten, dass wir diese merkwürdigen Antennen verstehen. Namentlich angesichts einer gewissen unbestreitbaren Ähnlichkeit mit der Keule der Hydrophiliden kann ich mich von der Vorstellung nicht freimachen, dass diese Antennen doch möglicherweise bei der Respiration eine Rolle spielen, nämlich dann, wenn das Tier unter Wasser ist und auftaucht, um an der Oberfläche Luft zu schöpfen.

Im Gegensatz zu den meisten Insekten haben die Taumelkäfer 2 Paar zusammengesetzte Augen: das eine Paar auf der Oberseite des Kopfes, das andere ganz tief auf dessen Unterseite. Der Zwischenraum wird von den Antennen ausgefüllt (Abb. 277). Wenn das Tier an der Wasseroberfläche ruht, ist es gleichzeitig und in gleichem Masse imstande zu sehen, was in der Luft und im Wasser vorgeht; es sieht mit dem oberen Paar nach oben, mit dem unteren Paar nach unten. Das letztere hat längere Retinulae und längere Rhabdome als das obere; hierdurch hat das untere Paar, die Wasseraugen, eine grössere Sehkraft. Zu den Mundteilen sei nur bemerkt, dass sie kräftig beissend und mit wohl entwickelten Mandibeln versehen sind.

Die Beine weisen grosse Eigentümlichkeiten auf. Sie sind nicht durch eine Reduktion, sondern nur durch die Umbildung der einzelnen Glieder gekennzeichnet. Die Vorderbeine sind merkwürdig lang und dünn; das Tier gebraucht sie, um seine Beute zu ergreifen und sich an Wasserpflanzen festzuhaken; auch dienen sie dazu, das Weibchen während der Begattung festzuhalten. Wenn das Tier an der Oberfläche ruht, werden die Vorderbeine in besondere Gruben und Rillen an der Unterseite geklappt. Sie sind auf seltsame Weise hochkant gestellt, sodass die Unterseiten der Füsse gegeneinander gedreht sind. Diese sind immer mit einer dichten Borstenbekleidung und bei den Männchen ausserdem mit einer Art Saugnapf zum Festhalten des Weibchens versehen. Die Borsten sind als Putzapparat von Bedeutung.

Von ganz einzigartigem Bau sind die beiden folgenden Beinpaare, namentlich das letzte. Sie sind ausserordentlich breit, flach und papierdünn (Abb. 278). Bei der Gattung *Gyrinus* sind die Mittelbeine ähnlich gebaut wie die Hinterbeine, nur bedeutend schmäler. Bei *Orectochilus* sind beide Paare gleich breit. Meso- und Metacoxae sind mit Meso- und Metasternum unbeweglich verschmolzen. Zusammen gewähren sie den mächtigen Muskeln einen Halt. Femora und Tibien sind gegen die Spitzen zu stark erweitert und dreikantig; die Tibien haben eine Aushöhlung für die Aufnahme der Füsse. Das 1. Fussglied ist gross, das 2. bis 4. Glied nach aussen erweitert, das Klauenglied ist sehr klein. Die 4 einzelnen vorderen Glieder liegen wie ein Fächer von 4 Spielkarten; die frei herausragenden Teile der Karten entsprechen den fächerförmigen Verbreiterungen der Tarsalglieder. Die Glieder können zusammengefaltet werden, wie man 4 Spielkarten zusammenlegt. Die Tibia sowie das 4. und 5. Fussglied sind mit einem Kranz breiter, flacher Borsten, den sogenannten Lamellenhaaren, versehen, die ebenfalls auf- und zugeklappt werden können. Sie sind auf Kugelgelenken eingefügt. Wenn die Beine nicht gebraucht werden, sind die Borsten längs den Tibien zusammengefaltet; wenn sie arbeiten, werden die Haare durch den Schlag gegen das Wasser herausgeschleudert und die Oberfläche der Ruder dadurch stark vergrössert (Bott 1928). Wenn das Tier auf der Wasseroberfläche ruht, liegen diese Gliedmassen in ihren Gruben. In dem Augenblick, wenn sie in Funktion treten sollen, werden sie herausgeklappt und senkrecht gestellt; dann werden sie in grossen Bogen in ausgebreitetem Zustand nach hinten geführt, während sie zusammengefaltet nach vorne bewegt werden. Bei toten, an der Wasseroberfläche treibenden Tiere hängen sie senkrecht ins Wasser hinunter. Der Körper des Taumelkäfers kann mit einem flachen Boot verglichen werden, das von 4 Rudern vorwärts getrieben wird. Infolge der ausserordentlichen Dünne des Chitins ist jedes einzelne Muskelbündel mit grösster Leichtigkeit zu sehen. Die Beine gehören zu den schönsten Organen, die wir bei den Insekten finden und zeigen eine an das Unglaubliche grenzende Anpassung an die Funktionen, die sie auszuüben haben.

Mit Hilfe dieser Ruder, die wagerecht liegen, wenn sie nach vorne geführt werden, sausen die Tiere mit unwahrscheinlicher Geschwindigkeit über die Wasseroberfläche. Dem kleinen Maschinchen, dem Taumelkäferkörper, scheint jedoch ein wesentlicher Apparat zu fehlen, nämlich das Steuer. SCHIØDTE (1841) bemerkt sehr richtig: »Ebenso wie ein sehr leichtes Boot mit breitem, abgerundetem Bug ohne Kiel nicht geradeaus fahren könnte, wenn es mit tiefen Schlägen mit 4 Riemen gerudert würde, so können auch die *Gyrinini* nicht geradeaus schwimmen; vielmehr beschreiben sie unablässig Windungen, da sich ihre Richtung durch das Zurückströmen des beiseite geschobenen Wassers nach jedem Schlag der Beine etwas ändert.« Ein Taumelkäfer muss immer Umwege entweder nach rechts oder links einschlagen; solange er sich an der Oberfläche bewegt, ist er gewöhnlich ausserstande, auf dem geraden Weg zu bleiben. Der kürzesten Verbindung zwischen zwei Punkten vermag er nur schwer zu folgen. Dies sei jedoch nicht zu seiner Herabsetzung gesagt: wie das Tier nun einmal geschaffen ist, kann es einfach nicht anders. Es sei noch hinzugefügt, dass die in stehenden Gewässern lebenden *Gyrinini* sich hauptsächlich in Kreisen bewegen, während die *Orectochilini* der fliessenden Gewässer Spiralen beschreiben. Sobald das Tier unter Wasser zu schwimmen beginnt, bewegt es sich jedoch merkwürdigerweise keineswegs in Kreisen, sondern schwimmt wie ein *Dytiscus* geradeaus. Diesen sonderbaren Geschöpfen fehlt das Steuer nämlich doch nicht: die äussere Geschlechtsöffnung beider Geschlechter ist von 2 walzen- oder stabförmigen Chitinstücken, Teilen der äusseren Geschlechtsorgane, umgeben, die einziehbar, beim Schwimmen unter Wasser jedoch wahrscheinlich herausgeschoben sind (Abb. 281). Ich habe mir manchmal gedacht, dass die Tiere in diesen merkwürdigen Klappen eine Art Steuer besässen; hierfür spricht, dass die Spitzen dieser Klappen lange, weiche Haare tragen und besonders, dass es Formen gibt, wie z. B. *Orectogyrus* und *Andogyrus*, bei denen sie breit und flach und mehr oder weniger von langen, weichen Haaren umrahmt sind (Abb. 281). Es handelt sich dabei um Formen, die auf fliessenden Gewässern leben und für die eine Steuerung mit den Beinen allein nicht ausreichend wäre (siehe auch BOTT 1928, S. 239). Sie ähneln völlig den Cerci bei den Larven von *Dytiscus*, den Schwanzblättern von *Branchipus* und dgl. Man kann sich nur schwer vorstellen, dass diese Haargebilde im Dienste der Paarung stehen sollten, und mir ist kein Paarungsorgan bekannt, das mit ähnlichen Haargebilden ausgestattet wäre. Wie ich später gefunden habe, hat bereits SCHIØDTE (1841) darauf aufmerksam gemacht, dass sie beim Schwimmen von Bedeutung sind. So sagt er z. B. S. 529: »Die Penisklappen haben dieselbe Form wie die Vaginalklappen und übernehmen während des Schwimmens und der Respiration eine den Genitalien sonst fremde Rolle.« Wir haben es hier mit einem sehr interessanten, jedenfalls ungewöhnlichen und sehr wenig beachteten Funktionswechsel zu tun (siehe auch HATCH 1925–1926).

Über den Bau der Taumelkäfer sei nur noch folgendes bemerkt: Dem Darmkanal fehlt der Blindsack, der bei den Dytisciden eine so wichtige Rolle spielt. Hält man einen Taumelkäfer zwischen den Fingern, fällt einem ein sehr eigenartiger Geruch auf. Meist sieht man gleichzeitig eine milchige

Flüssigkeit hauptsächlich an den Rändern der Vorderbrust zum Vorschein kommen. MIALL (1903) gibt an, dass die Tiere knarrende Laute von sich geben können, die dadurch zustande kommen, dass die Hinterränder der Deckflügel gegen die letzten Segmente der Rückenseite gerieben werden. Nach RÉGIMBART wird der Samen in Spermatophoren abgegeben.

Über die Nahrung der Taumelkäfer ist wohl nur zu sagen, dass sie von lebendem und totem tierischem Material leben, das auf die Wasseroberfläche fällt. Die Beute wird mit den langen Vorderbeinen ergriffen und zwischen die kräftigen Mandibeln geführt. Die grossen unteren Augen sind so gut entwickelt, dass möglicherweise auch Nahrung im Wasser eingefangen werden kann; hierüber wissen wir jedoch nichts Näheres.

Wenn die Tiere an der Wasseroberfläche liegen, atmen sie wie andere luftatmende Insekten. Das 3. Paar Thoraxstigmen ist am grössten; die Stigmen am Hinterleib sind sehr klein; eingehendere Untersuchungen fehlen jedoch. Gerade wie *Hyphydrus ovatus* führen die Taumelkäfer beim Schwimmen auf der Hinterleibsspitze immer eine Luftblase mit sich, die hier von den unbenetzbaren Haaren des letzten Hinterleibssegmentes festgehalten wird. Wieweit der Elytralraum beim Schwimmen als Luftreservoir dient, ist unbekannt. Sitzen die Tiere still auf einer Wasserpflanze, sieht man, wie sich die Luftblase zusammenzieht und wieder ausdehnt; eine Beobachtung, die bereits SCHIØDTE (1841) gemacht hat.

Bei Tieren, die sich darauf eingestellt haben, unter dem Eis zu überwintern – was sie nur in sehr sauerstoffreichem, wahrscheinlich am liebsten in langsam fliessendem Wasser tun – liegen die Verhältnisse ganz anders. Sie pflegen in Gemeinschaft zu überwintern; dabei sieht man eigentlich nichts von den Taumelkäfern selbst. Die Callitrichen sind dann mit erbsenförmigen Silberkugeln besetzt, die von den Blättern festgehalten werden. Mitten in diesen Silberkugeln, die viel grösser sind als sie selbst, liegen die Taumelkäfer. Wie sie es zuwege bringen, soviel Luft anzusammeln, kann ich mir nicht vorstellen. Die Begattung geht wahrscheinlich normalerweise an der Wasseroberfläche vor sich; man sieht übrigens auch oft 2 Tiere in Paarungsstellung unter Wasser schwimmen.

Im Mai-Juni, wenn die Gyrinen kreisend über die Oberfläche der Teiche laufen, kann man oft sehen, wie Tiere entweder in Paarung oder vereinzelt nahe am Ufer aufsteigen, sich mit Luft versorgen und dann wieder in der Tiefe verschwinden. Immer huschten die Tiere unter die Halden der Teiche hinein, und ich konnte daher nie sehen, was sie dort trieben. Zwischen den überhängenden Torfbänken und dem Boden des Teiches hingen aber zahllose, gelbe Wurzeln herab, und wenn ich diese näher besichtigte, fand ich zahlreiche Eier angeklebt. In Aquarien gebracht, gaben sie im Laufe von 14 Tagen immer *Gyrinus*-Larven.

Die Wurzeln sind gelb und nur 1–2 mm dick, sie sind auf zwei gegeneinander gekehrten Seiten mit Eiern bedeckt, die ganz, wie SCHIÖDTE es angibt, reihenweise mit den Enden sich berühren. Die Eier sind weiss, die Eischale schön getäfelt. Die Kittmasse war überall sehr geringfügig.

Die Gyrinen überwintern wahrscheinlich vorwiegend auf dem Lande unter den Steinen am Ufer, nicht selten unter den Blattscheiden der aus dem Wasser ragenden, verwelkten Teile von Typha oder Sparganium.

Die Tiere bewegen sich auf dem Lande weit besser, als man annehmen möchte; dabei spielen die Vordergliedmassen die grösste Rolle. Versucht man nach den Käfern zu greifen, vollführen sie einige verblüffende Sprünge, vermutlich indem sie das 2. und 3. Paar Gliedmassen gegen die Unterlage kanten.

Die Gyrinen sind ausserdem ausgezeichnete Flieger mit wohl entwickelten Hinterflügeln. Sie fliegen vorzugsweise während der Nacht. Die Flügel sind wahrscheinlich von grösster Bedeutung, wenn die Teiche im Sommer austrocknen oder wenn die Tiere im Spätherbst pflanzenreiche Teiche aufsuchen, um dort zu überwintern.

Die Larven (Abb. 282) kommen im Juni-Juli zum Vorschein. Sie haben einen sehr langgestreckten, schmal abgeflachten Körper. Der langgestreckte Kopf trägt 2 kurze, 4-gliedrige Antennen; ausserdem auf jeder Seite eine Gruppe von 6 Punktaugen, wovon 2 nach unten gerichtet sind. Den Bau der Mundteile hat man lange Zeit falsch gedeutet, was merkwürdigerweise auch heute noch oft geschieht. Schiødte hat sie nicht weniger als dreimal untersucht, scheint aber noch immer der Ansicht zu sein, dass die Mandibeln wie bei den Dytiscidenlarven gebaut sind. Er bezeichnet sie als »mandibulae orificio pertusae«. Meinert (1895/96) hat deutlich gezeigt, dass die Mandibeln zwar an der Spitze eine Öffnung haben, nicht aber hohl sind. Dagegen sind sie von einem sehr feinen Kanal durchbohrt, der der Ausgang einer Giftdrüse ist. Diese Beobachtung, die nur in dänischer Sprache geschildert ist, scheint allgemein übersehen worden zu sein. Noch im Jahre 1928 schreibt Bott (S. 242): die kräftigen Mandibeln sind durchbohrt und »die Beute wird nach *Dytiscus*-Art ausgesaugt«.

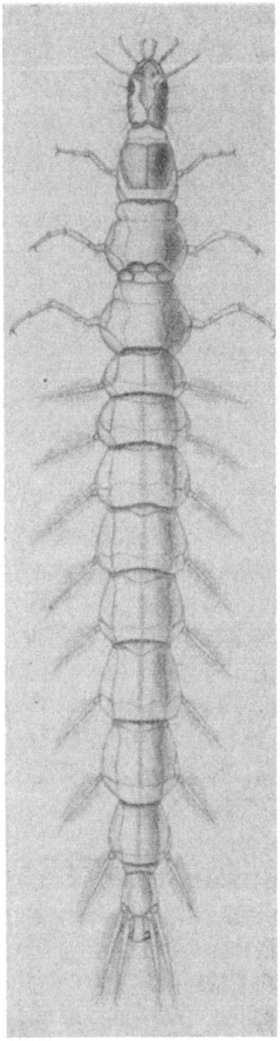

Abb. 282. *Gyrinus*-Larve. Man beachte die Tracheenkiemen. Nach Schiødte, I. C. 1862—64.

Wie Meinert ganz richtig gesehen hat, führt der genannte Kanal gar nicht in die Mundhöhle und kann deshalb auch nicht als Saugkanal dienen. Ausserdem zeigt eine genaue Untersuchung der Mandibeln, dass diese mit einem Paar scharfer Zähne versehen sind, die kaum eine andere Aufgabe haben können, als die Mandibeln in der Wunde festzuhalten. Derartige Gebilde fehlen bei den *Dytiscus*-Mandibeln. Ferner zeigt eine nur flüchtige Untersuchung, dass der Mund keineswegs wie bei den Dytisciden während der Nahrungsaufnahme zusammengeklemmt ist, sondern vielmehr vollständig offen steht. Der Bau der Maxillen zeigt jedoch am deutlichsten von allem, dass die Nahrungsaufnahme nicht so wie bei den Dytisciden vor sich geht. Die Kiefer sind ja bei den letzteren zu einem langen, palpenartigen Fühlerorgan umgebildet, während sie bei den *Gyrinini* den bei Raubinsekten gewöhnlichen Bau zeigen: der Stamm trägt eine sehr kräftige, klingenförmige Kaulade, die mit einer Reihe scharfer, krummer Zähne versehen ist und in eine hakenförmige Spitze ausläuft. Kurz, die Kiefer sind schneidende, zerreissende Instrumente. Es kann kein Zweifel darüber bestehen, dass die Gyrinenlarven ihre Beute mit den Mandibeln ergreifen, ein Gift, das gleichzeitig auflösend wirkt, über sie giessen, sie mit den Kiefern in Stücke reissen und schliesslich die Beute durch die sehr geräumige Mundhöhle hinabgleiten lassen.

Die Vorderbrust trägt 2 Chitinplatten; die Beine sind kurz und enden in eine kräftige Klaue; Schwimmhaare fehlen. Der lange, schmale, abgeflachte, ziemlich weiche Hinterleib trägt auf jedem Segment 2 schmale, ungegliederte, behaarte Tracheenkiemen. Zu diesen führen keine Muskeln hin, sie schwingen zusammen mit den Hinterleibssegmenten, die sich oft wellenförmig auf und ab biegen. Das vorletzte Segment trägt 4 längere und stärker behaarte Kiemen; der Hinterleib endet in eine röhrenförmige Verlängerung und ist mit 4 nach hinten gerichteten Chitinhaken versehen. Keine Stigmen. Im Gegensatz zu den meisten anderen Wasserkäferlarven werden die Gyriniden-Larven nicht vom Wasser benetzt. Tauchen sie an die Oberfläche, liegen sie trocken und glänzend auf dem Wasserspiegel und können nicht untergehen. Die Gyriniden-Larven sind in erster Linie kriechende Bodentiere, die auf Steinen, auf dem Kies am Strande und auf verfaulter Vegetation leben. Sie schwimmen sehr gut, wobei sich der Körper auf Egelart krümmt.

Bezüglich der Verpuppung sei folgendes bemerkt: Im Sommer findet man überall an den Ufern unserer Seen, z. B. am Furesee, zu gewissen Zeiten auf den Blättern und Stengeln des Schilfes zahlreiche, 1 cm lange, graue Kokons von elliptischer Form. Sie bestehen aus einem erstarrten, wasserklaren Sekret, mit dem eine Menge von Pflanzenfasern, Algenfäden und einige Erdpartikelchen verwebt sind. In diesem Gebilde liegt die zusammengekrümmte *Gyrinus*-Larve oder *Gyrinus*-Puppe. Man findet die Kokons oft 1 m über dem Wasserspiegel. Sie sind wahrscheinlich zu einer Zeit entstanden, als der Teil der Pflanze, auf dem das Puppengespinst sitzt, dem Wasserspiegel noch wesentlich näher war. Die Stellen, an denen ich die Kokons in der Vegetation über dem Wasser gefunden habe, entsprechen vollkommen den von MODEER (1770) beschriebenen (nach DE GEER, Bd. 4, S. 364); an den gleichen Stellen wurden sie von RÉGIMBART (1882), MIALL (1903), WENDT (1916), KUHRT (1908), BUTCHER (1933, S. 1, Abb. 7) und LEPRIEUR (1881) gefunden (siehe BOTT 1928, S. 244). BOTT (1928) dagegen gibt eine ganz andere Beschreibung. Wenn sich die Zeit der Verpuppung nähert, kriechen die Tiere an Land. Die schwachen Beine schleifen den langen Körper langsam hinter sich her. Die Tracheenkiemen sind eingeschrumpft und der Kopf gehoben. Die Larve sammelt einen Klumpen Baumaterial, Erde und Steinchen, greift ihn mit den Mandibeln und bringt ihn auf ihrem Rücken an; dann wandert sie damit herum, drückt ihn platt wie einen Kuchen und beginnt dann am Rande des Kuchens neue Partikel hinzuzufügen. Damit fährt sie fort, bis die Ränder zusammenstossen und somit ein geschlossenes Gehäuse bilden. BOTT behauptet, dass keine Bindesubstanz, keinerlei Sekret dabei verwendet wird. Die Larve ruht sich in ihrem Gehäuse 3 Tage lang aus, wonach die Verpuppung stattfindet. 7 Tage später kriecht der entwickelte Käfer aus. Zu BOTT's Angaben ist zu bemerken, dass alle seine Beobachtungen meines Wissens in Aquarien angestellt wurden. Er hat scheinbar keine Kokons im Freien gefunden, auch seine Abbildung der Kokons stammt aus einer Ecke im Aquarium. Die ganze Darstellung kommt mir wenig wahrscheinlich vor, und die Behauptung, dass dem Kokon jedes Bindemittel fehlt, ist auf alle Fälle unrichtig.

Orectochilini.

Während die *Gyrinini* vorwiegend in stehenden Gewässern leben, und zwar namentlich in solchen, deren Ufer reichen Pflanzenwuchs aufweisen, sind die *Orectochilini* in fliessenden Gewässern, jedoch wahrscheinlich vorzugsweise in solchen mit nicht zu starker Strömung, heimisch. Ihre durchschnittliche Grösse scheint etwas geringer als die der *Gyrinini* zu sein; sie sind von langgestreckter, nach vorne spitz zulaufender Körperform. Ihr merkwürdigster

Zug ist wohl, dass grössere oder kleinere Teile der Rückenseite mit einer Haarschicht von dicht aneinander sitzenden, kurzen, nach hinten gerichteten Haaren bekleidet sind. Ob diese Haarschicht unbenetzbar ist, wissen wir zur Zeit noch nicht. Das letzte Bauchsegment ist konisch zugespitzt und trägt eine Haarreihe längs der Mittellinie. Von den äusseren Genitalien sind die lateralen Lappen (claspers) lang und schmal, nicht abgestumpft und nicht so breit wie bei den *Gyrinini*. Sie werden besonders bei den *Orectochilini* als Steuer benutzt. Im Gegensatz zu den *Gyrinini* bewegen sich die *Orectochilini* weniger in Kreisen, sondern vielmehr in Spiralen.

Ich kenne *Orectochilus* (Abb. 280) am besten aus der Brandungszone grösserer Seen, besonders des Furesees. Zu gewissen Zeiten des Jahres, wahrscheinlich vor allem im Frühjahr und im Herbst, findet man *Orectochilus villosus* O. F. M. in grosser Zahl in den Furchen der Kalksteine, am häufigsten unter abgelöster Rinde von ins Wasser gestürzten Bäumen. Hebt man einen solchen Stamm auf, kann es geschehen, dass Hunderte dieser Tiere hervorstürzen. Bei Tage begegnet man ihnen niemals an den Ufern; sie sind wahrscheinlich meist am Abend oder während der Nacht in Aktivität.

Die Larven von *Orectochilus villosus* O. F. M. sind um einiges grösser als die *Gyrinus*-Larven, die ich gesehen habe. Sie sind schön weiss, haben breitere und längere Kiemen und sind reicher behaart. Der äussere Rand des Vegetationsgürtels unserer grossen Seen ist ihre Heimstätte. Man trifft die Larven namentlich im Herbst auf dem Laichkraut (Potamogeton lucens und Potamogeton perfoliatus) sowohl an der Wurzel in etwa 4–5 m tiefem Wasser als auch vor allem oben in den grossen Blätterbüscheln, die sich in der sanften Kräuselung des Sommerwindes wiegen oder, wenn der Sturm die Wellen peitscht, von Schaum umspült werden.

Sie leben wahrscheinlich von Chironomidenlarven und Würmern der weissen Kalkschichten, womit die Blätter dieser Pflanzen in unseren kalkreichen Seen überzogen sind. Während die *Gyrinus*-Larve vorzugsweise ein kriechendes Tier ist, dessen Haken am Hinterende beim Umherkriechen von grosser Bedeutung sind, ist die *Orectochilus*-Larve ausserdem ein ausgezeichneter Schwimmer, der seinen langen, gegliederten Körper wie ein Egel krümmt. Die Kiemen stehen nicht nur im Dienste der Respiration, sondern sind sicherlich auch bei der Fortbewegung von Bedeutung. Dies gilt vor allem für die langen, 4 letzten Kiemen, die gerade nach hinten herausragen und stark behaart sind. Sie bilden einen hervorragenden Schwimmfächer. Die Tiere schwimmen mit grosser Eleganz und Schnelligkeit durch das Wasser, indem sie ihren langen Körper auf und nieder krümmen.

Ein Teil meiner Beobachtungen deutet darauf hin, dass die *Gyrinini* mindestens zum Teil als Larven unter dem Eis überwintern, ihr Tracheensystem ist geschlossen, und da sie durch Tracheenkiemen atmen, steht dem anatomisch auch nichts im Wege.

Kapitel XIII.

HYDROPHILIDAE (Wasserkäfer).

Taf. VIII.

Selten grosse, meist kleine Käfer. Antennen versteckt, kurz, 6–9 gliedrig, mit schaftförmigem ersten Glied; die 3 bis 5 apikalen Glieder bilden eine Keule; pubescent. Sie stehen im Dienste der Respiration. Die Maxillentaster sind länger als die Antennen und haben deren Rolle übernommen. Die im Wasser lebenden Formen sind auf der Unterseite mit einer unbenetzbaren Haarschicht bekleidet. Schlanke, kräftige Beine; Tibien und Tarsen oft mit Schwimmhaaren versehen. Fuss fünfgliedrig. Abdomen mit 5 bis 7 freien Segmenten. Spinnvermögen; Spinnapparat mit Spinnstäben. Als Imagines Pflanzenfresser. Larven von sehr verschiedenem Bau. Hauptsächlich Raubtiere; die aquatilen metapneustisch, eine einzige mit Tracheenkiemen. Kosmopolitisch, mit dem Schwerpunkt in der temperierten Zone.

Da sowohl die Hydrophiliden wie auch die Dytisciden im Wasser leben, war man früher geneigt, sie als zwei nahe verwandte Familien zu betrachten; hier ging es wie so oft: das gemeinsame Gepräge, das gleichartige Lebensbedingungen einander fernstehenden Organismen aufdrücken, wird als Zeichen ihrer Verwandtschaft gedeutet. Es kann wohl kaum ein Zweifel darüber bestehen, dass die Dytisciden Laufkäfer sind, die sich dem Leben im Wasser angepasst haben. Dagegen ist es nicht so ganz sicher, was die Hydrophiliden sind. Neuerdings hält man sie für Verwandte der *Histeridae* und der *Staphylinidae.*

Woher die Hydrophiliden auch immer stammen mögen, eines ist sicher: sie sind lange nicht in dem Masse wie die Dytisciden für das Leben im Wasser umgebildet. Die Umbildungen, die sie erlitten haben, sind ausserdem ganz verschieden von jenen, welche die Dytisciden durchgemacht haben. Sie leben hauptsächlich in pflanzenreichen Weihern, aber auch in Brandungs- und Spritzwasser-Pfützen, im besonderen *Ochthebiinae* und *Hydrobiinae,* in Bergbächen, an der Grenze zwischen Land und Wasser, oder in austrocknenden Wasserlöchern. Viele sind ausgesprochene Landtiere, die in verwesenden Pflanzenteilen, in Pilzen, in morschem Holz, oder im Mist hausen (*Sphaeridinae*); eine einzelne Gruppe (*Rygmodini,* New Zealand) findet sich sogar auf Blumen.

Als Larven müssen alle Hydrophiliden festen Boden unter den Füssen haben. Sie halten sich deshalb in nur wenige Zentimeter tiefem Wasser auf, ja der allergrösste Teil führt eigentlich ein nahezu kriechendes Leben auf wassergetränkten Mooskissen, und zwar möglichst auf solchen, deren Spitzen aus dem Wasser herausragen. Hier trifft man auch die meisten voll entwickelten Tiere an; einige von ihnen haben sich jedoch weitergehend vom Grund freigemacht und bewegen sich schwimmend zwischen Boden und Oberfläche. Als Imagines und als Larven sind sie fast immer Luft atmende Tiere; die im Wasser lebenden Tiere müssen fast alle an die Oberfläche steigen, um zu atmen.

Sie tauchen mit dem Vorderende zuerst auf, und ihre Fühler dienen der Respiration. Ihr Luftreservoir liegt auf der Bauchseite, und deshalb bewegen sie sich oft mit der Bauchseite nach oben gekehrt. Ihre Kiefertaster haben die Rolle der Fühler als Sinnesorgane übernommen. Sie sind schlechte Schwimmer. Wenn sie Schwimmhaare haben, so sitzen diese nur auf den beiden hintersten Beinpaaren. Sie bewegen die Beine nicht gleichzeitig, sondern jedes Bein eines Beinpaares für sich; mit anderen Worten: sie treten Wasser. Die sekundären Geschlechtsmerkmale sind nur schwach entwickelt. Soviel man weiss, überwintern alle als Imagines, die grossen Arten wahrscheinlich vorzugsweise unter dem Eis, die kleineren in angeschwemmten Haufen und verfaulter Vegetation. Die primitivsten Arten legen ihre Eier einzeln und ohne Umhüllung ab; mehrere umgeben sie mit einem Seidengespinst, aber die allermeisten legen ihre Eier in seidegesponnene Kokons. Die Seide, aus der diese Kokons verfertigt werden, wird von Drüsen abgesondert, die zu den Ausführwegen des weiblichen Geschlechtsapparates gehören. Die Seidenfäden fliessen ab entlang dünnen Spinnstäben. Die Kokons sind im allgemeinen mit einem eigenartigen Mast oder Band versehen, von dem man annimmt, dass es für die Atmung von Bedeutung ist.

Die Larven der primitivsten Gruppen sind holopneustisch; sie leben vorzugsweise in oder auf feuchter Erde und an den Ufern von Teichen und Seen; viele leben in Mist, verwesenden Stoffen und Pilzen. Die meisten sind metapneustisch; nur die hintersten Stigmen sind voll funktionsfähig; bei den höchstentwickelten Formen liegen sie in einer Respirationsschale, die mit unbenetzbaren Haaren bekleidet ist. Nur eine einzige Art weist Tracheenkiemen auf. Die Larven haben meist schwache Kriechbeine; der Gang wird aber unterstützt durch Hinterleibswülste, die als gestielte Hakenfüsse entwickelt sein können. Einige vergrössern ihre Bewegungsfähigkeit, indem sie Luft schlucken und dadurch ihre Körperturgeszenz steigern. Die Larven sind ausgesprochene Raubtiere; im allgemeinen haben sie extraorale Verdauung. Sie saugen ihre Beute aus und verzehren sie, während sie an der Wasseroberfläche liegen. Auf Grund der grossen Luftmenge in den Tracheen sind die Larven gewöhnlich überkompensiert. Die Verpuppung geht fast immer in der Erde vor sich, und zwar meist in gegrabenen Erdlöchern, zuweilen aber auch in Algenteppichen.

Die Familie der Hydrophiliden wird in 7 Unterfamilien eingeteilt: *Hydraeninae, Limnebiinae, Spercheinae, Helophorinae, Hydrochinae, Sphaeridiinae* und *Hydrophilinae.*

Was wir über die Anatomie und Biologie der Wasserkäfer wissen, geht im wesentlichen auf das Studium der grossen Kolbenwasserkäfer (*Hydrous piceus* L. und *H. aterrimus* Esch.) zurück. Es erscheint deshalb am natürlichsten, die Beschreibung von Bau und Leben der Wasserkäfer mit der Schilderung der Gruppe der *Hydrophilinae* zu beginnen. Die beiden oben genannten *Hydrous*-Arten unterscheiden sich dadurch voneinander, dass bei *H. piceus* L. alle Bauchringe der ganzen Länge nach dachförmig gekielt sind, während die Bauchringe von *H. aterrimus* Esch. flach gewölbt sind und nur der letzte dachförmig gekielt ist.

Subfam. Hydrophilinae.

Die grossen Hydrophilen. H. piceus L. und H. aterrimus Esch.

a. Imago (Der Kolbenwasserkäfer) (Abb. 283). Betrachtet man die allgemeine Körperform, bemerkt man sogleich, dass die Rückenseite stark gewölbt, die Unterseite dagegen flach ist. Dies gilt für die Mehrzahl der Hydrophiliden, die sich hierdurch von den allermeisten Dytisciden unterscheiden. Schon aus diesem Baumerkmal ergibt sich demnach eine grössere Übereinstimmung mit den Landkäfern und eine geringere Anpassung an das Leben im Wasser als bei den Schwimmkäfern.

Die Mittel- und Hinterbeine sind zwar gerade wie bei den Dytisciden als Schwimmbeine ausgebildet und mit Schwimmhaaren versehen; in seiner Umformung gleicht namentlich das letzte Beinpaar den Beinen der Schwimmkäfer. Im Gebrauch besteht jedoch der grosse Unterschied, dass die Schwimmkäfer ihre Beine gleichzeitig bewegen, die Kolbenwasserkäfer dagegen, wie oben erwähnt, abwechselnd. Die Dytisciden schwimmen mit langen, kräftigen Stössen, der Kolbenwasserkäfer hingegen kann eigentlich nur Wasser treten. Da die Beine im ganzen ziemlich schwach und nur spärlich mit Schwimmhaaren bekleidet sind, werden die Kolbenwasserkäfer zu langsamen, trägen Tieren; dies hängt überdies mit ihrer Ernährung zusammen. Als entwickelte Insekten sind die Kolbenwasserkäfer ausgesprochene Pflanzen- oder Detritusfresser, und die Mundteile sind, wie oft bei Pflanzenfressern, unsymmetrisch gebaut; das gleiche gilt auch für die Mandibeln; sie sind mit verschiedenen starken Zacken und Dornen, die einen Siebapparat bilden, ausgestattet. Die Nahrung besteht vorzugsweise aus den frischen, grünen Blättern von Wasserpflanzen, die in grossen Mengen verzehrt werden. Der Darm ist wie bei allen Pflanzenfressern ungewöhnlich lang und imstande, grosse Mengen von Nahrung aufzunehmen. Hierbei besteht ja immer die Gefahr, dass die Nahrung leicht in Verwesung übergeht und, wenn sie ausgeschieden wird, das Wasser verunreinigt. Es ist aber eine Tatsache, dass sich Wasser, in dem Hydrophiliden leben, immer rein und klar hält, wogegen Wasser, in dem Dytisciden leben, oft ein trübes Aussehen zeigt. Ferner wurde beobachtet, dass aus dem Anus der Hydrophiliden oft lange, wurstförmige Körper heraushängen; solche findet man auch in Form langer Schnüre auf dem Boden des Aquariums. Hierbei handelt es sich natürlich um die Exkremente der Tiere. Die Exkremente sind mit einem seidenweissen, schimmernd reinen, zylindrischen Überzug oder Häutchen umgeben (die peritrophische Membran). In dieser Weise umschlossen, ist ihnen jede Möglichkeit genommen, schlechten Geruch zu verbreiten oder das Wasser zu verunreinigen. Die Häutchen sind nichts anderes als die innerste Darmbekleidung, die beim Durchgang der Nahrung durch den Darm einfach als zusammenhängende Haut abgestossen wird. Vor der nächsten Ausscheidung von Exkrementen wird von den Zellen der Darmwand eine neue Haut gebildet (Rengel 1901).

Abb. 283. *Hydrous piceus* L. In der Mitte das Männchen, rechts das Weibchen, links die Larve. Nach Brehm 1915.

Die Respirationsverhältnisse der Kolbenwasserkäfer sind sehr interessant.

Da sie ebenso wie die Dytisciden Luft atmen, müssen sie an die Oberfläche kommen, um Luft zu schöpfen; die Atmung geht jedoch auf ganz andere Weise vor sich als bei den Dytisciden. Wenn sie unter Wasser schwimmen, führen auch die Kolbenwasserkäfer einen Luftvorrat mit sich, der jedoch hauptsächlich unter dem Bauch und nur in geringerem Ausmass unter den Deckflügeln liegt. Betrachtet man die Unterseite eines grossen *Hydrous* (Abb. 284), so bemerkt man, dass grosse Teile des Kopfes, die Unterseite aller drei Brustringe und Randflecken auf dem Hinterleib mit einem feinen samtenen

Abb. 284. Ein *Dytiscus* und ein *Hydrous* von unten und von der Seite. Man sieht bei *Hydrous* den stark entwickelten Kiel, die weit hervorragenden Ränder der Flügeldecken und die Bedeckung der Sternite mit einem Haarfilz. — Bei *Dytiscus* ist der Kiel sehr schwach entwickelt, die Ränder der Flügeldecken ragen nicht über den Körper hervor, und die Sternite sind nicht behaart. Bei den Hydrophiliden können an der Unterseite grosse Luftmengen festgehalten werden, bei *Dytiscus* dagegen nicht. W-L. phot.

Haarkleid bedeckt sind; ferner ragen die Ränder der Deckflügel über die Seiten des Hinterleibes hinaus. Die Mittellinie des Tieres ist gewölbt, und von der Hinterbrust geht ein langer, etwas nach oben gebogener, ausserordentlich spitzer Stachel aus, der bis zur Mitte des zweiten Bauchsegmentes reicht. Zwischen diesem Stachelkiel und den Rändern der Vorderflügel entsteht ein grosser, nach unten offener Hohlraum, der mit grossen Luftmassen angefüllt ist, die zum Teil von der Samtbekleidung festgehalten, zum Teil von den oben genannten vorspringenden Rändern kapillar gebunden wird. Über dem Hohlraum ragt zwischen der Vorder- und der Mittelbrust der Kiel wandförmig empor und setzt sich nach hinten in der langen, dolchförmigen Spitze fort. Es ist wahrscheinlich die Aufgabe des Dornes, als mechanische Stütze für die Luftmasse zu dienen und den Umfang des Raumes zu vergrössern, in dem die Luft aufgesammelt und abgelagert wird. Unter den Flügeln findet sich wohl auch Luft, aber nicht angenähert so viel.

Wenn die Kolbenwasserkäfer im Wasser schwimmen, erscheint also ihre Unterseite vollkommen silberglänzend. Da die Luft überwiegend auf der Bauchseite abgelagert wird, ist diese Seite leichter, und man kann daher oft beobachten, dass sie nach oben gekehrt wird. Kleinere Arten ziehen daraus Nutzen, indem sie sehr oft mit der Bauchseite nach oben an der unteren Seite der Wasseroberfläche entlang laufen.

Respiration. Auf welche Weise wird nun die Luft erneuert? Schon am Anfang des vorigen Jahrhunderts (Nitzsch 1811) hat man erkannt, dass die Hydrophiliden nicht mit der Spitze des Hinterleibes an die Wasseroberfläche kommen, um Atem zu holen; gleichzeitig hat man gefunden, dass die Erneuerung der Luft auf eine unter den Wasserinsekten ganz einzigartige Weise vor sich geht. Vor dem Mund des schwimmenden Wasserkäfers sieht man zwei Halbbogen verschiedener Grösse. Der grössere von beiden wird von zwei

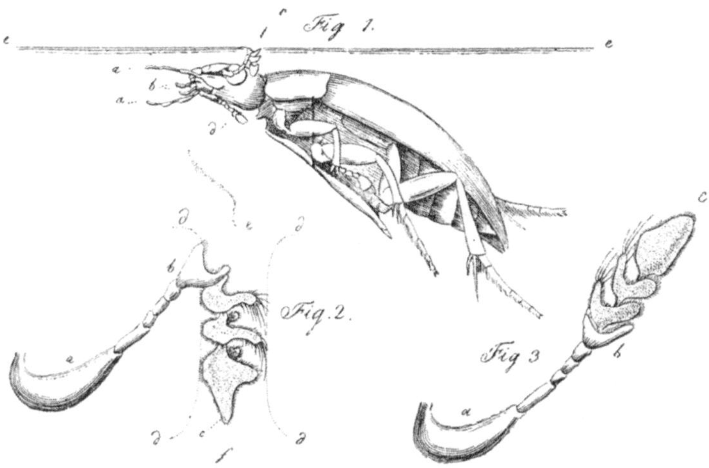

Hydrous piceus L.

Abb. 285. (1) An der Oberfläche atmend. (2) Die Antenne in ihrer natürlichen Stellung während der Atmung an der Oberfläche. (3) Die Antenne ausgestreckt, so wie sie getragen wird, wenn sich das Tier auf dem Lande bewegt. Nach Nitzsch 1811.

Organen gebildet, die jeder Nichtzoologe ohne das geringste Bedenken als Fühler bezeichnen würde. Diese bestehen nur aus vier, allerdings sehr langen Gliedern. Sie sitzen in die Kiefer eingefügt und sind die Kiefertaster. Die beiden kleineren sind die Lippentaster. Die Kiefertaster haben die Rolle der Fühler völlig übernommen. Von den Fühlern sieht man beim schwimmenden Wasserkäfer überhaupt nichts; sie sind auf die Unterseite des Kopfes heruntergeklappt und liegen an den Kopf angedrückt längs der inneren Kante der Augen. Sie haben ihre Funktion vollkommen verändert und dienen wahrscheinlich ausschliesslich der Respiration.

Die Antenne ist 9-gliedrig und keulenförmig, jedoch haben die einzelnen Glieder ein äusserst verschiedenes Aussehen. Das erste schaftförmige Glied legt sich dicht an den Augenrand, dann folgen 4 kleinere Glieder, und endlich die 4-gliedrige Keule. Diese 4 Glieder sind durch grosse Einschnitte sehr deutlich voneinander getrennt. Sie sind alle löffelförmig ausgehöhlt, die 3 ersten (6.–8.) sind plattenförmig, das letzte (9.) etwas zugespitzt und keulenförmig. Das 6. Glied trägt einen hohen, spitzen Zapfen. Die Ränder der Spitzen, in die die Glieder auslaufen, sind mit langen, goldigglänzenden Haaren bekleidet. Im Gegensatz zu dem übrigen Teil der Antenne ist die ganze Keule mit einer sehr dichten, unbenetzbaren Samtbekleidung aus sehr kurzen Haaren bedeckt. Unter dem Mikroskop zeigen der Schaft und die 3 folgenden Glieder die gewöhnliche braune, glänzende Chitinfarbe, die Keule hingegen einen matten, graugelben Samtton. Als Ganzes bildet die Keule eine Halbrinne oder, anders ausgedrückt, eine Dachrinne, deren Wand von den 4 ausgehöhlten Gliedern und den an ihren Kanten herausstehenden Haaren gebildet wird (Abb. 285).

Untersucht man nun die Aussenseite des Kopfes, und zwar den Teil, der vom Auge nach dem Hinterrand des Kopfes verläuft, so findet man dort die andere halbe Rinne. Diese besteht aus 2 hohen Haarverbrämungen, die von langen, goldenen Haaren gebildet werden. An getrockneten Exemplaren sehen sie wie ein paar Haarbüschel aus, und das ist wohl auch der Grund, weshalb diese Verbrämungen bis jetzt übersehen worden sind. Die eine Haarverbrämung ist ungeteilt, die andere ist in der Mitte offen, und die Halbrinne sendet von hier aus einen Querkanal nach der Mittellinie des Kopfes. Die Querrinne mündet direkt in die oben erwähnte feine Filzbekleidung ein, die die Unterseite des Körpers bedeckt (Abb. 286–287).

Meine Leser werden die recht ausführliche Erklärung dieses anscheinend äusserst speziellen Baues entschuldigen; da gewiss viele unter ihnen Kolbenwasserkäfer besitzen, und da ausserdem alles, was hier geschildert wurde, mit einer guten Lupe genau beobachtet werden kann, habe ich geglaubt, diesen kleinen speziellen Bericht wohl verantworten zu können. Wird nun die Frage gestellt, wie denn das Tier atmet, so lautet die Antwort folgendermassen:

Wenn der Kolbenwasserkäfer an die Oberfläche emporkommt, so geschieht das immer mit dem Vorderende zuerst; die eine oder die andere Seite wird an den Wasserspiegel gelegt, und der Kopf wird schief gestellt. Unmittelbar darauf sieht man die kleine Luftblase, die sich immer zwischen Kopf und Brust findet, grösser werden. Die Luftblase platzt, die Oberflächenhaut springt, und an der Stelle, an der früher eine Luftblase war, ist nun ein Trichter. Dieser Trichter führt hinunter in den Kanal, der aus den beiden Halbrinnen besteht,

---

TAF. VIII

Hydrophilidae.

Abb. 1. *Hydraena gracilis* Germ. Nach Hansen, V. 1931. × 15.
— 2. *Ochthebius marinus* Payk. Nach Hansen, V. 1931. × 15.
— 3. *Limnebius truncatulus* Thoms. Nach Hansen, V. 1931. × 16.
— 4. *Hydrochus elongatus* Schaller. Nach Hansen, V. 1931. × 10.
— 5. *Helophorus minutus* Fabr. Nach Hansen, V. 1931. × 9.
— 6. *Spercheus emarginatus* Schaller. Nach Hansen, V. 1931. × 5.
— 7. *Enochrus testaceus* Fabr. Nach Hansen, V. 1931. × 5.
— 8. *Helochares griseus* Fabr. Nach Hansen, V. 1931. × 5.
— 9. *Berosus luridus* L. Nach Hansen, V. 1931. × 9.
— 10. *Anacaena limbata* Fabr. Nach Hansen, V. 1931. × 14.
— 11. *Hydrobius fuscipes* L. Nach Hansen, V. 1931. × 5.
— 12. *Chaetarthria seminulum* Hbst. Nach Hansen, V. 1931. × 22.
— 13. *Coelostoma orbiculare* Brullé. Nach Hansen, V. 1931. × 7.
— 14. *Laccobius striatulus* Fabr. Nach Hansen, V. 1931. × 7.
— 15. *Hydrous piceus* L. Larve. Nach Miall. 1895. × $^1/_1$.
— 16. *Ochthebius impressus* Marsh. Larve. Nach Henriksen, K. 1931. × 22.
— 17. *Limnebius papposus* Muls. Larve. Nach Henriksen, K. 1931. × 13.
— 18. *Helophorus aquaticus* L. Larve. Nach Schiødte, l. c. 1861—62. × 5.
— 19. *Helophorus aquaticus* L. Larve. Nach Henriksen, K. 1931. × 5.
— 20. *Coelostoma orbiculare* Brullé. Larve. Nach Henriksen, K. 1931. × 7.
— 21. *Laccobius minutus* L. Larve. Nach Henriksen, K. 1931. × 16.
— 22. *Hydrobius fuscipes* L. Larve. Nach Henriksen, K. 1931. × 5.
— 23. *Helochares griseus* Fabr. Mit Eiersack. Nach Meixner, J. 1935. Die punktierte Linie gibt die Grenze der Luft an.
— 24. *Helochares griseus* Fabr. Eiersack. Nach Meixner, J. 1935.
— 25. *Laccobius minutus* L. Puppe. Nach Henriksen, K. 1931.

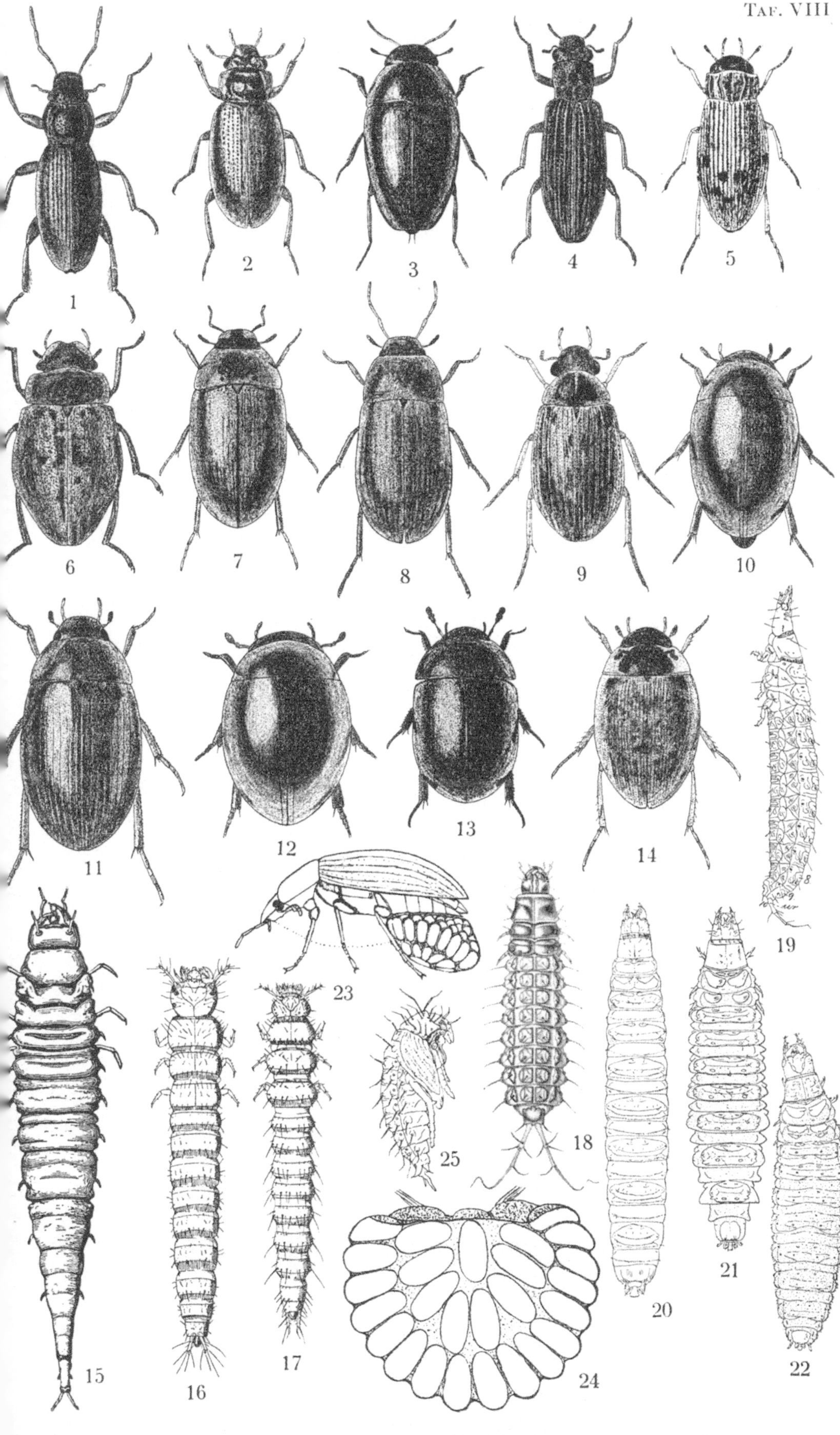
1
2
3
4
5
6
7
8
9
10
11
12
13
14
19
23
18
15
16
17
25
20
21
22
24

deren eine also auf dem Kopfe sitzt, während die andere von der Antenne gebildet wird. Beim Erreichen der Wasseroberfläche hat das Tier die Keule senkrecht nach unten gebeugt und die beiden Halbrinnen einander genähert, wodurch ein Rohr entstanden ist. Da dieses Rohr nach unten direkt in den Luftvorrat unter dem Körper mündet, wird so eine freie Verbindung zwischen dem Luftvorrat und der atmosphärischen Luft hergestellt.

Wer Geduld genug hatte, der obigen, vielleicht etwas »gelehrten« Darstellung zu folgen, wird sicher zugeben, dass dies wirklich eine höchst eigen-

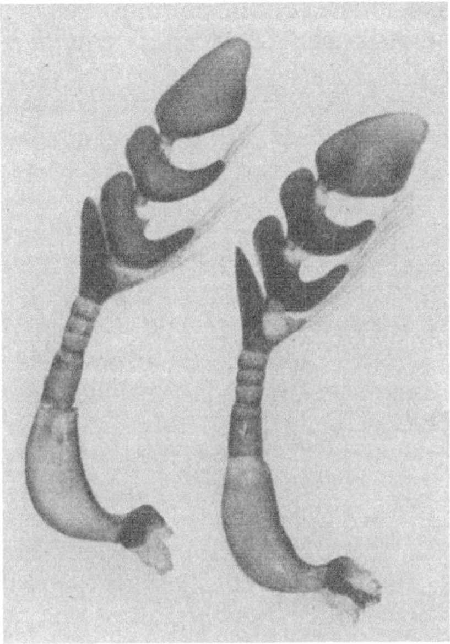

Abb. 286.

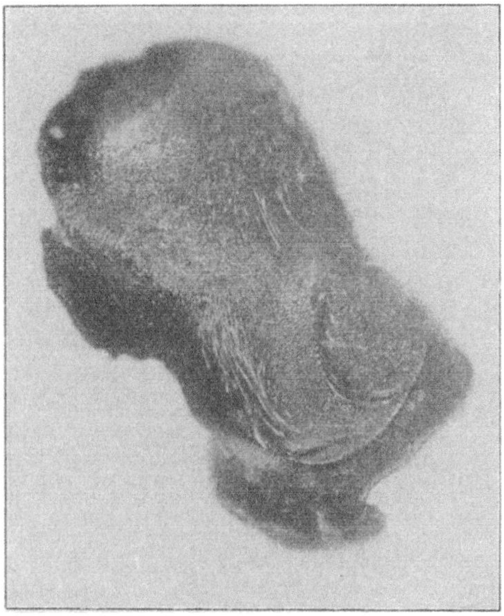

Abb. 287.

Hydrous piceus L.

Abb. 286. Die Antenne von innen und von aussen gesehen. W-L. phot.

Abb. 287. Die hintere Seite des Kopfes. Man sieht die zwei Haarsäume, die zusammen die eine Hälfte des Rohres bilden, durch das die Luft geleitet wird. W-L. phot.

tümliche Weise ist, die notwendige Verbindung herzustellen. Bisher kennen wir Ähnliches bei anderen Insekten nicht. Wohl kommen auch die Corixen an die Oberfläche und füllen Luft in die Spalte zwischen Kopf und Vorderbrust, aber die Antennen spielen hierbei jedenfalls keine solche Rolle. Bei den Belostomatiden erinnern die Antennen im Bau einigermassen an die der Hydrophiliden, ob sie aber ebenso gebraucht werden, wissen wir nicht. Noch weniger ist uns darüber bekannt, wie dieser äusserst eigentümliche Funktionswechsel der Antennen entstanden ist. Soviel man weiss, atmen alle im Wasser lebenden Hydrophiliden auf diese Weise, und wenn auch die Keulen bei den kleineren Arten Unterschiede aufweisen, sind sie doch im grossen und ganzen innerhalb der Familie ziemlich übereinstimmend gebaut. Weitere Untersuchungen hierüber liegen vorläufig nicht vor.

Es ist merkwürdig, wie sich unsere Kenntnis dieser sonderbaren Bauverhältnisse im Laufe der Zeit entwickelt hat: Die eine Halbrinne (Antenne) des Kanals wurde bereits 1811 (Nitzsch) richtig gesehen und abgebildet, die andere Halbrinne erst im Jahre 1913; bis etwa 1880 ging das Wissen um die erste Halbrinne für die meisten verloren. Obwohl NITZSCH im Jahre 1811 die Keulen in ihrer Stellung nach unten vollständig richtig abgebildet hatte, blieb man in allen späteren Arbeiten dabei, sie stets in der unrichtigen, nämlich nach oben um den hinteren Rand des Auges gebeugten Stellung darzustellen. PRZIBRAM (1924) behauptet, dass die Lufterneuerung bei den Hydrophiliden ohne Mitwirkung der Antennen vor sich geht. Er behauptet, dass NITZSCH's Auffassung in die physiologischen Handbücher »weitergeschleppt« worden sei. BLUNCK und SPEYER (1925) haben experimentell nachgewiesen, dass PRZIBRAM's Anschauung unrichtig ist. So bewunderungswürdig es ist, dass NITZSCH schon 1811 mit den damaligen unzulänglichen optischen Hilfsmitteln über die Vorgänge Klarheit schaffen konnte, eben so unfasslich ist es, dass man dies heutzutage nicht kann.

Wir wollen jetzt versuchen zu verstehen, wie es das Tier anstellt, neue Luft in seinen Körper zu leiten, nachdem es die Verbindung zwischen der atmosphärischen Luft und der Luftschicht unter seinem Körper hergestellt hat.

Wir haben gesehen, wie die Dytisciden das letzte Paar Spirakel an die Oberfläche legen und durch Kontrahieren und Dilatieren der grossen Tracheenstämme Luft in sich hineinpumpen. Der Kolbenwasserkäfer benimmt sich grundsätzlich ebenso, doch verläuft der Vorgang etwas anders. Auch der Kolbenwasserkäfer hat am Hinterleib auf jedem Segment ein Paar Stigmen, die jedoch ziemlich klein sind und oben unter den Deckflügeln liegen, dort, wo sich nicht der grösste Luftvorrat findet. Untersucht man die Verbindungshaut zwischen der Vorder- und der Mittelbrust, sieht man unten auf der Bauchseite zwei grosse, längliche Spalten (Atemlöcher), die geöffnet und geschlossen werden können und mit einem sehr schönen Reusenapparat aus Chitinhaaren versehen sind, der ein Eindringen von Schmutz usw. verhindert. Auf der Grenze zwischen den beiden letzten Brustringen, ebenfalls auf der Unterseite, liegt noch ein Stigma. Andere, unmittelbar mit der Luft unter dem Körper in Verbindung stehende Atemlöcher gibt es nicht.

Kurz nachdem das Tier an der Oberfläche in Atmungsstellung gegangen ist, gerät es in konvulsivische Zuckungen: die Flügel heben und senken sich, die Hinterleibssegmente gehen auf und nieder, ja selbst alle die einzelnen Chitinstücke in den beiden hintersten Brustringen heben und senken sich (vgl. BROCHER 1914). Während dieser Erweiterungen und Zusammenziehungen pumpt das Tier vermutlich durch seine Bruststigmen Luft in die Tracheen und Luftsäcke.

Die Luft wird wahrscheinlich durch die Hinterleibsstigmen wieder ausgestossen. Wenn der Kolbenwasserkäfer die Antenne von der Seite des Kopfes wegzieht und untertaucht, ist sein Tracheensystem mit atmosphärischer Luft gefüllt; ausserdem findet sich wahrscheinlich auf seiner Unterseite ein Luftvorrat, von dem er zehren kann. Wenn die gesamte Luft respiratorisch verbraucht ist, steigt das Tier, jedenfalls im Sommerhalbjahr, wieder an die Oberfläche. Ausserdem wird die Luft sicherlich auch hydrostatisch ausgenutzt. Wird sie entfernt, werden die Tiere schwerer und können die Oberfläche nicht mehr erreichen. Wie später besprochen werden soll, dürften die Verhältnisse im Winterhalbjahr anders liegen.

BROCHER (1914) beschreibt den Vorgang der Atmung: Wenn das Tier an der Wasseroberfläche atmet, nimmt die eingeatmete Luft folgenden Weg: Antenne – Prothorax – Prothorax-Stigma. Nachdem sie dann in den Tracheen zirkuliert hat, wird sie durch die Metathorax-Stigmen und die Hinterleibsstigmen ausgestossen, gelangt unter die Deckflügel und breitet sich auf der Unterseite des Körpers aus, wo sie von der unbenetzbaren Haarschicht festgehalten wird. Später wird sie mit Hilfe der Antennen, wenn sie mit der Atmosphäre in Berührung stehen, ausgestossen.

Über Paarung und Fortpflanzung sind wir beim Kolbenwasserkäfer nicht so gut unterrichtet wie bei den Dytisciden. Die Paarungszeit ist wohl vorzugsweise das Frühjahr, und die Begattung geht in so seichtem Wasser vor sich, dass sich das Weibchen mit den Beinen auf dem Grunde stützen kann, oder in so dichten Algenmassen, dass diese ihm als Unterlage dienen. Das Männchen sitzt auf dem Rücken des Weibchens und umklammert die Ränder seiner Vorder- und Mittelbrust mit den Klauen der beiden vordersten Beinpaare. Ein Fussglied des vordersten Beinpaares ist mit einer grossen, axtförmigen Chitinplatte versehen, die dazu dient, das Weibchen festzuhalten. Während der Paarung hört man, besonders am Abend, einen ständig wiederkehrenden, knitternden Laut, der dadurch entsteht, dass ein ganz bestimmter Teil am äusseren Rand der Deckflügel gegen den Rand des zweiten Hinterleibssegmentes gerieben wird, das hier zahlreiche Rillen und Furchen trägt. Nach der Begattung legt das Weibchen die Eier ab.

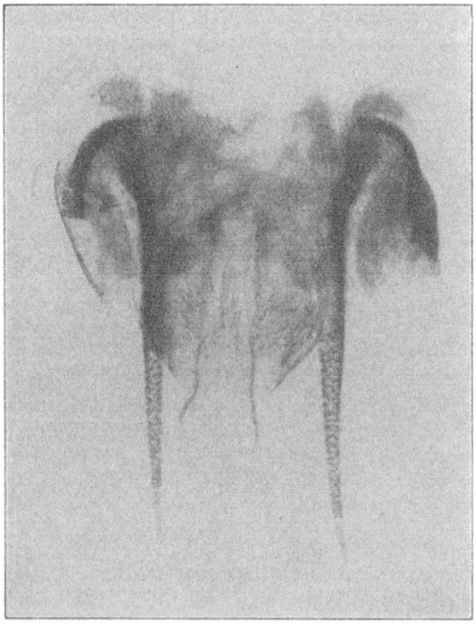

Abb. 288. *Hydrous piceus* L. Die Spinnstäbe. Ausmündung der Spinndrüsen zwischen den haarbedeckten Teilen, wo die Geschlechtsöffnung liegt. Das Sekret läuft als feine Fäden an den Spinnstäben entlang. W-L. phot.

Einer der interessantesten Züge in der Biologie der Hydrophiliden ist, dass sie Kokons spinnen, in die sie ihre Eier legen. Der weibliche Geschlechtsapparat ist mit mächtigen Spinndrüsen versehen; diese münden wahrscheinlich nahe der Basis der beiden langen, zweigliedrigen Spinnstäbe; das innerste Glied ist kurz, auf dieses folgt ein längeres Glied, aus hellerem Chitin, mit zahlreichen dunkleren Chitinflecken bedeckt. Auf jedem Flecken sitzt ein nach unten gerichteter Dorn. Das Glied endet in einem langen Haar. Die Spinndrüsen bestehen im ganzen aus 8 sehr langen Röhren, die zwei und zwei in jeden der beiden Ovidukte münden, ehe diese sich zu einem gemeinsamen Gang vereinen.

Zwischen den Spinnstäben (Abb. 288) finden sich zwei breite, flache, behaarte Platten, die an ihrem inneren Rande in zwei besonders an der Spitze stark behaarte Zipfel übergehen. Anscheinend gebrauchen die Tiere beim Bau der Kokons verschiedene Drüsensekrete; von welchen Drüsen diese einzelnen Sekrete stammen, wissen wir aber nicht. Laabs (1939) hat zwar den Spinnapparat von *Hydrophilus caraboides* L. und 5 kleineren Hydrophiliden untersucht, nicht aber den der grossen Hydrophiliden. In grossen Zügen scheint der Aufbau übrigens bei allen stets der gleiche zu sein.

Der äussere Spinnapparat wird nach Laabs in drei Abschnitte geteilt: 1) der obere, der die Anusöffnung trägt; 2) eine mittlere Partie, die ein bügelförmiges Chitinstück trägt, und zwar die Reste des 8. Tergits; und 3) der ventrale Teil.

Am zweiten Stück finden sich die beiden langen Spinnstäbe, die überall aus einem basalen und einem äusseren Glied zusammengesetzt sind, das in einer langen Borste endet. Das basale Glied zeigt eigentümliche Chitinstrukturen; das ventrale Stück (3) ist plattenförmig und zweigeteilt; die beiden Hälften sind lappenförmig und an der Spitze mit langen Haaren versehen. Zwischen den Spinnstäben und der Ventralplatte liegt die Geschlechtsöffnung, aus der das Spinnmaterial auf die Ventralplatte und von dort weiter an den Spinnstäben entlang fliesst. Wenn der Spinnapparat nicht in Wirksamkeit ist, liegen die Spinnstäbe eingezogen im Körper, sowohl untereinander wie zur Körperachse parallel. Auf der Photographie sieht man die Spinnstäbe (Abb. 288), deren äusseres Glied die zahlreichen braunen Flecken trägt und die Ventral-

Abb. 289. *Hydrous piceus* L. Verschiedene Stadien der Kokonbildung. Nach Réaumur.

platte, die in zwei Zipfel geteilt ist, welche hinwiederum in den langen Haaren enden. Man sieht ausserdem, dass die Spinnstäbe an den bügelförmigen Stücken der Mittelpartie befestigt sind.

Die beiden Franzosen LYONET (1832) und MIGER (1809) haben uns die ersten und man könnte fast sagen bisher einzigen, wirklich eingehenden Schilderungen davon gegeben, wie ein Kolbenwasserkäfer seinen K o k o n spinnt. Der Kokon selbst ist etwa 2 cm lang und breit und etwa 1 cm hoch. Die Rückenseite ist flach, die Bauchseite mehr gewölbt; vorn ist er mit einem auf der Rückseite mit einer Rinne versehenen Mast ausgestattet. Dieser Mast setzt sich nach unten in eine grosse, dreieckige Platte fort, die das rückwärtige Ende des Kokons verschliesst. Platte und Mast sind bräunlich, der Kokon meist weisslich. Die Wände sind pergamentartig, und das Innere ist von einem losen Seidengespinst ausgefüllt. Im vordersten Teil des Kokons liegen die grossen Eier wie ein Kuchen auf dem Boden, hübsch reihenweise nebeneinander aufgestapelt. Die Kopfenden der Eier sind alle nach oben gekehrt, jedes Ei sitzt in einer kleinen Seidenpatrone, und über dem ganzen Eierkuchen liegt das feinste weisse Seidengespinst. Im Frühjahr findet man nicht selten diese Kokons in seichtem Wasser von Algen umgeben, und fast immer sind Algen auf der Rückenseite angesponnen. Nur ein sehr geübtes Auge kann das Schiffchen erspähen. Die Rückenseite treibt immer auf der Wasseroberfläche, und der lange Mast ragt senkrecht in die Höhe, er ähnelt den zahlreichen Schilf- und Grashalmen, die rings um den Kokon emporstehen. Der Mast trägt zusammen mit den Algen dazu bei, den Kokon zu camouflieren (Abb. 289).

Da das Seidengespinst über den Eiern Luft enthält, und die schweren Eier auf dem Boden des Kokons befestigt sind, liegt der Schwerpunkt des Schiffchens sehr tief. Die Luft unter dem Dach des Kokons bewirkt, dass der Kokon immer die Rückenseite nach oben kehrt. Versuche haben gezeigt, dass die Eientwicklung gehemmt wird oder ganz aufhört, wenn der Kokon mit der Rückenseite nach unten liegt. Die Luft bewirkt ferner, dass der Kokon in höchstem Grade »lebendig« ist. Bei der geringsten Bewegung fängt er an zu wippen, ein angreifendes Tier kann ihn niemals zum Stilliegen bekommen, wodurch es wesentlich erschwert wird, ein Loch in ihn zu bohren. An der Basis des Mastes ist der Kokon etwas dünner als an anderen Stellen. Für die Entwicklung der Eier ist eine Erneuerung der Luft notwendig, und diese findet unter normalen Verhältnissen wahrscheinlich vorzugsweise an dieser Stelle statt. Eine Strömung zwischen der Luft im Kokon und der atmosphärischen Luft könnte dadurch entstehen, dass die Temperatur im Kokon während der Eientwicklung steigt, doch weiss man zurzeit hierüber noch nichts Sicheres.

Es bleibt jetzt nur die Frage offen, wozu der merkwürdige Mast dient. Wenn man den Mast abschneidet, zeigt es sich, dass sich die Eier normal entwickeln, wenn nur der Kokon an der Oberfläche liegen bleibt. Senkt man dagegen den Kokon unter Wasser und lässt das Wasser über die Spitze des Mastes steigen, so sterben die Eier ab. Ragt aber nur der oberste Teil des Mastes aus dem Wasser heraus, so entwickeln sich die Eier. Verankert man den Kokon auf dem Boden eines Gefässes, giesst Wasser darauf und beobachtet den Mast aufmerksam, während das Wasser steigt, so sieht man, dass das steigende Wasser nicht in die Rinne eindringt, sondern sie vielmehr kapillar verschliesst. Der Mast wird dadurch also zu einer Röhre, deren drei Seiten von dem Gespinst, die vierte von einer Wasserhaut gebildet werden. Durch dieses Rohr ist das Innere des Kokons ständig in Verbindung mit der atmosphärischen Luft. Da die Kokons in der Natur oft an Wasserpflanzen und Algenteppichen haften, können sie nicht folgen, wenn der Wasserspiegel auf Grund eines heftigen Schauers steigt. Der Kokon bleibt vielmehr auf dem gleichen Niveau liegen, und dies würde bedeuten, dass die Eier zugrunde gehen müssten. Solange das Wasser jedoch nicht über die Spitze des Mastes steigt, besteht immer noch Zugang zur atmosphärischen Luft, und die Entwicklung der Eier kann ungestört vor sich gehen. Der Mast muss also als eine besondere Konstruktion am Kokon angesehen werden, die die Eientwicklung vom wechselnden Wasserstand unabhängig macht (Abb. 289).

Die Länge des Mastes ist sehr verschieden und variiert von $^1/_2$ bis 3 cm, wahrscheinlich in Übereinstimmung mit der Höhe des Wasserstandes. Bei einem nahestehenden Genus, *Tropisternus*, findet man bei einer Art, *T. lateralis* F., ein flach gebogenes Band, das auf der Wasseroberfläche oder unter schwimmenden Blättern treibt. Etwas Ähnliches kommt auch bei verschiedenen kleinen Hydrophiliden vor.

Laabs (1939) behauptet, dass der Mast für die Erneuerung der Luft ohne Bedeutung ist, da eine Verbindung mit dem Innern der Kapsel fehlt. Der Mast soll nur als »Befestigungs- und Gleichgewichtsmittel gegen ein Umkippen des Eischiffchens« eine Rolle spielen. Letzteres ist nicht leicht zu verstehen und ersteres lässt sich nur mit Hilfe von Luftanalyse entscheiden. Es steht im übrigen vollkommen in Widerspruch zu Portier's klaren Angaben (1911) über die Verhältnisse bei *Hydrophilus caraboides* L. (vgl. S. 342). Laabs' kurze Zurückweisung meines Vorschlages, dass die Luft im Kokon analysiert werden müsste, durch die Behauptung, dass die Luftmenge im Kokon zu klein dafür sei, zeigt, dass Laabs mit dem Begriff Luftanalyse durchaus nicht vertraut ist. Etwa 30 Jahre, nachdem Krogh (1911) mit seinem Mikroanalyse-Apparat die

Luft in *Corethra*-Blasen analysiert hat, erscheint mir LAABS' sehr kategorische Zurückweisung meines Vorschlages betreffend eine Luftanalyse der Kokonluft, sanft ausgedrückt, etwas altnordisch.

Wenn die Larven auskriechen, ist der Kokon die herrlichste Kinderstube: nicht besonders geräumig, aber doch behaglich. Wie das Lebkuchenhaus im Walde birgt er die Annehmlichkeit in sich, dass die Kinder ihn jedenfalls teilweise verzehren können. Das feine Gespinst um die Eier und das, was sie wattiert, wird von den Larven gefressen. Selbst die Wände werden angenagt.

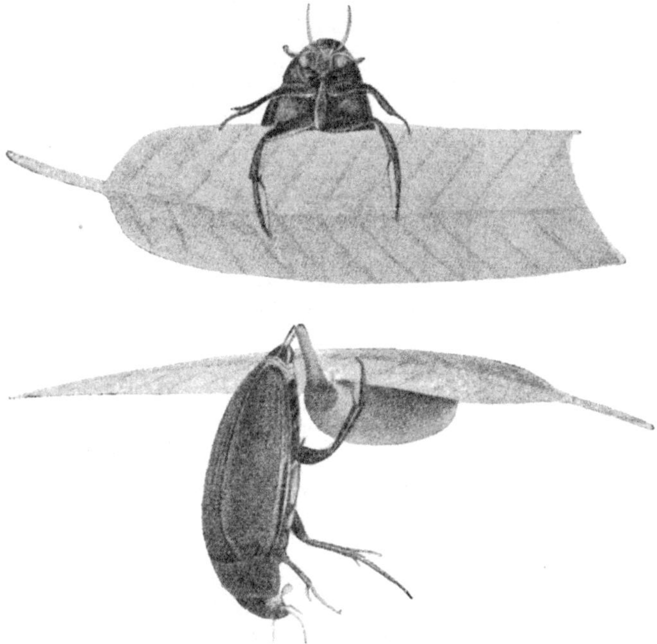

Abb. 290. *Hydrous piceus* L. Beim Spinnen seines Kokons. Nach Miger, F. 1809.

Erst wenn nur noch eine äusserst dünne Schale davon übrig ist, beginnt das Auskriechen, und zwar auf der Rückseite, unter dem Mast, dort wo die Schale am dünnsten ist. Die grauen Larven klettern am Mast auf und nieder, sonnen sich auf der Rückenseite des Kokons oder liegen auf den Algen, gerade vor der Tür. Am Abend oder wenn ihnen Gefahr droht, schlüpfen sie hinein. Erst nach einigen Tagen verlassen sie den heimischen Herd für immer. Der Kokon bleibt noch lange liegen, beschmutzt, von Algen durchwoben; verschiedene Insekten durchlöchern ihn später. Viele Kokons werden geöffnet; Eier und Larven dienen anderen Tieren als Nahrung. Die Kokons werden auch von anderen Insekten benutzt (siehe unten), viele sind sehr angeknabbert und so stark aufgerieben, dass ich kaum glaube, dass ausschliesslich Insekten daran Schuld tragen. Könnten nicht auch Wasserhühner, besonders *Gallinula chloropus*, die sich mit ihren Jungen gerade an solchen Örtlichkeiten aufhält, oder etwa die Wasserspitzmaus der Urheber eines Teiles dieser frühzeitigen Zerstörungen sein? Der Kokon füllt sich schliesslich mit Wasser, sinkt, und wird mit Schlamm bedeckt. Diese so erstaunlich wenig bekannten Kokons gehören in Wirklichkeit zu den schönsten Wohnungen, die Insekten für ihre Jungen einrichten.

Unwillkürlich fragt man sich, wie es den Kolbenwasserkäfern möglich ist, solche wunderbaren Krippen zu bauen. Ganz besonders unbegreiflich scheint folgende Frage: Wie ist das Tier imstande, im Wasser einen vollkommen trockenen, mit Luft gefüllten Raum zu schaffen und später, während es im Wasser liegt, seine Eier darin abzulegen, ohne dass ein Tropfen Wasser eindringt?

Der allererste Anfang zur Bildung des Kokons wurde bei dieser grossen Art wohl leider niemals beobachtet; dagegen ist er bei kleineren Arten genau studiert worden (u. a. bei *Hydrophilus caraboides* L.). Es darf als recht wahrscheinlich angenommen werden, dass der Vorgang bei allen Arten ziemlich der gleiche ist.

Im Falle von *Hydrobius fuscipes* L. konnte nachgewiesen werden (B. Browne, 1910), dass das Tier zunächst eine grosse Menge Luft sammelt, um sie zum Teil unter dem Bauch, zum Teil unter den Flügeln aufzuspeichern. Diese Luft wird wahrscheinlich durch Spinnfäden an den Wasserpflanzen befestigt und das Tier spinnt dann seinen Kokon herum. In Wirklichkeit entspricht dieser Vorgang ganz der Arbeitsweise der Wasserspinne.

Der grosse Kolbenwasserkäfer fängt im allgemeinen wahrscheinlich damit an, dass er eine dünne Algenschicht oder ein Buchenblatt auswählt, auf dessen Unterseite er die flache Rückenseite des Kokons spinnt. Derartige flache Rückenplatten finden sich oft in Aquarien, in denen spinnende Hydrophiliden leben, und man trifft sie auch nicht selten in der Natur. Solange das Tier diese Rückenplatte spinnt, liegt es mit dem Bauch nach oben, steckt den Kopf durch die Algenmassen und hält sie mit den Vorderbeinen fest. Ist die Rückenplatte fertig, so beginnt das Einfüllen der Luft. Die Luft wird unter den Deckflügeln und von der Bauchseite abgestreift und unter die Platte gebracht. Dann dreht sich das Tier um und spinnt auf der Unterseite der Luftblase die Bauchseite des Kokons, die mit der Rückenplatte vereinigt wird. Der Kokon ist jetzt eine seidenumsponnene Luftblase, in welcher der Hinterleib des Tieres steckt. Obwohl der Kokon im Wasser angefertigt wurde, ist er innen völlig trocken.

An einem Junimorgen um 9 Uhr fand ich in einem meiner Aquarien ein Weibchen, das bis zur Mitte seiner Deckflügel in einem halbfertigen Kokon begraben lag. Das Tier spann noch auf der Bauchseite. Es stützte seine Vorder- und Hinterbeine auf die Pflanzen im Aquarium. Ohne eine solche Stütze könnte es den Kokon wohl kaum anfertigen. Von 9 bis 12 Uhr wurde das Tier unausgesetzt beobachtet, dann war der Kokon fertig, und das Insekt ging seines Weges. Von 9 Uhr bis 9.15 Uhr sah man die Beine unaufhörlich Luft in den Sack hineinstreichen; dann hörten diese Bewegungen auf, und in der darauf folgenden Stunde, bis 10.16 Uhr, lag das Tier vollkommen ruhig da. Nicht eine Bewegung verriet, was es unternahm; man sah nur hie und da Luftblasen aus dem Sack entweichen. Während dieser Stunde hat das Tier die Eier in den Sack abgelegt. Das Aufstapeln der Eier auf dem Boden des Sackes konnte natürlich nicht beobachtet werden. Bis zu diesem Augenblick liegen die Hinterbeine beständig in den Sack eingezogen, jetzt werden sie plötzlich herausgezogen und oben drauf angebracht, wo sie bleiben, bis das Tier den fertigen Kokon verlässt. Die Beine werden so fest an den Kokon geklemmt, dass sie auf jeder Seite des Mastes einen Abdruck hinterlassen. Um 10.16 Uhr sind die Eier gelegt. Nun beginnt das Tier von neuem Luft in den Sack zu streichen, und der Sack, der vorher ziemlich tief im Wasser lag, steigt infolge der zunehmenden Luftmenge immer höher und höher. Um 10.55 Uhr ist die Füllung des Kokons beendet, die hineingestrichene Luft wird von zahllosen, feinen Spinnfäden festgehalten, und nun fehlt nur noch, den

Kokon zu schliessen und den Mast zu bilden, d. h. den Schornstein mit dem Abzug anzulegen, durch den den Eiern unter schwierigen Bedingungen Luft zugeführt werden kann. Da das Tier jetzt aussen auf dem Kokon arbeitet, kann man die Spinnstäbe in Wirksamkeit sehen. Mit dem Hinterleib wird die Oberfläche des Wassers nach unten gedrückt, und gleichzeitig werden die Beine über die dadurch entstandene Vertiefung gelegt und der hintere Rand des Kokons festgehalten. Obgleich das Tier im Wasser liegt, kann es auf diese Weise den Kokon schliessen, ohne dass Wasser eindringt. Während nun die Unterseite des Hinterleibs vollständig reglos bleibt, entfaltet die Rückenseite eine unglaubliche Beweglichkeit. Dies gilt im besonderen für die letzten Segmente. Die Spinnstäbe sind 4 mm lang und ausserordentlich biegsam und elastisch. Die Spinnflüssigkeit fliesst aus der Geschlechtsöffnung heraus; solange das Tier spinnt, sind die Stäbe nass, da die Spinnflüssigkeit auf der ventralen Platte aufgesammelt und längs deren Rand von den Haaren aus über die Spinnstäbe heruntergeleitet wird. Man kann mit der Lupe beobachten, wie von der Spitze der Stäbe dauernd ein langer, feiner Faden abgegeben wird. Während des Gebrauchs werden die Spinnstäbe fast immer parallel gehalten und unausgesetzt in unglaublich raschem Tempo auf- und abgeschleudert. Während dessen wird der Faden abgehaspelt. Solange die Spinnerin an der dunkelbraunen, senkrechten Platte arbeitet, die hinten den Kokon verschliesst, bewegen sich die Stäbe in allen möglichen Richtungen. Die Stäbe werden mit einer unbegreiflichen Geschmeidigkeit der Chitinteile, auf denen sie sitzen, nebeneinander vor und zurück, auf und ab geschleudert. Oft gehen die Stäbe so rasch hin und her, dass man mit dem Auge kaum folgen kann. Um 10.57 Uhr ist der Kokon geschlossen. Jetzt fehlt nur noch der Mast, dessen Anfertigung über eine Stunde dauert. Man kann sehen, wie die Spinnstäbe in der Mittellinie des oberen Hinterrandes des Kokons Klebstoff auf Klebstoff häufen; die unregelmässigen Schwingungen der Spinnstäbe hören auf, und statt dessen bewegen sie sich nun eine Stunde lang hunderte von Malen in regelmässigem Tempo auf und nieder, auf und nieder. Jedesmal, wenn sie nach unten schlagen, wird neue Klebemasse angebracht; wenn sie gehoben werden, wird neues Material herausgezogen, das beim nächsten Mal wieder aufgelegt wird; das Ganze geht so regelmässig wie ein Uhrwerk. Wenn ein Stück fertig ist, wird es zwischen den Spinnstäben erfasst, und diese behandeln dann die Seiten des Stückes, indem sie es zwischen den Stäben kneten und polieren. Da der Mast oft 2 cm hoch ist, und da es dem Kolbenwasserkäfer natürlich schwer fällt, so hoch oben zu spinnen, drückt er mit den Hinterbeinen die Rückenseite des Kokons immer tiefer herunter, wodurch er ständig mehr vornüber neigt. Gleichzeitig stellt sich der Käfer selbst mehr und mehr senkrecht, sodass seine Stellung schliesslich beinah vertikal wird. Während der ganzen Zeit, die das Tier braucht, um den Mast anzufertigen – eine Stunde – hat es nicht einen Augenblick seinen Luftvorrat erneuert; Kopf und Brust waren ununterbrochen unter Wasser. Mit einem Ruck, 11.59 Uhr, während ich mit der Lupe in der Hand dasass und den Gang des Spinnens beobachtete, hörte dieses plötzlich auf. Der Kokon wippte ein wenig nach hinten, als das Tier ihn losliess und mit grosser Geschwindigkeit in die entgegengesetzte Ecke des Aquariums schwamm und krabbelte; hier lag es mehrere Stunden lang ohne sich zu regen. Die unglaubliche Plötzlichkeit, womit das Tier die Spinnstäbe einzog, die Bude schloss und gleichzeitig einen Riegel vor alles schob, was Spinninstinkt, Fürsorge für die Brut, »Mutterliebe« usw. heisst, war geradezu imponierend. Es war, als ob diese kleine Kinderstube, dieses Wunder an Kunstfertigkeit, das mindestens 4 Stunden ununterbrochener Arbeit gekostet hatte, und dem das Weibchen einen grossen Teil seiner Eier anvertraut hatte, mit einem Mal jedes Interesse verloren hätte. Es hat, gerade wie der Mohr, seine Arbeit getan und kann gehen, um Ruhe und Nahrung zu suchen, bis die Eierstöcke neue Eier produzieren und die Spinn- und Brutinstinkte gleichzeitig mit diesem Reifungsprozess wieder erwachen.

Es ist festgestellt worden, dass ein Weibchen im Mai nicht weniger als 5 Kokons angefertigt hat. Es ist ausserdem nachgewiesen, dass ein Weibchen im Juni und dann wieder am 5. Juli 2 Kokons anfertigte, dann überwinterte und am 1. und 20. Juli 2 neue Kokons herstellte.

b. Die Larve. Wer zum erstenmal die ausgewachsene Larve des Kolbenwasserkäfers beobachtet (Taf. VIII, Abb. 15), wird feststellen, dass sie eines der hässlichsten Tiere ist, das er je gesehen hat. Nicht einmal ihre besten Freunde werden behaupten können, dass die Schönheit sie plagt. Sie ist plump, klobig, runzelig, von grauschwarzer Farbe und unschön in ihren Bewegungen; nichts von alledem kann eigentlich als eine gewinnende Eigenschaft bezeichnet werden. Sie ist, wie auch die Larve des Gelbrandes, ein gefrässiges Raubtier, doch fehlt der Larve des Kolbenwasserkäfers alles, was mit dem Blutdurst der Gelbrandlarve versöhnt: die Eleganz der Form, die katzenartige Geschmeidigkeit und die oft sehr hübsche Farbenzeichnung. Ein Teich, ein Seeufer kann Hunderte von Larven des Kolbenwasserkäfers beherbergen; man kann stundenlang nach ihnen suchen, seinen Kescher so fleissig gebrauchen wie man nur will, und doch muss man froh sein, wenn man auch nur ein paar fängt. Trotzdem beherrschen diese Larven während einiger Zeit die Teiche ganz und gar. Als ausgewachsene Tiere nahezu ohne Feinde, sind sie selber man möchte fast sagen imstande, alles zu fressen, was in ihre Nähe kommt.

Die Mandibeln sind ausserordentlich kräftige, verschieden stark entwickelte Kauwerkzeuge; die rechte ist länger und etwas dünner als die linke, beide auf den Innenseiten gefurcht. Die langen, stabförmigen, antennenähnlichen Kiefer tragen auf der Innenseite zwei mächtige Dorne, mit denen Bekanntschaft zu schliessen sicherlich im höchsten Grade unangenehm ist. Auf ihrer Spitze sitzen die 4-gliedrigen, kräftigen Palpen. Das zweite Kieferpaar ist schwächer, und die Antennen sind kurz. Die 3 Beinpaare sind ziemlich schwache und kurze Kriech- und Schwimmbeine, die, da sie mit Schwimmhaaren versehen sind, auch als Schwimmorgane gebraucht werden können. Grosse Geschwindigkeit wird jedoch niemals erreicht. Am Hinterleib fehlen wohl eigentliche Gangwarzen (Bauchfüsse), doch ist jedes einzelne Hinterleibssegment stark nach unten gewölbt, an den Seiten mit einer Längsfurche und in der Mitte mit einer Querfurche versehen. Unter der Haut liegt eine sehr dicke Schicht von Muskeln, die während der Fortbewegung die erhöhten Teile der Bauchseite hebt und senkt, sodass sie in der Tat wie eine Art Gangwarzen (Bauchfüsse) wirken und den Gang wesentlich unterstützen. Lässt man das Tier auf einer Tischplatte kriechen, so sieht man, wie es erst den Hinterleib zusammenzieht und gegen die Unterlage drückt; dann fängt es von hinten an, die Unterlage loszulassen, krümmt die Mittelpartie bogenförmig nach oben, drückt die vordere Partie an, usw. Diese halb wellenförmige, halb spannerartige Gehbewegung des Hinterleibes ist für das Kriechen fast von grösserer Bedeutung als die kurzen, schwachen Thorakalbeine.

An der Seite der meisten Hinterleibsglieder sitzt ein ganz kurzer Anhang, dessen Bedeutung unbekannt ist. Auf dem zweiten Brustring und auf jedem Hinterleibssegment finden sich 2 Atemlöcher. Unter normalen Verhältnissen fungieren diese Atemlöcher kaum. Die beiden einzigen funktionierenden Atemlöcher sind an der Spitze des Abdomens. Unter ihnen finden sich zwei kleine Schwanzfäden (Cerci). Die Atemlöcher sitzen in einer kleinen, schalenförmigen Vertiefung, deren Ränder zusammengeklappt sind, wenn das Hinterende unter Wasser liegt. Die Respirationsschale ist unbenetzbar. Wenn sie an die Oberfläche kommt, dringt eine Luftblase aus den Tracheen und zerplatzt, und die Verbindung zwischen der Tracheenluft und der atmosphärischen Luft ist hergestellt. Die Larve ist fast immer unterkompensiert. Sie kann im allgemeinen nicht oder nur in geringem Grade an der Wasseroberfläche hängen. Den grössten Teil ihres Lebens verbringt sie am Rande des Wassers zwischen den Pflanzen oder auf überschwemmten Wiesen, wo sie mit der Spitze des Hinterleibes an der Wasseroberfläche herumkriecht und auf vorbeiziehende Beute lauert.

Wie nimmt nun das Tier seine Nahrung auf? Die Mandibeln sind nicht wie bei den Dytisciden hohl, aber nichtsdestoweniger haben auch diese Larven gerade wie die Larven der Dytisciden extraorale Verdauung; auch sie scheiden eine schwarzbraune Flüssigkeit aus, die die Eingeweide des Opfers auflöst. Nach allem, was wir über die Dytisciden-Larven wissen, darf angenommen werden, dass es für jede Larve unmöglich sein muss, ihre Beute unter Wasser auf diese Weise zu verzehren. Wenn die kostbare Verdauungsflüssigkeit nicht unmittelbar in die Beute hineingeleitet würde, ginge sie im Wasser verloren und würde, mit Wasser verdünnt, ihre Kraft einbüssen. Die Art und Weise, wie die Larve des Kolbenwasserkäfers ihre Beute aussaugt, ist der beste Beweis für die Richtigkeit dieser Auffassung. Sie zeigt ausserdem, dass die Natur nicht immer denselben Weg einschlagen muss, um ein und dasselbe Ziel zu erreichen. Die Nahrung der Kolbenwasserkäferlarve besteht sozusagen aus allem Lebendigen, das in ihre Nähe kommt; die plumpe, langsame Larve ist jedoch nicht imstande, eine sich rasch bewegende Beute zu fangen. Ihre hauptsächlichste Nahrung sind Schnecken. Die Larve zerbeisst die Ränder der Schneckenhäuser und bohrt, wenn es sich um grössere Arten handelt, den grössten Teil ihres Kopfes in die Öffnung der Schale. Wenn die Larve eine kleinere Schnecke gepackt hat (z. B. eine mittelgrosse *Limnaea ovata*), wandert sie sozusagen mit der Schnecke auf dem Kopf zu einer Wasserpflanze oder in ganz seichtes, nur wenige Zentimeter tiefes Wasser. Sie legt zuerst die Spitze des Hinterleibes an die Oberfläche, dann streckt sie plötzlich den Kopf mitsamt der Schnecke senkrecht über den Wasserspiegel in die Höhe. Dabei spielen wahrscheinlich die stabförmigen Kiefer + Kiefertaster eine grosse Rolle als tragende Stäbe. Sobald die Larve selbst gut verankert ist und die Schnecke ordentlich auf ihrem Kopfe sitzt, sieht man, wie der grosse Hohlraum zwischen Mandibeln, Kiefern und Unterlippe sich mit der schwarzbraunen Flüssigkeit füllt. Diese wird kapillar um die Beute herum gehalten und läuft in die Wunde. Nun kann man beobachten, wie die Larve ein Stück nach dem anderen aus ihrem Opfer herausreisst, es mit Verdauungsflüssigkeit umspült und dann beides wieder in sich hineinpumpt. Wenn das Schneckenhaus leer ist, wirft die Larve es ab und senkt den Kopf wieder unter Wasser.

Wir sehen also, dass die Aufgabe, für zwei Wassertiere mit extraoraler Verdauung – Hydrophilus- und Dytiscuslarve – Nahrung zu beschaffen, auf ganz verschiedene Weise gelöst ist. Die einfachste Lösung, nämlich den Kopf mit der Beute über den Wasserspiegel zu heben und sie in der Luft mit Verdauungsflüssigkeit zu übergiessen, finden wir bei der Larve des Kolbenwasserkäfers; die weit elegantere Methode, nämlich unter Wasser die Flüssigkeit durch die hohlen Mandibeln unmittelbar in den Körper der Beute zu pumpen, gelingt dagegen der Larve der Dytisciden. Der hier geschilderte Vorgang ist jedoch nur für die Larven des Kolbenwasserkäfers in den ersten, nicht aber in den letzten Stadien, und für die Larven der kleinen Hydrophiliden charakteristisch. Die *Hydrous*-Larven im letzten Stadium, welche grosse Posthorn-Planorben und Limnaeen-Schnecken verzehren, saugen diese unter Wasser aus, indem sie durch die Schalenöffnung immer weiter in das Schneckenhaus kriechen, in dem Masse, wie sie die Schnecke aussaugen. Dabei wird die Verdauungsflüssigkeit von der Schale umschlossen. In Aquarien sieht man oft grosse *Hydrous*-Larven, die fast völlig in das grosse Schneckenhaus einer *Limnaea stagnalis* hineingekrochen sind. Sie sitzen so fest im Haus, dass man sie aus dem Wasser ziehen kann, ohne dass die Larve die Schnecke loslässt.

Die Nahrung gelangt dann in den grossen, stark dehnbaren Magen. Der ganze Verdauungskanal ist, entgegen dem des entwickelten Tieres, sehr kurz und gleicht im ganzen genommen dem der Gelbrandlarve; nur fehlt der Blindsack, der dort eine so grosse und vielseitige Rolle spielt. Er wird vielleicht durch den grossen Mastdarm ersetzt, der wie ein Ballon aufgebläht werden kann und in dem die unbrauchbaren, wasserhaltigen Stoffe angesammelt werden. Wenn das Tier gepackt wird, spritzt es diese Stoffe mit grosser Kraft heraus und braucht sie so als Verteidigungswaffe.

Fasst man eine Larve des Kolbenwasserkäfers an, so wirft sie im gleichen Nu den Kopf nach oben und klappt ihn häufig bis auf den Rücken um. Die Unterseite des Kopfes ist tatsächlich weit stärker entwickelt als die Oberseite und enthält die kräftigen Muskeln, welche die Mandibeln bewegen. Gleichzeitig krümmt sich der Leib und nimmt die für diese Larve charakteristische Halbmondform an. Greift man die Larve mit einer Pinzette, so beobachtet man, dass sie plötzlich vollkommen schlaff wird, die steife Rückenhaut wird ausgebeult, der Kopf hängt nach unten, und das Tier macht den Eindruck, als sei es völlig tot. Die Larve muss irgendwie imstande sein, ihre Turgeszenz herabzusetzen, man weiss aber nicht, wie sie das anstellt.

Ende Mai und Anfang Juni kommen die Larven hervor; bereits Anfang August gibt es ausgewachsene Larven. Sie machen nur 3 Häutungen durch; zwischen der 2. und 3. Häutung wachsen sie enorm, fast bis zur doppelten Grösse. Die Larve ist ein Beispiel dafür, dass Grössenzuwachs nicht immer nach einer Häutung erfolgt und dass sich die Haut bedeutend ausweiten kann. Da überwinternde Larven niemals gefunden wurden und auch niemals zwei verschiedene Grössen im Frühjahr, da man ferner die Puppen immer im Herbst antrifft, darf mit einiger Sicherheit angenommen werden, dass das ganze Larvenstadium nur 2 Monate dauert.

Nachdem die Larve ausgewachsen ist, verlässt sie das Wasser. Wenn man Glück hat, kann man zu dieser Zeit in ganz seichtem Wasser eine grosse *Hydrous*-Larve neben der anderen finden. Auf einer Strecke von etwa 20 m habe ich im Lyngby-Kanal einmal 23 entdeckt; eine ebenso gross wie die andere, sassen sie mit der Hinterleibsspitze über dem Wasserspiegel am weisslichgelben Sand und sonnten sich in der glühenden Sonne des Sommertages; zwei Tage später war keine einzige mehr zu finden.

Die Larve gräbt sich in der Nähe des Wassers einen Gang in die lose Erde. Dieser ist halb so lang wie sie selbst; daran schliesst sich die eigentliche Puppenhöhle an, die 5–6 cm im Durchmesser ist. Zum Graben braucht das Tier die Mandibeln und die Beine. Es ist bei gefangenen Tieren festgestellt worden, dass die Larve, nachdem sie die Ausgrabung der Puppenhöhle begonnen hat, während der Nacht auf die Suche nach Nahrung (*Limnaea*) geht. Früher oder später kommt sie jedoch zur Ruhe und liegt dann 3–4 Wochen auf der Bauchseite, Kopf und Schwanz nach oben gekrümmt. Dann findet die Verpuppung statt. Das Puppenstadium dauert nur etwa 2–3 Wochen; im Herbst kriecht die Imago aus. Die Puppe ist mit 2×3 braunen Dornen auf dem vorderen Teil der Vorderbrust versehen; 2×2 Dorne finden sich am Ende des Abdomens. Auf diesen Dornen ruht die Puppe, sodass sie nie schmutzig wird, selbst wenn die Puppenhöhle in feuchter Erde gegraben ist (MIGER 1809, BROCHER 1924).

Im Herbst, wenn die neue Generation zum Vorschein kommt, kann man die meisten Exemplare des Kolbenwasserkäfers fangen. Bis zum Oktober-November gibt es jedenfalls viele in den grossen, dicken Algenteppichen, die dann die Oberfläche der Moore bedecken. Oft heben darunterliegende Luftblasen die Teppiche in die Höhe, und gerade in diesen Luftblasen finden sich häufig Kolbenwasserkäfer. Selbst nachdem die erste dünne Eisdecke über dem Moor wieder aufgetaut war, habe ich sie im Dezember hier gefunden. In Aquarien kriechen sie im November-Dezember unter die Steine am Boden; so oft ich nachgesehen habe, sassen sie unbeweglich auf demselben Fleck.

Es ist auffallend, dass die Luftschicht auf der Unterseite um diese Zeit viel dicker ist als im Sommer, wo sie ziemlich dünn ist. Im Winter wölbt sie sich über den Hohlraum zwischen der Unterseite des Hinterleibes und dem Rand der Deckflügel. Man bemerkt ausserdem, dass der eigentümliche scharfe Dorn, der sich vom Metasternum über die ersten Hinterleibssegmente heraus erstreckt, über der Luft liegt und geradezu dazu beiträgt, sie zu befestigen. Ohne diesen Dorn könnten die grossen Luftmengen möglicherweise kaum zusammenhalten. Ich glaube, dass es seine Aufgabe ist, eine mechanische Stütze für die Luft gerade in der Mittellinie abzugeben. Hin und wieder kann man beobachten, wie das Tier mit den Beinen über die Luft hinstreicht, zweifelsohne um neues, sauerstoffreiches Wasser zuzuführen. Auf lange Sicht ist jedoch diese Art der Respiration nicht ausreichend.

Eines Tages gegen Ende Februar zeigte es sich, dass alle (7) Exemplare im Sterben lagen. Merkwürdigerweise hatte keines auch nur den geringsten Luftvorrat unter dem Bauch. Soviel ich weiss, waren die Tiere im Laufe der beiden letzten Monate nicht an die Oberfläche gekommen, um Luft zu holen. So oft ich sie auch im Januar-Februar untersucht habe, war die Unterseite dennoch immer silberglänzend. Jetzt war sie plötzlich ganz schwarz. Die Tiere wurden rasch aufs Trockne gelegt; hier konnten sie die Beine ganz schwach bewegen. Sobald sie wieder ins Wasser kamen, zeigte es sich, dass sie nicht mehr imstande waren zu atmen, sie waren zu schwer und gingen unter. Selbst wenn das Wasser so seicht war, dass die Tiere sich auf den Grund stützen konnten, waren sie nicht mehr fähig, ihre Luftkammern mit Luft zu füllen. Im Laufe von etwa 8 Tagen starben sie alle.

Früher ist es mir bei Temperaturen zwischen 5 und 10° C. mehrmals gelungen, grosse Hydrophilen in Aquarien zu überwintern; ferner habe ich am 20. März Hydrophilen im Wasser gefunden, und zwar in denselben Algenteppichen, in denen ich sie am 15. November in einem Moor nahe bei Hillerød angetroffen hatte, wo wir alljährlich nach der Schneeschmelze *H. piceus* L. in grosser Zahl haben finden können.

Es besteht kein Zweifel darüber, dass die grossen Hydrophilen gerade so wie die grossen Dytisciden im Wasser unter dem Eis überwintern, und dass sie ebenso wie jene im Laufe des Winters die mitgebrachte Luftmasse verbrauchen, die durch die Berührung mit sauerstoffhaltigem Wasser immer wieder respirabel gemacht wird. Im Laufe des Winters geht die Luft ganz allmählich verloren.

Die kleinen Hydrophilinen.

Zu den *Hydrophilinae* gehört ausser *Hydrous* eine Anzahl zum Teil umfangreicher Gattungen mit zahlreichen kleinen Arten, die nur schwer voneinander zu unterscheiden sind. Alle finden sich hauptsächlich auf der Grenze zwischen See und Land, in angeschwemmten Haufen, auf überschwemmten Wiesen, auf trockenliegendem, aber doch noch feuchtem Seeboden, in feuchtem Moos usw. Die Untersuchungen der allerletzten Zeit haben einige Kenntnis der

Abb. 291.

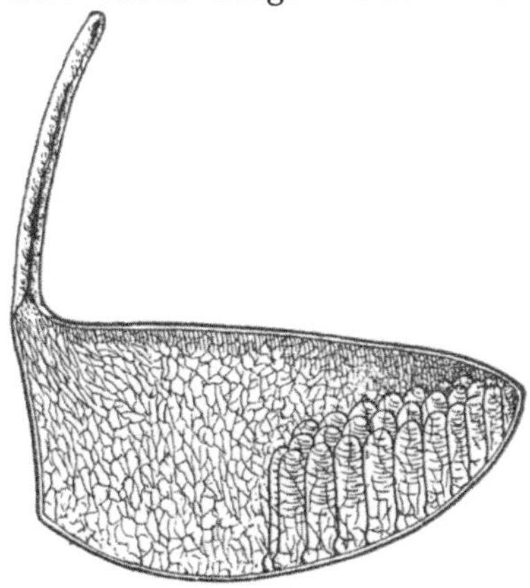

Abb. 293.

Abb. 292.

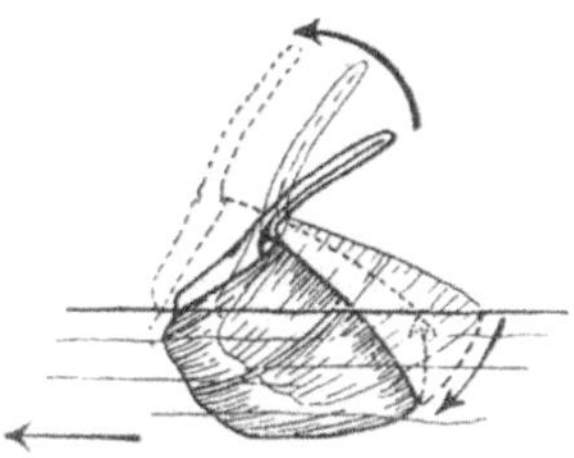

Abb. 294a.

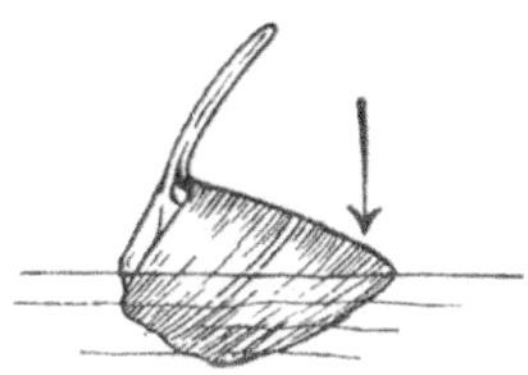

Abb. 294b.

Hydrophilus caraboides L.

Abb. 291. Kokon an der Oberfläche schwimmend.

Abb. 292. Kokon von hinten gesehen.

Abb. 293. Kokon durchgeschnitten; man sieht die Furche im Mast; das Innere ist von Gespinstmassen und hinten von Eiern ausgefüllt.

Abb. 294. Illustriert die grosse Beweglichkeit des Kokons. Alle nach Portier, P. 1911.

Lebensweise dieser Arten vermittelt, und erst die Arbeit von Bøving und Henriksen (1938) hat uns über die Larvenstadien dieser und anderer Hydrophiliden belehrt. Ziemlich viele Larven sind bekannt; einige weisen ganz eigentümliche, man darf fast sagen einzigartige Verhältnisse auf.

Zuerst soll *Hydrophilus caraboides* F. (Abb. 291–294) besprochen werden. Er ist ein Kolbenwasserkäfer en miniature und wird daher auch populär der kleine Kolbenwasserkäfer genannt. Seine Kokons ähneln im Prinzip den Kokons der grossen Kolbenwasserkäfer, von welchen sie sich nur dadurch unterscheiden, dass die Rückenplatte fast immer ganz aus fremdem Material gebaut ist, und zwar in meinem Terrain hauptsächlich aus verwesenden, weichen Buchenblättern. Von deren Rand schneidet das Tier ein Stück aus, bekleidet es mit Gespinst und biegt es allmählich mit Hilfe des Gespinstes zu einer Tüte zusammen. Diese Tüte wird mit Luft gefüllt, mit Gespinst tapeziert, mit Eiern ausgestattet und mit einem ganz ähnlichen Mast versehen wie der Kokon der grossen Kolbenwasserkäfer.

An den Ufern des Furesees, in der Nähe von Frederiksdal, wo man noch im Frühjahr 1915 grosse Mengen angeschwemmten Schilfrohrs fand, und wo die Buchenblätter des Nørrewaldes im Herbst vor dem Zufrieren über den See treiben, um am Ufer zu landen, infolge der Absperrung aufweichen und zwischen Binsen und Schilf geschichtet liegen, dort war einer der Brutplätze der kleinen Wasserkäfer; dort konnte man im Mai ihre Kokons zu Dutzenden einsammeln. Oft hat ein Tier auf meiner Hand gesessen und seinen Kokon gesponnen, während ich es mit der Lupe beobachtet habe. Heute ist alles anders; die Zeltplätze und Badeanstalten haben alles verdorben.

Sammelt man eine Anzahl dieser Kokons und setzt sie in eine Schale mit Wasser, bietet sich einem Gelegenheit, ein amüsantes Phänomen zu beobachten. Meine Leser kennen sicher die alten Stehaufmännchen aus mit Blei gefülltem Holundermark, mit denen sich in früheren Zeiten alle Kinder vergnügt haben. Der *Hydrophilus*-Kokon ist gerade so ein Stehauf: in welcher Weise man ihn auch puffen mag, er wendet den Mast immer wieder nach oben; er ist gerade so lebhaft wie der Stehauf: er schwankt und wippt bei der geringsten Bewegung. Kommt ein Tier herangekrochen, um den Kokon zu entern, so wendet ihm dieser sofort eine senkrechte Fläche entgegen, die so glatt ist, dass es dem Tier kaum möglich ist, auf den Rücken des Kokons zu gelangen. Hat man erst sein Auge daran gewöhnt, die Eikapseln zu sehen, kann man sie dutzendweise mit ihren schneeweissen vertikalen Flächen und dem nach oben ragenden weissgelben Mast finden. Meist haben sie nur wenige Zentimeter Wasser unter sich, man trifft sie jedoch auch hin und wieder in etwas tieferem Wasser an. Wenn ein Wind aufkommt, segeln sie auf den offenen Flecken zwischen der Schwimmblattvegetation, stossen fröhlich miteinander an und legen sich dann wieder auf der entgegengesetzten Seite ihres Weltmeers vor Anker.

Der Spinnvorgang ist im grossen und ganzen der gleiche wie bei *H. piceus* L. beschrieben. Es ist bedauerlich, dass Laabs (1939), obwohl er Portier im Literaturverzeichnis zitiert, keinerlei Rücksicht auf Portier's klare und richtige Angaben genommen hat, wonach der Mast aus einem schwammigen Gespinst gebildet ist. Die Lakunen sind mit Luft gefüllt, die mit der Luft in der hohlen Rinne des Mastes in Verbindung steht. In dem Dreieck (= die vertikale Rückenseite des Kokons), in dem der Mast endet, stehen die Lakunen in Verbindung mit der Luft im Kokon. Bringt man einen Tropfen Öl an dieser Stelle an, so dringt er in den Kokon hinein. Dieses Dreieck ist, wie Portier behauptet, »un véritable stigmate« (1911). Von alledem hat Laabs nichts gesehen.

Die Larven sind in vieler Hinsicht sehr verschieden von denen des grossen Kolbenwasserkäfers (Abb. 295–296). Sie kommen im Mai-Juni aus dem Kokon hervor; auch sie haben eine Respirationsschale am Hinterende (Abb. 296), in welche die kleinen Stigmen münden. Diese Schale ist jedoch weit feiner gebaut und erheblich grösser als die der grossen Kolbenwasserkäfer. Wenn das Tier an der Wasseroberfläche liegt, um zu atmen, ist es mit einer viel grösseren Oberfläche an sie gebunden und, da der Körper überdies grosse Luftmengen enthält, ist es überkompensiert. In Wirklichkeit verbringt die Larve ihr ganzes Leben am Wasserspiegel, kriecht ein wenig auf Schilf und Stroh herum, bleibt jedoch wahrscheinlich fast immer mit der Hinterleibsspitze an die Wasseroberfläche geheftet. Wenn sie unter Wasser taucht, kann sie gerade wie die Larve der Kolbenwasserkäfer die gesamte Respirationsschale mit Hilfe von

2 Lippen, die sich über die Respirationsschale hinschieben, verschliessen. Bei in Spiritus aufbewahrten Exemplaren ist diese Schale immer geschlossen, weshalb ihre Darstellung in der Regel nicht richtig ist (siehe Portier 1911). An den Seiten der vorderen 7 Hinterleibssegmente sitzt je ein Paar langer, behaarter Anhänge, deren Grösse von hinten nach vorne zunimmt. Durch jeden Anhang läuft eine lange Trachee, die zahlreiche Zweige nach den Seiten aussendet. Diese Anhänge werden als Tracheenkiemen aufgefasst. Eingehendere

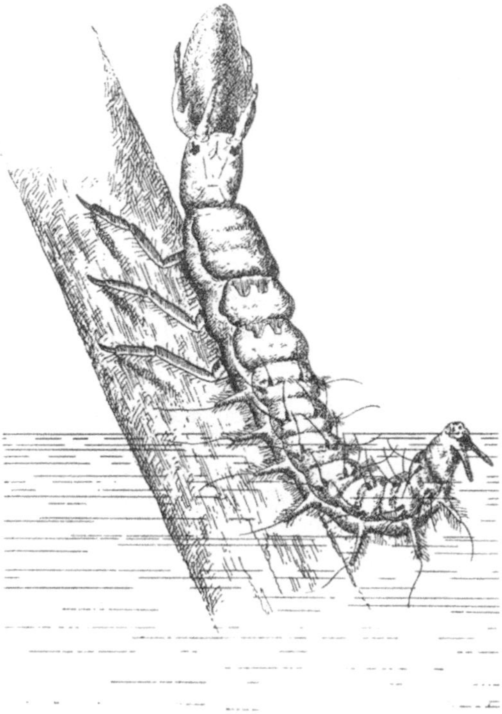

Abb. 295.

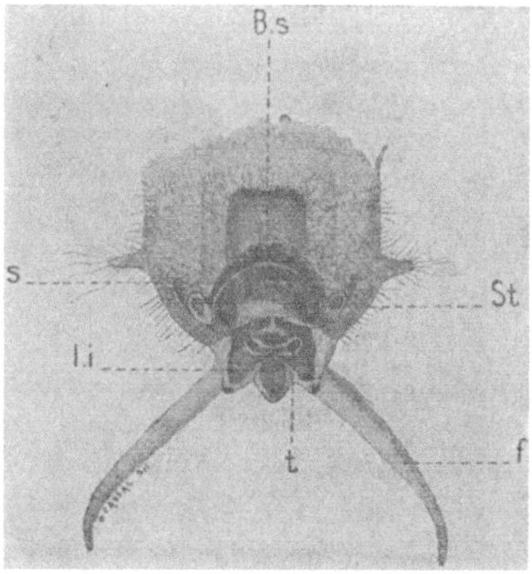

Abb. 296.

Hydrophilus caraboides L.

Abb. 295. Die Larve mit den Stigmen an der Oberfläche, sonst über Wasser; die Larve hält einen Ostracoden zwischen den Mundteilen. Nach Pavlowsky, E. 1922.

Abb. 296. Hinterende der Larve; die Respirationsschale geöffnet; *S* und *l.i* die oberen und unteren Lippen auseinandergeschlagen, *St* Stigmen, *f* Cerci, *t* erhobene Partien auf der Respirationsschale. *Bs.* Aufgeklappter Deckel der Respirationsschale. Nach Portier, P. 1911.

Untersuchungen müssen entscheiden, ob die Larven sowohl durch die Tracheenkiemen als auch durch die hinteren Stigmen atmen. Ist das letztere nicht der Fall, so kann die Respirationsschale nur als Aufhängeschale an der Wasseroberfläche Bedeutung haben. Auch diese Form lebt von kleinen Schnecken, ausserdem aber auch von Muschelkrebsen, die an solchen Lokalitäten in grossen Mengen vorkommen (Pavlowsky 1922).

Man kann sich kein lustigeres Bild vorstellen als ein Aquarium, dessen Oberfläche mit Algen bedeckt ist und das 20 bis 30 Larven des kleinen Wasserkäfers beherbergt. Nähert man sich vorsichtig dem Aquarium, sieht man Kopf neben Kopf aus dem Wasser herausragen (Abb. 295); oben auf jedem Kopf, durch die Mandibeln und Kiefer festgehalten, gewendet und gedreht, sitzt ein unglücklicher Muschelkrebs. Die hübschen grünen Tierchen sind von einer schwarzbraunen pfeifensaftähnlichen Flüssigkeit umgeben, die den Raum zwischen den Mundteilen der Larve ganz ausfüllt. Dann werden die Schalen ihres Inhalts entleert und abgeworfen; sie sinken zu Boden und bilden dort geradezu einen Kjøkkenmødding. Lautlos und sachte taucht der Kopf wieder unter. Die Larve kriecht ein wenig zwischen den Wasserpflanzen umher, hält an, schleudert den Kopf nach vorne und packt einen neuen Muschelkrebs, der seinerseits nun über das Wasser emporgehoben und ausgesogen wird.

***Hydrobius fuscipes* L.** (Taf. VIII, Abb. 11 und 22) findet sich im Frühling fast überall am Ufer kleiner, pflanzenreicher Teiche. Er gleicht völlig dem *Hydrophilus caraboides* F., ist jedoch höchstens halb so gross; da er mehrere Millimeter grösser ist als alle anderen kleinen Hydrophiliden, ist er leicht zu erkennen. Ich habe ihn und seine Lebensweise oft beobachtet. Balfour Browne (1910) hat die Bildung der Eikapsel genau beschrieben und, da seine Beobachtungen ausführlicher sind als meine, will ich ihm folgen. Die 4 mm langen Kokons sind von schneeweisser Farbe und bestehen aus einer kleinen Dose mit Deckel, die 15–20 Eier enthält und in ein breites, weisses Band ausläuft, das an der Vegetation klebt. Man findet diese Kokons in Massen auf Moospolstern, unter treibenden Blättern, auf Holz usw.

Der Wasserkäfer holt sich zuerst eine Luftblase, die er gegen die Unterseite eines Blattes o. dgl. presst; dann spinnt er seinen Kokon um die Luftblase herum. Die Spinnstäbe müssen in der Luft arbeiten; im Wasser kann die Seide angeblich keine Fäden bilden. Der Kokon wird im Laufe einer Stunde angefertigt; hin und wieder streckt das Tier seinen Kopf aus dem Wasser heraus und holt Luft. Die Eier werden eingefüllt, bevor der Kokon fertig ist und während die Spinnstäbe in Tätigkeit sind. Im Innern des Kokons legen die Spinnstäbe eine Schicht Seide über die Eier; daraufhin spinnt das Tier das weisse Band, das immer bis zur Oberfläche reicht. Die Länge des Bandes hängt davon ab, wie nahe der Oberfläche der Kokon liegt. Balfour Browne meint, die Larven brauchen das Band, um die Oberfläche zu erreichen. Das Weibchen kann mindestens 7 Kokons nacheinander anfertigen. Der Wasserspiegel ist die Heimat der Larve. Gestützt auf Wasserpflanzen, liegen die grauen Larven mit den Stigmen gerade über dem Wasser und dem Kopf unter Wasser, und warten darauf, dass eine Daphnie oder eine Ostracode in ihre Nähe kommt. Betrachtet man ein kleines Stückchen der Wasseroberfläche zwischen der Vegetation, sieht man bald hier bald dort ganz sachte einen schalenförmigen Fangapparat über dem Wasserspiegel auftauchen und zwischen seinen Zangen den unglücklichen Muschelkrebs, der bald zermahlen und von Sauce umflossen in aufgelöstem Zustand in den Darm hinunter wandert. Die etwa 12–15 mm langen Larven sind durch ihre Grösse leicht von den Larven der anderen kleinen Hydrophilinen zu unterscheiden. Wie viele von jenen schlucken sie Luft und können ziemlich rasch davonkriechen; ihre Verpuppung geht in feuchter Erde in der Nähe des Wassers vor sich.

***Enochrus* (= *Philydrus*)** (Taf. VIII, Abb. 7). Diese recht grosse Gattung umfasst etwa 4–5 mm lange Käfer von der Form der Wasserkäfer; auf dem Kopf, der Vorderbrust und den Deckflügeln sind sie in der Regel von brauner oder braungelber Farbe.

Die Eikapseln ähneln denen des *Hydrobius*, sind aber nur halb so gross. Findet man halb verweste Buchenblätter oder die Ränder von Hydrocharis-Blättern u. ä. mit Reihen solcher 2 mm grossen und mit einem 2–4-mal so langen Band versehenen kleinen Eikapseln belegt, so hat man es aller Wahrscheinlichkeit nach mit den Eikapseln der *Enochrus*-Arten zu tun. Die oft gräulichen oder weisslichen Larven sind daran zu erkennen, dass sie gerade so wie die Schmetterlingsraupen Hakenfüsse an den Hinterleibssegmenten haben. Ich hatte oft Gelegenheit, eine der hierher gehörenden Larven eingehend zu untersuchen. Es handelte sich hierbei wahrscheinlich um die Larve von *E. testaceus* F.

Die gestielten Hakenfüsse oder Gangwarzen werden während des Gehens in regelmässiger Reihenfolge gestreckt und eingezogen. Soviel ich weiss, haben die *Enochrus*-Larven ihre Heimstätte vorzugsweise in den dicken Teppichen von Fadenalgen, die im Hochsommer an der Oberfläche so vieler unserer Moore treiben. Betrachtet man an einem Sommertag diese mit Wasser vollgesogenen Teppiche genauer, so sieht man die im Leben schnee-

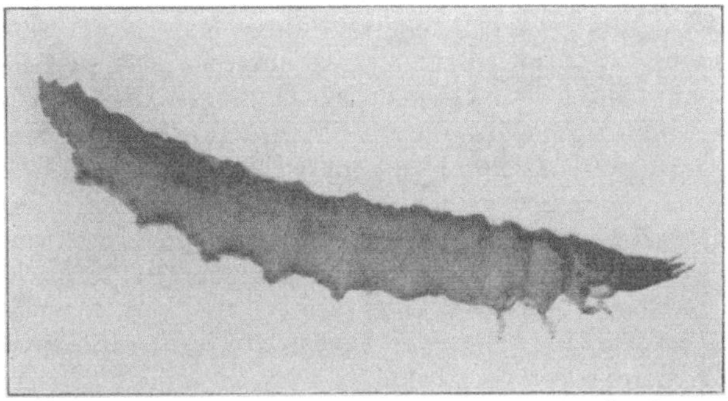

Abb. 297.

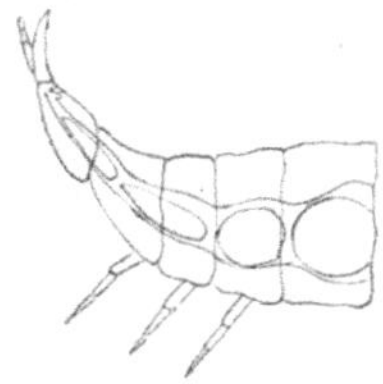

Abb. 299.

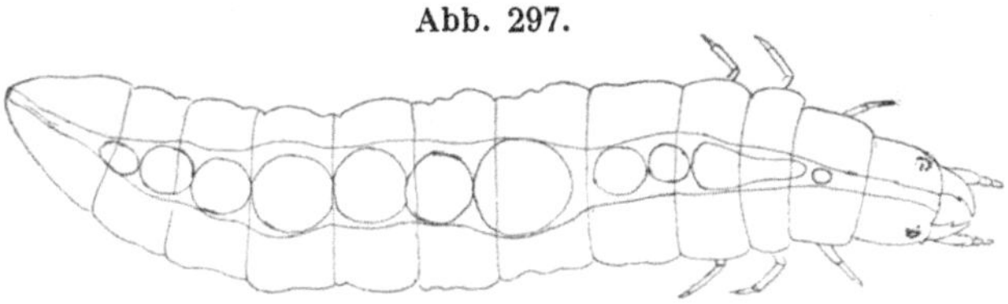

Abb. 298.

Abb. 298.

Abb. 297. *Enochrus*-Larve. W-L. phot.

Abb. 298. *Enochrus*-Larve, die ihren Darm mit Luft gefüllt hat, um ihren Turgor zu vergrössern, so dass sie schneller kriechen kann. W-L. del.

Abb. 299. *Enochrus*-Larve. Die fünf ersten Leibesringe in der Stellung, in welcher das Tier Luft schöpft und seinen Darm füllt. Die vordersten Luftblasen sind immer länglich. W-L. del.

weissen Larven in ganz unglaublichem Tempo über die Teppiche hinkriechen. Bald über, bald unter Wasser, sind sie immer nass und stets glänzend. Nur die Respirationsschale, die von unbenetzbaren Haaren bedeckt ist, bleibt trocken. Einige Zeit später bot sich mir Gelegenheit, einige *Enochrus*-Larven zu beobachten, die aus dem Aquarium heraus auf den Tisch gekrochen waren; sie versuchten, so rasch wie möglich über die ihnen ungewohnte Fläche wegzukommen (Abb. 297–299). Trotzdem konnten sie sich kaum vom Fleck bewegen. Plötzlich hob eine von ihnen den Kopf senkrecht in die Höhe, übrigens in genau derselben Weise, in der es die Larven zu tun pflegen, wenn sie ihre Beute über dem Wasserspiegel verzehren. Nachdem die Larve ein paar Minuten in dieser Stellung verbracht hatte, reckte sie den Kopf wieder nach vorne, und jetzt – jetzt konnte sie zu meiner Verwunderung kriechen, und obendrein noch recht rasch. Ich habe beobachtet, wie eine Larve nach der anderen, nachdem sie auf die Tischplatte gelangt war, kaum hatte gehen können, aber sobald sie den Kopf nur wenige Minuten in die Luft gestreckt hatte, sehr schnell kriechen konnte. Wenn man mit einer starken Lupe diese Larven mit dem senkrecht nach oben gestellten Kopf beobachtete, konnte man sehen, dass durch ihren geöffneten Schlund eine kleine Luftblase nach der andern hinabglitt. Erst war sie lang und dünn, nahm dann die Form einer Sanduhr an, und wurde schliesslich kugelrund (Abb. 298–299). Unten im Darm vereinigten sich die zuletzt angekommenen Luftblasen mit den ersten; im Laufe dieser Minuten füllte sich der Darm mit einer Reihe von silbernen Luftperlen. In diesem Stadium wurden Larven fixiert und ein Präparat hergestellt. Es ist ganz augenfällig, dass diese Füllung des Darmes mit Luft für die Geschwindigkeit der Bewegung eine bedeutende Rolle spielt. Bevor sie stattfindet, kann sich die Larve kaum rühren; später kriecht sie rasch. Die Bedeutung dieses Vorgangs ist offenbar die, dass die Larve, indem sie ihren Darm mit Luft aufbläht, einen Druck auf die Körperflüssigkeiten ausübt, sodass diese unter höherem Druck stehen als vorher. Dadurch werden die Falten der Haut steif und stramm, der Reibungswiderstand gegen die Unterlage wird verstärkt, und die Bewegung wird rascher. Später wurden ganz ähnliche Phänomene bei anderen kleinen Hydrophiliden-Larven beobachtet. Demnach dürfen wir annehmen, dass die kleineren Hydrophiliden-Larven ihren Körperturgor und damit auch ihre Bewegungsfähigkeit steigern, indem sie bedeutende Luftmengen schlucken.

Das Schlucken von Luft wurde bekanntlich auch bei anderen Insektenlarven (Libellenlarven u. a.) beobachtet. Während der Häutungen trägt es zur Vergrösserung des Turgors bei, sodass das Tier seine alte Haut leichter sprengen kann. Dass die Luft im Falle der *Enochrus*-Larven für die Respiration von Bedeutung sein sollte (Darmatmung), ist kaum wahrscheinlich. Sperrt man eine Larve, deren Darm mit Luft gefüllt ist, von der Oberfläche ab, so sieht man, wie eine Blase nach der anderen kleiner wird. Im Laufe einer halben Stunde ist die gesamte Luftmenge verbraucht. Hingegen hat die Luft ganz ohne Zweifel hydrostatische Bedeutung. Die Larven, die ihre Luft verbraucht haben, kriechen auf dem Boden der Schale herum, sie sind unterkompensiert und können nur kriechend die Oberfläche wieder erreichen. Dagegen sind diejenigen, deren Darm mit Luft gefüllt ist, überkompensiert und treiben an der Oberfläche. Haben sich die Tiere längere Zeit kriechend auf Algenfäden im Wasser aufgehalten, so enthält ihr Darm keine Luftblasen mehr. Zur Fortbewegung im Wasser sind diese augenscheinlich nicht notwendig. Hat sich aber das Tier nur einige wenige Minuten über der Oberfläche und besonders auf trockenen Unterlagen aufgehalten, ist der Darm sogleich mit Luft gefüllt.

Untersucht man eines Tages Ende Juli oder Anfang August dieselben Algenteppiche, die *Enochrus*-Larven beherbergt hatten, fällt einem hier und dort ihr völlig blasiges Aussehen auf; man glaubt, es mit gewöhnlichen Luftblasen zu tun zu haben; bei genauerer Betrachtung stellt sich jedoch heraus, dass diese Blasen die niedlichsten, kugelrunden Puppengespinste sind. Sie sind aus Fadenalgen gebildet, die diese Larve zu einem hohlen Kügelchen zusammengesponnen und meist mit einer kleinen Öffnung versehen hat. Diese Kugeln sind bald mit Luft, bald mit ein wenig Wasser gefüllt. Im letzteren Falle sollte man meinen, dass die Puppen, die, wie man bisher annahm, nur durch Stigmen atmen, notwendigerweise sterben müssten. Aber gerade bei diesen Tieren, die ein so ausgeprägt amphibisches Dasein führen, begegnet man dem eigentümlichen Umstand, dass die Puppen mit Reihen langer, unverzweigter Fäden oder Haare versehen sind, auf deren Spitzen die Puppe ruht.

Man trifft die *Enochrus*-Larven jedoch nicht nur hier, sondern nicht selten auch im Innern hohler Pflanzenstengel an, die aus dem Wasser heraus wachsen (Phellandrium, Cicuta u. a.). In den hohlen Stengelteilen dieser Pflanzen leben verschiedene fette, weisse, völlig wehrlose Käferlarven, die jedenfalls an gewissen Lokalitäten die Nahrung von *Enochrus* zu bilden scheinen.

Helochares (Taf. VIII, Abb. 8). Nah verwandt mit *Enochrus* und wie die *Enochrus*-Arten von brauner Farbe. Die Hauptart *H. griseus* F. ist an den pflanzenfreien Ufern von Teichen und kleinen Seen sehr häufig.

Das Weibchen setzt den Eisack nicht ab, sondern trägt ihn mit sich herum (Taf. VIII, Abb. 23–24). Der Eisack ist vorne mit 2 starken, divergierenden Drähten versehen, die an den Beinen befestigt werden. LAABS (1939), der diese Verhältnisse eingehend studiert hat, zeigt, dass diese Fäden zunächst zu einer Gespinstbrücke und später zu einer Grundfläche erweitert werden, auf der die ersten Eier abgelegt werden. Die Wände des Eisacks sind ausserordentlich dünn und durch sie hindurch kann man deutlich sehen, wie die Eier geordnet sind. Die Anordnung ist völlig konstant. Auf der ganz flachen Unterseite liegt gewöhnlich in der Mitte ein Ei einigermassen parallel zu der Längsachse des Tieres. Um dieses gruppieren sich im Halbkreis 7 andere, und um diesen Halbkreis legt das Tier einen zweiten von etwa 17–19 Eiern; diese etwa 27 Eier bilden den Boden der Eimasse, auf welchem das Weibchen jetzt die übrigen etwa 40 Eier schichtet. Die Gesamtzahl der Eier beträgt etwa 70. Es ist amüsant, die kleinen braunen Käfer mit diesem grossen, einem Knappsack ähnlichen Eisack hinter sich baumelnd herumlaufen zu sehen.

Ehe das Eierlegen beginnt, zieht das Weibchen seine Hinterleibssegmente zusammen und schiebt den Hinterleib so weit unter die Deckflügel, dass ein bedeutender Hohlraum zwischen der Unterseite des Hinterleibes und den Deckflügeln entsteht. Trotzdem ist nicht für alle Eier Platz. Der Beutel hängt immer über die Ränder der Deckflügel hinaus. Die sehr schlanken, fast wurmförmigen Larven kriechen ungefähr gleichzeitig aus; später als Ende Juni habe ich keine Weibchen mit Eisäcken gesehen.

Berosus (Taf. VIII, Abb. 9). Von allen Hydrophiliden ist die Gattung *Berosus* dem Leben im Wasser am besten angepasst. Die Imagines haben lange Schwimmhaare auf den Tibien der beiden hinteren Beinpaare. Die Larven besitzen lange Tracheenkiemen, sie sind unterkompensiert und haben sich von der Oberfläche und der atmosphärischen Luft emanzipiert. Sie sind Bodentiere.

Auf den Strandwiesen am Rande des Nordwaldes bei Jægerspris liegt eine Reihe von Brackwasserpfützen, die bald bei hohem Wasserstand des Fjordes mit Salzwasser gefüllt sind, bald in Trockenperioden vollständig ausgedörrt einen weissen, salzhaltigen Grund aufweisen. Wenn nach einer Trockenperiode plötzlich Regen einsetzt, ohne dass der Fjord steigt, füllen sich die Pfützen mit Regenwasser. Die Pfützen entstehen dadurch, dass Sturm, Wellen und im Winter das Eis die Strandwiesen angreifen und Löcher in die Vegetation reissen. Ihr Boden ist sandig; sie sind niemals tiefer als $^3/_4$ dm. Der Sand ist mit einer Schicht mazerierter Vieh- und Schafexkremente sowie mit einer braungrünen Algenschicht, hauptsächlich aus einzelligen Grünalgen, bedeckt. Der Salzgehalt ist sehr wechselnd, bald ist das Wasser reines Süsswasser, bald übersteigt der Salzgehalt den des Fjords. Im Sommer und bei intensiver Sonnenbestrahlung kann die Temperatur auf 32° C. steigen, während kalter Nächte dagegen auf fast 0° sinken.

Die Fauna ist äusserst wechselnd; von marinen Formen fallen besonders *Palaemon, Sphaeroma* und *Mysis* auf, die jedoch wahrscheinlich nur im Frühsommer vorkommen und bereits während der ersten Trockenperiode eingehen. In diesen Pfützen legen die Mücken ihre Eier ab, vor allem macht sich der weiss und schwarz gemusterte *Ochlerotatus caspius* Pallas ungemütlich bemerkbar. Seine schwarzen Larven finden sich in diesen Pfützen in unglaublichen

Mengen. Die Klimaverhältnisse sind der entscheidende Faktor für das Fortschreiten oder Aufhören der Entwicklung. Wenn eine Trockenperiode die Pfützen plötzlich austrocknet, bildet sich auf dem Boden über der braungrünen Algenschicht eine schwarze, schmierige Schicht, die nur aus Mückenlarven besteht. In der Regel wird die Entwicklung vollendet, da der Trockenperiode oft sehr hohe Temperaturen vorausgehen, welche die Entwicklung beschleunigen, und wodurch die Larven im Laufe von wenigen Tagen das Puppenstadium erreichen. Dann ist das nur wenige cm tiefe Wasser von einer zusammenhängenden Schicht aus Puppen bedeckt, woraus Mücke auf Mücke entschlüpft, um bald danach über das Gras der nahen Wiesen zu fliegen, wo die Haut erhärtet. Die Dytisciden-Larven der Gattung *Rhantus* leben in und von diesen Schwärmen. Sie scheinen jedoch nicht besonders zahlreich vorzukommen.

Steht man nun eines sonnenwarmen Frühlingstages, an dem die Wassertemperatur etwa 25° C. beträgt, am Rande einer dieser kleinen, mit Mückenlarven bedeckten Lachen und stört das Wasser ein wenig auf, sieht man bald hier bald dort eine Bewegung im Wasserspiegel; ein kleiner, brauner Käfer verschwindet blitzschnell, eine Blase platzt, und dann wiederholt sich das Phänomen an einer anderen Stelle. Das Tier ist fast nicht zu fangen: es ist der bei uns ziemlich seltene *Berosus spinosus* Stev., leicht daran zu erkennen, dass die Seitenränder der Flügeldecken in einen langen, spitzen, nach hinten gerichteten Dorn auslaufen. Während des Bruchteils einer Sekunde ist das Tier im Schlamm verschwunden. Die Lachen können Hunderte solcher Tiere enthalten, aber ihr Vorhandensein kann nur von einem Beobachter konstatiert werden, dessen Auge darauf eingestellt ist, sie zu sehen. Nähert man sich einer Pfütze, ohne das Wasser aufzustören, findet man die etwa 4–5 mm langen, braungelben Käfer, wie sie sich auf dem weichen Schlamm sonnen, und zwar meist auf der sonnenexponierten Seite, wo die Temperatur im allgemeinen einige Grad höher ist als auf der gegenüberliegenden. Wie vorsichtig man sich auch immer dem Rande nähern mag, die Erschütterung, die man an der Erdoberfläche hervorruft, veranlasst die Tiere, sich ins Wasser zu begeben und blitzschnell im Schlamm zu verschwinden.

Setzt man einen *Berosus* in eine Glasschale und betrachtet ihn mit der Lupe, sieht man das Tier, das wegen des Luftvorrats auf seiner Unterseite immer überkompensiert ist, ganz zwecklos im Wasser herumrasen. Die Mittel- und Hinterbeine mit ihren langen, gelben Schwimmfächern peitschen in unglaublichem Tempo auf und ab, vorwärts und zurück. Wie auch sonst bei den Hydrophiliden bewegen sich die Beine nicht paarweise, sondern immer jedes Bein für sich. Trotzdem geht die Bewegung der Beine und des Körpers mit unglaublicher Geschwindigkeit vor sich. Plötzlich schiesst das Tier an die Oberfläche, innerhalb des Bruchteils einer Sekunde hat es Luft in die vorderen Stigmen geleitet und stürzt dann wieder nach unten. Es hat nichts von der Schwerfälligkeit der anderen Hydrophiliden. Ich habe es niemals mit der rechten oder linken Seite in Berührung mit der Oberfläche treiben sehen, um Luft einzuatmen. Wenn das Tier tot ist, sind seine Schwimmfächer stets an die Tibien angeklappt; deshalb wird es auch fast immer ohne Schwimmhaare abgebildet. Bei schlechtem Wetter und wenn das Wasser kalt ist, sind die Tiere nicht annähernd so lebhaft; sie schwimmen nicht so viel, ein grosser Teil von ihnen kriecht umher und kehrt dabei die Bauchseite, die von einer sehr dicken, hohen Luftschicht bedeckt ist, nach oben. Die Luftmassen, aus denen nur eben die Beine und die Kiefertaster herausragen, werden durch die Bewegung der Beine gleichsam geknetet. Die Kiefertaster sind ständig in suchender, vibrierender Bewegung; sobald das Tier aufs Trockne gelegt wird, kommen die Antennen zum Vorschein.

Gegen Ende Juni und während des ganzen Sommers werden die Eikokons angefertigt. Die Eikapseln sind nur 1,5 mm lang und mit einem 4 mal so langen Band versehen. Sie enthalten in der Regel nur 2 Eier, bisweilen aber auch mehrere. Diese kleinen Eikapseln findet man während des Sommers in unglaublichen Mengen auf der Vegetation, auf Stein, auf Holz, kurz auf allem, woran sie kleben können. Die Gräser der Strandwiesen, die ins Wasser hinauswachsen und deren verwelkte Teile ins Wasser hängen, sind derart reich mit solchen Kapseln besetzt, dass sie völlig davon bedeckt sind und weiss aussehen.

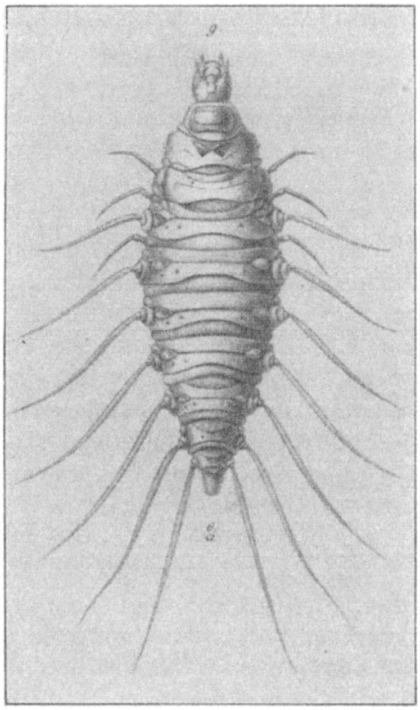

Abb. 300.

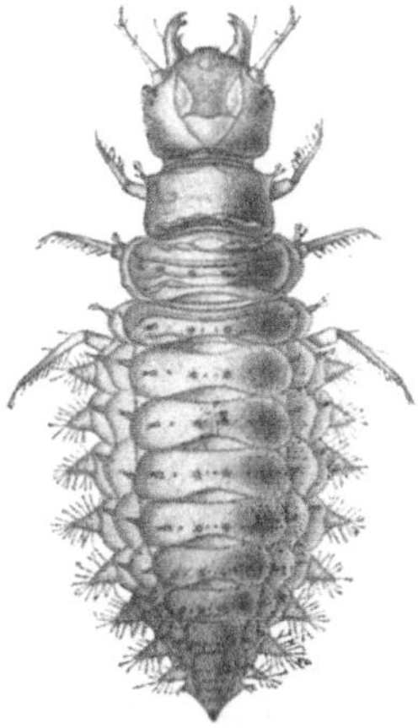

Abb. 301.

Abb. 300. *Berosus spinosus* Stev. Larve. Nach Schiødte, I. C. 1862—64.

Abb. 301. *Spercheus emarginatus* Schall. Larve. Nach Schiødte, I. C. 1862—64.

Im Juli kriechen die Larven (Abb. 300) aus. Sie sind sogleich an den langen, von den Seiten des Körpers ausgehenden Fäden zu erkennen.

Im Laufe von etwa 2–3 Wochen sind die Larven ausgewachsen, und jetzt beherrscht *Berosus* in allen seinen Stadien (ausser dem Puppenstadium) die Pfützchen: als Imago, als Larve und als Ei. Die Mückenlarven sind verschwunden, *Palaemon*, Krabben und *Sphaeroma* längst ausgestorben, und die Sommerstürme vermögen nur selten, das Wasser des Fjords in die Löcher zu treiben. Beugt man sich nun herab, um den grünbraunen Boden genau zu betrachten, sieht man dort überall die gelblichweissen *Berosus*-Larven langsam umherkriechen. Nie suchen sie die Oberfläche auf, nie die spärliche Vegetation; unter den Hydrophiliden-Larven sind sie die einzigen ausgesprochenen Bodentiere, die sich wegen ihrer langen, ziemlich steifen, schönen Tracheenkiemen von der Oberfläche unabhängig gemacht haben und, soviel man weiss, rein apneustische Atmung haben. Das 9. Hinterleibssegment trägt zwar 2 kleine Stigmen; eine Respirationsschale wie bei den anderen Hydrophilinen findet sich aber nicht. Die Tracheenkiemen enthalten eine Haupttrachee, von der zahlreiche kleinere Tracheen ausgehen. Die Mandibeln deuten entschieden darauf hin, dass man es mit einem Raubtier zu tun hat: sie sind sehr spitz und mit scharfen Zähnen versehen; sie sind unsymmetrisch, aber beide Mandibeln haben einen offenen Kanal, der am Grund der Mandibel endet. Einige Forscher behaupten, dass sie Pflanzenfresser sind (C. B. Wilson (1923), vide Bøving und Henriksen (1938)), der Bau der Mandibeln deutet jedoch nlcht darauf hin, und weitere Untersuchungen fehlen. Nach Bøving und Henriksen machen sich die Larven in weicher Erde in einer Tiefe von 3–4 mm eine Puppenhöhle, worin sie vor ihrer Verpuppung einige Tage ruhen. Sie sind wie die meisten anderen Hydrophiliden-Puppen mit zahlreichen langen Haarbildungen (Styli) ausgestattet, auf denen die Puppe ruht.

Sehr oft trocknen die Pfützen aus, bevor die Entwicklung beendet ist, aber wahrscheinlich können die Larven das Austrocknen unter dem erstarrenden Algenschlamm ziemlich lang ertragen. Hierüber ist jedoch bisher nichts Näheres bekannt.

Erwähnt seien noch die kleinen *Laccobius*-Arten, die in kleinen pflanzenbewachsenen Teichen sehr allgemein sind (Taf. VIII, Abb. 14, 21 und 25), ferner *Chaetarthria seminulum* Steph., ein schwarzer, nur c. 1–1,5 mm langer Käfer, der im Frühjahr oft auf überschwemmten Wiesen sehr häufig sein kann.

Subfamilie *Hydraeninae*.

Liegt man an einem Bach, einem Seeufer oder einem kleinen Teich, sieht man hie und da ein höchstens 2 mm langes Käferchen entweder still auf einem Stein, auf ein wenig Gras über dem Wasser sitzen oder ausserordentlich langsam von dannen kriechen. Es handelt sich um ein Mitglied der Gattung *Hydraena* (Taf. VIII, Abb. 1), die viele, nur schwer von einander zu unterscheidende Arten zählt. Die Tiere sind von länglichem Körperbau und haben weit hervorstehende Augen, ähnlich wie der kleine braune Laufkäfer *Elaphrus*, den man genau an den gleichen Lokalitäten antreffen kann. Die braungelben oder schwarzen Deckflügel sind mit tiefen, regelmässigen Punktstreifen versehen. Anscheinend haben die Tiere lange Antennen, und man könnte sie eigentlich gut für Laufkäfer halten. Bei etwas genauerem Zusehen wird es jedoch klar, dass diese vermeintlichen Antennen nur dreigliedrig sind, und die eigentlichen, viel kürzeren Antennen weit verborgener sitzen. Sie bestehen im ganzen aus 9 Gliedern, wovon 5 mit unbenetzbaren Haaren bedeckt sind. Dies zeigt uns, dass wir es in der Tat mit Wasserkäfern zu tun haben, allerdings mit solchen, die wahrscheinlich mehr auf dem Lande als im Wasser leben.

Im übrigen wissen wir fast nichts über ihre Lebensweise und kennen nur eine einzige Larve; diese weist das auch den *Ochthebius*-Larven eigentümliche Merkmal auf, dass alle Hinterleibsstigmen offen sind, nicht nur die allerhintersten, wie dies bei den Hydrophiliden-Larven im allgemeinen der Fall ist; und dass also das Tracheensystem holopneustisch und nicht metapneustisch ist.

Ochthebius (Taf. VIII, Abb. 2). An ungefähr der gleichen Lokalität wie die Hydraeninae, jedoch wahrscheinlich besonders an stehenden Gewässern, wird man oft einen zweiten, sehr kleinen Käfer treffen, der in der Regel noch kleiner als die *Hydraena*, meist nicht einmal 2 mm lang ist. Er ist weniger langgestreckt, die Kieferpalpen sind etwas kürzer als die Antennen, und die Antennen-Keule stimmt besser mit der der typischen Wasserkäfer überein; die Punktstreifen an den Deckflügeln sind weniger tief. Wie klein die Tiere auch immer sind, haben sie doch die Aufmerksamkeit der Forscher auf sich gelenkt. Die Ochthebiinen gehören nämlich zu den ganz wenigen Insekten, die zwar nicht direkt im Meer, jedoch in dessen unmittelbarer Nähe leben, und zwar in Pfützen, die sich mit Meerwasser füllen, in Brackwasser, oft in Wasser mit hohem Salzgehalt.

Neben den Arten, die ausschliesslich an Meerwasser gebunden sind, gibt es solche, die vorzugsweise in Süsswasser leben, und die in Brackwasser sowie in sehr salzhaltigem Wasser eingehen. Die meisten Arten scheinen ausserdem sowohl im Wasser als auch an Lokalitäten leben zu können, die den grössten Teil des Jahres trocken liegen. Leider sind die Meer-, Brackwasser- und Meeresküsten-Ochthebien am gründlichsten studiert (Hase 1926, d'Orchymont 1913, Bro Larsen 1936). Im Süsswasser spielen sie jedoch kaum eine wesentlich geringere Rolle als im Salzwasser. In grössten Mengen sind sie mir wohl als die Art *Ochthebius marinus* Payk. von den Ufern des Arresees sowie von den ausgetrockneten Pfützen der Strandwiesen am Nordwald bei Jægerspris bekannt. Hier leben sie zusammen mit *Berosus*; die Lokalität wurde bereits bei diesem besprochen.

An einem Tage, an dem eine leichte Sommerbrise das gelbliche Wasser des Arresees in kleinen Wellen über den mit blaugrünen Algen befestigten Sand treibt, findet man in den Vertiefungen, die stärkere Wellen zu einer früheren Jahreszeit in die Sandalgenschicht geschlagen haben, an den Rändern Massen winziger, schwarzer oder schwarzbrauner Käferchen, die bald zu Haufen angeschwemmt wie ertrunken daliegen, bald ziemlich lebhaft herumlaufen; einige bewegen sich auf dem Boden der Pfützen, nur mit wenigen cm Wasser bedeckt, andere laufen an der Unterseite der Oberfläche entlang. Im letzteren Falle ist die Unterseite ihres Körpers von einer grossen, kissenförmigen Luftmasse bedeckt, der einer hohen, länglichen Silberblase ähnelt, aus der nur die Beine herausragen. Untersucht man den trockenen, von blaugrünen Algen befestigten Sand, stellt sich heraus, dass er von zahlreichen Gängen durchbohrt ist, die hauptsächlich von den Staphyliniden des Genus *Bledius* stammen, in denen man jedoch auch ab und zu Ochthebien findet. Ebenso wie an den Küsten des Meeres bilden die Bledien auch hier Sandhaufen an der Oberfläche. Bro Larsen (1936) schildert, wie die *O. marinus*-Larven auf Skallingen kleine Sandkegel machen. Ich habe sie am Arresee nicht entdecken können, wahrscheinlich deshalb, weil meine Beobachtungen spät im Herbst vorgenommen wurden. In den Brackwasserpfützen am Jægerspris leben die Ochthebien oft in die Oberfläche des Bodens eingegraben. Rührt man darin herum, kommen grosse Mengen zum Vorschein. Da sie in der Regel überkompensiert sind, steigen sie in die Höhe und laufen mit der Bauchseite nach oben unter der Oberfläche entlang. Beim Laufen ist die grosse Luftblase der Bauchseite in ständiger Bewegung. Von der Unterseite der Wasseroberfläche kriechen sie unter die Pflanzenwurzeln am Ufer. Unterkompensierte Tiere kriechen am Boden entlang. Sie schwimmen niemals, dazu sind die Beine nicht eingerichtet, da Schwimmhaare fehlen. Sie sind dagegen gute Flieger, die wohl hauptsächlich im Sonnenschein von Pfütze zu Pfütze fliegen. Die Pfützen bei Jægerspris sind von ausserordentlich instabiler Natur: einen Tag mit Regenwasser, den nächsten, wenn das Wasser im Fjord bewegt ist, mit Brackwasser gefüllt, und bei starkem Sonnenschein im Laufe weniger Tage ausgetrocknet, können sie nur von Geschöpfen bewohnt werden, die entweder das Austrocknen ertragen oder von Pfütze zu Pfütze fliegen können. Gerade wie bei anderen Wasserkäfern haben die Kieferpalpen unter Wasser die Rolle der Antennen übernommen; die letzteren sieht man nicht. Zu Lande hingegen werden die Antennen vorgestreckt. Hase beschreibt, wie *O. quadricollis* Mulsant (Abb. 302–304) nach Beobachtungen auf Mallorca immer, wenn sich das Tier der Oberfläche nähert um zu atmen, die Antennen senkrecht in die Höhe streckt und aus dem Wasser herausragen lässt (Abb. 304). Ich habe mich vergeblich bemüht, den gleichen Vorgang bei *O. marinus* Payk. zu sehen.

Im Gegensatz zu den meisten anderen Wasserkäfern werden die Eier von *Ochthebius* einzeln und ohne Umhüllung abgelegt. Die Larven sind 3–4 mm lange, schmale Tiere, sehr deutlich gegliedert und von schwarzer oder schwarzbrauner Farbe. Sie haben 7 Paar Hinterleibsstigmen und sind also holo- und

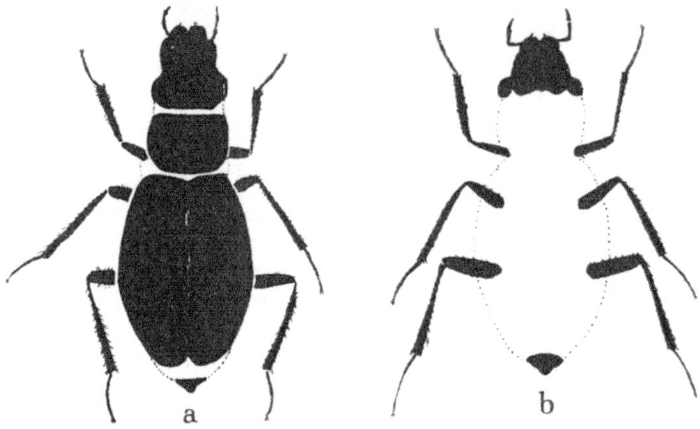

Abb. 302.

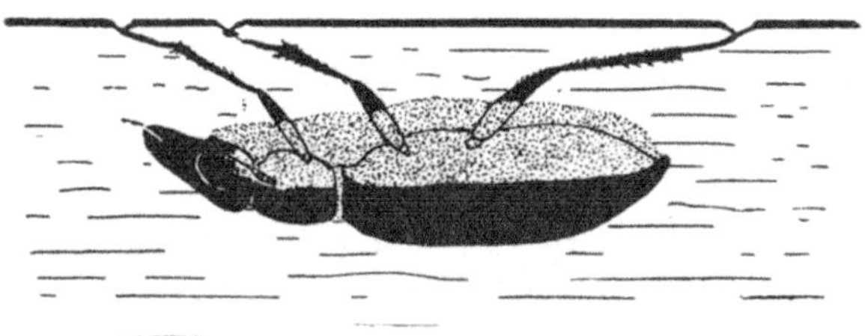

Abb. 303.

Abb. 302. *Ochthebius quadricollis* Mulsant. *a* Unter Wasser von oben gesehen. *b* Ansicht von unten. Die Ausdehnung der Luftbezirke ist durch Punktierung angedeutet. Vergr. Nach Hase, A. 1926.

Abb. 303. Fortbewegung eines am Wasserspiegel hängenden *Ochthebius quadricollis* Mulsant. Ausdehnung der Luftblase punktiert. Halbschematisch. Nach Hase, A. 1926.

Abb. 304. Senkrechtes Aufrichten des Fühlers und Herausstrecken aus dem Wasser *w* vor dem Auftauchen des Käfers; *au* Auge. Vergr. Nach Hase, A. 1926.

Abb. 304.

nicht metapneustisch. Der Körper endet in zwei Cerci, die Beine sind gut entwickelte Kriechbeine, sodass die Tiere angeblich sowohl unter Wasser wie auf dem Lande kriechen können. Hase (1926) behauptet, dass die Larven oft pendelartige Schwingungen mit dem Hinterleib ausführen. Sowohl die Larven als auch die Imagines leben von der Algenschicht des Bodens.

Über *Ochthebius impressus* Marsh. (Taf. VIII, Abb. 16) sagt d'Orchymont (1913), dass die Larven im Aquarium kleine, vertikale Galerien bauen, indem sie mit den Mandibeln einzelne Sandkörner ergreifen, sie feucht aneinander kleben, und dadurch Röhre bilden. Auf diese Weise wird die ganze Oberfläche gleichsam durchlöchert.

Subfam. *Limnebiinae* (Taf. VIII, Abb. 3 und 17).

Auch diese Unterfamilie umfasst äusserst kleine, nicht über 2 mm lange, braune oder schwarze Käfer; sie unterscheiden sich von den *Hydraeninae* u. a. dadurch, dass die Vorderbrust glatt, ohne Furchen oder Grübchen und nicht nach hinten zu eingeschnürt ist; die Deckflügel sind nicht stark skulpiert, die Kieferpalpen viel länger als die Antennen, die vom gewöhnlichen Wasserkäfertyp sind.

Diese kleinen, in der Regel stark schwarzglänzenden Käfer, die in ihrer Form dem Kolbenwasserkäfer en miniature gleichen, kommen in verschiedenen Arten, meist in stehenden, einige aber auch in fliessenden Gewässern vor. Wir haben nur geringe Kenntnis ihrer Lebensweise, wissen jedoch, dass die Eier geradeso wie die der *Hydraeninae* einzeln abgelegt werden, hier jedoch von einem losen Gespinst umgeben sind, in welchem das Ei sichtbar ist.

Als Larven scheinen sie mehr terrestrisch als aquatisch zu sein; sie haben auch alle Abdominalstigmen; ihre Atmung ist also holo- und nicht metapneustisch. In Form und Aussehen ähneln sie den *Ochthebius*-Larven und zeigen eigentlich keine nennenswerte Anpassung an das Leben im Wasser.

Es ist interessant, dass diese primitivsten aller Wasserkäfer als Larven in ihrem Bau eigentlich einem kriechenden Leben auf dem Festland angepasst sind, während sie als ausgewachsene Tiere vorzugsweise im Wasser leben. Im übrigen scheinen sie in beiden Stadien ohne Schwierigkeiten das Element vertauschen zu können.

Subfam. *Spercheinae.*

Diese kleine, sonderbare Unterfamilie ist durch den wahrscheinlich überall ziemlich seltenen *Spercheus emarginatus* Schall. repräsentiert (Taf. VIII, Abb. 6). Wir kennen hier in Dänemark nur wenige Fundorte für ihn. Einer von diesen ist der Hjortesee in der Nähe von Hillerød, wo ich ihn vor etwa 20 Jahren gefunden habe. Diese Lokalität ist jetzt ausgetrocknet, und 5 Jahre lang habe ich ihn nirgends ausfindig machen können; eine neue Lokalität wurde in der Nähe des Furesees entdeckt, aber auch sie ist zerstört. Herr Volksschullehrer Kryger fand die Tiere in kleinen Wasserlöchern im Bursømoor, Falster, wieder. Leider erhielten wir die Käfer erst Mitte Juni nach Beendigung der Eiablage. Das Weibchen hatte den Eisack, mit dem ich es oft im Mai an der erstgenannten Stelle beobachtet hatte, abgeworfen. Die Wasserlöcher enthielten zahlreiche Larven, die fast alle in der letzten Häutung begriffen waren. Es gelang mir daher zwar nicht zu beobachten, wie das Weibchen seinen Eisack spinnt, doch konnte ich die Larven 14 Tage lang in Schalen am Leben halten.

Die Lokalitäten, an denen sie gefunden wurden, haben alle das gleiche Gepräge: Kleingewässer mit üppigem Pflanzenwuchs auf der Oberfläche. Die Larven sind eng an die Unterseite der Oberfläche gebunden, wo sowohl die entwickelten Tiere als auch die Larven mit der Bauchseite nach oben gekehrt herumlaufen. Sie bewegen sich weniger auf den zwischen den Pflanzen liegenden kahlen Wasseroberflächen als auf den Unterseiten der Pflanzen; das gleiche gilt für die Käfer. Im Aquarium sieht man oft Imagines still an der Oberfläche liegen, alle 3 Beinpaare um ein Blatt, z. B. Lemna trisulca, angeklammert. Die Käfer sind sehr träge Tiere; in starkem Sonnenlicht können die Larven ziemlich lebhaft sein; dann bewegen sie sich auf den freien Wasserflächen zwischen den Blättern.

Zu dieser Gattung gehört nur eine Art, *S. emarginatus* Schall. Diese ist wohl die am stärksten gewölbte Form von allen unseren Wasserkäfern. Er kann kaum schwimmen. Wenn das Weibchen seinen Eisack trägt, stehen ihm als Fortbewegungsorgane nur seine Vorderbeine zur Verfügung; die mittleren und hinteren Beinpaare klemmen den Eisack an Ort und Stelle fest, nur die Tarsen sind frei. Das Tier ist von schwarzbrauner Farbe mit dunkleren Flecken; es ist oft mit Erdpartikeln bedeckt. Betrachtet man die Innenseite der Vorderflügel mit einer Lupe, sieht man im letzten Drittel eine Querleiste. Wenn das Tier kriecht, hängt gewöhnlich der Hinterleib bis an die Flügelränder herab; glaubt sich das Tier in Gefahr oder prickelt man es mit einer Nadel in den Hinterleib, schnellt es den Hinterleib hinter diese Querleiste hinauf. Dadurch entsteht ein grosser Raum zwischen der Unterseite des Hinterleibs und den Rändern der Elytren. Das Tier trägt seine Eier in einem sehr dickwandigen Sack mit sich herum. Gewöhnlich hängt dieser Sack gerade so wie bei *Helochares* baumelnd unter dem Hinterleib. Wenn sich das Tier dagegen beeilen will, wirft es den Hinterleib nach oben hinter die Querleiste, und in dem erwähnten Raum, festgeklemmt durch die Hinterbeine, liegt nun der Eisack an die Bauchseite angepresst. Es ist beobachtet worden, das ein Weibchen in der Zeit vom 26. April bis 4. Juni 4 Kokons angefertigt hat. Auf der Unterseite ist das Tier von einer grossen Luftschicht umgeben; immer mit der Bauchseite nach oben gekehrt spaziert es sehr langsam an der Unterseite des Wasserspiegels entlang.

LAABS (1939), der untersucht hat, wie dieser merkwürdige Eisack konstruiert wird, schreibt folgendes: »Nach Erscheinen des Spinnapparates an der Abdominalspitze bringt das Weibchen diesen in die Nähe der oben beschriebenen beiderseitig verbreiterten Schenkelränder, streckt gleichzeitig die Hinterbeine und nähert damit die Anheftungsstellen den Palpenspitzen. Nach inniger Verspinnung dieser Stellen auf beiden Seiten entsteht durch Hin- und Herführen des Spinnapparates eine Gespinstbrücke, die der Grundstock des ganzen nun folgenden Eisacks wird. Im Gegensatz zu *Helochares* legt *Spercheus* nicht erst nach Fertigung einer Grundplatte einige Zentraleier, sondern baut eine Grundplatte bis zum Rand der Flügeldecken, plan, fest und kompakt fertig und führt daran anschliessend sofort einen kleinen Rand auf, der in seinem Mittelteil in der Gegend der Flügeldeckspitzen seine grösste Höhe hat und nun nach beiden Seiten abfällt. So ist ein Näpfchen entstanden, das von der Ventralseite des Käfers verschlossen werden kann. Dieser so entstandene Raum wird in der nächsten Phase des Vorgangs prall mit Eiern gefüllt, und zwar in anderer Reihenfolge wie bei *Helochares,* zuerst der Boden des Napfraumes bis zum Rand. Da auch hier die Dicke des Eisackes nach den Schenkeln zu abnimmt, stehen die Eier strahlig angeordnet und erwecken den Eindruck, als ob sie um ein oder mehrere Zentraleier gruppiert wurden. Die Eiablage selbst wird hin und wieder unterbrochen, wenn das Weibchen den Aussenrand nachbessert oder erhöht oder die Eier in Einbettungsgespinst bringt.«

Legt man das Tier auf den Rücken und drückt mit einer Nadel auf seine Brust, hört man stets schnarrende Laute. Das Tier hat ein Stridulationsorgan von folgendem eigentümlichen Bau: An der Seite des ersten Hinterleibssegments sitzt ein hohler Stridulationszapfen, der mit 15–17 Rillen versehen ist, die während der Stridulation über ein Feld in den Elytren streichen, mit »getürmt warzenförmigen, in scharf abgesetzte, feine Spitzen endenden Erhebungen« (BUHK 1910 b).

Die Larven (Abb. 301) gehören zu den merkwürdigsten Wasserkäferlarven, die wir kennen. Ihre Farbe ist schwarz, ihre Form von der Art der Ameisenlöwenlarven. Die Rückenseite des Hinterleibs ist sehr hoch, die Bauchseite flach. Die einzelnen Hinterleibssegmente laufen in lange, mit Haarbüscheln bekleidete Warzen aus. Die Beine sind länger als bei den meisten Wasserkäfern und mit langen Klauen versehen. Der Körper ist in hohem Grade überkompensiert, was jedoch nicht – wie behauptet wird, und wie auch irrtümlicherweise in der dänischen Ausgabe dieses Buches (W-L. 1916) angegeben ist – darauf zurückzuführen ist, dass die Bauchseite mit einer Schicht unbenetzbarer Haare bedeckt ist. Dies ist nicht der Fall und wäre auch nicht zu erwarten, da, soviel ich weiss, keine Wasserkäferlarve mit einer ähnlichen Haarschicht versehen ist. Dagegen liegen auf der Bauchseite der Larve zwei grosse Tracheenstämme, die unten bei dem letzten Stigmenpaar beginnen und dort zwei Erweiterungen zeigen. Von hier ab werden sie schmäler, erweitern sich in der Thoraxregion wieder und senden zahlreiche Zweige nach dem Vorderleib und dem Kopf aus. Die beiden Längsstämme senden in jedem Segment anastomosierende Zweige nach innen und nach unten zu den Seitenwarzen. Alle Stigmen ausser dem 8ten Paar scheinen ganz zu fehlen; die letzteren sind sehr klein. Das Tier kriecht also mit der Bauchseite nach oben gekehrt auf der Unterseite der Oberfläche. Beobachtet man es beim Kriechen, so sieht man, dass der Enddarm als 7ter Fuss für die Bewegung eine grosse Rolle spielt, indem er immerzu herausgeschoben wird, festhält und loss lässt. Die Beine haben keine unbenetzbaren Haare, und daher kann man sie beim Kriechen oft über Wasser sehen. Während die Tiere unter dem Wasserspiegel kriechen, sieht man sie bald den Kopf gerade unter der Oberfläche bewegen, bald strecken sie den Hals, und dabei kommt der Kopf tiefer unter Wasser. In beiden Fällen sucht das Tier nach Nahrung. Die Mundteile sind sehr merkwürdig. Die fast halbmondförmigen Mandibeln sind mit einem Kranz von Fegehaaren versehen. Mit Hilfe dieser Haare fegt das Tier Material von der Unterseite der Oberfläche zusammen. Bewegt es aber den Kopf auf dem gestreckten Hals unter Wasser, so geschieht dies ausserdem, um vorbeischwimmende Copepoden oder Ostracoden zu greifen. Im Darm findet sich bald zusammengefegtes Algenmaterial von der Unterseite des Wasserspiegels, bald ganze Cyclops. Soviel ich weiss, ist *Spercheus* die einzige Wasserkäferlarve, die normalerweise ihre gesamte Nahrung unter Wasser verzehrt. Ich habe versucht, die Larve mit *Notodromas monacha* O. F. M. und *Scapholeberis mucronata* O. F. M., die bekanntlich beide an der Oberfläche heimisch sind, zu füttern; ich habe die Larve jedoch niemals danach greifen sehen. Beide waren ihr zu rasch; nicht selten liessen sich *Notodromas* auf dem Rücken der Larve nieder. Ausserdem leben *Spercheus*-Larven von dem, was auf die Wasseroberfläche fällt, in erster Linie Fliegen. Im Aquarium füttert man sie am besten mit halbtoten Fliegen, die sie rasch überfallen. Die Beweglichkeit der Larven hängt in hohem Grade von der Temperatur ab, unter 15–17° C. sind sie äusserst träge, aber in starkem Sonnenschein und bei Wassertemperaturen von etwa 25° C. sind sie sehr lebhaft. Die für eine Wasserkäferlarve ungewöhnlich langen Beine erlauben eine beträchtliche Beweglichkeit. Über die Verpuppung ist meines Wissens nichts Näheres bekannt.

Subfam. *Helophorinae, Hydrochinae, Sphaeridiinae.*

Es besteht eigentlich kein Grund dafür, in einem Werk, das das Leben der Insekten im Süsswasser behandelt, auf Bau und Lebensweise der obengenannten Unterfamilien näher einzugehen. Viele von ihnen leben überhaupt nicht im Wasser, einige in der Vegetation, mehrere im Mist, in Pilzen oder in verfaulendem Material usw. Besonders von den beiden erstgenannten Unterfamilien ist aber eine nicht unbeträchtliche Zahl an Seeufer und den Strand gebunden, einige an die Steine der fliessenden Gewässer, und eine kleinere Anzahl sind tatsächlich Wassertiere; sie können wohl alle gerade so gut im Wasser wie auf dem Trockenen leben. Ihnen allen gemeinsam ist die unbenetzbare Haarschicht auf den Antennenkeulen und, soweit bekannt, dass sie im Wasser atmen, wie es für die anderen Arten der Wasserkäfer beschrieben wurde. Es soll jedoch bemerkt werden, dass gerade die Antennenkeulen bei allen kleinen Wasserkäfern nicht ganz wie bei *Hydrophilus* gebaut sind. Untersuchungen hierüber fehlen bis jetzt vollkommen; ferner ist auch unbekannt, ob die im Mist und in Pilzen lebenden Formen unbenetzbare Haarschichten auf den Keulen haben. Soviel wir wissen, haben sie alle, wenn sie unter Wasser sind, einen grösseren oder kleineren Luftvorrat auf der Unterseite und sind daher deutlich überkompensiert. Findet man sie im Wasser, halten sie sich meist an der Oberfläche auf. Kenntnisse über die Grösse der unbenetzbaren Haarschicht besitzen wir meines Wissens überhaupt nicht. Einige sind recht gute Schwimmer über kurze Strecken, doch fehlen allen die Schwimmhaare auf den Hinterbeinen. Soweit sie Wassertiere sind, legen sie ihre Eikokons vorzugsweise am Ufer ab, auf von Wasser durchtränkten Mooskissen, in der *Lemna*-Decke und in Algenteppichen in den Aushöhlungen der Steine, in der Zone, die eben vom Wasser befeuchtet wird; jedoch, soviel ich weiss, nicht in tieferem Wasser. Die meisten sind recht gute Flieger und mehrere unternehmen Schwärm- und Paarungsflüge; vordem versammeln sie sich auf Carex und Gräsern, die aus dem Wasser herausragen. Da viele von ihnen an Lokalitäten mit äusserst wechselndem Wasserstand leben, häufig in austrocknenden, teils mit Brack- teils mit Süsswasser gefüllten Pfützen, gebrauchen sie oft ihre Flügel, um von einer austrocknenden Lokalität zu einer anderen zu gelangen.

Im Winter, wenn Schnee und Eis die Ufer bedecken, findet man oft in den Scheiden der grossen Gräser Glyceria spectabilis, Phragmites, zwischen verwelkten Blättern von Rohrkolben, Igelkolben u. ä. viele verschiedenartige kleine Hydrophilen; andere leben in angeschwemmten Haufen am Ufer. Man geht daher wohl kaum fehl mit der Annahme, dass diese kleinen Formen überwiegend auf dem Lande überwintern.

Nur sehr wenige hierher gehörende Larven können auch nur mit einigem Recht als Wassertiere bezeichnet werden. Soweit sie zum Wasser gehören, begegnet man den allermeisten entweder in den Algenteppichen der Oberfläche oder auf den gerade am Rande des Wassers liegenden Spitzen von Sphagnum und Fontinalis-Kissen. Sie sind fast alle holopneustisch und nur ganz wenige zeigen Anpassung an das Leben im Wasser. Die Larven sind im Gegensatz zu den Imagines soviel wir wissen alle Raubtiere, wahrscheinlich bilden Ostracoden und Daphnien ihre Hauptnahrung.

Betreffend die einzelnen oben besprochenen Unterfamilien sei nur noch folgendes hinzugefügt:

Die Helophorinen mit der artenreichen Gattung *Helophorus* (Taf. VIII, Abb. 5, 18, 19) sind von allen anderen Wasserkäfern wohl am besten dadurch zu unterscheiden dass die Vorderbrust 5 Längsfurchen aufweist; der Körper ist langgestreckt, die meisten sind Wassertiere, aber viele trifft man, namentlich im Sommer, an ziemlich trockenen Lokalitäten an. Die Arten sind nur sehr schwer voneinander zu unterscheiden. Die Eier werden in Eisäcken abgelegt, die mit einem weissen, breiten Band versehen sind, das sich über die Wasserpflanzen gerade am Wasserspiegel breitet. Der Eisack enthält ca. 12 Eier. Die in vieler Hinsicht sehr eigenartigen Larven habe ich in den Aushöhlungen der von Algen korrodierten Kalksteine am Rande des Tjustrupsees gefunden, wo sie zusammen mit *Helmis* und *Dryops* samt deren Larven vorkamen.

Die kleine Unterfamilie *Hydrochinae* (Taf. VIII, Abb. 4) soll hier nur mit Hinblick auf die Larven besprochen werden. Sie sind längliche Käferchen, deren Vorderbrust mit Querreihen und Vertiefungen versehen ist und deren Deckflügel längliche, kräftige Punktreihen tragen, die in der Regel durch kielförmige Linien getrennt sind. Ihre Heimstätte ist wahrscheinlich überwiegend die Vegetation über Wasser. Die Larven sind dem Leben im Wasser angepasst, da sie mit einer Respirationsschale ausgestattet sind, in welche 2 grosse Stigmen münden. Die übrigen Stigmen sind zwar vorhanden, aber klein. Sowohl die Mundteile wie die Antennen zeigen eigentümliche Merkmale.

Sphaeridiinae mit der Hauptgattung *Sphaeridium* und mit der artenreichen Gattung *Cercyon* sind im Mist oder in verwesenden Stoffen heimisch. Nur einige wenige der letztgenannten Tiere leben an Ufern oder an der Küste unter Tang. Hier soll nur der beinah kohlschwarze, etwa 4 mm lange, fast halbkugelförmige *Coelostoma* (= *Cyclonotum*) *orbiculare* F. (Taf. VIII, Abb. 13 und 20) genannt werden, der an den Ufern kleiner Seen mit üppiger Vegetation häufig vorkommt. Er sieht wie ein kleiner, draller Wasserkäfer aus, der mit einer reichen Luftbekleidung auf der Vegetation im oder über dem Wasser herumläuft und der sich häufig, mit der Bauchseite nach oben gekehrt, auf der Unterseite des Wasserspiegels in den kleinen Wasserflächen zwischen der Vegetation tummelt. Im Frühsommer habe ich ihn oft am Funketeich neben seinen Eikapseln und Larven beobachtet. Die Kokons sind teller- oder hutförmig, mit einem ein wenig ausgehöhlten Boden, kreisrund und mit unregelmässig gezackten Rändern. Es fehlt ihnen das Band, das für die anderen Hydrophiliden-Kapseln charakteristisch ist. In der Mitte, wo höchstens 10–12 Eier liegen, sind sie fast zapfenförmig. Sie sind mit einem grünschwarzen Deckel versehen. Diese niedlichen Kokonnesterchen liegen im Juni zu Tausenden auf Mooren, Schilfrohr, verfaulten Buchenblättern usw. Die Tiere wählen zu ihrem Brutgeschäft stets von Wasser durchtränkte Moosteppiche u. dgl.; die Oberfläche der Kokons ist jedoch immer vollkommen trocken.

Auf der Vegetation am Rande des Wassers, dort wo Imagines leben und ihre Kapseln ablegen, kommt auch die Larve vor. Sie ist ziemlich plump, kann aber rasch kriechen. Ihre Beine sind äusserst kurz und spielen bei der Bewegung kaum eine grössere Rolle. Unter jedem Hinterleibsring sitzen jedoch eine Art Saugnäpfe, die von vorspringenden Hautfalten gebildet werden; diese sind als Fortbewegungsorgane von Bedeutung. Die Larve kriecht beinah wie eine Schmetterlingsraupe. Sie hat eine Respirationsschale mit 2 grossen Stigmen am Hinterende. Die Atmung ist wahrscheinlich metapneustisch. Wenn die übrigen Hinterleibsstigmen vorhanden sind, so sind sie jedenfalls sehr klein.

Kapitel XIV.

DIE ÜBRIGEN KÄFER

Tafel IX.

In diesem Kapitel werden verschiedene Käferfamilien behandelt, die nur in beschränktem Grade als aquatil gelten können, und zwar hauptsächlich folgende, zu den *Dascilloidea* gehörende Familien: *Helodidae* (*Cyphonidae*), *Heteroceridae, Psephenidae, Dryopidae, Helmidae, Georyssidae, Hydroscaphidae* und *Lampyridae,* ferner gewisse *Curculionidae* und *Chrysomelidae,* besonders *Donaciinae.* Von ihnen kann man vor allem viele *Helodidae, Helmidae, Psephenidae, Dryopidae* und *Donaciinae* sowie einige Rüsselkäfer zur aquatischen Fauna rechnen, da ihre Larven ausgeprägte Wassertiere sind; die Helmiden sind sogar auch als Imagines ans Süsswasser gebunden, ebenso manche *Dryopidae,* eine Gattung der Donacien (*Haemonia*) und wahrscheinlich auch die kleinen Curculioniden. Andere, wie die *Heteroceridae* und *Georyssidae,* leben an feuchten Orten, wo namentlich die ersteren häufig dem Überschwemmtwerden ausgesetzt sind; andere, z. B. gewisse Chrysomelinen (*Galeruca*), sind zwar keine eigentlichen Wassertiere, verbringen aber fast ihr ganzes Leben auf der Schwimmblattvegetation in Teichen.

Helodidae.

Die kleine Familie der *Helodidae,* die man gewöhnlich als den *Dryopidae* nahestehend betrachtet, wird hier besonders wegen ihrer Larven aufgeführt. Die Imagines aller zu dieser Familie gehörenden Arten leben als Landtiere an feuchten Orten, manche ihrer Larven jedoch im Wasser oder in dem in Baumstümpfen angesammelten Wasser, wie z. B. *Cyphon, Helodes* (Taf. IX, Abb. 5 und 15) und *Scirtes* (Taf. IX, Abb. 16). Die Tracheenstämme sind mit grossen, sackförmigen Erweiterungen versehen und münden in zwei hinten gelegenen Stigmen aus. Die Larven haben ausserdem kleine, fingerförmige, gefiederte Kiemen, die aus dem After heraushängen; sie enthalten angeblich keine Tracheen und sind daher als Blutkiemen aufzufassen. Das Tracheensystem ist metapneustisch. Meistens tragen die Larven eine an den Spiracula festhängende Luftblase mit sich herum; durch die dünne Bauchdecke schimmern die grossen, silberglänzenden Luftsäcke hindurch, die sich an der Bauchseite entlangstrecken und in jedem Segment ausgebuchtet sind. Sie werden durch dorsoventrale Muskeln eingeschnürt und sind merkwürdigerweise vorn im Thorax miteinander verschmolzen. Die Tiere sind infolge der grossen Luftmenge im Tracheensystem hochgradig überkompensiert und wenden stets die Bauchseite nach oben, da die Luftsäcke an der Unterseite liegen. Die Larven leben in ungeheuren Mengen in schmutzigem Wasser, wo sie mit dem Bauch nach oben unter der Wasseroberfläche herumkriechen. Sie verpuppen sich in hohlen Pflanzenstengeln und sind im übrigen durch ihre sehr langen und dünnen Fühler bemerkenswert.

Die *Cyphon* nahestehende Gattung *Helodes* ist hauptsächlich in fliessendem Wasser anzutreffen; die breiten, flachen Larven (Taf. IX, Abb. 15) kommen meist im Winter unter Steinen vor. Sie sind vorwiegend Nachttiere, die des Nachts an die Oberfläche kommen. Die Mandibeln der Larven sind mit einer Bürste aus Seidenhaaren ausgestattet, die vermutlich dieselbe Aufgabe hat wie bei der Larve von *Spercheus*. Die Puppe von *Hydrocyphon* ist ebenso wie die Larve aquatisch; sie ist mit einem Seidenfaden versehen und von einer Luftblase umgeben. Auch die Imago ist von einer Luftblase umhüllt und daher sofort trocken, wenn sie an die Oberfläche kommt (Brocher 1913); sie besitzt eine unbenetzbare Haarschicht und ähnelt daher in ihrer Lebensweise den Hydrophiliden.

Heteroceridae (Taf. IX, Abb. 2; Abb. 305).

Die Familie besteht aus wenigen Arten von 4–5 mm langen Käfern. Ihre Vorderbeine sind zu Grabbeinen umgebildet; die kräftigen Mandibeln haben vor der Mitte einen Einschnitt und können zusammengelegt und so als Grabwerkzeuge verwendet werden. Die anderen Beinpaare dienen mehr dazu, das Tier gegen die Wände des Ganges zu stemmen. Die Käfer leben als grabende Tiere vorwiegend am Meeresstrand, eine Art jedoch an Seeufern, und zwar oft an gelegentlich überschwemmten Stellen; sie halten sich in dem Gürtel von Blaualgen auf, der für sandige Partien sowohl am Strand wie an Seeufern charakteristisch ist. Am Süsswasser ist besonders häufig *H. fenestratus* Thunby. Die Tiere sind gewöhnlich rotgelb gezeichnet; sie kommen erst bei Sonnenuntergang zum Vorschein. Soviel mir bekannt ist, weiss man nichts über die Lebensweise von *H. fenestratus* Thunby; dagegen wird in einer schönen Arbeit von E. Bro Larsen (1936) über die Heteroceriden im Wattengebiet mitgeteilt, dass die Weibchen hier ihre Eier in kleinen Klumpen in selbstgegrabene Höhlen legen. Die Larven bauen ähnliche Gruben; sie ernähren sich von Blaualgen.

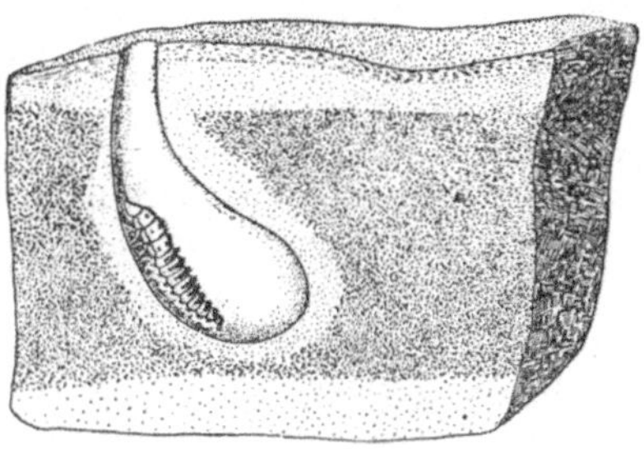

Abb. 305. Ausgewachsene Larve von *Heterocerus flexuosus* Steph. im Begriff eine Puppenhöhle zu bilden. Der oxydierte Sand bildet um die Puppenhöhle einen hellen Mantel. Nach Bro Larsen, E. 1936.

Psephenidae.

Die *Psephenidae* (Taf. IX, Abb. 8) sind eine kleine, tropische Familie, deren Arten in Amerika und in Süd- und Ostasien heimisch sind (Bøving 1926, 1929); sie wird oft als Reliktengruppe bezeichnet. Die Imagines leben an feuchten Stellen auf aus dem Wasser herausragenden Steinen; sie laufen lebhaft oder fliegen. Wir wollen sie hier wegen ihrer sehr eigentümlichen Larven besprechen, die in schnellfliessenden Flüssen, in schäumenden Bergbächen, ja sogar in Wasserfällen vorkommen. Sie sind ausserordentlich flach, fast papierdünn und ähneln ein wenig Schildläusen, deren Rückenschilder in sehr breite, dicht aneinanderliegende Seitenplatten auslaufen; die Seitenränder dieser Platten sind mit merkwürdigen, zweigliedrigen Borsten besetzt, die alle Aussenkanten umranden. Der Kopf liegt völlig unter der Vorderbrust verborgen. Die Hinterleibssegmente sind mit kammartig gefiederten Tracheenkiemen versehen. Diese eigenartigen Larven, die durch ihre abgeplattete Form an andere, in reissenden Bergflüssen lebende Insektenlarven erinnern, sitzen wie diese fest an Steinen und bieten dem Wasser so geringen Widerstand wie nur möglich. Die Eier werden angeblich in einschichtigen, von einer Gallerte umgebenen Massen an der Unterseite von Steinen in schnellfliessenden Gewässern abgelegt.

Dryopidae.

Die kleine Familie der *Dryopidae* (Taf. IX, Abb. 1, 9, 14) enthält Käfer von 2–4,5 mm Länge mit abwärts gebeugtem Kopf und eigentümlich geformten Fühlern; das zweite Fühlerglied ist nämlich sehr gross und ohrförmig erweitert, die anderen Glieder bilden eine kurze Keule. Das Klauenglied ist sehr lang, die Klauen sind kräftige Klammerwerkzeuge. Der ganze Körper ist von unbenetzbaren Haaren bedeckt.

Bei Tage sind die Käfer ausgeprägte Wassertiere, die sich am Wasser und in der Ufervegetation aufhalten. Bei Nacht verlassen sie angeblich das Wasser und unternehmen Flugreisen (Brocher 1913). Von den Hauptgattungen kommen *Potamophilus* vorwiegend an den Ufern grosser Flüsse, die Arten von *Dryops* (= *Parnus*) (Taf. IX, Abb. 1) dagegen mehr in langsam fliessenden Bächen und stehenden Gewässern vor. Man findet die Käfer oft in der Brandungszone unserer Seen, stets unter Wasser und häufig in Löchern im Kalkstein verborgen; hier halten sich auch die langgestreckten, mit ganz kurzen Beinen versehenen Larven auf (Taf. IX Abb. 14). Ihr letztes Hinterleibssegment trägt an der Unterseite einen plattenförmigen, beweglichen Deckel, der eine Kloakenhöhle verschliesst; in dieser Höhle liegen die retraktilen Kiemen. Die Tiere ernähren sich vom Holz abgestorbener, ins Wasser eintauchender Zweige. Alle *Dryops*-Arten sind äusserst träge Tiere, die die meiste Zeit im Wasser zubringen; sie kriechen auf dem Wasserspiegel entlang bis zu einer Wasserpflanze oder einem Stein, unter denen sie sich verbergen. Ihr Körper ist dann von einer Luftblase umhüllt und ausgesprochen überkompensiert; wenn die Tiere ihren Halt loslassen, schiessen sie gerade in die Höhe, durchbrechen das Oberflächenhäutchen und bleiben jetzt auf der Oberfläche liegen. Die Eier werden auf

---

TAF. IX

Verschiedene Süsswasserkäfer und ihre Larven.

Abb. 1. *Dryops auriculatus* Illig. Nach Hansen, V. 1938. × 7.
— 2. *Heterocerus flexuosus* Steph. Nach Hansen, V. 1938. × 6.
— 3. *Georyssus crenulatus* Rossi. Nach Hansen, V. 1938. × 20.
— 4. *Limnius troglodytes* Gyll. Nach W-L. 1909. × 20.
— 5. *Helodes minuta* L. Nach Hansen, V. 1938. × 7.
— 6. *Helmis maugei* Bedel. Nach Hansen, V. 1938. × 16.
— 7. *Psephenoides gahani* Champ. Nach Bøving, A. 1926. Indien. × 10.
— 8. *Psephenus Lecontei* Lec. Larve. Nach Bøving, A. 1929. Amerika.
— 9. *Helichus* sp. Fam. *Dryopidae*. Nach Bertrand. 1935. Java. × 8.
— 10. *Helmis maugei* Bedel. Larve. Nach Larsson, S. 1938. × 17.
— 11. *Hydroscapha natans* Lec. Nach Bøving, A. und Craighead. 1931. Nord-Amerika.
— 12. *Limnius troglodytes* Gyll. Larve, von der Seite gesehen. Nach W-L. 1909. × 30.
— 13. *Limnius troglodytes* Gyll. Larve, von oben gesehen. Nach W-L. 1909. — 30.
— 14. *Dryops ernesti* Gozis. Larve. Nach Larsson, S. 1938. × 7.
— 15. *Helodes minuta* L. Nach Brocher, F. 1912. × 6.
— 16. *Scirtes* (= *Cyphon*) sp. Nach Geijskes, D. 1936. × 12.
— 17. *Luciola cruciata* Mot. Nach Okada, Y. 1928. Japan.

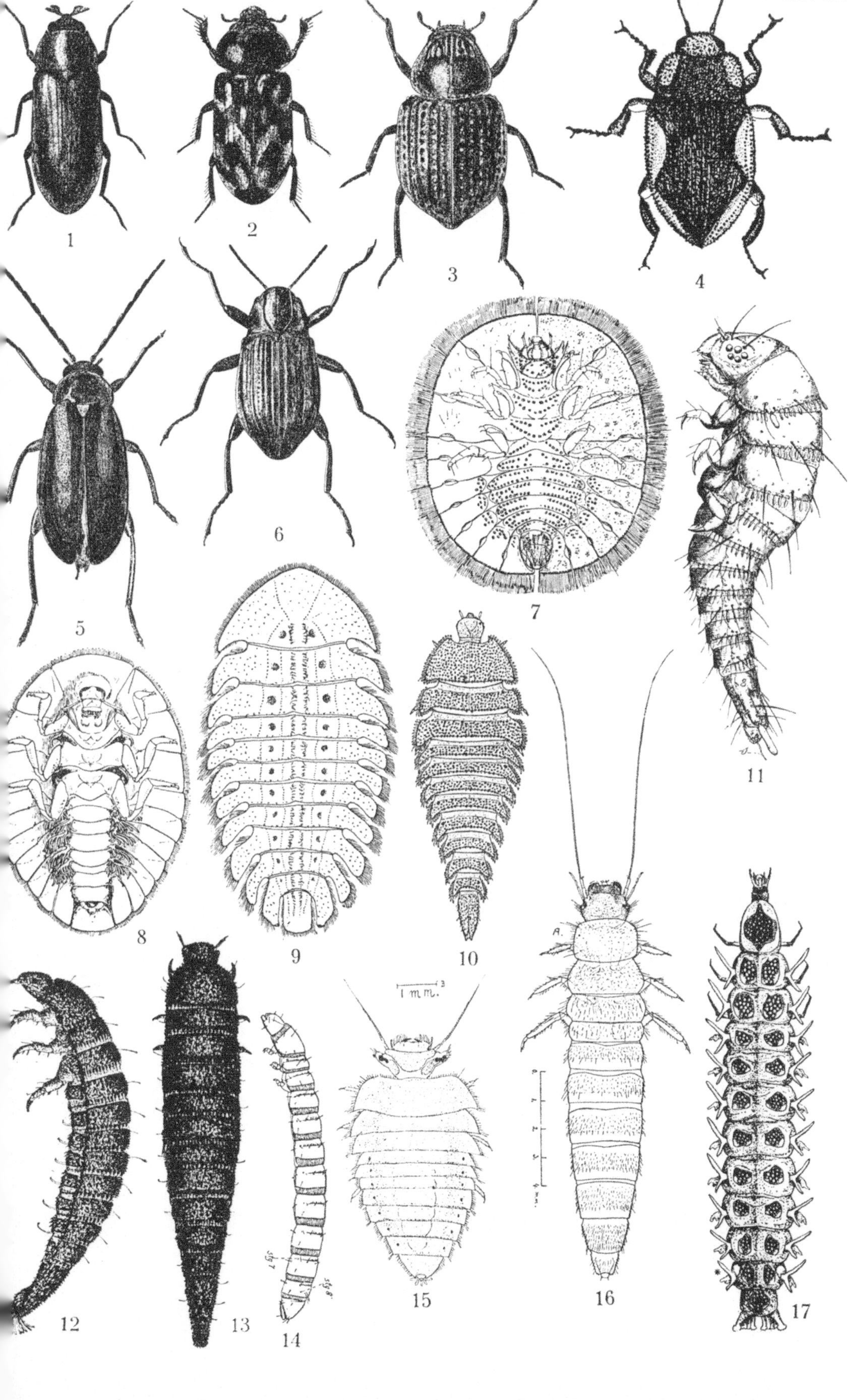
1
2
3
4
5
6
7
8
9
10
11
12
13
14
15
16
17
1 mm.

Wasserpflanzen und zwar höchst wahrscheinlich über Wasser abgelegt. HINTON (1935) gibt an, dass die Eier von *Dryops luridus* Er. in Pflanzengewebe (Mentha) über Wasser eingbohrt werden. Zu den Dryopiden wird auch das Genus *Helichus* (Taf. IX, Abb. 9) gerechnet, das durch starke Verbreiterung des Thorax und der Abdominalsegmente charakterisiert ist (BERTRAM 1935). Hierher gehört auch die merkwürdige Gattung *Psephenoides* (Taf. IX. Abb. 7), die in ihrem Bau sehr den Larven der Psepheniden ähnelt; sie besitzt aber keine freien Tracheenkiemen, sondern wie Dryopiden und Helmiden eine Kloakenhöhle mit drei Büscheln von Kiemenfäden (BØVING 1926). Beide Gattungen sind torrentikole Tropenformen.

Helmidae.

An unseren Seeufern und in fliessenden Gewässern findet man zahlreiche winzige, schwarze Käfer (Taf. IX, Abb. 4, 6, 10, 12–13), die selten mehr als ein paar mm gross sind. Am Seeufer leben sie hauptsächlich an der Unterseite von Steinen oder in deren Algenbewuchs, manche auch in Löchern und Ritzen von Kalkinkrustationen auf Steinen. Ihre Larven trifft man gewöhnlich zusammen mit den ausgewachsenen Käfern, die fast nie mehr als einen Meter tief herunter gehen. Sie kommen auch in Bächen und Flüssen vor, besonders in solchen mit starkem Gefälle und am häufigsten dort, wo das Wasser um Brückenpfeiler oder Steine schäumt. In den langen Algenbüscheln, die von den Brückenpfeilern herabhängen und im Strome hin und her schwingen, sitzen sie oft zu Hunderten; ich habe die Käfer auf flottierenden Pflanzen in jütländischen Flüsschen so massenhaft gefunden, dass die Pflanzen aussahen, als wären sie mit schwarzen Pfefferkörnern bestreut. So klein und unansehnlich die Tiere auch sind, so haben sie doch die Aufmerksamkeit der Forscher mehr und mehr auf sich gelenkt, da sowohl ihr Bau wie ihre Biologie manches Interessante bieten.

Die Käfer sind klein, fast immer schwarz oder schwarzbraun, von plumpem Körperbau, mit dem die langen, kräftigen Beine schlecht zu harmonieren scheinen. Der Kopf ist abwärts gebeugt, unter dem Prothorax verborgen, die Fühler sind fadenförmig. Wegen der langen, kräftigen Beine könnte man annehmen, dass die Tiere sehr bewegliche Schnelläufer seien; sie sind aber alles Andere eher als das. Bei genauerer Betrachtung der Beine sieht man, dass das Klauenglied fast so lang ist wie die anderen Fussglieder zusammen, und dass es zwei ungewöhnlich kräftige Klauen trägt. Die Helmiden sind in Wirklichkeit äusserst träge Tiere, die sich mit den im Verhältnis zu ihrer Körpergrösse enormen Klauen an der Unterlage festhaken: die Beine spannen so weit, dass ihre Unterstützungsfläche dadurch stark vergrössert wird. Sie sind nicht flach wie so viele andere Fluss- und Brandungsbewohner, aber mit ihren Beinen selbst an schwankenden Gegenständen, wie flottierenden Wasserpflanzen, Algen usw., vorzüglich verankert. Die Beine, besonders die Vorderbeine, tragen oft dichte Haarbürsten, namentlich auf den Schienen. Die Tiere leben von Pflanzennahrung, besonders von Algen; die in den Höhlungen im Kalkstein lebenden Formen ernähren sich hauptsächlich von Algen, von denen manche Kalkbildner sind, während andere zur Auflösung des Kalkes beitragen. Die Pflanzen liefern neben der Nahrung zugleich Atemluft.

Die Helmiden gehören ebenso wie *Haemonia* zu den ganz wenigen Insekten, die während aller Stadien ausgeprägte Wassertiere sind und wahrscheinlich das Wasser überhaupt nicht verlassen. Manche von ihnen kommen vielleicht niemals an die Oberfläche, jedenfalls besteht im allgemeinen keine Notwendigkeit dafür. Trotzdem ist ihre Respiration vollständig auf das Einatmen atmosphärischer Luft eingestellt.

Diese eigentümliche Tatsache war zwar der Aufmerksamkeit der Naturforscher nicht entgangen, aber erst dem ausgezeichneten Schweizer Zoologen FRANK BROCHER, dem wir so viele Beobachtungen über die Lebensweise der Wassertiere verdanken, gelang es, den scheinbaren Widerspruch aufzuklären. Siehe auch SUSSKIND (1936).

Wie oben erwähnt, sind die Helmiden braun oder schwarz, wenn man sie aus dem Wasser nimmt, im Wasser dagegen mit einer dünnen Luftschicht bedeckt, durch die sie silbrig erscheinen. Das Merkwürdige dabei ist, dass diese Luftschicht nicht wie bei Wasserkäfern und Wasserwanzen auf der Unterseite des Hinterleibes eine grosse Blase bildet, sondern ein ausserordentlich dünnes Lufthäutchen, das obendrein auf ganz bestimmte, bei den einzelnen Arten verschiedene Areale beschränkt ist (Taf. IX, Abb. 4). Man könnte nach Analogie der Federfluren bei den Vögeln von Luftfluren sprechen. Man kann die Tiere in sauerstoffreichem Wasser monatelang von der atmosphärischen Luft absperren, ohne dass sie deswegen sterben; ich selbst habe sie so einen Monat lang, BROCHER sogar über 4 Monate gehalten. Meist sind die Höhlungen im Kalkstein oder die Algenkissen darüber besonders bei Sonnenschein von ganz feinen Luftbläschen bedeckt, die sich bei der geringsten Berührung ablösen. Wenn die Käfer an diesem Material nagen, werden diese Luftbläschen frei. BROCHER (1912) hat beobachtet, dass die Käfer die Luftbläschen mit dem Mund aufnehmen und dann zur Luftdecke an der Unterseite von Kopf und Vorderbrust und von hier weiter zu den grossen Spiracula an der Mittelbrust hinleiten; von hier gelangt die Luft ins Tracheensystem. Wenn sie respiratorisch verbraucht ist, wird sie wahrscheinlich hauptsächlich durch die Spiracula des letzten Brustsegmentes wieder ausgestossen und zur Bildung der dünnen Luftdecke auf gewissen Teilen des Körpers verwendet. Wieso geht nun die Luft nicht verloren, wenn sie aus den Stigmen austritt? Bei anderen im Wasser silbrig glänzenden Insekten ist der Körper bekanntlich mit einer unbenetzbaren Haarschicht bedeckt, die seine Umhüllung mit Luft bewirkt. Wie BROCHER nachgewiesen hat, ist der Bau der Haare, der bei den einzelnen Arten sehr verschieden ist, äusserst kompliziert. Das Hauptprinzip dabei ist, dass lange, dünne Haare sich dachziegelartig übereinander legen und so die das Tier umgebende Luft festhalten; zugleich wird durch die Haarschicht das Eindringen von Wasser verhindert. Das Lufthäutchen besteht wohl vorwiegend aus verbrauchter Respirationsluft. Ab und zu streichen die Tiere mit den Bürsten auf ihren Vorderbeinen die aus den Spiracula austretende Luft nach hinten. In sauerstoffreichem Wasser nimmt die Luftmasse wieder Sauerstoff auf und kann abermals zum Atmen gebraucht werden. Allmählich vermindert sich jedoch die Luftschicht um das Tier; dann erneuert es seinen Luftvorrat durch Aufnahme frischer Luftbläschen. Wenn die Bäche zur Sommerzeit austrocknen oder die Ufer trocken sind, bildet natürlich die atmosphärische Luft die Quelle der Lufterneuerung; solange aber die Tiere im Wasser sind, suchen sie wahrscheinlich unter normalen Bedingungen nicht die Oberfläche auf. Die eigentümliche Tatsache, dass die Luftschicht so ausserordentlich dünn ist, und dass die Tiere nicht wie Schwimmkäfer oder Wasserwanzen einen grösseren Luftvorrat mit sich führen, hängt gerade damit zusammen, dass sie an der Oberfläche nichts zu suchen haben, ja, dass diese sogar eine Gefahr für die Käfer bedeutet, da sie nur schwer wieder von ihr loskommen können. Die Luft wird von ihnen im allgemeinen nicht hydrostatisch ausgenutzt; dennoch steigt eine Art, *Helmis aeneus* O. F. M., ab und zu im Wasser in die Höhe, indem sich das Tier von einem Luftbläschen an der Spitze des Hinterleibes emportragen lässt. Es schwebt einen Augenblick im Wasser und sinkt dann wieder herunter. Dieses Phänomen beobachtete BROCHER besonders, wenn er den Käfer mit einer Nadel berührte; dabei löst sich die Luftblase oft ab, und das Tier sinkt sofort zu Boden. BROCHER hat einen Käfer nicht weniger als 20 Mal veranlasst, ein Luftbläschen an der Hinterleibsspitze austreten zu lassen; dann sah er das Tier aufsteigen, die Luftblase abgeben und wieder untersinken. Die Käfer haben kein Luftreservoir unter den Deckflügeln, sondern diese liegen dem Hinterleib dicht an; dagegen wird durch Auspressen der Luftblase, die ja als ein Teil des Körpers anzusehen ist, das Volumen des Tieres vergrössert, ohne dass sein Gewicht zunimmt. Hierdurch wird der Körper spezifisch leichter und steigt infolgedessen in die Höhe; da die Luftblase am Hinterende festhängt, ist beim Aufstieg die Hinterleibsspitze stets nach oben gerichtet. Es steht nicht fest, ob auch andere Arten als *H. aeneus* O. F. M. in dieser Weise passiv aufsteigen.

Auch *Limnius tuberculatus* O. F. M. soll sich nach Beobachtungen von BERG (1938) vom Boden heben und mitten im Wasser stillstehen können. Der Käfer ist gewöhnlich überkompensiert; wenn er versucht, nach unten zu schwimmen oder zu kriechen, ohne dass ihm dies gelingt, steigt er in die Höhe und legt sich an die Oberfläche, wo er vermutlich Luft abgibt, und sinkt wieder unter. Auch er steigt mit nach oben gerichtetem Hinterende aufwärts. Der Käfer sucht anscheinend die Oberfläche gleichfalls nicht zum Atmen auf. BERG (1938) sah niemals eine Luftblase am Hinterende eines aufsteigenden Käfers; nichtsdestoweniger muss ja auch dieser Käfer imstande sein, seinen Luftvorrat variablem Druck auszusetzen. Die mehr langgestreckten und etwas grösseren Käfer der Gattung *Stenelmis* verhalten sich angeblich ebenso wie *Limnius*. Über die Eier wissen wir sehr wenig; BROCHER (1913) gibt an, dass sie in Löcher im Kalkstein abgelegt werden, und dass sie sich zwischen den Kiespartikelchen finden, aus denen die Köcherfliegenlarven ihre Gehäuse bauen.

Die Larven sind ebenfalls in mancher Hinsicht merkwürdig; sie kommen den ganzen Sommer hindurch zusammen mit den Imagines vor. Wir kennen von ihnen zwei Typen: der eine ist breit und flach und erinnert ein wenig an die Larven der *Psephenidae*, der andere ist lang und schmal und von ähnlicher Gestalt wie die *Dryops*-Larven; beide sind stark chitinisiert. Der erste Typus wird durch die Gattung *Helmis* repräsentiert (Taf. IX, Abb. 10), der andere durch die Gattungen *Limnius* (Taf. IX, Abb. 13) und *Stenelmis*. Die Körpersegmente der *Limnius*-Larven – die Larven von *Stenelmis* habe ich nie gesehen – sind besonders am Rand der Rückenschilder mit zahlreichen Dornen besetzt. In diesen Dornen hängt Kalkstaub aus den Löchern im Gestein fest, in denen die Larven gewöhnlich liegen; sie erscheinen daher meistens weisslichgrau. Allen Helmidenlarven ist der Besitz von Tracheenkiemen gemeinsam. In dem langen 9. Hinterleibssegment liegt die sog. Kaudal- oder Kloakenhöhle, die durch einen Deckel, das Operculum, geschlossen werden kann. In der Kaudalhöhle liegen drei Büschel von Kiemenfäden. Jeder Kiemenfaden enthält zwei umeinander gewickelte Tracheen; im ganzen sind etwa 120–140 Fäden vorhanden, von denen die meisten im mittleren Bündel liegen. Die silberweissen Fäden bilden am Hinterende der Larve einen hübschen Fächer, den sie abwechselnd herausstreckt und wieder einzieht. In sauerstoffreichem Wasser liegen die Tracheenkiemen gewöhnlich in der Kloakenhöhle, in schlechtem Wasser jedoch immer ausserhalb; sie werden oft rhythmisch ausgestreckt und eingezogen. Die Kloakenhöhle enthält ausserdem zwei Chitinhaken, die beim Umherkriechen der Larve zum Festhalten dienen.

Auch die Larven von *Helmis* sind auf der Oberfläche gekörnelt und von breiter, nach hinten verschmälerter Gestalt; ihre Segmente tragen an den Seiten halbdachförmige Auswüchse mit kräftiger Randbehaarung. Die in flottierenden Algenmassen, unter Steinen und an Brückenpfeilern in starker Strömung lebenden Larven sind glänzend kohlschwarz; ich habe sie niemals mit Kalk bepudert gesehen. *Stenelmis bicarinatus* baut angeblich Puppenkammern an feuchten Stellen unter Steinen.

Georyssidae (Taf. IX, Abb. 3).

Zuweilen findet man am Ufer von Seen oder Bächen kleine, wenige mm lange Schlammklümpchen, die langsam über den feuchten Boden hinkriechen; sie sind nicht leicht zu sehen und gehören nicht zu den gewöhnlichsten Erscheinungen. Werden sie poliert, was sie offenbar nicht sehr gern mögen, so kommen saubere, kleine, schwarze Käfer mit kurzen, keulenförmigen und mit langen Reihen von Körnchen besetzten Fühlern zum Vorschein. Die Käfer können wohl kaum fliegen; ihre Hinterflügel sind oft rudimentär, und ihre Gestalt ist nahezu kuglig. Sie sind Mitglieder der kleinen Familie der *Georyssidae* mit der einzigen Gattung *Georyssus.* Die Hauptart ist *G. crenulatus* Rossi (= *pygmaeus* F.) (Taf. IX, Abb. 3). Über die Lebensweise der kleinen Geschöpfe weiss man so gut wie nichts; ihre Larven sind völlig unbekannt.

Curculionidae (Rüsselkäfer).

Von der ausserordentlich artenreichen Familie der Rüsselkäfer, von denen bis jetzt über 40.000 Arten beschrieben sind, leben viele auf Sumpfpflanzen, manche auf ausgeprägten Wasserpflanzen; von all den Gattungen Sisymbrium, Stratiotes, Alisma, Comarum, Polygonum, Hippuris, Myriophyllum, Phellandrium und Lemna hat jede ihren eigenen kleinen Rüsselkäfer. Die meisten sind winzig klein, nur 1–2 mm lang, und gewöhnlich schwarz gefärbt. Von ihrem Leben weiss man sehr wenig; die einzelnen Arten sind schwer zu unterscheiden. Die einzigen grösseren Formen in Europa gehören zur Gattung *Lixus* mit etwa einem Dutzend Arten, von denen einige ihre Eier in Wasserpflanzen ablegen. *L. paraplecticus* L. (11–12 mm) und die grössere Art *L. iridis* Oliv. (16–22 mm) laichen beide in verschiedenen Doldengewächsen des Süsswassers wie Sium latifolium, Phellandrium aquaticum, Angelica silvestris u. a. Die beiden Arten sind leicht zu unterscheiden, da die Flügeldecken bei dem häufigeren *L. paraplecticus* L. stark divergieren, während sie bei dem selteneren *L. iridis* Oliv. fast zusammenstossen. Die Käfer sind eigentlich schwarz, erscheinen aber durch einen Wachsüberzug wie gelbgepudert. Die sehr langgestreckten Imagines sind im Frühjahr auf treibenden Inseln von altem Schilfrohr und Binsen häufig; sie sind jedoch infolge ihrer gelben Färbung und ihrer langgestreckten Form auf dem Schilfrohr schwer zu sehen, umsomehr da sie bei Annäherung eines Bootes sofort auf die Unterseite des Schilfes kriechen, wo sie dann, umhüllt von einer silberglänzenden Luftschicht, völlig unter Wasser sitzen. Ich habe die Käfer oft zwischen den schwimmenden Inseln von abgebrochenem Schilf usw. auf dem Wasserspiegel hinspazieren sehen. Wenn man im Sommer den Stengel einer der obengenannten Doldenpflanzen der Länge nach aufschneidet, findet man häufig in seinem Mark lange und ziemlich breite, ausgefressene Gänge, in denen am Boden, über dem untersten Internodium, eine etwa 2 cm lange, weisse Larve, die *Lixus*-Larve, oder späterhin die Puppe liegt. Gegen den Herbst hin bohrt das fertige Insekt eine Öffnung; an vielen der Doldengewächse sieht man dann deutlich die schwarzen Löcher, durch welche die Käfer die Pflanze verlassen haben. Sie überwintern nicht in den Pflanzen, sondern in den Anschwemmungen am Ufer.

Die anderen Sumpf- und Wasser-Rüsselkäfer gehören vorzugsweise zu den Gattungen *Bagous* (De Meijere 1912), *Phytobius, Limnobius* mit *L. T-album* L., *Hydronomus* mit *H. alismatis* Marsh. und *Tanysphyrus* mit *T. lemnae* Payk. In den Schilfwäldern sieht man oft *Hypera arundinis* Payk., in Equisetum häufig Arten von *Gryphidius*, in Bewuchs von Scirpus und Glyceria spectabilis Arten von *Erirhinus* und *Notaris*. *E. festucae* Hbst. legt seine Eier angeblich in Scirpus. Die weitaus meisten Larven leben nicht im Wasser, sondern auf und in Sumpfpflanzen über Wasser; ihr Bau ist daher nicht durch das Leben im Wasser geprägt. Der kleine, nicht mehr als 1,5 mm lange *Tanysphyrus lemnae* Payk. lebt auf den Teppichen von Lemna minor und L. polyrrhiza. Sein Dasein macht sich fast immer dadurch bemerkbar, dass die Wasserlinsendecke durch die von den Larven in die Blätter gegrabenen Minen weissgefleckt erscheint. Gegen Ende des Sommers zeigen sich in den Minen häufig kleine, schwarze Flecke; das sind die Löcher, durch welche die Tiere ausgeschlüpft sind.

Nur die zur Gattung *Phytobius* gehörenden Arten *P.* (*Eubrychius*) *velatus* Beck, *P.* (*Lithodactylus*) *leucogaster* Marsh., *P. waltoni* Bohem. u. a. sind durch das Leben im Wasser gekennzeichnete, typische Wassertiere. Die Hauptpflanze der meisten dieser kleinen Formen ist wohl Myriophyllum; die Larve von *P. leucogaster* Marsh. miniert angeblich in den Stengeln dieser Pflanze, wo ich sie indessen bisher nicht gefunden habe. Im Mai und Juni stösst man oft auf Spuren ihrer Tätigkeit; die Spitzen von Myriophyllum sind dann schwarz, und zwischen den obersten Blätterkränzen, aber stets auf dem Stengel, sitzt ein kleiner, schwarzbrauner, etwas ovaler Kokon mit dicker Wandung, in dem die Larve oder die Puppe liegt. Unter dem Kokon ist der Stengel immer abgebissen, wahrscheinlich durch die Larve. Der Kokon ist innen trocken und mit Luft gefüllt, die das Tier vermutlich aus der Pflanze entnommen hat. Der Vorgang soll bei den Donacien näher besprochen werden. Die fertig entwickelten Insekten sind mit unbenetzbaren Schuppen bedeckt, die bewirken, dass das Tier im Wasser immer von einer Luftschicht, wenn auch einer äusserst dünnen, umhüllt ist. Die Spiracula öffnen sich in diese Luftschicht; die Respiration geht aller Wahrscheinlichkeit nach ebenso vor sich wie bei den Helmiden. Ausserhalb des Wassers streckt das Tier seine Antennen vorwärts; im Wasser presst es sie dagegen an den Rüssel an (Brocher 1912). Die kleinen, silberglänzenden, grauschwarzen Insekten kriechen langsam unter Wasser auf Myriophyllum umher. Schwimmen können sie nicht; da sie aber leichter sind als Wasser, steigen sie senkrecht in die Höhe, sobald sie ihren Halt loslassen; so gelangen sie auf die Oberfläche und spazieren hier herum oder fliegen weg. Sie verlassen das Wasser besonders bei Nacht.

In ganz ähnlicher Weise leben sicher gewisse Arten der artreichen, systematisch sehr schwierigen Gattung *Bagous*; die kleinen Rüsselkäfer sind in einigen nordseeländischen Mooren nicht selten und schwimmen hier massenhaft zwischen den Blättern von Potamogeton natans herum. Im Aquarium kriechen oder schwimmen sie am Boden umher; in den 14 Tagen, die sie in meinem Aquarium lebten, kamen sie, soweit ich sehen konnte, niemals an die Oberfläche. Merkwürdigerweise waren hier alle Individuen mit einer dicken Schicht von Grünalgen bedeckt. Eine nähere Untersuchung der Lebensweise dieser Arten steht noch aus.

Der einzige Rüsselkäfer, der ein ganz und gar aquatisches Dasein führt und, soviel man weiss, niemals die Oberfläche aufsucht, ist *Phytobius* (*Eubrychius*) *velatus* Beck (Abb. 306); er lebt auf Potamogeton und benagt die Blattstiele der Pflanze. Der Käfer hat eigentümlicherweise keine unbenetzbare Haarschicht und keine silbrige Körperoberfläche; zuweilen kommt an seinem Hinterende eine kleine, silberglänzende Luftblase zum Vorschein, an der das Tier senkrecht im Wasser hängt. Gewöhnlich kriecht der Käfer auf den Wasserpflanzen umher; er ist aber auch ein tüchtiger Schwimmer und dieser Bewegungsweise angepasst. Seine Beine sind besonders auf den Schienen mit langen Haaren bedeckt, die nicht wie bei den typischen Wasserinsekten (Schwimmkäfer usw.) in Säumen, sondern ringsum angeordnet sind. Beim Schwimmen werden die Geisseln der Antennen nach vorn gestreckt.

Ein kleiner Rüsselkäfer, *Degoisia champenoisii*, wurde nach Europa zusammen mit dem amerikanischen Wasserfarn Azolla eingeschleppt, der jetzt von Süden her in unserem Erdteil vordringt.

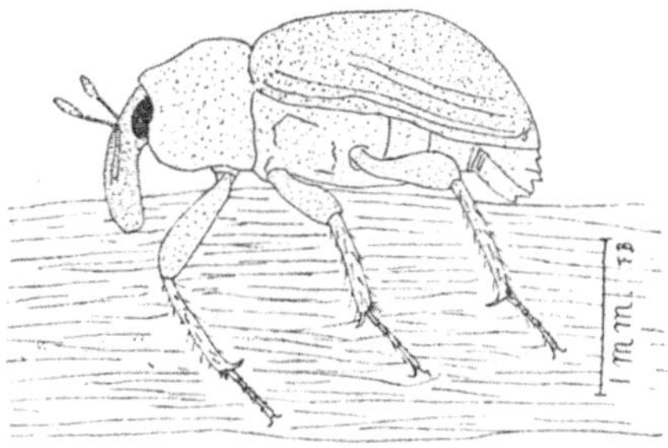

Abb. 306. *Phytobius velatus* Beck. Nach Brocher, F. 1912.

Schliesslich seien noch die höchst eigenartigen Larven der *Lissorhoptrinae* (*L. simplex* Say.) genannt, die in Reisfeldern zwischen den Blättern der Reispflanzen leben. Die Spiracula des 2. bis 7. Hinterleibssegmentes sind mit Dornen versehen, die durchaus den Haken an den letzten Stigmen der Donaciinen entsprechen; sie sind ebenso wie diese hohl, und Ausläufer der grossen Tracheenstämme führen in sie hinein. Vermutlich werden die Dornen zum Einbohren in Pflanzengewebe benutzt. Auch die Verpuppung erinnert an die der Donacien; sie findet nämlich in von Schmutzpartikeln umhüllten Sekretkokons statt. Die Kokons werden an Pflanzen befestigt, die vor der Anheftungsstelle angenagt werden. Die fertig entwickelten Käfer leben teils über, teils unter Wasser und fressen die Pflanzen von aussen her an (Bøving und Craighead 1931).

Chrysomelidae (Blattkäfer).

Von der grossen Familie der Blattkäfer leben die Larven der Unterfamilie Donaciinae oder Schilfkäfer im Wasser; hieran sind sie in ganz eigentümlicher Weise angepasst. Einige der Chrysomelidae leben auf Sumpfpflanzen, z. B. die gelbgestreifte *Prasocuris phellandrii* L. und *P. junci* Brahm auf Phellandrium bzw. Juncus, *Aphthonus nonstriata* Goeze, dessen Larve angeblich in den Wurzeln von Iris lebt, *Hydrotassa hannoverana* Fabr. auf Caltha und *Galeruca sagittariae* Gyll. auf Sagittaria. Die Art *G. nymphaeae* F. interessiert uns hier etwas mehr, weil sie weiter draussen im Wasser auf den Schwimmblättern der weissen und gelben Seerosen vorkommt. Die Käfer überwintern am Ufer; sie liegen oft reihenweise in den durchgeschnittenen, hohlen Stengelstücken von Phragmites, am Grunde der Blattscheiden von Glyceria und anderen Sumpfpflanzen oder in den hohlen Stengeln verschiedener grosser Doldengewächse. Im zeitigen Frühjahr übersiedeln sie von hier auf die Seerosenblätter, auf denen sie ihre gelben, dickschaligen Eier in kleinen Klümpchen ablegen; das Seerosenblatt ist für die schwarzen, langsam kriechenden Larven, die anderen Blattkäferlarven gleichen, die ganze Welt, aus der sie nicht herauskommen. Sie graben in der Oberseite des Blattes ihre Gänge, hüten sich aber wohl, die Epidermis der Unterseite zu verletzen; diese zerreisst erst später von selbst, sodass die verschieden geformten Löcher und Gänge im Blatt sichtbar werden. Wenn die Larven ausgewachsen sind, verpuppen sie sich auf der Oberseite des Blattes, wo sie häufig in kleinen Kolonien beisammen sitzen. Das Individuum verlässt seine kleine, auf den Wellen schaukelnde Insel erst nach dem Auschlüpfen als geflügeltes Insekt und begibt sich auf andere Blätter, wo es sich paart und seine gelben Eier ablegt; diese liegen

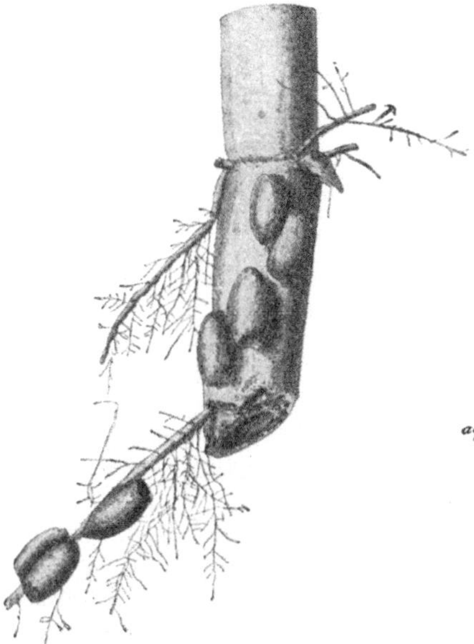

Abb. 307.

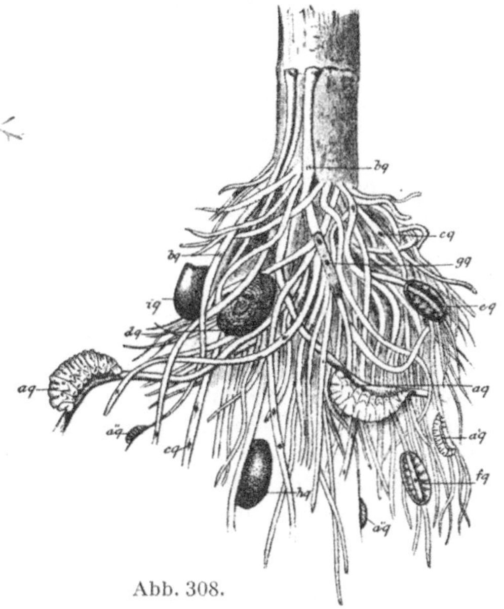

Abb. 308.

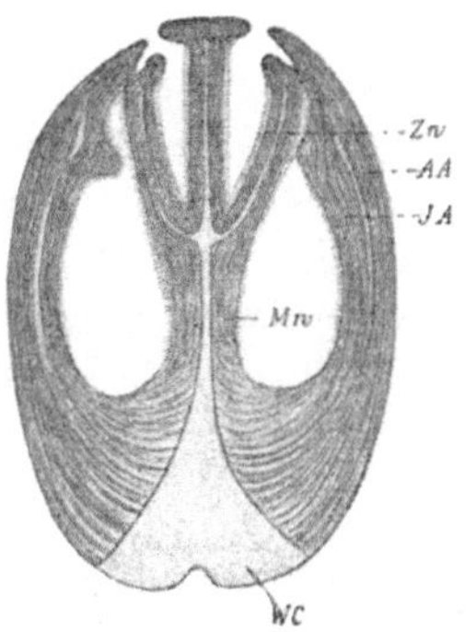

Abb. 309.

Abb. 307. Kokons von *Donacia*. Nat. Gr. Nach Frič und Vávra. 1901.

Abb. 308. *Donacia dentipes* F. in verschiedenen Stadien auf Ranunculus lingua; *bq* von den Haken der Larve gebohrte Löcher, *iq* alter, verlassener Kokon, *dq* angefangener, noch weicher Kokon, *aq* erwachsene Larve, *a̋q* ganz kleine Larve, *cq* Fressspur der Larve, *hq* Kokon, *tq* Boden des Kokons mit zwei Löchern, *eq* der Boden eines noch nicht fertigen Kokons, *áq* halb erwachsene Larve. Natürl. Gr. Nach Bøving, A. 1906.

Abb. 309. *Donacia aquatica* L. Schnitt senkrecht zur Achse der Trachee durch den Verschlussapparat eines Larvenstigmas. *zw* Zwischenwand, *AA* äussere Schicht der Aussenwand, *JA* innere Schicht, *Mw* Muskel, *WC* Weiches Chitin. Nach Deibel, J. 1910.

in kleinen, über das Blatt verstreuten Klümpchen; ein Blatt trägt oft gleichzeitig Eier, Larven, Puppen und voll entwickelte Käfer. Im Laufe des Sommers kommen mindestens drei Generationen zur Entwicklung; die Imagines der dritten Generation überwintern am Seeufer.

Die *Donaciinae* (Abb. 307–309) oder Schilfkäfer leben als Larven im Wasser, als Imagines am Ufer unserer Seen und Moore; die Gattung *Haemonia* (*Macroplea*) ist auch als voll entwickeltes Insekt Wasserbewohner. Sie bilden eine grosse, leicht erkennbare Gruppe; allein in Dänemark kommen gegen 20 Arten vor, deren jede ziemlich konstant an eine bestimmte Pflanze gebunden ist. Die Larve jeder Art lebt gewöhnlich auf derselben Pflanze wie die voll entwickelten Insekten, die hier auch ihre Eier ablegen. Die Imagines tragen auf der Unterseite einen Filzbelag aus unbenetzbaren Haaren; ihre Oberseite ist metallisch glänzend und zwar meist einfarbig, bei einigen Arten aber mehrfarbig, z. B. mit einem grüngoldenen Kreuz auf purpurnem Grund. Mehrere Arten leben auf Nymphaeaceen, eine Art auf Sparganium, eine andere auf Typha, eine weitere Art auf Sagittaria und wieder eine vorzugsweise auf Gräsern und Carex. Jedes Moor beherbergt gewöhnlich mehrere, manche nordseeländischen Seen und Moore bis zu 9 verschiedene Arten. In solchen Fällen ist es interessant zu beobachten, wie in der Zeit von ungefähr Mitte Mai bis etwa 1. September die eine Art nach der anderen aus dem See auftaucht, wie sich jede in unglaublichen Mengen auf ihrer speziellen Pflanze einfindet, wo sie ihr recht kurzes Dasein verlebt und wieder einer neuen Art Platz macht; die Reihenfolge ist fest bestimmt und wiederholt sich Jahr für Jahr. Die Flugzeit mancher Arten ist äusserst kurz, nur 2–3 Wochen, bei anderen ist sie lang, etwa 2–3 Monate; die ersteren Arten hält man gewöhnlich für selten. Die entwickelten Tiere nehmen beträchtliche Mengen von Nahrung zu sich; die meisten Arten sind Blattfresser, und ihre Nährpflanzen tragen oft sehr deutliche Frassmerkmale. Die Blätter des Rohrkolbens erscheinen zuweilen durch den Angriff von *Donacia hydrocharidis* Fabr. wie ausgefranst; *Donacia crassipes* F. kann zusammen mit *Galeruca* die Blattflächen der weissen Seerose vollständig durchlöchern. Die frischen, jungen, noch zusammengerollten Blätter sind besonders begehrt; die Tiere fressen sich durch die ganze Rolle hindurch, sodass dann im entfalteten Blatt lange Reihen von Löchern liegen. *Donacia bidens* Oliv. verfährt mit ihrer Nährpflanze, Potamogeton natans, in derselben Weise. Die dunklen, fast schwarzen *Plateumaris*-Arten hausen auf Schilfrohr und besonders auf Riedgras. Wenige Arten leben von Blütenstaub und fressen den Pollen von Iris, Blumenbinsen, Carex usw.; sie verzehren aber ausserdem auch fast alle anderen Teile der Blüten, sodass sie ihnen nicht unbeträchtlichen Schaden zufügen. Das gilt besonders für *Donacia micans* Ahr.

Die farbenprächtigen Tiere sind am lebhaftesten während der sonnigsten Stunden des Tages. Es ist wirklich ein Vergnügen, mit dem Boot zwischen Wasserrosen zu liegen, wenn auf jedem ihrer Blätter 10–12 Exemplare der grossen *Donacia crassipes* F. sitzen, eines prachtvollen, stahlblauen Tiers mit langen, eleganten Hinterbeinen, deren Schenkel auf der Innenseite einen starken Dorn tragen. Die Männchen jagen die Weibchen und spielen auf den Blättern »Haschen«; gelegentlich stossen sie einen Mitbewerber über den Blattrand, worauf dieser mit ins Wasser hängenden Beinen zu einem anderen Blatt hinfliegt, um hier aufs Neue sein Glück zu versuchen. Sobald aber die Sonne untergeht, hört die Lebhaftigkeit dieser Sonnentiere auf; sie sitzen dann schläfrig stille und sind leicht zu fangen. Ebenso amüsant ist es, die auf Typha lebende Art, die graue, nur schwach metallisch glänzende *D. hydrocharidis* F. zu beobachten. Die Tiere jagen auf der langen, schmalen Landstrasse der Blätter in langen Reihen hintereinander her und veranstalten in Begattungsstellung Kopulationswettläufe, die erst oben auf der Blattspitze enden; hier sitzen dann alle Tiere in bestem Einvernehmen beisammen und unterhalten sich mit nach allen Windrichtungen schwingenden Fühlern über die Wetteraussichten.

Will man eine Ahnung von der Pracht bekommen, die tropische Blattkäfer entfalten können, so muss man sich an einem schönen Sommertag zwischen die Standorte der wilden Iris gleiten lassen und hier unter den hohen, schwankenden Blättern das Leben studieren, das sich in den gelben Blumenkronen abspielt. Die Blüten selbst gehören schon zu den schönsten, die unsere Moore hervorbringen; sie erscheinen doppelt schön, wenn sie die strahlende *Donacia micans* Ahr. beherbergen. Sammelt man einige Dutzend dieser farbenprächtigen Juwelen, so stellt man mit Erstaunen fest, dass sie nicht wie die meisten anderen Arten eine bestimmte Farbe haben; wenn man etwa 50 Stück beisammen hat, so kann man sie mit Leichtigkeit zu einer langen Reihe in den Farben des Sonnenspektrums anordnen, die von Purpur über orange, goldgelb und goldgrün zu hellblauen, dunkelblauen und tiefvioletten Tönen führt. Man glaubt zunächst, verschiedene Arten vor sich zu haben; in Wirklichkeit sind es nur Farbenvariationen, wie sie häufig bei Insekten mit starken Metallfarben auftreten. Im allgemeinen ist es jedoch so, dass z. B. bei einer typisch metallisch blauen Art auch smaragdgrüne Individuen vorkommen, jedoch nur selten wie hier die ganze Regenbogenskala. Die für die Gattung typischen, braungrünen Mittelfarben sind am häufigsten, die Aussenfarben am seltensten; die eine oder andere der letzteren fehlt an manchen Örtlichkeiten völlig. Meistens sitzen die Tiere in Begattungsstellung, das Männchen auf dem Rücken des Weibchens, und fressen an den Blüten; sie paaren sich ohne die geringste Rücksicht auf die Farbe des Partners. Braune Männchen suchen keineswegs nur braune Weibchen auf, sondern es finden sich Pärchen in allen möglichen Farbenkombinationen.

Soweit ich nach meinem ziemlich umfangreichen Material beurteilen kann, scheinen die braungrünen Stammesfarben vorwiegend bei den Weibchen, die extremen purpurnen und tiefvioletten Töne mehr bei den Männchen aufzutreten. Was mag wohl die Ursache dieser auffallenden Farbenvariation sein? — Wir wissen es nicht. Wir müssen annehmen, dass *D. micans* Ahr. ebenso wie die übrigen Donacien eine Zeit lang farblos in ihrem Kokon liegt, dass aber dann jedes einzelne Individuum mit seiner bestimmten Farbe aus dem tiefen Moorwasser oder dem dunklen Schlamm aufsteigt, in dem es bis dahin in seinem Kokon gelegen hat. Die grüne Färbung des einen oder die blaue des anderen Tieres wird jedenfalls nicht durch die Sonne hervorgerufen; die Käfer färben sich in vollständigem Dunkel. Vielleicht haben Unterschiede im Feuchtigkeitsgrad oder in der Sauerstoffmenge eine gewisse Wirkung; wir wissen jedoch hierüber nichts. Indessen spricht für einen derartigen Einfluss die 1914 an mehreren Orten gemachte Beobachtung, dass die zuerst zum Vorschein kommenden Tiere braune Weibchen und blaue oder braune Männchen waren, erst später, nach einer längeren Trockenperiode, erschienen purpurrote und zuletzt grüne Männchen. Meine Beobachtungen stammen hauptsächlich aus den beiden Fundorten Funketeich und Gribsee.

Ebenso wenig wissen wir, ob bei der Färbung Erblichkeit mitspielt und ob z. B. Paarung zweier Individuen von ein und derselben Farbe eine Nachkommenschaft von gleicher Färbung ergibt. Die Tiere sind zu derartigen Untersuchungen nicht geeignet; man kann sich zwar Eier bestimmter Individuen verschaffen, jedoch ist es fast unmöglich, den Larven in der Gefangenschaft normale Lebensbedingungen zu bieten. Durch die mehrjährige Lebensdauer der Larve werden die Versuche weiterhin erschwert. Übrigens ist diese interessante Frage an Insekten, die den Donacien nicht allzu fern stehen, eingehend studiert worden, nämlich an Käfern, die nur auf den Blättern von Landpflanzen leben und mehrere Bruten im Jahr hervorbringen. Bei den Donacien muss sich der Naturforscher damit begnügen, Maler, Dichter und andere Naturfreunde auf die farbenstrahlenden Geschöpfe hinzuweisen und sich darüber zu freuen, dass auch unsere heimische Natur die gelben Blätter der Irisblüten mit diesen vielfarbigen, funkelnden Juwelen zu schmücken vermag.

Die Schilfkäfer legen ihre Eier auf denselben Pflanzen ab, auf denen sie leben. Die *Plateumaris*-Arten legen ihre Eier anscheinend auf Gräsern und den Wurzeln des Riedgrases; sie leben nicht auf eigentlichen Wasserpflanzen im Moor, sondern hauptsächlich auf feuchten Wiesen. Die meisten Donaciinen legen wohl ihre Eier über Wasser auf zusammengerollte Blätter, manche aber auch auf unter Wasser liegende Pflanzenteile. *Donacia crassipes* F. lebt auf den Schwimmblättern der gelben und weissen Seerosen; die Weibchen bohren den Hinterleib durch Löcher in den Blättern und legen auf die Unterseite des Blattes 1–2 Reihen schneeweisser Eier, die fächerförmig am Rand der Löcher angeordnet werden. Eine andere Art, *D. bidens* Oliv., belegt den Rand der Blätter von Potamogeton natans mit Eiern und deckt sie mit einem daneben liegenden Blatt zu; die beiden Blätter werden ein Stück weit zusammengeklebt und die Eier dazwischen gelegt. Einzelne Arten setzen ihre Eier unter Wasser ab; infolge ihrer völlig unbenetzbaren Haarschicht sind die Tiere imstande, unter Wasser zu arbeiten. Das ist z. B. bei *D. semicuprea* Pz. der Fall, deren Weibchen auf die Innenseite der Blätter von Glyceria spectabilis Reihen von Eihäufchen legen. Jedes Häufchen enthält 20–30 Eier; kein Weibchen legt wohl mehr als ein solches Eihäufchen.

Wir besprechen hier die Schilfkäfer etwas eingehender, weil ihre Larven sehr eigentümliche Anpassungen zeigen (Abb. 307—309). Die weitaus meisten Arten machen ihre Entwicklung unter Wasser an unterirdischen Teilen von Pflanzen im Schlamm des Seebodens durch. Die Larve braucht zu ihrer Respiration Sauerstoff, den sie aber nicht wie die meisten anderen Larven aus der atmosphärischen Luft, sondern aus den Pflanzen entnimmt, in deren Interzellularräumen sich mehr oder weniger sauerstoffreiche Luft vorfindet. Man hat experimentell festgestellt, dass die Larve nicht, wie man früher annahm, den im Wasser gelösten Sauerstoff verbraucht, der für sie keine nennenswerte Bedeutung zu haben scheint. Der sehr eigenartige Bau der Larve ermöglicht es ihr, sich Luft aus den Pflanzen zu verschaffen. Sie besitzt zwei Arten von Stigmen, und zwar kleine, runde Seitenstigmen vom gewöhnlichen Typus und ein Paar merkwürdige Spiracula am Hinterende. Das stark abwärts gebogene 8. Hinterleibssegment trägt zwei lange, braune Dornen, die sog. Abdominalgebilde; sie sind pfriemförmig und stark chitinisiert. Auf jedem Dorn verlaufen ein Paar lange, sehr feine Furchen; hinter ihnen liegen 4 entsprechende Kanäle, zwei breitere und zwei schmälere, die hinten in einer kammerartigen Tracheenanschwellung enden. Der Dorn ist am Grunde erheblich breiter; hier liegt auf seiner Dorsalseite ein weichhäutiges Feld und in diesem das eigentliche Spiraculum, eine enge, gebogene Spalte. Der pfriemförmige Teil des Abdominalgebildes wird in Pflanzengewebe eingebohrt; durch die Dornen wird eine direkte Verbindung zwischen der Pflanze und dem Tracheensystem der Larve hergestellt und die Luft aus dem Pflanzengewebe in die Tracheen hineingepumpt. Die verbrauchte Luft wird durch die Stigmenspalten am Grunde des Dorns oder vielleicht auch durch die Seitenspiracula abgegeben. Der Sauerstoffgehalt im Pflanzengewebe ist besonders in tiefem Wasser weit geringer als in der atmosphärischen Luft, gewöhnlich 8–12 $^0/_0$, er kann aber auch bis auf 1,2 $^0/_0$ heruntergehen (Ege 1915). Es ist jedoch zu bemerken, dass anscheinend immer etwas Sauerstoff vorhanden ist, wenn auch im Winter nur ausserordentlich wenig. Da die Tiere nicht den im Wasser gelösten Sauerstoff durch Hautrespiration aufnehmen können, so ist offenbar ihr gesamter Sauerstoffverbrauch sehr gering. Wie alle Tiere mit unbedeutendem Sauerstoffbedürfnis sind sie sehr träge; die dicken, weissen Larven mit den äusserst kurzen Beinen rühren sich nur selten vom Fleck; das Gebiet, auf dem sie sich während ihres mehrjährigen Larvenlebens bewegen, lässt sich sicher nach Zentimetern berechnen. Die Pflanzen, auf denen die Larven leben, haben an vielen Stellen auf den Wurzeln zwei schwarze, dicht beieinander liegende Punkte; das sind die Male der beiden hinteren, spitzen Stigmendornen.

Diese Art und Weise, sich Luft zu verschaffen, ist in der Tat äusserst interessant. Es liegt nahe, die Chitinhaut der Larve mit einem Taucheranzug zu vergleichen, in den aus der Pflanze wie durch einen Schlauch Luft gepumpt wird; dieser Vergleich ist übrigens auch schon von anderen gemacht worden. Ebenso wie aus dem Taucherhelm die verbrauchte, kohlensäurereiche und sauerstoffarme Luft durch ein Ventil ausgeatmet wird, so entweicht die verbrauchte Luft aus der Larvenhaut durch die als Ventil wirkenden Spirakelspalten.

Die Larve bezieht aus den Pflanzen nicht allein die benötigte Luft, sondern auch ihre Nahrung. »Wenn die Larve eine zum Benagen geeignete Stelle gefunden hat, klammert sie sich fest und stösst ihre Dornen in die Pflanze hinein; dann zieht sie den Kopf in den ersten Brustring zurück, dessen weicher Rand so dicht und fest gegen den Stengel gepresst wird wie der Rand einer Narkosemaske. In dem so entstehenden, wasserdicht abgeschlossenen Raum frisst die Larve ein rundes Loch immer tiefer in das Gewebe hinein, in dem zuletzt ihr Kopf völlig verborgen ist; nach aussen wird das Loch durch den wie ein Pfropfen darinsitzenden ersten Brustring abgeschlossen. Das Gewebe wird durch die Mundteile, besonders durch die Mandibeln, zerkleinert; dabei strömt der ausfliessende Zellsaft in das runde Frassloch wie in einen Brunnen. Die Zellwände werden nicht gefressen; dagegen wird der Zellsaft aus dem Frassloch herausgepresst und aufgesaugt, indem die grosse Zunge wie ein Stempel vorgeschoben und in den Saft hineingestossen wird« (nach Bøving 1906).

Nicht nur die Larven, sondern auch die Puppen sitzen tief unten im Schlamm und machen sich die Luft der Pflanze zunutze. Bøving hat die Art und Weise, in der das Tier seinen Kokon anfertigt, näher untersucht. Wenn die Larve ausgewachsen ist, schwitzt sie aus zahlreichen Hautwarzen ein an Bienenwachs erinnerndes, dickflüssiges, zähes Sekret aus, das rasch erstarrt. Aus dieser Masse bildet die Larve eine dichte Hülle als Beginn des Kokons (Abb. 308), in dem sie ohne Berührung mit Wasser und wohlversehen mit Luft aus der Pflanze einen grossen Teil ihres Lebens zubringen soll. Der Kokon wird nach Bøving's Beobachtungen folgendermassen hergestellt: Die Larve drückt zuerst die Bauchseite fest an die Unterlage an und gibt ein Sekret ab, das vermutlich aus den vier grossen Drüsen an der Speiseröhre stammt; dann schwillt ihr Körper an, wahrscheinlich durch Hineinpressen von Luft in das Tracheensystem. Nun schwitzt die Larve das Sekret aus und umhüllt dadurch sich selbst und das Wurzelstück, auf dem sie liegt, mit einem zusammenhängenden Überzug; dann krümmt sie sich bogenförmig zusammen, ohne dass der zähflüssige Überzug zerreisst. Der Raum unter ihrem Bauch wird mit Luft gefüllt, die vermutlich aus den Seitenstigmen abgegeben wird, und die Hülle erstarrt. Die Larve, die sich ganz rein und weiss geschwitzt hat, fällt nun zusammen, sodass sie die Hülle nicht mehr ausfüllt. In dieser Hüllschicht, die also kein Wasser enthält, aber auf die Dauer wohl kaum wasserdicht ist, kriecht die Larve umher, nachdem sie ihre Dornen von der Pflanze gelöst hat, und beschmiert die Innenwandung der Hülle mit einer aus dem Mund abgesonderten Flüssigkeit, die wie ein dicker, gelber Firnis aussieht. Zuletzt verwendet die Larve ihren Darminhalt, der ja nur aus Zellsaft besteht und sicher seit der letzten Häutung nicht mehr entleert wurde; auch er ist firnisartig und erstarrt schnell. Die Larve benutzt also tatsächlich ihre Exkremente. Nun ist die Wand des Kokons dicht; die jetzt viel kleiner gewordene Larve braucht nur noch Löcher in den Hohlraum der Pflanze hineinzubohren, um für die Zufuhr frischer Luft zu sorgen. Merkwürdigerweise ist die Anlage dieser Löcher bei den einzelnen Arten verschieden; manche bohren zwei Löcher, andere nur eines, bei einigen Arten in der Mittellinie des Kokons, bei anderen an seinem einen Ende. Die Löcher von *D. menyanthidis* F. sind zweiteilig (Bøving 1906).

Ege (1915) wies nach, dass die Sauerstoffmenge im Kokon stets geringer ist als im Pflanzengewebe; der Unterschied kann 7,2 %, zuweilen aber auch nur 1,6 % betragen. Daher diffundiert immer Sauerstoff aus der Pflanze in den Kokon hinein. Im übrigen ist der Gedanke nicht von der Hand zu weisen, dass aus sauerstoffreichem Wasser ebenfalls Sauerstoff durch die Kokonwandung hindurchdiffundieren kann.

Nachdem die Larve eine Zeitlang im Kokon gelegen hat, verwandelt sie sich zur Puppe und schliesslich zur Imago; diese ist zuerst blass und farblos und färbt sich erst später aus. Im Dunkel, 2–3 m tief unter Wasser und oft mehrere Zentimeter tief im Schlamm des Seebodens vergraben, ohne den geringsten Einfluss des Sonnenlichtes, kleiden sich die Schilfkäfer in die für jede Art kennzeichnende, farbenstrahlende Tracht; ja, die Individuen mancher Arten legen sogar, wie oben berichtet, äusserst verschiedenfarbige, metallisch glänzende Kleidungen an, blau oder braun, grün oder purpurrot. Das ist höchst sonderbar, besonders weil wir nur selten Metallfarben bei den Süsswasserinsekten finden.

Hinsichtlich der Überwinterung ist folgendes zu bemerken, wobei ich mich nach Bøving's (1906) Beobachtungen richte, die sich mit meinen eigenen, dagegen nicht mit denen von Deibel (1911) decken. Im Winter findet man Larven von sehr verschiedener Grösse, von 5 bis 14 mm Länge. Das Leben der Larve erstreckt sich sicher im allgemeinen über zwei Sommer mit dazwischen liegender Winterruhe, während der die Larve nur vegetiert, ohne Nahrung zu sich zu nehmen. In der ersten sommerlichen Wachstumsperiode nimmt die Länge der Larve von 1 bis 5 mm zu. Die Eier werden ja unmittelbar unter oder nahe dem Wasserspiegel abgelegt; die Larven fallen vermutlich aus der Eischale direkt auf den Boden hinab, wo sie die Wurzeln der Rhizome aufsuchen und sich auf ihnen festsetzen. Nähere Einzelheiten hierüber kennt man noch nicht. Manche Beobachtungen (Goecke 1933) lassen darauf schliessen, dass die Käfer gewisser Arten (*D. impressa* Payk. und *D. brevicornis* Ahrens) im Herbst ihre Kokons verlassen und an Land in hohlen Phragmitesstengeln überwintern; andere vereinzelte Beobachtungen scheinen mir dafür zu sprechen, dass die Verpuppung im Herbst stattfinden kann, und dass die Tiere einen grossen Teil des Winters als fertig entwickelte Insekten im Kokon verbringen. Es mutet indessen merkwürdig an, dass die voll ausgefärbten Imagines in dem recht engen Kokon, selbstverständlich ohne Nahrungsaufnahme überwintern und erst im nächsten Frühjahr zum Vorschein kommen sollen.

Wie schon früher hervorgehoben, bringen die *Haemonia*-Arten (Abb. 310–311) ihr ganzes Leben im Wasser zu. *Haemonia* ist von den anderen Donacien leicht durch das lange Klauenglied zu unterscheiden, das länger ist als die drei anderen Fussglieder zusammen. Die sehr langen, dünnen Beine dienen mehr zum Festklammern als zum Gehen; auch die Klauen sind lang und dünn. Die Hinterecken der Deckflügel sind zahnförmig ausgezogen. Hierzulande ist die Gattung durch zwei Arten vertreten, nämlich eine Brackwasserform, *H. ruppiae* Perm. auf Ruppia, und durch *H. equiseti* F. die hauptsächlich auf Potamogeton, Equisetum und anderen Pflanzen lebt.

H. equiseti F. kommt im Furesee in grosser Menge in 4–7 m tiefem Wasser vor; an derartigen Standorten kommen die Tiere wohl kaum jemals an die Oberfläche. Die Käfer haben nur schwach entwickelte Hinterflügel und können wahrscheinlich nicht fliegen. Man findet die Larven zu Hunderten im Wurzelwerk von Myriophyllum und anderen Wasserpflanzen, die man mit der Dredsche heraufholt; die Kokons sitzen reihenweise an den Wurzelfasern. Die Larven bohren nicht zwei Löcher in die Pflanze, sondern eine unregelmässige Spalte. Es war lange Zeit rätselhaft, wie diese hübschen, aber ausserordentlich trägen Tiere, die im Aquarium nur langsam auf den Wasserpflanzen herum-

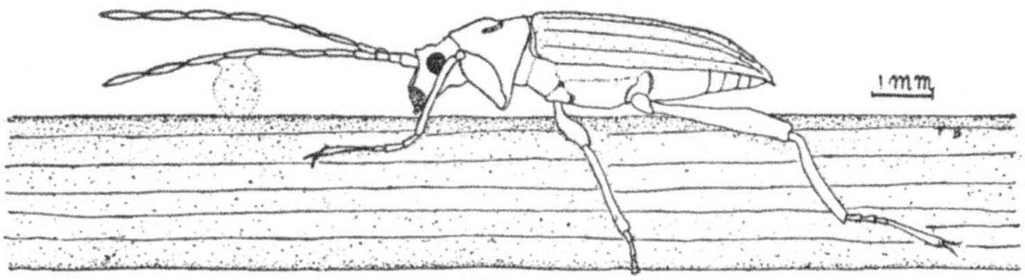

Abb. 310.

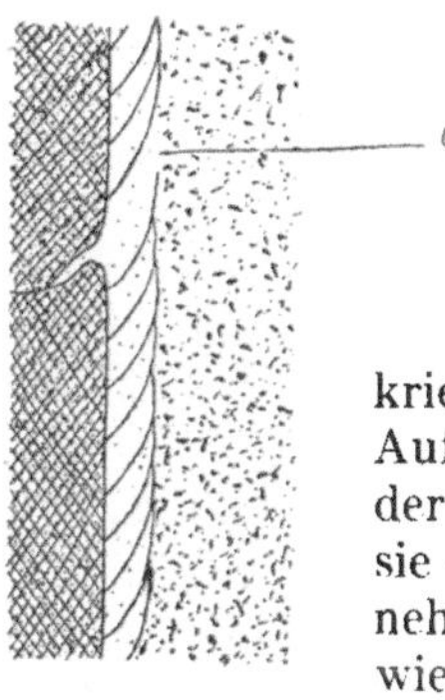

Abb. 311.

Abb. 310. *Haemonia*, die mit einer ihrer Antennen eine vom Potamogeton-Stengel produzierte Luftblase aufnimmt. Vergr. Nach Brocher 1911.

Abb. 311. *Haemonia*: zwei Antennenglieder; die feine Punktierung innerhalb der Haare bedeutet Luft; die gröbere ausserhalb der Haare Wasser. Vergr. Nach Brocher, F. 1911.

kriechen, es anstellen zu atmen; erst Brocher (1911) hat uns Aufklärung darüber verschafft. Er stellte zunächst fest, dass der Sauerstoffverbrauch der Tiere äusserst gering ist, und dass sie den Sauerstoff, dessen sie bedürfen, in derselben Weise aufnehmen und festhalten wie die *Helmis*-Arten. Der Körper ist wie bei *Helmis* silberglänzend und auf allen silbrigen Partien mit einer Schicht von feinen, dachziegelartig übereinander liegenden Haaren bedeckt, durch die eine dünne Luftschicht (a) von dem umgebenden Wasser geschieden wird. Auch die Antennen sind mit unbenetzbaren Haaren bekleidet. Die Tiere, denen es gelingt, die Wasseroberfläche zu erreichen, legen die Antennen aufs Wasser; andere, die nicht hierher gelangen, nehmen mit den Antennen die aus den Pflanzen austretenden Luftbläschen auf. Die Luft wird von den Haaren auf den Antennen festgehalten und zu den silberglänzenden Gürteln hingeleitet, die angeblich nach Aufnahme frischer Luft stärker glänzen. Die Stigmen öffnen sich in diese Luftreservoire, aus denen die Luft vermutlich durch die Brustspiracula dem Körper zugeführt wird. Wenn die Luft respiratorisch verbraucht ist, haben die Tiere nicht nötig, neuen Luftvorrat aufzunehmen, sondern es findet ebenso wie bei *Helmis* Diffusion aus der im Wasser enthaltenen in die den Körper umgebende Luft statt; die Kohlensäure wird abgegeben und der Sauerstoffverlust ausgeglichen. Nur wenn aus irgend einem Grund die Lufthülle verloren geht, müssen die Tiere versuchen, den Verlust zu ersetzen.

Hydroscaphidae.

Hier sei auch die kleine Familie der *Hydroscaphidae* (Bøving und Craighead 1931) (Taf. IX, Abb. 11) erwähnt, von der nur 4–5 Arten aus Südeuropa und Nordamerika bekannt sind. Ihre Larven leben im fliessenden Wasser heisser Quellen bei einer Temperatur von 40–50° C. In Bau und Lebensweise zeigen sie verwandtschaftliche Beziehungen zu den Hydrophiliden, besonders zu den *Limnebiinae*. Die Thorakalsegmente der Larven sind breit und ihr Abdomen nach hinten stark verjüngt. Ihre Antennen sind zweigliedrig mit sehr kurzem ersten Glied. Die Mundteile ähneln denen der *Hydraeninae*. Die Larven sind apneustisch und haben »je ein Paar dünnhäutiger, respiratorischer Anhangssäckchen auf Höckern am Hinterrande des Pronotums sowie des 1. und 8. Abdominaltergites. 9. Segment stark verschmälert, lang, konisch, ohne Cerci. 10. Segment klein mit 1 Paar fadenförmiger Anhänge (Analkiemen?)« (MEIXNER 1935, Handb. d. Zool.).

Die Imagines sind sehr klein, etwa 0,75 mm lang, mit verkürzten breit abgestutzten Elytren und langem, konisch zugespitztem Abdomen. Antennen fadenförmig, neungliedrig. Dreigliedrige Tarsen mit zwei Klauen. Abdomen mit 6 freiliegenden Sterniten, am letzten zwei Haarbüschel. Die *Hydroscaphidae* werden zur Unterordnung der *Staphylinoidea* gerechnet, zeigen aber besonders im Bau ihrer Larven Verwandtschaft mit den Hydrophiliden.

Lampyridae (Taf. IX, Abb. 17).

Schliesslich müssen wir bei den aquatilen Käferlarven auch die merkwürdigen Larven der ostasiatischen Lampyriden erwähnen. Die sogenannten »aquatic glowworms« sind von besonderem Interesse, weil sie, soviel ich weiss, die einzigen bisher bekannten leuchtenden Süsswassertiere sind. Man kennt sie vom Malayischen Archipel, aus Indien und Celebes; Larven aus Japan und ihre Lebensweise hat OKADA (1928) eingehend beschrieben. Es handelt sich um die beiden Arten *Luciola cruciata* Mot. (Taf. IX, Abb. 17) und *L. lateralis* Mot., die der einheimischen Bevölkerung wohlbekannt sind; die erstere lebt in klaren, fliessenden Gewässern, die andere in stagnierendem Wasser (in Reisfeldern usw.). In dunklen Nächten sieht man die Larven umherkriechen; sie strahlen ein schönes, blaues Licht aus. Das lichtproduzierende Organ sitzt nicht ventral wie bei den terrestrischen Lampyridenlarven, sondern dorsal auf dem vorletzten Abdominalsegment. Die Larven sind langgestreckt und haben einen kleinen, retraktilen Kopf; das letzte Abdominalsegment trägt wie bei den meisten Lampyriden eine komplizierte Schwanzbürste. Auf jedem Segment liegen dorsal 2 Chitinschilder, auf dem Prothorax und dem letzten Abdominalsegment jedoch nur eines. Lateral sitzt eine Reihe von Tracheenkiemen und darüber eine Reihe von gegabelten Organen, die vermutlich der Verteidigung dienen; sie liegen gewöhnlich zurückgezogen, werden aber, wenn das Tier gereizt wird, ausgestülpt. Die Tiere ernähren sich wie ihre terrestrischen Verwandten von Schnecken, besonders von *Onchomelania* und *Melania*. Sie verpuppen sich an Land.

Die Käfer der Strandregion.

Neben den bisher besprochenen Käfern, die alle in irgend einem Stadium ihres Lebens typische Wasserinsekten sind oder sich wenigstens längere Zeit unter Wasser aufhalten können, gibt es zahlreiche Käfer, die am Ufer leben; manche von ihnen begeben sich auch auf den Wasserspiegel, wozu sie durch eigenartige Anpassungen befähigt sind.

Im feuchten Sand am Strande graben verschiedene Raubkäfer (*Bledius*), *Heterocerus*-Arten, Laufkäfer wie die Bembidien, Arten von *Dyschirius* u. a.

ihre Gänge. Unter angeschwemmten Haufen lebt im Sande der drollige *Omophron*, der durch seine halbkuglige Gestalt an Schwimmkäfer erinnert, als deren Stammform er von vielen Forschern betrachtet wird. Der Käfer unterscheidet sich von allen anderen dänischen Laufkäfern durch seine runde Form und seine eigentümliche, rötlichgelbe Färbung.

Auf feuchten Anschwemmungen und nassem Sand trifft man die hübschen Laufkäfer der Gattungen *Elaphrus*, *Odacantha*, *Chlaenius* u. a., ferner viele Raubkäfer, die rot- und schwarzgefärbten Arten von *Paederus* und die zahlreichen *Stenus*-Arten; letztere verdienen eine etwas eingehendere Besprechung.

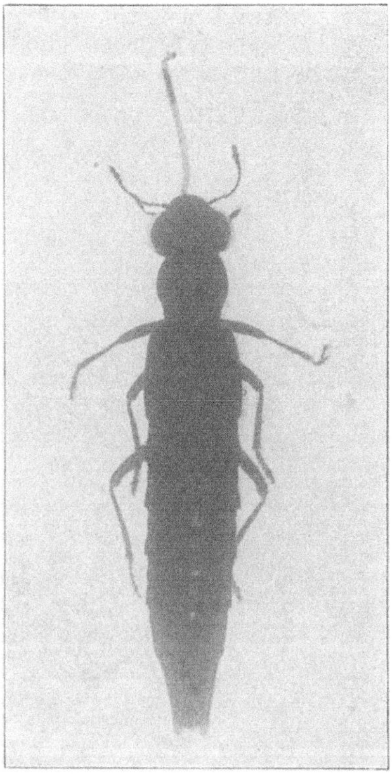

Abb. 312. Ein *Stenus* mit ausgestreckter Zunge, die an der Spitze zwei klebrige Körper trägt. Vergr. W-L. phot.

Alle Käfer der Gattung *Stenus* (Abb. 312) sind von eigentümlich blaugrauer Farbe, wie man sie von vielen Fliegen, von *Podura aquatica*, Blattläusen und vielen anderen am Seeufer lebenden Insekten kennt. Sie sind mit einer Schicht von dichten, kurzen, unbenetzbaren Haaren bedeckt, sodass sie im Wasser nicht nass werden und von Luft umhüllt sind. Die Käfer tauchen jedoch niemals freiwillig; sie sind schwerer als Wasser und sterben bald, wenn sie hineingeraten.

Dagegen haben die Steniden die Fähigkeit, auf dem Wasserspiegel umherzulaufen, und geben in dieser Beziehung den meisten Wasserwanzen, wie z. B. *Limnobates*, nichts nach; sie sind durch ihre besonders grossen, filzbelegten Fussflächen dieser Bewegungsweise gut angepasst. Manche von ihnen, wie z. B. *Dianous coerulescens* Gyll., können nach den Beobachtungen eines englischen Forschers in höchst eigentümlicher Weise über das Wasser hinschlittern; ähnliche Beobachtungen kann man häufig in Aquarien machen. Die Tiere stehen erst eine Zeit lang auf dem Wasser stille, um sich dann plötzlich mit unglaublicher Geschwindigkeit abwechselnd nach rechts und links zu werfen; die Bewegungen erfolgen fast auf der Stelle, aber so schnell, dass man ihnen kaum mit den Augen folgen kann. Dabei peitschen sie wahrscheinlich das Wasser mit dem Hinterleib. Bruyant berichtet von am Ufer fliessender Gewässer lebenden *Stenus*-Arten, dass die Tiere, wenn sie ins Wasser fallen, aus dem After eine Flüssigkeit ausstossen, die bei Berührung der Wasseroberfläche die Tiere vorwärtstreibt; da die Käfer auf diese Weise ihre Bewegungsrichtung momentan bestimmen können, werden sie nicht von der Strömung mitgeschleppt.

Auch in anderer Hinsicht sind die Käfer bemerkenswert. Ihre Zunge lässt sich nämlich, wahrscheinlich durch Blutdruck, sehr weit herausschieben; sie trägt am Vorderende zwei gerillte Polster, die unter dem Mikroskop wie Klebescheiben aussehen. Drückt man einen *Stenus* ein wenig zwischen zwei Fingern, so wird die Zunge wie ein feiner Draht herausgeschleudert (Abb. 312); hört der Druck auf, so zieht sie sich zurück. Die Zunge kann ein Drittel der Gesamtlänge des Tieres erreichen. Man sieht zuweilen *Stenus* mit herausgestreckter Zunge herumlaufen, hat aber niemals ihren Gebrauch beobachtet. Die Tiere begeben sich ziemlich weit aufs Wasser hinaus, wo man sie oft zwischen den Blättern von Seerosen über das Wasser laufen sieht. Auf den aufgebogenen, halb verwelkten Rändern der Seerosenblätter sitzen häufig Massen von blauen Blattläusen; ich habe *Stenus* mehrmals in der Nähe dieser Kolonien beobachtet, es gelang mir aber nie, zu sehen, ob er die Blattläuse frisst oder vielleicht ihre süssen Exkremente aufleckt.

DIPTERA (Zweiflügler).

Taf. X—XIII.

Holometabole, mittelgrosse oder kleine Insekten. Bei den Imagines ist nur das Flügelpaar des Mesothorax zum Fliegen geeignet; die Flügel des Metathorax sind vermutlich zu den Halteren umgebildet. Die drei Thoraxsegmente sind fest miteinander verwachsen. Kopf frei, mit Komplexaugen, meist auch mit Ozellen. Fühler vielgliedrig, entweder mit nahezu homonomer Gliederung, oder die auf die drei Wurzelglieder folgenden Glieder zu einer Borste reduziert. Mundteile saugend oder stechend-saugend. Für die Dipteren eigentümlich sind die Unterlippentaster oder Labellen mit ihren Pseudotracheen, die bei keiner anderen Ordnung vorkommen. Mandibeln nur bei einigen primitiven Familien vorhanden und hier zu Stechborsten umgebildet. Abdomen vom Thorax durch einen tiefen Einschnitt getrennt. Tarsen gewöhnlich fünfgliedrig mit 2 Klauen und 2 Pulvillen. Larven ohne echte Beine, entweder mit Kopf und vollkommenen Mundteilen, oder Kopfkapsel und Mundteile mehr oder weniger rückgebildet, in den Thorax zurückgezogen oder zu einem Schlundgerüst mit Mundhaken reduziert. Puppen frei oder von der letzten, erhärteten Larvenhaut umschlossen.

Die Ordnung der Zweiflügler wird im allgemeinen in die beiden grossen Unterordnungen der *Brachycera* oder Fliegen und der *Nematocera* oder Mücken geteilt; früher rechnete man dazu als dritte Unterordnung noch die *Aphaniptera* oder Flöhe, die uns aber hier nichts angehen. Der ganz überwiegende Teil der Fliegen hat nichts mit dem Süsswasser zu tun; nur einige, darunter die den Mücken am nächsten stehenden Stratiomyiden, verbringen ihr Larvenstadium im Wasser. Dagegen bestehen die grossen Mückenfamilien mit Ausnahme der Gallmücken, Pilzmücken und Bibioniden oder Haarmücken ganz oder vorwiegend aus Formen, deren Entwicklung ans Süsswasser gebunden ist.

Wir wollen zuerst die Mücken besprechen und dann die Fliegen, die Beziehung zum Süsswasser haben.

Nach Hendel (& Beier), Diptera, im Handbuch der Zoologie (1936–38), werden die Nematoceren (Mücken) in eine Anzahl von grösseren Superfamilien geteilt, von denen hier die folgenden besprochen werden sollen: *Tipuloidea, Psychodoidea, Culicoidea, Tendipoidea, Simuloidea* (*Melusinoidea*), *Orphnephiloidea* und *Blepharoceroidea.*

Zu den Nematoceren gehört auch die Abteilung der *Bibionoidea,* die hier nur erwähnt sei, weil eine Art, *Bibio marci* L. (Märzfliegen, Haarmücken) im ersten Frühjahr oft in grossen, rauchsäulenähnlichen Schwärmen über den Seeufern steht. Die Mücken sind gross, plump und schwarz; der Kopf des Männchens besteht fast ausschliesslich aus zwei riesigen Augen. Man kann die Bibionidenschwärme auf den ersten Blick an der kohlschwarzen Farbe und den langen, beim Fluge nach hinten hängenden Beinen erkennen. Die Larven leben an Land.

Kapitel XV.

NEMATOCERA (Mücken).

Tipuloidea.

Die Superfamilie der Tipuloidea umfasst mittelgrosse oder grosse, schlanke Mücken mit langen Beinen; ihre Flügel liegen in der Ruhe entweder schräg und flach ausgebreitet oder flach übereinander auf dem Rücken. Rüssel verlängert, aber nicht stechend. Männchen mit freien Genitalzangen. Die Larven sind schlank, eucephal, ihr Kopf ist oft mehr oder weniger in den Thorax einziehbar; sie leben teils auf dem Land, teils im Wasser, vorwiegend auf der Grenze zwischen beiden Regionen. Atmung metapneustisch. (Es sei besonders auf die Arbeiten von ALEXANDER 1919, 1920, JOHANNSEN 1933, MALLOCH 1917 verwiesen).

Die Tipuloidea werden in 3 Familien geteilt: *Trichoceridae*, *Tipulidae* und *Limnobiidae*. Die *Trichoceridae* gehen uns hier eigentlich nichts an, da ihre Larven in faulendem Laub leben; sie werden nur genannt, weil sie uns unter der Bezeichnung »Wintermücken« wohlbekannt sind. Schon im Januar, wenn noch der Schnee die Erde deckt, kommen sie hervor und schweben an sonnigen Tagen in kleinen Schwärmen über dem Schnee. Die Trichoceriden finden sich häufig in Minen, bis 600 Fuss tief unter der Erde und bis 7000 Fuss vom Eingang entfernt; auch in Höhlen hat man sie gefunden (ALEXANDER 1920).

Tipulidae (Schnaken).

Mittelgrosse bis grosse Mücken mit sehr langen, dünnen Beinen, ohne Ozellen; Endglied der Taster peitschenartig verlängert. Kopfkapsel der Larven in den Thorax einziehbar, stark, aber hinten unvollständig chitinisiert. Endsegment des Körpers mit 6-strahlig angeordneten Vorsprüngen, die gewöhnlich die Stigmenplatte umschliessen; das Endsegment der aquatilen Formen trägt ausserdem bewimperte Vorsprünge und ausstülpbare Blutkiemen.

Limnobiidae (Stelzmücken).

Den Tipuliden sehr nahe stehend. Endglied der viergliedrigen Taster nicht peitschenförmig verlängert. Kopf der Larve häufig schwach chitinisiert, einziehbar, nach hinten oft in sehr lange, dünne Gräten auslaufend. Endsegment mit höchstens 5, nicht sternförmig angeordneten Fortsätzen; einige Formen mit einfacher oder doppelter Atemröhre. Die aquatischen Arten sind an den Hinterstigmen mit Haarschirmen ausgestattet, die beim Atmen an der Wasseroberfläche eine Rolle spielen. Schlammbewohnende Larven mit statischen Organen ausgestattet.

Die Imagines der Tipuliden und Limnobiiden sollen im folgenden zusammen behandelt werden; sie unterscheiden sich hauptsächlich durch den Bau ihrer Taster. Die Larven werden später für jede der beiden Familien gesondert besprochen.

Die Superfamilie der Tipuloidea ist in vielen Beziehungen sehr interessant. Viele ihrer Mitglieder sind durch ihre enorm langen Beine von den übrigen Mücken, ja von allen anderen Insekten leicht zu unterscheiden; vor allem sind Schenkel und Schienen stark verlängert. Dennoch ähneln besonders die kleineren Formen den gewöhnlichen Mücken so sehr, dass der Laie sie kaum von ihnen unterscheiden kann. Am leichtesten erkennt man die Schnaken an der eigentümlichen V-förmigen Zeichnung auf dem Rücken des Thorax, die den anderen Mücken fehlt. Im übrigen ist die Familie nicht scharf abgegrenzt, und mehrere ihrer Abteilungen werden zuweilen auch anderswo untergebracht; ihr wichtigstes Merkmal ist die Äderung der Flügel.

Ausser den Beinen können auch andere Körperteile stark verlängert sein; bei einigen Schnaken ist der Kopf durch einen langen Stiel vom übrigen Körper getrennt, bei anderen sind die Antennen bis fünf mal so lang wie der Körper, bei wieder anderen sind Rüssel oder Flügel verlängert. Man hat häufig nach dem Grund dieser Verlängerungen gefragt, besonders nach dem Zweck der überlangen Beine, die so ausserordentlich leicht abbrechen, und von denen die Tiere anscheinend kaum grossen Nutzen haben. Vielleicht lässt sich aber für einige Formen folgendes zur Erklärung anführen: Die Schnaken teilen die enorme Verlängerung der Gliedmassen mit verschiedenen anderen Tiergruppen, z. B. Meerspinnen, Stelzkrabben, gewissen Spinnen usw., die sich alle zum Ruhen häufig auf dicht beieinander stehende, mehr oder weniger senkrechte, schwankende Unterstützungsflächen setzen, wie z. B. auf von den Wellen hin- und herbewegten Tang, oder auf Schilf und Gras, durch das der Wind weht. Geh nur einmal hinaus und suche nach den grossen Schnaken, wenn der Wind im Röhricht spielt; bei windstillem Wetter sitzen sie oben an der Spitze der Blätter, bei Wind weiter unten und halten sich mit drei Beinen an einem Halm, mit den drei anderen an einem zweiten fest. Wenn der Wind die beiden Halme zusammen- und auseinanderbiegt, beugen und strecken sich alle Beine abwechselnd, während der Körper selbst zwischen den beiden Halmen hängt. Nur die langen, biegsamen Beine ermöglichen es dem Tier, unter so unbeständigen Verhältnissen seine Ruhestellung zu bewahren. Ich denke mir, dass die langen Beine der Stelzkrabben und Meerspinnen ebenso wirken, wenn die Tangbüschel durch die Brandung von der einen Seite eines Steines zur anderen gewälzt werden; in den von den Wellen hin- und hergeschaukelten Tangwäldern haben die langen Beine eine ähnliche Bedeutung.

Aus südlicheren Gegenden wird berichtet, dass sich manche Arten mit Vorder- oder Hinterbeinen an den äussersten Fäden von Spinnweben aufhängen; dieses Phänomen habe ich hierzulande nie beobachtet. Bei den *Limnobiidae* werden die Flügel während der Ruhe flach auf den Hinterleib gelegt, bei den *Tipulidae* gewöhnlich schräg auseinander gebreitet. Die Tipuloiden sind vor allem feuchtigkeitliebende Tiere; sie finden sich niemals in Wüsten- oder Steppengebieten. Ferner sind sie vorwiegend Dämmerungstiere, wahrscheinlich weil die Luftfeuchtigkeit gegen Abend grösser ist als mitten am Tage. Während der Sommermonate sieht man sie fast nie bei starkem Sonnenschein tanzen, dagegen fliegen sie an sonnenwarmen Tagen gern im tiefen Schatten des Buchenwaldes, besonders in der Nähe des Wassers. Wenn der Abend naht, kann man die kleinen, scharf abgegrenzten Schwärme über dampfenden Wiesen oder über dem Schilfdickicht tanzen sehen. Manche Arten leben im Schatten des Buchenwaldes; hierher gehören einige unserer grössten Formen, sicher einige der grössten aller Zweiflügler, und zwar die wenig bekannten, obwohl keineswegs seltenen Arten: *Tipula gigantea* Schrank (Abb. 313) und *Pedizia rivosa* L. Beide sind ebenso wie einige andere Arten durch grosse, scharf begrenzte, wasserklare Flecke auf den im übrigen braungefärbten Flügeln ausgezeichnet, während die Flügel der anderen Schnaken im allgemeinen ziemlich gleichmässig schwach bräunlich gefärbt sind. Nur wenige Beobachter haben die Tiere an ihrem Aufenthaltsort fliegen sehen; daher hat auch bisher niemand die Bedeutung dieser Zeichnung erfasst. Ich habe Hunderte von Malen an Orten gestanden, wo diese Schnaken fliegen, und war sozusagen umschwärmt von den Insekten, die zu den grössten unserer Heimat gehören; sie messen von einer Fusspitze zur anderen ca. 10–12 cm, die Spannweite ihrer Flügel beträgt mehr als 5 cm, und trotzdem konnte ich ihrer nicht gewahr werden. Allmählich lernte ich indessen, die Tiere zu sehen. Später stand ich einmal mit einem Freunde, der ein guter Naturbeobachter ist, an einer Stelle, wo die Schnaken massenhaft flogen, und zeigte ihm die Tiere immer und immer wieder; er ging jedoch schliesslich davon, ohne ein einziges von ihnen erblickt zu haben.

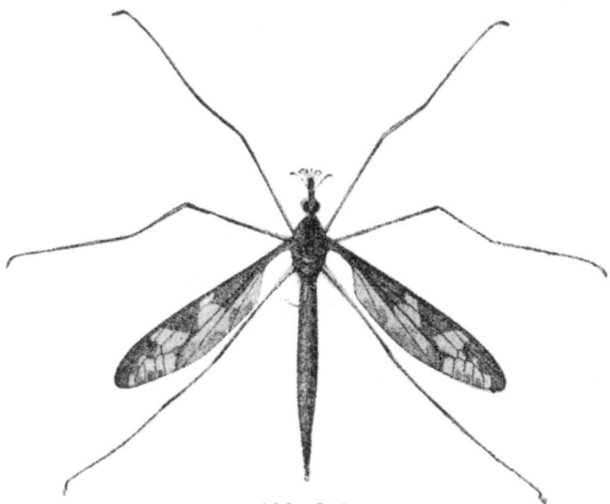

Abb. 313.

Abb. 314.

Abb. 313. *Tipula gigantea* Schrank. Nat. Gr. Nach Grünberg, K. 1910.

Abb. 314. Eine eierlegende, in senkrechter Stellung tanzende Tipulide. Man beachte das zugespitzte Abdomen. Nach Réaumur 1738.

Im dämmrigen Waldesschatten, wo Sonnenflecken über den braunen Waldboden tanzen (Abb. 315), fügen sich die Flügel mit ihren braunen und wasserhellen Flecken so völlig in den Untergrund ein, dass es unmöglich ist, den Tieren mit den Augen zu folgen. Nur wenn das Sonnenlicht sich einen flüchtigen Augenblick lang in ganz bestimmter Weise in den Flügelflecken bricht, ahnt man gleichsam, dass unten am Bach in halber Manneshöhe ein seltsames grosses, aber zugleich unendlich sylfidenleichtes Wesen vorbeifliegt. Steht man an einer Stelle, wo sich dieser Eindruck stundenlang mehrmals in der Minute wiederholt, ohne dass man jemals das Tier zu erkennen vermag, so ist es nicht allzu sonderbar, dass man von der Mystik ergriffen wird, die stets in dichtem Buchenwald mit rieselnden Bächen herrscht, wo Streifen und Flecken von zitterndem Sonnenlicht auf schaumweissen Wellen und schwarzen Steine glitzern oder auf braungrünem Waldboden und auf Stämmen, die in unendlich fernscheinender Nähe verdämmern. Glücklich, wer in solcher Stimmung Ruhe finden kann, glücklicher als derjenige, den seine Natur zwingt, ihre Ursache zu ergründen. Hat er das Problem gelöst, so geht ihm das seltsame Paradox des Lebens auf; die eigentliche Ruhe liegt in dem rastlosen Streben nach dem Verständnis des Phänomens; ist das Ziel erreicht und die Ursache gefunden, so ist es mit der Ruhe vorbei, und gleichzeitig verschwindet auch das Gefühl von Frische und Verjüngung, das sich bei denen erhält, die von Anbeginn an in der Mystik ruhen können und nicht den Drang fühlen, der Loths Weib zwang, sich umzusehen, oder Pandora, die Büchse zu öffnen, den Drang, um dessentwillen man, wie im ersten Buch Mosis, 2. Kap., geschrieben steht, »gewisslich sterben muss«.

Die Mystik verschwindet, sobald der Beobachter den Blick auf die schwarzen Schlammablagerungen richtet, da wird sein Auge durch ein Etwas in beständiger, hüpfender Bewegung über dem Schlamm gefesselt; das sind die grossen Tipuloiden, die hier ihre Eier legen (Abb. 314). Es sind dieselben, die in eiligem Fluge in halber Manneshöhe aus dem Waldesdickicht zum Bachufer hinstreben.

Die Schwarmbildung ist eine bei den Tipuloiden gewöhnliche Erscheinung und trägt sicher dazu bei, dass die Geschlechter einander finden. Bei vielen Formen beginnt die Paarung im Schwarm und endet im Grase.

Abb. 315. Fønstrupbach, über dem *Tipula gigantea* Schrank und *Pedizia rivosa* L. flogen. W-L. phot.

Die Lebensdauer der Tipuloiden ist wahrscheinlich ziemlich kurz. Als vollentwickelte Insekten nehmen sie wohl nur wenig Nahrung zu sich, besonders die Männchen. Die Weibchen trifft man zuweilen auf Blüten; die Tipuloiden sind sämtlich keine Blutsauger. Ihre Mundteile sind anscheinend zum Auflecken von Honig geeignet; die Tiere saugen Honig, vorwiegend aus Blüten mit freiliegendem Nektar, vereinzelte Gattungen mit verlängerten Mundteilen (*Geranomyia, Elephantomyia*) jedoch aus Blumen mit langer Blütenröhre.

Im Haushalt der Natur spielen die Tipuloiden in fast allen Stadien eine sehr grosse Rolle. Überall, wo verwesende Substanzen zu vernichten sind, in Schlammablagerungen aller Art, in verfaulendem Holz trifft man die Larven an, durch deren Verdauungskanal die Schlammpartikel ununterbrochen passieren. Sie selbst sind in allen Stadien eine wichtige Nahrungsquelle für Tiere der verschiedensten Klassen. Alexander (1920) hat eine ausführliche Liste der Tierformen aufgestellt, die sich zum grossen Teil von Tipuloiden ernähren. Für die arktischen Füchse auf den Pribilof-Inseln bilden die Larven eine der letzten Hilfsquellen; an vielen Orten sind sie ein wichtiges Nahrungsmittel der Maulwürfe, die angeblich etwa 20 Larven am Tag verzehren. Die geflügelten Insekten gehören zu den wichtigsten Nahrungsquellen der Fledermäuse, auch zahlreicher Vögel, vor allem der Mauersegler, Schwalben, Ziegenmelker, Meisen, Amseln und vieler anderer. Larven und Puppen werden von vielen unserer Watvögel, Strandläufer, Stare usw. gefressen, ebenso von Fröschen aller Stadien; ferner findet man oft Tipuloidenlarven im Magen von Fischen (Forelle, Stint, Barsch). Die Imagines werden massenhaft in Spinnennetzen gefangen oder von Libellen und Raubfliegen verzehrt; sowohl die Larven wie die Imagines der grossen Laufkäfer und Schnellkäfer vernichten zahlreiche Tipuloidenlarven, und manche Grabwespen füttern ihre Brut mit Tipuloiden.

Nebenbei sei auch erwähnt, dass einzelne Tipuloiden (*T. oleracea* L. u. a.) unseren Kohlpflanzen und anderen Saaten Schaden zufügen.

Die Tipuloiden sind über die ganze Welt verbreitet, von den arktischen Gegenden bis zu den Tropen, vermeiden aber, wie gesagt, Wüsten und Steppen. Auf ausgesprochen ozeanischen Inseln fehlen sie, finden sich aber oft an Meeresküsten; die Larvenstadien einiger Arten kann man als marin bezeichnen. An solchen sturmumbrausten Orten sind die Flügel nicht selten rückgebildet. In der gemässigten Zone sind die Imagines auf die Sommermonate beschränkt, jedoch haben manche von ihnen ihre Flugzeit bei niedriger Temperatur.

Die wichtigsten Funktionen der vollentwickelten Tiere sind Begattung und Eiablage. Manche Tipuloiden paaren sich im Fluge und zwar merkwürdigerweise mit den Köpfen in entgegengesetzter Richtung. Man sollte meinen, dass die Tiere während des Fluges trotz der kräftigen Kopulationszangen des Männchens nach beiden Seiten auseinandergezogen würden; dass dies nicht geschieht, liegt sicher daran, dass der aktive Flug der kopulierenden Paare vorzugsweise in vertikaler Richtung erfolgt, während die leichte Abendbrise für den horizontalen Gleitflug sorgt. Viele Formen paaren sich auf Blüten, einige der sehr grossen Arten auf der Erde oder zwischen Gras und Stroh. An unseren Seeufern sieht man oft Tipuloidenmännchen langsam über das Gras hinfliegen; sie suchen nach den Weibchen, die eben aus den senkrecht im Schlamm steckenden Puppenhüllen herauskommen. Man hat beobachtet (Rogers 1933), dass Männchen, die eine Puppe gefunden haben, sich mit den Beinen gerade über sie stellen und darauf warten, das noch weiche, unausgefärbte Weibchen zu ergreifen und zu begatten; die Eiablage erfolgt noch in derselben Nacht und wird 1–3 Nächte lang fortgesetzt. In diesen Fällen handelt es sich sicher um Arten, deren Imagines eine äusserst kurze Lebensdauer haben.

Der Hinterleib des Weibchens endet bei den weitaus meisten Formen in einer pfriemförmigen, stark chitinisierten Spitze (Abb. 314), die als Legeröhre dient; es ist spassig, die eierlegenden Weibchen zu beobachten. Am Seeufer sieht man häufig, besonders in der Dämmerung, senkrecht schwebende oder mit den Hinterbeinen auf den Sand gestützte Tiere, die in vertikaler Haltung auf und ab hüpfen (Abb. 314), die Hinterleibsspitze in den Sand bohren und dabei jedesmal ein Ei legen; die Eier sind lang, schmal und glänzend schwarz. Die Tiere lassen sich bei der Eiablage gar nicht stören, selbst wenn man ihnen so nahe kommt, dass man sie mit der Lupe beobachten kann. Die Eier tropfen unaufhörlich eins nach dem anderen aus dem Abdomen heraus und werden ganz unregelmässig, ohne jede Ordnung in den Sand gesteckt. Dabei geht die Spitze des Hinterleibes wie die Nadel einer Nähmaschine rauf und runter, rauf und runter. Wenn das Weibchen so eine Zeit lang auf einem Fleck getanzt hat, sucht es eine andere Stelle auf und beginnt hier aufs Neue mit der Eiablage.

Die Formen, deren Larven auf Pflanzen leben, legen ihre Eier auf denselben Pflanzen ab. An Sommerabenden sitzen die Weibchen von *Phalacrocera* zu Dutzenden eierlegend auf Fontinalis. Sie tauchen ihr Hinterende ins Wasser und stecken es in die tütenförmig zusammengerollten Moosblätter hinein; in jedes Blatt legen sie 4–6 längliche, braune Eier, die zuweilen so dicht beieinander liegen, dass die Spitzen der Pflanze wie braungefärbt aussehen. Andere Formen werfen die Eier ab, während sie über den Wasserspiegel hinfliegen und dabei den Hinterleib ins Wasser tauchen. Einige Arten halten sich an Wasserfällen oder an vom Wasser bespülten Felsblöcken auf und setzen hier ihre Eier ab. In Waldbächen mit steinigem Boden sieht man an den Steinen oft grosse Tipuloiden in senkrechter Haltung, die ihren Hinterleib in das vorbeirieselnde Wasser tauchen und die länglichen Eier auf den Seitenflächen der Steine ablegen.

Tipulidenlarven.

Die fertig entwickelten Insekten der drei obengenannten Tipuloidenfamilien sehen für ein ungeschultes Auge unleugbar höchst gleichartig aus; sie alle haben eine unverkennbare Ähnlichkeit mit einander. Eigentlich kann nur das geübte Auge des Spezialisten die Tiere bestimmen, indem er an der Flügeläderung, den Kopulationszangen der Männchen und am Bau der Mundteile die Merkmale feststellt, durch die sich die Gattungen und Arten von einander unterscheiden. Die Lebensbedingungen der geflügelten Individuen sind für alle Arten ziemlich gleich; das Leben der meisten ist von äusserst kurzer Dauer, bei manchen nur ein Eintagsfliegendasein, und währt selten länger als eine Woche. Viele Tipuloiden nehmen in diesem Stadium kaum Nahrung zu sich; es ist experimentell erwiesen, dass sie keiner Nahrung bedürfen und dass sie auch ohne Nahrungsaufnahme imstande sind, die normale Anzahl entwicklungsfähiger Eier abzulegen. Die gleichmässigen Lebensbedingungen, das kurze Dasein mit dem Tanz über Wiesen, mit Ruhestellung auf meist senkrechten Flächen, Begattung, Eiablage in feuchter Erde, seltener in Pflanzen, zuweilen auf Steinen oder morschem Holz, all das bietet den einzelnen Arten keinen Anlass, von einander abzuweichen, Extravaganzen zu begehen und absonderliche Formen hervorzubringen. Ganz anders verhält es sich dagegen mit den Larven. Es gibt vielleicht unter den Insekten kaum eine andere Abteilung, deren Larven so ungleichartigen Lebensbedingungen unterworfen sind wie die Tipuloiden.

Die meisten Larven leben zwar in feuchter Erde, in sauren Wiesenböden am Seeufer, viele jedoch so nahe am Wasser, dass sie schon zum äussersten Küstensaum gehören; andere sind ausgeprägte Wassertiere und leben auf Sandflächen oder im Schlamm, wo sie während eines grossen Teils des Jahres von Wasser bedeckt sind. Einzelne Arten halten sich in schäumenden Gebirgsflüssen auf, mehrere andere auf Wasserpflanzen, z. B. auf dem Quellmoos Fontinalis oder auf Hypnum. Ein paar Larven haben sich ganz vom Wasser emanzipiert und hausen auf den Blumen des Waldbodens, wie Anemonen und Ranunkeln (Abb. 322), viele leben in morschem Holz, in Baumhöhlen; wieder andere sind Blattminierer, und einige bewohnen das in den Blattscheiden der Bromeliaceen angesammelte Wasser. Selbstverständlich können unter so ungleichen Bedingungen lebende Geschöpfe nicht gleichartig aussehen; wir kennen auch kaum eine Insektengruppe mit so verschieden gestalteten Larven. Ihre Respirationsorgane zeigen grosse Variation. Die Larven gleichen teils weissen, hässlichen Maden, teils Schmetterlingsraupen; bei manchen ist das Hinterende von fleischigen, behaarten Fortsätzen umgeben, die zusammen eine Schale von schönster Form und Farbenschattierung bilden, bei anderen läuft es in lange Cerci aus; die Larven sind entweder fusslos oder tragen Bauchfüsse, die völlig denen der Raupen gleichen; bald haben sie Kiemen am Hinterende, bald ist ihr Rücken von einem Wald verästelter Tracheenkiemen oder von regelmässigen Reihen farbiger Schuppen bedeckt. Die nach Art der Schmetterlingsraupen auf Landpflanzen lebenden Larven gleichen jenen auch in Form und Färbung; die Haut der Holzbohrer ist mit Chitindornen versehen, die ihnen schnelle Fortbewegung in den Gängen ermöglichen. Bei den lebhaften Raubtieren im Schlammboden ist der Bauch der ganzen Länge nach mit Kriechwarzen besetzt; die auf Wasserpflanzen lebenden Formen tragen auf dem Rücken Tracheenkiemen, die in Form und Aussehen an die Pflanzen erinnern, auf denen die Tiere leben, während die in schnellfliessenden Gebirgsflüssen hausenden Larven apneustische Atmung haben.

Sobald aber das Puppenstadium abgeschlossen ist, und sobald die Verschiedenartigkeit der Lebensbedingungen, unter denen die Larven lebten, aufhört und an ihre Stelle gemeinsame Lebensbedingungen für die zahlreichen Arten der Familie treten, verschwindet wie mit einem Schlage beinahe Alles, was die Arten trennte; sie legen nun samt und sonders die gleiche, im grossen und ganzen einförmige Livree an. Viele Arten leben als vollentwickelte Insekten nahe beieinander, die Larven jeder Art leben dagegen ganz getrennt für sich. Würde man die Lebensbedingungen dieser Arten im Larvenstadium vertauschen und etwa eine Schlammform auf ein Anemonenblatt oder eine raupenähnliche Tipuloidenlarve in die Schlammgänge der ersteren setzen, so würde das für beide den sicheren Tod bedeuten.

Im gesamten Tierreich finden sich wohl nur ausserordentlich wenige Beispiele dafür, in welch unglaublichem Grade Arten mit Imagines von anscheinend gleichartigem Gepräge den Anforderungen an die Variation zu genügen vermögen, wenn die Lebensbedingungen in gewissen Stadien ihres Daseins als Larven es erfordern. Es scheint, als ob die Mitglieder der Familie in bestimmten Stadien eine ungewöhnliche Fähigkeit besitzen, eine eigenartige Gestaltung anzunehmen, während sie gleichzeitig die Erinnerung an das gemeinsame Gepräge bewahren, zu dem sie schliesslich alle zurückkehren, und in dem sie sich vereinigen, um darein zu »münden wie Flüsse in das unendliche Meer«.

Man kann oft, besonders im Frühjahr, an unseren sandigen Seeufern etwa 1 dm unter Wasser zahlreiche, durcheinander gewundene, viele Meter lange Furchen im Sand sehen; verfolgt man sie bis zu Ende, so findet man hier, halb im Sand vergraben, eine etwa 3 cm lange, dicke, graue Larve, deren Hinterleib in einer scharf abgeschnittenen, schalenförmigen Vertiefung endet. Der Rand der Schale läuft in 6 behaarte Spitzen aus (Abb. 323), in ihrer Mitte liegen zwei augenähnliche Flecke; aussen um die Schale sitzen 6 fleischige, etwas kontraktile Anhänge. Das Tier ist ausserordentlich beweglich; wenn man es in ein Aquarium mit Sand legt, kann man sehen, wie schnell es sich durch ihn hinschiebt. Das völlig einziehbare Vorderende trägt keinen eigentlichen Kopf, sondern einen kräftigen Chitinapparat; die Larve schiebt sich rasch durch den Sand, indem sie sich mit dem Chitinapparat festhakt und die einzelnen Segmente abwechselnd auseinander- und zusammenzieht. Sie ist ein durchaus amphibisches Wesen, und es ist ihr offenbar gleichgültig, ob ihr Aufenthaltsort mehrere Zentimeter hoch mit Wasser bedeckt oder trocken ist. Im ersteren Fall atmet sie durch die Haut; dabei sind die 6 langen, fadenförmigen, der Respiration dienenden Gebilde am Hinterende von besonderer Bedeutung. In ganz seichtem Wasser streckt dagegen die Larve ihr Hinterende an die Oberfläche. Das scharf abgeschnittene Hinterende ist tatsächlich eine Respirationsschale, ähnlich der bei den Hydrophiliden-Larven besprochenen; viele *Tipula*-Larven leben unter ähnlichen Bedingungen wie jene. Die beiden dunklen, augenähnlichen Flecken sind Spiracula, von denen zwei lange Tracheen durch den ganzen Körper verlaufen. Der Bau der Respirationsschale (Abb. 323) ist bei den einzelnen Arten äusserst verschieden; die 6 Spitzen sind von sehr ungleicher Länge, bald mit langen Haarfransen, bald mit ganz kurzen Härchen bedeckt. Die Schale ist stets unbenetzbar; solang sich das Tier unter Wasser aufhält, ist sie zugeklappt und umschliesst meist eine Luftblase. Liegt die Larve jedoch an der Oberfläche, so wird die Schale aufgeklappt.

Sowohl die Stigmen wie das hintere Stück der beiden Haupttracheenstämme sind sehr kompliziert gebaut. Da ihr Bau ausserdem bei den einzelnen Gattungen sehr variiert und zwar je nach dem normalen Aufenthaltsort der Larve, von dem wir noch recht wenig wissen, so ist es sehr schwer, die anatomischen

Larven der Tipuliden, Limnobiiden und Ptychopteriden. W-L. phot.

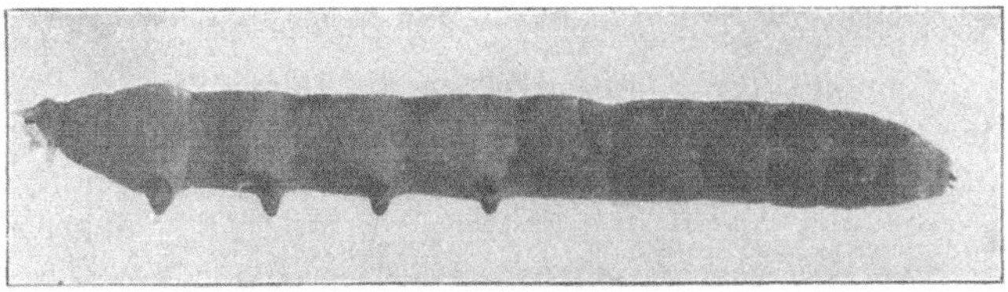

Abb. 316. *Pedizia rivosa* L. Schlammbewohner. Nat. Gr.

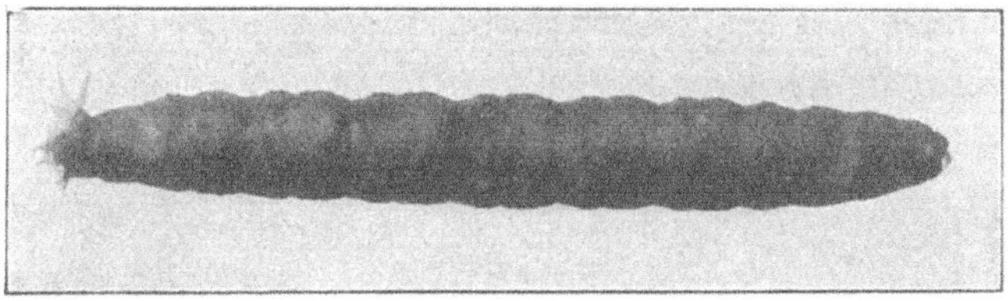

Abb. 317. *Tipula gigantea* Schrank. Schlammbewohner. Vergr. 2.

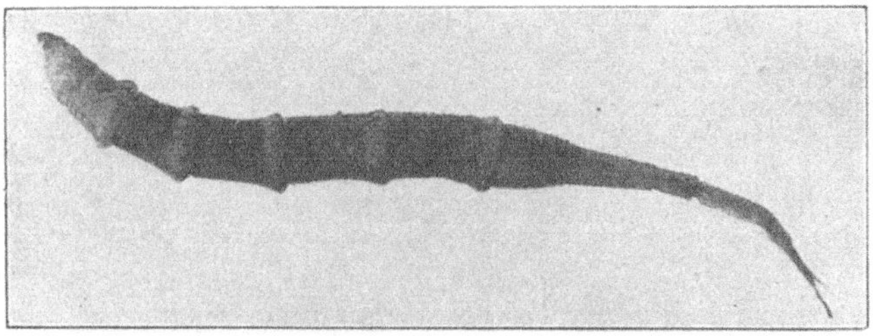

Abb. 318. *Ptychoptera paludosa* Meig. Schlammbewohner. Vergr. 2.

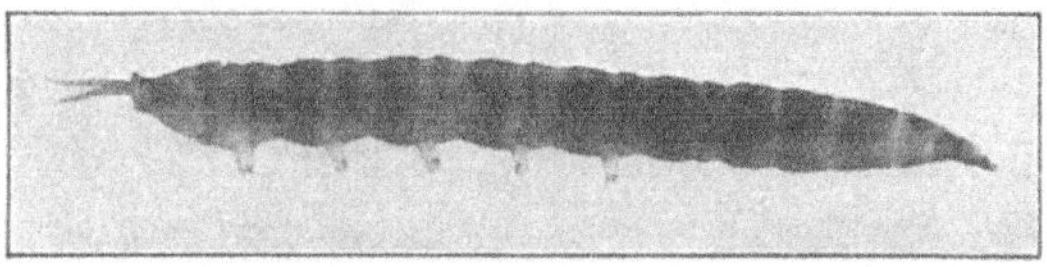

Abb. 319. *Dicranota bimaculata* Schumm. Lebt zwischen verwesendem Buchenlaub. Vergr. 2.

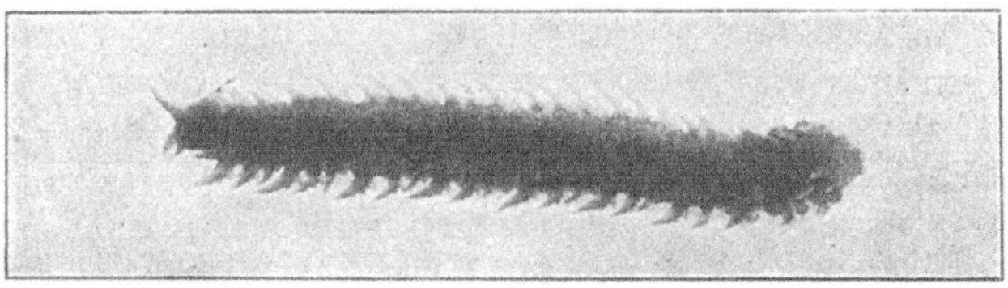

Abb. 320. *Triogma trisulcata* Schumm. Auf Moos, Hypnum etc. Vergr. 3.

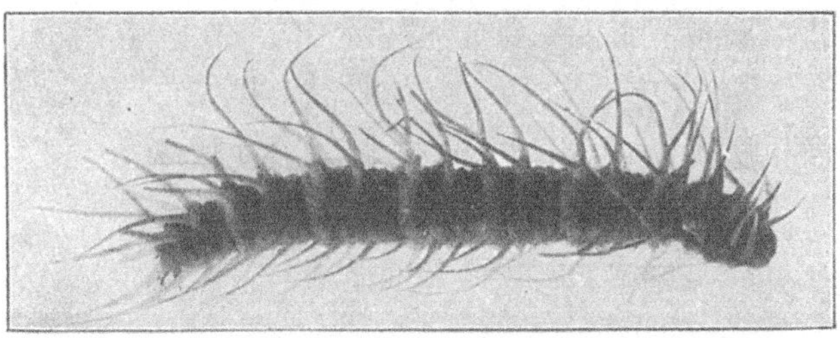

Abb. 321. *Phalacrocera replicata* Schumm. Auf Fontinalis. Vergr. 2—3.

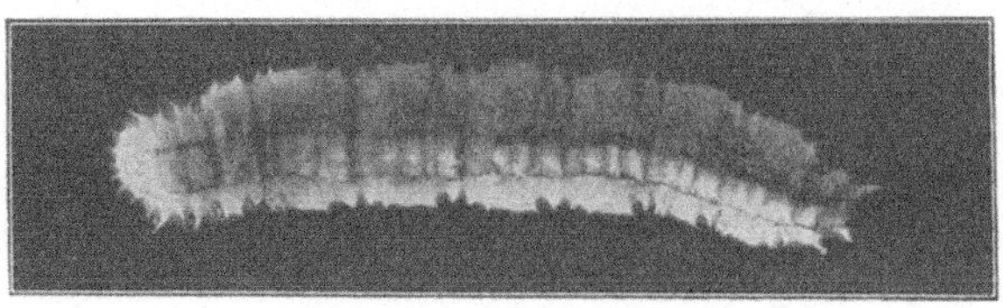

Abb. 322. *Cylindrotoma.* Auf Anemonen. Vergr. 3.

Die Tipuloiden sind als Larven äusserst verschieden, als Imagines einander sehr ähnlich.

Verhältnisse generell darzustellen. Ich muss deshalb auf die Arbeit von GERBIG (1913) verweisen.

Vor der Verpuppung verlässt die Larve das Wasser und sucht trockeneres Land auf. Der Puppengang wird im Gegensatz zum Larvengang vertikal angelegt; da die Segmente der Puppe mit Dornenkränzen besetzt sind, kann sie sich mit ihrer Hilfe im Gang auf und ab schieben. Am oberen Ende trägt sie zwei kurze Atemhörner.

An den Ufern unserer Binnengewässer, in Anschwemmungen, Algendecken usw. finden sich viele verschiedene *Tipula*-Larven. Sie sind nur zum Teil bekannt; ich habe sie zwar nicht gezüchtet, aber die Lebensweise mehrerer von ihnen studiert. Die Oberfläche nordseeländischer Moore ist oft von Sphagnum-Teppichen bedeckt, in denen zuweilen handgrosse, braunrote Flecke zu sehen sind. Sie erweisen sich bei näherer Betrachtung als aus grossen, braunroten Exkrementen bestehend, in denen an irgend einer Stelle ein dunkler Punkt sichtbar ist. Wenn man mit seinen Beobachtungen so weit gelangt ist und nun die ganze Wasseroberfläche näher in Augenschein nimmt, bemerkt man ringsum in der Sphagnum-Decke Hunderte solcher schwarzen Punkte; an diesen Stellen ist die Oberfläche schalenförmig vertieft, und im Grunde jeder Vertiefung sind ein Paar dunkle Pünktchen wahrnehmbar. Stampft man auf die Seggenbülte am Rand des Moores, sodass der Wasserspiegel in Schwingung gerät, so verschwinden die schwarzen, schalenförmigen Vertiefungen alle auf einmal. Der Ketscher gibt uns Auskunft über die Ursache dieses Phänomens; es wird durch die Respirationsschalen hervorgerufen, mit denen die im Sphagnum-Teppich lebenden *Tipula*-Larven an der Oberfläche hängen und atmen, während sie gleichzeitig mit ihrem Vorderende an den Sphagnum-Pflanzen fressen und sie nach und nach in Exkrementmassen verwandeln. Sobald die Larven eine Gefahr zu bemerken glauben, ziehen sie augenblicklich die Schale zusammen; diese umschliesst eine Luftblase, mit der die Tiere in die Tiefe streben. Ist die Gefahr vorüber, so kommen sie wieder herauf, die Luftblase durchbricht das Oberflächenhäutchen, und die Respirationsschale hängt wieder trocken an der Oberfläche.

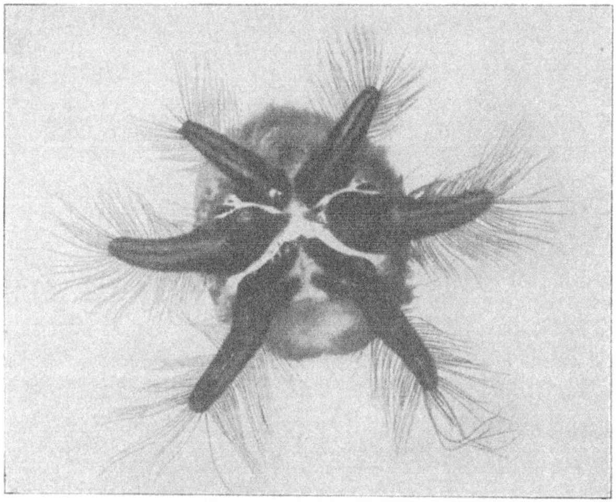

Abb. 323. Die Respirationsschale einer Tipulidenlarve. W-L. phot.

Höchst eigenartig ist die »riesengrosse«, d. h. etwa 5 cm lange, fingerdicke Larve von *Tipula gigantea* Schrank, der grössten unserer Arten (Abb. 317). Das grosse Tier ist im Frühjahr keineswegs selten an den Ufern unserer Bäche, wo es in ziemlich fester Erde horizontale Gänge gräbt. Seine Puppengänge sind vertikal; die Segmente der ungefähr 4 cm langen dunkelbraunen Puppe sind mit zahlreichen kräftigen, harten Chitindornen besetzt, mit deren Hilfe sie sich im Gang auf- und abwärts schieben kann. *T. gigantea* Schrank ist die eine der beiden oben erwähnten Arten, deren Imagines an den Rändern unserer Bäche entlangfliegen, aber infolge ihrer Zeichnung nur schwer zu sehen sind. Es sei bemerkt, dass viele der an Seeufern lebenden Formen den Grasfluren schaden (SELKE 1936).

Limnobiidenlarven.

Bei den Limnobiiden ist in besonderem Masse grosse Gleichförmigkeit der Imagines mit grösster Variation im Aussehen der Larven verbunden. Die meisten Larven sind Schlammfresser oder ernähren sich von verfaulenden Pflanzen; einzelne leben von frischen Pflanzenteilen, andere sind Raubtiere. Schlamm- und Pflanzenfresser sind träge und langsam, die Raubtiere dagegen lebhaft; einige von ihnen sind mit zwei Reihen von Kriechwarzen ausgestattet. Die Pflanzenfresser haben einen kurzen Vorderdarm und einen sehr langen Mitteldarm mit peritrophischer Membran, die die Nahrung umhüllt; die Raubtiere haben einen langen Vorderdarm, in dem die Nahrung lange verweilt, und einen kurzen Mitteldarm (KÖNNEMANN 1924). Verschiedene Limnophilidenlarven besitzen am Hinterende paarige, statozystenähnliche Organe, die wohl zuerst von G. W. MÜLLER gesehen und später von WOLFF (1921) beschrieben wurden. Die Organe sind sehr eigentümlich gebaut, gruben-, taschen- oder sackförmig und mit komplizierten Haargebilden ausgestattet. Die einfacheren Typen enthalten Kiespartikelchen, die kompliziertesten frei bewegliche Chitinkugeln. WOLFF behauptet, dass es sich um Schlammsinnesorgane (pelotaktische Organe) handelt, durch die sich das Tier über die Menge des im Wasser enthaltenen Schlammes orientiert; nach neueren Untersuchungen von STUDNITZ (1931) sind es dagegen Statozysten, die die positiv geotaktische Reaktion der Larve veranlassen.

Im Schlamm lebende Formen. Die meisten der in Schlamm und Sand lebenden und besonders die zur Gattung *Limnophila* gehörigen Larven sind den *Tipula*-Larven sehr ähnlich, jedoch ist ihre Respirationsschale nicht von 6, sondern gewöhnlich von 4 häutigen Fortsätzen umgeben, die oft in sehr lange, fadenförmige, behaarte und in langen Haarspitzen endigende Gebilde ausgezogen sind. Manche Formen haben die seltsame Fähigkeit, ihre Eingeweide zum grössten Teil in eine ringförmige, bruchartige Ausstülpung am Hinterende ausstossen zu können, wodurch dieses erheblich breiter wird als der übrige Körper. Wahrscheinlich dient diese Vorrichtung als eine Art Stützapparat bei der Fortbewegung in den Schlammgängen.

Die fast 4 cm lange, weissglänzende Larve von *Pedizia rivosa* L. (Abb. 316) ist auf den Schlammablagerungen langsam fliessender Waldbäche nicht selten. Sie ist ungefähr so dick wie ein kleiner Finger eines Kindes und schlängelt sich geschwind durch den weichen Schlamm. Vier der letzten Segmente (8–11) besitzen kleine Kriechwarzen, die ausgestülpt und eingezogen werden können; das letzte Segment ist kegelförmig und endet in zwei langen, behaarten Zipfeln, über denen zwei kleine Stigmen liegen. Ausserdem sitzen am Hinterende 4 Tracheenkiemen. Die Puppe lebt in vertikalen Gängen, in denen sie sich auf- und abbewegt. Auch diese Art, deren Imagines beinahe ebenso gross sind wie *Tipula gigantea* Schrank, ist an unseren Waldbächen heimisch.

Eine recht eigenartige Form ist die Larve von *Dicranota bimaculata* Schumm. (Abb. 319 und 324) (MIALL 1893); sie ist sehr beweglich, ungefähr 2 cm lang, und auf allen Segmenten mit weichen, schwarzen Haaren bedeckt. Der Hinterleib trägt 5 Paar grosse, wohlentwickelte Hakenwarzen, auf denen die Larve eilig dahinkriecht, indem sie sie aus- und einstülpt; ihr Hinterende läuft in zwei lange, stabförmige, von einer Trachee durchzogene Körper aus, die am Ende ein Haarbüschel tragen. Über den Stäben sitzen ein Paar Spiracula und unter ihnen zwei Paar fingerförmige Anhänge. Der Kopf kann in den Körper zurückgezogen werden und trägt zwei ziemlich grosse Augenflecke, sehr kräftige, gesägte Mandibeln und kurze Fühler. Die Larve lebt räuberisch in den Schlammablagerungen klarer Bäche; hier hausen auch verschiedene Regenwürmer, namentlich Tubificiden, die wohl die Hauptnahrung der Larve ausmachen, und deren Borsten und rotes Blut man im Darm der Larve findet. Besonders die jungen Tiere sind beinahe durchsichtig und eignen sich daher vortrefflich zum Studium des Baues der Larven. Die Puppen sind ebenso wie die Larven

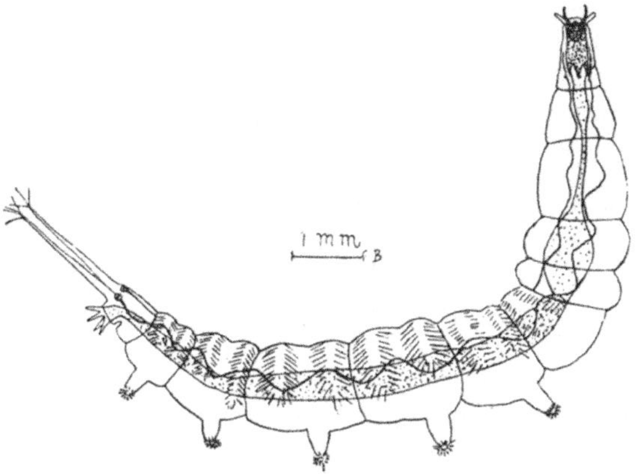

Abb. 324.

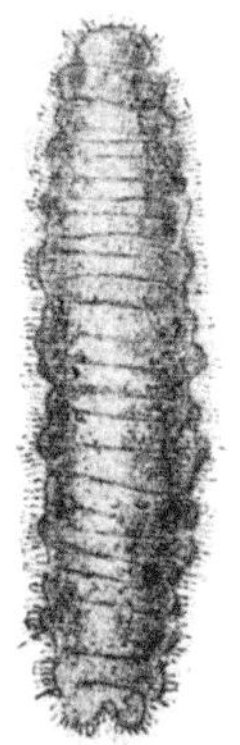

Abb. 325.

Abb. 324. Larve von *Dicranota bimaculata* Schumm. Vergr. Nach Brocher, F. 1913.

Abb. 325. Larve von *Dactylolabis denticulata* Bergr. Vergr. Nach Mik aus Grünberg, K. 1910.

mit 5 Paaren Pseudopodien versehen, die aber keine Kriechborsten tragen. Auch die Puppen kriechen auf ihren Scheinfüssen rasch dahin; wenn das Puppenstadium vorbei ist, legen sie sich so nahe wie möglich an die Oberfläche.

Auf Pflanzen lebende Formen. Bei der eigentümlichen Abteilung der *Cylindrotominae* mit den Gattungen *Cylindrotoma, Liogma, Triogma* und *Phalacrocera* trifft man ganz anders gestaltete Larven. Sie leben auf Pflanzen, denen einige von ihnen ausserordentlich ähnlich sehen. Die Larven sind gewöhnlich grün, zuweilen mit braunen oder weissen Schattierungen, und tragen meist auf dem Rücken Dornen oder Zipfel.

Von diesen Gattungen ist *Cylindrotoma* (Abb. 322) ein ausgesprochenes Landtier, das auf den Pflanzen des Waldbodens lebt: auf Anemonen, Ranunkeln, Stellaria, aber auch auf einkeimblättrigen Pflanzen (Lenz 1921). Die mir selbst nicht bekannte *Liogma*-Larve hat man an vereinzelten Stellen in Europa gefunden, und zwar auf feuchtem, mehr oder weniger von Wasser durchtränktem Moos (Hypnum). Näheres siehe bei Müggenburg (1901) und Lenz (1919 a).

Ein in mancher Hinsicht noch merkwürdigeres Geschöpf ist die bis vor kurzem so gut wie unbekannte Larve von *Triogma trisulcata* Schumm. (Abb. 320, 326, 327), die in der ersten Ausgabe des »Insektlivet« fälschlich als *Cylindrotoma* besprochen wurde (Müggenburg 1901, Lenz 1919, Haake 1922). Die Larve ist vierkantig, mit schmalem Rücken, breiter Bauchfläche und sehr breiten Seitenflächen. Auf dem Rücken sitzen zwei Längsreihen nach hinten gerichteter, blattähnlicher, flacher Dornen mit gezacktem Vorderrand. Der Kopf ist völlig einziehbar; die beiden letzten Dornen sind besonders gross. Das Hinterende trägt die Respirationsschale, die meist zusammengeklappt ist; wird sie geöffnet, so erscheinen in ihr zwei grosse Stigmen mit sehr feinen Siebgittern. Die Larve ist hauptsächlich auf atmosphärische Luft angewiesen; sperrt man sie davon ab, so stirbt sie im Verlauf weniger Tage.

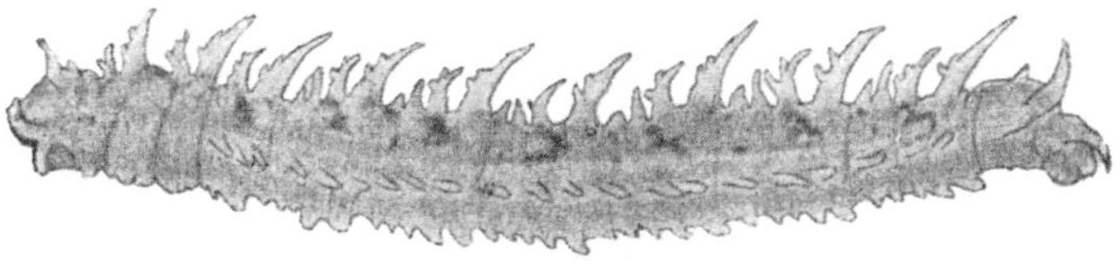

Abb. 326.

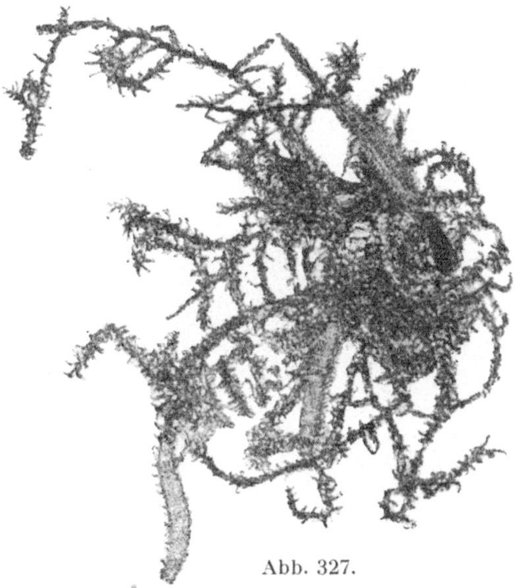

Abb. 327.

Triogma trisulcata Schumm.

Abb. 326. Larve. Vergr. c. 10.

Abb. 327. Larve auf Moos. Nat. Gr. Beide nach Müggenburg, F. 1901.

Die Bauchseite der Larve ist gelblich, Rücken und Seitenflächen sind braungrün, die langen Reihen der Blattdornen hellgrün. Wahrscheinlich haben nur wenige Beobachter das Tier gesehen, obwohl es keineswegs selten ist. Die Larve ist auf von Wasser durchtränkten Moospolstern heimisch, besonders auf Hypnum und Amblystegium, auf deren Zweigen sie lebt; sie sitzt je nach dem Wasserstand bald über, bald unter Wasser, ist jedoch ein vorwiegend luftatmendes Tier. Die blattähnlichen Dornen sind nicht von Tracheen durchzogen, und die Haut der Larve scheint nicht besonders dünn zu sein. Ich kenne in unserer heimischen Fauna kein Beispiel eines Tieres, das mit grösserem Geschick seine Nährpflanze nachahmt; die Dornenreihen stimmen in Form und Farbe auffallend mit den Blattreihen der Moospflanzen überein. Nur bei höchst sorgfältiger Untersuchung der Pflanzen ist es möglich, die Larven zu entdecken. Die Tiere sind sehr träge und rühren sich im Aquarium fast nicht vom Fleck. Infolge ihrer Trägheit im Verein mit ihrer von braun zu gelblich und grün mit allen Zwischentönen abgestuften Färbung und der Blattform der Dornen ist es fast unmöglich, die Tiere zu sehen. Die Puppen finden sich an denselben Orten. Sie treiben nicht an der Oberfläche, sondern leben mit den Larven zusammen im Moos. Die Puppen steigen infolge ihres geringen Gewichtes in die Höhe und hängen sich mit den Prothorakaldornen auf. Kurz vor dem Ausschlüpfen der Imago arbeitet sich die Puppe nach oben in trockeneres Moos, wo die letzte Verwandlung stattfindet.

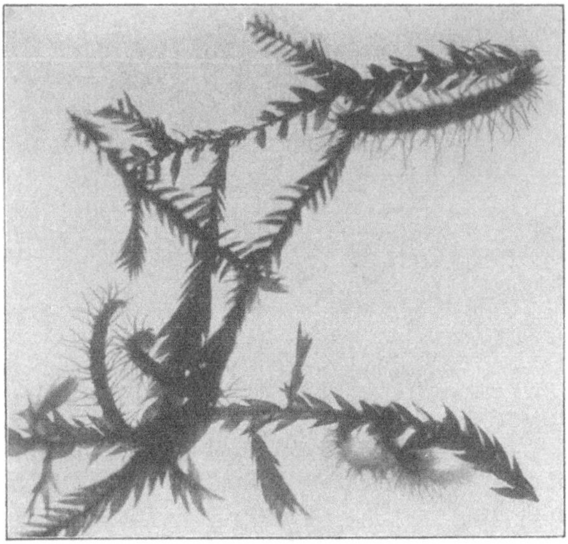

Abb. 328.

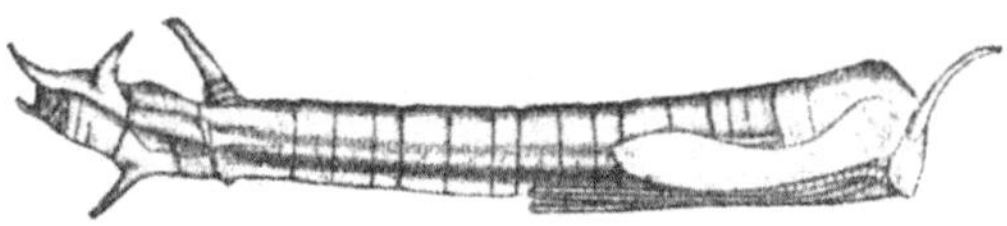

Abb. 329.

Phalacrocera replicata Schumm.

Abb. 328. Drei Larven auf Fontinalis antipyretica. Nat. Gr. W-L. phot.

Abb. 329. Puppe. Nach Miall und Shelford 1897. Vergr.

In unseren kleinen Seen und Teichen wird der Boden bis zu einer Tiefe von 1–3 m häufig von dem hübschen Quellmoos Fontinalis bedeckt, dessen dunkelgrüne Polster sich vom Ufer zum Seeboden hin wölben. Auf dem Quellmoos lebt die fast 3 cm lange, bald grüne, bald braune Larve von *Phalacrocera replicata* Schumm. (Abb. 321, 328, 329), die von S. Bengtsson (1897) ausführlich beschrieben wurde. Sie ist sehr träge und kriecht äusserst langsam umher; meistens sitzt sie tagelang still auf den Mooszweigen, die sie nach und nach kahl frisst. Manchmal strecken sich die Tiere zu voller Länge aus, gewöhnlich winden sie sich aber mehr oder weniger spiralig um die Zweige, auf denen sie oft kaum zu sehen sind. Rücken und Bauch tragen Längsreihen langer Fäden oder Zipfel. Den 5–10 Hinterleibssegmenten sind drei Arten von Anhängen gemeinsam: 1) zwei Paar dorsale, von denen das letzte gegabelt ist, 2) drei Paar laterale und 3) 8 Paar ventrale und ein unpaarer ventraler Anhang. All diese Anhänge, von denen die gegabelten auf dem Rücken die kräftigsten und längsten sind, bedeutend länger als die Breite des Tieres, erwecken beim Beschauer den Eindruck, als sei das Tier mit einem Wald von unregelmässig angeordneten Zweigen bedeckt. Jeder Faden enthält eine Trachee; es kann kein Zweifel darüber bestehen, dass es sich in erster Linie um Tracheenkiemen handelt. Dennoch lässt sich die Auffassung nicht von der Hand weisen, dass dieser Wald von Tracheenkiemen durch seine Ähnlichkeit mit den Moosblättern gleichzeitig dem Schutz des Tieres dient.

Das Tracheensystem ist anscheinend vollständig geschlossen. Unter Wasser klemmt das Tier das Hinterende so völlig zusammen, dass keine Spur von dem gewöhnlichen Respirationsfeld der Tipuloiden zu sehen ist; an konservierten Larven sieht man es im allgemeinen ebenso wenig. Nur gelegentlich öffnet die Larve die Respirationsschale; dann kann man in das von 4 Haken umgebene Respirationsfeld mit zwei allerdings sehr kleinen Stigmen im Grunde hineinblicken. Im Herbst und Winter sitzt die Larve tief unten in der Fontinalis-Decke, die dann häufig etwa 1 m unter dem Wasserspiegel liegt; nimmt man die Larven von dort heraus, so ist ihre Respirationsschale stets zusammengeklappt. In dieser Zeit atmen sie sicher nur durch die Haut; im Frühsommer dagegen, wenn die Fontinalis-Polster neue Sprosse zur Oberfläche emporsenden, und wenn die Polster durch die in ihnen festgehaltene Luft emporgehoben werden, steigen die Tiere passiv mit dem Moos an die Oberfläche; hier liegen sie dann, besonders kurz vor der Verpuppung, häufig mit geöffneter Respirationsschale. Zu dieser Zeit atmen sie wahrscheinlich atmosphärische Luft ein; den überwiegenden Teil des Jahres hindurch begnügen sie sich indessen mit Hautatmung.

Man kann die Larven leicht sowohl mit offener wie mit geschlossener Respirationsschale fixieren; in Alkohol schliesst sie sich, in kochendem Wasser wird sie geöffnet. Abb. 330–331 sind zwei Photographien von Respirationsschalen derartig behandelter Larven. Der Kopf ist völlig einziehbar, das Hinterende läuft in ein Paar scharfe, spitze Haken aus, die hauptsächlich zum Festklammern dienen; Gliedmassen fehlen. Das Tier häutet sich etwa 9–10 mal. Während der ersten Larvenstadien werden die Mundhaken gegeneinander, in den späteren dagegen in senkrechter Richtung bewegt, nicht von einer Seite zur anderen, sondern auf und ab; sie stehen zwar immer noch im Dienste der Ernährung, sind aber nun gleichzeitig Klammer- und Greiforgane, eine Art Bootshaken, mit denen sich die Larve vorwärts hakt.

Die Larven brauchen ein Jahr zu ihrer Entwicklung; es ist aber nicht ausgeschlossen, dass auch hierzulande gelegentlich zwei Generationen auftreten. Die Tiere überwintern als Larven und vertragen es sogar, im Eis einzufrieren.

Im April und Mai liegen die grossen Larven zu Hunderten so nahe wie möglich an der Oberfläche. Eines schönen Tages häuten sie sich, und nun findet man an Stelle der Larve eine braungrüne, langgestreckte Puppe (Abb. 329) von höchst interessantem Bau. Die Puppe ist offenbar durchaus auf die Zufuhr atmosphärischer Luft angewiesen; sie trägt wie andere Mückenpuppen vorn am Kopf zwei lange Atemröhren, die es nun gilt, an der Oberfläche zu halten. Sie allein sind indessen nicht ausreichend, um das Tier zu tragen und in der richtigen Stellung am Oberflächenhäutchen zu befestigen. Hinten auf dem Rücken sitzen drei Paar grosser, hervorstehender Chitinzapfen, von denen zwei Paare gegeneinander gebogen sind. Mit diesen Chitinzapfen hängt sich die Puppe an die Oberfläche, sodass sie an ihr sowohl mit dem Vorder- wie mit dem Hinterende kapillar befestigt ist. Vorn ist die Puppe mit den Atemhörnern aufgehängt, durch die sie Luft holt, und hinten mit den vorerwähnten Haken. Etwas Ähnliches findet sich meines Wissens bei keiner anderen Tipuloidenpuppe; die Entstehung der Haken ist als Reaktion auf die Ansprüche zu betrachten, die die Tragfähigkeit des Oberflächenhäutchens an das Tier stellt. Eine Puppe von so langgestreckter Gestalt kann sich nicht wie andere Mückenpuppen allein durch die Spitzen der Atemhörner tragen lassen, andrerseits muss sie aber in horizontaler Lage hängen, und hierfür sind wiederum Befestigungspunkte am Hinterende erforderlich.

Sehr eigenartig ist die von Dette (1916) beschriebene Tipuloide *Trichosticha flavescens* Meig. Die Larve entnimmt ebenso wie *Donacia*-Larven u. a. ihre

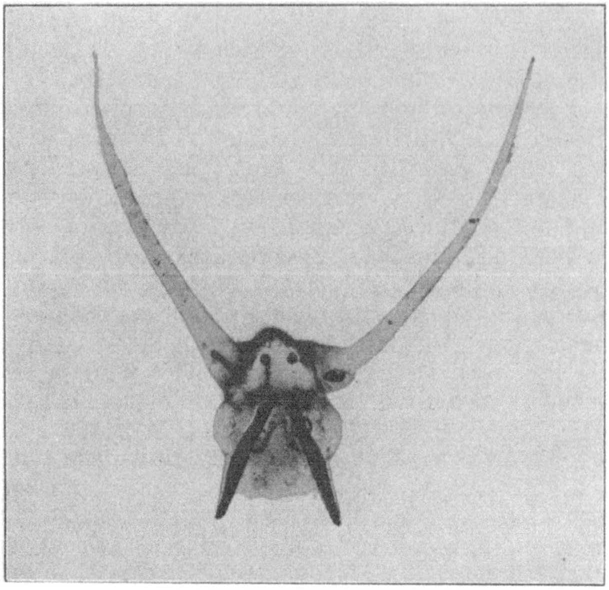

Abb. 330. Larve von *Phalacrocera replicata* Schumm. Respirationsschale offen, sodass man die zwei Spirakel sieht. Sommerstadium mit der Schale an der Oberfläche. Luftatmend. Vergr. W-L. phot.

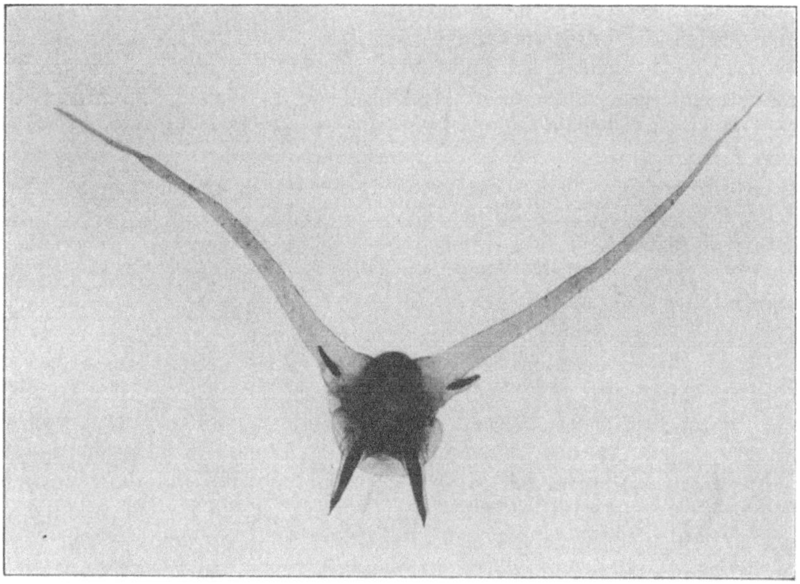

Abb. 331. Respirationsschale geschlossen; Winterstadium unter dem Eise. Hautatmung. Vergr. W-L. phot.

Respirationsluft aus lufthaltigem Pflanzengewebe, und ebenso wie bei jenen sind die Hinterleibsstigmen zu Stechapparaten umgewandelt, die sich in das weiche Pflanzengewebe einbohren. Die Larven leben auf dem Wurzelgewebe von Glyceria fluitans, Alisma plantago, Sparganium und Iris. Der Rand der Spiracula ist an der einen Seite zu einem langen Dorn ausgezogen, an dessen

Basis das Stigma liegt. Auch die Prothorakalhörner der Puppe sind stark zugespitzt; da die Puppe gleichfalls zwischen Pflanzenwurzeln lebt, ist anzunehmen, dass auch sie die Luft aus der Pflanze verwendet. (Siehe auch G. W. MÜLLER 1921.)

Formen aus schäumenden Wasserfällen. Zu den Limnobiiden gehört ferner die merkwürdige Gruppe der *Antocharia* mit der Gattung *Antocha* (JOHANNSEN 1933). Ihre Larve ist eine der wenigen Tipuloidenlarven, die zusammen mit Blepharoceriden, Rhyacophiliden u. a. in schäumenden Wasserfällen lebt. Ihr Tracheensystem ist geschlossen; sie atmet nur durch die Haut oder durch Tracheenkiemen. Die Larve lebt auf Steinen in häufig 4–5 cm langen Galerien aus Seidengespinst und ernährt sich wie die Blepharoceriden von dem Diatomeenbelag auf den Steinen, den sie mit den Borsten der Mundteile abbürstet. Die Puppe hat im Gegensatz zu allen anderen Tipuloidenpuppen verästelte Atemröhren mit je 8 Ästen. Sie erinnern etwas an die Atemröhren der Blepharoceridenpuppen und werden vielleicht ebenso wie bei diesen zum Aufsammeln von Luftblasen benutzt. Die Larve von *Dactylolabis* (Abb. 325) lebt unter den gleichen Bedingungen; sie ist stark behaart, egelartig flach und sitzt so fest an den Felsen angepresst, dass sie durch das vorbeifliessende Wasser nicht abgerissen werden kann. In ihrem dichten Haarkleid hängen zahlreiche Erdklümpchen. Die Puppe verbleibt in der alten, halbabgestreiften Larvenhaut. In derselben Umgebung lebt *Elliptera.*

Freilebende Formen. Eine sonderbare Form ist auch *Thaumastoptera calceata* Mik. Die Larve baut aus zusammengesponnenen kleinen Partikeln ein transportables, uhrglasförmiges Gehäuse (LENZ 1919), das dem der Trichoptere *Agraylea* oder dem der von THIENEMANN (1909b) beschriebenen Chironomide *Lauterborniella agrayloides* Kieffer sehr ähnlich ist. Die Larven halten sich an überrieselten, verunreinigten Orten auf.

Mehrere der hierher gehörigen Arten können spinnen; sie leben oft gesellig in grossen, lockeren Gespinsten, die sie nur ungern verlassen. Die Tiere verpuppen sich auch in den Gespinsten, in denen man später die leeren Puppenhüllen findet (*Dicranomyia,* THIENEMANN 1910, USSING 1929). Andere Arten derselben Gattung leben unter völlig anderen Bedingungen, nämlich unter Baumrinde oder als Blattminierer (JOHANNSEN 1933).

Marine Formen. Schliesslich sei noch erwähnt, dass man etwa 12 Arten von Tipuloiden kennt, die in Salzwasser leben (TOKUNAYA 1936).

Psychodoidea.

Taf. X.

Vorwiegend kleine Insekten, Körper und Flügel meistens stark behaart (Abb. 332). Flügelgeäder reich verzweigt. Beine dünn, meist ohne Sporen. Die Larven leben im oder am Wasser; Kopfkapsel gut entwickelt, Atemröhre endständig. Die Psychodoidea unterscheiden sich von den Culicoidea durch die Flügeläderung. Von den vier zu den Psychodoidea gehörenden Familien der *Tanyderidae, Ptychopteridae* (Faltenmücken), *Psychodidae* (Schmetterlingsmücken) und *Maruinidae* werden hier nur die drei letzten ausführlicher besprochen.

Die Familie der *Tanyderidae* ist eine Reliktengruppe mit nur wenigen, vorwiegend tropischen Arten. Über die Larven der Gattung *Protoplasa* (Nordamerika) ist nur wenig bekannt; ALEXANDER (1920) hat eine sehr merkwürdige Larve beschrieben, die er dieser Gattung (*P. fitchii* O. S.) zurechnet. Ihre zwei letzten Hinterleibssegmente bilden eine lange, ziemlich dicke Atemröhre mit zwei Stigmen an der Spitze. An der Basis der Röhre sitzen zwei stark verästelte Analkiemen, deren einzelne Äste durch Einschnürungen in mehrere Lappen geteilt sind.

Ptychopteridae (Faltenmücken).

Die Ptychopteriden bilden eine sehr kleine Familie, von der uns hier nur die Gattung *Ptychoptera* interessiert. Die Tiere sind etwa 10–12 mm lang und oft hübsch gefärbt; der Hinterleib ist glänzend schwarz, oft mit gelbbraunen Querbinden. Die Weibchen haben eine lange Legeröhre; die Flügel sind mit dunklen Flecken und Bändern gezeichnet. Die Insekten sitzen oft auf Blumen; die Weibchen fliegen oder sitzen jedoch meist am Rand von Pfützen oder Bächen mit schlammigen Ufern, wo sie ihre Eier ablegen. Von Interesse sind vor allem die Larven und Puppen.

Abb. 332.

Abb. 334.

Abb. 333.

Abb. 332. Eine Psychodide. Vergr. Nach Kellogg, V. 1905.

Abb. 333. Larve von *Ptychoptera contaminata* L. Vergr. Nach Grünberg 1910.

Abb. 334. Puppe von *Ptychoptera paludosa* Meig. Vergr. Nach Miall, L. 1905.

In übelriechenden Waldtümpeln, deren Boden reichlich mit faulendem Buchenlaub bedeckt ist, kann man häufig zahlreiche haarfeine Fäden bemerken, die sich vom Grund zur Oberfläche erstrecken. Ähnliche, aber etwas kürzere Fäden findet man an den wesentlich angenehmeren, mit Sand bedeckten Ufern unserer Waldbäche; das Wasser ist hier klarer, und man kann daher sehen, dass die Fäden aus zwei Teilen bestehen, einem unteren grauen, der aus dem Schlamm herausragt, und einem oberen, der bei der von mir am häufigsten gefundenen Art orangerot gefärbt ist. Wird das Wasser bewegt, so verschwinden alle Fäden wie mit einem Schlage in der Tiefe; erst nach geraumer Zeit schiebt sich ein Faden nach dem anderen wieder empor, bis seine Spitze die Wasseroberfläche berührt. Die Erklärung des Phänomens erhält man, wenn man im Sande gräbt; die Fäden gehören zu den Larven einer unserer *Ptychoptera*-Arten (Abb. 333), deren Körper bei voller Ausdehnung eine Länge von 4–5 cm erreicht. Der Körper besteht aus dem Kopf und 12 Segmenten, von denen die beiden letzten verschmälert sind; das letzte Segment endet in zwei Fäden. Die Kopfkapsel kann eingezogen und ausgestreckt werden; sie ist klein, hart und mit gut entwickelten Chitinteilen, kurzen Antennen und Augen versehen. Die Körpersegmente sind hinten zu einem Ringwall mit steifen, rückwärts gerichteten Borsten verdickt; bei einigen Arten sitzen auf den vorderen Ringen ein Paar Warzen mit gekrümmten Dornen. Die Dornen sowie die mit Borsten besetzten Ringwälle, die durch Muskeln vor- und zurückgeschoben werden, dienen der Larve als Bewegungsorgane, mit denen sie sich durch den Schlamm hindurcharbeitet. Auf dem 10. und 11. Segment sitzt hinten je ein Paar eigentümlicher Bläschen; sie enthalten Flüssigkeit und 2–3 kleine Körperchen. An den Bläschen endigen Nerven; man hält sie für Gehörorgane (GROBBEN 1875). (Statische Organe?). Die zwei kurzen Fäden am Hinterende werden von Tracheen durchzogen und sind sicher Tracheenkiemen.

Zwei lange Tracheen verlaufen durch den ganzen Körper der Larve; sie sind bei jungen Larven überall gleich weit, bei den älteren dagegen breit und flach und in jedem Segment eingeschnürt. Die älteren Larven können die Luftmenge in den Tracheen vergrössern oder verkleinern und dadurch ihr spezifisches Gewicht verändern. Die beiden Tracheen vereinigen sich hinten zu einem Tracheenrohr, einem äusserst dünnen, biegsamen Organ, das bei Nichtgebrauch völlig in den Körper zurückgezogen wird, sodass es bis zum Kopf reicht; soll es gebraucht werden, so wird es aus dem Hinterende herausgeschoben, bis seine Spitze mit den zwei Spirakula die Wasseroberfläche berührt. Die Länge des Rohres richtet sich nach dem Wasserstand; in seichtem Wasser ist das Rohr zum grössten Teil in den Körper eingezogen, bei hohem Wasserstand wird es der ganzen Länge nach herausgeschoben. Das Rohr wird auch dann ganz ausgestreckt, wenn der Wasserstand so hoch ist, dass es nicht bis an die Oberfläche reicht; dann funktionieren die Tracheenkiemen am Hinterende als Atmungsorgane. Bleibt der Wasserstand in stehenden Gewässern längere Zeit so hoch, so kriechen die Tiere höher hinauf, bis sie in flacheres Wasser kommen; gelingt ihnen das nicht, so sterben sie im Verlauf weniger Tage.

Während die Larven mit dem senkrecht im Schlamm steckenden Vorderende den Grund durchwühlen und fressen, versuchen sie stets, die Atemröhre an der Oberfläche zu halten; nur bei Gefahr ziehen sie die Röhre ein. Der ganze Körper ist ausserordentlich biegsam; zuweilen wird er spiralig zusammengerollt. Die Nahrung der Larve besteht wohl vorwiegend aus mikroskopischen Pflanzen, besonders aus Diatomeen.

Die Respirationsverhältnisse der Puppe (Abb. 334) sind nicht weniger merkwürdig. Das lange Atemrohr der Larve ist verschwunden; statt dessen hat die Puppe wie andere Mückenpuppen zwei Atemröhren am Vorderende. Die eine derselben ist aber ganz kurz und sieht aus wie die gewöhnliche Atemröhre der Mückenpuppen; die andere dagegen ist haarfein und mehr als doppelt so lang wie der Körper. Die sonst bei Gliedertieren bestehende bilaterale Symmetrie ist also hier aufgehoben. Diese enorm lange Atemröhre enthält eine Trachee, die durch ein hübsches, geringeltes Skelett aus Chitinrippen versteift ist. Rings um das Rohr sitzen eigentümliche Bläschen mit eigenartig punktierter Struktur. Sie sind von einem Ringwall umgeben. An den Stellen, wo die Bläschen sitzen, fehlen die Chitinrippen. Die Atemröhre endet an der Spitze mit einer kompliziert gebauten Kapsel.

Die Puppe bohrt sich gleichfalls in den Schlamm ein; ihre lange, biegsame Atemröhre ist jedoch stets zum Teil horizontal an der Oberfläche ausgestreckt, sodass immer einige der erwähnten Bläschen mit ihr in Berührung sind. Über die Art und Weise, wie dieses merkwürdige Respirationsorgan funktioniert, ist nichts bekannt; man weiss nicht, ob die Luft durch die Spitze eindringt oder durch die Bläschen diffundiert, oder ob die Blasen vielleicht nur dazu dienen, die Adhäsion an der Oberfläche zu erleichtern. Die Puppen sind meistens im Schlamm vergraben, während ihre Röhre die Oberfläche berührt; sie liegen jedoch auch nicht selten horizontal an der Oberfläche und drehen und winden sich hier nach allen Richtungen. Liegen viele von ihnen zusammen, so verwickeln sich häufig ihre Atemröhren miteinander, sodass die Puppen Klumpen bilden.

Nahestehende Formen sind die eigentümlichen nordamerikanischen Gattungen *Bittacomorpha* und *Bittacomorphella*; die Larven der ersteren Gattung gleichen denen von *Ptychoptera*. Die Tiere sind in Amerika sehr häufig; ihre Imagines werden dort »phantom cranefly« genannt. Sie sind samtschwarz mit weisser Mittellinie. Am merkwürdigsten sind die stark angeschwollenen Hintertarsen, die zahlreiche Tracheen enthalten. Die Tiere haben sehr geringe Flugfähigkeit und werden angeblich vorwiegend vom Winde getragen, wobei die Metatarsen als Schwebeapparate dienen (Alexander 1920).

Psychodidae (Schmetterlingsmücken).

Kleine, meist wenige Millimeter lange Mücken, deren Körper und Flügel mit kurzen, dunklen, schuppenförmigen Haaren bedeckt sind. Die Phlebotominen besitzen einen kurzen Rüssel, der zu einem Stechapparat umgebildet ist. Die Flügel liegen in der Ruhe dachförmig zusammen. Larven mit vollständiger Kopfkapsel; Körpersegmente gewöhnlich mit 1–3 schmalen Chitinplatten, den Tergalplatten, bedeckt. Zwei prothorakale und zwei grössere Stigmen am Hinterende. Am Endsegment oft eine kurze, chitinisierte Atemröhre.

Erst in den letzten Jahren haben wir mehr über diese kleine Insektenfamilie erfahren, vor allem durch die Untersuchungen von Feuerborn (1923). Wir wollen uns hier hauptsächlich mit den Larven beschäftigen; über die Imagines sei nur folgendes bemerkt. Man sieht nicht selten kleine, wenige Millimeter lange Mücken auf den Fenstern von Wirtschaftsgebäuden und Ställen herumkriechen; ihre sehr hohen Flügel werden (Abb. 332) in der Ruhe dachförmig zusammengelegt. Die Tiere sind meistens von dunkler Färbung; Körper, Flügel, Beine und Fühler sind so dicht behaart, dass man sie beinahe als wollig bezeichnen kann. Die Insekten sehen fast wie Schmetterlinge aus; sie werden deshalb im Volksmund Schmetterlingsmücken genannt. Die Tiere sind langsam, plump und schlechte Flieger.

Die *Psychodidae* werden in drei Unterfamilien geteilt: *Psychodinae, Trichomyinae* und *Phlebotominae.* Hier interessieren uns hauptsächlich die *Psychodinae*; die Larven der *Trichomyinae* leben vorwiegend in Holz (Keilin und Tate 1937), die der *Phlebotominae* sind an den sehr langen Borsten am Hinterende zu erkennen. Es ist bekannt, dass diese Mücken gewisse Tropenkrankheiten übertragen.

Feuerborn macht darauf aufmerksam, dass die Larven der *Psychodinae* an der Grenze von Wasser und Land heimisch sind; er rechnet sie zu einer Grenzfauna, zu der u. a. auch die *Dixa*-Larven gehören. Diese Fauna stellt in gradueller Abstufung vor allem folgende Anforderungen: 1) eine gewisse konstante Feuchtigkeit, 2) atmosphärische Luft zum Einatmen durch offene Stigmen, 3) faulende organische, vor allem pflanzliche Substanzen als Nahrung. Dieses Übergangsgebiet zwischen Land und Wasser muss ferner in Bezirke mit fliessendem und stehendem Wasser eingeteilt werden; dementsprechend werden die hier lebenden Larven als rheophil oder rheophob bezeichnet. Die rheophoben Larven haben um die Spirakula des Hinterleibsendes nur kurze Anhänge; Retentionsorgane sind schwach entwickelt oder dienen dazu, Schmutzpartikel auf dem Körper festzuhalten. Die rheophilen Larven tragen um die Stigmen des Hinterleibsendes sehr grosse, verschieden geformte, stark behaarte Anhänge (Flabellum) und mannigfache Retentionsorgane (Taf. X, Abb. 4). Die Anhänge breiten sich auf der Wasseroberfläche aus und sichern damit ungehinderten Luftzutritt zu den Stigmen. Die Larven erhalten durch die Haar- und Borstengebilde ein ausserordentlich verschiedenartiges Aussehen.

Die meisten Larven gehören zu den Gattungen *Psychoda* (Taf. X, Abb. 5) und *Pericoma* (Taf. X. Abb. 1–4; Abb. 6,7).

Die rheophoben Formen der Psychodinen sind am längsten bekannt; die hierhergehörenden Larven kommen an allen möglichen Orten mit stehendem Wasser vor: in Erlensümpfen, an den Rändern von Gräben und Pfützen, in Regenwasserlöchern in Buchenstümpfen, kurz überall, wo Pflanzenstoffe bei reichlicher Feuchtigkeit verfaulen. An solchen Stellen leben Larven der Gattungen *Psychoda* (Taf. X, Abb. 5), *Ulomyia, Pericoma* (Miall und Walker 1895) (Taf. X, Abb. 4), soweit letztere nicht der rheophilen Gruppe angehören, u. a.; viele von ihnen tragen auf dem Rücken einen ganzen Wald von langen, krausen Haaren, in denen Schlammpartikel hängen bleiben, sodass die Tiere wandernden Schlammhäufchen gleichen (*Pericoma ocellaris* Meig., Taf. X, Abb. 6; *P. cognata* Eat. Taf. X, Abb. 7). Andere Larven haben keine Borsten, sondern einen dicken, eigentümlich gebauten Chitinpanzer, der es ihnen ermöglicht, ziemlich im Trockenen zu leben (*Psychoda eximia*). Manche Larven, besonders der Gattung *Psychoda*, leben unter recht unappetitlichen Bedingungen; so hausen z. B. ungeheure Mengen der kleinen, weissgrauen, etwa 1 cm langen Larven von *Psychoda sexpunctata* Curt. in Kläranlagen, wo die Abwässer von Fabriken oder aus den Grosstädten gereinigt werden. Zahllose Larven und Puppen kriechen auf den Koksfiltern herum, über die das Wasser hinfliesst, im Sommer nahe der Oberfläche, im Winter tiefer unten; auch die Mücken sitzen zu Tausenden auf den Koksstücken. Die Larven ernähren sich von den organischen Substanzen, von denen die Filter wie von einem Filz bedeckt sind. Der Filz enthält einen wahren Detritus: lebende Larven und Puppen, leere Larvenhäute, tote Imagines, Puppenreste usw. vermischt mit Fettstücken, Schimmelpilzen, Bakterienkolonien u. dgl., kurz eine höchst unappetitliche Masse (Welch 1912). Die Larven fühlen sich darin offenbar äusserst wohl; ihre Bewegungen sind lebhaft, ihre Mundteile arbeiten ununterbrochen und ergreifen geniesserisch Alles, was ihnen in den Weg kommt. Die Tiere sind nahezu Allesfresser; ihr Darmepithel erneuert sich bei jeder Häutung (Hasemann 1910). Sie sind an keine bestimmte Jahreszeit gebunden; die Tiere verbringen fast ihr ganzes Dasein als Larven. Die Puppen leben nur wenige Tage, auch die Lebensdauer der Imagines ist sicher nur kurz. Die Tiere spielen eine nicht geringe Rolle als Vernichter organischer Substanzen. Gewisse Arten sind von Bedeutung für die experimentelle Erblichkeitsforschung, weil sie ihren gesamten Lebenszyklus in nur 8–16 Tagen durchlaufen und leicht auf faulenden Substanzen zu züchten sind (Turner 1923). Das Hautskelett wird bei vielen Arten durch 2–3 dunkle Chitinleisten auf dem Rücken der einzelnen Segmente versteift. Die Larven haben vorn ein Paar Spirakula und hinten eine Atemröhre, auf deren Spitze die hinteren Spirakula ausmünden; ein Paar grosse Tracheen laufen durch den ganzen Körper. Das letzte Stück der Atemröhre ist kontraktil und wird während der Fortbewegung abwechselnd verkürzt und verlängert. Unter Wasser führen die Tiere eine Luftblase an der Spitze der Atemröhre mit sich; ähnliche Blasen werden auch an den Prothorakalstigmen beobachtet. Über das Tracheensystem siehe Dell 1905, Muttkowski 1915 und Kemper 1925.

Da die Tiere unter sehr schlechten Respirationsbedingungen leben, bedürfen sie stets atmosphärischer Luft; sperrt man sie von ihr ab, so sterben sie in kurzer Zeit. Die Spitze der Atemröhre ist von Hautzipfeln umgeben, die in unbenetzbaren Haaren enden. Auch die an den gleichen Orten lebenden Puppen sind beweglich; bei steigendem Wasserstand gehen sie höher hinauf, sodass ihre Atemröhre mit der Oberfläche in Verbindung bleibt. Die Tiere überwintern sowohl als Larven wie als Imagines; letztere sitzen oft massenhaft auf der Unterseite der Filter. Zuweilen sind so grosse Mengen von Tieren in allen Stadien vorhanden, dass sie die Filter verstopfen; sie werden deshalb durch Feuer vernichtet, wenn sie auf die Ränder der Bassins kriechen (ZUELZER 1909).

Die rheophilen Larven sind völlig abweichend gebaut (FEUERBORN 1923). Sie leben in überrieselten Moospolstern, auf Steinen in Gebirgsbächen, hygropetrisch, auf Mühlrädern und in kalkhaltigen Quellen. Viele der hierher gehörenden *Pericoma*-Arten besitzen Haftapparate in Form steifer Borsten oder Borstenbündel, die das Wegspülen der Larven verhindern. Besonders merkwürdig sind die *Pericoma*-Larven, die in kalkhaltigem Wasser leben (Taf. X, Abb. 1–3). Sie haben schwach entwickelte Retentionsapparate; ihre dorsalen und lateralen Borsten sind zu Organen umgewandelt, durch die der im Wasser gelöste Kalk ausgefällt wird. Der Kalk bedeckt den Rücken der Larve mit einer dichten Rinde, die bei den einzelnen Arten sehr verschieden aussieht.

In kalkhaltigem Terrain lebt in den oft zentimeterdicken Kalkkrusten auf Steinen am Seeufer eine sehr reichhaltige Fauna. An vielen Orten, wo ich sie noch vor 20–30 Jahren beobachtete, sind die von Blaualgen ausgeschiedenen Kalkkrusten infolge der Verunreinigung des Wassers jetzt verschwunden. In solchen Krusten fand ich damals auf Steinen unmittelbar in der Wasserlinie (Tjustrupsee) etwa 1 cm lange, schwarze Larven mit weissem Kalkbelag; sie gehören mit zu der von mir als Brandungsfauna bezeichneten Tierwelt, wurden aber niemals eingehender beschrieben. Es waren zweifellos Larven von *Pericoma*-Arten. KRÜPER (1931) untersuchte die Kalkausscheidung genauer und stellte fest, dass sie erst nach einer Häutung stattfindet. Bei der Kohlensäureproduktion der Larve wird der im Wasser gelöste $Ca(HCO_3)_2$ ausgeschieden. Die Resorption erfolgt wahrscheinlich durch Wirkung eines Sekrets, das im Hohlraum der Kalkborsten der Hypodermiszellen abgesondert wird. Der Verkalkungsprozess dauert 50–60 Stunden und hört dann anscheinend auf.

Maruinidae.

Aus älterer Zeit besitzen wir eine Mitteilung von F. MÜLLER (1888) über sehr eigentümliche Psychodiden-Larven aus brasilianischen Wasserfällen. Die deutsche limnologische Sunda-Expedition brachte gleiche oder sehr ähnliche Larven aus Ostjava und Südsumatra mit. Die Larven sind auf Steindämmen heimisch, die von Urwaldbächen überrieselt werden. FEUERBORN (1932) hat sie näher beschrieben. Für die Larven (Taf. X, Abb. 8–9) sind vor allem die 6 Saugnäpfe charakteristisch, die genau wie bei den Blepharoceriden auf der Mittellinie des Bauches sitzen, aber anders und weniger kompliziert gebaut sind. Die Puppe ist an der Unterlage durch eine regelmässig geformte, erstarrende, angeblich chitinähnliche Masse befestigt, die der Substanz gleicht, mit der sich die Blepharoceriden-Puppen an der Unterlage festkitten. Die Masse liegt jedoch bei den *Maruina*-Puppen (Taf. X, Abb. 10) als eine grosse Platte mitten unter der Bauchseite, unter dem hinteren Teil der Flügelscheiden, bei den Blepharoceriden-Puppen dagegen in 6 Flecken lateral auf 3 Hinterleibsringen. Psychodiden und Blepharoceriden sind also durch diese Form und durch die nicht weniger eigenartige, zuerst durch G. W. MÜLLER (1927) als *Microdixa* (Taf. X, Abb. 11) aus Greifswald und später genauer durch FEUERBORN (1932) aus Westfalen beschriebene Psychodiden-Larve *Sycorax silacea* Fabr. verbunden.

Culicoidea.

Kleine bis mittelgrosse Mücken von schlankem Körperbau. Beine lang; Ocellen fehlen. Fühler schlank; das erste Glied ist klein, das zweite gross und enthält ein Johnstonsches Organ. Pronotum vollkommen geteilt, Mesonotum ohne V-Naht. Flügeladern gewöhnlich behaart oder beschuppt. Flügel in der Ruhe nicht dachförmig getragen. Schienen ohne Sporen.

Larven aquatisch; Kopfkapsel vollkommen frei. Vorderrand des Mentums gezähnt, oraler Strudelapparat meist vorhanden. Thoraxsegmente frei oder verwachsen. Hinterende des Abdomens nicht keulenförmig verdickt. Die Larven sind metapneustisch, die Stigmen liegen dorsal am 9. Abdominalsegment (fehlen bei *Corethra*). Puppen beweglich; Thorax vergrössert, mit Prothorakalhörnern (Stigmenröhren).

Die Superfamilie umfasst drei Familien: *Dixidae*, *Corethridae* (*Chaoboridae*) und *Culicidae* (mit 5 Unterfamilien).

Dixidae.

Die kleine, eigentümliche Familie der Dixiden enthält nur wenige Gattungen; die Hauptgattung ist *Dixa*. Die etwa 100 Arten der Familie sind über die ganze Erde verstreut. Die Mücken sind keine Blutsauger; sie haben lange, bei beiden Geschlechtern gleichgeformte Antennen und einen kurzen Rüssel; die Flügel sind nicht schuppig. Im übrigen weiss man nur wenig über Bau und Lebensweise der Tiere; sie werden hier nur wegen ihrer merkwürdigen Larven erwähnt. Die Larven besitzen Strudelorgane; ihre Fortbewegungsorgane liegen in der Mitte des Körpers. Sie sind metapneustisch, haben aber keine Atemröhren, sondern nur eine Respirationsschale.

Die *Dixa*-Larven werden gewöhnlich als selten bezeichnet, selbst von den Naturforschern, die sich besonders mit Mücken beschäftigen; das liegt aber nur daran, dass man die Larven nicht dort sucht, wo sie leben. Man kann sie nämlich mit gewissem Recht sowohl Land- wie Wassertiere nennen, obwohl sie stets von Wasser umgeben sind; das klingt paradox, ist aber trotzdem richtig.

Wird eine *Dixa*-Larve (Taf. X, Abb. 12) in eine Schale mit Wasser gelegt, so windet und schlängelt sie sich an der Oberfläche hin und sucht möglichst schnell an den Rand zu kommen; wenn sie dort angelangt ist, biegt sie ihren Körper U-förmig zusammen, indem sie beide Körperenden einander nähert, und kriecht am Rand der Schale empor. Die Fortbewegung geschieht auf recht sonderbare Weise, indem sich die beiden U-Schenkel abwechselnd nach oben schieben, während der U-Bogen, also der mittlere Teil des Körpers, vorangeht (Abb. 337). Die Larve wandert solange aufwärts, bis der ganze Körper mit Ausnahme des Kopfes über dem Wasserspiegel liegt; während der Wanderung wird das den Körper umhüllende Oberflächenhäutchen mitgezogen. Das Oberflächenhäutchen wird durch die Respirationsschale am Hinterende unterbrochen, bei manchen Arten auch durch 5 grosse, gleichfalls unbenetzbare Rückenschilder. Diese Stücke sind trocken; der übrige Körper ist von Wasser umgeben, obwohl das Tier auf dem Land liegt.

Untersucht man nun unter Berücksichtigung dieser Tatsachen die Ufer unserer Teiche, so wird man fast immer *Dixa*-Larven finden. Die schwarzgrauen oder schwarzen Larven bilden häufig einen dunklen Streifen auf den Anschwemmungen am Ufer oder auf den Blättern von Wasserpflanzen. Im Winter sind die Larven klein, im Sommer gross. In Schalen ohne Wasserpflanzen suchen sie schleunigst die Oberfläche auf und verankern sich mit der Respirationsschale, liegen horizontal wie *Anopheles*-Larven und schlängeln sich zuletzt zum Rand der Schale hin. Sie überwintern nicht an Land, sondern am Boden der Teiche wie die Larven von *Anopheles bifurcatus* L.

Die *Dixa*-Larven bieten ein höchst anschauliches Beispiel für die Fähigkeit des Körpers, sich einer eigentümlichen Lebensweise anzupassen. Réaumur sagt von ihnen mit vollem Recht, »dass die Natur in ihnen ein Wesen geschaffen hat, dessen Kopf und Schwanz im Wasser liegen, während sich der übrige Körper an Land befindet. Bei der Fortbewegung liegt die Körpermitte vorn

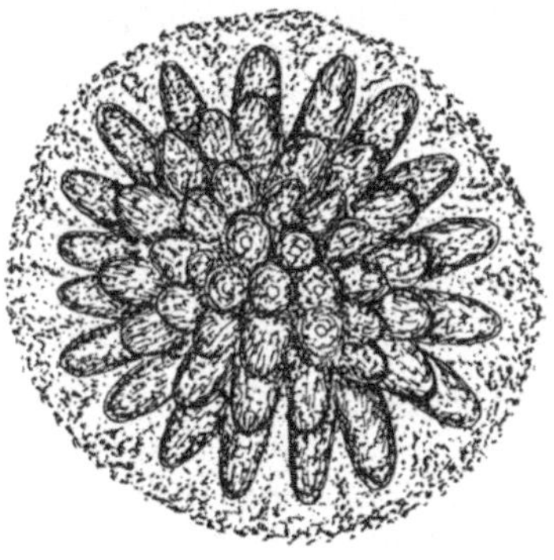

Abb. 335.

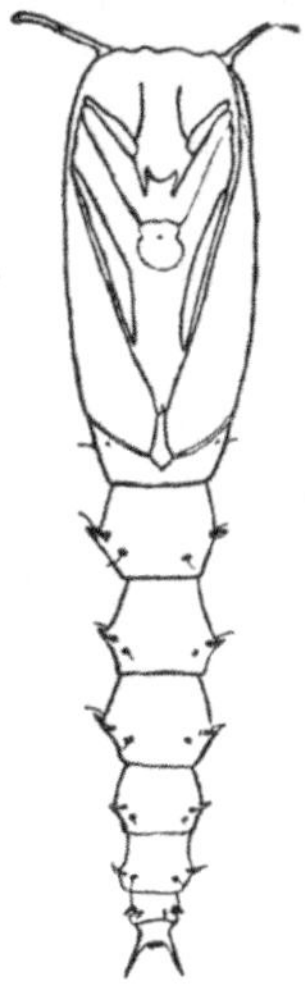

Abb. 336.

Abb. 335. *Dixa*. Eihaufen. W-L. del.

Abb. 336. *Bezzia*-Puppe. Nach Johansen, O. 1934.

Abb. 337. Die Figuren zeigen, wie die Larven von *Dixa* und *Orphnephila* kriechen. Die Pfeile geben die Richtung der Bewegung an. Nach Thienemann A. 1910.

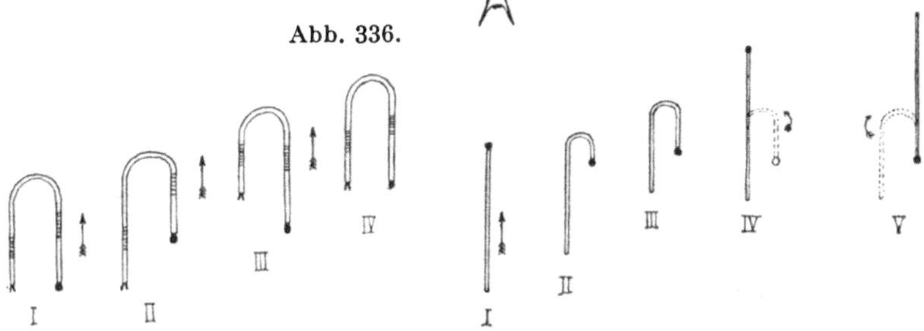

Abb. 337.

TAF. X

Dixidae, Psychodidae. Larven.

Abb. 1. *Pericoma »calcilega«* sp. Feuerborn. Kalklarve. Nach Krüper, F. 1931. × 18.
— 2. *Pericoma trifasciata* Eaton. Kalklarve. Nach Krüper, F. 1931.
— 3. *Pericoma decipiens* Eaton. Kalklarve. Nach Krüper, F. 1931. × 14.
— 4. *Pericoma canescens* Meig. Nach Miall, L. und Walker, N. 1895. × 15.
— 5. *Psychoda albipennis* Zett. Nach Keilin, D. und Tate, P. 1937. × 35.
— 6. *Pericoma ocellaris* Meig. Von Schmutzpartikeln bedeckt. Nach Feuerborn, H. 1923. × 12.
— 7. *Pericoma cognata* Eaton. Nach Entfernung der Verschmutzung. Nach Feuerborn, H. 1923. × 14.
— 8. *Maruina indica* Feuerborn. Bauchseite der Larve. Java. Nach Feuerborn, H. 1932. × 35.
— 9. *Maruina indica* Feuerborn. Der letzte Saugnapf der Larve. Nach Feuerborn, H. 1932.
— 10. *Maruina indica* Feuerborn. Ventralansicht der Puppe. In der Mitte die Haftscheibe. Nach Feuerborn, H. 1932. × 30.
— 11. *Microdixa scutigera* G. W. Müller (= *Sycorax silacea* Fabr.). Nach Müller, G. W 1927. × 30.
— 12. *Dixa amphibia* de Geer. Nach Meinert, F. 1886.

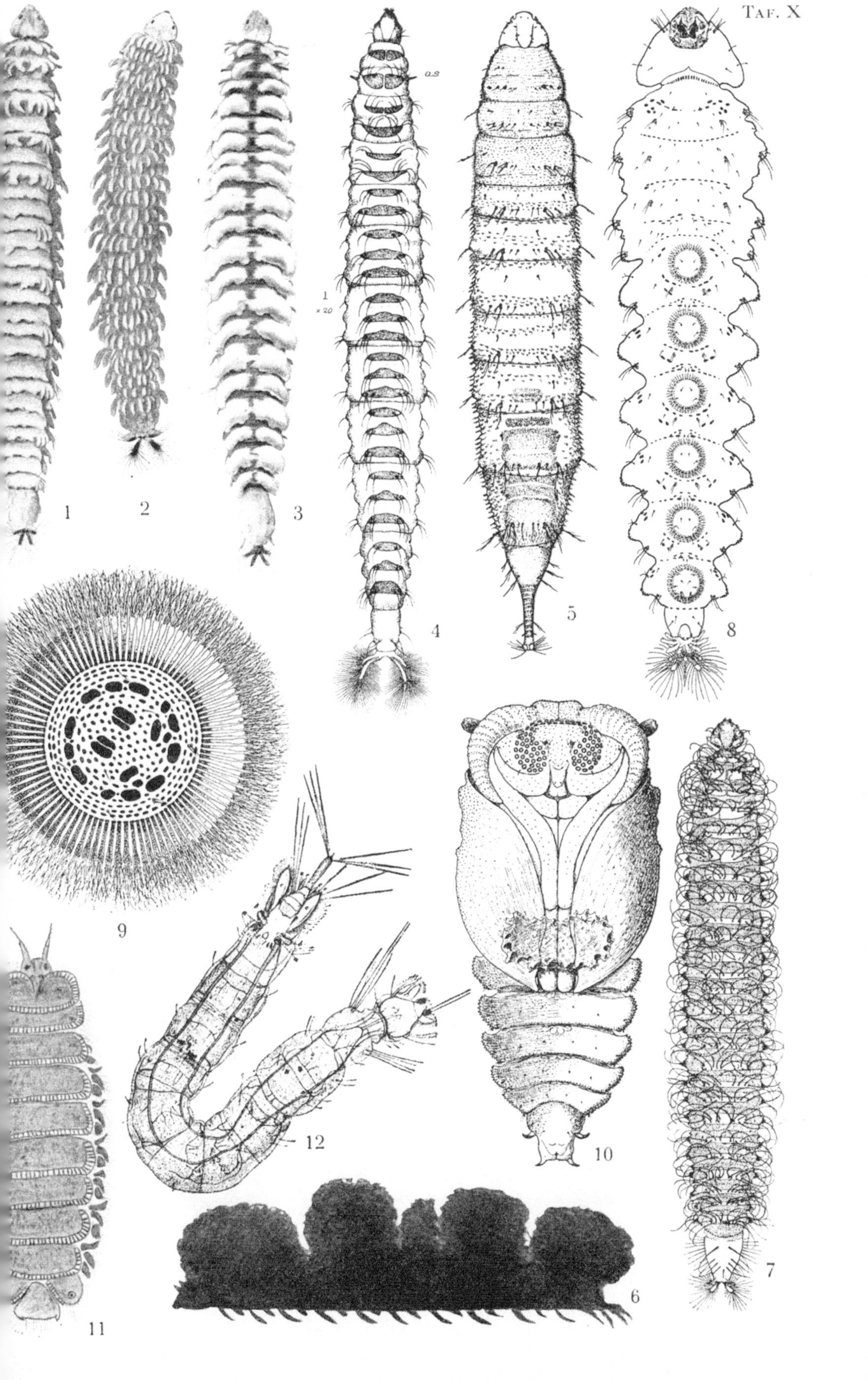
1
2
3
4
a.s
1
× 20
5
8
9
10
7
11
12
6

wie bei anderen Tieren der Kopf«. Die Lokomotionsorgane der Larve, die Kriechwarzen, sitzen nicht wie bei anderen Larven am Vorder- und Hinterende, sondern in der Mitte des Körpers an dem bei der Bewegung nach vorn gerichteten 1. und 2. Hinterleibsring. Das 5.–7. Segment trägt auf dem Rücken kammförmige Chitinplatten. Die meines Wissens noch nicht näher untersuchten Strudelorgane schlagen die Nahrungspartikel zum Oberflächenhäutchen empor; dann werden diese zum Mund hingeleitet und von den Mundwerkzeugen ergriffen. Der Kopf ist äusserst beweglich; er wird bald gegen den Rücken umgeschlagen, bald hochkantig aufgerichtet. Auf der Unterseite des Prothorax sitzen am Vorderrand lange, steife Borsten, die wohl dazu beitragen, das Oberflächenhäutchen mitzuziehen; an den Seiten des Körpers finden sich kürzere Borsten; der ganze Körper ist mit einem dichten Filz aus ganz kurzen Haaren bedeckt, die wahrscheinlich die Aufgabe haben, das Oberflächenhäutchen festzuhalten. Die Larve ist tatsächlich bei der Bewegung an Land immer von einem Wasserhäutchen umgeben, das sie gewissermassen an die Unterlage heftet und sicher ihre Fortbewegung erleichtert. Die hübsche Respirationsschale trägt vorn die beiden Stigmen; eine eingehendere Schilderung der Schale würde zu weit führen, deshalb seien hier nur die beiden grossen, elliptischen Seitenblätter mit ihren behaarten Rändern und das merkwürdige, kolbenförmige, mit 6 langen Borsten auf der Spitze besetzte Endglied erwähnt. Die Seitenblätter haben wohl hauptsächlich den Zweck, die Larve an der Wasseroberfläche zu halten. Im übrigen dienen alle genannten Stücke dazu, die stets trockene Respirationsschale vor Wasser zu schützen; unter Wasser umschliesst sie immer eine Luftblase. Am After sitzen zwei kleine Rektalkiemen; eine Schwanzflosse ist nicht vorhanden.

Die Puppen unterscheiden sich in ihrem Bau nicht wesentlich von anderen Mückenpuppen (Abb. 336), nur sind ihre Schwanzblätter nicht mit Schwimmhaaren besetzt wie die der meisten anderen Puppen; alle Segmente sind eigentümlich kantig. Die Puppen sind ziemlich unbeweglich; sie liegen fast immer auf der Seite und lassen sich an der Wasseroberfläche treiben.

Gewisse *Dixa*-Arten legen ihre Eier (Abb. 335) als kleine, weisse Klümpchen auf Steine in fliessendem Wasser.

Corethridae (= Chaoboridae).

Nicht stechende Mundteile, Rüssel kurz. Die Antennen der Männchen gefiedert, die der Weibchen fadenförmig. Flügel behaart und besonders am Hinterrand mit eigenartigen Schuppen besetzt. Larven meistens glashell und durchsichtig. Ihre ventralwärts eingeschlagenen Fühler bilden einen Fangapparat mit langen Borsten an der Spitze; keine Strudelorgane. Die Larven haben Facettenaugen. Die 3 Thoraxsegmente sind miteinander verschmolzen; Atemröhre vorhanden, jedoch zuweilen rudimentär; neuntes Abdominalsegment mit Schwanzhaarbüschel als Ruderapparat. Tracheensystem meistens stark umgebildet. Die Larven leben pelagisch. Etwa 80 Arten, kosmopolitisch.

Die Hauptgattung ist *Corethra (Chaoborus)* mit der wohlbekannten Art *C. plumicornis* F.; die Familie stammt anscheinend durch die Gattungen *Corethrella, Mochlonyx* und *Eucorethra* von den Culiciden ab. Von diesen Gattungen wissen wir noch recht wenig.

Die Imagines (Abb. 338–339) gleichen bei flüchtiger Betrachtung den Culiciden, unterscheiden sich aber von ihnen deutlich durch den kurzen, dicken, nicht zum Stechen eingerichteten Rüssel. Das erste Fussglied ist bei *Mochlonyx* verkürzt. Im folgenden werden nur die Entwicklungsstadien besprochen.

Corethrella (Taf. XI, Abb. 7). Es ist für die Larve charakteristisch, dass ihr Kopf noch breit ist wie bei *Culex*. Die Antennen sind dicht nebeneinander in der Mittellinie des Kopfes eingelenkt; sie hängen in der Ruhe nicht nach unten wie bei den folgenden Gattungen, sondern werden nach hinten in Gruben eingefaltet. Die Larve besitzt eine Atemröhre, die noch zwei gekrümmte Dornen an der Spitze bewahrt hat, und eine nur aus wenigen Borsten bestehende Schwimmflosse. Das Tracheensystem ist nicht umgebildet, Luftsäcke sind nicht vorhanden; die Puppen haben kurze Prothorakalhörner.

Die Larve beweist ihre nahe Verwandtschaft mit den Culiciden durch den breiten Kopf mit den horizontal liegenden Antennen, die Dornen auf der Spitze der Atemröhre und den Bau der Oberlippe. Die Gattung umfasst nur wenige Arten; *Corethrella brakeleyi* Coquillett (Taf. XI, Abb. 7) ist nur aus

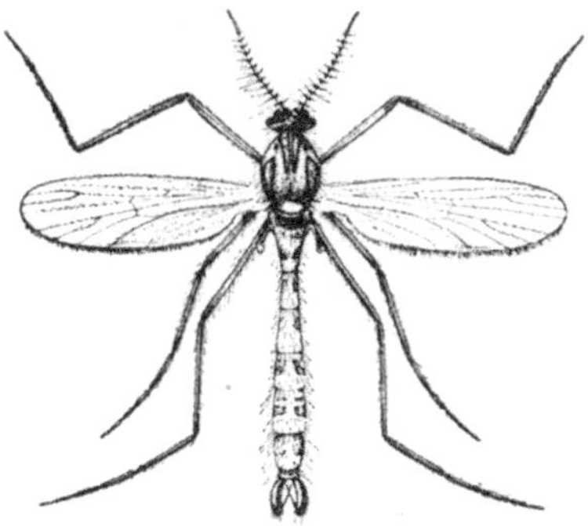

Abb. 338.

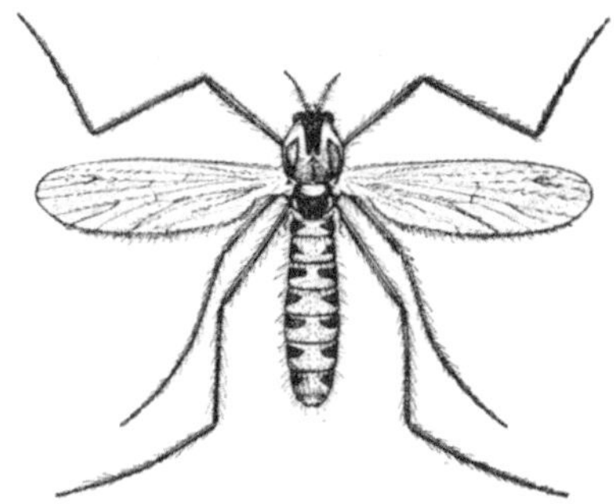

Abb. 339.

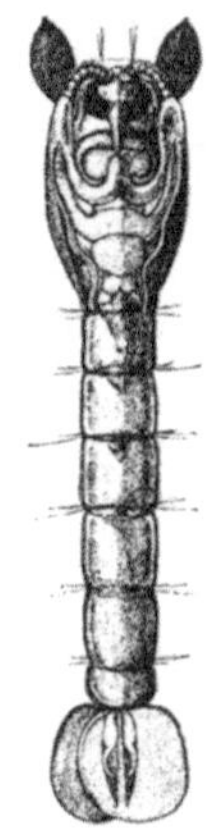

Abb. 340.

Eine *Corethra* (*C. lacustris* Freeborn. Nordamerika).
Abb. 338. Männchen.
Abb. 339. Weibchen. Man beachte das Fehlen des Rüssels.
Abb. 340. Puppe. Alle nach Herms, W. 1937.

New Jersey bekannt. Die Larve wurde dort von Smith und Brakeley gefunden und von Johannsen (1903) beschrieben. Smith berichtete 1902 über den Fundort (kalte Quelle) und die Lebensweise der Larve; sie ist rötlichgrau, der Kopf braun, der Hinterleib grau mit weisslicher Schattierung.

Mochlonyx (Abb. 342). Die Gattung *Mochlonyx* ist in Europa mit *M. culiciformis* de Geer weit verbreitet; andere Arten in Nordamerika (Johannsen 1933). Meinert (1886) hat die Larve eingehend beschrieben.

Die Larve gilt im allgemeinen als selten, sie ist es aber keineswegs, wenn man sie nur an den richtigen Stellen sucht. Sie lebt in austrocknenden Waldtümpeln, in unserem Klima hauptsächlich in *Branchipus grubii*-Teichen, ist aber weit häufiger als *Branchipus*. Die Larven erscheinen vor oder unmittelbar nach der Eisschmelze zusammen mit den ersten Stadien der *Culex*-Larven; die Imagines schlüpfen gewöhnlich aus, bevor die *Culex*-Schwärme den Tümpel verlassen. Ihre Lebensdauer ist ganz kurz. Die Art ruht etwa 9 Monate des Jahres als Ei im ausgetrockneten oder hartgefrorenen und oft schneebedeckten Boden. Die Larven kann man nur im April und Mai zu Gesicht bekommen; kein Wunder also, dass man sie für selten hält. *Mochlonyx* hat sich im Aussehen noch mehr von den Culiciden entfernt als *Corethrella* und sich gleichzeitig der Gattung *Corethra* angenähert.

Die Larve von *Mochlonyx* hat noch den breiten, flachen Kopf, den sehr breiten Thorax und den erheblich schmaleren Hinterleib. Die Antennen stehen weit auseinander, werden aber in der Ruhe nicht nach hinten gelegt wie bei

Corethrella. Der Schaft der Antennen ist nach unten gerichtet und bildet zusammen mit den 4 langen Borsten an der Spitze einen Bogen, der in der Ruhe über die dahinterliegenden Mundteile und die Mundöffnung herabhängt (Abb. 344). Das Labrum ist schmal und hängt wie bei *Corethra* senkrecht nach unten. Vom Vorderrand des Kopfes entspringen 6 Borsten, von denen die 4 mittleren an der Spitze gefiedert sind. Sie bilden zusammen mit den Antennen einen Fangkorb; die Strudelorgane der Oberlippe, die bei den Culiciden der wichtigste Teil des Fangapparates sind, fehlen bei *Mochlonyx*. Die Gestaltung

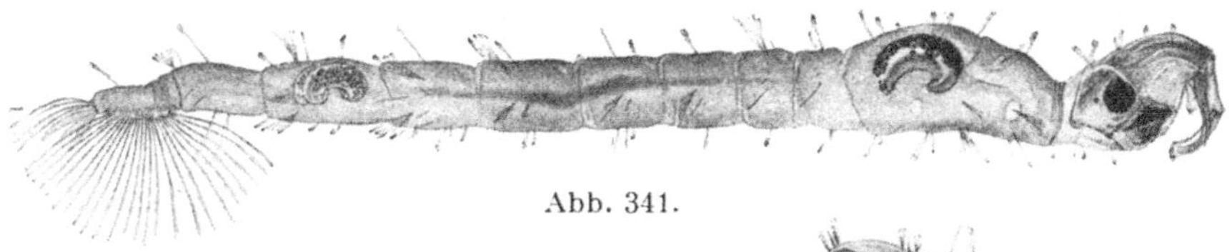

Abb. 341.

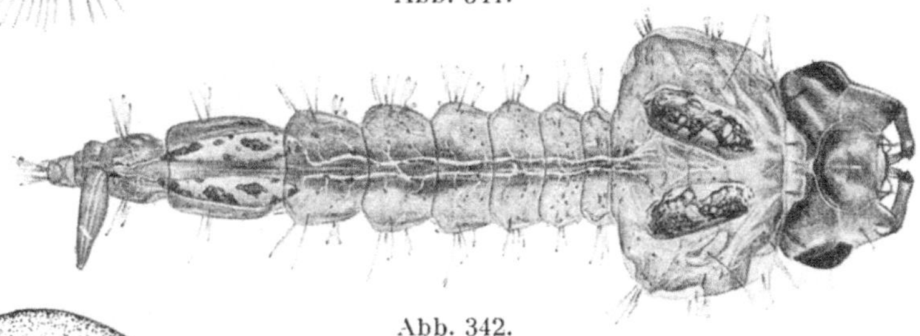

Abb. 342.

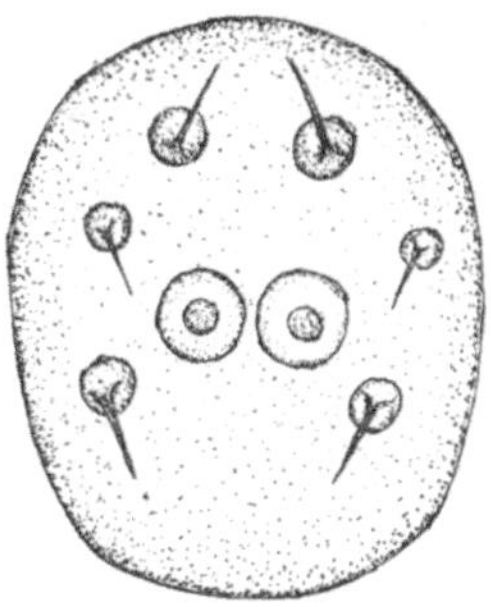

Abb. 343.

Abb. 341. Larve von *Corethra plumicornis* F. Nach Howard, L Dyar, H. und Knab, F. 1912.

Abb. 342. Larve von *Mochlonyx culiciformis* de Geer. Nach Howard, L., Dyar, H. und Knab, F. 1912.

Abb. 343. Hinterende der Atemröhre von *Mochlonyx culiciformis* de Geer. Keine Respirationsschale; nur die zwei Öffnungen der Haupttracheen und 6 Haare. Von oben gesehen. W-L. del.

ihres Fangapparates ist ihrer räuberischen Lebensweise angepasst; der wichtigste Bestandteil sind nicht die Strudelorgane der Oberlippe, sondern, was bei Insekten äusserst selten ist, die Antennen. Die Nahrung besteht nicht aus Detritus und Algen, sondern aus Entomostraken usw., die mit dem Fangkorb eingefangen werden. Die Antennen werden durch starke Muskeln nach vorn gerichtet; sie ergreifen die Beute und bringen sie in den Fangkorb, wo sie durch Mandibeln und Kiefer zerkleinert wird. Die Larve strudelt also nicht mit den Haarbüscheln zufällige Partikel in die Mundhöhle, sondern ergreift einzelne, vorbeischwimmende Organismen und führt sie zum Munde. Sie hat ebenso wie die *Culex*-Larve eine Atemröhre, die aber kürzer ist und mit ihrer Spitze nur eben über den stark gewölbten Thorax emporragt; auch ist sie nicht schräg nach hinten gerichtet, sondern senkrecht nach oben und trägt an der Spitze zwei Spirakula. Das letzte Hinterleibssegment hat nur wenige Borsten auf der Oberseite, jedoch eine grosse Schwimmflosse auf der Unterseite und am Ende 4 lange Rektalkiemen.

Besonders interessant ist das Respirationssystem der *Mochlonyx*-Larve. Die beiden grossen Tracheenstämme der *Culex*-Larve sind in der Brustregion fast immer etwas aufgetrieben; sie enthalten hier meist ziemlich viel Luft, die es den Larven ermöglicht, die Tracheen bis zu einem gewissen Grad hydrostatisch zu benutzen. Bei *Mochlonyx* ist aber das Tracheensystem unzweifelhaft ein hydrostatischer Apparat; die beiden Tracheenstämme sind nämlich vorn im Thorax und hinten im drittletzten Hinterleibssegment mit zwei grossen Aussackungen versehen, in denen die Luft wahrscheinlich unter wechselnden Druck kommen kann (physiologische Untersuchungen fehlen). Die übrigen Teile des Tracheensystems sind stark rückgebildet. Die Larve hat zwar ein offenes Tracheensystem, und man könnte daher erwarten, dass sie wie *Anopheles* und *Culex* beständig an der Oberfläche hängt und atmosphärische Luft

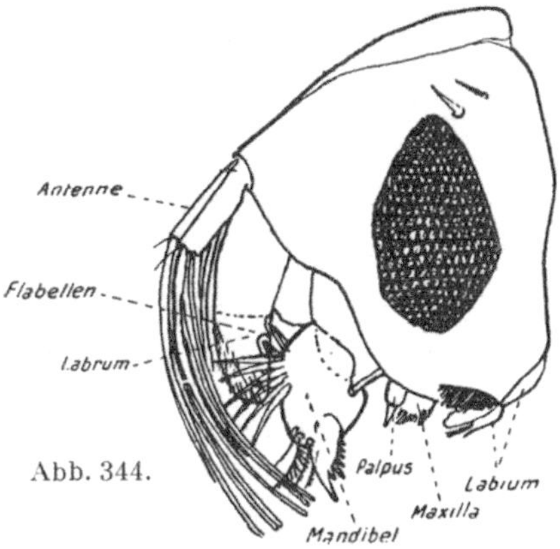

Abb. 344.

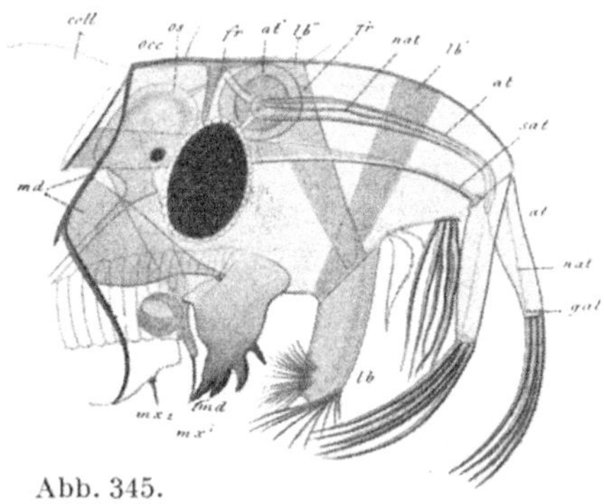

Abb. 345.

Abb. 344. Larve von *Mochlonyx velutinus* Ruthe. Kopf von der Seite gesehen. Nach Martini, E. 1931.

Abb. 345. Larve von *Corethra plumicornis* F. Kopf von der Seite gesehen; *coll* Hals, *occ* Hinterhaupt, *fr* Stirn, Stirnfortsatz, *at* Antennen, *lb* Oberlippe, *md* Mandibeln, *mx'* Taster der Maxillen, mx_2 Unterlippe, *sat* Sehne des Antennenmuskels, *lb'*, *lb"* Muskeln der Oberlippe, md^1, md^2 zwei der drei Mandibelmuskeln, *os* Oberes Schlundganglion, *nat* Antennennerv, *gat* Ganglion. Nach Weismann, A. 1866.

einatmet; das ist aber nicht der Fall. Die *Mochlonyx*-Larven stehen im gelblichen Wasser der seichten Waldtümpel immer unterhalb der *Culex*-Larven und meistens 10–20 cm unter der Oberfläche (Abb. 346). Im Aquarium schweben sie immer horizontal ausgestreckt in den mittleren Wasserschichten; nur schlagen sie ab und zu mit der Schwanzflosse; gelegentlich kommen sie auch an die Oberfläche und hängen an ihr in horizontaler Lage wie *Anopheles*. Hier bleiben sie wohl eine kurze Zeitlang, streben aber stets wieder nach unten und nehmen dann ihre horizontale Schwebestellung wieder ein. Die Larven sind gelblich und z. T. durchsichtig; nur die beiden grossen Augen und die zwei Paar Aussackungen der Tracheen treten deutlich hervor. Die Tiere lauern also in Schwebestellung auf Beute, die aus Daphnien und Insektenlarven besteht und eingefangen wird, wenn sie den Antennen zu nahe kommt. Wenn die Beutetiere im Aquarium spärlich werden, fressen die Larven einander auf; man kann dann oft eine halbverdaute *Mochlonyx*-Larve aus der Mundöffnung einer anderen heraushängen sehen.

Die Larve von *Mochlonyx* macht im Gegensatz zu denen von *Culex* und *Anopheles* während der Respiration an der Oberfläche keinen Gebrauch von der Kohäsion des Oberflächenhäutchens. Die Atemröhre von *Mochlonyx* unterscheidet sich von der von *Culex* vor allem durch das Fehlen der 5 Klappen, die sich bei *Culex* sternförmig auf dem Wasser ausbreiten und das Oberflächenhäutchen herunterdrücken; auf dem gerade abgestutzten Hinterende von *Mochlonyx* sitzt nichts weiter als 3 Paar kleine Borsten (Abb. 343). Während also die Larven von *Culex* und *Anopheles* an der Wasseroberfläche hängen, sind die Larven von *Mochlonyx* weder an ihr aufgehängt noch hydrostatisch gegen sie gestützt; dagegen können sie sich hydrostatisch so einstellen, dass die Spitze der Atemröhre gerade über dem Wasserspiegel liegt. Aufhänge- und Stützapparate fehlen ihnen. *Mochlonyx* ist meines Wissens die einzige Wasserlarve, die möglicherweise an der Wasseroberfläche atmen kann, ohne sie als Unterstützungsfläche zu benutzen. Vielleicht werden weitere Untersuchungen den Beweis erbringen, dass die Larve imstande ist, sich zum fertigen Insekt zu verwandeln, ohne jemals an die Oberfläche zu kommen. Die Puppe unterscheidet sich nicht wesentlich von der von *Corethra*, dagegen stark von der *Culex*-Puppe. In den ersten Tagen kommt sie nur selten an die Oberfläche und schwebt gewöhnlich ebenso wie die Larve mitten im Wasser; sie kann ohne sichtbare aktive Bewegung steigen und sinken, d. h. sie kann ihren Luftvorrat hydrostatisch ausnutzen. Erst kurz vor der Verwandlung legt sie sich wie andere Mückenpuppen unter die Oberfläche und vermag dann anscheinend nicht mehr, in den Wasserschichten zu sinken oder zu steigen.

Eucorethra (Taf. XI, Abb. 5–6). Durch die Untersuchungen von Johannsen (1933) haben wir von der sehr eigentümlichen Larve von *Eucorethra underwoodi* Underwood Kenntnis erhalten, die freilich noch recht unvollständig ist. Der Körperbau der Larve erinnert an den der Culiciden und von *Mochlonyx*; mit letzterer hat sie den breiten Kopf und Thorax und den weit schmaleren Hinterleib gemeinsam, ebenso Bau der Antennen und Mundgliedmassen; nur die Oberlippe ähnelt mehr der der Culiciden. Thorax und Abdomen sind wie bei Culicidenlarven mit grossen Haarbüscheln besetzt. Die Larven haben keine Atemröhre, sondern eine Respirationsschale; sie ist der der Anophelinen ähnlich und ebenso wie diese mit 4 Zipfeln versehen, sitzt jedoch auf einem höheren Sockel als bei den Anophelinen. Die Schwanzflosse gleicht der von *Corethra*. Über das Tracheensystem sowie über die Lebensweise der Larve, ihren Aufenthalt an der Oberfläche oder in tieferem Wasser, weiss man absolut nichts. Die Puppen gleichen denen von *Mochlonyx* und *Corethra*. Larven und Puppen wurden in Nordamerika in kalten Quellen gefunden. Die Stellung von *Eucorethra* im System ist noch recht ungewiss.

Corethra. Die Larve. Die bei der Larve von *Mochlonyx* begonnene Entwicklung ist bei *Corethra* vollendet (Taf. XI, Abb. 8; Abb. 341). Sie ist die eigentümlichste von allen Mückenlarven und hat seit der Zeit von Réaumur das Interesse der Forscher erweckt. Viele Naturforscher (Weismann 1866, Meinert 1886 u. a.) haben sich mit ihrem Bau, viele andere mit ihrer Hydrostatik und Biologie beschäftigt. Kaum ein Organ dieses Geschöpfes kann als normal bezeichnet werden, sondern alle weichen mehr oder weniger von der für den Typus geltenden Norm ab. Der Körper ist völlig hyalin, oft so durchsichtig, dass man von der im Wasser schwebenden Larve nichts Anderes sieht als Augen und Tracheenblasen. Von allen Planktonorganismen im Süsswasser sind *Corethra* und die Cladocere *Leptodora hyalina* vielleicht die durchsichtigsten. Da *Corethra* ein sehr zähes Leben hat, eignet sie sich vortrefflich als Aquarientier; kaum eine andere Insektenlarve bietet dem Beobachter eine so günstige Gelegenheit, in das Innere eines lebenden Organismus zu schauen. Man ist bei ihrem Studium so weit gelangt, dass man die Wirkung gewisser Gifte auf die einzelnen Ganglienzellen des Gehirns festzustellen vermag.

Die Thoraxpartie ist ein wenig höher und dicker als die übrigen Segmente, im grossen und ganzen ist aber der Körper von annähernd gleichmässiger Höhe und Dicke. Der auffallende Breitenunterschied zwischen Thorax und Abdomen, der für Culiciden und die bisher besprochenen Corethriden charakteristisch ist, existiert bei *Corethra* nicht. Der Borstenbesatz des Körpers ist spärlich. Der Kopf ist völlig abweichend von dem aller anderen Mückenlarven gestaltet; er ist nicht breit und flach, sondern so stark seitlich zusammengedrückt, dass er vorn in eine messerscharfe Kante ausläuft (Abb. 345). Der vordere Teil des Kopfes mit der Oberlippe ist nach unten gebogen; dadurch

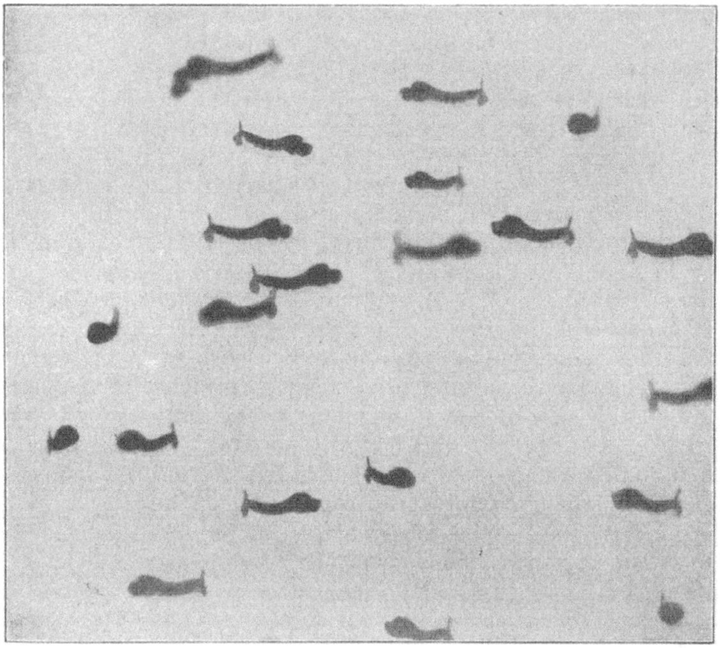

Abb. 346. Larven von *Mochlonyx culiciformis* de Geer, schwebend, lebend photographiert. W-L. phot.

sind die Antennen so weit vor die Augen gerückt, dass sie vom Vorderrand des Kopfes entspringen. Auf ihrer Spitze sitzen 5 lange, abwärts gekrümmte Borsten. Die Antennen sind das wichtigste Fangorgan der Larve; wenn sie um eine Daphnia oder einen Copepoden zusammenschlagen, wird die Beute von den langen Borsten festgehalten. Dahinter sitzt ein Büschel langer, weicherer Haare und zwei eigentümliche messerartige Borsten mit gesägtem Rand; ihre Gestaltung ist wichtig für die Systematik, ihre biologische Bedeutung aber unbekannt. Die Oberlippe ist ganz anders geformt als bei den Culiciden-Larven; sie hängt wie ein langer, beweglicher Finger herab und ist wohl geeignet, die von den Antennen eingefangene Beute festzuhalten. Die Mandibeln sind ausgeprägte Raubtiermandibeln mit scharfen, spitzen Zähnen; sie sind oben mit einem grossen Fächer aus 12–15 langen Borsten versehen, der zusammengeschlagen und entfaltet werden kann. Er schliesst den Raum vor der Mundöffnung seitlich ab, wenn ein Beutetier gefangen ist. Die übrigen Mundteile sind schwächer ausgebildet. Der Schlund ist eine Art Vormagen, in dem die erste Verdauung stattfindet; unverdauliche Bestandteile werden durch den Mund hinausbefördert. In den Darm gelangen nur flüssige Substanzen. Man findet nicht selten Tiere mit ausgestülptem Schlund, der wie ein Sack vorn an der Larve hängt. Früher glaubte man, dass die Larven ihren Schlund stets auf diese Weise entleeren; neuere Untersuchungen haben ergeben, dass in solchen Fällen häufig die Verbindung zwischen Schlund und Darm zerrissen ist und die Tiere sterben. Es handelt sich also sicher um einen pathologischen Vorgang; FRANKENBERG (1927) hat indessen beobachtet, dass die Larve den Schlund wieder einschlucken und ihn mit Hilfe von Mandibeln und Labrum zurückpressen kann.

Auf den beiden seitlichen Wölbungen des Kopfes sitzen die zwei grossen, schwarzen Seitenaugen. Das letzte Hinterleibssegment bildet ebenso wie bei der *Mochlonyx*-Larve die gerade Fortsetzung des übrigen Körpers und trägt an der Unterseite den schönen, aus zahlreichen gekämmten Haaren bestehenden Schwimmfächer. Ein anderes eigentümliches Organ, das sog. Analorgan (PEUS 1934), sitzt um die Afteröffnung; es besteht aus zwei Wülsten mit je zwei Reihen von 12–13 Lamellen, von denen die innerste stark chitinisiert und mit einem langen, kräftigen Zahn bewaffnet ist. Das Organ wird bereits von MEINERT (1886) erwähnt; seine Bedeutung ist völlig rätselhaft. Es kann ein Verankerungsorgan im Schlamm und ein Stabilisierungsorgan in freiem Wasser sein (Abb. 349 a, b). Eine Atemröhre, wie sie die anderen Mückenlarven auf dem vorletzten Segment tragen, ist nicht vorhanden; das Tracheensystem ist vollständig geschlossen. Die beiden grossen Tracheenstämme, die bei anderen Mückenlarven von der Spitze der Atemröhre durch den ganzen Körper verlaufen, sind nur beim ersten Stadium ausgebildet und verschwinden später; dann bleiben nur die beiden blasenförmigen Aussackungen übrig, wie wir sie bei *Mochlonyx* an den Tracheenstämmen gesehen haben; sie liegen bei *Corethra* im Thorax und im drittletzten Hinterleibssegment als isolierte, luftgefüllte, posthornförmig gekrümmte Tracheenblasen. Die Larve hat sich völlig von der Oberfläche emanzipiert; sie besitzt kein Organ mehr zum Einatmen atmosphärischer Luft und schwebt immer horizontal ausgestreckt in den Wasserschichten (Abb. 347). Das Tracheensystem dient nicht mehr als Atmungsorgan, sondern als hydrostatischer Apparat; die Atmung erfolgt nur noch durch die Haut, die bei dieser Funktion durch vier nicht sehr gut entwickelte Rektalkiemen unterstützt wird.

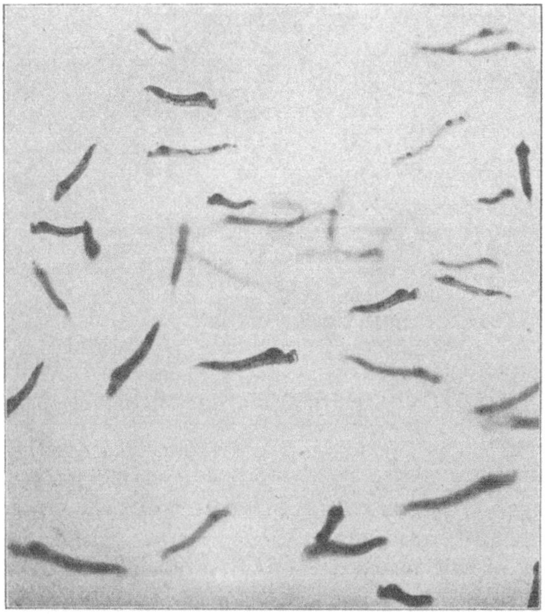

Abb. 347. Larven von *Corethra plumicornis* F., schwebend, lebend photographiert. W-L. phot.

Es sei jedoch bemerkt, dass es vielleicht nicht ganz richtig ist, von einem absoluten Fehlen der Atemröhre bei *Corethra* zu sprechen. PEUS (1934) und ECKSTEIN (1936) haben nachgewiesen, dass auf dem 8. Segment ein Rest der

Atemröhre in Gestalt eines kleinen, lappigen Auswuchses vorhanden ist, der wie eine Rückenflosse aussieht; er wird als »Tubalflosse« bezeichnet und als rudimentäre Atemröhre aufgefasst. (Abb. 349c).

Durch die Hautatmung ist es der Larve möglich, sich ganz von der Wasseroberfläche zu emanzipieren; infolge der Verwendung der Tracheenblasen als hydrostatische Apparate vermag sie, in jeder beliebigen Schicht des Wassers zu schweben (vgl. Jacobs 1935). Die *Corethra*-Larve ist am besten von allen Insektenlarven der pelagischen Lebensweise angepasst; ihre Unabhängigkeit von irgend einer Unterstützungsfläche und von der atmosphärischen Luft sowie die Fähigkeit, pelagische Krebse zu fangen, machen die Larve zu einem typischen Planktonorganismus (Abb. 348).

Früher war man der Meinung, dass die *Corethra*-Larve nur in kleinen Tümpeln oder in gelblichem Moorwasser von geringer Tiefe lebt; jedoch wurde von

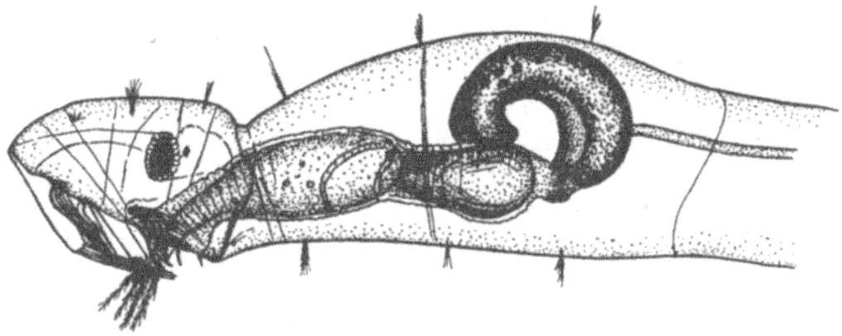

Abb. 348. *Corethra*-Larve, die zwei *Cyclops* verschlungen hat. Nach Berg 1937.

Seligo in Deutschland und etwa gleichzeitig von mir (1900) in Dänemark festgestellt, dass *Corethra*-Larven auch in den grössten baltischen Seen mit einer Tiefe von mindestens 30–40 m massenhaft in allen Wasserschichten vorkommen.

In einer späteren Arbeit (W-L. 1914) wurde gezeigt, dass sich die Larven aus den grossen Seen in mancher Hinsicht von den Teichformen unterscheiden; vor allem sind die beiden messerförmigen, flachen Borsten an der Unterseite des Kopfes anders geformt. Die Schwanzflosse der Seeformen ist weniger stark ausgebildet, und ihre Augen sind kleiner; auch die Tracheenblasen haben eine andere Gestalt. Die Larven sind an das Leben unter starkem, aber wechselndem Druck (4–1 Atmosphären) und an geringere Lichtmenge angepasst. Kein anderes Insekt hat so wie *Corethra* von der pelagischen Region der grossen Seen Besitz ergriffen. (Siehe jedoch über *Anisopinae* Seite 136). Nach den neuesten Untersuchungen von Berg (1937) ist die im Esromsee heimische Art jedenfalls nicht *C. plumicornis* F., sondern *C. flavicans* Meig. Durch Edwards (1932) kennen wir aus der paläarktischen Region im ganzen 5 Arten: *C. obscuripes* van der Wulp, *crystallinus* de Geer (= *plumicornis* F.), *flavicans* Meig., *nyblaei* Zetterstedt und *pallidus* F. Von diesen Arten sind *C. nyblaei* nördlich arktisch, die anderen zentraleuropäisch. *C. obscuripes* v. d. Wulp ist in Mooren heimisch und leicht an der braunen oder dunkel orangegelben Farbe zu erkennen. *C. pallidus* F. wurde von Meinert in Dänemark gefunden und zwar angeblich an ähnlichen Orten, vorwiegend jedoch in kleinen Teichen und Tümpeln mit viel Humus. *C. crystallinus* de Geer kommt fast überall und unter allen für *Corethra* überhaupt möglichen Lebensbedingungen vor. Von *C. flavicans* Meig. wird angegeben, dass die Art hauptsächlich in Überschwemmungsgebieten lebt; hierzulande wurde sie sowohl in grossen Seen (Esromsee) wie in ganz kleinen Tümpeln von wenigen Dezimeter Tiefe festgestellt (Berg 1937).

Die Entdeckung der *Corethra*-Larven in der pelagischen Region der grossen Seen kam mir seinerzeit durchaus unerwartet. Als ich dann die Tiere im Aquarium hielt und die Lebensweise der Seelarven beobachtete, bemerkte ich ein Phänomen, das mich weiterhin veranlasste, mich mit den interessanten Tieren zu beschäftigen. Ich sah nämlich wiederholt, dass sie sich freiwillig

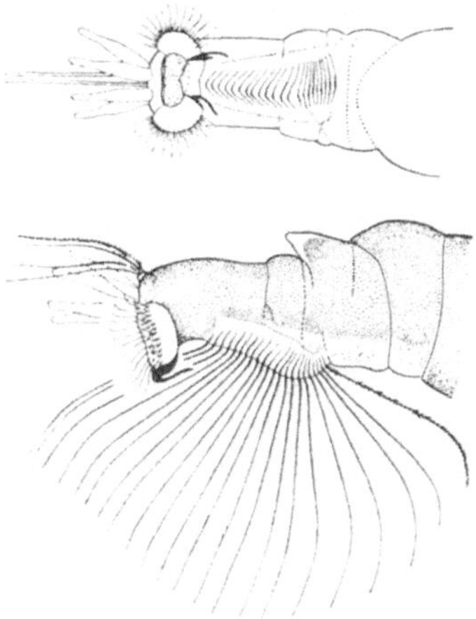

a

c

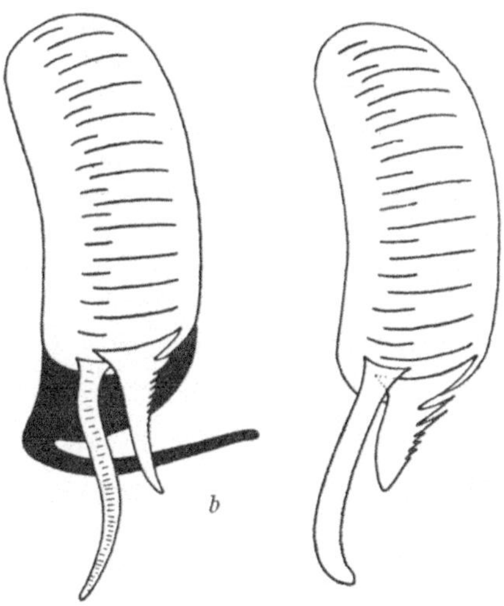

b

Corethra crystallinus de Geer.

Abb. 349. *a* Hinterende der Larve: Oben: Unterseite, unten: Seitenansicht. Halbschematisch.

b Rechte Hälfte des »Analapparates« von *C. crystallinus* de Geer und *Mochlonyx culiciformis* de Geer. Schema. Links Analseite rechts Dorsalseite. Der Uebersichtlichkeit wegen ist von jeder der beiden Lamellenreihen nur eine Lamelle eingezeichnet, die übrigen nur in ihren Fusslinien angedeutet (alternierende Anordnung). Nach F. Peus 1934.

c Tubalflosse nach Eckstein F. 1936.

in den Schlammboden des Aquariums einbohren und hier verschwinden (Abb. 350). Oft enthielt das Wasser tagelang nicht eine einzige *Corethra*-Larve, dann wieder tauchten plötzlich etwa 20 Stück von ihnen aus dem Schlamm herauf. Ich gestehe, dass ich die merkwürdige Erscheinung zunächst als Aquarienphänomen betrachtete. Der Organismus, um den es sich hier handelt, besitzt ja kein zum Einbohren geeignetes Organ und keine Spur von Gliedmassen; ferner ist er von einer Hyalinität, die sonst niemals bei eingegrabenen Bodentieren auftritt, sondern als Kennzeichen von Lebewesen aus der pelagischen Region gilt. Die Mundteile scheinen ihrem Bau nach völlig unfähig, Beute im Boden zu ergreifen (Abb. 345); ebenso ist die grosse Schwanzflosse hier gar nicht als Bewegungsorgan verwendbar.

Indessen wurde durch Bodenuntersuchungen an den verschiedensten Orten nachgewiesen, dass sich *Corethra*-Larven normalerweise im Schlamm aufhalten.

JUDAY (1921, 1922) stellte fest, dass der Boden im Lake Mendota in der Zeit von November bis April nicht weniger als 18.000–30.000 Individuen pro Quadratmeter enthält; am 21. Dezember 1917 waren es sogar 33.800. Im Juni verpuppen sich die Larven; dann enthält ein Quadratmeter Bodenschlamm 2890 Puppen. EGGLETON (1931) fand im Douglas Lake 4000 Individuen und im Third Sister Lake die enorme Anzahl von 71.000 Larven pro Quadratmeter.

BERG (1937) lieferte wichtige Beiträge zur Lebensweise der *Corethra*-Larven. Nach seinen Beobachtungen beherbergt der Seeboden des Esromsees etwa 1300 Larven pro Quadratmeter; es kommt nur eine Generation im Jahre zur Entwicklung; im August und September sind anscheinend keine ausgewachsenen Larven im See vorhanden. JUDAY hatte schon 1921–22 beobachtet, dass *Corethra* wie andere pelagische Larven regelmässige Tag- und Nachtwanderungen ausführt. BERG stellte fest, dass bei Tage weder Larven noch Puppen von *C. flavicans* Meig. im freien Wasser des Esromsees zu finden sind, abgesehen von den jüngsten, eben aus dem Ei geschlüpften Stadien im August und September. Ferner ruhen die Tiere nicht, wie man annehmen könnte, auf dem Grund, sondern graben sich tatsächlich in den Schlamm ein. BERG konnte durch Verwendung eines schichtweise geteilten Bodenschöpfers nachweisen, dass die Larven mehrere Zentimeter tief in den Boden eindringen. Sie halten sich bei Tage fast ausnahmslos im Schlamm auf, während eine Wassersäule mit einem Querschnitt von 1 Quadratmeter vom Boden bis zur Oberfläche des Nachts etwa 400 Stück enthält. Bei Sonnenaufgang und Sonnenuntergang sind nur wenige Larven im freien Wasser und keine einzige an der Oberfläche; kurz nach Sonnenuntergang sind sie in allen Wasserschichten verteilt. Um Mitternacht finden sie sich nur noch in den oberen Wasserschichten, aber nicht in Schichten nahe am Boden; ihr Maximum liegt in 1 m Tiefe. Die Larven sind während dieser Wanderung in den ersten Nachtstunden einem Wechsel des Druckes von 3 auf 1 Atmosphäre ausgesetzt. Die Puppen steigen während der Nacht nach oben, verschwinden aber bei Tage aus dem freien Wasser. Ein Zug aus 15 m Tiefe förderte 60 Puppen zutage. Sie erreichen im Laufe der Nacht die Oberfläche, wo sie sich verwandeln; einige sinken wahrscheinlich wieder zu Boden. Die Puppen spielen trotz der kurzen Zeit ihres Aufstiegs eine beträchtliche Rolle für die Ernährung der Aale, deren Mägen mit Hunderten von ihnen gefüllt sind. Nach den Untersuchungen von JUDAY (1921) enthält die Trockensubstanz der Larven von *C. punctipennis* Say 67 % Protein und 9,5 % Fett.

Diese neueren Forschungen haben zwar mehr Licht auf das Leben der Larven und Puppen geworfen, jedoch ist unser Verständnis für die Triebfeder zu ihrer Lebensweise noch in hohem Grade lückenhaft. Es ist immer noch unerklärlich, aus welchem Anlass sich ein an pelagisches Dasein angepasstes Wesen während der meisten Zeit seines Lebens im Seeboden vergräbt, obwohl dort Sauerstoffmangel herrscht und seine Mundwerkzeuge infolge ihrer Gestaltung hier sicher nicht imstande sind, ihm Nahrung zu verschaffen. Ich habe zwar gelegentlich vermutet, dass das grosse, fächerförmige Borstenbüschel der Mandibeln in der Schlammoberfläche ähnlich wirken könnte wie die Haare auf den beiden ersten Beinpaaren der Athyiden, ich kann aber diese Annahme nicht beweisen. ECKSTEIN (1936) und PEUS (1934) nehmen an, dass der sog. Analapparat der Larve dazu dient, sich an Schlammpartikeln festzuklammern; seine starken Haken sprechen wohl dafür. Die Haken sind besonders kräftig bei der Art *C. pallidus* F., die anscheinend sowohl biologisch wie anatomisch sehr von anderen *Corethra*-Larven abweicht. Sie lebt in ganz kleinen Wasserlöchern zwischen der Vegetation (MEINERT 1886, AKEHURST 1922). Ihr

Analsegment ist wie bei den Tanypodiden nach unten gebogen, sodass die bei dieser Art einziehbaren Analklauen in Funktion treten können. Leider liegen hierüber keine näheren Untersuchungen vor. PEUS (1934) vermutet, dass der Analapparat gleichzeitig ein Stabilisierungsorgan sei; das steht jedoch nicht fest.

Es ist ferner, jedenfalls mir, ein nicht geringeres Rätsel, durch welche Reize die mehrere Zentimeter tief im Schlamm vergrabenen Larven veranlasst werden, bei einer bestimmten Lichtstärke wieder vom Boden zur Oberfläche aufzusteigen und dann als pelagische Organismen bei bestimmter Lichtstärke wieder abwärts zu sinken und sich im Schlamm zu begraben. Es liesse sich wohl denken, dass das Herabsinken durch negativ phototaktische Reaktion bewirkt wird; anderseits kann ich mir nicht denken, dass die im Schlamm begrabenen Tiere in Seen mit so geringer Durchsichtigkeit wie die hier in Frage kommenden durch Lichtschwankungen beeinflusst werden können.

Die Lösung dieser Rätsel wird weiter dadurch erschwert, dass wir bisher nichts von den Vorgängen wissen, die es der Larve ermöglichen, ihr Tracheensystem hydrostatisch zu verwerten. Die vier Tracheenblasen sind bei den eben ausgeschlüpften Larven mit Flüssigkeit gefüllt, enthalten aber bereits 5 Minuten später nur Luft. Diese wird wohl von der Larve selbst produziert. Man kann leicht beobachten, dass die Schwebefähigkeit einer *Corethra* nicht vollkommen ist; gewöhnlich steigt oder sinkt sie ganz langsam. Ist sie aber etwas gestiegen oder gesunken, so schlägt sie einmal kurz mit der Schwanzflosse und erreicht dann wieder das gleiche Niveau.

Wenn man die Larven unter zu hohen oder zu niedrigen Druck bringt, so erweisen sie sich als zu schwer bzw. zu leicht; kurz danach sind sie aber wieder normal. Sie können sich also wechselnden Schwebebedingungen anpassen (KROGH 1911). Das kann man auch leicht beobachten; eine *Corethra*-Larve, die ihren Vorderdarm mit Copepoden angefüllt hat, sinkt zunächst, schwebt aber nach kurzer Zeit wieder in ihrem normalen Niveau. Es fragt sich nur, wie diese Anpassung zustande kommt. Es gibt darüber zwei Theorien. KROGH (1911) hat bei der Analyse der in den Blasen enthaltenen Luft festgestellt, dass sie normalerweise 84 % Stickstoff und 16 % Sauerstoff enthält. Die Zusammensetzung der Luft ändert sich auch dann nicht, wenn das Tier unter höheren Druck kommt; d. h. es wird nicht Sauerstoff in die Blasen sezerniert wie bei Fischen in die Schwimmblase. KROGH nimmt deshalb an, dass in die Tracheenblasen je nach den an sie als Schwebeballons gestellten Ansprüchen Flüssigkeit eindringt; das ist dasselbe Prinzip, das bei Unterseebooten angewendet wird. FRANKENBERG (1915) vertritt eine andere Anschauung. Er macht darauf aufmerksam, dass die Schwimmblasen von *Corethra* im Gegensatz zu denen der Fische steife Wandungen haben, die jedoch elastisch genug sind, um durch Druckvariation beeinflusst zu werden. Die Wandung der Tracheenblasen ist infolge ihrer Elastizität stets bestrebt, eine Normalstellung einzunehmen. Wenn die Blase durch Überdruck von aussen zusammengepresst wird, strebt sie zur Normalstellung zurück und erweitert sich infolgedessen; dabei entsteht in ihr ein Unterdruck, und es muss Luft in sie hineindiffundieren.

Es sei betont, dass beide Auffassungen, sowohl die von KROGH wie die von FRANKENBERG, rein theoretisch sind; die Theorie von FRANKENBERG hat aber wohl die grössere Wahrscheinlichkeit für sich. Der die Schwimmblasen bedeckende Mantel von Pigmentzellen hat vermutlich auch eine bestimmte Bedeutung. GELEI (1928) stellte fest, dass der Mantel bei ein und demselben Individuum in kaltem Wasser dichter, in warmem lockerer wird; GELEI nimmt an, dass der Pigmentmantel als Wärmespeicher wirkt und den Luftvorrat in den Blasen und damit die Schwebefähigkeit des Tieres reguliert.

Krogh und Frankenberg haben die Tiere nur einem Druck von 1–2 Atmosphären ausgesetzt. Krogh gibt an, dass die Larven bei einem Überdruck von 70–80 cm Quecksilber nach wenigen Tagen sterben; auch wenn der Druck wieder nachlässt, sind sie noch zu schwer, um wieder aufzusteigen. Wie die mikroskopische Untersuchung in diesen Fällen ergab, waren die Blasen mit Flüssigkeit gefüllt; die meisten Larven starben. Krogh beobachtete jedoch eine Larve, bei der die Flüssigkeit in den Tracheenblasen teilweise absorbiert wurde, wonach wieder Luft in den Blasen erschien. Diese physiologischen Beobachtungen lassen sich schlecht mit den in der Natur angestellten vereinen,

Abb. 350. *Corethra*-Larven teilweise im Schlamm vergraben. Nach Berg 1937.

wonach *Corethra*-Larven im Freien nachweislich in 30–40 m Tiefe, also unter einem Druck von mindestens 4–5 Atmosphären leben.

Am erstaunlichsten ist jedoch, dass die aus der grössten Tiefe heraufgeholten Larven anscheinend nicht im geringsten darunter leiden, wenn man sie ins Aquarium bringt und somit einem Druckwechsel von 4–5 auf 1 Atmosphäre aussetzt. Dieses Verhalten der Seelarven steht in absolutem Widerspruch zu den Ergebnissen von Krogh und Frankenberg bei Teichlarven. Ich vermutete deshalb, dass die Blasenwandung bei den Seelarven steifer ist und nicht so leicht auf wechselnden Druck reagiert. Ich bat darum meinen damaligen Assistenten, Mag. Bardenfleth, den Bau der Blasen von *Corethra*-Larven aus Seen und aus Teichen auf Schnitten zu untersuchen. Bardenfleth (1916) wies tatsächlich bei ihnen anatomische Unterschiede nach, und zwar sowohl andere Verteilung und Gestaltung des Pigmentmantels als vor allem grössere Dicke der Blasenwandung bei den Seeformen. Bei einer ausgewachsenen Teichlarve ist die Wand der Luftblase 8 μ, bei einer Seelarve 16 μ, also doppelt so dick (Abb. 351a, b.). Dieser Unterschied erklärt zur Genüge das ungleiche Verhalten der beiden Larvenformen bei Variation des Druckes. Gleichzeitig stellte Ege (1916) fest, dass die Tracheenblasen der Seeformen zwar nicht völlig unbeeinflussbar durch Variationen des Druckes sind, dass aber ihr Volumen infolge der Festigkeit ihrer Wandung selbst durch beträchtliche Druckschwankung nur sehr wenig verändert wird. Um in den Blasen von Seelarven eine Änderung des Volumens hervorzurufen, ist dreimal so hoher Druck erforderlich wie bei Teichlarven; Ege stellte auch fest, dass die Tracheenblasen von Seelarven plötzliche Druckschwankung bis zu 4 Atmosphären vertragen. Das passt gut zu meiner Beobachtung, dass *Corethra*-Larven aus 20–40 m Tiefe heraufgeholt werden können, ohne Schaden zu nehmen; die Tracheenblasen der Seelarven sind also offenbar fester und widerstandsfähiger gegen Druck, weil ihre Wandung doppelt so dick ist wie bei den Teichlarven. Diese Tatsachen lassen sich meiner Meinung nach am besten mit der Theorie von Frankenberg vereinen.

Selbstverständlich können Seelarven mit steifen Blasenwänden sehr wohl in Überschwemmungsgebieten oder in kleinen Teichen unter geringem Druck

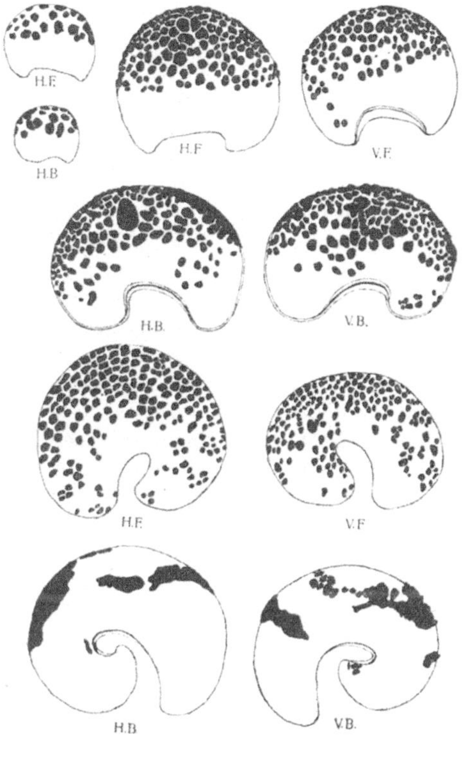

Abb. 351 a.

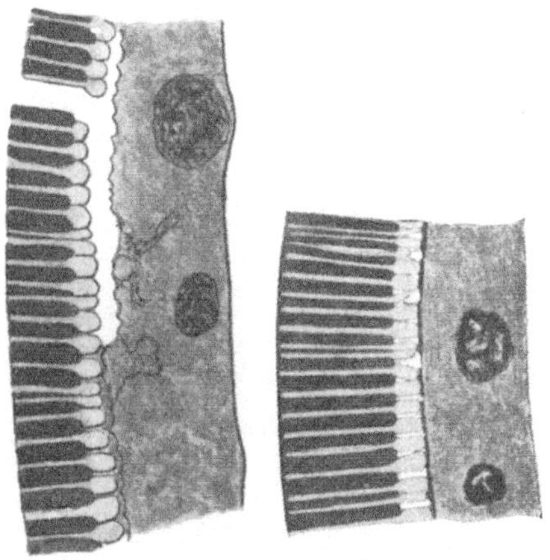

Abb. 351 b.

Abb. 351 a. Oben vordere und hintere Tracheenblasen der Teichform von *Corethra plumicornis*. Unten: Vordere und hintere Tracheenblasen der Seeform. Nach Bardenfleth, K. und Ege, R. 1916.

Abb. 351 b. Links: Längsdurchschnitt von der Wand der Tracheenblase der Teichform. Rechts von der Seeform. Diese ist ca. doppelt so dick wie die der Teichform. Nach Bardenfleth, K. 1916.

leben; es widerspricht also keineswegs der Theorie, wenn man die Esromsee-Form *C. flavicans* Meig. an derartigen Orten findet.

Nach dem Erscheinen der Arbeiten von Bardenfleth und Ege dachte ich selbst eine Zeit lang daran, mit *Corethra*-Larven weiter zu arbeiten, gab aber den Plan wieder auf, teils wegen meiner unzulänglichen physiologischen Kenntnisse, teils weil ich damals bereits mit dem Studium anderer Mückenlarven beschäftigt war. Es lässt sich indessen nicht leugnen, dass verschiedene Fragen noch der Aufklärung bedürfen, z. B. wie die Tracheenblasen bei den Teichformen von *C. flavicans* Meig. beschaffen sind, ob die Teichformen sterben, wenn sie in Drahtkäfigen auf den Boden des Furesees oder Esromsees versenkt werden? Ist in diesem Fall das Ergebnis ganz dasselbe, als wenn wir sie in unseren Apparaten einem Druck von 3–4 Atmosphären aussetzen? Weshalb bleiben *Corethra*-Larven bei ihren vertikalen Wanderungen nicht wie alle anderen Planktonorganismen des Süsswassers in den tieferen Wasserschichten, sondern bohren sich in den Schlamm ein und verbringen dort den grössten Teil ihres Lebens? – Vor allem fehlt uns noch jedes Verständnis dafür, aus welchem Anlass die mehrere Zentimeter tief eingegrabenen Larven zu bestimmten Zeiten aus dem Schlamm hervorkommen und im Laufe einer Stunde zur Oberfläche aufsteigen. Ist vielleicht im Boden die Aufnahme von Nahrung für sie absolut unmöglich, und bedeutet ihr Aufsteigen eine Ernährungswanderung? Sinken sie wieder abwärts, weil sie bei der Nahrungsaufnahme im freien Wasser schwerer geworden sind, und werden sie durch irgend eine unbekannte Ursache passiv aus dem Schlamm herausgetrieben? – All diese Fragen harren noch der Beantwortung.

Abb. 352.

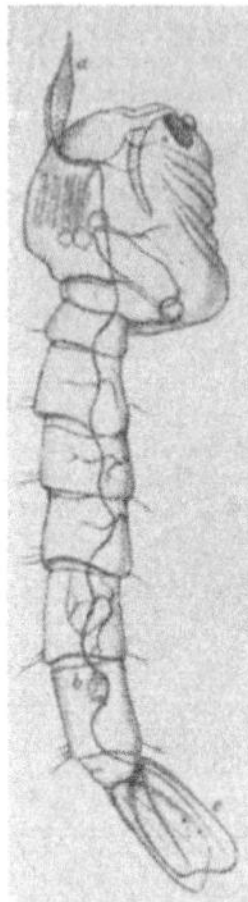

Abb. 353.

Abb. 352. *Corethra plumicornis* F. Puppen, lebend und schwebend photographiert. W-L. phot.

Abb. 353. Puppe nach Meinert, F. 1886.

Die Puppe (Abb. 340, 352–353). Die Puppe von *Corethra* unterscheidet sich sowohl biologisch wie anatomisch von anderen Mückenpuppen; ihr Hinterleib ist nicht unter den Thorax eingeschlagen und der Körper nicht zusammengekrümmt, sondern langgestreckt; die beiden Atemröhren sind nicht im rechten Winkel am Cephalothorax eingelenkt, sondern in der Längsrichtung des Körpers geradeaus nach vorn gerichtet. Die Atemröhren sind von elliptischem Umriss und wahrscheinlich an der Spitze geschlossen.

Im Gegensatz zu den meisten anderen Mückenpuppen kommen die Puppen von *Corethra* erst unmittelbar vor der Verwandlung an die Oberfläche; bis dahin schweben sie stocksteif und unbeweglich in der Wasserschicht. Ab und zu schlägt die Puppe einmal mit dem Schwanzende, bleibt aber an derselben Stelle. Wenn die Sonne in das dunkle Wasser scheint, bieten die Tausende und aber Tausende von senkrecht im Wasser schwebenden, unbeweglichen Mückenpuppen einen seltsamen Anblick. Die Wasserschicht, in der die Puppe schwebt, wird sowohl durch den ihr zur Verfügung stehenden Luftvorrat wie durch die Höhe der Wassersäule über ihr bestimmt. Die Puppe sinkt oder steigt ohne eigene Bewegung, bis sie die Wasserschicht erreicht hat, in der sie im Gleichgewicht ist; hier bleibt sie stehen und kann sich weder aufwärts noch abwärts bewegen. Erhöht man den Druck über einer schwebenden *Corethra*-Puppe, so wird ihre Luftblase zusammengedrückt und sie sinkt; kurz danach steigt sie aber wieder aufwärts, bis ihr Abstand von der Oberfläche wieder ebenso gross ist wie zuvor. Die Puppe gleicht vollständig einem kartesianischen Teufelchen (Krogh 1911).

Am dritten und vierten Tag geht eine Veränderung mit der Puppe vor sich; ihre Brustpartie wird immer dunkler, zuletzt ganz schwarz und enthält nun zahlreiche Fettkugeln. Vielleicht sind sie die Ursache für das Aufsteigen der Puppe zur Oberfläche, wo dann die Imago ausschlüpft.

Im Spätsommer bedeckt sich die Wasserfläche des Esromsees mit langen Streifen oder grossen Fladen von weisslichgelbem Schaum. Die Fischer kennen die Erscheinung sehr wohl und wissen, dass der Schaum aus den Puppenhäuten von Mücken besteht. Im Laufe einer Nacht sind aus dem

Abb. 354. Uferlinie des Esromsees, bedeckt mit Puppen exuviae von *C. flavicans* Meig. und *Chironomus liebeli-bathophilus*. Nach Berg 1937.

20 m tiefen See Milliarden von Puppen emporgestiegen, haben ihre Verwandlung durchgemacht und die leeren Hüllen auf dem Wasser zurückgelassen. Die Häute werden vom Wind zu langen Streifen zusammengefegt und schliesslich ans Ufer getrieben, wo sie an der Windküste einen meterbreiten, meilenlangen Gürtel bilden; später werden sie von der Brandung zu Chitinhaufen am Ufer zusammengespült (Abb. 354). In diesen Haufen regt sich bald ein ausserordentlich reiches Leben von Fliegenlarven, Milben usw., bis zuletzt auch sie dem Gesetz der Vernichtung unterliegen; ihre Reste werden vom Wasser aufgenommen und vermischen sich mit dem Schlamm des Seebodens. Nur die sehr widerstandsfähigen Atemröhren der Puppen bleiben erhalten; sie sind noch massenhaft in den Torflagern erkennbar.

Imagines. Kurz nach der Verwandlung der Puppen treten in der Umgebung von Teichen und noch mehr der von Seen ungeheure Schwärme von Mücken auf; solche *Corethra*-Schwärme wurden an vielen Orten beobachtet.

Am 29. Juli 1913 herrschte starker Sturm. Als ich am nächsten Tage zum Schifferhaus am Esromsee kam, wurde mir erzählt, dass am vorhergehenden Abend plötzlich enorme Mengen von Mücken erschienen seien, die sich wie Rauchsäulen über der Allee angesammelt hätten. Der See war von gelblichen Puppenhäuten bedeckt, von den Mücken war aber nichts mehr zu sehen. Das Wetter war stürmisch und schlecht. Am folgenden Tag (31. Juli) segelte ich nachmittags und abends über den See. Die Puppenhäute waren noch zu sehen, aber nur wenige Mücken tanzten in der stillen Sommerluft über dem Wasser; auch am Ufer waren um 7 Uhr abends nicht viele Mücken. Dagegen erklang der ganze Schlosspark von Fredensborg und die Schifferallee von einem einzigen, sehr hohen Ton, der von ungeheuren Mückenschwärmen herrührte; die Schwärme schwebten indessen in solcher Höhe, dass man sie kaum sehen konnte. Um 8,30 Uhr hörte das Klingen auf; nun standen so enorme Schwärme am Ufer, dass die Luft gewissermassen voll von Mücken war, aber sie gaben keinen Laut mehr von sich. Der Uferrand war mit zahllosen angeschwemmten Häuten und toten Tieren, fast ausschliesslich Männchen, bedeckt. Auf Brükkenpfeilern (Abb. 355) und Steinen sassen die Männchen in der Algendecke so dicht zusammen, dass sie den grünen Teppich verdeckten, der von ihnen gelbbraun gefärbt erschien; tote und sterbende Tiere sassen dicht nebeneinander, manche waren schon von Pilzen bedeckt, und alle wandten den Kopf nach derselben Richtung und vergruben ihn in den Algen. In den Schwärmen flogen noch viele Männchen.

Abb. 355. Festsitzende *Corethra*-Schwärme auf Brückenpfeilern. Nach Berg 1937.

Auch an anderen Orten wurden grosse *Corethra*-Schwärme beobachtet. Herms (1937) berichtet, dass die Schwärme am Clearlake in Californien eine derartige Landplage sind, dass man Massregeln gegen sie ergreifen musste. Die Mücken schwärmen in dichten Wolken um alle Lampen; sie stechen zwar

---

TAF. XI

Corethridae, Culicidae.

Abb. 1. *Megarrhinus septentrionalis* Dyar & Knab. Raubtiertypus. Nach Howard, L., Dyar, H. und Knab, F. 1912.
— 2. *Psorophora ciliata* Fabricius. Raubtiertypus. Nach Howard, L., Dyar, H. und Knab, F. 1912.
— 3. *Wyeomyia Smithii* Coquillett. The Pitcherplant Mosquito. Nach Howard, L., Dyar, H. und Knab, F. 1912.
— 4. *Sabethinus undosus* Coquillett. Nach Howard, L., Dyar, H. und Knab, F. 1912.
— 5. *Eucorethra underwoodi* Underwood. Von oben. Nach Johannsen, O. 1933. $\times$ 6.
— 6. *Eucorethra underwoodi* Underwood. Von der Seite. Nach Johannsen, O. 1933. $\times$ 6.
— 7. *Corethrella brakeleyi* Coquillett. Von oben. Nach Johannsen, O. 1933. $\times$ 16.
— 8. *Corethra crystallinus* de Geer = *C. plumicornis* F. Nach Akehurst, S. 1922. $\times$ 10.

Taf. XI

1

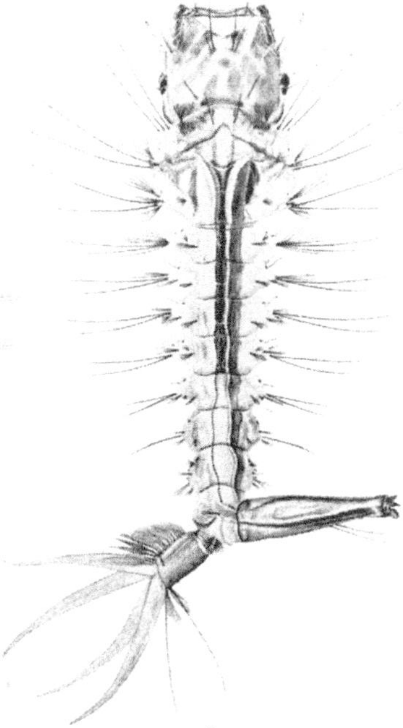

2

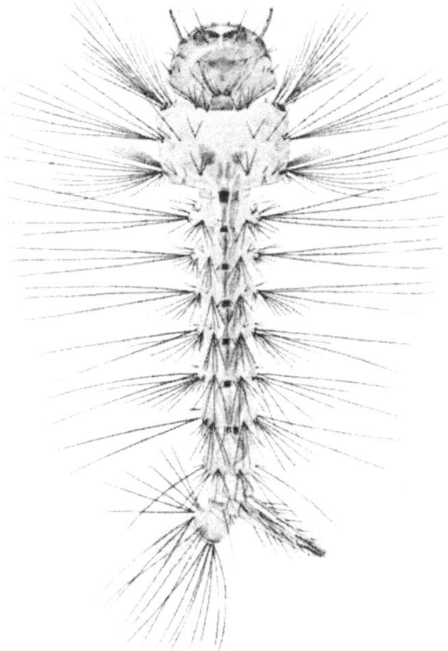

3

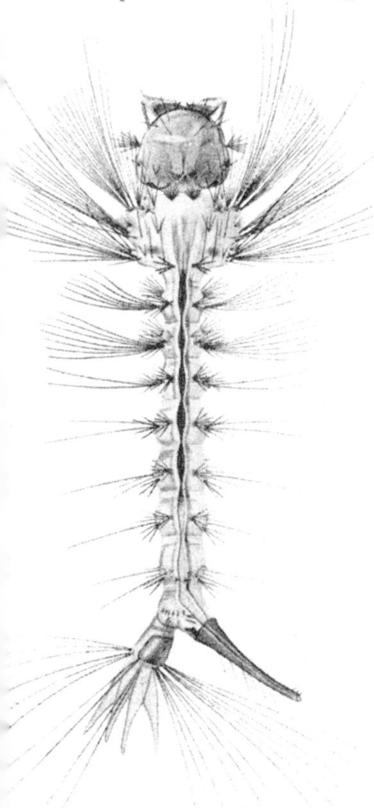

4

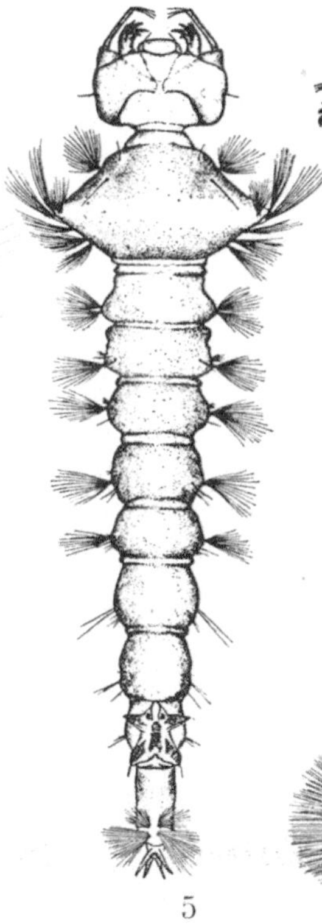

5

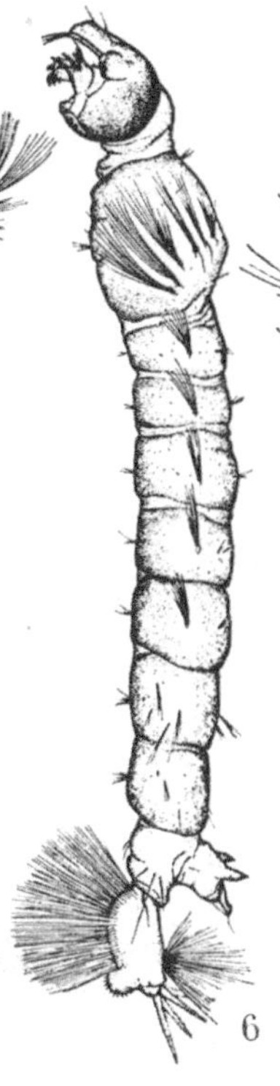

6

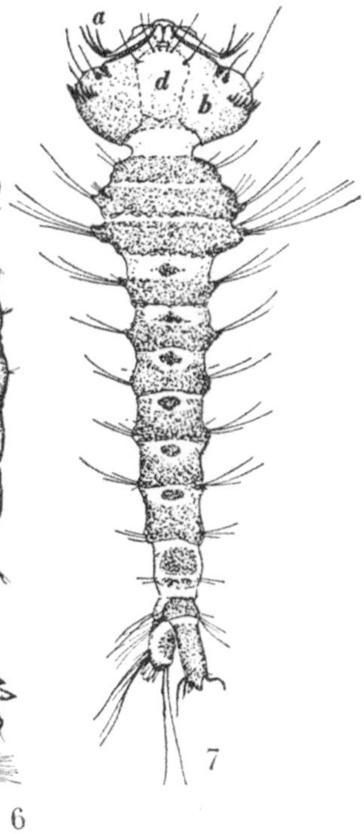

7

8

nicht, dringen aber in Augen, Ohren und Nasenlöcher. Die Schwärme werden oft vom Wind 8–10 engl. Meilen weit fortgetragen. Man hat dort die Villen mit besonderen Lampen zum Einfangen der Mücken umgeben; dabei zeigte sich, dass eine 300-Watt-Lampe während 15 Minuten etwa 1650 Mücken pro Sekunde fing. Ein englisches Pfund der eingefangenen Massen entspricht dem Gewicht von 1.650000 Mücken.

Eier. Die Eiablage erfolgt unmittelbar nach der Begattung. Im Esromsee legt *C. flavicans* Meig. scheibenförmige Eischiffchen (Abb. 377) mit etwa 2–300 Eiern auf die Wasseroberfläche der Litoralregion oder auf schwimmende Algen. Die Eischiffchen bilden eine dichte Schicht, die sich als schwarzer Streifen am Ufer entlang erstreckt. Das Eistadium dauert nur wenige Tage. Die Eier werden von Wind und Strömung über den See hingetrieben. Bei anderen Arten werden die Eier angeblich einzeln auf der Wasseroberfläche abgelegt und sinken dann zu Boden. Die Weibchen von *Corethra punctipennis* Say (Juday 1921), ja auch von *C. flavicans* Meig. legen nach Peus (1934) in Inundationsgebieten die Eier einzeln ab. Da die Tiere in solchen Gebieten nicht als Larven überwintern können, muss man annehmen, dass die Überwinterung hier im Eistadium stattfindet wie bei den *Aëdes*-Arten; weitere Untersuchungen hierüber sind indessen noch sehr wünschenswert.

Culicidae (Stechmücken).

Taf. XI.

Rüssel länger als der Kopf, beim Weibchen zum Stechen und Blutsaugen eingerichtet. Taster lang und gerade, Fühler denen der Corethriden ähnlich. Beine und gewöhnlich auch das Abdomen mit Schuppen bedeckt, die Flügel mit eigentümlichen Schuppen auf den Adern und am Rande. Kopf der Larven sehr beweglich; Oberlippe mit Haarbüscheln, die als Strudelapparat funktionieren. Thoraxsegmente verschmolzen. Körper mit langen, abstehenden Haaren, aber ohne Höcker oder Pseudopodien. Achtes Abdominalsegment mit abstehender Atemröhre, neuntes mit Ruderapparat (Haarbüschel) und 4 Kiemenblättern. Puppen mit grossem Thorax; am Thorax zwei Atemröhren. Eiablage vorwiegend in stehenden und oft periodischen Kleingewässern.

Die Culiciden werden in 5 Tribus geteilt (Dyar 1928): *Anophelini, Uranotaeniini, Sabethini, Megarrhinini* und *Culicini.*

Die *Sabethini* (Abb. 356) sind grösstenteils Tropenformen, häufig durch stark farbige Schuppen prachtvoll gefärbt; sie sind Tagflieger und hauptsächlich Blutsauger auf Reptilien. Sie stechen Menschen nur selten und sind parasitologisch ohne Bedeutung. Ihre Larven (Taf. XI, Abb. 4) finden sich in sehr kleinen Wasserpfützen in lebenden oder abgestorbenen Pflanzen, in Baumlöchern usw.; einige Arten sind an bestimmte Pflanzen gebunden. Sie sind Raubtiere, die sich z. T. von anderen Mückenlarven ernähren. Die Wassermengen, in denen die Larven sich entwickeln, sind so klein, dass sie hier nicht in grösserer Menge auftreten können. Die Hauptgattungen sind *Sabethes, Joblotia* und *Wyeomyia*; über letztere ist folgendes zu berichten:

Die Larven von *Wyeomyia Smithii* Coquillett (Taf. XI, Abb. 3) leben in den mit Wasser gefüllten Blattscheiden der Sarracenien (pitcher plants der Amerikaner). Der amerikanische Naturforscher J. B. Smith (1902) hat die merkwürdige Lebensweise dieser Larven eingehend untersucht. Die genannte Pflanze wächst in so nördlichen Breiten, dass das Wasser in ihren Blattscheiden jeden Winter gefriert und kompakte Eisstücke bildet. Wenn man im Januar das Eis aus den Kannen herausschlägt, findet man im Eise einige meist halb zusammengerollte Larven; die Temperatur ist keinesfalls höher als

÷ 2°. Taut man das Eis langsam auf, so werden die Larven frei und sinken nach und nach zu Boden; hier liegen sie eine Zeit lang, ohne sich zu rühren, zeigen aber bald schwache Anzeichen von Bewegung. Kurze Zeit später schwimmen sie bereits lebhaft umher, selbst wenn die Wassertemperatur nur wenige Grad über 0 liegt. Bei näherer Untersuchung zeigt sich, dass in jedem Blatt stets 10–30 Larven einfrieren. Die Wassermenge, die ihnen zum Leben

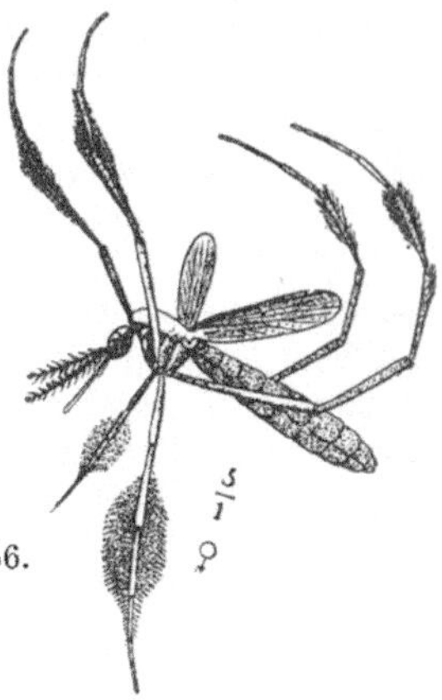

Abb. 356.

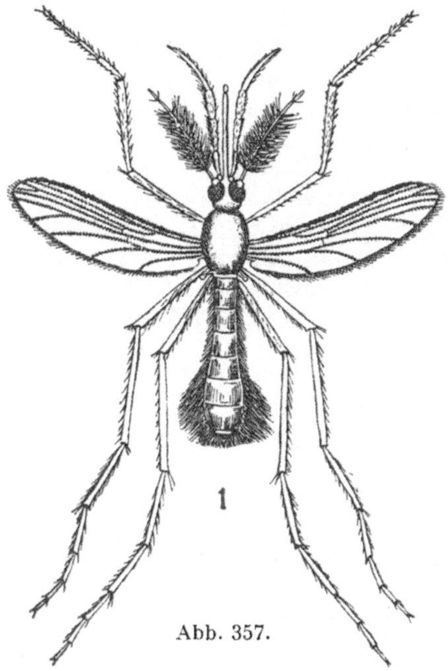

Abb. 357.

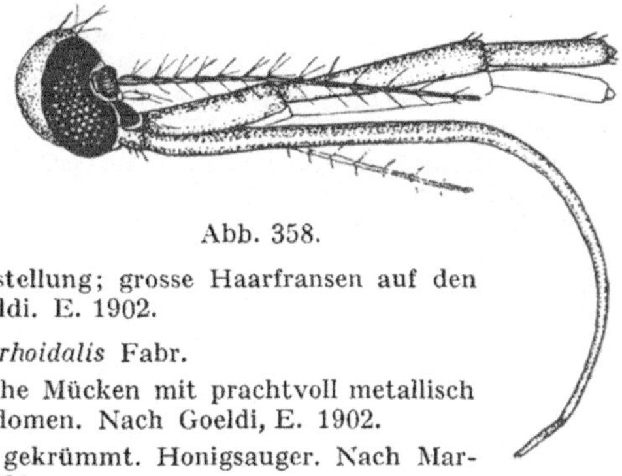

Abb. 358.

Abb. 356. *Sabethes longipes* F. in Schwebestellung; grosse Haarfransen auf den Beinen. Nach Goeldi. E. 1902.

Megarrhinus haemorrhoidalis Fabr.

Abb. 357. Das Genus enthält grosse tropische Mücken mit prachtvoll metallisch gefärbten Haarfransen auf dem Abdomen. Nach Goeldi, E. 1902.

Abb. 358. Imago. Kopf. Rüssel sehr lang, gekrümmt. Honigsauger. Nach Martini, E. 1931.

zur Verfügung steht, ist nicht allzu gross; der Inhalt von 75 Blättern ergibt nicht mehr als einen halben Liter Flüssigkeit. Die Winterlarven entwickeln sich ausserordentlich langsam; sie schlüpfen normalerweise im November aus den Eiern, frieren dann irgendwann im Laufe des Winters ein, tauen etwa im März oder April auf, verpuppen sich aber keinesfalls eher als im Mai oder Juni. Das Larvenstadium dauert also mindestens 6 Monate. Die Larven kommen höchst selten an die Oberfläche und halten sich meist am Boden der Blattkannen auf, deren Innenseite und Boden sie abbürsten, um Nahrung zu sammeln; diese besteht aus den halb oder ganz aufgelösten Resten von Insekten, die in den Kannen ertrunken sind. Nur die Winterbrut entwickelt sich so langsam; im Laufe des Sommers kommen 3–4 weitere Bruten zur Ausbildung, die zur Entwicklung vom Ei bis zum fertigen Insekt nicht mehr als 14–20 Tage brauchen. Die Eier werden mitten in die jungen Blätter gelegt, oft genug noch ehe sie sich mit Wasser füllen.

Zu den *Culicini* gehört die weitaus grösste Menge aller Mücken; nur wenige von ihnen saugen nicht Blut von Warmblütern. Die allermeisten tun es und fallen auch Menschen an; jedoch sind nur wenige Arten Überträger von Krankheiten. Ihre Larven leben unter fast allen klimatischen Bedingungen und in Gewässern von höchst verschiedenartiger Beschaffenheit, die Gattung *Culex* meist in permanenten Gewässern, die Gattung *Aëdes* in periodischen Tümpeln, Schmelzwasserpfützen usw.; erstere Gattung ist mehr im Süden, letztere mehr im Norden verbreitet. Besonders die Arten von *Aëdes* treten in ungeheuren Schwärmen auf; die Larven einiger Arten leben in Baumlöchern usw. zusammen mit denen der *Sabethini*. Die Gattungen *Psorophora, Aëdes, Culicella, Mansonia* und *Orthopodomyia* werden sämtlich weiter unten besprochen.

Megarrhinini (Abb. 357–358). Hierher gehört nur die eine Gattung *Megarrhinus* mit sehr grossen, prachtvoll metallisch gefärbten Mücken; ihr Rüssel ist sehr lang, sie sind Honigsauger und können nicht stechen. Tagflieger. Die Larven (Taf. XI, Abb. 1) leben in Wasseransammlungen in Pflanzen und Baumlöchern und ernähren sich als Raubtiere von anderen Mückenlarven.

Uranotaeniini. Auch hier nur eine Gattung, *Uranotaenia.* Prächtig gefärbte, ziemlich kleine Mücken, Blutsauger. Larven in ganz kleinen Pfützen, hauptsächlich auf Erde, z. B. in mit Regenwasser gefüllten Fusspuren von Rindern und Pferden, oder in Pflanzen. Vorwiegend tropische Formen, aber auch in der gemässigten Zone. Keine Krankheitsüberträger.

Die *Anophelini* sind eine recht artenarme Gruppe, aber als Malariaüberträger von ausserordentlich grosser Bedeutung. Ihre Maxillarpalpen sind im Gegensatz zu denen aller anderen Mücken auch bei den Weibchen ebenso lang wie der Rüssel. Die Mücken fliegen meist in der Dämmerung oder bei Nacht. Sie überwintern gewöhnlich als Imagines, einzelne Arten als Larven. Vorwiegend in der gemässigten und tropischen Zone verbreitet; *Anopheles maculipennis* Meig. geht ziemlich weit nach Norden. Die Atemröhre der Larven ist sehr kurz; die Larven suchen ihre Nahrung an der Oberfläche, sie leben meist in permanenten Gewässern, einige in Baumlöchern und Bromeliaceen.

Wir wollen uns im folgenden nur mit den beiden Tribus der *Culicini* und *Anophelini* beschäftigen, zuerst aber einige allgemeine Bemerkungen über die Bedeutung der Culiciden für den Menschen, ihre Anatomie, Schwarmbildung, Paarung, Blutsaugen und ihre Entwicklungsstadien vorausschicken. Zum Schluss wird jeder der beiden Tribus für sich besprochen.

Allgemeine Bemerkungen. Mücken sind Tiere, die wir alle kennen; »leider«, werden sicher die meisten von uns sagen. Dennoch können sich auch an sie Erinnerungen knüpfen, die mit in das Bilderbuch des Gedächtnisses gehören, das wir an langen Winterabenden hervorholen, um uns daran zu erfreuen. Was wäre ein milder Sommerabend ohne Mücken, ohne ihren Tanz in der windstillen Luft, wenn die Sonne glühendrot im Westen versinkt, oder wenn der Abendwind über dem Röhricht spielt und die Mückenschwärme bald zu kompakten Wolken zusammenfegt, bald sie zu langen Guirlanden auseinanderzieht, die über den braunseidenen Fahnen des Schilfes zerflattern? Gehört all das nicht mit zu den Erinnerungen an diesen oder jenen Sommerabend, den wir an den Ufern eines unserer Seen verlebt haben? Oder könnten wir beim Gedenken an einen sonnenwarmen Sommertag die Erinnerung an die Mückenschwärme missen, die wie Rauchsäulen über den Heuschobern auf der Wiese standen und vom Wind wie Pinienkronen in der blauen Luft ausgebreitet wurden? Könnten wir in diesem Bild die Erinnerung an die hohen, singenden Töne entbehren, die von dem Schwarm ausgingen? Gehört nicht das alles mit zur Erinnerung an Sommer, sonnenwarme Tage, stille Abende und Sommermorgen mit klarer Luft, mit Licht und Farbe, mit Vogelsang und dem Summen von Insekten über den Wiesen? Und trotzdem – all diese Erinnerungen können köstlich genug sein, um an Winterabenden davon zu zehren, aber welchen Wert haben sie für den müden Wanderer, der sich nach langem Marsch ermattet am Rande des Waldes unter eine alte Buche wirft und alsbald den ersten hohen Summton vernimmt, der ihm verkündet, dass hier kein Frieden zu finden ist. Was nützt es, dass wenigstens wir Männer uns damit trösten können, dass hier wie immer das sogenannte schwache Geschlecht als Vampyr und Blutsauger auftritt, und dass all die hier verübte Niedertracht wenigstens nicht das Gewissen unseres Geschlechts zu bedrücken braucht; was hilft es, wenn wir wissen, dass das schwache Geschlecht in diesem Fall wirklich darauf angewiesen ist, uns auszusaugen, da die Weibchen angeblich ihre Eier nicht zur Reife bringen können, wenn sie kein Blut bekommen, und dass wir diese Forderung als recht und billig anerkennen müssen. – Oh, wie wir sie hassen, wie wir sie verfluchen! Aber das nützt uns gar nichts.

Und dabei ist die Mückenplage an unseren Seen und in ganz Mitteleuropa nördlich der Alpen nichts im Vergleich zu der in anderen Gegenden des Erdballs. Wenige Insekten haben so wie die Mücken in das Leben der Menschheit und in die Versuche des Menschen, sich die Erde untertänig zu machen, eingegriffen; sie nehmen vor allen anderen Insekten einen hervorragenden Platz in der Geschichte der Kolonisation ein; ja noch mehr, die Untersuchungen der letzten Jahrzehnte haben gezeigt, dass sie mehr als fast alle anderen Geschöpfe in grossen Gebieten der Erde dem Menschen den Tod gebracht haben, ohne dass er selbst es ahnte. Die Mücken haben es zum Feinsten gebracht, was die Mitgeschöpfe des Menschen erreichen können, nämlich zu den sog. »geographischen Tieren« gerechnet zu werden, d. h. Wesen, die effektiv in das Leben des Menschen eingreifen; das ist eine in systematischer Beziehung ziemlich gemischte Gesellschaft, deren Rahmen eigentlich nur durch eine der hervorragendsten Eigenschaften des Menschen gebildet wird, nämlich seine einzig dastehende Selbstsucht.

Es ist wohlbekannt, dass Mücken in arktischen Gegenden, in der nordamerikanischen Prärie usw. Reisende in unglaublichem Grade gepeinigt haben, und dass die durch sie verursachten Leiden schlimmer waren als Hunger und Kälte; dennoch kann man über diese Leiden hinwegkommen und sich durch Moskitonetze gegen sie schützen. Durch Mückenstiche unmittelbar verursachte Vernichtung von Menschenleben gehört im grossen und ganzen zu den Ausnahmefällen; häufiger geschieht es, dass Herden darunter zu leiden haben, dass Renntiere den Mückenstichen erliegen, oder dass Vieh durch sie getötet wird. Man ahnte jedoch in früherer Zeit nicht, dass Mücken dem Menschen mit dem Gift, das sie in die Wunde träufeln, zugleich den Keim zu den Krankheiten zuführen, die in den Tropen zu den fürchterlichsten Geisseln gehören, das gelbe Fieber, Malaria und Filariasis. Diese noch nicht ein halbes Jahrhundert alte Erkenntnis wurde zum grossen Teil durch das Opfer der Männer gewonnen, die ihr Leben aufs Spiel setzten, um der furchtbaren Wahrheit auf den Grund zu kommen.

Jene Krankheiten sind schuld daran, dass die schönsten und fruchtbarsten Gegenden der Erde, wie z. B. das Mississippidelta, unbewohnbar sind, und dass Ländereien, die im Altertum das reichste Leben trugen, wie die römische Campagna, jahrhundertelang nicht mehr angebaut wurden.

Auch die Geschichte des Panamakanals belehrt uns über die enorme Bedeutung der Mücken für die menschliche Arbeit. Jetzt weiss man, dass Unkenntnis der Gefahr, der Menschen durch Mückenstiche ausgesetzt sind, eine der Hauptursachen für das Missgeschick der Franzosen beim Bau des Panamakanals war. Die Leute starben in den Hospitälern massenhaft und ausserhalb derselben sicher noch mehr. Zahlreiche Ärzte und 24 von 36 katholischen Schwestern erlagen dem gelben Fieber; von 18 jungen französischen Ingeniören waren 17 einen Monat nach ihrer Ankunft beim Panamakanal tot.

Als die Amerikaner im Jahre 1904 die Arbeit wieder aufnahmen, besserten sich die Zustände erheblich; Land und Ortschaften wurden in Distrikte zur Bekämpfung der Mücken eingeteilt. In der Stadt Panama wurden im März 4000 Brutstätten von Moskitos nachgewiesen, besonders solche der Gelbfiebermücke; im Oktober waren nur noch 400 von ihnen vorhanden. Jetzt ist die Mücke in der Gegend ausgerottet; Malaria kommt nicht mehr vor. Erst als gesunde Lebensbedingungen für die Arbeiter geschaffen wurden, konnte der Panamakanal fertig gebaut werden. Der hier unter Führung von Oberst GORGAS mit Hilfe von Kolonnen geschulter Arbeiter geführte Kampf gegen die Gelbfiebermücke gehört zu den bemerkenswertesten Kapiteln der Kolonisationsgeschichte.

Imagines. Um die Lebensweise der Stechmücken zu verstehen, muss man über einzelne Punkte ihrer Anatomie Bescheid wissen; ihr Aussehen im allgemeinen ist so wohl bekannt, dass eine allgemeine Beschreibung überflüssig erscheint. Ihr Kopf besteht fast nur aus den beiden grossen Augen, die gewöhnlich beim Weibchen grösser sind als beim Männchen; er trägt ferner die beiden langen, beim Männchen besonders stark gefiederten Antennen, deren zweites Glied kugelrund angeschwollen ist und ein hochentwickeltes Sinnesorgan, das sog. Johnstonsche Organ, enthält. Man hat dieses Organ schon lange als Gehörorgan aufgefasst. Es wurde nämlich nachgewiesen, dass sich die langen Haare auf den Antennen der Männchen nach der Richtung einstellen, wo sich ein summendes Weibchen befindet; der Reiz wird durch Nerven zur Gehörkapsel hingeleitet (CHILD 1894). Dagegen wird von anderer Seite geltend gemacht, dass die Antennen vorwiegend Orientierungsorgane sind, mit deren Hilfe sich alle Tiere eines Schwarmes in gleiche Richtung einstellen und zwar stets gegen den Wind; ausserdem meinte man beweisen zu können, dass die Männchen ganz und gar nicht durch das Summen der Weibchen angelockt werden, und dass die Männchen überhaupt nicht die Weibchen aufsuchen sondern umgekehrt (HOWARD, DYAR and KNAB 1912).

Die Mundteile der Mücken (Abb. 359–362), deren Stiche zu verspüren wir so oft Gelegenheit haben, müssen wir einer kurzen Beschreibung würdigen (DIMMOCK 1881). Alle Teile sind stark verlängert. Der Rüssel einer Mücke erscheint zunächst als hohles Rohr, das vorn in zwei Spitzen ausläuft. Das Rohr wird von der Unterlippe gebildet und enthält nicht weniger als sechs feine, lanzettförmige Klingen: 2 Mandibeln, 2 am Ende gesägte Kiefer, den Hypopharynx und die Oberlippe, die obenauf liegt und den oberen Teil des Saugrohrs bedeckt. Wenn das Tier stechen will, setzt es erst die beiden Spitzen der Unterlippe fest auf die Haut, bohrt dann mit der lanzettförmigen Oberlippe ein Loch und presst hierauf die feinen Klingen der Mandibeln und Maxillen durch direkten Druck mit dem Kopf in die Wunde hinein. Während dieser Bewegung nimmt die Mücke eine immer schrägere Haltung ein; der Kopf geht immer tiefer herunter, die Unterlippe (Rüsselscheide) knickt immer mehr zusammen und bildet schliesslich einen rechten Winkel (Abb. 362). Der innere Teil der Unterlippe trägt ein feines Netzwerk von hellen Linien; sie deuten ein Netz aus biegsamem Chitin an, das besonders die proximale Hälfte des Rüssels sehr elastisch macht (MARTINI 1931). Nachdem die Mücke ein

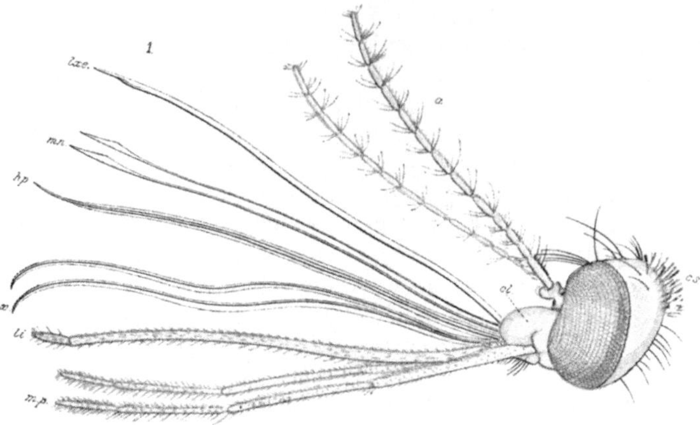

Abb. 359.

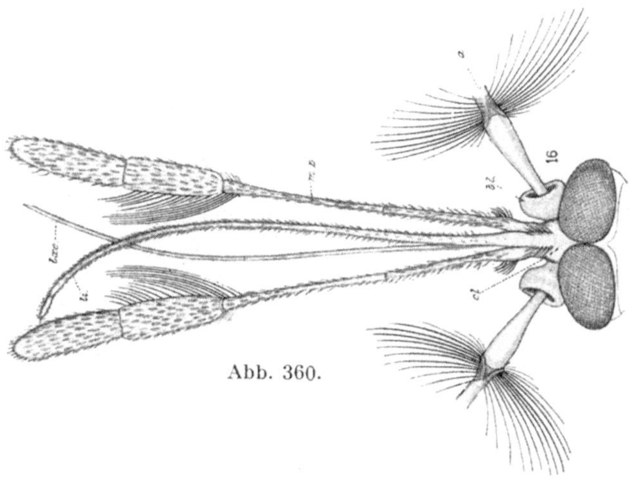

Abb. 360.

Abb. 361.

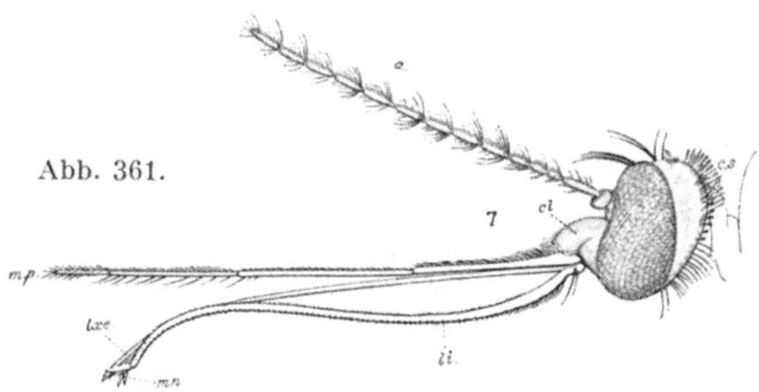

Anopheles. Kopf mit Mundteilen.

Abb. 359. Kopf ♀ von der Seite; die Mundteile freipräpariert.

Abb. 360. Kopf ♂ von der Unterseite.

Abb. 361. Kopf ♀ von der Seite mit den Mundteilen in der Stellung, die sie beim Stechen einnehmen. Labium gebogen, Epipharynx und Mandibeln nur als Spitzen auf dem Labium sichtbar; *a* Antennen, *lxe* Oberlippe, *mm* Mandibeln, *hp* Hypopharynx, *mx* Maxillen, *li* Unterlippe, *mx* Maxillarpalpen, *cl* Clypeus, *bl* zweites Glied der Antennen. Nach Shipley, A. 1902.

Loch gestochen hat, lässt sie durch den Hypopharynx Speichel in die Wunde fliessen und pumpt dann das nun ausströmende Blut durch den Rüssel (genauer durch den aus Labrum und Epipharynx gebildeten Kanal) in den Verdauungs-

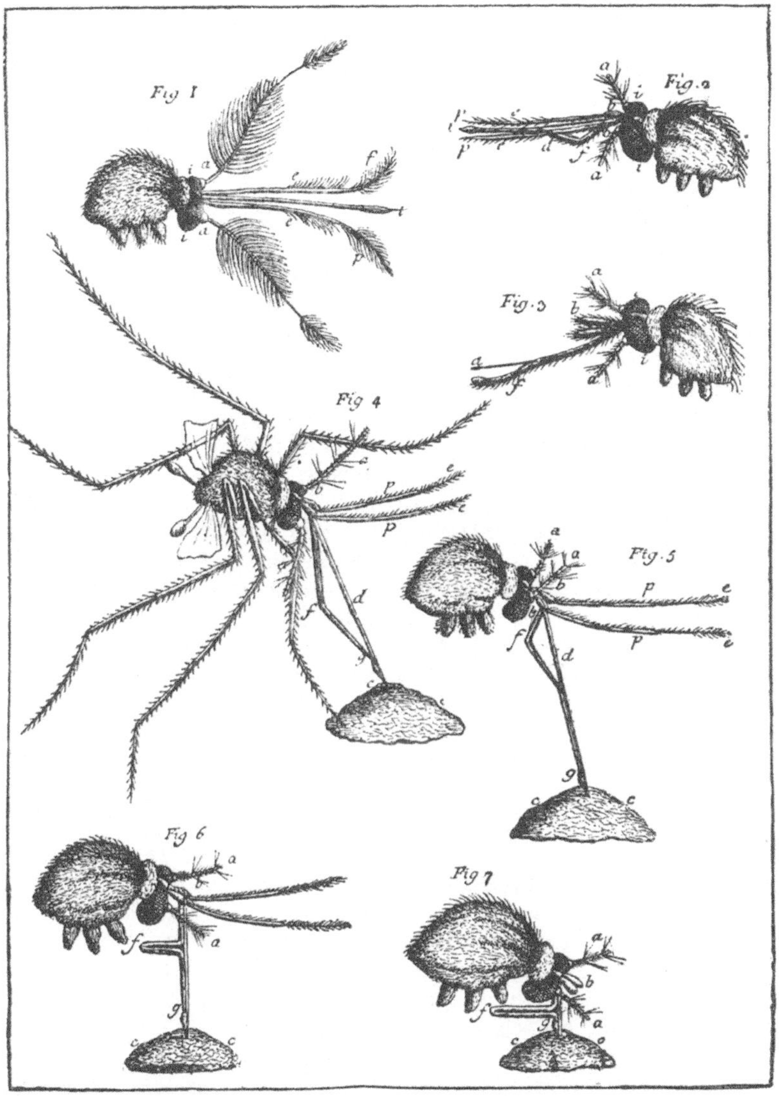

Abb. 362. Kopf und Thorax von 1 *Culex* ♂, 2 *Anopheles* ♀, 3 *Culex* ♀, man beachte den Unterschied in der Länge der Palpen (*b* und *p*), 4—6 *Anopheles* stechend, 7 *Culex* stechend. Nach Réaumur.

kanal hinein; der vordere Teil der Speiseröhre wirkt dabei als Saugpumpe. Bei den Männchen sind die Mandibeln lange nicht so gut ausgebildet, auch besitzen die Männchen keine Saugpumpe; zuverlässige Beobachter versichern zwar, dass man gelegentlich auch von Männchen gestochen wird, das wird aber neuerdings bestritten. Dagegen saugen manche Weibchen kein Blut, und ihre Mundteile sind denen der nicht blutsaugenden Männchen ziemlich ähnlich.

Die Kiefer tragen ein Paar Palpen, deren Länge sowohl bei den einzelnen Arten als bei beiden Geschlechtern verschieden ist (s. unten). Sie werden hier erwähnt, weil man das Weibchen der gewöhnlichen Stechmücke (*Culex*) vom *Anopheles*-Weibchen sofort an der verschiedenen Länge der Palpen unterscheiden kann, die beim *Culex*-Weibchen kurz, bei *Anopheles*-Weibchen aber ebenso lang sind wie der Rüssel. Dagegen sind die Palpen der Männchen bei beiden Gattungen ebenso lang wie der Rüssel und stark behaart (Abb. 362).

Die Weibchen haben gewöhnlich einfache Klauen, bei den Gattungen *Aëdes* und *Ochlerotatus* indessen meist gezähnte, besonders an den zwei ersten Beinpaaren. Die Zeichnung der Stechmücken wird durch die Färbung der Schuppen und Haare bestimmt.

Von der Anatomie des Verdauungskanals (Abb. 385) sei folgendes hervorgehoben: Die Speiseröhre ist mit drei Ausstülpungen versehen, von denen die mittlere am grössten ist und sich weit in den Hinterleib hinein erstreckt; die beiden seitlichen enthalten Luft. Die unpaare, ventrale Ausstülpung wird oft als »Saugmagen« bezeichnet; das ist jedoch nicht richtig, da der Saugakt durch die Pharynxpumpe ausgeführt wird. Das Blut fliesst vermutlich direkt in den Mitteldarm, während die unpaare Ausstülpung nur die süssen Säfte aufnimmt.

Die beiden Luftbehälter spielen eine grosse Rolle beim Fluge; die Luft wird durch den Mund aufgenommen, später jedoch angeblich in Form von Kohlensäure durch das Tier selbst produziert.

Die Mückenstiche verursachen bekanntlich eine recht heftige Schmerzempfindung; man hat lange angenommen, dass Gift in die Wunde geträufelt wird, aber niemals besondere Giftdrüsen gefunden. Man glaubte deshalb, dass die Speicheldrüsen Gift absondern; das ist auch umso wahrscheinlicher, als von den drei jederseits der Speiseröhre liegenden Paar Speicheldrüsen das erste anders gebaut ist als die übrigen. Andererseits hat Schaudinn (1904) bemerkt, dass das Sekret der Speicheldrüsen ganz wirkungslos ist, wenn man es unter die Haut einführt. Dagegen enthält der Saugmagen angeblich Hefepilze, deren Enzym bei Einführung ins Blut Entzündung hervorruft. Später behauptete Hecht (1928), dass man nur selten Hefepilze in der ventralen Ösophagealausstülpung findet; er fand sie nur bei 3 von 70 Exemplaren und zwar nur bei solchen, die Zuckerlösung bekommen hatten, aber niemals bei direkt aus dem Keller entnommenen Tieren. Hefezellen werden nur zufällig mit süssen Säften aufgenommen. Der Schmerz beim Mückenstich rührt nicht, wie Schaudinn glaubte, von der durch Gärung der Pilze entstandenen Kohlensäure her, sondern von der Absonderung der Speicheldrüsen. Manalany (1931) kam zu einem völlig gleichen Ergebnis.

Die männlichen Begattungsorgane zeigen folgende Eigentümlichkeiten: Die drei letzten Hinterleibssegmente des Männchens führen in den ersten Stunden nach dem Verlassen der Puppenhülle eine Drehung um 180° aus, sodass ihre Unterseite nun nach oben gewendet ist. Das Männchen verbleibt für den Rest seines Lebens in diesem Zustand; es ist erst nach Ausführung dieser Drehung paarungsfähig. Die weiblichen Geschlechtsorgane sind mit drei Spermatheken versehen, die sich auf Schnitten durch überwinterte Weibchen von *C. pipiens* L. immer als mit Spermatozoen gefüllt erweisen.

Biologie, Schwarmbildung, Paarungstänze. In zahllosen Berichten aus fast allen Gegenden des Erdballs wird von dem plötzlichen Erscheinen ungeheurer Wolken von Mücken erzählt, von Mengen, die durch ihre Grösse die Sonne verdunkeln, von mächtigen Schwärmen, die aus der Entfernung für Berge gehalten werden, und die so ausgedehnt sind, dass Eisenbahnzüge stundenlang durch sie hindurchfahren. Auch bei uns kann man ähnliche, wenn auch nicht ganz so gewaltige Phänomene erleben. Die Schwärme bestehen anscheinend niemals aus Männchen und Weibchen in gleicher Menge, sondern jedes Geschlecht bildet eigene Schwärme. Die Männchen neigen in besonderem Masse zur Schwarmbildung; sie ist offenbar ein Mittel, durch das es den umherstreifenden Weibchen erleichtert wird, die Männchen zu finden. Die Weibchen werden vielleicht von den durch die Tausende von Flügeln hervorgerufenen Luftschwingungen angelockt oder durch den Anblick der schwirrenden Flügel, vielleicht aber auch durch das Gehör geleitet, wenn die Männchenschwärme die wohlbekannten hohen Töne hervorbringen. Bei manchen Arten schwärmen beide Geschlechter (s. auch *Anopheles* und *Aëdes*).

Es war lange Zeit unbegreiflich, wo sich die Männchen zu den ungeheuren Scharen blutsaugender Weibchen aufhalten, die die arktischen Gegenden, die Prärien, Labrador, Finnland und die Landstriche Sibiriens bevölkern. Alle Mücken, die man zu sehen bekommt, stechen, alle sind Weibchen; von den Männchen sieht man fast nie etwas. Jetzt steht es fest, dass in diesen Landstrichen die Männchen eine weit kürzere Lebensdauer haben als die Weibchen, und dass ihre Schwärme höher oben in der Luft stehen, oft so hoch, dass sie kaum sichtbar sind. Das stimmt mit Berichten aus anderen Gegenden überein; die Schwärme der Männchen schweben wohl regelmässig über dem Niveau, in dem sich die Weibchen aufhalten.

Die Schwärme, deren Entstehung wir beobachten können, bilden sich übrigens vorwiegend an oder über hochragenden Gegenständen. In älteren Zeiten geschah es gar nicht so selten, dass die Mannschaft zu den Spritzen gerufen wurde, weil Rauch aus dem Kirchturm aufstieg; die Feuerwehr lernte aber bald, dass nicht immer Feuer sein muss, wo Rauch ist, sondern dass dieser häufig nichts Anderes ist als Mücken, die im Tanz um die Kirchturmspitze wirbeln. Wenn an stillen Sommerabenden die Wiesen dampfen, kann man über jedem Heuschober oder freistehenden Baum einen tanzenden Schwarm schweben sehen; oft ist er klein und besteht nur aus wenigen Dutzenden von Mücken, oft aber dicht und kompakt wie Rauchsäulen. Geht man selbst auf der Wiese, so wird man sofort als »hervorragende Persönlichkeit« betrachtet. Man hat rasch über seinem Kopf einen Schwarm versammelt, der einem folgt, wohin man geht, und der sich während des Weitergehens schnell vergrössert. Handelt es sich um Stechmücken, so bestehen die Schwärme wohl stets aus Männchen. Es wird berichtet, dass man zuweilen beim Wandern in der Prärie von einem Schwarm von Männchen über dem Kopf und einem anderen Schwarm von Weibchen näher am Erdboden begleitet wird. Ferner wird angegeben, dass die Männchen einer südamerikanischen Art am Abend in die Häuser eindringen, wo sich die Weibchen bereits aufhalten. Zündet man dann Licht an, so sieht man zwei Schwärme, von denen der eine aus Männchen, der andere aus Weibchen besteht; ab und zu löst sich ein Weibchen aus seinem Schwarm los und dringt in den der Männchen ein.

Wenn man hierzulande die kleinen Männchenschwärme der Stechmücken und ihre Umgebung näher in Augenschein nimmt, so kann man nicht selten beobachten, dass von aussen und besonders von unten her grössere und plumpere Mücken in den Schwarm eindringen; das sind die angelockten Weibchen, die sofort von den Männchen gepackt werden, wenn sie in den Schwarm hineinkommen; dann gleiten beide zusammen in Paarungsstellung wieder aus dem Schwarm heraus. Man hat solche Schwärme eingefangen und nachgewiesen, dass zwischen vielen Hunderten von Männchen nur ganz vereinzelte Weibchen anzutreffen sind.

Man hört so oft die Bemerkung, dass schwärmende Mücken nicht stechen.

Das trifft für unsere Breiten und hier in Europa sicherlich im grossen und ganzen zu; die Mückenschwärme werden hauptsächlich von nicht stechenden Mücken gebildet: Bibioniden, Chironomiden, Corethrinen, sowie von Männchen der Culicinen. Es gilt jedoch nicht für die arktischen Gegenden und die Prärien. Schon LINNÉ hat im Bericht über seine Lapplandreise die ungeheuren Mückenschwärme des hohen Nordens und die Menschen und Tieren durch sie zugefügten Leiden lebhaft geschildert. Es handelt sich hier um Mitglieder von drei verschiedenen Familien: Simuliiden, Ceratopogoniden und Culiciden. Neuerdings hat THIENEMANN (1938) die Lebensbedingungen dieser riesigen Schwärme näher studiert. Die Tundren sind mit zahllosen Tümpeln bedeckt, die nur nach der Schneeschmelze Wasser enthalten; 240 Tage des Jahres sind sie von Schnee bedeckt. Das Wasser hält sich in ihnen mehrere Wochen, weil der Boden schon in einer Tiefe von 20–25 cm hartgefroren ist. Das Wasser in den Löchern hat oft eine Temperatur von 20–22° C. Die Mücken entwickeln sich hier sehr schnell und produzieren nur eine Generation im Jahr.

Ebenso schlimm lauten die Berichte aus den nordamerikanischen Prärien. HEARLE (1929) bezeichnet die Mückenplage in früheren Zeiten als eine furchtbare Pest; selbst grosse Stiere wurden von den Moskitos getötet. Die jungfräuliche Prärie bot ihnen überall in den zahllosen Wasserlachen die besten Lebensbedingungen. Die Entwicklung der Moskitos war von der Schneemenge und den grossen Regengüssen im Frühjahr abhängig. All diese Tümpel trocknen sehr schnell aus; das schadet aber der Entwicklung der Mücken nicht. Larven und Puppen brauchen zu ihrer Entwicklung nur etwa 54 Tage; die Überwinterung findet im Eistadium statt, und die Eier können 8 Monate langes Austrocknen vertragen. Auch wenn die Tümpel zufrieren, nehmen die Larven dadurch keinen Schaden; sie legen sich auf den Boden der Wasserlachen, wo sie lange ausharren können. Für die mit Mückenlarven gefüllten Löcher ist das massenhafte Vorkommen von Dytisciden-Larven charakteristisch, die vielleicht die furchtbarsten Feinde der Mückenlarven sind; es wird behauptet, dass in den Tümpeln auf je 5 Moskitolarven eine Dytisciden-Larve kommt. Man meinte früher, dass die zahllosen Mücken grosse Wanderungen unternehmen; später hat man festgestellt, dass das nicht der Fall ist. Die Schwärme sind in Wirklichkeit recht stationär; sie folgen nur den Wanderungen der grossen Blutspender. Das waren früher zweifellos die mächtigen Bisonherden. Jetzt haben sich die Zustände sehr gebessert. Durch Kultivierung der Prärien wurden zahllose Tümpel ausgetrocknet, die Erde ist poröser geworden, und das Wasser steht bei weitem nicht so lange in den Vertiefungen. Hier wie überall spielen nur wenige Arten eine grössere Rolle für Menschen und Tiere, in diesem Fall ein paar Arten der Gattung *Aëdes*. Mit vollem Recht sagt MARTINI (1924): »Mückenplage ist Aëdesplage«.

Während kein Zweifel darüber bestand, wo die Mücken in der Prärie ihre Blutnahrung hernehmen, war es lange rätselhaft, wo die Blutquelle für die Mückenschwärme in den arktischen Gegenden zu suchen ist; grosse Säugetiere sind hier allzu selten. THIENEMANN (1938) hat jüngst darauf aufmerksam gemacht, dass in Lappmarken in erster Linie die zahllosen kleinen Nager Blutspender sind, besonders die Lemminge, von denen der Boden sozusagen wimmelt.

Sowohl in der Arktis wie in den Prärien kommt von *Aëdes* nur eine einzige Generation im Jahr zur Entwicklung; es existiert nur eine einzige zirkumpolare Generation. Die Eier entwickeln sich im Frühjahr, Larven- und Puppenstadium dauern 1–2 Monate. Dann entstehen die ungeheuren Schwärme, die im Laufe des Sommers die ausgetrockneten Lachen besäen, in denen die Eier nun 8–10 Monate lang, bald eingetrocknet, bald eingefroren, auf Frühjahr, Sonne und Regen warten. Die Männchen leben nur 2–3 Wochen, die Weibchen aber merkwürdig lange, nämlich 3–4 Monate. Man hat darauf aufmerksam gemacht, dass die Verkehrsmittel der Menschen daran schuld sind, wenn sich jetzt besonders in Amerika die Moskitos neue Domänen der Erde untertänig machen; die Mücken werden durch die Eisenbahn auf die Berge und durch die Flussdampfer zu neuen Arealen hingeführt.

Während die Arten der Prärien wie gesagt keine grösseren Wanderungen unternehmen, führen die ebenfalls zur Gattung *Aëdes* gehörenden und besonders in Nordamerika berüchtigten Salt marsh-Moskitos solche Wanderungen aus. Sie wandern gegen den Wind; alle Individuen eines Schwarmes kehren den Kopf gegen die Windrichtung und sind also gleichmässig orientiert.

Eine eng mit der Schwarmbildung verbundene Erscheinung ist der wohlbekannte, schon erwähnte Sington, der von den Schwärmen ausgeht und in beträchtlicher Entfernung hörbar ist. Die einzelnen Arten singen sehr verschiedene Töne, z. B. *Anopheles* einen tieferen Ton als *Culex*; ebenso hat jedes der beiden Geschlechter seinen eigenen Sington. Der Ton der Männchen von *Stegomyia* hat angeblich 880, der der Weibchen nur 480 Schwingungen. Man kann die Mücken durch gewisse Töne anlocken, durch die nachweislich bestimmte Haare auf den Antennen in Schwingung versetzt werden.

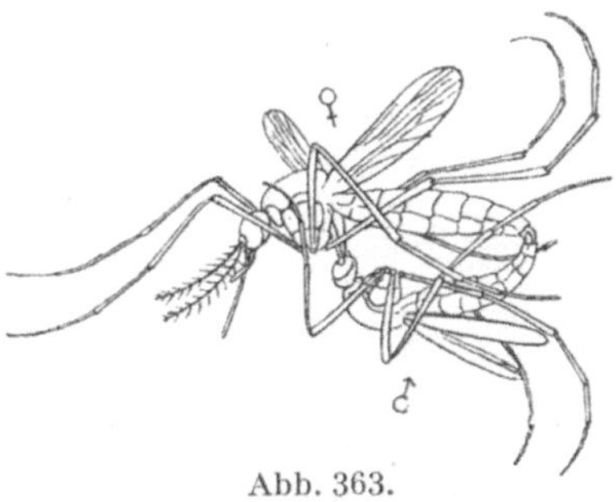

Abb. 363.
Stegomyia fasciata Fabr. in Paarung.

Paarung (Abb. 363). Bei der Paarung wenden die Tiere in den meisten Fällen die Hinterleibsspitzen gegeneinander; bei den Arten, deren Weibchen gezähnte Klauen haben, soll jedoch Paarung mit gegeneinander gerichteten Köpfen die Regel sein (HOWARD, DYAR und KNAB 1912). In den Fällen, wo die Hinterleibsspitzen gegeneinander gewendet sind und die Tiere also zusammen eine gerade Linie bilden, fliegen beide Geschlechter, das stärkere Weibchen übernimmt aber die Führung und zieht das Männchen hinter sich her.

Bei meinen Studien an dänischen Mücken hatte ich oft Gelegenheit, die Paarung zu beobachten, besonders bei *C. pipiens* L., *O. cantans* Meig., *O. communis* de Geer und *O. fletcheri* Coq. An einem schönen Herbstabend gegen Ende September schwebten im Schatten der Lindenbäume meines Gartens zahlreiche kleine Schwärme von *C. pipiens* L.; sie bestanden ausschliesslich aus Männchen. Die Anzahl der Tiere betrug um 6 Uhr nur ein paar Hundert, zwischen 7 und 8 Uhr ein paar Tausend. Die Schwärme hielten sich dauernd an derselben Stelle; sie waren gewöhnlich säulenförmig, etwa 2–3 m hoch und gegen 1 m dick, ungefähr 5–6 m über dem Erdboden. Die einzelnen Individuen flogen unaufhörlich im gleichen langsamen Tempo auf und nieder; ab und zu geriet der ganze Schwarm in höchste Erregung, die sich durch stark beschleunigtes Tempo bemerkbar machte. Im Laufe von etwa 2 Stunden sah ich ungefähr 50 mal grössere und dunklere Mücken von aussen her in gerader Linie in den Schwarm hineinfliegen; es schien, als würden sie von einer magischen Kraft angezogen, vermutlich von Tönen, die für mich nicht wahrnehmbar waren. Sobald Weibchen in den Schwarm eindrangen, bildeten sich gewissermassen Knotenpunkte in ihm; ein Männchen und ein Weibchen fielen dann sogleich aus dem Schwarm heraus, gelangten zusammen aufs Gras und vollzogen hier die Begattung, worauf beide davonflogen. Die eigentliche Begattung dauert nur wenige Sekunden.

An *O. fletcheri* Coq. konnte ich folgende Beobachtungen machen: Eines Sommerabends im Juni sass ich bei 20° C. an einem grossen Schilfdickicht bei Schloss Aalholm an der Südküste von Lolland; im Hintergrund standen Bäume, unter ihnen ein dichter Bewuchs von Brennesseln. Als ich kam, erhoben sich sofort grosse Scharen von *O. fletcheri* Coq. aus dem Schilf, die gelinde gesagt wild vor Blutdurst waren. Zahlreiche Männchen hingen mit den Vorderbeinen an den Rändern der Nesselblätter und beschrieben mit den frei in die Luft ragenden Hinterbeinen grosse Kreise; die Weibchen sassen unter den Blättern. An drei aufeinander folgenden Abenden beobachtete ich nun folgendes Phänomen: Ungefähr um halb acht, wenn die Schatten länger wurden und der Abendhimmel sich allmählich rötete, flogen die Männchen auf und begannen, auf und ab zu tanzen. Ihr Tanz ging nahe am Erdboden vor sich, nur 0,3 bis 0,5 m über den Nesseln. Nun wechselten die Weibchen ihren Platz; jetzt hingen sie an den Rändern der Nesselblätter und streckten ihre Hinterbeine aus, die entweder aktiv oder passiv durch den Abendwind bewegt wurden. Bei näherer Beobachtung konnte man sehen, dass alle Weibchen mit Blut gefüllt waren; ihr Hinterleib war prall gefüllt und schwarz von Blut. Sobald ein Männchen beim Tanz die schwingenden Hinterbeine eines Weibchens berührte, liess sich das Weibchen sogleich los; die Tiere paarten sich sofort und zwar stets in der Luft. Die Begattung dauerte etwa 50–70 Sekunden; die Tiere flogen dabei in vertikaler Richtung und tanzten nur etwa einen halben Meter. Der vertikale Tanz vor der eigentlichen Begattung dauerte nur wenige Sekunden; die Hinterbeine wurden dabei geradeaus gestreckt. Dann wurden sie einwärts gebeugt, sodass sie miteinander einen Bogen bildeten; hierauf fand die Paarung statt. Dann liessen beide Tiere einander los. Mehr als ein Mal sah ich, dass das Männchen alsbald ein neues Weibchen ergriff. Bacot (1916) gibt an, dass er ein Männchen von *Stegomyia fasciata* Fabr. beobachtet hat, das sich mit 10 Weibchen nacheinander paarte. Ich sah gleichzeitig gegen 20 Paare, die sich während des Fluges begatteten. Ich stand mit meinem Photoapparat in den Händen und konnte die Paare im Sucher sehen; leider war das Licht jedoch zu schwach, um eine Aufnahme zu machen. In diesem Fall ging also, wie wir sahen, die Blutaufnahme der Paarung voraus.

An Waldteichen, die Myriaden von Larven von *O. communis* de Geer und *O. prodotes* Dyar beherbergen, sah ich oft Hunderte von kleinen Schwärmen auf einmal, von denen jeder nur aus 20–50 Individuen bestand. Sie schwebten alle in den kleinen Lichtungen zwischen den Bäumen und waren nur sichtbar, wenn sie direkt von den Sonnenstrahlen getroffen wurden. Die Schwärme schwebten nicht höher als 2–3 m über dem Erdboden. Auch hier sah ich, wie die Weibchen horizontal in den Schwarm hineinsteuern, von einem Männchen ergriffen werden und mit ihm aus dem Schwarm zur Erde fallen.

Wie mir Herr Lehrer Kryger mitteilte, beobachtete er einmal Schwärme von je 200–400 Individuen über allen Schornsteinen der kleinen Stadt, in der er wohnte; es sah aus, als ob die Schornsteine rauchten. Herr Kryger ging auf sein Dach und fing die Mücken mit einem Netz; sie gehörten sämtlich zur Art *Theobaldia annulata* Schrank.

Blutsaugen, Ernährung. In vielen Fällen beginnen die Mückenweibchen anscheinend mit der Eiablage nicht unmittelbar nach der Paarung, sondern oft vergeht zwischen beiden Prozessen eine längere Zeit, bei überwinternden Mücken sogar ein halbes Jahr oder mehr. Es scheint, dass die Mücken Blut bekommen müssen, damit ihre Eier reifen. Bevor wir die Eiablage besprechen, müssen wir uns daher mit der Ernährung der Mücken beschäftigen.

Dieses Thema hat schon viele Federn in Bewegung gesetzt; Ärzte und Naturforscher sind daran gleichermassen interessiert. Es ist nicht zu leugnen, dass das Problem noch viele Rätsel bietet. Untersuchungen in den verschiedensten Teilen der Erde haben bis jetzt folgendes ergeben:

Es gibt besonders in den Tropen zahlreiche Arten, die überhaupt kein Blut saugen, sondern bei denen sich beide Geschlechter von Honig oder von aus Pflanzen ausgeschwitzter Flüssigkeit u. dgl. ernähren; manche Mücken stechen Pflanzen an, um ihren Saft zu saugen.

Wir wissen, dass bei ausserordentlich vielen Arten die Weibchen gewöhnlich Blutsauger sind, die Männchen aber nicht. Wenn die Männchen überhaupt Nahrung zu sich nehmen, so saugen sie Honig und sind auf Blüten oder Baumstämmen anzutreffen, die aus Verletzungen in der Rinde Saft ausschwitzen; zum Blutsaugen sind ihre Mundteile nicht fähig. Manchmal werden Blutsauger auch durch meteorologische Bedingungen gezwungen, zeitweilig zu Honigsaugern zu werden. Im Jahre 1920 fiel die Temperatur gerade zu der Zeit, als die Imagines von *Ochlerotatus communis* de Geer und *O. prodotes* Dyar ausschlüpften, auf 6–8° C. Rings um die Teiche sassen grosse Mengen von Mücken im Grase; gleichzeitig standen Taraxacum und Cerasus padus in voller Blüte. Ich fand in fast jedem Taraxacum-Korb auf den Wiesen 1–2, zuweilen auch 3–4 Weibchen von *O. communis* de Geer, und sah ihren Rüssel in eine Blüte nach der anderen hineintauchen. Im Juli und August 1920 waren die Wiesen von ungeheuren Scharen von *O. lutescens* Edw. und *O. cantans* Meig. belebt, deren Blutdurst furchtbar war; eigentümlicherweise war der Hinterleib fast all dieser blutdürstigen Mücken prall mit wasserheller Flüssigkeit gefüllt. Drückte man sie zwischen den Fingern, so kam ein klarer, süsschmeckender Tropfen heraus, der zweifellos nichts anderes als Blütenhonig war. Bei niedriger Temperatur spielt Blumennahrung sicher eine weit grössere Rolle für das Individuum, als wir bisher ahnten.

Es ist eine höchst merkwürdige Tatsache, dass Arten in grossen Bezirken ihres Verbreitungsgebietes kein Blut saugen, während sie in anderen Gebieten ausgeprägte Blutsauger sind. *C. territans* Theob. ist in Nordamerika ein furchtbarer Plagegeist für Menschen und Tiere, während die Art in Europa angeblich überhaupt kein Blut saugt, wenigstens nicht auf Menschen (Smith und Felt 1904, Eckstein 1918, Prell 1919 u. a.).

Von den Mücken unserer heimischen Fauna saugt *Culicella morsitans* Theob. anscheinend kein Blut (Theobald 1901—1910, Schneider 1914). Ich selbst bin von ihr niemals gestochen worden, obwohl dazu reichlich Gelegenheit war. Über *Theobaldia annulata* Schrank und *Culex pipiens* L. s. unten.

Alle einheimischen Arten von *Aëdes* sind Blutsauger, die uns den Aufenthalt im Wald und auf Wiesen zur Qual oder unmöglich machen. Wenn man die Mückenplage ein paar Jahre lang regelmässig beobachtet, bemerkt man indessen, dass sie in unseren Himmelsstrichen kaum länger als vielleicht anderthalb bis zwei Monate dauert. Im übrigen ist sie nur bei bestimmter Temperatur und bei einem gewissen Feuchtigkeitsgrad wirklich quälend, und zwar ist sie stets am schlimmsten bei hoher Temperatur und hohem Feuchtigkeitsgehalt. Die ärgste Plage beginnt gewöhnlich 8–10 Tage nach dem Ausschlüpfen der grossen Schwärme und zwar meist zuerst im Wald, etwas später, Mitte Juli, auf den Wiesen und zuletzt am Strand, wenn die »Salt marsh-Moskitos« ausgeschlüpft sind.

Die weitaus meisten Stechmücken fallen Menschen und Säugetiere an; eine nicht unbeträchtliche Anzahl von Arten saugt Blut von Vögeln, besonders Wasservögeln, aber auch von Sperlingen, Hausgeflügel usw. Man kennt ebenfalls Arten, die Blut von Kaltblütern (Insekten, Fischen, Amphibien und Reptilien) saugen. Manche Mücken haben eine Vorliebe für ganz bestimmte Geschöpfe. Die Gelbfiebermücke (*Stegomyia fasciata* Fabr.) hält sich unter normalen Bedingungen ausschliesslich an Menschen, ja es scheint sogar, als ob sie bestimmte Rassen bevorzugt.

Das Blutbedürfnis der Mückenweibchen ist an und für sich schwer zu erklären; man neigt zu der Ansicht, dass diese Eigenschaft nicht ursprünglich angeboren, sondern im Laufe der Zeit durch Anpassung erworben ist. Die Mücken haben zu einem gewissen Zeitpunkt ihre ursprüngliche Ernährungsweise geändert, ebenso wie z. B. die Nestorpapageien auf Neuseeland nach Einführung der Schafherden Blutsauger und Fleischfresser geworden sind. Über die Bedeutung des Blutsaugens für die Eiablage s. bei *Anopheles* (S. 454). Hier sei nur erwähnt, dass man echte Blutsauger 8 Wochen lang ausschliesslich mit Bananennahrung halten kann, woraus hervorgeht, dass Blut für das einzelne Individuum keineswegs eine Vorbedingung zur Erhaltung des Lebens ist. Das Individuum kann sehr wohl bei vegetarischer Kost bestehen. Befruchtete Weibchen werden an der Eiablage verhindert, wenn man ihnen 23–102 Tage lang nur Honig gibt; erhalten sie dann Blut, so kommt sofort die Eiablage in Gang. Honig verlängert also das Leben des Individuums, ist aber für die Erhaltung der Art unvorteilhaft; umgekehrt verkürzt Blutnahrung das individuelle Leben, begünstigt aber die Erhaltung der Art, weil sie die Eiproduktion fördert. Weiterhin wurde nachgewiesen, dass der zwischen Blutaufnahme und Eiablage verstreichende Zeitraum bei den einzelnen Arten ausserordentlich stark schwankt (bei einer Art 4–5, bei einer anderen 1–8 Tage). Unsere gewöhnliche Stechmücke verdaut das aufgenommene Blut im Laufe von 3 Tagen. Erst nach der Blutaufnahme bildet sich Dotter in den Eizellen. Gewöhnlich sind mehrere Mahlzeiten erforderlich, um die Gesamtmenge der Eier zur Reife zu bringen; je weiter die Entwicklung der Eier fortschreitet, umso mehr nimmt die Menge des Blutes ab.

Neuere Untersuchungen (Hecht 1933) haben ergeben, dass mindestens zwei Arten, nämlich unsere gewöhnliche Stechmücke, *Culex pipiens* L., und *Stegomyia scutellaris* Theob. ihre Eier sehr wohl ohne Blutnahrung zur Reife bringen können. Ferner wird darauf aufmerksam gemacht, dass die Mücken, deren Larven als Raubtiere leben (*Megarrhinus*, *Mochlonyx*, *Corethra* u. a.), niemals Blutsauger sind. Anscheinend brauchen die Culiciden, die im Larvenstadium Blut bekommen, als geschlechtsreife Tiere kein Blut mehr zur Reifung der Eier.

Bei der Ernährung der Mücken drängt sich noch eine weitere Frage auf. Wenn die Mücken ursprünglich keine Blutsauger waren, wie sind sie dann auf die zum mindesten verzweifelte Idee gekommen, es zu werden? Goeldi (1902–05) hat versucht, diese Frage zu beantworten. Er weist darauf hin, dass besonders in den Tropen kleine Fliegen und verwandte Insekten jede nässende Wunde an Menschen und Tieren bedecken, um die Flüssigkeit aufzusaugen, und dass vor allem die Augenlider mit Fliegen besetzt werden, wo sie Entzündungen hervorrufen, die wieder andere Insekten anlocken. Damit ist der Weg vorgezeichnet, den die Mücken genommen haben. Sie lebten ursprünglich von süssen Säften; dann lernten sie das Blutserum aus Wunden kennen. Von hier war es nur ein Schritt bis zu Bekanntschaft mit dem Blut selbst und zur weiteren Ausbildung zu richtigen Blutsaugern. Die Männchen blieben auf dem Blutserum-Stadium stehen; die mit kräftigeren Mundteilen ausgerüsteten Weibchen gingen jedoch weiter. Zuerst war die Blutnahrung für sie eine für die Ernährung der Eier vorteilhafte Annehmlichkeit; dann aber wurde sie, was sie anscheinend jetzt für viele Arten ist: eine unentbehrliche Notwendigkeit.

Die alte Anschauung, dass der Stich weniger schmerzhaft ist, wenn man die Mücke ruhig stechen lässt, hat sicher etwas für sich. Das Gift wird wahrscheinlich nur in dem Augenblick in den Wundkanal eingeträufelt, wenn die Mücke Blut haben will, und mit der Blutflüssigkeit zusammen wieder aufgesaugt. Die Reizung wird daher geringer, wenn man der Mücke gestattet, fertig zu saugen. Über Eiablage siehe bei *Culicinae* und *Anophelinae*.

Larven (Meinert 1886). Es liegt nahe, bei Besprechung der Stechmückenlarven mit der Larve unserer gewöhnlichen Stechmücke (*Culex*) zu beginnen. An der lebenden Mückenlarve fallen vor allem die paarigen, symmetrisch angeordneten Haare auf, die nach ganz bestimmten, aber bei den einzelnen Arten durchaus verschiedenen Regeln auf dem Körper der Larve angeordnet sind. Sie bilden daher wichtige Artmerkmale; es würde indessen hier zu weit führen, näher darauf einzugehen.

Die etwa 1 cm langen, fusslosen Larven bestehen aus dem Kopf, dem Thorax, dessen drei Ringe miteinander verwachsen sind, und der beträchtlich breiter ist als der Kopf, und aus dem schmalen Hinterleib, dessen Ende gegabelt erscheint; den oberen Gabelast bildet die Atemröhre, den unteren das letzte Hinterleibssegment, das schräg zum übrigen Körper steht. Der Kopf trägt ein Paar grosse, gebogene, aber nur wenig bewegliche Antennen, deren Länge und Behaarung bei den einzelnen Arten sehr verschieden sind, ferner Mundteile und Augen; letztere sind bei jungen Larven nur kleine, schwarze Punkte. Auf den späteren Stadien werden die Komplexaugen des entwickelten Insekts als grosse, halbmondförmige Flecke angelegt. Über die Mundteile (Abb. 364–367) ist folgendes zu bemerken: Die Oberlippe besteht aus drei Teilen, einem unpaaren mittleren und zwei seitlichen, freistehenden Zipfeln, die mit grossen Büscheln brauner Haare besetzt sind; sie bilden die sog. Strudelorgane; sie können zusammengefaltet werden, wenn sie nicht in Gebrauch sind. Bei den Formen, die ihre Nahrung im freien Wasser finden (Plankton, Detritus), sind die Haare weich, zahlreich und oft sehr lang; dagegen bilden sie bei denen, die am Boden nach Nahrung suchen, kurze, dicke Borsten, von denen die inneren häufig dicker und steifer als die anderen und mit einer Reihe von Zähnen versehen sind (Abb. 368–370).

Merkwürdigerweise war man sich bisher nicht recht klar darüber, in welcher Weise die Mückenlarven ihre Nahrung fangen. Ich habe besonders die Verhältnisse bei der *Taeniorhynchus*-Larve studiert. Unter der Oberlippe liegen die Mandibeln, die mit 5 grossen, starken Borsten, zwei feinen Haarkämmen und unten mit einigen kräftigen Zangen versehen sind. Unter den Mandibeln liegen die Maxillen, die man am besten als ein Paar grosse, flache Platten bezeichnen kann; sie können hochgeschlagen werden und den gesamten Mund- und Fangapparat verschliessen, wenn er nicht gebraucht wird.

Wenn die Mücke fressen will, schlägt sie zunächst die Maxillen abwärts, sodass sie wie eine Platte senkrecht vom Kopf abstehen; dann richten sich die Strudelorgane auf und beginnen sofort zu schlagen. Dabei geht eine wellenförmige Bewegung durch sie hindurch, die im horizontalen Teil von aussen nach innen und im vertikalen von oben nach unten verläuft. Sowie sich die Strudelorgane in Bewegung setzen, beginnen die Mandibeln, wie die beiden Arme einer Schere unaufhörlich vor- und zurückzugleiten; die erwähnten 5 grossen Borsten hauen in die vertikalen Stücke der Strudelorgane hinein und kämmen gewissermassen die darauf sitzenden Partikel ab, die zur Mundhöhle hingetrieben werden. Bevor sie aber in die Mundhöhle

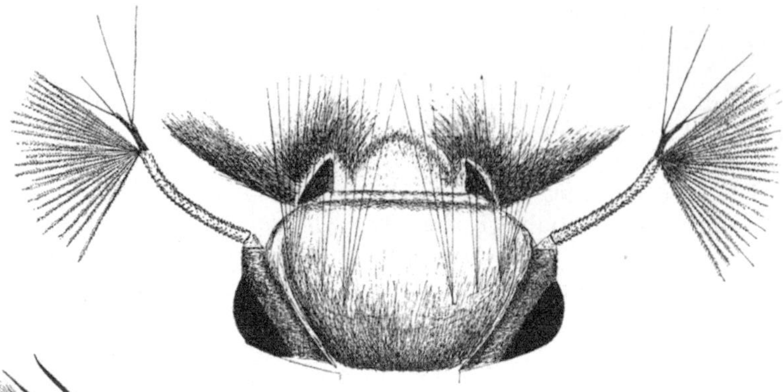

Abb. 364.

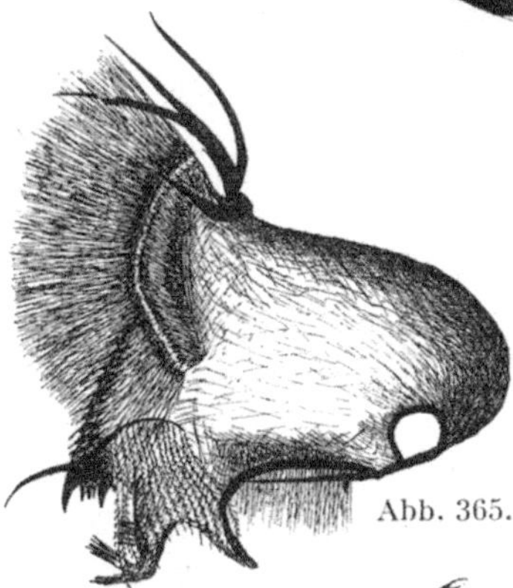

Abb. 365.

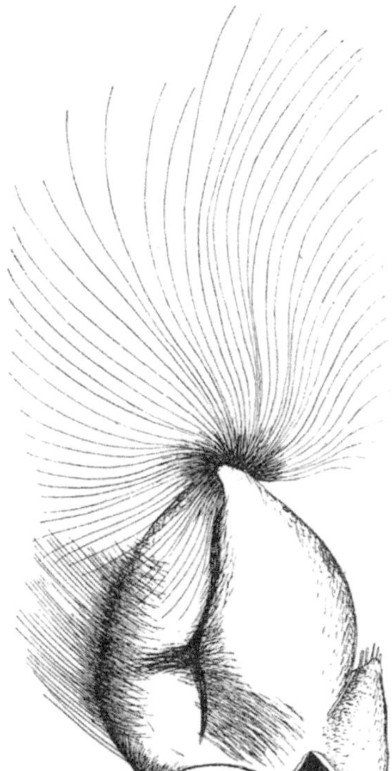

Abb. 366.

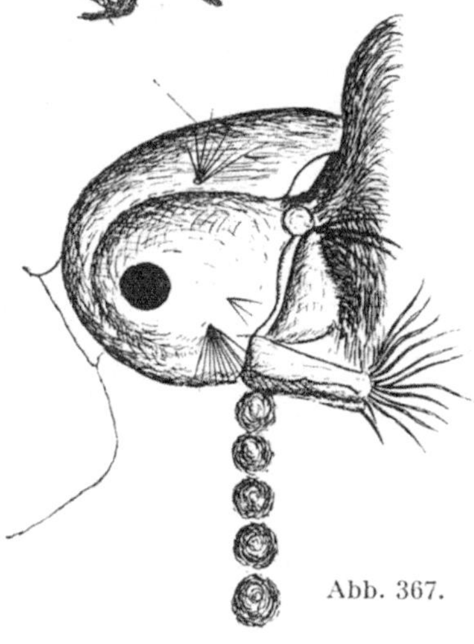

Abb. 367.

Culicella morsitans Theobald. Larve.

Eine planktonfangende Oberflächenform.

Abb. 364. Kopf. Man beachte die grossen Strudelorgane und die grossen Haarbüschel auf den Antennen.

Abb. 365. Mandibel. Man beachte die grossen Kammborsten und die Haarsäume.

Abb. 366. Maxille mit dem grossen Fächer.

Abb. 367. Kopf einer planktonfangenden Larve. Man sieht, wie die Kämme der Mandibeln die Strudelorgane abbürsten, und wie grosse Teile des eingefangenen Materials als Kugeln durch ein Loch zwischen den Maxillen ausgestossen werden. W-L. del.

gelangen, werden sie einer eigentümlichen Auslese unterzogen. Wenn die Strudelorgane eine Zeitlang in Bewegung waren, fliesst, wie Abb. 367 zeigt, ein ununterbrochener Strom von runden Kügelchen durch ein Loch zwischen den beiden zusammenstossenden Kiefern; die Kügelchen schweben kurze Zeit im Wasser und sinken dann zu Boden. Bei Untersuchung dieser Klümpchen ergibt sich, dass sie hauptsächlich aus Detritus bestehen, während der Darmkanal vorwiegend Algen enthält. Die Tiere sind also imstande, die zugeführten Partikel zu unterscheiden und die für sie brauchbaren auszuwählen. Durch ähnliche Beobachtungen an Bryozoen und Rädertierchen sowie durch Untersuchung des Darminhaltes von Planktonorganismen wurde es klar, dass gewisse Komponenten des Nannoplanktons mindestens im Süsswasser eine weit grössere Rolle für die Ernährung spielen als der schwebende Detritus; wie es sich mit dem am Boden abgelagerten Detritus verhält, weiss man vorläufig nicht.

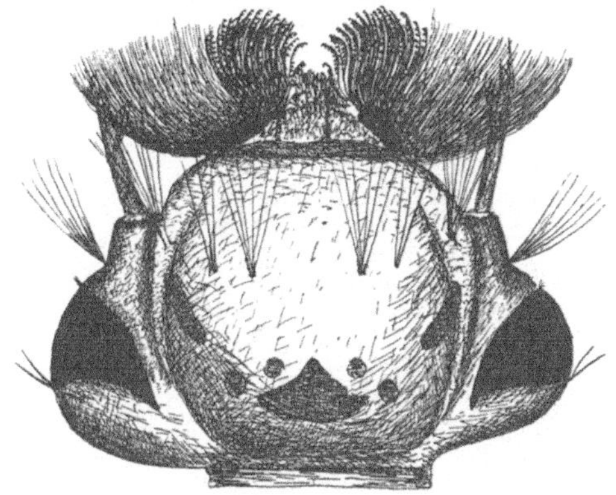

Abb. 368.

Abb. 369.

Abb. 370.

Abb. 368–370. *Theobaldia annulata* Schrank. Bodenform. Kopf, Mandibel und Maxille. Man beachte die Hakenborsten der Strudelorgane, die kräftigen Zähne der Mandibel und die Bürste der Maxillen. Das Tier sucht seine Nahrung auf Pflanzen und auf dem Boden. W-L. del.

Die von Raub lebenden Mückenlarven (Abb. 371–373) haben sehr umgebildete Mundteile; Strudelorgane fehlen, die Mandibeln und Maxillen sind dolchförmig (*Psorophora*) (Taf. XI, Abb. 2).

Der Thorax ist in Wirklichkeit aus drei Ringen zusammengesetzt, die aber so stark miteinander verschmolzen sind, dass er wie aus einem einzigen Stück erscheint; auch er trägt sehr lange Haare, die von bestimmten Stellen nach vorn und nach den Seiten herausragen. Die grossen in den Darm mündenden Leberdrüsen scheinen als grosse, dunkle Flecke durch die Haut. Am Hinterleib sitzen an den Seiten jedes der 9 Segmente einige Borsten. Das 8. Hinterleibssegment trägt die schräg aufwärts gerichtete Atemröhre, in der die beiden den ganzen Körper durchziehenden, langen Tracheen ausmünden. Sie läuft in 5 Spitzen aus (Abb. 374), die je nach Bedarf kegelförmig um die Spirakula zusammengelegt oder sternförmig ausgebreitet werden. Die Atemröhre ist bei den einzelnen Arten von sehr verschiedener Länge und mit einem eigentümlichen Haargebilde, dem sog. Pecten, versehen. Andere Haargebilde auf dem 8. Hinterleibssegment werden als »comb« bezeichnet. An der Spitze des schrägstehenden letzten Hinterleibssegmentes liegt der After; über ihm sitzen einige lange Borsten, unter ihm ein aus zahlreichen Borsten bestehender, ausserordentlich schöner Schwimmfächer, der als Bewegungsorgan dient. Am After sitzen ausserdem vier Rektalkiemen, dünnhäutige Blätter mit Tracheen, deren Länge nicht nur bei den einzelnen Arten sehr verschieden ist, sondern auch innerhalb ein und derselben Art variiert. Die Rektalkiemen der Salt marsh-Moskitos sind stets kurz.

Wie leben nun derartig gebaute Tiere? Die Larve ist meistens schwerer

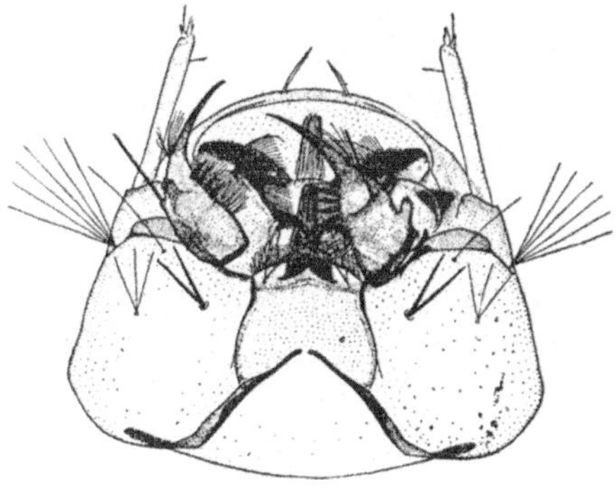

Abb. 371.

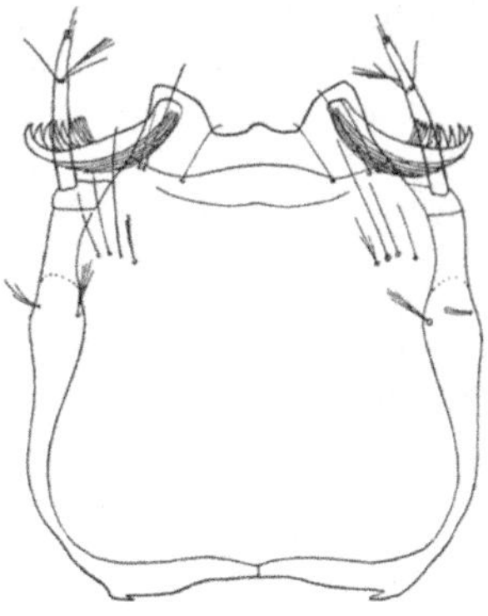

Abb. 373.

Mundteile von carnivoren Mückenlarven.

Abb. 371. *Sabethinus undosus* Coquillett. Nach Dyar, H. und Knab, F. 1912.

Abb. 372. *Lestiocampa rapax*. Nach Dyar, H. und Knab, F. 1912.

Abb. 373. *Megarrhinus*. Kopf von oben gesehen. Strudelorgane fehlen. Mandibeln sehr kräftig. Nach Martini, E. 1930.

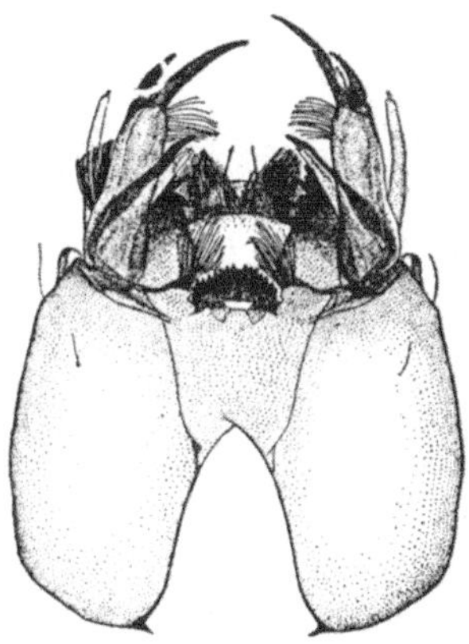

Abb. 372.

als Wasser; vertreibt man sie von der Oberfläche, so sinkt sie gewöhnlich infolge ihres eigenen Gewichtes zu Boden. Dennoch wissen wir, dass die eigentliche Heimstätte der meisten Larven die Oberfläche ist, von der sie während des Sommers bei Tag und Nacht senkrecht herabhängen. Sie sind nicht, wie viele andere Larven an der Unterseite des Oberflächenhäutchens hydrostatisch gestützt. Will die Larve vom Boden zum Wasserspiegel emporkommen, so treibt sie sich durch starke Schläge mit dem Schwimmfächer und Biegung des Körpers in Form eines liegenden Fragezeichens schräg aufwärts. Die erwähnten 5 Spitzen der Atemröhre, die unter Wasser zusammengeklappt sind, durchstossen den Wasserspiegel und breiten sich jetzt automatisch sternförmig auf ihm aus. Hierdurch entsteht eine kleine, napfförmige Vertiefung, die das Oberflächenhäutchen abwärts drückt, ohne es zu zerreissen. Die in dieser Weise an der Oberfläche aufgehängte Larve atmet durch die Atemröhre, deren Klappen sich automatisch geöffnet haben. Schneidet man einer Mückenlarve den Kopf ab, so steigt der Hinterleib im allgemeinen in die Höhe; wenn seine Spitze den Wasserspiegel berührt, entfalten sich die Klappen im gleichen Augenblick. Dagegen geschieht die Losreissung von der Wasseroberfläche durch einen Willensakt (Montschadsky 1930).

Das Tracheensystem ist nicht nur Respirationsorgan, sondern hat ausserdem auch Bedeutung als hydrostatisches Organ. Als solches ist es abhängig: 1) von der Körperstruktur (die Fallgeschwindigkeit ist proportional des Gewichts der Larve), 2) vom Füllungszustand des Darmes (während einer Hunger-

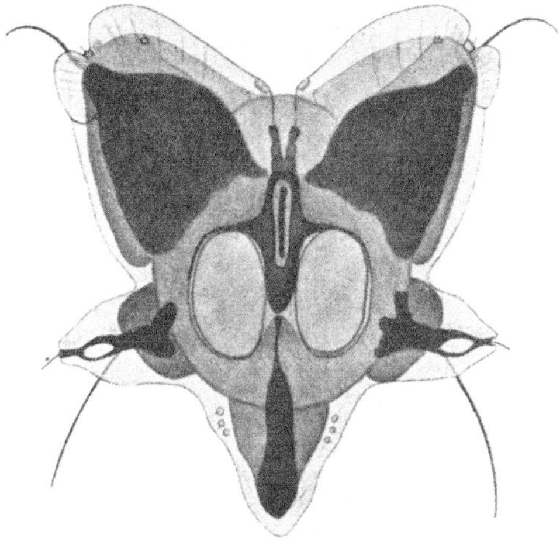

Abb. 374.

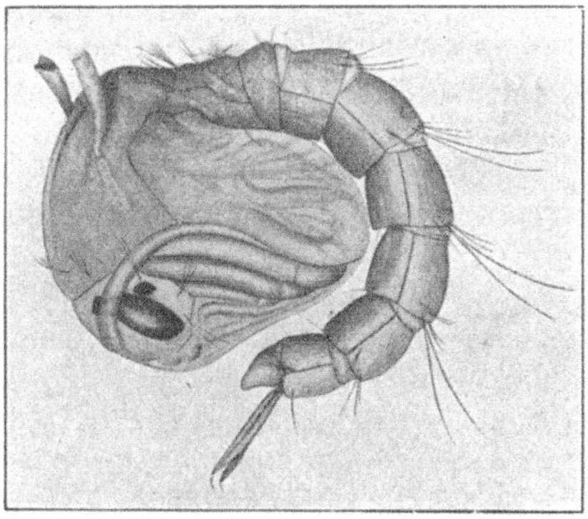

Abb. 376.

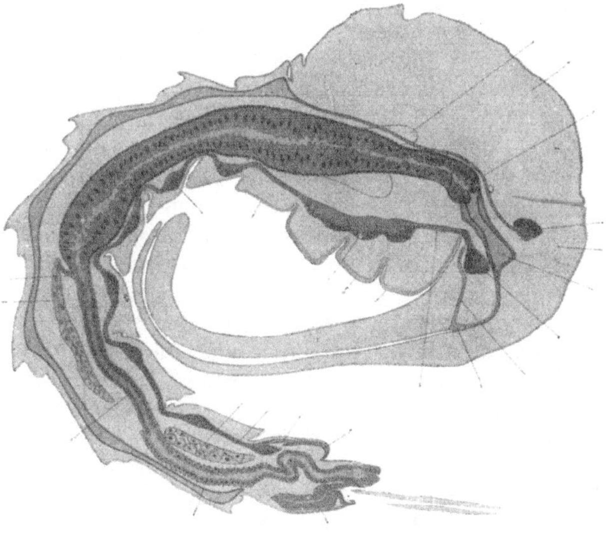

Abb. 375.

Abb. 374. *Aëdes* (*Ochlerotatus*) *communis* de Geer. Die Stigmalplatte der Larve. In der Mitte die zwei grossen, von 5 Klappen umgebenen Stigmen. Nach Montschadsky, A. 1930.

Abb. 375. Puppe von *Culex*, schematischer Longitudinalschnitt. Man sieht die grosse Luftkammer über dem Rüssel, die die grosse Luftkugel umschliesst. Nach Hurst, C. 1920.

Abb. 376. Puppe von *Culex restuans* Theob. Nach Howard, L., Dyar, H. und Knab, F. 1912.

periode schwebt die Larve zuweilen mitten im Wasser), 3) von der Luftmenge in den Tracheen, die bei den passiven Sink- und Steigbewegungen mitbestimmend wirkt. Die Atemröhre enthält immer Luft; sie funktioniert gewissermassen als Schwimmglocke und bewirkt, dass der Kopf der Larve bei ihrem senkrechten Aufstieg nach unten hängt. Die Larve von *O. rusticus* Rossi habe ich zuweilen mit einer Luftblase zwischen den Klappen abwärtssinken, dann mitten im Wasser stehen bleiben und schliesslich langsam wieder passiv in die Höhe steigen sehen. Es ist kaum zu bezweifeln, dass die Larve in diesen Fällen ihr Tracheensystem hydrostatisch ausnützt.

Sobald eine Larve die Oberfläche erreicht und die Klappen entfaltet hat, treten die Strudelorgane, die beiden seitlichen Zipfel der Oberlippe mit den grossen Haarbüscheln, in Funktion. Sie schlagen regelmässig wie ein Uhrwerk von aussen nach innen, bei einer Temperatur von ca. 20° C. etwa 100 mal in der Minute, und treiben dadurch zwei Wirbelströme gegeneinander, die kleine Partikel zum Munde hinführen. Die meisten Partikel gleiten vorbei, manche werden aber von den Mundteilen ergriffen. Nach einiger Zeit werden die Strudelorgane eingezogen, das Tier liegt eine Weile still, um dann wieder von neuem zu beginnen.

Wenn die ganze Oberfläche eines Aquariums mit Mückenlarven bedeckt ist und das Wasser Plankton und Detritus enthält, so kann man sehen, mit welcher Kraft die Tausende von Strudelorganen arbeiten. Die gesamte Wassermenge gerät nach und nach in rotierende Bewegung, am stärksten natürlich in der Schicht, in der die Strudelorgane herumwirbeln, und schwächer gegen den Boden des Aquariums hin. Allmählich klärt sich das Wasser, während sich der vorher reine Boden mit den Exkrementen von den Tausenden von Tieren bedeckt; aber nicht alles, was in die Reichweite der Strudelorgane gelangt, kommt in den Darm hinein.

Die Nahrung der Larve besteht hauptsächlich aus Plankton und dem im Wasser suspendierten oder am Boden angesammelten Detritus. Ein Teil des grünen Materials wird anscheinend nicht verdaut, sondern passiert den Verdauungskanal unbeschädigt; am besten werden offenbar Diatomeen und Flagellaten verdaut. Angeblich nützen die Larven auch gelöste Substanzen aus. Die Larve von *Anopheles* soll 11 Tage in sterilem Wasser leben und wachsen können. Es wird angegeben, dass Mückenlarven je nach ihrem Alter 200–1000 ccm Wasser pro Tag filtrieren; von anderer Seite wird jedoch behauptet, dass die Zahlen zu hoch sind, und dass nicht mehr als 100 ccm pro Tag filtriert werden. Karminkörnchen brauchen 30–45 Minuten, um den Darmkanal zu passieren (Hinnmann 1930, Senior White 1928 u. a.). Der Verdauungskanal zeigt die Eigentümlichkeit, dass sich vom hinteren, in den Mitteldarm eingestülpten Teil der Speiseröhre aus ein röhrenförmiger Vorhang, die sog. peritrophische Membran, bis zum After hin erstreckt und verhindert, dass grobe Nahrungspartikel in direkte Berührung mit der Darmwand kommen.

Die Strudelorgane stehen nicht nur im Dienste der Ernährung, sondern sind ausserdem auch Bewegungsorgane. Das Tier kann langsam unter der Oberfläche hingleiten, ohne sich loszulassen, indem es wahrscheinlich die Strudelorgane auf besondere Weise bewegt; seine Lage ist dabei meistens etwas mehr horizontal. Ab und zu sieht man eine der Larven ruhig die Klappen zusammenfalten und langsam zu Boden sinken. Es ist ein drolliger Anblick, wenn Tausende von Larven stocksteif an der Oberfläche hängen. Alles atmet tiefste Stille, nicht eine Larve rührt sich. Plötzlich scheint ein Sturm durch die ganze Schar zu fahren; ein paar von ihnen werden von Unruhe gepackt, stossen sich von der Oberfläche ab und puffen die anderen. Im Laufe weniger Sekunden sind grössere oder kleinere Gruppen in wilder Unordnung; dann kommt die Bewegung zum Stillstand, um an einer anderen Stelle von neuem zu beginnen.

Puppen (Abb. 375–376). Die Mückenlarven häuten sich anscheinend vier mal, während der vierten Häutung verpuppen sie sich. Die Puppen der meisten Culiciden ähneln einander; bei ihnen bestehen nicht die grossen Unterschiede wie bei den Larven der verschiedenen Arten. Der vordere Körperabschnitt der Puppe ist gross und plump, Kopf und Thorax sind verschmolzen. Er trägt vorn die grossen zusammengesetzten Augen, die im Gegensatz zu denen der meisten anderen Insektenpuppen wahrscheinlich durchaus funktionsfähige, vorzügliche Sehorgane sind; jedenfalls reagieren die Puppen sehr geschwind auf den Wechsel von Licht und Schatten. Der Hinterleib ist schmal, äusserst beweglich und teilweise unter den Vorderkörper eingeschlagen; er endet mit einem Paar übereinanderliegender, grosser Schwanzblätter, die einen bei den einzelnen Arten verschieden gestalteten Schwimmfächer bilden. Auf dem Rücken des Thorax sitzen zwei an der Spitze offene Atemröhren; auch sie sind ziemlich verschieden gebaut. Sie sind mit dem Cephalothorax gelenkig verbunden; die Verbindung erlaubt eine grosse Beweglichkeit. Wenn der Wasserspiegel in Bewegung gerät, schwingen die Atemröhren mit den Wellen, während die Puppe selbst vollkommen ruhig liegt. Das ist bei der Verwandlung zum fertigen Insekt von besonderer Bedeutung. Die Atemröhren fallen stets zuerst von den abgestreiften Mückenhäuten ab. Einige sind ausserordentlich widerstandsfähig; sie finden sich in Ablagerungen vorhistorischer Moore zuweilen in ungeheurer Menge und bringen uns Botschaft von den Mücken, deren Jugendstadien die Gewässer jener fernen Zeiten bevölkerten.

Auf dem ersten Hinterleibsring sitzt ein Paar eigentümliche, sternförmige Haare, die zur Befestigung des Tieres an der Oberfläche dienen. Die Puppen sind mit den Spitzen der beiden Atemröhren und dem Sternhaar an der Wasseroberfläche aufgehängt, die für die meisten von ihnen die eigentliche Heimat ist.

Während das Puppenstadium bei den meisten Insekten ein Ruhestadium ist, ohne oder jedenfalls mit stark herabgesetztem Bewegungsvermögen, ist die Mückenpuppe ein sehr bewegliches kleines Geschöpf. Sie ist im Gegensatz zur Larve fast stets leichter als Wasser und von wenigen Ausnahmen abgesehen an der Oberfläche zu Haus. Sie treibt sich mit ihrem Schwimmfächer in mächtigen Schlägen vorwärts; wenn sie sich in Gefahr glaubt, stürzt sie sich kopfüber ins Wasser hinunter. Sobald die Puppe aufhört, mit dem Schwimmfächer zu schlagen, steigt sie rasch wieder zur Oberfläche empor, besonders schnell gegen Ende des Puppenstadiums; sie kann sich jedoch, vor allem unmittelbar nach der Verpuppung, auch am Boden aufhalten und sich hier auf die Seite legen. Ihre Überkompensation beruht auf der merkwürdigen Tatsache, dass das grosse Kopfbruststück nicht so kompakt ist, wie es aussieht; es überdeckt einen umfangreichen Hohlraum, dessen Unterseite von Ober- und Unterlippe gebildet wird, die als lange, hinten gekrümmte Stäbe bis zu dem nach vorn gebogenen Hinterleib reichen, während die Seiten des Hohlraums durch die Scheiden der Flügel und Beine abgeschlossen werden. Der Hohlraum umschliesst eine im Verhältnis zur Grösse der Puppe sehr grosse Luftblase, die als Schwimmkörper wirkt und die Überkompensation der Puppe verursacht (Hurst 1920). An der Unterseite des ersten Hinterleibsringes liegen ein Paar grosse Stigmen; wenn die Puppe an der Oberfläche liegt, nimmt sie durch die Atemröhren Luft auf und gibt vermutlich einen Teil der respiratorisch verbrauchten Luft durch die Stigmen an die Luftkammer ab. Die Luft hat ausserdem wahrscheinlich die Aufgabe, die Puppe immer in einer bestimmten Lage zu halten, und zwar mit dem Rücken des Thorax nach oben. Dagegen wird die Luft wohl kaum hydrostatisch ausgenutzt. Das Puppenstadium ist von äusserst kurzer Dauer, höchstens 5–6 Tage, meist nur 2–3; dann und wann nur ein Tag. Das Tier nimmt weder in diesem Stadium noch unmittelbar vorher Nahrung zu sich.

Die Mückenpuppen machen indessen, so beweglich sie auch sind, im allgemeinen von ihrer Bewegungsfähigkeit nur sehr geringen Gebrauch. Sie liegen meist unbeweglich dicht nebeneinander und bedecken die Oberfläche unserer kleinen Teiche und Tümpel mit einer schwarzen Schicht. Solang das Wasser sowohl von Larven wie von Puppen bewohnt wird, setzen die lebhafteren

Larven zuweilen die Puppen in Bewegung; wenn aber der gesamte Bestand verpuppt ist, liegt die ganze Schicht so gut wie unbeweglich, während eine Mücke nach der anderen aus der Puppenhülle ausschlüpft. Die Puppen werden eigentlich nur durch zwei Faktoren veranlasst, sich zu rühren: erstens, wenn grosse, schwere Regentropfen aufs Wasser klatschen und Löcher in ihre Schicht schlagen, und zweitens durch die zur Gattung *Rhantus* gehörenden Schwimmkäferlarven, die anscheinend ausschliesslich von den Puppen leben. Die ungefähr 2 cm grossen, kohlschwarzen Larven mit schneeweissem Bauch schwimmen unmittelbar unter der Puppenschicht umher und schnappen eine Puppe nach der anderen. Wenn alle Mücken ausgeschlüpft sind, ist die Speisekammer leer; dann sind aber auch die *Rhantus*-Larven reif zur Verpuppung. Wie es scheint, gehören in unseren Mückenteichen Larven und Puppen der Mücken mit den *Rhantus*-Larven zusammen; sie entwickeln sich gleichzeitig und erreichen gleichzeitig das Puppenstadium.

Das Lokomotionsvermögen der Puppen zeigt noch eine andere Merkwürdigkeit. Sie sind offenbar nicht imstande, die Richtung ihrer Bewegung zu bestimmen; ein Schlag mit dem Schwanz führt sie nach allen Seiten, meistens jedoch vertikal abwärts.

Wenn die Zeit des Ausschlüpfens kommt, suchen wohl alle Puppen die Oberfläche auf. Kurz vor der Verwandlung bildet sich zwischen Puppenhaut und Mücke eine Luftschicht; die Luft wird aus den Stigmen der Imago ausgepresst und bewirkt das Anschwellen der Puppenhaut. Die Verwandlung beginnt damit, dass die Puppe ihren Körper erst zu einer geraden Linie ausstreckt und ihn dann zu einem abwärts gekrümmten Bogen biegt; in dieser Stellung ist sie durch die Spitzen der beiden Atemröhren und des Hinterleibes am Wasserspiegel befestigt. Auch der Rücken des Kopfbruststückes berührt die Wasseroberfläche und ragt über sie empor. Die Haut zerreisst durch den inneren Luftdruck in der Mittellinie des Thorax; die Tracheen reissen am Eingang zu den Atemröhren durch, die Haut des Cephalothorax entfaltet sich und wird ebenso wie die beiden Atemröhren durch das Oberflächenhäutchen über Wasser gehalten. Das Tier beginnt nun, während es zum Teil schon mit der atmosphärischen Luft in Verbindung steht, grosse Mengen Luft zu schlucken. Der Körper schwillt auf, und langsam gleitet die Mücke aus ihrer Hülle heraus. Die Luft wird in die drei oben erwähnten kropfartigen Erweiterungen der Speiseröhre hineingepumpt, die während des Puppenstadiums noch keine Luft enthalten, nach der Häutung dagegen stark aufgeblasen sind. Die mittlere Aussackung wird später, während des Luftlebens der Mücke, als Nahrungsreservoir gebraucht, während die beiden seitlichen auch weiterhin mit Luft gefüllt bleiben. Der ganze Prozess des Ausschlüpfens dauert höchstens 5 Minuten.

Anophelini.

Die Anophelinen sind in erster Linie daran zu erkennen, dass die Kiefertaster bei beiden Geschlechtern ebenso lang sind wie der Rüssel, und dass ihre beiden Endglieder bei den Männchen erweitert sind. Der Hinterleib ist nicht beschuppt. Die Larven haben keine Atemröhre, sondern sitzende Stigmen; sie liegen wagerecht unter der Wasseroberfläche.

Die Gruppe der Anophelinen umfasst nur wenige Gattungen; die Hauptgattung *Anopheles* mit etwa 170 Arten ist über den grössten Teil der Erde verbreitet, die meisten sind tropisch oder subtropisch. In Europa gibt es ungefähr zwei Dutzend Arten; nördlich der Alpen kommen fast ausschliesslich die drei Arten *A. maculipennis* Meig., *A. bifurcatus* Meig. und *A. nigripes* Staeger vor. Die Anophelinen sind bekanntlich Überträger der Malaria; die Krankheit wird in Europa hauptsächlich durch *A. maculipennis* übertragen, mit deren Biologie wir uns im folgenden ganz besonders beschäftigen werden. Zuvor einige Bemerkungen über Eier, Larven und Bau der Puppen bei den Anophelinen im Allgemeinen.

Allgemeine Bemerkungen. Eier (Abb. 377). Während der Eiablage steht das Weibchen auf dem Wasserspiegel; die Eier werden einzeln abgelegt, verbinden sich aber gewöhnlich zu kleinen sternförmigen oder dreieckigen Gruppen. Sie entwickeln sich an der Wasseroberfläche und besitzen im Gegensatz zu den Eiern fast aller anderen Culiciden Schwimmvorrichtungen, die das Untersinken verhindern. Die Eier sind kahnförmig; ihre Schale ist mit Luftkammern und häufig auch mit einem ringsherumlaufenden Schwimmrand versehen. Ausserdem ist die ganze Oberfläche des Eies oft mit Chitinnägeln besetzt, die luftgefüllte Zwischenräume umschliessen. Diese Gebilde, Luftkammern und

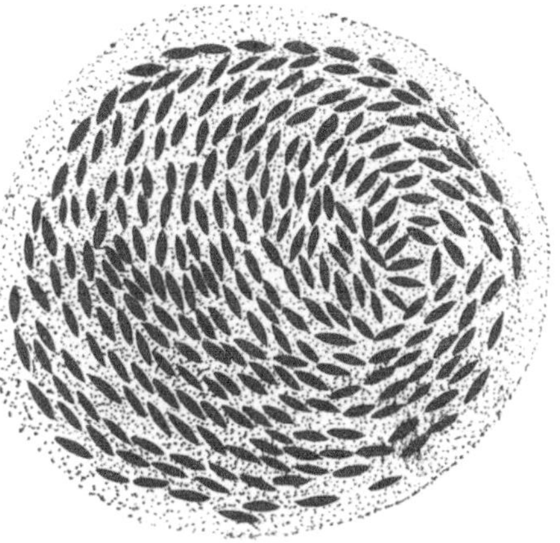

Abb. 377. Links: Eierscheibe von *Corethra plumicornis* F. W-L. del.
Rechts: Eier von *Anopheles* Meig. Vergr. Nach Howard, L. 1900.

Schwimmringe, sowie Struktur und Farbe der Schale weichen bei den einzelnen Arten so sehr voneinander ab, dass viele von ihnen im Eistadium am leichtesten zu erkennen sind.

Die Larven (Abb. 380 a) sind ausgesprochene Oberflächentiere; sie unterscheiden sich von anderen Culiciden-Larven dadurch, dass sie nicht wie diese senkrecht von der Wasseroberfläche herabhängen, sondern wagerecht ausgestreckt unter ihr liegen. Diese Haltung wird unter anderem durch die für die Anophelinen charakteristischen Haare der Larve ermöglicht; aber auch in anderer Hinsicht sind die Larven stark abgeändert.

Ihr Kopf (Abb. 380 c–381) ist länger als breit. Die Mundteile sind im grossen und ganzen ebenso gebaut wie bei den übrigen Culiciden-Larven; die Strudelorgane sind jedoch kompakter, nach unten gebogen und hängen wie ein Schnurrbart über die anderen Mundteile herab. Der Kopf ist ferner dadurch bemerkenswert, dass er um 180 Grad gedreht werden kann, ohne dass die Larve den übrigen Körper bewegt; die Dorsalseite des Kopfes liegt dann unten, die Ventralseite oben. Bei dieser Stellung treten die Strudelorgane in Funktion und bürsten die Unterseite des Wasserspiegels ab. Wir haben dieselbe Art der Nahrungsaufnahme bei den *Spercheus*-Larven beschrieben; während aber *Sper-*

cheus mit dem Bauch nach oben unter der Wasseroberfläche hinwandert, begnügt sich *Anopheles* damit, den Kopf herumzudrehen. Im übrigen kann auch die Larve von *Anopheles* unter dem Wasserspiegel hingleiten. Brust und Hinterleib sind mit langen, vorwärtsgerichteten, gebogenen Haaren besetzt, die im Gegensatz zu denen anderer Culiciden grösstenteils gefiedert sind. Die Haare wirken als Ausleger und verhindern das Untersinken; ausserdem ist

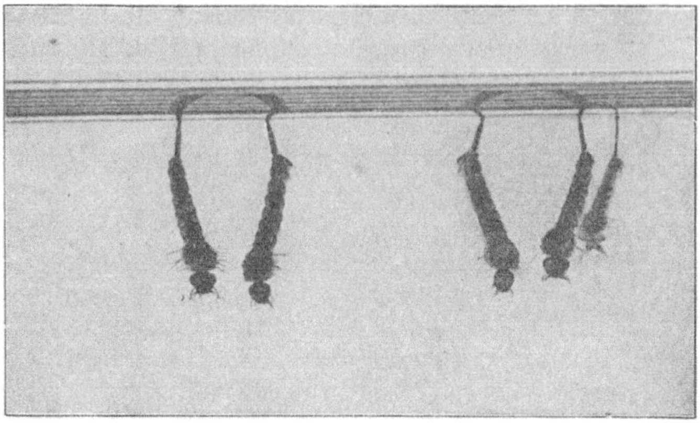

Abb. 378. *Culex*-Larven am Wasserspiegel aufgehängt; vertikale Haltung. Nach Giles, G. 1902.

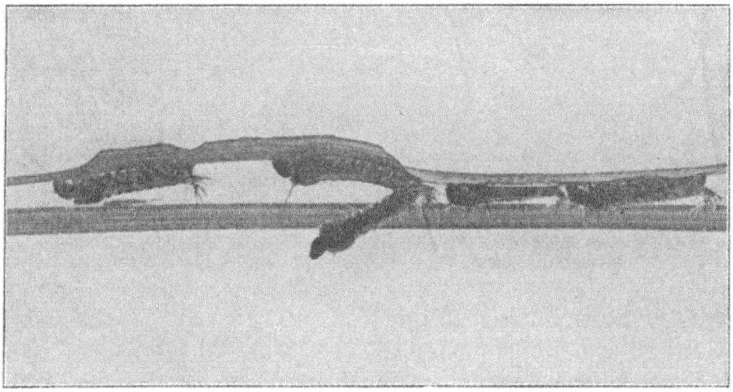

Abb. 379. *Anopheles*-Larven am Wasserspiegel aufgehängt; horizontale Haltung. Nach Giles, G. 1902.

aber der Rücken des ganzen Körpers mit Organen besetzt, die ebenfalls die Larve an der Oberfläche festhalten. Zunächst finden sich auf dem Prothorax zwei eigentümliche, retraktile, zweizipflige, hyaline Gebilde, durch die der Vorderleib des Tieres am Oberflächenhäutchen klebt; will das Tier die Oberfläche verlassen, so stellt es die Organe hochkant und stösst sich dadurch von der Wasseroberfläche ab (Iyengar 1928). Auf dem Rücken des 3. bis 7. Abdominalsegments sitzen palmate Haare, die gleichfalls als Aufhängeapparate dienen; ebenso wirkt die grosse Respirationsschale. Atemröhren sind bei den *Anopheles*-Larven nicht vorhanden; schon hieran kann man sie von anderen Culiciden-Larven unterscheiden. Am Boden der Respirationsschale liegen die beiden Stigmen; sie sind von Klappen und unbenetzbaren Haargebilden umgeben, die das Oberflächenhäutchen durchbrechen, wenn die Larve den Wasserspiegel berührt, sodass das Tracheensystem sofort in Kontakt mit der atmosphärischen Luft kommt.

Die nicht im Wasser überwinternden Larven leben fast ausschliesslich an der Oberfläche. Sie können in horizontaler Lage unter ihr hingleiten; werden sie erschreckt, streben sie nicht sogleich nach unten wie die *Culex*-Larven, sondern schlängeln sich erst unter dem Wasserspiegel hin.

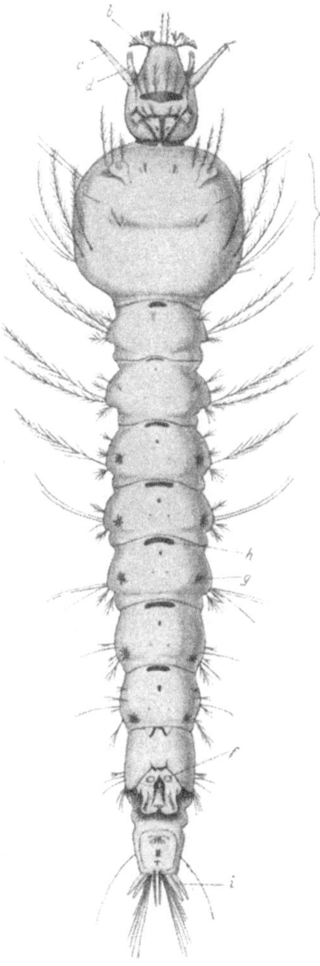

Abb. 380 a.

Abb. 380 b.

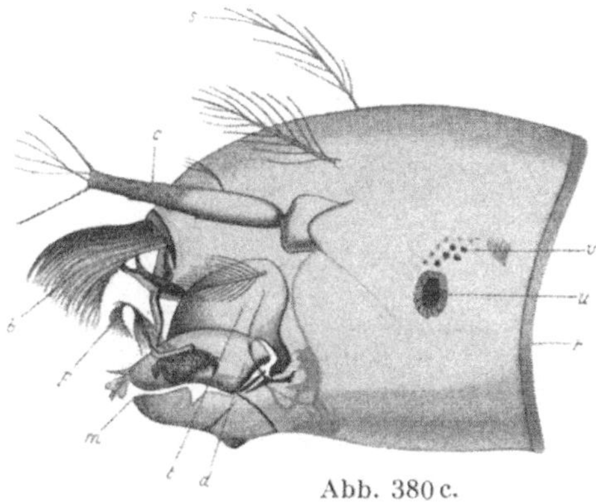

Abb. 380 c.

Anopheles maculipennis Larve.

Abb. 380 a. *b* Strudelorgane, *c* Antennen, *d* Maxillarpalpe, *e* Thorax, *f* Stigma, *g* palmate Haare, *h* Tergum, *i* Analpapillen.

Abb. 380 b. Palmates Haar stark vergr.

Abb. 380 c. Kopf von der Seite gesehen; *b* Strudelorgan, *c* Antenne, *d* Maxillarpalpe, *m* Haare auf den Maxillen, *t* Mandibel, *s* gefiederte Haare, *u* larvales Auge, *v* Auge der Imago. Nach Nuttall, G. und Shipley, E. 1901.

Die meisten Arten sind in pflanzenreichen Teichen und Tümpeln heimisch und liegen hier gewöhnlich nahe am Ufer; von den hiesigen Arten lebt *A. nigripes* Staeger in Baumhöhlen zusammen mit der Larve von *Finlaya.* Manche Arten vertragen auch Brackwasser ganz gut; so findet sich *A. maculipennis* z. B. im Finnischen Meerbusen. Die Larven werden zuweilen bei uns für selten gehalten; das sind sie aber keineswegs, nur treten sie in den Teichen nicht in so ungeheuren Mengen auf wie *Culex* und sind ausserdem durch ihre hellgrüne Farbe und marmorierte Zeichnung so gut geschützt, dass sie im Wasser schwer zu sehen sind.

Die Puppen unterscheiden sich nur unwesentlich von anderen Culicidenpuppen.

Die Imagines (Abb. 382) sind gewöhnlich von mittlerer Grösse und haben sehr lange, dünne Beine und lange, schlanke Flügel. Schlankheit ist

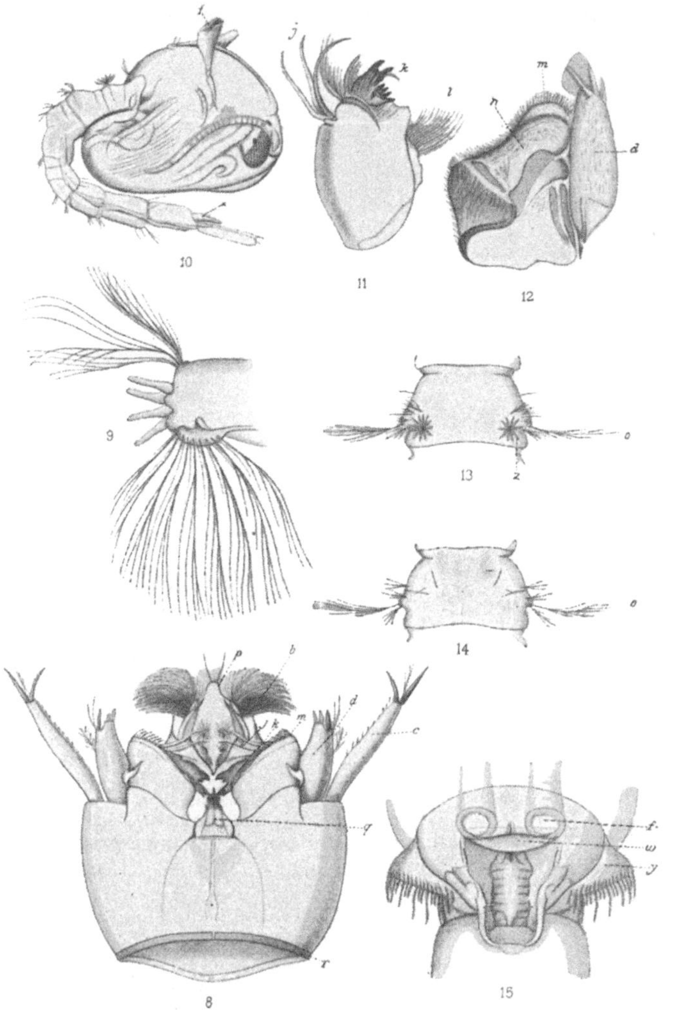

Abb. 381. *Anopheles*-Larve und Puppe. Anatomie. Links oben: Puppe; in der Mitte: Schwanzfächer der Larve. Unten: Kopf der Larve von unten gesehen. Rechts: oben Mandibel und Maxille; in der Mitte: Drittes Abdominalsegment v. o. und v. u. gesehen; unten: Respirationsschale der Larve mit den zwei Spirakeln. Bei den Mundteilen bedeutet *b* Strudelorgane, *c* Antennen, *d* Maxillarpalpus, *k* Mandibelzähne, *m* Maxillarrand mit Haaren, *p* mediane Haare, *s* die grossen Haare des Kopfes, *t* Mandibel. Nach Nuttall, G. und Shipley, E. 1901.

überhaupt ein Kennzeichen der meisten Anophelinen; auch ihr Rüssel ist lang und dünn. Wie schon erwähnt, unterscheiden sie sich von den Culicinen durch die Länge der Kiefertaster der Weibchen, die bei *Culex* kurz, bei *Anopheles* aber fast so lang sind wie der Rüssel (Abb. 382, 383). Hat eine Mücke am Kopf drei lange, feine Fäden (Rüssel und zwei Kiefertaster), so ist sie daran als *Anopheles* zu erkennen; hat sie nur einen solchen Faden, so ist sie ein *Culex*-Weibchen. Beim Weibchen von *Anopheles* sind alle fünf Glieder der Kiefertaster beinahe gleich dünn, beim Männchen sind die beiden letzten zu einer flachen Keule umgebildet, was beim *Culex*-Männchen nicht der Fall ist. Mandibeln und Maxillen der Männchen sind verkümmert wie bei allen Culicidenmännchen. Man kann *Anopheles* und *Culex*, die an der Wand sitzen, gewöhnlich an ihrer Haltung unterscheiden; der Körper von *Culex* wird parallel zur Wand, der von *Anopheles* schräg abstehend gehalten (Abb. 384).

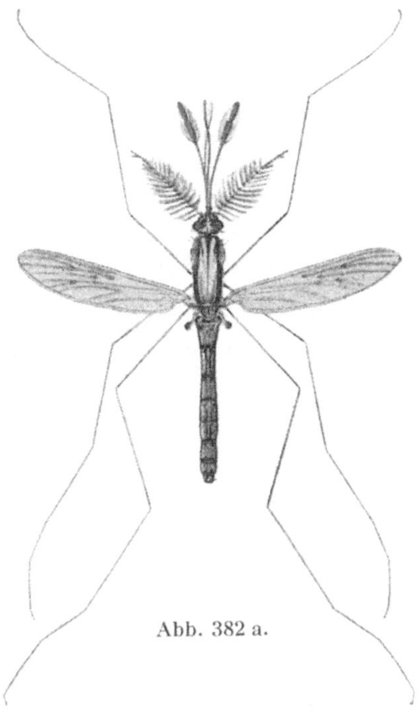

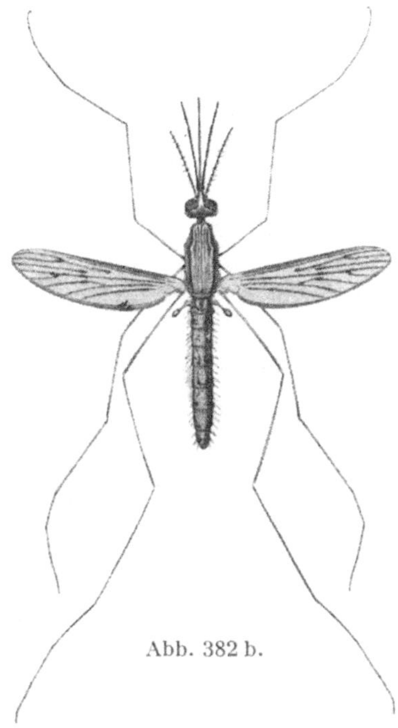

Abb. 382 a. *Anopheles maculipennis* Meig. ♂.
Abb. 382 b. *Anopheles maculipennis* Meig. ♀. Nach Nuttall, G. und Shipley, A. 1901.

Diesem Haltungsunterschied wird indessen übertriebene Bedeutung beigelegt; wenn man *Anopheles* einigermassen kennt, braucht man jedenfalls nicht allzu viel auf dieses Kennzeichen zu geben, da die langen, schlanken Mücken schon aus einiger Entfernung auf den ersten Blick zu erkennen sind. In Spinnweben kann man oft zahlreiche *Anopheles* hängen sehen, die sich manchmal nur mit der Klaue eines Vorderbeines anhängen. *Anopheles* sitzt auch häufiger als *Culex* an der Zimmerdecke.

A. maculipennis Meigen.

Es mag vielleicht sonderbar erscheinen, in einem Werk über die Biologie der gesamten Süsswasserfauna einer einzelnen Art ein ganzer Abschnitt einzuräumen und darin Probleme zu behandeln, die anscheinend nichts mit Süsswasserbiologie zu tun haben. Ich glaube indessen, die Verantwortung dafür übernehmen zu können, und zwar nicht nur, weil ich mich jahrelang mit den betreffenden Problemen beschäftigt habe, sondern auch aus anderen Gründen. Seit man begann, nach den Ursachen der Malaria zu forschen, hat man die

Hilfe der Limnologie in Anspruch genommen. Untersuchungen an Anophelinen und ihren Larven haben uns einen unvergleichlichen Einblick in die durch äussere Faktoren bewirkte Aufspaltung von Arten in Unterarten und Rassen verschafft; wenn auch die Rassen vermutlich nicht immer formbeständig sind, so manifestiert sich doch anscheinend eine Art unter gewissen Bedingungen als die oder jene bestimmte Rasse. Vielleicht gelangt man auch auf diesem Gebiet einmal dazu, mit dem Begriff der Formenkreise zu arbeiten. Jedenfalls steht es fest, dass das Studium der Anophelinen, ihrer Anatomie und Lebensweise unlöslich mit dem Studium der Malaria, ihrer Erscheinungsformen und ihrer Verbreitung verknüpft ist. Eine Darstellung der neueren Untersuchungen über Lebensweise und Variation der Anophelinen wäre unvollkommen, wenn sie nicht auch die Malariaforschung berücksichtigte, mit deren Hilfe man versucht, eine der ärgsten Geisseln der Menschheit auszurotten. Auf Grund dieser Erwägungen erscheint mir in diesem Werk eine kurze Übersicht über die Geschichte der Malariaforschung und über Verbreitung der Malaria in Vergangenheit und Gegenwart angebracht.

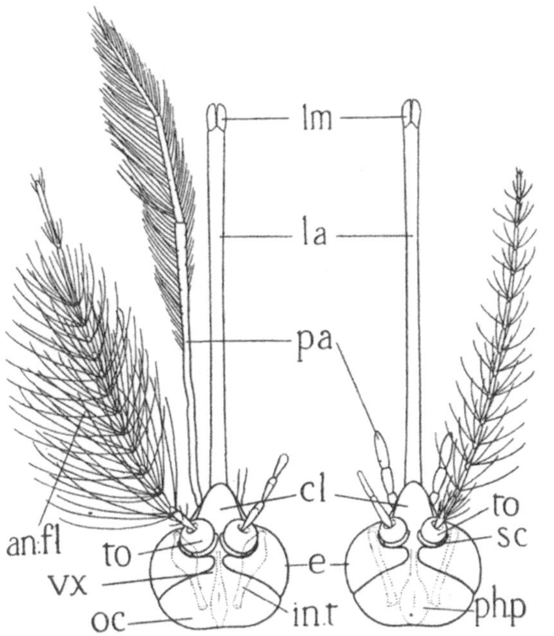

Abb. 383. Kopf einer Culicide ♂ und ♀; *anfl* Antenne, torus: das Johnstonsche Organ enthaltend, *cl* Clypeus, *e* Auge, *la* Labium, *lm* Labellum, *oc* Occiput, *pa* Palpus, *php* Pharyngealpumpe, *vx* Vertex, *sc* Scapus, Int. Tentorialstäbe. Nach Marshall, J. 1938.

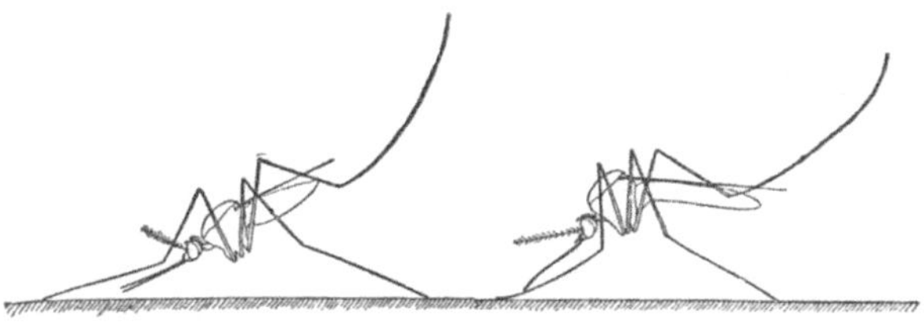

Abb. 384. Ruhestellung von *Culex* und *Anopheles*. Links *Anopheles*, rechts *Culex*. Nach Howard, L. 1900.

Die Larven der Anophelinen sind sicher die Süsswasserorganismen, deren Bau und Lebensweise wir am gründlichsten kennen; das verdanken wir ausschliesslich den von Malaria-Forschern durchgeführten langen Serien von zielbewussten Untersuchungen. Im folgenden halten wir uns hauptsächlich an *A. maculipennis*, da sich der überwiegende Teil der Arbeiten mit dieser Art beschäftigt, die in Europa zweifellos der wichtigste Malaria-Überträger ist.

Ich möchte hier mit meinen eigenen Forschungen beginnen. Als ich mich zuerst dem Studium der Culiciden zuwandte, ging ich von der Voraussetzung aus, dass *A. maculipennis* eine unserer häufigsten Mücken sei. Der alte dänische Dipterologe Staeger schrieb 1838 über sie: »Allgemein von April bis September; die Weibchen gewöhnlich auf den Fenstern in unseren Häusern.«

Ich suchte im Freien mehrere Jahre lang vergeblich nach den Mücken; in Häusern sah ich sie nur ganz vereinzelt, und zwar stets nur *A. bifurcatus*, jedoch niemals *A. maculipennis*. Das war mir umso unverständlicher, als die heftige Malaria-Epidemie des vorigen Jahrhunderts gerade in derselben Zeit herrschte, in der *A. maculipennis* von STAEGER als allgemein verbreitet bezeichnet wurde, und da Malaria, wie wir jetzt wissen, nördlich der Alpen eigentlich nur durch diese Art übertragen wird. Es ist sicher, dass *A. maculipennis* zur Zeit jener Epidemie in ungeheuren Mengen auftrat. Das wird auch von STAEGER bestätigt.

An einem Frühlingstag des Jahres 1918 kam ich in einen Kuhstall in der Nähe meines Sommerlaboratoriums am Tjustrupsee. Ich muss gestehen, dass ich meinen Augen nicht traute, als ich hier Tausende von *A. maculipennis* an den Wänden, in Spinnweben in den dunklen Ecken und an der Decke des

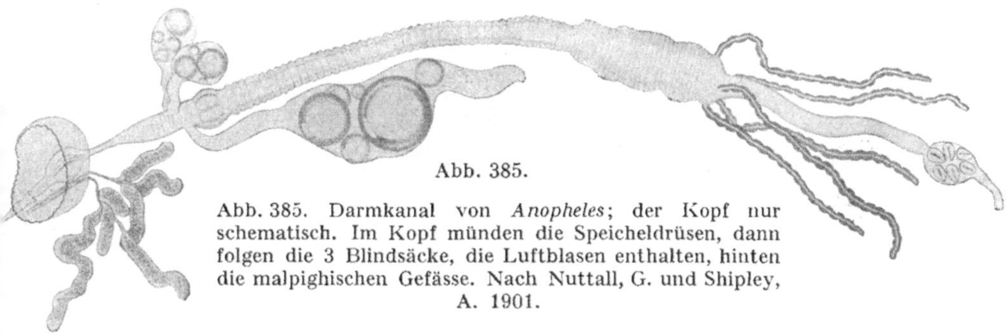

Abb. 385.

Abb. 385. Darmkanal von *Anopheles*; der Kopf nur schematisch. Im Kopf münden die Speicheldrüsen, dann folgen die 3 Blindsäcke, die Luftblasen enthalten, hinten die malpighischen Gefässe. Nach Nuttall, G. und Shipley, A. 1901.

Stalles hängen sah; jedoch erwiesen sich tatsächlich alle Tiere als *A. maculipennis*. Nur wenige von ihnen waren Männchen, die meisten Weibchen, die fast alle mit Blut gefüllt waren (Abb. 386). Daraufhin wurden zahlreiche Kuhställe im ganzen Lande untersucht, stets mit demselben Ergebnis. Sämtliche untersuchten Kuh- und Schweineställe beherbergten Anophelinen; sie hängen mit Vorliebe in dunklen, schmutzigen Ställen und zwar in so unglaublichen Mengen, dass sie wahrscheinlich genügten, um die Bevölkerung von ganz Dänemark mit Malaria zu verseuchen. Trotzdem haben wir seit mehr als einem Menschenalter keinen einzigen Fall von endemischer Malaria gehabt. – Die Limnologie ist eine sehr vielseitige Wissenschaft; dennoch hätte ich nie geglaubt, dass sie mich veranlassen könnte, zwei Jahre lang einen grossen Teil meiner Zeit in Kuhställen zu verbringen. Als Resultat meiner Untersuchungen (1920) stellte ich folgendes fest: Anfang Mai erscheinen in den Ställen die ersten Anophelinen, zunächst nur wenige und zwar ausschliesslich Weibchen. Im Juni kommt eine neue Invasion mit ungeheuren Mengen von Weibchen und ziemlich vielen Männchen; die Weibchen dieser Sommergeneration sind durchweg kleiner als die der Wintergeneration. Die Männchen verschwinden im Juli; im Oktober und November verringert sich auch die Zahl der Weibchen, und Ende November sind in den Ställen fast keine *Anopheles* mehr zu sehen. Dagegen sitzen sie nun in Wirtschaftsgebäuden, in kalten Räumen, Torfschuppen usw., aber nur selten in menschlichen Wohnungen. Die Mücken sind an den Überwinterungsplätzen schwer wahrnehmbar. In den Sommermonaten bevorzugen sie dunkle, unsaubere Ställe, in denen viele Tiere zusammengepfercht sind; hier sind 80–100 Anophelinen auf einem Quadratmeter keine Seltenheit. Aber auch dann kommen sie kaum oder nur in geringer Anzahl in die Wohnungen; nur die Umgebung von Silkeborg in Mittel-Jütland scheint in dieser Hinsicht eine Ausnahme zu bilden. Etwa 90 % der Stall-Anophelinen sind mit Blut gefüllt; die Farbe des Blutes verändert sich im Laufe von 24 Stunden von rot zu schwarz. Oft enthält der hintere Teil des Darmes schwarzes, der vordere rotes Blut; das kommt wahrscheinlich daher, dass die Mücke zwei Blutmahlzeiten eingenommen hat. Ich hielt es von vornherein für sicher, dass das Blut von Haustieren stammt; das wurde auch durch spätere Untersuchungen (Präzipitinreaktion, Bull und King 1923 u. a.) bewiesen. Sie sind schwer beim Blutsaugen zu sehen, jedoch gelang es mir in hellen Sommernächten, sie dabei zu beobachten. Sie setzen sich dazu merkwürdigerweise meistens auf die Augenlider. Mitte September hört die Periode des Blutsaugens auf. Die Mücken sind während der Blutaufnahme sehr wachsam und verschwinden sofort, wenn Licht gemacht wird. Dagegen sind sie während der

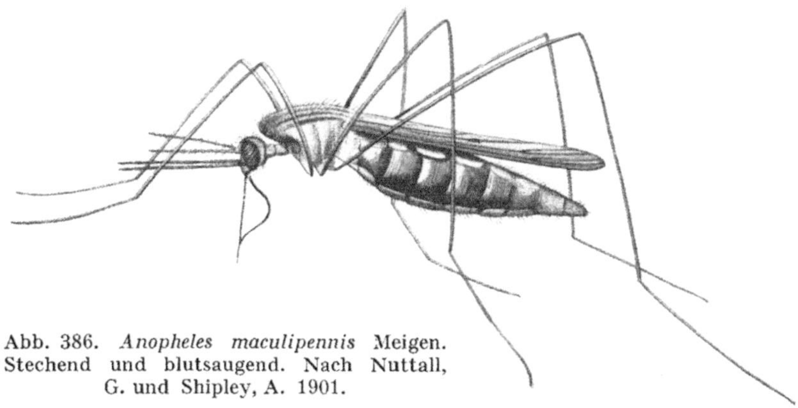

Abb. 386. *Anopheles maculipennis* Meigen. Stechend und blutsaugend. Nach Nuttall, G. und Shipley, A. 1901.

Verdauung ziemlich indolent; sie sitzen dann wie angeklebt an der Wand. Sie erwachen nur bei Luftzug; dann beginnen die langen, herabhängenden Hinterbeine in der Luft zu kreisen, und die Mücken fliegen weg, aber nicht sehr weit. Ich habe dicht bei den Ställen Schwärme von Anophelinen-Männchen gesehen und nahm an, dass es sich um *A. maculipennis* handelte. Das kann auch stimmen, steht aber in Widerspruch zu den Ergebnissen späterer Untersuchungen. Die Eier werden draussen im Freien, gewöhnlich wohl im nächsten Dorfteich abgelegt, dort wo ich die zahlreichen Larven beobachtet und nach Erscheinen meiner Culiciden-Arbeit auch *Anopheles*-Weibchen während der Eiablage auf der Wasseroberfläche gesehen habe.

Die Blutmahlzeit wird im Laufe von 4–6 Tagen verdaut; wenn man dann den Hinterleib einer Mücke öffnet, findet man ihn voll von Eiern. Die Mücken verlassen den Stall wohl kaum, bevor die Eier reif sind. Die von draussen in den Stall kommenden Mücken sind nie mit Blut gefüllt; es ist in unserem Klima bisher auch niemals beobachtet worden, dass *Anopheles* ausserhalb der Ställe Blut saugt. Vielleicht geschieht es ausnahmsweise in besonders warmen, feuchten Nächten an Orten, wo viel Vieh im Freien steht; das ist aber schwer zu beweisen.

Die meisten Landleute ahnen nicht, dass sie Mücken in ihren Ställen haben; sie sind auch alle davon überzeugt, dass Mücken in Ställen niemals stechen, »das tun nur Stubenmücken« (d. h. *Culex*). Nur von zwei Orten, nämlich Silkeborg und Nørholm, kommen gegenteilige Äusserungen.

Das Vieh leidet wohl durch den Blutentzug keinen grösseren Schaden; wenn sich aber auf einem Quadratmeter Stallwand etwa 100 Anophelinen finden, werden den Kühen im Laufe der drei Sommermonate immerhin mehrere Liter Blut abgezapft, sodass möglicherweise die Milchproduktion dadurch beeinträchtigt wird. Wenn man einmal beobachtet hat, wie die Schwalben in einem Stall an den Wänden entlang fliegen und eine Mücke nach der anderen mit schmatzendem Laut wegschnappen, so kann man kaum begreifen, dass die Landwirte nicht jedes einzige Schwalbennest in ihren Ställen beschützen.

A. bifurcatus ist nur ausnahmsweise und höchstens im Frühjahr in Ställen anzutreffen, von Culicinen wohl nur *Theobaldia annulata* Schrank. Die letzteren sind aber in manchen Ställen recht zahlreich und fast immer mit Blut gefüllt.

Ich kann meine Beobachtungen folgendermassen zusammenfassen: *A. maculipennis* ist heutzutage bei uns fast als Haustier zu betrachten; die Mücke ist an menschliche Behausungen gebunden und lebt im Sommer in Ställen, im Winter in Wirtschaftsgebäuden. Sie verlässt die Gebäude nur zur Eiablage und vielleicht auch zur Paarung. Die Weibchen saugen Blut von Haustieren, namentlich von Schweinen und Rindern, weniger von Pferden; dagegen stechen sie den Menschen nicht, oder höchstens, wenn sie keine Gelegenheit haben, Blut von Tieren zu bekommen. Im Winter stechen sie überhaupt nicht. Die Weibchen sind äusserst träge; im Sommer hängen sie nach der Blutaufnahme in den Ställen und lassen ihre Eier reifen. Im Freien sieht man sie fast nie, ebensowenig kommen sie am Abend durch die Fenster ins Zimmer. Die Tiere überwintern nicht als Larven, sondern nur als Imagines.

Als ich 1920 den Nachweis veröffentlichte, dass *A. maculipennis* Stallbewohner ist und Blut von Rindern, aber nicht von Menschen saugt, war mir die Literatur über Malaria und Malariamücken unbekannt. Der Gedanke, das Verhalten der blutsaugenden Anophelinen gegenüber Menschen und Tieren zu studieren, lag mir als Limnologen durchaus fern; nur das zufällige Auffinden von Anophelinen im Kuhstall von Suserup veranlasste mich zu derartigen Untersuchungen. Meine Beobachtungen wurden in unvorhergesehener Weise bestätigt, da sich Roubaud (1920–21) zur selben Zeit wie ich mit demselben Objekt befasste; selten sind wohl zwei Forscher, die ohne gegenseitige Kenntnis voneinander arbeiteten, zu derartig übereinstimmenden Ergebnissen gelangt.

Die Gebiete, in denen wir beide unsere Untersuchungen ausführten, unterscheiden sich indessen dadurch voneinander, dass in Frankreich Malaria vorkommt, allerdings nur in bestimmten Gegenden, in Dänemark jedoch nicht mehr. Roubaud stellte fest, dass in der als Malariagegend berüchtigten Vendée die Anophelinen sozusagen Haustiere sind, d. h. dass sie in den Wohnungen leben, während sie in der malariafreien Umgebung von Paris den Menschen nicht angreifen. Man nimmt an, dass das ungleiche Verhalten der Anophelinen an beiden Orten auf klimatischen Unterschieden beruht. Nach Roubaud's Meinung werden die Anophelinen durch Vieh stärker angelockt als durch Menschen, sodass diese in Viehgegenden gegen den Angriff der Mücken und damit zugleich gegen Malaria geschützt sind; die Kette zwischen Malaria-Parasiten, Anophelinen als Überträger und Menschen ist hier unterbrochen: »les Anophelines des régions à bestiaux ont brisé le cycle fermé des parasites malariens.« Da es hierzulande keine Malaria mehr gibt, konnte ich für das heutige Dänemark nicht denselben Nachweis führen; ich habe aber die gleiche Ansicht über die Ursache für das Verschwinden der Malaria als Hypothese aufgestellt.

Roubaud's Beobachtungen weichen in zwei Punkten von den meinen ab. Wie Roubaud mitteilt, leben in der Vendée die Anophelinen im Freien. Sie verlassen dort allnächtlich Häuser und Ställe, deren *Anopheles*-Belegschaft sich daher beständig erneuert; das wurde durch Markierung Tausender von Individuen bewiesen. In Dänemark habe ich dagegen niemals Anophelinen im Freien gefangen; sie sind hier so gut wie stationäre Haustiere. Die Beobachtungen von ROUBAUD sind zweifellos richtig und stimmen mit anderen, weiter südlich gemachten überein; die Lebensgewohnheiten der Mücken werden wahrscheinlich durch stärkeres Licht und höhere Temperatur abgeändert.

In dem Zeitraum von 1910 bis jetzt wurde eine ungeheure Arbeit auf die Erforschung der Biologie von *A. maculipennis* verwendet. Die Biologie weniger Geschöpfe ist in so vielen Gegenden der Erde von der Wiege bis zum Grabe mit solcher Gründlichkeit erforscht worden, wie die von *Anopheles maculipennis*. Die hiesigen Untersuchungen wurden durch die Arbeiten von EKBLOM und STRÖMAN (1932) in Schweden in wertvoller Weise ergänzt; dabei ergab sich in allen wesentlichen Punkten volle Übereinstimmung. Beim Vergleich der nordischen Beobachtungen mit denen aus südlicheren Gegenden zeigt sich, wie sehr das Leben der Tiere durch Licht und Temperatur beeinflusst wird. Hierzulande haben die Mücken nur zwei Generationen, in Istrien 4, in Italien 8–10 (HECHT 1933). In Dänemark legt ein Weibchen höchstens 100–350 Eier, in Italien erheblich mehr; in Gefangenschaft wurden 9 Eiablage-Perioden mit nicht weniger als 1289 Eiern festgestellt. Vor jeder Eiablage ist eine neue Blutmahlzeit unbedingt erforderlich; sonst werden die Eier nicht reif. Das Gewicht einer *Anopheles*-Mücke beträgt vor dem Blutsaugen 3,2 mg, 20 Min. danach 8,7 mg; während der folgenden Stunden wird soviel Wasser durch den After entleert, dass das Gewicht auf 7,2 mg heruntergeht. Die Anzahl der Eier wird mehr durch die im Larvenleben aufgenommene Nahrung als durch Menge und Häufigkeit der Blutmahlzeiten bestimmt.

Für *A. maculipennis* gilt anscheinend folgende Reihenfolge als Regel: Zuerst Begattung, dann Blutmahlzeit, hierauf Verdauung und zuletzt Eiablage (HECHT 1933). Die optimale Temperatur für die Eiablage liegt um 20° C.; bei weniger als 15° oder mehr als 32–34° C. werden keine Eier mehr abgelegt (HECHT 1933). Bei niedriger Temperatur wird das aufgenommene Blut zum Aufbau des Fettkörpers, bei höherer zur Entwicklung der Eier verbraucht; bei niedriger Temperatur legen die Mücken auch nach reichlicher Blutmahlzeit keine Eier (HECHT 1933–34). Die Wintermücken paaren sich vor dem Beginn der Winterruhe; die Männchen sterben nach der Begattung, und nur als Spermatozoen überwintern sie in den Samentaschen der Weibchen (MARTINI 1920, 1924; MARTINI, MAYER und WEYER 1933; MARTINI und TEUBNER 1933).

Die verschiedenen Haustiere wirken nicht alle gleich anziehend auf die Anophelinen. BULL und KING (1923) stellten mit Hilfe der Präzipitinreaktion bei *A. quadrimaculatus* in Louisiana fest, dass 35,7 % des Materials Blut von Rindern, 32,6 % von Pferden, 16,1 % von Schweinen, 8,3 % von Hunden, 3 % von verschiedenen anderen Tieren und nur 4 % von Menschen aufgenommen hatten. Anscheinend wird der Prozentsatz der Mücken, die Menschenblut saugen, umso kleiner, je zahlreicher die Anophelinen sind; dementsprechend war auch bei dem untersuchten Material die Anzahl der Mücken mit Parasiten sehr gering. Trotzdem ist *A. quadrimaculatus* in Louisiana die hauptsächlichste Malariamücke. Es ist hier vielleicht angebracht, kurz zu erklären, was Malaria eigentlich ist, und wie man sie bekommt.

Malaria ist eine Blutkrankheit. Das Blut besteht bekanntlich aus dem gelblichen, flüssigen Blutserum und den darin schwimmenden roten und weissen Blutkörperchen. Die roten Blutkörperchen sind unendlich viel zahlreicher als die weissen. Das Blut eines Malariakranken enthält zu gewissen Zeiten Gebilde von veränderlicher Form in wechselnder Anzahl; sie dringen in die roten Blutkörperchen ein und fressen ihren Inhalt auf. Sie wachsen und teilen sich durch ungeschlechtliche Vermehrung in zahlreiche kleinere Körperchen, die in die Blutflüssigkeit herauswandern, während in dem ausgefressenen Blutkörperchen eine schwarze Masse zurückbleibt. Die kleinen Körperchen ergreifen in der Blutflüssigkeit von neuen Blutzellen Besitz. Dieser Vorgang wiederholt sich mehrmals, bis sich einige der kleinen Körperchen nach dem Eindringen in eine Blutzelle anders benehmen; sie entwickeln sich zu Individuen von zwei verschiedenen Typen. Damit ist ihre Laufbahn im menschlichen Blut abgeschlossen; in diesem Wirt kann der Parasit nicht weiterkommen. Wenn nun eine *Anopheles* einen Malariapatienten sticht, saugt sie mit dem Blut diese Stadien des Parasiten auf; sie gelangen durch den Rüssel in den Magen der Mücke, bilden sich hier zu weiblichen und männlichen Individuen, d. h. zu Ei- und Samenzellen um, die miteinander verschmelzen und einen kleinen kugligen Körper bilden. Diese Zellkugel setzt sich an der Innenwand des Darmes fest, durchbricht sie später und heftet sich auf der Aussenseite des Darmes an, wo sie sich einkapselt. Sie sieht wie eine kleine Geschwulst aus; auf einem Mückendarm sitzen bisweilen etwa 500 solcher Kapseln. In der Kugel entstehen nun zahlreiche, unendlich kleine, fadenförmige Körperchen, die die Wandung der Kugel sprengen; sie gelangen in die Körperhöhle der Mücke und schliesslich in ihre Speicheldrüsen. Wenn so eine infizierte Mücke einen Menschen sticht, fliessen diese fadenförmigen Gebilde, zusammen mit dem Speichel, der das Blut am Gerinnen hindern soll, in die Wunde. Viele von ihnen werden sofort von weissen Blutkörperchen aufgefressen; andere setzen sich in der Milz oder in anderen Organen zur Ruhe. Die Körperchen, die im Blute verbleiben, fallen über die roten Blutkörperchen her, fressen sie aus und teilen sich, um neue Blutkörperchen anzugreifen. Die Mücke hat auf diese Weise dem Menschen jedenfalls die Möglichkeit einer ernstlichen Malariainfektion zugeführt; es ist jedoch zu bemerken, dass der Parasit in der Mücke 12–14 Tage braucht, um das Entwicklungsstadium zu erreichen, in dem er den Menschen zu infizieren vermag. In diesen 14 Tagen kann also eine infizierte Mücke sehr wohl einen Menschen stechen, ohne ihm Malaria zuzuführen. Die Mücke ist der eigentliche Wirt des Parasiten, der Mensch nur ein Zwischenwirt. Es ist nur bedauerlich, dass die Mücke anscheinend nicht unter ihren Schmarotzern leidet, sondern nur der Mensch (SINTON und SLANTE 1938).

Begreiflicherweise gelangt nur ein verschwindend kleiner Teil der Blutparasiten in einen Mückendarm; die anderen setzen ihre Angriffe auf die roten Blutkörperchen fort, bleiben in ihnen liegen und verursachen wahrscheinlich die sich immer wiederholenden Malariaanfälle.

Die mit regelmässigen Pausen wiederkehrenden Fieberattacken sind das charakteristischste Symptom im Krankheitsbild der Malaria. Sie erfolgen jedesmal, wenn die Parasiten aus den roten Blutkörperchen in die Blutflüssigkeit übergehen. Merkwürdigerweise treten die Fieberanfälle in Abständen von 72, 48 oder 24 Stunden auf; es gibt nämlich unter den durch die Mücken ins Blut gelangenden Parasiten 3 Formen, die 72, bzw. 48 oder 24 Stunden bis zu dem Stadium brauchen, in dem sie die Blutkörperchen verlassen und durch ihr Eindringen in die Blutflüssigkeit Fieber hervorrufen. Die verschiedenen Formen der Malaria werden dementsprechend als tertiana, quartana und tropica bezeichnet; letztere ist natürlich am gefährlichsten, weil bei ihr ein Fieberanfall unaufhörlich auf den anderen folgt, ohne dass der Patient ruhige Tage genug hat, neue rote Blutkörperchen zu bilden, sodass sich ihre Anzahl in kürzester Zeit vermindert. Die normale Zahl von 5 Millionen roter Blutkörperchen in einem Kubikmillimeter Blut kann bis auf eine Million sinken; als Folge davon treten Anämie, Bleichsucht und zugleich durch die schwarze Substanz in den Blutkörperchen schwarzgefärbter Urin auf. Besonders wird die Milz angegriffen. Diese Form der Malaria (tropica) ist im Norden so gut wie unbekannt und kommt fast nur in den Tropen vor. In unseren Breitengraden herrschte früher hauptsächlich das Dreitagefieber.

Die Malaria tritt wie andere grosse Epidemien zeitlich und räumlich in Wellen auf (Martini 1930). Sie hat ihre festen Brutstätten, an denen sie seit Jahrtausenden geherrscht hat und z. T. heute noch herrscht. In Indien erkrankten 1897 etwa 100 Millionen Menschen an Malaria, von denen 5 Millionen starben; in Russland erkrankten in den Jahren 1913–23 angeblich gegen 6 Millionen. In den Balkanländern werden alljährlich gegen 800.000 Menschen von Malaria befallen; in englischen Heeren von 178.000 Mann in Indien erkranken jährlich 75.000, von je 1000 Soldaten des gesamten englischen Heeres 420 an Malaria. Im italienischen Heer kamen in den Jahren 1877–97 etwa 300.000 Malariafälle vor. Engländer und Franzosen geben übereinstimmend an, dass im Weltkrieg weit weniger Menschen den Kugeln der Türken erlagen als der Malaria. Malaria und gelbes Fieber verhinderten jahrelang die Fertigstellung des Panamakanals; er konnte erst vollendet werden, nachdem die Möglichkeit zur Ausbreitung der beiden Seuchen beseitigt war.

Ist aber die Verbreitung der Malaria in unserer Zeit enorm, so herrschte sie in den vergangenen 2000 Jahren mindestens ebenso verheerend, wenn nicht noch ärger und gewann durch ihre enorme Verbreitung eine grössere weltgeschichtliche Bedeutung als irgend eine andere Seuche. Sie griff in die Weltgeschichte ein, indem sie grossen Armeen den sicher scheinenden Sieg entriss, Städte vor dem Untergang rettete, Kaiser, Feldherren und Päpste auf dem Gipfel ihrer Macht tötete, uralte Kulturen vernichtete und damit der Weltgeschichte einen anderen Verlauf aufzwang, als sie menschlicher Voraussicht nach ohne die Seuche genommen hätte.

All das konnte nur geschehen, weil die römische Campagna infolge der Ungunst der Zeiten und mangelnder Einsicht der Herrschenden jahrhundertelang dicht vor den Mauern Roms als ungesundes Sumpfland lag und eine Brutstätte der Malaria bildete. In den verflossenen 2500 Jahren, während Rom zwei Mal die Herrscherin der Welt und die Geschichte Roms die Geschichte der Welt war, ging die Malaria in 4 mächtigen Wellen über Italien, nämlich in der Zeit vom 5.–3. Jahrhundert v. Chr., d. h. zu Beginn der römischen Republik, ferner vom 6.–8. Jahrhundert, d. h. gegen Ende der Kaiserzeit und im Beginn des frühen Mittelalters, vom 10.–13. Jahrhundert, also im späteren Mittelalter, und schliesslich vom 17. bis zum Ende des vorigen Jahrhunderts; sie herrschte hauptsächlich in der römischen Campagna, aber auch in grossen Teilen des übrigen Landes, vor allem in Süditalien und hier besonders in der Umgebung von Neapel. In die grossen Wellentäler fallen u. a. die römische Kaiserzeit und die Renaissance. Die Malaria vernichtete wiederholt die Hohenstaufen-Heere vor den Mauern Roms, tötete ihre Kaiser und führte nach dem Ausspruch eines Historikers durch den Tod Heinrichs des Sechsten (1197) die für Deutschland grösste Katastrophe des Mittelalters herbei.

Immer wieder erscheint die Malaria als rächende Nemesis des Papsttums und zwingt seine Widersacher auf die Knie; mehr als einmal steht die Fiebergöttin schützend vor den Pforten Roms und rettet die ewige Stadt. Die Päpste und römischen Bürger mussten indessen diese Hilfe teuer bezahlen, die Bewohner der Umgegend, vor allem der Campagna, noch mehr als die Einwohner Roms; die Geschichte der Campagna ist die Geschichte der Malaria. Während der grossen Wellentäler in der vorrömischen Zeit, in der Kaiserzeit, im frühen Mittelalter und in der Renaissance blühen die verödeten Fiebergebiete auf und schmücken sich mit den Villen der Kaiserzeit, den päpstlichen Klöstern, den prächtigen Schlössern und Landhäusern der Renaissance; all diese Denkmäler menschlichen Geistes müssen indessen zur Zeit der Republik, am Ende der Kaiserzeit, im späten Mittelalter und seit dem 17. Jahrhundert bis vor etwa einem Menschenalter der siegreichen Macht der Malaria weichen. Weder Papstherrschaft, noch feindliche Heere oder Zerstörung der Wälder, ja nicht einmal die ehemals im Gefolge der Malaria auftretende Pest sind eine genügende Erklärung für das viermalige völlige Erlöschen des reichen Lebens in der römischen Campagna im Laufe von 2000 Jahren und sein viermaliges Wiederaufblühen, dessen Zeugen wir heute noch in den grossartigen Wasserleitungen und Weganlagen der Kaiserzeit, ihren Grabmälern, den Landhäusern der Renaissance und vielen anderen Denkmälern menschlicher Tätigkeit bewundern (Celli 1929).

Die Malaria war ursprünglich eine tropische Krankheit und nach verbreiteter Meinung eine Viehkrankheit; sie rückte aber ihre Grenzpfähle immer weiter nach Norden und verwüstete Europa auf ihrem Siegeszug bis zu den grossen schwedischen Seen. Die Erinnerung an diese Epidemien ist noch im ganzen Norden lebendig, viele unserer Zeitgenossen haben durch Eltern und Grosseltern davon erzählen hören. Im Mittelalter war die Malaria überall nördlich der Alpen eine ausgesprochene Volksseuche, die in den Jahrbüchern der Klöster beständig erwähnt wird. In Deutschland wurde die Krankheit als Wechselfieber bezeichnet; in Schweden nannte man sie »Frossan«; in Dänemark Koldfeber. Authentische Berichte über die Schwere der Krankheit liegen erst seit dem Ende des 18. Jahrhunderts vor. In Schweden starben 1776–77 ungefähr 7000 Menschen an Malaria und noch 1862 etwa 350. Von 1875–1908 werden nicht weniger als 60.000 Malariafälle angegeben; ihre Zahl nimmt jedoch von Jahr zu Jahr ab und sinkt von etwa 11.000 im Jahre 1861 bis auf 50 im Jahre 1909 (Flensburg 1911). In Dänemark war es beinahe noch schlimmer. In den Jahren 1862–83 kamen 30.795 Fälle von Wechselfieber vor. Unsere südlichen Inseln wurden 1831 von einer heftigen Epidemie heimgesucht; Gemeinden mit 2000 Einwohnern hatten 1800 Kranke. Die Sterblichkeit war nicht besonders gross, aber die Bevölkerung litt unsagbar; täglich läuteten die Glocken zur Beerdigung. Die Krankheit überfiel die Menschen mit überwältigender Plötzlichkeit und Heftigkeit; von zwei Dutzend Arbeitern, die am Morgen zur Feldarbeit gingen, kehrten am Abend nur ein paar gesund zurück. Auf den Landgütern gestattete man jedem Fremden zu melken, weil man selbst nicht mehr genug Leute dazu hatte. Viele der Erkrankten behielten, auch wenn sie mit dem Leben davonkamen, schwere chronische Krankheiten, wie Milzschwellung, Gelbsucht, Nierenentzündung oder Wassersucht. Es ist keine übertriebene Behauptung, dass die Generation jener Jahre fürs Leben abgeschwächt war (Hansen 1886). Die Krankheit wurde in Dänemark auch lolländisches Fieber genannt; es charakterisiert die Schwäche und Schlaffheit, die vielfach nach der Malaria zurückblieben, dass man hier noch heute, nachdem die Krankheit längst verschwunden ist, von schlaffen, trägen Menschen sagt, sie hätten das lolländische Fieber. Ebenso schlimm herrschte die Malaria in England, Holland, Norddeutschland und Frankreich; nur in Norwegen wurde sie niemals so zur Volksseuche wie weiter südlich, vermutlich wegen der allzu nördlichen Lage des Landes. Die Malaria ist dort erst 1843 mit Sicherheit nachweisbar; die stärkste Epidemie trat 1854–59 auf Kirkö (Hvalinseln) auf. Kleinere Epidemien herrschten 1860–1870 im westlichen Norwegen;

jetzt gibt es im ganzen Lande wohl keine endemische Malaria mehr (THJÖTTA 1917). Sonst waren die Zustände überall nördlich der Alpen, in Deutschland, Holland, Belgien, Frankreich und England während des ganzen Mittelalters und bis zum Ende des vorigen Jahrhunderts ebenso wie in Dänemark.

Wenn man bedenkt, dass die durch Malaria jahrtausendelang in allen Gegenden der Erde verursachten Leiden von ein paar aus Teichen und Tümpeln kommenden Mückenarten stammen, so verdient diese über Zeit und Raum wirkende Geissel der Menschheit wohl unleugbar eine kurze Besprechung in einem Werk über Süsswasserorganismen und ihre Lebensweise.

Seit wir den Weg kennen, auf dem sich die Malaria verbreitet, muss es uns überraschen, wie nahe die Alten oft der Wahrheit kamen. Man wusste nicht nur, dass Malaria (mal aria = schlechte Luft) aus Sümpfen kommt, sondern man war sowohl bei zivilisierten wie bei primitiven Völkern auch davon überzeugt, dass ein Zusammenhang zwischen Mücken und Fieber besteht. COLUMELLA und PALLADIUS kamen sicher der Wahrheit am nächsten; nach ihrer Meinung steigen aus den Sümpfen in warmen Nächten schlechte Dünste auf und erzeugen Geschöpfe mit gefährlichem Stachel, die in dichten Schwärmen in den Menschen hineinfliegen (involant). Es würde zu weit führen, den langen Weg zu schildern, auf dem die Wissenschaft schliesslich dazu gelangte, die Ursache der Malaria und die Art ihrer Übertragung aufzuklären. Die Geschichte ihrer Erforschung ist im Wesentlichen mit den Namen LAVERAN, GOLGI, MANSON, ROSSI, GRASSI (1922–27) u. a. verknüpft.

Obwohl jetzt feststeht, dass Infektion nur durch den Stich der Malariamücke möglich ist, bietet das launenhafte räumliche und zeitliche Auftreten der Krankheit immer noch ungelöste Rätsel. 1) Warum herrscht Malaria nicht überall, wo *Anopheles* massenhaft vorkommt, obwohl *Anopheles* der einzige Malariaüberträger ist? 2) Weshalb ist Malaria nördlich der Alpen fast verschwunden, obwohl immer noch Unmengen von *Anopheles* in denselben Gegenden leben, wo sie früher Malaria verursachten? – Zahlreiche Forscher haben versucht, diese Fragen zu beantworten.

Das Verschwinden der Malaria nördlich der Alpen suchte man in den einzelnen Ländern in verschiedener Weise zu erklären:

1) Es wurde als Ursache angeführt, dass die Anzahl der Anophelinen geringer geworden ist. Das mag zutreffen, jedoch hat die Erklärung keinen Wert, wenn man feststellen kann, dass in einem einzigen Bauernhof den ganzen Sommer hindurch Tausende von Anophelinen an den Wänden hängen.

2) Ferner wurde darauf hingewiesen, dass die Eiablageplätze der Anophelinen infolge landwirtschaftlicher Verbesserungen, vor allem der umfangreichen Entwässerungsarbeiten, ausgetrocknet worden sind. Das ist sicher richtig; der Einwand gegen die erste Erklärung beweist aber, dass die Mücken jedenfalls in grossen Gebieten andere geeignete Plätze für die Eiablage gefunden haben. Vielleicht nehmen sie jetzt mit weniger reinem Wasser als früher vorlieb.

3) Durch die ausgedehnte Chininbehandlung der Krankheit wurden die Parasiten beim Menschen vernichtet; damit wurde die Gelegenheit zur Infektion für die Mücken während der letzten Jahrzehnte mehr und mehr eingeschränkt. Auch diese Erklärung hat viel für sich; aus den Berichten der meisten Länder geht indessen allzu deutlich hervor, dass Chinin keinen effektiven Schutz gegen Malaria gewährt.

4) Bessere Wohnungen und schärfere Trennung der Wohnräume von den Ställen wirken als Schutz vor Malaria. Auch diese Begründung enthält ein Körnchen Wahrheit, ist aber ebensowenig ausreichend; Viehknechte, die dicht bei den Ställen schlafen oder Stallwache haben, wenn eine Sau ferkelt, ver-

sichern nämlich, dass sie dort niemals gestochen werden, ohwohl sie von Tausenden von Anophelinen umgeben sind.

5) Von allen für das Verschwinden der Malaria im Norden angegebenen Ursachen ist die wichtigste wahrscheinlich, dass die Sommer in den letzten Jahrzehnten kürzer und kälter geworden sind. Es wurde statistisch festgestellt, dass die Malariakurve bei einer Julitemperatur von weniger als 15° C. sinkt; ferner hat JANCSÓ (1905) nachgewiesen, dass sich bei 15–16° C. am Darm der Mücken keine Zysten mehr bilden. Man darf wohl annehmen, dass die niedrige Sommertemperatur der letzten Jahrzehnte an der Nordgrenze für die Verbreitung der Anophelinen in Schweden hemmend auf die Malaria gewirkt hat. Diese Erklärung trifft aber weder für Dänemark, noch für Deutschland, England oder Frankreich zu.

Zweifellos tragen alle genannten Faktoren, deren Gesamtheit man als zunehmende Kultur bezeichnen kann, durch ihren gleichzeitigen, von Jahr zu Jahr steigenden Einfluss im Verein mit niedriger Julitemperatur zum Verschwinden der Malaria bei.

6) Der von ROUBAUD und mir geführte Nachweis, dass die unzähligen Anophelinen in Kuh- und Schweineställen nur mit Blut von Kühen und Schweinen gefüllt sind, erklärt wohl am besten, weshalb die Malaria aus grossen Teilen ihres früheren Bereiches verschwunden ist. HACKETT (1937) sagt ganz richtig, diese Beobachtungen »have uncovered the fact that there was a problem of anophelism without malaria«. Die Zahl der Anophelinen hat sich nicht verringert; trotzdem gibt es in grossen Gebieten keine Malaria mehr. Das ist meiner Meinung nach nur so zu erklären, dass die Mücken dort ihre Gewohnheiten geändert haben. Die Frage muss daher lauten: Aus welchem Grund haben die Anophelinen nördlich der Alpen aufgehört, Menschenblut zu saugen, und sind zu trägen Stallbewohnern geworden, die sich auf Blut von Rindern und Schweinen beschränken? Für Dänemark scheint mir der Grund klar zu liegen.

Die Anophelinen gaben das Leben in der freien Natur auf, weil die ihre wichtigste Nahrungsquelle bildenden grossen Säugetiere von dort wegkamen. Bis ins 19. Jahrhundert hinein gingen Pferde während des ganzen Jahres im Freien; die Wälder wimmelten von Schweinen, die damals ein wichtiges Glied der Waldwirtschaft waren. Die Rinder wurden frühzeitiger auf die Weide geschickt und blieben dort länger als jetzt; ganzjährige Stallfütterung kannte man nicht. Zur Zeit der Ernte, in die die ärgste Malariaperiode fällt, waren zahlreiche Mägde und Knechte auf den Feldern, wo sie oft wochenlang mit Erntearbeit beschäftigt waren. Jetzt sind hierzulande keine Pferde mehr auf der Weide und keine Schweine in den Wäldern; Kühe bleiben oft das ganze Jahr hindurch im Stall, und bei der Erntearbeit sind die langen Reihen von Knechten und Mägden durch Traktoren und Motoren ersetzt, in denen kein Blut, sondern Benzin fliesst.

Die von den Feldern verschwundenen Blutproduzenten wurden nun in Ställen konzentriert, von wo der Geruch der grossen Tiere ins Freie dringt, wo offene Stalltüren und Luken Fallen bilden, in die die Anophelinen hineinsteuern, und wo sie reichlich Gelegenheit haben, ihren Blutdurst zu stillen. Die Tausende von warmen Kuhställen wirken im ganzen Land als Thermostaten und locken an Frühlings- und Herbstabenden die Mücken an. Der Übergang Dänemarks von Getreideproduktion zur Fleischproduktion ist vielleicht mehr als alles Andere schuld an der veränderten Lebensweise der Anophelinen. Durch diese Änderung der Lebensgewohnheiten wurde aber zugleich die Verbindung zwischen Mücke und Mensch abgebrochen, sodass die Malaria verschwinden musste. Einen sprechenden Beweis für die Richtigkeit dieser Ansicht bilden die Zustände in südlichen Ländern, wo das Vieh noch vorwiegend auf die Weide getrieben wird, wo die Landwirtschaft noch in höherem Masse auf Getreidebau als auf Fleischproduktion eingestellt ist, und wo die grossen Tiere daher noch nicht den grössten Teil des Jahres in der Natur fehlen; dort führen die Anophelinen noch ihr freies Leben und stechen Tiere und Menschen im Freien, dort suchen sie noch des Abends menschliche Wohnungen auf, um die Bewohner zu stechen und ihr Blut zu saugen, und dort herrscht auch nach wie vor noch Malaria.

Meine Erklärung für das Aufhören der Malaria in Dänemark war indessen für ROUBAUD nicht befriedigend, da dort, wo er arbeitete, Malaria in einem Teil des Landes vorkommt, in einem anderen aber nicht. Er sieht die eigentliche Ursache dafür in einer Spaltung von *A. maculipennis* in zwei Rassen, von denen die eine Blut von Rindern saugt und daher Menschen nicht infizieren kann, während die andere nach wie vor Menschenblut saugt und Malaria überträgt. Daher herrscht Malaria nur in den Gegenden, wo die zweite Rasse heimisch ist. Die beiden Rassen unterscheiden sich nach ROUBAUD dadurch, dass die Kiefer der auf Rindern schmarotzenden Mücken mehr Zähne haben als die der auf Menschen saugenden Rasse. In Gebieten, in denen eine Mückenrasse mit 14–15 Zähnen auf den Kiefern lebt, ist der Mensch geschützt, wo die Mücken aber weniger als 14 Zähne haben, wird er gestochen und bekommt Malaria.

Diese Theorie wurde nun überall in Europa geprüft, erwies sich aber leider nicht als stichhaltig. Erstens ist der Unterschied in der Zahl der Zähne bei den beiden Rassen allzu gering (WEYER 1933 u. a.); zweitens wurde aber auch an manchen Orten festgestellt, dass blutgefüllte Anophelinen aus Kuhställen und aus menschlichen Schlafräumen gleich viele Zähne haben. Damit fiel ROUBAUD's Theorie. Später wurde allerdings mit Hilfe der Präzipitinreaktion nachgewiesen, dass viele der in Schlafzimmern gefangenen Mücken Rinder- oder Schweineblut im Magen haben; daraus geht hervor, dass die Anophelinen ihre Nahrung nicht immer an demselben Ort verdauen, wo sie sie eingenommen haben. Diese Beobachtung wurde wiederholt bestätigt; man muss also zwischen dem Ort der Nahrungsaufnahme und dem der Verdauung unterscheiden.

Wenn auch ROUBAUD's Annahme, dass sich *A. maculipennis* allein nach der Anzahl der Zähne auf den Maxillen in zwei Rassen trennen lässt, als unrichtig abgelehnt werden muss, so hat er insofern unbedingt Recht, als *A. maculipennis* tatsächlich ein Sammelname für mehrere wohl unterscheidbare Unterarten ist, von denen allein in Europa nicht weniger als 7 vorkommen; nur sind die Zahnformeln zu ihrer Unterscheidung nicht verwendbar. Zunächst vergingen indessen noch Jahre, bis diese Erkenntnis durchdrang; das war nur durch die Zusammenarbeit zahlreicher Forscher in verschiedenen Ländern möglich.

Zu Beginn der dreissiger Jahre sandten holländische Malariaforscher eine Art Siegesbulletin aus. In Holland ist Malaria sehr wenig verbreitet, ihr Maximum fällt aber merkwürdigerweise ins Frühjahr, bevor die Anophelinen zum Vorschein kommen. Es scheint also, als ob die Menschen im Herbst durch den Stich von *Anopheles* infiziert werden, während die Krankheit den ganzen Winter hindurch latent bleibt und erst im nächsten Frühjahr zum Ausbruch kommt. SWELLENGREBEN (1930–32) und 5 seiner Freunde liessen sich deshalb in der Zeit vom 30.10. bis 7.11. von infizierten Anophelinen stechen; sie erkrankten tatsächlich alle sechs an Malaria, aber erst zwischen dem 26.6.

und 2.9. des nächsten Jahres. Bei Fortsetzung seiner Untersuchungen stellte SWELLENGREBEN fest, dass nicht alle Anophelinen zu Beginn des Winters die Ställe verlassen, kalte, unbewohnte Räume aufsuchen und dort unbeweglich und ohne Nahrungsaufnahme überwintern, sondern manche von ihnen bleiben auch im Winter in den Ställen; dort sitzen sie nicht unbeweglich, sondern saugen auch Blut, meistens von Rindern, manchmal aber auch von Menschen. Weiterhin ergab sich, dass die erste Blutmahlzeit im Frühjahr bei den in Wirtschaftsgebäuden überwinternden Mücken sofort in Eier umgesetzt wird, während das aufgenommene Blut bei den in den Ställen verbleibenden und auch im Winter stechenden Mücken zur Vergrösserung des Fettkörpers verwendet wird. Weitere Untersuchungen zeigten, dass die in Ställen überwinternden

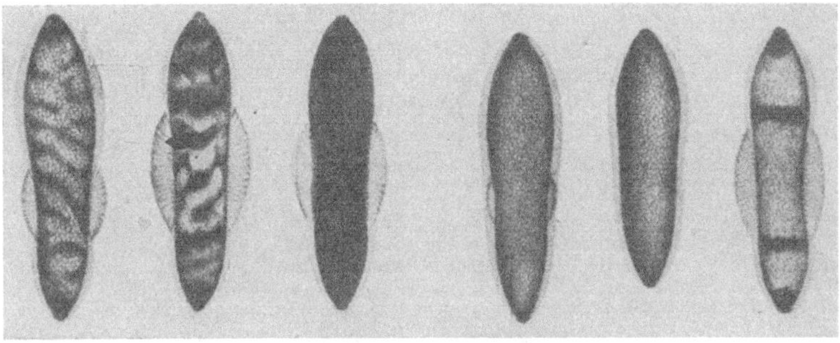

a b c d e f

Abb. 387. Eier aus dem Formenkreis *Anopheles maculipennis* Meig.; a var. *atroparvus*, b *messeae*, c *melanoon*, d *labranchiae*, e *maculipennis* Nominalform, f *elutus*. Nach Falleroni aus Martini, E. 1941.

und blutsaugenden Mücken kürzere Flügel und tatsächlich auch mehr Zähne auf den Maxillen haben, als die in Wirtschaftsgebäuden überwinternden Individuen, die während des Winters kein Blut aufnehmen.

Diese Ergebnisse führten zur Lösung des Rätsels, warum Malaria in Holland nur lokal auftritt, obwohl Anophelinen überall reichlich vorhanden sind. 1) Die Vorliebe der Anophelinen für das Blut von Haustieren erklärt allgemein das geringe Vorkommen von Malaria in Holland. 2) Das Auftreten von Malaria an einigen Orten ist darauf zurückzuführen, dass hier eine *Anopheles*-Rasse lebt, die nicht in vollkommene Winterruhe geht, sondern auch im Winter Tiere und Menschen sticht und daher Malaria überträgt. Die erste Rasse wird als langflüglig, die zweite als kurzflüglig bezeichnet. Nach der Meinung von ROUBAUD (1933) ist die Überwinterung unter Abbruch der Fortpflanzungstätigkeit auf Überbelastung der Malpighischen Gefässe zurückzuführen; diese Überbelastung ist durch Intoxikation hervorgerufen, die durch zu starke Fortpflanzungstätigkeit in den vorhergehenden Generationen entstanden ist. Diese Anschauung hat keine allgemeine Zustimmung gefunden; es ist aber richtig, dass die Malpighischen Gefässe überwinternder Mücken hypertrophiert sind, und dass die Fettzellen braune Körper enthalten.

FALLERONI (1924) macht auf ein neues Moment aufmerksam, indem er bei *A. maculipennis* in Italien nicht weniger als 5 Typen von Eiern nachweist, die sich sowohl in ihrer Struktur wie in ihrer Färbung von einander unterscheiden (Abb. 387). MARTINI, MISSEROLI und HACKETT (1931, 1933) bestätigten diese Beobachtung auch für Deutschland. Die zu den einzelnen Eitypen gehörenden Rassen wurden zunächst in mehreren Ländern verschieden benannt;

jetzt sind jedoch die drei Hauptnamen *messeae*, *atroparvus* und *typicus* allgemein anerkannt (s. auch WEYER 1937–38). Die zu den drei Eitypen gehörenden Rassen kommen nicht zusammen an den gleichen Orten vor: *Atroparvus*-Eier finden sich hauptsächlich im Küstengebiet, *Messeae*-Eier im Tiefland an grossen Seen und *Typicus*-Eier an höher gelegenen Orten. Die holländischen Forscher stellten ferner fest, dass die verschiedenen Eitypen an die von ihnen aufgestellten Rassen gebunden sind; die Eier der kurzflügligen Rasse entsprechen durchaus den von MARTINI in Deutschland nachgewiesenen Eiern, die als *Atroparvus*-Rasse bezeichnet werden. Durch intensive Zusammenarbeit gelangte man schliesslich zu dem Ergebnis, dass unter dem Artnamen *A. maculipennis* drei deutlich getrennte Rassen zusammengefasst wurden, die am besten an ihren Eiern zu erkennen, aber im übrigen auch biologisch und morphologisch zu unterscheiden sind.

	atroparvus	*messeae*	*typicus*
Eier	grau	dunkel	
Zahl der Kieferzähne	kleiner	grösser	
Flügel	kurz	lang	
Mücken	klein, hell	gross, dunkel	
Aufenthalt	meist in Ställen	in Wirtschaftsgebäuden	
	stechen im Winter	stechen im Winter nicht, vollkommene Hibernatio	
Vorkommen	meist an Küsten, Brackwasser	im Inland, an Seen und Flüssen	in kühleren Gegenden, im Bergland (Schwarzwald)
Paarung	in geschlossenen Räumen, Hochzeitstänze nicht obligatorisch	im Freien mit Hochzeitstanz	

Es fragt sich nun, ob Männchen einer der Rassen die Weibchen aller drei Rassen begatten und ihre Eier befruchten können. Mücken schwärmen bekanntlich und leiten die Paarung im Schwarm ein. Neue Untersuchungen zeigten, dass sich die *Messeae*-Rasse in Gefangenschaft überhaupt nicht zur Begattung bringen lässt, ihre Paarung muss immer im Schwarm vor sich gehen; die Mücken der *Atroparvus*-Rasse schwärmen dagegen nicht, sondern paaren sich in geschlossenen und ganz kleinen Räumen und sitzen dabei still. Da die *Atroparvus*-Rasse vorwiegend am Brackwasser und an windigen Meeresküsten lebt, ist es offenbar für sie von Vorteil, nicht zu schwärmen, sondern bei der Paarung im Grase zu sitzen, wo die Weibchen von den Männchen aufgesucht werden; dementsprechend hat auch die Brackwasserform *atroparvus* die kürzesten Flügel. Die drei Rassen *atroparvus*, *messeae* und *typicus* liessen sich zwar nachweislich miteinander paaren, ihre Nachkommenschaft blieb aber steril, sodass keine Möglichkeit zur Bildung von Mischformen besteht. Dasselbe hat man anderwärts auch bei anderen Mücken, wie wir sehen werden auch bei *Culex pipiens* L. festgestellt. Die drei Rassen sind schwer voneinander zu trennen, weil sie sich weit mehr durch verschiedene Lebensweise (Hibernatio oder Semihibernatio, Art der Begattung), als durch scharf ausgeprägte anatomische Besonderheiten unterscheiden. Die Abweichungen in der Anzahl der Kieferzähne und in der Flügellänge sind sehr gering; es kommen auch Übergangsstadien vor. Farbe und Struktur der Eier sind die einzigen sicheren Rassenmerkmale; das bedeutet aber, dass man die Mücken erst zur Eiablage bringen muss, um ihre Rasse bestimmen zu können. Man kann zwar die Rasse von Mücken, die man im Freien, in Ställen oder in Wohnhäusern fängt, schätzungsweise angeben, den entscheidenden Beweis liefert aber erst die Eiablage im Laboratorium.

Durch den Nachweis der drei Rassen wurde das Problem des Anophelismus ohne Malaria in neue Bahnen gelenkt. Wenn sich feststellen liesse, dass eine der Rassen nur auf Rindern schmarotzt, und dass diese Rasse nur in malariafreien Gebieten vorkommt, während eine andere Rasse Blut von Menschen saugt und Malaria nur in ihrem Verbreitungsgebiet auftritt, so wären wir tatsächlich dem Verständnis der Ursachen für die rätselhafte Verbreitung der Malaria einen grossen Schritt näher gekommen. In Holland meinte man, dass Malaria nachweislich nur da vorkommt, wo *atroparvus* lebt, nämlich in Brackwasser- und Marschgegenden, wo die Malariamücken in Viehställen hausen und auch im Winter Blut saugen. Eine enorme Arbeit, auch mit anderen als den drei nördlich der Alpen vorherrschenden Rassen, wurde besonders in Südeuropa geleistet, um weitere Aufklärung zu schaffen. Die Forschungen und Ergebnisse stützen sich auf ein ausserordentlich grosses Material; so wurden für eine Untersuchung Blutproben aus mehr als 13.000, für eine andere aus 37.000 *Anopheles*-Mägen entnommen. Dabei ergab sich, dass Malaria wirklich auf die Orte beschränkt ist, wo die Mücken in die Häuser kommen und Blut von Menschen und Tieren saugen. Das ist z. B. der Fall bei der in unseren Kuhställen überwinternden Rasse, die zwar hierzulande nur auf Rindern schmarotzt, weiter südlich aber im Winter auch in Schlafräume dringt und Menschen sticht. Nördlich der Alpen wird Malaria nur durch diese Rasse, die Brackwassermücke *atroparvus*, im Süden dagegen hauptsächlich durch eine andere Rasse, *elutus*, gelegentlich aber auch durch *atroparvus* übertragen. Hier haben wir die Erklärung für die wohlbekannte Tatsache, dass Malaria vorwiegend in Marschgegenden, in der Nähe des Meeres auftritt; das wurde in neuerer Zeit in Schweden, Holland, Deutschland und Belgien bestätigt. In den Gebieten, wo die Inlandsrasse *Messeae* oder die in grösseren Höhen heimische *Typicus*-Rasse lebt, gibt es keine Malaria. Dass geht so weit, dass Martini, als er die *Atroparvus*-Rasse bei Magdeburg, also in Mittel-Deutschland fand, dort (im Prestersee) zugleich Salz- und Brackwasserpflanzen als Relikte früherer Zeiten nachweisen konnte; die *Atroparvus*-Rasse ist hier ebenso wie die Pflanzen als Relikt aus der marinen Periode des Sees zu betrachten. Ob Malaria in einer Gegend vorkommt, hängt also davon ab, welche Rasse von *Anopheles maculipennis* dort heimisch ist; ausschlaggebend sind ihre biologischen Eigentümlichkeiten, vor allem, ob die Mücken vollständige Winterruhe halten, ohne Nahrung zu sich zu nehmen (*messeae* und *typicus* im Norden), oder ob sie nur teilweisen Winterschlaf halten und ab und zu Blut von Tieren und Menschen saugen. Es verhält sich also nicht so, wie man zuerst in Holland glaubte, dass die eine Rasse nur Blut von Tieren, die andere nur Blut von Menschen saugt, sondern alle Rassen können sowohl Tiere als Menschen stechen. Die Malaria erscheint aber im Norden gewöhnlich zusammen mit der *Atroparvus*-Rasse, im Süden mit der *Elutus*-Rasse, folgt also den Spuren der Brackwassermücken; die anderen Rassen, *messeae* und *typicus*, schmarotzen vorwiegend auf Rindern. Auch von dieser Regel gibt es indessen Ausnahmen; in gewissen Gegenden von Russland und im Donaudelta herrscht Malaria, obwohl dort nur die beiden letztgenannten Rassen leben; sie halten sich auch in südlichen Ländern keineswegs nur an das Vieh, sondern fliegen aus den Ställen in Schlafräume und stechen sowohl Haustiere wie Menschen.

Trotz alledem liegt eine gewisse Wahrheit in der Behauptung, dass sich die Menschen durch ausgedehnte Viehzucht, besonders durch Viehhaltung in

Ställen, ziemlich gegen Malaria schützen können. Ein grosser Viehbestand kann zwar das Auftreten von Malaria nicht völlig verhindern, er setzt aber doch die Gefahr ganz wesentlich herab. Man muss ja auch bedenken, dass mehrere verschiedene Zufälle zusammentreffen müssen, damit eine *Anopheles* Malaria übertragen kann.

1. Die Mücke muss zuerst einen Menschen stechen, durch den sie mit Malaria infiziert wird, d. h. einen Malariakranken, in dessen Blut die Parasiten das Stadium erreicht haben, in dem sie übertragbar sind, nämlich die Sexualformen; das ist natürlich keineswegs immer der Fall und bildet wohl eher die Ausnahme als die Regel. Forscher müssen oft Hunderte von Malariapatienten untersuchen, bis sie einen finden, der Malaria auf Mücken zu übertragen vermag; so enthielt in Panama nur das Blut von 12 unter 1500 Patienten Sexualformen der Parasiten.

2. Die aufgenommenen Parasiten müssen ferner in der Mücke reifen, um durch die Speicheldrüsen wieder in Menschen gelangen zu können; dazu brauchen sie normalerweise etwa 2 Wochen. Sinkt aber die Temperatur unter 15° C., so kommt die Entwicklung in der Mücke zum Stillstand; das geschieht nördlich der Alpen ziemlich häufig, sodass hier die Reifung der Parasiten meistens längere Zeit in Anspruch nimmt. Die Verzögerung kann in höheren Breitengraden für die Parasiten verhängnisvoll werden, da die Mücken im Sommerhalbjahr nur kurze Zeit leben und viele von ihnen sterben, ehe die Malariaparasiten reifen können. In Holland z. B. erreichen in der Zeit von April bis Oktober nur 15 % der Mücken ein Alter von einem Monat; die holländischen Forscher sehen hierin die Ursache dafür, dass die Sommergeneration von *Anopheles* Malaria nicht überträgt. Weiter nach Norden wird die Möglichkeit zur Übertragung der Krankheit noch geringer.

3. Hierzu kommt weiter, dass die reifen Parasiten in den Speicheldrüsen der Mücke höchstens 6 Wochen leben; daraus folgt, dass die Parasiten in einer infizierten Mücke nicht den Winter hindurch am Leben bleiben. Bedenkt man all diese Hindernisse für die Entwicklung der Parasiten, so erscheinen die enorme Verbreitung der Malaria und die ungeheure Anzahl der Krankheitsfälle erstaunlich. Sie sind nur verständlich unter der Voraussetzung einer unzähligen Menge von Anophelinen. Wir können hier auf das Vorkommen oder Nicht-Vorkommen der Malaria nicht weiter eingehen; es sei nur bemerkt, dass es dabei vor allem auf 3 Faktoren ankommt: 1) Anzahl der Anophelinen, 2) grössere oder geringere Anziehung der Mücken durch Haustiere, besonders Rinder und Schweine, und 3) Anwesenheit von Menschen mit Malariaparasiten in dem auf Mücken übertragbaren Stadium. Unmittelbar nach dem Weltkrieg traten nach der Heimkehr malariakranker Soldaten hie und da neue Fälle von Malaria auf, besonders in Russland. Durch die Einschleppung wurde das jahrelang aufrecht erhaltene biologische Gleichgewicht zwischen Anophelinen, Anziehung durch Haustiere und menschlichen Trägern von geschlechtsreifen Parasiten aufgehoben.

Keine der anderen Rassen ist so sehr an menschliche Behausungen gebunden wie *atroparvus*; die Rasse ist fast als Haustier zu bezeichnen, da sie die Wohnungen nur zur Eiablage verlässt und alle anderen Funktionen, wie Ernährung, Überwinterung und Begattung, in Wohnhäusern, Ställen u. dgl. vollzieht. Die Mücken halten sich auch mehr als die der anderen Rassen an Haustiere; aber gerade in dieser Beziehung verhält sich die Rasse an vielen Orten abweichend, sodass wir nicht nur von einem Anophelismus ohne Malaria, sondern auch von einem Atroparvismus ohne Malaria sprechen können. An diesem Punkt setzen die gegenwärtigen Untersuchungen ein: man versucht aufzuklären, durch welche Umstände ein und dieselbe Rasse veranlasst wird, ihren Blutdurst das eine Mal an Tieren, das andere Mal an Menschen zu stillen, und wodurch das Vorkommen von »Malariahäusern« in einer Stadt verursacht wird. Man vermutet, dass solche Häuser besondere Anziehungskraft für einen Mückenstamm besitzen, der sich in den Schlafräumen des Hauses angesiedelt hat und, falls überhaupt ein Malariaträger im Hause wohnt, die Krankheit von einer Generation auf die nächste überträgt, vor allem bei Familien mit vielen Kindern.

Wie oben erwähnt, behauptet ROUBAUD, dass *A. maculipennis* jetzt in wohlabgegrenzte Rassen gesondert ist, nachdem die Art eine »évolution durable« oder »évolution d'habitudes acquises« durchgemacht hat. Ich glaube daran nicht; erworbene Eigenschaften befestigen sich nicht so leicht. SELLA, GRASSI und ich meinen dagegen, dass die Rassen nicht erblich fixiert sind, sondern dass ein und dieselbe Art unter veränderten Milieubedingungen nur verschiedene Saiten ihrer Variationsbreite anschlägt. MARTINI schloss sich ursprünglich dieser Auffassung an, ging aber später noch einen Schritt weiter und erklärte, dass die Phänotypen während undenklicher Zeiten existiert haben, ohne besonders an Tiere oder Menschen gebunden zu sein. Wenn es heutzutage grosse Gebiete ohne Malaria gibt, obwohl die Malariamücken überall verbreitet sind, so liegt das seiner Meinung nach daran, dass Malaria nur dort herrschen kann, wo die Anophelinen ausserordentlich zahlreich sind, was wieder von hydrographischen, klimatischen und hygienischen Umständen abhängt. MARTINI behauptet ferner, dass in einem Gebiet, wo zahlreiche Anophelinen in Ställen leben, noch unendlich viel grössere Mengen im Freien sein können; man sieht sie vielleicht dort nur deshalb nicht, weil man ihre Verstecke nicht kennt. Wir halten die Mücken für Stallbewohner, weil wir sie ausserhalb der Ställe nicht sehen.

Diese Anschauung trifft für unser Land sicher nicht zu; MARTINI ist auch noch immer den Beweis für ihre Richtigkeit schuldig. Sie trägt ferner keineswegs zum Verständnis der Tatsache bei, dass im Norden und in grossen Teilen von Europa nördlich der Alpen vor etwa 70 Jahren ausgesprochener Anophelismus mit Malaria herrschte, während jetzt Anophelismus ohne Malaria besteht. Wir können nicht darüber hinwegsehen, dass *Anopheles maculipennis* nördlich der Alpen in den letzten 75 Jahren eine Instinktänderung durchgemacht hat, durch die die Mücken veranlasst wurden, sich mehr an Rinder als an Menschen zu halten. Die Ursachen für diese Veränderung sind auf S. 458 angegeben.

Schliesslich bleibt noch die Frage zu beantworten, welche Wege *A. maculipennis* einschlagen musste, um zu dieser Instinktänderung zu gelangen, und ob in dieser Instinktänderung die Ursache für das Verschwinden der Malaria nördlich der Alpen zu sehen ist. Ich möchte hier auf ein paar Faktoren hinweisen, die meines Wissens bisher nicht beachtet worden sind, und über deren Bedeutung für die genannten Phänomene ich selbst noch im Zweifel bin.

Die während des letzten Jahrhunderts eingetretenen Änderungen des Klimas, der Bodenfeuchtigkeit, der Ernährung, die vermutlich zum Erlöschen der Malaria beigetragen haben, sind wahrscheinlich für die Mücken am fühlbarsten dort, wo sie nur zwei scharf getrennte Generationen im Jahre produzieren können; wo dagegen mehrere Generationen aufeinander folgen, die gleitender Veränderung der Lebensweise ausgesetzt sind, macht sich der Wechsel der Lebensbedingungen weniger für die Art bemerkbar. Ersteres ist bei uns der Fall, wo es nur zwei Generationen im Jahre gibt, letzteres im Süden, wo bis zu 9 Generationen aufeinander folgen. Im ersteren Fall bestehen grössere

Möglichkeiten zur Entstehung und Abspaltung von Phänotypen und – zufolge meiner Naturauffassung – bessere Bedingungen für das Entstehen von Mutationen als im anderen Fall.

Betrachtet man jetzt das Leben der beiden Generationen, so zeigt sich, dass es sich hierzulande unter den heutigen Bedingungen durchaus verschieden gestaltet. Die Eier, aus denen die Wintergeneration entsteht, werden im Sommer oder Spätsommer gelegt; die aus ihnen ausschlüpfende Generation lebt 8–9 Monate und stirbt erst im Mai oder Juni des folgenden Jahres. Bevor die Mücken ihr Winterquartier aufsuchen, nehmen sie mehrere Blutmahlzeiten zu sich; das Blut wird nicht zur Reifung der Eier, sondern zum Aufbau des grossen Fettkörpers verwendet, von dem die Tiere während der langen Winterruhe zehren. Erst das im Frühjahr aufgenommene und normalerweise aus einer einzigen Mahlzeit stammende Blut dient zur Ernährung der Eier, die dann alle auf einmal reifen. Die Wintergeneration besteht vom Oktober oder November ab nur noch aus Weibchen; die Männchen sterben im Herbst nach der Begattung. Ihre Spermatozoen leben weiter in den Samentaschen der überwinternden Weibchen und befruchten im Frühjahr die Eier während der Ablage. Die Weibchen sitzen den Winter hindurch fast unbeweglich an den Wänden in Wirtschaftsgebäuden u. dgl.; im Frühjahr fliegen sie fast den ganzen Tag herum und wählen die Plätze zur Ablage der Eier möglichst nahe den Orten, wo sie überwintert haben.

Das Dasein der Sommergeneration verläuft ganz anders. Die Mücken leben nur 2–4 Wochen und streifen in dieser Zeit weit umher; sie saugen viele Male Blut, legen Eier in mehreren Sätzen mit Pausen dazwischen und nehmen vor jeder Eiablage eine Blutmahlzeit ein. Die Eier reifen im Laufe von 2–3 Tagen. Die Sommergeneration besteht während ihrer ganzen Dauer sowohl aus Männchen wie aus Weibchen; das Sperma wird nicht längere Zeit in Samentaschen aufbewahrt, sondern sofort verbraucht. Das aufgenommene Blut dient nicht zum Aufbau eines Fettkörpers, sondern kommt sofort der Eiproduktion zugute. Die Mücken dieser Generation fliegen nicht bei Tage, sondern sind ausgesprochene Dämmerungs- und Nachttiere.

Im Süden gibt es keinen so starken Gegensatz in der Lebensweise der einzelnen Generationen, von denen dort 8 oder 9 aufeinander folgen und allmählich ineinander übergehen.

Wir wissen nicht, ob damals, als bei uns noch Malaria herrschte, als die Sommer länger waren und den Mücken im Freien während eines grossen Teils des Jahres, im Walde sogar das ganze Jahr hindurch unbegrenzte Mengen von Blut zur Verfügung standen, die Anophelinen mehr als zwei Generationen hatten; wir werden auch kaum je etwas darüber erfahren. Wenn aber die Anzahl der Generationen auf zwei reduziert wird, so wird meiner Meinung nach die Wintergeneration durch die veränderten Lebensbedingungen, besonders die niedrigere Jahrestemperatur, vielleicht auch durch die zunehmende Kultur stärker betroffen als die Sommergeneration. Ihre Lebensdauer nimmt zu, die Mücken müssen länger in ihren Winterquartieren bleiben, und ihr Aufenthalt im Freien wird abgekürzt. Nach unseren heutigen Kenntnissen über das Leben der Malariaparasiten müssen wir annehmen, dass sie selbst in stark infizierten Wintermücken absterben, bevor die Mücken im Frühjahr aus dem Winterschlaf erwachen; die Wintergeneration scheidet daher unter den durch unsere Kultur abgeänderten Lebensbedingungen als Malariaüberträger aus. Es ist wenig wahrscheinlich, dass sie während ihres kurzen Lebens im Frühjahr in dieser Hinsicht noch Bedeutung gewinnt.

Mit der Sommergeneration verhält es sich anders; sie hat mit ihren zahlreichen Bruten zu einer Zeit, wenn das Vieh auf der Weide ist und die Menschen sich weit mehr als im Winter im Freien aufhalten, erheblich grössere Möglichkeit, Malaria zu verbreiten. Da aber jetzt Schweine und Pferde nicht mehr in den Wäldern, sondern in Ställen gehalten werden und Stallfütterung des Viehs immer allgemeiner wird, so werden die Ställe zu Couveusen, von denen die Anophelinen durch die Ausdünstungen der grossen Tiere, sowie Licht und Wärme angelockt werden, und die Mücken werden fauler und weniger beweglich und beschränken sich zum Blutsaugen immer mehr auf das Vieh.

Die Bruten der beiden Generationen greifen im Frühjahr und Herbst ineinander über; es gibt hier ebensowenig wie sonst in der Natur scharfe Grenzen. Es scheint mir jedoch, als könnte die oben dargestellte Auffassung etwas zum Verständnis sowohl der Rassenbildung bei *A. maculipennis* als der Ursachen für das Erlöschen der Malaria hierzulande beitragen.

Anopheles bifurcatus Meig.

Sitzt man an einem feuchtwarmen Sommerabend am Waldrand oder drinnen im Wald an stehendem Wasser, so wird man bekanntlich nicht wenig von Mücken geplagt; diese gehören durchweg zur Gattung *Aëdes.* Dagegen wird der aufmerksame Beobachter kurz nach Sonnenuntergang und in den ersten Nachtstunden bemerken, dass er zwar immer noch gestochen wird, dass aber nun die stechenden Mücken grösstenteils ganz anders aussehen als die vorherigen. Sie sind sehr schlank und haben viel längere, äusserst dünne Beine; man merkt niemals, wenn sie sich auf die Haut setzen, und man hört keinen einzigen Laut. Wenn man eine von ihnen fängt, kann man sehen, dass ihre Kiefertaster so lang sind wie der Rüssel; die Mücke gehört also zu den Anophelinen. Es ist aber nicht *A. maculipennis*; ihre Flügel sind nicht wie bei letzterer gefleckt, sondern glashell; die ganze Gestalt ist von sylphidenhafter Feinheit. Es ist die Malariamücke unserer Wälder, *A. bifurcatus* Meig. Sie gilt vielfach als selten, ist es aber durchaus nicht, wenn auch ihre Lebensbedingungen vielleicht nicht mehr so gut sind wie ehemals, bevor sie durch Ausrodung von Gestrüpp und Austrocknung von Waldtümpeln verschlechtert wurden.

Im zeitigen Frühjahr trifft man die Mücken auch in Ställen an, wo sie in Spinnweben hängen; auch in Wohnungen sind sie im Frühsommer nicht selten. Im grossen und ganzen leben die Mücken im Wald, jedoch nicht auf freiem Feld; sie fliegen am Ufer stiller, pflanzenreicher Teiche, aber auch an langsam fliessenden Bächen. Die Mücken sind vorzügliche Flieger; an Sommerabenden habe ich sie oft beobachtet, wie sie über die Fläche grosser Seen hin gerade aufs Ufer zusteuern. Sie stechen mit Vorliebe Menschen; nach meinen eigenen Erfahrungen ist ihr Stich äusserst schmerzhaft. Die Mücken sind wohl imstande, Malaria zu übertragen, sind aber höchstens in südlicheren Gegenden von Bedeutung als Krankheitsüberträger.

A. bifurcatus legt die Eier an ähnlichen Orten ab wie *A. maculipennis,* hat jedoch eine gewisse Vorliebe für fliessende Gewässer; besonders beliebt sind Ausbuchtungen langsam fliessender Bäche mit Bewuchs von Brunnenkresse, Veronica usw. Im Süden leben die Larven angeblich in Brunnen und Cisternen (Hecht 1929).

Die Lebensweise der beiden Arten *A. maculipennis* und *bifurcatus* ist höchst verschiedenartig. *A. maculipennis* überwintert als vollentwickeltes Insekt, *A. bifurcatus* als Larve. Die Larven beider Arten sind zwar schwer voneinander zu unterscheiden (der Hauptunterschied besteht in den bei *A. maculipennis* stärker gespaltenen Clypealhaaren), jedoch gehören die in der Zeit von Oktober bis April in Tümpeln und Bächen lebenden Larven stets zu *A. bifurcatus.* Nur in den Sommermonaten findet man Larven beider Arten nebeneinander. Im Oktober wimmelt das Wasser am Rand der Tümpel oft von ungeheuren Mengen winziger, schwarzer *Anopheles*-Larven, den frischgeschlüpften Larven von *A. bifurcatus*; sie futtern sich bei niedriger Temperatur bis zu einem der letzten Stadien durch, in dem sie überwintern. Wenn der Winter kommt, suchen sie den Boden auf und liegen hier vollkommen still; auch ihre Strudelorgane hören auf zu schlagen. Setzt man die Larven ins Aquarium, so sterben sie; bisher war es nicht möglich, sie zu züchten. Erst zu Beginn des Frühlings kommen die Tiere wieder an die Oberfläche; alle *Anopheles*-Larven des zeitigen Frühjahrs sind Larven von *A. bifurcatus.* Ich habe oftmals die kleinen Schwärme beobachtet, in denen die Männchen tanzen und in stets gleichem Abstand von der Erde wie Pfeile wagerecht hin und herschiessen. Ab und zu steuert ein Weibchen in den Schwarm; dann bildet sich sofort ein Knäuel, und die Begattung findet statt. Die Eier werden auf der Wasseroberfläche dicht am Ufer abgelegt, nach manchen Berichten auch direkt auf feuchter Erde. Die jungen Larven leben immer am Rand des Wassers. Die Sommergeneration braucht zu ihrer Entwicklung 3–4 Wochen. Die Art ist nach meinen Beobachtungen am zahlreichsten im Frühjahr und Herbst, weniger häufig im Hochsommer. Sie bringt wohl kaum mehr als zwei Generationen im Jahr hervor.

Anopheles plumbeus Stephens.

A. plumbeus unterscheidet sich von unseren beiden anderen Arten durch geringere Grösse und dunklere Färbung. Nach Mitteilungen aus anderen Ländern (Lang 1920, Martini 1920) kommen die Larven in Baumlöchern zusammen mit *Finlaya geniculata* Oliv. vor; hierzulande wurden sie in der mit Wasser gefüllten Höhlung eines alten Baumstumpfes im Suserup-Wald gefunden. Der Baumstumpf beherbergte etwa 100 Larven, die den ganzen Sommer hindurch bis Mitte August regelmässig beobachtet wurden. Sie verpuppten sich Anfang August; etwa 14 Tage später schlüpften die Mücken aus. Ich habe die Larven auch sonst mehrmals gefunden, sie scheinen aber seltener zu sein als *Finlaya.* Die Eier haben keine Luftkammern, jedoch einen sehr breiten Schwimmgürtel (Martini 1930); sie werden angeblich nicht auf den Wasserspiegel, sondern auf den Rand der Baumlöcher gelegt (Eckstein nach Hecht 1929). Alle Larven, die ich gesehen habe, waren von merkwürdig rotbrauner Farbe. Wenn man sich sehr vorsichtig an die Baumstümpfe heranschleicht, sieht man die Larven horizontal ausgestreckt an der Wasseroberfläche liegen; bei der leisesten Erschütterung des Bodens um den Baumstumpf lassen sie sich aber sofort auf den Grund sinken und kommen erst nach ziemlich langer Zeit wieder herauf. *A. plumbeus* ist eine ausgesprochene Waldmücke und hierzulande sicher selten; Imagines habe ich niemals im Freien gefunden. In unseren Wäldern sind nicht viele Baumlöcher, in denen sich Larven entwickeln könnten; die Löcher enthalten selten mehr als ein paar Dutzend Larven. Die Mücken stechen Menschen, gehören jedoch zu den gutartigeren Plagegeistern; die Mücke kann Malaria übertragen, hat aber in dieser Hinsicht keine grössere Bedeutung.

Culicini.

Die Culicini unterscheiden sich von den Anophelini auf den ersten Blick dadurch, dass die Kiefertaster der Weibchen ganz kurz sind, und dass bei den Männchen die distalen Glieder der Kiefertaster nicht erweitert sind. Bei einigen Arten sind die Kiefertaster beider Geschlechter sehr kurz. Der Hinterleib ist dicht mit Schuppen bedeckt. Die Culicinen sind durchweg von weit plumperer Körperform als die Anophelinen. Die Larven haben eine lange Atemröhre, mit der sie schräg oder senkrecht von der Wasseroberfläche herabhängen; ihre Haarbedeckung ist von der der Anophelinen-Larven grundverschieden.

Von den Culicinen sind zahlreiche Arten beschrieben, wohl an die 1400, die über die ganze Welt verstreut sind. Die Hauptgattungen in Europa sind *Aëdes, Theobaldia, Culex, Taeniorhynchus* (= *Mansonia*). Die Gattung *Aëdes* ist eigentlich eine Sammelgruppe; sie wird als *Aëdini* bezeichnet und umfasst die Untergattungen *Aëdes, Finlaya, Ochlerotatus* u. a., die im folgenden zusammen besprochen werden sollen.

Wir wollen uns hier zunächst mit den Eiern und der Eiablage bei den *Culicini* im allgemeinen beschäftigen und dann die Biologie der einzelnen Gattungen besprechen. Bei den *Culicini* kommen zwei Formen der Eiablage und im Zusammenhang damit auch zwei wesentlich verschiedene Typen von Eiern vor.

Einige Bemerkungen über Eiablage.

1) Die weniger komplizierte und sicher auch gewöhnlichste Art der Eiablage besteht darin, dass das Weibchen die Eier einzeln abwirft oder ablegt, und zwar am Rand ausgetrockneter Pfützen, oder auf dem feuchten Boden fast ausgetrockneter Tümpel. Diese Form der Eiablage ist typisch für die grosse Gattung *Aëdes* mit all ihren Untergattungen. Die Eischale ist aussen von einem polygonalen Netzwerk bedeckt.

Sehr viele Arten legen ihre Eier auf vollkommen trockenes Land; hier entwickeln sie sich nach der Überwinterung in den Schmelzwasserpfützen. Es ist für die Eier mancher Formen eine Vorbedingung zur Entwicklung, dass sie zuerst einer Temperatur von unter 0° ausgesetzt werden, bevor Regen oder Schmelzwasser ihren Aufenthaltsort überfluten. Dann schlüpfen die Larven in unglaublich kurzer Zeit aus; bei einer Art wurde beobachtet, dass die Larven schon nach drei Minuten ausschlüpfen, wenn die Eier nur ins Wasser getaucht werden. Die Larven liegen im Ei lange Zeit vollkommen fertig entwickelt. Da die Schmelzwassertümpel in den meisten Jahren nur sehr kurze Zeit Wasser enthalten, ist es von grösster Bedeutung, dass bei Zufuhr von Wasser die Entwicklung sofort beginnen kann.

Es ist diese Form der Eiablage, die wir bei den Mücken der Polargegenden und der Prärien antreffen. Unter brennender Sonne oder in härtester Winterkälte liegen die Eier 10–11 Monate lang und warten auf Schneeschlamm und Frühjahr. Man hat experimentell festgestellt, dass die Eier noch lebensfähig sind, wenn sie bereits einmal überwintert haben (Knab 1908, Headle 1929).

2) Die zweite Form der Eiablage (Abb. 388–391) hielt man früher für die normale; sie wurde schon von Réaumur beschrieben, tatsächlich aber nur bei den drei Gattungen *Culex* mit *C. pipiens* L., *Theobaldia* und *Taeniorhynchus* beobachtet.

Die Eier werden an der Wasseroberfläche in sog. Mückenschiffchen abgelegt; jedes Schiffchen enthält 200–400 Eier, die aufrecht stehen und mit den Langseiten aneinander kleben. Jedes Ei ist oben mit einer kleinen, emporragenden Spitze versehen und unten mit einem Schwimmbecher ausgestattet, der das Eindringen von Wasser verhindert. Die Schiffchen sind meist schwach gebogen, sodass das Wasser nicht so leicht auf ihre Oberseite spritzen kann. Wenn das Schiffchen trotzdem von Wassertropfen benetzt wird, fliessen die Eier nicht auseinander, da seine Oberfläche durch die dichtstehenden kleinen Spitzen wie ein Stück Samt wirkt, von dem das Wasser in Perlen abläuft. Bei manchen Arten ist die Unterseite des Schiffchens von einer Gallertschicht bedeckt. Die ausserordentlich hübschen Schiffchen sind bis etwa $^3/_4$ cm lang und gewöhnlich von etwas geringerer Breite; sie werden bei den einzelnen Arten in verschiedener Weise hergestellt. Die Weibchen mancher Arten stellen sich mit gekreuzten Hinterbeinen auf die Wasseroberfläche und stapeln ein Ei nach dem anderen in den von den Beinen gebildeten Winkel; andere kreuzen die Beine anscheinend nicht. Wieder andere legen eine Schicht von Eiern nach der anderen zwischen

Abb. 388.

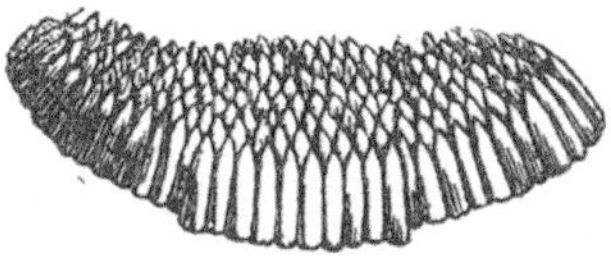

Abb. 389.

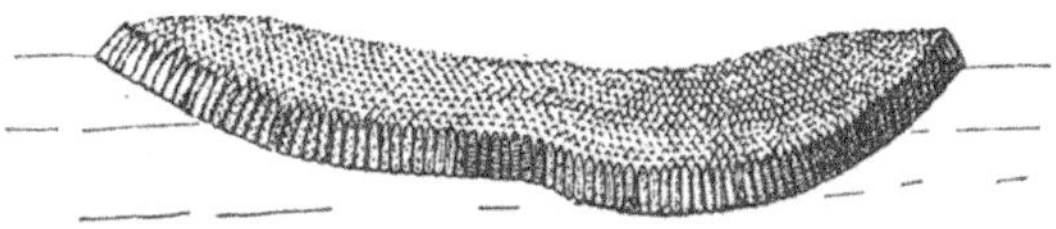

Abb. 390.

Abb. 391.

Abb. 388. Eischiffchen von *Culex pipiens* L. Oben die Eier, unten die Larven. Die Larven sprengten die Eischalen, sobald die Eier in Alkohol gelegt wurden; sie wurden noch in den Eiern sitzend konserviert. Man sieht deutlich die Deckel der Eier, die durch die Larven aufgesprengt wurden. W-L. phot.

Abb. 389. *Culex pipiens* L. Eischiffchen. Nach Réaumur.

Abb. 390. *Culex pungens* Wied. Eischiffchen. Nach Howard, L. 1900.

Abb. 391. Die flachen Wiesen am Arresee. W-L. phot.

die Hinterbeine und zwar mit der Langseite nach unten; wenn dann das ganze Schiff aufgestapelt ist, schupst das Weibchen es mit einem raschen Stoss in die richtige Lage, sodass die Eier aufrecht stehen. Die meisten Mückenschiffchen schwimmen auf der Oberfläche, es gibt aber in Amerika auch Arten, bei denen nur die Spitzen der Eier über das Wasser herausragen. Die Eier mancher Arten, die in das in Bromeliaceenblättern angesammelte Wasser gelegt werden, sind von einer Gallerte umgeben. Es ist für alle Stechmücken, die ihre Eier aufs Wasser legen, charakteristisch, dass die Larven kurze Zeit nach der Eiablage ausschlüpfen, und dass die Eier keinen Frost vertragen können; bei diesen Arten folgen Paarung, Blutmahlzeit und Eiablage gewöhnlich unmittelbar aufeinander.

3) Eiablage unter besonderen Bedingungen. Eiablage und Entwicklung gehen zuweilen unter eigenartigen Bedingungen vor sich. Viele der an den Küsten lebenden Mückenlarven vertragen stark konzentriertes Meerwasser; sie bewohnen vorzugsweise die von der Brandung hinterlassenen Pfützen, deren Salzgehalt durch die Verdunstung weit über den des Meerwassers steigt. So leben z. B. die Larven von *Aëdes zammithii* Theob. an der Küste des Mittelmeers in Wasser mit einem Gehalt von 48–87 g Salz pro Liter (Mittelmeer nur 28 g).

An den nordamerikanischen Küsten des Stillen Ozeans spielen die sog. »Saltmarsh-Moskitos« eine grosse Rolle; ihre Larven entwickeln sich in stark salzigem Wasser. Ihre Eier liegen in Schlamm begraben; alle 4 Wochen wird durch die Springflut die Entwicklung neuer Mücken veranlasst.

In den feuchten tropischen Urwäldern sammelt sich in der Regenzeit bekanntlich eine beträchtliche Menge von Wasser in den Blättern vieler Pflanzen, besonders in Bromeliaceen. Hier finden sich stets zahlreiche Insekten, hauptsächlich Mücken, ebenso in den Wasseransammlungen in hohlen Bäumen oder in durchschnittenen Bambusrohren. Es ist für diese Fauna charakteristisch, dass ihre Mitglieder lange hungern können. Die Larven leben zuweilen 2–3 Monate, ohne zu wachsen. Wenn sie dann Nahrung erhalten, verpuppen sie sich im Laufe von 4 Tagen. Die Eier vertragen monatelanges Austrocknen. Die Larven liegen fertig entwickelt im Ei und schlüpfen aus, sobald Wasser zufliesst. Die Eier werden nicht auf die Wasseroberfläche, sondern auf die Wandung der kleinen Hohlräume gelegt. Wir werden später sehen, dass diese Fauna auch bei uns vertreten ist (Brug 1931).

Wanderungen. Das Eiablageproblem ist oft mit Wanderungen verbunden. Im grossen und ganzen sind die Mücken recht stationär, besonders die Waldmücken (*Aëdes nemorosus* Meig. u. a.), weniger die Feld- und Wiesenmücken. Von den oben genannten »Salt marsh-Moskitos« wird berichtet, dass sie regelmässig 30 miles bis zur nächsten Stadt wandern, um ihren Blutdurst zu stillen, und dass sie dann wieder zur Küste zurückfliegen, wo sie ihre Eier ablegen. Sie wälzen sich als enorme Wolkenmassen von der Küste über die angrenzenden Landstriche. Zuerst kommen die Schwärme der Männchen, die aber nicht so weit gelangen; die Schwärme der Weibchen fliegen dagegen oft mehr als 40 miles. Die Wanderungen sind zweifellos Nahrungswanderungen. An den Orten, wo die Mücken ausschlüpfen, leben keine Wesen, an denen sie ihren Blutdurst stillen können; zu seiner Befriedigung sind sie auf die weiter östlich lebenden grossen Viehherden und Menschen angewiesen. Man hat konstatiert, dass die Mücken nach ihrer Heimat an der Küste zurückwandern, wenn sich die Flutwelle zurückgezogen hat und die Pfützen ausgetrocknet sind. Jedoch kehren nur die Weibchen zurück, die Männchen sterben vorher. Die Weibchen haben sich inzwischen mit Blut gefüllt, und die Eierstöcke sind reif. Nun werden die Eier in den ausgetrockneten Tümpeln abgelegt, wo sie liegen, bis eine neue Flutwelle ihre Entwicklung ermöglicht. Amerikanische Naturforscher haben die Reise der landeinwärtsziehenden Schwärme und der regelmässig zur Küste zurückkehrenden Weibchen verfolgt.

Beiträge zur Lebensweise einzelner Culicinen-Gattungen.

Unsere Freilandsmücken.

Aëdes, Ochlerotatus, Culicella. Die weitaus meisten im hiesigen Klima heimischen *Aëdes*-Larven verhalten sich wie oben (S. 440) geschildert. Die längste Zeit ihres Daseins sind sie Oberflächentiere und befriedigen ihre beiden wichtigsten Forderungen an das Leben: Zugang zu atmosphärischer Luft und reichlicher Nahrung. Da sie fast alle in austrocknenden Tümpeln leben, hält ihre Entwicklung nicht immer Schritt mit der Verdunstung des Wassers; es geschieht nicht selten, dass das Wasser zu rasch verdunstet. Dann findet man häufig in der Mitte des Tümpels eine kohlschwarze, nicht mehr als vielleicht einen halben Quadratmeter grosse Fläche, die in ununterbrochener Bewegung ist; sie besteht aus den zusammengedrängten Larven und Puppen, die nun einen verzweifelten Kampf um Luft führen. Sie haben nur Stunden zur Vollendung ihrer Verwandlung, die oft genug nicht mehr gelingt. Viele der seichten, zuweilen mit Meerwasser gefüllten Löcher auf den Strandwiesen bei Jægerspris enthielten im Mai zahlreiche Larven von *A. caspius* Pallas; gegen Ende des Monats trockneten die Löcher aus, bevor die Larven das Puppenstadium erreicht hatten, und ihr Boden bedeckte sich mit einer kohlschwarzen, schleimigen Schicht, die aus nichts Anderem bestand als toten Mückenlarven. Während des ganzen Sommers und bis weit in den Herbst hinein füllten sich die Löcher nicht mehr mit Wasser. Ganz ähnliche Erscheinungen habe ich in ausgetrockneten Waldtümpeln beobachtet, die hauptsächlich von *A. communis* de Geer bevölkert waren.

Es gibt aber eine andere Gruppe von Larven, die sich nur selten an der Oberfläche aufhalten; sie verbringen den grössten Teil ihres Lebens am Boden und kommen bei niedriger Temperatur anscheinend überhaupt nicht an die Oberfläche. Hierher gehören gewisse Larven von *Aëdes*, z. B. die Herbstbrut von *A. communis* de Geer, die ihre Nahrung nicht an der Oberfläche, sondern am Boden finden. Sie gleiten wie suchend in fast senkrechter Haltung über das vermodernde Buchenlaub am Grunde hin, wo sie bisweilen stillstehen und die Strudelorgane gegen die Blätter pressen. Dabei treten zweifellos die oben beschriebenen Kammborsten in Tätigkeit, die die auf den Strudelorganen angesammelten Detrituspartikeln abkratzen. Nur kurz vor der Verpuppung kommen die Larven häufiger an die Oberfläche, wo dann auch die Verwandlung stattfindet.

Diese Lebensweise ist indessen im wesentlichen für die Tiere charakteristisch, von denen nicht die Eier, sondern die Larven im Wasser überwintern, wie z. B. für die Larven von *A. rusticus* Rossi mit ihren stark entwickelten Kammborsten und noch weit mehr für die Larve von *Culicella morsitans* Theob. Man findet im Oktober und November, wenn die Mückenlarven sonst die Teiche längst verlassen haben, die Larven beider Arten in vom Herbstregen gefüllten Waldtümpeln; die Larven der ersten Art sind an ihrer kohlschwarzen Farbe, die der anderen an ihren elegant gebogenen, elfenbeinweissen Antennen leicht zu erkennen. Sie gehen zur Überwinterung auf den Grund des Wassers; die Tümpel bedecken sich mit Eis, und falls sie nur nicht bis zum Grund zufrieren, kommen die Larven wieder zum Vorschein, sobald das Eis auftaut. Ich habe in Aquarien die Larven von *C. morsitans* im kalten Keller überwintern lassen; die Larven liegen auf dem Rücken und haken sich mit zwei gekrümmten Haaren fest, die auf zwei der die Stigmen abschliessenden Klappen sitzen. Die Tiere überwintern als ausgewachsene Larven im letzten Stadium. An Sonnentagen im Herbst oder im Frühjahr bei steigender Temperatur zur Zeit der Verpuppung suchen die Larven die Oberfläche auf und hängen hier zwischen den Scharen anderer Mückenlarven. Man kann an diesen Larven, deren Leben sich unter so wechselnden Temperaturen zwischen 0 und etwa 22° C. abspielt, den Einfluss der Temperatur auf gewisse Lebensäusserungen vorzüglich studieren. Bei 3° C. sind die Strudelorgane eingezogen; bei 5–6° liegen die Tiere auf dem Rücken, während die Strudelorgane etwa 30 mal in der Minute schlagen. Wenn die Temperatur auf etwa 14–20° steigt, nimmt die Anzahl der Schläge zu bis 114 pro Minute, und wenn die Larven direktem Sonnenlicht ausgesetzt sind, bis zu 136. Die Strudelorgane dieser Larve haben keine Kammborsten; die Tiere ernähren sich nicht von zusammengekratztem Bodenmaterial, obwohl sie vorwiegend Bodenbewohner sind. Im Aquarium liegen sie auf dem Rücken oder hängen sich mit den oben erwähnten Krummhaaren an Wasserpflanzen. Dabei schlagen die Strudelorgane aus und ein, genau wie bei den an der Wasseroberfläche hängenden Mückenlarven. Auch die kleine Luftblase zwischen den Klappen der Atemröhre, die sogleich näher besprochen werden soll, hat in gewisser Weise Bedeutung für die Festheftung. Die Larven sitzen nämlich sehr häufig auch an den Wänden des Aquariums, wo ihnen die Haken nichts nützen. Wenn sich die Larve an die Wand des Aquariums anheften will, verschwindet die Luftblase scheinbar, d. h. sie wird eingezogen, sodass vermutlich zwischen Glaswand und Tier ein luftverdünnter Raum entsteht, durch den das Tier festgehalten wird. Ich habe in flachen, mit Callitriche bedeckten Teichen mit eine Nacht alter Eisdecke hunderte von Larven von *C. morsitans* vollkommen unbeweglich an den Pflanzen hängen sehen. Wenn man die frei an den Pflanzen hängenden Larven in Aquarien setzt, in denen die Temperatur um 10° liegt, so kann man vorzüglich beobachten, wie ihre Strudelorgane arbeiten, wie das eingefangene Material von den Mandibeln abgekämmt und als Kügelchen in den Darm hineinbefördert wird. Bei einer Temperatur von ca. 8° schlagen zwar die Strudelorgane noch, es gelangen aber keine Kügelchen mehr in den Darm. Die Strudelorgane haben dann wohl nur noch die Aufgabe, dem Tier frisches Wasser zuzuführen.

Die Frage ist nun: Wie atmen die Larven? Ich habe in Aquarien mit einer Temperatur von 0–5° die Stellen markiert, an denen die Larven hingen; hier blieben sie 14 Tage lang unverändert. Nach dem Bau ihrer Respirationsorgane müsste man annehmen, dass die Tiere auf atmosphärische Luft angewiesen sind; es besteht aber kein Zweifel darüber, dass sie sie nicht bekommen. An ihrer Hinterleibsspitze hängt zwischen den Valven meist das oben erwähnte Luftbläschen, dessen Grösse wechselt und das von unbenetzbaren Haaren festgehalten wird; es ist auch dann vorhanden, wenn die Oberfläche des Aquariums von Eis bedeckt ist. Das Luftbläschen stammt vermutlich von den zahlreichen Luftblasen, die sich bei Sonnenschein auf den Blättern der Callitrichen bilden, und hat höchst wahrscheinlich die physiologische Bedeutung einer Kieme; alle Mückenlarven haben vier mit Tracheen versehene Kiemen rings um den After. Diese Kiemenblätter sind, wie schon gesagt, von sehr verschiedener Grösse, und zwar sind sie bei den Brackwassermücken merkwürdig klein; im übrigen wechselt ihre Grösse sowohl von einer Art zur anderen als auch innerhalb einer Art von einem Standort zum anderen. Die Kiemen sind bei überwinternden Larven keineswegs besonders gut entwickelt; dagegen sind sie auffallend gross und eigentümlich gebaut bei den Larven, die unter den schwierigsten respiratorischen Bedingungen: in kleinen Wasserlöchern in Baumstümpfen und hohlen Buchen leben, wo das Wasser oft geradezu nach Schwefelwasserstoff stinkt.

Es ist wohl mit Sicherheit anzunehmen, dass die Kiemen bei der Aufnahme des im Wasser gelösten Sauerstoffs mitwirken, vor allem bei überwinternden Larven. Vermutlich erfolgt die Aufnahme des Sauerstoffs durch die Kiemen und die Abgabe der Kohlensäure durch die Haut. MARTINI (1930) gibt an, dass Oberflächenlarven lange Atemröhren und enge Stigmen, Bodentiere dagegen kurze Atemröhren, grosse Stigmen und weite Tracheen haben. Im Winter wird natürlich der Sauerstoffverbrauch durch die niedrige Temperatur und die absolute Ruhe der Larve stark herabgesetzt. Dazu kommt, dass sich überwinternde Larven, besonders *C. morsitans* Theob., hauptsächlich in Teichen mit reichem Pflanzenwuchs, vorwiegend Hottonia und Callitriche, aufhalten; in Sphagnum-Mooren habe ich sie nie gefunden (s. im übrigen KOCK 1919 und 1921).

Die verschiedenen *Aëdes*-Arten finden sich keineswegs in allen Tümpeln von beliebiger Beschaffenheit, sondern lassen sich in drei ziemlich scharf getrennte Gruppen einteilen.

1) Die Mücken der Strandwiesen, die »Salt marsh-Moskitos« *A. caspius* Pallas, *A. curriei* Coquillett und *A. detritus* Haliday s. oben unter Eiablage und Wanderung.

2) Die Mücken auf weiten, baumlosen, feuchten Wiesen (Abb. 391), die häufig an grössere Seen angrenzen; hier ist vor allem *A. lutescens* Edw., oft aber auch *A. cinereus* Meig. in grosser Menge anzutreffen. Die erstgenannte Art, eine unserer grössten Mücken, tritt zur Zeit der Heuernte massenhaft auf; die ungeheuren Scharen der Mücken stehen wie Wolken über den Wiesen und ziehen von dort über das flache Land bis zum Rand der angrenzenden Wälder. Zur Zeit ihres ärgsten Blutdurstes können sie den Menschen das Leben fast unerträglich machen.

3) Die allermeisten unserer *Aëdes*-Arten sind Waldmücken und entwickeln sich in den zahllosen kleinen Vertiefungen des Waldbodens, die sich im Frühjahr mit Wasser füllen; die Tümpel sind voll von Buchenlaub, besitzen aber keine oder nur geringe Vegetation und sind gewöhnlich 8–10 Monate lang vollkommen trocken oder hart gefroren. Hierher gehören die Arten *A. cantans* Meig., *nemorosus* Meig., *annulipes* Meig., *excruciens* Walk., *communis* de Geer, *rusticus* Rossi, *prodotes* Dyar, *diantaeus* H. D. K., *Culicella morsitans* Theob., ferner hie und da *Aëdes cinereus* Meig. Die obengenannte *Culicella* bevorzugt tiefere Tümpel mit ein wenig Vegetation. Wer einmal die Insektenfauna eines eng begrenzten Standortes, z. B. eines Waldtümpels, alle 8 Tage regelmässig untersucht hat, der wird sicher durch die fast unglaubliche Gesetzmässigkeit überrascht sein, mit der die einzelnen Arten sich entwickeln. Auf einem Areal von nur wenigen Quadratmetern haben beispielsweise 7 Arten von Mücken ihre Eier abgelegt. Die Eier lagen hier vom August ab nebeneinander; sie waren derselben brennenden Sommersonne, den gleichen Regenschauern im Herbst ausgesetzt und lagen im Winter zusammen in der hartgefrorenen Erde. Eines schönen Tages im Frühjahr werden die Eier aller 7 Arten von Wasser bedeckt; trotzdem schlüpfen aber die Larven nicht gleichzeitig aus. Tief im Innern sind ihnen unveränderliche Gesetze eingeprägt, durch die das Leben jeder Art regiert wird. Temperaturen und Feuchtigkeitsgrade, durch die eine Art veranlasst wird, vom Ei zum Larvenstadium überzugehen, haben auf die anderen Arten

keinen Einfluss, sondern jede wartet still für sich auf die zu ihrer Erlösung bestimmte Zeit. All diese Tümpelformen bringen in unseren Breitengraden gewöhnlich nur eine Generation hervor, jedoch können hie und da auch zwei Generationen auftreten. Zuweilen kann der Anschein erweckt werden, als ob diese Formen mehrere Generationen hätten, nämlich wenn der Wasserstand der Pfützen sehr wechselt, und die in verschiedener Höhe abgelegten Eier in grossen Zeitintervallen vom Wasser erreicht werden. Zwei Tatsachen fallen bei den Waldmücken besonders auf. Erstens sind sie merkwürdig stationär. Schon am Rand des Waldes, wenige Meter ausserhalb des Schattens der Baumkronen, sind sie gewöhnlich nicht mehr anzutreffen; kommt man jedoch in den Wald hinein, so wird man augenblicklich von unzähligen Mücken überfallen. Liegen mehrere kleine Wäldchen nahe beieinander, so beherbergt sehr oft jedes von ihnen am gleichen Tag und zur gleichen Stunde seine besondere Mückenart, die dem Eindringling das Leben unerträglich macht; so enthält z. B. der eine Wald *A. communis* de Geer, der nächste *A. cantans* Meig., ein dritter *C. morsitans* Theob. usw. Die kleine Mücke *Aëdes cinereus* Meig. ist im Walde am meisten von allen ortsgebunden; sie hält sich während ihrer ganzen Flugzeit dicht bei den Wasserlachen auf, wo sie ausgeschlüpft ist. Im Innern des Waldes wird man von *A. cantans* Meig. und *nemorosus* Meig. gestochen, unmittelbar an den Wasserpfützen indes fast ausschliesslich von *A. cinereus* Meig. Letztere sitzen tief unten im Gras und greifen nur Füsse, Waden und Hände an. Hält man die Hände ins Gras, so sind sie im Laufe weniger Minuten von etwa 50 kleinen, blutroten Perlen, den Mücken, bedeckt, die nach dem Blutsaugen so schwer sind, dass sie kaum mehr bis zum nächsten Grashalm fliegen können.

Die andere Eigentümlichkeit besteht darin, dass die Zeit für das Ausschlüpfen mehrerer Arten, die in derselben kleinen Pfütze leben, und deren Eier nebeneinander übersommern, durch Monate getrennt sein kann, sodass man ihre Larven niemals gleichzeitig findet. Man kann beobachten, dass die Mücken einer Art um die Pfütze herumfliegen, während in ihr die Larven einer anderen Art auftreten. Ein kleiner Erlentümpel in Stenholtsvang, zwei Kilometer von Hillerød, brachte im Laufe eines Sommers nicht weniger als 7 Arten hervor: *Aëdes cinereus* Meig., *cantans* Meig., *communis* de Geer, *prodotes* Dyar, *rusticus* Rossi, *diantaeus* H. D. K. und *Culicella morsitans* Theob. (Abb. 392). Ich will hier nicht auf die gesetzmässige Reihenfolge eingehen, in der die 7 Arten nach meinen Beobachtungen im Sommer 1920 nach und nach ausschlüpften. Es sei nur bemerkt, dass *A. communis* de Geer zuerst von allen Arten zum Vorschein kommt; das erste Larvenstadium erscheint oft schon zwischen tauendem Eis und Land am Rande des Tümpels. Wenn im Herbst November-Frostperioden im Dezember von Tauwetter abgelöst werden, schlüpfen zahlreiche Larven von *A. communis* de Geer aus; gefriert dann der Tümpel im Januar oder Februar bis zum Boden, so sterben all diese Larven, und im Frühjahr schlüpft eine andere Art aus. Man sieht dann, dass ein Tümpel voll von *A. communis* de Geer in die Winterperiode eintritt, beim Auftauen aber mit den Larven einer anderen der 7 Arten, meist mit *A. cantans* Meig., gefüllt ist.

Die Eiablage von *Aëdes* ist sicher nur sehr selten beobachtet worden; ich hatte jedoch am 3. Juli 1919 Gelegenheit, die Weibchen einer Art, nämlich von *A. communis* de Geer, während der Eiablage zu sehen. Ich sass an einem meiner Culicidenteiche, der bereits vollkommen ausgetrocknet war. Der Boden war mit von der Sonne getrockneten, zusammengerollten Buchenblättern bedeckt. Als ich in ihnen herumstocherte, bemerkte ich, dass von der unter den zusammengerollten trockenen Blättern liegenden Schicht glatter, feuchter Buchenblätter zahlreiche Mücken aufflogen. Als ich nun diese Blätter vorsichtig umdrehte, fand ich auf ihrer Unterseite sowohl Mückenweibchen als zahlreiche schwarze Eier. Die Weibchen setzte ich dann zu Haus im Aquarium auf reine Blätter; am nächsten Morgen war ihre Unterseite mit Mückeneiern bedeckt. Wie zu erwarten war, legt also *Aëdes* die Eier auf beinahe vollkommen trockenem Boden ab.

Aëdes (*Finlaya*) *geniculatus* Olivier. Die Larve von *Aëdes geniculatus*

Abb. 392. Ein Teich bei Hillerød. In regelmässiger Reihenfolge erschienen hier im Laufe des Sommers: *Aëdes (Ochlerotatus) cantans* Meig., *communis* de Geer, *prodotes* Dyar, *rusticus* Rossi, *diantaeus* H. D. K., *Culicella morsitans* Theob. W-L phot.

Olivier ist ebenso durch ihr eigentümliches Aussehen bemerkenswert wie durch die Orte, an denen sie sich aufhält. Ihre Kammborsten sind sehr kräftig entwickelt, die Larve selbst ist ungewöhnlich stark behaart; ihre Atemröhre ist eigentümlich geformt, der Schwimmfächer äusserst reduziert, die Kiemen dagegen sind sehr gross, breit und flach, und zwei von ihnen übertreffen die beiden anderen erheblich an Grösse. Die Larve lebt in kleinen Wasseransammlungen in Baumstämmen (Abb. 393), entweder zwischen zwei Ästen, wo Zweige vermodert sind, oder in Löchern in Baumstümpfen. Der Boden in diesen kleinen Wasserbehältern, die höchstens ein paar Liter, oft nicht mehr als ein Deziliter Wasser enthalten und im Sommer meist austrocknen, ist mit einer dicken Schicht vermodernden Materials, gewöhnlich Laub von den Bäumen, bedeckt; das Wasser ist gelbbraun und riecht stark nach Schwefelwasserstoff. Die Temperatur steigt selbst an warmen Tagen selten über 12° C.; im Winter gefriert das Wasser bis zum Boden.

An diesen für Süsswasserorganismen offenbar sehr wenig anziehenden Orten lebt eine kleine, aus wenigen Copepoden, Ostracoden, Oligochaeten, Infusorien u. a. bestehende Fauna; es war mir schon seit langem bekannt, dass sie auch Mückenlarven enthält. Dr. MORTENSEN, der in seinen jungen Jahren ebenfalls Mückenlarven in solchen Löchern gefunden hatte, und ich fanden bei einer gemeinsamen Exkursion im Suserup-Wald Larven, aus denen sich bei Züchtung im Aquarium die hübschen, schwarzweiss-gezeichneten Mücken von *A. geniculatus* Olivier entwickelten. Die Art wurde später in vielen Baumlöchern in Nord-Seeland beobachtet. Die Anzahl der Individuen in den Wasseransammlungen ist stets sehr gering, höchstens etwa 20, meist aber nicht mehr als 10–12. Die Mücke habe ich im Freien niemals gefangen. Die Eier werden einzeln an den Seiten der Löcher abgelegt.

Aëdes (Stegomyia) fasciatus F. Die am besten unter dem Namen *Stegomyia fasciata* F. bekannte Gelbfieber-Mücke wird jetzt zur Gattung *Aëdes* gerechnet; neuerdings hat man sie mit verschiedenen anderen Namen benannt, meistens als *A. aegypti* L. Die Art ist vorwiegend in den Tropen verbreitet, hat aber in neuerer Zeit begonnen, von Süden her, vermutlich infolge des Schiffsverkehrs, auch in Europa vorzudringen. Ihre Heimat ist wahrscheinlich Afrika; von dort ist sie nach Amerika gelangt und hat jetzt auch in Europa Fuss gefasst, wo sie sich zunächst in Frankreich gezeigt hat.

Abb. 393. Mit Wasser gefüllte Baumhöhle, in der Moskitos leben. Nach HOWARD, L., DYAR, H. und KNAB, F. 1912.

Die Larve lebt angeblich in den Höhlungen alter Bäume, in denen sich auch *Finlaya geniculata* Oliv. findet, die (nach Angabe von ROUBAUD 1937) ebenfalls das Gelbe Fieber übertragen kann. *Stegomyia fasciata* F. ist jetzt mehr als irgend eine andere Mücke an menschliche Behausungen gebunden und saugt lieber auf Menschen als auf anderen warmblütigen Geschöpfen. Die Larve entwickelt sich in allen möglichen reinen oder verunreinigten, kleinen Wasseransammlungen in Menschenwohnungen und ihrer nächsten Umgebung; die Mücke entfernt sich niemals weit von ihnen und hat ihr Standquartier meist in Schlafkammern, in den Hütten der Eingeborenen usw. Sie hält sich vorwiegend an Küsten oder an grossen Flüssen auf. Die Mücke ist angeblich so sehr zum Haustier geworden, dass sie kaum je die Stelle verlässt, an der sie zur Welt gekommen ist. Sie braucht zu ihrer Entwicklung Wärme, etwa 27–30° C. Ihre Entwicklung kann in etwa 15 Tagen abgeschlossen sein, aber durch kaltes Wetter bis zu 42 Tagen verzögert werden; bei etwa 16° C. kommt sie zum Stillstand. Die Eier vertragen 6–8 Monate langes Austrocknen. Die Paarungstänze werden bisweilen im Zimmer ausgeführt. Die Mücken stechen sowohl bei Tag wie bei Nacht. Die Imagines leben lange, mindestens einen Monat; man hat einzelne Individuen ungefähr 5 Monate lang lebend gehalten. Sie nehmen viele Blutmahlzeiten zu sich, möglichst alle 2–3 Tage; sie können aber auch 1–2 Monate lang ohne Nahrung leben. Ihre ärgsten Feinde sind angeblich Gekkos und Springspinnen. Die Eier können nicht ohne Blutnahrung reifen.

Unsere Hausmücken.

Culex pipiens L. ist wohl eine der am festesten an menschliche Wohnungen gebundenen Mückenarten der ganzen Welt. *C. pipiens* ist eine kleine, graue Mücke, sie hängt den Winter hindurch in unseren Kellern und Wirtschaftsgebäuden, dort wo es kalt, dunkel und feucht ist. An manchen Stellen hat man bis zu 10.000 Stück auf einem Quadratmeter gezählt. In den meisten Fällen sind wir selbst an diesen Mengen schuld; die Mücken nehmen anscheinend mit der Zivilisation eher zu als ab. Wir züchten die Mücken in allen kleinen Wasseransammlungen rings um unsere Häuser, in den Regenwassertonnen unserer Gärten, Laubenkolonien und Kirchhöfe, in den Gullys der Kanalisation, im Wasser verstopfter Dachrinnen, in Mistjauche und offenen Jauchefässern, in Zementkübeln und Zementrinnen in Kuhställen, in nicht von fliessendem Wasser durchspülten Zementbehältern für Milcheimer, in den kleinen bei Ingeniörarbeiten auf Bauplätzen oder bei Weg- und Eisenbahnanlagen entstehenden Wasserlachen, in Regenwasserpfützen auf Schuttabladeplätzen und in den Dunggruben der Kleinstädte, wo die Latrineneimer entleert werden.

C. pipiens ist in den letzten Jahren recht eingehend untersucht worden, besonders von ROUBAUD (1933). Eine Zeitlang wurde die Art in viele kleinere Arten aufgeteilt, die man aber nun wieder zur Linnéschen Art *C. pipiens* L. vereinigt hat; sie ist aber wahrscheinlich ein Sammelbegriff für eine Reihe von Unterarten. Es steht jedenfalls fest, dass sich die Art in biologischer Beziehung an manchen Orten recht verschieden verhält. Die Mücken saugen im allgemeinen nicht auf Menschen, sondern vorwiegend auf Vögeln, in der Nähe menschlicher Behausungen vor allem auf Hühnern.

Ich habe in meinem Haus und seiner nächsten Umgebung die Lebensweise von *C. pipiens* ein paar Jahre lang studiert. Im Oktober und November ist die Mücke in den Wirtschaftsgebäuden zu finden, die sie später wieder verlässt. Sie überwintert in tiefen, möglichst frostfreien Kellern, jedoch schadet es ihr nichts, wenn die Kellertemperatur eine Zeitlang unter 0° sinkt. Anfang Mai verlassen die Mücken den Keller, indem sie alle zusammen wie eine Wolke herausstieben. Hierzulande werden wir anscheinend weder im Winter im Hause noch im Sommer im Freien von ihnen gestochen; *C. pipiens* schmarotzt hier fast ausschliesslich auf Vögeln. Im Juni zeigen sich in Zisternen u. dgl. die Eischiffchen; dann folgt im Laufe des Sommers eine Brut auf die andere und eine Generation auf die andere, bei uns aber wohl kaum mehr als 3–4. Die Eiablage hängt durchaus von der Temperatur ab; bei 10° wird sie spärlich, bei 8° hört sie auf. Die Entwicklung dauert bei 5° etwa 20, bei 25° nur 4 Tage (HECHT 1933). Obwohl behauptet wird, dass *C. pipiens* nur in schmutzigem Wasser gedeiht, so können wir doch feststellen, dass die Larven auch in reinen, klaren Wiesentümpeln vorkommen. Vielleicht sind jedoch die aus ihnen ausschlüpfenden Mücken als besondere Formen zu unterscheiden. *C. pipiens* saugt hierzulande und an vielen anderen Orten kein Menschenblut, wohl aber in anderen Gegenden. In Stuttgart begann im Jahre 1900 eine arge *C. pipiens*-Plage. Die Mücke scheint vor allem im Süden auf Menschen zu saugen (HECHT 1933).

Wenn man hierzulande einen Querschnitt durch eine überwinternde *C. pipiens* betrachtet, erscheint das Darmlumen Anfang des Winters so eng, dass man es oft kaum sehen kann; dagegen ist der Fettkörper der Mücke sehr stark entwickelt; die Zellen sind sehr gross und enthalten ungeheure Mengen von Öltropfen, die man bei Betrachtung mit der Lupe durch den Hinterleib schimmern sieht (Abb. 394 A). Ich habe den ganzen Winter hindurch nie eine im Keller überwinternde Mücke mit Blut im Darm gefunden; bis zum Dezember habe ich keine Verkleinerung des Fettkörpers beobachtet. Das Fett stammt meiner Meinung nach nicht aus aufgenommenem Blut, sondern aus der Nahrung, die das Tier im Larvenzustand aufgenommen hat; dieser Auffassung haben sich später auch andere Forscher angeschlossen. Vom Dezember ab verkleinert sich der Fettkörper; wenn die Mücken im April ausfliegen, sind sie unglaublich mager, und der Fettkörper ist, wie man auf Querschnitten sieht, fast völlig aufgezehrt (Abb. 394 B). In den folgenden 14 Tagen stürzen sich die ausfliegenden Mücken in die Hühner- und Kuhställe. Männchen sind nicht zu sehen, Begattung findet nicht statt; sie wurde bereits im Herbst vollzogen. Auf Längsschnitten durch überwinterte Mücken bemerkt man deutlich die mit Spermatozoen gefüllten Spermatheken. Auf Querschnitten (Abb. 394 C) durch eine Mücke, die kurz vorher Blut gesaugt hat, sieht man den mit Blut gefüllten und enorm erweiterten Darm; er ist bis fast zur Körperwandung ausgedehnt und lässt nur gerade Platz für Herz, Nervensystem, Malpighische Gefässe und die sehr kleinen Ovarien. Etwa 14 Tage später zeigt der Querschnitt indessen ein ganz anderes Bild; er enthält nur einen engen Darm mit wenig Blut, aber ausserhalb des Darmes zahlreiche rechteckige Stückchen, nämlich Querschnitte durch die Eier des Ovariums (Abb. 394 D). Im Laufe der 14 Tage hat sich die Blutmasse in Eier umgesetzt. Die Querschnitte durch den blutgefüllten Darm und durch den von den Eiern aufgetriebenen Hinterleib veranschaulichen die beiden grossen Phasen im Leben der Mücke und bezeugen die mächtigen, alles beherrschenden Faktoren: Hunger und Liebe. Wenn beide Faktoren ihre Rolle ausgespielt haben, hat das Individuum seine Bestimmung erfüllt und stirbt, um neuen Individuen Platz zu machen. Bei den Mücken, die nur im Eistadium überwintern, finden wir dagegen ein anderes Bild. Auf Querschnitten durch ein frischgeschlüpftes Weibchen von *O. lutescens* Fabr. sieht man einen stark entwickelten Fettkörper und einen sehr dünnen Darmkanal. Die Mücken beginnen sofort mit dem Blutsaugen; nach Einnahme der Blutmahlzeit erscheint der Darm enorm aufgeschwollen und mit Blut gefüllt, das dann im Laufe von 14 Tagen langsam verbraucht wird. Später im Sommer sind auf Querschnitten die Eierstöcke rings um den fast leeren Darm zu sehen; bei den Mücken aber, die nach der Eiablage tief unten im Gras sitzen, ist der Darm dünn und leer, jedoch nicht mehr von Eiern umgeben. Der gesamte Organismus ist verbraucht, ehe der Winter kommt; von den Aëdinen überwintern weder Männchen noch Weibchen, sondern nur die Eier.

In den letzten Jahren wurde die Biologie von *C. pipiens* L. von vielen Forschern eingehend studiert (Roubaud 1933, Boissezon 1929–30, Hecht 1933, Weyer 1933–35, Mac Gregor 1932, Tate and Vincent 1932 u. a.). Schon frühere Untersucher (Neumann 1912 u. a.) haben nachgewiesen, dass die Eier von *C. pipiens* L. ohne Blutnahrung reifen können; Neumann hielt Weibchen von *C. pipiens* zwei Jahre lang ausschliesslich mit Obstnahrung. Grassi (1923) und Weyer (1935, 1937) geben an, dass verschiedene Rassen von *C. pipiens* bestehen. Roubaud (1929–33) behauptet, dass es bei *C. pipiens* L. Rassen gibt, die sich in biologischer Hinsicht durchaus verschieden verhalten. Die eine, die autogene Rasse, überwintert nicht, sondern produziert das ganze Jahr hindurch eine Brut nach der anderen; sie bedarf zur Reifung der Eier keiner Blutnahrung. Ihre Paarung findet nicht immer unter Schwarmbildung statt und kann in kleinen, geschlossenen Räumen vor sich gehen; die Eier reifen allein auf Grund der im Larvenstadium aufgenommenen Nahrung. Hecht

(1932) bemerkt jedoch, dass die Mücken ohne Blutnahrung nur einmal Eier legen, und dass ihre Schiffchen nicht wie sonst 2–300, sondern nur 40 bis 80 Eier enthalten. Bei den autogenen Rassen beträgt die Anzahl der Eier selten

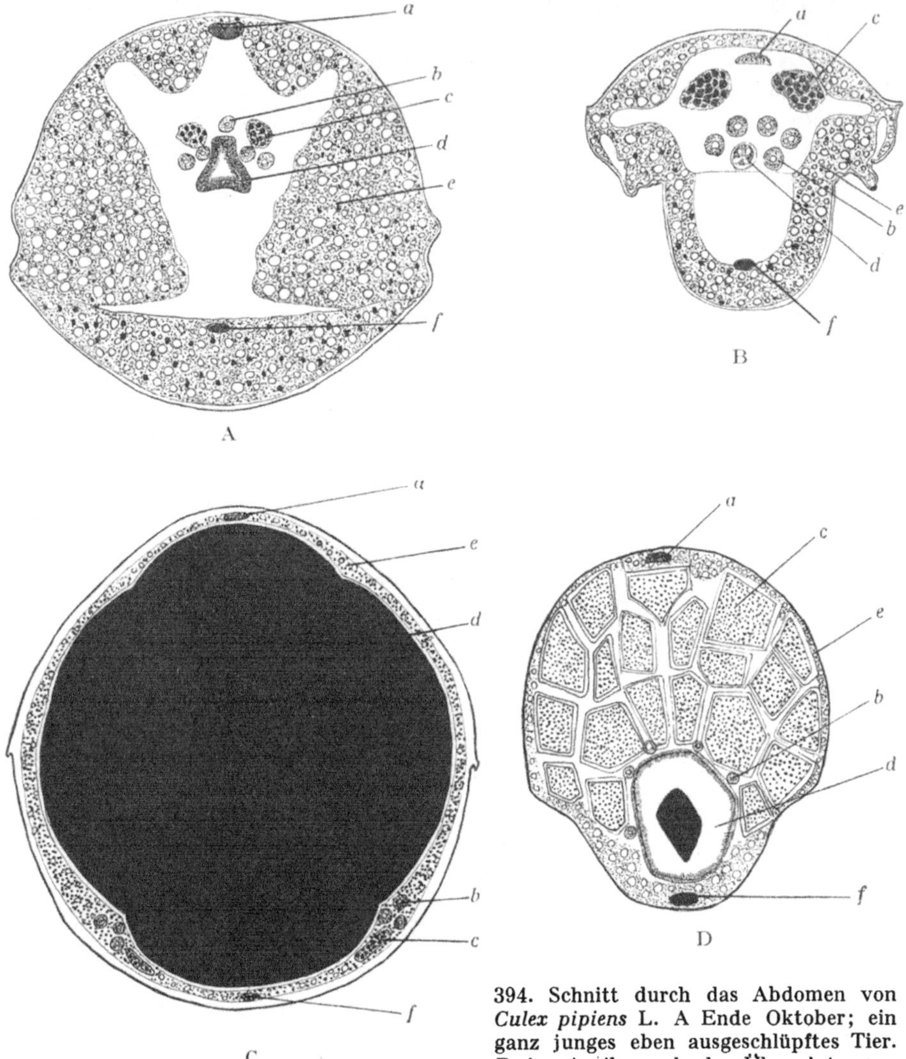

394. Schnitt durch das Abdomen von *Culex pipiens* L. A Ende Oktober; ein ganz junges eben ausgeschlüpftes Tier. B im April; nach der Überwinterung. C Juni; unmittelbar nach einer Blutmahlzeit; die schwarze Masse in C und D Blut. D Acht Tage später. a Herz, b malpighische Röhre, c Ovaria, d Darm, e Fettkörper, f Bauchstrang. Nach W-L.

mehr als 100; ihre Weibchen stechen den Menschen. Die andere, die anautogene Rasse (*C. pipiens pipiens*), überwintert dagegen und braucht Blut zur Eireifung; die Tiere paaren sich unter Schwarmbildung und stechen Menschen nur selten. Autogene Rassen wurden bis jetzt in Deutschland, England, Frankreich, Ungarn, Malta und Griechenland nachgewiesen; Tate und Vincent (1932) machen darauf aufmerksam, dass Autogenie kein Rassenmerkmal ist; ob *C. pipiens* überwintert oder nicht, wird in erster Linie durch das Licht bestimmt. Verlängerte Autogenie verursacht keine Schwächung. Tate und Vincent (1932) hielten Mücken 3 Jahre lang durch 50 Generationen, ohne dass Anzeichen von Entkräftung zu bemerken waren. Wenn autogene Rassen immer in Licht gehalten werden, können sie sich das ganze Jahr hindurch fortpflanzen und eine Brut nach der anderen hervorbringen. Damit stimmt auch überein, dass die Art weiter nach Norden hin vorwiegend anautogen ist, d. h. so wie bei uns vollständige Überwinterung. Die Winterruhe beginnt nach der Begattung und mit der Nahrungsreserve, die sich das Tier im Larvenstadium zugelegt hat; erst wenn der Winterschlaf vorbei ist, nimmt die Mücke ihre erste Blutmahlzeit ein. ROUBAUD (1935) wies nach, dass auch die Eischiffchen der beiden Rassen verschieden sind.

Theobaldia annulata Schrank. *T. annulata* ist keine so ausgeprägte Hausmücke wie *C. pipiens*. Auch sie wird den meisten wohlbekannt sein; die Mücken kommen im Winter aus Kohlenkellern u. dgl. hervor und saugen hierzulande, im Gegensatz zu *C. pipiens*, Blut von Menschen und zwar mit Vorliebe im Winter. Die Tiere werden von Laien als »grosse Mücken« bezeichnet; sie sind leicht an den gefleckten Flügeln und an ihrer Grösse zu erkennen. Sie sind die grössten unserer einheimischen Stechmücken. Die sehr grosse, plumpe, schwarzgraue Larve lebt zusammen mit den kleinen, schlanken Larven von *C. pipiens*; die Kammborsten ihrer Strudelorgane sind wohlentwickelt. Die Larve geht oft auf den Boden der Zementbehälter oder »grast« den Algenbelag auf deren Wänden ab. Ausserdem findet sie sich auch häufig in natürlichen Teichen, jedoch nur in solchen mit verunreinigtem Wasser. Die Eischiffchen in derartigen Teichen gehören meistens zu dieser Art. Die Mücken suchen zum Überwintern nicht immer Keller, sondern oft auch hohle Bäume auf; ich habe sie aus solchen massenhaft herausstieben sehen. Unter den hiesigen klimatischen Bedingungen haben die Mücken sicher zwei Generationen; die überwinternde tritt im September und Oktober auf, überwintert vorzugsweise in Wohnhäusern und legt ihre Eier in Zisternen u. dgl. Aus diesen entsteht die Sommergeneration, die unsere Häuser verlässt, ihre Eier meistens in verunreinigte Teiche legt und wahrscheinlich mehrere Bruten hervorbringt. Die Herbstbrut kehrt in die Häuser zurück und legt Eier in Zisternen; hier schlüpft eine neue Generation aus, die in Kellern überwintert.

Mückenlarven, die Luft aus Pflanzengewebe entnehmen.

Taeniorhynchus = *Mansonia*. Die Gattung *Taeniorhynchus* ist hauptsächlich in den Tropen heimisch; in Europa ist sie nur durch *T. Richardii* Ficalbi vertreten, die man in neuerer Zeit an vielen Orten in Europa, am häufigsten wohl in England, gefunden hat. Sie unterscheidet sich von anderen europäischen Mücken durch die weissen Ringe auf der Mitte der Tarsalglieder des ersten Beinpaares. Den Flügeln fehlen dunkle Flecke. Die Mücke saugt mit Vorliebe Menschenblut; wo sie massenhaft auftritt (Donaudelta), ist sie ein schlimmer Quälgeist. Die Mücke gehört zu den Arten, die Filarien übertragen. Im Norden bringt sie nur eine Generation hervor, weiter südlich aber viele. Es sind ganz besonders die Larve und ihre Lebensweise, die diese Mücke so interessant machen; ich fand die Larve (Abb. 395) in einem kleinen, nordseeländischen Waldsee (W-L. 1918). Sie erweckte meine Aufmerksamkeit durch ihre weissliche Färbung und durch ihre starke Unterkompensation; im Aquarium suchte sie sofort den Boden auf. Nach einem Blick auf ihre Atemröhre stand es für mich fest, dass die Larve nur zur Gattung *Taeniorhynchus* gehören konnte.

Die Larve (Abb. 396–398) unterscheidet sich von den gewöhnlichen Stechmückenlarven durch ihre stärkere Behaarung; ihre Antennen sind besonders lang, die Strudelorgane sehr gross (Abb. 404), die Augen winzig klein. Bemerkenswert ist der mächtige Schwimmfächer (Abb. 397), der vermutlich grösser ist als bei den meisten anderen Mückenlarven; da die Larve mindestens nach den späteren Häutungen äusserst träge ist und sich nur selten vom Fleck rührt, ist es sehr eigentümlich, dass gerade sie einen so grossen Schwimmfächer besitzt. Seine Bedeutung soll sogleich besprochen werden.

Das interessanteste Organ des Tieres ist die Atemröhre (Abb. 399–401). Es ist so umgebildet, dass es zugleich als Bohrapparat dienen kann (Abb. 401). Das Atemrohr ist zu einem langen, sehr hart chitinisierten Rohr geworden, in dessen Boden die Tracheen einmünden; von den 5 oben erwähnten Klappen bilden die zwei dorsalen eine Scheide um das Rohr, während die beiden kleineren, ventralen zwei lange, steife und stark gekrümmte Borsten tragen. An der Spitze des Rohres sitzen starke Chitindornen. Um zu sehen, in welcher Weise die Larve das Rohr anwendet, braucht man sie nur in ein reichlich mit Pflanzenwurzeln versehenes Aquarium zu setzen. Man sieht dann die Larve sich mit Hilfe ihrer Borsten an einer Wurzel aufwärts bewegen, und zwar sucht sie möglichst zwischen solche Wurzeln zu kommen, gegen die sie sich gleichzeitig mit Rücken- und Bauchborsten stützen kann. Wenn sich die Larve mit dem Rücken gegen eine Wurzel gelegt hat, so bewegt sie die beiden gekrümmten Borsten (Abb. 401 c) wie suchend über die Oberfläche der Wurzel hin; hat sie eine passende Stelle gefunden, so hebt sie den Hinterleib und hackt mit der Spitze der Atemröhre wie ein Specht mit seinem Schnabel gegen die Wurzel. Sobald die Spitze festsitzt, tritt der Schwanzfächer in Tätigkeit; er schlägt vor und zurück und treibt dadurch die Spitze tiefer in das Pflanzengewebe hinein. Der breite Schwimmfächer hat bei *Taeniorhynchus* eine andere Funktion bekommen; er ist aus einem Schwimmorgan zu einem Werkzeug geworden, das durch seine Bewegung die Spitze der Atemröhre in die Pflanze hineinbohrt. Die Kraft wird durch ein besonderes Muskelsystem vom Schwanz zur Bohrspitze übertragen; die Muskeln heben und senken das ganze vorletzte Hinterleibssegment. Das innere Rohr des Bohrapparates (die umgewandelte Respirationsschale) kann sich im äusseren Rohr ein wenig aus- und einschieben; diese Bewegung erfolgt durch zwei starke Muskeln, die mit dem einen Ende an der Innenwand des vorletzten Hinterleibsringes, mit dem anderen an einem sehr langen, in das vorletzte Hinterleibssegment hineinragenden Chitinstab befestigt sind (Abb. 400 p). Der Stab ist morphologisch nichts Anderes als ein Teil des Chitinrahmens um das Stigma, an dem der Schliessmuskel ansetzt.

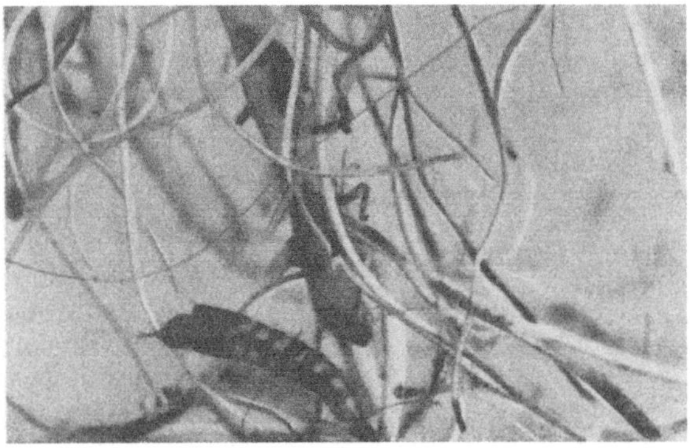

Abb. 395. *Taeniorhynchus Richardii* Fic. Lebend photographiert. Das Tier bohrt seinen Sipho in die Pflanze ein. Man bemerke, wie aufgeschwollen das Tier ist. W-L. phot.

Die Larve sitzt an den Wurzeln entweder aufgerichtet oder wagerecht von der Wurzel abstehend, meist hängt sie aber abwärts; sie sucht in der Pflanze nach der darin enthaltenen Luft. Wenn die Atemröhre der Larve bis zu der luftführenden Schicht vorgedrungen ist, wird die Luft bei Überdruck in der

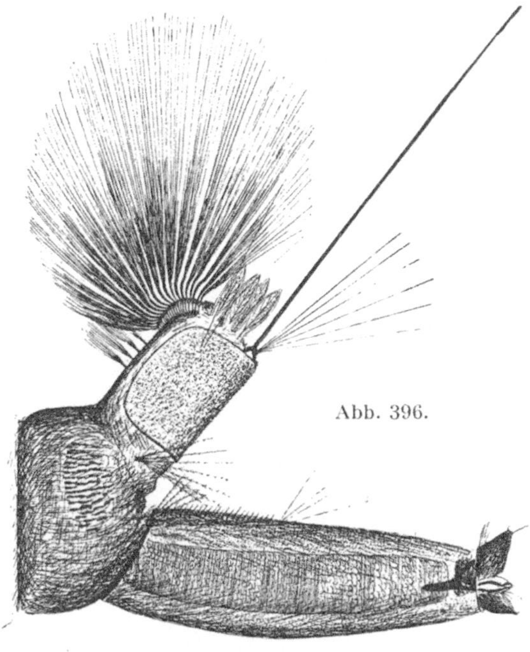

Abb. 396.

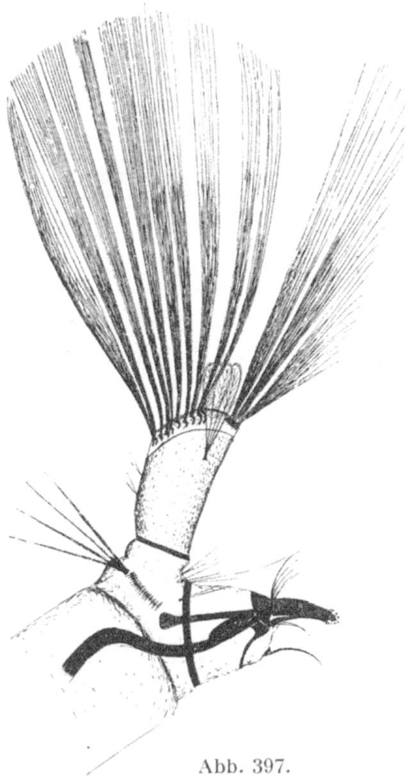

Abb. 397.

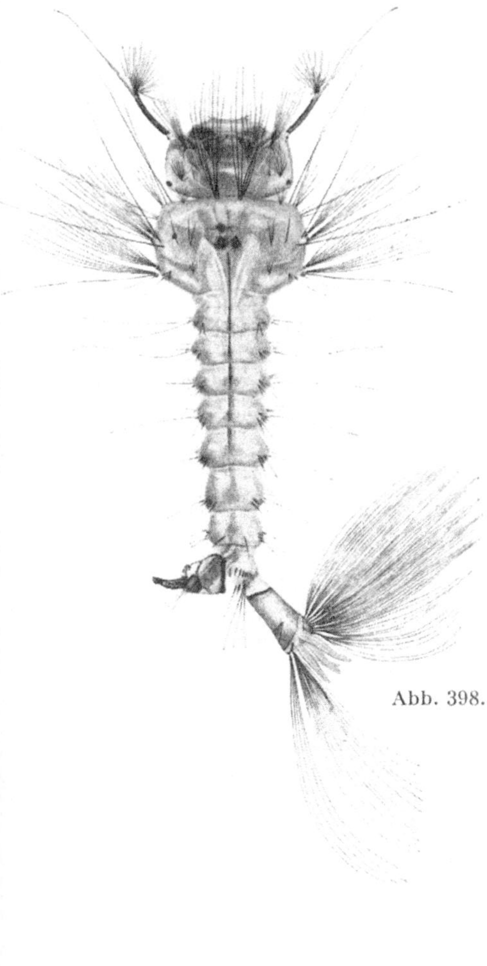

Abb. 398.

Abb. 396. *Culex*-Larve. Achtes und neuntes Segment. Schwimmfächer und Atemröhre. W-L. del.

Abb. 397. *Taeniorhynchus*-Larve. Die Atemröhre ist hier zu einem Bohrapparat umgebildet. W-L. del.

Abb. 398. *Taeniorhynchus perturbans* Walker. Nach Howard, Dyar und Knab. 1912.

Pflanze durch die Öffnung des Bohrapparates in die Spirakula und weiter in die Tracheen getrieben. Ist aber kein Überdruck vorhanden, was vermutlich oft der Fall ist, so muss die Larve ihn selbst herstellen, indem sie in ihren Tracheen Luftverdünnung hervorruft. Das Tracheensystem erweist sich bei näherer Untersuchung als von höchst eigentümlicher Beschaffenheit, die meines Wissens bei anderen Larven nicht ihresgleichen hat (Abb. 402). Im Thorax und in den ersten Hinterleibsringen liegen zwei grosse, ballonförmige Tracheenblasen, die durch

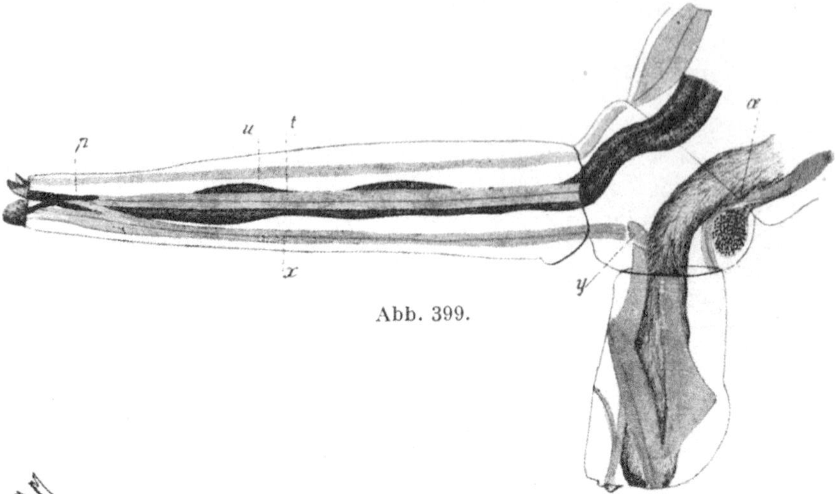

Abb. 399.

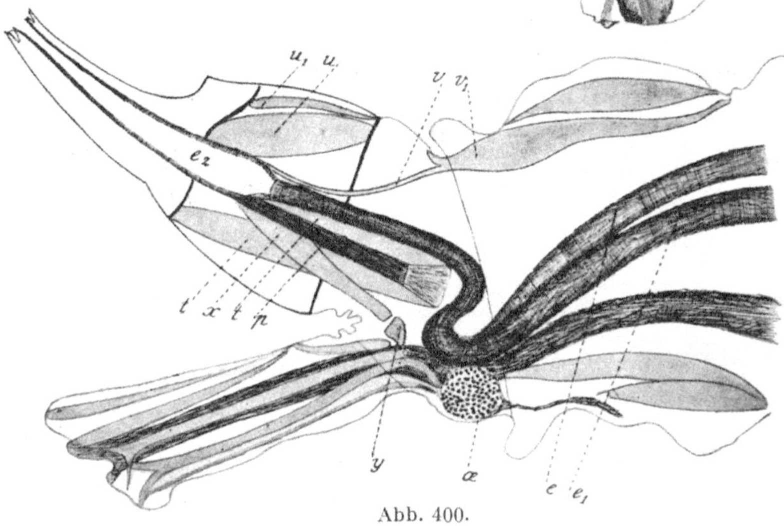

Abb. 400.

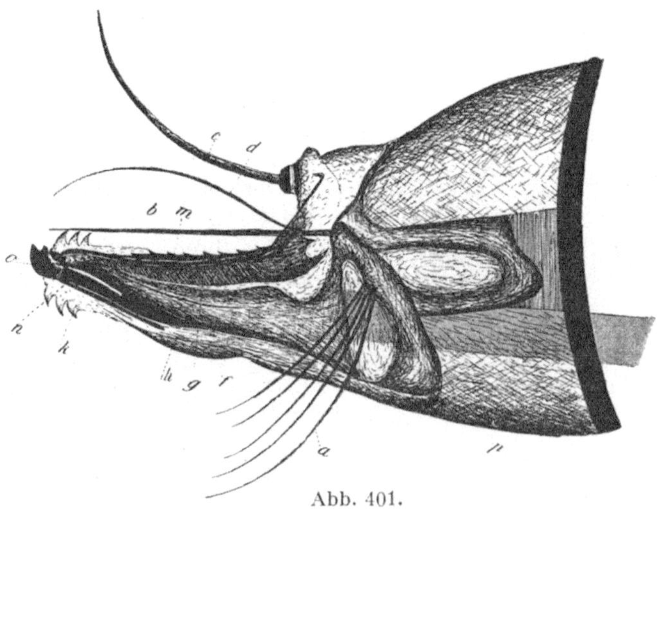

Abb. 401.

geknickte Äste mit den Hauptstämmen verbunden sind. Ihre Aufgabe kann meiner Meinung nach nur darin bestehen, die Luft durch Zusammenpressen aus den Tracheen zu treiben, d. h. die Exspiration zu verstärken. Diese Aufgabe wird weiter dadurch gefördert, dass die Tracheenstämme im Thorax breit und flach sind, sodass sie völlig zusammenklappen können; ihr Querschnitt ist bei getöteten Larven immer flach bandförmig. Unter dem binokularen Mikroskop kann man sehen, dass eine festgeheftete Larve stets stärker aufgeblasen ist als eine freischwimmende, und dass ihre Tracheen im Querschnitt kreisrund sind; die erwähnten Tracheenblasen werden wahrscheinlich nur benutzt, wenn die Larve eben die Spitze der Atemröhre eingebohrt hat und anfangen will, Luft einzuatmen. Die Respiration wird dann mit erweiterten Tracheen fortgesetzt. Die Respirationsbewegungen sind so schwach, dass man sie nicht wahrnehmen kann; das spricht aber meiner Meinung nach nicht gegen die hier vertretene Auffassung über die Bedeutung der Tracheenblasen. Man hat gemeint, dass die Blasen in erster Linie Sauerstoffbehälter seien. Dieser Ansicht kann ich nicht zustimmen und zwar vor allem, weil ich nicht wüsste, wo der Sauerstoff in den Blasen herkommen soll; ausserdem scheint es mir aber auch fraglich, ob der in den Blasen etwa enthaltene Sauerstoffvorrat auf die Länge von grösserer Bedeutung sein könnte.

Ich werde in meiner Auffassung vor allem durch die anatomischen Facta bestärkt, nämlich durch die bei keiner anderen Mückenlarve vorkommenden gestielten Tracheenblasen, die gerade bei diesen Larven mit ihren eigenartigen Respirationsbedingungen auftreten, ferner durch den Bau der Atemröhre, die sich ebenso wenig bei irgend einer anderen Larve findet. Auch von physiologischer Seite aus hat man versucht, in das Verständnis der eigentümlichen Respirationsverhältnisse der Larve einzudringen. Krogh (1939) teilt darüber folgendes mit: Der Sauerstoffgehalt submerser Wurzeln beträgt normalerweise weniger als 10 % und kann bis auf 4 %, im Winter sogar noch darunter sinken (Ege 1915); man könnte erwarten, dass ein niedriger Prozentsatz notwendig ist, um Ventilation zu veranlassen. Infolgedessen wurde ein Gasgemisch mit einem Sauerstoffgehalt von nur 3,4 % hindurchgeleitet. Hierdurch wurde weder die Vitalität des Tieres beeinträchtigt noch irgendwelche Durchlüftung verursacht. Durch reinen Stickstoff wurde das Tier gelähmt, aber auch dieser veranlasste keinerlei Respirationsbewegungen. Durch besondere Experimente wurde nachgewiesen, dass die Zusammendrückbarkeit des Tracheensystems einschliesslich der Luftsäcke so gering ist, dass dem Tier eine wirkungsvolle Durchlüftung nicht möglich ist, und dass die Luftsäcke, falls sie überhaupt von respiratorischer Bedeutung sind, nur als Sauerstoffspeicher funktionieren können.

Ich muss gestehen, dass ich zwischen den Ergebnissen der physiologischen Untersuchungen und dem Bau des Tracheensystems der Larve keinerlei Übereinstimmung finden kann.

Abb. 399. Sagittalschnitt durch das 7.—9. Segment einer *Culex*-Larve. W-L. del.

Abb. 400. Sagittalschnitt durch das 7.—9. Segment einer *Taeniorhynchus*-Larve. W-L. del.

Abb. 401. Atemröhre einer *Taeniorhynchus*-Larve. W-L. del.

a—d Verschiedene Haarbüschel, *e*, e_1, e_2 die zwei Haupttracheen, *f* ventrale, laterale Teile des äusseren Rohres, *g* dorsale, laterale Teile desselben, *h* ventraler Teil desselben, *k* Zähne am Apex des äusseren Rohres, *m* dorsales Stück des inneren Rohres, *n* ventrales Stück desselben, *o* Zähne des inneren Rohres, *p* Chitinstab, *t* Muskel des Chitinstabes, *u*, u_1 Muskeln, *v*, v_1 Muskel mit ihrem Ligament, *x*, *y* Muskel, der mit dem des Analsegmentes kommuniziert, *ae* Ganglion.

Die Puppe (Abb. 405–406) ist nicht weniger merkwürdig als die Larve; sie ist so gut wie unbehaart und besitzt keine fächerförmigen Haare auf dem ersten Hinterleibssegment. Die Atemröhren sind nicht wie bei allen anderen Puppen nach aussen gebogen, sondern konvergieren und bilden zwei Bogen, deren Spitzen sich in einem Punkt treffen. Die Atemröhren der *Taeniorhynchus*-Puppe bestehen aus drei Teilen; der äussere Teil ist mit einer Doppelreihe nach hinten gerichteter Riefen versehen, der mittlere besteht aus sehr dünnem Chitin und wird durch einen dunkleren Ring abgeschlossen, hinter dem die Tracheen beginnen. Man findet die Puppe mit der äusseren, gerillten Spitze der Atemröhren in das Pflanzengewebe eingebohrt; die zwei Spitzen stehen so dicht nebeneinander, dass scheinbar nur ein einziges Loch gebildet wird. Die Spitzen der Atemröhren wirken als Bohrapparat. Bisher hat niemand beobachtet, wie sich die Puppe vor ihrer Verwandlung von der Pflanze ablöst; man findet aber an der Oberfläche treibende Puppenhäute, deren Atemröhren gerade an den oben erwähnten dunklen Ringen abgebrochen sind. Die Puppe reisst sich höchst wahrscheinlich von der Pflanze los, indem sie die Spitzen der Atemröhren in ihr zurücklässt. Man kann sich schwer vorstellen, wie sich die Puppe beim Einbohren der Spitzen stützt; ich vermutete seit langem, dass dabei die Larvenhaut eine gewisse Rolle spielt. GAILLARD (1934) hat nachgewiesen, dass diese Vermutung das Richtige trifft; wenn die Larvenhaut reisst, bringt die Puppe sofort die Spitzen der Atemröhren in Kontakt mit der Pflanze und bohrt sie hier ein, während sie noch in der Larvenhaut liegt und mit ihrem Sipho an der Pflanze befestigt ist. Wenn die Atemröhren eingebohrt sind, befreit sich die Puppe aus der Larvenhaut und hängt nun an der Pflanze.

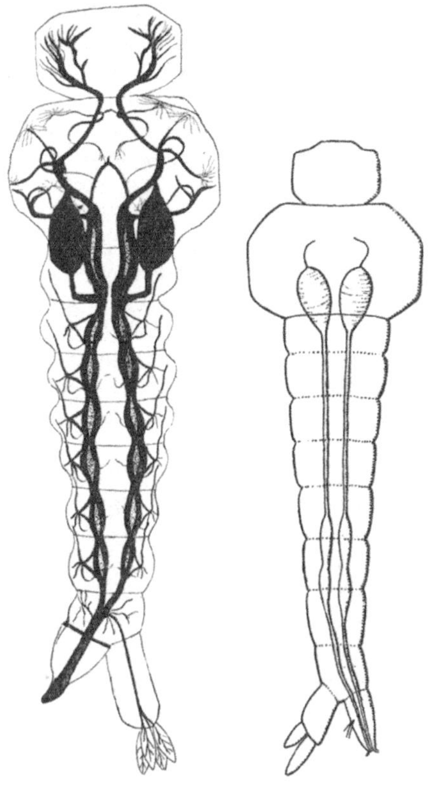

Abb. 402. Abb. 403.

Abb. 402. *Taeniorhynchus Richardii* Ficalbi. Schematische Darstellung des Tracheensystems. Man beachte besonders die grossen lateralen Luftbehälter. W-L. del.

Abb. 403. *Orthopodomyia pulchripalpis* Rondani. Schematische Darstellung des Tracheensystems. Man beachte besonders die grossen Luftbehälter im Thorax. Nach Marshall, J. 1938.

Taeniorhynchus führt als Larve wie als Puppe ein sehr merkwürdiges Leben, von dem es keine Übergangsstadien zum Leben der übrigen Mücken gibt. Eines Tages im Januar konnte ich in einem meiner in der Sonne stehenden und mit Pflanzen und zahlreichen Larven von *Culicella morsitans* Theob. gefüllten Aquarien eine Beobachtung machen, die mir den Weg zu weisen scheint, den die Natur genommen hat. Die Larven hingen mit dem Kopf nach unten an den Pflanzen und waren an ihnen mit den beiden steifen, gekrümmten Dornen auf den Klappen festgehakt. Sie kamen nie an die Oberfläche, sondern sassen stets an derselben Stelle, während die beiden Haken in das Pflanzengewebe eingeschlagen und die Stigmen nur um Bruchteile eines Millimeters vom luftgefüllten Pflanzengewebe entfernt waren. Die Larve kann wahrscheinlich die aus der Oberhaut der Pflanze aufsteigenden Luftbläschen verwenden. Der Weg von dieser Larve zu der von *Taeniorhynchus* scheint mir nicht sehr lang, umsomehr, da es fraglich ist, ob sich die *Taeniorhynchus*-Larven imWinter

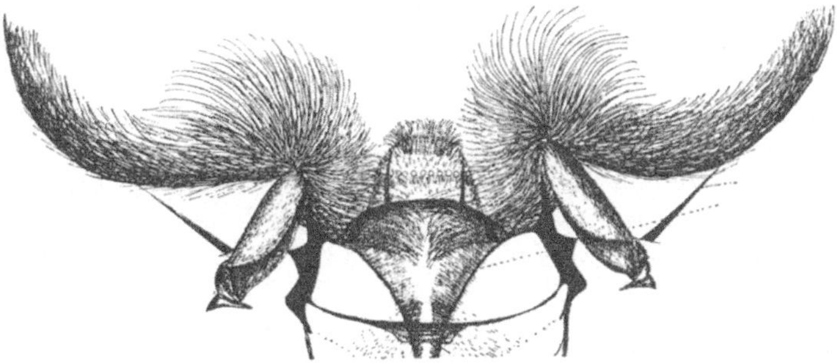

Abb. 404.

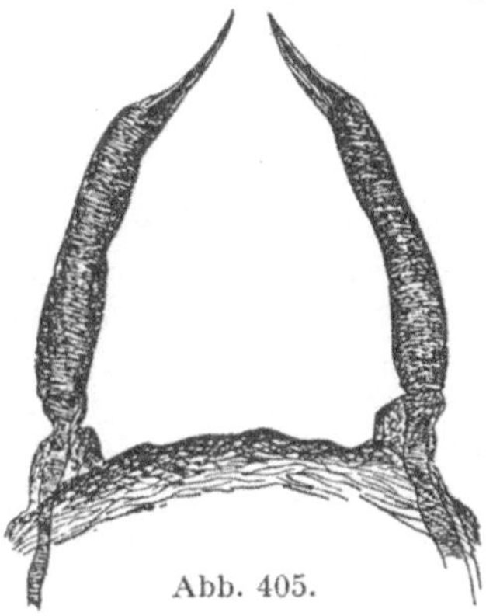

Abb. 405.

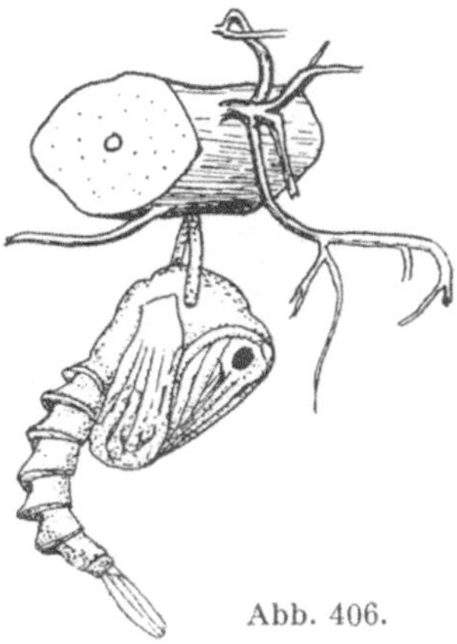

Abb. 406.

Taeniorhynchus Richardii Ficalbi.

Abb. 404. Labrum mit den drei Lobi; in der Mitte Flabellum, lateral: die zwei Strudelorgane mit ihren chitinisierten Apodemata, von unten gesehen. W-L. del.

Abb. 405. Prothorakalhörner der Puppe. W-L. del.

Abb. 406. Puppe mit den Prothorakalhörnern in eine Pflanze eingebohrt. W-L. del.

nicht ebenso wie andere überwinternde Mückenlarven vorwiegend mit der im Wasser gelösten Luft begnügen müssen.

Marshall (1938) bespricht die Larve von *Orthopodomyia pulchripalpis* (Abb. 403) Rondani, einer seltenen, nur von wenigen Orten in Europa bekannten und kürzlich in England aufgefundenen Art. Die Larve lebt in Baumlöchern; sie wird hier erwähnt, weil ihre Tracheen im Thorax mit zwei grossen, blasenförmigen Erweiterungen versehen sind, die nicht wie bei *Taeniorhynchus* gestielt sind, sondern in der direkten Verlängerung der Tracheen liegen. Im übrigen besitzt die Larve eine lange Atemröhre wie andere Mückenlarven; die Eischale hat eine eigentümliche Struktur.

Schliesslich beschreiben Howard, Dyar und Knab (1917) die sonderbaren Larven der amerikanischen Mückengattung *Aëdeomyia*, die in flachen, pflanzenbewachsenen Pistia-Teichen leben. Sie kommen nie an die Oberfläche, sondern verbergen sich zwischen den Pflanzen. Sie besitzen zwar eine Atemröhre, ihre

Tracheen sind aber angeblich rudimentär. Die Antennen sind merkwürdig gestaltet; sie sind stark gebogen, hohl und aufgeblasen, mit scharfer, fingerförmiger Spitze und spielen vermutlich eine Rolle bei der Luftversorgung.

Einige tropische Gattungen.

1. In den Tropen bilden sich während der Regenzeit ähnliche temporäre Pfützen wie auf den Prärien; in ihnen wird das Tierleben nicht von Schnee und Eis, sondern von Austrocknung durch die brennende Tropensonne bedroht. Die Pfützen sind gewöhnlich von viel kürzerer Lebensdauer als die Schmelzwassertümpel der Prärien; manche enthalten nur wenige Tage lang Wasser und diese Tage sind von zufälligen Regengüssen abhängig, die zu jeder beliebigen Jahreszeit eintreffen können. Sollen diese Tage zur Entwicklung der Jugendstadien ausgenutzt werden, so müssen die Insekten sich beeilen. Besonders die Larven der Gattung *Psorophora* (Taf. XI, Abb. 2) wählen derartige Tümpel. Sie entwickeln sich wohl am schnellsten von allen bekannten Mückenlarven und in der denkbar kürzesten Zeit; die gesamte Entwicklung vom Ei bis zur Imago dauert bei dieser Gattung nachweislich nicht länger als 5 Tage. Wenn die Eier abgelegt sind, so schlüpfen die Larven noch am gleichen Tage aus; jede Häutung braucht nur einen Tag, und am fünften Tage erscheint das fertige Insekt. Wenn man bedenkt, dass es Insekten gibt, die wie die 17jährige Zikade 17 Jahre zum Abschluss ihrer Entwicklung brauchen, so ist der Unterschied verblüffend. Diese Mückenlarven ernähren sich nicht von Detritus, sondern sind ausgeprägte Raubtiere; sie fressen hauptsächlich andere Mückenlarven und sind im übrigen richtige Kannibalen.

2. Ameisenmoskitos. Der holländische Naturforscher E. Jacobson in Batavia hatte 1908 Gelegenheit, als erster festzustellen, dass gewisse Mücken in ihrer Lebensweise von Ameisen abhängig sind. Bekanntlich leben zahlreiche Tiere als Ameisengäste (Myrmecophilen) in Ameisenhaufen und sind dieser Lebensweise in verschiedenem Grade angepasst. Es war jedoch bisher nicht bekannt, dass auch Mücken zu den Ameisengästen gehören.

Jacobson berichtet, dass in seinem Garten in Batavia eine kleine, schwarze Baumameise, *Crematogaster difformis*, lebt, die in langen Zügen an den Bäumen hinaufwandert; sie sucht nach gewissen Schildläusen, die sie als Milchkühe gebraucht. Jacobson fand mitten in den Ameisenstrassen zahlreiche Mücken, die hier Aufstellung genommen hatten. Sie stehen auf hochgestellten, gespreizten Beinen, durch die der Ameisenzug hindurchgeht. Wenn eine Ameise das Tor passieren will, hält die Mücke sie an und betastet ihren Kopf mit Vorderbeinen und Fühlern. Die meisten Ameisen bleiben dann stehen, drücken sich mit dem Körper dicht an den Baum, schlagen den Hinterleib aufwärts und sperren die Kiefer weit auf. Während dessen schwingt die Mücke vor und zurück; ihre Flügel geraten in schwirrende Bewegung, sobald die Ameise die Mandibeln aufsperrt. Zwischen ihnen tritt nun ein Tropfen Nahrungssaft hervor, den die Ameise aus dem Magen ausbricht; er wird sofort von der Mücke aufgesogen. Dann darf die Ameise weitergehen; die Mücke stellt sich wieder in Bereitschaft, um von der nächsten Ameise Tribut zu erheben. Die Mücken halten nur die abwärtskriechenden Ameisen an, deren Magen voll vom süssen Saft der Schildläuse ist; will eine Ameise nicht sofort bezahlen, so fliegt die Mücke über ihr her, stupst sie mit Beinen und Fühlern und bekommt auch gewöhnlich ihren Willen.

Wie es scheint, ist aber nicht nur die fertige Mücke von den Ameisen abhängig, sondern auch die Larven leben, wie Jacobson in einer späteren

Abhandlung mitteilt, in den Ameisennestern, die oben auf den Bäumen in hohlen Ästen liegen; in verlassenen Nestern bilden sich an der Spitze oft Vertiefungen, in denen das Wasser stehen bleibt, das sich durch Tau u. dgl. in ihnen ansammelt. In diesen kleinen Wasserlachen leben die Larven, von denen JACOBSON einige gezüchtet hat; sie weichen in ihrem Bau nicht sonderlich von anderen Mückenlarven ab.

3. Unter den Moskitos der tropischen Meeresküsten stellen die Mücken, deren Larven in den Krabbenlöchern im Sande leben, einen eigenartigen Typus dar. Sowohl im Sand wie in Mangrovesümpfen hausen verschiedene Krabben, die im Sand tiefe, oft etwa 2 m lange Gänge graben; an ihrem Boden sammelt sich Wasser an, in dem die Mückenlarven leben. Sie ernähren sich sicher hauptsächlich von den im Wasser gelösten Exkrementen der Krabben. Die trägen und langsamen Imagines sitzen in den Gängen; am Abend fahren sie in Scharen aus den Löchern heraus und fliegen auf, um sich zu paaren. Die Mücken stechen nicht; ihr Magen enthält eine gelbliche Masse, die jedenfalls nicht Wirbeltierblut ist. Man nimmt deshalb an, dass die Weibchen möglicherweise Blut von Krabben saugen. Da die Gänge meistens so eng sind, dass die Mücken keinen Platz darin haben, während die Krabben hindurchkriechen, so fliegen die Mücken oft heraus, wenn die Krabben die Gänge passieren.

4. In den eigenartigen Tiergesellschaften der Nepenthes-Kannen nehmen die Moskitolarven einen hervorragenden Platz ein. THIENEMANN (1932) gibt nicht weniger als 29 Arten an; sie sollen zusammen mit der übrigen Fauna der Nepenthes-Kannen besprochen werden.

Chironomoidea (Tendipedoidea).

Die Superfamilie *Chironomoidea* (*Tendipedoidea*) enthält die sehr grosse Familie der *Chironomidae* (*Tendipedidae* = Tanz- oder Zuckmücken) und die viel kleinere der *Ceratopogonidae* (*Heleidae* = Gnitzen).

Die *Chironomoidea* stehen den *Culicoidea* sehr nahe. Von den Merkmalen der Imagines seien nur folgende erwähnt: Rüssel gewöhnlich kurz; nur die *Ceratopogonidae* sind Blutsauger. Die Fühler der Männchen sind lang und büschelförmig behaart, die der Weibchen rosenkranzförmig gegliedert. Larven eucephal, mit voll entwickelter Kopfkapsel, Mentum chitinisiert mit gezähntem Vorderrand; Mund ohne Strudelapparat; häufig mit Fussstummeln. Larven fast immer aquatisch; Puppen ohne Schwimmfähigkeit, Bodentiere oder an der Oberfläche treibend.

CERATOPOGONIDAE (Heleidae, Gnitzen).

Taf. XIII.

Sehr kleine Insekten, die meisten weniger als 2 mm lang. Sie werden gewöhnlich als besondere Familie in der Superfamilie der Tendipedoidea aufgeführt. Etwa 400 Arten.

Die fertig entwickelten Tiere sind Blutsauger mit stechenden Mundteilen, und zwar angeblich in beiden Geschlechtern; sowohl Männchen als Weibchen besitzen Mandibeln. Die meisten Arten saugen Blut niederer Tiere, vor allem von Insekten (KRÜGER 1914 u. a.), einige auch von Warmblütern. Es wird behauptet, dass nur die Formen Blutsauger sind, deren Larven im Wasser leben. Die Larven erreichen oft eine Länge von 12–14 mm, während die Imagines gewöhnlich nicht mehr als 2 mm lang sind. Die Larven leben an sehr verschiedenen Orten: in Wasser mit reichlichem Pflanzenwuchs, in wassergefüllten Felslöchern, in kleinen Tümpeln am Meeresufer, in Quellen, Solfataren, in Nepenthes-Kannen, Baumhöhlen, in Krabbenlöchern am Strande, in Pflanzengewebe, Pilzen (Boletus) und als Kommensalen in Ameisenhaufen. Infolgedessen ist auch ihr Aussehen sehr verschiedenartig; gemeinsam ist jedoch allen Larven der langgestreckte Körper, dessen einzelne Segmente sich oft kaum voneinander unterscheiden, und die alle von gleicher Länge und Breite sind. Fortbewegungsorgane sind schwach ausgebildet oder fehlen ganz. Am Hinterende gewöhnlich einzelne lange Borsten und wenig entwickelte, einziehbare Analkiemen. Die Antennen der einzelnen Gruppen sind verschiedenartig gestaltet, aber immer kurz. Wir wollen uns hier besonders mit den Larven beschäftigen.

Die Larven (Rieth 1915, Lenz 1933, Mayer 1934a, b) werden meist in drei Gruppen geteilt: Zur ersten gehören *Forcipomyia* (Taf. XIII, Abb. 12) und die merkwürdige Gattung *Atrichopogon* (Taf. XIII, Abb. 13, 14); sie ist übrigens auch bei uns gefunden. Die Larven dieser Gattungen besitzen einen meist gespaltenen vorderen Fussstummel am ersten Thorakalsegment und einen Nachschieber am letzten Segment. Die zweite Gruppe enthält die Gattung *Dasyhelea*, deren Larven keinen vorderen Fussstummel haben. Die Larven der dritten und bei weitem grössten Gruppe mit den Hauptgattungen *Culicoides*, *Bezzia* und *Palpomyia* (Taf. XIII, Abb. 15) haben überhaupt keine Fussstummel.

1. Die Larven von *Forcipomyia* leben auf dem Lande in dem von Ulmen ausgeschwitzten Saft, in Kuhmist und in Ameisenhaufen, wo sie mit ihren Hakenfüssen umherkriechen. Die kräftigen Mundteile sind nach unten gerichtet. Die eigentümliche Larve von *Atrichopogon* lebt zusammen mit *Forcipomyia*, haust aber auch zwischen Algen, in Bächen etc. Die Puppen bleiben in der Larvenhaut und sind wenig beweglich.

2. Auch die *Dasyhelea*-Gruppe besteht vorwiegend aus Landformen; einige Arten leben jedoch aquatisch, manche von ihnen in Brackwasser. Die Larven beider Gruppen sind Pflanzen- oder Detritusfresser; sie verpuppen sich in einer Röhre aus Seidengespinst.

3. Die Larven der dritten Gruppe leben fast ausschliesslich aquatisch (Abb. 407–410). Ihr Körper ist ausserordentlich dünn und fadenförmig, oft 14–15 mm lang. Der Kopf ist sehr lang und schmal; die Mundteile sind wohl entwickelt und nach vorn gerichtet. Das letzte Abdominalsegment endet mit einem Borstenkranz. Die bedornten Puppen treiben an der Oberfläche und liegen auf der Seite; ab und zu hängen sie sich auch mit den Prothorakalhörnern auf. Sie besitzen keine Schwanzflosse; ihre Bewegungsfähigkeit ist überhaupt nur gering. Die Larven schwimmen ganz gut, indem sie den langen Körper seitlich schlängeln; sie leben meist zwischen Algenfäden oder am Boden, manche in einer Tiefe von etwa 15 m (Esromsee, Berg 1938). Die Arten dieser Gruppe sind Raubtiere; ihre Larven ernähren sich von den Larven anderer Mücken, vor allem von Chironomiden, die häufig grösser sind als sie selbst. Vermutlich saugen nur Formen mit aquatisch lebenden Larven Blut von Warmblütern.

Zuweilen teilt man auch die Ceratopogoniden in die folgenden drei Gruppen: 1) *Vermiformes* (mit aquatischen Larven), 2) *Intermediae* (besonders an hygropetrischen Orten, mit Vorliebe für schwach salziges Wasser) und 3) *Genuinae* (mit terrestrischen Larven). Mayer (1934b) behauptet, dass diese Einteilung unbrauchbar ist, da alle Gattungen sowohl Arten mit terrestrischen als solche mit aquatischen Larven enthalten.

Korrekter ist wahrscheinlich die Einteilung in zwei Unterfamilien: *Heleinae* (= *Ceratopogoninae*) und *Culicoidinae* (Hendel-Baier, Handb. der Zoologie 1938). Die erste Unterfamilie enthält hauptsächlich Formen mit terrestrischen

Larven, die sich von vermodernden Pflanzenteilen ernähren. Die Larven sind von bräunlicher Farbe und haben kräftige, nach unten gerichtete und von einem Innenskelett gestützte Mundteile. Die zwei Augen an jeder Seite des Kopfes verschmelzen miteinander. Der Körper trägt Haare von verschiedener

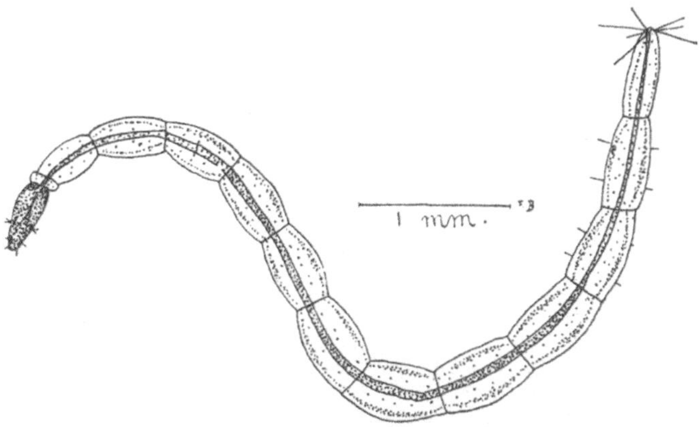

Abb. 407.

Abb 408.

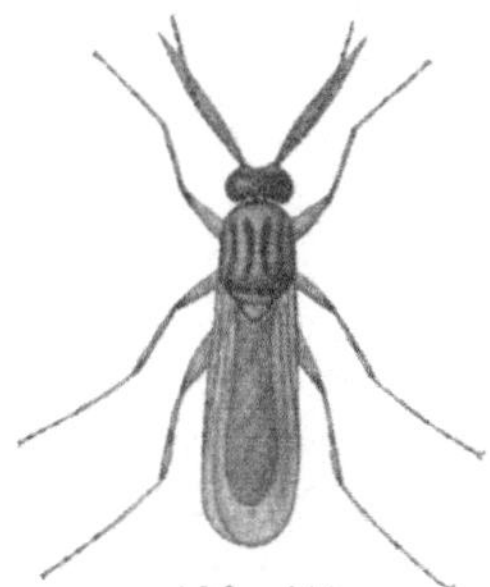

Abb. 410.

Abb. 409.

Abb. 407. *Ceratopogon*-Larve. Nach Brocher 1913.

Abb. 408. *Ceratopogon* beim Flug über dem Wasserspiegel während des Abwerfens der Eischnüre. W-L. del.

Abb. 409. *Ceratopogon* sp. stösst während des Fluges die Eischnur aus, die zum Teil auf dem Wasser liegt. W-L. del.

Abb. 410. *Ceratopogon Dufouri* Laboulb. Nach Laboulbène, A. 1866. Nat. Gr. 2 mm.

Länge, die oft mit Nebenborsten besetzt sind. Ein meist gespaltener prothorakaler Fussstummel, nur ein Nachschieber. Die Strikturen zwischen den einzelnen Segmenten sind sehr deutlich. Die Puppe hat keulenförmige Prothorakalhörner. Die Flügel der Imagines sind behaart.

Die zweite Unterfamilie *Culicoidinae* hat vorwiegend aquatische Larven;

sie sind Raubtiere, ihr Kopf ist nach vorn gerichtet. Die Tiere sind schwach behaart; der Anus ist von einem Kranz aus 8 langen Borsten umgeben; Haftfüsse fehlen.

Das Pharyngealskelett ist in seinem Bau der Nahrung angepasst. Die Grösse der aufgenommenen Nahrungspartikel hängt von der Weite der Pharyngealpumpe ab. Einige Larven (*Bezzia*) brauchen die Mandibeln nur zum Wühlen im Sande. *Dasyhelea* ernährt sich angeblich von Bakterien und Nannoplankton (Mayer 1934a).

In neuerer Zeit hat man sich häufiger mit dieser kleinen Familie beschäftigt,

Abb. 411. Kanalabfluss aus dem Lyngbymoor, wo es im Sommer vor Ceratopogoniden nicht auszuhalten ist. W-L. phot.

weil viele ihrer Mitglieder auf unseren Haustieren und auf uns selbst Blut saugen. Ihre ausserordentliche Kleinheit (1,5–2 mm) macht es beinahe unmöglich, sich ihrer zu erwehren; trotz ihrer Winzigkeit ist ihr Stich sehr schmerzhaft und weit schlimmer als der der Culiciden. Manchmal, wenn ich in sumpfigem Gebiet, (Lyngbymoor) (Abb. 411) in meinem Boot sass, wurde ich von den blutgierigen Tieren angegriffen und merkte plötzlich an verschiedenen Stellen stechende oder brennende Schmerzen. Die Mücken sind so klein, dass man sie kaum sehen kann; sie bohren sich immer schräg in die Haut ein. Sie haben grosse Augen; ihre glashellen Flügel werden flach über dem Abdomen zusammengelegt. Sie bohren sich fast völlig in die Haut ein. Man spürt die Stiche tagelang. Die einzige Rettung vor den Mücken besteht in schleunigster Flucht. In Nordamerika werden die Mücken »Punkies« genannt. Sie dringen zuweilen tief in Ohren und Nasenlöcher ein und verursachen Tieren und Menschen furchtbare Qualen. In den Tropen werden durch die Ceratopogoniden verschiedene Parasiten (Nematoden), vermutlich auch Leishmannia, auf Menschen und Pferde übertragen.

Die Eier kommen oft in grossen Mengen vor. Im Hochsommer findet man häufig auf treibenden Algenmassen, Zweigen usw. längliche, unregelmässige, kohlschwarze und von einer dicken Gallerte umgebene Laichmassen. Die Eier sind 6–7 mal so lang wie breit und stehen immer senkrecht in den Eihaufen und reihenweise nebeneinander. Jede Eimasse enthält 250 bis 300 Eier. Die Weibchen setzen ihre Eier gemeinschaftlich ab; oft liegen mehrere Hunderte von Eiklumpen zusammen auf den Algen. Das sind die Eier der Gattung *Bezzia*, deren Laichmassen in unseren Teichen und Seen im Juli und August sehr häufig sind.

Man findet bei den Ceratopogoniden aber auch eine andere Form der Eiablage (Abb. 408–409). Bei Sonnenuntergang sieht man oft nahe am Ufer (z. B. am Esromsee), gewöhnlich nicht mehr als 1–2 m über dem Wasserspiegel, zahlreiche, winzig kleine Mücken mit glashellen Flügeln langsam hin- und herschweben. Alle wenden dabei die Köpfe landwärts; von der Spitze ihres Abdomens hängt ein ausserordentlich feiner, etwa 3–4 cm langer Faden herab. Bei genauer Beobachtung sieht man, dass der Faden allmählich immer länger wird; sobald der Faden die Oberfläche berührt, klebt er fest, liegt einen Augenblick im rechten Winkel und reisst dann ab, während die Mücke davonfliegt. Der Faden liegt nun ausgestreckt auf der Oberfläche; nimmt man ihn auf, so sieht man, dass er aus hunderten von schrägstehenden, langen, schmalen Eiern besteht. Zuweilen wirft die Mücke auch die Eierschnur in der Luft ab; sinkend schwebt sie ausserordentlich langsam auf die Wellen herunter. Ich habe diesen Vorgang sowohl am Esromsee wie am Frederiksborg Schlossteich oft beobachtet.

Später erfuhr ich, dass auch Needham und Johannsen (1905) die gleiche Form der Eiablage beobachtet haben. Johannsen bemerkte ferner, dass die Mücke ihren Körper während des Austritts der Eierschnur hin- und herschwingt; sobald die Schnur $^1/_4$ Zoll lang ist, fasst die Mücke sie mit Vorder- und Hinterbeinen und lässt sie zwischen diesen hindurchlaufen. Die von Johannsen beobachtete Art wurde als *Johannsenomyia argentata* Lw. bestimmt.

CHIRONOMIDAE (Tendipedidae = Zuckmücken).

Taf. XII.

Nicht stechende Mundteile; Mandibeln fehlen. Fühler meist 15-gliedrig. Kopf meist durch den vorgewölbten Mesothorax teilweise überdeckt. Vorderbeine verlängert, in der Ruhe gewöhnlich von der Unterlage abgehoben und als Fühler zur Wahrnehmung von Luftströmungen gebraucht. Larven stabförmig, schlank, apneustisch; Körper schwach behaart. Auf dem Prothorax ein gegabelter Fussstummel, am Analsegment zwei Nachschieber. Oft mit Spinnvermögen. Puppen häufig mit büschelförmigen Prothorakalhörnern (= Büschelmücken). Imagines schwarmbildend. In mehr als 2000 Arten über die ganze Erde verbreitet. Die Chironomiden werden in 5 Unterfamilien geteilt: *Tanypodinae* (*Pelobiinae*), *Chironominae* (*Tendipedinae*), *Diamesiinae*, *Orthocladiinae* und *Clunioninae* (marin).

Allgemeine Bemerkungen.

Die Chironomiden bilden wahrscheinlich die artenreichste Insektenfamilie des Süsswassers; von den etwa 2000 beschriebenen Arten kommen ungefähr 1000 in Mitteleuropa vor. Der keineswegs besonders grosse Plöner See beherbergt nach Angaben von Thienemann (1937) nicht weniger als etwa 100 Arten. Im folgenden werden wir uns fast ausschliesslich mit den Larven beschäftigen.

Die Larven. Die Larven der einzelnen Arten sind einander sehr ähnlich, so verschieden auch ihre Lebensbedingungen sind. Es scheint, als ob der Larvenkörper sich allen möglichen, noch so verschiedenen Lebensbedingungen ohne besondere Variation anzupassen vermag. Es ist kaum möglich, vom Körperbau der Chironomiden auf ihre Lebensweise zu schliessen. Der Bau der Larve gibt nur sehr wenig Aufschluss darüber, ob sie Schlammbewohner, Kalkbohrer oder Minierer ist, ob sie in heissen Quellen oder eisgefüllten Seen lebt, ob sie freilebend oder festsitzend in Sandröhren wohnt, ob sie in austrocknenden Tropengewässern, in kleinsten Pfützen oder in der Tiefe grosser Seen heimisch ist, ob sie als Schmarotzer lebt, oder ob sie sich in salzigen Seen, terrestrisch in Höhlen oder auf Mount Everest in einer Höhe von 17.000 Fuss aufhält. Der Typus hat anscheinend ohne grössere Variation alle Arten von Gewässern auf der Erde erobert und weicht nicht einmal vor dem Meer und dem festen Land zurück. Nur bei den typischen Röhrenbewohnern mit ihren oft stärker entwickelten Sinnesorganen und den besser ausgebildeten Organen zur Hautatmung lässt der Bau einen Schluss auf die Lebensweise zu.

Trotzdem ergibt diese Betrachtung des Gesamttypus kein erschöpfendes Bild. Die verschiedenen Lebensbedingungen der Larven prägen jedoch dem Bau der Mundteile, der Ausbildung der Nachschieber, den Spinndrüsen, den Analkiemen, den Haargebilden und den Antennen ihren Stempel auf, wenn auch die Larven im grossen und ganzen stets das gleiche typische Aussehen haben. Wie gut die Mitglieder der Familie imstande gewesen sind, die verschiedensten Chancen auszunutzen, sieht man am besten bei Betrachtung der höchst ungleichen Ernährungsweise und der nicht minder verschiedenartigen Anforderungen an die Respiration, der sich die Larven der einzelnen Arten angepasst haben.

Einige von ihnen sind Planktonfresser; sie leben in röhrenförmigen Minen und fangen hier das Plankton, das durch die von ihnen selbst verursachte Strömung in die Röhren hineingetrieben wird. Andere Arten ernähren sich von dem vom Wasser mitgeführten Plankton und Detritus (Torrenticolen), wieder andere von abgestorbenen Organismen, die wie ein Regen von oben durch das Wasser zu Boden sinken. Manche Larven fressen das weiche Gewebe höherer Pflanzen, andere die an der Oberfläche schwimmenden Algenfäden; einige sind freilebend und wahrscheinlich Allesfresser, andere ausgesprochene Raubtiere, und schliesslich leben manche Arten von verwesenden Substanzen

---

TAF. XII

Chironomidenlarven.

Abb. 1. *Chironomus (Camptochironomus) tentans* Fabr. Puppe. Nach Johannsen, O. 1937. × 10.
— 2. *Chironomus (Camptochironomus) tentans* Fabr. Larve. Nach Johannsen, O. 1937. × 7.
— 3. *Endochironomus*-Larve. Schleimcyste. Nach Thienemann, A. 1921. × 10.
— 4. *Dactylocladius brevipalpis* Goetgh. Commensalist auf *Rhithrogena semicolorata*. Belgien. Nach Dorier, A. 1926. × 5.
— 5. *Dactylocladius brevipalpis* Goetgh. In seinem Puppengespinst. Nach Dorier, A. 1926. × 5.
— 6. *Psectrocladius obvius* Walk. In seinem Gehäuse aus Algenfäden. Nach Dorier, A. 1928. × 10.
— 7. *Pontomyia natans* Edwards ♂. Eine submarine Tanytarside aus Samoa. Nach Edwards, F. 1926. × 25.
— 8. *Pontomyia natans* Edwards ♀. Nach Edwards, F. 1926. × 15.
— 9. *Tanypus* sp. Nach Meinert, F. 1886. × 8.
— 10. *Cricotopus*-Larve in ihrem Gespinst auf einer Coniferen-Nadel. Nach Leger und Motas, C. 1928.
— 11—13. Chironomidenlarven in selbstgefertigten transportablen Gehäusen. Nach Lauterborn, R. 1905. × 10—12.
— 14. *Chironomus*-Larve (*Orthocladius* sp.) in ihrem Gallertköcher. Nach Miall, L. und Hammond, A. 1900. × 9.
— 15. *Metriocnemus Knabi* Coq. Chironomidenpuppe einer in Sarracenia purpurea wohnenden Chironomide. Nach Knab, F. 1905. × 15.

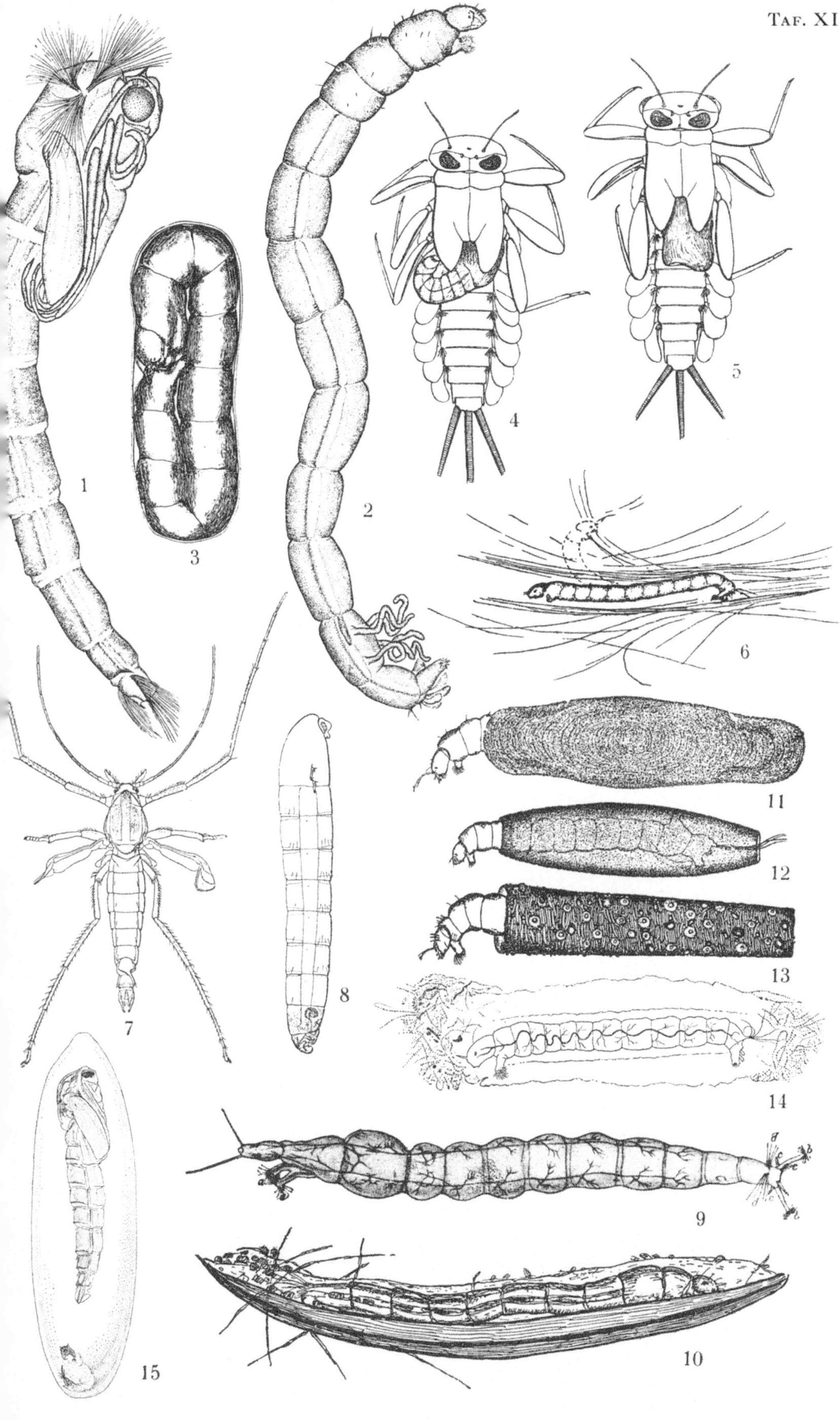
1
2
3
4
5
6
7
8
9
10
11
12
13
14
15

in Erde und Schlamm, in den Kannen der Nepenthaceen und Sarraceniaceen, in Baumlöchern usw.

Die Respirationsorgane führen zu ähnlichen Erwägungen. Allen Chironomiden ist das geschlossene Tracheensystem gemeinsam. Ein offenes Tracheensystem hätte vermutlich der Familie nicht so viele verschiedene Entwicklungsmöglichkeiten geboten. Ein geschlossenes, aber voll entwickeltes Tracheensystem sowie Blut ohne(?) Hämoglobin besitzen die freilebenden typischen Raubtiere (*Tanypodinae*) und die farblosen *Orthocladiinae.* Bei manchen *Chironominae* ist das Tracheensystem rudimentär. Analkiemen sind wohlentwickelt. Einen anderen Typus repräsentieren die Formen, deren Blut Hämoglobin enthält, sodass die Tiere rot gefärbt sind. Endlich finden wir Arten, die neben Hämoglobin und Analkiemen auch mit einem oder zwei Paar der sog. Tubuli (s. unten) ausgestattet sind, und die in einem Milieu mit stark reduziertem Sauerstoffgehalt heimisch sind.

Nach den neuesten Untersuchungen kann ein und dieselbe Art unter äusserst verschiedenen Bedingungen leben: im Süsswasser, in Wasser mit sehr wechselndem Salzgehalt, als Blattminierer in verschiedenen Pflanzen, in Bryozoenkolonien, in morschem Holz usw.

Der Grundtypus ist meist wurmähnlich (Taf. XII, Abb. 1–2): ein stark muskulöser Körper, aber mit ziemlich gut ausgebildeten Bewegungsorganen; die Mundteile sind gewöhnlich der Aufnahme von Nahrung in der Erdoberfläche angepasst; vorwiegend diffuse Hautatmung und wenig entwickelte besondere Respirationsflächen; kurz, ein vorzugsweise zum Leben in den oberen Schichten wasserbedeckten Erdbodens geeigneter Typus.

Der Körper (Taf. XII, Abb. 2; Abb. 412–419) besteht aus dem Kopf und 12 Rumpfsegmenten. Der Kopf ist klein, aber wohlentwickelt und etwas zurückziehbar. Er trägt gewöhnlich zwei Paar, sehr selten drei Paar Augenflecken, bei den *Tanypodinae* nur ein Paar. Die Antennen sind im allgemeinen kurz und bestehen aus einem Grundglied und einer kurzen, nur aus 3–5 Gliedern zusammengesetzten Geissel. Die Fühler (Abb. 416) der meistens in Röhren lebenden *Tanytarsinae* sitzen auf einem langen Schaft oder Sockel, sodass sie scheinbar viel länger sind als der Kopf. Die Fühler sind mit eigentümlichen Sinnesorganen versehen, deren Funktion unbekannt ist (Abb. 416–417). Das Basalglied trägt ringförmige Organe, deren Stellung für die Systematik von Bedeutung ist, ferner eine Borste von wechselnder Länge und Struktur; die übrigen Glieder tragen oft eigentümliche Sinnesorgane, die Lauterbornschen Organe, birnförmige Körper, deren Wandung durch zahlreiche gekrümmte Borsten gestützt wird, und die eine Sinnesborste einschliessen. Diese Organe sind bei den einzelnen Gruppen sehr ungleich entwickelt, am besten wohl bei den röhrenbauenden *Tanytarsinae.*

Über die Mundteile (Abb. 412 und 420) sei hier nur folgendes mitgeteilt: Die Oberlippe hängt über die übrigen Mundteile wie eine Klappe, die zurückgeschlagen werden kann; sie ist mit verschieden gestalteten Haaren besetzt. Der Borstenapparat ist gewöhnlich gross und sehr verschiedenartig ausgebildet. Von vorne sieht man zu beiden Seiten der Mundteile zwei an der Spitze gezähnte Chitinstücke, die man zunächst für die Mandibeln halten könnte; es sind die sog. Prämandibeln, zwei am Labrum eingelenkte und mit starken Muskeln versehene Seitenteile der Oberlippe. Goetghebuer (1925) hat nachgewiesen, dass sich diese Stücke bei den meisten Nematocerenfamilien finden. Sie spielen eine Rolle bei der Bewegung und beim Ergreifen der Nahrung, dienen aber vielleicht auch als Kauwerkzeuge. Leathers (1924) behauptet, dass die Prämandibeln auch gebraucht werden, um die Nahrung zum Mund hinzuführen. Sie sind vermutlich den Teilen der Oberlippe homolog, die bei

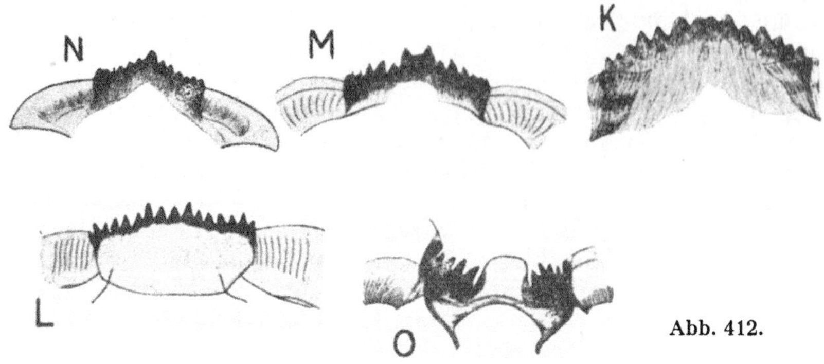

Abb. 412.

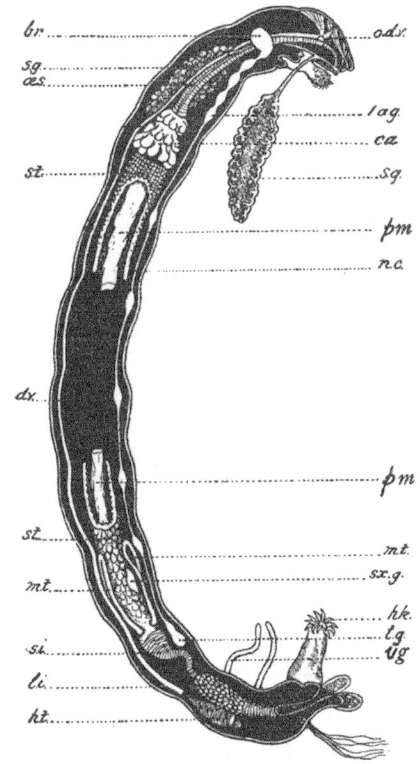

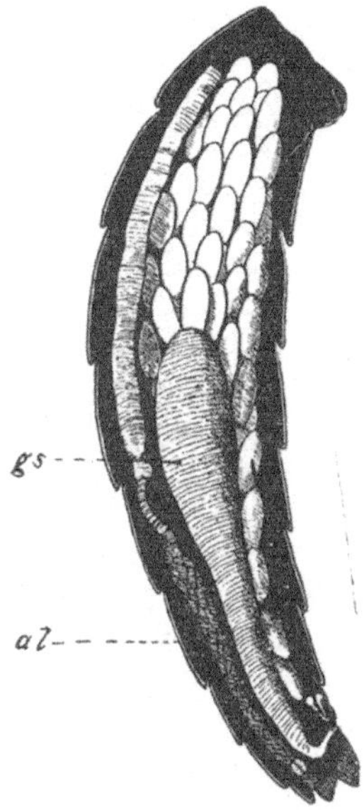

Abb. 414.

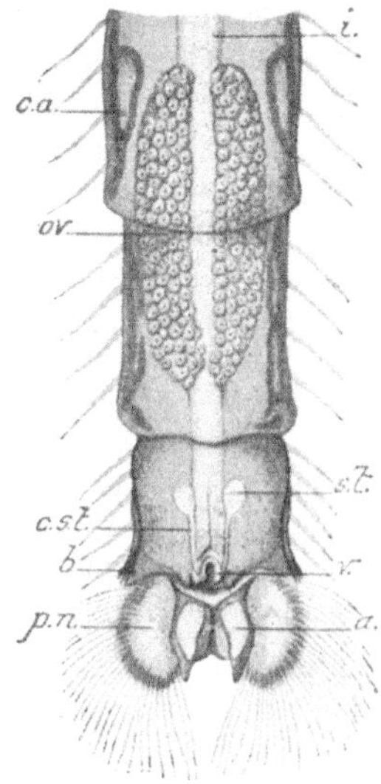

Abb. 415.

Abb. 413.

Abb. 418.

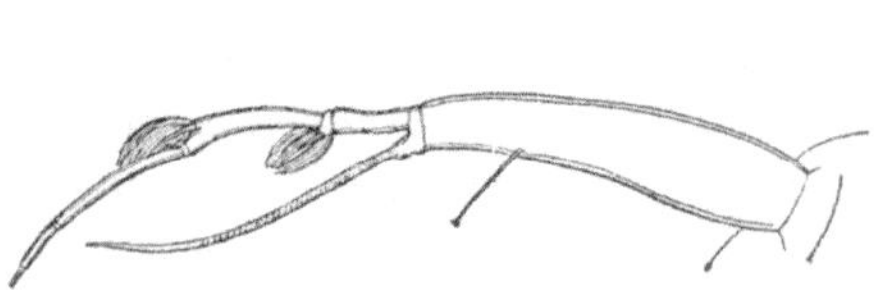

Abb. 416.

Abb. 417.

Abb. 419.

den Culiciden die grossen Strudelapparate tragen; sie sind bei den Chironomiden sehr ungleich gestaltet und bei den *Orthocladiinae* am besten ausgebildet.

Unter der Oberlippe liegen die gezähnten Mandibeln, die bei räuberischen Formen oft pfriemenförmig sind. Die Maxillen sind schwächer und tragen einen kurzen Kiefertaster.

Die Gestalt des Labiums (Abb. 412) ist für die Systematik von grosser Bedeutung. Sein Vorderrand ist stark chitinisiert und mit einer wechselnden Anzahl von Zähnen besetzt. Bei den *Tanypodinae* ist das Labium eine weiche, bewegliche, dreieckige Platte, die ein breites Band aus rauherem Chitin trägt. Zu beiden Seiten liegen zwei stark chitinisierte Paralabialkämme, bei den *Chironominae* jedoch an ihrer Stelle zwei fächerförmige Chitinplatten; bei den *Orthocladiinae* fehlen sie ganz. Bei der zu den *Chironominae* gehörenden Gattung *Cryptochironomus* findet sich mitten in der Zahnreihe des Mentums ein breites, zahnloses Stück. Diese Einzelheiten werden hier angeführt, weil man allein nach ihnen die Gruppenzugehörigkeit einer Larve bestimmen kann.

Das Mentum hat wahrscheinlich die Aufgabe, Nahrung von Steinen und Pflanzen abzuschaben; die übrigen Mundteile dienen dazu, das abgeschabte Material aufzusammeln und zum Munde hinzuleiten. Die Speicheldrüsen münden auf dem Hypopharynx aus.

An der Bauchseite des Prothorax sitzen bei allen Chironomiden ein Paar unten miteinander verwachsene und an der Spitze mit Haken versehene Fussstummel. Bei den Torrenticolen sind sie oft sehr lang und gut ausgebildet, ebenso bei den räuberischen Formen (*Tanypodinae, Cryptochironominae*).

Der Körper der Chironomiden ist im allgemeinen nicht stark behaart. Bei den *Tanytarsinae* sitzen seitlich am Hinterrand des zweiten bis sechsten Abdominalsegments eigentümliche Doppelfiederborsten. Das vorletzte Segment trägt häufig zwei paar kürzere oder längere Anhänge, die sogenannten Tubuli. Auch das vorhergehende Segment besitzt zuweilen zwei Tubuli. Am letzten Segment sitzen zwei kürzere oder längere Nachschieber mit Doppelkränzen von kleinen Haken; das Segment trägt ferner die vier Analkiemen, deren Länge auch individuell sehr schwankt.

Über Analkiemen und Tubuli (Abb. 421) liegen zahlreiche Arbeiten vor

---

Abb. 412. Labium von Tendipediden-Larven. K *Endochironomus* (Nach Lenz 1923), L *Sergentia* (Nach Lenz 1927), M *Stichochironomus* (Nach Lenz 1927), N *Einfeldia insolita* (Nach Lenz 1928—1929), O *Cryptochironomus* (*defectus* Gruppe). Nach Lenz 1923. Aus Karny 1934.

Abb. 413. *Chironomus*-Larve. *br* Gehirn, *sg* Speicheldrüsen, *oes* Oesophagus, *dv* Rückengefäss, *odv* Öffnung desselben, *st* Magen, *mt* Malpighische Gefässe, *sili* Darm, *ht* Herz, *1ag* Erstes abdominales Ganglion, *Ca* Cardia, *pm* Peritrophische Membran, *nc* Bauchnervenstrang, *sxg* Geschlechtsdrüse, *hk* Haken der Nachschieber, *tg* Ganglion, *vg* Blutkiemen. Nach Miall, L. und Hammond, A. 1900.

Abb. 414. Abdomen eines *Chironomus*-Weibchens geöffnet. *gs* Die grosse Schleimdrüse, *al* Verdauungstraktus, oben die Eier. Nach Miall, L. und Hammond, A. 1900.

Abb. 415. Abdomen einer *Tanytarsus*-Puppe, von der Bauchseite gesehen. *i* Darm, *st* Spermatheka, *v* Geschlechtsöffnung, *ai* Anhänge des letzten Segmentes, *pn* Schwimmfächer, *cst* Ausführgänge der Spermatheka, *ov* Ovarien, *oa* Fettkörper. Nach Zebrowska A. 1914.

Abb. 416—17. Lauterbornsche Organe auf den Antennen der *Tanytarsus*-Gruppe. Nach Lauterborn, R. 1905.

Abb. 418. Retraktile Antennen der *Tanypus*-Larve (*Tanypus varius* Fabr.). *ac* Die drei Antennenglieder, *e* Musculus retractor antennae, *g* Labrum, *h* Mandibel, *i* Maxilla, *k* Auge. Vergr. Nach Meinert, F. 1882.

Abb. 419. Vorderende der *Corynoneura*-Larve mit den charakteristischen langen Fühlern. Nach Lenz, F. 1930.

(LENZ 1937 u. a.). PAGAST (1936) wies nach, dass sich Tubuli und Analkiemen sowohl anatomisch wie physiologisch voneinander unterscheiden. Die Epidermis der Analkiemen ist weit empfindlicher gegen gewisse Chemikalien in konzentrierter Lösung als die der Tubuli und nimmt Vitalfarbstoffe besser auf; auch reagieren Analkiemen und Tubuli verschieden auf die chemischen Bedingungen ihrer Umgebung. Die Analkiemen verkürzen sich in einem NaCl-reichen und verlängern sich beträchtlich in einem sauren Medium. Die Tubuli sind anscheinend in sauerstoffarmem Milieu meistens sehr lang, in sauerstoffreichem dagegen mehr oder weniger rückgebildet. Die Larven von *Chironomus plumosus* L. und der *Thummi*-Gruppe haben gewöhnlich lange, gewundene Tubuli, die der *Bathophilus*-Gruppe reduzierte. Ferner sind, wie LENZ

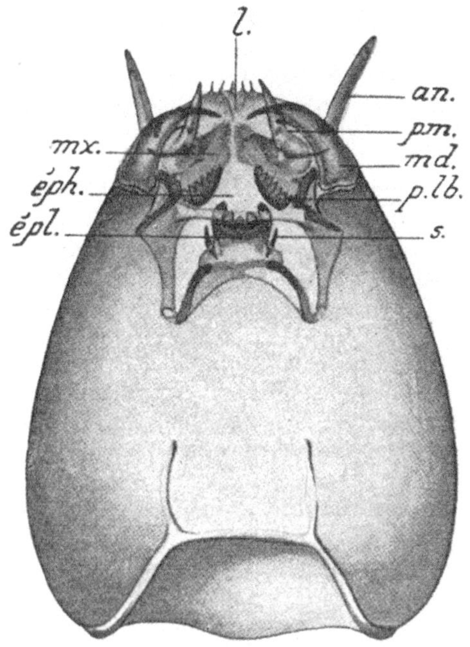

Abb. 420.

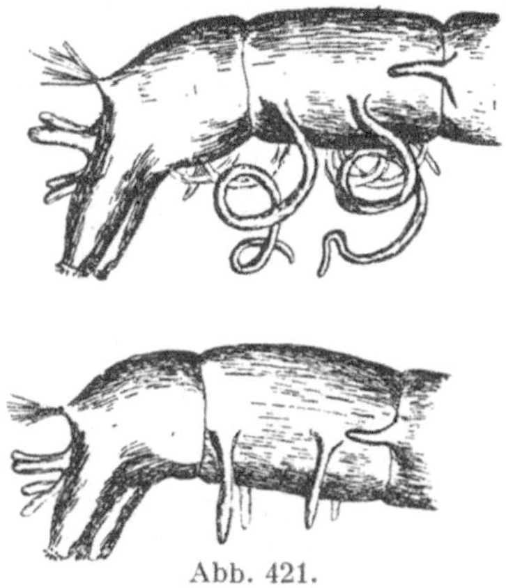

Abb. 421.

Abb. 420. Kopf einer *Tanypus*-Larve, von unten gesehen. *an* Antennen, *pm* Maxillarpalpen, *md* Mandibel, *plb* Labium, *epl* Epilabium, *eph* Epipharynx, *mx* Maxillen, *l Labrum*. Nach Zebrowska, A. 1914.

Abb. 421. Oben: Hinterende einer *Chironomus*-Larve vom *Plumosus*-Typus mit normalen Tubuli. Länge der Larve 18 mm. Unten: Hinterende einer *Chironomus*-Larve vom *Plumosus*-Typus mit verkürzten Tubuli. Länge der Larve 15 mm. Vergr. Nach Lenz, F. 1924.

(1937) mitteilt, die Tubuli der nicht minierenden, sondern im Schlamm lebenden Larven der Gattung *Glyptotendipes* (*polytomus*-Gruppe) merkwürdigerweise gut ausgebildet. Die Tubuli von Sandbewohnern sind oft eigentümlich zugespitzt, vermutlich weil sie durch das grobe Bodenmaterial abgeschliffen werden. Die in Salzwasser lebenden Chironomiden haben reduzierte, ganz kurze Tubuli. Die ausschliesslich in Salzwasser lebende Unterfamilie der *Clunioninae* besitzt überhaupt keine Tubuli. Bei Arten, die sowohl im Salzwasser wie im Süsswasser vorkommen, haben die Larven des Süsswassers besser ausgebildete Tubuli als die des Salzwassers.

Man nahm früher an, dass die Analkiemen der Chironomiden und vieler anderer Mückenlarven zur Sauerstoffaufnahme dienten; diese Auffassung hat man jedoch neuerdings auf Grund experimenteller Untersuchungen aufgegeben, wenn auch einige Autoren noch an ihr festhalten. Es hat sich indessen gezeigt, dass die Analkiemen in anderer Hinsicht von Bedeutung sind; sie sind nämlich für Wasser durchlässig und zwar in weit höherem Grade als die gleichfalls permeable Haut (WIGGLESWORTH 1933b). Das durch die Analkiemen aufgenommene Wasser mischt sich mit der Blutflüssigkeit; später wird es durch die Malpighischen Gefässe in die sog. Pyloruskammer ausgeschieden und von hier in regelmässigen Zeitabständen durch den Enddarm entleert. Eine wahrscheinlich noch grössere Rolle spielen die Analkiemen bei der Aufnahme von Chloriden (KOCH 1938). Hält man *Culex*-Larven in destilliertem Wasser, so reduziert sich der NaCl-Gehalt ihres Blutes bis auf 0,05 %. Wenn man dann die Larven in Leitungswasser mit 0,006 % NaCl bringt, so absorbieren sie das Chlorid, bis die normale Konzentration des Blutes wieder hergestellt ist. WIGGLESWORTH (MARTINI 1923) stellte fest, dass die Analkiemen von Mückenlarven (*Aëdes*), die sich in destilliertem Wasser entwickeln, sehr gross werden, weniger gross in Leitungswasser und am kleinsten in Wasser mit 0,45 % NaCl. Ebenso sind die Analkiemen der Chironomiden in Brack- und Salzwasser stark reduziert, in angesäuertem Wasser dagegen gross.

Unsere Kenntnisse über die Funktion der Anal- oder Rektalkiemen der Chironomiden kann man nach KROGH (1939) folgendermassen zusammenfassen: Wasser wird von der gesamten Hautoberfläche osmotisch aufgenommen, Salze werden besonders von den Analkiemen absorbiert; diese sind im Süsswasser oder in Wasser mit geringem Salzgehalt kräftig, im Brackwasser dagegen schwach entwickelt. Die Larven scheiden durch die Malpighischen Gefässe einen stark konzentrierten Urin aus und reabsorbieren die Salze im Rektum. Wird die Konzentration der Hämolymphe infolge der Reabsorption zu stark, so wird Wasser durch Osmose aufgenommen.

Über den inneren Bau sei folgendes bemerkt. Der Darmkanal (Abb. 413) ist ein langes, gerades Rohr; der Oesophagus setzt sich ein Stück weit in den Magen fort und bildet hier die peritrophische Membran, die die Nahrung umhüllt, sodass sie nicht mit der Darmwand in Berührung kommt. Die Membran endigt nahe am Rektum, wo man dann und wann starke Kontraktionen sieht, die die brauchbare Nahrungsflüssigkeit zwischen Membran und Darmwand hineinpressen. Das gröbere Material tritt durch den After zwischen den Analkiemen aus. Die Speicheldrüsen (Abb. 413) liegen im zweiten und dritten Thoraxsegment; sie sind den Histologen wegen ihrer grossen Kerne wohlbekannt. Die Drüsen münden nahe am Hypopharynx aus und liefern das Spinnsekret, aus dem die Tiere ihre Röhren bauen.

Das Tracheensystem ist in mancher Beziehung sehr eigentümlich. Es ist vollkommen geschlossen, in den verschiedenen Gruppen aber sehr ungleich ausgebildet, am besten bei den typischen freilebenden Raubtieren, den *Tanypodinae*, weniger gut bei den Röhrenbewohnern, namentlich bei den *Chironominae*. Die Larven machen drei Häutungen durch; erst bei der zweiten Häutung füllt sich das Tracheensystem mit Luft. Bei den *Chironominae* gelangt die Luft nur bis zur Grenze zwischen dem ersten und zweiten Brustsegment, ausnahmsweise auch bis zum dritten. Im Abdomen kommt das Tracheensystem anscheinend überhaupt nicht zur Entwicklung. PAUSE (1919) behauptet, dass das Tracheensystem bei *Chironomus gregarius* Kieff., einer der am besten untersuchten Arten, keine Bedeutung für den Respirationsprozess habe, sondern nur ein rudimentäres Organ sei.

Das Blut mancher Chironomiden, besonders solcher, die unter ungünstigen respiratorischen Bedingungen leben, enthält bekanntlich Hämoglobin, das aber nicht an die Blutkörperchen, sondern an die Blutflüssigkeit gebunden ist. Es kommt vor allem bei Formen vor, die am Boden der Seen leben, wo massenhaft organische Substanzen verwesen und das Wasser sehr sauerstoffarm ist, aber auch bei Formen, die in sehr verunreinigtem Wasser heimisch sind. Es sei jedoch betont, dass das Blut mancher in solchem Milieu lebender Chironomiden (*Tanypus* u. a.) kein Hämoglobin oder jedenfalls keinen roten Blutfarbstoff enthält.

Man war lange der Meinung, dass das Hämoglobin in sauerstoffarmen Perioden die Aufgabe hätte, Sauerstoff aufzuspeichern. Es zeigte sich indessen, dass der im Hämoglobin angesammelte Sauerstoff schon im Laufe von 12 Minuten verbraucht wird. Bei normaler Sauerstoffspannung wäre das Hämoglobin mit Sauerstoff gesättigt; sinkt sie dagegen unter ein Prozent des Atmosphärendruckes, so wird das Hämoglobin teilweise reduziert und kann daher nun als Sauerstoffsammler funktionieren. Bei so geringer Sauerstoffspannung, dass sie nicht zur Versorgung der Larve in »physical solution« ausreicht, kann der für das Tier notwendige Sauerstoff durch das Hämoglobin chemisch gebunden werden.

Anscheinend besteht eine gewisse Abhängigkeit zwischen Anwesenheit des Hämoglobins und Ausbildung des Tracheensystems. Bei Larven mit Hämoglobin (*Chironomus-Thummi*-Gruppe) ist das Tracheensystem stark rückgebildet, dagegen bei unter ganz gleichen Bedingungen lebenden Larven ohne Hämoglobin (*Tanypus*) voll entwickelt.

Man nahm lange Zeit an, dass die Chironomidenlarven hauptsächlich Schlammfresser seien, und dass ihre Nahrung vor allem aus verwesenden Pflanzenteilen bestände. Diese Ansicht war begreiflich, da man die Larven besonders massenhaft in schlammigen Seeböden findet sowie da, wo Pflanzenreste vermodern. Indessen wurde nach und nach festgestellt, dass ihre Lebensweise keineswegs so einförmig ist; viele Blattminierer, besonders die in den Stengeln von Wasserpflanzen lebenden Larven, ernähren sich zweifellos von frischem Pflanzengewebe. Man erkannte ferner bald, dass die Larven der in vielen Beziehungen abweichenden Unterfamilie der *Tanypodinae* vorwiegend Raubtiere sind, ebenso manche Arten der *Cryptochironominae* und *Orthocladiinae*. Willem (1908, 1910) behauptete, dass manche Blattminierer von Plankton leben. Bis vor ganz kurzem galt die Anschauung, dass sehr viele Chironomiden tatsächlich Schlammfresser sind, mit der Einschränkung, dass sie ihre Nahrung nur in der oberflächlichsten Schicht der Bodenablagerungen suchen.

Erst Alsterberg (1924) und später Lang (1931) wiesen experimentell nach, dass das infolge der rhythmischen Körperbewegungen des Tieres durch die Röhre fliessende Wasser nicht nur für die Atmung sondern auch für die Herbeischaffung der Nahrung von Bedeutung ist. Alsterberg zeigte, dass die Nahrung von oben und nicht aus dem Inneren des Schlammes herstammt. Da die Röhren, in denen die Chironomiden leben, ausserhalb der Schlammoberfläche münden, so gelangt das im Wasser suspendierte Nahrungsmaterial nach Alsterberg's Meinung von oben her in die Röhre, in die es durch die Strömung hineingepumpt wird. Wahrscheinlich spielt der üppige, stark spezialisierte und bei den einzelnen Arten sehr verschieden gestaltete Haar- und Borstenbesatz von Labrum, Maxillen und Labium als Filterapparat eine grosse Rolle. Alsterberg und Lang (1931) haben mit den Larven von *Chironomus*-Formen gearbeitet; nach ihren Angaben sind die Röhren dieser Formen U-förmig. Setzt man dem Wasser Karminkörner zu, so strömen sie in das eine Ende hinein und aus dem anderen heraus. Der Kopf der Larve liegt in der Eingangsöffnung. Lang stellte durch sorgfältig ausgeführte Experimente fest, dass die Wasserströmung Material mitführt, das von der Larve verbraucht wird. Phytoplankton kann aufgenommen und verdaut werden. Er wies ferner nach, dass die Larven auch Nahrung aus dem Boden aufnehmen. Wie aus seinen Versuchen hervorgeht, verwandeln sich die Larven in Aquarien mit reichlichem Plankton viel schneller als in solchen mit spärlicher Nahrung. LANG bemerkte auch, dass nicht alle Larven verschiedener Gruppen die gleiche Fähigkeit zur Unterscheidung ungleichartiger Nahrungspartikel besitzen. Man ersieht hieraus, dass das Vorkommen der einzelnen Arten in verschiedenen Seen nicht, wie man früher glaubte, allein vom Sauerstoffgehalt, sondern auch von der Beschaffenheit der vorhandenen Nahrung abhängt.

Chironomiden als Fischnahrung. Die Chironomidenlarven sind bekanntlich ausserordentlich wichtig als Fischnahrung, namentlich für Karpfen und Aale; sie werden deshalb in Fischteiche eingesetzt. Viele der besonders in Deutschland erschienenen Arbeiten über Chironomiden wurden im Hinblick auf die ökonomische Bedeutung der Larven unternommen und führten zu wertvollen wissenschaftlichen Ergebnissen.

Soweit mir bekannt ist, wurde nur von amerikanischen Forschern, vor allem von SADLER (1935), versucht, Chironomiden-Larven zu züchten und ihre wirkliche Bedeutung für die Produktion von Fischfleisch in Teichen festzustellen. SADLER arbeitete mit *Chironomus tentans* Fabr.; wie aus seinen sich über zwei Jahre erstreckenden Untersuchungen hervorgeht, lassen sich Chironomiden-Larven sehr wohl züchten; man kann Teiche zur Zucht von *Chironomus* unmittelbar neben Forellenteichen anlegen und die Larven aus ersteren als Fischfutter in die Forellenteiche übertragen. Angeblich werden zur Produktion von 12 Pfund Fischfleisch etwa 100 Pfund Chironomiden-Larven verbraucht.

Die Puppen der Chironomiden gleichen im grossen und ganzen denen der Culiciden; das Abdomen wird jedoch gewöhnlich nicht unter den grossen Cephalothorax eingeschlagen, sondern bildet dessen direkte Verlängerung. Die Prothorakalhörner der Culiciden und Chironomiden zeigen die grössten Unterschiede im Aussehen; sie werden im folgenden eingehender besprochen.

Eier und Eiablage werden bei den einzelnen Abteilungen ausführlicher beschrieben.

Imagines (Abb. 422). Wir müssen es uns versagen, in diesem Werk näher auf Bau und Leben der Imagines einzugehen. Auf Seite 505 wird kurz über das Auftreten der einzelnen Arten zu verschiedenen Jahreszeiten und die Anzahl der Generationen berichtet. Soweit wir wissen, ist das Leben der Imagines äusserst kurz und völlig von Paarung und Eiablage ausgefüllt. In das Kapitel über *Chironomus liebeli-batophilus* sind einige Bemerkungen über Schwarmbildung eingeflochten.

Pädogenese und Parthenogenese. O. VON GRIMM bemerkte schon 1870, dass die Puppe einer Chironomide kurz nach dem Verlassen der Larvenhaut Eier (20–50 Stück) produzierte; $2^1/_2$ Tag später schlüpften aus den Eiern Larven und entwickelten sich zu Imagines, die wieder Eier ablegten. Diese Beobachtung blieb lange unbestätigt. Erst 1907 wies ZAVREL nach, dass Larven von *Tanytarsus* Eier hervorbringen, aus denen sich wieder Larven entwickeln; er züchtete die Larven durch mehrere Generationen. ZAVREL fand auch an der Oberfläche treibende Puppen voll von Eiern, aus denen er Larven züchtete. Aus den Larven entwickelten sich Imagines und zwar ausschliesslich Weibchen. SCHNEIDER (1885) beobachtete Parthenogenese bei den Imagines einer *Chironomus*-Art und THIENEMANN (1913) bei *Tanypus excisum*. GOETGHEBUER (1913) züchtete *Corynoneura celeripes* Win. parthenogenetisch in drei aufeinander folgenden Generationen, die nur aus Weibchen bestanden. Endlich teilt EDWARDS

(1919) mit, dass er in einem kleinen Teich in England Larven fand, die sich bei Züchtung im Aquarium sämtlich zu Weibchen entwickelten. Wie er vermutet, handelt es sich auch hier um eine parthenogenetische Form (*Chironomus clavaticrus* Kieff.). Aus den von zwei isolierten Weibchen abgelegten Eiern schlüpften parthenogenetisch Larven, die ebenfalls nur zu Weibchen wurden. Die Larvenhaut bleibt an der Puppe hängen. Auch eine andere Art, *Corynoneura innupta* Edw. pflanzte sich nach Edwards in drei aufeinander folgenden Generationen parthenogenetisch fort.

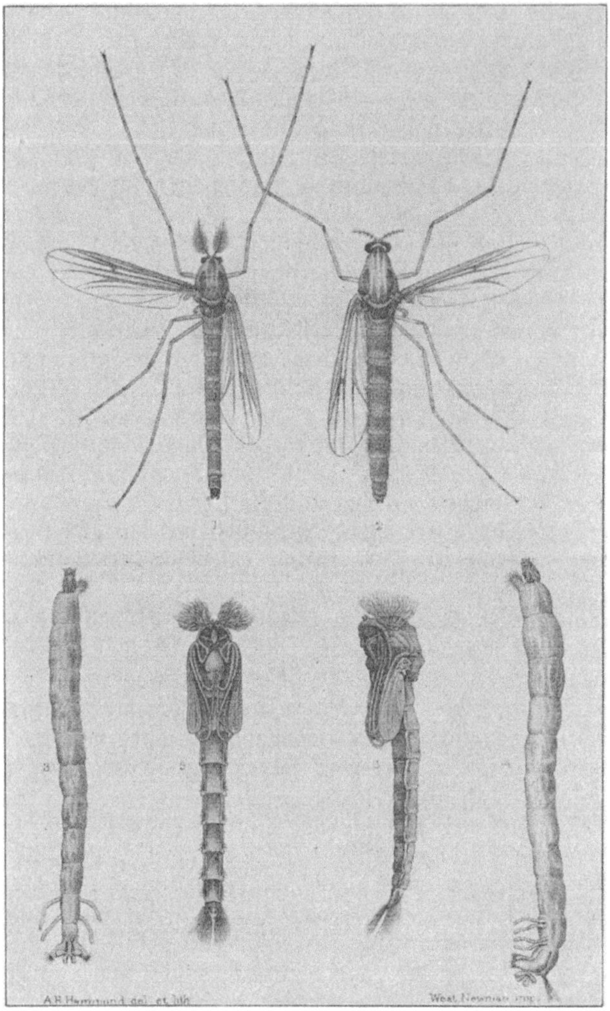

Abb. 422. *Chironomus dorsalis* Meig. 1—2 ♂♀ Imago. 3—4 Larve vom Rücken und von der Seite gesehen. 5—6 Puppe von der Bauchseite und von der Seite gesehen. Nach Miall, L. und Hammond, A. 1900.

Johannsen (1910) isolierte eine Larve von *Tanytarsus dissimilis* Joh. und fand später in der von ihr bewohnten Röhre mehrere kleine *Tanytarsus*-Larven. In dem Aquarium, aus dem die Larve entnommen war, entstanden neue Generationen, jedoch stets nur Weibchen, die sich parthenogenetisch fortpflanzten, aber niemals Männchen.

Die Chironomiden können sich also zweifellos parthenogenetisch vermehren; dagegen steht es nicht fest, ob Parthenogenese bei ihnen allgemein vorkommt und ob sie die normale Fortpflanzungsweise der betreffenden Arten ist. Es ist auch zweifelhaft, ob sich die erwähnten Puppen wirklich pädogenetisch vermehren. Vielleicht liegen die Dinge ähnlich wie bei Perliden und den Subimaginalstadien der Ephemeriden, deren Nymphen zwar reife Eier tragen, die aber normalerweise erst im Imagostadium von dem Organismus abgelegt werden. Drückt man jedoch eine der Nymphen oder Subimagines, so platzt das Abdomen, und die schwarzen Eier quellen als breiter Strom aus der Wunde hervor.

Saisonformen und Anzahl der Generationen. Bis vor kurzem wusste man so gut wie nichts darüber, in welcher Jahreszeit die einzelnen Arten auftreten und wie viele Generationen sie in einem Jahr hervorbringen. HUMPHRIES (1938) hat versucht, diese Fragen durch Beobachtungen im Grossen Plöner See zu beantworten. Ihre Untersuchung stützt sich hauptsächlich auf das Auftreten der Puppenhäute und der Imagines; dabei ist nur zu bedauern, dass sie nicht auch die Temperatur am Ort der Verwandlung mitberücksichtigt hat. HUMPHRIES stellte fest, dass die Chironomidenfauna des Grossen Plöner Sees aus nicht weniger als 86 Arten besteht; von diesen sind jedoch 57 % angeblich so selten, dass man sie unberücksichtigt lassen kann. Dieses Resultat ist erstaunlich, wenn man bedenkt, wie schwierig es ist, die normale Häufigkeit einer Art nur annähernd richtig zu beurteilen, und wie kurz und scharf begrenzt gewöhnlich die Flugzeit der einzelnen Arten ist.

In der Zeit von Ende März bis Ende April schlüpft nur eine einzige Art aus, nämlich *Trichocladius grandis* Kieff.; im Frühjahr von Mitte April bis Ende Mai folgen die *Orthocladiinae* und *Chironomariae genuinae*, d. h. hauptsächlich Litoralformen, die in der erwärmten Uferzone die für die Verwandlung erforderliche Temperatur vorfinden. Der Sommer ist die Zeit der *Tanytarsinae* und *Tanypodinae* und vor allem der *connectens*-Gruppe der *Chironomariae*, also vorwiegend der Formen des tieferen Wassers. Die Fauna des Herbstes ist durch *Chironomus plumosus* L. gekennzeichnet, die Hauptform des tiefen Schlammbodens, dessen höchste Sommertemperatur (etwa 7° C.) erst im September erreicht wird.

Wahrscheinlich bringen die meisten Arten hierzulande nicht mehr als eine Generation im Jahre hervor. In arktischen Gegenden brauchen Formen wie *C. hyperboreus* Staeger (JOHANNSEN 1937) angeblich zwei Jahre zu ihrer Entwicklung. SADLER (1935) behauptet auf Grund experimenteller Untersuchungen, dass von *Chironomus tentans* F. in Nordamerika jedenfalls 4 Generationen auftreten.

Tanypodinae (Pelopiinae).

Die Larven (Taf. XII, Abb. 9) sind gewöhnlich grau oder braun, seltener rot gefärbt, freilebend. Ihr Kopf ist lang und schmal; nur ein Augenfleck jederseits des Kopfes; die Antennen sind retraktil, die Fussstummel lang; die hinteren Füsse können unabhängig voneinander bewegt werden. Die Borstenbündel des 9. Abdominalsegmentes sitzen auf zwei langen, zylinderförmigen Sockeln. Die Prothorakalhörner der Puppen sind angeblich offen. Die meisten Larven leben in stehenden Gewässern, viele in der Tiefenregion, manche in Abwässern und Brackwasser. Sie sind räuberische Fleischfresser und jagen auf dem Schlammboden nach anderen Chironomiden-Larven. Die Eier werden in gestielten Kugeln abgelegt.

Die retraktilen Antennen werden durch einen Muskel in den Kopf hineingezogen (MEINERT 1882), (Abb. 418); ihre Ausstülpung erfolgt nicht durch Blutdruck, sondern durch die Elastizität der Membran, die die Antennen mit der Kopfkapsel verbindet. Die *Tanypus*-Larven lassen sich allein durch diese zwei Merkmale (Anzahl der Augen und Retraktilität der Antennen) von allen anderen Chironomiden-Larven unterscheiden. Hinsichtlich der Mundteile sei nur erwähnt, dass die Mandibeln scharf, spitz und gezähnt sind; ihr Bau verrät die ausgesprochene Raubtiernatur der Larven. Prämandibeln fehlen oder sind schwach entwickelt. Die Maxillarpalpen sind ungewöhnlich lang, Spinndrüsen wenig ausgebildet. Das Labium ist sehr eigenartig: es ist weich, beweglich, von dreieckiger Form und trägt auf der Rückenseite ein breites Band aus höckrigem Chitin. Manche Larven besitzen Paralabialplatten, andere statt dessen eigentümliche Blasen. Als Bewegungsorgane dienen die zwei Paar langer Hakenfüsse, von denen die hinteren besonders lang und beweglich sind; sie sind vorzügliche Lokomotionsorgane. Beide Paare sind mit kräftigen, meist gezähnten Hakenborsten versehen. Das 9. Abdominalsegment trägt auf hohen Sockeln sitzende, lange Haarbüschel. Die 4 Analkiemen sind von einem reichen Tracheennetz durchzogen. Auch sonst ist das Tracheensystem der *Tanypodinae* sehr gut ausgebildet und entsendet zahlreiche Kapillaren in die Haut. Ein ähnliches Tracheennetz findet sich auch in der Schwanzflosse der Puppe. Die Puppen haben ein offenes Tracheensystem; die Prothorakalhörner sind bei den einzelnen Gattungen sehr verschieden gestaltet und tragen gewöhnlich an der Spitze zahlreiche Öffnungen, bei einigen Gattungen nur eine Öffnung. Die sternförmigen Aufhängehaare der Culiciden fehlen den Puppen der Tanypodinen. Die Abdominalsegmente sind mit Haargebilden besetzt, die zum Teil Sinneshaare sind; die besonders langen Haare auf den letzten Segmenten haben wahrscheinlich einen anderen Zweck. Man kann oft beobachten, dass sich die Puppen mit dem Abdomen an Wasserpflanzen festklammern und sich um den Anheftepunkt drehen. Man hat behauptet (MEINERT 1886, JOHANNSEN 1905), dass die Abdominalsegmente Saugscheiben längs des Dorsalrandes haben. ZAVREL (1921) hält es für wahrscheinlich, dass sich die Puppen mit ihrer breiten Analflosse festheften; die 4 langen Borsten legen sich kreuzweise übereinander und scheiden an ihrer Spitze eine klebrige Substanz aus. Der Haftapparat besteht vermutlich aus Drüsenhaaren.

In einigen unserer Seen sind die Ufersteine oft von zahllosen, wenige Millimeter breiten, gestielten Gallertkugeln bedeckt, von denen häufig mehrere Hunderte auf einem Stein sitzen. Die Kügelchen werden von den Wellen unaufhörlich hin und her bewegt. Ich schickte seinerzeit einige von ihnen an Prof. ZAVREL, der mir gütigst mitteilte, dass sie Eikugeln von Tanypodinen wären. Abbildungen ähnlicher Eimassen wurden sowohl von ihm (1921) als auch fast gleichzeitig von MUNSTERHJELM (1920) veröffentlicht. Die Eier stammen von *Tanypus culiciformis* Meig. und *Procladius nervosus* Meig.; jedes Kügelchen enthält mehrere hundert Eier, die ursprünglich strangförmig angeordnet sind. Die Gallerthülle bedeckt sich nach und nach mit Algen (Diatomeen) und Detritus.

Die *Tanypus*-Larven sind umherstreifende, ausgesprochene Raubtiere, die nicht in Röhren aus Seidengespinst leben. Man trifft sie zwar oft in solchen Röhren an, aber nur, weil sie in ihnen nach Chironomiden-Larven suchen, von denen sie sich ernähren. Die Larven von *Tanypus* bewegen sich spannerraupenartig oder stolpern auf ihren langen Hakenfüssen über den Seeboden hin. In ihrem Darmkanal finden sich häufig Pflanzenreste, besonders Diatomeen, die vermutlich aus dem Darm der gefressenen Chironomiden stammen. Die *Tanypus*-Larven leben unter sehr verschiedenen Verhältnissen: in langsam fliessenden Bächen, in Gebirgsbächen, am häufigsten jedoch zwischen der Vegetation in kleinen Teichen, in der Litoralregion grösserer Seen, aber auch in ihrer grössten Tiefe. Im Vierwaldstätter See leben sie in einer Tiefe von 200 m (ZSCHOKKE 1911); im Esromsee (BERG 1938) kommen sie auf dem ganzen Seeboden (in 20 m Tiefe), hauptsächlich jedoch in der Litoralregion bis zu 10–12 m Tiefe vor. Wenn die Sauerstoffmenge in der Tiefe gegen Ende des Sommers abnimmt, wandern die Larven in die Uferzone hinauf. Eine Art lebt zwischen den Blattscheiden der Bromeliaceen, andere Arten sind im Salzwasser heimisch. In Talsperren ist die Oberfläche oft von ihren Puppenhäuten bedeckt (THIENEMANN und ZAVREL 1919).

Man kann sich kaum vorstellen, wie die Puppen aus den grossen Tiefen zur Oberfläche gelangen. Wahrscheinlich wirken dabei die Atemröhren in bisher noch unbekannter Weise mit. Sie sind gewöhnlich abgeplattet und endigen oben mit einer flachen Scheibe. Das Tracheenrohr ist ringsum von einem eigentümlichen, grossblasigen Gewebe umgeben, dessen Bedeutung vorläufig noch unklar ist. Bei anderen *Tanypus*-Puppen sind die Atemröhren indessen nicht flach, sondern ballonförmig und zweifellos mit Luft gefüllt. In meinen Schalen haben sich häufig Larven von *Tanypus* aus dem Esromsee verpuppt. Ihre Prothorakalhörner blieben immer flach, und es gelang mir nie, aus ihnen Imagines zu bekommen. Dagegen hatten alle Puppen, die ich mit der Dredsche aus etwa 20 m Tiefe heraufgeholt hatte, ballonförmige Prothorakalhörner; sie waren stark überkompensiert und entwickelten sich stets zu Imagines. Ich möchte annehmen, dass die Puppen in ihren Prothorakalhörnern Luft ausscheiden, durch die sie aufgetrieben werden. Hierdurch wirken sie als Schwimmkörper und tragen die Puppen nach oben. Ich habe leider niemals die Füllung beobachtet.

Chironominae (Tendipedinae).

Die Larven der meisten Arten sind rot. Antennen nicht retraktil, Mentum mit fächerförmigen Paralabialplatten. Die Haken auf den Nachschiebern sind kranzförmig oder hufeisenförmig angeordnet. Von den Tracheen gewöhnlich nur die prothorakalen mit Luft gefüllt, niemals die des ganzen Körpers. Tracheensystem der Puppen geschlossen; Prothorakalhörner sehr verschiedenartig gestaltet, gewöhnlich büschelförmig. Das letzte Abdominalsegment endigt mit Fransen aus weichen Haaren. Die Eier werden in Gallertschnüren abgelegt.

Die Larven leben unter ausserordentlich wechselnden Bedingungen. Sie sind vorwiegend Schlammbewohner, die meisten hausen im Süsswasser, manche im Brackwasser, andere als Minierer in Pflanzen, in Sandröhren auf Steinen, als Schmarotzer oder Kommensalen, in Abwässern oder am Boden reiner, klarer Seen. Alle Larven haben Spinnvermögen; sie bewohnen Röhren, die entweder aus Gespinst oder aus Gallerte bestehen und gewöhnlich mit Fremdkörpern (Sand, Schlamm u. dgl.) bedeckt sind.

Ich möchte hier gern folgende Bemerkungen über die *Chironominae* vorausschicken. In keinem Kapitel meiner »Süsswasserfauna« hatte ich so grosse Schwierigkeiten zu überwinden wie eben hier. Eine rein systematische Darstellung des Stoffes erwies sich als ebenso unmöglich wie eine rein biologische. Ich wählte deshalb einen Ausweg, der vielleicht vielen als der schlechteste erscheinen mag, nämlich den Mittelweg. Wo es möglich war, hielt ich mich an die systematische Darstellung; da aber das Werk in erster Linie biologisch ist und man daher nicht eine einzelne Abteilung mit einer Menge kleiner, systematischer Charaktere belasten kann, so liess ich bisweilen die systematische Einteilung hinter der biologischen zurücktreten. Blattminierer, Kommensalen, Parasiten, Salzwasserformen, Landformen, Kalkbildner und Kalkzerstörer wurden auf gleicher Stufe mit *Tanypodinae*, *Chironominae* und *Orthocladiinae* behandelt. Wenn in einer dieser drei Gruppen Minierer oder Salzwasserformen usw. vorkommen, so werden sie in der betreffenden biologischen Gruppe besprochen. Im grossen und ganzen habe ich mich an die systematische Darstellung von Johannsen (1937) gehalten, weil sie mir als die abgeklärteste erscheint.

Ich habe der Einfachheit halber die Bezeichnung »Gattung« angewendet, obwohl die Gattungen *Tanytarsus*, *Chironomus* und *Cryptochironomus*, besonders die beiden ersten, tatsächlich Kollektivbezeichnungen sind, die mehrere Gruppen mit zahlreichen Arten umfassen. In einer Darstellung wie der vorliegenden würde das Eingehen auf diese Gruppen eine allzu detaillierte Behandlung ihrer unterscheidenden Merkmale erfordern.

In Anbetracht der langen Zeit, die zwischen den Anfängen zu diesem Buch und seinem Abschluss liegt, darf man dem Verfasser nicht den Vorwurf der Inkonsequenz machen. Unsere Kenntnisse über diese grosse Gruppe sind noch sehr begrenzt; noch vor wenigen Jahrzehnten nannte man alle roten *Chironomus*-Larven ganz einfach *C. plumosus* L.

Tanytarsus.

Die Larven von *Tanytarsus* unterscheiden sich von denen der anderen *Chironominae* dadurch, dass ihre Antennen auf einem hohen Sockel, dem sog. Antennenträger, sitzen; sie sind 5-gliedrig, das zweite Antennenglied trägt Lauterbornsche Organe, die in Abb. 416–417 dargestellt sind. Diese Organe sind bei den einzelnen Arten von sehr wechselnder Form und Ausbildung. Die Paralabialplatten sind transversal so stark verlängert, dass sie einander in der Mittellinie fast berühren. Das erste Thorakalsegment trägt zwei kurze, mit Chitinhaken besetzte Hakenfüsse, das letzte Abdominalsegment die beiden hinteren Hakenfüsse oder Nachschieber mit hufeisenförmig angeordneten Haken. Auf dem achten Segment sitzt ein buckelförmiger Auswuchs, auf der Rückenseite des letzten Segments zwei weitere Auswüchse, die mit langen Borsten besetzt sind. Vier Analkiemen.

Die Prothorakalhörner der Puppen sind nicht verzweigt. Die Schwanzflosse trägt einen Saum von langen Haaren (Abb. 415). Die Eier werden in Gallertmassen abgelegt; der gesamte Laich ist in eine gemeinsame, dicke Gallerte eingebettet, in der die Eier gewöhnlich spiralig angeordnet sind. Die meisten Arten sind in der Vegetation der Litoralregion grösserer Seen heimisch. Auf dem Schlammboden tiefer Seen finden sie sich nur, wenn dort kein zu grosser Sauerstoffmangel herrscht. Die eigentliche Heimat der *Tanytarsus*-Arten sind die subalpinen Seen, die von THIENEMANN als *Tanytarsus*-Seen und von NAUMANN als oligotrophe Seen bezeichnet werden. Die Larven kommen auf dem Schlammboden des Vierwaldstätter Sees und anderer Schweizer Seen in ungeheuren Mengen vor; auch in den baltischen Seen fehlen sie nicht, bewohnen aber hier mehr die Litoralregion.

Die *Tanytarsus*-Gruppe (BAUSE 1921) ist in biologischer Hinsicht eine der interessantesten Gruppen und zwar vor allem deshalb, weil die Larven in Röhren leben, die bei den einzelnen Arten ausserordentlich mannigfach gestaltet und oft mit grosser Kunstfertigkeit ausgeführt sind. Die Röhren bestehen meist aus einem Gespinst mit eingesponnenen oder aufgelagerten Fremdkörpern, wie Sand oder Schlamm; seltener sind sie gallertig. In manchen Seen ist fast jeder Stein dicht mit diesen regellos gewundenen, an beiden Enden offenen Sandröhren bedeckt, in denen die rötlichen Larven liegen und ihren Hinterleib beständig hin- und herschlängeln. Im Esromsee ist die Gruppe nach BERG (1938) durch die Art *Paratanytarsus tenuis* Meig. vertreten, deren Larven durch zwei grosse, gestielte Lauterbornsche Organe gekennzeichnet sind.

Die Röhren der meisten *Tanytarsus*-Arten liegen horizontal, bei manchen Arten stehen sie aber senkrecht auf dem Schlammboden und zwar meistens in kleinen Gruppen zusammen. THIENEMANN (1909) (Abb. 423–426) sagt von *Tanytarsus roseiventris* Kieff., dass die Larven durch ihre Wirksamkeit dem Schlammboden das Aussehen eines Stoppelfeldes (Abb. 424) oder eines abgeholzten Waldes verleihen. Die Endfläche jedes Stumpfes erscheint als ein Sieb, dessen Löcher den Öffnungen der einzelnen Röhren entsprechen; unten im Schlamm weichen die Röhren auseinander wie die Wurzeln eines Baumstumpfes. THIENEMANN hat derartige Gehäuse aus einem kleinen Teich in Thüringen mit einer Wassertiefe von nur 10–15 cm beschrieben; ich habe sie hierzulande vergeblich gesucht.

Eine besondere Form stellen die mit Längsleisten versehenen *Tanytarsus*-

Abb. 423.

Abb. 423. Chironomidenröhren auf einem Stein. Nach Thienemann, A. 1909.

Abb. 424. *Tanytarsus roseiventris* Kieff. Röhrenbündel in einem Waldtümpel. Nach Thienemann, A. 1909.

Abb. 425. Larvenröhre von *Cricotopus longipalpis* Kieff. Vergr. Nach Thienemann, A. 1909.

Abb. 426. Larven- und Puppenröhre von *Orthocladius rivulorum* Kieff. Vergr. Nach Thienemann, A. 1909.

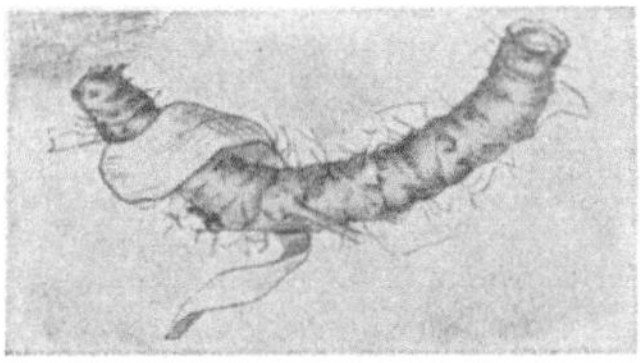

Abb. 425.

Abb. 424.

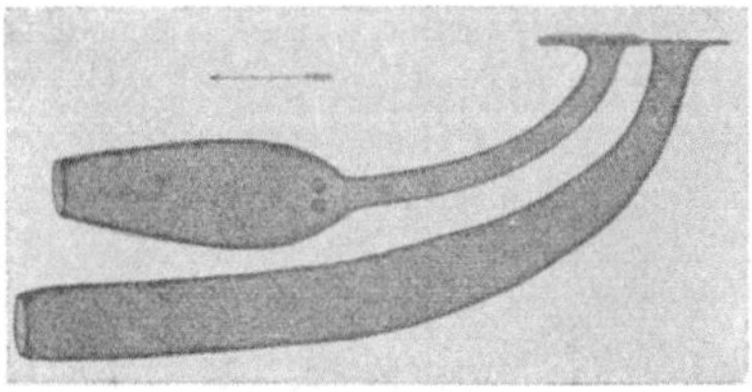

Abb. 426.

Röhren dar, deren Leisten über ihren Vorderrand herausragen und hier frei hervorstehende Fäden bilden. Die Röhren bestehen aus Gespinst mit eingelagerten Schlammpartikeln; die Leisten werden beim Bau zuerst angelegt und bilden das Balkengerüst, über dem das Gehäuse aufgebaut wird. THIENEMANN (1909) hat solche Gehäuse auf Seerosenblättern beobachtet. Die Anzahl der Leisten beträgt 2–5; die Röhre ist am unteren Ende am schmalsten und erweitert sich nach oben. Auch nach diesem Gehäusetypus habe ich vergeblich gesucht. Dagegen fand ich in schwach fliessenden Gewässern einen anderen Typus, der meines Wissens merkwürdigerweise nirgends beschrieben ist.

Vor etwa 30 Jahren fand ich bei einer Wassermühle die Innenseiten des Radkastens und die Schaufeln des Rades mit einer 5 cm dicken Schicht bedeckt, die ich zunächst für Bryozoen hielt. Zu meinem Erstaunen sah ich dann, dass die Masse nur aus feinem Schlamm bestand; ihre Oberfläche war vollkommen eben und von zahlreichen Löchern durchbohrt, aus denen je vier fadenförmige Zipfel hervorragten. Die Röhren standen so dicht zusammen, dass sich die Zipfel gegenseitig überdeckten; in jedem Rohr sass eine Larve der *Tanytarsus*-Gruppe. Wenn man die Masse zerbrach, sah man, dass die Röhren dicht aneinander klebten, und dass jede Röhre mit 4 Kielen versehen war. Die Fäden bildeten ein Flechtwerk über der Schlammfläche und hatten höchst wahr-

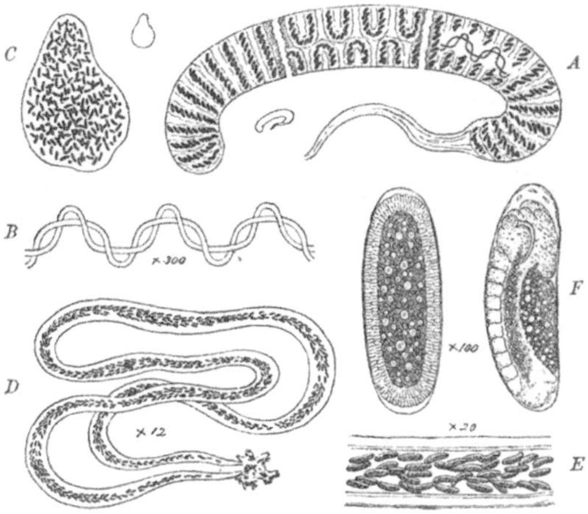

Abb. 427.

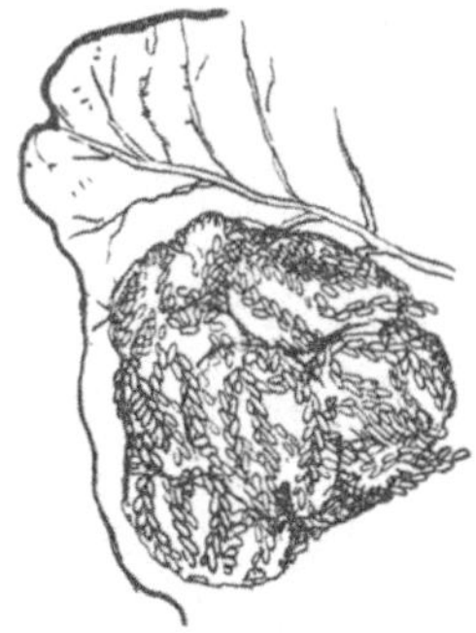

Abb. 429.

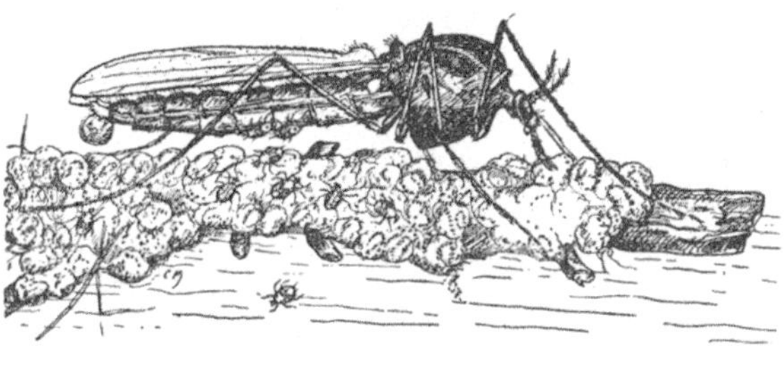

Abb. 428.

Abb. 427 A–D. Eimassen verschiedener Chironomiden. *B* Fäden, die die Eimassen durchsetzen, *E* ein vergrössertes Stück von *D*, *F* Eier. Nach Miall, L. und Hammond, A. 1900.

Abb. 428. *Cricotopus*-Weibchen bei der Eiablage auf einer von zahlreichen Weibchen herrührenden Eimasse. Vergr. Nach Leger, L. und Motas, C. 1928.

Abb. 429. Auf einem Blatt abgelegte Eimasse von *Cricotopus*. Vergr. Nach Leger, L. und Motas, C. 1928.

scheinlich Bedeutung für die Befestigung von Schlammteilen. Die ganze Masse war von merkwürdig fester Konsistenz, sodass man sie in grossen Stücken abschneiden konnte. Ein paar Jahre später fand ich ähnliche Massen in einem 1 dm weiten Drainrohr; hier war die Schicht ca. 2–3 cm dick und liess sich in grossen Platten abnehmen.

Eine eigenartige Röhrenform wurde von Johannsen (1905) und Lauterborn (1905) beschrieben; jede einzelne, etwa 4 mm lange Röhre hängt an einem langen, etwas gebogenen Faden und trägt an ihrer Öffnung 3 Fäden. Die Gehäuse finden sich in fliessendem Wasser und flottieren an dem freien Faden am Hinterende. Vor der Verpuppung wird das Vorderende der Röhre mit einer in der Mitte durchbohrten Membran geschlossen, die durchaus der Siebmembran gleicht, mit der die Trichopteren ihre Köcher vor der Verpuppung verschliessen. Andere Formen in fliessenden Gewässern bauen lange, gebogene, im Wasser flottierende Gallertröhren, deren Vorderende kurz vor der Verpuppung zu einer besonderen Puppenkammer erweitert wird (Abb. 426). Leider wissen wir noch fast nichts über die Baumeister dieser eigenartigen Gehäuse.

Die Larven einiger *Tanytarsus*-Arten bauen frei bewegliche Gehäuse, mit denen sie umherkriechen; sie sind nur 4–5 mm lang und erinnern in ihrer Form an die Köcher der Hydroptiliden. Die Gehäuse bestehen aus Gespinst mit eingelagertem Sand, bei einer Art auch mit eingesponnenen Algenfäden. Solche Röhren werden von *Tanytarsus agrayloides* Kieff., *T. flexilis* L. und *Zavrelia pentatoma* Kieff. (Taf. XII, Abb. 11–14) gesponnen. *T. flexilis* L. wurde schon von Réaumur beschrieben, aber erst durch Lauterborn (1905) haben wir diese interessanten Formen näher kennen gelernt. Sie sind in Mitteleuropa weit verbreitet.

Die Prothorakalhörner der Puppen bilden bei den meisten Arten nur ein einfaches, schmales, glattes Rohr; bei anderen ist es mit feinen Spitzchen besetzt oder zwei- oder vierästig (*Zavrelia*). Das letzte Segment gabelt sich in zwei mit langen Haaren besetzte Ruderplatten. Sonst gleichen die Puppen völlig denen anderer Mücken.

Munsterhjelm (1920) untersuchte die Eier mehrerer Chironomiden (Abb. 427–429); sie werden stets in einer meist klebrigen Gallerte abgelegt, deren Form bei den einzelnen Arten sehr verschieden ist, dünn fadenförmig, dick, spiralig gewunden, hufeisenförmig oder klumpig. Das Weibchen von *Tanytarsus tenuis* Meig. fliegt über das Wasser hin und lässt sich alle 3–6 Sekunden herabsinken, wahrscheinlich um ein oder zwei Eier abzuwerfen.

Cryptochironomus.

Die Larven der Cryptochironominen weichen in ihrem Bau so sehr von den übrigen Chironominen ab, dass man sie zu einer besonderen Gruppe zusammengefasst hat. Ihr Labium besteht aus einem breiten, zahnlosen, von zwei schrägstehenden, dunklen Zahnpartien flankierten Mittelstück. Die Maxillarpalpen sind 3–4 mal so lang wie breit. Das ringförmige Organ sitzt auf dem distalen Ende des Basalgliedes der Antennen. Die Prothorakalhörner der Puppe sind büschelförmig mit zahlreichen Fäden. Das Analsegment bildet eine zweiteilige Schwimmplatte.

Die Cryptochironominen sind eine interessante Gruppe; sie bewohnen hauptsächlich die mit dünner Schlammschicht bedeckten Sandflächen der Uferzone oder fliessende Gewässer mit ähnlichem Untergrund, z. B. die Wolga (Lenz 1924); die Larven der meisten Arten sind freilebende Raubtiere. Die räuberische Lebensweise bedingt grössere Beweglichkeit, längere Nachschieber, bessere Sinnesorgane und längere Palpen, als die anderen Chironominen besitzen; das Labrum trägt dicke Borsten, die Mandibeln sind schlank und dolchförmig (Harnisch 1923, s. auch Lenz 1926a).

Da die Cryptochironominen Raubtiere sind, leben sie gewöhnlich nicht in grösserer Anzahl zusammen. An den sandigen Küsten unserer Seen veranlassen sie vielleicht einen eigentümlichen Vorgang. Kleine Schwärme von Brassen zu etwa 10–20 Stück wandern im Sommer langsam über die Sandflächen hin; ab und zu steht einer von ihnen still, senkt sich schräg nach unten und schiebt den Mund schnauzenförmig vor (Abb. 430). Der Fisch bohrt die Schnauze in den Sand und saugt ihn samt Wasser und Larven auf; wenige Sekunden später stösst er den Sand wieder in Wolken durch die geöffneten Kiemenspalten aus, während er die Larven im Mund zurückbehält. Zu gewissen Zeiten besteht der Mageninhalt der Brassen fast ausschliesslich aus roten Chironomiden-Larven. Wenn der Fisch seine Schnauze in den Sand einbohrt, bildet sich

Abb. 430. Brassen; der Fisch links nimmt mit vorgestrecktem Mund eine Mückenlarve vom Boden auf. Nach Hesse R. und Doflein F. 1910–1914.

hier ein Trichter; oft stehen Tausende von ihnen auf der Sandfläche nebeneinander als Wahrzeichen für die Mahlzeiten der Fische.

Im Frühling eines Jahres zogen die Chironomiden-Larven auf diese Weise in einem unserer Seen indirekt einen recht vornehmen Besuch heran. Jeden Morgen flog ein prächtiger Fischadler in etwa 15 m Höhe über dem See, stand einen Augenblick still in der Luft und stürzte sich mit vorgestreckten Fängen blitzschnell herunter in das aufschäumende Wasser. Dann kam er mit einem grossen Brassen in den herabhängenden Fängen wieder zum Vorschein und schwebte langsam über den See hin. Wenn der Vogel heruntertauchte, hörte ich jedesmal ein so lautes Klatschen, dass ich beim Mikroskopieren auf sein Kommen aufmerksam gemacht wurde; er erschien immer zwischen 9 und 10 Uhr vormittags und tauchte nur etwa 50 m vom Fenster meines Laboratoriums entfernt ein.

Chironomus.

Allen zu dieser Gattung gehörenden Larven (*C. plumosus* L., *halophilus*, *thummi*, *bathophilus*) sind folgende Kennzeichen gemeinsam: Blutrot. Sie haben alle auf dem 11. Segment zwei Paar Tubuli, manche (*C. plumosus*-Gruppe) ausserdem ein Paar kürzere auf dem 10. Segment. Die Tubuli der einzelnen Gruppen sind von verschiedener, aber innerhalb einer Gruppe konstanter Länge. Die Atemröhre der Puppen besteht aus einem dichten Büschel von mindestens 20–30 Fäden.

Wir wissen kaum über irgend eine andere Gruppe der Chironomiden so gut Bescheid wie über das Leben mehrerer hierhergehörender Arten, besonders ihrer Larven, die im Volksmunde Rotwürmer oder Blutwürmer heissen. Diese eingehende Kenntnis verdanken wir dem Umstand, dass die Larven für den Naturforscher in mehr als einer Hinsicht von Interesse sind; dem Physiologen sind sie durch ihr hämoglobinhaltiges Blut, dem Fischereikundigen in ihrer Eigenschaft als Fischfutter bedeutungsvoll.

Die Larven bevölkern den Seeboden in so ungeheuren Mengen, dass sie darin die gesamte übrige Tierwelt übertreffen können; sie bilden in vielen Seen mehr als 50 %, in manchen sogar bis 75 % der Tiefenfauna (Valle 1927). Potonié (1931, 1936) Berg (1938) u. a. haben die Lebensweise von *C. plumosus* L. und *C. liebeli-bathophilus* eingehend beschrieben.

Chironomus plumosus L. lebt unter höchst wechselnden Bedingungen: in kleinen, flachen Teichen, in Fischweihern, in der Tiefe grösserer Seen und im salzigen Brackwasser der norddeutschen Haffe. Die Larven gehören zu den charakteristischsten Bewohnern der grauen oder schwärzlichen Schlammflächen im Süss- und Brackwasser, wo sie aus Gespinst und Schlammteilchen ihre bald wagerecht liegenden, bald senkrecht stehenden Röhren bauen. Nach meinen Beobachtungen im Aquarium möchte ich annehmen, dass die Röhren normalerweise in ruhigem Wasser stets senkrecht stehen; sie ragen 1–2 cm über die Schlammfläche empor und setzen sich ein paar cm weit in den Boden hinein fort. Nach Sturm oder Eisgang ist das Ufer oft massenhaft mit 4–6 cm langen, weichen Schlammröhren bedeckt, von denen die meisten noch Chironomidenlarven enthalten. Die Tiere in den senkrecht stehenden Röhren ragen stets mit dem Vorderende aus der oberen Mündung heraus und schwingen den Kopf dauernd hin und her, nach älterer Auffassung, um dem Körper frisches Wasser zuzuführen, nach neuerer (Alsterberg 1924), um Nahrung herbeizuschaffen. Die Nahrung der Larven besteht nach Alsterberg aus den feinen, von oben herabsinkenden Partikeln, die den Schlammboden noch nicht erreicht und sich noch nicht auf ihm abgelagert haben. Da jeder Quadratmeter des Bodens von einer ungeheuren Anzahl von Chironomidenlarven bedeckt ist, wird der von oben kommende Detritusregen zum grössten Teil nicht in seiner ursprünglichen Form, sondern in Gestalt schleimbedeckter, wurstförmiger Exkremente abgelagert. Durch die Umwandlung des Schlammes zu Exkrementen tragen die Chironomidenlarven zusammen mit Tubificiden und Pisidien zur Entstehung der sog. Gytje-Ablagerungen in den Seen bei. Da sie aber gleichzeitig den absinkenden Detritus zu ihrer Ernährung ausnutzen, so entziehen sie ihm einen grösseren oder kleineren Teil der organischen Substanzen, und lassen nur die anorganischen Bestandteile, in der Hauptsache Lehm und Kalk, passieren. In Ländern mit lehm- oder kalkhaltigem Boden tragen die Larven daher zum Aufbau der Mergelablagerungen bei, an denen z. B. viele der baltischen Seen reich sind.

Abb. 431. Boden mit Chironomidenröhren. Nach Thienemann, A.

Wie sich aus den Untersuchungen von Potonié ergibt, bringen die grösseren Seen nur eine Generation im Jahre hervor. Vom Frühjahr bis weit in den Herbst hinein schlüpfen andauernd neue Imagines von *C. plumosus* L. aus. Der Seeboden beherbergt stets Larven von verschiedener Grösse, kleinere hellrote und grössere dunkelrote; die letzteren nehmen während des Sommers an

Menge ab und finden sich im Herbst nur noch vereinzelt. Die Hauptschwärmzeit von *C. plumosus* L. fällt in die Monate August und September. In kleinen Seen und Teichen kommen nach übereinstimmenden Angaben mehrere Generationen im Jahre vor. *C. plumosus* L. tritt weder hierzulande noch, soviel ich weiss, anderwärts in so ungeheuren Schwärmen auf, wie sie für *C. liebeli-bathophilus* charakteristisch sind; nur im Brackwasser verhalten sich die Tiere anscheinend anders (s. Salzwasser-Chironomiden). Die Puppen verbleiben zunächst in den Röhren und steigen erst zur Zeit der Verwandlung an die Oberfläche empor, wahrscheinlich getragen von der in den Prothorakalhörnern angesammelten Luft. Zu gewissen Zeiten kann man in kleinen Teichen und in seichtem Wasser Tausende und aber Tausende von Puppen sehen, deren weisse Federbüsche aus den Röhren herausragen und im Wasser hin- und herwogen. Die leeren Puppenhäute liegen massenhaft an der Oberfläche und werden vom Wind zu einem glashellen Saum am Ufer zusammengefegt.

Liegt man zu der Zeit, wenn die Chironomidenpuppen emporkommen, am Abend im Boot auf dem Furesee, so kann man eigentümliche knisternde Laute wie von zerplatzenden Luftbläschen hören. Fischt man dann mit dem Planktonnetz an der Oberfläche, so fängt man zahlreiche Puppen von *Chironomus*, die gerade aufgetaucht sind; der schwache Knall rührt von der in der Puppenhaut aufgespeicherten und bei ihrem Zerreissen freiwerdenden Luft her. Bei Sonnenuntergang stehen Scharen von Plötzen an der Oberfläche und schnappen nach Beute; öffnet man den Magen eines gefangenen Fisches, so findet man ihn voll von Chironomidenpuppen. Über dem Wasserspiegel schweben zahlreiche, von der Abendbrise getragene Mücken, die an der Spitze des senkrecht herabhängenden Hinterleibes ein schwarzes Kügelchen tragen; das ist der Laich, der entweder abgeworfen oder von den Wellen abgespült wird. Nicht alle Eier gelangen ans Ziel; denn an solchen Abenden fehlt es über dem See niemals an Uferschwalben, die rasch über das Wasser hinschiessen, um nach den Mücken zu schnappen, oder mit dem Schnabel durchs Wasser streichen, um die Puppen zu erbeuten. Ein ganz ähnliches Bild bietet sich an Teichen und Tümpeln, nur dass hier Weissfische und grosse Libellen die Rolle der Plötze und Uferschwalben übernehmen. Die Eier werden an der ganzen Seeoberfläche, hauptsächlich aber in ihrem zentralen Teil abgeworfen. Es ist mir nicht bekannt, ob die Eikugel schwerer ist als Wasser und daher gleich zu Boden sinkt, oder ob sie im Wasser zu schweben vermag. Sie wandelt sich nach und nach zu einem 2–3 cm langen Gallertband um, in dem die Eier spiralig angeordnet sind; die Umwandlung geht nach Potonié im Laufe einer Nacht vor sich. In diesem Stadium treibt der Laich an der Oberfläche und wird massenhaft am Ufer angeschwemmt, wo die Larven ausschlüpfen. Sadler (1935) beobachtete, dass die Weibchen von *C. tentans* F. sich auf Blätter setzen und die Hinterschenkel gegeneinander legen; damit bilden sie eine Art Rost, auf den sie die Eier legen, indem sie den Hinterleib hin- und herbewegen. Wenn der Laich fertig ist, fliegt das Weibchen über das Wasser und wirft ihn ab. Der ganze Vorgang dauert nur 15–25 Minuten. Jedes Weibchen legt nur eine Eimasse ab, die aber angeblich etwa 2300 Eier enthält. Auch bei dieser Art liegen die Eier spiralig angeordnet in einem Gallertband.

Chironomus liebeli-bathophilus. Ich habe sowohl die Tierwelt des Furesees wie die des Esromsees jahrelang beobachtet; in der Tiefenregion beider Seen fand ich immer massenhaft rote Chironomidenlarven, ganz besonders zahlreich im Esromsee. Berg (1938) hat die Larven aus dem Esromsee genauer untersucht und als *C. liebeli-bathophilus* bestimmt, während der Furesee die Art *C. plumosus* L. beherbergt. Die Chironomiden des Esromsees veranlassen alljährlich durch ihre riesigen Schwärme eine der dortigen Bevölkerung wohlbekannte Erscheinung. An Sommerabenden bilden sie über dem grossen Gribwald Wolken, die bisweilen eine Länge von 7 km erreichen, und deren Breite ich nicht anzugeben vermag. Die Wolken bieten einen geradezu phantastischen Anblick; von ihrer Oberfläche heben sich Kuppeln empor und formen sich langsam zu mehrere Meter hohen Säulen um, die im leichten Sommerwind hin- und herwogen, sich lichten, um sich oben wie Pinienkronen auszubreiten, und sich schliesslich auflösen, um anderen Säulen Platz zu machen. Die Erscheinung dauert bis zum Anbruch der Nacht; die Chironomidenwolken leuchten rotgolden in der Abendsonne und verschwinden nach Sonnenuntergang allmählich im zunehmenden Dunkel, während sich der obere, von den letzten Strahlen getroffene Teil der Säulen noch goldglänzend vom hellen Abendhimmel abhebt. Der Wolkenteppich sendet andauernd neue Säulen nach oben und ist dabei in ununterbrochener, wellenförmiger Bewegung wie ein von mächtiger Dünung bewegtes Meer.

Am folgenden Morgen ist die Vegetation mit unglaublichen Mengen von Chironomiden, und zwar fast ausschliesslich mit Männchen bedeckt; auf einem einzigen Buchenblatt sitzen zuweilen an die hundert Mücken, auf Zweigen und Grashalmen bilden sie dichtgeschlossene Reihen, in denen das Vorderende eines Tieres an das Hinterende des nächsten stösst. Geht man durch den Wald, so werden die Mücken überall aufgescheucht; sie umschwärmen einen in solchen Mengen, dass es eine Qual ist, und dass man die nächste Umgebung nur wie durch einen Schleier sieht. Die Bevölkerung der Umgegend kennt das Phänomen sehr wohl und hütet sich, an solchen Tagen mit Pferden durch den Wald zu fahren; die Mücken würden die Pferde dort in unzähligen Scharen überfallen, ihnen in Augen, Ohren und Nasenlöcher dringen und sie zur Raserei bringen.

Man weiss auch, das zweierlei Schwärme aus dem See kommen, ein Schwarm mit grossen, schwarzen Mücken im Frühsommer, ein anderer mit kleineren, gelblichen Mücken im Hochsommer. Die grossen Mücken sind *Chironomus liebeli-bathophilus*, die kleineren *Corethra plumicornis*; letztere bieten keinen so imponierenden Anblick wie die Chironomidenschwärme. In der Zeit zwischen den beiden Schwärmen und nach dem Verschwinden des zweiten Schwarmes kann man am See aber häufig kleinere Schwärme beobachten, die aus Chironomiden von geringerer Grösse und meist grünlicher Farbe bestehen; die Larven dieser Arten sind in der Uferzone heimisch. Die Mücken der grossen Schwärme bedecken nach dem Absterben das Wasser und werden von den Wellen zu einem meterbreiten Gürtel am Ufer zusammengeschwemmt.

Wenn die grossen Schwärme erscheinen, ist das Wasser von unzähligen Puppenhäuten bedeckt, die von den Wellen zu charakteristischen, gelbglänzenden Säumen zusammengefegt werden. Berg (1938) hat in seinen Esromseestudien schöne Abbildungen dieser Vorgänge veröffentlicht.

Auch andere als die hier genannten Chironomiden bilden zuweilen ähnliche grosse Schwärme; in der Literatur wird mehrfach darüber berichtet (z. B. Kraatz 1911, *Ch. gregarius* Kieff.).

Die Larven, aus denen die ungeheuren Schwärme hervorgehen, bilden selbstverständlich einen ökologisch äusserst wichtigen Faktor. Berg (1938) stellte fest, dass sich auf einem Quadratmeter bis zu 3020 Larven finden, sodass jeder von ihnen nur 3–4 qcm Schlammfläche zur Verfügung stehen. In so ungeheuren Mengen kommen die Larven jedoch wider Erwarten nicht in den grössten Tiefen, sondern am Fuss der Uferhalde in etwa 16–17 m Tiefe vor, wo der Detritus von etwas gröberer Beschaffenheit ist als auf den ebenen Schlammflächen.

Anfang Mai beginnt die Verpuppung bei einer Bodentemperatur von 6–7° C. Von Anfang Juli ab sind den Rest des Jahres hindurch keine Puppen mehr vorhanden, während gleichzeitig eine neue Generation kleiner, hellroter Larven von nicht mehr als 4–8 mm Länge erscheint. Zwischen ihnen bleiben stets einige grosse, dunkelrote Larven zurück, wenn auch in sehr beschränkter Anzahl. Die kleinen Larven halten sich im Juli bis September hauptsächlich in der Litoralregion auf; im Herbst nimmt ihre Anzahl auch in der Tiefenregion zu, was vermutlich auf Einwanderung von der Uferzone her beruht. Im Esromsee tritt nach den Untersuchungen von BERG (1938) nur eine Generation von *C. liebeli-bathophilus* im Jahre auf; in anderen Seen kommt jedoch anscheinend auch eine Herbstgeneration zur Entwicklung (LUNDBECK 1926 u. a.).

Über den Röhrenbau der Larven macht BERG (1938) wertvolle Mitteilungen. Wenn man mit dem Schlammschöpfer Bodenproben heraufholt, so findet man auf ihnen weder Röhren noch Chironomiden, selbst wenn die Oberfläche völlig intakt erscheint. Legt man jedoch eine Schlammprobe ins Aquarium, so beginnen die Tiere alsbald mit dem Bau von Röhren. BERG kam bei seinen Versuchen zu dem Ergebnis, dass die Larven keine Röhren bauen, wenn der Sauerstoffgehalt in der Kontaktzone zwischen Schlamm und Wasser 6,33 ccm/l beträgt; dagegen bauen sie bei einem Sauerstoffgehalt von 0,84 ccm/l Röhren, die bis 2 cm lang werden. In alten Aquarien ohne Sauerstoffzufuhr bauen die Larven nicht, sondern vergraben sich im Schlamm, in dem sie monatelang leben können. Wahrscheinlich verlängern die Tiere bei Sauerstoffschwund im Schlamm ihre Röhren ins Wasser hinauf, um in ein sauerstoffreicheres Medium zu kommen; sie schwingen dann den oben aus der Röhre herausschauenden Kopf dauernd hin und her. Um die Röhre höher hinauf zu bauen, beugen sie den Kopf gegen den Schlamm herunter und holen sich hier Baumaterial. Die Röhren werden nicht sehr lange benutzt; wenn sich ihr Weiterbau nicht mehr lohnt, vergraben sich die Tiere im Schlamm und leben hier unter nahezu anaeroben Bedingungen, während sich die Schlammfläche allmählich mit Häufchen von Exkrementen bedeckt. Die Larven suchen nach den Beobachtungen von BERG ihre Nahrung nicht unmittelbar in der Schlammoberfläche, wie ALSTERBERG angibt, sondern in etwas tieferen Schichten. Die Röhren von *C. plumosus* L. und *C. liebeli-bathophilus* unterscheiden sich angeblich in der Weise, dass die ersteren u-förmig sind und horizontal liegen, während die letzteren schornsteinartig aufragen. Einstweilen ist es indessen noch fraglich, ob dieser Unterschied wirklich spezifisch ist.

Die Chironomiden haben für die moderne Limnologie eine grössere Bedeutung gewonnen als alle anderen Süsswasserorganismen. THIENEMANN (1919, 1922) u. a. stellten bei der Untersuchung mitteleuropäischer Gewässer, besonders der Eifel-Maare, fest, dass die charakteristischste Tiergruppe des Schlammbodens tiefer Seen in zwei verschiedenen Typen auftritt. In Seen mit sauerstoffreichem Wasser in der Tiefe dominiert die *Tanytarsus*-Gruppe, besonders die Art *Lauterbornia coracina* Zett., dagegen in Seen mit geringem oder im Sommer völlig fehlendem Sauerstoffgehalt die *Chironomus*-Gruppe. Die Seen wurden dementsprechend als *Tanytarsus*- und *Chironomus*-Seen bezeichnet. Die beiden Begriffe decken sich teilweise mit den NAUMANN'schen Bezeichnungen oligotrophe und eutrophe Seen. Bei einer historischen Betrachtung darf man freilich nicht vergessen, dass schon APSTEIN (1896) die Seen in *Dinobryum*-Seen und *Chroococcaceen*-Seen eingeteilt hatte. Diese beiden Benennungen entsprechen den *Tanytarsus*- und oligotrophen Seen einerseits und den *Chironomus*- und eutrophen Seen andrerseits. Zu den eutrophen Seen

Abb. 432. Furesee als Beispiel eines *Chironomus*-Sees. W-L. phot.

Abb. 433. Vierwaldstättersee als Beispiel eines *Tanytarsus*-Sees. Wehrli phot.

gehören viele der sog. baltischen Seen, zu den oligotrophen der grösste Teil der arktisch-alpinen Seen. NAUMANN teilte später die oligotrophen Seen weiter in oligotrophe Seen im engeren Sinne und dystrophe Seen (Moorseen). Die eutrophen Seen sind, wie der Name sagt, reich, die oligotrophen arm an Nahrung; die Bezeichnung *Tanytarsus*- und *Chironomus*-Seen (Abb. 432–433) ist nicht sehr glücklich gewählt, da *Tanytarsus* sehr wohl in *Chironomus*-Seen vorkommen kann und umgekehrt. Im Esromsee, der ein ausgesprochener

Chironomus-See ist, wies BERG (1938) in einer Tiefe von 2 m ungefähr 290 Individuen von *Tanytarsus* auf einem Quadratmeter nach und bestätigte damit die Angaben anderer Forscher (LUNDBECK 1926 u. a.), wonach die *Tanytarsus*-Larven in *Chironomus*-Seen ihr Maximum in der Litoralregion haben, wo das Wasser am sauerstoffreichsten ist; nur in solchen Seen, wo das Wasser am Boden nicht allzu sauerstoffarm ist, bewohnen einige *Tanytarsus*-Arten auch den Schlammboden in der Tiefe. In kleinen Teichen, Fischweihern und in verunreinigtem Wasser ist *C. plumosus* L. gegenüber *Tanytarsus* die vorherrschende Form, muss aber seine Herrschaft mit anderen *Chironomus*-Gruppen teilen, besonders mit Mitgliedern der *thummi*-Gruppe, die geradezu als Leitform für stark verunreinigtes Wasser (Abwässer mit einem Sauerstoffgehalt von weniger als 0,6 ccm pro Liter) betrachtet werden kann (THIENEMANN 1919). Selbstverständlich gibt es alle möglichen Übergänge zwischen eutrophen und oligotrophen Seen; als Leitform der Übergangstypen gilt die Untergattung *Sergentia*, die nach LENZ (1927) zur *connectens*-Gruppe gehört.

Abb. 434. Gletschersee auf dem Mittelbergferner in Tirol. Bewohnt von einer Chironomide: *Syndiamesa Branickii* Now. (phot. Steinböck). Aus Thienemann, A. 1936.

THIENEMANN beobachtete bei der Untersuchung norddeutscher Seen das eigenartige Phänomen, dass über manchen Seen zu gewissen Zeiten ungeheure Mückenschwärme schweben, während sie über anderen fehlen; über manchen Seen zeigen sich die Schwärme im Frühjahr, über anderen im Herbst. Besonders auffallend ist die Erscheinung am Plöner See. Wir haben hierzulande ähnliche Beobachtungen am Esromsee und Furesee gemacht; weder vom Furesee noch vom Tjustrupsee oder Sorøsee kennen wir grössere Schwärme von Chironomiden. THIENEMANN wies nach, dass der Schlammboden in den tiefen norddeutschen Seen von den Larven zweier verschiedener *Chironomus*-Arten bevölkert wird, nämlich von *C. plumosus* L. und *C. liebeli-bathophilus*. Da wahrscheinlich unter diesen Namen mehrere Arten zusammengefasst werden, bevorzugt man jetzt die Bezeichnung *C. plumosus*-Gruppe und *C. liebeli-bathophilus*-Gruppe. Die Larven der *C. plumosus*-Gruppe unterscheiden sich von denen der *liebeli-bathophilus*-Gruppe durch den Besitz von zwei kurzen, nach hinten gerichteten, sackförmigen Ausstülpungen beiderseits auf dem 10. Segment, die der *liebeli-bathophilus*-Gruppe fehlen. Die Tubuli des 11. Segments sind bei letzterer Gruppe nicht länger als die Nachschieber, bei der *plumosus*-Gruppe dagegen viel länger. Auch sind die Larven der *plumosus*-Gruppe im allgemeinen grösser als die der *liebeli-bathophilus*-Gruppe.

THIENEMANN untersuchte ferner den Sauerstoffgehalt von Seen im Winter unter der Eisdecke; dabei ergab sich, dass die Häufigkeit der *liebeli-bathophilus*-Gruppe bei einem Sauerstoffgehalt von weniger als 4–5 ccm/l abnimmt; bei einem Gehalt von weniger als 1,7 ccm/l verschwindet auch die *plumosus*-Gruppe. Das ist folgendermassen zu erklären: Die Mücken der *liebeli-bathophilus*-Gruppe sind Frühjahrsformen; die Reifung der Larven und die Verpuppung fallen in den Winter und das zeitige Frühjahr. Reifung und Verpuppung von *C. plumosus* fallen dagegen in den Sommer; die Larven können den Winter hindurch mit sehr wenig Sauerstoff auskommen. Die Larven der *liebeli-bathophilus*-Gruppe bedürfen jedoch im Winter eines Sauerstoffgehaltes von mindestens 5 ccm/l; infolgedessen gedeihen sie nur in Seen, deren Sauerstoffgehalt am Boden auch im Winter nicht unter 5 ccm/l sinkt. Diese als *liebeli-bathophilus*-Seen bezeichneten Seen produzieren im Frühjahr und Frühsommer die ungeheuren Schwärme; Seen mit geringerem Sauerstoffgehalt werden *plumosus*-Seen genannt, und sie beherbergen Larven von *C. plumosus* L., aus denen kleinere Schwärme hervorgehen, deren Maximum in den Herbst fällt, und deren Auftreten sich gleichmässiger über die Sommermonate verteilt. In Seen, deren Sauerstoffgehalt am Boden im Winter unter 1,7 ccm/l sinkt, fehlen beide Gruppen.

THIENEMANN's Darstellung wurde von LUNDBECK nachgeprüft und in seinem grossen Werk »Die Bodentierwelt norddeutscher Seen« (1926) erweitert. LUNDBECK stellte fest, dass die Bodentierwelt nicht nur vom Sauerstoffgehalt des Wassers, sondern auch von der Menge der Nahrung und der Humusstoffe abhängig ist. Die Reihenfolge der einander ablösenden Charakter- oder Leitformen wird durch die umgekehrte Proportionalität von Sauerstoffgehalt und Nahrungsmenge bedingt; LUNDBECK stellt dementsprechend die folgende Reihe auf:

Tanytarsus-Seen,
Tanytarsus-bathophilus-Seen,
Bathophilus-Seen,
Bathophilus-plumosus-Seen,
Plumosus-Seen.

Die erhebliche Erweiterung unserer Kenntnisse über die Lebensweise der Chironomiden durch die Untersuchungen der Plöner Schule können wir nur mit Freude begrüssen; dennoch bin ich der Meinung, dass die Bedeutung dieser Untersuchungen für die Limnologie im Allgemeinen stark überschätzt wird. HARNISCH (1937, S. 629) behauptet sogar: »die Tatsache, dass *Tanytarsus*- und *Chironomus*-Seen ... zu unterscheiden sind, war für THIENEMANN (gemeinsam mit E. NAUMANN) der Ausgangspunkt für einen gewaltigen Aufschwung in der Erkenntnis der Süsswasser-Biocoenosen und für die Begründung einer eigenen Wissenschaftsdisziplin, der Limnologie.« Hierzu möchte ich bemerken, dass zwar »der gewaltige Aufschwung« hinsichtlich der

Quantität der Drucksachen nicht zu leugnen ist; dagegen glaube ich, dass Thienemann als erster die Behauptung ablehnen würde, dass er mit seinen Untersuchungen eine neue Wissenschaftsdisziplin, die Limnologie, begründet habe. Es dürfte wohl allgemein anerkannt sein, dass die Wiege der Limnologie in der Schweiz stand, und dass diese Wissenschaft von F. A. Forel begründet wurde. Sein Lebenswerk »Le Leman« bildet noch heute das bedeutendste limnologische Handbuch mit einem so umfassenden Wissen, wie es bis jetzt in keinem anderen Werk erreicht wurde. Auf dieser Grundlage bauten die Forscher der Schweizer Schule und zahlreiche nordische Forscher weiter; die Leistungen der Plöner Schule bei ihren Chironomiden-Studien bestehen in der Bearbeitung eines einzelnen Kapitels der weltumspannenden Disziplin, zu der die Limnologie geworden ist.

Thienemann's grosses Verdienst liegt in dem Nachweis, dass die Larven von *Chironomus* vorwiegend in eutrophen, die von *Tanytarsus* in oligotrophen Seen heimisch sind, und dass die Verteilung der einzelnen *Chironomus*-Gruppen (*plumosus*- und *liebeli-bathophilus*-Gruppe) auf verschiedene Seen von Sauerstoffgehalt und Nahrungsmenge am Boden des Wassers im Winter abhängt.

Die weitere Einteilung der Seen nach den in ihnen auftretenden verschiedenen Chironomiden-Larven muss ich indessen unbedingt ablehnen; ich halte es für durchaus verfehlt, die Natur nach dem Vorkommen weniger, auf eine bestimmte Region beschränkter Tierformen ohne die geringste Berücksichtigung der zahllosen Lebewesen in den übrigen Regionen in ein künstliches Schema pressen zu wollen. Wie gefährlich das Verfahren ist, ergibt sich am besten aus der Tatsache, dass sich nach den Grundsätzen der Plöner Schule kaum ein einziger See ohne weiteres in das von ihr konstruierte Schema einfügen lässt. Man spricht ja jetzt nicht mehr von *Chironomus*- oder *Tanytarsus*-Seen, sondern es tauchen bei jeder neuen Beschreibung von Seen in allen möglichen Ländern neue Chironomiden-Larven auf, die den betreffenden See charakterisieren sollen (z. B. Norwegen, Lenz 1927; Finnland, Valle 1927 mit nicht weniger als 11 Arten; Japan, Miyadi 1933; Russland, Decksbach 1928). Diese Mannigfaltigkeit beweist am schlagendsten, dass die Limnologie in eine Sackgasse geraten ist, aus der es nur einen Weg gibt, nämlich den Weg zurück. Dieser Weg ist durch nüchterne, anatomisch-biologische Spezialuntersuchungen an den äusserst verschiedenartigen Komponenten der einzelnen Biocönosen gekennzeichnet; die Untersuchungen müssen mit einer gleichmässigen Berücksichtigung der Literatur kombiniert werden, aus welchem Land auch immer die Publikationen stammen mögen. Schliesslich sind auf Grund zahlreicher Spezialuntersuchungen an den mannigfachen Einzelwesen der Tiergesellschaften gemeingültige Gesetze aufzustellen, die nicht unter alleiniger Beachtung einiger weniger Arten und Unterdrückung aller übrigen versuchen, die Natur in ein konstruiertes Schema einzupressen, dessen Tilgung gewöhnlich die erste Vorbedingung zur besseren Erkenntnis der Wahrheit bildet.

Ich stehe mit meiner Auffassung über die Bedeutung der Chironomiden-Studien für die Limnologie nicht allein. Alsterberg hat schon 1930 deutlich erklärt, dass er die Charakterisierung eines Sees allein nach der Fauna seiner tiefsten Partien für unrichtig hält; Lang (1931) wendet sich in seiner vortrefflichen Arbeit »Faunistisch-ökologische Untersuchungen« nicht weniger scharf gegen die Plöner Schule. Er macht darauf aufmerksam, dass man jetzt in Europa 60 verschiedene Typen und Untertypen von Seen unterscheidet, dass sich aber die von ihm untersuchten schwedischen Seen in keinen einzigen dieser Typen einordnen lassen. Dasselbe lässt sich über die japanischen Seen sagen (Miyadi 1933). Schon hieraus ergibt sich die Unbrauchbarkeit des Prinzips, jedesmal einen neuen Seetypus aufzustellen, wenn andere als die von THIENEMANN und NAUMANN angegebenen Typenindikatoren in der Bodenfauna eines Sees vorherrschen; bei diesem Verfahren werden weder die ökologischen Bedingungen des Sees noch die Ökologie der Typen gehörig berücksichtigt, sondern man begnügt sich mit allgemeinen Vermutungen. Man ist damit zu einer Katalogisierung der Seen ohne feste ökologische Grundlage gelangt. Im übrigen ist es mein Eindruck, dass es nicht so sehr der Begründer der Plöner Schule ist als ihre Schüler, von denen wir nordischen Forscher infolge unserer Einstellung und Naturauffassung Abstand nehmen müssen.

Orthocladiinae.

Die grosse Abteilung der *Orthocladiinae* (POTTHAST 1921) besteht aus zahlreichen Arten, deren Larven aber nur schwer voneinander zu unterscheiden sind. Sie besitzen im Gegensatz zu den Larven der Chironominen keine fächerförmigen Paralabialplatten; ihre Prämandibeln sind gewöhnlich gut entwickelt, die Antennen kurz, höchstens $^1/_3$, meist nur $^1/_6$ der Kopflänge. Am vorletzten Segment keine ventralen Blutkiemen, am letzten vier meist kleine Analkiemen, die nicht selten fehlen. Die vorderen und hinteren Paare von Hakenfüssen sind gewöhnlich kurz und tragen zahlreiche gekrümmte, haarförmige, auf dem vorderen Paar oft gezähnte Klauen. Auf dem Rücken des 12. Segmentes sitzen paarige Präanalpapillen, jede mit einem Büschel aus 5–8 Haaren; sie fehlen bei marinen und oft auch bei terrestrischen Formen. Die Larven sind durchweg klein, meistens weiss, gelblich oder grünlich, seltener rot oder bläulich. Die Prothorakalhörner der Puppen sind nicht verzweigt wie bei den Chironominen, sondern einfache Röhren; die für die Puppen der Chironominen und Tanytarsinen charakteristischen Chitindornen auf dem vorletzten Segment sind bei den Orthocladiinen-Puppen nicht vorhanden.

Die Eier liegen, soweit man sie kennt, in Gallertsträngen oder seltener in unregelmässigen Klumpen; sie werden meist ins Wasser gelegt, oft aber so dicht ans Ufer, dass sie nur von Gischt oder Brandung bespritzt werden. Manche Arten legen ihre Eier auch nur an feuchten Orten ab.

Zu den Orthocladiinen rechnen wir hier auch die Salzwasserformen *Paraclunio* und *Clunio.*

Die Larven der Orthocladiinen leben unter höchst verschiedenartigen Bedingungen, vermeiden aber im Gegensatz zu den Chironominen stark verunreinigtes Wasser und bewohnen in grossen Seen vorwiegend die Uferzone. Viele von ihnen sind in fliessenden Gewässern heimisch oder gehören zur hygropetrischen Fauna, die auf Felsen oder Steinen und in deren Algen- und Moosbewuchs lebt. Ihre Heimat sind überhaupt kalte, oligotrophe Gewässer; ihre Anzahl nimmt in der arktischen und alpinen Region zu und vermindert sich nach den Tropen hin und im Tiefland (THIENEMANN 1932). Die Larven von *Diamesa culicoides* Heeger (1853) spinnen angeblich einen Faden, wenn man sie fangen will, und lassen sich an ihm von der Strömung zu einem anderen Stein hintragen; ferner wird berichtet, dass sie ein sackförmiges Gespinst herstellen, »unter welchem sie, indem sie den Kopf herausstrecken, auf Nahrung lauern«. Ihre Lebensweise erinnert also an die gewisser netzspinnender, planktonfangender Phryganiden. Die Bachbewohner spinnen mit Sand bedeckte Röhren oder Gänge, die sich oft in ungeheuren Mengen auf den Steinen im Bachbett finden. Viele Larven leben frei und machen anscheinend keinen Gebrauch von ihren Spinndrüsen, die bei ihnen vermutlich als Speicheldrüsen im Dienst der Ernährung stehen (LEATHERS 1924). Andere Larven bewohnen stehende Gewässer; einige (*Cricotopus*) sind in Coniferen-Nadeln gefunden (Taf. XII, Abb. 10, Léger und Motas 1928). Die etwa 1,5 cm langen Gallertröhren der Gattung *Psectrocladius* (Taf. XII, Abb. 6) liegen frei zwischen Spirogyra-Fäden, die häufig in die Röhrenwandung eingesponnen werden (Dorier 1933). In der glasklaren Röhre sieht man die Respirationsbewegungen ganz deutlich; die Larve bewegt sich in der an beiden Enden offenen Röhre hin und her und zieht Algenfäden hinein, um sie zu fressen. Da die Röhre nirgends befestigt ist, wandert die Larve mit ihr umher, um neue Weideplätze aufzusuchen. Doch sind die Wanderungen nur kurz, weil sie durch die Spirogyra-Fäden gehemmt werden. Wird die Larve gestört, so verlässt sie schleunigst ihr Gehäuse. Bei starkem Sonnenschein steigt die Temperatur in den Spirogyra-Massen oft sehr hoch; die kleinen, länglich-ballonförmigen Gallertgehäuse liegen dann dicht unter der Oberfläche und wölben sich wie Bläschen über die Algendecke. Sie sind in unseren mit Algen gefüllten Teichen im Juli und August sehr häufig. Die Tiere verpuppen sich in den Gehäusen. Ähnliche Formen wurden von Taylor in Miall und Hammond (1900) u. a. beschrieben (Taf. XII, Abb. 14); ferner von Knab. 1905 (Taf. XII Abb. 15).

Wenige Larven (Gattung *Trichocladius*) sind Blattminierer; ferner gibt es unter den Orthocladiinen rein terrestrische Arten, deren Larven keine Analkiemen und deren Puppen keine Prothorakalhörner besitzen sollen. Die in Blumentöpfen gefundene Larve von *Spaniotoma furcata* Kieff. kann angeblich springen wie Käsemaden. In den Kannen der Sarracenien hausen die Larven von *Metriocnemus* (*Brillia*) *Knabi* Coq. (Potthast 1921).

Man kann gelegentlich an einem Ort, den man gut zu kennen glaubt, unerwartet zahllose Individuen einer Art finden, von deren Existenz gerade dort man nichts ahnte. So stand ich an einem sonnenwarmen Frühlingstag wenige Kilometer von Hillerød an einem kleinen Waldbach mit steinigem Boden, der von wenige Zentimeter tiefem Wasser überrieselt wurde. Die Sonnenstrahlen fielen durch das Laub der alten Buchen und tanzten in hellen Flecken auf dem Bachboden. Es fiel mir auf, dass die Steine hier sonderbar silbrig glänzten; als ich mich näher herabbeugte, sah ich, dass sie mit zahlreichen, wasserhellen, etwas abgeflachten Gallertblasen bedeckt waren. Keiner der Steine war grösser als ein paar Quadratzentimeter, aber alle trugen gegen 20 solcher Blasen; jede Blase enthielt eine Chironomiden-Puppe von gleicher Form und Grösse wie die in dem Werk von Miall und Hammond (1900) abgebildeten. Die grünlichen Puppen in den vollkommen durchsichtigen Gehäusen boten einen ungewöhnlich hübschen Anblick dar; die Gehäuse wurden vom Wasser durch eine vordere und eine hintere Öffnung durchströmt. Weder vorher noch nachher habe ich diese Erscheinung wieder beobachtet; sie dauert offenbar nur ganz wenige Tage im Jahre. Wie ich später erfuhr, gehören die Puppen zur Art *Orthocladius thienemanni* Kieff. (Thienemann 1907).

Einige Arten wie z. B. *Metriocnemus martinii* Thienemann leben in dem in Baumstümpfen angesammelten Wasser zusammen mit der Mückenlarve *Finlaya geniculata* Oliv.; die Larven überwintern und können, wie Spärck (1922) berichtet, im Eis einfrieren, ohne Schaden zu nehmen.

Blattminierer (Abb. 435–436).

Jedem, der sich etwas mit Wasserpflanzen beschäftigt hat, wird wohl aufgefallen sein, wie stark ihre Blätter und Stiele von Blattminierern heimgesucht werden; man findet die Anzeichen ihrer Tätigkeit auf Potamogeton-Arten, Stratiotes, Nymphaeaceen, Sparganium, Scirpus lacustris, Glyceria, Sagittaria,

Alisma, Limnanthemum, kurz auf fast allen Süsswasserpflanzen. Nur Pflanzen mit sehr fein zerteilten Blättern (Myriophyllum, Batrachium, Ceratophyllum) beherbergen keine Minierer, da ihre Blätter hierfür zu schmal sind. Aber auch sie bleiben nicht gänzlich von den Larven verschont; die gleichen Arten, die in anderen Pflanzen minieren, heften ihre kalkbedeckten Gespinströhren an die schmalen Blätter oder kleben diese zu je zweien zusammen.

Die Blattminierer des Süsswassers gehören fast alle zur Ordnung der Di-

Abb. 435.

Abb. 436.

Abb. 435. *Tanytarsus stratiotis* Kieff. in einem *Stratiotes*-Blatt. Nach Thienemann, A. 1909.

Abb. 436. Von Chironomidenlarven angegriffene Zweige. Nat. Gr. W-L. phot.

pteren, innerhalb dieser vorzugsweise zu den Nematoceren und hier wieder ausschliesslich zu den *Chironominae*, *Tanytarsinae* und *Orthocladiinae*, deren weitaus meiste Vertreter jedoch keine Blattminierer sind. Es ist bemerkenswert, dass viele der minierenden Larven gar nicht auf das Leben in den Blättern angewiesen sind, sondern ebenso gut ausserhalb der Blätter, auf Steinen u. dgl. leben können. Keine der Arten ist anscheinend an eine bestimmte Pflanze gebunden, sondern jede kann in zahlreichen Pflanzenarten minieren. So findet sich *Glyptotendipes gripekoveni* Kieff. z. B. in Stratiotes, Potamogeton natans, P. lucens, Sparganium, ja sogar in alter Eichenrinde oder in *Plumatella*-Kolonien; ebenso kann ein und dieselbe Pflanze, z. B. Potamogeton natans, nicht weniger als 9 verschiedene Blattminierer beherbergen.

Es ist einleuchtend, dass die minierende Lebensweise dem Organismus ein besonderes Gepräge verleiht. Der Raum zwischen den zwei Blattflächen ist im allgemeinen nur eng; infolgedessen sind die meisten Minierer in Landpflanzen flachgedrückt. Das ist bei den Minierern in Wasserpflanzen nicht der Fall; jedoch macht sich die Lebensweise bei den Chironomiden-Larven in anderer Weise geltend. Sie sind gewöhnlich dünnhäutig, die Blutkiemen auf dem 11. Segment fehlen, und ihre Antennen sind vermutlich stets kurz; durch die kräftigen Zähne auf Mandibeln und Labium sind die Larven befähigt, relativ hartes Material, wie vermoderndes Holz, dicke Epidermis usw. zu bearbeiten.

Gripekoven (1921), dessen Arbeiten die hier mitgeteilten Tatsachen zum grössten Teil entnommen sind, teilt die Blattminierer in 4 Gruppen: 1) Larven, die ihre Gänge in grünen Pflanzen anlegen, 2) oberflächliche Minierer, die sich nur von der Blattoberseite her ins Blattfleisch hineingraben, aber die Unterseite intakt lassen und in lockerem Gespinst in den offenen Rinnen liegen, 3) Larven, die Gänge in Bryozoen u. dgl. graben, und 4) Larven, die entweder frei oder in den verlassenen Gängen anderer Tendipediden leben. Zwischen diesen vier Gruppen gibt es alle möglichen Übergänge; besonders die 3. Gruppe ist wohl kaum aufrecht zu erhalten. Eine der allerhäufigsten Arten, *Cricotopus brevipalpis* Kieff., fällt völlig aus dem Rahmen dieser Einteilung; sie soll für sich besprochen werden.

Die erste Gruppe umfasst die typischen Blattminierer. Um sie zu studieren, braucht man nur ein paar Blätter von Stratiotes oder Sparganium mit nach Haus zu nehmen; ein einzelnes Blatt von Stratiotes enthält nicht selten bis 50 Minengänge. Sie verlaufen stets parallel zur Längsachse des Blattes und sind ungefähr 1,5–2 cm lang. An beiden Enden des Ganges liegt eine kreisrunde Öffnung, die ohne Lupe sichtbar ist; in längeren Minen finden sich ausserdem häufig in einigem Abstand vom Vorder- oder Hinterende 1 oder 2 weitere Öffnungen, die erkennen lassen, dass diese Minen während des Wachstums der Larve verlängert worden sind. Die Minen zeichnen sich als hellere, längliche Flecke oder Streifen zwischen den Blattnerven ab; sie sind alle ungefähr gleich breit, da die Blattadern nicht angegriffen werden. Die Larven fressen das zwischen Ober- und Unterseite des Blattes liegende Mesophyll, das wohl ihre Hauptnahrung bildet. Sie liegen gewöhnlich auf der Seite und führen mit dem ganzen Körper schwingende Atembewegungen aus; dabei sind sie mit den vorderen und hinteren Hakenfüssen in der Mine verankert. Infolge der Schwingungen wird die Mine ununterbrochen von Wasser durchströmt. Die verschieden gefärbten, meist rötlichen Larven, die nebeneinander in ihren Gängen hin- und herschwingen, bieten einen hübschen Anblick. Der Vorrat von Mesophyll in der Mine ist nicht sehr gross und dürfte kaum als Nahrung ausreichen, wenn die Larve nicht von Zeit zu Zeit ihre Mine verlässt, um sich einen neuen Gang zu graben. Wir wissen jedoch darüber nichts Bestimmtes. Ihr Darmkanal enthält neben dem Mesophyll auch zahlreiche Diatomeen, die mit dem Atemwasser in die Mine gelangen. Wie Willem (1908) angibt, ernährt sich eine der in Stratiotes minierenden Arten von Plankton; die Minen sind von Seidengespinst ausgekleidet und an beiden Enden durch eine Reuse verschlossen. In der Tiefe der Reuse findet sich eine $^1/_4$ mm breite Öffnung. Der Darm der Larve enthält angeblich kein Blattgewebe, sondern Reste von Desmidiaceen, Diatomeen, Pediastrum, Nadeln von Spongilla, Rotatorien, Reste von Hydrachniden usw. Gripekoven (1921) bestreitet die Richtigkeit dieser Angaben und behauptet, dass die Tiere nicht von Plankton, sondern von Blattgewebe leben, dessen Reste massenhaft in ihrem Darm zu finden sind. Später hat Leathers (1924) beobachtet, dass die Larve von *C. lobiferus* Say, einer in Nordamerika heimischen Art, in ihren Minen ein Netz baut, das sie von Zeit zu Zeit mitsamt dem darin angesammelten Plankton frisst. Das Plankton wird von der durch die Wellenbewegung des Tieres verursachten

Wasserströmung in das Netz hineingespült. Beim Bau des Netzes helfen besonders die vorderen Hakenfüsse mit. Ungefähr alle 10 Minuten wird ein neues Netz hergestellt; das Einholen des alten Netzes mit der darin gefangenen Nahrung dauert nur wenige Sekunden. Die Tiere verpuppen sich in den Minen, die zuvor etwas erweitert werden.

Andere Arten, z. B. *Tendipes nymphaeae* Willem, leben in den Blattstielen der Wasserrosen in einer Tiefe von 1,50 m und graben in ihnen Gänge von 8–10 cm Länge. Die Larven dieser Art sind in den hiesigen Mooren sehr häufig.

Die zweite Gruppe GRIPEKOVEN's umfasst die Formen, die von der Blattoberseite aus Gänge bis an die Blattunterseite nagen; die Larven liegen also in offenen Rinnen, deren Boden und Seitenwände von Blattgewebe gebildet werden, während sie oben mit Gespinst geschlossen sind, in dem sich oft Diatomeen u. dgl. festsetzen. Die Larven sollen sich von Chlorophyll ernähren, ferner von den Diatomeen, die sich in den Gängen festsetzen (GRIPEKOVEN 1921). Hierher gehören vor allem die Arten der Gattung *Cricotopus*; am besten ist die von WILLEM (1910) beschriebene Art *C. limnanthemi* Kieff. bekannt. Ihre Larven nagen von der oberen Blattepidermis aus gewundene Furchen in das Mesophyll, ohne die untere Epidermis zu verletzen; die offenen Gänge werden mit Gespinst zugedeckt. Die Larve nagt Löcher in den Boden des Ganges, durch die das Wasser eindringen kann; häufig benagt sie auch die Seitenwände so stark, dass sie das Mesophyll ausserhalb der eigentlichen Rinne wegfrisst. Sie liegt ebenso wie die meisten dieser Chironomiden-Larven auf der Seite und bringt das Wasser durch schlängelnde Bewegung in Zirkulation.

Ein ganz eigenartiges Verfahren wendet *Cricotopus brevipalpis* Kieff. an. In fast allen mit Potamogeton natans bewachsenen Teichen oder Moorlöchern sind im Herbst die Spuren der Tätigkeit dieser Mückenlarven auf den Blättern nachzuweisen. Die Larven tragen im Herbst zusammen mit denen von *Hydrocampa* und *Glyphotaelius punctato-lineatus* zur Zerstörung der Blätter bei; *Cricotopus brevipalpis* Kieff. ist aber die bei weitem häufigste der drei Arten. Ihre Larven graben lange Gänge in den Blättern; ein Blatt beherbergt oft mehrere Larven, deren Minen der Länge nach zwischen den Blattrippen verlaufen. Sie sind mit einer braunen Masse gefüllt, die teils aus den Exkrementen der Larve, teils aus verwesender Blattsubstanz besteht; schon aus einiger Entfernung sind die Gänge sichtbar. Die Gänge bleiben noch lange erhalten, nachdem sie von den Larven verlassen sind; wenn die Blätter vermodern, bleiben ihre aufgefaserten Wände stehen. Gewöhnlich enthalten die Minen auch mehr als eine Larve. Die Larve legt im Gegensatz zu anderen minierenden Chironomiden ihre Gänge so an, dass sie nicht vom Wasser durchspült werden; sie enthalten daher kein Wasser, sondern sehr feuchte Luft; auch die den Gang ausfüllende braune Masse ist stets feucht. Die Larve hat sich tatsächlich fast ganz vom Wasser emanzipiert und atmet Luft; sie liegt daher still und macht keine schlängelnden Atembewegungen wie andere Chironomiden-Larven. Die Blätter beherbergen gleichzeitig Larven in allen Grössen und Puppen; letztere liegen in den zu Puppenkammern erweiterten Enden des Ganges. Angeblich entwickeln sich bis zu 7 Generationen im Jahre. Wenn sich der Gang mit Wasser füllt, verlässt ihn die Larve und schwimmt zu einem anderen Blatt, oder im Aquarium zur Wandung, und spinnt hier eine neue Röhre. WUNDER (1936) hat untersucht, in welchem Grad die einzelnen Pflanzenarten angegriffen werden; nach seinen Angaben wird Potamogeton lucens am stärksten von den Larven heimgesucht. Er fand in einem Liter Pflanzenmasse 40.000 Larven, die 33 ccm ausfüllten.

Gruppe 3. Wer jemals Bryozoen-Kolonien und besonders die Klumpen von

Plumatella fungosa untersucht hat, der muss die zahllosen Chironomiden-Larven bemerkt haben, die in den Kolonien Schutz und Nahrung suchen. Sie leben nicht aussen auf den Kolonien wie *Naïs proboscidea*, sondern kriechen in die Röhren hinein und bohren ihre mit Gespinst ausgekleideten Gänge quer durch die Bryozoen-Röhren hindurch. Legt man eine solche Kolonie in Formalin oder Alkohol, so fallen Hunderte von Mückenlarven heraus. Die Larven gehören hauptsächlich zur Gattung *Orthocladius*, aber auch die Gruppe der Tendipedinen ist vertreten. Die Puppen der letztgenannten mit ihren grossen, gefiederten Prothorakalhörnern liegen häufig an der Oberfläche der Kolonie, oder sie strecken den Vorderkörper heraus und schwingen ihn hin und her.

Ähnlich leben die in Spongillen hausenden Chironomiden-Larven; die von PAGAST (1934) beschriebene, aus Russland stammende Art *Xenochironomus xenolabis* Kieff. ist der einzige europäische Vertreter der Gattung *Xenochironomus*. Der Darm der Larve ist mit Spongillennadeln gefüllt. Auch hierzulande enthalten die grossen Spongilliden häufig zahlreiche Chironomiden-Larven; es steht jedoch nicht fest, ob sie zur selben Art gehören.

Eine andere Gruppe von Orthocladiinen-Larven lebt unter Baumrinde (Abb. 436). Wenn durch Sturm oder Eisgang Bäume ins Wasser gestürzt worden sind, trägt die Innenseite der abgelösten Rinde zahlreiche blutrote Chironomiden-Larven. Ist das Holz unter der Rinde morsch genug, so wird es von den Larven zernagt; seine Oberfläche ist dann von zahllosen, längs verlaufenden Gängen durchfurcht, die durch Kiele voneinander getrennt sind. In den Gängen liegen zahlreiche Chironomiden-Larven, die sich von dem morschen Holz ernähren und sicher mit zum Zerfall der gestürzten Bäume beitragen.

Vieles im Leben der minierenden Chironomiden ist noch in Dunkel gehüllt und vielleicht noch mehr völlig unbekannt. Vor allem scheint es, als ob viele von ihnen keineswegs auf die minierende Lebensweise angewiesen sind, sondern ebenso gut ausserhalb der Blätter und Stiele in freiliegenden Gespinsten leben können. Die meisten Minierer in Süsswasserpflanzen werden ohnedies im Herbst frei, wenn die Pflanzen vermodern und zu Boden sinken; dann öffnen sich die Minen infolge der Verwesung und die Larven sind genötigt, sie zu verlassen. Sie leben dann wahrscheinlich entweder frei auf dem Schlammboden oder in Gespinsten; manche Larven überwintern auch in den Minen in den halbverfaulten Blättern. Vielleicht gehört hierher die merkwürdige, von THIENEMANN (1921a) beschriebene Gallertcyste (Taf. XII, Abb. 3). Da manche dieser Arten mehrere Generationen im Jahr hervorbringen, ist es wohl möglich, dass die Wintergeneration ein anderes Leben führt als die minierenden Sommergenerationen. Bisher ist aber weder hierüber, noch über die Art und Weise, wie die Puppen der Wintergeneration die Oberfläche erreichen, etwas Genaueres bekannt.

Salzwasser-Chironomiden.

Obwohl dieses Buch von Süsswasser-Insekten handelt, müssen wir hier auch die Salzwasser-Chironomiden besprechen, umsomehr da mehrere der häufigsten Arten sowohl im Süsswasser wie im Salzwasser vorkommen. Andrerseits bilden die Chironomiden so ziemlich die einzige Gruppe der Insekten, die imstande gewesen ist, sich zu wirklichen Meeresbewohnern umzuwandeln; ja, ein Mitglied der Familie verlebt alle Stadien seines Daseins im Meer, ohne es jemals zu verlassen.

Im übrigen muss man scharf zwischen den Chironomiden der Salzseen und Salzsümpfe einerseits und denen des Brackwassers und des eigentlichen Meeres andrerseits unterscheiden. Die nähere Kenntnis der Chironomiden der Salzseen verdanken wir vor allem THIENEMANN (1921b, 1936a u. a.) und seinen Studien über die Salzwasserfauna Westfalens. Unter den Mücken stellen die Unterfamilien der Chironominen und Orthocladiinen, namentlich Arten der *Halophilus*- und *Salinarius*-Gruppe, neben einigen Ceratopogoniden die wichtigsten Vertreter der Salzwasserfauna dar. Die Larven sind im allgemeinen ziemlich gross und haben wie alle Salzwasserformen keine oder schwach entwickelte Blutkiemen. Sie vertragen eine Salzkonzentration von 0,5–1 $^0/_0$; steigt der Salzgehalt, so verschwindet die Hälfte der Arten. Bei 6 $^0/_0$ können nur 8, bei 7 $^0/_0$ nur noch 2 der hierher gehörigen Arten existieren. SUWOROW (1908) hat allerdings festgestellt, dass manche Chironomiden-Larven bei weit höherer Salzkonzentration leben können; er fand in einem asiatischen See mit einem Salzgehalt von 28,53 $^0/_0$ Larven von 5 mm Länge.

Die weitaus meisten der Salzwasserarten sind eigentlich im Süsswasser heimisch oder kommen hier jedenfalls regelmässig vor; nur ganz verschwindend wenige Arten, wie z. B. *Trichocladius halophilus* in Westfalen, sind ausgesprochene Salzwasserbewohner und leben ausschliesslich in Salzseen und Salzsümpfen (Halobien). Die genannte Art ist zugleich die einzige, die sowohl in Salzseen wie im Meere vorkommt. Aus vielen verschiedenen Gegenden der Erde liegen Berichte über Funde von Chironomiden in Salzseen vor; die betreffenden Arten gehören sicher ebenso wie *Ephydra, Artemia* u. a. zum festen Bestand der Fauna derartiger Seen, aber nur die wenigsten von ihnen sind bisher eingehender untersucht worden.

Die meisten der marinen Chironomiden leben in Meeresbuchten oder Haffen mit geringer Tiefe und schwachem Salzgehalt. An solchen Orten können die Tiere eine grosse Rolle spielen, wenn sie zu Milliarden vom seichten Boden hervorkommen; sie stechen zwar nicht, bilden aber durch ihre Menge eine unleidliche Plage für Menschen und Tiere. Die Schwärme stehen wie Wolken über der Landschaft und bedecken Häuser und Zäune mit einer schwärzlichen Schicht. Nicht jedes Jahr erscheinen so ungeheure Schwärme; ihr Auftreten ist nur für Hühner und Enten, vielleicht auch für wilde Vögel wie z. B. Stare, erfreulich. Es handelt sich dabei um dieselbe Art, *C. plumosus* L., die auch im Süsswasser vorkommt. Die einzelnen Stämme von *C. plumosus* L. haben anscheinend nicht überall dieselbe Schwärmzeit; an den Haffen schwärmen sie in der zweiten Hälfte Juli, auf Öland im Juni, am Plöner See im Herbst und am Müggelsee während des ganzen Sommers vom Frühjahr bis zum Herbst.

THIENEMANN (1936a), von dem diese Mitteilungen stammen, gibt an, dass *C. plumosus* L. die Hauptform der Nord- und Ostsee ist; daneben kommen einige andere Arten vor. Die Orthocladiinen sind dort nur schwach vertreten, die Tanypodinen noch weniger; unter den letzteren gibt es keine echten Salzwasserarten.

Auch aus anderen Gegenden wird über Chironomiden-Plage berichtet, besonders von der Zuidersee (KRUSEMANN 1933) und vom Kaspi-Aral-Bassin (*C. behningi* Goetgh.).

Fast alle ausgesprochen marinen Formen gehören zu den Orthocladiinen. Mehrere Arten dieser Gruppe wurden an den amerikanischen und europäischen Küsten gefunden und als Angehörige der Gattungen *Orthocladius, Trichocladius* und *Camptocladius* bestimmt. Ihre Larven leben auf Felsen und in der Brandungszone der Küste und unterscheiden sich nicht besonders von den Formen des Süsswassers. Zur Paarung fliegen nicht die Weibchen in die Schwärme der Männchen hinein, sondern die Männchen suchen die auf den Felsen sitzenden Weibchen auf; hier findet auch die Begattung statt.

Von weit grösserem Interesse ist die Gattung *Clunio* und die ihr verwandten Gattungen, die oft zu einer besonderen Unterfamilie, den *Clunioninae*, zusammengefasst werden. Die Arten dieser Gruppe sind ausgesprochen marin; ihre Lebensweise unterscheidet sich in allen Stadien ihres Daseins von der anderer Chironomiden und verleiht ihnen ein eigenartiges Gepräge. Die Sohlen der Tarsen sind behaart, sodass die Mücken auf ihnen über die Wasserfläche hingleiten können; die Flügel sind häufig rückgebildet oder fehlen ganz. Die Antennen der Männchen gleichen denen der Weibchen und sind nicht gefiedert; das hängt wohl damit zusammen, dass sich die Tiere nicht in der Luft, sondern auf der Erde paaren. Auch die geflügelten Formen fliegen nicht gut, sondern schlittern gewissermassen über das Wasser hin; manche Arten wurden unter Wasser in *Mytilus*-Kolonien gefunden. Die Männchen der Hauptgattung *Clunio* haben kurze Flügel, die Weibchen gar keine. Die Larven unterscheiden sich von denen aller anderen Chironomiden durch die Anordnung der Haken auf den Nachschiebern, die nicht in konzentrischen Kreisen, sondern in unregelmässigen Haufen mit abwärts gerichteten Spitzen stehen (THIENEMANN 1921b). *Clunio* und verwandte Gattungen sind in der Brandungszone der Küsten von Europa, der Kanarischen Inseln, der Galapagos-Inseln, von Californien und Süd-Georgien heimisch, also in den verschiedensten Gegenden der Erde.

Die merkwürdigste aller Chironomiden, *Pontomyia natans* Edw., wurde von BUXTON in einer Lagune auf Samoa gefunden und von EDWARDS (1926) (Taf. XII, Abb. 7–8) beschrieben. Das Männchen hat lange, unbehaarte Antennen und gut entwickelte, behaarte Vorderbeine; Klauen fehlen; das zweite Beinpaar ist ganz kurz und trägt eigentümlich geformte Klauen, das dritte Beinpaar wieder sehr lang. Die Flügel sind kurz und verkrüppelt. Die äusseren Geschlechtsorgane sind um 180° gedreht. Das Weibchen ist madenartig, ohne eine Spur von Mundteilen oder Antennen; die 3 Thoraxsegmente sind miteinander verschmolzen, Flügel und Vorderbeine fehlen vollständig. Die Mittel- und Hinterbeine sind äusserst kurz, rudimentär; die Stigmen wohl kaum funktionsfähig; das letzte Abdominalsegment ist stark chitinisiert und trägt zwei kleine, abwärts gerichtete Cerci. Die Larven haben ebenso wie alle anderen echten Meeres-Chironomiden keine Blutkiemen und die Puppen keine Prothorakalhörner. Die Tiere leben in der Lagune ausschliesslich auf Halophila-Vegetation. Die Männchen sind aktive Schwimmer; sie rudern dabei nicht mit den Flügeln, sondern mit den Beinen. Das Weibchen bleibt vermutlich zeitlebens in seiner Schlammröhre; es streckt nur das chitinisierte Hinterende aus dem Wasser heraus, um begattet zu werden. Die Larven leben in sehr gebrechlichen Schlammröhren auf den Halophila-Pflanzen und verpuppen sich auch in ihnen; die Weibchen verlassen offenbar die Röhren überhaupt nicht. Die Eier kennt man nicht. *Pontomyia natans* Edw. verlässt also anscheinend das Meer in keinem Stadium ihres Lebens, und ihre Weibchen führen ein völlig submerses Dasein. Die Art steht wahrscheinlich den Orthocladiinen nahe.

Landformen.

Die Larven einiger Arten der Orthocladiinen, besonders aus der Gattung *Phaenocladius*, sind als terrestrisch zu bezeichnen; viele gehören zur sogenannten hygropetrischen Fauna, die meisten leben aber in feuchtem Moos, auf feuchter Erde oder feuchten Wiesen. Sie sind im ganzen noch recht wenig bekannt; erst durch die Arbeiten von THIENEMANN und KRÜGER (1939a) haben wir etwas mehr von ihnen erfahren. LENZ hat schon 1923 bemerkt, dass die Lebensweise der terrestrischen Larven sich in ihrem Bau zu erkennen gibt; ihre Cuticula ist dick, die vorderen und hinteren Hakenfüsse sind ebenso wie die Analkiemen retraktil, die Mandibeln zu Grabwerkzeugen umgewandelt. Neuerdings haben THIENEMANN und KRÜGER (1939a) terrestrische Chironomiden-Larven aus verschiedenen Gegenden Europas beschrieben; unter ihnen zeichnet sich *Pseudosmittia trilobata* Edw. dadurch aus, dass jeder der präanalen Borstenträger nur eine einzige Borste trägt, die aber $^1/_4$ bis $^1/_2$ mal so lang ist wie der ganze Körper. Auch durch ihre sehr eigentümlich gestalteten Antennen weicht diese Form von allen anderen Chironomiden-Larven ab. THIENEMANN und KRÜGER (1937) haben auch andere terrestrische Larven beschrieben, u. a. aus Lappland.

Kalkbildner und Kalkzerstörer. (Abb. 437—438).

THIENEMANN (1933–1934) hat festgestellt, dass manche Chironomiden-Larven Kalk ausscheiden und dadurch gesteinsbildend wirken. Er fand in Bächen bei Partenkirchen Kalkablagerungen, die von den Larven einer Chironomide, *Lithotanytarsus* (Abb. 437–438) herrühren; er bezeichnet sie als Chironomiden-Tuffe. Die Larven spinnen Röhren, zwischen denen sich der ausgeschiedene Kalk niederschlägt, sodass die Gehäuse verkalken. Vor der Verpuppung löst die Larve ihre Röhre von der Unterlage ab und umgibt sie mit einem Gespinstkragen, der später durch einen Deckel verschlossen wird; auch diese Stücke verkalken. Die Röhren liegen dicht nebeneinander, die älteren Stücke in die Kalkmasse eingebettet, während der kragenförmige Teil herausragt. Auf Abb. 437 sieht man die gewundene Röhre, den Kragen und die Öffnung. Die Fähigkeit der Larven zur Gesteinsbildung beruht also auf der Tätigkeit ihrer Spinndrüsen, d. h. auf deren Sekret. In der Kalkmasse sind auf Querschnitten hellere und dunklere Linien bemerkbar, die als Jahresringe gedeutet werden; die hellen Partien rühren von Perioden mit reichlicher Kalkablagerung und geringerer Larventätigkeit, die dunkleren von Perioden mit geringer Kalkabsonderung und lebhafterer Larventätigkeit her. Der jährliche Zuwachs beträgt 2–5 mm; die dicksten Kalkkrusten sind 1–2 cm dick. Alte, dicke Krusten werden von der Strömung zerbrochen und weiter flussabwärts wieder abgelagert. Bei Behandlung des Kalksteins mit verdünnter Salzsäure bleibt eine weiche, bräunliche Masse übrig, die sich wie ein Badeschwamm zusammendrücken lässt; das sind die Gespinste, aus denen die Röhren bestanden.

Die Chironomiden-Larven tragen indessen in weit höherem Grad zur Auflösung des Gesteins als zu seiner Entstehung bei. Schon seit der Mitte des vorigen Jahrhunderts kannte man die sog. »Galets sculptés«, gefurchte und durchlöcherte Kalksteine, von den Ufern der Schweizer Seen; sie wurden sowohl in der Schweiz wie hierzulande (W-L. 1901, BOYSEN JENSEN 1909) eingehend untersucht; FOREL widmete ihnen in seinem Hauptwerk »Le Leman« ein besonderes Kapitel. Über die Entstehung der »Galets sculptés« bestanden zwei Theorien: Nach der Meinung von FOREL (1877–79), SCHRÖTER und KIRCHNER (1896) u. a. entstehen die Furchen durch die Tätigkeit von Tieren, vor allem Chironomiden und Phryganiden (*Tinodes*), nach C. VOGT (1878), CHODAT (1898) und MARC LE ROUX (1907) durch die Einwirkung von Algen.

Ich selbst nahm (1901) eine Mittelstellung zwischen den beiden Ansichten ein und vertrete meine Auffassung auch heute noch. BOYSEN JENSEN hebt in seiner 1909 erschienenen Arbeit über Steinkorrosion am Ufer des Furesees hervor, dass man, wie schon Ule (1901) bemerkt hat, streng zwischen Inkrustation und Korrosion unterscheiden muss, da es sich hierbei um zwei durchaus verschiedene Phänomene handelt.

In unseren kalkreichen Seen sind besonders im Herbst die in der Wasserlinie am Ufer liegenden Steine häufig mit einer bis 1 cm dicken Kalkschicht bedeckt, auf der zahlreiche Rivulariaceen-Kugeln, hauptsächlich wohl Gloiotrichia pisum, sitzen. Diese Algen bilden Kalkkrusten, indem sie bei ihrer Kohlensäureassimilation kohlensauren Kalk ausscheiden. Die Steine sind unter der Kruste dicht gefurcht; kratzt man den Belag von den Furchen ab, so erscheinen sie blaugrün. Boysen Jensen wies nach, dass eine zu den Nostocaceen gehörende Blaualge den Stein korrodiert und den Kalk der Steine pulverisiert. Die Alge setzt diese Tätigkeit fort, solange sie durch die Kruste vor Licht geschützt ist; wird aber die Kruste durch Wind oder Eis zerstört, so sterben die Algen ab, während die Furchen im Stein bleiben.

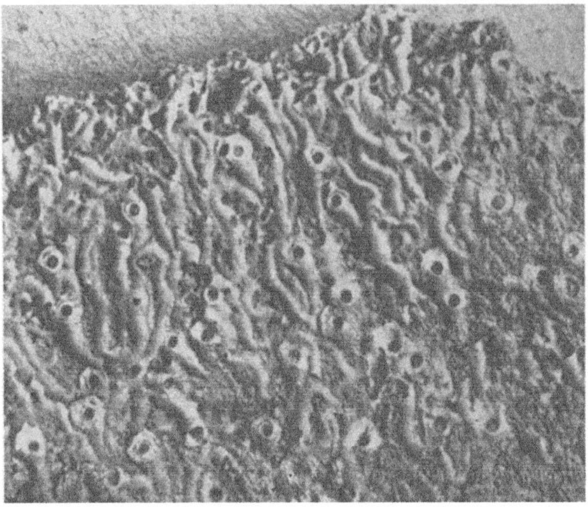

Abb. 437.

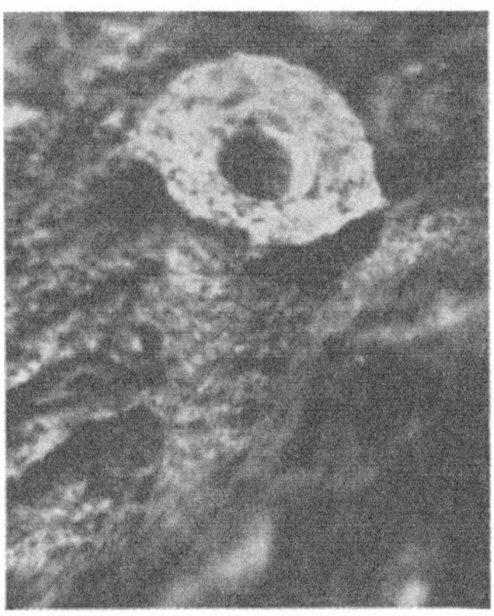

Abb. 438.

Abb. 437. *Lithotanytarsus emarginatus* Goetgh. Eine gesteinsbildende Chironomide. Tuffstück aus einem Bach. Schwach vergr.

Abb. 438. Vorderende eines verlassenen Puppengehäuses. Vergr. Beide nach Thienemann, A. 1934.

Ich hatte schon seit langem meine Aufmerksamkeit auf das reiche Tierleben in diesen Kalkkrusten gerichtet; jedoch kam ich niemals dazu, es zu schildern, weil die inkrustierten Steine, wie schon Boysen Jensen (1909) bemerkte, in unseren Seen immer seltener werden und jetzt fast verschwunden sind. Das liegt z. T. daran, dass wir in den Jahren 1930–39 keinen strengen Frost gehabt haben; daher wurden die Kalkinkrustationen nicht durch Eis abgeschliffen, und ebenso wenig wurden neue Kalksteine durch Eis ans Ufer befördert. Ausserdem wird die aus Diatomeen (Tabellaria fenestrata), Rivulariaceen usw. bestehende Steinflora infolge der zunehmenden Verunreinigung unserer Seen mehr und mehr durch grüne Fadenalgen verdrängt; sie bedecken die Steine mit dezimeterlangen, breiten, schleimigen Bändern und unterdrücken die früher in den Kalkkrusten lebende Fauna vollständig. Wenn ich meine alten Aufzeichnungen aus den Jahren 1898–1908 durchsehe, stelle ich mit Bedauern fest, wie viel davon niemals eingehender untersucht worden ist. Die Kalkkrusten und die Furchen unter ihnen beherbergten ein unglaublich reiches Tierleben; in meiner Arbeit über die Brandungsfauna (1908) wurde vor allem die ungeheure Menge der grossen, tiefroten, fast violetten Chironomiden-Larven hervorgehoben. Sie sassen um die Kalkpfeiler der Krusten gewickelt und lebten hier zusammen mit *Parnus, Helophorus, Platambus maculatus* L. und seinen Larven, *Tinodes waeneri* L., *Gammarus pulex*, Copepoden, Ostracoden, verschiedenen Planarien, *Stylaria proboscidea, Leptocerus fulvus* Rbr., *Polycentropus flavomaculatus* Pict., *Plectrocnemia conspersa* Curt. und vielen anderen.

Die meisten dieser Tiere leben in Löchern und Gängen der Kalkkrusten, die mit den durch die Algen gebildeten Furchen im Stein in direkter Verbindung stehen. Die Hohlräume sind z. T. mit Kalkstaub gefüllt; er geht ohne Grenze in die lockere, blaugrüne, von den Algen bewohnte Schicht über, die Boden und Seitenwände der Furchen bedeckt. Die Tiere ernähren sich wahrscheinlich von dem mit Algen durchsetzten Kalkstaub; die Algen bilden sicher ihre Hauptnahrung. Wenn die Steine im Frühjahr durch Eisgang abgekratzt werden, entsteht hinter ihnen ein meterbreiter Gürtel von blaugrünem Sand, in dem sich die Fauna der Kalkkrusten mit den Bewohnern der Sandstrand-Zone (*Bledius, Dyschirius* usw.) mischt.

Im zeitigen Frühjahr enthält fast jede Furche der Kalksteine eine Mückenlarve, und zwar nicht die grossen, roten Chironomiden, sondern viel kleinere, meist grünliche, braungrüne oder weissliche Larven, die wahrscheinlich zur Gruppe der Tanytarsinen oder Orthocladiinen gehören. Die Larven liegen in ihren Gespinsten und fressen die im lockeren Kalkschlamm der Furchen enthaltenen Algen.

Alle diese Insektenlarven und ganz besonders die Chironomiden-Larven tragen durch ihre grabende und nagende Tätigkeit in dem von den Algen aufgelösten Kalk wohl am stärksten zum Zerbröckeln der Kalksteine bei und vermehren somit den Kalkgehalt des Seebodens, auf dem der Kalkschlamm schliesslich durch die Strömung abgelagert wird.

In einem Lande mit so kalkhaltigem Untergrund wie Dänemark ist natürlich auch der Kalkgehalt des Seebodens gross. Bei der Kohlensäure-Assimilation der Pflanzen werden nicht geringe Mengen Kalk frei und bilden einen dicken Niederschlag auf den Blättern. In manchen Seen sind die Blätter von Potamogeton lucens und P. perfoliatus mit einer dicken Kalkkruste bedeckt; wenn die Blätter vertrocknen, bleibt sie als grauweisser Fladen übrig, in dem jede Zelle mit ihrer Spaltöffnung noch erkennbar ist. Auch in diesen Kalkablagerungen regt sich ein reiches Tierleben, in dem Nematoden und Chironomiden vorherrschen. Die ersteren sondern grosse Mengen Schleim ab, letztere spinnen im Kalkstaub Röhren und Gänge und tragen dadurch zu seiner Bindung bei. Wenn man die Pflanzen schüttelt, fällt der Kalkstaub mitsamt den Tieren ab. Sammelt man das abgeschüttelte Material und bringt es in ein belichtetes Aquarium, so suchen Nematoden und Chironomiden die Lichtseite auf und bilden hier im Laufe von 24 Stunden einen dicken Gallertrand, in dem sie nebeneinander leben. Die Chironomiden bedecken in kurzer Zeit die Wand des Aquariums mit Tausenden von Gespinströhren. Nach Untersuchungen von Spärck leben in der Kalkrinde mehrere Arten von Chironomiden, und zwar als Hauptart wahrscheinlich *Glyptotendipes gripekoveni* Kieff., die auch der wichtigste Minierer in den Kalkkrusten ist, ferner eine *Tanytarsus*-Art, wahrscheinlich *Calopsectra capucina*, und eine *Orthocladius*-Art; die beiden letzteren bauen Röhren in den Unebenheiten des Kalküberzuges. Nach meinen Erfahrungen kommen keine Blattminierer in diesen Pflanzen vor. Im Herbst sinkt die Blattmasse zu Boden; die vom Kalküberzug beschwerten Pflanzen senken sich in grossen Bogen gegen den Seegrund. Im November und Dezember ist die Blattmasse fast völlig vermodert; sie enthält dann Unmengen von Chironomiden, die im Laufe des Winters frei werden und durch Wind und Strömung in die Anschwemmungen am Ufer gelangen. Ich möchte annehmen, dass sich die Tiere hier verpuppen, und dass hier auch im Frühjahr die Imagines ausschlüpfen, wenn sich die Uferzone erwärmt; etwas Bestimmtes hierüber weiss man jedoch nicht.

Kommensalen und Parasiten.

Während meiner Trematoden-Studien fand ich nicht selten auf den Schalen der untersuchten Schnecken, besonders *Limnaea stagnalis* und *L. ovata*, Chironomiden-Larven, die zuweilen auch in dem Raum zwischen Schale und Schnecke herumkrochen.

Pelseneer hat schon 1920 *Chironomus*-Larven in der Mantelhöhle von *Physa fontinalis* und *Limnaea auricularia* beobachtet; die Larven nagen hier an den Weichteilen der Schnecke und fressen sie gelegentlich ganz auf. In anderen Fällen überlebt jedoch die Schnecke den Angriff der Larve. Edwards (1929) erwähnt einen ähnlichen Fund auf *Limnaea peregra.* Mathias und Boule (1933) machen etwas ausführlichere Angaben; sie fanden in Frankreich an zwei Stellen Chironomiden-Larven in *Limnaea limosa,* und zwar im März und Mai. Die Schnecken waren stark von Larven angegriffen, die in der Leber sassen und an ihr frassen; die Parasiten führen meistens den Tod der Schnecke herbei. Die Larven bauen keine Gehäuse, solange sie in der Schnecke leben, sondern erst, nachdem sie sie verlassen haben; dann spinnen sie aussen auf der Schneckenschale eine Röhre, in der sie sich verpuppen. Die Larven haben angeblich 3 Paar Augenflecken, was von keiner anderen Chironomiden-Larve bekannt ist. Die Prothorakalhörner der Puppe sind stark verzweigt.

Im Jahre 1938 erschien eine Arbeit von van Benthem-Jutting mit vorzüglichen Abbildungen von Chironomiden, die sie als konstante Schmarotzer in *Physa fontinalis* an zwei Stellen in Nord-Holland gefunden hatte; an anderen Orten wurden keine Mückenlarven in Schnecken beobachtet. Ihr Mitarbeiter Veen stellte fest, dass Larven, die eine *Physa* treffen, sofort auf sie kriechen, obwohl sich die Schnecke so gut wie möglich zu verteidigen sucht. Nimmt man die Larven von der *Physa* ab und setzt sie neben kleine *Limnaea stagnalis,* so kriechen sie zwar zuerst auf die *Limnaea,* verlassen sie aber bald wieder; wenn die Larven ihre *Physa* wiederfinden, richten sie sich in ihr häuslich ein. Benthem-Jutting beobachtete eine Schnecke, die sich ganz in ihre Schale zurückgezogen hatte; die Schale war durch das Gespinst einer Mückenlarve an einem Hippuris-Blatt befestigt. Die Schnecke konnte sich nicht befreien; die meisten Zipfel des Mantelrandes fehlten, und der Fuss war missgestaltet. Die Larve spann darauf ein Netz über die Schalenöffnung und benagte die Weichteile der Schnecke, die schliesslich zugrunde ging; die Larve verpuppte sich in der Schneckenschale. Es gelang, aus der Puppe die Imago zu züchten; sie wurde von Lenz als *Parachironomus varus* Goetgh. bestimmt. Die anderen Arten der Gattung spinnen Röhren auf Wasserpflanzen. Ausser der genannten Literatur liegen kurze Mitteilungen über Chironomiden-Larven in Süsswasserschnecken von Barnard (1911) und Hoffmann (1931) vor.

Chironomiden-Larven schmarotzen aber nicht nur in Schnecken, sondern auch auf Insekten. In den letzten Jahren wurden in verschiedenen Gegenden der Erde, z. B. in Neu-Seeland und Colorado, Chironomiden auf Blepharoceriden- und Ephemeriden-Larven gefunden. TONNOIR (1922) beschreibt eine Chironomide, *Dactylocladius commensalis* Tonnoir, die in Neu-Seeland auf Blepharoceriden lebt, besonders auf *Neocurupira hudsoni*; die Larve rollt sich gewöhnlich um die Saugnäpfe oder bewegt sich zwischen ihnen. Vor der Verpuppung scheidet sie eine gallertige Masse aus und bildet daraus ein dünnwandiges Puppengehäuse, das quer zur Längsachse des Wirtstieres liegt. Eine Blepharoceriden-Larve beherbergt selten mehr als eine, keinesfalls mehr als drei Chironomiden-Larven. Die Mücken schlüpfen früher aus als die Imagines der Blepharoceriden. Man weiss bisher nicht, wie die Chironomiden im schäumenden Wasser auf die Blepharoceriden gelangen; ebenso wenig steht fest, ob sie eigentliche Parasiten oder Kommensalen sind. Die zitronengelbe Larve wird 5 mm lang; den Puppen fehlen Prothorakalhörner und Schwanzflossen.

Im gleichen Jahr wie TONNOIR fand CLAASSEN (1922) in Colorado eine Chironomiden-Larve unter den Flügelscheiden der Ephemeride *Rhithrogena*; er benannte sie *Symbiocladius rhithrogenae.* CODREANU beschrieb 1925 eine andere Chironomiden-Larve aus Rumänien, *Trissocladius* (= *Symbiocladius*), die gleichfalls unter den Flügelscheiden einer *Rhithrogena* schmarotzt. Schliesslich fand DORIER (1926) (Taf. XII, Abb. 4–5) in Frankreich eine Chironomide, *Dactylocladius brevipalpis* Goetgh. auf der Ephemeride *Rhithrogena semicolorata* Curt. Mehr als 55 $^0/_0$ der Ephemeriden waren infiziert. Die Larven werden nicht mehr als 1–2 mm lang; sie leben unter den Flügelscheiden der Ephemeriden in Gespinströhren, die senkrecht auf dem Körper der Eintagsfliegenlarve sitzen. Vor der Verpuppung spinnen sie einen Sack, der weit über den hinteren Rand der Flügelscheide hinausragt. TONNOIR gibt an, dass er auch auf *Ecdyurus* schmarotzende Chironomiden-Larven gefunden habe; er behauptet, dass »beaucoup d'observateurs« Chironomiden-Larven auf den Kiemen von *Ephemera vulgata* L. gesehen hätten (SULC und ZAVREL 1924). Indessen hat erst CODREANU (1939) diese Tiere eingehender studiert. Sie gehören sämtlich zu den Orthocladiinen.

Simuloidea (Melusinoidea, Kriebelmücken).

Kleine, plumpe Mücken mit hoch gewölbtem Mesothorax und breiten, kurzen Flügeln, die in der Ruhe gewöhnlich dachförmig getragen werden. Stechende Mundteile, kurze Fühler. Die Larven leben aquatisch in fliessenden Gewässern; sie sind eucephal, schlank, ihre 3–4 letzten Abdominalsegmente keulenförmig geschwollen. Strudelapparate. Thoraxsegmente getrennt; der Prothorax trägt einen Fussstummel. Letztes Abdominalsegment mit Haftscheibe. Die Puppe lebt in einem vorn offenen, tütenförmigen Gespinst, das an festen Gegenständen angebracht wird; sie besitzt büschelförmige, prothorakale Atemröhren.

Die Kriebelmücken gehören ebenso wie die Culiciden (Stechmücken) zu den sog. »geographischen Tieren«, die bestimmenden Einfluss auf das Halten von Viehherden und den Zug der Renntiere ausüben und selbst in das Leben von Menschenrassen eingreifen können. Zur Zeit der Kaiserin Maria Theresia sprach man in ganz Europa von den ungeheuren Verwüstungen, die die kleine Columbakzer Mücke am Vieh auf den ungarischen Steppen, besonders in der Nähe der Donau und ihrer Nebenflüsse, anrichtete. Es wird erzählt, dass die Mücken zuweilen wie eine mehrere Meter hohe Nebelwand über der Donau stehen; wenn ihre vom Wind getragenen Schwärme auf Viehherden treffen, werfen sie sich in rasendem Blutdurst auf die Rinder. Ähnliche Berichte liegen aus Lappland und Nordamerika vor, wo die Kriebelmücken unter dem Namen Buffalo-Gnats ebenso wohlbekannt wie verhasst sind; nicht weniger fürchterlich lauten Mitteilungen aus dem Feuerland, aus Assam, Pondichery, Brasilien, kurz, aus nahezu der ganzen Welt, nur nicht oder wenigstens nicht in besonderem Grad aus dem nördlichen Teil von Mitteleuropa. Hornvieh und Pferde sind den Angriffen stets stärker ausgesetzt als Menschen, aber auch Esel, Ziegen, Schafe und Schweine werden angegriffen. Im Jahre 1882 haben die Mücken angeblich die Hirsche in der Gegend des Mississippi fast ausgerottet.

Nach anderen Schilderungen überfallen die Mücken den Wanderer in unfassbar enormen Mengen, verfolgen ihn, wohin er auch geht, schlüpfen zwischen Hals und Kragen oder in die Ärmel hinein und fallen vor allem die Augen an. Bei ihrer Kleinheit ist es fast unmöglich, sich durch Moskitonetze gegen sie zu schützen. In Ungarn wurde festgestellt, dass auf den Steppen in manchen Jahren Hunderte von Pferden, Kühen und Schweinen durch die Mücken getötet werden; in Rumänien, Serbien und Bulgarien starben im Frühjahr 1923 etwa 20.000 Stück Haustiere. Manche Tiere sterben im Laufe einer halben Stunde, die meisten im Verlauf von ein paar Tagen. »The State entomological Department« in Nordamerika (JOHANNSEN 1903) berichtet, dass sich 1874 der Verlust an Rindern und Pferden allein im Staate Tennessee auf 500.000 Dollars belief; in einzelnen Gemeinden gingen im Laufe weniger Tage mehrere Hundert Maultiere zugrunde. Die Angriffe setzen sich einige Jahre lang fort; dann hört man weniger von ihnen, bis sie wieder an Stärke zunehmen.

Abb. 439. Thorssee bei Silkeborg. W-L. phot.

Auch hierzulande sind wir nicht völlig von dieser Plage verschont geblieben; besonders schlimm wurde Skanderborg Amt heimgesucht (Abb. 439). Die ersten Mückenangriffe auf Vieh haben anscheinend 1834 stattgefunden; neue grosse Angriffe erfolgten 1878. Nach dem Bericht von SCHIØDTE an das Landwirtschaftsministerium (1839) wurden im Skanderborg Amt mehrere Stück Vieh getötet. B. BANG (1918) hat eine ziemlich grosse Anzahl von Fällen aus den folgenden Jahren zusammengestellt. In den Jahren 1914–24 traten ungeheure Schwärme an verschiedenen Orten in Jütland, aber auch auf Seeland auf; in Jütland gingen viele Stück Vieh zugrunde, allein im Gudenaa-Tal etwa 20 Stück an einem Tag. Die Angriffe veranlassten die Kgl. Dänische Gesellschaft der Wissenschaften, einen Preis für die faunistische und biologische Untersuchung unserer Kriebelmücken auszusetzen; die folgenden Tatsachen sind z. T. den beiden Bearbeitungen der Preisaufgabe (AXEL PETERSEN 1924, USSING 1925) entnommen.

In gar nicht wenigen Fällen sind auch Menschen dem Blutdurst der Mücken erlegen; nach dem Angriff von 20–30 Stück tritt Fieber bis zu 40° auf. Besonders Kinder leiden schwer unter dem Angriff der Mücken.

Die Kriebelmücken lassen sich mit Vorliebe auf allen dünnhäutigen Körperstellen nieder; hier sitzen sie zuweilen so dicht, dass sie eine förmliche Schicht bilden, die man abbürsten kann. Sie dringen vor allem in die Ohren ein, besonders an Tagen mit starkem Wind; dann kann die Innenseite der Ohren völlig von dicht nebeneinandersitzenden, kleinen, blut-roten Flecken, den mit Blut gefüllten Mücken, bedeckt sein. An feuchtwarmen Tagen mit bedecktem Himmel kann man an den Ohren das regelmässige Ein- und Ausfliegen der Mücken beobachten. Sie werfen sich ferner auf die Augenlider der Pferde oder dringen tief in Nasenlöcher und Schlund ein. Auf den Hügeln am Julsee sah ich, wie die Kühe an warmen, sonnigen Tagen die Zunge stundenlang, regelmässig wie ein Uhrwerk, immer wieder erst in das eine, dann in das andere Nasenloch steckten. Auch die Bindehaut der Augen wird häufig befallen. Die Tiere werden rasend, gehen durch und sterben nach starken Angriffen.

Es scheint unbegreiflich, dass so kleine Insekten in oft recht beschränkter Anzahl imstande sind, so grosse Tiere wie Rinder und Pferde zu töten. Dabei handelt es sich nicht, wie bei vielen durch Insekten übertragenen Krankheiten, um eine Infektion. Das Krankheitsbild ist fast immer dasselbe: grosse Schwäche, schwankender Gang, starkes Herzklopfen, kleiner, schneller Puls, beschleunigte Atmung, Schwellung der Schlundregion, Herzlähmung und in schweren Fällen völlige Unfähigkeit zu gehen. Die Mücken geben zweifellos ein Gift ab, das besonders auf die Herznerven wirkt (Bang 1918).

Es wurde mehrfach vermutet, dass manche Infektionskrankheiten durch Simulien übertragen werden können; man glaubt jedoch, dass das bestimmt nicht für Malaria, Schlafkrankheit oder Pellagra zutrifft. Dagegen steht es fest, dass *Simulium damnosum* Theob. in Afrika eine Filariide, *Onchocerca volvulus* überträgt, die beim Menschen eine Hautkrankheit, Onchocercose (Craw-Craw) hervorruft (Brumpt 1936). Ausserdem werden Protozoen durch Simulien auf Enten und Truthühner übertragen.

Die 1,5–3 mm langen, plumpen Mücken (Abb. 440) sind gewöhnlich dunkel gefärbt, die Weibchen haben oft messinggelbe oder weissliche Behaarung auf dem buckligen Thorax und dem Hinterleib. Die Vorderbrust trägt häufig längere, metallisch glänzende Haare, die bewirken, dass man bei den Schwärmen gewisser Arten beim Anblick von der Seite her einen warmen, bronzefarbenen Schimmer wahrnimmt, wenn sie von der Sonne beschienen werden. Die Augen sind oft zweiteilig und die Facetten der beiden Abteilungen von verschiedener Grösse; die Augen der Männchen stossen in der Mitte zusammen. Die Mundteile sind bei beiden Geschlechtern gleich und als Stech- und Schneideinstrumente ausgebildet. Der Rüssel ist kurz, aber sehr kräftig. Mandibeln und Kiefer besitzen gezackte, schneidende Ränder; beim Weibchen sind sie weit stärker als beim Männchen. Mandibeln und Maxillen sind breite, flache Klingen, grundverschieden von den feinen Stiletten der Stechmücken, und können sehr breite Wunden hervorrufen; daher bluten die Stiche der Simulien meistens stark, was die der Culiciden im allgemeinen nicht tun. Die Flügel sind merkwürdig hoch und breit und werden in der Ruhe gewöhnlich dachartig gegeneinander gelegt (Abb. 440). Die Füsse tragen sehr kräftige Klauen. Die äusseren Geschlechtsorgane der Männchen bilden wichtige Artmerkmale. Der Hinterleib kann ebenso wie bei anderen Blutsaugern sowohl vertikal wie transversal zusammengefaltet werden, wenn der Darmkanal leer ist, und sich ballonförmig ausdehnen, wenn sich der Darm füllt. Das eingesaugte Blut fliesst sofort in den aufgeblasenen Kropf (Abb. 441), der durch einen langen Ausführgang mit der Speiseröhre verbunden ist. Später wird das Blut in den Magen hineingepumpt (Cox 1939). Man hat oft nach Mitteln gegen die Angriffe der Kriebelmücken gesucht; so wird z. B. angegeben, dass man die Haut mit Flüssigkeiten einreiben soll, deren Geruch den Mücken unangenehm ist, dass man das Vieh im Stall halten und oft in frischem Wasser baden lassen soll. Die ungarischen Bauern zünden auf der Steppe Feuer an, weil der Rauch die Mücken vertreibt.

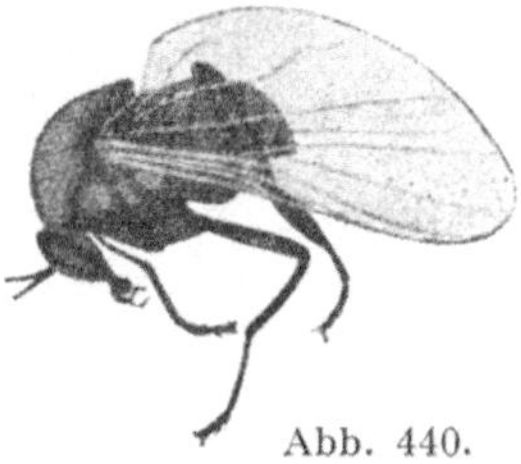

Abb. 440.

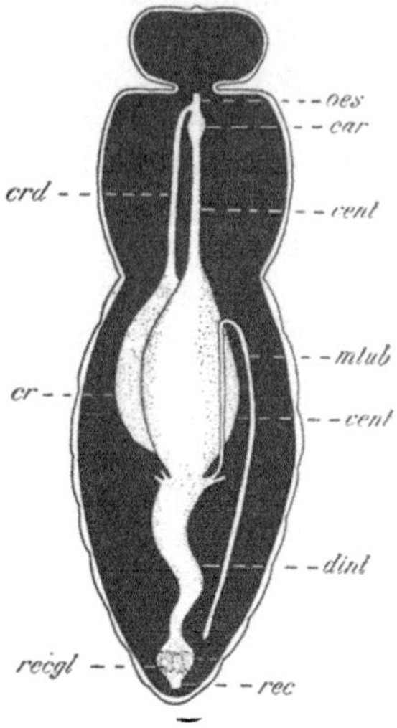

Abb. 441.

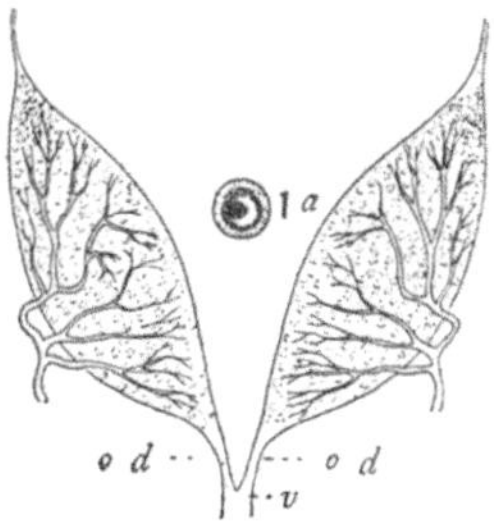

Abb. 442. 1

Abb. 442. 2

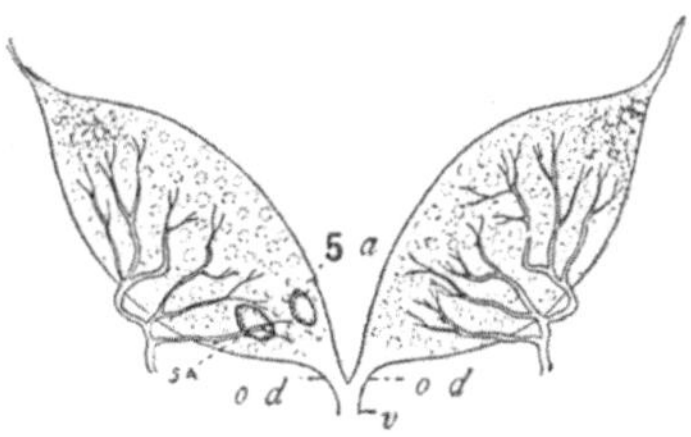

Abb. 442. 3

Abb. 440. *Simulium*. Imago. Vergr. Nach Grünberg 1910.

Abb. 441. Schnitt durch *Simulium*. Schematisch. *oes* Oesophagus, *car* Cardia, *vent* Ventrikel, *dint* Intestinum, *rec* Rectum, *recgl* Rectaldrüsen, *cr* Kropf, *crd* sein Ausführgang, *mtub* Malpighische Röhre. Nach Cox 1939.

Abb. 442. *Simulium venustum* Say. Entwicklung des Ovariums nach einer Blutmahlzeit. 1. Vor der Blutaufnahme, 2. nach derselben, 3. Ovarien nach der Eiablage. *od* Ovidukt, *v* Vagina, *1a*, *4a* ein Ei vor und nach der Blutmahlzeit, *5a* Ei. Nach Pomeroy, A. 1916.

Die Larven (Abb. 443–445). Woher stammen nun diese Myriaden von Mücken? Im Gegensatz zu den meisten anderen Mücken entwickeln sie sich nicht in stehenden, sondern ausschliesslich in fliessenden Gewässern. Die Larven sind in vieler Hinsicht höchst seltsame Tiere; sie sind etwa 1,5 cm lang und von eigenartig keulenförmiger Gestalt mit stark verdicktem Hinterende. Die Mundteile sind sehr sonderbar und vielleicht von allen Insektenmundteilen am vollkommensten zum Einfangen von Nahrung in fliessendem Wasser eingerichtet (Abb. 445). Bis vor ganz wenigen Jahren begriff man nicht ihren Bau und noch weniger ihre Funktion. Die Larven brauchen ja als in fliessendem Wasser festsitzende Tiere nicht selbst die Wasserwirbel hervorzurufen, durch die die Nahrungspartikeln den Mundteilen zugeführt werden; das wird durch die Wasserströmung besorgt. Die Aufgabe der Larve besteht nur darin, diese Partikeln aufzufangen; sie muss also hierzu geeignete Apparate entwickeln, von denen die Nahrung durch andere Apparate abgekämmt und in die Mundhöhle gebracht wird. Naumann (1923) hat dies als erster richtig erfasst und die früher als Strudelapparate betrachteten Organe der *Similium*-Larven als passive Filter bezeichnet. Ihr Bau wurde erst von Fortner (1937) näher untersucht; zufolge seiner Angaben besteht der eigentliche Fangapparat aus paarigen, accessorischen Teilen der Oberlippe, die auf in den Kopf eingelenkten Armstücken sitzen (Abb. 445). Der distale Abschnitt trägt den grossen, aus 25–40 S-förmig gekrümmten Borsten zusammengesetzten Fangfächer; die Borsten sind auf der ventralen Seite mit grösseren oder kleineren Kämmen besetzt. Die Armstücke tragen ausserdem zwei kleinere Fächer, und zwar auf der Innenseite einen aus 8–9 glatten Borsten, auf der Aussenseite einen aus 27–38 gefiederten Borsten bestehenden Fächer; sie bilden zusammen einen flachen, ventralwärts gewölbten Korb. Die grossen Fächer wirbeln nicht Nahrung zu den Mundteilen hin, sondern schlagen abwechselnd und niemals gleichzeitig auf die Mundteile. Die Frequenz ihrer Bewegung hängt von der Stärke der Strömung, der Nahrungsmenge und der Temperatur ab; sie beträgt in manchen Fällen 60–70, in ruhigem Wasser nur 15–17 Schläge in der Minute. Auf den Mandibeln sitzt ein Bürstenapparat, der die Fächer abbürstet, sobald sie heruntergeschlagen werden. Die Fächer werden durch die Elastizität ihrer chitinösen Bestandteile geöffnet und durch Muskelkontraktion geschlossen; ihre Muskulatur besteht aus drei in einer Sehne vereinten Muskelsträngen. Die Larve putzt abwechselnd mal den einen, mal den anderen Fächer ab. Wenn der Strom aufhört und in Aquarien wird der Apparat bald eingezogen, bald entfaltet; zu seiner normalen Funktion ist eine gewisse Strömung (von 0,19 bis 1 m/sek.) erforderlich.

Der Kopf trägt ausserdem Antennen und zwei Augenflecke. Von der Unterseite des ersten Brustrings entspringt ein merkwürdiger zweigliedriger, einziehbarer, fussähnlicher Fortsatz (Abb. 444), der an der Spitze von einem Gürtel aus etwa 10 Längsreihen kurzer Chitinhaken umgeben ist. Die Spitze des Hinterleibes ist abgeplattet und bildet eine Scheibe, die mit 70–75 radiären Reihen starker Chitinhaken mit ungefähr 8–13 Dornen in jeder Reihe besetzt ist. An der Mitte der Scheibe setzen Muskeln an, die den zentralen Teil anheben können, sodass die Scheibe als Saugplatte wirkt, während ihre Haken gleichzeitig die Larve an der Unterlage festhalten. Vom übrigen Bau des Tieres seien hier nur die beiden sehr grossen, U-förmigen Spinndrüsen erwähnt, deren Umbiegungsstelle fast das Hinterende der Larve erreicht; sie münden in einer gemeinsamen Öffnung auf dem Hypopharynx. Das Tracheensystem ist völlig geschlossen. Die beiden normalen Tracheenstämme mit ihren zu den Stigmen hinführenden Seitenästen sind zwar vorhanden, die Spiracula sind aber durch Chitinpfropfen verschlossen. Die Hauptstämme sind durch Querkommissuren verbunden, von denen Äste ausgehen, die sich wiederum in sehr feine Tracheenästchen verzweigen (Abb. 444). Die Larve besitzt ferner fingerförmige Analkiemen, die in den Anus eingezogen werden können (Headle 1906). Sie sind von sehr feinen Tracheen durchzogen und bei einigen Arten stark verzweigt.

Die Larven leben also in fliessenden Gewässern, einige in Flüssen, die meisten jedoch in Bächen und Quellen, vorwiegend in solchen mit kaltem Wasser; in stehenden Gewässern gedeihen sie nicht. Stellenweise, z. B. in der Lellingeaa, bedecken sie die Steine mit einer dicken Schicht; die Tiere liegen so dicht zusammen, dass sie einander berühren. Die Larven sitzen alle parallel mit am Stein befestigtem Hinterende und ragen wie steife Pflöcke ins Wasser. Ihre Köpfe sind sämtlich auf gleicher Höhe. Nimmt man einen mit Larven bedeckten Stein aus dem Wasser, so legen sie sich nieder; sie lösen nicht sofort das Hinterende ab, sondern krümmen und winden sich übereinander. Erst nach und nach lassen die Larven den Stein los, biegen sich U-förmig zusammen und beginnen wegzukriechen.

In den Jahren 1910–20 fand ich an mehreren Stellen in Jütland die Seitenwände von Radkästen alter Wassermühlen, in denen die Räder das Wasser herumwirbeln, mit einer dicken, schleimigen Schicht von Larven bedeckt. In

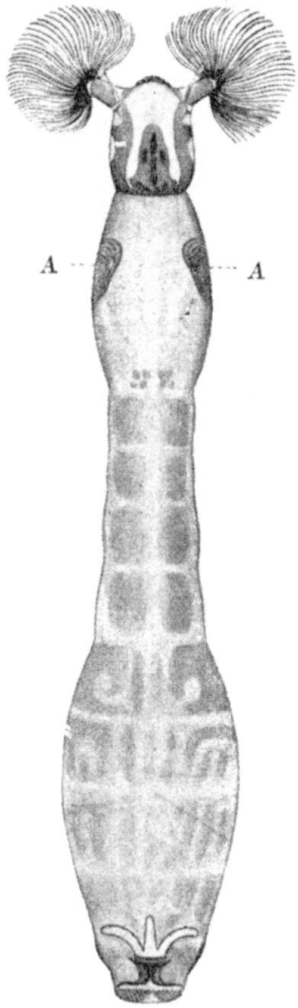

Abb. 443.

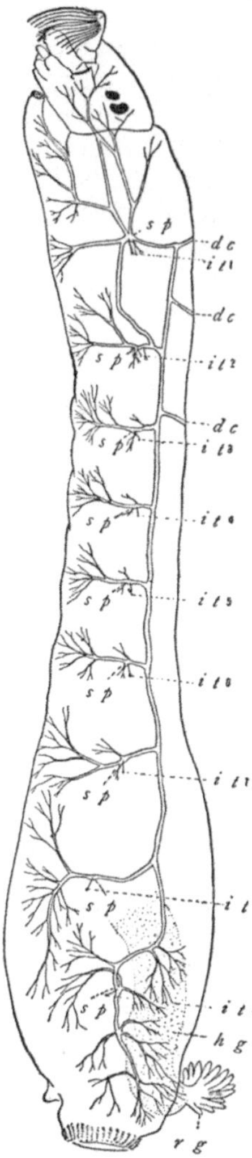

Abb. 444.

unserem Land sind wohl nicht mehr viele dieser alten Wassermühlen übrig.

Bei klarem Sonnenschein kann man an langsam fliessenden Bächen noch eine andere Beobachtung machen. In einigem Abstande von den Blättern und Steinen, auf denen die Larven sitzen, sieht man zahlreiche andere Larven, die scheinbar frei in der Strömung hängen. Bei genauerem Zusehen bemerkt man, dass sich der Abstand zwischen ihnen und den Blättern bald verlängert, bald verkürzt. Rüttelt man die Blätter, so hängen plötzlich die weitaus meisten Larven weit ab von ihnen; steckt man nun ein Stöckchen zwischen die Blattmasse und die Tiere, so kann man die gesamte Menge der Larven zur Seite fegen und aus dem Wasser herausholen. Es erweist sich bei näherer Untersuchung, dass von Steinen und Blättern meterlange, oft ziemlich dicke, durch Kreuz- und Querfäden verbundene Fäden ausgehen, die zu einem sehr unregelmässigen und äusserst brüchigen Netz zusammengewebt sind; früher wurde irrtümlich angenommen, dass diese Netze der Fischbrut gefährlich werden könnten. Netze und Fäden werden von

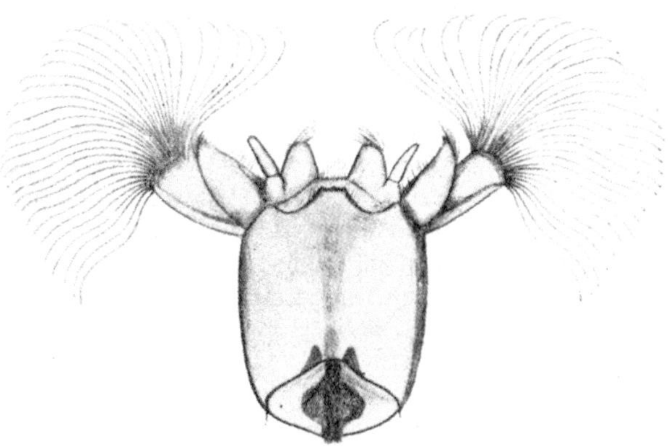

Abb. 445.

Abb. 443. *Simulium venustum* Say. Larve. *A* Die Prothorakalanlagen der Puppe. Vergr. Nach Pomeroy, A. 1916.

Abb. 444. Trachealsystem der Larve. *dc, dc, dc* Dorsalkommissuren, *it* feine Tracheenbündel, *sp* Spirakelrudimente, *rg* Rektalkiemen. Stark vergr. Nach Pomeroy, A. 1916.

Abb. 445. *Simulium meridionale* Riley. Kopf der Larve, von unten gesehen. Vergr. Nach Malloch, J. 1914.

den *Simulium*-Larven gesponnen; hierzu wird das Sekret der zwei grossen Spinndrüsen verwendet. Die Netze finden sich nicht in starker Strömung, auch sind sicher nicht alle Arten in gleichem Masse zum Spinnen befähigt. Ich habe jedenfalls nur in langsam fliessenden Bächen mit reicher Vegetation solche Netze gesehen und auch hier nur im Sommer; dann sitzen die dunklen Larven zu Tausenden auf den gelblichen Fäden, die von der Strömung in grossen, wellenförmigen Kurven hin- und hergeschwenkt werden. Gewöhnlich liegen die Tiere still; an den Stellen mit schwächster Strömung bewegen sie sich jedoch an den Fäden entlang. Sie kriechen langsam, entweder mit erhobenem Hinterende, während der Faden zwischen der Unterseite des Kopfes und dem Vorderfuss festgehalten wird, oder spannerraupenartig. Die Larve streckt sich, befestigt mit den Mundteilen ein schnell erstarrendes Tröpfchen Flüssigkeit auf der Unterlage, löst das Hinterende von dieser und führt seine Spitze zum Vorderende hin; hier klebt sich das Hinterende auf der Klebemasse fest und hakt sich an. Dann wird das Vorderende abgelöst und die ganze Bewegung von Neuem wiederholt. Eine Saugscheibenwirkung findet dabei nicht statt. Die langen, flottierenden Wasserblätter von Scirpus und anderen Pflanzen sind oft mit mehreren Reihen von *Simulium*-Larven bedeckt, deren Bewegungsweise man am besten studieren kann, wenn man die Pflanzen herausnimmt und in eine Schüssel mit Wasser legt. Jobbins-Pomeroy (1916) hat beobachtet, dass die Larven sich rückwärts gegen die Strömung bewegen, indem sie den Faden mit dem Vorderfuss und den Mundteilen aufwinden.

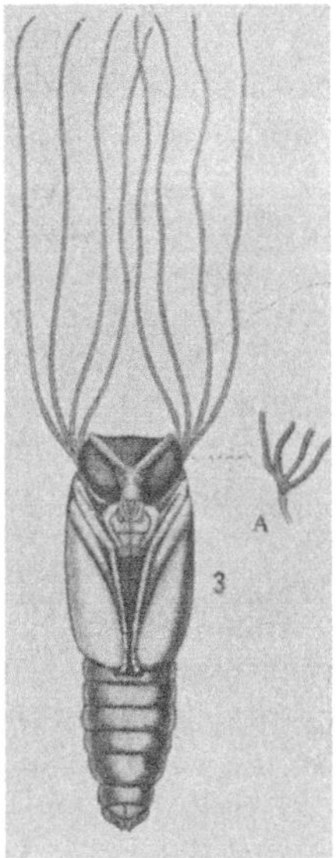

Abb. 446.

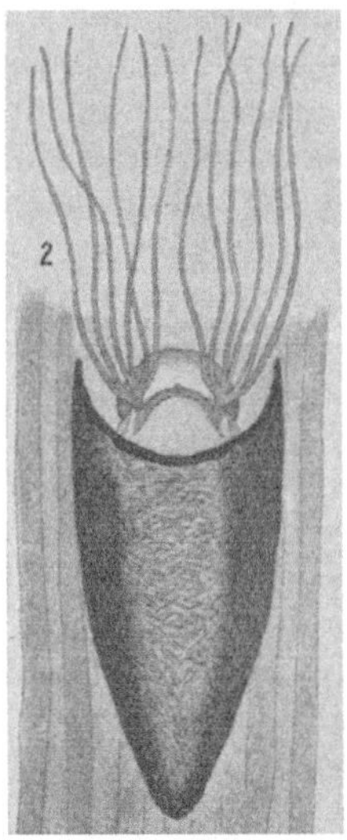

Abb. 447.

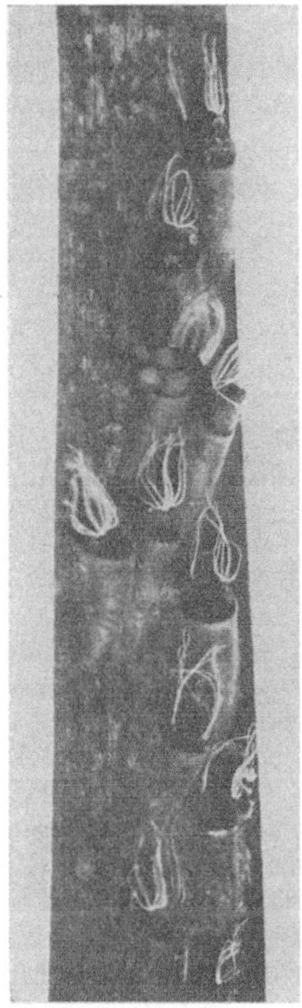

Abb. 448.

Abb. 446. *Simulium bracteatum* Coquillett. Aus dem Gehäuse genommene Puppe. Vergr. Nach Pomeroy, A. 1916.

Abb. 447. *Simulium venustum,* Say im Puppengehäuse. Vergr. Nach Pomeroy, A. 1916.

Abb. 448. Simulium-Puppengehäuse mit Puppen auf einem Blatt. W-L. phot.

Wie oben bemerkt, gedeihen die Simulien gewöhnlich nur in fliessendem, klarem und sauerstoffreichem Wasser, dagegen nicht in stehenden Gewässern; man kann sie daher im Aquarium nur schwer und jedenfalls nur in stark durchlüftetem Wasser halten. Das hängt mit der Ernährungsweise der Larven und mit der Funktion ihres Fangapparates zusammen. In fliessendem Wasser werden die grossen Fächer wahrscheinlich immer ausgebreitet, sodass sie das Plankton auffangen, und werden nur ab und zu eingefaltet, um abgekämmt zu werden; sie werden nicht rhythmisch aus- und eingeschlagen wie bei der in stehenden Gewässern lebenden *Culex*-Larve. Yi Fang Wu (1931) hat nachgewiesen, dass es in fliessenden Gewässern nicht so sehr auf die Sauerstoffmenge ankommt; das stimmt gut mit den oben erwähnten Tatsachen überein.

Der gesamte Bau der *Simulium*-Larven zeigt deutlich, wie sehr sie dem Leben in fliessendem Wasser angepasst sind. Das gilt nicht zum mindesten für das Tracheensystem (Abb. 444); es ist geschlossen, die Haut ist dagegen ausserordentlich dünn und überall von reichverzweigten Tracheen durchzogen. Die wohlentwickelten Analkiemen sind bei einigen Arten dreiästig und fingerförmig, bei anderen stark verzweigt. Die Kiemen entspringen von der Wandung des Enddarms und stehen mit der Leibeshöhle in Verbindung; sie sind mit Blut gefüllt, aber zugleich mit einem reichen Tracheennetz versehen. Sie funktionieren sowohl als Blut- wie als Tracheenkiemen. Ihre Aufgabe besteht vermutlich vorwiegend darin, Sauerstoff aufzunehmen, während die Abgabe der Kohlensäure durch die Haut erfolgt. Wagner (1926) meint, dass die in schnellfliessendem Wasser von der Strömung mitgerissenen Luftblasen eine grosse respiratorische Rolle spielen; die Kiemen legen sich direkt an die Luftblasen an; erst wenn die Stromstärke und damit die Menge der Luftblasen abnimmt, gehen die Kiemen dazu über, den im Wasser gelösten Sauerstoff aufzunehmen.

Die Puppen (Abb. 446–448) sind nicht weniger interessant als die Larven, die auf denselben Blättern und Steinen sitzen. Wenn die Larven sich verpuppen wollen, bilden sie pantoffelförmige Puppengehäuse, als deren Boden das Blatt dient, auf dem die Larve sitzt. Die Puppenhülle ist zuerst vorn geschlossen; erst nach der Verwandlung der Larve zur Puppe wird der Deckel abgestossen. Die Puppen sitzen von der Strömung beschützt in ihren Gehäusen, deren Öffnung immer gegen die Strömung gewendet ist. Die Puppen sind am Gehäuse mit einem Bündel von Fäden befestigt; sie besitzen ferner zahlreiche Haken und Dornen, mit denen sie sich ausserdem festheften. Vorn trägt die Puppe zwei Büschel silberweisser, mehr oder weniger verzweigter Röhren, die meistens fadenförmig, zuweilen (*S. equinum* L.) jedoch kurz und dick sind. Die Röhren sind hohl, ihre Höhlung steht aber nicht mit dem Tracheensystem der Puppe in Verbindung; sie sind innen von einer starken Chitinschicht ausgekleidet, die als Skelett für eine äussere, eigentümlich gebaute, luftführende Schicht dient. Die Röhren enden blind, ihre äussere Schicht ist jedoch mit der inneren durch feine, verzweigte Chitinfibrillen verbunden. Durch diese Schicht passiert die Luft; sie steht mit einer röhrenförmigen Erweiterung in Verbindung, die in das Tracheensystem mündet (Taylor 1902). Atemröhren von ähnlichem Bau kommen wahrscheinlich auch bei verschiedenen anderen Dipterenpuppen vor. Sie wurden früher als Vorratsräume zur Aufbewahrung von Luft angesehen, indessen ist diese Auffassung vermutlich nicht richtig. Wie Pulikowsky (1927) nachwies, finden sich derartig gebaute Röhren bei den Formen, deren Aufenthaltsort bald über, bald unter Wasser liegt; an solchen Orten sind weder Tracheenkiemen brauchbar, die bei Trockenlegung schrumpfen würden, noch ein offenes Tracheensystem, das unter Wasser nicht funktionieren kann. Die Röhren werden als Kutikularkiemen bezeichnet; es ist experimentell festgestellt, dass sie im Dienste der Respiration stehen. Die Bildung des Puppengehäuses wurde von Tonnoir (1922) eingehend beschrieben; die Gehäuse sind bei den einzelnen Arten recht verschieden.

Vor dem Ausschlüpfen der Imago entsteht in der Puppe eine grosse Menge Luft; wenn die Puppenhülle zerreisst, steigt die Imago in der Luftblase senkrecht in die Höhe, die Luftblase platzt an der Oberfläche, die Mücke verlässt ihr bisheriges Element vollkommen trocken und fliegt sofort davon. Der ganze Prozess dauert nur 5 Sekunden (Emery 1913). Arktisch-alpine Formen spinnen angeblich keine eigentliche Puppenhülle, sondern überziehen die Felsen mit einem gemeinsamen Gespinst, in dem die Puppen liegen.

Die Eier. Einige Arten legen die dunkelbraunen, unregelmässig geformten Eier am Rande von Wasserfällen u. dgl. ab, andere tiefer im Wasser und häufig auf Wasserpflanzen. An den Laichplätzen unserer Bäche ist die Vegetation oft von einer zusammenhängenden, dicken Schicht brauner Eimassen bedeckt, die das gemeinsame Werk zahlreicher Weibchen darstellt. Im Abfluss von Salten-Langsee (Jütland) war sozusagen der gesamte Pflanzenwuchs braungefärbt. Die Weibchen kriechen von den Rändern der flottierenden Wasserblätter von Glyceria usw. unter Wasser; hier sitzen sie eierlegend von Luftblasen eingehüllt wie Perlen auf den Blättern. Will man der *Simulium*-Plage Einhalt tun, so muss man zweifellos die Tiere im Eistadium angreifen. Durch Reinigung der Gewässer unmittelbar nach der Eiablage, wenn alle Pflanzen durch die Eier braun gefärbt sind, würde man Millionen von Tieren vernichten. Die eben ausgeschlüpften Imagines enthalten oft einen grossen Fettkörper. Manche Arten setzen ihre Eier ab, ohne vorher Blut zu saugen; die Regel dürfte aber wohl sein, dass die Tiere Blut saugen müssen, damit die Eier reifen. Zur vollen Entwicklung aller Eier gehören mehrere Mahlzeiten; jedes Weibchen legt 300–500 Stück. Die schwärmenden Weibchen stehen oft in grossen, mit Männchen gemischten Schwärmen unmittelbar über dem Wasserspiegel; wenn die Sonne auf einen Schwarm scheint, schimmert er zuweilen in eigenartigem, bronzegoldenem Glanz (Bromølle, Seeland).

Es gibt Arten (*S. venustum* Say), die nur eine Generation im Jahr besitzen, die meisten haben jedoch, jedenfalls hier in Dänemark 2–3, weiter südlich vermutlich noch mehr; sie gehören den Sommermonaten an. Die erste Generation zeigt sich gewöhnlich in der ersten Hälfte April; die Angriffe dieser Frühjahrsgeneration sind am gefährlichsten. Das Vieh kommt gerade aus den Ställen und wird nun von den grossen Frühjahrsschwärmen überfallen. Späterhin im Sommer erwerben die Tiere anscheinend eine gewisse Immunität. Die erheblichsten Verluste an Vieh fallen fast immer in den Frühsommer. Die grossen Schwärme werden von der Frühjahrsgeneration gebildet; es wird behauptet, dass sie nur aus Weibchen bestehen. Wahrscheinlich verhält es sich aber so, dass die Schwärme der Männchen gewöhnlich höher schweben und deshalb schwerer zu beobachten sind.

Ich selbst habe, z. B. bei Bromølle im mittleren Seeland, gemischte Schwärme gesehen, die ungefähr gleich viel Männchen und Weibchen enthielten. Die Schwärme haben eine nicht geringe Wanderungsfähigkeit, jedoch wird ihre Flugrichtung wohl hauptsächlich vom Winde bestimmt. Die Imagines der Simuliiden sind ausgeprägte Tagtiere, ja sogar Sonnentiere, was die meisten anderen Mücken nicht zu sein pflegen. Sie beginnen bei 12–14° C. zu fliegen; bei 10° C. sieht man sie nicht mehr. In Nord- und Mitteleuropa gibt es zahlreiche Arten; von diesen sind aber anscheinend nur einzelne wirklich gefährlich, und zwar nicht so sehr die Formen der kalten Quellen, sondern in erster Linie Flussformen. Im nördlichen Teil von Mitteleuropa sind *S. argyreatum* Meig. und *S. equinum* L. am häufigsten.

Orphnephiloidea.

Die Ordnung enthält nur eine Familie, die Orphnephilidae.

Orphnephilidae (Taf. XIII, Abb. 20).

Eine recht eigentümliche kleine Familie sind die Orphnephiliden mit der Hauptart *Orphnephila testacea* Macq. Die weisslichgrünen, etwa 1,5 cm langen, dunkel marmorierten Larven haben einen deutlichen, nach unten gerichteten, kegelförmigen Kopf, zwei offene Spirakel auf dem ersten Brustring und zwei weitere dorsolateral am Hinterende des elften Segmentes. Zwischen den Hinterstigmen sitzen zwei Chitinzylinder mit je fünf Haaren; der Prothorax trägt ventral ein unpaariges, einziehbares Pseudopodium. Nachschieber fehlen; das Hinterende trägt schwach hervorragende Kriechwarzen mit Haken; vier Analkiemen. Die Art wurde in neuerer Zeit auch hierzulande gefunden, u. a. in steinigen Bächen in Nordseeland und auf Bornholm.

Die Larve gehört zur sogenannten hygropetrischen Fauna, die vor allem durch Thienemann's Untersuchungen (1910) bekannt ist. Diese Fauna lebt auf nassen, mit Moos und Algen bekleideten Felsen, über deren steile Flächen das Wasser langsam herabrieselt. Die Bewegungsweise der Larve ist recht sonderbar. Sie kann sich nach Art der Chironomiden-Larven bewegen, also spannerraupenartig; diese Art der Fortbewegung wendet die Larve an, wenn sie die Oberfläche der Steine abweidet. Die Mundteile sind in unausgesetzter Bewegung, während die Larve über die Steine hinwandert. Droht aber Gefahr oder stösst die Larve auf Widerstand, so benimmt sie sich ungefähr wie die Blepharoceriden-Larven; sie schwingt den Vorderleib im Bogen herum, bis der ganze Körper u-förmig gekrümmt ist, schnellt sich dann vorwärts und so fort (Abb. 337). Auf diese Weise kann die Larve angeblich sehr rasch vorwärtskommen. Die eigentümliche Art der Fortbewegung ist sicher als Anpassung an die Lebensbedingungen der Larve zu betrachten: ein Vorwärtsgleiten über Fels und Stein gegen die Wasserströmung. Damit bietet der Körper den Wassermassen einen möglichst geringen Widerstand. Die Puppen, die denen der Ceratopogoniden ähnlich sind, kommen an den gleichen Fundorten vor.

Blepharoceroidea.

Die Ordnung der *Blepharoceroidea* umfasst die beiden Familien der *Blepharoceridae* und *Deuterophlebiidae*; letztere wird von einigen Forschern zu den *Psychodoidea* gerechnet. Das gegenseitige Verwandtschaftsverhältnis der beiden Familien ist etwas zweifelhaft. Man bringt sie in derselben Abteilung unter, weil bei beiden die Flügel die Eigentümlichkeit haben, dass ihnen die Äderung völlig oder fast völlig fehlt; sie wird gleichsam durch ein sekundäres System von längs und quer verlaufenden Falten verdrängt. Man nimmt an, dass diese anatomische Besonderheit vielleicht zum Aufenthaltsort der Tiere in Beziehung steht, indem das Faltensystem die schleunige Entfaltung der Flügel ermöglicht, wenn die Imago die Puppenhülle in den schäumenden Wassermassen verlässt. Die Larven beider Familien haben hoch entwickelte, zum Festhaften dienende Saugscheiben, die aber bei beiden ganz verschieden gebaut sind und an verschiedenen Stellen sitzen. Es ist nicht ausgeschlossen, dass die scheinbare Ähnlichkeit auf Konvergenz beruht.

Blepharoceridae.

Die Blepharoceriden sind kleine oder mittelgrosse Mücken; ihr Körper ist nur von spärlichen Haaren bedeckt. Die Augen sind gross und in zwei Abschnitte geteilt. Der Rüssel

ist lang; das Weibchen hat oft wohlentwickelte Mandibeln, lange, 15-gliedrige Antennen und lange Beine. Larven und Puppen sind höchst eigentümlich gestaltet (s. unten). Die Weibchen saugen Blut aus Insekten, die Männchen Nektar aus Blüten. Sie leben in Bergbächen aller Erdteile, jedoch nicht in arktischen Gegenden.

Es gibt Geschöpfe, die unter Bedingungen leben, unter denen man das Dasein kaum für möglich halten sollte; man begreift nicht, welche Kräfte sie dazu getrieben oder gezwungen haben mögen, gerade solche Lebensbedingungen aufzusuchen. Die kleine, nicht besonders artenreiche Familie der *Blepharoceridae* ist in der ganzen Welt mit Ausnahme der subarktischen Region von Europa, jedoch nicht von Nordamerika, und des nördlichen Teils der gemässigten Zone von Europa verbreitet. Die Mücken sind den meisten Menschen unbekannt und haben kaum in irgend einer Sprache einen volkstümlichen Namen erhalten. Eier, Larven und Puppen leben in reissenden Gebirgsbächen, zuweilen dem Ursprung am Gletscher so nahe, dass das Wasser noch milchigweiss ist. Wo das Wasser in rauschenden, schäumenden Kaskaden über die Steine des Flussbettes herunterstürzt, im brausenden Getöse der Wasserfälle saugen sich diese merkwürdigen Larven an Steinen fest. Hier verbringen die Tiere etwa 11 Monate ihres Lebens, um sich dann höchstens einen Monat als kleine, dunkle Mücken an und über den Wasserfällen herumzutreiben, wo sie sich paaren, und in deren Nähe die Weibchen ihre Eier ablegen. Natürlich müssen Geschöpfe, die unter solchen Bedingungen leben sollen, ohne von der Strömung mitgerissen zu werden, eigenartig, ja man kann wohl sagen, anders als alle anderen lebenden Wesen, gestaltet sein. Die fertig entwickelten Tiere gleichen im grossen und ganzen den übrigen Mücken; ihre Lebensbedingungen weichen ja auch nicht allzu sehr von denen anderer Mücken, besonders der Simuliiden, oder auch von denen mancher Köcherfliegen, wie z. B. der Rhyacophiliden, ab. Wir wollen nun den sonderbaren Bau der Blepharoceriden-Larve und -Puppe etwas eingehender betrachten.

Ihr Körper (Taf. XIII, Abb. 16–19) ist ungefähr 0,5–1 cm lang, flach und ohne eine Spur der gewöhnlichen Segmentierung; dagegen ist er durch tiefe Einschnitte in 7 Abschnitte geteilt, deren erster Kopf, Brust und ersten Hinterleibsring repräsentiert. Die 5 folgenden Abschnitte entsprechen je einem Abdominalsegment und der letzte Abschnitt den Abdominalsegmenten 7–9. Bei den Formen mit grösster Beweglichkeit (*Liponeura*) sind die einzelnen Abschnitte durch sog. Halsabschnitte von einander getrennt. Die Abschnitte sind an den Seiten mit je 1–2 Paar fleischiger Auswüchse versehen, die bei den einzelnen Arten von verschiedener Form sind. Der erste Abschnitt trägt entweder lange, dünne (*Liponeura*; Taf. XIII, Abb. 16) oder aber ganz kurze Fühler. Die Mundteile springen kegelförmig vor; die kräftigen Mandibeln sind wie Schaber gestaltet und dienen dazu, den Diatomeenbelag von den Steinen abzukratzen, der die Nahrung der Larve bildet; die Mandibeln werden dabei in vertikaler Richtung bewegt. Im Magen findet man massenhaft Diatomeenschalen. Die übrigen Mundteile wirken als Filter und verhindern, dass die abgeschabten Partikel von der Wasserströmung fortgespült werden.

Das eigentümlichste an der Gestaltung der Larve sind die 6 grossen, kreisrunden Saugnäpfe (Abb. 449–450), die in einer Reihe auf der Mittellinie des Bauches sitzen; mit ihnen heftet sich die Larve so fest an den Stein, dass es schwierig ist, sie abzulösen, ohne sie zu zerreissen. Der gefranste Rand der Scheibe verhindert das Eindringen von Wasser. Ausserdem wird von Drüsen in der Saugscheibe eine Kittsubstanz abgesondert, die weiterhin zum Festhaften beiträgt. Die Muskulatur ist so beschaffen, dass sie während des Festsaugens in Ruhe ist. Die Saugnäpfe wirken folgendermassen: zuerst wird der fein radiär gefurchte Chitinring auf der Fläche befestigt, dann wird ein in der Mitte sitzender Pfropf durch starke, dorsoventrale Muskeln angehoben, sodass ein luftverdünnter Raum entsteht. Die Scheiben gehören wohl zu den vollkommensten Festhafteapparaten, die wir im gesamten Tierreich kennen (KOMAREK 1914 a, b). Die Saugscheiben sind aber zugleich die Bewegungsorgane der Larve und ermöglichen es dem Tier, über die Unebenheiten des Steines hinzugleiten, ohne dass Wasser in die Höhlung des Saugnapfes eindringt. Die

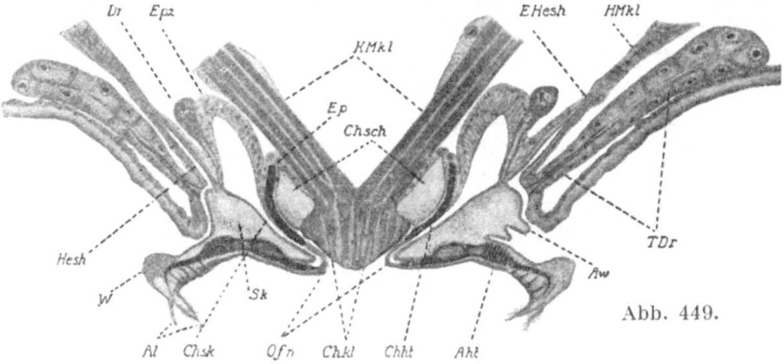

Abb. 449.

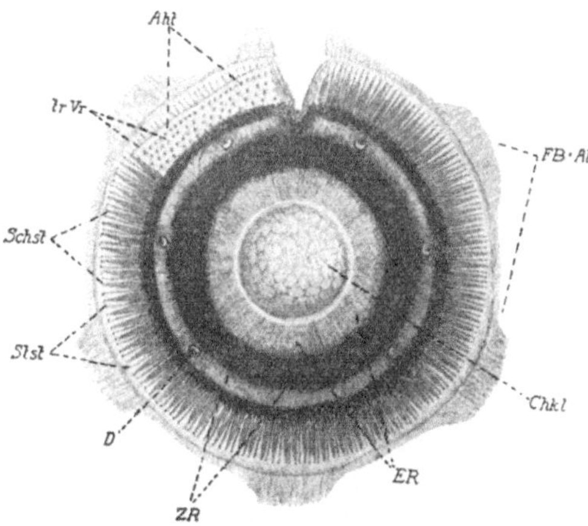

Abb. 450.

Abb. 449. Medianschnitt durch den Saugnapf einer *Blepharoceriden*-Larve. *Chht* Chitinbälkchen, *Aht* Aussenhäutchen des Scheibenringes, *Hesch* Hauteinschnitt, *E Hesch* Ende des Hauteinschnittes, *Aw* Aussenwand der Haftscheibe, *W* Randwulst, *Ae* ihre Ausläufer, *Chsk* Chitinsäckchen, *Ofn* Öffnung der Haftscheibe, *Chkl* Chitinkegel, *Chsch* Chitinschicht rings um den Kegel, *Ep* ihr Epithel, *Epz* epitheliale Zellschicht, *Dr* zweizellige Drüsen, *TDr* tubulöse Drüsen, *Sk* Drüsensekret, *KMkl* die Kegelmuskeln. Vergr. Nach Komarek, J. 1914.

Abb. 450. Ringscheibe des Saugnapfes in Ventralansicht. Die Öffnung im Zentrum ist durch den Kegel geschlossen. *Er* Der erste, lichte Ring, *Zr* der zweite, dunkle Ring, *Fb* = *Al* Die Faserbüscheln, *D* Dornen, *Chkl* Chitinkegel, *Aht* Aussenhäutchen der Scheibe, *trVr* seine trichterförmigen Vertiefungen, *Schst* Schwertstrahlen, *Stst* Stilettstrahlen. Vergr. Nach Komarek, J. 1914.

Larven bewegen sich entweder nach Art von Spannerraupen, indem sie die einzelnen Saugnäpfe abwechselnd lösen und festsaugen, oder seitwärts, indem sie erst die drei vorderen Saugnäpfe lösen, den Vorderkörper zur Seite schwingen und die Saugnäpfe wieder festheften; dann lösen sie die drei hinteren Scheiben, schwingen den Hinterkörper zur Seite usw. Sie wandern meterweit, teils um den Diatomeenbelag abzugrasen, teils um die Stellen aufzusuchen, wo das Wasser am stärksten schäumt. BISCHOFF (1923) gibt an, dass sich die Larven im Laufe von 60–72 Stunden 250 m weit fortbewegen können; das wird indessen von HUBAULT (1927) und MANNHEIMS (1935) aufs bestimmteste bestritten. Die Larven haben zwar keine Gliedmassen, jedoch in den fleischigen Körperfortsätzen kürzere oder längere gliedmassenähnliche Teile, die mit Haaren oder einem kurzen Dorn versehen und für die Fortbewegung von Bedeutung sind. Ihre Funktion besteht darin, dass sie sich gegen die Unterlage stemmen und dadurch das Loslassen der Saugnäpfe bewirken.

Im ersten Stadium atmet die Larve nur durch die Haut, in den folgenden treten dagegen Bündel von Fäden auf, die in verschiedener Anzahl und in verschiedener Weise rings um die Saugnäpfe angeordnet und jedenfalls nach der zweiten Häutung von Tracheen durchzogen sind, sodass man sie als Tracheenkiemen betrachten muss. Man sollte zwar meinen, dass Kiemen in dem ausserordentlich sauerstoffreichen Wasser überflüssig wären; aber die unruhige Umgebung und die mechanischen Einflüsse, denen die Larven ausgesetzt sind, erfordern eine dicke, beinahe lederartige Haut. Nur an der Bauchseite ist die Haut wesentlich dünner.

Hinsichtlich der inneren Anatomie sei nur die merkwürdige Anordnung der Geschlechtsdrüsen hervorgehoben, die als sechs paarige Gonaden in aufeinander folgenden Segmenten liegen. Die zwei grossen Haupttracheenstämme sind durch Querkommissuren verbunden. Angeblich folgen 4 Larvenstadien aufeinander (Mannheims 1935).

Abb. 451. Blepharoceridenpuppen auf einem Stein. Nach Thienemann, A.

Vor der Verpuppung suchen die Larven besonders stark strömende Stellen auf; sie sitzen immer gegen die Strömung gewendet und meist nebeneinander Die Puppe bildet sich innerhalb der Larvenhaut, die später abgeworfen wird. Die Puppe ist kurz und plump; die Haut des Rückens ist dick und braun, die des Bauches sehr dünn. Der Bauch trägt an den Seiten 2–3 flache Chitinscheiben, die von den Saugnäpfen der Larve höchst verschieden sind. Die Puppe scheidet flüssiges Chitin aus, das an den Steinen festklebt und die Puppe an ihnen ankittet (Komarek 1914a). Vorn ist sie mit zwei sehr eigenartigen Atemröhren versehen, die bei den einzelnen Arten sehr ungleich gestaltet sind. Sie bestehen bei einigen, vielleicht den meisten Arten aus einer wechselnden Anzahl von Blättern, von denen die beiden äusseren stärker chitinisiert sind und 2–4 kleinere umschliessen; die Blätter sind doppelwandig, und zwischen den beiden Lamellen zirkuliert das Blut. Sie sind also als Blutkiemen zu bezeichnen. Als solche funktionieren sie jedoch nur kurze Zeit; sobald die Entwicklung der Imago beginnt, findet sich kein Blut mehr in ihnen (Johannsen 1933 u. a.). Am Grunde der Kiemen liegt dann eine Spalte, die in das Tracheensystem hineinführt; die Blätter umschliessen eine Luftblase, die mit der Luft in den Tracheen in Verbindung steht und sich in sauerstoffreichem Wasser mit Sauerstoff sättigt, sodass sie also physiologisch als Kieme wirkt. Bei gewissen japanischen Arten soll die Verpuppung über Wasser stattfinden (Kitakami 1931). Etwas anders sind die Kiemen von *Edwardsina* auf Tasmanien (Tonnoir 1924) beschaffen; ihre Prothorakalhörner bestehen aus zwei Reihen von Blättern, die von einem gemeinsamen Band umschlossen sind.

Man sollte es nicht für möglich halten, dass die Imago in den schnellfliessenden Gewässern, selbst wenn sie nur wenige Zentimeter tief sind, unbeschädigt an die Oberfläche gelangen kann. Der Vorgang wurde jedoch genau beobachtet und folgendermassen geschildert: Die Puppenhaut zerreisst in einer Quernaht zwischen Brust und Hinterleib. Das Tier arbeitet sich durch den Riss hindurch und hält sich dabei trotz der starken Strömung stets aufrecht. Nur die langen Hinterbeine bleiben in der Puppenhaut, in der sie sich mit den Spitzen festhalten, während der übrige Körper die Oberfläche erreicht; hier stützt sich das Tier mit den Vorderbeinen auf den Wasserspiegel und entfaltet im selben Augenblick die Flügel, lässt dann die Puppenhaut los und fliegt davon. Der ganze Prozess vollzieht sich ausserordentlich schnell. Es steht fest, dass zahllose Tiere während des Ausschlüpfens zugrunde gehen (KELLOGG 1903); dies ist vielleicht der Grund, weshalb die Imagines so selten sind, selbst in Gegenden, wo die Larven häufig vorkommen. Die Blepharoceriden sind im ganzen ein schlagendes Beispiel sowohl für die Vorteile wie für die Nachteile einer stark einseitigen, hochspezialisierten Entwicklung. Man hat auch festgestellt, dass die Mücken während heftiger Regengüsse, durch die das Wasser in den Gebirgsbächen steigt, die Kokons nicht verlassen und erst ausschlüpfen, wenn das Wasser wieder fällt.

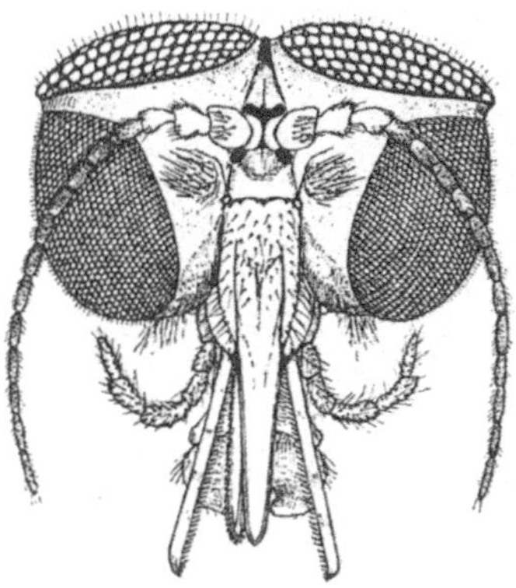

Abb. 452. *Blepharocera fasciata* West. Kopf des ♀. Nach Komarek, J. 1914 a.

Die fertig entwickelten Tiere gelten also, wie gesagt, als selten; das wird von anderer Seite bestritten. Ihre Flugzeit ist kurz und im allgemeinen nicht genauer bekannt (HUBAULT 1927); die einzelnen Arten verhalten sich offenbar verschieden. Die Männchen stehen entweder in Schwärmen über den Stromschnellen oder suchen auf Steinen nach den Weibchen. Sie vermeiden starken Sonnenschein, sitzen aber des Nachts still auf Steinen und Blättern.

Die Weibchen sind Blutsauger mit wohl entwickelten Mundteilen (gesägte Mandibeln). Es gibt aber auch *Liponeura*-Arten, die von den Mandibeln nur basale Stummelreste besitzen. Die Blepharoceriden saugen Blut, merkwürdigerweise aber nicht Blut von Wirbeltieren. Sie ernähren sich hauptsächlich von Mücken, die sie aussaugen und dann fallen lassen. Man hat beobachtet, dass sie in Chironomiden-Schwärme hineinfliegen und hier ein Beutetier ergreifen (MANNHEIMS 1935). Bei manchen Formen (HETSCHKO 1912) sind anscheinend beide Geschlechter Honigsauger (Solidago). Die Paarung wird während des Fluges eingeleitet; oft warten die Männchen in Schwärmen auf die Weibchen. Die Begattung endet gewöhnlich im Gras oder auf Steinen. Ihre Komplexaugen sind ebenso wie die mancher anderer Mücken in zwei Teile geteilt; der obere Teil ist rot und besitzt grosse Facetten und wenig Pigment, der untere hat kleine Facetten und reichlicheres Pigment (Abb. 452). Der obere Teil mit den grossen Facetten ist eigentümlicherweise nicht wie sonst allgemein bei den Männchen, sondern bei den Weibchen am besten entwickelt, vermutlich, damit sie auch bei schwachem Licht besser sehen können, um ihre Beute zu fangen.

In Europa sollen sich die ersten Exemplare schon Ende Februar zeigen. Die Mücken entfernen sich nur selten weit von den oft engen Bergklüften, in denen sie geboren sind; das führt zu dem auch sonst bekannten Phänomen, dass jedes tiefe Tal seine eigene Art oder seine Arten von Blepharoceriden besitzt.

Hinsichtlich der Eiablage wird angegeben, dass die Weibchen mit den ungeheuer langen Hinterbeinen, die fast drei mal so lang sind wie das Abdomen, auf dem Rand von Steinen stehen und den Hinterleib ins Wasser tauchen; hier legen sie die Eier unmittelbar an der Wasserlinie ab. Die Eier sind erst weiss und färben sich später schwarz.

Die Lebensweise der verschiedenen Arten in den einzelnen Weltteilen ist nicht die gleiche; es gibt in Nordamerika Arten, die bis zu einer Höhe von

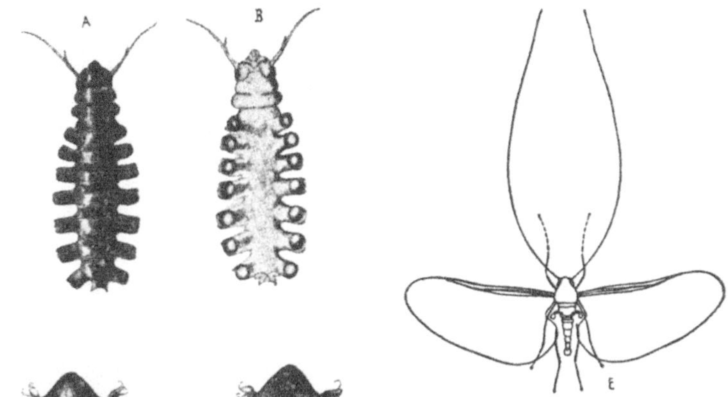

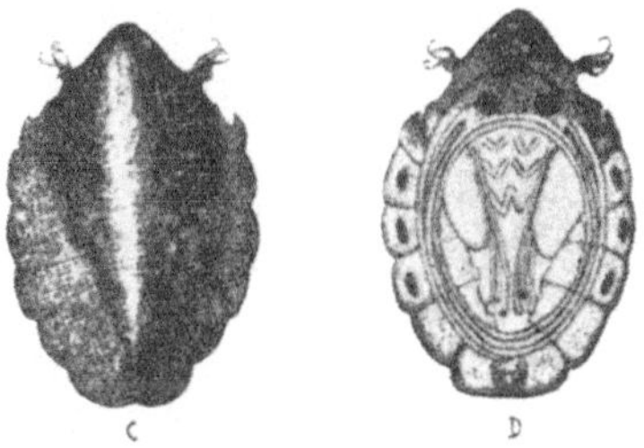

Abb. 453. *Deuterophlebiiden* Entwicklung. A Larve von oben, B von unten, C Puppe von oben, D von unten, E Imago von *Deuterophlebia mirabilis* Edw. Nach Pulikowsky aus Karny 1934.

8000 Fuss und bis in die subarktische Region hinauf gehen. Andere Arten sind eher als Flussbewohner zu bezeichnen; sie leben an Orten, wo die Wassertemperatur 17° C. beträgt. Die Wassertemperatur der meisten Standorte dürfte indessen nicht höher sein als 7° C. Soviel man weiss, sind die Blepharoceriden einjährig; das Larvenstadium dauert 8–10 Monate, das Puppenstadium knapp einen Monat.

Die Tiere haben nicht viele Feinde; die schlimmsten sind die Larven von *Rhyacophila*, die hoch in die Gebirgsbäche hinaufgehen, ferner Forellenbrut und Wasseramsel. Chironomiden wurden als Kommensalen an den Saugnäpfen der Larven gefunden (Tonnoir 1922). Siehe oben p. 533.

Deuterophlebiidae.

Die Deuterophlebiiden (Abb. 453) (Pulikowsky 1924, Muttkowski 1927, Brodsky 1930) bilden eine sonderbare, kleine Familie, die nur aus Kaschmir, vom Altai und aus Nordamerika bekannt ist. Sie enthält nur eine Gattung, *Deuterophlebia*. Die Antennen der Mücken sind nur sechsgliedrig, das 6. Glied ist jedoch beim Männchen mehrere Male so lang wie das ganze Tier. Die Flügel besitzen dasselbe eigentümliche Faltensystem wie bei den Blepharoceriden. Die Larven sind in schäumenden Gebirgsflüssen heimisch; ihre Nahrung besteht aus Diatomeen, die sie mit den Mundteilen von den Steinen abschaben. Sie haben im ganzen 12 Segmente. Die 7 letzten Segmente tragen eigenartige, breite Scheinfüsse oder gliedmassenähnliche Auswüchse; jeder von diesen ist mit mehreren Reihen von klauenartigen Gebilden versehen. Die Tiere haben keine Stigmen, sondern am Hinterende 5 Blutkiemen, in die angeblich die Malpighischen Gefässe eindringen. Die Puppe lebt an denselben Orten; sie trägt auf der Brust 3–4 Kiemenfäden.

Auch diese merkwürdigen Geschöpfe sind ebenso wie die Blepharoceriden ihrem Wohnort, den reissenden Gebirgsströmen, vorzüglich angepasst; ihre Anpassung ist aber von ganz anderer Art, und es ist deshalb zweifelhaft, ob die beiden Familien etwas mit einander zu tun haben. Die Deuterophlebiiden werden von manchen Forschern zu den *Psychodoïdea* gestellt.

Kapitel XVI.

BRACHYCERA (Fliegen).

(Taf. XIII)

Wenn man im Sommer die Vegetation am Ufer unserer grösseren Seen mit dem Ketscher abstreift, wird man bald bemerken, dass die Zweiflügler fast stets den hervorragendsten Platz in dem vom Netz eingefangenen Material einnehmen; nur die Schlupfwespen machen ihnen zuweilen den Rang streitig. Die Mücken dominieren zwar zu gewissen Zeiten kolossal gegenüber allen anderen Insekten, fehlen aber zu anderen Zeiten fast völlig; Fliegen sind dagegen den ganzen Sommer hindurch immer in grosser Menge vorhanden. Viele von ihnen haben allerdings hier am Wasser nichts Besonderes zu suchen; sie sind an anderen Orten ebenso häufig und werden nur durch die Blütenpracht der feuchten Wiesen angelockt. Nicht wenige sind im Larvenstadium an die Vegetation gebunden, indem sie als Minierer in Blättern und Stengeln von Sumpfpflanzen oder als Gallenbildner auf ihnen leben (*Lipara lucens* Meig. in Phragmites); andere suchen ihre Nahrung unter den Insekten, die sich von der Vegetation ernähren, wie z. B. die Raubfliegen, denen schwächere, blumenbesuchende Fliegen als Beute zufallen, oder die *Syrphus*-Arten, deren Larven in Blattlauskolonien der Phragmites-Wälder leben. Die Larven mancher Arten hausen im Erdboden, jedoch so weit weg vom Wasser, dass sie uns hier nichts angehen. Wieder andere Larvenformen gehören zum grossen Heer der Ordnungspolizei der Natur; ihre Aufgabe ist es, die von den Wellen ans Land gespülten toten Tiere zu destruieren. An den kleinen baltischen Seen, an die wir hier vor allem denken, treten diese Fliegen nicht sonderlich hervor. Die aas- und fleischfressenden Fliegen der *Sarcophaga-*, *Lucilia-* und anderer Arten sind an unseren Seeufern kaum recht heimisch; sie finden hier nicht genügende Mengen von Aas, um in grösserer Zahl davon leben zu können. An grossen Seen treten sie dagegen häufig in ungeheuren Mengen auf und spielen im Haushalt der Natur eine wichtige Rolle. Dort wirft jeder Sturm Tausende von Fischen ans Ufer; ertrunkene Insekten werden auf dem weissen Sand als meilenlange schwarze Linien abgelagert. An solchen Ufern finden sich diese Fliegen ein; ihre Entwicklung vom Ei bis zum fertigen Insekt dauert nicht mehr als 17–18 Tage. Von einer Fischleiche sind nach wenigen Tagen nur noch die Gräten übrig; die Larven wandern dann aus, um ein neues Objekt zu suchen. Viele Fliegenlarven, besonders aus der Familie der Musciden, leben in den stinkenden Anschwemmungen an unseren Seeufern.

Mitglieder mehrerer Familien von Aasfliegen, u. a. der *Sarcophagidae* und *Calliphoridae*, bilden zusammen mit den *Phoridae* einen wesentlichen Teil der in den Kannen insektenfressender Pflanzen (Sarraceniaceen und Nepenthaceen) lebenden Fliegenlarven. Einige von ihnen, namentlich *Sarcophaga dux sarracenioides* (Taf. XIII, Abb. 4) und *Wilhelmina nepenthicola* Schmitz und Villeneuve aus Borneo (Taf. XIII, Abb. 8) sehen als Larven geradezu abenteuerlich aus (Schmitz und Villeneuve 1932, Thienemann 1932, Schmitz 1932). Nicht einmal Schmarotzerfliegen aus der Familie der *Tachinidae* fehlen auf der Vegetation des Süsswassers; eine Art, *Euadmontia pergandei* Coq., schmarotzt auf Tipuliden, eine andere, *Ginglymyia acrirostris* Lloyd, auf einer der im Wasser lebenden Schmetterlingsraupen, *Elophila fulicalis*; sie wurde in Ithaca, Nordamerika, gefunden. Die Raupe lebt in einer dünnen Gespinsthülle in gut durchlüftetem, fliessendem Wasser; vor der Verpuppung stellt sie ein dickeres Gespinst her, das am Vorder- und Hinterende mit Öffnungen versehen ist. Durch die Strömung werden Luftblasen in das Gespinst hineingeführt. Das Hinterende der Schmarotzerfliege trägt zwei Fortsätze mit je einem von Haken umgebenen Spirakulum. Die Larve sitzt im Rücken der Raupe und streckt ihre Spirakel durch das Wirtstier heraus, um die Luft aus den Luftblasen aufzunehmen. Das die Larve beherbergende Stück der Puppe ist aufgeschwollen (Lloyd 1919).

Wenn man mit dem Boot auf dem Wasser zwischen der Vegetation liegt, so bemerkt man zahlreiche andere Arten, die sich nicht damit begnügen, auf den Blättern von Wasserpflanzen zu sitzen, sondern die gravitätisch auf der Wasseroberfläche umherspazieren. Diesen Formen ist die meist blaubetaute Färbung gemeinsam, die uns vermuten lässt, dass sich die Tiere keineswegs davor fürchten, auch mal unter Wasser zu gehen.

Auf die Frage, was dieses Heer von Fliegen hier draussen zu suchen hat, wie die einzelnen Arten leben, wie sie als Larven und als Puppen aussehen, oder wo sie ihre Eier ablegen, müssen wir leider bekennen, dass wir darüber recht wenig wissen. Wir werden die folgenden Formen besprechen:

Tabanoidea:	*Leptidae: Atherix*
	Tabanidae
Stratiomyoidea:	*Stratiomyidae: Stratiomys*
Empidioidea:	*Dolichopodidae: Thrypticus, Poecilobothrus*
	Empidae: Clinocera, Hemerodromia
Syrphoidea:	*Syrphidae: Eristalis*
Acalyptratae:	*Sciomyzidae: Sepedon, Tetanocera, Calobaea, Ctenulus*
	Ephydridae
Calyptratae:	*Scatophagidae: Hydromyza.*

Die Kopfkapsel der Brachyceren-Larven zeigt ebenso wie die vieler Tipuliden-Larven in ihrem hinteren Teil eine Tendenz zur Auflösung (hemicephale und acephale Larven); gleichzeitig wird sie mehr oder weniger in den Prothorax eingezogen. Die Mandibeln stehen vertikal und dienen nur zur Herbeischaffung, aber nicht zur Verarbeitung der Nahrung. Bei acephalen Larven wird der gesamte, oft recht komplizierte Mundapparat in den vorderen Körperabschnitt hineingezogen. Hier entwickelt sich ein sogenanntes Cephalopharynxskelett, dessen auffallendster Teil die vorstreckbaren Mundhaken sind.

Tabanoidea.

Leptidae.

Von der Familie der Leptidae soll hier nur die merkwürdige Art *Atherix ibis* F. besprochen werden.

Atherix ibis F.

In Handbüchern hatte ich über die eigentümliche Leptide *Atherix ibis* F. gelesen, die an Brückenpfeilern, Pfählen im Wasser oder an über dem Wasser hängenden Ästen Klumpen von der Grösse eines Kinderkopfes bildete, die ausschliesslich aus toten Fliegen, Eiern und Larven bestanden. Die Fliegen setzten sich auf die Klumpen, legten ihre Eier ab und starben; die ganze Masse wurde durch eine klebrige Substanz zusammengehalten, und in ihr entwickelten sich die Eier. Die Larven lebten nur kurze Zeit im Klumpen, fielen dann von dort direkt ins Wasser und gehörten nun zur Fauna des fliessenden Wassers (Abb. 454).

Der Bericht klang mir vollkommen abenteuerlich; die Art gilt hierzulande als sehr selten, und ich erwartete daher nicht, dass es mir je beschieden sein würde, sie zu sehen.

So stand ich eines schönen Sonnentages unter einer der Brücken über die Randbølaa, Jütland. Auf den Wasserpflanzen, die von den Brückenpfeilern oder zwischen ihnen lang in das schäumende Wasser des Baches hinabhingen, suchte ich nach Helmiden. Als ich zufällig aufblickte, sah ich an den Pfeilern einige grosse, unregelmässige, graugelbe Klumpen hängen, um die mittelgrosse Fliegen mit schwarzgefleckten Flügeln herumflogen. Ich konnte nicht daran zweifeln, dass ich *Atherix ibis* F. vor mir hatte. Dort unter den Brückenpfeilern, wo ich stand, waren die Tiere bestimmt nicht selten. Von draussen her kamen fortwährend neue Individuen angeflogen; als ich aber dann auf dem Terrain ausserhalb der Brücke nach ihnen suchte, sah ich nur sehr wenige. Die Fliegen sind durch ihre Grösse und ihre schwarzgefleckten Flügel leicht kenntlich. Die Klumpen an den Pfeilern waren teils bis 15 cm lang und 6 cm breit, teils ganz klein, nur wenige Zentimeter lang, oder in allen Grössen dazwischen. Sie boten einen höchst sonderbaren Anblick. Ihre Oberfläche war mit Massen von toten, z. T. verschimmelten Fliegen und Fliegenresten, Flügeln, Beinen, Köpfen usw. bedeckt; überall in dieser toten Masse sassen halbtote oder sterbende Fliegen an der Oberfläche festgeklebt. Die Klumpen waren von gelblicher oder gelbbrauner Farbe und rochen säuerlich. Wenn man einen Klumpen zerbrach, so erwies sich, dass sein Inhalt nicht nur aus toten Fliegen bestand; sowohl auf der Oberfläche wie im Innern des Klumpens lagen ungeheure Mengen weisser, länglicher Eier und förmliche Nester von wenige Millimeter langen, lebenden Larven. Von aussen her kamen unaufhörlich Weibchen angeflogen; sie legten ihre Eier ab und blieben an der feucht-klebrigen Masse hängen, um bald darauf den Tod zu erleiden. Leider versäumte ich, die Temperatur im Innern des Klumpens zu messen; ich vermute, dass sie weit über der Lufttemperatur lag. Die Larven krochen auf der Oberfläche umher und fielen von dort direkt in den Bach hinunter. Auf seinem Boden waren in dem ziemlich schnell fliessenden Wasser, besonders an der Unterseite der Steine, Larven in allen Stadien zu sehen.

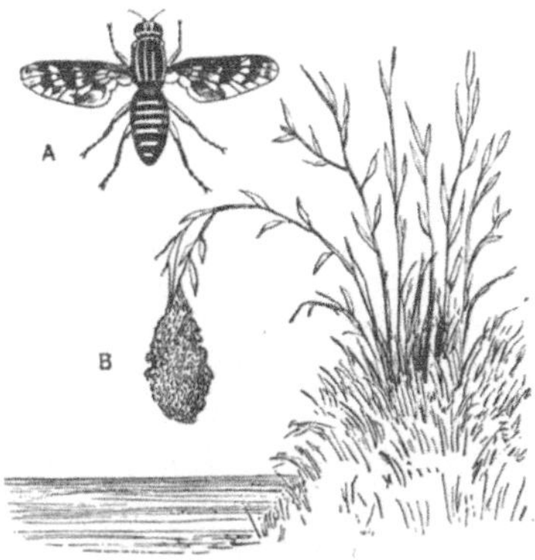

Abb. 454. *Atherix ibis* F. A Fliege, B Haufen von Eiern und Larven. Nach Sharp 1899.

Die voll entwickelte Larve hat eine hübsche, dunkelgrüne Färbung; sie erreicht eine Länge von ca. 20 mm. Ihr Körper besteht aus 12 Segmenten. Der Kopf ist sehr schmal, fast dünn wie ein Strich; er trägt eine gebogene Oberlippe, kleine, gesägte Mundhaken und zweigliedrige Palpen. Die Larve ist auf der Bauchseite mit 8 Paar Hakenfüssen versehen, die durch eine Furche gespalten sind; jede Hälfte trägt einen Kranz von Hakenborsten und 6 kräftige, stark gekrümmte Haken. An den Seiten der Segmente sitzen dünne, fadenförmige Anhänge, die vermutlich als Tracheenkiemen funktionieren. Der Körper endigt mit zwei langen, zugespitzten und mit langen, dünnen Haaren besetzten Fortsätzen. Stigmen sind nicht zu sehen; man nimmt an, dass die Larve Hautatmung hat, die durch die erwähnten Kiemen unterstützt wird. Die Larven leben ja in schäumendem, sehr sauerstoffreichem Wasser. Die Haut ist merkwürdig dick, die Muskulatur stark entwickelt. Die Larve ist lebhaft und kriecht rasch umher, hakt sich aber auch mit Hilfe ihrer Hakenfüsse an Steinen, Zweigen u. dgl. fest. Die Larve einer nordamerikanischen Art: *A. variegata* ist auf Taf. XIII Abb. 7 abgebildet. Die Puppen habe ich nicht selbst gesehen; sie besitzen oben auf den Hinterleibssegmenten einen Gürtel aus 8 Dornen. Ob eine andere Art, *A. marginata* F., in derselben Weise lebt, ist nicht bekannt. Die Larven der Gattung *Leptis* hausen in der Erde.

Tabanidae.

Abb. 455—458.

Die Tabaniden oder Bremsen bilden eine grosse, mehr als 2000 Arten umfassende und besonders in den Tropen verbreitete Familie. Die grossen, plumpen, meist grauen oder bräunlichen Fliegen (Abb. 455), die um die Mäuler der Pferde fliegen, sich auf ihren Hals setzen und die Tiere stechen, sodass das Blut in langen Streifen über das Fell herunterläuft, sind wohl allgemein bekannt. Sie haben sehr grosse Augen; die der Männchen stossen aneinander, sind oft farbenprächtig und durch eine Linie in eine obere und eine untere Hälfte geteilt. Die Männchen sind Honigsauger, die Weibchen z. T. gleichfalls, jedoch leben sie vorwiegend vom Blut warmblütiger Tiere. Der Stechapparat des

---

TAF. XIII

Ceratopogonidae, Blepharoceridae, Brachycera. Larven.

Abb. 1. Fam. Syrphidae. *Neoascia* sp. Nach Johannsen, O. 1935. × 10.
— 2. Fam. Anthomyidae. *Limnophora aequifrons* Stein. Nach Johannsen, O. 1935. × 6.
— 3. Fam. Tetanoceridae. *Sepedon fuscipennis* Lw. Nach Johannsen, O. 1935. × 6.
— 4. Fam. Sarcophagidae. *Sarcophaga dux sarracenioides* Ald. aus Sarracenia. Nach Johannsen, O. 1935. × 4.
— 5. Fam. Empidae. *Hemerodromia rogatoris* Coq.? Nach Johannsen, O. 1935. × 6.
— 6. Fam. Ephydridae. *Ephydra subopaca* Lw. Nach Johannsen, O. 1935.
— 7. Fam. Leptidae. *Atherix variegata* Wlk. Nach Johannsen, O. 1935. × 4
— 8. Fam. Calliphoridae. *Wilhelmina nepenthicola* Schm. & Vill. Aus Nepenthes-Kannen. Nach Johannsen, O. 1935. × 10.
— 9. Fam. Stratiomyidae. *Oxycera* sp. Nach Johannsen, O. 1935. × 5.
— 10. Fam. Stratiomyidae. *Euparyphus greylockensis* Jn. Nach Johannsen, O. 1935. × 5.
— 11. Fam. Ceratopogonidae. *Ceratopogon fusculus* Coq. Nach Malloch, J. 1917. × 22.
— 12. Fam. Ceratopogonidae. *Forcipomyia specularis* Coq. Nach Malloch, J. 1917. × 25.
— 13. Fam. Ceratopogonidae. *Atrichopogon Websteri* Coq. Nach Thomsen, L. 1937. × 12.
— 14. Fam. Ceratopogonidae. *Atrichopogon peregrinus* Joh. Puppe. Nach Thomsen, L. 1937. × 19.
— 15. Fam. Ceratopogonidae. *Palpomyia longipennis* Lw. Nach Malloch, J. 1917. × 5.
— 16. Fam. Blepharoceridae. *Liponeura brevirostris* Loew. Nach Mannheims, J. 1935. × 7.
— 17. Fam. Blepharoceridae. *Blepharocera* sp. Kellogg. Von der Rückenseite. Nach Kellogg, V. 1903. × c. 5.
— 18. Fam. Blepharoceridae. *Blepharocera* sp. Kellogg. Von der Bauchseite. Nach Kellogg, V. 1903. × c. 5.
— 19. Fam. Blepharoceridae. *Bibiocephala elegantulus* v. Röder. Puppe. Nach Kellogg, V. 1903. × 5.
— 20. Fam. Orphnephilidae. *Orphnephila testacea* Macq. Nach Saunders, L. 1923. × 5 sp Spiracula, sl Haare, ds Dorsalschienen.

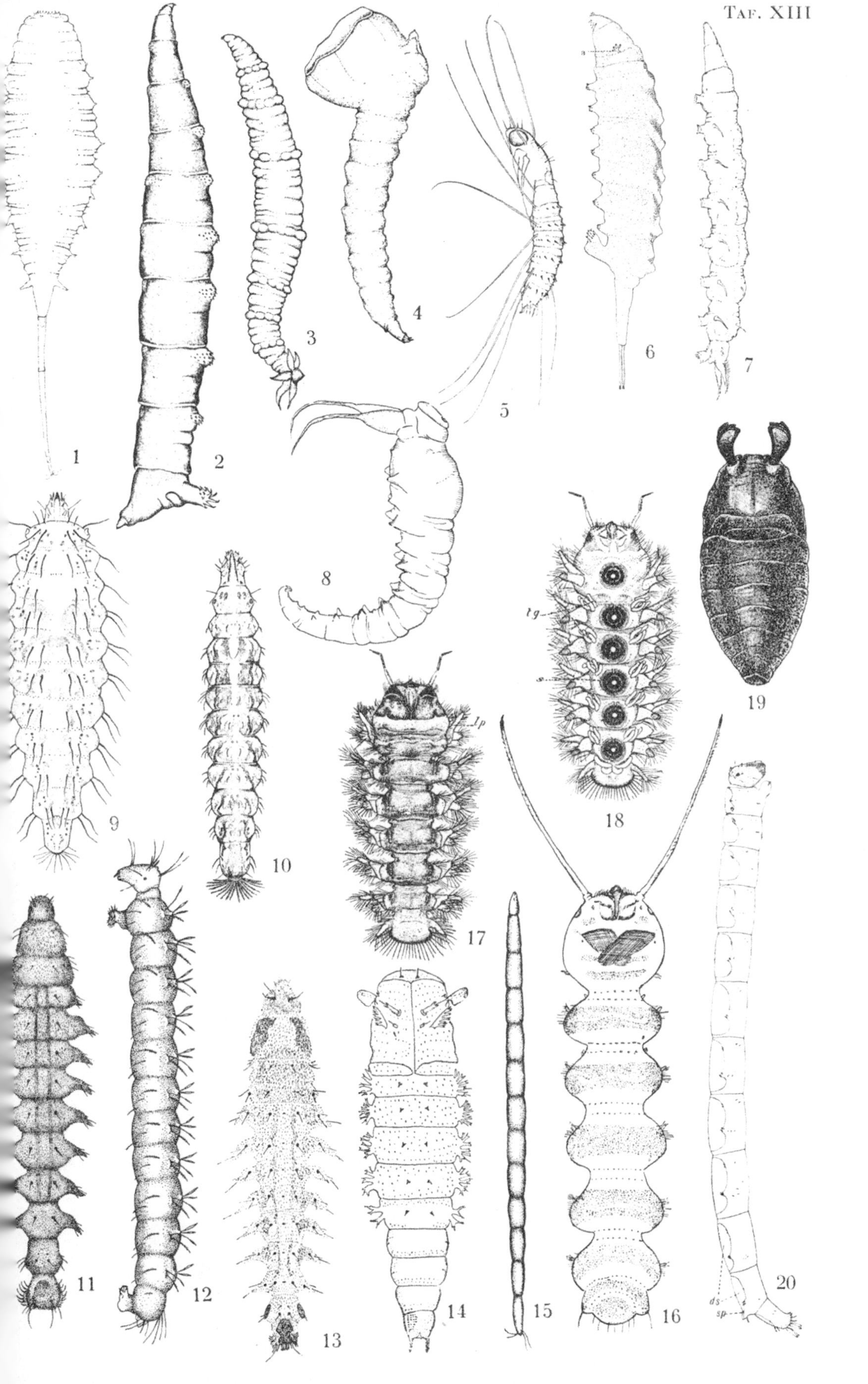
1
2
3
4
5
6
7
8
9
10
11
12
13
14
15
16
17
18
19
20
lp
lg
ds
sp

Weibchens wird aus der Oberlippe, den Mandibeln, Maxillen und dem Hypopharynx gebildet. Der Rüssel ist gewöhnlich kurz, bei gewissen tropischen Honigsaugern (*Pangonia*) aber mehr als doppelt so lang wie der Körper. Die Tabaniden stechen sicher alle warmblütigen Tiere einschliesslich des Menschen; letztere werden hierzulande hauptsächlich von der Regenbremse, *Haematopota pluvialis* L. (Abb. 457), einer kleinen, grauen Fliege, und von den goldäugigen

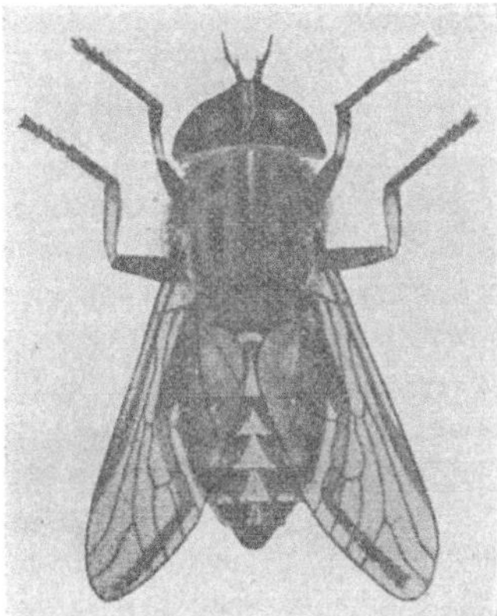

Abb. 455.

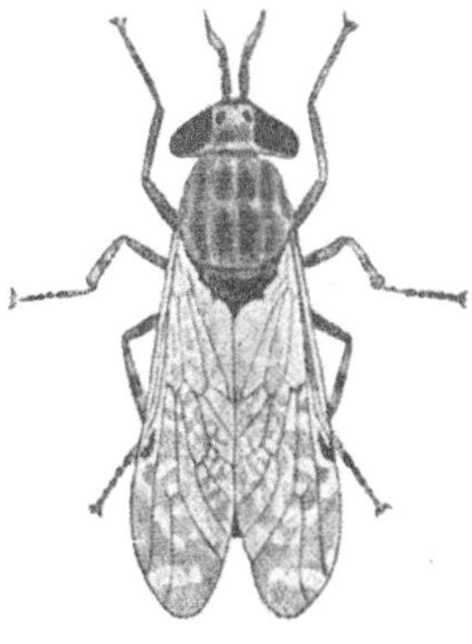

Abb. 457.

Abb. 455. *Tabanus autumnalis* L. ♀ schwach vergr. Nach Grünberg, K. 1910.

Abb. 456. *Chrysops caecutiens* L. ♀ vergr. Nach Grünberg, K. 1910.

Abb. 457. *Haematopota pluvialis* L. Nach Martini E. 1941.

Abb. 458. *Tabanus punctifer* O.-S. Larve und Eimassen. Vergr. Nach Webb, J. und Wells, R. 1924.

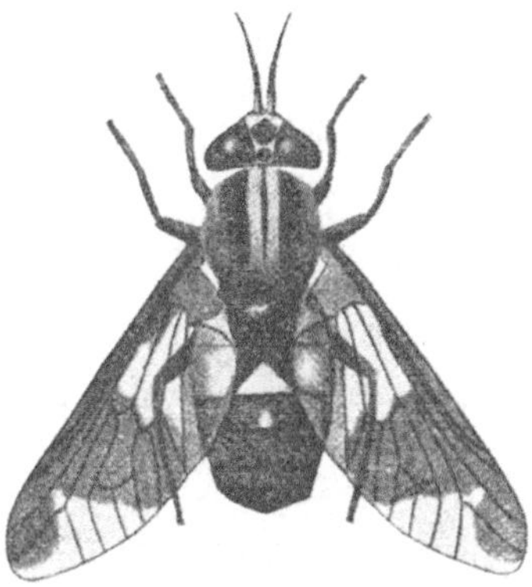

Abb. 456.

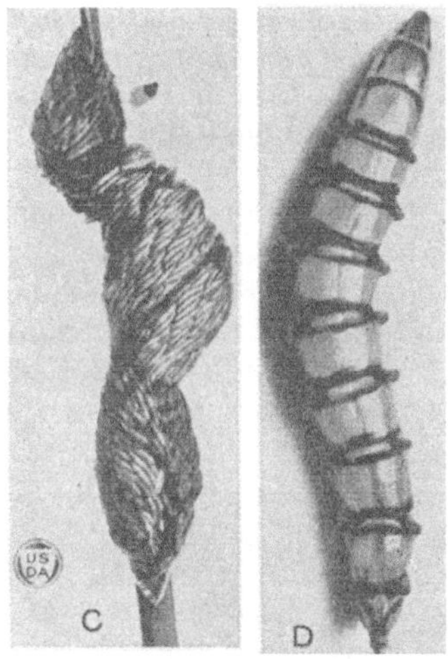

Abb. 458.

Formen der Gattung *Chrysops* (Abb. 456) mit gefleckten Flügeln angegriffen. Man hat sich in neuerer Zeit eingehend mit den Tabaniden beschäftigt, u. a. deshalb, weil sie Trypanosomenträger sind und daher im Sudan die Mborikrankheit und wahrscheinlich in Indien die Surrahkrankheit auf das Vieh übertragen. In Texas wird bitter über die Angriffe der Bremsen auf die Pferde geklagt, die durch sie oft ernstliche Blutverluste erleiden. Die von den Bremsen verursachten Stichwunden bilden die Eingangspforte für Bakterien; die Pferde können infolge der Angriffe nicht in Frieden grasen und versuchen, sich loszureissen; infolgedessen magern sie häufig ab (Stone 1938, Hine 1906). Webb und Wells (1924) haben berechnet, dass einem Tier durch 25–30 auf ihm saugende Fliegen im Laufe von 6 Stunden etwa 100 ccm Blut abgezapft wird; das Blutsaugen dauert manchmal ungefähr 10 Minuten.

Es ist vorläufig schwer zu sagen, ob die Tabanen im allgemeinen nähere Beziehung zum Süsswasser haben; man kennt kaum die Entwicklung von höchstens 100 der etwa 2000 Arten. Manche von diesen leben als Larven vorwiegend terrestrisch; der grösste Teil der Larven ist wohl an Seeufern, im Schlamm oder verfaulenden Substanzen oder auch in Misthaufen heimisch. Ausgeprägte, nur dem Leben im nassen Element angepasste Wassertiere sind nur die wenigsten von ihnen; sie leben dann vorzugsweise als Bodentiere in der Randzone des Wassers, manche auch an der Oberfläche von Teichen in der verfilzten Algendecke. Viele Larven sind im ersten Stadium ausgeprägtere Wassertiere als später. Gewisse Formen erhalten durch ein mehr aquatisches Dasein ihr Gepräge, indem sich ihre letzten Hinterleibsringe teleskopartig zu einer übrigens nicht besonders langen Atemröhre mit zwei aneinanderstossenden Spirakeln an der Spitze ausschieben lassen (*Chrysops*), während terrestrische Larven (*Haematopota* u. a.) keine Atemröhre besitzen. Zuweilen sind auch zwei vordere Stigmen vorhanden. Eine ganz vereinzelte Form ist in schnellfliessenden Bächen zwischen den Steinen am Boden heimisch. Nur von gewissen indischen Tabanidenlarven wird berichtet, dass sie vorzügliche Schwimmer sind; ihr Tracheensystem ist diesem Dasein durch den Besitz grosser Luftsäcke angepasst, wie man sie sonst bei Tabanidenlarven nicht kennt. Die Eier werden gewöhnlich in Klumpen, mit Vorliebe auf Wasserpflanzen abgelegt, und zwar häufig so, dass die Larven von dort aus unmittelbar ins Wasser fallen, wo sie sofort den Boden aufsuchen. Der einzelne Klumpen enthält etwa 500 Eier. Nach Ablage einer gewissen Anzahl von Eiern wird eine neue Schicht auf die erste gelegt, und so weiter, bis gewöhnlich 4–5 Schichten über einander liegen, die nach oben hin immer kleiner werden; die oberste Schicht enthält nur wenige Eier. Der Klumpen sieht infolgedessen wie ein kleiner Holzstoss aus. *Chrysops* legt jedoch die Eier in nur einer Schicht ab. Die Eier sind zuerst weiss, werden aber sehr bald grau und schliesslich glänzend schwarz. Solche schwarzen, oft kegelförmigen Eihaufen sind auf der Vegetation unserer Seeufer sehr verbreitet (Abb. 458). Während ein Weibchen Eier legt, kann man ruhig das Blatt nehmen und damit weitergehen; das Tier lässt sich dabei nicht leicht stören. Die Eier sind in den Klumpen oft sehr regelmässig angeordnet. Manche Tropenformen lassen über die Eier ein weissliches, gerinnendes, in Wasser unlösliches Sekret ausfliessen. Bei einer einzelnen nordamerikanischen Art wird über eine Art Brutpflege berichtet, wobei die Weibchen etwa 8–9 Tage lang auf den Eiklumpen sitzen bleiben (McAtee 1910). In den Eiern schmarotzen sehr oft Schlupfwespen. In Nordamerika, wo die biologische Schädlingsbekämpfung eine grosse Rolle spielt, und wo die Angriffe der Tabaniden auf Pferde und Rinder eine wirkliche Kalamität bilden, beobachtete man (Parman 1928), dass bis 97 % ihrer Eimassen von Parasiten besetzt waren. Man begann deshalb, Tabaniden-Eiklumpen zu sammeln. Auf einer Strecke von etwa 14 engl. Meilen heimsten die Farmer 10–12 Gallonen, d. h. vermutlich 20–25 Millionen Eier ein, von denen ungefähr 50 % Parasiten enthielten. Die Schlupfwespen wurden über ein grösseres Areal verteilt, woraufhin die Tabanidenplage angeblich zurückging.

Alle Tabanidenlarven gleichen einander im grossen und ganzen; ihr Körper ist im Querschnitt beinahe kreisrund, an beiden Enden spitz zulaufend und besteht aus 11 Segmenten. Die einzelnen Segmente sind teleskopartig ineinander verschiebbar; diese Fähigkeit ist jedoch bei den einzelnen Arten ungleich ausgebildet, am besten bei den Wasserlarven für die letzten Segmente, die hier die Atemröhre bilden. Jedes Segment vom vierten bis zum zehnten ist vorn mit einem fleischigen, sehr muskulösen Ring versehen, der die sogenannten

Parapodien trägt, stark hervortretende Knoten, von denen normalerweise 8 auf jedem Segment sitzen: 2 auf dem Rücken, 2 an den Seiten und 4 auf der Bauchseite; die des Rückens fehlen zuweilen. Die Parapodien können ausgeschoben und eingezogen werden; sie bilden zusammen mit den erwähnten Ringen die Bewegungsorgane des Tieres. Sie sind häufig mit Dornen ausgestattet. Auf glatten Flächen kommen die Tiere nicht vom Fleck; wo sich aber die Parapodien gegen die Unterlage stemmen können, schieben sie sich mit verblüffender Schnelligkeit vorwärts. Sie zeigen ein besonderes Geschick, sich durch dichte Algenteppiche hindurchzubohren oder sich in schrägen oder senkrechten Gängen zu bewegen. Das ausschiebbare Hinterende kann als Fuss benutzt werden und ist ein wichtiges Hilfsmittel bei der Fortbewegung. Der spitze, völlig einziehbare Kopf umschliesst die vorschiebbare Kieferkapsel mit den sehr kräftigen, hohlen Mundhaken. Speicheldrüsen sind vorhanden; sie fungieren vermutlich als Giftdrüsen. Der Darmkanal ist zur Aufnahme grosser Nahrungsmengen geeignet. Das Tracheensystem ist mit einem Paar sehr kleiner, vorderer Stigmen nahe am zweiten Segment und mit zwei oder mit einem grossen Stigma am Hinterende versehen; letzteres hat eine sehr kleine, spaltförmige Öffnung, die sich öffnen und schliessen kann. Kurz vor dem Stigma verschmelzen die beiden grossen Tracheenstämme miteinander; sie können beträchtliche Luftmengen aufnehmen und dadurch bewirken, dass das Tier überkompensiert wird. Auf der Rückenseite des vorletzten Segmentes liegt ein eigentümliches Organ, das sog. Grabersche Organ, das für ein Sinnesorgan gehalten wird; es liegt am nächsten, an ein Gehörorgan zu denken, erstens weil es Körperchen enthält, die man als Otolithen deuten kann, zweitens weil nachgewiesen wurde, dass manche Larven knirschende Laute hervorbringen.

Die Larven sind hauptsächlich Raubtiere; sie durchwühlen die Schlammablagerungen usw., um nach Beute zu suchen. Eine an der Oberfläche liegende *Tabanus*-Larve wurde beobachtet, während sie nacheinander 11 *Planorbis* mit einem Durchmesser von 0,5–0,75 cm auffrass. Die im Wasser lebenden Larven kommen oft an die Oberfläche, um zu atmen; hier lassen sie sich zwischen den Wasserpflanzen treiben und suchen nach Nahrung, z. B. nach Mückenlarven, die sie packen und ins Wasser hinunterziehen, sodass sie ersticken; dann verzehren sie sie am Boden. Die Wasserlarven sind übrigens sehr unabhängig von der atmosphärischen Luft und in der Hauptsache auf Hautrespiration angewiesen. Die Cuticula ist sehr dick, besonders allerdings bei den auf dem trockenen Land lebenden Larven; infolgedessen können die Tiere sehr starke Austrocknung vertragen. Sie bohren sich dann nur tiefer in den austrocknenden Schlamm ein. Die Tiere überwintern als Larven tief im Schlamm oder im Erdboden. Die meisten Arten sind wohl einjährig, manche haben aber angeblich ein zweijähriges Larvenstadium.

Stratiomyoidea.

Stratiomyidae.

Die Stratiomyiden oder Waffenfliegen sind kleine bis mittelgrosse Fliegen (Abb. 459–464). Der Hinterleib ist meistens flach und häufig schwarz mit gelben Ringen. Sie sitzen oft auf Blumen, besonders auf Korbblütern und Doldengewächsen oder auf besonnten Büschen nicht zu weit vom Wasser. Die Larven sind zum grossen Teil terrestrisch, manche leben unter Baumrinde, andere in Latrinen, in Speichern (Johannsen 1922), zwischen verfaulendem Laub oder in den Nestern von Hymenopteren und Nagern. Sie alle gehen uns hier nichts an. Andere Formen leben an der Grenze von Land und Wasser

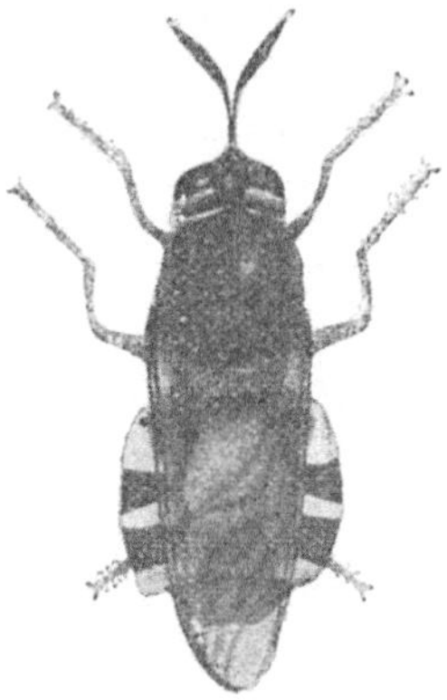

Abb. 459.

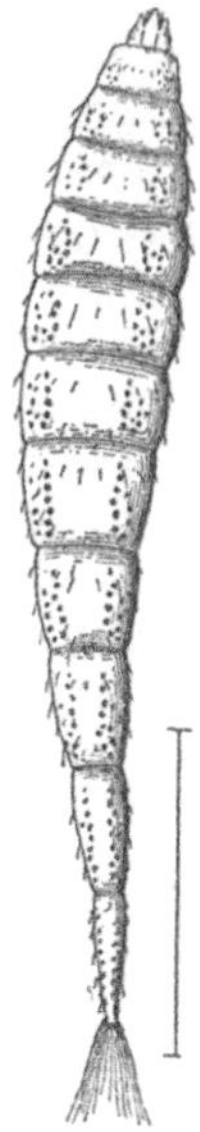

Abb. 460.

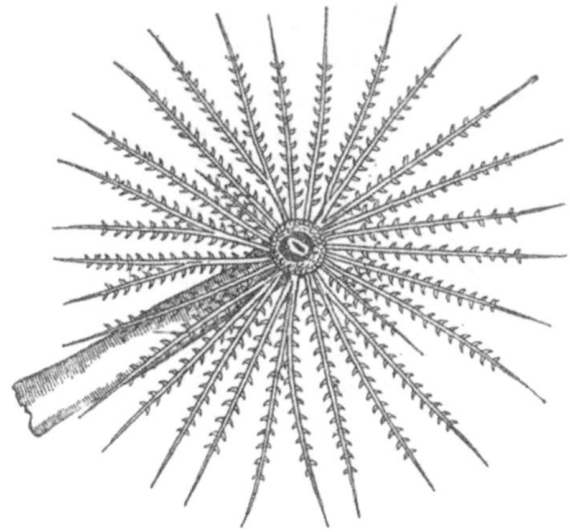

Abb. 461.

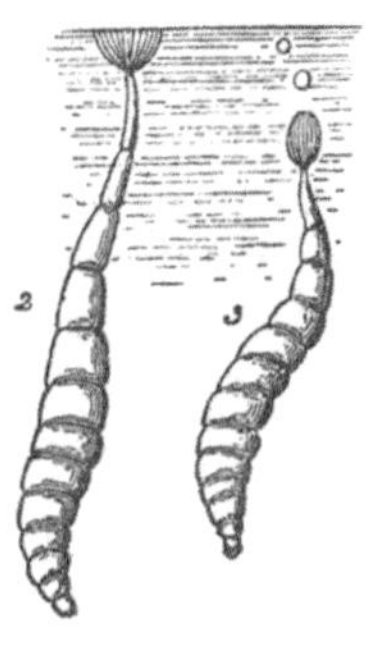

Abb. 462.

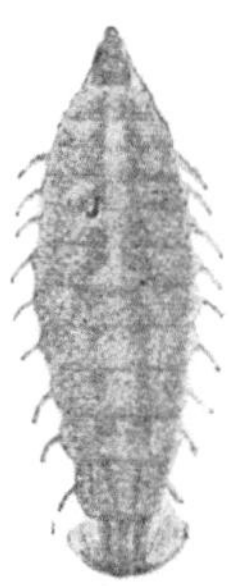

Abb. 463.

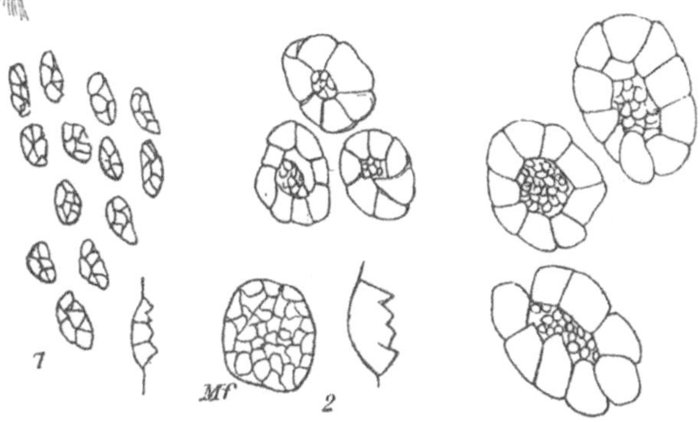

Abb. 464.

Abb. 459. *Stratiomys chamaeleon* L. Vergr. Nach Grünberg, K. 1910.

Abb. 460. *Stratiomys chamaeleon*-Larve. Vergr. Nach Miall, L. 1895.

Abb. 461. Haarkranz der Larve um die Spirakel. Nach Miall, L. 1895.

Abb. 462. Zwei Larven, die eine an der Oberfläche hängend, die andere die Oberfläche verlassend und Luftblasen abgebend. Nach Schwammerdam 1737—1738.

Abb. 463. *Hermione Meigeni* Staeg. Larve. Nach Grünberg, K. 1910.

Abb. 464. *Sargus cuprarius* L. Larve. Kalkwarzen in der Haut der Larve. Nach Müller, G. W. 1925.

im Schlamm, einige sind aber als wirkliche Wassertiere zu bezeichnen (*Stratiomys* (Abb. 459), *Odontomyia*, *Nemotelus*). Letztere weichen von den Landformen durch mindestens zwei Eigentümlichkeiten ab, die ihrer Gestaltung durch das Leben im Wasser aufgeprägt wurden; erstens sind bei ihnen die letzten Hinterleibsringe länger als breit, und das letzte Segment endet gewöhnlich mit einem grossen Haarkranz, zweitens haben sie vorn auf dem Kopf, besonders auf den Kiefern, merkwürdige Strudelorgane. Die grosse Familie zählt etwa 1300 Arten, die hauptsächlich in den Tropen verbreitet sind. Zu den am besten untersuchten Formen gehören die Larven der Gattung *Stratiomys*.

Der flache, völlig gliederlose Körper, der 4–5 cm lang werden kann, ist an beiden Enden zugespitzt und zwar am stärksten am Hinterende; er besteht aus dem sehr kleinen, oft weit in die Vorderbrust eingezogenen Kopf und 11 Segmenten, die ein wenig ineinander geschoben werden können. Die Larven, auf die wir hier unser besonderes Augenmerk richten, sind im Frühsommer allgemein in kleinen Wasseransammlungen mit reinem, klarem Wasser und vielen Grünalgen. Die langen, graugrünen Larven drehen und winden sich zwar nach allen Richtungen, kommen aber gewöhnlich nicht vom Fleck, solange sie keine Gefahr vermuten. Sie hängen wie festgeleimt an der Oberfläche und krümmen und ringeln sich in der sonderbarsten Weise; ab und zu schiessen sie mit der Grandezza einer Brillenschlange mit erhobenem Vorderkörper und horizontal vorgestrecktem Prothorax nach vorn. Stampft man aber ein wenig auf die Erde am Rand des Tümpels, so verschwinden alle Tiere im gleichen Augenblick; man sieht nur noch ein paar schwarze Schatten, die lautlos zwischen die grünen Algenmassen hinuntergleiten. Von dort holt sie aber der Ketscher mit Leichtigkeit wieder herauf. Setzt man sie dann ins Aquarium, so sieht man am Hinterende der Larven einen hübschen, silberglänzenden Kranz aus etwa 30 gezähnten oder gefiederten Haaren; der Kranz, dessen Oberseite unbenetzbar und stets trocken ist, liegt ausgebreitet auf dem Wasserspiegel und drückt ihn schalenförmig nach unten (Abb. 461). In der Mitte des Kranzes münden zwei Spirakel, die Öffnungen der beiden grossen Tracheenstämme, die den ganzen Körper durchziehen; es sind ausserdem noch 9 Paare von Stigmen vorhanden, die aber bei der Larve geschlossen sind und, soviel man weiss, nicht funktionieren. Durch die beiden grossen Spirakula atmet die an der Oberfläche hängende Larve atmosphärische Luft ein. Bei drohender Gefahr schlägt der ganze Haarkranz mit einem Ruck zusammen und umschliesst nun eine Luftblase (Abb. 462). Wie so viele Insektenlarven sind sie bei plötzlicher Verdrängung von der Wasseroberfläche überkompensiert und müssen ein paar Luftblasen abgeben, um hinunterkommen zu können. Der Kranz umschliesst jedoch stets ein mit den Tracheen in Verbindung stehendes Luftbläschen, das das Oberflächenhäutchen durchbricht, sowie es mit ihm in Berührung kommt, worauf sich der Haarkranz sogleich entfaltet. Die Larven vertragen sowohl, längere Zeit auf dem Trockenen zu liegen, als mehrere Tage von der Luft abgesperrt zu werden (Kuster 1934).

Die jungen Larven scheinen in besonders hohem Grade des Haarkranzes als Aufhängeapparat an der Oberfläche zu bedürfen; nach meinen Beobachtungen ist er im Verhältnis zur Länge des Tieres bei den jüngsten Larven weit grösser als bei den ausgewachsenen.

Für die Respiration der *Stratiomys*-Larven, die in mancher Hinsicht merkwürdig ist, haben wir erst durch die Untersuchungen von Kuster (1934) ein besseres Verständnis gewonnen. Die zwei letzten Abdominalstigmen führen in eine mit zwei grossen Säcken versehene Respirationskammer; in diese münden die beiden Haupttracheenstämme, die starr sind und nicht wie bei *Eristalis* die Fähigkeit haben, sich stark zusammenzurollen. Die Tracheenäste sind nicht mit Luftsäcken ausgestattet; sie münden vorn in einem Paar sehr kleiner, vorderer Stigmen, die vermutlich ganz wenig funktionieren, sowie in 8 Paar anderer Stigmen, die wohl während des Larvenlebens überhaupt nicht funktionsfähig sind. Ein- und Ausatmung geschieht durch die beiden letzten Hinterleibsspirakula. Legt man eine Larve mit an der Oberfläche ruhenden Stigmen unter das Binokularmikroskop, so beobachtet man regelmässige Pulsationen der Respirationskammer. Die Pulsationen, deren Anzahl 35–36 in der Minute beträgt, werden von Öffnung und Schliessung der Respirationsöffnung begleitet. Man kann deutlich sehen, wie sich die Kammer zusammenzieht und wieder erweitert; diese Bewegung wird durch die Muskulatur des letzten Hinterleibssegmentes bewirkt.

Die Respirationskammer hat jedoch zugleich die Bedeutung eines Reservoirs für die Atemluft. Wenn die Larve die Oberfläche verlässt und abwärts sinkt, umschliesst der Haarkranz, wie erwähnt, eine Luftblase; diese verschwindet im Innern des Körpers, kurz nachdem die Larve unter die Oberfläche getaucht ist. Will die Larve wieder in die Höhe steigen, so kommt die Luftblase zum Vorschein; dadurch wird das Tier leichter, weil es seinen Umfang vergrössert, ohne sein Gewicht zu steigern. Hat die Luftblase die Oberfläche erreicht, so zerplatzt sie. Wenn die Larven verhindert werden, an die Oberfläche zu kommen, können sie nachweislich Sauerstoff aus dem Wasser aufnehmen und Kohlensäure abgeben; das geschieht höchst wahrscheinlich durch Hautrespiration, da die *Stratiomys*-Larven weder Tracheen- noch Blutkiemen haben.

Auch die Art und Weise der Ernährung ist recht eigentümlich. Wenn das Tier an der Oberfläche ruht, so schiebt sich der winzige Kopf heraus; dabei kommen zwei schwarze Spitzen zum Vorschein, die gewöhnlich als Kiefer bezeichnet werden. Sie sind hakenförmig, ausserordentlich kompliziert gestaltet und mit mehreren, übereinander liegenden Reihen von Schwimmhaaren besetzt. Sie sind gleichzeitig Ernährungs- und Bewegungsorgane. Liegt die Larve auf einem welken, diatomeenbelegten Blatt, so bewegen sich die Kiefer ununterbrochen flimmernd darüber hin und nagen den Belag ab. Auch wenn die Larve an der Oberfläche liegt, ist dieselbe Bewegung wahrzunehmen; die beiden kleinen Spitzen schieben sich fortwährend parallel zueinander in der Längsrichtung des Körpers aus und ein und wimpern dem Mund Nahrung zu. Die Mundteile sind aber zugleich Bewegungsorgane. Während die Respirationsschale fest an der Oberfläche liegt, treiben die Kiefer den grossen Körper durch die beständige Bewegung ihres Haarbesatzes unendlich langsam vorwärts. Am Boden des Wassers arbeiten die Mundwerkzeuge auf andere Weise. Hier haken sich die Tiere mit den Mundhaken fest; dann ziehen sie das Hinterende etwas nach vorn, heften es an und schieben dann das Vorderende vorwärts.

Noch eine weitere Eigentümlichkeit ist zu erwähnen. Die Haut der *Stratiomys*-Larve ist stets völlig undurchsichtig und fast lederartig dick. Legt man ein Tier oder eine abgestreifte Haut in Salzsäure, so entstehen zahlreiche Luftblasen; zugleich wird die Haut durchsichtig. Sie enthält nämlich Kalkablagerungen, die durch die Salzsäure aufgelöst werden. G. W. Müller (1925) hat diesen Vorgang bei der in Kuhfladen lebenden Larve von *Sargus cuprarius* L., einer Stratiomyide, genau untersucht und festgestellt, dass eine getrocknete Haut 14,5 mg, eine mit Salzsäure behandelte jedoch nur 3,5 mg wiegt. Der Kalk besteht nach den Angaben von Müller aus kleinen, unregelmässigen Körperchen, die der Haut aussen aufgelagert sind, wo sie in flachen Grübchen liegen. Eine wechselnde Anzahl solcher Kalkkörperchen vereinigt sich zu einer Warze (Abb. 464). Über den Kalkablagerungen liegt eine dünne Chitinschicht. Nach jeder Häutung wird auf der Haut eine neue Schicht Kalk abgelagert, der aus den Malpighischen Gefässen stammt; diese enthalten feinen, weissen Mehlstaub, der bei Berührung mit Säure schäumt und zweifellos aus kohlensaurem Kalk besteht. Die Kalkablagerungen finden sich bei allen

Stratiomys-Larven, aber wahrscheinlich bei keiner anderen Fliegenlarve; der Kalk verleiht der Haut nicht nur grössere Festigkeit, sondern schützt sie auch einigermassen vor dem Angriff von Schlupfwespen (G. W. MÜLLER 1925, KUSTER 1934).

Vor der Verpuppung macht die Haut eine weitere Umbildung durch. Der Aufenthaltsort der Puppe ist an der Wasseroberfläche; dort lässt sie sich horizontal ausgestreckt treiben. Sie gleicht scheinbar völlig der Larve; wenn man sie aber aus dem Wasser nimmt, merkt man sofort, dass sie nicht mehr weich und schlaff ist, sondern steif wie ein Stock. Die Larvenhaut hat sich stark verdickt und ist aus einer weichen, biegsamen Hülle zu einem starren Panzer geworden, der für die Mandibeln der Wasserkäfer undurchdringlich ist und für die meisten Feinde eine uneinnehmbare Festung bildet. Innerhalb der starren Larvenhaut findet die Verpuppung statt; auch hier stossen wir wieder auf eine sonderbare Erscheinung. Während die Larve 4–5 cm lang werden kann, ist die Puppe nicht viel länger als einen Zentimeter. Ungefähr in der Mitte der langen Larvenhaut liegt der von den Drüsen der Larve gesponnene Kokon; darin liegt die Puppe, aus der bald darauf die Fliege ausschlüpft. Die gesamte übrige Larvenhaut findet keine Verwendung. Die Ventilation im Puppenstadium erfolgt durch eine im Hinterende der Larvenhaut entstandene Spalte.

Die Fliegen legen ihre Eier als blaue oder schwarze Fladen auf Blättern über Wasser ab; die Eimassen sind im Sommer sehr häufig. Sie sind in Form und Aussehen etwas verschieden, zuweilen ganz flach, zuweilen stark gewölbt, oft sehr regelmässig gestaltet; die Eier sind manchmal in drei Lagen übereinander gestapelt. Bis jetzt ist es mir nicht gelungen, ihre Eier von denen der Tabaniden zu unterscheiden, die ihre Eier an den gleichen Stellen und in derselben Weise anbringen.

Hierzulande gibt es eine ziemlich grosse Anzahl von Stratiomyiden, von denen viele das Larvenstadium im Wasser verbringen; die Larven der Gattung *Stratiomys* sind an den sehr langen, verschmälerten letzten Hinterleibssegmenten zu erkennen. Auch die Larve einer anderen Gattung, *Odontomyia*, lebt im Wasser; sie ist von den *Stratiomys*-Larven leicht daran zu unterscheiden, dass sich die letzten Segmente nicht so stark verschmälern. Alle einheimischen *Stratiomys*-Arten überwintern, soviel man weiss, nur als Larven. Im zeitigen Frühjahr, bevor noch das Eis richtig geschmolzen ist, kann man bereits in den Anschwemmungen am Ufer Tausende der winzigen, nur 2—3 mm langen *Odontomyia*-Larven finden, die wahrscheinlich während des Winters im Eis oder im Schlamm des Seeufers eingefroren geruht haben; nun liegen sie an der Oberfläche und entfalten ihre silberglänzenden Rosetten auf dem Wasserspiegel; bis der Sommer kommt, haben sie eine Grösse von etwa 2 cm erreicht. Höchst wahrscheinlich findet im Herbst eine Auswanderung auf das Land statt (G. W. MÜLLER 1925).

Manche Stratiomyiden-Larven tragen an den Seiten jedes Segmentes einen kräftigen, rückwärts gekrümmten Dorn (Abb. 463). Einige dieser Larven leben in Moospolstern auf Felsen, die beständig von Wasser überrieselt werden. Andere sind in den Algen- und Mooskissen von Wildbächen heimisch. Die Dornen wirken hier als Retentionsapparate, durch die die Larve in den Algenfäden festhängt, sodass sie nicht von der Strömung mitgerissen wird. Hierher gehören vor allem die Gattungen *Oxycera* (Taf. XIII, Abb. 9), *Nemotelus*, *Beris*, *Euparyphus* (Taf. XIII, Abb. 10). *Oxycera* ist ausgesprochen hygropetrisch und trägt um die Hinterleibsspirakel einen ähnlichen Haarkranz wie *Stratiomys*; *Beris* und *Nemotelus*, die sich mehr auf dem Trockenen aufhalten, haben keinen solchen Haarkranz. Bei manchen dieser Formen sitzen auf dem vorletzten Segment besondere Klammerhaken. Sie sind alle äusserst träge und sitzen ruhig mit ihren Haken im Moos verankert (Lenz 1923). Die Larve von *Oxycera* wurde auch in Salzwasser gefunden (Lenz 1926).

Empidioidea.

Dolichopodidae.

Die Larven fast aller Dolichopodiden leben in Erde oder Sand; manche ihrer Imagines treiben sich in der Nähe des Wassers herum und setzen sich oft auf seine Oberfläche. Die Larve von *Thrypticus* wurde in den Rohren von Phragmites gefunden.

Abb. 465. *Thrypticus smaragdinus* Gerst. Nach Lübben, H. 1900.

Brocher machte 1924 folgende hübsche Beobachtung an *Poecilobothrus nobilitatus* L.: Er sah etwa 50 von ihnen über einem kleinen Mückentümpel fliegen, auf dem sie sich gelegentlich niederliessen. Ab und zu stürzte sich eine der Fliegen auf eine *Culex*-Larve; er beobachtete, dass eine von ihnen mit einer Larve auf ein Blatt flog, konnte aber nicht sehen, ob diese verzehrt wurde. Brocher erwähnt, dass auch andere die gleiche Beobachtung gemacht haben.

Schliesslich hat Lübben (1908) die Larve von *Thrypticus smaragdinus* Gerst. beschrieben, die in den Wurzelstöcken von Phragmites überwintert und im Frühjahr in die jungen Schösslinge hinaufsteigt. Die Puppe (Abb. 465) ist sehr merkwürdig; sie trägt am Vorderende einen gesägten Bohrdorn, und die Stigmen des zweiten bis fünften Abdominalsegmentes laufen in lange, gebogene, gefurchte Dornen aus. Über die Funktion dieser Dornen weiss man nichts.

Empidae.

Die Larven leben fast ausschliesslich in feuchter Erde und in verwesenden Substanzen; eine Ausnahme bildet die Gattung *Clinocera.* Brocher (1908) beobachtete eine unter Wasser spazierende *C. barbatula* Mik; sie schien dort heimisch zu sein, da sie volle 9 Stunden lang offenbar in bestem Wohlbefinden auf dem Boden umherkroch. Der Körper des Tieres war mit Vorticellen besetzt. Die sehr eigentümliche Larve ist ausgeprägt amphibisch; sie besitzt 8 Paar lange Parapodien. Die Larve ist angeblich in fliessendem Wasser heimisch.

Auch die gleichfalls von Brocher (1909) beschriebenen Larven von *Hemerodromia praecatoria* Fall. leben aquatisch. Ihr Tracheensystem ist geschlossen; die beiden langen Tracheenstämme enden vorn und hinten nicht in Stigmen, sondern in feinen Tracheenbündeln. Die Larven haben 7 Paar Gangwarzen, die mit retraktilen Haken versehen sind. Die Haut ist dünn und durchsichtig. Eine hierhergehörende Puppe ist sehr merkwürdig; sie trägt auf der Vorderbrust ein Paar und auf dem Hinterleib 7 Paar sehr langer Tracheenfäden (Kiemen?) (Taf. XIII, Abb. 5). Näheres darüber ist nicht bekannt (JOHANNSEN 1935).

Syrphoidea.

Syrphidae.

Die grosse Familie der *Syrphidae* oder Schwebefliegen ist über den grössten Teil der Erde verbreitet und zählt etwa 3000 Arten. Die Fliegen sind mittelgross oder gross und sicher teils wegen der gelben Zeichnung ihres Hinterleibes (*Syrphus*), teils wegen ihres bienenähnlichen Aussehens (*Eristalis*) (Abb. 466a) wohlbekannt. Ihre Larven leben zum grössten Teil nicht aquatisch, sondern im Schlamm, an der Grenze von Land und Wasser; die meisten von ihnen ernähren sich von verfaulenden Stoffen und kommen daher überall vor, wo sich solche zersetzen: in Mistjauche, in Schweinetrögen, oder in den Wasseransammlungen in hohlen Bäumen. An solchen Stätten spielen sie unter den Insekten ungefähr die Rolle der Ratten auf Abladeplätzen. Die Larven der *Syrphinae* leben von Blattläusen; sie sind oft recht bunt gefärbt und häufig in Blattlauskolonien auf Rosen oder Holunder, aber auch in solchen auf Schilf ziemlich weit draussen über Wasser anzutreffen. Manche leben in Pflanzen, einige auch in Hummelnestern und Ameisenhaufen. – Hier interessiert uns hauptsächlich die Abteilung der *Eristalinae*, vor allem wegen ihrer eigenartigen Larven, der wohlbekannten Rattenschwanzlarven.

Soviel man weiss, sind die Larven aller *Eristalinae* einander recht ähnlich. Beim ersten Anblick einer *Eristalis*- oder Rattenschwanzlarve wird man sicher finden, dass sie ein widerwärtig aussehendes Geschöpf ist (Abb. 466b). Die fetten, weissen Larven, die sich fortwährend winden und drehen und ihre langen, dünnen »Schwänze« nach allen Richtungen schlängeln, wirken zunächst wirklich nicht gerade anziehend. Studiert man aber Bau und Lebensweise der *Eristalis*-Larve etwas näher, so erweist sie sich als eine der merkwürdigsten Larvenformen des Süsswassers; sie gehört zu denen, die in seltenem Grade vermocht haben, ihre Organisation den einmal gewählten Lebensbedingungen anzupassen. Die äussere Schönheit ging zwar dabei verloren; das Tier kann sich aber damit trösten, dass es in seinem Inneren Organe birgt, die in ihrer glücklichen Mischung von praktischer Gestaltung und unvergleichlicher Eleganz zu den schönsten gehören, die wir unter den Insekten kennen. Der weiche, äusserst biegsame Körper wird von einer dünnen, durchsichtigen Cuticula bedeckt, die mit feinen, bei den einzelnen Arten etwas verschieden angeordneten Dornen besetzt ist. Auf der Unterseite sitzen 7 Paar mit Haken versehene Gangwarzen, von denen das erste weit vor den übrigen angebracht ist. Der Körper ist mit einer reichen Muskulatur ausgestattet; das Tier kann auf seinen ein- und ausschiebbaren Warzen recht schnell kriechen. Die Larven graben sich oft in den Schlamm ein, sind aber auch häufig überkompensiert und lassen sich an der Oberfläche treiben. Meist liegen sie indessen auf dem Schlamm, den sie langsam abnagen und einschlürfen. Die lange Atemröhre ragt gerade in die Höhe, sodass ihre Spitze mit den Spirakeln die Wasseroberfläche erreicht. Die Nahrung besteht aus dem Schlamm, auf dem die Larve kriecht; bevor er aber in den Darm gelangt, wird er einem eigentümlichen Filtrationsprozess unterworfen. Die Larve besitzt keine kräftigen Mundwerkzeuge; ein dicker, wulstiger, bedornter Halskragen mit zwei Sinnespapillen repräsentiert den ersten Filterapparat, während der zweite, weit kompliziertere vom Schlund gebildet wird. Wenn die Larve fressend über den Schlamm hinkriecht, gleicht sie einem Schwein, das mit seinem Rüssel im Morast nach essbaren Dingen wühlt; hat sie etwas Geniessbares zusammengekratzt, so schlürft sie es mit

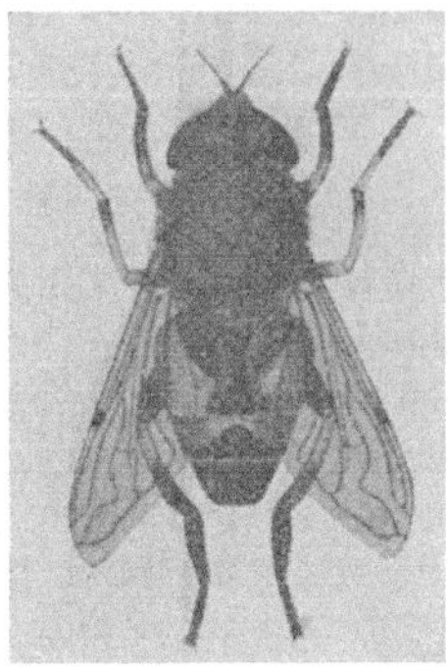

Abb. 466 a.

Abb. 466 b.

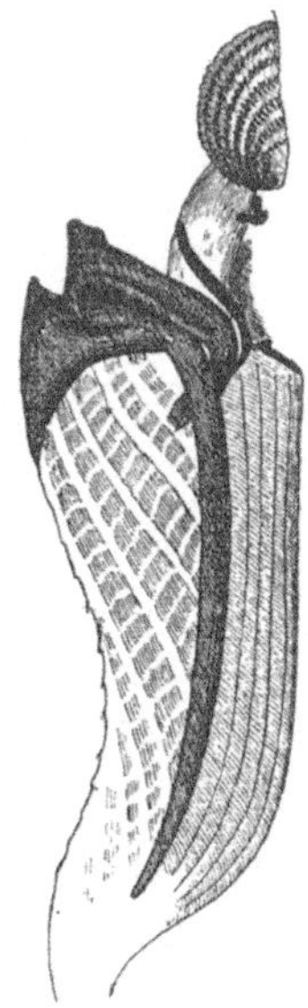

Abb. 467.

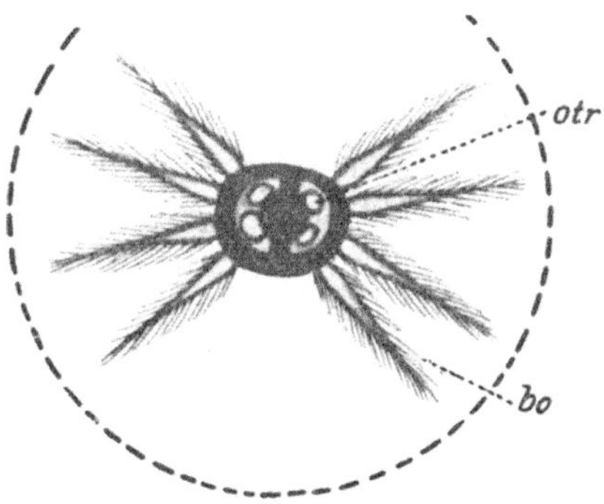

Abb. 468.

Abb. 466 a. *Eristalis arbustorum* L. Vergr. Nach Grünberg, K. 1910.
Abb. 466 b. *Eristalis*-Larve. Nach Miall, L. 1895.
Abb. 467. *Eristalis*-Larve. Pharynx mit Filtrationsapparat. Vergr. Nach Miall, L. 1895.
Abb. 468. *Eristalis*-Larve. Endborsten der Atemröhre ausgebreitet, von oben gesehen. *otr* Öffnung der Tracheen, *bo* gefiederte Borsten. Nach Wahl aus Hase, A. 1926.

Wasser auf. Im Schlund stossen die aufgenommenen Massen indessen auf einen Apparat, den man nicht ohne Grund mit den Barten der Wale vergleicht; gegen ihn wird die Masse gepresst, wenn das Tier den Mund schliesst. Die festen Teile werden zurückgehalten, während das Wasser in eine Schlundkammer eintritt, aus der es durch den Mund wieder ausgespritzt wird. Hat der Bartenapparat einen genügend grossen Futterballen gesammelt, so öffnet sich der Schlund nach hinten, sodass der Ballen in den dahinterliegenden Teil des Darmkanals gleitet. Der ganze Mechanismus ist äusserst kompliziert, wahrscheinlich noch nicht völlig verstanden, und kann daher kaum ganz korrekt beschrieben werden. Unter dem Mikroskop ruft das Organ mit seinen neun langen, behaarten Borsten (den »Barten«) den Eindruck ungewöhnlicher Schönheit und Eleganz hervor (Abb. 467). So kriecht das Tier beständig wie eine kleine, lebende Baggermaschine umher und schlürft den Schlamm auf; die faulenden Substanzen werden beim Durchgang durch seinen Körper verbrannt und zu Fleisch und Blut verwandelt.

Der Inhalt des Darmkanals besteht aus einer Masse gröberer Partikel, vermischt mit Diatomeen, Flagellaten usw.; von diesem Material kommt jedoch nichts in direkte Berührung mit dem Darmepithel, sondern die gesamte Masse liegt in der peritrophischen Membran, die sich durch das ganze Tier erstreckt. Sie wird stets mit den Exkrementen ausgestossen und immer wieder von vorn her durch die sog. »hellen Zellen« neugebildet. – Die verdaulichen Substanzen müssen die Membran auf osmotischem Wege passieren; der Raum zwischen der Membran und dem Darmepithel ist immer rein.

Ist schon die Art, wie die Nahrung ausgenutzt und aufgenommen wird, eigentümlich genug, so ist es die Respiration nicht minder.

Man darf wohl annehmen, dass die *Eristalis*-Larve einen Typus darstellt, der gewissermassen im Begriff ist, sich von der atmosphärischen Luft zu emanzipieren. Jedenfalls lebt sie oft unter Bedingungen, die ihr den Zugang zur Luft ausserordentlich erschweren; ebenso wurde experimentell festgestellt, dass sie sehr lange ohne atmosphärische Luft auskommen kann. Das Tracheensystem besteht aus zwei langen Tracheenstämmen, die als ein Paar lange, breite Luftsäcke durch den ganzen Körper ziehen; sie münden vorn auf der Oberseite des ersten Segmentes in zwei winzige Stigmen, die während des Larvenstadiums nicht funktionieren. Bei Kontraktion des Körpers werden die Tracheen zu breiten, flachen Bändern, bei Expansion werden sie wieder zylindrisch; sie geben an die einzelnen Organe Äste ab und sind untereinander durch ein Paar Querkommissuren verbunden. Bei normalen Tieren führen die Tracheen ständig Bewegungen aus, deren Frequenz von äusseren und inneren Umständen abhängt. Nach hinten verschmälern sie sich vor ihrem Eintritt in die Atemröhre zu dünnen Fäden; wenn die Atemröhre eingezogen wird, legen sie sich im hinteren Teil des Körpers zu grossen Schlingen zusammen.

Die Atemröhre besteht aus drei Stücken, die wie die Teile eines Fernrohres ineinander geschoben und ausgezogen werden können. Das erste Stück ist eine Verlängerung des letzten Hinterleibssegmentes; es ist quergeringelt und ebenso wie die gesamte übrige Haut mit feinen Dornen besetzt. Das zweite Stück ist dünner und längsgestreift und mit äusserst feinen Dörnchen bedeckt; das dritte Stück ist noch dünner, aber stark chitinisiert und braun gefärbt. Es trägt an der äussersten Spitze einige lange, gefiederte Haare (Abb. 468). Ist die Röhre eingezogen, so sind die Stücke 2 und 3 völlig verborgen, und nur die Spitze mit den Haaren ragt hervor. Ebenso wie das Okular eines Fernrohres bleiben auch die Spirakula beim Einziehen der Röhre stets aussen an der Spitze liegen; das ist natürlich für die gesamte Mechanik und den Atemprozess von grösster Wichtigkeit. Das Ausschieben der Atemröhre geschieht sicher durch den Blutdruck, das Einziehen dagegen durch starke Muskeln. Wenn die Röhre völlig eingezogen ist, reicht sie bis in den Kopf und kann sich im Körper zusammenbiegen. Das Rohr ist mit Drüsenzellen ausgestattet, durch deren Sekret die Spirakula und wahrscheinlich auch die Borsten eingefettet werden. Die Atmung erfolgt nur durch die Stigmen an der Spitze der Atemröhre. Wenn die Tiere ihre Atemröhre von der Oberfläche wegziehen, legen sich die Haarspitzchen zusammen und umschliessen ein Luftbläschen von sehr wechselnder Grösse, das zuweilen auch ganz fehlt.

Im Wasser liegen die Larven gewöhnlich auf dem Boden, während die Atemröhre senkrecht in die Höhe ragt, sodass die Stigmen gerade an der Oberfläche liegen; die Spirakula sind merkwürdigerweise stets offen und besitzen keinen Schliessmechanismus. Man hat experimentell festgestellt, dass die Larven meist eine Tiefe von 1,8 bis 2,5 cm, seltener von 4 oder 1 cm aufsuchen (Hase 1926) (Abb. 469). Bei 2 cm langen Larven lässt sich die Atemröhre bis zu einer Länge von 13–15 cm ausziehen; jedoch wird sie in der Natur wohl kaum je so lang ausgestreckt. Wenn ich die Röhre bis zur vollen Länge herauszog, bemerkte ich stets, dass die Larve nicht imstande war, sie wieder einzuziehen; das mittlere Stück ringelt sich dann zusammen. Wenn die Larve

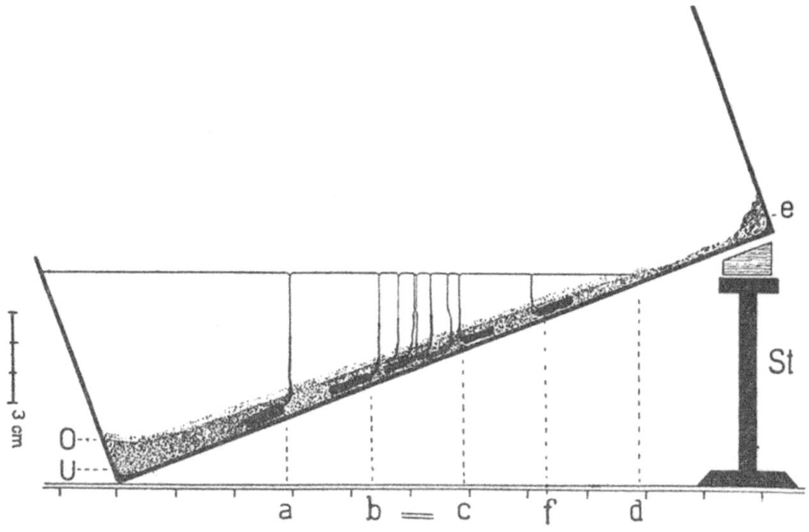

Abb. 469. Versuchsanordnung zur Prüfung des Verhaltens der *Eristalis*-Larven gegenüber verschiedenen Wassertiefen. *O* gelber Diatomeenschlamm, *U* schwarzer Faulschlamm, *a* grösste noch aufgesuchte Wassertiefe, *f* geringste noch aufgesuchte Wassertiefe, *b—c* bevorzugte Wassertiefe, *d* Ufer, *e* trockene Erde, *St* Stütze zum Neigen des Aquariums. Nach Hase, A. 1926.

im Aquarium die Oberfläche nicht mit der Atemröhre erreichen kann, kriecht sie so weit an der Glaswand empor, bis es ihr wieder möglich ist. Legt man Rattenschwanzlarven in ein Gefäss mit Wasser, das zunächst darin 2 cm hoch steht, so kriechen die Tiere am Boden herum und halten die Spitze der Atemröhre ständig an der Oberfläche. Erhöht man nun den Wasserstand auf etwa 4 cm, so haben nach kurzer Zeit alle Rohrspitzen die Oberfläche wieder erreicht; wird aber dann noch mehr Wasser aufgefüllt, so geben die Tiere gewöhnlich weitere Versuche auf, ziehen die Atemröhre ein und kriechen an der Glaswand in die Höhe. Manchmal lassen sie auch einfach ihren Halt am Boden los und steigen nach oben, da sie meistens infolge der grossen Luftmenge in den Tracheen überkompensiert sind. Sie bleiben dann eine Zeitlang an der Oberfläche liegen und schlängeln sich oder schwimmen auch mit Hilfe von wellenförmigen Bewegungen vorwärts, die von hinten nach vorn durch den Körper verlaufen. Häufig findet man zahlreiche *Eristalis*-Larven an der Oberfläche, besonders in hohlen, mit Wasser gefüllten Baumstümpfen, wo sie sich nach allen Richtungen winden und drehen. Ist der Raum beschränkt und nur wenig Wasser vorhanden, so verwickeln sich ihre Atemröhren, sodass ein wahrer Rattenkönig von Larven entsteht, die anscheinend nicht mehr voneinander loskommen. Zuweilen kommen die Larven auch unter höchst extremen Bedingungen in Brack- und Salzwasser vor; so fand HASE (1926) sie auf Mallorca in Pfützen mit einem wechselnden Salzgehalt von bis zu 27 $^0/_0$. Die Larven werden durch Veränderungen des äusseren Mediums sehr wenig beeinflusst; HASE übertrug Larven aus Wasser mit 27 $^0/_0$ Salzgehalt in reines Süsswasser, ohne dass es ihnen im geringsten zu schaden schien. Die Tiere überwintern als Larven auf dem Seeboden oder im Schlamm begraben. Gelegentlich gelangen die Larven auch in den menschlichen Darm, besonders bei Kindern oder Jugendlichen, die Wasser aus Dorfteichen u. dgl. trinken; sie werden dann entweder erbrochen oder gehen mit den Exkrementen ab.

Eine besondere Rolle spielen die sogenannten Analkiemen; sie bestehen aus mehreren Blindsäcken, deren Anzahl, Verästelung und Gestalt angeblich gute Artmerkmale bilden (GÄBLER 1932). Sie sind normalerweise stets sichtbar, können aber auch in den Körper eingezogen werden. Während sie ausgestülpt sind, führen sie fortwährend rhythmische Bewegungen aus; sie sind keine Tracheenkiemen, sondern osmoregulatorische Organe (KROGH 1943).

Wenn die Larve ihre volle Grösse erreicht hat, verlässt sie die Schlammpfütze. Die Puppen finden sich in Rissen auf den Wänden von Schweineställen oder in der obersten Schicht der Anschwemmungen am Seeufer. Hier sind die Larven hinaufgekrochen; ihre Haut hat sich verdickt und ist zu einer festen, dicken Schale erhärtet, aus der sich vorn zwei Paar Atemröhren herausschieben. Auf den Wänden eines Schweinestalls, die senkrecht aus den Pfützen aufsteigen, sitzen die Puppen oft in einem dichten Saum mehr als einen halben Meter hoch über der Mistjauche. Der »Schwanz«, die frühere Atemröhre der Larve, ist nun eingeschrumpft. Nach 10–12 Tagen hat sich in der alten Larvenhaut die Puppe gebildet, aus der später die Fliege hervorgeht. Die Fliegen von *Eristalis* (Abb. 466 a) sind gross und ähneln ein wenig den Honigbienen. Auf sie ist sicher der im Altertum verbreitete Glaube zurückzuführen, dass Honigbienen in Aas entstehen; man brauchte nur einen toten Ochsen in ein Haus zu legen und ihn verwesen zu lassen, um dann nach einiger Zeit das Haus voller Honigbienen zu finden (OVID, VIRGIL). Auf Herbstblumen ist *Eristalis* in grossen Mengen anzutreffen; wenn fast alle anderen Fliegen verschwunden sind, schlagen sie in den Blüten der Goldrute, der Astern und anderer Korbblütler ihr Nachtquartier auf. Dort sitzen sie am Herbstmorgen schlaff und faul; am Tage bei Sonnenschein suchen sie die Anschwemmungen am Seeufer auf. Sie kommen mit lautem Gesumm herabgesegelt und legen in kleinen Portionen ihre länglichen, weissen Eier ab, aus denen später die fast durchsichtigen Larven ausschlüpfen.

Im Mist leben Formen mit ganz kurzer Atemröhre. Die Gattung *Neoascia* mit sehr langer, dünner Atemröhre (Taf. XIII, Abb. 1) trägt auf jedem Segment 2–3 eigentümliche Papillen, von denen die letzten am grössten sind (JOHANNSEN 1935).

Acalyptratae.

Sciomyzidae.

Die Mitglieder dieser Familie sind meist in der Nähe des Wassers, im Schilfdickicht am Rand des Wassers, auf der Schwimmblattvegetation, auf Algenteppichen usw. anzutreffen. Von den im Wasser lebenden Larven sind vor allem *Sepedon* (Taf. XIII, Abb. 3) (Abb. 470–471) und *Tetanocera* zu nennen. Die gut einen Zentimeter langen Larven sind grau gefärbt und haben eine sehr runzlige Haut. Sie sind fusslos, aber ihre Segmente sind mit wulstförmigen Verdickungen versehen, ähnlich denen der Bremsenlarven; auf den

Abb. 470—471. *Sepedon*-Larve und Puppe. Vergr. Nach Brocher, F. 1913.

Verdickungen sitzen Haare. Am Hinterende münden ein Paar von 4 Hautzipfeln umgebene Spirakel aus. Die Larven leben unter den gleichen Bedingungen wie die von *Enochrus* und oft zusammen mit ihnen auf derselben Algendecke. Die Larve von *Sepedon* schluckt ebenso wie die von *Enochrus* Luft ein und benutzt sie in derselben Weise. Legt man eine *Sepedon*-Larve auf ein Brett, so richtet sie alsbald den Vorderkörper in die Höhe und lässt sodann eine Luftblase nach der anderen durch die Mundöffnung in den Darm hinabgleiten; erst wenn dieser prall mit Luft gefüllt ist, kann die Larve hurtig von dannen kriechen. Die Beobachtung, dass der Darm oft mit Luft gefüllt ist, wurde auch schon von Anderen gemacht; man glaubte jedoch, dass die Luft vor allem dazu diente, die Larve überzukompensieren. In dieser Hinsicht ist die Luft indessen sicher nur von geringer Bedeutung, da sich die Larve niemals an den Oberfläche treiben lässt, sondern wohl stets in der Algendecke, entweder direkt unter oder über dem Wasserspiegel herumkriecht.

Abb. 472. Puparium von *Calobaea bifasciella* Fall. in Limnaea truncatula. 1. In der Schale sitzend. 2. Aus der Schale herausgenommen. Vergr. 3. Puparium von *Ctenulus pectoralis* Zett. in Planorbis vortex. Vergr. 4. Aus der Schale herausgenommen. Nach Lundbeck, W. 1923.

Auch die Puppen sind eigentümlich: 7,5 mm lange, aufgeblähte Körper, die eher einem Samenkorn als einer Puppe gleichen. Sie sind in den Uferanschwemmungen sehr häufig. Die Puppe trägt auf einem Vorsprung am Hinterende zwei Atemröhren; sie sind von unbenetzbaren Haaren umgeben, durch die die Puppe an der Oberfläche haftet. Ein solches Verhalten ist sonst bei Puppen nicht bekannt.

Die Larve von *Tetanocera* ist etwas kleiner, ähnelt aber sonst der von *Sepedon*; sie verpuppt sich ausserhalb des Wassers in Moos u. dgl. Die Tiere überwintern als Puppen in Anschwemmungen (Lundbeck 1923–24).

Eine sehr merkwürdige Entwicklung machen gewisse Sciomyziden durch; ihre Larven leben nämlich fast ausschliesslich in Süsswasserschnecken (*Limnaea* und *Planorbis*). Das gilt vor allem für die Gattungen *Calobaea* und *Ctenulus* (Abb. 472). Lundbeck (1923) hat ihre Biologie näher untersucht und festgestellt, dass die Larven entweder parasitisch auf den Schnecken oder saprophytisch in den Schneckenhäusern leben. Ersteres ist wohl das Wahrscheinlichere; Mercier (1921) fand nämlich eine andere Sciomyzide in einem

Schneckenhaus von *Helix pisana* mit der lebenden Schnecke darin. *Calobaea* und *Ctenulus* sind merkwürdigerweise an je eine Schnecke gebunden, und zwar *Calobaea* an *Limnaea truncatula*, *Ctenulus* an *Planorbis vortex*. Eine dritte Art, *Ctenulus punctatus* Lundb., lebt sowohl in verschiedenen Arten der Gattung *Planorbis* als in *Limnaea peregra*. Die Form der Larven, besonders von *Calobaea*, ist in eigentümlicher Weise an das Leben in den Schneckenwindungen angepasst.

Ephydridae (Salzseefliegen) (Taf. XIII, Abb. 6.)

In Brackwassertümpeln an unseren Küsten, aber auch zwischen den Pflanzen des Süsswassers, vor allem an den Ufern unserer grösseren Seen, trifft man zuweilen auf eine eigenartige Larve von grauer oder gelbbrauner Farbe (Abb. 473). Der zwölfgliedrige, sehr dickhäutige Körper ist vorn mit einem einziehbaren Mundapparat ausgestattet, dessen Mundhaken nicht wie bei so vielen anderen Fliegenlarven im Dienst der Bewegung stehen; sie sind schaufelförmig und werden vor allem dazu benutzt, Nahrung vom Boden abzuschaben (Trägårdh 1903). Auf der Unterseite des Körpers sitzen 8 Paar rückwärts gerichtete Gangwarzen; auf dem vorletzten Segment liegt zwischen dem 7. und 8. Paar der bedornten Gangwarzen eine tiefe Spalte. Das letzte Paar ist weitaus am grössten. Das letzte Segment endet in einer langen, gegabelten Atemröhre, auf deren Spitze die Stigmen in einer schalenförmigen Vertiefung ausmünden; von ihrem Rand entspringen vier fächerförmige Membranen, mit denen sich die Larve an der Wasseroberfläche aufzuhängen vermag. Auf dem zweiten Segment sitzt ein weiteres Paar von Spirakeln, die frei hervorstehen,

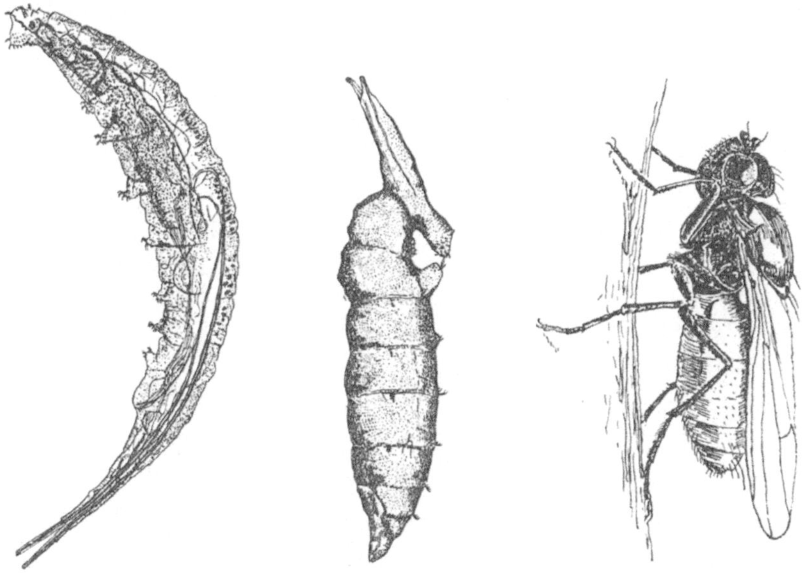

Abb. 473. Abb. 474. Abb. 475.

Abb. 473—475. Salzseefliege *Ephydra* sp. Vergr. Larve, Puppe und Fliege. Nach Steuer, A. 1910.

die aber im Larvenstadium vermutlich nicht fungieren. Im Schlund findet sich wie bei der *Eristalis*-Larve ein Siebapparat, der gröbere Partikel zurückhält.

Die Larven von *Ephydra*, die Salzseefliegen, haben die Forscher schon seit langer Zeit interessiert, und zwar nicht so sehr wegen ihres Baues als wegen ihrer Lebensbedingungen. Sie haben offenbar die Fähigkeit, auch solche Gebiete zu erobern, in denen andere Organismen kaum existieren können; sie leben nicht nur in Brackwasser, sondern auch in Salzseen, Salinen, Ästuarien, heissen Quellen, ja sogar in Petroleumquellen, wo sie fast Alleinherrscher sind und kaum andere Lebewesen antreffen. Wenn man annimmt, dass Areale mit heissen Quellen, Salzseen mit hohem Salzgehalt sowie mit hohem Gehalt an Calciumkarbonat, Silikaten usw. in früheren Zeiten der Erdgeschichte weit verbreiteter waren als heutzutage, so ist die Auffassung verständlich, dass derartige Formen nicht vom Süsswasser her eingewandert sind und sich dem Leben unter diesen höchst extremen Verhältnissen angepasst haben, sondern dass sie im Gegenteil uralte Typen darstellen. Für die Biologie dieser Larven ist anscheinend der folgende Zug besonders charakteristisch: Setzt man Meerestiere in Süsswasser oder Süsswassertiere ohne Übergang in Meerwasser, so sterben sie fast stets im Laufe ganz kurzer Zeit; jeder Organismus hat in der Skala des Salzgehaltes sein bestimmtes, für ihn am besten geeignetes Optimum. Dagegen scheinen *Ephydra*-Larven vom grösseren oder geringeren Salzgehalt ihrer Umgebung vollkommen unabhängig zu sein; die ausgewachsene Larve fühlt sich offenbar in Süsswasser ebenso wohl wie in stark salzhaltigem Wasser. Obendrein leben viele von ihnen in Tümpeln, die etwa in der einen Woche nach Austrocknung und darauf folgenden heftigen Regengüssen reines Süsswasser enthalten und in der nächsten, wenn das Meer die Ufer überspült, mit reinem Meerwasser gefüllt sind, um schliesslich, wenn sie wieder und immer wieder vom Meer überspült werden, während das Wasser verdunstet, einen Salzgehalt zu erreichen, der weit über dem des Meerwassers liegt. Es kann zunächst seltsam erscheinen, dass man dieselben Tierarten, die dem Leben in stark salzhaltigem Wasser angepasst sind, auch in warmen Quellen findet; jedoch enthalten ja diese gewöhnlich verschiedene Salze, vor allem Calciumkarbonat und Silikate. Beiden Lokalitäten ist ferner der sehr geringe Gehalt an gelöstem Sauerstoff gemeinsam, und schliesslich kann die Temperatur in Brackwassersümpfen im Sommer, besonders bei Austrocknung, sehr hoch, zuweilen bis auf fast 40° C. steigen.

Ich selbst habe das Leben in Brackwasserpfützen nur ausnahmsweise, das in Thermen niemals studieren können; in beiden spielen die Larven von *Ephydra* eine hervorragende Rolle. Die folgenden Mitteilungen sind im Wesentlichen den Arbeiten von Trägårdh (1903), Brues (1924–32), Aldrich (1912) und Chih Ping (1921) entnommen; Ping's Beobachtungen stammen von den Salzsümpfen bei Ithaca (U.S.A.), dem Cayuga Lake u. a., die von Aldrich aus anderen Gegenden in U.S.A. und die von Trägårdh aus Schärentümpeln an der Westküste von Schweden.

Die Larven finden sich immer in Flachwasserpfützen, die selten mehr als einen halben Meter tief, meistens noch seichter sind. Das Wasser der von Ping erwähnten Salzsümpfe ist im allgemeinen bräunlich, nach Regen grünlich gefärbt; die erste Farbe wird vorwiegend durch Diatomeen, die andere hauptsächlich durch Chlamydomonaden verursacht. Das Wasser stagniert völlig; der Salzgehalt der einzelnen Teiche schwankt an ein und demselben Tage zwischen ein und neun Prozent.

Die Larven sind schwerfällig, besonders die ausgewachsenen sitzen oft lange Zeit am selben Fleck; auf ihren Bauchfüssen kriechen sie langsam, meist am Rande der Pfützen dahin. Ihre Atemröhren werden senkrecht in die Höhe gestreckt. Die Larven können auch durch schwänzelnde Bewegung des Körpers zur Oberfläche hinaufschwimmen. Sie sind gewöhnlich schwach unterkompensiert; während der Aufwärtsbewegung stehen sie oft mitten im Wasser still. Wenn sie an der Oberfläche Luft aufgenommen haben, so lassen sie sich zuweilen direkt zum Boden hinunterfallen, ohne ihn jedoch im allgemeinen zu erreichen. Während der Nahrungsaufnahme kriechen die Larven häufig auf Blättern herum, die an der Oberfläche schwimmen, und schaben mit den oben erwähnten Mundhaken den Diatomeenbelag von ihnen ab. Sie werden ausserordentlich schnell bewegt, etwa 200 mal in der Minute. Die Tiere kriechen auch auf dem Boden herum und suchen im Schlamm nach Nahrungspartikeln, hauptsächlich einzelligen Organismen. Wenn das Tier an die Oberfläche kommt, um Luft zu holen, werden die beiden Äste der Atemröhre ausgestreckt und die die Stigmen umgebenden Membranen auf dem Wasser ausgebreitet; nun hängt die Larve an der Oberfläche, während sich die Mundwerkzeuge bewegen und vorbeischwebende Planktonorganismen einfangen. Wenn sie sich wieder hinuntersinken lässt, bleibt gewöhnlich ein Luftbläschen an der Spitze der Atemröhren hängen. Die von Ping untersuchte Larve von *E. subopaca* Loew lebt sowohl in Süsswasser wie in Salzwasser, scheint aber letzteres zu bevorzugen. Das Temperaturoptimum liegt anscheinend bei 27–28° C. Bei einer Temperatur von ungefähr 40° sterben die Tiere, bei 0° werden alle Lebensäusserungen herabgesetzt, jedoch ohne tödliche Wirkung. Während einer Trockenperiode verkriechen sich die Larven im Schlamm, wo sie längere Austrocknung überdauern können. Vor der Verpuppung holt sich die Larve erst an der Oberfläche eine ordentliche Portion Luft; dann sucht sie einen Grashalm auf, der in der Kluft zwischen den zwei letzten Paar Hinterleibsfüssen festgeklemmt wird (Abb. 474). Meist versammeln sich mehrere Larven an einem Grashalm; finden sie aber keine Halme oder dgl., so klammern sie sich aneinander, sodass sich kleine Klumpen von *Ephydra*-Puppen bilden. Die Larven nehmen nun keine Nahrung mehr auf, die Haut erhärtet, und die Furchen in ihr verschwinden. Die Larve haftet sehr fest an der Unterlage; ihre Spirakel funktionieren weiter, bis die innere Metamorphose vollendet ist und sich genügend Luft für die Lebensdauer der Puppe im Puparium angesammelt hat; das Puppenstadium dauert normalerweise nur wenige Tage. Die Fliegen kommen aus der braunen Puppenhülle heraus, indem sie das vordere Stück derselben abbrechen. Sie verbringen einen grossen Teil ihres Lebens auf dem Schaum der Wasseroberfläche und ernähren sich von demselben Material, das ihnen während des

Abb. 476. Mono-Lake. Nord-Amerika. Die schwarze Linie besteht nur aus *Ephydra*-Larven und Puppen. (Fischer fot.).

Larvenlebens zur Nahrung diente. Die Imagines fliegen nur sehr wenig. Die Eier werden einzeln auf der Oberfläche des Wassers abgelegt, von wo sie sofort zu Boden sinken. Die Verbreitung der Tiere erfolgt hauptsächlich im Puppenstadium, und zwar in Trockenperioden, wenn die Halme und Zweigstückchen, an denen sich die Puppen befestigt haben, durch den Wind vom ausgetrockneten, Boden der Pfützen weggeführt werden. Die Tiere überwintern gewöhnlich als Larven am Boden der Tümpel, aber auch die Puppen, deren Entwicklung im Herbst nicht abgeschlossen wurde, überwintern und werden erst im folgenden Jahr zu Fliegen. Auch Imagines finden sich gelegentlich im Winter; dagegen kommt Überwinterung von Eiern wohl kaum vor.

Die Oberfläche der seichten, mit verfaulenden Substanzen angefüllten Salzsümpfe (Abb. 476) an den Küsten von Californien ist mit grossen Fladen von Puppenhäuten bedeckt, während das Wasser und die Ufer schwarz von Fliegen sind, die sich auf die treibenden Inseln setzen und die leeren Puppenhäute mit Eiern belegen. Sie sitzen dort in so ungeheuren Mengen, dass man aus einer Entfernung von mehreren englischen Meilen den schwarzen Gürtel am Rand der Sümpfe sieht, der ausschliesslich aus den unübersehbaren Massen von Fliegen besteht; auch die Wasseroberfläche kann bis zu einer Entfernung von 6 m vom Ufer vollständig mit Fliegen bedeckt sein (Abb. 476).

Wir haben früher berichtet, dass die Eier gewisser *Corixa*-Arten von den mexikanischen Indianern gegessen werden; auch die Larven von *Ephydra* dienen den Indianern als Nahrungsmittel. In früheren Zeiten kamen Indianer von weit her angereist, um die Larven zu sammeln, die dann getrocknet und gebacken und schliesslich verzehrt wurden.

In den heissen Quellen der ganzen Welt ist ausser *Ephydra* auch die Gattung *Scatella* stark verbreitet. Ihre Larven haben im Gegensatz zu denen von *Ephydra* keine Gangwarzen an den Hinterleibssegmenten. An Stelle der Stummelfüsse sitzen zwei kleine, breite Erhöhungen mit etwas längeren Dornen als die des übrigen Körpers; sie werden als Reste fast verschwundener Stummelfüsse gedeutet (Tuxen 1936). Am besten kennt man wohl die *Scatella*-Larven aus den heissen Quellen von Island (Tuxen 1936), jedoch hat man sie auch in Japan und Kamtschatka in Quellen mit einer Temperatur von 55° C. bei einer Lufttemperatur von nicht mehr als minus 16° C. gefunden; ferner kommen sie im Yellowstone Park und in Neu-Seeland vor.

Die merkwürdigste aller Ephydriden dürfte jedoch die sogenannte Petroleumfliege, *Psilopa petrolii* Coq. sein, die 1898 entdeckt wurde. Die Larven leben in den Petroleumsümpfen von Kalifornien; sie sind in dem dunklen ungereinigten Petroleum nicht zu sehen, nur ihre Atemröhren erscheinen als Punkte auf der Oberfläche. Ihr Darmkanal enthält nur die schwarze Petroleumflüssigkeit; man glaubte lange, dass die Larven imstande seien, sich von ihr zu ernähren. Wäre das der Fall, so würden die Tiere ein Unikum im gesamten Tierreich darstellen. Thorpe (1934) hat indessen nachgewiesen, dass das nicht zutrifft. Die Larven können in filtriertem Erdöl nicht zur Reife gelangen; sie ernähren sich von dem in die Sümpfe fallenden organischen Material, mit dem sie aber zugleich beträchtliche Mengen von rohem Erdöl verschlucken. Sie können in diesem, keinem anderen höheren Organismus zugänglichen Milieu leben, weil sie eine sehr dicke, undurchlässige Haut besitzen, und weil ihr Darmkanal von einer auch bei anderen Ephydriden vorhandenen peritrophischen Membran ausgekleidet ist, die sich nur von den verdaulichen Bestandteilen des Darminhaltes, aber nicht vom Erdöl durchdringen lässt. Daher ist nur das innerhalb der peritrophischen Membran liegende Material schwarz gefärbt, während die Flüssigkeit zwischen der Membran und dem verdauenden

Darmepithel klar und farblos ist. Die Membran besteht wahrscheinlich aus Chitin.

Psilopa petrolii Coq. unterscheidet sich im Bau nicht sehr von anderen Ephydriden; die Abweichungen sind mehr physiologischer als morphologischer Natur. Für manche von ihnen fehlt uns einstweilen noch das Verständnis; so wissen wir z. B. nicht, ob Stigmen und Tracheen Petroleum vertragen können, oder ob und wie sein Eindringen in sie verhindert wird. Auf jeden Fall ist die Petroleumfliege eines der seltsamsten Geschöpfe des gesamten Tierreiches.

Indessen leben nicht alle Ephydriden-Larven unter den oben genannten Bedingungen; nicht wenige von ihnen minieren in Blättern und Stengeln von Wasserpflanzen, andere hausen in Mist, in ausfliessendem Baumsaft oder in Schneckenschalen, eine Gattung schmarotzt in Spinneneiern. Von den in Wasserpflanzen minierenden Larven ist besonders *Hydrellia* zu nennen.

Hydrellia modesta Loew legt ihre Eier auf die Blätter von Potamogeton natans. Die ausschlüpfende kleine Larve hat 9 Gangwarzen, die aber verschwinden, sobald sie sich in ein Blatt eingebohrt hat. Die kleine, 5–6 mm lange Larve frisst Gänge ins Blattfleisch und hakt sich mit ein Paar kleinen Mundhaken vorwärts. Sie ist weiss und durchsichtig; auch am Hinterende sitzen zwei kleine Haken. Das Tracheensystem ist angeblich geschlossen. Das Puparium ist mit Luft gefüllt; in ihm steigt die Fliege vor dem Ausschlüpfen zur Oberfläche empor (Brocher 1913). Die Blätter von Potamogeton sind fast stets von den langen, braunen, mit Exkrementen gefüllten Gängen der Hydrellien durchzogen; an ihrem Ende liegt entweder eine kleine weisse Larve oder eine mit Luft gefüllte, goldene Puppe.

Die Larve von *Lemnaphila scotlandae* Cr. lebt in Wasserlinsen; ihre kleinen Eier werden auf die Blätter von Lemna minor gelegt. Nach zwei Tagen schlüpfen die Larven aus und bohren sich sofort in die Blätter ein. Das kleine Puparium ist nur 1,5 mm lang (Scotland 1934).

Calyptratae.

Scatophagidae.

Die Larven der Scatophagiden leben vorwiegend in Mist, nur wenige minieren in Blättern oder Stengeln. Von letzteren ist vor allem die Gattung *Hydromyza* zu erwähnen (Abb. 477–478).

Im Herbst findet man häufig in den Blättern der gelben Seerose eigentümliche, schleifenförmige Gänge, die nahe am Stiel beginnen, dann einen Bogen durch das Blattfleisch beschreiben und schliesslich ein Stück abwärts im Stiel enden. Zunächst wird nur das Blattfleisch zwischen Ober- und Unterseite ausgefressen; diese bleiben noch eine Zeitlang stehen, bis sie wegfaulen. Das eine Ende des bogenförmigen Ganges bezeichnet die Stelle, wo das Ei abgelegt wurde. Die von einer unbenetzbaren Haarschicht bedeckte Fliege kriecht vom Blattrand aus ins Wasser und bohrt das Ei halb in das Wasserrosenblatt ein.

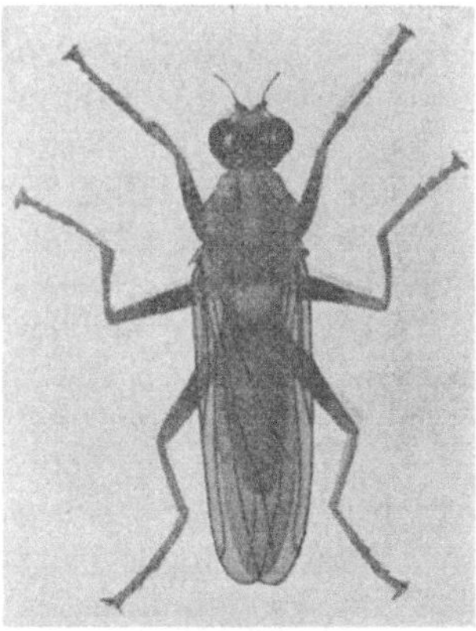

Abb. 477. *Hydromyza livens* Fall. Vergr. Nach Grünberg, K. 1910.

Sobald die Larve ausgeschlüpft ist, nagt sie den Gang weiter (Abb. 478). Es zeigt sich nun, dass sie sich nur im Blattstiel, etwa 5 cm unter dem Blattansatz verpuppen kann; sie muss also unbedingt zu dieser Stelle hingelangen, während sie den Gang ausfrisst. Wird das Ei dicht an die Ursprungsstelle des Blattes, nahe am Stiel gelegt, so muss sich die Larve, die sich nur vom Blattfleisch ernähren kann, in einem grossen Bogen vorwärtsfressen, um genügend Nahrung zu bekommen, bevor sie in den Blattstiel hineinwandert. Wird das Ei weiter weg vom Stiel abgelegt, so braucht der Bogen nicht so gross zu sein, und wird es

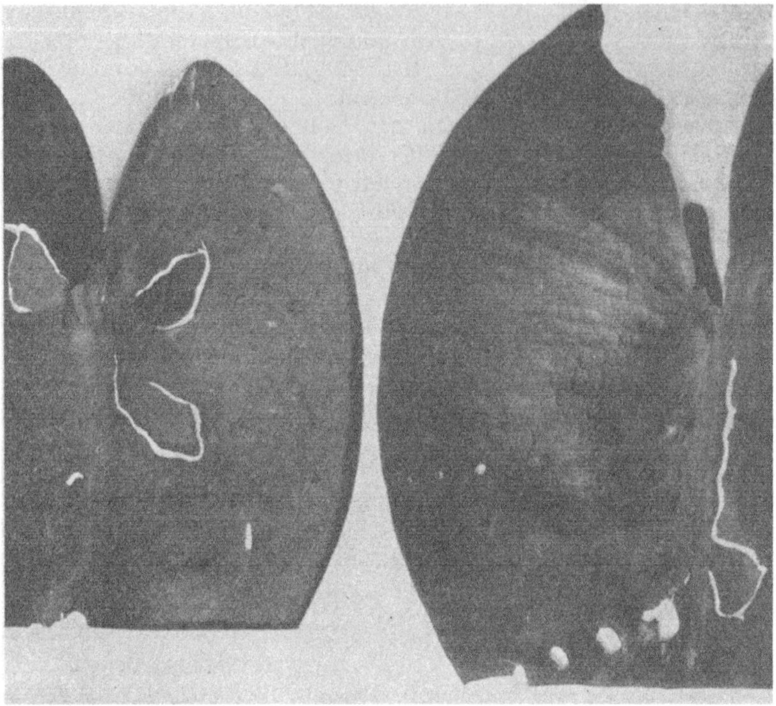

Abb. 478. Blätter von Nymphaea alba mit Gängen der Larve von *Hydromyza livens* Fall. W-L. phot.

mitten im Blatt abgelegt, so kann der Gang in gerader Linie zum Stiel hinführen (Abb. 478). Die Menge Blattfleisch, die der Fressgang enthielt, stellt die Nahrungsmenge dar, die zum Aufbau des Larvenkörpers erforderlich war. Sie ist immer ungefähr gleich gross, da die Fressgänge im grossen und ganzen stets von gleicher Länge sind.

Es ist ziemlich unverständlich, durch welche Faktoren der Weg der Larve reguliert wird. Die meisten nordseeländischen Moore mit gelben Seerosen beherbergen solche Larven; da ihre Fressgänge sehr häufig sind, kann jeder diese Beobachtungen nachprüfen und sich von ihrer Richtigkeit überzeugen. Man findet die Larven noch im September; sie haben sich jedoch dann bereits in die Blattstiele eingebohrt, die nun ein wenig angeschwollen und durch einen länglichen braunen Fleck gekennzeichnet sind. Wenn sich die Larve ein Stück in den Stiel hineingearbeitet hat, nagt sie einen Seitengang bis zu seiner Oberhaut; hier verpuppt sie sich, ohne die Epidermis des Stieles zu durchbohren. Die Puppen sind gross, plump und aufgebläht; ihr Rücken ist braun, der Bauch weiss gefärbt, und das Hinterende trägt zwei auf einem Paar nach oben gewendeter Erhöhungen sitzende Stigmen. Die Puppen liegen noch im September und Oktober in den Blattstielen, die zu der Zeit bereits verfaulen; legt man die Stiele in diesem Stadium in ein Aquarium, so findet man nach kurzer Zeit die Puppen frei an der Wasseroberfläche. Sie sind mit Luft gefüllt und ausserordentlich leicht; sie schwimmen stets auf dem Wasserspiegel mit dem Bauch nach unten und den Spirakeln nach oben. Zur Winterszeit und besonders im zeitigen Frühjahr kann man in den Anschwemmungen am Ufer stets zahlreiche Puppen finden, die den hier beschriebenen gleichen; ich habe in früheren Jahren solche Puppen oft zum Schlüpfen gebracht, aber niemals die Fliegen bestimmt. Es ist indessen kaum daran zu zweifeln, dass sie zu dieser Gruppe gehören, und dass die Tiere normalerweise als Puppen in den Anschwemmungen überwintern.

Wie Schütte (1921) angibt, treten zwei Generationen auf, deren Puppen sich besonders dadurch voneinander unterscheiden, dass die der einen Generation stärker chitinisiert und daher brauner sind als die der anderen.

Welch (1914, 1917) hat eine andere Art, *Hydromyza confluens* Loew, aus Nymphaea americana beschrieben. Ihre Larven leben nicht in den Blättern, sondern nur in den Blattstielen. Die Fliegen wandern am Stiel abwärts und belegen ihn mit Eiern. Auf einem Stiel wurden bis zu 17 Eiern gefunden, die vermutlich von mehreren Weibchen stammen. Sie können bis ganz hinunter zum Rhizom sitzen, selbst wenn der Stiel eine Länge von etwa 2 m hat. Der Frass der Larven verursacht eine gallenartige Anschwellung des Stieles. Die Puppe bleibt in ihm liegen; vor der Verpuppung stellt die Larve eine Art Klapptür her, durch die die Fliege herauskommt.

Kapitel XVII.

Hymenoptera (Hautflügler).

Man sollte annehmen, dass Insekten, die sich dem Leben im Süsswasser angepasst haben, den Angriffen der Schlupfwespen entgehen, denen Landinsekten in so hohem Grade ausgesetzt sind. Das ist indessen durchaus nicht der Fall; je besser wir die Wasserinsekten kennen lernen, umsomehr gewinnen wir den Eindruck, dass zu fast jeder Art bestimmte Schlupfwespen gehören, die in ihr schmarotzen und von ihr leben. Im Salzwasser finden sich nur wenige Schlupfwespen, jedoch werden die Larven von *Ephydra* oft stark angegriffen. Bisher war über die Schlupfwespen des Wassers recht wenig bekannt; die ersten wurden 1863 von LUBBOCK beschrieben. Dann vergingen viele Jahre, bis man bei weiteren Untersuchungen in neuester Zeit zahlreiche Wasser-Schlupfwespen fand, über deren Lebensweise wir jedoch leider noch recht wenig wissen. Unsere Kenntnisse über diese Gruppe verdanken wir hauptsächlich HENRIKSEN (1918 und 1922), dessen Arbeiten auch die meisten der folgenden Mitteilungen entnommen sind.

Die Angriffe der Schlupfwespen zu Wasser und zu Lande unterscheiden sich anscheinend dadurch, dass Wasserinsekten fast stets im Eistadium und nur ausnahmsweise im Larvenstadium angegriffen werden. Die meisten Schlupfwespen des Wassers sind nur wenige Millimeter lang; sie bohren ihren Stachel in die Eier von Wasserinsekten, aus denen dann statt eines Individuums der betreffenden Art eine oder viele winzig kleine Schlupfwespen kommen. Manche Insekten, deren Larven und Puppen im Wasser leben, wie z. B. gewisse Dipteren (*Stratiomys*, *Eristalis* u. a.), legen ihre Eier über Wasser ab und zwar häufig auf Phragmites; infolgedessen leben zahlreiche Schlupfwespen im Schilfgürtel. Die Schlupfwespen, die über Wasser liegende Eier anstechen, sind nicht als Wasserinsekten zu betrachten, da sie niemals freiwillig unter Wasser gehen, obwohl sie gelegentlich in Tieren schmarotzen, die in gewissen Stadien Wasserinsekten sind. Viele Wasserinsekten legen ihre Eier unmittelbar auf den Wasserspiegel; auch diese Eier können infiziert werden, ohne dass die Schlupfwespen unter Wasser zu gehen brauchen. Andere Wasserinsekten, wie z. B. manche Dytisciden, bohren die Eier in lebendes Pflanzengewebe unter Wasser ein; wenn die Pflanzen (Iris u. a.) im Frühjahr über die Wasseroberfläche emporwachsen, so gelangen die Eier, obwohl unter Wasser abgelegt, über Wasser und machen hier den grössten Teil ihrer Entwicklung durch. Derartige Eier sind fast immer stark von Schlupfwespen infiziert. Ich habe an manchen Stellen in Nordseeland solche Eier zu Hunderten gesammelt; oft war von etwa 50 Eiern nicht ein einziges ohne Schlupfwespen, während die Eier, die ihre Entwicklung unter Wasser durchmachen, seltener infiziert sind. Es scheint also, dass die in diesen Eiern schmarotzenden Wespen vorwiegend solche Eier anstechen, die über dem Wasserspiegel liegen.

Es ist daher nicht verwunderlich, dass die Schlupfwespen des Wassers in ihrem Bau nur selten Besonderheiten zeigen, die auf die Beziehung der Tiere zum Wasser hinweisen. Ihr Körper ist zwar oft unbenetzbar; das beruht aber nicht auf besonderen Haargebilden, sondern eher auf der Struktur des Chitins; bei manchen ist jedoch die Unterseite der Tarsen mit Filz bedeckt. Die Flügel fehlen zuweilen oder sind rückgebildet. Die Wespen sind durchweg schlechte Schwimmer; sie kriechen mehr als sie schwimmen. Ihr Tracheensystem ist normal. Gewisse Formen (*Smicra*) stechen zwar Eier an (*Stratiomys*), das Ei der Schlupfwespe entwickelt sich aber erst, wenn die Wirtslarve das Ei verlassen hat; die meisten Schlupfwespen entwickeln sich jedoch in den Eiern (G. W. Müller 1910). Braconiden und Ichneumoniden schmarotzen nicht in Eiern, sondern legen ihre Eier in die Larven der Wirtstiere; Näheres hierüber ist nicht bekannt.

Manche Schlupfwespen, hauptsächlich wohl die in Odonateneiern schmarotzenden, suchen indessen die Eier ihrer Wirtstiere unter Wasser auf; sie sind dem Leben im Wasser in verschiedener Hinsicht deutlich angepasst und recht gute Schwimmer. Die Schlupfwespen des Wassers verteilen sich auf die fünf Familien der *Chalcididae*, *Proctotrupidae*, *Ichneumonidae*, *Braconidae* und *Agriotypidae*.

Chalcididae.

Chalcididae und *Proctotrupidae* sind durchweg winzig kleine Insekten, fast alle weniger als 1 cm und oft nur ein paar Millimeter lang. Sie unterscheiden sich voneinander besonders dadurch, dass der Legestachel der Weibchen bei den Chalcididen weit vorn auf der Unterseite, bei den Proctotrupiden an der Hinterleibsspitze sitzt. Ferner sind die Antennen der Chalcididen stets, die der Proctotrupiden nicht immer geknickt. Die Vorderflügel haben keine Macula, das gesamte Flügelgeäder beschränkt sich auf eine einzige Ader am Vorderrand des Flügels. Flügellosigkeit ist häufig. Die Chalcididen zeichnen sich im übrigen durch ihre metallischen Farben aus. Sie schmarotzen zum weit überwiegenden Teil auf Landinsekten; nur die allerwenigsten sind als Wasserwespen zu bezeichnen, und auch diese greifen hauptsächlich über Wasser angebrachte Eier oder Kokons von Wasserinsekten an. Einige von ihnen wurden aus Kokons von Gyriniden gezüchtet, eine vereinzelte Art, *Pleurotropis facialis* Gir., aus in Alismastengeln eingebohrten Eiern von Dytisciden (Henriksen 1918). Jedoch waren nur solche Eier infiziert, die infolge von Austrocknung des Tümpels über Wasser gelangt waren. Aus jedem der Eier schlüpften zahlreiche Wespen aus. Viele der hierher gehörenden Formen finden sich in Anschwemmungen am Seeufer; viele schlüpfen aus Fliegenpuppen; diese lagen zwar ursprünglich in dem Pflanzengewebe, in dem sie als Larven ihre Gänge gruben, wurden aber frei, als das Pflanzengewebe verfaulte.

Von der grossen Abteilung der *Trichogrammae* hat nur die Art *Trichogramma evanescens* Westw. gewisse Beziehungen zum Süsswasser (Kryger 1918). Man trifft sie häufig auf den braunen Eiern von *Sialis* an; ihre Weibchen sind geflügelt, die Männchen gewöhnlich ungeflügelt. Die kleinen Männchen kriechen auf den *Sialis*-Eiern umher und warten auf die Weibchen, um sich mit ihnen zu paaren. Die Tiere beschränken sich übrigens keineswegs auf *Sialis*-Eier, sondern legen ihre Eier auch in solche von Waffenfliegen, Schlammfliegen, Schmetterlingen sowie in die Eier eines Rüsselkäfers der Erle, *Rhynchites betulae*. Sie sind also eigentlich Landtiere, die in am Wasser liegenden

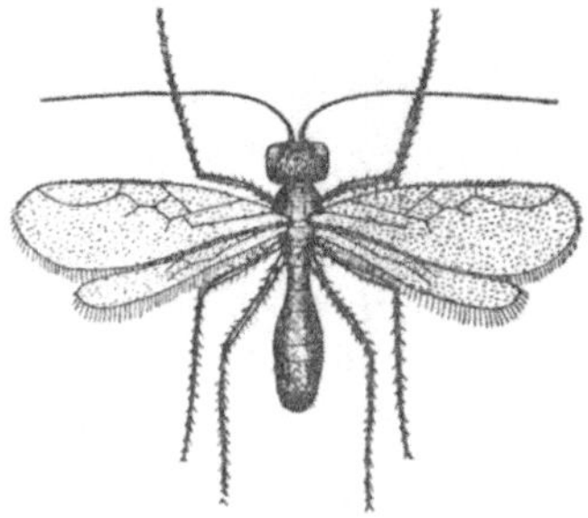

Abb 479.

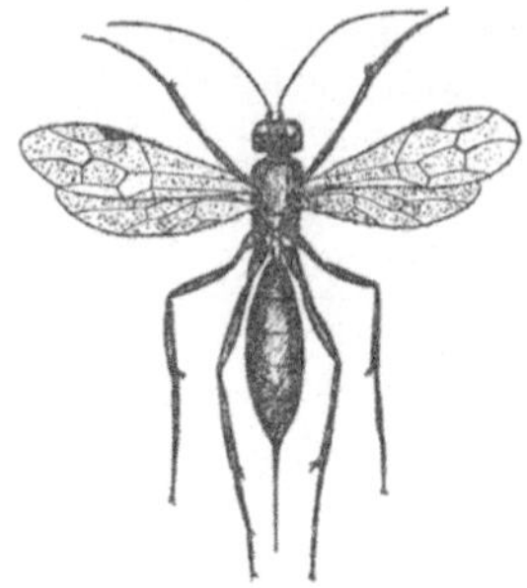

Abb. 483.

Abb. 480.

Abb. 484.

Abb. 481.

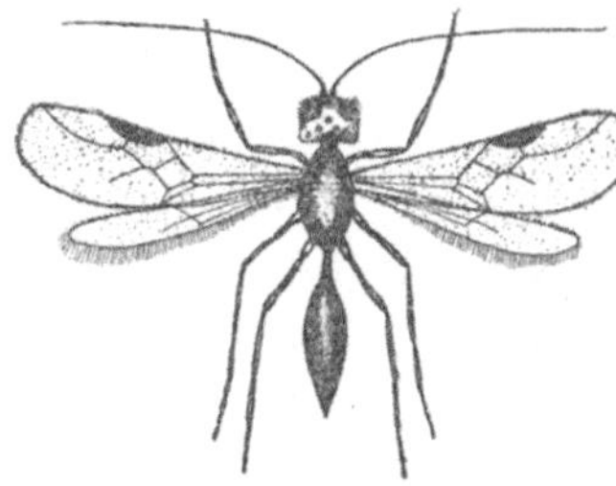

Abb. 485.

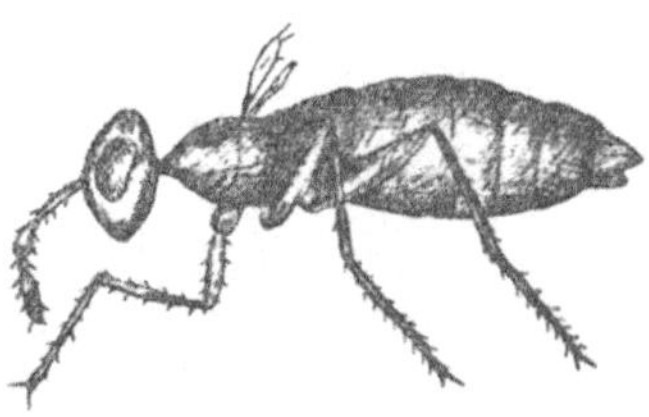

Abb. 482.

Abb. 479. *Gyrocampa stagnalis* Heym. ♂. Nach R. u. H. Heymons 1909.

Abb. 480. *Anagrus subfuscus* Först. ♀. Nach R. u. H. Heymons 1909.

Abb. 481. *Prestwichia aquatica* Lubb. Nach R. u. H. Heymons 1909.

Abb. 482. *Prestwichia aquatica* Lubb. Nach R. u. H. Heymons 1909.

Abb. 483. *Hemiteles biannulatus* Gray ♀. Nach R. u. H. Heymons 1909.

Abb. 484. *Agriotypus armatus* Walk. ♀. Nach R. u. H. Heymons 1909.

Abb. 485. *Chaenusa conjungens* Neer. Nach R. u. H. Heymons 1909.

Eiern, aber durchaus nicht im Wasser schmarotzen. Nur eine einzige Art, die weitberühmte *Prestwichia aquatica* Lubb. (Abb. 481–482), geht wirklich unter Wasser und infiziert hier die Eier zahlreicher Wasserinsekten, wie z. B. Wasserkäfer, Libellen und Wasserwanzen. Über die Lebensweise dieses Tieres sind zahlreiche Abhandlungen erschienen. Das Männchen ist ungeflügelt; die Weibchen treten in nicht weniger als drei Formen auf, von denen die eine wohl entwickelte, die zweite verkürzte und die dritte rudimentäre Flügel besitzen. Die Winzigkeit der Tiere wird am besten dadurch gekennzeichnet, dass aus einem einzigen *Dytiscus*- oder Wasserwanzenei bis zu 34, mindestens aber 11–16 Wespen schlüpfen (RUSCHKA und THIENEMANN 1913). Die Wespen sind weniger als 1 mm lang. Wenn sie ihre Eier in Odonateneier legen, so schlüpft aus jedem derselben nur ein Tier. Männchen und Weibchen schwimmen mit Hilfe der Beine (ROUSSEAU 1907), die jedoch keineswegs mit besonderen Schwimmhaaren ausgestattet sind. Die geflügelten Weibchen benutzen ihre Flügel nicht zum Schwimmen. Meistens kriechen sie auf Pflanzen umher oder spazieren auf dem Wasserspiegel. Es wurde jedoch auch beobachtet, dass sie unter Wasser gehen, indem sie unter den Wasserspiegel kriechen und dann langsam abwärts schwimmen. Die Tiere lassen sich fünf Tage lang in Aquarien halten, ohne das Wasser zu verlassen. Ihr Tracheensystem ist normal, mit offenen Stigmen am Metathorax; wahrscheinlich spielt auch Hautrespiration eine grosse Rolle. Ihr Körper ist sicher unbenetzbar; die Tiere sind unter Wasser stets von Luft umgeben und sofort trocken, wenn sie an die Oberfläche kommen. Die Weibchen sind weit zahlreicher als die Männchen. RIMSKY-KORSAKOW (1917) behauptet, dass oft, wenn sich viele Wespen in einem Ei entwickeln, die Begattung im Ei stattfindet, bevor die Wespen ausschlüpfen. Die Richtigkeit dieser Beobachtung wird von anderen Forschern (HEYMONS 1908, HENRIKSEN 1918) bestritten. Die Entwicklung dauert nur kurze Zeit; es entstehen mehrere Generationen im Jahre.

Proctotrupidae.

Auch diese Familie besteht vorwiegend aus sehr kleinen Formen, von denen einige Beziehung zum Süsswasser haben; nur wenige von ihnen können aber wirklich als Wassertiere angesprochen werden. Sie wurden aus Eiern von Odonaten und Wasserwanzen gezüchtet. Ihre Hauptgattungen sind *Limnodytes*, *Litus* (SCHULZ 1910, BROCHER 1910), *Anteris* (FERRIÈRE 1916), *Anagrus* (Abb. 480) (BAKKENDORF 1926) und *Anaphes* (= *Polynema*). Die Gattung *Limnodytes* legt ihre Eier in die Eier von Wasserläufen. Beide Geschlechter sind geflügelt. Sie sind sowohl Luft- wie Wassertiere; in der Luft fliegen sie, im Wasser schwimmen sie mit Hilfe der Flügel.

Abb. 486. *Polynema natans*. Stark vergr. W-L. phot.

Polynema natans Lubb. (Abb. 486, 487) (= *Anaphes cinctus* Halid. = *Caraphractes cinctus*) ist anscheinend dem Leben im Wasser am besten von allen Wespen angepasst. Auch diese Art ist kaum einen Millimeter lang. Beide Geschlechter sint geflügelt und benutzen die mit langen Haaren besetzten Flügel zum Schwimmen. Früher wurde angegeben, dass die Tiere kein Tracheensystem haben, und dass ihre vermutlich mit Blut gefüllten Flügel als Kiemen wirken. Das trifft aber nicht zu; das Tracheensystem der Tiere ist gut entwickelt (LUBBOCK 1863, BROCHER 1910, MATHESON und CROSBY 1912, THIENEMANN 1916). Die winzigen Geschöpfe gehören zu den hübschesten mikroskopischen Objekten; wenn eine grössere Anzahl von ihnen in einem Aquarium schwimmt, bieten sie einen höchst anziehenden Anblick. Auch die Begattung findet nachweislich unter Wasser statt; die Tiere kommen zwar ab und zu an die Oberfläche, sie können aber sicher mindestens mehrere Tage lang unter Wasser leben (Abb. 487). Die Art schmarotzt in Eiern von Libellen (*Calopteryx*) und Wasserwanzen (*Notonecta*). Nach Angabe der Forscher, die Schmarotzer in Libelleneiern untersucht haben, schlüpft aus jedem derselben nur eine Wespenlarve; auch wenn mehrere Schlupfwespeneier in ein Libellenei gelegt werden, kommt nur eins von ihnen zur Entwicklung. In den viel grösseren Wanzeneiern findet man in einem Ei 4–5 Wespen, häufig 2 Männchen und 3 Weibchen.

Abb. 487. *Polynema natans* Lubb. Schwimmend, eierlegend und auf dem Wasserspiegel gehend. Nach Matheson, R. und Crosby, C. 1912.

Wenn das ganze Libellenei aufgefressen ist, was nur ein paar Tage dauert, verpuppt sich die Wespenlarve. Das Puppenstadium dauert 10–12 Tage. In Nordseeland ist *P. natans* Lubb. in Libelleneiern ausserordentlich häufig; man kann die infizierten Eier schon an ihrer blauschwarzen Farbe erkennen. Blattstiele von Nuphar, die dicht mit Eiern von *Erythromma najas* belegt sind, nehmen infolge der Wespenangriffe oft einen bläulichen Schimmer an. Wo und auf welchem Stadium die Tiere überwintern, weiss man nicht. Wenn im Herbst die Ufer des Furesees nach einem Sturm mit Schaum bedeckt sind, habe ich in diesem oft Tausende von millimeterlangen Schlupfwespen gefunden; sie sind aber bisher nicht näher bestimmt worden.

Die Gattung *Polynema* enthält zahlreiche Arten, die vorwiegend in Wanzeneiern schmarotzen. Man hat zuweilen angenommen, dass die langen Haare am Rand ihrer Flügel deren Wert als Schwimmapparate vergrössern; demgegenüber wird aber mit Recht darauf hingewiesen, dass solche Haare bei allen Arten der Gattung vorkommen, und dass sie beim Gebrauch der Flügel in der Luft mindestens ebenso gute Dienste tun. Zwei Arten der nahestehenden Gattung *Anagrus* schmarotzen in unter Wasser abgelegten Odonateneiern.

Die Proctotrupiden sind dadurch ausgezeichnet, dass sie im Wirtsei mehrere sehr eigentümliche Larvenstadien durchlaufen, die zu den abenteuerlichsten Gestalten der Insektenwelt gehören (Abb. 488–489). Da sie sich innerhalb des Insekteneies entwickeln, sind sie selbstverständlich winzig klein, nur Bruchteile eines Millimeters lang. Hier sind ein paar solcher Larvenstadien abgebildet; sie wurden besonders von GANIN (1863) und BAKKENDORF (1933) untersucht.

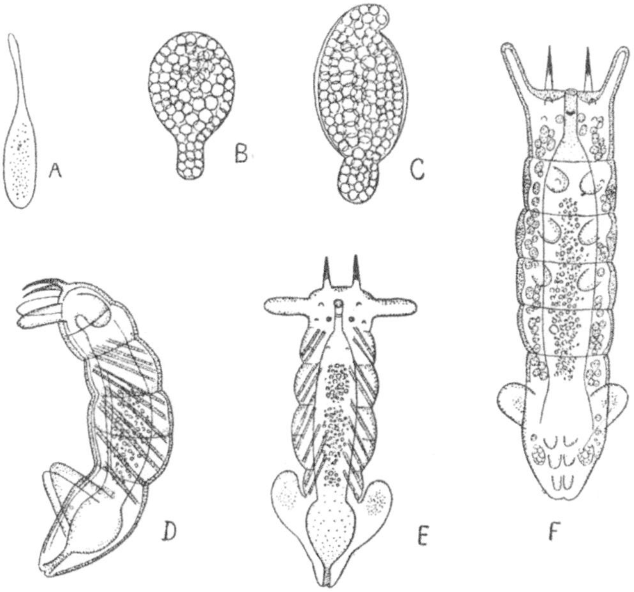

Abb. 488. *Anagrus* sp. A. Ei, B. Erstes Larvenstadium, C. Dasselbe, Kopflappen deutlich, D—E. Histriobdella-Larve, F. Ausgewachsene Larve. Nach Ganin aus Henriksen, K. 1918.

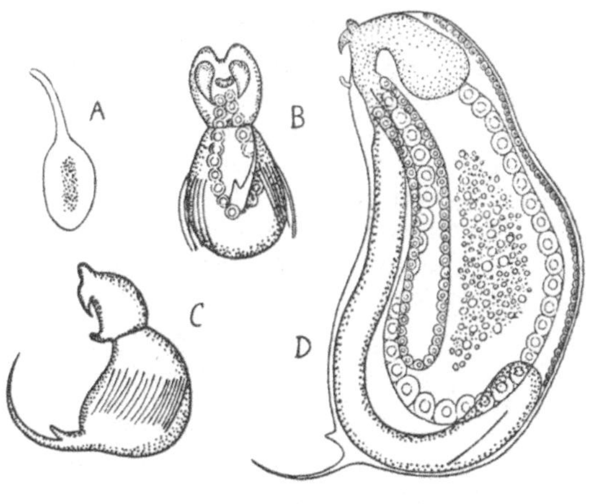

Abb. 489. *Limnodytes* sp. A. Ei, B—C. Erstes Larvenstadium, D. Zweites Larvenstadium. Nach Ganin aus Henriksen, K. 1918.

Ichneumonidae.

Unter den Ichneumoniden, die so viele grosse Formen enthalten, und die vorzugsweise in Larven und nicht in Eiern schmarotzen, gibt es zwar einige wenige Schmarotzer in Wasserinsekten; sie schmarotzen aber meist in solchen Stadien, die sich über Wasser aufhalten (*Hemiteles* (Abb. 483) in Kokons von Gyriniden, (Thienemann 1916, Butcher 1933); *Atractodes* in Fliegenpuppen, (Ruschka und Thienemann 1913), oder in *Stratiomys*-Larven, die stets an der Oberfläche treiben. Auch in Trichopterenlarven wurden gelegentlich Schmarotzer gefunden, vorwiegend allerdings in solchen, die aufs Trockene gelangt waren; so wurde *Hemiteles biannulatus* Gray aus *Limnophilus*-Larven gezüchtet

(Siltala und Nielsen 1906), *Trichocryptus aquaticus* Thomson aus *Hydrocampa nymphaeata* (Henriksen 1918). An demselben Ort, wo Henriksen diese Art fand, habe ich während mehrerer Jahre zahlreiche *Hydrocampa*-Gehäuse beobachtet, die etwa 1 cm lange Puppen von Schlupfwespen beherbergten; wahrscheinlich gehörten sie zu der genannten Art.

Braconidae.

Von den Braconiden leben zahlreiche Gattungen und Arten am Süsswasser; viele wurden aus Fliegenpuppen aus Anschwemmungen gezüchtet. Die Zahl der Arten, die als Wasser-Schlupfwespen zu bezeichnen sind, und die unter Wasser gehen, ist jedoch in Wirklichkeit äusserst gering. Es handelt sich hauptsächlich um Schmarotzer der in Potamogeton-Blättern lebenden Larven von *Hydrellia* (*Chaenusa conjugens* Nees (Abb. 485), *Liposcia, Gyrocampa, Dacnusa* u. a.), ferner um die aus *Hydrocampa*-Gehäusen gezüchtete *Hygroplitis rugulosus* Nees (Henriksen 1918, Ruschka und Thienemann 1913, Schulz 1907, Rousseau 1907, Brocher 1910). Man hat beobachtet, dass *Dacnusa* und andere Arten mit Hilfe der Flügel im Wasser schwimmen; die Flügel dieser und anderer nahe am Wasser lebenden Arten sind häufig behaart, oder ihr Rand ist mit langen Haaren besetzt; ebenso sind die Fussglieder verbreitert, sodass diese Organe zum Schwimmen benutzt werden können. Etwas Näheres über die Biologie der Tiere wissen wir nicht.

Agriotypidae.

Eine der merkwürdigsten Wasser-Hymenopteren, *Agriotypus armatus* Walk. (Abb. 484), aus der Familie der *Agriotypidae* (G.W. Müller 1889), schmarotzt in den Larven verschiedener Köcherfliegen, besonders von *Goëra* und *Silo*. An den ersten warmen Frühlingstagen gegen Ende April sieht man in Nordseeland über schnellfliessenden Waldbächen ca. 1 cm lange, fast schwarze Wespen fliegen; sie sitzen auch auf Steinen und kriechen von dort, mit einer Lufthülle umgeben, ins Wasser, wo sich ihre Spur rasch in den rieselnden Wellen verliert. An den gleichen Orten liegen zahlreiche *Silo*-Köcher; die Wespen suchen sicher die darin lebenden Larven auf, um auf ihnen ihre Eier abzulegen. Die auskriechende Wespenlarve ernährt sich von der Köcherfliegenlarve; diese stirbt indessen nicht sogleich, sondern gelangt noch dazu, sich zu verpuppen. Erst dann frisst die *Agriotypus*-Larve ihr Opfer auf. Sie hat keinen After und keine Tracheen; die ausgewachsene Larve trägt auf dem letzten Hinterleibsring zwei kurze Haken. Wenn die Wirtslarve verzehrt ist, versieht die Larve das *Silo*-Gehäuse mit einem breiten, flachen Band (Abb. 490), dessen Länge von 1 bis 5–6 cm variiert, und das zu einem langen, flachen Faden aufgewickelt ist. Der Kokon hat vorn zwischen Seiten- und Vorderwand eine Spalte; durch diese und die Siebplatte tritt die Röhre aus. Wie die Larve es fertig bringt, die Röhre hinauszuschieben, ist jedenfalls für mich schwer verständlich. Wenn man das Band abschneidet, stirbt der Parasit. Das Band ist mit Luft gefüllt; der ausgewachsene Schmarotzer ist von einer Luftschicht umgeben. Henriksen (1918) macht darauf aufmerksam, dass

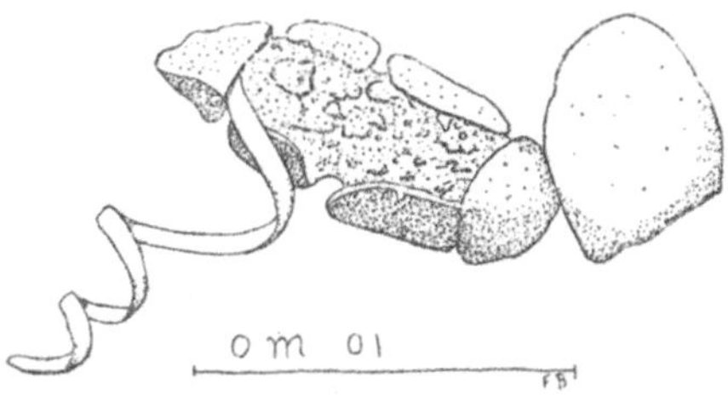

Abb. 490. Köcher von *Silo*, paralysiert von *Agriotypus armatus*. Nach Brocher, F. 1913.

die *Agriotypus*-Puppe, die ein offenes Tracheensystem hat, sich selbst Luft verschaffen muss, da die Köcherfliegenpuppe Tracheenkiemen und also keine Luft im Gehäuse hat. Das Band soll das Mittel zur Zuleitung der Luft sein. Mir erscheint es rätselhaft, wie dieses ganz flache Rohr imstande sein soll, die im Wasser enthaltene Luft in den Puppenköcher zu leiten. Ausserdem müsste man unleugbar annehmen, dass zahllose andere Wasserschmarotzer ebensowohl einer derartigen Luftleitung bedürfen. Ich habe zahlreiche Köcher von *Silo* und *Goëra* gesehen, die von *Agriotypus* besetzt waren, und zwar waren das, wie mir scheint, hauptsächlich solche Gehäuse, die über Wasser im Trocknen lagen. Das Rohr wird zweifellos von den Spinndrüsen der Wespenlarve hergestellt. Es liegt nahe, das Band mit dem Mast an den *Hydrophilus*-Kokons zu vergleichen. Man kann an dem Band erkennen, ob ein Köcher von *Agriotypus* besetzt ist. Die Larve spinnt im Herbst ihren Kokon und verwandelt sich vor Beginn des Winters zum fertigen Insekt; als solches ruht das Tier 4–5 Monate im Kokon im Köcherfliegengehäuse und schlüpft erst Ende April aus seinem Gefängnis.

Kapitel XVIII.

Allgemeine Bemerkungen.

Wir wollen nun zum Schluss die Biologie der Süsswasserinsekten von einigen allgemeinen Gesichtspunkten aus betrachten, und zwar sollen im folgenden 1) die Insektengemeinschaften des Süsswassers, 2) die Respiration, 3) die Überwinterung, 4) die Übergangsstadien vom Leben im Wasser zum Luftleben, 5) die Ernährung, 6) die Eiablage und 7) die Lokomotionsorgane behandelt werden.

Zunächst wenden wir uns den verschiedenen Insektengemeinschaften stehender Gewässer der gemässigten Zone zu; die der tropischen Region müssen einstweilen unberücksichtigt bleiben, weil uns darüber noch zu wenig bekannt ist. Wir werden uns hauptsächlich mit den Insektengemeinschaften der Gewässer Europas beschäftigen, von denen, wie ausdrücklich bemerkt sei, die nordamerikanischen, noch mehr die ostasiatischen und besonders die japanischen in vieler Beziehung stark abweichen.

Die Insektenfauna der Seen.

Man kann in einem See gewöhnlich drei Regionen unterscheiden: die pelagische Region, die Litoralregion und die Tiefenregion, von denen sich vor allem die Litoralregion in weitere Sondergebiete teilen lässt. Diesen drei Regionen können wir noch eine vierte angliedern: das Oberflächenhäutchen (the surface film), das für die Insekten eine wichtige Rolle spielt.

Die pelagische Region. Es ist eigentlich natürlich, dass die Insekten mit verschwindend wenigen Ausnahmen die pelagische Region meiden. Das Leben in der pelagischen Region stellt nämlich spezielle Anforderungen: hydrostatische Apparate, Abänderung der Körperform zwecks Vergrösserung des Querschnittswiderstandes und daraus folgende Verringerung der Fallgeschwindigkeit, Unabhängigkeit von der atmosphärischen Luft und von Unterstützungsflächen jeder Art, Ausbildung planktonfangender Reusenapparate usw. Diese Forderungen vermag der Insektenkörper im allgemeinen nicht zu erfüllen.

Umso erstaunlicher ist es, dass sich dennoch Insekten aus zwei ganz verschiedenen Abteilungen dem Leben im freien Wasser angepasst haben: 1) die Corethrinen und 2) die Anisopinen unter den Heteropteren. Die Umwandlung des Tracheensystems der Corethrinen, vor allem der Gattung *Corethra* zu einem hydrostatischen Apparat, der den Tieren das Leben in den mittleren Wasserschichten der grössten Seen ermöglicht, gehört zu den eigenartigsten Umbildungen des Insektenkörpers, die wir kennen. Das Leben der *Corethra*-Larve bietet noch viele ungelöste Rätsel; ich verweise in dieser Hinsicht auf Seite 414.

Nicht weniger bemerkenswert sind die Anisopinen, deren spezifisches Gewicht fast gleich dem des Wassers ist, sodass sie in jeder beliebigen Lage im Wasser schweben können. Sie sind die einzigen von allen Hemipteren, deren Blut Hämoglobin enthält; infolgedessen brauchen die Tiere wahrscheinlich weniger häufig an die Oberfläche zu kommen, um Luft zu holen.

Die Insektengemeinschaften der Tiefenregion. Die Heimat dieser Lebensgemeinschaften bilden die weichen, vegetationslosen Schlammablagerungen, die für fast alle grösseren und zahlreiche kleineren Seen charakteristisch sind; sie beginnen in den grösseren baltischen Seen gewöhnlich in einer Tiefe von 15–20 m. Für diese Region sind in erster Linie die Chironomiden charakteristisch, die hier als fast einzige Insektenfamilie, übrigens mit recht wenigen Arten, zu Hause sind. Im Vierwaldstättersee und anderen tiefen Alpenseen kommen sie bis zu 200 m Tiefe vor. Auftreten und Verbreitung der verschiedenen Gattungen und Arten werden durch den Sauerstoffgehalt und die Nahrungsbedingungen bestimmt. Die Chironomiden spielen im Haushalt der Natur sowohl als mineralisierender Faktor wie als Fischfutter eine ungeheure Rolle. Ich verweise im übrigen auf Seite 516–520.

In Gebirgsseen mit steilen Felswänden entstehen zuweilen vor der Mündung grösserer Zuflüsse in einer Tiefe von etwa 100 Metern auf den Seeboden beschränkte Deltabildungen; in solchen aus kleinen Zweigstücken, Blättern, Moosrasen usw. bestehenden Bodenablagerungen leben oft grosse Mengen von Perliden, Ephemeriden und Trichopterenlarven. Sie erscheinen hier durchaus als Fremdlinge; die Tiere sind auch nur von den Flüssen in den See gespült worden. Ich kenne derartige Ablagerungen aus dem Loch Ness; sie wurden zuerst von James Murray beschrieben. Es ist indessen sehr fraglich, ob sich die Tiere in solchen Tiefen weiter entwickeln können.

Die Insektengemeinschaften der Litoralregion. Das Insektenleben eines Sees ist zum allergrössten Teil auf die Litoralregion beschränkt; sie bietet mit ihrem Überfluss an Unterstützungsflächen, ihrer hohen Sommertemperatur, ihrem reichhaltigen, als Nahrung wie als Schlupfwinkel brauchbaren Pflanzenwuchs und mit dem ungehinderten Zugang zu atmosphärischer Luft den Süsswasserinsekten die denkbar günstigsten Lebensbedingungen. Der Insektenreichtum eines Sees hängt hauptsächlich von zwei Faktoren ab, nämlich von der Steilheit der Uferböschung und vom Kalkgehalt des Wassers. Je schmaler die Uferzone und je steiler ihre Böschung ist, umso dürftiger ist die Vegetation und umso geringer der Temperaturunterschied von pelagischer Region und Uferzone; damit verliert letztere zugleich ihre Bedeutung als Erwärmungszone für das Gesamtleben des Sees. Wenn man Gelegenheit gehabt hat, die breite, von Pflanzenwuchs bedeckte Uferzone der eutrophen baltischen Seen mit den vegetationslosen Steilufern der oligotrophen schottischen, schweizerischen und italienischen alpinen Seen zu vergleichen, so weiss man, wie unendlich viel reicher die Insektenfauna in den baltischen als in den alpinen Seen ist.

Ebenso ist das Insektenleben in der Litoralzone kalkhaltiger Seen auffallend reicher als das kalkarmer. Von nicht zu unterschätzender Bedeutung sind dabei die Kalkinkrustationen am Ufer und der Kalküberzug auf höheren Pflanzen. Da die Litoralzone reicher facettiert ist als irgendeine andere Region, so sind auch die von ihr gebotenen Lebensbedingungen ausserordentlich mannigfaltig. Infolgedessen variiert auch die Insektenfauna der einzelnen Biotopen sehr stark; sowohl Brandungsufer wie grosse Sandflächen, Schilf- und Rohrwälder, Schlammablagerungen in stillen Buchten, die submerse Vegetation mit ihren ausgedehnten, aus zahlreichen Pflanzenarten zusammengesetzten, unterseeischen grünen Wiesen und die gewöhnlich von Molluskenschalen bedeckten, vegetationsarmen Steilabfälle gegen die Tiefe beherbergen sämtlich je eine gegen die anderen ziemlich scharf abgegrenzte Insektengemeinschaft, die obendrein in den einzelnen Seen je nach Steilheit der Uferböschung und Kalkgehalt des Wassers variiert.

Brandungsfauna. Die Insektenfauna der Brandungszone setzt sich hauptsächlich aus Larven der Perliden, Ephemeriden, Trichopteren, Odonaten und Chironomiden zusammen. Für viele Mitglieder dieser Fauna ist der abgeflachte Körper (Ephemeridenlarven, Gomphidenlarven und der infolge der Verwendung grösserer Steine abgeplattete und verbreiterte Köcher der Trichopterenlarven) charakteristisch; die Tiere teilen diese Merkmale mit verwandten torrentikolen Formen (Näheres s. S. 186–188). Im Winterhalbjahr ist in vielen unserer Seen die grosse Menge von Skorpionswanzen unter den Steinen der Brandungszone bemerkenswert.

Die kalkinkrustierten, gefurchten Steine beherbergen in ihren Höhlungen, Gängen und Furchen ein ungemein reges Leben; die Hauptformen gehören zu den Helmiden, von denen hier sowohl Imagines als Larven vorkommen. Ebenso finden sich hier Larven von Helophorinen, Dryopiden, Psychodiden u. a. Bei Tage suchen *Orectochilus* und *Platambus maculatus* L. in den Ritzen und Löchern Zuflucht, während zahlreiche Chironomiden von verschiedenster Färbung, grosse tiefrote und kleine grünliche, den durch Blaualgen aufgelockerten Kalküberzug auf den Steinen durchwühlen. Netzspinner, vor allem *Plectrocnemia*, spannen ihre Planktonnetze auf den Steinen aus, und *Tinodes Waeneri* L. zieht mit seiner Sandröhre über sie hin. In vielen Seen bauen auch die Larven von *Hydropsyche* ihre Netze unter den Steinen; im Frühjahr wählen die Larven mancher *Nemura*-Arten das Steinufer zum Aufenthalt.

Für die grossen Sandflächen, die sich besonders an Brandungsufern bilden, bis zu einer Tiefe von höchstens einem Meter, sind vor allem die Molanniden charakteristisch, deren Köcher durch die flügelförmige Verbreiterung an den Seiten vorzüglich gegen die Wirkung des Wellenschlages geschützt sind; ferner *Centroptilum*-Arten. Die Sandflächen erscheinen auf den ersten Blick, namentlich nach einem Sturm, als völlig unbelebt; unter ihrer Oberfläche leben aber viele Chironomiden und weiter landeinwärts auch Tipulidenlarven. Im Frühjahr werden Pflanzenteile und Tiere zuweilen durch starken Sturm aus einer Tiefe von 10–12 m weit über die Sandfläche hingeweht, um schliesslich am Ufer zusammengehäuft zu werden.

In den Scirpus- und Phragmiteswäldern rührt sich ein reges Leben. In ihrem Wurzelgestrüpp und den umgebenden Sandflächen lebt hierzulande als Charaktertier die flache Larve von *Gomphus vulgatissimus* L. und lauert halb begraben in Höhlungen oder im Sand auf Beute. Von Trichopteren sind *Anabolia* und oft auch *Phryganea striata* L., deren Köcher jedenfalls hier nur aus einem Stück von Phragmites bestehen, allgemein verbreitet. In den Halmen von Phragmites und Scirpus leben zahlreiche Schmetterlingsraupen, besonders Pyraliden; sie verlassen zuweilen ihre Gänge und lassen sich von den Wellen zu einer neuen Futterpflanze hintragen. In den Kalkablagerungen auf den Pflanzen leben zahllose Chironomidenlarven. Die Blätter von Phragmites beherbergen im Sommer grosse Aphidenkolonien; Syrphiden, Wespen, Braconiden und Ichneumoniden werden durch die Blattläuse angelockt und nutzen sie in verschiedener Weise aus.

Hinter den durch Winter- und Frühlingsstürme aufgeworfenen Strandwällen aus abgebrochenen Stücken von Phragmites und Scirpus entstehen häufig flache Strandseen, in denen sich verschiedene Pflanzen, meist Characeen, ansiedeln. Der Boden besteht aus auf dem Sand abgelagertem Schlamm. Das hier im Frühsommer entstehende rege Insektenleben ist mit dem in Teichen und speziell in periodischen Gewässern nahe verwandt; die Limnophiliden sind durch eine Reihe der gewöhnlicheren Arten zahlreich vertreten. Eine beträchtliche Anzahl der kleineren Arten von Dytisciden, von Hydroporinen und Hydrophiliden samt ihren Larven, und keineswegs immer die häufigsten Arten, sind gerade hier zu Hause. Auffallend zahlreich ist oft *Hydrophilus caraboides* L., dessen Eischiffchen vom Wind getrieben von einem Carexbusch zum anderen vorbeigleiten. Die Larven finden ihre Nahrung in dem reichen Schneckenmaterial. Auch die Larven von Stratiomyiden leben hier und zwar oft mehrere Arten nebeneinander; der schlammige Boden beherbergt fast stets Larven von Ptychopteriden und Eristaliden. Die Fauna dieser kleinen Strandseen ist überhaupt merkwürdig reichhaltig; das Wasser ist nämlich in ihnen trotz des schlammigen Bodens, des niedrigen Wasserstandes und der grossen Menge verwesender organischer Substanzen immer frisch, weil die Strandwälle bei jedem Sturm von den Wellen überflutet werden. Im Sommer trocknet das Wasser gewöhnlich aus, und Vieh und Menschen ziehen ihre Pfade über den knochentrockenen Boden. Daher fehlen wahrscheinlich manche Tiere, z. B. mehrjährige Odonatenlarven; ferner kommen *Culex*-Larven infolge des ungewöhnlich reinen Wassers hier nicht vor. Wenn sich das Wasser jedoch in regenreichen Sommern lange hält, so kann man in den Schwemmrasen der Gräser zahlreiche Anophelinenlarven finden. Im ganzen ergeben solche durch Strandwälle abgesperrte, stagnierende Teile eines Sees oft eine unerwartet grosse Ausbeute.

Die submersen Pflanzenwiesen enthalten das reichste Insektenleben des ganzen Sees. Je ausgedehnter sie sind, und je mannigfaltiger ihre Zusammensetzung ist, desto reichhaltiger ist auch ihre Insektenfauna. Hier ist die Heimat der Zygopteren des Sees, besonders der *Agrion*-Arten, ferner kriechender und schwimmender Ephemeriden (*Cloëon* u. a.), vieler Trichopteren (vor allem Leptoceriden (*Mysticides*), *Oxyethira, Setodes, Cyrnus* u. a.), die Heimat von *Acentropus niveus* Oliv., von *Haemonia equiseti* F., deren Kokons in langen Reihen an den Rhizomen oder Wurzeln verschiedener Pflanzen sitzen, von *Sialis* und von zahlreichen Chironomiden. Die hübschen Larven von *Setodes* schwimmen in unglaublichen Mengen zwischen den Stengeln von Myriophyllum und Ceratophyllum umher, und nicht weniger zahlreich sind die kleinen Larven von *Oxyethira*, die auf ihren langen, dicken Seidenfäden wie Seiltänzer von einem Blatt zum anderen balancieren. Die Agrioniden, die bei Sonnenschein in Schwärmen über den See flattern, die tanzenden Ephemeriden, die Leptoceriden, *Acentropus* und die Chironomiden, die beleuchtet von der Abendsonne über die Wasserfläche hin und her fliegen, stammen alle aus den unterseeischen Wiesen; da solche Wiesen in unseren Seen oft von grosser Ausdehnung sind, ist hier auch das Insektenleben ungemein reichhaltig und weit mannigfaltiger als in alpinen Seen. Nymphaeaceen, Potamogeton lucens und P. perfoliatus, die durch die submerse Pflanzendecke hindurch zur Oberfläche vordringen, liefern ein weiteres Kontingent zur Fauna des Sees: die Nymphaeaceenblätter beherbergen verschiedene *Donacia*-Arten und *Galeruca nymphaeae* F.; die Larven von *Platambus maculatus* L. und *Orectochilus* verlassen oft die unterseeischen Wiesen, um zwischen den grossen Blätterbüscheln von Potamogeton perfoliatus nach Beute zu jagen. Sie sind hier heimisch und ernähren sich von den Chironomiden, die in dem auf den Potamogetonblättern abgelagerten Kalküberzug wühlen. Die Larven wurden lange Zeit für selten gehalten, wahrscheinlich, weil man sie nicht dort suchte, wo sie leben. Auf diesen äussersten

Ausläufern der Vegetation findet man auch ihre Eier, die reihenweise auf den Blattstielen von Potamogeton angeordnet sind.

Die sublitorale Region. In der sogenannten sublitoralen Region, wo fast keine Vegetation mehr ist, und wo Unmengen von Muscheln und Schneckenschalen den Boden bedecken, ist das Insektenleben spärlich. Nur wenige Arten überschreiten die Grenze der Vegetationszone; andrerseits fühlen sich die Chironomiden des tieferen, weichen Seebodens hier nicht heimisch. Immerhin kann man jedenfalls vier Insektenlarven in der sublitoralen Region in einer Tiefe bis zu 12–14 m antreffen.

Die Hauptform ist wohl die Larve von *Sialis*, die durch ihre Tracheenkiemen von der atmosphärischen Luft unabhängig ist. Sie ist das Raubtier dieser Region und ernährt sich hauptsächlich von Chironomiden. Die Larve fehlt niemals in den Bodenproben; noch häufiger sind darin jedoch die Köcher von *Molanna angustata* Curt., von denen allerdings viele leer sind. Die Köcher bestehen hier nicht aus Sandkörnern, sondern aus den Deckeln von *Bithynia tentaculata*; auch hier sind die Köcher abgeflacht und durch fest aneinandergesponnene Schneckendeckel flügelförmig verbreitert. Die grossen *Ephemera*-Larven halten sich häufig in den mit Schlamm gefüllten, leeren Muschelschalen auf; an stillen Sommerabenden steigen sie aufwärts, und man kann vom Boot aus beobachten, wie sie sich horizontal auf die Oberfläche legen, um von hier aus wenige Minuten später als Subimagines in schrägen Bahnen zum Ufer hin zu flattern. Am Beginn der sublitoralen Region sind auch die kleinen, schlammbedeckten *Caenis*-Larven sehr verbreitet; von hier aus erheben sich an bestimmten Tagen des Hochsommers ihre schneeweissen Subimagines in dichten Wolken, füllen die Netze der Spinnen und bedecken die seewärts gewandten Fenster und Wände der umliegenden Häuser mit ihren abgeworfenen Subimaginal-Häuten.

Die Insektenfauna der Kleingewässer.

Die perennierenden Teiche und Kleinseen.

Jeder Teich ist eine Welt für sich und gegen die übrige Umwelt scharf abgegrenzt. Selbst in nahe beieinander liegenden Teichen können die Lebensbedingungen durchaus verschieden sein. Der eine Teich ist vielleicht jung, der nächste sehr alt; der eine hat steile, der andere flache Ufer; das Wasser des einen Teiches ist braun, das des anderen grün. Vor allem kann die Vegetation von einem Teich zum anderen sehr wechseln. In meinem Untersuchungsgebiet sind manche Teiche mit Stratiotes angefüllt, andere in unmittelbarer Nähe sind mit Potamogeton natans bedeckt, und dazwischen liegt ein Teich mit dichtem Bewuchs von Elodea canadensis. Der eine Teich hat eine völlig vegetationslose »pelagische Region«, die von einem deutlich begrenzten Gürtel von P. natans umgeben ist, während in einem anderen die ganze Oberfläche von Pflanzen bedeckt ist. Infolgedessen kann die von all diesen Faktoren abhängige Temperatur des Wassers in einem Teich konstant um mehrere Grade über der des nächsten Teiches liegen. Ausgesprochen eutrophe Teiche können nahe bei dystrophen liegen. Da die meisten Süsswasserinsekten gut entwickelte Flugorgane besitzen, müsste man erwarten, dass sie in den verschiedenen Teichen gleichmässig verteilt sind. Das trifft auch zum Teil zu; viele von ihnen sind wirklich »Kosmopoliten«, die man fast in jedem Teich oder Kleinsee finden kann, so z. B. *Cloëon*, viele Odonaten (Zygopteriden, *Cordulia aenea* L., *Libellula quadrimaculata* L., *Aeschna grandis* L.), zahlreiche Limnophiliden, *Notonecta glauca* L., manche *Gerris*-Arten und *Acilius*. Wenn man sich aber jahrelang etwas gründlicher mit einer bestimmten Insektengruppe beschäftigt hat, von denen einige Arten Teiche und Kleinseen bewohnen, wie z. B. Ephemeriden, die kleineren Dytisciden, speziell *Colymbetini* und *Hydroporini*, sowie Hydrophiliden, so weiss man, dass manche Arten Jahr für Jahr denselben Teich bevölkern, während sie in anderen naheliegenden gewöhnlich nicht vorkommen. Vielleicht ist es mit den Corixiden ebenso; ich habe in bezug auf sie leider keine Erfahrung. Man gewinnt den Eindruck, als wären viele dieser Arten auf bestimmte Fundorte beschränkt; warum sie aber den einen oder den anderen Teich bevorzugen, wissen wir nicht.

1. Die Vegetation der Teiche ist für die Insekten in vieler Hinsicht von Bedeutung. Der reiche Pflanzenwuchs dient ihnen in erster Linie als Nahrung; die Wasserinsekten sind im allgemeinen, was ihre Futterpflanzen anbelangt, nicht wählerisch. Nur wenige von ihnen sind an bestimmte Pflanzen gebunden; in solchen Fällen ist natürlich das Vorkommen des Insekts von der Anwesenheit der betreffenden Pflanze abhängig.

Eine der wenigen Wasserpflanzen, die jedenfalls hierzulande eine besondere Insektenfauna beherbergen, ist Stratiotes. Die schöne Larve des Wasserschmetterlings *Paraponyx stratiotata* L. ist fast ausschliesslich auf Stratiotes zu finden; auch die Larve der Trichoptere *Agrypnia pagetana* Curt. wählt vorzugsweise diese Pflanze zum Aufenthaltsort. Die schöne, grüne *Aeschna viridis* Eversm. bohrt ihre Eier in Stratiotes ein, und ihre hellgrünen Larven halten sich fast nur in den Stratiotes-Teppichen auf. Ebenso minieren die Larven mehrerer Chironomiden-Arten vorwiegend in Stratiotes-Blättern. Auch die Donaciiden halten sich an bestimmte Pflanzen, z. B. *D. typhae* Brahm an Typha, *D. micans* an Iris. Die Blätter der weissen Seerose haben gleichfalls ihre eigene Fauna, die durch *Donacia crassipes* F., *D. bidens* Ol. und *Galeruca nymphaeae* F. charakterisiert ist; auch viele unserer Zygopteren, vor allem *Erythromma najas* Hansem., wählen Seerosenblätter als Rastplatz. *Hydrocampa, Phryganea grandis* L. und *Glyphotaelius punctato-lineatus* Retz. leben vorwiegend auf Potamogeton natans. Wenn Ufer und Seeboden von Fontinalis bedeckt sind, kann man auf ihnen stets die Larven von *Phalacrocera* finden. Ebenso ist die Larve von *Triogma* auf die wasserdurchtränkten Kissen von Hypnum beschränkt. Die Larven von *Phalacrocera* und *Triogma* sind vielleicht die beiden einzigen Beispiele unter den Wasserinsekten für eine Art von Schutzähnlichkeit; diese ist besonders deutlich bei *Triogma*. Im übrigen verweise ich auf S. 390.

Auf den Kissen von Hypnum sind auch häufig die roten Exkrementflecke von Tipulidenlarven zu sehen, die sich von den Pflanzen ernähren; im Frühjahr wimmeln sie von *Leptophlebia*-Larven. Im Hochsommer sind Teiche und Moore von schwimmenden grünen Rasen verschiedener Algen bedeckt, besonders von Spirogyra und Mougeotia; sie beherbergen ihre spezielle, nur hier heimische Fauna. Sie besteht hauptsächlich aus langsam kriechenden oder schwimmenden Larven mit metapneustischer Respiration und mit Stigmen, die in einer Respirationsschale liegen oder von einem Haarkranz umgeben sind. Dies ist der Fall mit vielen Stratiomyidenlarven, deren schöne, silberglänzende Haarkränze man oft auf der Oberfläche ausgebreitet sieht. Hier leben auch die Larven zahlreicher kleiner Hydrophiliden, die ihre Eikokons in den Algen ablegen; die trägen Larven liegen an der Oberfläche, auf der die Respirationsschale ausgebreitet ist, während der Kopf, oft mit einem Ostracoden zwischen den Mundteilen, eben über sie emporragt.

2. Die Vegetation versorgt die Tiere nicht nur mit Nahrung; sie wird auch von vielen als Baumaterial für ihre Gehäuse verwendet, besonders von Köcherfliegen: Limnophiliden (z. B. *L. stigma* Curt.), *Triaenodes*, *Phryganea grandis* L.,

Glyphotaelius punctato-lineatus Retz., *Halesus* und vielen anderen, ferner von Wasserschmetterlingen (*Hydrocampa, Cataclysta, Paraponyx*). Die Tiere greifen oft die Pflanzen so stark an, dass sie wie abgefressen aussehen; das tritt besonders an den Teppichen von P. natans in Erscheinung.

3. Der Pflanzenwuchs mit seinen tiefen Schlagschatten und den unzähligen Schlupfwinkeln zwischen Blättern und in Stengelachseln bietet den auf Beute lauernden Raubtieren (Odonaten- und Dytiscidenlarven) vorzügliche Verstecke; zugleich bilden die Pflanzen Unterstützungsflächen, an denen netzspinnende Raubtiere unter den Trichopteren, *Holocentropus, Polycentropus* u. a., ihre Netze befestigen können.

4. Viele Insekten sind zwar infolge der in ihren Tracheen enthaltenen Luft kaum schwerer als das sie umgebende Medium; andere sind jedoch zu schwer, um sich während der Luftaufnahme von der Oberfläche tragen zu lassen. Sie müssen deshalb während der Aufnahme atmosphärischer Luft an den von den Pflanzen gebotenen Unterstützungsflächen einen Halt suchen. Das gilt z. B. für alle kriechenden oder schlecht schwimmenden Dytiscidenlarven (Colymbetinen, Halipliden, die Larven von *Cybister* und oft auch die der grossen *Dytiscus*-Arten). Andrerseits müssen sich überkompensierte Formen, wie z. B. Notonectiden und Corixiden, an senkrechten Unterstützungsflächen in der Vegetation festhalten, um in den mittleren Wasserschichten verweilen zu können. Bei vielen dieser Tiere trägt denn auch das eine Beinpaar sehr lange, allerdings ziemlich schwache Klauen, die als Anker verwendbar sind. Die submerse Vegetation bietet zahlreichen Tieren einen Ruheplatz, wenn ihr Respirationsbedürfnis durch schlechtes Wetter und niedrige Temperatur herabgesetzt ist.

5. In pflanzenreichen Teichen sind die Respirationsbedingungen im Winter besonders gut. Callitriche, die Blattrosetten von Hottonia, Elodea-Rasen und die fein zerteilten Wasserblätter von Phellandrium behalten alle unter dem Eis ihre frische grüne Farbe. Die Kohlensäureassimilation wird vor allem an sonnigen Tagen nicht eingestellt, und der produzierte Sauerstoff bildet auf den Pflanzen Luftbläschen, die aufsteigen und später in der Eisdecke einfrieren. Diese Luftblasen spielen für viele luftatmende Wasserinsekten eine grosse Rolle; die grossen Dytisciden suchen sie geradezu auf, führen die Spitze des Abdomens an sie heran und ziehen die Luft durch die Spirakula in die Tracheen ein. Infolge der Kohlensäureassimilation der Pflanzen bleibt das Wasser unter dem Eis lange Zeit frisch, und die von Notonecten, Corixen, Dytisciden, Hydrophiliden u. a. mitgeführte Luft wird durch Berührung mit dem sauerstoffreichen Wasser wieder respirabel. Diese Tiere suchen deshalb im Herbst stets pflanzenreiche Teiche auf. Bevor die Teiche zufrieren, kann man in ihnen Hunderte von Corixen, überwinternden Mückenlarven, vor allem *Culicella morsitans* Theob., und Gyrinen an den Pflanzen hängen sehen; Corixen und Gyrinen sind von grossen Luftblasen umhüllt.

6. Wenn die Teiche noch mit Eis bedeckt sind, steigt an stillen, klaren Frosttagen die Wassertemperatur an den südexponierten Ufern in den Mittagsstunden bei Sonnenschein auffallend hoch, oft auf 12–15° C. Ich verweise hierüber auf »Die Süsswasserfauna«, Seite 760. Die hohen Frühjahrstemperaturen des seichten Uferwassers spielen für die Teichfauna im allgemeinen, also auch für die Insekten, eine grosse Rolle, besonders während der Metamorphose; die Wärme wirkt als Reiz, durch den die Insekten angelockt werden, sodass sie in Scharen zu den südexponierten Ufern emporsteigen. Viele einjährige Insektenlarven mit Hautatmung und mit oder ohne Tracheenkiemen (Ephemeriden, Perliden) überwintern gewöhnlich halbausgewachsen; sie nehmen während des Winters keine oder wenig Nahrung zu sich und wachsen in dieser

Zeit fast gar nicht. Sie alle suchen in den ersten warmen Tagen die südexponierten Ufer auf, häuten sich, fressen und häuten sich wieder und wachsen in unglaublich kurzer Zeit auf das Doppelte der Grösse an, in der sie während der Wintermonate verharrten. Mehrjährige Larven, besonders die der grossen Odonaten, liegen im zeitigen Frühjahr stets so nahe wie möglich an der Oberfläche des oft bis auf 20° C. erwärmten Wassers; die hohe Temperatur begünstigt ihre Vorbereitungen zur letzten, für das Luftleben notwendigen Metamorphose (Umstellung des Respirationssystems). Für die im Wasser überwinternden Imagines ist die Erwärmungszone der Teiche insofern von Bedeutung, als die Reifung der Geschlechtsprodukte durch die hohe Temperatur befördert wird; ebenso erscheinen die zur Eiablage gebrauchten Pflanzen hier früher als an anderen Stellen. Noch bevor das Eis am gegenüberliegenden Ufer völlig weggeschmolzen ist, spriesst hier bereits Iris hervor, und wenige Tage später beginnen die grossen Dytisciden, ihre Eilogen in die Pflanzen zu schneiden.

7. In windgeschützten, lauwarmen Buchten an südexponierten Teichufern mit hoher, üppiger, aus Typha, grossen Umbelliferen, Iris usw. bestehender Sumpfvegetation findet man an ungewöhnlich heissen Sommertagen wohl die höchste Wassertemperatur, die sich in der gemässigten Zone feststellen lässt. Bei einer Lufttemperatur von 30° C. steigt hier die Temperatur des Wassers an der Oberfläche bis auf 28° C. Insekten, die sonst selten so weit nach Norden hinauf gehen, legen in solchen abgeschlossenen Couveusen ihre Eier ab und machen hauptsächlich hier ihre Larvenstadien durch. Hier werden die Eier der grossen *Epitheca bimaculata* Charp. abgelegt, und die im Frühjahr durch Eis und Sturm abgebrochenen, halbverfaulten Typhastengel werden mit langen Reihen von *Ranatra*-Eiern besetzt. Hier leben grosse Schwärme von *Mesovelia furcata* Muls. und Rey, und hier entwickeln sich die Larven von *Taeniorhynchus*.

Die Insektengemeinschaften austrocknender Tümpel. Auf den grossen Prärien und Steppen, im Marschgebiet und in Wäldern mit laubbedecktem Boden finden sich zahlreiche Teiche und Tümpel, die nur im Frühjahr und Frühsommer während weniger Monate, oft noch viel kürzere Zeit, Wasser enthalten, während sie das übrige Jahr hindurch trocken sind. Die hier lebenden Insekten ruhen 10–11 Monate des Jahres im Eistadium, und ihre Eier sind dem Frost oder dem Sonnenbrand ausgesetzt. Die Charaktertiere sind hier vor allem Mückenlarven; in überraschend kurzer Zeit werden die Gewässer mit einer enormen Anzahl von Individuen gefüllt. Ihre gesamte Entwicklung vom Ei bis zur Imago beansprucht nicht mehr als zwei bis drei Wochen. Es handelt sich hauptsächlich um die grosse Gattung *Aëdes*; aus solchen Tümpeln entstehen jene Schwärme, die Menschen und Tieren den Aufenthalt im Wald und auf Wiesen zuweilen unerträglich machen. Charakteristisch für periodische Waldteiche ist ferner die Larve von *Mochlonyx*; sie ist zwar mit einer Atemröhre versehen, hält sich aber trotzdem wie *Corethra* in den mittleren Wasserschichten auf. Mit dieser Massenproduktion kurzlebigen, essbaren Materials ist das Auftreten gewisser Dytiscidenlarven, vor allem aus der Gattung *Rhantus* verbunden. Die Weibchen dieser Käfer belegen welke Gräser u. dgl. mit Reihen von Eiern; das Leben der Larven beginnt und endet gleichzeitig mit dem der Mückenlarven (s. S. 301). In solchen Teichen sind auch die Larven von Helodiden häufig, die mit dem Bauch nach oben wie silberglänzende Linien unter der Oberfläche hingleiten (s. S. 358). Auch einige Trichopteren, sowohl Leptoceriden wie die kleine *Phryganea minor* Curt., sind für diese Teiche charakteristisch. Es ist mir nicht bekannt, ob sie als Eier oder als kleine Larven überwintern.

Man findet nicht selten den Boden ausgetrockneter Tümpel von Mückenlarven und von Trichopterenköchern mit toten Larven bedeckt, also mit Tieren, die ihre Entwicklung nicht schnell genug beenden konnten, und für die der austrocknende Boden zum Kirchhof wurde. Die Puppenköcher liegen an solchen Lokalitäten fast stets scharenweise zusammen auf bestimmten Gegenständen, wie Brettern, Steinen usw. In ähnlichen, jedoch nicht ganz so rasch austrocknenden Teichen sind die schönen Larven von *Lestes* heimisch; sie stammen aus den Eiern, welche die Weibchen im Sommer in die Blütenstiele von Alisma plantago und anderen Pflanzen eingebohrt haben. Im April und Mai schlüpfen die winzigen Larven aus; sie ernähren sich von der ausserordentlich reichen Cladocerenfauna, hauptsächlich von *Daphnia pulex*, die zuweilen das Wasser zu einem dicken, roten Cladocerenbrei verwandelt. In anderthalb Monaten haben die Larven ihre Metamorphose beendet; sie kriechen auf die Vegetation und verlassen das austrocknende Gewässer als metallisch glänzende, grüne oder blaue Imagines.

Abb. 491. Rock pools bei Miramar; der Salzgehalt steigt weit über den des Mittelmeeres. Fundorte für *Ochthebius* und *Ephydra*. (Dr. K. Wolf phot.). Orig.

Salzseen, Salzsümpfe, Salinen, Rock pools (Abb. 491) usw. Gewässer mit grösserem oder geringerem Salzgehalt beherbergen bekanntlich eine durchaus eigentümliche Fauna; sie besteht hauptsächlich aus Infusorien, Flagellaten und Crustaceen, besonders Artemien und anderen Entomostraken, die meistens durch stark rote Färbung ausgezeichnet sind. Die Fauna enthält aber ausserdem auch eine vom Lande herstammende Komponente, die hauptsächlich aus Insekten besteht. In nahe am Meer liegenden Gewässern, die durch Hochwasser und Brandung überspült werden, sind der Fauna auch marine Tiere beigemischt; hier leben *Idothea*, Gammariden, Mysiden u. a. zusammen mit Aselliden, kleinen Hydrophiliden, Ochthebien, *Berosus* und Culicidenlarven. Der Salzgehalt solcher Tümpel wechselt manchmal von einer Woche zur anderen. Wenn die Wellen während einer stürmischen Periode Salzwasser in die Lachen spritzen, steigt der Salzgehalt; durch eine Regenperiode wird das Wasser stark ausgesüsst, die marinen Formen verschwinden, und die Culiciden bleiben als fast alleinige Bewohner der Pfützen übrig. In weiter vom Meere entfernt liegenden Tümpeln fehlt das marine Kontingent gewöhnlich. Der Salzgehalt steigt zuweilen ausserordentlich hoch.

Thienemann und Schmidt haben die Salzwasserfauna Westfalens untersucht und festgestellt, dass Gewässer mit einem Salzgehalt von nicht über

2,5 $^0/_0$ noch eine reiche Insektenfauna beherbergen: *Nepa*, *Sialis*, *Phryganea*, Odonaten und Fliegenlarven haben sich den von ihrer ursprünglichen Umwelt recht abweichenden Lebensbedingungen angepasst. Ausserdem wurden Formen gefunden, deren eigentliche Heimat Seen mit weit grösserem Salzgehalt sind, in denen die eben genannten Tiere nicht leben können; solche Formen sind vor allem verschiedene Fliegen- und Mückenlarven, *Dicranomyia modesta* Wied., *Culex*-Arten und *Limosina*. Die Tiere dieser Gruppe werden als Halophile bezeichnet; dagegen nennt man Halobien die echten, ausgesprochenen Salzwassertiere, die nur in Salzwasser leben und zwar bei fast unglaublich hoher Konzentration. Zu diesen gehören nur sehr wenige Insekten, vor allem die Salzwasserfliegen, die Ephydriden, und einige kleine Hydrophiliden, besonders die Gattung *Ochthebius*. In Westfalen kommen die echten Halobien noch bei einem Salzgehalt von 16 $^0/_0$ in grosser Menge vor; bei 20 $^0/_0$ vermindert sich ihre Zahl beträchtlich. Chironomiden leben in asiatischen Salzseen noch bei einem Salzgehalt von 28 $^0/_0$ und Ochthebien in den Spritzwasserpfützen von Mallorca noch bei 27 $^0/_0$ (HASE 1926). Für Halophile und Halobien ist sowohl ihr massenhaftes Auftreten wie ihre weite geographische Verbreitung charakteristisch. Auf den Steppen Asiens, in den Salinen Italiens und in den grossen Salzseen Nordamerikas spielen Ephydriden, Ochthebien, einige Fliegenlarven und Chironomiden die Hauptrolle; dazu kommen noch die Saltmarsh-Moskitos of the far west. STEUER (1910) (Abb. 492–493) hat die eigenartige Tierwelt der Salinen beschrieben. In den grossen, der Salzgewinnung dienenden Becken sind die Ecken vertieft und gegen den übrigen Teil der Saline abgesperrt; diese vertieften Gruben sind mit einer rötlichen Mutterlauge gefüllt, deren Oberfläche von einer Salzschicht wie von einer Eisdecke bedeckt ist. Auf der Salzschicht sitzen Hunderte von Ephydriden; ihre Larven leben am Boden, ihre Puppen auf der Holzbekleidung der Grubenwandung. Auch hier sind die Ochthebien zahlreich.

Es sei noch erwähnt, dass finnische Naturforscher im bottnischen und finnischen Meerbusen eine reiche Fauna von gewöhnlichen Süsswasserinsekten nachgewiesen haben, die hier im Brackwasser zusammen mit Meerestieren leben und vorzüglich gedeihen. Es handelt sich hauptsächlich um Dytisciden, Hydrophiliden, Gyriniden und Trichopteren; letztere bauen hier Köcher aus Blasentang. Auf den ausgedehnten Zostera-Rasen lebt eine *Haemonia*, die mit der *Haemonia*-Art des Süsswassers nahe verwandt ist. Auch *Chironomus*-Larven sind hier sehr häufig.

Die Insektenfauna des Wasserspiegels (surface film).

Die Tiergesellschaften des Wasserspiegels halten sich an die Litoralregion; nur in seichten, windgeschützten Seen wagen sie sich aus der Vegetationszone heraus. Bevor wir die Art und Weise besprechen, wie die hier lebenden Organismen, besonders die Insekten, das Oberflächenhäutchen ausnützen, ist es wohl angebracht, ein paar Worte über die Kapillarphänomene zu sagen.

Die Kapillarphänomene werden durch die Anziehung der Wassermoleküle auf die mit der Flüssigkeit in Berührung kommenden festen Körper verursacht. Die Moleküle in der obersten Wasserschicht hängen untereinander in besonderer Weise zusammen, sodass man das Oberflächenhäutchen mit einer äusserst dünnen, elastischen Membran vergleichen kann. Das Häutchen verhält sich gegenüber festen Körpern, mit denen es in Berührung kommt, verschieden, je nachdem diese benetzbar oder unbenetzbar sind. Im ersteren Fall wölbt sich die Flüssigkeit an dem Körper empor und hat das Bestreben, ihn her-

Abb. 492. Rock-pools auf der istrischen Küste nahe von Rovigno. Nach einem Aquarel von Prof. K. Heider, gezeichnet von Prof. A. Steuer. Orig.

unterzuziehen, im zweiten Fall zieht sie sich von ihm zurück und versucht, ihn nach oben und heraus zu drücken.

Die Tiergesellschaften des Oberflächenhäutchens sind aus mehr Komponenten zusammengesetzt, als man annehmen sollte. Die Urnahrung dieser Gemeinschaften besteht vorwiegend aus Flagellaten, Infusorien und Diatomeen, die an der Unterseite der Oberfläche herumkriechen, sowie aus Detritus

Abb. 493. Salinen bei Capodistria, gezeichnet von Prof. A. Steuer. Orig.

aller Art. Viele festsitzende Infusorien heften sich an die Unterseite des Oberflächenhäutchens: Stentoren, ferner Süsswasserpolypen und sessile Rädertiere hängen von ihm herab und breiten ihre Fangapparate aus. Ein Muschelkrebs (*Notodromas monacha*) und eine Cladocere (*Scapholeberis mucronata*) kriechen normalerweise unter dem Oberflächenhäutchen einher; sie sind zu dieser Bewegungsweise durch besondere Haargebilde befähigt. In ähnlicher Weise kriechen zahlreiche Süsswasserschnecken (*Planorbis* und *Limnaea*) mit Hilfe von Schleimabsonderung unter dem Wasserspiegel hin. Man muss bedenken, dass Komponenten der Tiergesellschaften des Oberflächenhäutchens in Gemeinschaft mit organischem Detritus, toten oder sterbenden Tieren und anderen Insekten, vor allem Mückenlarven, die Hauptnahrung der Oberflächeninsekten bilden.

Die Insekten haben mehr als alle anderen Tiere verstanden, die Kohäsion des Oberflächenhäutchens auszunützen, ja für viele von ihnen ist sie die Grundbedingung für ihre Beziehungen zum Süsswasser.

Alle Wasserinsekten, die von der Kohäsion der Oberfläche Gebrauch machen, sind durch besondere Strukturen ausgezeichnet, die nur als Anpassungen an die oben genannten Hauptgesetze der Kapillarität zu verstehen sind. Man darf dabei nicht vergessen, dass das Oberflächenhäutchen sowohl eine Ober- wie eine Unterseite hat; dementsprechend sind manche Insekten der Fortbewegung a u f d e r O b e r f l ä c h e, andere dem Kriechen a n i h r e r U n t e r s e i t e angepasst.

Die meisten echten Süsswasserinsekten müssen die Oberfläche aufsuchen, weil sie nur hier atmosphärische Luft aufnehmen können; das trifft für fast alle Insekten mit metapneustischem, amphipneustischem oder propneustischem Tracheensystem zu. Die Oberfläche ist ferner von Bedeutung für einige Insekten mit geschlossenem Tracheensystem, die aber hier ihre Metamorphose vollenden (einige Baëtiden, Ephemeriden und Leptoceriden), dabei machen sie alle in irgend einer Weise von den Kapillarphänomenen Gebrauch und sind ihnen angepasst.

Nur bei solchen Insekten, die das Oberflächenhäutchen weder zur Fortbewegung, noch zur Atmung oder zur Verwandlung ausnützen, sind keine derartigen Anpassungserscheinungen wahrzunehmen. Hierher gehören die allermeisten Insekten mit geschlossenem Tracheensystem und gewöhnlich mit Tracheenkiemen (die meisten Perliden, Odonaten, einige Ephemeriden und Neuropteren); sie kriechen zur Verwandlung aus dem Wasser und berühren das Oberflächenhäutchen nur in dem Moment, wenn sie es durchbrechen, um das Wasser zu verlassen und die letzte Metamorphose in der Luft durchzumachen.

Zur Ausnützung des Oberflächenhäutchens erfüllen die Insekten die hiermit verbundenen Anforderungen auf dreierlei Weise: 1) durch Abänderung der Körperform, 2) durch reichliche Ölsekretion und 3) durch unbenetzbare Haargebilde.

Hinsichtlich der Körperform verweise ich besonders auf die Bemerkungen in den Kapiteln über Dytisciden und Gyriniden. Drüsen mit reichlicher Produktion von öligem Sekret wurden bei vielen Süsswasserinsekten (Dytisciden, Gyriniden, Hydrometriden usw.) nachgewiesen; ebenso hat man bei vielen von ihnen, auch bei Mückenlarven, Einfettung, Putzapparate und den Vorgang des Putzens beobachtet.

Die Haargebilde zeigen zahlreiche sehr hübsche und interessante Anpassungserscheinungen; sie machen, meist gemeinsam mit den produzierten Fettsubstanzen, den Körper der Tiere unbenetzbar. Unbenetzbare Haargebilde treten an bestimmten Körperteilen auf, vor allem an solchen, die mit der Oberfläche in Berührung kommen; ausserdem haben sie aber unter Wasser die wichtige Aufgabe, grössere Luftmengen festzuhalten, die hier für das Tier sowohl von respiratorischer als von hydrostatischer Bedeutung sind.

Nach diesen allgemeineren Bemerkungen wollen wir auf die Ausnützung des Oberflächenhäutchens durch die Insekten ein wenig näher eingehen.

a. Die Oberseite des Oberflächenhäutchens.

Auf der Wasseroberfläche bewegen sich zahlreiche Insekten. Vom Boot aus kann man zwischen Seerosenblättern bläuliche Fliegen beobachten, die sich langsam über den Wasserspiegel hinbewegen; hierzu sind sie durch ihre unbenetzbaren Fussohlen befähigt. Werden die Fliegen erschreckt, so fliegen sie auf; sie tauchen nicht unter, um sich der Verfolgung zu entziehen, manche von ihnen gehen jedoch zur Eiablage unter Wasser (*Hydromyza*). Ihre ganze Unterseite ist mit silberglänzenden Haaren bedeckt und unbenetzbar. Die Fliegen drücken das Oberflächenhäutchen mit den Fussohlen ein wenig ein, können es aber nicht durchstossen. *Hydrometra* (= *Limnobates*) *stagnorum* L. bewegt sich gravitätisch, ebenso wie die Fliegen. Mit diesen Tieren zusammen, aber mehr zwischen den Pflanzen, sitzen oft enorme Mengen von blauen, unbenetzbaren Collembolen auf der Wasserfläche, die sich bei Angriffen durch grosse Sprünge zu retten suchen. In den Tropen bewegen sich Schaben, Heuschrecken und Grylliden auf ähnliche Weise; über ihre Benetzbarkeit oder Unbenetzbarkeit wissen wir nichts.

Die Gerriden sind in eigenartiger Weise angepasst. Sie ruhen nicht allein mit den Fussohlen, sondern auch mit den Schienen und sämtlichen Fussgliedern der zwei hinteren Beinpaare auf der Oberfläche; dabei werden ihre Beine wie lange Nadeln kreuzweise nach allen vier Himmelsrichtungen ausgestreckt, während der Körper in ihrem Schnittpunkt ruht. Die Beine sind auf der Unterseite mit einem dichten Filz aus unbenetzbaren Haaren bekleidet; sie wirken als Ausleger; die Hinterbeine sind hauptsächlich Steuerorgane. Über die wunderbaren Anpassungserscheinungen bei *Rhagovelia* siehe Seite 112.

Spinnen, die sich vom Land aus aufs Wasser begeben, wie z. B. *Dolomedes fimbriatus* (aber nicht *Argyroneta*), liegen ebenfalls auf der Wasseroberfläche mit allen vier Beinpaaren ausgestreckt; bei drohender Gefahr richten sie ihre Beine hoch auf und springen oder laufen eiligst über das Wasser hin. Sie versuchen nur selten, sich durch Tauchen zu retten.

Die Gyriniden wenden durchaus andere Prinzipien an. Sie leben sozusagen zusammen mit den Hydrometriden, bedienen sich aber völlig entgegengesetzter Mittel. Die Gyrinini liegen in Öl eingefettet, metallisch glänzend, haarlos und scheinbar ohne Beine auf derselben Wasserfläche wie die langgestreckten Hydrometriden mit ihrem unbenetzbaren Haarkleid und den mächtig langen Beinen. Der *Gyrinus*-Körper ist stromlinienförmig gestaltet und einem flachen Boot ohne Kiel vergleichbar, das von den zwei letzten Beinpaaren mit ihren fächerförmig entfaltbaren Fussgliedern gerudert wird. Die Beine hängen senkrecht ins Wasser hinab und verleihen dem Körper eine ausserordentliche Bewegungsfähigkeit; unter der Oberfläche dienen die äusseren Paarungsorgane bei der Bewegung als Steuer.

b. Die Unterseite des Oberflächenhäutchens.

Eine kleine Insektengemeinschaft lebt merkwürdigerweise auf der Unterseite des Oberflächenhäutchens, wo ihre Mitglieder ebenso leicht herumlaufen, wie die unter a. genannten Tiere auf seiner Oberseite. Die Unterfläche des Wasserspiegels ist ihre eigentliche Heimat; hier suchen sie ihre Nahrung. Zu dieser Gemeinschaft gehören die sonderbaren Larven der Hydrophilidengattung *Spercheus*, mehrere kleine Hydrophiliden, z. B. Ochthebien und die Larven der Helodiden. All diese Tiere sind überkompensiert. Die von ihnen mitgeführte Luft liegt entweder ausserhalb des Körpers an der Bauchseite, oder sie ist in grossen, luftsackähnlichen, unmittelbar unter der Bauchwand verlaufenden Tracheen eingeschlossen (Helodiden). Da der Luftvorrat immer ventral gelegen ist, wird die Bauchseite am leichtesten, und die Tiere bewegen sich daher stets mit nach oben gerichteter Bauchfläche an der Unterseite des Wasserspiegels hin. Käme dabei die Luftblase mit der Wasseroberfläche in Berührung, so würde sie bersten, und die Tiere würden auf die Oberfläche geraten. Das geschieht aber nicht; die mitgeführte Luftmasse ist flach genug, um von den Beinen des Tieres durchbohrt zu werden. Die Beine tragen scharfe, spitze Klauen, die den Körper gegen die Unterseite des Wasserspiegels stützen und sie vielleicht durchbohren. Die Tiere wandern auf ihren Beinen überkompensiert und hydrostatisch gestützt unter dem Oberflächenhäutchen ebenso sicher hin, wie wir in unserem Zimmer oder wie die Hydrometriden oben auf dem Wasserspiegel. Die Nahrung der Tiere besteht aus der Tier- und Pflanzenwelt auf der Unterseite. Sowohl die Larven von *Spercheus* wie die der Helodiden haben auf den Mundteilen Borstenapparate, mit denen sie die Unterseite des Oberflächenhäutchens abbürsten (s. S. 355). Über Notonectiden siehe Seite 130. Hierher gehören auch die Larven der Anophelinen.

Die Insektengemeinschaften der Phytotelmen.

Als Phytotelma (Varga) bezeichnet man eine Wasseransammlung in oder auf Pflanzen. Nach Thienemann (1934) werden solche Wasseransammlungen folgendermassen eingeteilt:

a) Flüssigkeit wenigstens zum Teil von der Pflanze ausgeschieden.
   1. Verdauende Sekrete (Nepenthes).
   2. Nichtverdauende Sekrete (Blütenstände der Zingiberaceen, Commelina).

b) Flüssigkeit im wesentlichen Niederschlagswasser.
   A. Zwischen chlorophyllführenden Teilen der Pflanze.
      1. Blattachselwasser (Bromeliaceen u. a.).
      2. Infloreszenzwasser.
   B. Zwischen nicht-chlorophyllführenden Teilen der Pflanze.
      I. In Blüten.
      II. In verholzten Pflanzenteilen.
         1. In Stengeln und Stamm (Bambusstümpfe, Baumlöcher).
         2. In abgefallenen Pflanzenteilen (Kokosnüsse usw.).

Für all diese Kleingewässer ist vor allem ihre kurze Dauer charakteristisch; sie hängt mehr oder weniger von der Lebensdauer der Pflanzen oder Pflanzenteile ab, in denen sie entstehen. Manche entstehen nur einmal (Nepenthes-Kannen), andere periodisch (Bambusstümpfe). Ihr Abstand vom Erdboden ist von sehr ungleicher Höhe; einige sind in den Boden des Urwaldes eingesenkt, andere (die epiphytischen Bromeliaceen) steigen bis in die Kronen der höchsten Urwaldriesen hinauf. Die Menge der Flüssigkeit ist immer gering; sie beträgt oft nur wenige Kubikzentimeter, sehr selten mehr als $^1/_2$ Liter. Eine einzelne Pflanze trägt mitunter in ihren Blattachseln viele Phytotelmen, die zusammen eine beträchtliche Wassermenge enthalten können (Bromeliaceen bis 20 Liter). Für die Phytotelmen ist ferner ihre völlige Abgeschlossenheit charakteristisch; sie sind gewöhnlich nicht durch Wasserstrassen miteinander verbunden. Ihr Boden ist meistens mit organischem Detritus von sehr verschiedener Beschaffenheit bedeckt: hineingefallene Tiere, pflanzlicher Detritus, Erde, hineingespülte Rindenteile usw. Über die Thermik der Phytotelmen weiss man nur wenig (siehe unter Nepenthes). Das Wasser ist gewöhnlich braun gefärbt, seine chemische Beschaffenheit äusserst wechselnd (Pflanzensekrete, Niederschlagswasser); es ist oft schleimig und sauer, in Bromeliaceen aber häufig auffallend klar und rein.

Im folgenden wollen wir einige der obengenannten Phytotelmen und ihre Bewohner besprechen. Am besten sind wohl die Phytotelmen der Bromeliaceen bekannt, besonders durch die schönen Untersuchungen von PICADO (1913) (Abb. 494) und THIENEMANN (1934). PICADO bemerkt, dass grosse, zusammenhängende Moorgebiete nur sehr selten in unmittelbarer Nähe grosser Wälder vorkommen. Das ist ganz verständlich. Man hat nämlich berechnet, dass ein Eichenwald im Laufe eines Jahres so viel Wasser abgibt, wie für einen See von gleicher Ausdehnung wie der Wald und mit einer Tiefe von 50 cm ausreichend wäre. Da Tropenwälder eine weit grössere Verdunstungsfläche haben als die Wälder der gemässigten Zone, und da ihre Wurzeln wie Dränageröhren bis zu einer Tiefe von 20–30 m hinabdringen, so verhindern sie vermutlich weit mehr als die Wälder der gemässigten Zone die Bildung von stehenden Gewässern. Man kann daher auch beobachten, dass Tropenwälder und ausgedehnte stehende Gewässer einander ausschliessen. Nichtsdestoweniger leben in Tropenwäldern zahlreiche Tiere, für deren Entwicklung Süsswasser unentbehrlich ist, wie z. B. Libellen, Trichopteren und zahlreiche Mücken, die sämtlich aquatische Larvenstadien durchmachen. Wo sind nun die Wasserreservoire, in denen die Entwicklung dieser Tiere stattfinden kann? PICADO machte bei seinen Untersuchungen in Costa Rica die Beobachtung, dass sich allabendlich nach Sonnenuntergang mächtige Nebelmassen über die Wälder herabsenken; von ihnen rühren zum grössten Teil die Wasseransammlungen in den Blattscheiden der Bromeliaceen her. Die alten, verwelkenden Blätter dieser Pflanzen bilden eine periphere Schicht, die zwar das Wasser nicht selbst zurückzuhalten vermag, in der aber aus verwesenden Blattteilen, atmosphärischem Staub u. dgl. eine schwarze, stets feuchte, erdige Masse entsteht, die die lebenden Teile der Pflanze umgibt und das Wasser in den Blattscheiden zurückhält. Das Wasser in diesen Phytotelmen ist immer rein. Die Pflanzen sondern nämlich Schleim ab, der alle verwesenden Tier- und Pflanzenreste auflöst und verdaut und dadurch das Fauligwerden des Wassers verhindert. Die Pflanzen absorbieren mittels eigentümlicher Haare nicht nur mineralische Salze, sondern auch verschiedene bei der Zersetzung des Detritus entstehende Substanzen. Nach PICADO geben die Bromeliaceen durch ihre Verdauungstätigkeit Anlass zur Entstehung ausgedehnter Torf- und Moorareale,

Abb. 494. Baum mit Bromeliaceen. Nach Picado, 1913.

die sich indessen von denen der gemässigten Zone in den meisten Beziehungen stark unterscheiden. Erstens liegen sie etwa 50 m hoch über dem Erdboden; ferner hat jedes einzelne »Moor« (Abb. 495) nur einen ganz kleinen Umfang und ist von jedem der anderen isoliert, und schliesslich ist das Wasser in ihnen allen stets klar und rein. In diesen winzigen, luftigen Mooren haust die aquatile Fauna des Urwaldes, deren Einbürgerung eben hier in einem Gebiet ohne Moore, Seen oder Teiche dem Wanderer zunächst unbegreiflich ist.

Die Fauna der Bromeliaceen-Phytotelmen ist auffallend reichhaltig. Fische und Mollusken sind zwar nicht vorhanden, wohl aber mehrere Arten von Fröschen; verschiedene Gruppen von Würmern und Entomostraken sind in grosser Menge vertreten; am zahlreichsten sind aber Insekten und von ihnen wieder ganz besonders Mückenlarven, aber auch Fliegenlarven, Käfer- und

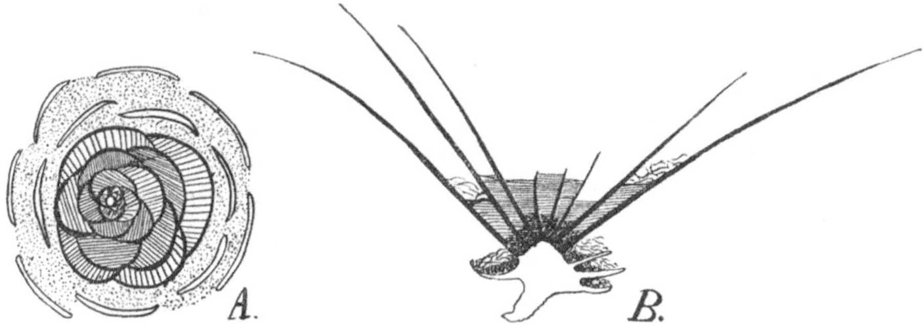

Abb. 495. Quer- und Längsschnitt durch eine Bromeliacee. Die Schraffierung gibt die mit Wasser gefüllten, die Punktierung die mit Erde gefüllten Teile der Blattrosette an. Nach Picado, 1913.

Odonatenlarven. In der die Bromeliaceen umgebenden Erdmasse lebt auch eine eigenartige Fauna von Weberknechten, Pseudoskorpionen, Ohrwürmern, Schaben, Mantiden u. a. Die gesamte Fauna erhält natürlich durch die eigentümlichen Lebensbedingungen ihr besonderes Gepräge. Die Süsswasserorganismen haben hier keine Dauerstadien, weil die Pflanzen das ganze Jahr hindurch Wasser enthalten. Deshalb ist auch keine Periodizität wahrzunehmen; zu allen Jahreszeiten kommen Mückenlarven aller Stadien nebeneinander vor. Die ausserordentliche Kleinheit des Wasserreservoirs hat ferner zur Folge, dass die Bromeliaceentiere nicht schwimmen. Man sollte es ausserdem für unwahrscheinlich halten, dass in so kleinen Wasserbecken Raubtiere hausen können; das ist aber doch der Fall. Eine Bromeliacee mit einem Durchmesser von nur 50 cm beherbergt nicht weniger als ein Dutzend der räuberischen Mückenlarven *Megarrhinus superbus* D. & R., von denen jedoch jede ihr abgeschlossenes, von den anderen streng getrenntes Wasserreservoir beherrscht.

Der Eingang zu den Phytotelmen ist oft sehr eng, sodass die Weibchen die Eier tief zwischen die Blattscheiden hineinschieben müssen. Das ist anscheinend die Veranlassung für die abnorme Verlängerung des Abdomens bei den Zygopteren, die ihre Eier in solche Phytotelmen ablegen, und deren Abdomen das aller anderen Zygopteren an Länge übertrifft (Abb. 65b); die Weibchen sind durch ihren langen Hinterleib imstande, die tiefliegenden Wasseransammlungen zu erreichen.

Um zu verstehen, wie die Verbreitung dieser eigentümlichen Süsswasserfauna möglich ist, muss man bedenken, dass die einzelnen Pflanzen in den Bromeliaceenteppichen so dicht beieinander wachsen, dass Wanderungen von der einen zur anderen keine Schwierigkeit bieten. Oft wird auch das Wasser aus der einen Pflanze durch den Wind in eine darunterliegende verschüttet. Die Insekten verbreiten sich natürlich hauptsächlich im geflügelten Stadium, wenn die Weibchen zur Eiablage von einer Pflanze zur anderen fliegen.

Die merkwürdigsten von allen in Phytotelmen lebenden Tiergemeinschaften sind wohl die in den Nepentheskannen (Abb. 496–499). Die sonderbare Tatsache, dass zahlreiche Tiere beständig in der verdauenden Flüssigkeit dieser Pflanzen leben, hat die Forscher seit langer Zeit beschäftigt. Die einzelnen morphologischen Teile des Blattes der Nepentheskannen haben bekanntlich mit Rücksicht auf den Insektenfang eine weitgehende Umbildung erfahren. Das Blatt wurde zur Insektenfalle, sein Grund verbreiterte sich blattartig, und sein Stiel wandelte sich zu einer Ranke um. Form und Grösse der einzelnen Teile variieren sehr bei den verschiedenen Arten, namentlich bei den zwei Hauptformen von Kannen: Boden- und Luftkannen. Besonders sind Form und Stellung des Deckels sowie der innere Bau der Kanne für die Insekten von grosser Bedeutung. Man kann im Inneren der Kanne drei Zonen unterscheiden (Abb. 498): 1) den Kragen, der sich meistens über die Kannenmündung hinauswölbt; er ist schlüpfrig und mit Honigdrüsen ausgestattet; 2) die Gleitzone mit einem sehr glatten Wachsüberzug und 3) die Drüsenzone, die mit ausserordentlich zahlreichen sogenannten Digestionsdrüsen ausgestattet ist. Die Drüsenzone ist mit der durch die Drüsen ausgeschiedenen Flüssigkeit gefüllt. Der Boden der ausgewachsenen Kannen ist mit einem dicken Brei aus den Resten hineingefallener und verdauter Tiere bedeckt. Die Menge der Flüssigkeit ist stets sehr gering, gewöhnlich 10–20 ccm; die Flüssigkeit ist stagnierend, und sie behält ihre Nachttemperatur, etwa 18–19° C., ziemlich lange. Sie ist schleimig, enthält Ameisensäure und ein pepsinähnliches Ferment, wirkt also stark verdauend; natürlich vermischt sich die Kannenflüssigkeit mit von aussen eindringendem atmosphärischem Wasser. Ihr pH beträgt 4–6.

Abb. 496. Kannenpflanze: *Nepenthes*. Nach Francé, R. 1907.

An diese höchst eigenartigen Lebensbedingungen hat sich nun eine ganze Fauna mehr oder weniger angepasst. Hier interessieren uns nur die echten Nepenthestiere, die sogenannten Nepenthebionten, die konstanten Bewohner der Kannenflüssigkeit. Die weitaus meisten von ihnen sind Dipteren, und zwar einige Phoriden und Syrphiden, eine Chironomide und schliesslich ein ganzes Heer von Culiciden, nicht weniger als 26 Arten! Besonders dominieren die von Raub lebenden Culicidenlarven: *Uranotaenia* und *Megarrhinus*; die übrigen Arten gehören zu den Gattungen *Culex* und *Aëdes*, und eine zu den Corethriden. Die meisten dieser Tiere sind Detritusfresser und ernähren sich von den Resten zerfallender gefangener Tiere; die Larven von *Megarrhinus* leben von den übrigen Culicidenlarven. Ausser den Dipteren sind nur Lepidopterenraupen zu erwähnen, von denen einige oberhalb der Flüssigkeit in den Kannen minieren; in der Flüssigkeit selbst lebt auf Ceylon *Nepenthophilus tigrinus* Guenther, dessen Raupe ursprünglich für eine Trichoptere gehalten und erst später als Psychide erkannt wurde. Die Raupe baut sich ein Gehäuse aus den Chitinresten verdauter Insekten.

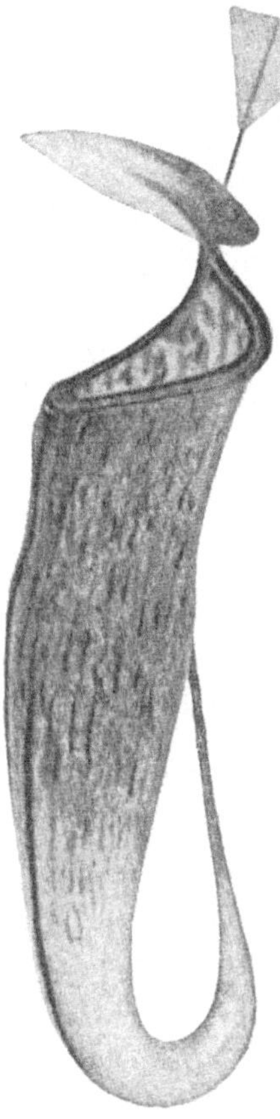
Abb. 497.

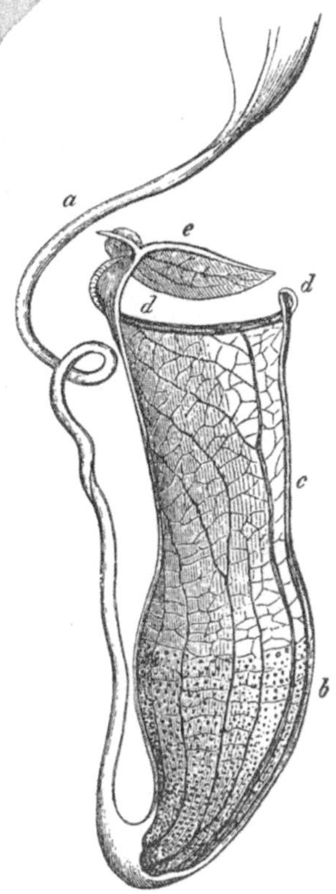

Abb. 498.

Abb. 497. Kanne von *Nepenthes Mastersiana*. 1/3 nat. Gr. Nach Wagner.

Abb. 498. Kanne von *Nepenthes gracilis*. Längsschnitt der Kanne. *a* Ranke, *b* Verdauungszone mit Verdauungsdrüsen, *c* Gleitzone, *d* Peristom, *e* Deckel. Nach Engler und Brandt, 1936.

Man hat sich lange mit der Frage beschäftigt, wie es möglich ist, dass manche Insekten dauernd und normalerweise in einer verdauenden Flüssigkeit leben können, in der alle anderen Tiere verdaut werden. Jensen (1910) behauptete, dass sich die Larven dem Leben in den Nepentheskannen durch Bildung von Antifermenten angepasst hätten, die ihren Körper gegen den Angriff der verdauenden Säfte schützen. Demgegenüber weist Thienemann (1932) darauf hin, »dass für eine Antipepsinbildung bei den Nepenthestieren bisher kein bindender Beweis erbracht ist«. Er sieht überhaupt kein besonderes Problem in dem normalen Vorhandensein lebender Tiere in der Flüssigkeit der Nepentheskannen. Andere, mit den Nepenthestieren nahe verwandte Tiere leben in Kuh- und Pferdemist; Mückenlarven besitzen im allgemeinen eine ausgesprochene Resistenz gegen verschiedene Gifte (Formol). Thienemann erklärt die Lösung des Rätsels ganz einfach: Verdaut werden nur die in die Kannen gefallenen ertrunkenen, toten Tiere; »unverdaut bleiben die lebenden Wassertiere, die in der Kannenflüssigkeit natürlich normalerweise nicht ertrinken können«. Dass die Nepenthes-Larven in der Verdauungsflüssigkeit leben können, ist nach Thienemann nicht wunderbarer als die Existenz lebender Tiere in stark konzentriertem Salzwasser, in Jauchegruben, oder gar in Tümpeln mit Rohpetroleum. Das ist zweifellos richtig. Ich selbst habe einmal an einer Viehtränke auf einem grossen Gut Urinpfützen mit höchstens einem Liter Flüssigkeit voll von Mückenlarven, und zwar Larven von *Culicella morsitans* Theob., gefunden; die Flüssigkeit war schwarzbraun und stank fürchterlich. Wahrscheinlich wird jedoch das Leben der Tiere unter derartigen Bedingungen durch eine Besonderheit ihres Chemismus ermöglicht; das gleiche ist vermutlich bei den in Nepentheskannen lebenden Tieren der Fall.

Den Phytotelmen der Nepentheskannen sind die der Sarraceniaceen (Abb. 499_{1-3}), der Pitcher Plants Amerikas (Abb. 500), am ähnlichsten; auch diese Sumpfpflanzen besitzen für den Fang von Tieren bestimmte Fallgruben. Sie sind Bodenpflanzen, deren Fallgruben im Niveau der Erdoberfläche liegen; die Pflanzen scheiden gleichfalls verdauende Enzyme aus, und ihre Blätter resorbieren animalische Substanzen. Auch diese Phytotelmen bieten gewissen Insektenlarven eine Heimat; ihre Fauna besteht hauptsächlich aus Sarcophagiden und anderen Fliegenlarven, von denen einige auf Tafel XIII dargestellt sind; ferner leben hier eine Chironomide und die auf S. 423 erwähnte, merkwürdige Culicidenlarve *Wyeomyia Smithii* Coq.

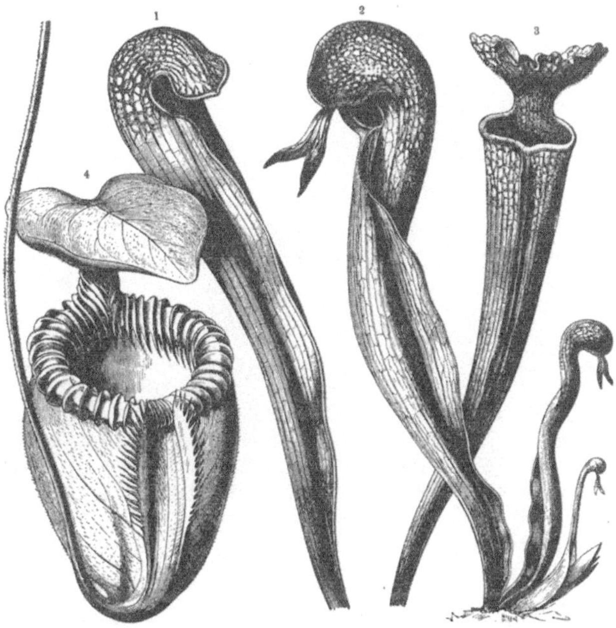

Abb. 499. Schlauch- und Kannenpflanzen. 1. *Sarracenia variolaris.* 2. *Darlingtonia californica.* 3. *Sarracenia laciniata.* 4. *Nepenthes villosa.* Alle stark verkl. Nach Kerner, A. (1890).

In den Tropen spielen Wasseransammlungen in verholzten Pflanzenteilen, z. B. in Bambustöpfen oder in durch Eichhörnchen geöffneten Kokosnüssen, eine grosse Rolle; in der indomalaiischen Region sind solche Bambusgewässer nach Thienemann die Haupentwicklungsstätten vieler Stillwassertiere des Urwaldes, vor allem der Waldculiciden; von ihnen erwähnt Thienemann aus dieser Region nicht weniger als 18 Arten. Ferner leben hier die Larven vieler Chironomiden und anderer Dipteren, auch die von Odonaten und Helodiden. Kokosnüsse beherbergen eine ähnliche, vielleicht nicht ganz so reiche Fauna. All diese Phytotelmen sind in hygienischer Beziehung als Brutstätten für Anophelinen von grosser Bedeutung.

Ähnliche Phytotelmen wie die oben beschriebenen kommen in der gemässigten Zone nur ausnahmsweise vor, eigentlich nur in den Sarracenien in Nordamerika. In den Blattachselphytotelmen von Angelica silvestris und Dipsacus silvester sammelt sich oft so viel Regenwasser an, dass auch hier während längerer Zeit eine reiche Fauna entstehen kann; da diese aber nur aus Protozoen, vereinzelten Oligochäten, Nematoden und Rotatorien, nicht aber aus Insekten besteht, übergehen wir sie hier. Auf der Wiese vor meinem Laboratorium am Tjustrupsee wächst Angelica in grosser Menge; ich habe ihre Blattachselphytotelmen oft untersucht, aber abgesehen von einigen Infusorien niemals tierische Organismen darin gefunden. VARGA (1928) hat indessen eine lange Liste von Organismen aus Angelica-Phytotelmen in Ungarn veröffentlicht.

Sowohl in den Tropen wie in unserem Klima kommen Wasseransammlungen in Baumlöchern vor. Ihre Fauna wechselt natürlich sehr, jedoch sind ihre Lebensbedingungen einander in vieler Beziehung sehr ähnlich. Die Baumhöhlen liegen in sehr verschiedener Höhe über dem Erdboden; sie enthalten oft nur 20–30 ccm Wasser, jedoch habe ich auch solche mit mehr als einem Liter gefunden. Ihre Temperatur ist stets weit niedriger als die der Luft; ich

Abb. 500. Die amerikanische »Pitcherplant«. Eine Sarraceniacé, die in ihren Behältern Mückenlarven behaust. Nach Francé, R. 1907.

habe selbst an schwülen Sommertagen niemals mehr als 15° C. in ihnen gemessen. Man hat beobachtet, dass sich Eis in den Baumhöhlen bildet, wenn alle anderen Gewässer des Waldes noch eisfrei sind (HAGEN 1925). Der Boden der Baumlöcher ist stets mit einer schwarzbraunen Masse aus Laub, Rindenstücken, tierischen Resten und atmosphärischem Staub bedeckt. Die Flüssigkeit reagiert zuweilen alkalisch, zuweilen sauer, hierzulande meistens sauer. Das Wasser ist gewöhnlich gelbbraun oder dunkelbraun gefärbt, selten klar, und riecht häufig stark nach Schwefelwasserstoff. Chemische Untersuchungen haben ergeben, dass sein Sauerstoffgehalt bisweilen sehr herabgesetzt ist. Die Menge des Wassers hängt von der Luftfeuchtigkeit ab; aber selbst in trockenen Sommern enthalten tiefe Baumhöhlen fast stets einige Kubikzentimeter Wasser, und der Bodenschlamm ist immer feucht.

Es war für mich ein überraschendes Erlebnis, als ich seinerzeit im Suserupwald in Buchenhöhlen die Mückenlarven *Finlaya geniculata* Oliv. und *Anopheles plumbeus* Staeger fand. Ich wusste wohl, dass solche Baumlöcher *Eristalis*larven, sowie Oligochaeten, Nematoden, Ostracoden, Harpacticiden, *Asellus*, Chironomiden und Helodiden enthalten. Leider kam ich nicht dazu, das eingesammelte Material zu bearbeiten; ich verweise deshalb auf die Arbeiten von THIENEMANN (besonders 1934) u. a. Über die Mückenlarven siehe S. 476.

Die Insektenfauna fliessender Gewässer, Torrenticola.

Zu den Insekten, von denen die fliessenden Gewässer bevölkert werden, gehören die weitaus meisten Perliden, zahlreiche Eintagsfliegen, wenige Odonaten, Corydaliden, einige Netzflügler, viele Köcherfliegen, vereinzelte aussereuropäische Schmetterlingsraupen, ein paar Wespen (*Agriotypus*), Amphizoiden, Psepheniden, Helmiden und von Zweiflüglern Chironomiden, Simuliiden, Blepharoceriden und Psychodiden.

Die Oberfläche fliessender Gewässer ist selbstverständlich nur wenig dafür geeignet, dass sich Organismen auf ihr bewegen können; es ist erstaunlich genug, dass Insekten überhaupt dazu imstande sind. Das trifft aber tatsächlich für Wasserläufer der Gattung *Velia* und der merkwürdigen Gattung *Rhagovelia*, sowie für die Gyriniden *Orectochilini* und *Enhydrini* zu. Nach neueren Untersuchungen führen auch tropische Grillen aus der Gattung *Hydropedeticus* (Fidschi-Inseln) ein ganz ähnliches Dasein; ihre Fähigkeit, auf dem Wasserspiegel zu laufen und von ihm abzuspringen, wird durch eigentümliche Haargebilde auf den Hinterbeinen unterstützt.

Die weit überwiegende Menge der Insekten fliessender Gewässer lebt unterhalb des Wasserspiegels; manche sind grabende Formen, die sich im Schlamm und Sand des Bachbodens verkriechen. Hierzu gehören die grabenden Eintagsfliegenlarven, besonders die Familie der *Ephemeridae*, ferner gewisse Odonaten, vor allem die Familie der Gomphiden, von Neuropteren die Familie der Corydaliden, ausserdem die Larven von *Ptychoptera*, vieler Tipuliden und Chironomiden. Abgesehen davon, dass viele der *Gomphus*-Larven abgeflacht sind und daher der Wasserströmung nur geringen Widerstand bieten, zeigen die genannten Formen nur selten solche Besonderheiten des Baues, die als Anpassungen zu betrachten sind.

Ganz anders liegen die Verhältnisse für all die Insektenlarven, die auf dem Sand und den Steinen des Grundes, auf herabgefallenen Zweigen oder auf der Vegetation leben, die von dort in die Strömung hinauswächst. Für sie gilt es in erster Linie, nicht von der Strömung mitgerissen zu werden. Ihr Körper wird häufig stark abgeplattet; als Beispiele hierfür können Perliden, manche Ephemeriden (*Ecdyurus*, *Heptagenia* u. a.), *Psephenidae*, einige Helmiden (*Psephenoides*) und Blepharoceriden angeführt werden, andere Beispiele sind in Abb. 501 dargestellt.

Bei den Köcherfliegen des fliessenden Wassers ist der Körper nicht besonders an die Bedingungen angepasst, wenn auch zu beachten ist, dass der Körper der Rhyacophilen etwas abgeflacht ist. Bei ihnen geschieht die Anpassung durch eigenartige Abänderung des Bauinstinktes. Die Wohnröhre selbst wird abgeplattet, und zwar entweder durch Einfügung grösserer oder kleinerer Steine an den Seiten des Köchers (*Lithax*, *Silo*, *Goëra*) oder durch seitliche, aus Sandkörnern gebaute, flügelförmige Flächen (*Molanna*). Die Köcher werden durch überwiegende Verwendung von Steinen anstatt von Pflanzenteilen als Baumaterial schwerer und weniger leicht bewegbar. Auch gewisse aussereuropäische Schmetterlingsraupen und Puppen haben flache Gehäuse (S. 237). Die netzspinnenden Trichopteren, die vorzugsweise in fliessendem Wasser leben, benutzen die Strömung, um ihre Netze ausgespannt zu halten (*Neureclipsis*, *Plectrocnemia* u. a.).

Tiere ohne Spinnfähigkeit stützen sich auf andere Prinzipien. Neben der Abplattung des Körpers werden häufig Saugscheiben verwendet; diese Eigentümlichkeit des Baues treffen wir übrigens auch bei torrentikolen Vertebraten (Fischen, Kaulquappen) wieder. Solche Saugscheiben können aus den verschiedensten Körperteilen entstehen: aus Mundwerkzeugen (*Oligoneuria*), aus Kiemen (*Rhithrogena, Iron*); Reihen typischer Saugnäpfe sitzen an der Unterseite von Blepharoceriden und von *Maruina.* Häufig wird die Saugfläche durch Haargebilde vergrössert; auch der eigentümliche Haftapparat am Hinterende der Simuliidenlarven muss hier erwähnt werden. Andere Formen besitzen sehr

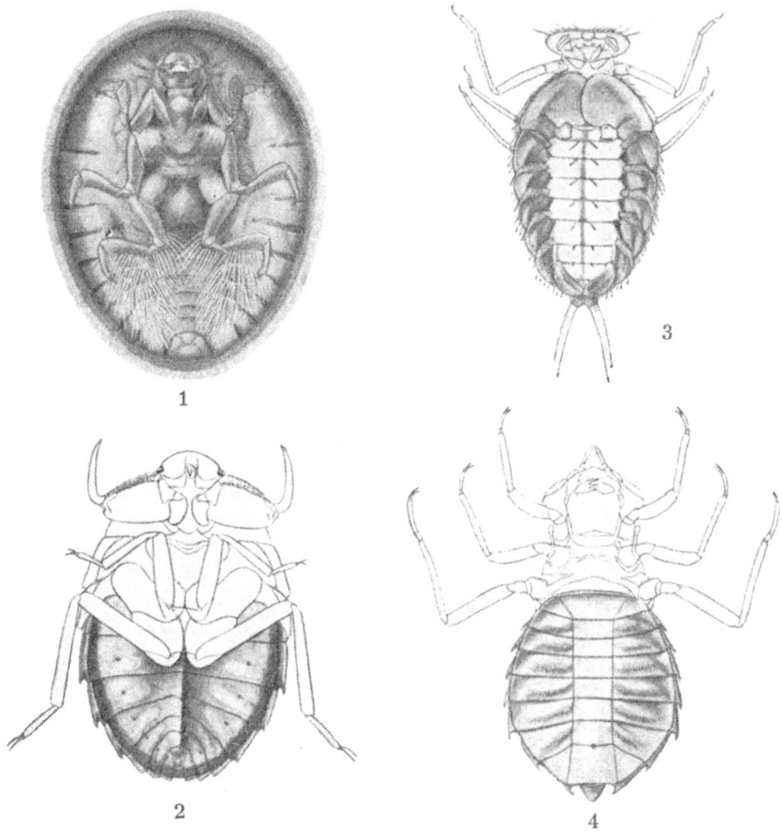

Abb. 501. Torrentikole, abgeplattete Insekten. 1. Eine Coleoptere. Psephenid-Larve von Kongra Valley. 2. Eine Hemiptere. Eine felsenbewohnende Naucoride. Nord-Burma. 3. Eine Ephemeride. *Iron*-Larve von Kongra Valley. 4. Eine Odonatenlarve. Larve von *Ictinus rapax.* S. Indien. Alle nach Sundar Lal Hora 1930. Alle aus Indien.

starke Anklammerungsapparate, vor allem Klauen wie die Helmiden, oder sehr kräftige Nachschieber (*Rhyacophila, Hydropsyche*).

In sauerstoffreichem, schnellfliessendem Wasser begnügen sich manche Larven mit diffuser Hautatmung, obwohl sie zu Gruppen gehören, die sonst durch Tracheenkiemen atmen. Viele torrentikole Trichopteren haben entweder schwach entwickelte oder gar keine Tracheenkiemen (*Stenophylax, Sericostomatidae*, einige *Rhyacophila*-Arten, manche Netzspinner). Bei den Ephemeriden richtet sich die Grösse der schwingenden Kiemenblättchen nach dem Sauerstoffgehalt des Milieus; bei manchen (*Ephemera, Palingenia* u. a.) werden sie lang, dünn und gefranst oder (*Habrophlebia*) gefiedert, ebenso wie die gefiederten Blätter von Wasserpflanzen, die auf diese Weise nicht so leicht durch die schäumenden Wassermassen zerschlagen werden und deren Sauerstoff besser auszunutzen vermögen. Tiere, die unter besonders unruhigen Bedingungen in stark schäumendem Wasser leben, bekommen oft eine sehr dicke, zuweilen lederartige Haut; das gilt namentlich für Blepharoceriden, trifft aber in ähnlicher Weise auch für *Hydropsychidae, Rhyacophila, Perlidae* und *Oligoneuria* zu. In solchen Fällen wird die Hautatmung durch Tracheenkiemen unterstützt, die dann oft an Stellen sitzen, wo sie sonst nicht vorzukommen pflegen: an der Bauchseite (*Hydropsyche*), an den Mundgliedmassen oder an den Beinen (*Oligoneuria, Perlidae*) oder an der Hinterleibsspitze (*Scopura*).

Die Umweltbedingungen der Torrentikolen sind im ganzen recht unbeständig; die Wassermenge ist starken Schwankungen unterworfen, und die Lokalität trocknet zuweilen völlig aus. Unter solchen Umständen treten die von Pulikowsky als Kutikularkiemen benannten Organe (S. 540) in Funktion.

Auch die chemische Beschaffenheit des Wassers kann starker und plötzlicher Variation unterliegen. Manche Torrentikolen müssen zuweilen ohne Aufschub spezielle respiratorische Organe in Gebrauch nehmen; es handelt sich dabei um die sog. Analkiemen, die u. a. bei *Simulium*-Larven, *Helmidae* usw. eine grosse Rolle spielen.

Ein kritischer Moment im Leben der Torrentikolen ist ihre letzte Verwandlung, wenn das Tier versuchen muss, mit trockenen Flügeln in die Luft hinauf zu gelangen, ohne von der reissenden Strömung fortgespült zu werden. Näheres siehe im Abschnitt »Übergangsstadien«.

Die Nahrungsaufnahme bietet den Torrentikolen manche Schwierigkeiten und erfordert allerlei Umbildungen. Ich verweise im allgemeinen auf den Abschnitt über Ernährung der Wasserinsekten und möchte hier nur auf folgendes aufmerksam machen. Nur wenige unter den Insekten fliessender Gewässer leben von Raub; Raubtiere müssen ja freibeweglich sein, und es ist daher in schnellfliessendem Wasser für sie schwierig, ihre Beute aufzusuchen und zu ergreifen. Dazu sind ganz besondere Umbildungen erforderlich: sehr kräftige Klammerhaken, oder Spinnfäden, die die Larve bei der Fortbewegung stets hinter sich herzieht (*Rhyacophila*), starke Abplattung des Körpers, oder ein Leben in Höhlen und Gängen, wo sie der Beute auflauert (*Gomphidae*; *Ephemeridae*). Weitaus die meisten Torrentikolen ernähren sich von Pflanzen; für sehr viele von ihnen bildet der Algenbelag auf Steinen die Hauptnahrungsquelle. Ihre Ausnutzung erfordert die Ausbildung von Schabeisen (*Ameletus*) oder Bürstenapparaten, senkrecht arbeitenden Mandibeln und Fangkörben, die verhindern, dass das abgebürstete oder abgeschabte Material weggeschwemmt wird (*Blepharoceridae, Helmidae* u. a.). Die meisten leben aber wohl von dem Material, das ihnen die Strömung zuführt; als Fangapparate dienen Planktonnetze, Siebmembranen (Trichoptera) oder Gespinstmassen, die nach der Füllung wieder eingezogen werden (Chironomidenlarven). Andere besitzen in ihrer Organisation Strukturverhältnisse die das Einfangen von Material ermöglichen; das gilt vor allen Dingen für die *Simulium*-Larven mit ihrem aufrechtstehenden, planktonfangenden Fächer. Bei manchen torrentikolen Ephemeridenlarven bilden die Haarsäume auf den Vorderbeinen einen Fangkorb.

Auch die Eiablage bei den Torrentikolen zeigt mancherlei Eigentümlichkeiten. Viele von ihnen werfen die Eier ganz einfach einzeln oder in Klumpen auf den Wasserspiegel (Perliden, viele Ephemeriden, Gomphiden), andere bringen sie über Wasser an, sodass die Larven ins Wasser herabfallen (*Atherix*) oder von den Laichmassen ins Wasser hinunterkriechen müssen (*Sialidae*); bei manchen Formen gehen die Imagines von Luft umhüllt unter Wasser und legen die Eier in grossen Fladen ab (*Baëtis*, viele *Phryganea*-Arten) oder bringen sie auf der Vegetation unmittelbar in der Wasserlinie an (Simuliiden, Tipuliden u. a.).

Zum Schluss sei noch auf eine kleine Gemeinschaft aufmerksam gemacht, die sogenannte hygropetrische Fauna, die bereits weiter oben besprochen wurde, und die namentlich in Deutschland (THIENEMANN) und in der Schweiz studiert worden ist. Man versteht darunter die Tiergemeinschaften, die auf nur von einer dünnen Wasserschicht überrieselten Felsen leben. Klares Wasser und möglichst dauernde Feuchtigkeit sind einige der wichtigsten Lebensbedingungen für sie. Die Felsen sind gewöhnlich glatt und hell belichtet, die Vegetation gering. Zu dieser Gemeinschaft gehören einige überall vorkommende Arten: Köcherfliegenlarven (*Tinodes*- und *Stactobia*-Arten), einige Zweiflügler (*Orphnephila*-, *Pericoma*-, *Dicranomyia*- und *Stratiomys*-Larven) sowie einige Chironomiden. Diese Fauna zeigt in mancher Richtung, besonders in bezug auf Festheftung und Bewegungsweise, merkwürdige Anpassungen.

Es ist einleuchtend, dass grosse Flüsse und schäumende Gebirgsbäche ihren Bewohnern völlig verschiedene Lebensbedingungen bieten, und dass sie daher auch von ganz verschiedenen Organismen bevölkert sind. Innerhalb meines Untersuchungsgebietes hatte ich keine Gelegenheit, diese Unterschiede zu studieren; daher lassen meine Kenntnisse und Erfahrungen kein näheres Eingehen darauf zu.

Über die Fauna der Thermalquellen, die ich auch nicht selbst untersucht habe, schreibt mir S. L. TUXEN: »Eine bestimmte Grenze in biologischer Hinsicht zwischen kalten und heissen Quellen wird wohl erst durch ihre Flora und Fauna selbst gegeben werden können, insofern als nur Thermen, die eine besondere Lebensgemeinschaft beherbergen, als »biologisch heiss« zu bezeichnen sind. Es zeigt sich nun, dass nur in den Quellen, die eine Temperatur über 35–40° aufweisen – eine genauere Angabe erlauben die beschränkten Untersuchungen nicht; es ist auch fraglich, ob eine schärfere Grenze natürlich wäre – nur in diesen wird man von einer eigenen Tiergemeinschaft sprechen können; in kälteren Quellen können alle auch sonstwo im Süsswasser vorhandenen Tierformen vorkommen. Was die obere Grenze für tierisches Leben betrifft, so liegt sie weit niedriger, als oft vermutet, wahrscheinlich nicht höher als 51–52°.

Die besondere Thermal-Tiergemeinschaft ist auf der ganzen Erde so ziemlich gleichartig und besteht unter den Insekten vor allem aus Repräsentanten von Chironomiden, Stratiomyiden und Ephydriden, ferner Hydrophiliden, Dytisciden (*Bidessus*), Hydroscaphiden und wenigen Odonaten. Die höchste Temperatur (49°) erreichen *Stratiomyia japonica* v. d. W. in Japan, *Chironomus tentans* F. in Nordamerika und *Scatella thermarum* Coll. in Island.

Die besonderen Lebensbedingungen in heissen Quellen sind natürlich vor allem durch die Temperatur gegeben, darüber hinaus aber durch den sehr geringen Sauerstoffgehalt sowie durch die eventuellen besonderen chemischen Verhältnisse. Dazu kommt die Vegetation, die in nördlicheren Gegenden weiter durch die Lichtverhältnisse geregelt wird. Hierdurch werden zwei Besonderheiten der Thermalgemeinschaft erklärlich. Erstens nämlich die, dass diese Gemeinschaft ganz überwiegend aus Pflanzenfressern zusammengesetzt wird. Die räuberische Lebensweise mit den hurtigen Bewegungen erfordert einen weit grösseren Sauerstoffgehalt, als in den Thermen vorhanden. Und zweitens das Fehlen torrentikoler Formen, die auch einen zu grossen Sauerstoffbedarf haben. Für die Pflanzenfresser aber ist das Atmen durch den während der Kohlensäureassimilation der Pflanzen ausgeschiedenen Sauerstoff möglich.«

Über Respiration und Respirationsorgane der Süsswasserinsekten.

Die primitivste Art der Respiration bei Wasserinsekten ist wahrscheinlich diffuse Hautatmung; dabei sind niemals bestimmte Teile der Körperoberfläche besonders für die Respiration ausgebildet. Dieser Atmungstypus ist bei Wasserinsekten in späteren Stadien selten; er kommt hauptsächlich bei Tieren vor, die in schäumenden Gebirgsbächen mit sauerstoffreichem Wasser leben (Perliden, einige *Rhyacophila*-Arten, manche Sericostomatiden, *Beraea*, Simuliiden), ferner bei Larven, die auf den ausgedehnten unterseeischen Wiesen grosser Seen heimisch sind (*Setodes, Oxyethira, Acentropus*). Bei vielen dieser Formen breitet sich ein reichverzweigtes Tracheennetz unter der Haut aus. Schliesslich gehören zu dieser Gruppe viele der in seichtem Wasser lebenden Chironomidenlarven und die Larve von *Corethra*. Das Blut von *Chironomus* enthält Hämoglobin. Die meisten Wasserinsekten mit diffuser Hautatmung besitzen Blutkiemen, dünnhäutige, mit Blut gefüllte Säcke. Das Blut tritt in die Säcke ein, sättigt sich mit Sauerstoff und fliesst wieder weiter durch den Körper. Die Blutzirkulation wird wahrscheinlich durch pulsierende Organe und schwingende Membranen reguliert. Unter dem Mikroskop kann man beobachten, wie die Blutkörperchen in die Blutkiemen hinein- und wieder herausfliessen.

Blutkiemen sind bei sehr vielen Insektenlarven anzutreffen (campodeoide Trichopterenlarven, Simuliiden u. a.). Sie sind gewöhnlich um den Anus gruppiert und retraktil; im allgemeinen sieht man nichts von ihnen, bei Verschlechterung der Respirationsbedingungen werden sie jedoch ausgestülpt. Über die Blutkiemen der Chironomiden siehe S. 501. Blutkiemen finden sich auch bei vielen Insektenlarven mit metapneustischer Respiration (Culiciden, *Eristalis*, Helmiden); sie treten aber hier nur bei Verschlechterung der respiratorischen Bedingungen in Funktion.

Die häufigste Form für im Dienste der Atmung stehende Hautpartien sind die sogenannten Tracheenkiemen, dünnhäutige und reich mit Tracheen ausgestattete Organe. Das Tracheensystem ist geschlossen; Spirakel sind nicht vorhanden oder funktionieren während des Wasserlebens nicht. Die Tracheenkiemen können an fast allen Körperabschnitten auftreten; sie sitzen meistens am Abdomen, seltener am Thorax und nur sehr selten am Kopf. Tracheenkiemen kommen bei vielen Plecopteren und Ephemeriden vor, ferner bei den anisopteren Odonaten, bei *Sialis, Sisyra* und *Corydalis*, bei den meisten raupenförmigen Trichopterenlarven, unter den campodeoiden bei gewissen Rhyacophilen und den Hydropsychiden, bei der Raupe des Wasserschmetterlings *Paraponyx* und bei den Larven vieler Coleopteren, besonders Hydrophiliden (*Berosus, Hydrophilus caraboides* L.), Gyriniden, *Pelobius*, bei Blepharoceridenlarven usw. Die Tracheenkiemen sind sehr verschiedenartig gestaltet, bald als lange, einzelne Fäden (*Phryganea*), bald stark verzweigt und büschelförmig (Blepharoceriden, Hydropsychiden, Rhyacophiliden) oder blattförmig und verdoppelt (manche Ephemeriden). Die grösste Abwechslung findet sich wohl bei den Ephemeridenlarven (s. S. 23). Gewöhnlich sitzen die Tracheenkiemen frei in Reihen an den Seiten des Abdomens, zuweilen aber auch in besonderen Trachealkiemenkammern (bei *Prosopistoma* und wenigen anderen Ephemeridenlarven) oder im Rektum, wie bei den anisopteren Odonaten- und Helmidenlarven. Ob auch die Schwanzblätter der Zygopteren als Tracheenkiemen funktionieren, ist zweifelhaft. Die Tracheenkiemen sind in wenigen Fällen schwach gegliedert (*Sialis, Sisyra*). Meist sind sie selbst unbeweglich, während das Abdomen hin- und herschwingt, um den Tracheen frisches Wasser zuzuführen (Trichopteren; bei den Anisopteren werden die Rektalkiemen fortwährend durch das ein- und ausströmende Wasser bewegt); die Ephemeridenlarven haben freibewegliche Tracheenkiemen (Näheres s. S. 27). Die Funktion der Tracheenkiemen besteht im allgemeinen ausschliesslich in der Respiration; zuweilen treten sie aber auch in den Dienst der Lokomotion (Larven von Zygopteren, Gyriniden und gewissen schwimmenden Ephemeriden, z. B. *Cloëon*). Tracheenkiemen kommen fast nur bei Larven vor; sie fehlen oft in den ersten Häutungsstadien und gehen gewöhnlich im Puppenstadium verloren. Den campodeoiden Larven einiger Trichopteren fehlen Tracheenkiemen, während solche bei ihren Puppen vorhanden sind. Tracheenkiemen bei Imagines sind bei gewissen Perliden nachgewiesen, bei denen sie aber sicherlich nicht funktionsfähig sind. Rudimente von Tracheenkiemen sollen auch bei Trichopterenimagines vorkommen.

Es sei noch bemerkt, dass sich bei vielen Insekten mit geschlossenem Respirationssystem die Prothoraxstigmen kurz vor der Metamorphose öffnen, und dass durch sie Luft eingepumpt wird; diese Luft spielt eine Rolle während der Metamorphose (Odonaten).

Das offene Tracheensystem entnimmt seine Luft aus zwei Quellen, nämlich aus der Atmosphäre und aus lufthaltigen Wasserpflanzen. Seine häufigste Form bei Wasserinsekten ist das metapneustische System, d. h. ein Tracheensystem, dessen Spirakel mit Ausnahme der zwei letzten geschlossen sind. Zwei grosse Tracheenstämme durchziehen den ganzen Körper von den zwei letzten Spirakeln bis zum Kopf. Sie sind gewöhnlich durch Querkommissuren miteinander verbunden. Tiere mit einem derartigen Respirationssystem brauchen zum Luftschöpfen nur die Spitze des Abdomens an die Oberfläche zu heben.

Diese Form des Tracheensystems ist bei vielen Larven anzutreffen (Dytisciden, Hydrophiliden, viele Dipteren). In all diesen Gruppen haben einzelne Larven ein geschlossenes Tracheensystem und Tracheenkiemen (*Berosus*), ferner *Pelobius* u. a., und zwar meist solche Larven, die zu Bodentieren geworden sind und nie an die Oberfläche kommen (*Berosus*). Da manche dieser Larven ihre Metamorphose am Lande durchmachen, ändert sich das Respirationssystem, kurz bevor sie das Wasser verlassen, indem sich mehrere oder alle abdominalen Stigmen öffnen; bei Fliegenlarven werden die prothorakalen Spirakel geöffnet. Larven, die sich im Wasser verpuppen, z. B. Mückenlarven, können nach der Verpuppung nicht mehr wie vorher mit dem Kopf nach unten von der Wasseroberfläche herabhängen; zur Sprengung der Puppenhaut ist es nämlich erforderlich, dass die Puppe mit dem Kopf nach oben an der Oberfläche hängt. Infolgedessen schliessen sich die Spirakel am Hinterende, während sich am Thorax zwei andere, die Prothorakalhörner, öffnen. Spirakel, die an der Spitze langer Atemröhren sitzen, sind bei Larven am Hinterende, bei Puppen am Vorderende angebracht (*Ptychoptera*).

Die Respiration der aquatilen Schmetterlingsraupen ist sehr variabel; *Acentropus* hat diffuse Hautrespiration, *Paraponyx* atmet durch Tracheenkiemen, während *Hydrocampa* und *Cataclysta* in den ersten Häutungsstadien diffuse Hautatmung, später aber ein völlig offenes Tracheensystem haben, dessen sämtliche Seitenspirakel geöffnet sind.

Das Tracheensystem der vollentwickelten Wasserinsekten ist in mannigfacher Weise abgeändert; zwar bleibt die gewöhnliche Anordnung der Atemlöcher bei Insekten in zwei Reihen mit zwei Paaren am Thorax und 7 Paaren am Abdomen erhalten, aber bei der Luftaufnahme im Wasser funktionieren nur einige von ihnen, bei Dytisciden und Notonectiden hauptsächlich die letzten Abdominalstigmen, bei Hydrophiliden und Corixiden die Prothorakalstigmen. Im übrigen verweise ich auf die Ausführungen Seite 130, 139, 270. Ich möchte jedoch noch zur Ergänzung bemerken, dass Insekten, die das Leben im Wasser für kürzere oder längere Zeit mit dem Luftleben vertauschen, ihr Tracheensystem bei diesem Milieuwechsel meistens völlig umstellen müssen. Die Tiere können im allgemeinen erst fliegen, nachdem sie die grossen Luftsäcke im Thorax und Abdomen mit Luft gefüllt und das ganze Tracheensystem vollgepumpt haben; andrerseits ist kein Leben im Wasser möglich, wenn nicht grosse Luftvorräte dorsal oder ventral auf dem Körper abgelagert werden. Das gilt für die Dytisciden und die Hydrophiliden, von denen allerdings die meisten fast ihr ganzes Imaginaldasein im Wasser verbringen, ebenso für die Notonectiden. Nur die Corixen können das Wasserleben mit dem Luftleben oder umgekehrt ohne Übergang vertauschen; sie fliegen unmittelbar von der Wasseroberfläche auf oder lassen sich aus der Luft direkt ins Wasser fallen. Auch die Gyriniden gehen in derselben Weise unmittelbar aus dem einen Element in das andere über. Wenn die Tiere im Winter durch Eis von der atmosphärischen Luft abgesperrt werden, können sie während einer mehr oder minder ausgesprochenen Latenzperiode die Luftmassen bei niedriger Temperatur als physiologische Kieme benutzen. Unter dem Eise überwinternde Mückenlarven verwenden die im Tracheensystem aufgespeicherte Luft in ähnlicher Weise; an der Spitze ihres Abdomens tritt eine Luftblase aus, sättigt sich in dem reinen, sauerstoffreichen Wasser mit Sauerstoff und wird dann wieder eingezogen.

Manche Insekten, z. B. gewisse Zygopteren (*Erythromma najas* Hansem.), Ephemeriden (vor allem *Baëtis*-Arten), Simuliiden und Schlupfwespen gehen zur Eiablage unter Wasser, wo sie die Eier entweder in Pflanzen einbohren, an Steinen ablegen oder endlich ihre Eier in Eier von Dytisciden, Odonaten oder Notonectiden einbohren. Beim Untertauchen bleibt eine gewisse Menge Luft am Körper des Tieres haften, das dann silberglänzend in seiner Lufthülle an Steinen oder Pflanzen sitzt.

Zahlreiche Wasserinsekten befriedigen eigentümlicherweise ihr Atmungsbedürfnis, indem sie die Luft nicht an der Wasseroberfläche, sondern aus Pflanzen entnehmen. Hierzu ist die Ausbildung besonderer Bohrapparate erforderlich, mit denen die Pflanze angestochen und Luft aus ihren Interzellularräumen gesaugt wird. Auf diese Weise versorgen sich vor allem die Larven der Donaciiden, der Mücke *Taeniorhynchus* und der Tipuloide *Trichosticha* mit Luft; bei all diesen Larven sind die letzten Abdominalspirakel zu scharfen Dornen umgewandelt, mit denen sie die Haut der Pflanzen durchbohren können (S. 372, 485).

Die Überwinterung der Süsswasserinsekten.

Man sollte meinen, dass luftatmende Tiere nicht mehr unter Wasser leben können, sobald die Gewässer zugefroren sind und der Zugang zu atmosphärischer Luft durch die Eisdecke verhindert wird. Nichtsdestoweniger haben umfassende Untersuchungen ergeben, dass alle Süsswasserinsekten entweder unter dem Eis überwintern oder jedenfalls dazu imstande wären. Nur wenige überwintern im Eistadium; in diesen Fällen werden die Eier gewöhnlich ausserhalb des Wassers abgelegt, um erst später von Wasser erreicht zu werden, wenn sich die Schmelzwasserlachen füllen. Das geschieht z. B. mit den Eiern vieler Culiciden (*Aëdes*), ferner mit denen der *Lestes*-Arten, die ihre Eier in die Blütenstiele von Alisma plantago einbohren, möglicherweise auch mit denen einiger Phryganiden (*Anabolia*), deren Eiklumpen ich mitten im Winter unter Brettern und Steinen gefunden habe.

Einander nahestehende Arten überwintern zuweilen in ganz verschiedener Weise, z. B. *Anopheles maculipennis* Meig. als Imago in unseren Wohnhäusern,

A. bifurcatus Meig. dagegen als Larve in Teichen unter dem Eis; *Notonecta glauca* L. als Imago, *Notonecta lutea* O. F. M. als Ei; *Dytiscus marginalis* L. als Imago, *Dytiscus semisulcatus* O. F. M. als Larve.

Nur sehr wenige Arten überwintern als Imagines teils unter dem Eis teils auf dem Lande; das ist z. B. der Fall bei den Gyrinen, die sich zum Überwintern in Luftblasen gehüllt an Wasserpflanzen hängen oder in der trockenen Vegetation am Ufer verbergen.

Insekten überwintern im Wasser fast niemals als Puppen; zu den Ausnahmen gehören einige minierende Fliegen, deren Puppen frei werden, wenn die Pflanzen im Herbst verfaulen. Sie frieren zwischen den am Ufer angeschwemmten Pflanzen ein und überwintern hier. Auch einzelne Donaciinen überwintern möglicherweise als Puppen.

Alle Insekten mit geschlossenem Tracheensystem, d. h. die Larven von Perliden, Ephemeriden, Odonaten, Trichopteren, Schmetterlingen, Chironomiden und *Corethra*, können natürlich unter dem Eis überwintern. Das Tracheensystem bleibt während des Überwinterns geschlossen; erst im letzten Stadium öffnen sich bei vielen Arten (Odonaten u. a.) die prothorakalen Spirakel als Vorbereitung zum Luftleben.

Viel erstaunlicher ist die Überwinterung von Insekten mit offenem Tracheensystem unter dem Eis. Viele Insekten (Dytisciden, Hydrophiliden, Notonectiden und andere Wasserwanzen, Helmiden, Haemonia) speichern an ihrem Körper einen grösseren Luftvorrat auf, der während der Überwinterung wie eine grosse Tracheenkieme funktioniert; die Luftblase wird in dem sauerstoffreichen Wasser abwechselnd ausgestossen und wieder eingezogen und während des Austretens häufig mit den Hinterbeinen bestrichen. Im Laufe des Winters nimmt der Luftvorrat langsam ab; dabei ist das Tempo von der Tiefe, in der das Insekt überwintert, d. h. vom Wasserdruck abhängig. Am Boden des Aquariums überwinternde Hydrophiliden bleiben bis in den Februar am Leben; sie verlieren aber allmählich ihren Luftvorrat, und die ursprünglich silberglänzende Bauchseite wird nach und nach schwarz. Versucht man, Tiere, die ihre Luftmasse verloren haben, trocken zu halten, so sterben sie. Für die Luftversorgung dieser Tiere, zu denen die echten Wasserwanzen, die Dytisciden, Hydrophiliden, Gyriniden und die Larven einiger Culiciden und niedrigstehender Dytisciden gehören, sind die von den Pflanzen bei der Kohlensäureassimilation abgegebenen Luftblasen äusserst wichtig. Manche Dipterenlarven (*Phalacrocera* u. a.) haben ein meta- oder amphipneustisches Tracheensystem; im Winter schliessen sie jedoch ihre Respirationsschale, die Stigmen funktionieren nicht, und die Larven begnügen sich mit der durch Tracheenkiemen verstärkten Hautatmung. Sie atmen während dieser Zeit ebenso wie Larven mit geschlossenem Tracheensystem. Erst im Frühjahr nach der Eisschmelze heben die Tiere wieder ihre Respirationsschale an die Oberfläche empor, öffnen ihre Spirakel und atmen atmosphärische Luft ein.

Die Larven von Mücken und von überwinternden Dytiscinenlarven (*Agabus*) führen bekanntlich keinen Luftvorrat auf dem Körper mit sich. Dagegen tragen sie im Winter stets eine Luftblase an der Spitze des Abdomens; diese Luftblase wird abwechselnd durch die Stigmen ausgestossen und eingezogen. Es wurde ferner konstatiert, dass die Luft in den Tracheen bei längerer Absperrung von der atmosphärischen Luft allmählich verschwindet, und dass schliesslich nur noch die Tracheenverzweigungen Luft enthalten, nicht aber die grossen Tracheenstämme.

Wie wir sehen, können also auch die Ansprüche luftatmender Insekten an die Respiration während des Winters sehr wohl befriedigt werden. Andrerseits können allerdings die Lebensbedingungen in strengen Wintern, wenn die Teiche durch eine dicke Eisdecke monatelang von der atmosphärischen Luft abgeschlossen sind, so hart werden, dass zahlreiche Insekten zugrunde gehen. Nach solchen Wintern findet häufig ein Massensterben von Wasserinsekten statt; dann decken zahlreiche tote Dytisciden und Hydrophiliden die Ufer zusammen mit toten Planorben und Limnaeen.

Übergangsstadien zwischen Wasser- und Luftleben.

Die Anforderungen, die das Leben im Wasser an die Organismen stellt, sind grundverschieden von denen des Landlebens. Tiere, die normalerweise einen Teil ihres Lebens ausschliesslich im Wasser und einen Teil ausschliesslich in der Luft zubringen, gibt es nur unter den Insekten; die weitaus meisten von ihnen sind hemimetabol, und alle gehören zu erdgeschichtlich sehr alten Gruppen. Für all diese Tiere gilt die Regel, dass sie alle Wachstumsprozesse und Häutungen im Wasser durchmachen, während ihre Fortpflanzung auf das Luft- und Landleben beschränkt ist; das geht bei vielen von ihnen so weit, dass sie mehr Luft- als Landtiere werden (Reduktion der Beine) und als Landtiere keine oder fast keine Nahrung zu sich nehmen (Reduktion oder Funktionswechsel des Darmkanals) (*Corydalis, Ephemerida*); in diesem Stadium leben sie oft nur wenige Tage, ja zuweilen nur wenige Stunden (Perliden, Ephemeriden, Megalopteren, Neuropteren). Dagegen kann sich ihr Wachstum im Wasser über mehrere Jahre erstrecken (grosse Perliden, Ephemeriden, Odonaten). Die allermeisten der Insekten, die entweder im Larvenstadium oder auch als Imagines ihr gesamtes Leben im Wasser verbringen, zeigen eine ganze Reihe eigentümlicher Strukturverhältnisse, die geradezu eine Vorbedingung für das Leben im Süsswasser sind. Hier sei nur auf die höchst verschiedenartige Weise aufmerksam gemacht, in der die Haarbekleidung zur Verwendung gelangt. Von allen Organen eines Lebewesens dürfte wohl das Haar dasjenige sein, das am leichtesten auf Abänderung des Milieus reagiert.

Bei zahlreichen Wasserinsekten steht die Haarbedeckung im Dienste der Lokomotion; bei Dytisciden, und zwar sowohl bei Imagines wie bei Larven, bei etlichen Hydrophilen, bei Wasserwanzen und Gyrinen ist die Schwimmfähigkeit durch Haarsäume bedingt. Die Haarbekleidung steht auch in hohem Grade im Dienste der Respiration; die verschiedensten Teile des Körpers sind von unbenetzbaren Haarflächen bedeckt, die das Festhalten atmosphärischer Luft ermöglichen, wodurch diese sowohl hydrostatische wie respiratorische Bedeutung gewinnt. Solche unbenetzbaren Haare können auf allen möglichen Körperteilen von den Antennen bis zur äussersten Hinterleibsspitze und den Fussflächen auftreten und bei den einzelnen Formen höchst verschiedene Strukturen darbieten (Helmiden, Aphelocheirinen, *Haemonia*). Als Haftapparate werden Haare in sehr verschiedenartiger Weise angewendet. Haargebilde bedingen ja in sehr wesentlichem Grade die Fähigkeit der *Dytiscus*-Männchen, sich während der Paarung auf der glatten Oberfläche des Weibchens anzuklammern; ebenso wird die Fähigkeit vieler Torrentikolen, sich in der Wasserströmung an Fels und Steinen festzusaugen, durch Haargebilde gesteigert. Auf mannigfache Weise werden Haare im Dienste der Ernährung benutzt: als Kehrbesen auf den Mundteilen, durch die der Diatomeenbelag von Steinen (Blepharoceriden) oder von den Gespinstflächen der Netzspinner (Trichopteren) abgebürstet wird; zum Aufbau von Strudelorganen bei Culicidenlarven und von Siebapparaten bei Simuliidenlarven; als Fanghaare bei Corethridenlarven oder als planktonfangende Apparate bei gewissen Ephemeriden, bei denen der Fangapparat auf den Vorderbeinen sitzt (*Iron, Oligoneuria*). Ferner werden Haargebilde häufig benutzt, um den Körper während der Respiration an der Oberfläche zu stützen; besonders ausgeprägte Beispiele hierfür sind die Reihe palmater Haare bei Anophelinenlarven und die eigentümlichen Haare auf dem 1. Hinterleibssegment der Mückenpuppen. Haargebilde spielen weiterhin eine Rolle als Putzapparate, durch die sowohl die unbenetzbare Haarbekleidung als die Siebmembran der Trichopterenpuppen rein gehalten wird.

Haargebilde tragen ferner, z. B. bei den Larven der Schwimmkäfer, dazu bei, durch Vergrösserung des Querschnittwiderstandes die Sinkgeschwindigkeit zu verringern, indem die Tragfläche durch Haarsäume auf den Beinen verbreitert wird. Haargebilde sind es auch, die die Kopulationszangen der Taumelkäfer zu wirklichen Steuerrudern umwandeln, mit deren Hilfe die Organismen durch die Wasserschichten zu steuern vermögen. Schliesslich sei noch die höchst mannigfaltige Weise erwähnt, in der die Haare im Dienst der Sinneswahrnehmung stehen, indem sie unter äusserst verschiedenen Formen und auf allen möglichen Stellen des Körpers als Sinneshaare auftreten (Chordotonalorgane, Gehörorgane). Ich möchte hier nur an das Sinneshaar erinnern, das bei Schwimmkäferlarven auf dem Rand der Hinterleibsspirakel sitzt und über den Wasserspiegel emporragt, und von dem man wohl mit einigem Recht vermuten darf, dass es eine ähnliche Bedeutung hat wie das Periskop eines Unterseebootes.

Die Lebensbedingungen im Süsswasser sind ausserordentlich variabel und verleihen den Organismen während ihres langen Aufenthaltes im Wasser ihr besonderes Gepräge; die Lebensbedingungen in der Luft sind dagegen fast überall gleich und rufen nur geringfügige Variationen hervor. Andrerseits sind die hemimetabolen Insekten dem kurzen Luftleben häufig wunderbar angepasst (Odonaten, Ephemeriden). Bei vielen von ihnen unterscheiden sich die Larven weit mehr voneinander als die Imagines.

Der Übergang vom Wasserleben zum Luftleben erfordert eine völlige Umstellung aller Lebensprozesse, vor allem der Respiration und Lokomotion, aber auch der Ernährungsweise und der Sinnesorgane; gleichzeitig stellen die nunmehr einsetzenden Fortpflanzungsvorgänge neue Anforderungen an den Organismus. Es ist daher verständlich, dass sich bei den Insekten zur Zeit des Übergangs vom Wasser- zum Luftdasein zahlreiche Anpassungserscheinungen finden, die diesen Übergang ermöglichen. Die Umbildung der Respirationsorgane wurde schon mehrfach beschrieben. Viele hemimetabole Insekten kriechen kurz vor der Verwandlung an Schilf u. dgl. in die Höhe, aber nur gerade so hoch, dass ihre Prothorakalspirakula eben über der Wasserlinie liegen. Dann pumpen sie durch diese Stigmen Luft ein, die zwischen Larven- und Imaginalhaut eindringt und die beiden Häute voneinander trennt. Die Nymphe steigt nun weiter in die Höhe, bis sie ganz über Wasser ist; sie schluckt wahrscheinlich auch eine Menge Luft durch den Mund ein. Schliesslich zerplatzt die Nymphenhaut, und die letzte Phase der Häutung beginnt; zugleich obliterieren die Tracheenkiemen völlig.

Das Subimagostadium der Ephemeriden ist meiner Meinung nach eine Anpassung an das Luftleben, durch die es den Tieren ermöglicht wird, ihr Luftdasein mit völlig trockenen Flügeln zu beginnen; die Subimaginalflügel sind mit kleinen Asperitäten besetzt und infolgedessen unbenetzbar. Sie werden abgeworfen, sobald sie ihre Träger ans Land gebracht haben, oft schon vorher (s. S. 40).

Die Trichopteren zeigen ein ganz anderes Verhalten. Bei ihnen schiebt sich zwischen das ruhende Puppenstadium und das Imagostadium eine freibewegliche Phase ein, in der die Schwimmhaare auf dem mittleren Beinpaar in Funktion treten. Die Tiere gelangen mit Hilfe der Mittelbeine an die Oberfläche, wo sie in horizontaler Lage die letzte Verwandlung durchmachen. Sie haften vermittels der Seitenlinie, oft auch mittels besonderer Chitinstrukturen auf den Abdominalnota am Oberflächenhäutchen. Manche Formen (Leptoceriden) steigen von Luft getragen senkrecht zur Oberfläche empor, wo die Puppenhaut sofort zerplatzt und sich das Tier blitzschnell aus ihr in die Höhe schwingt. Das freibewegliche Puppenstadium, das normalerweise höchstens einige Stunden, oft nur wenige Minuten dauert, ist mit seinen eigenartigen Organen eins der merkwürdigsten Beispiele für die Anpassungsfähigkeit des Organismus gegenüber Anforderungen von äusserst kurzer Dauer. Er bekommt scherenförmige Mandibeln, die nur gebraucht werden, um die Siebmembran zu durchschneiden, Schwimmbeine, die oft nur ganz wenige Schwimmstösse auszuführen haben, und Chitinstrukturen auf den Abdominalnota, die nur während weniger Sekunden oder Minuten das Hängen an der Oberfläche ermöglichen sollen. Ich glaube, dass man im Tierreich nur selten eine solche Reihe von Anpassungserscheinungen zusammen findet, die an und für sich unentbehrlich sind, die aber andrerseits von dem Organismus nur während einiger Minuten oder Sekunden im Verlauf seines jahrelangen Lebens benutzt werden. Können die Vererbungsgesetze die Entstehung solcher Modifikationen erklären? Vielleicht ermöglicht uns nur die Annahme eines direkten Einflusses der Umwelt auf das Soma einen Schimmer von Verständnis dafür.

In wieder anderer Weise geht die Verwandlung bei den Wasserschmetterlingen vor sich, nämlich tatsächlich unter Wasser; dennoch kommen die Schmetterlinge mit völlig trockenen Flügeln an die Luft. Unter der Puppenhaut wird eine beträchtliche Menge Luft abgelagert, die wahrscheinlich aus den Tracheen ausgepresst wird. Wenn der Schmetterling aus der Puppenhaut kriecht, sammelt sich die Luft zu einer Kugel unter den fallschirmartig ausgebreiteten Flügeln und trägt das Tier blitzschnell durch das Wasser empor. Die Flügel sind unbenetzbar, da sie von einem feinen, weissen Pulver bedeckt sind, das im Wasser abläuft und einige Minuten lang wie eine Säule im Wasser stehen bleibt. Wenn das Tier an der Oberfläche angekommen ist, läuft es mit vollentfalteten, trocknen Flügeln auf das Ufer zu.

Die Dipteren verhalten sich ganz verschiedenartig. Diejenigen Tipuloidea, deren Larven wirkliche Wassertiere sind, wie z. B. *Phalacrocera*, machen ihre Verwandlung ebenso wie die Trichopteren an der Oberfläche durch. Ihre Puppen liegen horizontal am Wasserspiegel, an dem sie mit den Prothorakalhörnern und zwei Paaren von Dornen auf den letzten Abdominalsegmenten festhängen. Hier findet die letzte Verwandlung statt. Über die Verwandlung der Ptychopteriden weiss ich nichts Sicheres (s. S. 397). Die Simuliiden verwandeln sich in ihren Puppengehäusen und steigen von einer Luftblase umhüllt, die vermutlich aus der in der Puppenröhre aufgespeicherten Luft stammt, pfeilschnell durchs Wasser; sie stehen einen Moment trocken auf der Oberfläche und fliegen dann hinauf in die Luft. Die Psychodiden kriechen als Larven aus dem Wasser und machen ihre Metamorphose am Land durch. Die Blepharoceriden sind durch ihre aussergewöhnlich langen Hinterbeine, die zunächst in der Puppenhaut stecken bleiben, imstande, sich trocken aus den schäumenden Wellen zu erheben.

Die Culiciden haben bekanntlich ein freilebendes Puppenstadium, das infolge der zwischen den Flügelscheiden liegenden Luftkugel stark überkompensiert ist. Im Augenblick des Ausschlüpfens rollen sich die Seitenwände des Thorax ab, breiten sich auf dem Wasser aus und bilden eine kleine, schwimmende Brücke, die der Mücke als Unterlage dient. Die Puppen können sich fortbewegen, aber fast ausschliesslich in vertikaler Richtung; es ist charakteristisch, dass ihre Bewegung niemals richtungsbestimmt ist. Sobald die Bewegung aufhört, steigen die Puppen senkrecht nach oben. Das Puppenstadium dauert nur äusserst kurze Zeit, in den Tropen nur wenige Stunden. Über die Puppen von *Corethra* siehe Seite 418. Bei den Chironomiden gleicht der Vorgang der Verwandlung im grossen und ganzen dem bei den Culiciden. Vor der letzten Verwandlung steigen die Puppen in die Höhe, oft aus grossen Tiefen; die Puppenhaut zerplatzt mit einem kleinen Knall, und die Mücke fliegt davon.

Die Bestrebungen aller dieser Insekten, die zu ganz verschiedenen Abteilungen gehören, zielen darauf hin, ihre Flügel während des Übergangs aus dem Wasser in die Luft vollkommen trocken zu erhalten. Das Ziel ist dasselbe, die Wege sind verschieden. Würden die Flügel von der Wasseroberfläche oder von den Wellen benetzt, so wäre das gewöhnlich gleichbedeutend mit dem sofortigen Tode.

Bei Dytisciden, Hydrophiliden, Gyriniden und Neuropteren vollzieht sich der Vorgang der Verwandlung viel einfacher. Die Larven kriechen an Land und graben oder verfertigen eine Puppenwiege, in der die Verwandlung stattfindet. Während des Aufenthaltes am Lande ändert sich bei den Dytisciden das metapneustische Respirationssystem, indem sich einige der Seitenspirakula öffnen. Die Respiration der subaquatilen Wasserwanzen ist nicht so grossen Änderungen unterworfen. Die Tiere atmen in allen Stadien, vielleicht mit Ausnahme des allerersten, atmosphärische Luft ein; trotzdem unterscheiden sich sowohl die Respirationsorgane wie die Haargebilde zum Festhalten der Luft im Larvenstadium sehr von denen der Imagines.

Die Ernährung der Süsswasserinsekten.

Man kann die Süsswasserinsekten nach ihrer Ernährung in Pflanzenfresser, Planktonfresser, Detritusfresser und Raubtiere einteilen.

I. Pflanzenfresser. Sehr viele Süsswasserinsekten können als Pflanzenfresser bezeichnet werden. Das gilt besonders für die Larven vieler Ephemeriden und Trichopteren, von letzteren besonders raupenförmige Larven, ferner für die Imagines der Hydrophiliden, alle Corixiden und Halipliden, die Raupen der Wasserschmetterlinge, einige Curculioniden, Donaciiden, die meisten Tipuloidenlarven und gewisse minierende Chironomiden. Wie schon früher erwähnt, sind nur wenige von ihnen an bestimmte Pflanzen gebunden. Die meisten dieser Tiere leben von Blattfleisch, nur wenige von Pflanzensäften (Donaciiden-Larven). Süsswasserpflanzen sind nur selten so umfassenden und schädigenden Angriffen von Insekten ausgesetzt wie Landpflanzen (Angriffe von *Galeruca* auf Nymphaeaceen, von *Glyphotaelius*, häufig auch von *Phryganea grandis* L. und *Hydrocampa* auf Potamogeton). Die Halipliden haben eine besondere Spezialität, indem sie Algenfäden aussaugen. Eine sehr eigentümliche, am ehesten zu den Pflanzenfressern zu rechnende Gruppe bilden die Tiere, die an der Unterseite der Wasseroberfläche laufen und hier mikroskopische Pflanzen, vor allem Diatomeen, aber auch Flagellaten und Detritus abbürsten. Zu dieser Gruppe gehören die Larven von *Spercheus*, von vielen Helodiden und von *Anopheles*; letztere ist in der Weise spezialisiert, dass sie mit der Respirationsschale und den palmblattförmigen Haaren an der Unterseite des Oberflächenhäutchens hängt und den Kopf um 180° dreht, um sie abzubürsten. Die Mundteile all dieser Tiere sind mit Borstenapparaten besetzt. Zu dieser Gruppe gehören vermutlich auch die *Dixa*-Larven.

Zu den Pflanzenfressern müssen wir auch die Larven zählen, die sich von den Diatomeenrasen auf Steinen ernähren. Die meisten von ihnen leben in reissenden Bächen; zu ihnen gehören z. B. die Glossosomatiden, wahrscheinlich auch andere Trichopteren, ferner die Blepharoceriden. Für letztere ist neben den senkrecht stehenden Mandibeln auch der Haarbesatz auf Maxillen und Unterlippe charakteristisch, mit dem das abgeschabte Material aufgenommen wird. Zu derselben Gruppe gehören auch die Culicidenlarven, die vorwiegend am Boden leben; sie sind mit kurzen Haarbüscheln und starken Kammborsten ausgestattet. Für Helmiden, Dryopiden sind wahrscheinlich die Blaualgen in Kalkablagerungen auf Steinen ein wichtiges Nahrungsmittel; vielleicht gilt dasselbe für einige Psychodidenlarven.

II. Planktonfresser. Als Planktonfresser können wir all die Insektenlarven bezeichnen, die sich von den kleinsten Planktonorganismen, dem Nannoplankton, ernähren. Zweifellos fangen sie auch sehr viel Detritus ein; ob aber dieser wirklich als Nahrung gebraucht wird, ist wohl fraglich. Zu dieser Gruppe gehören nur wenige Insekten, vor allem Simuliiden und viele Culicidenlarven. Beide besitzen in den grossen Fangapparaten der Oberlippe ein für den Planktonfang vorzüglich geeignetes Organ; seine Arbeitsweise bei den zwei Gruppen unterscheidet sich dadurch, dass die in fliessendem Wasser lebenden Simuliiden ihre Federbüsche nicht bewegen, sondern sie nur ab und zu zusammenfalten, um sie zu reinigen und abzusaugen, während die in stehenden Gewässern lebenden Culiciden ihre Federbüsche regelmässig ein- und ausschlagen. Das Tempo der Schläge hängt in erster Linie von der Temperatur des Wassers ab. Hinsichtlich der Culiciden sei im übrigen auf Seite 437 verwiesen. In ähnlicher Weise verwenden einige Ephemeridenlarven fliessender Gewässer ihre Fangapparate, die indessen an den Vorderbeinen sitzen (*Iron*, *Oligoneuria*). Zu den Plankton- und Detritusfressern gehören wahrscheinlich auch alle netzspinnenden Trichopteren fliessender Gewässer, ferner nach Angabe von Willem gewisse minierende Chironomiden.

Planktonfresser besonderer Art sind die Larven der Corethriden, vor allem von *Corethra* und *Mochlonyx*; sie sind eigentlich ausgesprochene Raubtiere, die vor allem Plankton-Copepoden und Cladoceren fressen. Sie fangen im Gegensatz zu allen anderen Insekten ihre Beute mit den Antennen, die infolge ihrer Verwendung als Fangapparate sehr abweichend von anderen Antennen gestaltet sind. Als Planktonfresser sind wahrscheinlich auch die Anisopinen zu nennen, die in mittleren Wasserschichten nach Cladoceren und Copepoden jagen.

III. Detritusfresser. Zu den Detritusfressern rechnen wir in erster Linie alle Bodentiere, die sich von dem von oben herabsinkenden Material ernähren; zu ihnen gehören die Bodenchironomiden grösserer Seen. Der Detritus besteht aus toten Planktonorganismen, die beständig als Nahrungsregen heruntersinken. An den Fang und die Ausnützung dieses Materials sind im Meer zahlreiche Organismen durch die Ausbildung grosser Tentakelkronen angepasst; im Süsswasser sind solche Organismen nur spärlich vertreten und kommen mit Ausnahme von *Fredericella sultana* Blumenb. nicht in grösseren Tiefen vor. Die in ihren Röhren steckenden Chironomiden der Tiefenregion besitzen keine derartigen Fangorgane, sondern müssen das im Wasser absinkende, noch nicht definitiv abgelagerte Material mühselig einsammeln. Zahlreiche Dipterenlarven aus sehr verschiedenen Gruppen, besonders Psychodiden, Tipuliden, Ptychopteriden, Eristaliden u. a. ernähren sich von dem übelriechenden Schlamm am Boden kleiner Pfützen. Die Larven von *Eristalis* haben im Vorderdarm einen wundervollen, aus gefiederten Haaren bestehenden Filtrierapparat, der das Wasser hindurchlässt und den Detritus zurückhält.

IV. Raubtiere. Die Wasserinsekten sind zum grossen Teil Raubtiere, manche auch Aasfresser. Zu dieser Gruppe gehören die Larven der meisten Perliden, mancher Ephemeriden, aller Odonaten, der Rhyacophiliden und jedenfalls einiger Arten der Gattung *Phryganea*, ferner Larven und Imagines aller auf dem Wasser oder im Wasser lebenden Hemipteren mit Ausnahme von *Corixa*, die meisten Neuropterenlarven, die Larven der Hydrophiliden, Larven und Imagines der Dytisciden und Gyriniden, schliesslich von Dipteren jedenfalls die Larven von *Tabanus* und tropischen Culiciden. Die Mundteile dieser Tiere fungieren gewöhnlich sowohl als Fressorgane wie als Fangapparate; bei einigen Wanzen, nämlich *Nepa*, *Ranatra*, *Naucoris*, den Belostomatiden und den meisten Hydrometriden, sowie bei den Gyriniden sind die Vorderbeine, bei den Corethriden die Antennen zu Fangapparaten umgewandelt.

Wenn die Mundteile nicht besonders modifiziert sind, müssen zusammen mit der Nahrung stets grössere Mengen von Wasser in den Verdauungskanal gelangen. Das geschieht sicher auch bei den Tieren, die, wie z. B. Odonatenlarven, fleischfressende Trichopterenlarven, *Sialis*-Larven und Dytiscidenimagines, grössere Stücke aus dem Körper des Opfers reissen und verschlucken. Dagegen wird bei Tieren, die wie Dytisciden- und Hydrophilidenlarven die Beute aussaugen, die Nahrungsflüssigkeit nicht mit Wasser gemischt. Die Eiweissubstanzen des Beutetieres werden durch abgesonderte Flüssigkeit extraoral zersetzt und in gelöstem Zustand in den Verdauungskanal hineingepumpt; ihre Vermischung mit dem umgebenden Wasser wird durch besondere Massregeln verhindert. Die extraorale Verdauung findet bei den Dytiscidenlarven im Wasser statt, während die Hydrophiliden den Kopf über Wasser heben, sodass der Prozess in der Luft vor sich geht. Bei manchen der kleineren Dytiscidenlarven, wie z. B. den Acilien, ist die Mundspalte nicht geschlossen, sodass sie mit ihr grössere Stücke verschlucken können. Bei den Hydrophiliden sind die Larven ausgesprochene Raubtiere, die Imagines aber ebenso ausgesprochene Pflanzenfresser; dieser Nahrungswechsel bedingt eine durchgreifende Änderung im Bau der Mundteile und des gesamten Verdauungskanals.

Die einzigen Blutsauger unter den Wasserinsekten sind die subaquatilen Wanzen; ihre Hauptnahrung sind Insekten; oft fallen ihnen aber auch Kleinfische und Batrachierlarven zum Opfer, gelegentlich saugen sie auch Blut von Rindern, die zum Trinken ans Wasser kommen.

Nur sehr wenige Süsswasserinsekten leben parasitisch; zu ihnen gehören vielleicht die Larve von *Sisyra*, einige Chironomiden- und Fliegenlarven, ferner einige in den Eiern von Wasserinsekten schmarotzende Hymenopteren.

Es sei noch bemerkt, dass viele Wasserinsekten fast ausschliesslich im Larvenstadium Nahrung aufnehmen, als Imagines dagegen entweder gar keine oder höchstens flüssige Nahrung. Das ist der Fall bei den Ephemeriden, vielen Perliden, den Männchen vieler Culiciden und anderer Mücken; damit ist gewöhnlich eine Reduktion der Mundteile bei den Imagines oder Funktionswechsel des ganzen Darmkanals (Ephemeriden) verbunden.

Eiablage und Paarung der Süsswasserinsekten.

Die Eiablage der Süsswasserinsekten ist in vieler Hinsicht sehr interessant.

Sichere Beispiele für die Ablage entwicklungsfähiger Eier im Larvenstadium wurden nur selten beobachtet (Chironomiden). Dagegen haben, wie vielleicht nicht allgemein bekannt ist, manche Süsswasserinsekten, besonders Perliden und Ephemeriden, im letzten Stadium vor der Verwandlung bereits völlig reife Eier;

nur sind die äusseren Ausführgänge noch geschlossen. Öffnet man den Körper einer weiblichen Nymphe, so zeigt sich, dass er mit reifen, schwarzen Eiern angefüllt ist. Das ist auch verständlich, da Paarung und Eiablage der fertigen Insekten häufig kaum 24 Stunden nach ihrer Verwandlung stattfinden. Diese Insekten sind eigentlich schon im Nymphenstadium geschlechtsreif, nur die Abgabe der Geschlechtsprodukte kann erst nach der letzten Häutung erfolgen. In schroffem Gegensatz hierzu steht das Verhalten der Aeschniden, Dytisciden und Hydrophiliden, deren Imagines erst eine oft mehrmonatige Periode mit reichlicher Nahrungsaufnahme durchmachen müssen, bevor ihre Geschlechtsprodukte reif werden. Über Culiciden siehe Seite 469.

Bei Formen mit kurzlebigen Imagines, wie Ephemeriden und manchen Perliden, legen die Weibchen alle Eier auf einmal oder in wenigen grösseren Klumpen kurz nacheinander ab; bei anderen, z. B. Odonaten und Hemipteren, erstreckt sich die Eiablage über einen längeren Zeitraum. Mehrjährige Imagines, z. B. Dytisciden, wiederholen die Eiablage in regelmässigen Zeitabständen. Die männlichen Geschlechtsprodukte verlieren ihre Lebenskraft nicht, nachdem sie den Körper des Männchens verlassen haben; sie werden bei Dytisciden und vielen Culiciden (*Anopheles maculipennis* Meig. u. a.) in die Spermatheke des Weibchens überführt, wo sie überwintern.

Die primitivste Form der Eiablage findet sich bei vielen Ephemeriden, Perliden und einigen Odonaten (*Libellula*), ferner bei manchen Mücken und Trichopteren (Leptoceriden). Die Weibchen dieser Formen fliegen über den Wasserspiegel hin und lassen die Eier einzeln oder in grösseren oder kleineren Klümpchen fallen, während sie das Wasser mit der Spitze des Abdomens berühren. Die Eier sinken zu Boden und bleiben hier ihrem weiteren Schicksal überlassen.

Manche Insekten bringen ihre Eier über Wasser in Kuchen oder Klümpchen auf Pflanzen an, die über den Wasserspiegel hängen. Die auskriechenden Larven tropfen von dort ins Wasser oder wandern von der noch vom Morgentau feuchten Vegetation ins Wasser hinab. Ein derartiges Verhalten, wenn auch mit verschiedenen Modifikationen, zeigen gewisse Limnophiliden, die meisten Neuropteren, Corydaliden, *Sialis* und die Fliege *Atherix ibis* F.

Zahlreiche Insekten setzen ihre Eier auf der Unterseite von Schwimmblättern ab; die Weibchen sitzen dabei selbst auf der Blattoberseite, stecken aber ihr Abdomen entweder vom Blattrand aus oder durch Löcher im Blatt ins Wasser, um die Eier auf der Blattunterseite anzubringen. In dieser Weise geschieht die Eiablage einiger Gerriden, mancher Tipuliden, der meisten Wasserschmetterlinge, vieler Trichopteren, Donaciiden und der Cordulien unter den Odonaten. Auf der Oberseite der Vegetation, auf abgewelkten Carexblättern, auf Schwimmblättern von Nymphaeaceen usw. legen verschiedene Insekten (gewisse primitive Dytisciden (*Rhantus*), *Galeruca nymphaeae* F.) ihre Eier ab; direkt auf dem Wasserspiegel dagegen zahlreiche Mücken (einige Culiciden, deren Eier in Eischiffchen angeordnet sind, *Anopheles*, *Corethra*, einzelne Chironomiden). Manche Insekten, z. B. gewisse Odonaten (*Sympetrum*) und Dipteren (viele Tipuliden, *Eristalis*) legen die Eier an Land auf Anschwemmungen, in feuchten Schlamm oder Moosrasen, die im Herbst fast trocken sind und erst im Frühjahr überschwemmt werden. Das Genus *Aëdes* legt die Eier in völlig ausgetrockneten Schlamm ab (S. 469); über *Acilius* siehe S. 304.

Die Weibchen erstaunlich vieler Süsswasserinsekten gehen selbst unter Wasser, um ihre Eier auf der submersen Vegetation abzulegen, so z. B. die Ephemeride *Baëtis*, vielleicht auch andere Ephemeriden, unter den Trichopteren viele Hydroptiliden und Arten der Gattung *Phryganea*, auch manche Dipteren. Die Weibchen dieser Arten sind in mannigfacher Weise, durch verbreiterte Schienen, Haarsäume, unbenetzbare Haarbedeckung usw., dem Leben unter Wasser angepasst.

In vielen der genannten Insektengruppen kommen Arten vor, die sich nicht damit begnügen, ihre Eier auf der Vegetation abzulegen, sondern die sie in Pflanzen einbohren. Die Lestiden tun dies über Wasser, während die Weibchen der Aeschniden, vieler Zygopteren, Hydrometriden und Nepiden über Wasser an der Pflanze sitzen, aber ihr Abdomen ins Wasser tauchen; sie bohren mit dem Legestachel Löcher in das Pflanzengewebe, in die sie ihre Eier hineinlegen. Schliesslich gehen die Weibchen anderer Formen von einer Luftschicht umhüllt ganz unter Wasser, wo sie, vom Männchen begleitet, die Eier einbohren (*Erythromma*); zu dieser Gruppe gehört auch die Fliege *Hydromyza livens* Fall., die ihre Eier in die Unterseite von Nymphaeaceenblättern einbohrt. Die Corixiden, Gyriniden u. a. legen ihre Eier einfach auf der Vegetation ab; bei den Notonectiden legen einige Arten die Eier auf Pflanzen ab, während andere Arten derselben Gattung sie einbohren. Eine wirkliche Brutpflege, bei der die Tiere selbst ihre Eier tragen, ist bei Wasserinsekten sehr selten; zu den wenigen Fällen gehören vor allem einige Belostomatiden, deren Männchen die Eier tragen, ferner unter den Hydrophiliden *Spercheus* und *Helochares*. Sehr wenige Arten sind lebendgebärend: *Cloëon*, *Notanatholica*.

Bei zahlreichen Süsswasserinsekten sind die Eier von Hüllen verschiedenster Art umgeben. Die Hüllen sind gewöhnlich von gallertiger Beschaffenheit; die Gallerte quillt im Wasser stark auf. Solche Gallerthüllen kommen bei Perliden und Ephemeriden vor, sind aber hier von sehr geringem Umfang; dagegen erreichen sie bei vielen Odonaten (*Cordulia*, *Epitheca*, *Tetragoneuria* u. a.) eine beträchtliche Ausdehnung und verwandeln die Eimassen zu haselnussgrossen Klumpen oder zu langen Laichschnüren. Auch die Eier vieler Trichopteren (herabtropfender Laich von *Glyphotaelius* s. S. 219, *Phryganea*, *Triaenodes*) und Mücken, besonders von Chironomiden, sind in Gallerte eingebettet. Durch die Gallerthülle sind die Eier imstande, längere Trockenperioden zu überdauern; das ist von grösster Bedeutung in periodischen Gewässern, die im Sommer austrocknen. Dann sterben die geschlechtsreifen Tiere, aber das Leben der Art an der betreffenden Lokalität wird durch die Eier bewahrt. Ist die Trockenperiode beendet, so saugt die Gallertmasse grosse Mengen von Wasser auf; sie wirkt ausserdem auch wärmespeichernd. Die Sonnenstrahlen durchdringen die Gallerte, die Wärme wird aber von den oft schwarz pigmentierten Eiern zurückgehalten. Schliesslich werden die Eier durch die Gallerthülle vor Parasiten geschützt.

Bei anderen Eiern besteht die schützende Hülle aus Kalkablagerungen, so z. B. bei den Eiern verschiedener Corixiden, Corydaliden, wohl auch einiger Ephemeriden, vor allem Siphluriden, deren weisse Eihaufen oft massenhaft auf welken Buchenblättern in unseren Waldbächen liegen.

Viele Süsswasserinsekten kleben ihre Eier einzeln mit einer Kittsubstanz an Wasserpflanzen, Bretter, Steine, Reisigbündel usw. Das ist z. B. der Fall bei Corixiden, *Hydrometra stagnorum* L. u. a.; andere, z. B. viele Helmiden, stechen die einzelnen Eier zwischen die Blätter verschiedener Pflanzen ein. Die Eier mancher zu dieser Gruppe gehörender Formen sind mit langen Fäden versehen, die zuweilen mit Haftscheiben enden (Ephemeriden). Die meisten derartigen Eier haben eine dicke, oft schwarzbraune Schale. Die Eier, die in verwesendes Pflanzenmaterial gelegt werden (*Nepa*, *Ranatra*), sind oft mit einer Schicht von Luftkammern umgeben, die sich in lange Fäden fortsetzen und dem im Wasser liegenden Ei während der Entwicklung atmosphärische Luft zuführen. Die Schale der in frisches, lebendes Pflanzengewebe eingebohrten Eier wird nicht besonders umgebildet; sie ist meistens ausserordentlich dünn (Dytiscini).

Eine eigenartige Gruppe bilden die Süsswasserinsekten, die Spinndrüsen besitzen und ihre Eier in besonderen Kokons ablegen (Hydrophiliden).

In zwei Abteilungen der Wasserinsekten, nämlich bei Dytisciden und Odonaten, legen manche Arten ihre Eier aussen auf Pflanzen ab, während andere sie in lebendes Pflanzengewebe einbohren. Merkwürdigerweise sind sowohl bei den Dytisciden wie bei den Odonaten die an Pflanzen angeklebten Eier entweder kuglig oder höchstens $1/2$ mal länger als breit; die eingebohrten Eier beider Gruppen sind dagegen erheblich länger, häufig 3 mal, ja selbst 5 mal so lang wie breit. Ähnlich verhalten sich die Eier von *Naucoris*. Selbstverständlich ist ein Organ, das nur die Aufgabe hat, die Eier an die Unterlage anzukleben, anders gestaltet als ein Organ, mit dem die Eier tief in Pflanzengewebe eingebohrt werden, oder das erst eine Eiloge in die Pflanze schneidet, in die dann das Ei gelegt wird. Diese Verschiedenheit macht sich sowohl bei Dytisciden wie bei Odonaten, zum Teil auch bei den Hemipteren, deutlich bemerkbar (S. 305).

Paarung. Die Paarung der Wasserinsekten findet fast immer in der Luft statt; nur Dytisciden und subaquatile Hemipteren paaren sich im Wasser, die meisten Hydrophiliden an der Grenze von Land und Wasser. Im übrigen sei auf das Stichwort »Paarung« im Register verwiesen.

Lokomotionsorgane der Süsswasserinsekten.

Eigentümlicherweise sind nur relativ wenige unter den Wasserinsekten wirkliche Schwimmer; die weitaus meisten bewegen sich kriechend, viele grabend, und nicht wenige von ihnen kann man fast als festsitzend bezeichnen, obwohl sie zur Eigenbewegung befähigt sind. Die kriechenden Wasserinsekten sind zum grössten Teil Bodentiere, einige halten sich jedoch an die Unterseite des Oberflächenhäutchens. Zum Kriechen werden normalerweise die drei Paar Brustbeine benutzt, bei den aquatilen Schmetterlingsraupen auch die Bauchfüsse. Nur selten wird die Fortbewegung durch eigentümliche, zuweilen mit Haken versehene abdominale Wülste unterstützt (Larven von *Enochrus* und von manchen Dipteren, z. B. *Dicranota* und *Dixa*). In manchen Fällen wird die Beweglichkeit dadurch gesteigert, dass der Turgor des Körpers durch verschluckte Luft erhöht wird (s. S. 345). Das letzte Abdominalsegment trägt häufig ein besonderes Beinpaar (die Nachschieber), das bei der Bewegung mitwirkt und ihr ein spannerraupenartiges Aussehen verleiht. Solche abdominalen Nachschieber sind am besten bei Trichopterenlarven, besonders bei campodeoiden Formen, und Chironomidenlarven ausgebildet; bei eruciformen Trichopterenlarven dienen sie meist zum Festklammern. Bei den Larven verschiedener Käfer (Helmiden, Gyriniden), ferner *Osmylus*, Dipteren u. a., ist die Afteröffnung von Papillen und Haken umgeben, die eingezogen und ausgestreckt werden können; dadurch gewinnt auch der After eine gewisse Bedeutung als Lokomotionsorgan. Bei vielen Fliegenlarven (*Stratiomys*) stehen die Mundteile im Dienste der Fortbewegung; sie sind als Mundhaken gestaltet, mit denen die Tiere sich vorwärtshaken. Auch die Larven der Dytisciden benutzen bei der Wanderung am Ufer die Mundgliedmassen, indem sie mit ihnen den Kopf verankern und den Körper nachziehen. In ähnlicher Weise werden die Antennen der *Sisyra*-Larve gebraucht.

Viele Wasserinsektenlarven bewegen sich so wenig, dass man sie wohl fast als festsitzend bezeichnen kann. Das gilt vor allem für zahlreiche abgeplattete, torrentikole Formen, die Larven der Donaciiden, viele campodeoide Trichopterenlarven und in Bächen lebende Dipterenlarven (Simuliiden, Blepharoceriden, Psychodiden).

Kriechende Larven bewegen sich häufig zugleich auch grabend und leben nicht so sehr auf der Oberfläche des Bodens als unmittelbar unter ihr. Sie sind oft dicht mit Haaren bekleidet, in denen Schlammpartikel hängen bleiben (*Caenis*-Larven, viele Psychodidenlarven). Die ausgesprochen grabenden Tiere besitzen teils in ihren Mandibeln, teils in den Vorderbeinen vorzügliche Grabinstrumente (Larven der Ephemeriden, Odonaten, besonders Gomphiden); zu ihnen gehört auch die merkwürdige *Noterus*-Larve. Zahlreiche Ephemeriden leben in horizontalen, u-förmigen Gängen; diese Lebensweise führt zu einer durchgreifenden Umbildung gewisser Organe, besonders der Tracheenkiemen. Die Chironomidenlarven der Seetiefe leben in vertikalen, aus Schlamm gebauten Röhren, deren Höhe angeblich vom Sauerstoffgehalt des Wassers am Boden abhängt.

Manche kriechenden Larven vermögen auch zu schwimmen (*Sialis*, Zygopteren, Gyriniden und Aeschniden).

Viele Larven (Gyriniden, *Sialis*) bewegen den Körper nach Art der Egel in vertikaler Richtung, andere (Zygopteren) schlängeln ihn seitlich unter Zuhilfenahme der grossen Schwanzblätter. Bei den *Aeschna*-Larven übernimmt der Enddarm in eigentümlicher Weise die Rolle eines Bewegungsorgans (s. S. 88). Der Übergang vom Kriechen zum Schwimmen wird vor allem durch die allerdings nicht sehr starke Behaarung der Beine und der letzten Abdominalsegmente erleichtert; derartige Schwimmhaare finden sich besonders bei *Dytiscus*-Larven, ferner auf dem dritten Beinpaar der Larven von *Triaenodes* und *Setodes*. In gleicher Weise machen die Trichopterenpuppen während ihres beweglichen Stadiums von den Schwimmhaaren auf dem zweiten Beinpaar Gebrauch; für ihre Bewegung ist es charakteristisch, dass sie hauptsächlich in vertikaler Richtung erfolgt. Auch die Mückenlarven können nicht als eigentliche Schwimmer gelten; die meisten von ihnen hängen fast während ihres ganzen Larvenlebens frei von der Wasseroberfläche herab. Die Culiciden besitzen übrigens in ihrer grossen Schwanzflosse ein vorzügliches Bewegungsorgan; ausserdem können sie mit Hilfe der Strudelorgane der Oberlippe unter der Wasseroberfläche hingleiten, solange die Atemröhre an ihr befestigt ist.

Wirkliche Schwimmer sind nur die subaquatilen Wasserwanzen, die Imagines der Dytisciden und Hydrophiliden, die Larven der Dytiscini und schliesslich einige Schlupfwespen, die mit den Flügeln schwimmen. Die Körperform der Dytisciden ist zugunsten der Schwimmfähigkeit abgeändert; der Körper wird mehr oder weniger kahnförmig und daher besser geeignet, das Wasser zu durchschneiden, und alle hervorstehenden Kanten verschwinden. Die Gangbeine wandeln sich zu Schwimmbeinen um, besonders gilt dies für das dritte Beinpaar. Die Dytisciden drehen beim Schwimmen den Fuss nach Art eines Ruders, sodass während der Vorwärtsbewegung seine Kante, während der Abwärtsbewegung seine Fläche gegen den Wasserdruck gerichtet ist; zugleich werden die Schwimmhaare durch den Wasserdruck beim Abwärtsschlagen gespreizt, bei der Vorwärtsbewegung aber zusammengelegt. Wahre Ruderbeine finden sich bei den Gyriniden.

Nur sehr wenige Wasserinsekten können springen; dafür ist der Widerstand des Wassers wahrscheinlich zu gross. Immerhin haben einige Dytisciden, z. B. *Deronectes* und *Laccophilus*, vor allem aber die Larven von *Acilius*, eine gewisse Springfähigkeit. Der Springapparat der letztgenannten besteht aus dem ungemein muskulösen und von breiten Haarsäumen unterstützten Abdomen. Die Tiere klappen Vorder- und Hinterkörper u-förmig gegeneinander und schnellen mit nach vorn gerichtetem U-Bogen durchs Wasser, indem sie den Körper wieder strecken.

Für alle schwimmenden Tiere ist es selbstverständlich von grösster Bedeutung, dass ihr spezifisches Gewicht dem des Wassers möglichst gleich ist. Sind sie zu schwer, so sinken sie zu Boden, und sind sie zu leicht, so steigen sie an die Oberfläche empor. Der Widerstand gegen beide Bewegungsrichtungen erfordert Muskelarbeit. Das Ideal besteht darin, bei Aufhören der Bewegung an Ort und Stelle im Wasser schweben zu bleiben; dieses Ideal suchen die Insekten in verschiedener Weise zu erreichen. Manche verringern ihre Fallgeschwindigkeit durch Vergrösserung des Querschnittswiderstandes, wie z. B. die *Dytiscus*-Larven, bei denen die grossen Bögen der behaarten Beine die Fallgeschwindigkeit vermindern; ähnlich wirkt das letzte Beinpaar der Notonectiden, oder die langen, vertikal vom Körper abstehenden Haargebilde der Anophelidenlarven. Verminderung des Gewichtes durch Produktion von Öltropfen ist selten, wahrscheinlich, weil ihre Menge sich nicht momentan ändern lässt und ihre Ausdehnung nur in geringem Grade durch wechselnden Druck beeinflusst wird. Jedoch ist wohl der grosse Fettkörper vieler Wasserinsekten eine der Hauptursachen für die Annäherung ihres spezifischen Gewichtes an das des Wassers.

Weit wichtiger ist jedenfalls die in den Tracheen aufgespeicherte Luft, auf die die Insekten einen wechselnden Druck auszuüben vermögen. Auf diese Weise sind sie imstande, diese Luft hydrostatisch auszunutzen. Den ersten schwachen Anfang zu einer derartigen Ausnutzung des Luftvorrates zeigen die Larven von *Dytiscus* und einige Dytiscidenimagines, bei denen indessen diese Funktion der Tracheenluft kaum von grösserer praktischer Bedeutung ist. Die vollkommenste Ausnutzung der Luft für die Hydrostatik des Körpers finden wir dagegen bei den Helmiden (Brocher) mit ihrem unter den Deckflügeln angesammelten Luftvorrat, bei den Tracheenblasen der Mückenlarven *Mochlonyx* und *Corethra* und bei den Anisopinen.

Abschliessende Bemerkungen.

Indem ich hiermit die »Süsswasserinsekten« abschliesse, ein Werk, das ich gern als zweiten Teil der »Süsswasserfauna« betrachtet sehen möchte, und das möglicherweise den Abschluss meiner wissenschaftlichen Laufbahn bildet, möchte ich folgende Bemerkungen anfügen, indem ich zugleich auf die Seiten 729–733 der »Süsswasserfauna« verweise:

Je länger man sich mit einem Thema beschäftigt hat, desto mehr fühlt man, dass man zum Schluss der Lösung der Probleme eher ferner steht, als da man begann. Der unendliche Reichtum der Natur, die gegenseitige Verknüpfung der Phänomene bewirken, dass man niemals ein Thema zu erschöpfen vermag. Der Abschluss jeder Untersuchung, hinter die nicht der Tod einen Punkt setzt, ist eigentlich eine geistige Bankerotterklärung; sie wird abgeschlossen, weil Auge und Gedanke ermüdet sind, weil man fühlt, dass man nicht imstande ist, mehr herauszuholen. Der individuellen Behandlung eines Themas sind sehr scharfe Grenzen gesetzt, die durch Wesen und Charakter des Forschers bedingt sind; kein Forscher kann diese Grenzen überschreiten.

Richtet man nun an mich die sehr natürliche Frage: »Was ist nun das Hauptresultat all der vielen auf mehreren Gebieten recht umfassenden, jahrelangen Studien?« so lässt sich kurz sagen: Das Verständnis für den umbildenden Einfluss äusserer Lebensbedingungen auf den Organismus und dessen Fähigkeit, sich den Variationen der äusseren Bedingungen anzupassen. Dieses Resultat hängt damit zusammen, dass ich infolge meiner Anlagen und meines Wesens fast mein ganzes Leben, von den letzten Jahren abgesehen, in und mit der Natur gelebt habe und eben nicht im Laboratorium. Anpassungserscheinungen lassen sich niemals hier studieren, wo der Organismus immer aus seinem natürlichen Zusammenhang gerissen ist. Ferner möchte ich auch hier, ebenso wie in der »Süsswasserfauna« mit einigen der Gedanken schliessen, die ich dort auf den oben genannten Seiten ausgesprochen habe.

In der Litoralregion, an der Grenze von Wasser und Land, lebt eine eigentümliche Gesellschaft von Organismen, die z. T. aus ursprünglichen Landtieren besteht. Ich habe meine Zeit zu einem nicht geringen Teil mit ihrem Studium verbracht. Eine der primären Lebensbedingungen für diese Organismen besteht in Unterstützungsflächen, auf denen sie sich bewegen können. Ausserhalb jener Region liegt die pelagische, wo Unterstützungsflächen fehlen; sie wird von anderen Arten bevölkert als die Litoralregion, aber von solchen, die mit den Arten der letzteren zweifellos nahe verwandt sind. Ich habe diese Auffassung in meinen »Planktoninvestigations« (1908) ausgesprochen. Wasserkäferlarven, Mückenlarven (Corethriden), aber auch andere Tiergruppen (Rotatorien, Crustaceen, Hydrachniden) erwecken mir den Eindruck, dass sich die Organismen in Reihen anordnen, die mit kriechenden, von Unterstützungsflächen abhängigen Formen beginnen und mit solchen enden, die sich völlig von Unterstützungsflächen emanzipiert haben und ihr Leben pelagisch, mehr oder weniger in den Wasserschichten schwebend verbringen.

Viele der einzelnen Arten in diesen Reihen sind anscheinend artbeständig; häufig repräsentieren die einzelnen Stufen einer Reihe verschiedene Gattungen. Anfangs- und Endglieder einer Reihe können verschiedenen Familien angehören; überdies lässt sich jedes einzelne Artglied zuweilen weiterhin in Formenkreise aufspalten, deren einzelne Formen oft eng miteinander verbunden sind (Brachioniden, Anuraea, Cyclops, Daphnia); die Abweichungen sind oft nur physiologisch oder biologisch und gehen den morphologischen Abweichungen voraus.

Ähnliche Artreihen findet man bei solchen Arten, die in ihren Instinkten grössere oder geringere Anpassung an das Leben in mehr oder weniger starker Strömung (Ephemeriden, Trichopteren, Hydrachniden) oder an ein grabendes Dasein (Ephemeriden, Odonatenlarven) zeigen.

Das Vorkommen derartiger milieubestimmter Artreihen, in denen sich eine Art an die andere schliesst wie die einzelnen Ideenassoziationen in einer Gedankenreihe, ist für mich über jeden Zweifel erhaben. Ich darf wohl hier noch auf Folgendes aufmerksam machen: Je nach der Organisation eines Typus haben die äusseren Bedingungen auf ihn einen sehr verschiedenartigen Einfluss. Bei Torrentikolen und Brandungstieren übt das fliessende oder stark bewegte Wasser auf Typen mit Spinnfähigkeit oder Bauinstinkt (Trichoptera) keinen Einfluss auf ihren Körper aus, der unverändert zylindrisch bleibt, sondern wandelt ihren Bauinstinkt derartig um, dass die Tiere das Baumaterial (mehr oder weniger flache Steine oder feinen Sand) an den Seiten der Röhre einfügen, wodurch das Gehäuse abgeplattet wird und der Strömung möglichst geringen Widerstand bietet. Bei Tieren ohne Bauinstinkt, die aber unmittelbar neben den obengenannten (Goërinae, Molannidae) leben, wird dagegen der Körper selbst abgeflacht (Perlidae, Ephemerida, Gomphinae); ja, das geht so weit, dass, wenn unter den Trichopterenlarven eine einzige Gattung (*Rhyacophila*) als umherkriechendes Raubtier keinen Bauinstinkt hat, dann erhält auch sie wie die torrentikolen Ephemeriden etc. einen abgeplatteten Körper.

Es hat den Anschein, dass den einzelnen Arten der Artreihen trotz grosser Variation feste Grenzen gesetzt sind; und ferner dass die Variationsgrenzen einer Art schon bei ihrem Auftreten scharf abgesteckt sind, und die Art wie mit einem Schlage entstanden ist. Man erhält den Eindruck, dass die Summierung gleichgerichteter Milieueinwirkungen während für das menschliche Denken unfassbar grosser Zeiträume akkumulativ ihren Einfluss auf die Organismen ausübt; eine Akkumulation, die früher oder später eine Umwandlung des Keimplasmas mit sich bringt. Jeder Organismus ist zu jedwedem Zeitpunkt seines Lebens ein historisches Produkt. Wer seine Studien in der Natur durchführt, wird sich nicht mit der scharfen Scheidung der Begriffe Geno- und Phänotypus und mit der Behauptung einverstanden erklären können, dass Einwirkungen auf das Soma nicht auf das Keimplasma übertragen werden können. Die Gesetzmässigkeit und Harmonie der Natur lässt sich nicht allein auf die selektive Auswahl diskontinuierlich auftretender Mutationen zurückführen. Früher oder später kommt es zu einer Umbildung des Keimplasmas; schlummernde Kräfte werden von den Milieueinflüssen geweckt; die Arten treten in eine Mutationsperiode ein, und es entstehen neue Arten. Diese Auffassung hängt mit der Anschauung zusammen, dass jedem einzelnen Geschöpf von den niedrigsten Amöben bis zu den höchsten Primaten eine immanente psychische Kraft innewohnt, unmessbar, unverständlich, aber meiner Meinung nach auch wissenschaftlich unbestreitbar; gerade diejenige Kraft, welche die organische von der anorganischen Natur trennt. Es ist diese Kraft, die sich erst in Lust- und Unlustgefühlen manifestiert, dadurch den Gebrauch oder

Nichtgebrauch bestimmter Organe herbeiführt und auf diesem Weg der primus motor für die morphologische Variation wird. Selbstverständlich ist diese ganze Auffassung an und für sich unbeweisbar; andererseits ist sie meiner Meinung nach für das Verständnis der strengen Gesetzmässigkeit der Natur absolut unentbehrlich. Wer dieser Auffassung huldigt, stösst immer und immer wieder auf Phänomene, zu deren Verständnis der Gegner jedenfalls nicht die allergeringste Möglichkeit hat, während es dem Neovitalisten immerhin nicht völlig unmöglich ist, sie zu begreifen. Ich nenne hier nur ein Beispiel: Bei der Metamorphose der Insekten treffen wir Organe und anatomische Besonderheiten an, die in einer gewissen Daseinsperiode des Insektes lebenswichtig sind, die aber dann total verschwinden, um anderen, in einer neuen Periode nicht minder lebenswichtigen Organen Platz zu machen, die ihrerseits wieder verschwinden und abermals anderen Organen ihren Platz überlassen. Zu jedem dieser Organe braucht der Organismus völlig neues Material. In den drei Hauptstadien des metabolen Insektes (Larve, Puppe und Imago) sehen wir dasselbe Organ in drei grundverschiedenen Gestalten und mit völlig verschiedener Funktion auftreten (Mandibeln der Trichopteren: bei der Larve als kräftige, stark chitinisierte Beisswerkzeuge; bei der Puppe als weiche, schwache, zugespitzte Organe, die nur dazu bestimmt sind, die Siebmembran zu reinigen und vom Gehäuse abzulösen; schliesslich bei den Imagines, die nur Wasser und Nektar aus offenen Honiggrübchen auflecken, als völlig rudimentäre, funktionslose Höcker). Ja noch mehr: manche dieser in der Ontogenese einer Art plötzlich entstehende oder umgebildete Organe spielen im Leben des Individuums, das sich über 2–3 Jahre erstrecken kann, nur während weniger Stunden oder gar nur Minuten eine Rolle. In diesem Zeitraum sind sie durchaus unentbehrlich, und ihr Nichtvorhandensein würde den Tod des Individuums herbeiführen; aber gerade in dieser kurzen Spanne seines jahrelangen Daseins liegen sie fertig da, bereit zum Gebrauch. Ich denke dabei an die Schwimmhaare auf dem mittleren Beinpaar der Trichopterenpuppen; so manches Mal treten sie kaum länger als wenige Minuten in Funktion. Welche Kräfte veranlassen wohl, dass diese Organe jahrelang schlummernd im Organismus liegen, dann hervorbrechen und genau in den wenigen Minuten in Funktion treten, wo das Leben des Individuums von ihnen abhängt? Das Subimagostadium der Ephemeriden, die stützenden Haargebilde, durch welche die *Hydrous*-Puppe über die wassergetränkte, feuchte Erde emporgehoben wird, der Eizahn zahlreicher Insekten und vieles Andere. Was auch immer die Vererbungslehre meint, zum Verständnis solcher Phänomene beitragen zu können, so bleiben doch immer noch gewisse Elemente übrig, von denen man sich schwer vorstellen kann, dass sie jemals durch Vererbungsgesetze zu erklären sein werden.

Ich kann mir nichts Anderes denken, als dass die Organismen über ein während unendlicher Zeiträume fixiertes Gedächtniselement verfügen, einen Ausschlag psychischer Elemente, dem keine physisch-mechanische Weltanschauung wegerklären kann oder übersehen darf. Es lässt sich nicht leugnen, dass die Organismen Entwicklungsmöglichkeiten besitzen; eine Maschine hat keine solchen, nur die, welche die Menschen in sie hineinlegen. Die Anerkennung dieser Tatsache muss aber auch zur Anerkennung vitaler Kräfte führen, ohne welche eine individuelle Entwicklung unmöglich ist.

Literaturverzeichnis.

Bei Abfassung des vorliegenden Literaturverzeichnisses ist das Hauptgewicht auf die biologische Literatur gelegt worden. Bezüglich der Systematik wird auf BRAUERS Süsswasserfauna Deutschlands verwiesen. Innerhalb der einzelnen Tiergruppen wird aber so weit wie möglich ein systematisch-anatomisches Hauptwerk angeführt. Nicht alle im Text erwähnten Arbeiten sind mitgenommen. Fette Zahlen bedeuten die Nummer des Bandes.

Handbücher und Sammelwerke.

1909. BRAUER, A. Die Süsswasserfauna Deutschlands. Jena.

1930. BREHM, V. Einführung in die Limnologie. Biologische Studienbücher. **10.** Berlin.

1913. BROCHER, F. L'aquarium de Chambre. Lausanne.

1936. BRUMPT, E. Précis de Parasitologie. Paris.

1928. BUDDENBROCK, W. v. Grundriss der vergleichenden Physiologie. Berlin.

1921. CUÉNOT, L. La genèse des espèces animales. Paris.

1892–1901. FOREL, F. A. Le Léman. I—III. Lausanne.

1924. HESSE, R. Tiergeographie auf oekologischer Grundlage. Jena.

HESSE, R. und DOFLEIN, F. Tierbau und Tierleben. Vol. I, 1935. Vol. II, 1914. Jena.

1927. HUBAULT, E. Contribution à l'étude des Invertébrés Torrenticoles. Paris.

1929. JORDAN, H. Allgemeine vergleichende Physiologie der Tiere. Berlin.

1934. KARNY, H. Biologie der Wasserinsekten. Wien.

1926–1938. KÜCKENTHAL, W. Handbuch der Zoologie. Insecta I—III. Berlin.

1935, 1938. LAMEERE, A. Précis de Zoologie. Vol. **4** et **5.** Institut zoologique Torley-Rousseau. Bruxelles.

1928. LENZ, F. Einführung in die Biologie der Süsswasserseen. Biologische Studienbücher. **9.** Berlin.

1941. MARTINI, E. Lehrbuch der medizinischen Entomologie. Jena.

1895. MIALL, L. The Natural History of Aquatic Insects. London.

1911. PORTIER, P. Recherches physiologiques sur les insectes aquatiques. Arch. Zool. expér. 5. Ser. **8.**

1734–1742. RÉAUMUR, R. Memoires pour servir à l'histoire des Insectes. **1—6.**

1921. ROUSSEAU, E. Les larves et nymphes aquatiques des Insectes d'Europe. **1.** Bruxelles.

1895–1899. SHARP, D. Insects in The Cambridge Natural History. London.

1917. SCHULZE, P. Biologie der Tiere Deutschlands. Leipzig.

1925–1937. THIENEMANN, A. Die Binnengewässer. Einzeldarstellungen aus der Limnologie. Stuttgart.

1913a. WESENBERG-LUND, C. Fortpflanzungsverhältnisse: Paarung und Eiablage der Süsswasserinsekten. In Abderhalden: Fortschritte der Naturwissenschaftlichen Forschung. **8.**

1913b. — Wohnungen und Gehäusebau der Süsswasserinsekten. Ibid. **9.**

1940–41. WEST, A. Fortegnelse over Danmarks Biller. Entom. Medd. København. **21.**

1933. WEBER, H. Lehrbuch der Entomologie. Jena.

Collembola.

1903. Davenport, C. The Collembola of Cold Spring Beach, with special Reference to the Movements of the Poduridæ. Cold Spring Harbor Monographs. **2.**

1919. Handschin, E. Ueber die Collembolenfauna der Nivalstufe. Revue Suisse de Zool. **27.**

1931. Steinböck, O. Zur Lebensweise einiger Tiere des Ewigschneegebietes. Zeit. Morph. u. Oekol. **20.**

Orthoptera.

1906. Annandale, N. Notes on the freshwater fauna of India. No. III. An Indian aquatic cockroach and beetle larva. Journ. As. Soc. Bengal. **2.**

1908. Brunner von Wattenwyl, K. und Redtenbacher, Jos. Die Insektenfamilie der Phasmiden. Leipzig.

1902. Miall, L. and Gilson, G. On a new cricket of aquatic habits found in Fiji by Professor Gustav Gilson. Trans. Ent. Soc. London.

1861. Saussure, H. de. Études sur quelques Orthoptères du Musée de Genève. Ann. Soc. entom. France (4) **1.**

Plecoptera.

1933. Bengtsson, S. Plecopterologische Studien. Lunds Universitets Årsskrift. N. F. **29.**

1936. Despax, R. Contribution a l'étude du Genre *Chloroperla.* Bull. Soc. d'hist. nat. Toulouse. **69.**

1910. Esben-Petersen, P. Plecoptera. Danmarks Fauna. **8.**

1914. — En Reliktfauna knyttet til Midtjyllands Bække og Aaer. Trichoptera, Ephemerida og Plecoptera. Mindeskrift for Japetus Steenstrup. Vol. I.

1873. Gerstäcker, A. Ueber das Vorkommen von Tracheenkiemen bei ausgebildeten Insecten. Zeit. wiss. Zool. **24.**

1926. Grau, K. Nahrungsuntersuchungen der Perlidenlarven. Arch. f. Hydrob. **16.**

1881. Imhof, O. Beiträge zur Anatomie von *Perla maxima.* Dissert. Zürich.

1901. Kathariner, L. Zur Biologie von *Perla maxima* Scop. Allg. Zeit. Entom. **6.**

1931–34. Kühtreiber, J. Die Plekopterenfauna Nordtirols. Ber. Naturw.-Medicin. Vereins Innsbruck. **43—44.**

1903. Lauterborn, R. Tracheenkiemen an den Beinen einer Perlidenlarve. Zool. Anz. **26.**

1920–23. Lestage, J. Études sur la biologie des Plécoptères. Ann. Biol. lac. **9, 10, 12.**

1923. Mertens, H. Biologische und morphologische Untersuchungen an Plecopteren. Archiv f. Naturges. **89.**

1910. Neeracher, F. Die Insektenfauna des Rheins und seiner Zuflüsse bei Basel. Rev. Suisse Zool. **18.**

1842. Pictet, F. Histoire naturelle des Insectes Neuroptères I. Famille des Perlides. Genève.

1903. Ris, F. Die schweizerischen Arten der Perlidengattung *Nemura.* Mitteil. Schweiz. entom. Gesells. **10.**

1903. — Einiges über kurzflügelige Perliden. Ibid. **10.**

1923. Samal, J. Etude morphologique et biologique de *Perla abdominalis.* Ann. de Biol. lac. **12.**

1912. Schoenemund, E. Zur Biologie und Morphologie einiger *Perla*-Arten. Zool. Jahrb. Anat. **34.**

1925. — Plecoptera. In Biol. d. Tiere Deutschlands. **32.**

1931. — Ueber die Nymphe von *Perlodes Mortoni* Klp. Wiener Entom. Zeit. **47.**

1914. Schwermer, W. Beiträge zur Biologie und Anatomie von *Perla marginata.* Zool. Jahrb. Anat. **37.**

1907. Steinmann, P. Die Tierwelt der Gebirgsbäche. Dissert. Basel.

1929. Uéno, M. Studies on the Stoneflies of Japan. Mem. Kyoto Univ. Ser. B. **4.**

1938. — *Scopuridæ*, an aberrant Family of the Order Plecoptera. Insecta Matsumurana **12.**

1920. Ussing, Hj. Om Slægten *Dictyopteryx* Pict. paa Gudenaa. Vid. Medd. Naturh. Foren. København. **72.**

Ephemerida.

1918. Alm, G. Till Kännedomen om *Prosopistoma foliaceum* Fourc. Entom. Tidskr. Stockh.

1909. la Baume, W. Ueber die Metamorphose der Ephemeriden. Sitz. Gesellsch. naturf. Freunde. Berlin.

1909. Bengtsson, S. Beiträge zur Kenntnis paläarktischer Ephemeriden. Lunds Univ. Årsskr. N. F. **5.**

1913. — Undersökningar öfver äggen hos Ephemeriderna. Entom. Tidskr. Stockh. **34.**

1917. — Weitere Beiträge zur Kenntnis der nordischen Eintagsfliegen. Ibid. **38.**

1925. — La nutrition des larves des Ephémères. Ann. Biol. lac. **13.**

1907. Bernhard, C. Ueber die vivipare Ephemeride *Cloëon.* Biol. Centralbl. **27.**

1939. Codreanu, R. Recherches biologiques sur un Chironomide: *Symbiocladius rhitrogenae* Zav., ectoparasite »cancérigène« des Ephémères torrenticoles. Arch. Zool. expér. gén. **81.**

1848. Cornelius, C. Beiträge zur näheren Kenntniss der *Palingenia longicauda.* Elberfeld.

1925. Cuénot, L. L'adaptation, p. 193. Paris.

1924. Dodds, G. S., and Hisaw, F. L. Ecological Studies of aquatic Insects II. Size of respiratory-organs in Relation to environmental Conditions. Ecology. **5.**

1910. Drenkelford, H. Neue Beiträge zur Kenntnis der Biologie und Anatomie von *Siphlurus.* Zool. Jahrb. Anat. **29.**

1934. Eastham, L. Metachronal Rhytms and Gill Movements of the Nymph of *Caenis horaria.* Proceed. Royal Soc. London. **115.**

1936. — The Rhythmical Movements of the Gills of Nymphal *Leptophlebia marginata.* Journ. exper. Biol. **13.**

1937. — The Gill-Movements of Nymphal *Ecdyonurus venosus.* Ibid. **14.**

1938. — Movements of the Gills of Ephemerid Nymphs in Relation to the Water-Currents produced by them. Journ. Queckett Micr. Club. Ser. 4. **1.**

1939. — Gill-Movements of Nymphal *Ephemera danica* and the Watercurrents caused by them. Journ. exper. Biol. **16.**

1910. Esben-Petersen, P. Ephemerida i Danmarks Fauna. **8.**

1888. Fritze, A. Ueber den Darmkanal der Ephemeriden. Ber. naturf. Gesellsch. Freiburg. **4.**

1868. Grenacher, H. Beiträge zur Kenntnis des Eies der Ephemeriden. Zeit. wiss. Zool. **18.**

1923. Gros, M. A. Note sur la reproduction des Ephémères. Ann. des Sci. nat. Zool. (10) **6.**

1904. Grosz, J. Über das Palménsche Organ der Ephemeriden. Zool. Jahrb. Anat. **19.**

1897. Heymons, R. Lebensweise und Entwicklung der *Ephemera vulgata.* Sitzungsber. Gesellsch. naturf. Fr. Berlin.

1916. Lestage, J. A. Larves des Ephémérides. Ann. Biol. lac. **8.**

1917. — Contribution à l'étude des larves des Ephémères paléarctiques. Ibid. **8.**

1925a. — Note sur *Prosopistoma foliaceum* Fourc. (Ephem.). Ann. & Bull. Soc. Ent. Belgique **65.**

1925b. — Contribution à l'étude des larves des Ephémères. Le Group Ephémérellidien. Ann. Biol. lac. **13.**

1911. Leue, F. Beiträge zur Kenntnis der Ephemeriden. Untersuchungen über die Larve von *Heptagenia sulphurea*. Arch. f. Naturg. **77.**

1863, 1866. Lubbock, J. On the development of *Cloëon dimidiatum*. Trans. Linn. Soc. London. **24, 25.**

1939. Moon, H. P. The Growth of *Caenis horaria* (L.), *Leptophlebia vespertina* (L.) and *L. marginata* L. Proceed. Zool. Soc. London. Ser. A. **108.**

1911. Morgan, A. May-Flies of Fall Creek. Ann. Entom. Soc. Amer. **4.**

1929. — The Mating Flight and the Vestigial Structures of the Stump-legged Mayfly *Campsurus segnis*. Ibid. **22.**

1932. — and Grierson, M. C. The Functions of the Gills in Burrowing May-Flies *Hexagenia recurvata*. Physiol., Zoology, Chicago. **5.**

1937. Motas, C. et Băcesco, M. La découverte en Roumanie d'une Nymphe d'Ephémère appartenant au genre *Behningia*. Ann. Sci. de l'Univ. de Jassy. **24.**

1940. — Notes complémentaires. Ibid. **26.**

1905. Needham, J. G. *Ephemeridæ*. Bull. New York State Museum **86.**

1917–1918. — Burrowing Mayflies of our larger Lakes and Streams. Bull. of the United States Bureau of Fisheries **36.**

1935. — The Biology of Mayflies. New York.

1910. Neeracher, F. Die Insektenfauna des Rheins etc. Rev. Suisse Zool. **18.**

1843. Pictet, F. J. Histoire naturelle des Insectes névroptères. Famille des Ephémerines. Genève et Paris.

1734–42. Réaumur, R. Mémoires pour servir à l'histoire des insectes. III.

1929. Schoenemund, E. Beiträge zur Kenntnis der Nymphe von *Palingenia longicauda*. Zool. Anz. **80.**

1930. — Eintagsfliegen oder Ephemeroptera. In Tierwelt Deutschlands. **19.**

1914. Simm, K. Die larvalen Mundwerkzeugen bei *Oligoneuria rheana* und ihre Verkümmerung bei Imago. Bull. de l'Acad. Sci. Cracovie. Ser. B.

1907. Steinmann, P. Die Tierwelt der Gebirgsbäche. Ann. Biol. lac. **2.**

1919. — Zur Kenntnis der Eintagsfliege *Oligoneuria rheana*. Mitteil. Aargau naturf. Gesellsch.

1907. Sternfeld, R. Die Verkümmerung der Mundteile und der Funktionswechsel des Darmes bei Ephemeriden. Zool. Jahrb. Anat. **24.**

1737. Swammerdam, J. Bijbel der Natuur. Leyden. **1.** p. 235.

1926. Thienemann, A. Kiemenfläche bei Eintagsfliegenlarven und Sauerstoffgehalt des Wassers. Mikrokosmos. **20.**

1928. Uéno, M. Some Japanese Mayfly Nymphs. Mem. College of Sci. Kyoto Univ. Ser. B. **4.**

1920. Ulmer, G. Ueber die Nymphen einiger exotischer Ephemeropteren. Festschr. f. Zschokke. Basel.

1924. — Ephemeroptera. Eintagsfliegen. Biol. d. Tiere Deutschlands. **34.**

1939. — Eintagsfliegen (Ephemeropteren) von den Sunda-Inseln. Arch. f. Hydrob. Suppl. Bd. **16.**

1881. Vayssière, A. Etude sur l'état parfait du *Prosopistoma punctifrons*. Ann. Sci. nat. Zool. (6) **11.**

1882. — Recherches sur l'organisation des larves des Ephémérines. Ibid. (6), **13.**

1890. — Monographie zoologique et anatomique du genre *Prosopistoma* Latr. Ibid. (7) **9.**

Odonata.

1910. Backhoff, P. Die Entwicklung des Kopulationsapparates von *Agrion*. Zeitsch. wiss. Zool. **95.**

1909. Balfour Browne, F. The Life-history of the Agrionid Dragonfly. Proc. Zool. Soc. London.

1916. Ballowitz, E. Spermiozeugmen bei Libellen. Biol. Centralbl. **36.**

1878. Jousset de Bellesme. Des Phénomènes physiologiques de la Métamorphose chez la Libellule déprimée. Paris.

1913. Brocher, F. L'Aquarium de Chambre. Lausanne.

1917. Beocher, F. Etude expérimentale sur le fonctionnement du vaisseau dorsal. II. Les larves des Odonates. Arch. Zool. expér. **56.**
1919. — Le mécanisme physiologique de la dernier mue des larves des Agrionides. Ann. Biol. lac. **9.**
1930. Byers, C. F. A Contribution to the Knowledge of Florida Odonata. University of Florida Publications. **1.**
1904. Calvert, P. Oviposition by *Cordulegaster*. Entom. News. **15.**
1914–1915. — Studies on Costa Rican Odonata V—VII. Ibid. **25—26.**
1934. — The Rates of Growth, Larval Development and Seasonal Distribution of Dragonflies of the Genus *Anax*. Proceed. Amer. Philos. Soc. **73.**
1913. Demoll, R. Gelegentliche Beobachtungen an Libellen. Biol. Centralbl. **33.**
1908. Federley, H. Einige Libellulidenwanderungen über die zoologische Station bei Tvärminne. Acta Soc. p. Fauna et Flora Fenn. **31.**
1932. Fudakowski, J. Biologische Beobachtungen an einigen *Aeschna*-Arten. Fragmenta faunistica Musei Zoologici Polonici. I.
1929. Geijskes, D. *Sympycna fusca*. De levende Natuur. **34.**
1917. Gericke, H. Atmung der Libellenlarven mit besonderer Berücksichtigung der Zygopteren. Zool. Jahrb. Zool. **36.**
1930. Gross, F. Odonata. In Biologie der Tiere Deutschlands. **33.**
1896. Heymons, R. Grundzüge der Entwicklung und des Körperbaues von Odonaten und Ephemeriden. Abh. d. Akad. d. Wiss. Berlin.
1904. — Die Hinterleibsanhänge der Libellen und ihrer Larven. Ann. k. k. Naturhist. Hofmus. Wien. **19.**
1901. Higgins, H. The development and comparative Structure of the Gizzard in the Odonata Zygoptera. Proc. Acad. Nat. Sci. Philadelphia.
1918. Hornberger, F. Die Copula der *Aeschna cyanea* L. Jenaische Zeit. Naturw. **55.**
1915. Kennedy, C. Notes on the Life History and Ecology of the Dragonflies of Washington and Oregon. Proceed. Unit. St. Nat. Mus. **49.**
1917. — Notes on the Life History and Ecology of the Dragonflies of Central-California and Nevada. Ibid. **52.**
1932. Lieftinck, M. Notes on the Larvae of Two Interesting *Gomphidæ* from the Malay Peninsula. Bull. of the Raffles Museum Singapore. **7.**
1933. — The Life-History of *Procordulia artemis* L. Intern. Rev. **28.**
1934. — An annotated List of the Odonata of Java. Treubia. **14.**
1900. Lucas, W. British Dragonflies. London.
1924. Müller, O. Das Schlüpfen der Odonaten. Zeit. wiss. Biol. Abt. A. **3.**
1901. Needham, J. and Betten, C. Aquatic Insects in the Adirondacks. Bull. New York State Departm.
1903. — Life Histories of Odonata. Bull. of the New York Museum. **68.**
— and Hart, C. The Dragonflies of Illinois. Bull. Illinois Lab. Nat. Hist. **6.**
— and Anthony, M. The Skewness of the Thorax in Odonata. Journ. New York Ent. Soc. **11.**
1929. — and Heywood, H. A Handbook of the Dragonflies of North America. Springfield, Illinois.
1906. Osburn, R. C. Observations and Experiments on Dragonflies in brackish Water. Amer. Nat. **40.**
1869. Oustalet, M. Note sur la Respiration chez les Nymphes des Libellules. Ann. des Sci. nat. Zool. (5) **11.**
1923. Perfiljew, P. Ueber den Mechanismus der Kiemenautotomie bei den Larven einiger Libellen. Archiv f. Mikr. Anat. **98.**
1904. Pierre, A. Sur la Ponte d'un Neuroptère Cecidozoan *Lestes viridis*. Ann. de la Soc. entom. de France. **73.**
1911. Portier, P. Recherches physiologiques sur les Insectes aquatiques. Arch. Zool. expér. (5) **8.**
1921. Portmann, A. Die Odonaten der Umgebung von Basel. Dissert.

1928. PRENN, F. Zur Biologie von *Sympycna paedisca* Br. Verh. Zool. Bot. Ges. Wien. **78.**
1896. RIS, F. Untersuchung über die Gestalt des Kaumagens bei den Libellen und ihren Larven. Zool. Jahrb. Syst. **9.**
1906. — Farbenvarietäten der Agrionide *Nehalennia speciosa* Charp. Mitt. Schweiz. entom. Gesell. **11.**
1909. — Odonata. In Süsswasserfauna Deutschlands.
1910. — Kopulationsmarken bei Libellen. Deutsche entom. Nationalbibl.
1912. — Ueber Odonaten von Java und Krakatau. Tijdschr. v. Entomologie. **4.**
1913. — Die Atmungsorgane der anisopteren Libellenlarven. Mitt. Schweiz. entom. Gesell. **11.**
1909. ROUSSEAU, E. Etude monographique des Larves des Odonates. Ann. d. Biol. lac. **3.**
1915. SCHMIDT, E. Vergleichende Morphologie des 2. und 3. Abdominalsegments bei männlichen Libellen. Zool. Jahrb. Anat. **39.**
1934. SCHULZE, K. Die Hautdrüsen der Odonaten. Zool. Jahrb. Anat. **58.**
1924. STORCH, O. Libellenstudien. Sitzungsber. d. Akad. d. Wiss. Wien. **133.**
1937. SØMME, S. Contributions to the Biology of Norwegian Fishfood Animals. III. Zoogeographische Studien über Norwegische Odonaten. Afh. Vidensk. Akad. Oslo. **12.**
1905. TILLYARD, R. J. *Ischnura heterosticha.* Dimorphism in the Female. Proc. Linn. Soc. N. S. Wales. **30.**
1910. — On some Experiments with Dragonfly Larvæ. Ibid. **35.**
1909–1911. — Studies in the Life History of Australian Odonata. Ibid. **36.**
1915. — On the Physiology of the Rectal Gills in the Larvæ of Anisopterid Dragonflies. Ibid. **40.**
1917a. — On the Morphology of the Caudal Gills of the Larvæ of Zygopterid Dragonflies. Ibid. **42.**
1917b. — The Biology of Dragonflies. Cambridge.
1920. VALLE, K. J. Zur Kenntnis der Odonatenfauna Finnlands. Acta Soc. p. Fauna et Flora Fenn. **47.**
1926. — Zur Eiablage einiger Odonaten. Notulæ entomologicæ. **6.**
1931. — Ueber die Odonatenfauna des nördlichen Finnlands. Ann. Soc. zool. bot. Fennicæ. **12.**
1936. — Eine Übersicht der Libellenverbreitungen Finnlands. Ann. Univ. Turkuensis. Ser. A. **4.**
1914. VOSS, F. Vergleichende Untersuchungen über die Flugwerkzeuge der Insekten. Verh. d. Deut. zool. Gesell. **23.**
1913–15. WALLENGREN, H. Physiologische biologische Studien über die Atmung bei den Arthropoden. Lunds Universitets Årsskrift. N. F. **9—10.**
1906. WEELE, H. V. D. Morphologie und Entwicklung der Gonapophysen der Odonaten. Tijdschr. v. Entom. **49.**
1913. WESENBERG-LUND, C. Odonatenstudien. Intern. Rev. **6.**
1903. WILLIAMSON, E. B. The Dragonflies of Tennessee. Entom. News. **14.**
1906. — Copulation of Odonata. Ibid. **17.**
1907. — A collecting Trip North of Sault Ste Marie. The Ohio Naturalist. **7.**
1909. WILSON, C. B. Dragonflies of the Mississippi Valley. Proceed. Unit. St. Nat. Mus. **36.**

Hemiptera.

1928a. BARE, C. Life Histories of some Kansas »Backswimmers«. Ann. Entom. Soc. Amer. **19.**
1928b. — Hæmoglobin Cells and other Studies of the Genus *Buenoa.* Univ. Kansas Science Bull. **18.**
1912. BAUNACKE, W. Statische Sinnes-Organe bei den Nepiden. Zool. Jahrb. Anat. **34.**
1911. BEDAU, K. Das Facettenauge der Wasserwanzen. Zeitschr. wiss. Zool. **97.**
1936–38. BEYER, M. Rhynchota. In Handb. d. Zool. Insecta. III.

1914. Bolweg, W. Beitrag zur Faunistik und Ökologie der in der Umgebung Bonns vorkommenden aquatilen Rhynchoten. Verh. natur. Ver. Rheinl. Westf. **71.**

1934. Both, M. Die Regulation des Luftschöpfens bei *Notonecta glauca* L. Zeit. vergl. Physiol. **21.**

1908. Brocher, F. Recherches sur la Respiration des Insectes aquatiques adultes. Bull. Soc. Zool. Genève. **1.**

1909. — Recherches .... La *Notonecte.* Ann. Biol. lac. **4.**

1910. — Les Phénomènes capillaires. Ibid. **4.**

1911a. — Observations biologiques sur quelques Insectes aquatiques. Ibid. **4.**

1911b. — Recherches sur la Respiration des Insectes aquatiques adultes. Zool. Jahrb. Abt. Zool. **33.**

1916. — La *Nèpe* cendrée. Arch. Zool. expér. **55.**

1894. Bruyant, M. Sur un Hémiptère aquatique stridulant *Sigara minutissima* Lin. Compt. rend. Acad. Sci. Paris. **118.**

1903. Bueno, J. R. de la Torre. Notes on the Stridulation and Habits of *Ranatra fusca.* Canadian Entom. **35.**

1906a. — Life History of *Belostoma flumineum.* Ibid. **38.**

1906b. — Life History of North American Water-Bugs. Ibid. **38.**

1910. — *Rhagovelia obesa* Uhl. Ibid. **42.**

1911. — The Gerrids of the Atlantic States. Transact. Amer. Entom. Soc. **37.**

1926. — The Family *Hydrometridæ* in the Western Hemisphere. Entomologica Americana. **7.**

1928. Clark, L. Seasonal Distribution and Life History of *Notonecta ungulata* in the Winnipeg Region Canada. Ecology. **9.**

1936. Cooker, R., Millsaps, V., and Rice, R. Swimming Plume and Claws of the Broad-shouldered Waterstrider *Rhagovelia flavicinta* Bueno. Bull. Brooklyn Entom. Soc. **31.**

1923. Decksbach, N. Beiträge zur Biologie und Verbreitung von *Aphelocheirus æstivalis* im Wolga-Bassin. Arb. d. biol. Wolga-Station. **6.** Saratow.

1909. Delcourt, A. Recherches sur la Variabilité du genre »*Notonecta*«. Bull. Sci. France et Belgique. **43.**

1908. Dogs, W. Metamorphose der Respirationsorgane bei *Nepa cinerea.* Dissert. Greifswald.

1915. Ege, R. On the respiratory Function of the Airstores carried by some aquatic Insects (*Corixidæ, Dytiscidæ, Notonecta*). Zeit. allgem. Physiol. **17.**

1926. Ekblom, T. Morphological and Biological Studies of the Swedish Families of Hemiptera-Heteroptera. 1. Zool. Bidrag Uppsala. **10.**

1928. — Ibid. 2. **12.**

1924. Esaki, T. On the curious Halophilous Water Strider *Halovelia maritima* Bergr. Bull. Brooklyn Entom. Soc. **19.**

1928. — and China, W. .A Monograph of the *Helotrephidæ.* Eos. **4.**

1915. Essenberg, C. Habits and natural history of the Backswimmers. Journ. Animal Behavior. **5.**

1914. Ferrière, C. Les organes trachéo-parenchymateux de quelques Hémiptères aquatiques. Dissert. Genève.

1910. Hagemann, J. Beiträge zur Kenntnis von *Corixa.* Zool. Jahrb. Anat. **30.**

1900a. Handlirsch, A. Neue Beiträge zur Kenntniss der Stridulationsorgane bei den Rhynchoten. Verh. k. k. zool.-bot. Ges. Wien **50.**

1900b. — Zur Kenntniss der Stridulationsorgane bei den Rhynchoten. Ann. K. K. Naturhist. Hofmuseums. **15.**

1924. Hase, A. Ueber die Stiche der Wasserwanze *Notonecta glauca* L. Zool. Anz. **59.**

1911. Hoppe, J. Die Atmung von *Notonecta glauca.* Zool. Jahrb. Phys. **31.**

1905. Hungerford, H. The Genus *Notonecta* in America North of Mexico. Ann. New York Entom. Soc. **13.**

1919. — The Biology and Ecology of Aquatic and semiaquatic Hemiptera. Kansas Univ. Sci. Bull. **11.**

1922a. — The Life History of the Toad Bug. Ibid. **14.**
1922b. — The *Nepidæ* of North America. Ibid. **14.**
1924. — Stridulation of *Buenoa limnocastoris.* Ann. Entom. Soc. Amer. **17.**
1925. — Notes on the Giant Water-Bugs. Psyche. **32.**
1929. — Some new semi-aquatic Hemiptera with a Record of stridulatory Devices. Journ. Kansas Ent. Soc. **2.**
1933. — The Genus Notonecta of the World. Univ. Kansas Sci. Bull. **21.**
1928. JORDAN, K. Die aquatilen Rhynchoten der Oberlausitz. Isis Buddisina. **11.**
1940. KAISER, E. W. Zur Biologie und Morphologie von *Anisops persica* Lindberg im Vergleich mit *Buenoa* Kirk. und *Notonecta* L. Danish Scientific Investigations in Iran. Part II.
1911. KIRITSHENKO, A. Notices sur les Hémiptères-Hétéroptères de la faune Russe. Rev. Russe Entom. **11.**
1887. KORSCHELT, E. Ueber die Bildung der Eihüllen, der Mikropylen usw. bei den Insecten. Nova Acta Leop. **51.**
1909. KUHLGATZ, T. Hemiptera. In Süsswasserfauna Deutschlands.
1924. LARSÉN, O. Zur Kenntnis von *Aphelocheirus æstivalis* Fabr. Ark. f. Zool. **16.**
1927. — Ueber die Entwicklung und Biologie von *Aphelocheirus æstivalis* Fabr. Entom. Tidskr. Stockh. **48.**
1930a. — Welche Bedeutung hat ein Verlust des Flugvermögens für die lokale Verbreitung der Wasserhemipteren. Zeit. f. wiss. Insect.biol. **25.**
1930b. — Biologische Beobachtungen an schwedischen *Notonecta*-Arten. Entom. Tidskr. Stockh. **51.**
1931a. — Beiträge zur Ökologie und Biologie von *Aphelocheirus æstivalis* Fabr. Intern. Rev. **26.**
1931b. — Beitrag zur Kenntnis des Pterygopolymorphismus bei den Wasserhemipteren. Lunds Univ. Årsskr. N. F. **27.**
1938. — Untersuchungen über den Geschlechtsapparat der aquatilen Wanzen. Opuscula entomologica. Lund. Suppl. **1.**
1923. LEHMANN, H. Biologische Beobachtungen an *Notonecta glauca* L. Zool. Jahrb. Syst. **46.**
1921. LUNDBLAD, O. Zur Kenntnis der jungen Larven einiger in Wasser lebenden Rhynchoten. I–VI. Entom. Tidskr. Stockh.
1936. — Die altweltlichen Arten der Veleidengattungen *Rhagovelia* und *Tetraripis.* Ark. f. Zool. 28 A.
1900. MARTIN, O. A study of *Hydrometra lineata.* Canad. Entom. **32.**
1895. MEINERT, F. Rheumatobates Bergrothi n. sp. Entom. Medd. København. **5.**
1920. MÖLLER, H. Ueber *Lethocerus uhleri* Mont. Zool. Jahrb. Anat. **42.**
1924. POISSON, R. Contribution à l'étude des Hémiptères aquatiques. Bull. Biol. France et Belgique. **58.**
1926. — L'*Anisops producta* Fieb. Observations sur son Anatomie et Biologie. Archives zool. expér. **65.**
1935. RANKIN, K. Life History of *Lethocerus americanus* Leidy. Univ. Kansas Sci. Bull. **22.**
1873. RÉGIMBART, M. Observations sur la ponte du *Dytiscus marginalis* et de quelques autres Insectes aquatiques. Ann. Soc. Ent. France. (5) **5.**
1931. SCHROEDER, H. The Genus *Rheumatobates.* Univ. Kansas Sci. Bull. **32.**
1921. SIROTININA, O. Materialien zur Fauna und Biologie der Wasserwanzen des Wolga-Bassins. Arb. biol. Wolga-Station. **5.** Saratow.
1924. SZABÓ-PATAY, J. Sur la Morphologie et la Fonction de l'Appareil respiratoire des *Aphelochirus.* Ann. Musei Nationalis Hungarici. **21.**
1910. USSING, H. Beiträge zur Biologie der Wasserwanze *Aphelocheirus Montandoni* Horv. Intern. Rev. **3.**
1930. WEBER, H. Biologie der Hemipteren. Biologische Studienbücher. Berlin. **11.**

1912. WEFELSCHEID, H. Ueber die Biologie und Anatomie von *Plea minutissima* Leach. Zool. Jahrb. Syst. **32.**
1922. WILEY, G. Life History Notes on Two Species of *Saldidæ.* Kansas Univ. Sci. Bull. **14.**

Trichoptera.

1914. ALM, A. Bidrag til kännedomen om de nätspinnande Trichopter-larvernas biologi. Entom. Tidskr. Stockh. **35.**
1917. — Til kännedomen om de nätspinnande Trichopterlarvernas biologi. Ibid. **38.**
1926. — Beiträge zur Kenntnis der netzspinnenden Trichopteren-Larven in Schweden. Intern. Revue. **14.**
1934. BETTEN, C. The Caddis Flies or Trichoptera of New York State. New York State Museum Bull. No. **292.**
1923. BROCHER, F. La corne prosternale des larves des Trichoptères. Ann. Biol. lac. **12.**
1913. CHOLODKOWSKY, N. Spermatophorenartige Gebilde bei Trichopteren. Zool. Anz. **42.**
1932. DESPAX, R. Trichoptères récoltés par M. Rémy dans les grottes du Sandjak de Novi-Bazar. Bull. Soc. ent. Fr. **37.**
1935. — Trichoptères récoltés par M. Remy dans les grottes de l'ancien Sandjak de Novi-Bazar (Yougoslavie). Ibid. **40.**
1847. DUFOUR, L. Description et Anatomie d'une Larve à Branchies externes d'*Hydropsiche.* Ann. des Sci. nat. Zool. (3) **8.**
1911. DÖHLER, W. Trichopterologisches. Zeit. wiss. Insektenbiol. **7.**
1914. — Beiträge zur Systematik und Biologie der Trichopteren. Sitz. Ber. nat. Ges. Leipzig. **41.**
1920. — Zur Systematik und Biologie der Gattung *Enoicyla* Ramb. Zool. Anz. **51.**
1907. ESBEN-PETERSEN, P. Om planktonfangende, fangnetspindende Hydropsychidlarver i Danmark. Vid. Medd. Nat. Foren. København. **59.**
1908. — Bidrag til Kundskaben om planktonfangende fangnetspindende Trichopterlarver i Danmark II. Ibid. **60.**
1908. FELBER, J. Die Trichopteren von Basel. Dissert. Basel.
1931. GORTER, F. J. Köcherbauversuche an Trichopterenlarven. Zeitschr. Morph. u. Oekol. **20.**
1913. GUENTHER, K. Die lebenden Bewohner der Kannen der insektenfressenden Pflanze Nepenthes destillatoria auf Ceylon. Zeit. wiss. Insektenbiol. **9.**
1896. HENSEVAL, M. Étude comparée des glandes de Gilson. La Cellule. **11.**
1893. KLAPÁLEK, F. Metamorphose der Trichopteren II. Unters. über die Fauna der Gewässer Böhmens. Prag.
1908. — Larva a pouzdro *Thremma gallicum* Mc. Lachl. Acta Soc. Entom. Bohem. **3.**
1930–1935. KRAWANY, H. Trichopterenstudien. Intern. Rev. **23, 26, 27, 29, 32.**
1937. — Trichopterenstudien. Ibid. **37.**
1903. LAUTERBORN, R., & RIMSKY-KORSAKOW, M. Eine merkwürdige Hydroptiliden-Larve (*Ithytrichia lamellaris* Eaton). Zool. Anz. **26.**
1921. LESTAGE, J. Trichoptera. In ROUSSEAU, Les Larves et les Nymphes aquatiques.
1921. LLOYD, J. T. The Biology of North American Caddis-Fly Larvæ. Bull. Lloyd Libr. **21.**
1913. LOHMANN, H. Die von Sekretfäden gebildeten Fangapparate im Tierreich und ihre Erbauer. Mitteil. Naturh. Mus. Hamburg. **30.**
1893. LUCAS, R. Beiträge zur Kenntnis der Mundwerkzeuge der Trichopteren. Arch. f. Naturges. **59.**
1907. LÜBBEN, H. Ueber die innere Metamorphose der Trichopteren. Zool. Jahrb. Anat. **24.**

1874–84. MacLachlan, R. A Revision and Synopsis of the Trichoptera of the European Fauna. London.
1905. Marshall, W., and Vorhies, C. The Repair and Rebuilding of the Larval Case of *Platyphylax designatus*. Biol. Bull. **9.**
1933. Moretti, G. Esperimenti sulla ricostruzione dei foderi larvali dei Tricotteri. Memoria della Soc. Entom. Ital. **12.**
1934. — I Tricotteri delle risaie. Atti Soc. Ital. d. Sci. Nat. **73.**
1935. — Studi sui Tricotteri II. *Anabolia lombarda* Ris. Ibid. **74.**
1931. Morgan, Ann, and O'Neil, H. The Function of the Tracheal Gills in Larvæ of the Caddis Fly *Macronema zebratum* Hagen. Physiol., Zool., Chicago. **4.**
1939. Mosely, M. The British Caddis Flies (Trichoptera). London.
1879. Müller, F. Ueber Phryganiden. Zool. Anz. **2.**
1881. — Ueber die von den Trichopteren der Provinz Catharina verfertigten Gehäuse. Zeit. wiss. Zool. **35.**
1901. Needham, J., and Betten, C. Aquatic Insects in the Adirondacks. New York State Museum. **47.**
1935. Nielsen, A. En Forekomst af *Apatania muliebris* MacLachl. Flora og Fauna.
1936. — Das Eierlegen, der Laich und die Larven des 1sten Stadiums von *Oligoplectrum maculatum* (Fourcroy). Zool. Anz. **113.**
1942. — Ueber die Entwicklung und Biologie der Trichopteren mit besonderer Berücksichtigung der Quelltrichopteren Himmerlands. Arch. Hydrob. Suppl. **17.**
1914. Noyes, A. The Biology of the Net-Spinning Trichoptera of Cascadilla Creek. Ann. entom. Soc. Amer. **7.**
1899. Ostwald, W. Experimental-Untersuchungen über den Köcherbau der Phryganeidenlarven. Zeitschr. Naturw. **72.**
1901. — Ueber die Variabilität der Gehäuse der Trichopterenlarven. Ibid. **74.**
1927. Popowa, A. Ueber die Ernährung der Trichopterenlarven. Zeit. wiss. Insektenbiol. **22.**
1734–42. Réaumur, R. Mémoires pour servir à l'histoire des Insectes. Vol. **3.**
1925. Redeke, H., & de Vos, A. Over Onderzoekningen betreffende de Schade veroorzaakt aan fuiken door de zoogenaamde Zijbijten. Verslagen en Mededeelingen. **7.**
1904. Ris, F. Ein unbekanntes Organ der Phryganiden *Oecetis notata.* Vierteljahrschr. Naturf. Ges. Zürich. **49.**
1887. Rougemont, P. de. Observations sur l'*Helicopsyche sperata.* Bull. Soc. sc. nat. Neuchâtel. **11, 12.**
1932. Scheffler, H. Beobachtungen und Versuche zur Ökologie der Trichopterenlarven. Zeit. wiss. Zool. **142.**
1926. Sibley, C. K. A Preliminary Biological Survey of the Lloyd-Cornell Reservation Studies on Trichoptera. Bull. Lloyd Libr. **27** entom. Ser. **5.**
1902–04. Siltala (Silfvenius), A. Ueber die Metamorphose einiger Phryganeiden und Limnophiliden. Acta Soc. p. Fauna et Flora Fenn. **21, 27.**
1903. — Hydropsychiden. Ibid. **25.**
1904a. — Hydroptiliden. Ibid. **26.**
1904b. — Trichopterenlarven in nicht selbstverfertigten Gehäusen. Allgem. Zeit. f. Entom. **9.**
1905. — Beiträge zur Metamorphose der Trichopteren. Acta Soc. p. Fauna et Flora Fenn. **27.**
1906a. — Trichopterologische Untersuchungen. I. Ueber den Laich der Trichopteren. Ibid. **28.**
1906b. — Zur Trichopterenfauna des Finnischen Meerbusens. Ibid. **28.**
1907a. — Ueber die Nahrung der Trichopteren. Ibid. **29.**
1907b. — Trichopterologische Untersuchungen II. Zool. Jahrb. Suppl. **9.**
1900. Struck, R. Lübeckische Trichopteren und Gehäuse ihrer Larven und Puppen. Das Museum zu Lübeck.

1903. — Beiträge zur Kenntniss der Trichopterenlarven. Mitt. geogr. Ges. nat. Mus. Lübeck (2) Heft **17.**
1935. Sømme, S. The Larva of *Plectrocnemia conspersa* Curt. attacking Trout Alevins. Norsk Entom. Tidsskr. **3.**
1903. Thienemann, A. Analkiemen bei den Larven von *Glossosoma Boltoni* Curt. und einigen Hydropsychiden. Zool. Anz. **27.**
1904. — *Ptilocolepus granulatus* Pt. Allgem. Zeit. f. Entom. **9.**
1905. — Biologie der Trichopteren-Puppe. Zool. Jahrb. Syst. **22.**
1924. — Hydrobiologische Untersuchungen an Quellen. Arch. f. Hydrob. **14.**
1936. Tsuda, M. Untersuchungen über die Japanischen Wasserinsekten. 1. *Kitagamidæ*, eine neue Familie der Trichopteren. Ann. Zool. Japon. **15.**
1931. Uhlmann, E. Ein neuer hochspezialisierter Trichopterenbau mit Zirkulationsschornsteinen. Zool. Anz. **97.**
1932. — Instinkt und Entwicklung unter besonderer Berücksichtigung des Bauinstinkts der Trichopterenlarven. Festschr. zum 70. Geburtstage von S. Plate.
1903. Ulmer, G. Ueber die Metamorphose der Trichopteren. Abh. nat. Ver. Hamburg. **18.**
1905. — Ueber die geographische Verbreitung der Trichopteren. Zeit. wiss. Insektenbiol. **11.**
1912. — Die Trichopteren des Baltischen Bernsteins. Schr. phys.-ökonom. Ges. Königsberg. **10.**
1920. — Trichopteren und Ephemeropteren aus Höhlen. Deut. entom. Zeit.
1927. Ussing, H. Om snyltende Vaarfluelarver. Flora og Fauna.
1896. Wesenberg-Lund, C. Om Ferskvandsfaunaens Kitin- og Kisellevninger i Tørvelagene. Medd. Dansk geol. Foren. **3.**
1908a. — Die littoralen Tiergesellschaften unserer grösseren Seen. Intern. Rev. **1.**
1908b. — Ueber tropfende Laichmassen. Ibid. **1.**
1910. — Ueber die Biologie von *Glyphotælius punctato-lineatus.* Ibid. **3.**
1911a. — Biologische Studien über netzspinnende campodeoide Trichopteren-Larven. Ibid. Biol. Suppl. **3.**
1911b. — Ueber die Biologie der *Phryganea grandis.* Ibid. **4.**
1913a. — Paarung und Eiablage der Süsswasserinsekten. Abderhalden: Forschungsber. Naturw. Forschung. **8.**
1913b. — Wohnungen und Gehäusebau der Süsswasserinsekten. Ibid. **9.**
1890. Wood-Mason, J. On a Viviparous Caddis-fly. Ann. Mag. Nat. Hist. (6) **6.**
1905. Vorhies, C. Habits and Anatomy of the Larva of the Caddis-fly *Platyphylax designatus* Walk. Transact. Wisconsin Acad. **15.**
1909. — Studies on the Trichoptera of Wisconsin. Ibid. **16.**

Lepidoptera.

1941. Berg, K. Contributions to the Biology of the aquatic Moth *Acentropus niveus* Oliv. Vid. Medd. Nat. Foren. **105.**
1875. Buckler, W. On the Larva and Habits of *Paraponyx stratiotata.* Entom. Month. Mag. **12.**
1918. Chittenden, F. H. The Lotus Borer. Journ. Ec. Ent. **11.**
1924. Ege, R. Om Respirationsforholdene hos *Hydrocampa nymphæata* (Larve og Puppe). Vid. Medd. Nat. Foren. **76.**
1910. Forbes, W. The aquatic Caterpillars of Lake Quinsigamond. Psyche. **17.**
1938. Frohne, W. C. Contribution to the knowledge of the limnological Rôle of the higher aquatic Plants. Transact. Amer. micr. Soc. **57.**
1939a. — Observations on the Biology of three semiaquatic lacustrine Moths. Ibid. **58.**
1939b. — Biology of *Chilo forbesellus* Fernald, an hygrophilus Crambine Moth. Ibid. **58.**
1909. Grünberg. Lepidoptera. In Die Süsswasserfauna Deutschlands.

1895. Hart, C. On the Entomology of the Illinois River and adjacent Waters. Bull. Ill. Stat. Lab. **4.**

1934. Hora, Sundar Lal. Further Observations on the Bionomics of the early Stages of torrential Lepidoptera from India. Rec. Ind. Mus. **36.**

1930. Iwata, M. The larval and pupal Stages of *Aulacodes* sp. (*Hydrocampinæ*). Ann. Zool. Jap. **12.**

1873. Laboulbène, A. Observations sur le genre *Palustra.* Ann. Soc. Ent. France. (5) **3.**

1914. Lloyd, J. T. Lepidopterous Larvæ from rapid Streams. Journ. N. Y. Ent. Soc. **22.**

1907. Lübben, H. Ueber die Lebensgewohnheiten von *Cataclysta lemnata* L. und einige biologische Beziehungen zwischen Pyraliden und Chiloniden. Zeit. wiss. Insektenbiol. N. F. **3.**

1935. Myers, J. G. Aquatic »woolly-bear« caterpillars, British Guiana. Proc. Royal ent. Soc. London. **10.**

1884. Müller, G. W. Ueber einige im Wasser lebende Schmetterlingsraupen Brasiliens. Arch. f. Naturges. **50.**

1886. — Südamerikanische Nymphalidenraupen. Zool. Jahrb. **1.**

1892. — Beobachtungen an im Wasser lebenden Schmetterlingsraupen. Zool. Jahrb. Syst. **6.**

1908. Nigmann, M. Anatomie und Biologie von *Acentropus niveus* Oliv. Zool. Jahrb. Syst. **26.**

1884. Packard, A. Habits of an aquatic Pyralid Caterpillar. Amer. Nat. **18.**

1911. Portier, P. Recherches physiologiques sur les Insectes aquatiques. Arch. Zool. expér. (5) **8.**

1928. Pruthi, H. S. Observations on the Biology and Morphology of the immature Stages of *Aulacodes peribocalis* Wlk. (Hydrocampinæ. – Lepidoptera). Rec. Ind. Mus. **30.**

1928. Rebel, H. Zur Kenntniss der Respirationsorgane wasserbewohnender Lepidopteren-Larven. Zool. Jahrb. Syst. **12.**

1936. Tsuda, M. Untersuchungen über die japanischen Wasserinsekten. III. Einige Wasserschmetterlinge. Ann. Zool. Japon. **15.**

1914. Welch, P. Habits of the Larva of *Bellura melanopyga* Grote. Biol. Bull. **27.**

1916. — Contribution to the Biology of certain aquatic Lepidoptera. Ann. Entom. Soc. America. **9.**

1919. — The aquatic Adaptations of *Pyrausta penitalis* Grt. Ibid. **12.**

1922. — The respiratory Mechanism in certain aquatic Lepidoptera. Trans. Amer. micr. Soc. **41.**

1924. — Observations on the early larval activities of *Nymphula maculalis* Clemens. Ann. Entom. Soc. America **17.**

1928. — The periodic vibratory movements of the larva of *Nymphula maculalis* Clemens and their respiratory significance. Ibid. **21.**

Megaloptera.

1903. Davis, K. C. *Sialidæ* of North and South America. New York State Mus. Bull. **68.**

1935. du Bois, A. M., und Geigy, R. Beiträge zur Ökologie, Fortpflanzungsbiologie und Metamorphose von *Sialis lutaria* L. Rev. Suisse Zool. **42.**

1931. Emden, F. van. Die Megalopterenlarven der Deutschen Limnologischen Sunda-Expedition. Arch. f. Hydrob. Suppl. **9.**

1935. Geigy, R., und du Bois, A. Sinnesphysiologische Beobachtungen über die Begattung von *Sialis lutaria* L. Revue Suisse Zool. **42.**

1937. Geigy, R. Beobachtungen über die Metamorphose von *Sialis lutaria* L. Mitt. Schweizer. Entom. Gesell. **17.**

1919. Lestage, I. Notes biologiques sur *Sialis lutaria.* Ann. Biol. lac. **9.**

1921. — Le mécanisme de la ponte chez *Sialis lutaria.* Ibid. **10.**

1901. NEEDHAM, J. G. and BETTEN, C. Aquatic Insects in the Adirondacks. N. Y. State Mus. Bull. **47.**
1878. RILEY, C. V. On the larval characters of *Corydalis* and *Cauliodes.* Proc. Amer. Ass. Adv. Sci.

Neuroptera.

1848. DUFOUR, L. Recherches sur l'anatomie et l'histoire naturelle de l'*Osmylus maculatus.* Ann. des Sci. Nat. Zool. (3) **9.**
1852. HAGEN, H. Die Entwicklung und der innere Bau von *Osmylus.* Linnæa entom. **7.**
1930. KILLINGTON, F. A Synopsis of British Neuroptera. Trans. ent. Soc. Hampshire and S. England.
1911. LAMPE, M. Beiträge zur Anatomie und Histologie der Larve von *Sisyra fuscata* Fabr. Dissert. Berlin.
1921. LESTAGE, J. La ponte et la larvule de l'*Osmylus chrysops* L. Ann. Biol. Lac. **10.**
1933. OLD, M. Observations on the *Sisyridæ.* Pap. Michigan Acad. Sci. **17.**
1931. STITZ, H. Planipennia in Schulze: Biologie der Tiere Deutschlands. **35.**
1914. USSING, H. *Osmylus chrysops* (Vandmyreløven). Flora og Fauna.
1922. WITHYCOMBE, C. Notes on the Biology of some British Neuroptera. Trans. ent. Soc. London.
1925. — Some Aspects of the Biology and Morphology of the Neuroptera. Ibid.

Dytiscidae.

1912a. ALT, W. Ueber das Respirationssystem von *Dytiscus marginalis* L. Zeit. wiss. Zool. **99.**
1912b. — Ueber das Respirationssystem der Larve von *Dytiscus marginalis.* Ibid. **99.**
1913. BALFOUR-BROWNE, F. The Life-History of a Waterbeetle. Nature. **92.**
1912a. BLUNCK, H. Beitrag zur Kenntnis der Morphologie und Physiologie der Haftscheiben von *Dytiscus marginalis.* Zeit. wiss. Zool. **100.**
1912b. — Das Geschlechtsleben der *Dytiscus marginalis.* I. Die Begattung. Ibid. **102.**
1913a. — II. Die Eiablage. Ibid. **104.**
1913b. — Kleine Beiträge zur Kenntnis des Geschlechtslebens und der Metamorphose der Dytisciden. I. *Colymbetes.* Zool. Anz. **41.**
1913c — II. *Acilius sulcatus.* Ibid. **41.**
1916a. — Das Leben des Gelbrands. Ibid. **46.**
1916b. — Die artindividuellen biologischen Charactere des *Dytiscus semisulcatus.* Ibid. **46.**
1917. — Die Entwicklung des *Dytiscus marginalis.* 2. Die Metamorphose. Zeit. wiss. Zool. **117.**
1921. — III. *Agabus bipustulatus.* Entom. Blätter. **17.**
1922. — Zur Biologie des Tauchkäfers *Cybister lateralimarginalis.* Zool. Anz. **55.**
1923. — Die Entwicklung des *Dytiscus marginalis.* 2. Die Metamorphose. B. Das Larven- und Puppenleben. Zeit. wiss. Zool. **121.**
1924. — Lebensdauer, Fortpflanzungsvermögen und Alterserscheinungen beim Gelbrand. Zool. Anz. **58.**
1911. BROCHER, F. Recherches sur la respiration des Insectes aquatiques adultes. Les Dytiscidés. Ann. Biol. lac. **4.**
1913. — Etude anatomique et physiologique du système respiratoire chez les larves du Genre *Dytiscus.* Ibid. **6.**
1914a. — Observations biologiques sur les Dytiscidés. Ibid. **6.**
1914b. — Les Dytiscidés. Ibid. **7.**
1915. — Recherches sur la respiration des Insectes aquatiques. Rev. Suisse Zool. **23.**
1916. — Nouvelles observations sur la respiration des Dytiscidés. Arch. zool. expér. **56.**

1922. — Observations biologiques sur les *Haliplidés.* Ann. Biol. lac. **11.**
1882. Burgess Sopp, E. The Structure of the Mouth in the Larva of *Dytiscus.* Proc. Boston Soc. **21.**
1912–13. Bøving, A. Studies relating to the Anatomy, the biological Adaptations and the Mechanism of Ovipositor in the various Genera of *Dytiscidæ.* Intern. Rev. Biol. Suppl. (5) **2.**
1910. Chatanay, J. Sur le Tarse des Dytiscides. Ann. Soc. entom. France. **79.**
1912. Demant, C. Der Geschlechtsapparat von *Dytiscus marginalis.* Zeit. wiss. Zool. **103.**
1898. du Bois, Reymons. Ueber die Atmung von *Dytiscus marginalis.* Arch. Anat. u. Phys.
1915. Ege, R. On the respiratory Function of the Air stores carried by some aquatic Insects: *Corixidæ, Dytiscidæ* and *Notonecta.* Zeit. allg. Physiol. **17.**
1926. Falkenström, G. Beiträge zur Kenntnis der Biologie der Halipliden. Entom. Tidskr. Stockholm.
1933. — Die Metamorphose von *Deronectes depressus* sensu Fabr. und *latescens* Falkenstr. Intern. Rev. **29.**
1930. Hansen, V. Haliplidæ, Dytiscidæ, Gyrinidæ in Danmarks Fauna. **34.**
1938. Heberdey, R. Beiträge zum Bau des Subelytralraums und zur Atmung der Coleopteren. Zeit. Morph. u. Oekol. **33.**
1930a. Hickmann, J. Respiration of the *Haliplidæ.* Michigan Acad. of Sci. Arts and Letters. **13.**
1930b. — Life-Histories of Michigan *Haliplidæ.* Ibid. **11.**
1931. — Contributions to the Biology of the *Haliplidæ.* Ann. Ent. Soc. Amer.
1893. Hubbard, H. Notes on the Larva of *Amphizoa.* Insect Life. **5.**
1923–1924. Korschelt, E. Bearbeitung einheimischer Tiere: Der Gelbrand *Dytiscus marginalis.* Leipzig.
1912. Matheson, R. The *Haliplidæ* of North America, North of Mexico. Journ. New York Ent. Soc. **20.**
1879. Meinert, F. Om Mundens Bygning hos Larverne af Myrmeleontiderne, Hemerobierne og Dytiscerne. Vid. Medd. Nat. For. 1879–80.
1901. — Vandkalvelarverne. Kgl. D. Vid. Selsk. Skr. (6) nat.-mat. Afd. **9.**
1895. Miall, L. The natural History of aquatic Insects. London.
1930. Mukerji, D. On the respiratory System of the *Cybister*-larva. Arch. Zool. expér. **70.**
1872. Plateau, F. Resistance à l'Asphyxie par submersion, Action du Froid, Action de la Chaleur, Temperature maximum. Bull. Acad. roy. de Belgique. (2) **34.**
1884. — Recherches expérimentales sur les Mouvements respiratoires des Insectes. Mém. Acad. roy. de Belgique. **45.**
1909. Portier, P. Recherches physiologiques sur les Insectes aquatiques. Arch. Zool. expér. (5) **8.**
1875. Régimbart, M. Observations sur la ponte du *Dytiscus marginalis* et de quelques autres insectes aquatiques. Ann. Soc. Entom. France. (5) **5.**
1877. — Recherches sur les organes copulateurs et sur les fonctions génitales dans le genre *Dytiscus.* Ibid. (5) **7.**
1905. — Note sur le *Dytiscus* à Femelles dimorphes. Bull. Soc. ent. France.
1911. Rungius, H. Der Darmkanal (der Imago und Larve). Zeit. wiss. Zool. **98.**
1841. Schiødte, J. C. Danmarks Eleutherata. Kjøbenhavn.
1864–1872. — De Metamorphosi Eleutheratorum Observationes. Nat. Tidsskr. (3) III, VIII.
1878. Sharp, D. Observations on the Respiration Action of the carnivorous Waterbeetles (*Dytiscidæ*). Journ. Linn. Soc. London. **13.**
1910. Törne, O. Die Saugnäpfe der männlichen Dytisciden. Zool. Jahrb. Anat. **29.**
1911. Ulmer, G. Unsere Wasserinsekten. Naturwiss. Bibliothek. Leipzig.
1912. Wesenberg-Lund, C. Biologische Studien über Dytisciden. Intern. Rev. Biol. Suppl. **5.**

Gyrinidae.

1928. Bott, R. Beiträge zur Kenntnis von *Gyrinus natator substriatus* Steph. Zeit. Morph. u. Oekol. **10.**
1929. Brown, C. R. Orientation and Fright Reactions of Whirling Beetles (*Gyrinidæ*). Journ. Comp. Psychology. **9.**
1925a. Hatch, M. H. Phylogeny and Phylogenetic Tendencies of *Gyrinidæ*. Michigan Acad. of Science. **5.**
1925b. — An Outline of the Ecology of *Gyrinidæ*. Bull. Brooklyn Ent. Soc. **20.**
1926. — The Morphology of *Gyrinidæ*. Michigan Acad. of Science. **7.**
1926. Ochs, G. Die *Dineutini*. Entom. Zeit. **40.**
1841. Schiødte, J. C. Danmarks Eleutherata. Kjøbenhavn.

Hydrophilidae.

1910. Balfour-Browne, F. On the Life History of *Hydrobius fuscipes* L. Trans. Roy. Soc. Edinburgh. **47.**
1923. Blunck, H. und Speyer, W. Die Fühler des *Hydrous piceus* L. als sekundäre Respirationsorgane. Zool. Anz. **63.**
1911. Brocher, F. Observations biologiques sur quelques Insectes aquatiques. Ann. Biol. lac. **4.**
1912a. — Recherches sur la Respiration des Insectes aquatiques adultes. L'Hydrophile. Ibid. **5.**
1912b. — L'appareil stridulatoire de l'*Hydrophilus piceus* et celui du *Berosus aëriceps*. Ibid. **5.**
1914. — Physiologie de la Respiration chez des Insectes imagos. Arch. Zool. expér. **51.** Notes et Revues.
1924. — Sur la Nymphe du Grand Hydrophile. Ann. Biol. lac. **13.**
1910a. Buhk, F. Lebensweise und Entwicklung von *Spercheus emarginatus*. Entom. Rundschau. **27.**
1910b. — Stridulationsapparat bei *Spercheus*. Zeit. wiss. Insektenbiol. **16.**
1938. Bøving, A. & Henriksen, K. The developmental Stages of the Danish Hydrophilidæ. Vid. Medd. Nat. Foren. **102.**
1931. Hansen, V. Palpicornia: Hydrophilidae in Danmarks Fauna. **36.**
1926. Hase, A. Zur Kenntnis der Lebensgewøhnheiten und der Umwelt des marinen Käfers *Ochthebius quadricollis* Muls. Inter. Revue. **16.**
1911. Krogh, A. On the hydrostatic Mechanism of the *Corethra*-Larve with an Account of Methods of microscopical Gasanalysis. Skand. Arch. Physiol. **25.**
1939. Laabs. Brutfürsorge und Brutpflege einiger Hydrophiliden. Zeit. Morph. u. Oekol. **36.**
1936. Larsen, Ellinor Bro. Biologische Studien über die tunnelgrabenden Käfer auf Skallingen. Vid. Medd. Nat. Foren. **100.**
1832. Lyonet, P. Recherches sur l'anatomie et les métamorphoses de différentes espèces d'insectes. Mém. Mus. d'Hist. nat. Paris. **18.**
1895. Miall, C. The Natural History of Aquatic Insects. London.
1809. Miger, F. Mémoires sur les Larves d'Insectes Coléoptères aquatiques. 1er Mém. sur le grand Hydrophile. Ann. Mus. d'Hist. nat. Paris. **14.**
1811. Nitzsch, C. L. Ueber das Atmen der Hydrophiliden. Arch. f. Physiol. **10.**
1913. d'Orchymont, A. Contribution à l'étude des larves Hydrophilides. Ann. Biol. lac. **6.**
1922. Pavlovsky, E. On the Biology and Structure of the Larvæ of *Hydrophilus caraboides* L. Quart. Journ. Micr. Sci. **66.**
1911. Portier, P. Recherches physiologiques sur les Insectes aquatiques. Arch. Zool. expér. (5) **8.**
1924. Przibram, H. Ueber die Funktion der Käferfühler insbesondere des Wasserkäfers *Hydrophilus piceus*. Zool. Anz. **60.**
1901. Rengel, C. Zur Biologie der *Hydrophilus piceus*. Biol. Centralbl. **21.**
1920. Richmond, E. Studies on the Biology of the Aquatic *Hydrophilidæ*. Bull. Amer. Mus. N. Y. **42.**

1861–62, 1872. Schiødte, J. C. De Metamorphosi Eleutheratorum Observationes. Nat. Tidsskr. (3) I, VIII.
1913. Wesenberg-Lund, C. Fortpflanzungsverhältnisse: Paarung und Eiablage der Süsswasserinsekten. In Abderhalden: Fortschr. d. naturw. Forsch. **8.**
1923a. Wilson, C. B. Life History of the Scavanges Waterbeetle *Hydrous triangularis.* Bull. U. St. Bur. Fisheries. **39.**
1923b. — Waterbeetles in Relation to Pondfish culture. Ibid. **39.**

Die übrigen Käfer.

1938. Berg, K. Studies on the Bottom animals of Esrom lake. Kgl. D. Vid. Selsk. Skr. Math.-nat. Afd. (9) **8.**
1935. Bertrand, H. Larves des Coléoptères aquatiques de l'Expédition Limnologique Allemande en Insulinde. Tropische Binnengewässer. Arch. f. Hydrobiol. Suppl. **14.**
1911. Brocher, F. Recherches sur la Respiration des Insectes aquatiques adultes. Les *Hæmonia.* Ann. Biol. lac. **5.**
1912a. — Recherches sur la Respiration des Insectes Aquatiques Adultes. Les *Elmides.* Ibid. **5.**
1912b. — Observations biologiques sur quelques Curculionidés aquatiques. Ibid. **5.**
1913. — L'aquarium de Chambre. Lausanne.
1906. Bøving, A. Bidrag til Kundskaben om Donaciin-Larvernes Naturhistorie. Dissert. København.
1926. — The Immature Stages of *Psephenoides gahani* Champ. Trans. Ent. Soc. London. **74.**
1929. — On the Classification of Beetles according to larval Characters. Bull. Brooklyn Ent. Soc. **24.**
1931. — and Craighead, F. An illustrated Synopsis of the principal larval forms of the order Coleoptera. Brooklyn.
1911. Deibel, J. Beiträge zur Kenntnis von *Donacia* und *Macroplea* unter besonderer Berücksichtigung der Atmung. Zool. Jahrb. Anat. **31.**
1915. Ege, R. On the Respiratory Conditions of the Larva and Pupa of *Donacia.* Vid. Medd. Nat. Foren. **66.**
1936. Geijskes, D. Zur Kenntnis Javanischer Helodiden-Larven (Coleoptera). Ent. Med. Ned. Indie **2.**
1938. Hansen, V. Malacodermata, Fossipedes, Macrodactylia og Brachymera in Danmarks Fauna. **44.**
1935. Hinton, H. E. Notes on the *Dryopidæ.* Stylops. **4.**
1936. Larsen, Ellinor Bro. Biologische Studien über die tunnelgrabenden Käfer auf Skallingen. Vid. Medd. Nat. Foren. **100.**
1938. Larsson, Sv. G. Larver. In: Hansen, V.: Danmarks Fauna. **44.**
1914. Matheson, R. Life History Notes on two Coleoptera (*Parnidæ*). Canad. Ent. **46.**
1912. Meijere, J. de. Ueber in Equisetum parasitierende Insekten: *Dolerus palustris* Kl. und *Bagous claudicans* Boh. Tijdschr. v. Ent. **15.**
1935. Meixner, J. Coleoptera in Handb. d. Zool.
1928. Okada, Jo K. Two Japanese aquatic Glow-worms. Trans. Ent. Soc. London. **76.**
1938. Sanderson, M. A monographic Revision of the North American Species of *Stenelmis.* Bull. Univ. Kansas. **39.**
1936. Susskind, M. E. A morphological Study of the Respiratory System in various Larval Instars of *Stenelmis sulcatus* Blatchley. Pap. Michigan Acad. of Science. **21.**
1908. Wesenberg-Lund, C. Die littoralen Tiergesellschaften unserer grösseren Seen. Intern. Rev. **1.**

Tipulidae.

1919–1920. ALEXANDER, C. P. The Crane-Flies of New York. Part I. Distribution and Taxonomy of the adult Flies. Part II. Biology and Phylogeny. Cornell Univ. Agric. exper. Station. Mem. **25**, **38**.

1931. — The Crane-Flies. Deutsche Limnol. Sundaexp. Arch. f. Hydrobiol. Suppl. **9**.

1897. BENGTSSON, S. Til Kännedomen om Larven af *Phalacrocera replicata* L. Kgl. fysiogr. Sällsk. Lund. Hdl. **8**.

1916. DETTE, E. Ueber die Metamorphose von *Trichosticha flavescens*. Zool. Jahrb. Syst. **39**.

1913. GERBIG, F. Ueber Tipuliden-Larven mit besonderer Berücksichtigung der Respirationsorgane. Zool. Jahrb. Syst. **35**.

1922. HAAKE, B. Die Metamorphose von *Triogma trisulcata*. Zool. Jahrb. Syst. **45**.

1933. JOHANNSEN, O. A. Aquatic Diptera. Part I. Nemocera exclusive of *Chironomidæ* and *Ceratopogonidæ*. Cornell Univ. Agric. Exper. Station. Mem. **164**.

1937. KEILIN, D., and TATE, P. A comparative account of the Larvae of *Trichomyia urbica* Curtis, *Psychodes albipennis* Zett. and *Phlebotomus argentipes* Ann. and Brun. Parasitology. **29**.

1924. KÖNNEMANN, R. Ueber den Darm einiger Limnobiidenlarven. Zool. Jahrb. Anat. **48**.

1919a. LENZ, F. Die Metamorphose der Cylindrotomiden. Arch. f. Naturges. **85**.

1919b. — *Thaumastoptera calceata* Mik. Eine gehäusetragende Tipulidenlarve. Ibid. **85**.

1921. — Die Eiablage von *Cylindrotoma distinctissima* Mg. Ibid. **87**.

1917. MALLOCH, J. A Preliminary Classification of Diptera. Part I. Bull. Illinois State Laboratory. **12**.

1901. MÜGGENBURG, F. Larve und Puppe von *Cylindrotoma glabrata* (Meig.). Arch. f. Naturg. Beih. **67**.

1921. MÜLLER, G. W. Insecten an Wurzeln von Wasserpflanzen. Mitteil. Naturw. Verein Neuvorpommern. **48**.

1893. MIALL, L. *Dicranota*, a carnivorous Tipulidlarva. Trans. Ent. Soc. London.

1924. PIERRE, C. Diptères: *Tipulidæ*. Faune de France. **8**.

1936. SELLKE, K. Biologische und morphologische Studien an schädlichen Wiesenschnacken. Zeit. wiss. Zool. **148**.

1932. STUDNITZ, G. v. Die statische Funktion der sogenannten pelotaktischen Organe der Limnobiiden Larven. Zool. Jahrb. Zool. **50**.

1936. TOKUNAGA, M. Three Marine Crane-Flies from Japan. Ann. Zool. Jap. **15**.

1929. USSING, H. *Dicranomyia didyma* Meig. Flora og Fauna.

1921. WOLFF, B. Schlammsinnesorgane (Pelotaktische Organe) bei Limnobiidenlarven. Jenaische Zeit. f. Naturw. **58**.

1926. WARDLE, R. The respiratory System of contrasting Types of Cranefly larvæ. Proc. Zool. Soc. London.

Psychodidae.

1905. DELL, A. The Structure and Life History of *Psychoda sexpunctata* Curtis. Trans. Ent. Soc. London.

1923. FEUERBORN, H. J. Die Larven der Psychodiden oder Schmetterlingsmücken. Verh. intern. Ver. Limnologie. **1**.

1926. — Halobionte Psychodiden. Mitt geogr. Ges. Naturh. Museum. Lübeck. **2**.

1927. — Ueber Chætotaxis und Typus der Larve und Puppe von Psychodiden. Zool. Anz. **70**.

1932. — Die Psychodide *Maruina indica* n. sp. und ihre Beziehung zu den Blepharoceriden. Arch. f. Hydrob. Suppl. **11**.

1875. GROBBEN, C. Ueber bläschenförmige Sinnesorgane und eine eigenthümliche Herzbildung der Larve von *Ptychoptera contaminata* L. Sitzungsber. d. K. Akad. Wiss. Wien. Nat. Cl. **72**.

1910. HASEMAN, L. The Structure and Metamorphosis of the Alimentary Canal of the Larva of *Psychoda alternata* Say. Ann. Ent. Soc. Amer. **3.**

1933. JOHANNSEN, O. A. Aquatic Diptera. Part I. Nemocera, exclusive of *Chironomidæ* and *Ceratopogonidæ.* Cornell Univ. Agric. Exper. Station. Mem. **164.**

1937. KEILIN, D. and TATE, P. A Comparative Account of the Larvæ of *Trichomyia urbica, Psychodes albipennis,* and *Phlebotomus argentipes.* Parasitology. **29.**

1925. KEMPER, H. Morphogenetische Untersuchungen des Tracheensystems von *Psychoda phalænoides.* Dissert.

1931. KRÜPER, F. Ueber Verkalkungserscheinungen bei Dipteren-Larven und ihre Ursachen. Archiv f. Hydrobiol. **22.**

1895. MIALL, L. and WALKER, N. The Life-History of *Pericoma canescens.* Trans. Ent. Soc. London.

1915. MUTTKOWSKI, R. New Insect Life Histories I. *Psychoda cinerea* Banks. Bull. Wisconsin Nat. Hist. Soc. **13.**

1888. MÜLLER, FR. Larven von Mücken und Haarflüglern mit zweierlei abwechselnd tätigen Atemwerkzeugen. Entom. Nachr. **14.**

1895. — Contribution towards the history of a new form of Larvae of *Psychodidæ.* Trans. Ent. Soc. London.

1927. MÜLLER, G. W. *Microdixa* nov. gen. der *Dixidae* und ihre Verwandlung. Zeit. Morph. u. Oekol. **7.**

1925. SÉGUY, E. Diptères: *Ptychopteridæ, Orphnephilidæ, Simuliidæ, Culicidæ, Psychodidæ, Phlebotominæ.* Faune de France. **12.**

1923. TURNER, C. L. The *Psychodidæ* as Subject for Studies in Breeding and Heredity. Amer. Nat. **57.**

1912. WELCH, P. S. Observations on the Life History of a new Species of *Psychoda.* Ann. Ent. Soc. Amer. **5.**

1909. ZUELZER, M. Beitrag zur Kenntnis der Entwicklung von *Psychoda sexpunctata* Curtis, der Schmetterlingsmücke. Mitt. Königl. Prüfungsanst. f. Wasserversorgung. **12.**

Culicoidea.

1922. AKEHURST, S. Larvæ of *Chaoborus crystallinus.* Journ. Royal Micr. Soc.

1916. BARDENFLETH, K. and EGE, R. On the Anatomy and Physiology of the Air-Sacs of the Larva of *Corethra plumicornis.* Vid. Medd. Nat. Foren. **67.**

1937. BERG, K. Contributions to the Biology of *Corethra.* Kgl. D. Vid. Selsk. Biol. Medd. **13.**

1928. CHRISTENSEN, P. HOLST. Bidrag til Kendskabet om *Corethra*-Larvens hydrostatiske Mekanisme. Vid. Medd. Nat. Foren. **86.**

1924. DAMANT, G. The Adjustment of the Buoyancy of the Larva of *Corethra plumicornis.* Journ. of Physiology. **59.**

1936. ECKSTEIN, F. Beiträge zur Kenntnis exotischer *Chaoborinæ* nebst Bemerkungen über einige einheimische Formen. Arch. f. Hydrobiol. Suppl. **14.**

1932. EDWARDS, F. W. Diptera. Fam. *Culicidæ* in Wytsman Genera Insectorum. **194.**

1931. EGGLETON, F. Limnetic Distribution and Migration of *Corethra*-Larvæ in two Michigan Lakes. Pap. Michigan Acad. of Sci. **15.**

1915. v. FRANKENBERG, G. Die Schwimmblasen von *Corethra.* Zool. Jahrb. Zool. **35.**

1927. — Die Rückstülpung des Pharynx bei der Larve von *Corethra plumicornis.* Zool. Anz. **76.**

1928. GELEI, J. v. Erwärmungskörper bei Wasserorganismen. Zool. Jahrb. Phys. **44.**

1937. HERMS, W. The Clear Lake Gnat. Univ. of Calif. Agric. exper. Station. Bull. **607.**

1935. JACOBS, W. Das Schweben der Wasserorganismen. Ergebnisse der Biol. **11.**
1903. JOHANNSEN, O. A. Aquatic Nematocerous *Diptera.* Part 6. New York State Mus. **68.**
1933. — Aquatic Diptera. Part I. *Nemocera,* exclusive of *Chironomidæ,* and *Ceratopogonidæ.* Cornell Univ. Agric. exper. St. Mem. **164.**
1921. JUDAY, C. Observations on the Larvæ of *Corethra punctipennis.* Biological Bulletin. **40.**
1922. — Quantitative Studies of the Bottomfauna in the deeper Waters of Lake Mendota. Trans. Wisconsin Acad. Sci. **20.**
1911. KROGH, A. On the hydrostatic Mechanism of the *Corethra* Larva. Skandin. Archiv f. Physiologie. **25.**
1930. MARTINI, E. *Culicidæ* in E. LINDNER: Die Fliegen der paläarktischen Region. **40.**
1886. MEINERT, F. De eucephale Myggelarver. Kgl. D. Vid. Selsk. Skr. (6) Nat.-mat. Afd. **3.**
1934. PEUS, F. Zur Kenntniss der Larven und Puppen der *Chaoborinæ.* Arch. f. Hydrobiol. **27.**
1900. SELIGO, A. Untersuchungen in den Stuhmer Seen. Westpreuss. botan.-zool. Verein. Danzig.
1866. WEISMANN, A. Die Metamorphose der *Corethra plumicornis.* Zeit. wiss. Zool. **16.**
1904. WESENBERG-LUND, C. Plancton-Investigations in the Danish Lakes **1.** København.
1908. — *Culex–Mochlonyx–Corethra,* eine Anpassungsreihe. Intern. Rev. **1.**
1914. — Bidrag til nogle Myggeslægters Biologi, særlig *Mochlonyx* og *Corethra.* Mindeskrift for Steenstrup.

Culicidae.

1894. CHILD, C. Ein bisher wenig beachtetes antennales Sinnesorgan der Insecten. Zeit. wiss. Zool. **58.**
1881. DIMMOCK, G. The Anatomy of the Mouthparts and of the Sucking apparatus of some Diptera. Dissert. Boston.
1928. DYAR, H. The Mosquitoes of the Americas. Carnegie Institution Washington.
1918. ECKSTEIN, F. Zur Systematik der einheimischen Stechmücken. Centralbl. f. Bakt. und Parasit. **82.**
1902–1905. GOELDI, E. Os mosquitos no Pará. Pará.
1929. HEARLE, E. The Lifehistory of *Aedes flavescens* Müller. Trans. Roy. Soc. Canada. **23.**
1928. HECHT, O. Ueber die Sprosspilze der Oesophagusausstülpungen und über die Giftwirkung der Speicheldrüsen von Stechmücken. Arch. Schiffs- u. Tropenh. **32.**
1929. — Ueber die Eiablage von *Anopheles bifurcatus.* Ibid. **33.**
1930. — Ueber den Wärmesinn der Stechmücken bei der Eiablage. Riv. di Malar. **9.**
1932–34. — Experimentelle Beiträge zur Biologie der Stechmücken. II–III. Zeitschr. ang. Ent. **19–20.**
1933. — Die Blutnahrung, die Erzeugung der Eier und die Ueberwinterung der Stechmückenweibchen. Beih. zum Arch. f. Schiffs- und Tropenh. **37.**
1930. HINMAN, H. A Study of the Food of Mosquito Larvæ. Amer. Journ. Hygiene. **12.**
1912. HOWARD, L., DYAR, H. and KNAB, F. The Mosquitoes of North and Central America and the West Indies. Washington. **1–4.**
1920. HURST, C. H. The Pupal Stage of *Culex.* Studies from the Biological Laboratories of Owens College Manchester. **2.**
1939. KROGH, A. Osmotic regulation in aquatic animals. Cambridge comparative Physiology.

1931. MANALANG, C. Origin of the Irritating Substance in Mosquito Bite. Philipp. Journ. Sci. **46.**
1938. MARSHALL, J. E. The British Mosquitoes. London.
1930. MARTINI, E. *Culicidæ* in E. LINDNER: Die Fliegen der paläarktischen Region. Lief. 40.
1874. MAYER, A. Experiments on the supposed Auditory Apparatus of the Mosquito. Amer. Nat. **8.**
1886. MEINERT, F. De eucephale Myggelarver. Kgl. D. Vid. Selsk. Skr. Nat.-mat. Afd. (6) **3.**
1930. MONTSCHADSKY, A. Die Stigmenplatten der Culiciden-Larven. Zool. Jahrb. Syst. **58.**
1904. SCHAUDINN, F. Generations- und Wirtswechsel bei Trypanosomen und Spirochæten. Arb. a. d. Kais. Gesundheitsamte. **20.**
1914. SCHNEIDER, P. Beiträge zur Kenntnis der Culiciden in der Umgebung von Bonn. Verhandl. d. Naturh. Ver. preuss. Rheinland und Westfalens. **70.**
1926. SENIOR-WHITE, R. Algæ and the Food of Anopheline Larvæ. Indian Journ. Med. Res. **15.**
1928. — Physical Factors in Mosquito Ecology. Ibid. **16.**
1902. SMITH, I. Life-History of *Aëdes Smithii* Coq. Journ. N. Y. Entom. Soc. **10.**
1901–10. THEOBALD, F. W. A Monograph of the Culicidæ. London. British Museum. **1–5.**
1938. THIENEMANN, A. Die Ursachen der Stechmücken-Plage im hohen Norden. Natur und Volk. **68.**
1918. WESENBERG-LUND, C. Anatomical Description of the Larva of *Mansonia Richardii* (Ficalbi). Vid. Medd. Naturh. Foren. **69.**
1920–21. — Contributions to the Biology of the Danish Culicidæ. Kgl. D. Vid. Selsk. Skr. Nat.-mat. Afd. (8) **7.**

Anophelini.

1928. BEKLEMISCHEV, J. et MITROPHANOVA, J. Sur l'Ecologie larvaire de l'*Anopheles maculipennis* Mg. Rivista di Malar. **7.**
1930. DE BUCK, A., SCHOUB, E. and SWELLENGREBEL, N. Racial Differentiation of *Anopheles maculipennis* in the Netherlands and its Relation to Malaria. Riv. di Malar. **II.**
1932. — — — On Anophelism without Malaria around Amsterdam. Kon. Akad. v. Wetensk. Amsterdam. **35.**
1923. BULL, C. and KING, W. The Identification of the Blood meal of Mosquitoes by Means of the Precipitin test. Amer. Journ. of Hygiene. **3.**
1929. CELLI, A. Die Malaria in ihrer Bedeutung für die Geschichte Roms und der römischen Campagna. Leipzig.
1932. EKBLOM, T. and STRÖMAN, R. Geographical and biological Studies of *Anopheles maculipennis* in Sweden. Kungl. Svenska Vet. Akad. Hdl. (3) **11.**
1924. FALLERONI, D. Studio sugli *Anopheli maculipennis* delle Paludi Pontine. Recanati.
1911. FLENSBURG, C. Studier öfver frossan .... i Sverige. Hygiea. **72.**
1922. GRASSI, B. Animali domestici e malaria. Ann. d'Igiene. **32.**
1923. — Nuovi contributi alla biologia degli anofeli. Atti Acad. naz. Lincei Rend. **32.**
1927. — Lezioni sulla Malaria. Nuov. Ann. dell'Agricoltura. **7.**
1937. HACKETT, L. Malaria in Europe. Oxford.
1886. HANSEN, C. A. Epidemiologiske Undersøgelser angaaende Koldfeberen i Danmark. Dissert. København.
1914. HINDLE, E. Flies in Relation to Disease. Cambridge.
1928. IYENGAR, M. Structure and Function of the contractile Thoracic Appendages of the *Anopheles* Larva. Indian Journ. Med. Res. **16.**
1920. JAMES, G. Malaria at home and abroad. Bale's Medical Books and Journals. London.

1904. JANCSÓ, N. Der Einfluss der Temperatur auf die geschlechtliche Generationsentwickelung der Malariaparasiten und auf die experimentelle Malariaerkrankung. Centralbl. f. Bakt. und Paras. **38.**

1923. KING, W. and BULL, C. The Bloodfeeding Habits of Malaria-Carrying Mosquitoes. Amer. Journn. of Hygiene. **3.**

1920. MARTINI, E. Ueber Stechmücken. Arch. f. Schiffs- u. Tropenh. **24.** Beiheft.

1930. — *Culicidæ* in LINDNER, E.: Die Fliegen der paläarktischen Region. **40.**

1936. — Wege der Seuchen. Stuttgart.

1931. — MISSIROLI, A. und HACKETT, L. Versuche zum Rassenproblem des *Anopheles maculipennis.* Arch. f. Schiffs- und Tropenh. **35.**

1933a. — MAYER, F. und WEYER, F. Ueber die Durchwinterung unserer *Anopheles maculipennis.* Riv. di Malar. **11.**

1933b. — und TEUBNER, E. Ueber das Verhalten von Stechmücken besonders bei *Anopheles maculipennis* bei verschiedenen Temperaturen und Luftfeuchtigkeiten. Arch. f. Schiffs- u. Tropenh. **37.** Beiheft.

1933. MISSIROLI, A., HACKETT, L. und MARTINI, E. Le razze di *Anopheles maculipennis* e a loro importanza nella distribuzione della malaria in alcune regioni d'Europa. Riv. di Malar. **12.**

1901. NUTTALL, G. and SHIPLEY, A. Studies in Relation to Malaria. II–III. Journ. of Hygiene. **I.**

1918. ROUBAUD, E. Recherches sur la Transmission du Paludisme par les Anophèles françaises de Region non palustres. Ann. Inst. Pasteur. **34.**

1920. — Les Conditions de Nutrition des Anophèles en France (*A. maculipennis*) et le Rôle du Bétail dans la Prophylaxie du Paludisme. Ibid. **34.**

1921. — La différentiation des Races d'*Anopheles* et la Régression spontanée du Paludisme. Bull. Soc. Pat. exot. **14.**

1923. — Les Desharmonies de la Fonction rénale chez les Moustiques. Ann. de l'Inst. Pasteur. **37.**

1931. — Recherches expérimentales sur les Generations et les Phases biologiques de l'*Anopheles maculipennis.* Riv. di Malar. **10.**

1938. SINTON, A. and SHUTE P. A Report on the Longevity of Mosquitoes in Relation to the Transmission of Malaria in Nature. Report Public Health and Med. Subjects. **85.**

1920. WESENBERG-LUND, C. Contributions to the Biology of the Danish Culicidæ. Kgl. D. Vid. Selsk. Skr. Mat.-nat. Afd. (8) **7.**

1933a. WEYER, F. Untersuchungen zur Rassenfrage bei *Anopheles maculipennis* in Nordwestdeutschland. Zentralbl. f. Bakt. u. Parasit. 1. Abth. **127.**

1933b. — Die Rassenfrage bei *Culex pipiens.* Zeit. f. Parasit. **8.**

1933c. — Grösse und Maxillenzahnzahl als Unterscheidungsmerkmal der Rassen von *Anopheles maculipennis* und ihre Beziehungen zur Umwelt. Riv. di Malar. **12.**

1935a. — Die Rassenfrage bei *Culex pipiens* in Deutschland. Zeit. f. Parasit. **8.**

1935b. — Die Variabilität der Grösse bei den Rassen von *Anopheles maculipennis.* Arch. f. Schiffs- u. Tropenh. **39.**

1937. — Rassenforschung bei Stechmücken. Die Naturw. **25.**

1938. — Die geographische Verbreitung der Rassen von *Anopheles maculipennis* in Deutschland. Zeit. f. Parasit. **10.**

Culicini.

1929a. BOISSEZON, P. de Remarques sur les Conditions de la Reproduction chez *Culex pipiens* L. pendant la Période hivernale. Bull. Soc. Pat. exot. **22.**

1929b. — Expériences au Sujet de la Maturation des œufs chez les Culicides. Ibid. **22.**

1930. — Contribution à l'étude de la Biologie et de l'Histophysiologie de *Culex pipiens* L. Arch. de Zool. expér. **70.**

1931. BRUG, S. Culiciden der Deutschen Limnologischen Sunda-Expedition. Arch. f. Hydrobiol. Suppl. **9.**

1934. Gaillard, H. Notes sur la Biologie et l'Anatomie de la Larve de *Tæniorhynchus* (*Mansonia*) *richardii* Fic. Ann. Paras. **12.**
1929. Hearle, E. The Life-History of *Aedes flavescens*. Trans. Roy. Soc. Canada. **23.**
1933–34. Hecht, O. Experimentelle Beiträge zur Biologie der Stechmücken IV–V. Arch. f. Schiffs- und Tropenh. **37–38.**
1908. Knab, F. Observations on the Mosquitoes of Saskatchewan. Smithson. Miscell. Coll. **50.**
1919. Koch, A. Messende Untersuchungen über den Einfluss von Sauerstoff und Kohlensäure auf *Culex*-Larven bei der Submersion. Dissert.
1921. — Die Atmung der Culiciden. Mitteil. d. Zool. Institut Westfalens. **3.**
1932. Mac Gregor, M. The Occurrence of Roubauds Race autogène in a German Strain of *Culex pipiens* in England. Trans. Roy. Soc. trop. Med. London. **26.**
1923. Martini, E. Ueber einige für das System bedeutungsvolle Merkmale der Stechmücken. Zool. Jahrb. Syst. **46.**
1924. — Culiciden-Beobachtungen 1922–1923. Zeitschr. ang. Ent. **10.**
1930. — Ueber Beeinflussung der Kiemenlänge von *Aëdes*-Larven durch das Wasser. Verh. d. Intern. Ver. f. Limnologie.
1912. Neumann, R. O. Brauchen die Stechmücken zur Reifung ihrer Eier Blut als Nahrung? Arch. f. Schiffs- u. Tropenh. **16.**
1933. Roubaud, E. Essay synthétique sur la Vie du Moustique commun. Ann. Sci. Nat. Zool. (10) **16.**
1932. Tate, P. and Vincent, M. Influence of Light on the Gorging of *Culex pipiens*. Nature. **130.**
1935. — The Perispiracular Glands of Mosquito Larvæ. Parasitology. **27.**
1936. — and Vincent, M. The Biology of autogeneous and anautogeneous Races of *Culex pipiens*. Ibid. **28.**
1932. Thienemann, A. Die Tierwelt der Nepentheskannen. Arch. f. Hydrobiol. Suppl. **11.**
1935. Weyer, F. Die Rassenfrage bei *Culex pipiens* in Deutschland. Zeit. f. Parasit. **8.**
1937. — Rassenforschung bei Stechmücken. Die Naturwiss. **25.**

Chironomidae.

1924. Alsterberg, G. Die Nahrungszirkulation einiger Binnenseetypen. Arch. f. Hydrobiol. **15.**
1930. — Die thermischen und chemischen Ausgleiche in den Seen zwischen Boden und Wasserkontakt sowie ihre biologische Bedeutung. Intern. Rev. **24.**
1921. Bause, E. Die Metamorphose der Gattung *Tanytarsus*. Arch. f. Hydrobiol. Suppl. **2.**
1938. Berg, K. Studies on the Bottom Animals of Esrom Lake. Kgl. D. Vid. Selsk. Skr. Nat.-mat. Afd. (9) **8.**
1909. Boysen-Jensen, P. Ueber Steinkorrosion an den Ufern von Furesö. Intern. Revue. **2.**
1898. Chodat, R. Études de Biologie lacustre. Bull. de l'herbier Boissier.
1921. Claasen, A. An entomological Survey of the Salt Fork of the Vermilion River. Illinois State Nat. Hist. Survey. **15.**
1939. Codreanu, R. Recherches biologiques sur un Chironomide *Symbiocladius rhitrogenae* (Zav.) ectoparasite cancérigène des Ephémères torrenticoles. Archives Zool. expér. **81.**
1928. Decksbach, N. Die Bodenbevölkerung der Seen der Meschtschera-Niederung, Zentralrusland. Arb. d. Biol. St. Kossino.
1926. Dorier, A. Un chironomide (*Dactylocladius brevipalpis* Goetg.) à Larve commensale d'une Nymphe d'éphémeride (*Rhitrogena semicolorata*). Trav. Lab. Piscic. Univ. Grenoble. **11.**

1919. Edwards, F. W. Some Parthenogenetic *Chironomidæ*. Ann. Mag. Nat. Hist. (9) **3.**
1929. — British non-biting Midges. Trans. Ent. Soc. London. **77.**
1926. — and Buxton, P. On Marine *Chironomidæ* and the Colonisation of the Sea by Insects. With an Account of the Habits of *Pontomyia*. Proc. Zool. Soc. London.
1901. Forel, F. A. Le Léman. Vol. III.
1912. Goetghebuer, M. Études sur les Chironomides de Belgique. Mém. des Sci. de l'Acad. Roy. de Belgique. (2) **3.**
1913. — Un Cas de Parthénogenèse observé chez un Diptère Tendipédide: *Corynoneura celeripes*. Ibid. Bull.
1914. — Recherches sur les Larves et les Nymphes des Chironomides de Belgique. Ibid. Mém. (2) **3.**
1924. — Notes Biologiques et Morphologiques sur *Dasyhelea bilineata* Goetgh. Encyclopédie Entom. Diptera. **1.**
1925. — Contribution à l'Étude des Premandibules chez les Larves des Diptères Némoceres. Encyclopédie Entom. Diptera. **1.**
1928. — Diptères (Nématocères) *Chironomidæ* (*Chironomariæ*). Faune de France **18.**
1935. — Notes à propos des *Ceratopogonidæ*. Bull. Soc. entom. Belg. **15.**
1921. Griepekoven, H. Minierende Tendipediden. Arch. Hydrobiol. Suppl. **2.**
1870. Grimm, O. v. Die ungeschlechtliche Fortpflanzung einer *Chironomus*-Art. Mém. de l'Acad. imp. St. Pétersbourg. **7.**
1923. Harnisch, O. Metamorphose und System der Gattung *Cryptochironomus*. Zool. Jahrb. Syst. **47.**
1930a. — Daten zur Respirationsphysiologie Hæmoglobinführender Chironomidenlarven. Zeit. vergl. Physiol. **11.**
1930b. — Die CO_2 Abgabe der *Chironomus*-Larve bei erhöhtem CO_2 Partialdruck des Mediums. Ibid. **13.**
1937a. — Die Funktion der präanalen Oberflächenvergrösserungen (Tubuli) der Larve von *Chironomus thummi* bei sekundärer Oxybiose. Ibid. **24.**
1937b. — *Chironomus* und *Tanytarsus*. Ein hydrophysiologisches Problem. Biol. Centralbl. **57.**
1938. Humphries, C. F. The Chironomid Fauna of the Grosser Plöner See. Arch. f. Hydrobiol. **33.**
1905. Johannsen, O. A. Aquatic Nematocerous Diptera. II. *Chironomidæ*. New York State Mus. **86.**
1933. — Aquatic Diptera. Part I. Nemocera exclusive of *Chironomidæ* and *Ceratopogonidæ*. Cornell Univ. Agric. exper. Station. Mem. **164.**
1935. — Aquatic Diptera. Part II. Orthorrhapha Brachycera and Cyclorrhapha. Ibid. Mem. **177.**
1936. — Aquatic Diptera. Part III. *Chironomidæ*. Ibid. Mem. **205.**
1937. — Aquatic Diptera. Part IV. *Chironomidæ*. Part V. *Ceratopogonidæ* (Thomsen). Ibid. Mem. **210.**
1938. Koch, H. The Absorption of Chloride Ions by the anal Papillæ of Diptera-larvæ. Journ. exper. Biol. **15.**
1911. Kraatz, W. Chironomidenmetamorphosen. Dissert. Münster in W.
1933. Krusemann, G. Welche Arten von *Chironomus* sind Brackwassertiere? Verh. int. Ver. theor. und ang. Limnologie. **6.**
1914. Kryger, J. En Myg, der angriber en Sommerfugl. Entom. Medd. København. **10.**
1866. Laboulbène, A. Histoire des Métamorphoses du *Ceratopogon Dufouri*. Ann. Soc. entom. France. (4) **9.**
1931. Lang, K. Faunistisch-Ökologische Untersuchungen in einigen seichten oligotrophen bzw. dystrophen Seen in Südschweden. Kgl. fysiogr. Sällsk. Lund. Handl. N. F. **42.**
1905. Lauterborn, R. Zur Kenntnis der Chironomiden-Larven. Zool. Anz. **29.**

1924. LEATHERS, A. Ecological Study of Aquatic Midges and some Related Insects with Special Reference to feeding Habits. Bull. Unit. States Bur. Fisheries. **38.**

1928. LÉGER, L. et MOTAS, C. Biologie d'un Chironomide. Trav. du Lab. d'Hydrob. et de Piscic. Grenoble. **20.**

1920. LENZ, F. Salzwasser und präanale Blutkiemen der *Chironomus*-Larven. Naturw. Wochenschr. N. F. **19.**

1921. — Die Metamorphose der *Chironomus*-Gruppe. Dissert. Altenburg.

1923. — Die terrestrischen Jugendstadien der Chironomiden. Arch. f. Hydrobiol. **14.**

1924. — Die Chironomiden der Wolga. I. Arb. aus der biol. Wolga-Station. **7.**

1926a. — Chironomiden aus dem Balatonsees. Archivum Balatonicum.

1926b. — Salzwasser-Chironomus. Mitt. Geogr. Ges. Naturh. Mus. Lübeck. **22.**

1927. — Chironomiden aus Norwegischen Hochgebirgsseen; zugleich ein Beitrag zur Seentypenfrage. Nyt Mag. Naturv. Oslo. **46.**

1928. — Gedanken zur Systematik der Chironomiden. Societas entomologica. **43.**

1933. — *Ceratopogoninæ genuinæ* aus Niederländisch Indien. Arch. f. Hydrobiol. Suppl. **12.**

1937. — *Chironomariæ* aus Niederländisch Indien. Ibid. Suppl. **15.**

1938. — Die Gattung *Parachironomus.* Ibid. **32.**

1926. LUNDBECK, J. Die Bodentierwelt norddeutscher Seen. Arch. f. Hydrobiol. Suppl. **7.**

1935. — Ueber die Bodenbevölkerung besonders die Chironomidenlarven des Frischen und Kurischen Haffes. Intern. Rev. **32.**

1936. — Untersuchungen über die Bodenbesiedelung der Alpenrandseen. Arch. f. Hydrobiol. Suppl. **10.**

1915. MALLOCH, J. The *Chironomidæ* or Midges of Illinois. Bull. Illinois St. Lab. Nat. Hist. **10.**

1923. MARTINI, E. Ueber Beeinflussung der Kiemenlänge von *Aedes*-Larven durch das Wasser. Verh. intern. Ver. theor. ang. Limnologie. **1.**

1933. MATHIAS, P. et BOULE, L. Sur une larve de Chironomide, Parasite d'un Mollusque. Compt. rend. Acad. Sci. Paris. **196.**

1934a. MAYER, K. Die Nahrung der Ceratopogonidenlarven. Arch. f. Hydrobiol. **27.**

1934b. — Die Metamorphose der Ceratopogoniden. Arch. f. Naturges. N. F. **3.**

1882. MEINERT, F. Om retractile Antenner hos en Dipterlarve, *Tanypus.* Ent. Tidskr. Stockh. **3.**

1886. — De eucephale Myggelarver. Kgl. D. Vid. Selsk. Skr. Nat.-mat. Afd. (6) **3.**

1900. MIALL, L. and HAMMOND, A. The Structure and Life-History of the Harlequin Fly. Oxford.

1933. MIYADI, D. Studies on the Bottom Fauna of Japanese Lakes. X. Japanese Journ. Zool. **4.**

1920. MUNSTERHJELM, G. Om Chironomidernas Ägg läggning och Äggrupper. Acta Soc. p. Fauna et Flora Fennica. **47.**

1934. PAGAST, F. Ueber die Metamorphose von *Chironomus xenolabis*, eines Schwammparasites. Zool. Anz. **105.**

1936. — Ueber Bau und Funktion der Analpapillen bei *Aëdes ægypti.* Zool. Jahrb. Zool. **56.**

1919. PAUSE, J. Beiträge zur Biologie und Physiologie der Larve von *Chironomus gregarius.* Zool. Jahrb. Phys. **36.**

1913. PICADO, C. Les Broméliacées épiphytes considérées comme Milieu biologique. Bull. Scient. de la France et de la Belgique. (7) **47.**

1931. POTONIÉ, H. Untersuchungen über die Entwicklung und den Jahreszyklus von *Chironomus plumosus.* Zeitschr. f. Fischerei. **29.**

1936. — Weitere Beiträge zur Biologie von *Chironomus plumosus.* Ibid. **34.**

1921. POTTHAST, A. Ueber die Metamorphose der *Orthocladius*-Gruppe. Arch. f. Hydrobiol. Suppl. **2.**

1915. RIETH, J. Die Metamorphose der Culicoidinen. Arch. f. Hydrobiol. Suppl. **2.**

1907. le Roux, Marc. Recherches biologiques sur le Lac d'Annecy. Ann. Biol. lac. **2.**
1935. Sadler, W. Biology of the Midge *Chironomus tentans.* Cornell Univ. Agric. Exp. Stat. Mem. **173.**
1923. Saunders, L. On the Larva, Pupa and systematic Position of *Orphnephila testacea.* Ann. Mag. Nat. Hist. (9) **11.**
1935. Schlieper, C. Neuere Ergebnisse und Probleme aus dem Gebiet der Osmoregulation wasserlebender Tiere. Biolog. Reviews **10.**
1896. Schröter, C. und Kirchner, O. Die Vegetation des Bodensees. Lindau.
1922. Spärck, R. Beiträge zur Kenntnis der Chironomidenmetamorphose. Ent. Medd. København. **14.**
1924. Sulc, K. und Zavrel, J. Ueber epoikische und parasitische Chironomidenlarven. Soc. Sci. Nat. Moravicæ. **1.**
1908. Suworow, E. Zur Beurteilung der Lebenserscheinungen in gesättigten Salzseen. Zool. Anz. **32.**
1909. Thienemann, A. Die Bauten der Chironomidenlarven. Zeit. f. Ausbau der Entwicklungslehre. **3.**
1910. — *Orphnephila testacea.* Ann. de Biol. lac. **4.**
1912. — Der Bergbach des Sauerlandes. Intern. Rev. Biol. Suppl. **4.**
1919. — Die Chironomidenforschung Westfalens. Jahresb. d. Westfäl. Provinzial-Ver. **46.**
1920. — Untersuchungen über die Beziehungen zwischen dem Sauerstoffgehalt des Wassers und der Zusammensetzung der Fauna in norddeutschen Seen. Arch. f. Hydrobiol. **12.**
1921a. — Eine eigenartige Ueberwinterungsweise bei einer Chironomidenlarve. Zool. Anz. **52.**
1921b. — Zur Kenntnis der Salzwasser Chironomiden. Arch. f. Hydrobiol. Suppl. **2.**
1922. — Die beiden *Chironomus*-Arten der Tiefenfauna der norddeutschen Seen. Ibid. **13.**
1924. — Uebersicht der Baumhöhlenfauna. Mitt. Geogr. Ges. d. Naturh. Mus. Lübeck. (2) **29.**
1925. — *Mysis relicta.* Zeit. Morph. u. Oekol. **3.**
1932. — Zur Orthocladiidenfauna Niederländisch Indiens. Arch. f. Hydrobiol. Suppl. **11.**
1933. — Mückenlarven bilden Gesteine. Natur u. Museum. **63.**
1934. — Eine gesteinbildende Chironomide *Lithotanytarsus emarginatus.* Zeit. Morph. u. Oekol. **28.**
1936a. — Haffmücken und andere Salzwasser-Chironomiden. Kieler Meeresforschungen. **1.**
1936b. — Chironomidenlarven und -puppen der Yale North India Expedition. Zoogeographica. **3.**
1936c. — Alpine Chironomiden. Arch. f. Hydrobiol. **30.**
1937. — Chironomiden-Metamorphosen. Mitt. d. Entom. Gesell. Halle.
1937. — und Krüger, F. *Orthocladius abiskoensis* Edw. Chironomiden aus Lappland. II. Zool. Anz. **117.**
1939a. — — Terrestrische Chironomiden. Ibid. **126.**
1939b. — Die Chironomidenforschung in ihrer Bedeutung für Limnologie und Biologie. Biologisch Jaarboek Dodonaea. **10.**
1939c. — Terrestrische Chironomiden II. Zool. Anz. **127.**
1901. Ule, W. Der Würmsee. Wissensch. Veröffentl. d. Vereins f. Erdkunde. Leipzig. **5.**
1927. Valle. Ökologisch-limnologische Untersuchungen über die Boden- und Tiefenfauna in einigen Seen nördlich vom Ladoga. Acta Zool. Fenn. **2.**
1901. Wesenberg-Lund, C. Studier over Søkalk, Bønnemalm og Søgytje. Medd. Dansk geol. Foren. **7.**
1908. — Die litoralen Tiergesellschaften unserer grösseren Seen. Intern. Rev. **1.**

1913. — Fortpflanzungsverhältnisse: Paarung und Eiablage der Süsswasserinsekten. Abderhalden: Fortschritte d. naturw. Forschung **8.**
1933a. Wigglesworth, V. The Effects of Salts on the Analgills of the Mosquito Larva. Journ. exper. Biol. **10.**
1933b. — The Adaptation of Mosquito larvæ to Saltwater. Ibid. **10.**
1939. — The Principles of Insect Physiology. London.
1908. Willem, V. Larves de Chironomides vivant dans des Feuilles. Bull. Acad. roy. de Belgique.
1910. — Une Forme nouvelle de *Cricotopus.* Ibid.
1936a. Wunder, W. Die Bedeutung der Chironomidenlarven für die Gründüngung in der Karpfenteichwirtschaft. Zeit. f. Fischerei. **34.**
1936b. — Die Chironomidenlarven in der Uferregion und an den weichen Wasserpflanzen im Karpfenteich. Ibid. **34.**
1907. Zavrel, J. Acta Soc. Entom. vide Bause in Arch. f. Hydrobiol. Suppl. **2.**
1921. — und Thienemann, A. Die Metamorphose der Tanypinen. I—II. Ibid.
1911. Zschokke, F. Die Tiefenfauna der Seen Mitteleuropas. Leipzig.
1914. Zebrowska, A. Recherches sur les larves de Chironomides du lac Léman. Dissert. Lausanne.

Simuliidae.

1918. Bang, B. Kvægmyg som Aarsag til Sygdom. Maanedsskr. f. Dyrlæger. **30.**
1935. Baranoff, N. Neues über Kolumbatscher Mücke. Entom. Ber. **2.**
1939. Cox, J. Morphology of the Digestive Tract of the Blackfly (*Simulium nigroparvum*). Journ. of Agric. Research Washington. **57.**
1913. Emery, W. T. The Morphology and Biology of *Simulium vittatum.* Sci. Bull. Kansas Univ. **8.**
1937. Fortner, G. Zur Ernährungsfrage der *Simulium*-Larve. Zeitsch. Morph. u. Oekol. **32.**
1919. Friederichs, K. Untersuchungen über Simuliiden. Th. I. Zeitsch. ang. Ent. **6.**
1921. — Th. II. Ibid. **8.**
1906. Headle, T. H. Blood Gills of *Simulium pictipes.* Amer. Naturalist. **40.**
1903. Johannsen, O. A. Aquatic Nematocerous Diptera. New York State Mus. Bull. **68.**
1914. Malloch, J. R. American Black Flies or Buffalo Gnats. Unit. Stat. Dep. of Agriculture Bur. of Entom. Techn. Ser. **26.**
1886. Meinert, F. De eucephale Myggelarver. Kgl. D. Vid. Selsk. Skr. Nat.-mat. Afd. (6) **3.**
1923. Naumann, E. Notizen zur Ernährungsbiologie der limnetischen Fauna. Ark. f. Zool. **16.**
1924. Petersen, A. Bidrag til de danske Simuliers Naturhistorie. Kgl. D. Vid. Selsk. Skr. Nat.-mat. Afd. (8) **5.**
1916. Jobbins-Pomeroy A. Notes on five North American Buffalo Gnats of the Genus *Simulium.* Unit. St. Dep. of Agriculture. Bull. **329.**
1927. Pulikowsky, N. Die respiratorischen Anpassungserscheinungen bei den Puppen der Simulien. Zeitschr. Morph. u. Oekol. **7.**
1930. — Die respiratorischen Anpassungserscheinungen bei den Puppen der Simuliiden. Ibid. **13.**
1925. Puri, I. M. On the Life History and Structure of the Early Stages of *Simuliidæ.* Pars I–II. Parasitology. **17.**
1902. Taylor, T. On the Tracheal System of *Simulium.* Trans. Ent. Soc. London.
1922. Tonnoir, A. Note sur la biologie des Larves de *Simulium.* Ann. de Biol. lac. **11.**
1925. Ussing, H. Faunistiske og biologiske Bidrag til danske Simuliers Naturhistorie. Vid. Medd. Nat. Foren. **80.**
1926. Wagner, W. Bau und Funktion des Atmungssystems der Kriebelmückenlarven. Zool. Jahrb. Zool. **42.**
1920. Wilhelmi, J. Die Kriebelmückenplage. Jena.
1931. Wu Yi Fang. A Contribution to the Biology of *Simulium.* Pap. Michigan Acad. Sci. **13.**

Blepharoceridae.

1923a. BISCHOFF, W. Die Biologie der Blepharoceriden während der Entwicklung und als Imago. Verh. intern. Ver. Limnologie. **1.**

1923b. — Zur Kenntnis der Blepharoceriden. Zool. Jahrb. Syst. **46.**

1931. — Die Oekologie der paläarktischen Blepharoceriden. Ergeb. u. Fortschr. d. Zool. **7.**

1932. — *Blepharoceridæ* aus Java. Arch. f. Hydrobiol. Suppl. **11.**

1930. BRODSKY K. Zur Kenntnis der Wirbellosenfauna der Bergströme Mittelasiens. II. *Deuterophlebia mirabilis* Edw. Zeit. Morph. u. Oekol. **18.**

1911. HETSCHKO, A. Zur Kenntnis der Biologie und Verbreitung der *Liponeura*-Arten. Wiener Entom. Zeit. **30.**

1912. — Die Metamorphose von *Liponeura cinerascens* Lw. Ibid. **31.**

1927. HUBAULT, E. Contribution à l'étude des Invertébrés torrenticoles. Bull. Biol. de France et de Belgique. Suppl. **9.**

1933. JOHANNSEN, O. A. Aquatic Diptera. Part I. *Nemocera* exclusive of *Chironomidæ* and *Ceratopogonidæ*. Cornell Univ. Agric. exper. Stat. Mem. **164.**

1903. KELLOGG, V. L. The Net-Winged Midges (*Blepharoceridæ*) of North America. Proc. California Acad. of Sci. (III) **3.**

1931. KITAKAMI, S. The *Blepharoceridæ* of Japan. Mem. College of Sci. Kyoto Imper. Univ. (B) **6.**

1937. — Supplementary Notes on the *Blepharoceridæ* of Japan. Ibid. (B) **12.**

1914a. KOMAREK, J. Ueber die Blepharoceriden aus dem Kaukasus und Armenien. Sitzungsber. d. Königl. Böhm. Ges. Prag.

1914b. — Die Morphologie und Physiologie der Haftscheiben der Blepharoceriden. Ibid.

1922. — and WIMMER, A. The Larvæ of the European *Blepharoceridæ*. Ann. Biol. lac. **11.**

1935. MANNHEIMS, B. Beiträge zur Biologie und Morphologie der Blepharoceriden. Zoologische Forschungen. Verlag Noske. Leipzig.

1927. MUTTKOWSKI, R. A new and unusual Insect Record for North America. (*Diptera, Deuterophlebia*). Bull. Brooklyn Entom. Soc. **32.**

1924. PULIKOWSKY, N. Metamorphosis of *Deuterophlebia* sp. Trans. Ent. Soc. London.

1924. TONNOIR, A. Les *Blepharoceridæ* de la Tasmanie. Ann. Biol. lac. **13.**

Brachycera.

1912. ALDRICH, J. The Biology of some western Species of the Dipterous Genus *Ephydra*. Journ. New York Ent. Soc. **20.**

1934. ALSTERBERG, G. Beiträge zur Kenntnis der Anatomie und Biologie der limnophilen Syrphidenlarven. Biol. Centralbl. **54.**

1924. BISCHOFF, W. Ueber die Kopfbildung der Dipterenlarven. III. Arch. f. Naturg. Abt. A. **90.**

1908. BROCHER, F. Quelques observations sur un Diptère amphibie d'eau douce (*Clinocera barbatula* Mik). Bull. Soc. Zool. de Genève. **7.**

1909. — Métamorphoses de l'*Hemerodromia præcatoria* Fall. Ann. Biol. lac. **4.**

1924. — Sur les Mœurs du *Poecilobothrus nobilitatus* Lin. Ibid. **13.**

1924, 1928, 1932. BRUES, C. T. Observations on animal Life in the thermal Waters of Yellowstone Park etc. Proc. Amer. Acad. Arts and Sci. **59, 63, 67.**

1895. BUCKTON, G. The Natural History of *Eristalis tenax* or the Drone-Fly. London.

1929. DUNAVAN, D. A Study of Respiration and respiratory Organs of the rat-tailed Maggot. *Eristalis arbustorum*. Ann. Ent. Soc. America **22.**

1939. FROHNE, W. Biology of certain subaquatic Flies reared from emergent Waterplants. Pap. Michigan Acad. of Sci. **24.**

1932. GÄBLER, H. Beitrag zur Kenntnis der *Eristalis*-Larven. Stettiner ent. Zeit. **93.**

1895. HART, C. A. On the Entomology of the Illinois River and adjacent Waters. Bull Illinois State Laboratory Nat. History. **4.**

1926. HASE, A. Beiträge zur Kenntnis der Lebensweise der *Eristalis*-Larven. Zool. Anz. **68.**

1906. HINE, J. Habits and Life histories of the Flies of the Fam. *Tabanidæ.* Washington. Unit. St. Dep. of Agric. Bur. f. Ent. Techn. Ser. No. 12. Part **2.**

1923. IRWIN-SMITH, V. Studies in Life-Histories of Australian *Diptera Brachycera.* Part I. *Stratiomyiidæ.* Proc. Lin. Soc. New South Wales. **48.**

1922. JOHANNSEN, O. A. Stratiomyiid Larvæ and Puparia of the North Eastern States. Journ. New York Entom. Soc. **30.**

1935. — Part II. *Orthorrhapha, Brachycera* and *Cyclorrhapha.* Cornell University Agric. Exper. Stat. **177.**

1926. KRÜGER, F. Biologie und Morphologie einiger Syrphidenlarven. Zeitschr. f. Morph. u. Oekol. **6.**

1933. KUSTER, K. A Study of the general Biology, Morphology of the Respiratory System and Respiration of Certain Aquatic *Stratiomyia* and *Odontomyia* Larvæ. Pap. Michigan Academy of Science. 1933.

1923. LENZ, F. Stratiomyidenlarven aus Quellen. Archiv f. Naturges. **89.**

1926. — Stratiomyidenlarven aus dem Salzwasser. Mitt. Geogr. Ges. Natur. Mus. Lübeck. 2. Reihe. **31.**

1919. LLOYD, J. An Aquatic Dipterous Parasite *Ginglymyia acrirostris* Towns. and Additional Notes on its lepidopterous Host *Elophila fulicalis.* Journ. New York Ent. Soc. **27.**

1923. LUNDBECK, W. Some Remarks of the Biology of the *Sciomyzidæ.* Vid. Medd. Nat. Foren. **76.**

1907–1927. — *Diptera Danica.* I—VII Copenhagen.

1908. LÜBBEN, H. *Thrypticus smaragdinus* Gerst. und seine Lebensgeschichte. Zoolog. Jahrb. Syst. **26.**

1920. MARCHAND, W. The early Stages of *Tabanidæ.* Monographs of the Rockefeller Institute for Medical Research. **13.**

1923. MAST, S. O. Photic Orientation in Insects with special Reference to the Drone fly *Eristalis tenax.* Journ. Exper. Zool. **38.**

1925. MÜLLER, G. W. Kalk in der Haut der Insekten und die Larve von *Sargus cuprarius* L. Zeit. Morphol. u. Oekol. **3.**

1901. NEEDHAM, J. and BETTEN, C. Aquatic Insects in the Adirondacks. New York State Mus. Bull. **47.**

1928. PARMAN, D. Experimental Dissemination of the Tabanid egg Parasite *Phanurus emersoni* Girault. Unit. St. Dep. Agric. Washington. **18.**

1921. PING, C. T. The Biology of *Ephydra subopaca* Loew. Cornell Univ. Agr. exper. Station. Mem. **49.**

1931. SCHMITZ, H. Nepenthes-Phoriden. Arch. Hydrobiol. Suppl. **9.**

1932. SCHMITZ, P. and VILLENEUVE DE JANTI J. Contribution à l'Étude de la Faune Népenthicole. Natuurhist. maandbl. **21.**

1921. SCHÜTTE, L. Die Metamorphose von *Hydromyza livens.* Dissert. Greifswald.

1934. SCOTLAND, M. The Animals of the Lemna-association. Ecology. **15.**

1924. STAMMER, H. J. Die Larven der Tabaniden. Zeitschr. Morph. u. Oekol. **1.**

1938. STONE, A. The Horseflies of the Subfamily *Tabaninæ* of the Nearctic Region. Unit. States Dep. of Agric. Misc. Publ. **305.**

1932. THIENEMANN, A. Die Tierwelt der Nepenthes-Kannen. Arch. f. Hydrobiol. Suppl. **11.**

1934. — Die Tierwelt der tropischen Pflanzengewässer. Ibid. Suppl. **13.**

1934. THORPE, W. H. The Biology of the Petroleum-Fly (*Psilopa petrolei* Coq.). Transact. Ent. Soc. London **78.**

1903–04. TRÄGÅRDH, I. Beiträge zur Kenntnis der Dipterenlarven. Ark. f. Zool. **1.**

1936. TUXEN, S. L. Die Arten der Gattung *Scatella* (*Ephydridæ*) in heissen Quellen. Opuscula Entomologica. Lund. **4.**

1924. WEBB, J. and WELLS, R. Horse-Flies. Biologies and Relation to western agriculture. Unit. St. Agr. Dept. Bull. **1228.**

1914. Welch, P. Observations on the Life History and Habits of *Hydromyza confluens*. Ann. Ent. Soc. Amer. **7**.
1917. — Further Studies on *Hydromyza confluens*. Ibid. **10**.

Hymenoptera.

1926. Bakkendorf, O. Recherches sur la Biologie de l'*Anagrus incarnatus* Haliday. Ann. Biol. lac. **14**.
1933. — Biological Investigations on some Danish Hymenopterous Egg-Parasites. Entom. Medd. København. **19**.
1910. Brocher, F. Observations biologiques sur quelques Diptères et Hyménoptères dits »aquatiques«. Ann. Biol. lac. **4**.
1933. Butcher, F. Hymenopterous Parasites of *Gyrinidæ* with Descriptions of new Species of *Hemiteles*. Ann. Entom. Soc. America **26**.
1896. Enoch, F. Habits of *Prestwichia aquatica*, an Aquatic Hymenopteron. Entom. Rev. **8**.
1916. Ferrière, C. Description d'un Hymenoptère nouveau (*Anteris nepæ*). Arch. zool. expér. Notes. **55**.
1939. Frohne, W. Semiaquatic Hymenoptera in North Michigan Lakes. Trans. Amer. Micr. Soc. **58**.
1869. Ganin, M. Beiträge zur Erkenntnis der Entwickelungsgeschichte bei den Insekten. Zeit. f. wiss. Zool. **19**.
1863. Giraud, J. Mémoire sur les Insectes qui vivent sur le Roseau commun Phragmites communis. Verh. zool. bot. Ges. Wien. **13**.
1918. Henriksen, K. De europæiske Vandsnyltehvepse og deres Biologi. Entom. Medd. København. **12**.
1922. — Notes upon some Aquatic Hymenoptera. Ann. Biol. lac. **9**.
1908. Heymons, R. Süsswasser-Hymenopteren aus der Umgebung Berlins. Deutsch. Ent. Zeit.
1918. Kryger, J. The European *Trichogramminæ*. Entom. Medd. København. **12**.
1863. Lubbock, J. On two Aquatic Hymenoptera, one of which uses its wings in swimming. Transact. Linn. Soc. London. **24**.
1912. Mateson, R. and Crosby, C. Aquatic Hymenoptera in America. Ann. Ent. Soc. Amer. **5**.
1889. Müller, G. W. Ueber *Agriotypus armatus*. Zool. Jahrb. Syst. **4**.
1910. — Eiablage bei *Smicra sispes* L. Mitteil. d. naturw. Vereins Neupommern und Rügen. **42**.
1917. Rimsky-Korsakow, M. Observations biologiques sur les Hyménoptères aquatiques. Rev. Russe d'Ent. **16**.
1907. Rousseau, E. Les Hyménoptères aquatiques. Ann. Biol. lac. **2**.
1913. Ruschka, F. und Thienemann, A. Zur Kenntnis der Wasser-Hymenopteren. Zeit. f. wiss. Insektenbiol. **9**.
1907. Schulz, W. Schwimmende Braconiden. Ann. Soc. Ent. de Belgique. **51**.
1910. — Neuer Beitrag zur Kenntnis der Wasserimmen. Ann. Biol. lac. **4**.
1906. Siltala, A. und Nielsen, I. C. Zur Kenntnis der Parasiten der *Trichopteren*. Zeit. f. wiss. Insektenbiol. **2**.
1916. Thienemann, A. Ueber Wasserhymenopteren. Zeit. f. wiss. Insektenbiol. **12**.

Namenregister.

Die fettgedruckten Ziffern bezeichnen die Seiten auf denen entweder das Tier oder die Lokalität abgebildet ist. Die »Allgemeinen Bemerkungen« sind nicht berücksichtigt.

Autorenregister.

Sachregister.

Die den Imagines betreffenden Hinweisungen mit * bezeichnet.

GPSR Compliance

The European Union's (EU) General Product Safety Regulation (GPSR) is a set of rules that requires consumer products to be safe and our obligations to ensure this.

If you have any concerns about our products, you can contact us on ProductSafety@springernature.com

In case Publisher is established outside the EU, the EU authorized representative is:

Springer Nature Customer Service Center GmbH
Europaplatz 3
69115 Heidelberg, Germany

Batch number: 10724880

Printed by Printforce, the Netherlands